中国酒曲制作技艺研究与应用

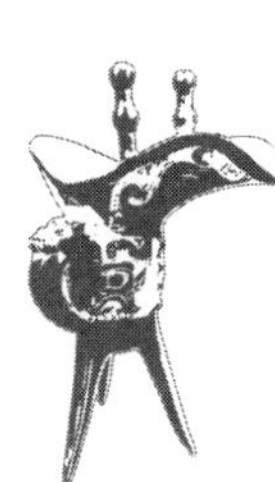

主　编◎邓子新
副主编◎傅金泉　熊小毛　陈茂彬　姚继承　刘源才

中国轻工业出版社

图书在版编目（CIP）数据

中国酒曲制作技艺研究与应用/邓子新主编．—北京：中国轻工业出版社，2023.9

ISBN 978-7-5184-2586-0

Ⅰ.①中…　Ⅱ.①邓…　Ⅲ.①酒曲—生产工艺—研究—中国　Ⅳ.①TS261.1

中国版本图书馆 CIP 数据核字（2019）第 155784 号

责任编辑：伊双双　罗晓航
策划编辑：伊双双　　　责任终审：劳国强　　封面设计：锋尚设计
版式设计：砚祥志远　　责任校对：晋　洁　　责任监印：张　可

出版发行：中国轻工业出版社（北京东长安街 6 号，邮编：100740）
印　　刷：三河市万龙印装有限公司
经　　销：各地新华书店
版　　次：2023 年 9 月第 1 版第 4 次印刷
开　　本：889×1194　1/16　印张：41
字　　数：1300 千字
书　　号：ISBN 978-7-5184-2586-0　定价：280.00 元
邮购电话：010-65241695
发行电话：010-85119835　传真：85113293
网　　址：http://www.chlip.com.cn
Email：club@chlip.com.cn
如发现图书残缺请与我社邮购联系调换
231362K1C104ZBW

《中国酒曲制作技艺研究与应用》编写委员会

主　编

邓子新　微生物学家，中国科学院院士，教授，博士生导师，
上海交通大学生命科学技术学院院长

副主编

傅金泉　酿酒微生物专家，兼职教授
熊小毛　白酒专家，湖北白云边酒业股份有限公司常务副总经理
陈茂彬　教授，博士生导师，湖北工业大学酿酒研究所所长
姚继承　红曲专家，研究员，兼职教授，武汉佳成生物制品有限公司董事长，
湖北省食品工业协会副会长
刘源才　教授级高级工程师，劲牌有限公司技术总监，劲牌研究院院长

成　员

谭卫东　湖北省食品工业协会秘书长
曹敬华　湖北工业大学酿酒研究所副主任
谭崇尧　湖北枝江酒业股份有限公司常务副总经理
李　净　湖北枝江酒业股份有限公司副总经理
谢永文　稻花香集团总工程师
杨　林　湖北稻花香酒业股份有限公司总工程师
杨团园　湖北白云边酒业股份有限公司总工程师
杨　强　劲牌研究院副院长
陈申习　劲牌研究院微生物研究室主任
李　良　黄鹤楼酒业有限公司技术总监
钟吉安　湖北省石花酿酒股份有限公司副总经理
卢　敏　湖北省石花酿酒股份有限公司质检中心主任
张　明　湖北枝江酒业股份有限公司总工程师
陈　萍　湖北稻花香酒业股份有限公司副总经理
彭桥玲　湖北省食品工业协会办公室主任

顾　问

蔡宏柱　稻花香集团党委书记、终身名誉董事长，湖北省食品工业协会会长
吴少勋　劲牌有限公司董事长、总裁
梅　林　湖北白云边酒业股份有限公司董事长、总经理，湖北省食品工业协会副会长
蒋红星　湖北枝江酒业股份有限公司原董事长，湖北省食品工业协会副会长
许　鹏　黄鹤楼酒业有限公司党委书记、董事长
曹卢波　湖北省石花酿酒股份有限公司董事长、总经理

序一

曲为酒之骨，曲为酒之魂。酒曲酿酒是中国酿酒的精华之所在。欣闻傅金泉心血之作《中国酒曲制作技艺研究与应用》即将付梓，备感振奋，实乃我国乃至全世界酿酒事业之大幸。忝应傅先生之邀作序，甚为荣幸。

酒曲的生产技术在北魏时期《齐民要术》中第一次得到全面总结，在宋代已达到极高的水平。在生产技术上，由于对微生物及酿酒理论知识的掌握，酒曲的发展跃上了一个新台阶。原始的酒曲是发霉或发芽的谷物，人们加以改良，制成了适于酿酒的酒曲。从有文字记载以来，中国的酒绝大多数是用酒曲酿造的，而且中国的酒曲法酿酒对于周边国家，如日本、越南和泰国等都有较大的影响。

现代酒曲主要有麦曲、大曲、小曲、红曲、麸曲等，广泛用于黄酒、白酒等的酿造。然而，关于酒曲的系统研究和论述，却疏于总结。傅先生作为我国酒曲专家，于20世纪80年代，选辑了30多年来有关酒曲的论文、报告，整理汇编成册，名为《中国酒曲集锦》。又于20世纪90年代，编著了30余万字的《中国红曲及其实用技术》，系统搜集、梳理了古代红曲制曲技艺与红曲在酿酒、食品和医药等方面的应用史料，以及传承至今的传统红曲与酿酒技艺等内容。书不算厚，却是傅先生大半辈子的心血的凝聚、总结和提升。中国科学院微生物研究所研究员程光胜在《中国红曲及其实用技术》的读后感里写道："傅先生是一位酒曲专家，是特别少有的红曲专家。据我所知有关红曲的专著，也许这是有史以来的第一本。"

80多岁高龄的傅先生近几年来，克服年迈带来的种种困难，利用家里3000余册藏书以及积累的数人高的资料，走访衢州、江山，以及外地等酒厂，呕心沥血，最终集腋成裘。在《中国酒曲集锦》基础上，以其饱满热情、充沛精力、敏捷思维、认真态度编撰了该书，令我辈由衷地感叹与钦佩。书中翔实的讲述、精确的数据、严谨的标注，流露出对行业发展的拳拳之心、浓浓关切。这本书对传承和发扬我国宝贵科学文化遗产具有重要意义，更是纪念方心芳和秦含章两位老先生的最好礼物。

傅先生以精妙之学，吐哺归心，如广大酿酒行业人员能在闲暇之余，经常抚卷在手，勤加翻阅学习，必将拨云雾而睹青天。

莫道桑榆晚，为霞尚满天。人生就是一本书，傅先生这本书写得好！

王延才

中国酒业协会

序二

中国白酒道法自然，天人合一，酿酒大师指挥着不计其数的微生物共酿美酒，让自然发酵之玄妙尽情展示。酒曲是酒之骨，亦是酒之魂，酒曲酿酒是中国宝贵的科学文化遗产，也是世界生物发酵技术发展史上的绚丽华章。

北魏时期的《齐民要术》第一次对酒曲的生产技术做了全面总结；至宋代，在制作技术上已达到极高的水平，由于对微生物及酿酒技术理论知识的掌握，酒曲的发展跃上了一个新的台阶。自古以来，中国的酒绝大多数是用酒曲酿造的，而且中国的酒曲法酿酒对周边国家及世界生物发酵酿造具有深远的影响。

现代酒曲广泛应用于白酒、黄酒、米酒、料酒和醋等的酿造，且对于这些产品的质量起着至关重要的作用。然纵观国内外酿造技术专著，鲜有对酒曲的全面系统研究和论述。傅金泉作为我国酒曲专家，从事酿酒技术工作40余载，几十年勤勤恳恳，兢兢业业。20世纪80年代傅先生选辑了30多年来有关酒曲的论文、报告、内部资料，整理汇编成册，名为《中国酒曲集锦》。年事已高的方心芳院士欣然为此书作序，酒界泰斗秦含章为此书写了前言，此书由中国轻工业协会发酵学会和全国食品发酵科技情报站内部出版发行。《中国酒曲集锦》的出版，得到全行业的高度好评，遗憾的是此书仅为内部出版，传播有限。

近年来，80多岁高龄的傅先生不顾年事已高，克服种种困难，与湖北省的多位酿酒及微生物专家、教授等一道，广泛收集资料，在《中国酒曲集锦》的基础上，整理传统制曲技艺和现代制曲新工艺，以及机械化、智能化制曲的全新科研成果，现由邓子新院士领衔，湖北省食品工业协会组织编撰而成《中国酒曲制作技艺研究与应用》，这是一本全面、系统收集、研究中国酒曲的专著，对酒曲的科研、生产、教学和历史研究等具有很高的参考价值，也对酿造行业具有重大的现实意义和史学意义。

树立匠心精神，弘扬匠心文化，《中国酒曲制作技艺研究与应用》此乃匠心之作，吾愿倾心荐之。

马　勇

中国食品工业协会

戊戌年秋　于北京

序三

曲，繁体字作“麴”，形象地表明来自谷物。制曲酿酒，是中华民族利用微生物的伟大创造，其历史可以追溯到农耕时代早期。古人储备谷物的条件简陋，容易滋生微生物。今天的曲正是用谷物培养微生物制成的发酵剂。为什么在几千年前中华民族的祖先能独树一帜成功地以曲的形式来利用微生物呢？主要原因是中国的农耕时代开始比较早，又由于中国中原地区受到季风的影响，微生物特别容易繁衍。据竺可桢研究，在北纬20°~北纬40°之间欧亚大陆东岸，夏季受副热带高压西侧控制，下沉空气从暖湿海面吸收大量水气，因此带来丰沛的降水，产生了副热带湿润气候。在这片土地上，由于海陆对比十分强烈，形成了独特的季风气候，其显著特点是夏湿冬干，雨量主要集中在夏季。温度高，湿度大，自然适合微生物的生长。所以中国自古以来把芒种后第一个丙日定为“入霉”，小暑后第一个未日定为“出霉”，即从6月6—15日到7月8—19日这段时间内，中国东部地区有一个时间较长、雨量比较集中的明显雨季。这个时期粮食、器物容易发霉，因此在历书上加以警示。同时，竺可桢还在对中国的古气候变迁进行深入研究后指出：在我国近5000年开始的2000年（即从原始氏族时代的仰韶文化到奴隶社会的安阳殷墟），大部分时间的年平均温度高于现在2℃左右。1月温度大约比现在高3~5℃。因此，当时适于微生物生长的地域会更广，所以我们今天知道的古文献中记载的曲，大部分是在那最初的2000年中创制的。

有关制曲酿酒的文献记载，不绝于史。代表性的著作有诸如北魏贾思勰的《齐民要术》等。1000多年来，关于制曲酿酒的文字和实物很多，半个多世纪以来，制曲酿酒的研究报告丰富多彩，但汇编成书则少见。

衢州傅金泉，与我相知近半个世纪，亦师亦友。他一生从事酒曲制作和研究，技艺精湛，见多识广，虽然已是退休多年的耄耋老人，仍孜孜不倦于钻研，且数十年来十分注意收集有关资料，更希望倾一生珍藏奉献给世人。早在20世纪70年代初，我便收到过他寄来的手刻蜡纸油印装订而成的《酒曲资料汇编》；改革开放后，又在同行协助下以其为基础铅印发行过《中国酒曲集锦》。然而，直到2000年，才在黄平等大力支持下，正式出版了《中国酒曲》（中国轻工业出版社）。可以说，中华人民共和国成立70年，也就只有这本专门论述酒曲的书了。傅金泉一直念念不忘有一本内容更新、更全面的有关酒曲的专著，今天他的愿望实现了，和酒曲有关的生产和科研单位有了新资料可以参考。我们庆幸在大步跨进新时代的开篇之日，能用这部著作向祖国献礼。

是为序。

程光胜
中国科学院微生物研究所研究员

前言

中国酒曲历史悠久，种类多样，功能独特，各有千秋。用曲酿酒是我国先民巧夺天工的伟大发明，是祖国宝贵的科学文化遗产。《书经·说命》："若作酒醴，尔惟曲蘖"。这是我国古人对酒曲酿酒的最早文字记载。用曲酿酒是中国酿造酒的特色，并传播日本、越南等亚洲各国，也是世界东西方酒文化的分水岭。美国学者撰写的《中国——发明与发现的国度》中说："中国用曲酿酒，这种第一流的工艺，最终达到无法前进的顶峰，而结果确实造出一种酒精度很高的饮料。"日本著名酿酒专家、微生物学家坂口谨一郎对此评论"中国发明了酒曲，其影响之大，堪与中国四大发明相比。"

从古至今的实践证明，曲与酒密切相关，不同的曲酿出不同风味的美酒，酒曲的质量直接影响酒的质量与产量，所以制曲是酿酒的核心技术，因此在酿酒界特别重视制曲技艺的研究与提高。但酒曲微生物及在酿酒过程中的作用，至今仍是一个重要的研究课题，存在诸多神秘之处。在科学技术发达的今天，我们应该更加重视对酒曲的总结、研究和利用，传承与发扬我国传统制曲技艺和文化，为酒业作出贡献。

搜集、整理、总结我国传统制曲技艺和研究成果，不但具有很高的实用价值，而且具有很大的研究价值和史料价值，其意义重大。

《中国酒曲制作技艺研究与应用》的编撰前后历经30多年，往事俱矣。其起源可以追溯到1974—1975年，傅金泉搜集、整理有关酒曲生产工艺等资料，汇编了《酿酒曲药》（油印稿）二册。1983年，在北京大兴县召开的全国黄酒生产工艺学术研讨会上，傅金泉拿着《酿酒曲药》，请酒界泰斗、原轻工业部食品发酵研究所所长秦含章指教，当时秦含章十分重视，会后亲自组织力量，筹集资金为出版辛劳。1976年11月初，傅金泉还将《酿酒曲药》寄给中国科学院院士、工业微生物学家方心芳，请他指正，方心芳很快给傅金泉回信，信中说："你们费了不少劳动，编成一本全国酒曲制法，是创造性的，我从未见过这样全面的一本书。"1982年4月，方心芳还为即将内部出版的《中国酒曲集锦》（《酿酒曲药》为其前身）作序，序中说："傅金泉汇编的《中国酒曲集锦》，为我国酒曲系统研究的宝贵史料。愿全国同行协作努力。调查研究中国酒曲在科学原理和应用中的重大意义。我虽年老多病，也要紧跟大家前进。"1985年，此书由中国轻工业协会发酵学会和全国食品发酵科技情报站作为内部刊物出版发行，这是我国第一本酒曲专著，秦含章为此书取名《中国酒曲集锦》，并在前言中说："生产酒曲、利用酒曲制作黄酒和白酒，这是微生物工程在酿酒工业中的应用，值得总结、提高和推广，以便保存和发展我们祖先留下的宝贵遗产。"《中国酒曲集锦》一书内部出版以后，

1987年7月，方心芳又来信告诉傅金泉："《中国酒曲集锦》是我国空前的酒曲专著，大家反映很好。关于酒曲要进一步研究，现在开展不多，停留在一个水平上。今后要有人较深地研究才行。当然这与科技方向有关，以前搞科研，不求经济效益，只求成果。现在多与经济效益挂钩，没有经济效益就不想干，这就很难深入搞一个问题了。"后来，上海科技大学教授、我国酿造界前辈陈騊声给傅金泉去信，并说："望以后再版，我愿提供资料入编。"无锡轻工业学院院长、酿酒专家朱宝镛，于1986年在无锡轻工业学院召开的全国发酵工程学术讨论会期间，对傅金泉说："你把这些传统的老东西搜集、整理成书，意义很大，功德无量。"2006年6月，方心芳的序和给傅金泉的信，被中国国家博物馆收藏，这在我国酿酒史上还是首次。

秦含章、方心芳等老前辈，对我国酒曲生产研究的重视与关心，和对傅金泉的支持与关心，这是一位普通的酒曲研究工作者做梦都没有想到的。在这里，使我们想起我国微生物先驱、中国第一代微生物学家魏岩寿，他非常重视我国传统发酵食品的研究。1929年，他在美国的《科学》杂志上发表了腐乳中分离的一个毛霉新种的论文，这是我国科学家首次在此顶级自然科学学术刊物上发表论文。1935年，他与何正礼合作出版了《高粱酒》，这是我国最早的一本白酒专著。魏岩寿在上海劳动大学农学院教书时，秦含章和方心芳都是魏岩寿优秀的学生，所以方心芳和秦含章这种重视酒曲研究的精神，和他们老师的教育和影响是密切相关的。我们也要向方心芳和秦含章学习，把这种精神传承下去。

30多年过去了，随着我国酿酒工业的发展，制曲工艺正在从不同方面大力创新，逐步向纯种化、机械化、自动化、智能化方向发展，而传统技艺已逐渐消失，有的早已失传，很多资料已成为历史文献。为此，在《中国酒曲集锦》内容的基础上，湖北省食品工业协会组织酿酒、微生物和生物发酵方面的十多位专家、教授，与已80多岁高龄的傅金泉一道，继续广泛搜集、整理传统制曲技艺、制曲新工艺以及新的科研成果，为纪念方心芳和秦含章两位老先生，编撰而成《中国酒曲制作技艺研究与应用》，全面、系统地收集并总结中国酒曲的研究资料，旨在对酒曲的科研、生产、教学和历史研究等具有参考价值，对酿造行业具有借鉴意义和史学意义。

该书得以问世，特别感谢傅金泉的无私奉献；感谢湖北省食品工业协会的精心策划和组织；感谢湖北稻花香集团、劲牌酒业公司、白云边酒业公司、枝江酒业公司、黄鹤楼酒业公司、湖北工业大学、武汉佳成生物制品有限公司的大力支持。

邓子新
中国科学院院士
中国微生物学会理事长
上海交通大学教授

目录

第一章

中国酒曲简史

第一节　酒曲与酿酒的起源和发展

一、再论我国曲蘖酿酒的起源与发展

中国科学院微生物研究所方心芳院士对曲糵酿酒的起源与发展做了深入的研究及综述。现将其研究成果介绍如下：

曲是微生物的培养物，既古老又年轻，对它进行研究是为了推陈出新，也是为了古为今用。

在自然界中，果实（特别是浆果）表面，都繁殖着酵母菌，这些果实落到不漏水的地方，就会自然发酵成酒。所以，自然界中很早就有水果酒。世界各国多有猴子爱喝酒的传说，历史上也有猴子喝酒的文献记载。可以肯定，早在人类之前，就已经有了水果酒。人类受自然现象的启发，很早就知道了用水果酿酒。另外，上古时，人类把多种野生动物驯养成家畜，家畜的乳也就开始被人类饮用了。在自然中，使乳中的乳糖发酵的酵母菌，比使水果中葡萄糖等发酵的酵母菌要少，但还是有足够的酵母菌使乳发酵成酒。人类饮用家畜乳汁后，有了剩余，喝剩的乳汁先由乳酸菌发酵成酸乳，然后由酵母菌发酵为乳酒。所以，许多游牧民族都会酿造乳酒。用粮食酿酒比较复杂，须先将粮食中的淀粉水解为糖，然后酵母菌才能将糖发酵成酒。水解淀粉的糖化酶，谷芽中含量丰富。谷芽浸泡于水中，谷芽中的糖化酶会使淀粉水解为糖，于是谷芽上存在的酵母菌就会起发酵作用，使之成为酒。这种谷芽酒，在自然条件下，各地都会普遍产生。所以，亚非各地区都有自己的谷芽酒——原始的啤酒。大概我们的祖先开始农业生产的年代，气候不同于现在，那时天气炎热并且潮湿，适宜于霉菌的繁殖。人们贮存的谷物，不但容易发芽，并且容易生霉。霉菌中多有糖化酶，能使淀粉水解为糖。天长日久人类就开始有目的地使谷物发霉，这种发霉谷物就是曲（对于发酵食品，曲也有独到之处）。曲泡在水中，能发酵成酒。我们的祖先，最早发现了霉菌，并最早进行了培养利用，之后传到亚洲各国，这在世界酿酒历史上占有重要的位置。对社会进步起到很大的推动作用。

日本发酵学专家坂口谨一郎在其《世界的酒》中说："东洋酒与西洋酒有着根本的区别，西洋酒用麦芽，而东洋酒则用霉菌曲。"日本利用霉菌产生的经济效益很大，日本年预算1万亿日元中的20%是霉菌产生的，每年收霉菌生产物品的税额达1800亿~1900亿日元。霉菌对日本的经济复兴有突出贡献。近年，我国农副产品加工业越来越兴旺，其中发酵工业发展最快。我国微生物工业的年产值已占工农业年总产值的1%以上，今后还会有更大的发展。现在我国已成为世界上利用霉菌品种最多的国家，如根霉、米曲霉、黑曲霉、白曲霉、红曲霉、毛霉等。我国培养微生物的手段和技术也很先进，如近年来选育出的采用二步发酵法生产的维生素C优良生产菌已转让到国外，成为我国重大科技转让项目之一。

1965年，中国科学院中国自然科学史学术会议上，笔者发表了题为《曲糵的起源与发展》的论文，并由中国科学院北京微生物研究室摘要刊登在《应用微生物学参考资料》（第二集，科学出版社）中；经修改补充，又刊载于《科技史文集》（第四集——生物学史特辑，上海科学技术出版社）中；亦曾转载于国内许多专业读物，如《中国酒曲集锦》等。本文是在前文的基础之上，加以增改而成的。

（一）曲糵的起源

1. 曲糵是什么

《书经·说命》："若作酒醴，尔惟曲糵"。曲糵是什么？古今中外，各家持有不同的看法。宋应星在《天工开物》中说："古来曲造酒，糵造醴，后世厌醴味薄，遂至失传，则并糵法亦亡。"认为曲糵是两种酒曲，糵是种发酵力弱的曲，而不是谷芽，它只能制成薄味的酒，并且制造这种曲的方法也已失传。日本山崎百治认为："将整粒或捣碎后的谷物，直接或经蒸炒后使霉菌在其中繁殖起来的东西就是糵。"也就是说，山崎百治把糵看成是散曲，他还认为后来的黄衣、麦䴷（huan），以至于女曲（清酒曲）也是由糵发展而成的。《辞源》对糵的解释："糵，曲也，所以酿酒者。"这与宋应星的看法一致。

还有人把上古时期曲糵中的糵与汉代的糵看成是同种东西。例如，袁翰青认为糵从来就是指谷芽，从上古时代起，曲糵就是酒曲与谷芽。

笔者认为，上古时期的曲糵是指发霉及发芽的谷粒。在农业出现前后，贮藏谷物的方法粗放，天热时，谷物受潮后会发霉和发芽，吃剩的熟谷物也会发霉，这些发霉发芽的谷粒，就是上古时期人们常见的天然曲糵。这些天然曲糵浸到水中，就会发酵成酒，即天然酒。人们不断接触天然曲糵和天然酒，而且喜欢喝天然酒这种饮料，于是有人就模仿着制造曲糵和酿酒，久而久之，就发明了人工曲糵和人工酒。上古时期的曲糵就是酒曲，后来，才分为曲和糵。曲又分为酒曲和酱曲、豉曲，糵则专指谷芽。

综上所述，笔者认为，宋应星和山崎百治都把糵看成是一种酒曲，而不是谷芽，这是不符合实际情况的。因为《说文解字》中解释说："糵，牙米也"，对米的解释是："米，粟实也，象禾实之形，凡米之属皆从米"，那糵就是发芽的粟，即粟芽。《释名》："糵，缺也，渍麦覆之，使生芽开缺也。"这指的是麦芽。袁翰青的说法说明他没有看到曲糵含义的发展变化。上古时期的曲糵指的是酒曲，用它可以酿酒，在很长一段时间内，曲糵实际上是酒曲的同义词。如北魏贾思勰《齐民要术造神曲并酒·第六十四》中说，用河东神曲酿酒时要分几次把米饭投入发酵瓮中，而每次投入量"皆须候糵强弱增减耳"。这里的曲糵分明指的是酒曲。同书《黄衣、黄蒸及糵·第六十八》所说的糵才是指麦芽，与上述曲糵毫无关系。

对于上古曲糵的看法，归纳起来，大致可分为以下四种：

（1）宋应星认为，曲糵从来是两种东西。曲就是酒曲；糵是一种酒化力很弱的酒曲，不是谷芽。《康熙字典》也认为糵即曲。

（2）袁翰青认为，曲糵从来是两种东西。曲是酒曲；糵是谷芽。

（3）山崎百治认为，曲糵从来是两种东西。曲即饼曲，后来发展为大曲、酒药等；糵为散曲，发展为黄衣曲（酱曲、豉曲），以至于女曲（清酒曲）。坂口谨一郎近论曲糵，观点类同。

（4）笔者认为，曲糵是发霉发芽的谷粒，即酒曲，后来发展为谷芽、酒曲、黄衣曲（糖化用黄曲、酱曲、豉曲）。

2. 曲糵酿酒起源于何时

如前所述，笔者认为，曲糵起源于农业出现前后。人们认识到野生谷物可以充饥，就会搜集贮藏以备寒冬；在农业出现后，贮藏的谷物会更多。但当时贮藏谷物的方法很粗放，谷物发霉发芽的现象很普遍，因此天然曲糵也就很容易出现。曲糵遇水发酵，就成了酒。这样，人们学会用曲糵酿酒的机会自然也就增多。《淮南子》说："清映之美，始于耒耜"，这应该是可信的。

有人不同意这种看法。张子高《中国化学史稿》中说，仰韶文化时期农业收获量少，不可能用谷类酿酒。只有农业生产力提高了，原始社会的氏族公社解体，阶级产生剩余的粮食集中在少数富有者手中时，谷物酿酒的社会条件才能成熟。所以，他认为酿酒起源于龙山文化时期，而不是起源于更早的仰韶文化时期。

需要指出的是，我们讨论的是酿酒的起源，而不是酿酒的发展。笔者认为，在原始社会，酿酒的起源和酿酒的发展可以相距很长时间。

当谷物集中于富有者手中时，谷物的收藏条件较完善，谷物发霉发芽的机会减少。也就是说，不自觉地利用天然曲蘖的机会减少了，因此发明人工曲蘖的机会也相应地减少了。如果说，酿酒起源不是在天然曲蘖出现机会多的时候，而是在天然曲蘖出现机会少的时候，那么，这是不可思议的。张子高用龙山文化遗存的陶制酒器（尊、斝、盉等）来证明酿酒起源于那个时期。笔者觉得，那些出土文物恰恰证明酿酒不是起源于那个时期。酿酒起源时期不可能同时出现专用的酒器。只有在经过长期实践，酿酒方法稳定以后，酒为人们所喜爱并经常饮用和用来敬神祭祖时，才可能制造出专用的酒器。专用酒器的出现，正好表明酿酒已经发展起来。这距酿酒的起源时间是会相当长的。

中国农业起源于何时呢?《中国史稿》说，大约六七千年以前，黄河流域的许多氏族部落最早发展到母系氏族公社的繁荣阶段。仰韶文化比较清晰地反映了母系氏族公社的面貌。山西怀仁鹅毛口出土的仰韶文化以前的石器场有许多石锄、石镰等农具，说明那时人们已经从事农业生产，也说明曲蘖酿酒起源于六七千年以前。同书的大事年表指出，传说中的黄帝时代和夏禹时代分别是公元前 26 世纪初和公元前 22 世纪（距今 4000 多年）。由此也可以推知，在那个时代，曲蘖已经有两三千年的历史了。笔者同意《中国史稿》一书中关于“相传禹臣仪狄开始造酒，这是指比原始社会时代的酒更甘美浓烈的旨酒”的观点。

（二）殷商的曲蘖酿酒

《史记殷本记》张守节引太公（六韬）云：“纣为酒池。回船槽丘而牛饮者，三千余人为辈。”此文虽不足信，但商代饮酒者之多，应是事实。

商代饮酒者多，酿酒业必相当发达。在殷墟，曾发现酿酒场所的遗址，当时用大缸酿酒。可见，酿酒业的规模相当大，酿酒技术也必有较大的进步。出土的甲骨文和钟鼎文中，有关酒的字有（酋）、（酉）、（酒）、（鬯）、（醴）等。从 30 多个甲骨文“酉”字看，都是瓮形器具的象形。清楚地表明酉是指酿酒的器具，所以有关酿造的字都从酉旁。有人说：“古文酒与酉同”，这种说法应该是可信的。钟鼎文中不少“酒”字和“酉”字字形相似。甲骨文中，“酒”字的写法都是在“酉”字旁边加上几个点，以表示液体。一般为三点，也有加二点或四点的，有的点在左边（7 个)，有的点在右边（10 个）（图 1-1）。这说明那时“酒”字尚未最后定形。甲骨文的首字，清楚地表示是在酿酒器具（酉）上置一容器，容器内盛有发酵醪，所以“酋”字应表示酿酒。周代掌管酿酒的官称作大酋，也可以作为 一个旁证。“鬯”字的上部是会意，表示发酵醪中有草，下部是酒坛。金文中有“”字，是“秬”和“鬯”二字的合体，“秬”是黑黍，由此可以推断，“鬯”是用黑黍酿造的。《周礼》中记有掌供秬鬯的鬯人，鬯应是供祭祀用的。这种加草药的酒，以后发展成各式各样的药酒。

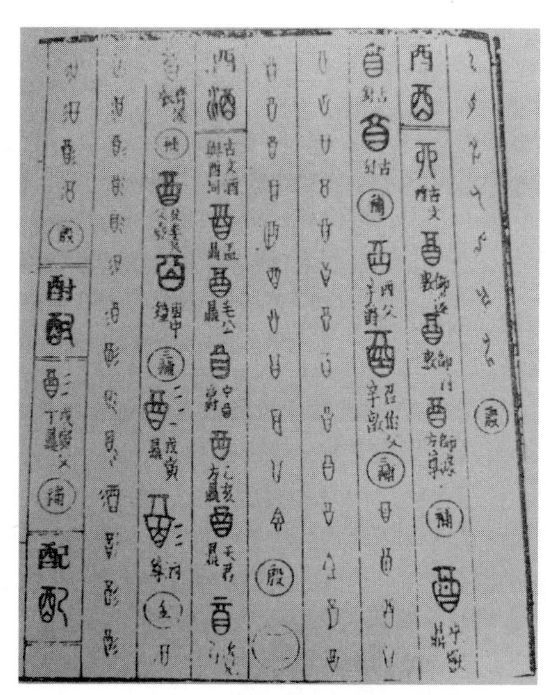

图 1-1　《古籀汇》中的“酉”字和“酒”字

甲骨文“醴”字，有时没有酉旁。它表示豆上置一个盛有发酵醪的容器。豆是一种古代盛食物的容器。因此，醴是用豆盛的一种食品，即一种祭祀品。《说文解字》：“醴，酒一宿熟也”；《释名》：

“醴，礼也，酿之一宿而成醴”；后人对《周礼》中“醴齐”的注释是：“如今甜酒矣”，《周礼》有“掌供王之六饮”的“浆人”。“六饮”是指“水、泉、醴、凉、医、酏”。《楚辞·大招》有“吴醴白蘖”的记载。据上述文献，醴应是一种带甜味、酒味少的饮料，可能最初是用曲蘖、后来是用谷芽（蘖）制造的。战国时已有醴的特产“吴醴”。《汉书·匈奴传》内有“汉所输匈奴缯絮米蘖”。又“匈奴娶汉女为妻，岁给遗蘖酒万石”。由此可知，汉代用粟芽酿酒，称蘖酒，也就是醴。《晋书·石勒传》：“勒伪称赵王……于是重制禁酿，郊祀宗庙皆以醴酒，行之数年，无复酿者。”可以证明，醴并不是真正的酒，所以不在禁制之列。《齐民要术·煮醴法》说：“与煮黑饧同……传曰小人之交甘若醴，疑谓此，非醴酒也。”但书中并未介绍醴酒的酿造法，大概是因为醴酒实无酒味，不受人们欢迎的缘故。正如宋应星所说：“后世厌醴味薄，遂至失传。”看来，醴在历史发展过程中有过不小的变化。

（三）周代的曲蘖酿酒

周代800年的历史中，曲蘖酿酒的发展很明显。

首先，曲蘖已分为两种明显不同的东西。《左传》记载，申叔展问：“有麦曲乎?”《楚辞》有“吴醴白蘖”的记载。这说明不仅“曲”“蘖”有别，而且在“曲”前加上“麦”字来限制，可见当时已有不同种类的曲。从“白蘖”一词也可以推想，当时谷芽中已经很少有霉菌繁殖。否则，蘖中必然呈现五颜六色，而不会是白的。酵母菌自然也少，所以醴中酒味特淡。

曲蘖分为不同的东西，用途也不相同。《诗经》有“堇荼如饴”；郑玄说：“甘如饴也”；《书经》有“稼穑作甘”。饴是由谷芽（即蘖）制成的，因为谷芽内含有使淀粉分解为麦芽糖的酶。如果周初已有饴，那么可以肯定，在商代曲和蘖已有区别。曲酿酒，蘖制饴。当然，曲和蘖的制法也不相同。

其次，周代已有较完整的用曲蘖酿酒的经验。《礼记》：“（仲冬之月）乃命大酋，秫稻必齐，曲蘖必时，湛炽必洁，水泉必香，陶器必良，火齐必得，兼用六物，大酋监之，毋有差贷。”总结了酿酒技术的六个关键问题，对我国酿酒技术的发展有着深远的影响。1932年，笔者在山西汾阳杏花村调查汾酒酿造技术时，该厂有位60多年酿酒经验的老师傅介绍七条酿酒秘诀：“人必得其精，水必得其甘，曲必得其时，高粱必得其实，器具必得其洁，缸必得其湿，火必得其缓。”这和《礼记》所载是何等相似！

当时，已经把发酵过程分为几个阶段。例如，《周礼·天官》：“酒正掌酒之政令……辨五齐之名：一曰泛齐，二曰醴齐，三曰盎齐，四曰醍齐，五曰沉齐。”这里的五齐表示五个发酵阶段。用现代科学来解释，大致是：发酵开始，醪醅膨胀为泛齐→糖化作用旺盛，醪味发甜为醴齐→发酵旺盛，泡多出声为盎齐→醪中酒精增多，浸出原料中的色素，醪呈红色为醍齐→发酵停止，酒糟下沉为沉齐。将发酵过程分为几个阶段，可以在不同阶段采取不同的管理措施。《周礼·天官》记载，酒正要“辨三酒之物，一曰事酒，二曰昔酒，三曰清酒”。事酒一般为喜庆而酿制的饮用酒；昔酒是指长期贮藏过的陈酒；清酒即澄清、不浑浊的酒。当时能有陈酒，说明酒的浓度已相当高，否则，酒会在贮藏过程中由于醋酸菌的繁殖而变成醋。至于当时能够酿制出清酒，更是难能可贵。因为直到今天，酒的澄清也并非易事。

周代的酿酒技术已相当进步，但更为可贵的是制曲的方法。周代王室的礼服中有一种“鞠衣”。《尔雅》说，“鞠”为“麴”的同义字。《说文解字》多用“麴”代替“曲”，所以“鞠衣”即“麴衣”，今简化为“曲衣”。《礼记·月令》：“天子乃荐鞠衣于先帝”，有人说是：“黄桑服也，色如曲尘”。所谓曲尘，是指散曲上的黄曲霉落下的孢子。因为它的颜色漂亮，所以贵族们才用它来形容自己礼服的颜色。由此可以推想，当时制造出的散曲，黄曲霉已占优势。这说明2000多年前，我们的祖先在一定程度上已掌握了黄曲霉生长繁殖的规律。我国许多地方把制黄曲的曲室，称作黄子室。

《礼记·月令》：“孟秋之月，天子饮酎。”段玉裁《说文解字注》：“酎，三重醇酒也。”这是说，在酿成的酒中再加米和曲进行酒精发酵，重复三次。这样酿成的酒当然很醇酽。现在驰名中外的绍兴酒中，有一种善酿，就是用类似的方法酿制成的。

（四）两汉时的曲蘖酿酒

两汉时，曲和蘖已完全不同：曲是酒曲；蘖是谷芽。汉代的一些辞书，如许慎《说文解字》、刘熙《释名》、杨雄《方言》等，对于后人研究当时曲蘖酿酒的情况很有帮助。

两汉的曲类很多，各地的名称也不一样，现摘要分类如下：

（1）依原料分　大麦曲（䴬）、小麦曲（麲、䴴等）及其他。

（2）依制法分　饼曲（䴷、麸、𪌮等）和散曲（䵂等）。

（3）依曲表面是否长有霉菌分　生长曲（𪎊）和无衣曲。

上述各种曲名都有麦字作偏旁。可以认为这些曲都用麦子作原料，和现在的大曲一样。近人研究，在用麦子制曲酿成的酒中，有一种特殊的香味，如茅台酒的特有香味，这与使用多达50%的由小麦制成的曲有重要的关系。绍兴酒的特殊风味，也和大量使用麦曲有密切的关系。现在用麸皮代替小麦制曲以节约粮食，又是一个发展。

汉代已经生产饼曲，从《说文解字》对“䴷”“麸”“𪌮”字的解释中可以清楚地看出。由散曲到饼曲，是酒曲发展史的一个重要里程碑。在饼曲内部，酵母菌和根霉等较曲霉更易繁殖，因此饼曲中这些菌比散曲中多。我国酿酒工业中多用根霉，这与饼曲的发明分不开的。

《汉书·食货志》记载一种酿酒法：“一酿用粗米二斛，曲一斛，得成酒六斛六斗。”说明用曲量相当大，曲是作糖化剂用的，与现在大曲酒酿造时用曲的情况类似。《后汉书·刘隆传》的注释中曰：“稻米一斗得酒一斗为上樽，稷米一斗为中樽，粟米一斗为下樽也。”原料不同，酿成的黄酒品质也不同。一斗粮食出一斗酒，说明酒特别醇酽，这和发酵醪中水分的控制技术有关。《北山酒经》中曾加以讨论。汉代的酎酒，又有一种新的酿造法，《天香楼偶得》：“汉酎金律：文帝所加，以正月旦作酒，八月成，名‘酎酒’。”后来《齐民要术》中所记载的酎酒法与此相类似，应是用固体醪发酵而成的。

东汉时，曹操《上九酝酒法奏》介绍了一类似近代间断连续投料的酿酒法，称作九酝春酒法。他说：“用曲三十斤（约合6.87kg），流水五石（约合14L）……一酿满九石米……若以九酝苦难饮，增为十酝，差甘易饮。”这里所说的曲是作菌种用，而不是作糖化剂。因为用曲量只有原料的5%。单单利用这样少量的曲中的酶类进行糖化及酒精发酵是不可能的。曲已作菌种用，表明当时的曲已是以根霉为主了。根霉能在醪中不断繁殖，不断地把淀粉分解成葡萄糖，酵母则把葡萄糖变为酒精。由于根霉较酵母能耐受更浓的酒精，所以酒中会残留糖类而使酒带有甜味。笔者认为，九酝春酒法是近代霉菌深层培养的雏形。这种根霉糖化酿酒法，19世纪末欧洲人才知道，特称为“淀粉发酵法”。

（五）两晋的制曲酿酒

朱翼中《北山酒经》写道：“大抵晋人嗜酒，孔群作书与族人曰：‘今得秫七百斛，不了曲蘖事。’王忱三日不饮酒，觉形神不复相亲，至于刘殷嵇阮之徒，尤不可一日无此。”鲁迅在《魏晋风度及文章与药及酒的关系》一文中也说魏晋时饮酒成风。晋代酿酒普遍，经验必多，可惜未见制曲酿酒的论著。但葛洪著《抱朴子·金丹卷》中说：“犹一酘之酒，不可方九酝之醇耳。”足证晋代普遍用间断连续投料酿酒法。

晋代嵇含《南方草木状》记载制曲时加入植物枝叶及汁液的方法：“杵米粉杂以众草叶，治葛汁，涤溲之，大如卵，置蓬蒿中荫蔽之，经月而成，用此合糯为酒……”这是制曲技术上的一种改进。笔者曾做过试验，一般曲中所加的草药，因含有多量的维生素而能促进酵母及根霉的繁殖，只有极少数的草药（如黄连等）才有抑制生长的作用。因此，后来在曲中加草药的方法逐渐发展起来。如《齐民要术》提到的10种曲中，有4种加草药（少者1味，多者4味）。唐代刘恂《岭表录异记》记载用各种草药和粳米制曲。宋代《北山酒经》记载的13种曲都加有草药（少者1味，多者16味，一般为4~9

味)。直到近代，还有不少大米制成的曲中加有草药。

我国药用神曲，很可能创始于晋代。这种神曲，同《齐民要术》及《北山酒经》中所说的神曲完全不同。后者实际上是种酒曲，所以后人都不把它称作神曲了。

用曲治病，由来已久。《左传》记载，鲁宣公十二年，申叔展问还无社：“有麦曲乎?”曰：“无。”“河鱼腹疾，奈何?”这是用曲治病的最早记载。梁代《春秋纬》记载：“麦阴也，黍阳也，先浸曲而投黍，是阳得阴而沸。后世曲有用药者，所以治疾也。”可见，至迟到南北朝时，已经制造出专用于治病的药曲了。宋应星在《天工开物》中说：“供用岐黄者神其名”。可见，神曲专指药用曲，是在明代或其以前。近年有人对神曲中助消化的酶进行过一些研究。这种微生物的培养物，有消食、行气、健脾、养胃的作用。

顺便提一下，我国湖南等地出产的茶砖，是把茶叶压制成块，经发酵培养而制成的。它也是种可以助消化的微生物培养物。这种茶砖内部或多或少都有金黄色的斑点，它们是堆集在一起的灰绿曲霉群霉菌的闭囊壳（子囊果)。从茶砖的原料中可分离出青霉、曲霉、毛霉和一些细菌，但在培养过程中，可使灰绿曲霉占绝对优势。这是一种高超的技巧，包括掌握温度使之不致太低；避免青霉大量生长而导致茶砖带有霉味；控制湿度与通气量，节制黑曲霉的生长，以免长出黑毛；并使相对湿度维持在88%左右，使灰绿曲霉长出金色的闭囊壳。我国古时多制饼茶，从微生物培养的技巧上说，是值得研究的。

（六）南北朝的制曲和酒

北魏贾思勰的《齐民要术》，是保存至今最完整的一部古农书。书中有关于曲蘖酿酒的记载，这些记载具有承上启下的意义。

该书分酒曲为神曲和笨曲两大类，基本上类似于近代的小曲和大曲。神曲不但形体小，而且用曲量只有原料的2%~3%，类似现代的小曲，起着菌种的作用。据说，用这种曲酿制成的酒，可使人“蠲除万病，令人轻健”，故特名为神曲。笨曲是在木框内踩成一尺见方、厚二寸（合21.7cm×21.7cm×4.3cm）的块曲，用曲量为原料的1/7。

贾思勰把散曲编成另篇，名为《黄衣、黄蒸及蘖》。说明他已意识到三者之间的共同点。今天看来，三者都含有水解酶类。黄衣和黄蒸是两种散曲，原料分别是麦粒和麦粉。它们的制法是将原料蒸熟后摊平，盖上“藨叶”及“胡枲”，令其长足黄色衣。这是利用植物叶片上的黄曲霉作为菌种而制成的黄衣曲。黄衣是指黄曲霉菌丝及孢子，贾思勰所说的“势”，实际是指“衣”中所含的酶类。作豉法中谈到使豆着黄衣，就是用豆类培养黄曲霉。这表明当时培养黄曲霉的经验已经十分丰富。应该指出的是，书中谈到当时制作醋、麦酱、鱼酱和豉等都用黄衣（又名麦麲)，说明贾思勰已意识到黄衣曲中含有可以分解蛋白质和淀粉的两种东西（即今天所知的蛋白酶和淀粉酶)。所以说，早在公元6世纪，人们掌握的关于黄曲霉的知识已经相当丰富了。

《齐民要术》所述，除了作菹藏生菜法用的女曲是以稻米为原料以外，其他的曲都是用麦子为原料。当时两广用米粉制曲的方法还未传到北方。

《齐民要术》记载的酿酒法，基本上仍采用汉代创始的分批投料法。但投料的多少及时间，应依曲势（今天来看，是指曲中糖化酶及酒化酶的活力）而定，即“唯须消化乃酘之”，这又前进了一步。该书所述之酎酒法，是把曲末、干蒸的米粉与少量粥和匀，椎（捶）打成硬块，然后破块入瓮，封瓮，令其发酵，正月作，七月好熟。所得产品“酒色似麻油，甚酽”，并且“一斗酒醉二十人”。这个方法是汉代方法的发展，近代山东老酒的酿造法也与此类似。

白醪曲酒酿制法中提到：“取糯米一石，冷水净淘，滤出，著瓮中，作鱼眼，沸汤浸之，经一宿，米欲绝酢（极酸)。”这是用酸浸大米及酸浆调节发酵醪中酸碱度的最早记载。现在酿制绍兴黄酒仍然沿用这种方法。作粟米炉酒法中还提到，除加原料和酒曲外，须加入春酒糟末。这可能是微生物连续接种法的最早记载。

（七）唐代的酒

唐代是我国封建社会的大发展时期，在制曲酿酒方面理应有较大的发展，但未见有这方面的专门论著，后人的研究也不多，我们应该加以探讨。

唐代的不少作品中提到烧酒。白居易有“烧酒初闻琥珀香”的诗句。雍陶写过：“自到成都烧酒熟”。李肇《国史补》：“酒有剑南之烧春”（烧春即烧酒，唐人喜欢以“春”字称呼酒）。这些片言只语，既提到烧酒，又指明烧酒的产地多在四川。四川至今仍将蒸馏酒称作烧酒。但在唐代，四川是否果真有蒸馏酒？关于这个问题，还找不到史料或文物的证据。可是，唐代内地有人到新疆（当时称高昌），曾见到当地人能用葡萄蒸制葡萄烧酒（白兰地），这种烧酒至迟在唐代就有了。

杜甫《乳酒》诗中有“山饼乳酒下青云”之句。许有壬《马（乳）酒诗》写道：“味似融甘露，香疑酿醴泉。新醅撞重白，绝品挹清元。骧子饥无乳，将军醉卧毡。”由此看来，这种唐代就有的马乳酒，既甘甜，又醇厚。马乳中含乳糖不多，估计要经过特殊处理才能酿成那样的马乳酒。有人提到，内蒙古的乳酒是一种含酒精约12%的蒸馏酒。这种马乳酒起源于何时，又在何时才制成蒸馏酒的，有待今后进一步研究。在这里谈一下我国蒸馏器的发明及发展。

20世纪30年代初，笔者曾见到过两种蒸酒器，一种是河北唐山酒厂当时所用的壶式冷却器的蒸酒器（图1-2），另一种是山西汾酒厂当时所用的称为天锅式冷却器的蒸酒器（图1-3）。这两种蒸酒器下部都有沸水底锅，锅上有一个圆桶形的甑，甑有透孔的假底箅，甑中装酒醅（固体酒醪）。当底锅水沸后，蒸汽通过甑的假底进入甑中醅里，将醅加热，使醅中的酒变为酒气，升于甑的上部空间，酒气经过冷却器壁遇冷凝结成液体，流到外部盛酒器内，这种液体就是酒液。它们的不同之处在于天锅式冷却器是一个高沿锅，置于甑上，类似甑盖，天锅底向下，在锅底下方正中另有一勺形承酒器，它的细端接有细管，细管向下斜插入酒醅中，从甑的上中部穿出，末端放在盛酒器口。壶式冷却器的结构比较复杂，圆桶（一般为大肚形）的下底，隆起成穹形，桶上部敞口，用以加冷却水，桶下部也有一口，有流管，冷却水吸热后从此管流出，这个冷却桶安装在一个圆形槽内，槽底有一流管，这个槽装在甑盖中央圆孔处。酒醅生出的酒气，通过甑盖中央孔口，进入圆桶冷却器（壶式冷却器），遇穹形冷却壁，凝结为酒液，酒液顺穹形冷却壁流到桶下部圆槽式的承酒槽内，再从槽的流管流入盛酒缸。这两种冷却器的主要特点是：①天锅式冷却壁为倒凹形，冷却后的酒聚集在中央，流滴于勺式承酒器。

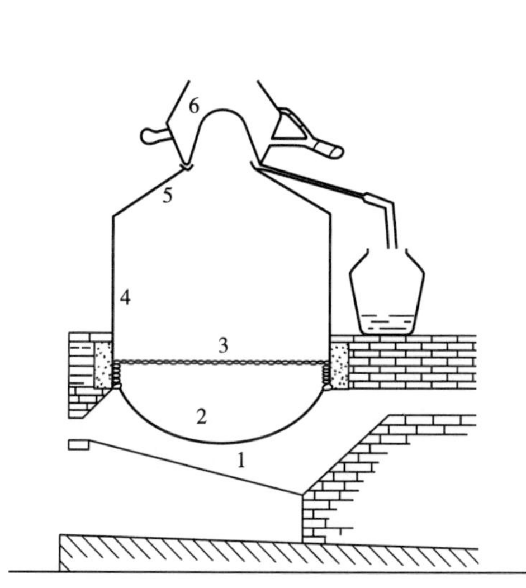

图1-2　壶式蒸酒器（唐山）

1—灶　2—锅　3—箅子　4—甑　5—盖

6—锡壶

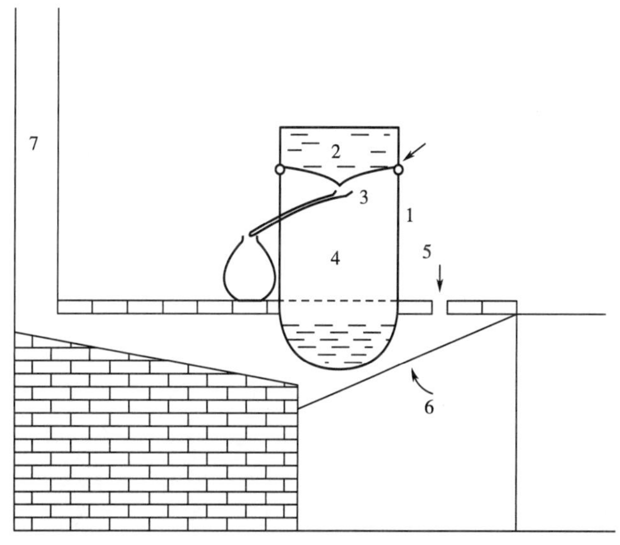

图1-3　锅式蒸馏器（汾酒厂）

1—甑　2—冷却水　3—匙　4—酒醅　5—灶口

6—燃料　7—烟筒

壶式的冷却壁为穹形，冷却了的酒流向四周，汇集到圆槽式承酒器中。②天锅为凹形，勺式承酒器的流出管必须在天锅与甑能接放处之下，在甑的中部伸出。若有甑盖，应在甑与盖连接处伸出。而壶式冷却器则为凸形，槽式承酒器装在甑的上沿（一般在甑盖上口），槽底伸出酒管，不在甑中，而在甑盖的上部。20 世纪 30 年代，笔者认为壶式蒸酒器是在天锅式蒸酒器的基础上改进的，也就是说壶式蒸酒器来自天锅式蒸酒器，我国的蒸酒器是一元化发展的。后来知道汾酒厂当时所用的天锅式蒸酒器，我国许多地方都使用，如四川的泸州酒厂、贵州的茅台酒厂、新疆的酒厂等，而唐山以北、东北三省各地则使用壶式蒸酒器。

1975 年，河北省承德市青龙县出土了一件金代铜质蒸酒器。蒸酒器制作的年代最迟不超过 1161 年的金世宗时期（南宋孝宗时）。这个蒸酒器高 41.6cm，由上下两个分体套合组成。下分部是大肚形甑锅（带锅的甑）。锅的上口沿作双唇凹槽，是汇酒槽。槽的一处通出一个出酒流，出酒流的一端是与甑锅体同范铸成的铜质流。另一端是套上的铁流。上分体是一个圆桶形的冷却器，冷却器底穹起成拱形。桶下部有一个排水管，也是同范铸而成的铜管，另有一铁管套在铜流头上，用以排水。冷却器底沿作牡唇状。上下两部套好时，牡唇外沿正好与汇酒槽的外唇内壁紧贴（图 1-4）。这个冷却器与现代的壶式冷却器几乎完全一样。现代的壶式蒸酒器来源于金代蒸酒器是肯定的了。它不是来源于锅式冷却器。壶式及锅式蒸酒器各有其渊源，但金代蒸酒器的锅金怎么没有中间的假底呢？《周礼注疏》卷四十一《冬官考工记下》有“陶人为甗，实二鬴，厚半寸，唇寸。甑实二鬴，厚寸半，唇寸，七穿。”汉郑玄注：“量，六斗四升曰鬴（约 25L）。郑司农云：甗无底甑。”唐贾公彦疏：“晏子辞云：甗无底甑者。对甑七穿，是有底甑。”由此可知，古时有底者称“甑”，无底者称“甗”。在《古籀汇》瓦部四六二，有“甗”字的甲骨文等，但无“甑”字。《说文解字》“甑”字下“籀文从霝。”同书“鬵”字下“古文亦鬲字，象孰饪五味气上出也”。这是个冒气的沸汤锅。鬲是似鼎的釜锅，三足。两边的弓形是气的上升形，“曾”在沸汤锅上是很形象地汽蒸器，朱芳圃的《殷周文字释丛》卷中“曾”字注内说，金文“曾”字就是甑的象形。

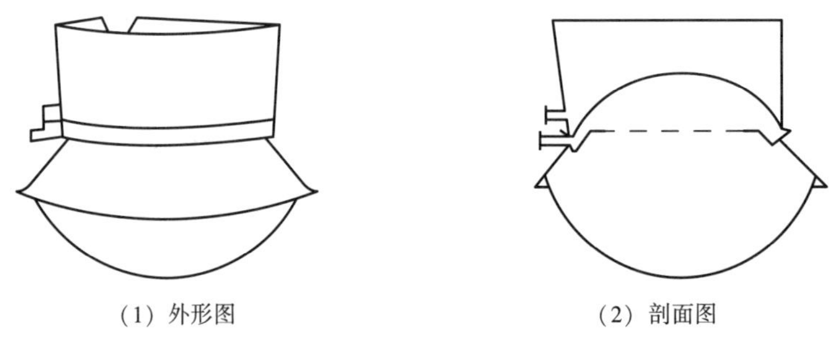
（1）外形图　　（2）剖面图

图 1-4　金代铜烧酒锅示意图

中国历史博物馆石志廉同志在其《殷代的汽锅——商“好”中柱铜甑形器及其他》一文中说，1976 年河南安阳殷墟 5 号墓（妇好墓）出土了一件“好”气柱甑形器，“好”是商王武丁配偶“妇好”之简称。这件甑形器上有“好”字铭文，故称“好”器。这件铜蒸锅高 15.6cm，口径 31cm，柱高 13.1cm，重 4.7kg。敞口方唇，沿面有凹槽一周，可置盖。腹部两侧有附耳，下腹内收，底略内凹，底中部有一中空圆柱形的透底柱，柱略低于器口，此器之柱中空透底，顶部又有小孔，此器结构与今天的汽锅极为相似。可能使用时是放置在鬲和釜形器之上，腹腔内盛放食物，上面加盖，利用上升的水蒸气，通过柱中的孔散发将食物蒸熟。可称其为现代汽锅的始祖。笔者以为此器也是甑的始祖，所以石先生称它为“甑形器”。可见殷商时已有了甑。这种甑容量约 10L。周朝时有“甑”字，它的容量与甗相等，都是 25L，是加甑下的釜，所以大小基本相同。不过周时的甑底有七穿，通气孔增多了。但似乎还不是假底（即多孔的底，且孔上无柱管即箅），也许到秦汉时才有与近代类似的假底甑。综上所述，大致可以说，我国最早出现的是甗，以后产生出有底的甗（甑形

器），最后发展成有假底的甑，这三种“气煮器”（瓶、中柱甑形汽锅及假底甑）近代都有。不过无底甑（甗）已不多见了，金代蒸酒器应属甗类。大概在明代以前，多用这类蒸酒器，因为那时的蒸馏酒是用发酵的稀醪或用去糟的酒蒸馏的。这种去糟的酒或稀醪倾入底锅煮沸，酒气上升入冷却器凝缩成酒。朝鲜近代用的蒸酒器（图 1-5）也是这样的（高桥侦造著《综合农产制造学——酿造编》），只是它的陶质或铜质的冷却器有点别致。基本上是由釜与冷却器两部分组成，没有在釜与冷却器之间的甑。明代的蒸酒器就不一样了，李时珍在《本草纲目》中说：“用浓酒和糟入甑蒸，令气上，用器承取滴露”。清楚地说明此时造酒用的是假底甑及锅式冷却器，因为锅式冷却器才生“滴露”。

上海市博物馆馆长马承源于 1981 年在第三次考古学会上发表了一篇论文，题为《汉代青铜蒸酒器的考察和实验》，出土的汉代蒸馏器山甑和釜两部分组合成，高 539mm，凝露室容积 7500mL，储料室容积 1900mL，釜体下部可容水 10500mL。甑内壁下部有圈穹形斜隔层，可积贮蒸馏液，而且有小流管导流至外，经过多次蒸馏酒实验，所得的酒含酒精最高为 26.6%vol，最低为 14.7%vol，平均为 20%vol 左右，上海博物馆从甑及釜的形制结构以及铺首的形象，断定这件青铜蒸酒器为东汉初至中期之器物（图 1-6）。这个蒸馏器有承液斜隔层且附有向外导流管，肯定是一种蒸酒器，这是与前面说的“好”器甑蒸锅的主要差别。但同样是以平板盖及上部甑壁为空气冷却器。水气比酒气的凝结点高的多（前者为 100℃，后者为 78.3℃）。用这样的冷却器作为蒸锅的“好”器是合理的，但蒸馏酒就很困难了。若酒醪含 2%（重量）的酒精，其蒸汽中的酒精量是 23%~27%（重量）；酒醪含酒精 5%（重量），其蒸汽中含酒精为 42%~44%（重量）。用该器蒸酒实验，出酒为 26.6%vol（容量），合重量是 21.77%。由此可知，这种蒸馏器蒸酒时，散失的酒精太多了。同时可知水冷却器的重要性，但不知它发明于何时。这个蒸馏器还有个奇怪之处是它的贮糟室（储料室）很小，1900mL 容量的糟，通过假底流入釜中的酒液量不会太多。可能就是这个原因。经上部有一个粗大的流管，由此可以再装酒醪。然而多装的酒醪为什么不在放甑以前，倒入釜内呢？这个粗大的流管是准备蒸馏一定时间后再加酒醪用的么？釜已够大，似乎用不着二次加醪，这个馏器若为蒸酒器，出在汉代似乎就不甚合理了。种种疑问只有等待以后再有蒸馏器出土，才能解答。

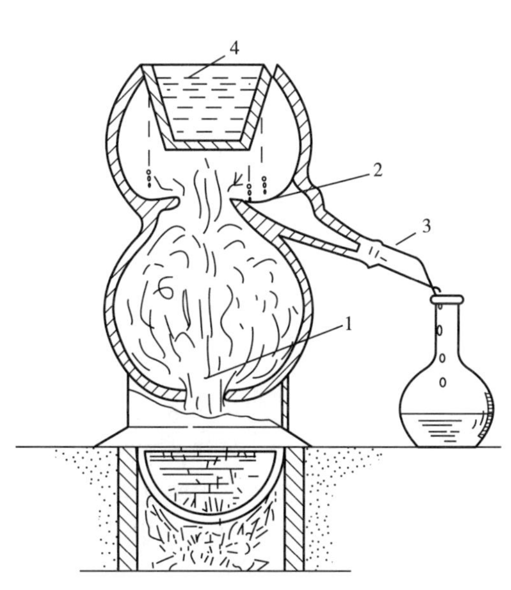

图 1-5 朝鲜烧酒蒸馏器

1—酒精蒸汽 2—茇 3—烧酒出口 4—冷却水

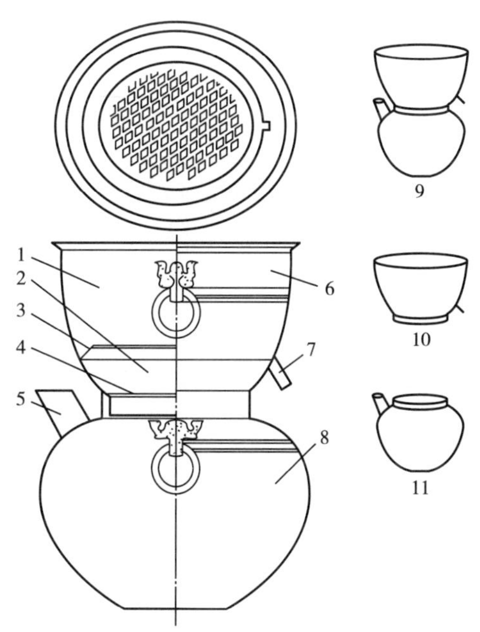

图 1-6 东汉蒸馏器

1—凝露室 2—储料室 3—斜隔层 4—箅 5—釜流 6—甑 7—导流管 8—釜 9—蒸馏器 10—甑 11—釜

（八）宋代对制曲酿酒经验的总结与发展

宋代浙江人朱翼中在12世纪初写的《北山酒经》，是一本关于制曲酿酒的专著，总结了南北朝以来曲糵酿酒的经验。

在《北山酒经》中，按制法不同，把曲分为罨曲、风曲及醵曲三类，共有13种曲，其中以小麦为原料的5种，用大米的3种，米麦混合的4种，麦豆混合的1种。说明在制曲原料方面与近代的制曲原料相似。这13种曲中都加了草药。以后制曲，有的就不加草药。表明宋代是曲中加草药最流行的时期。所用原料多是生料，有两种曲内混有部分蒸熟的原料，只有一种散曲（莲子曲）全以熟大米为原料，须用蒿草覆盖。

罨曲与风曲都类似于今天的大曲，每块重约1斤（约合846g）。该书记载判定出的质量标准："作大曲直须踏实，若虚则不中，造曲水多则糖心，水脉不匀，则心内青黑色；伤热则心红，伤冷则发不透而体重；唯是体轻，心内黄白，或上面有花衣，乃是好曲。"后来人们仍用这个标准来判断酿造汾酒的清茬曲。

特别应该提到的是，该书记述玉友曲和白醪曲的制法时谈道："以旧曲末逐个为衣"和"更以曲母遍身糁过为衣"，这样，曲中的微生物就能逐年传种。玉友曲和白醪曲类似今天的小曲，我国小曲中根霉的糖化力特别强，是800多年来人们连续选育的结果，并为中外人士所钦佩。现在用根霉酿酒的国家有朝鲜、越南、老挝、柬埔寨、泰国、缅甸、印度尼西亚、马来西亚、尼泊尔、不丹和菲律宾等。

《北山酒经·合酵》中还记述传醅的方法，明确提出用"酵"（酵母菌）的必要性。酵是从正在发酵的醪液表面撇取的，也可以将它制成"干酵"，逐年使用。这说明人们已意识到酒精发酵是由一种称作"酵"的东西引起的。这种制干酵母菌的方法大概是我国南方发明的，因为该书说："北人造酒不用酵"。

至于酿酒法，基本上类似近代绍兴酒的酿造法，不再详述。坂口谨一郎在一篇文章中谈到宋代的几个文人说酿酒时加糵的事，似乎当时酿酒还加谷芽，笔者觉得不妥，可以肯定，宋代时酿酒只用曲不用谷芽。《北山酒经》就是例证。

红曲是我国福建、台湾、浙江等省酿造红曲酒的原料，又是一种天然食品染料，还可以作药用。它是我国古代劳动人民在利用和培养微生物方面的重大成就之一。

宋初陶谷《清异录·馔馐门》中，已有用红曲煮肉的记载。可见，红曲的出现应在宋代或宋代以前。

红曲中的主要微生物是红曲霉，生长缓慢，在与其他微生物生存竞争时，得到优势生长的机会较少。因此，在当时依靠自然培菌的条件下，能培育出红曲霉占优势的红曲，从微生物学技术来说，充分显示了我国劳动人民的高度智慧。

红曲霉生长慢，但有耐酸、耐高温、耐较浓的酒精和耐缺氧的特性，并能进行糖化作用和酒化作用。笔者推测，红曲很可能是由乌衣曲逐步演化而来的。浙江、福建一带的乌衣曲，是种外黑内红的大米曲。宋代显然已经知道用酸浸的大米酿酒（详见前述），耐酸的黑曲霉在酸大米上生长后产酸发热，使其他微生物难以生长，但却给红曲提供了乘虚而入的条件，于是红曲霉便大量繁殖起来。若大米含水多，红曲霉就向大米内部侵殖，这样就制成了乌衣曲。把乌衣曲浸在水中酿酒，红曲霉大量繁殖并对大米进行糖化作用及酒化作用，使发酵醪中酒精浓度增高，黑曲霉就逐渐死亡，所以这种酒糟中有较多的红曲霉。红曲霉所产的红色素溶在酒精中，颜色鲜艳，受到人们的喜爱。因此，人们便反复钻研单独培养红曲霉的方法。又因为当时已经知道用新鲜的酒糟作引子可制成好曲，使用含红曲霉越来越多、黑曲霉越来越少的酒糟连续传下去，最后就得到了红曲。现在制红曲也还是用红曲糟作菌种。

明代宋应星《天工开物》对红曲的制法写得很详细。这里指出两点：第一，用明矾水来维持红曲生长所需的酸度，并抑制杂菌的生长，这是一项惊人的创造；第二，创造了分段加水法，把水分控制

在足以使红曲霉可以钻入大米内部，但又不能多至使其在大米内部进行糖化作用和酒化作用的程度，这样便得到了色红心实的红曲。这两项创造，即使在今天，对于培养微生物来说，也值得借鉴。

现在用纯种黑曲霉与红曲霉接种在大米上，制成乌衣红曲，用以生产红酒；也有的地方用黄曲霉代替黑曲霉，制成黄衣红曲，生产黄酒；还有的地方用纯种液体培养的红曲来生产红酒。

附带提一下，《天工开物》说："凡丹曲一种，法出近代"，看来是不对的。可能宋应星当时未见到宋代的文献。至于说红曲有防腐杀蛆的作用，经试验证明，也是不符合事实的。涂了红曲的鱼和肉，一两天内仍然腐臭。

（九）蒸馏酒的发展——固态醅的发明

最早的蒸馏酒是用一般黄酒醪蒸馏的，用的蒸馏器是无底甑（甗），因为糟在釜中易焦糊，以后有人改用假底甑，就像李时珍所说的把酒醪连糟一齐倒入甑中蒸馏。这是早期的蒸馏酒。大概在明代蒸馏酒有了发展，南方有了小曲发酵蒸馏法。这种方法是由"酒酿"（甜酒）酿造法发展而来的，原理是把小曲（根霉曲）粉末撒于蒸熟的大米、玉米或高粱中和匀，放于盆、桶或筐篮内，保持温度使根霉繁殖，因为根霉能在较少的空气环境中生长，所以可在这样环境下的熟米堆中迅速繁殖，近30h就可长满，并同时糖化，使米变甜，此时酵母菌（小曲内的）也随之繁殖。把这种根霉醅移入桶中，加水冲淡醅中含淀粉量，使其转化成半固态发酵醪，保温进行糖化，同时发酵，酒精发酵完毕后，装入甑中蒸馏酒，这种小曲酒一直在南方生产，现在的产量也占蒸馏酒一定的比重，这种酒的香味不大，但也别致。檀耀辉等著的《包谷酒》一文，详细介绍了小曲酒的酿造法。现在说的大曲酒不仅是说用大曲酿造的酒，实际上大曲酒是与小曲酒对称的名词，不但用大曲，酿造方法上也有着根本的差别。酿造大曲酒多以高粱为原料，又称高粱酒，因用曲量大（占原料的20%以上），酒醅中含水量小（50%多），所以呈固态。固态醅发酵蒸馏出的蒸馏酒味道与小曲酒有别。当然从学理上说，小曲酒是根霉糖化发酵的，而大曲酒则是由曲霉、根霉、红曲霉等许多菌类混合糖化的。大曲固态发酵法发明时间因无确切资料证实尚难肯定，很可能是发明于明代，至清代得到发展（泸州大曲酒已有300多年历史），大致像蒸酒器一样，发明于北方出产高粱的地区。还可能因为北方天气寒冷，人们喜爱饮用烈性酒，所以华北及东北地区可能是大曲固态发酵酿酒的发祥地，并且发展很快，酒厂（烧锅）规模也不小。清代《闲处光阴·蜀秫》记述："境内（今河北省三河县）有烧锅十二家，烧酒之器曰甑，日各例烧一 甑，用蜀秫十二石（约合12.4kg），麦曲二百五十斤（约合116~121kg）。"《清会典》也记有"烧锅税"一项。河北省与东三省的烧锅酿酒及蒸馏方法基本上是一致的。都是用的续糟法，"二锅头"酒就是这种酿酒及蒸馏方法的代表。另一种固态醅发酵酒，是山西杏花村的汾酒。汾酒在清代就销售很广，汉口一带称白酒为汾酒，如20世纪30年代国民政府实施的酒税法中就把白酒称为汾酒。汾酒酿造发酵时间较长（20多天），它的酿法传到陕西、四川、贵州，又形成了浓香型及酱香型白酒，不但酿酒发酵时间延长，酿酒方法也有较大的变动，为我国创造出了3个典型的白酒，难能可贵。

（十）现代酿酒科技的研究

我国从20世纪30年代初开始，应用发酵学的理论研究酿酒。起初认识到高粱酒发酵的淀粉利用率只有45%，利用率很低，研究者从此入手，对如何提高淀粉利用率的问题进行了研究，但规模不大。中华人民共和国成立以后才开始大规模的研究。除以前酿酒采用的麸曲霉糖化菌外，又开始提倡黑曲霉及白曲霉（黑曲霉的变种），并设想除利用糖化力强的霉菌，酒精发酵力强的酵母菌外，还要改变酿造方法（因为酵母菌的耐酒力有一定限制），使淀粉利用率达到较高水平。经过轻工业部有关酿酒工程师们的实地酿造研究，创造出加糟于酒醅，使之含淀粉量为18%的新方法，同时对其他方法加以改进，终于使淀粉的利用率达到70%以上。由于小曲酒采用了选育出的根霉优良菌种，并对酿造方法进行改进，也使淀粉利用率大为提高。再有红曲霉优良菌种研究成果的推广，也使不少生产企业取得了良好的经济效益。以上这些及液体曲、液体发酵法的研究成果，都是在20世纪50年代取得的，所以笔者曾提过20世纪50年代是酿酒工业淀粉利用率提高的时代。

20世纪60年代初，中央及贵州省的有关领导，要求对茅台酒进行研究，科研人员对茅型和泸型酒开始了大规模的研究，研究中发现泸州老窖白酒的香味是以己酸乙酯为主，以后又对窖泥进行了取样研究，发现了其中的己酸细菌，这是一个突破性的进展。科研人员经过研究制成人工发酵活性窖泥。从中也分离出己酸菌，再应用于培养窖泥，使浓香型泸州大曲的酿造方法，能在全国推广。此时，对己酸菌的研究也很有成绩，能较多生成己酸的克拉维梭菌及北原梭菌都已分离出来并得到应用。泸酒质量也得到提高。1987年11月，在泰国曼谷举行了第二届国际饮料食品展有美国、日本、匈牙利、澳大利亚等20多个国家的70多家公司参加，泸州老窖特曲夺得唯一的金奖——金鹰金奖。这是我国曲酒自1915年巴拿马博览会以来，又一次赢得最高荣誉。酿造茅台酒所用特高温曲是一种细菌曲。对这个方面的研究也很有成绩，使许多酱香型仿茅酒的酒厂建立起来。在酿酒中使用细菌，使其发挥作用，国外酿酒也有，如郎必克啤酒。在世界上主动地、有效地利用细菌，大量生产优质白酒的国家，我国位居第一，利用细菌生产优质白酒，同时也是我国蒸馏酒的特点之一。

近30多年，科研人员又选育出许多优良生产菌种，如生香酵母、糖化黑曲霉等。酒的酿造方法也有较大改进，如利用纯种根霉替代小曲，选出不产黄曲霉毒素的优良米曲霉，并发展了许多新兴的微生物工业，如抗生素工业、氨基酸工业、酶制剂工业、有机酸工业、甾体激素工业、长链二元酸工业、多糖工业和维生素工业等，使微生物工业的年产值高达100多亿元。采用发酵法生产的酒类1986年达900万吨，约是1949年全年产酒15.8万吨的56倍。蒸馏酒的年产量为400万吨，人均年饮用量已接近日本人饮用蒸馏酒的饮用水平（将不会再增加了）。今后应注意提高酒的质量和降低生产成本。我国汉代以后失传的蘖酒（醴），近代由国外引入，麦芽加酒花酿造称为啤酒，近几年以30%多的速度增长，1987年已达400多万吨。总之，我国人民利用微生物的历史悠久，我们有传统的培养微生物的技术，在我们富庶土地上衍生着众多的微生物，只要我们合理利用，大力开发，微生物将对工农业生产，对提高我国人民生活水平，起到巨大推动力量。

［黎莹主编《中国酒文化与中国名酒》，中国食品出版社，1989］

二、酿酒在我国的起源和发展

（一）酿酒起源的传说

古书里关于我国远古的历史，一向有所谓三皇、五帝的传说。三皇和五帝的称号在各书里本来并不一致。一种最常见的说法是，所谓三皇指燧人、伏羲、神农，而所谓五帝指黄帝、颛顼、帝喾、唐尧、虞舜。这类传说大概开始于春秋、战国之时，到西汉时期又加了一番渲染。由于这类传说曾经长期被视为可信的历史，所以许多古代事物的创造发明，往往归功于三皇、五帝。例如罗颀辑的《物原》一书里，几乎把所有日常用物都说成是那些“先王”的创造，说什么“燧人作钓”“伏羲作罟”“神农作锄犁”“黄帝始备宫室”“颛顼作衣桁”“帝喾作布袱”“唐尧作火炉”“虞舜始造扇”等。当然，今天很少有人把这种事物发明的传说简单地看作信史了。可是，这类传说的影响是很深的，当我们考虑一些事物起源的时候，还是需要对这类传说先加以讨论。

关于酿酒的起源有几种不同的传说。

最普通的一种说法认为夏禹时的一个名叫仪狄的人开始造酒。《吕氏春秋》里“仪狄作酒”一语，似乎是这种说法的最早记载。《吕氏春秋》是公元前2世纪的书，而后来刘向辑的《战国策》却说得像神话似的；《战国策》说：“昔者，帝女令仪狄作酒而美，进之禹。禹饮而甘之，曰，‘后世必有以酒亡其国者’，遂疏仪狄，而绝旨酒。”《孟子》里也有“禹恶旨酒”的话。不过《吕氏春秋》和《战

国策》里的话，并不一定要解释为仪狄是首发明酿酒的人，这两部书里都只说仪狄作酒而并未用开始的“始”字。叙述相似的话而用了“始”字的是《世本》这部书。《世本》早已散佚，只有清代的辑本流传。现行的辑本《世本》里有“仪狄始作酒醪，变五味”之句。《世本》的写作年代至今尚无定论，早可以到战国，晚可以到西汉。如果《世本》晚于《吕氏春秋》，则这一“始”字的增加就不足以证明为更早的传说了。因此，一般认为夏禹时代开始有酒的说法，即在古书里记载文字的本身，也有互不一致之处；这使得此说的论证性为之减弱。医书里有远古酿酒的第二种传说。《素问》是古医书里一部重要著作，据《四库全书提要》的论断，认为是“周、秦间人”的著作。《素问》里有一段黄帝与岐伯讨论造酒（醪醴）的话，那么，酒在传说中的黄帝时代就有了。还有大概是汉代人所写的《孔丛子》一书里，又有“尧舜千锺”之句，也可视为夏禹之前业已有酒的另一传说。

唐代陆龟蒙的文章里，曾经提过一段关于舜的神话，说什么舜的父亲瞽瞍，用酒去害舜。这传说也是与仪狄始作酒的说法不一致的。

宋代寇宗奭《本草衍义》中说：“《本草》中已著酒名，信非仪狄明矣。又读《素问》首言以妄为常，以酒为浆。如此则酒自黄帝始，非仪狄也。”这表示医药界里是有人不信仪狄发明酿酒之说的。

又有所谓杜康或少康造酒之传说。宋代高承《事物纪原》中，引了《博物志》、魏武帝诗、《玉篇》和《陶潜集》中《述酒诗序》里的话，而做了结语说：“不知杜康何世人，而古今多言其始造酒也。一曰少康作秫酒。”《世本》里也提到杜康和少康，《说文解字》里却说“杜康即少康”。

这种把远古时代事物的创造发明归功于某一个人的说法，乃是符合封建时代统治者要求的。因此，长期以来，封建知识分子就会构想出一些传说，写在书里，使人们信以为真。我们应当根据这样一种规律性的道理，来对于古代传说加以估计和解释。关于酒由某某人始造的说法，基本上也没有离开这一规律所说明的范围。我们只要想到那些传说的分歧，有说仪狄的，有说黄帝的，有说杜康、少康的，自然会感觉到这中间大部分是凭想象构成的。当然，并不排斥一种可能，就是在古代，曾经有过酿酒的能手，酿出来的酒质地好，传颂一时。这些能手的名字是构成传说的基础的。但是这与酒的发明是两回事。

晋代的文人江统（250？—310 年）就怀疑过仪狄、杜康造酒的说法，提出了自然发酵的见解。他写过一篇《酒诰》，说：“酒之所兴，肇自上皇；或云仪狄，一曰杜康。有饭不尽，委余空桑，郁积成味，久蓄气芳。本出于此，不由奇方。”他的意思，可从这几句话里很明显地表达出来。他认为酒的起源很早，煮熟了的谷物，丢在野外树林中，自然就可以发酵成酒，酒并不要哪一个人来发明。

江统的见解大体上是合乎酿酒起源的实际的，在本文的下面还要加以说明。

古书里有关酿酒起源的说法，有上面所引述的那些。现在可以来讨论一下酿酒与阶级社会的关系问题。这一个问题曾经受到我国历史学家的注意，应当提出来加以初步的分析研究。

（二）酿酒为阶级社会标志的问题

范文澜《中国通史简编》中讨论传说中的夏朝社会的性质时，有一段涉及酿酒问题。这一段文字的原文如下：

“生产力的提高，生产关系也将受到影响而发生变化，城是阶级社会开始的标志，谷物造成的酒也是标志之一。传说中的禹恰恰是开始造城的人（一说鲧作城），旨（甜）酒也在禹时开始出现（仪狄作酒）。如果上述各种传说多少有些真实性的话，可以设想禹时阶级社会已在形成，大酋长世袭制度也就要代替‘禅让’制度。”

这里所提出的酿酒标志说，曾经影响到我国科学史的研究。李涛和刘思职在 1953 年发表《生物化学的发展》一文，中间讨论到酿酒史，也采用了夏禹时仪狄造酒的传说。

并且，这篇论文里有一段话：“人类文明从原始社会进入奴隶社会，由于生产力较前发达，有了剩余的粮食，开始用粮食作酒。”这段话显然是范文澜的标志说的引申和注解。

关于我国夏朝社会的性质，本来是一个复杂的问题，所以范文澜在讨论这一段历史时，态度很审慎。书中的用字都有分寸，一再用“传说”字样来提起读者的注意；偶有结语也用了“大概”“也许”等字样。这种审慎的态度是值得学习的。的确，对于殷商以前的历史，到现在为止还是知道得太少了，必须有考古学家长期的工作才能较多地了解真实的情况。

范文澜根据现有的一点资料，就作城和造酒的传说而假定夏朝开始有阶级社会的迹象，那是富有创造性的见解。“城”有保护私有财产的作用，被视为阶级社会开始的标志，是有理由的。至于“酒”作为阶级社会的标志之一，这从酿酒起源的考证来看，就值得讨论了。

以谷物造酒为阶级社会标志的这一说法，大概是从《家庭、私有制和国家的起源》一书中的一段话推论出来的。恩格斯在这部卓越的著作中讨论到氏族社会晚期时，写有下列一段话：“制品的多样性和制作艺术，在织业、金属制造业以及其他一切彼此愈益分离的手工业中，日益显著地发展起来；农业现在除了谷物、豆科植物及果实以外，也供给油及葡萄酒，这些东西都已经学会制造了。如此多样的活动，已经不能由同一个人来执行了；于是发生了第二次劳动大分工——手工业与农业分离了。”

恩格斯在这里提到了葡萄酒，但是他并不是在讨论酿酒的起源而只是将葡萄酒与纺织品、金属制品、油等列举出来，作为制品多样性的例证。他根据希腊人、罗马人及德意志人的实例，讨论了氏族制度的解体。埃及人和巴比伦人早在公元前3000年左右就有了葡萄园和葡萄酒。恩格斯在此处对于希腊人等制造的葡萄酒，未用“发明”，而用“学会”，在用词上显然经过斟酌。并且，在初民社会里，于种植葡萄酿酒以前，势必有采集野葡萄酿酒的可能，所以恩格斯的这段话，不能简单地体会成含有早期无酒之意。由这一段话而推论出谷物造酒为阶级社会标志之说，那是颇为牵强的。

在讨论古代社会的好些著作中，似乎都没有以酒为阶级社会标志的提法。事实上，现在还有一些落后的部族，阶级尚未明显分化，而酿酒和饮酒的习惯在那里却已很普遍了。

从酿酒技术的发展以及阶级社会之前谷物储备的可能来考虑，谷物造酒为阶级社会标志的说法也是可怀疑的。现在先从酿酒的科学原理讨论起。

（三）酿酒的原理与酿酒起源的推测

从化学观点来看，只有碳水化合物能够经过发酵作用而成酒。在碳水化合物中，能够直接被酵母菌起作用而生出酒精的有好几种糖，如麦芽糖、葡萄糖和果糖等。淀粉虽是最常见的碳水化合物，却不能与酵母菌直接起作用。淀粉必须先经过水解作用变成麦芽糖或葡萄糖之后，才能发酵造酒。这是酿酒的化学变化里的最基本的原理。

水果里含有发酵性的糖类，遇着酵母菌就会变成酒，如葡萄酒、苹果酒、枇杷酒等都属于这类所谓单发酵酒。在自然界里，能使糖类发酵成酒的酵母菌（酵母菌简称酵母），相当普遍地存在着；空气中的尘埃上，尤其是水果皮上，都有少量的酵母细胞。这些酵母细胞掉在果子汁里繁殖起来，并且发生发酵作用。

书籍上关于水果自然发酵的记载很多，例如宋代周密《癸辛杂识》里很确凿地记述山梨久储成酒的事实；又如元代元好问《蒲桃酒赋》序文记载山西安邑的自然葡萄酒。这些文字里所述的情形是符合科学原理的。由此可见，水果的自然发酵乃是相当普通的事。当然，现在酿造果子酒的时候，不是仅仅依靠自然酵母，而是利用人工培养的酵母了。

在远古的原始时代，栽培的含糖分多的水果当然是没有的，只有含糖分不多的野生水果，如野葡萄之类。野果同样能自然发酵。一般人传说的所谓猿猴酿酒的传统，例如清代刘祚蕃的《粤西偶记》一书中关于广西山中猿酒的记载，实际上是野生水果的自然发酵。

因为野生的水果成熟之后，既然有机会遇上酵母菌而自然发酵成酒，所以原始时代的人接触到含酒精成分的植物性食品的机会很多。当然，由于自然发酵而使野果含有酒精成分，这并不等于说那时的人类已会有意识地酿酒。从观察到自然发酵使人开始喜爱含酒野果，再发展到有意识地让野果发酵。这一过程虽然一定经过了相当长的时间，却也是很自然的过程。如果把人类开始用火和开始让野果发酵来比，掌握用火和保持火种的技术并不比让野果自然发酵简单。经过考古学家和化学家的合作研究，

北京猿人已被证明会用火了。虽然没有证据说明，让野果发酵和掌握用火的时期，在人类发展史上一样的早，但是不是不可以那样推测，爱食发酵野果乃是猿人时代就可能存在的。我国古书上，如《山海经》《尔雅翼》《本草纲目》等都载有猩猩爱酒的传说，这不是全无根据的。因此，有些研究发酵学的学者认为，人类在旧石器时代，就具有了野果自然酿酒的一点知识了。日本山崎百治《东亚发酵化学论考》中就有这样的看法。

早在蒙昧时代，原始人逐渐有意识地让成熟了的野果自然发酵，作为爱吃的食物之一，这乃是酿酒最简单的原始状态。这一酿酒起源的假设，不但符合酿造的科学原理，也多少符合最原始的生产情况。原始人的经济已不同于猿猴的“抢夺经济”（恩格斯语），他们已使用最简单的工具，所以可以推测，他们对于食物也开始有了好恶的选择。经过自然发酵的野果会更吸引他们去采集。

含糖野果的自然发酵是成酒最简单的第一步，至于含淀粉的谷物是不能直接发酵成酒的。由野果酿酒到谷物酿酒，中间有一段很长很长的距离。这从技术上来看和从原始社会的经济发展来看，都是可以理解的。可是谷物酿酒虽较野果酿酒更为困难、复杂，但还是有理由相信，在原始公社制的社会里，就可能有用谷物酿造的酒了。

五谷里的淀粉质虽不能直接受酵母的作用成酒，但是一经糖化就易于酒化了。淀粉质的糖化在自然界里也是很普通的。最常见的糖化是唾液对于淀粉的作用，在细嚼米面的时候，感觉到有甜味，就是由于淀粉水解为麦芽糖。这种糖化的方法，至今还有一些生产水平低的部族用来酿酒。在南太平洋的一些岛屿上，南美洲的某些地方以及日本的北海道等处，当地居民先将玉米等物咀嚼化，然后吐出积聚起来，让它们发酵。明代陈继儒在他所著的《偃曝谈余》里就有这样的一段记载：“琉球造酒，则以水渍米，越宿，令妇人口嚼手搓，取汁为之，名曰米奇。”可见这种方法是行之已久了。

并没有任何证据可以说，远古造酒曾经经过唾液糖化的阶段，而只是说明一点，即淀粉糖化也不一定需要复杂的工序。

在自然界里，淀粉糖化的另一常见的现象是谷粒发芽。含有淀粉质的谷粒，如大麦、玉米、稻子等，发芽时自然生出糖化酵素，使淀粉变成糖，供给谷物生芽长根的需要。我们可以想象到，在原始社会里，开始有了农业之后，收割的黍、麦等谷物，绝不会有好的粮仓来储藏，堆积的谷粒被雨淋水浸的可能性很大，部分发芽的情形必然会有。因此，原始时代食用发芽的谷粒的机会是不少的，这就会使我们远古的祖先得以发现芽谷的甜味，又有可能让煮过的芽谷起发酵作用。至今啤酒的制造，还是先用麦芽糖化，再经酵母酒化的。远在公元前 2800 年，巴比伦人就盛行饮用啤酒，而啤酒的开始制造时间显然还要早很多年。

这种发芽糖化的谷粒，在我国古书上名之为“蘖”。《说文解字》里解释“蘖”字是“芽米”。东汉时代的书《释名》里解释“蘖”字更详细，说：“蘖，缺也；渍麦复之，使生芽开缺也。”这种发芽的谷粒“蘖”，是曾经用为酿酒原料的。古书上关涉到这方面的字句不少，例如《书经》里有“若作酒醴，尔惟曲蘖”之句。《礼记・月令》里有“曲蘖必时”之句。曲是另一意义，下面再讨论，蘖则指芽谷酿酒而言。

从技术条件来看，发芽谷物的糖化和酒化乃是不难被发现的。因此，有理由相信，在很早的远古时代，谷物就有可能被用来造酒了。

我国远古的祖先在酿酒技术上有一项极重要的发明是用曲来造酒。我们前面讨论过，谷物里的淀粉质需要经过糖化和酒化的两个步骤才能成酒。利用曲来造酒，却能把糖化和酒化的两个步骤结合起来，同时进行。在欧洲一直到 19 世纪 90 年代，经过巴斯德等人的研究，从我国的酒曲中，得出一种主要毛霉，才在酒精工业上建立著名的淀粉发酵法。我国的酿酒工人已掌握这种技术几千年了。

含有淀粉质和其他成分的谷粒经过蒸煮或者碎裂之后，遇水当然就不会发芽了，可是它们碰上自然界存在的微生物仍然会起变化。微生物的种类很多，有丝状菌、酵母菌、细菌等不同。它们寄生在食物上也可发生各种不同的变化，有些能使淀粉糖化，有些使淀粉酸化，有些使蛋白质腐败发臭。使淀粉糖化的微生物是不少的。这是制造酒曲的主要根据。酒曲里不但有富于糖化力的丝状菌毛霉，并且有促成酒化的酵母，所以利用酒曲乃是使谷物造酒最直接的一种方法。

我们祖先发明酒曲时的情形，也是可以大体上想象得到的。当人们开始有了农业之后，经过烧炒或是蒸煮过的谷粒，如果没有立即吃掉，残留搁置着就会发霉，上面长着许多毛毛。我国黄河流域的空气里，飘动着不少糖化毛霉的孢子和酵母的细胞，熟谷遇到它们就变成酒曲。这种长了毛的谷粒要是泡上水，就生出酒来了。我们富于观察力和创造性的远古祖先，在经过多次接触和反复试食之后，就积累起谷物造酒的经验了。

谷物造酒在有了农业之后不久就出现了。在埃及和巴比伦以麦芽酿造啤酒为主，在我国则以麦曲酿酒为主。《淮南子》说："清醠之美，始于耒耜"。是说酿酒的起源几乎是和农业同时开始的。前面提到的江统"空桑委饭"之说，乃是与制曲道理相符合的。当然，原始时代烧炒或蒸煮的谷物十分简陋，绝不能等同于江统时候的熟饭。可是江统的见解比起仪狄作酒的传说来，要更合乎科学原理，而《淮南子》里的话也很有道理。

吴其昌曾经于 1937 年根据甲骨文和钟鼎文的研究以及其他古文献的考证，提出一个很有趣的意见，认为在远古的时代，人类的主要食物原是肉类，至于农业的开始乃是为了酿酒。他说："最早我们祖宗种稻种黍之目的，是做酒而不是饭……吃饭实在是从吃酒中带出来的"。吴其昌是 20 年前的一位历史学者，他的这种观点是不够科学的，他的这种"先酒后饭"的说法，并没有足够的证据。可是吴其昌的观点里有一点却是可能的，他说远古时喝酒是"连酒糟一块儿吃的"。就谷物酿酒的初期情形来推想，他的这一意见应当是合乎历史实际的。一直到《楚辞・渔父》，还有"众人皆醉，何不哺其而醴扬其酾"的话，就是当时糟粕和酒汁同吃的证明之一。因此，对于酿酒起源的研究，吴其昌的意见仍有参考的价值。

上面讨论的主要是就技术上的可能来说明谷物造酒起源之早。至于酒为阶级社会标志之说，大概是着重于经济状态来立论的。这一标志说想来是由这样的前提出发的，在奴隶制的社会里，奴隶主的粮藏较富，所以有余粮来造酒。因此，我们可以反过来由造酒去认识当时的社会制度。这是由经济关系来立论的，可是也缺乏足够的科学根据。

农业大体上在新石器时代初期开始出现，即恩格斯所说野蛮时代的低级阶段和中级阶段，这在经典著作中已经有了结论。恩格斯说："处在野蛮低级阶段上的印第安人……已有若干庭园内的玉蜀黍种植，间或也有南瓜、甜瓜及其他园内植物的种植，这些构成了他们食物的最重要部分；"又说："在东半球上，野蛮的中级阶段是从供给乳及肉的动物的驯养开始的……谷类的种植在这里首先是由于牧畜饲料的需要所引起的，只是到了后来，才成为人类食物的重要东西。"

我国的农业究竟于何时开始的，这一问题尚待考古学家继续研究。可是就殷商时代农业发达的情形来看，必然已经经过长时期的发展，而这一段时期恐怕不是传说中的夏朝能包括得了的。再考虑到传说中的神农以及后稷，这些被视为领导农业生产的人物，时代很早，都被过去的史书安置在夏禹之前。所以有理由相信，我国在夏朝以前就有了原始农业。

有了农业的牧畜业，就有储备食物和牧草的可能。尼科尔斯基在《原始社会史》一书里写道："新石器时代生产的一般特点，就是已有经常的食物储备的可能。"既有五谷和牧草的经常储备，就像本文前面所提到的，发霉发酵成酒的机会自然就不少了。因此，从远古社会的经济状态来看，再结合技术方面的可能，有足够的理由相信，谷物酿酒大概是从新石器时代开始的，是早于传说中的夏朝的。还有，那时的吃酒是连酒糟一起吃的，可见对于谷物也并无浪费。那么，似乎没有理由认为谷物造酒必须发生于阶级社会。

当然，到了奴隶制社会时，统治者有了较多的谷物储备，酿酒的数量自然会有所增加。殷商遗文中关于饮酒的记载很多，这就是奴隶社会里酿酒得到发展的证明。可是，这种情形乃是谷物造酒的发展而并不是它的起源。仪狄造酒的传说，是不能勉强解释为造酒数量的发展的。

根据上面的这些讨论，谷物造酒为阶级社会标志之说是成问题的。酿酒的起源在人类历史上应当是很早的。在旧石器时代就可能发现野果的自行发酵，到了殷商时代究竟已会酿造哪几种酒，那是不

容易考证得很清楚的。大体推想起来，至少在石器时代，农业开始后不久也就可以有谷物造的酒了。在我国，表曲酿酒乃是超越了其他民族的一项很早的重大发明。这项发明的时代，应当早于传说中的夏朝。

在讨论了酒的起源之后，我们现在可以进一步来研究一下几千年来酒在我国的发展了。

（四）酒在商周时的盛行

我国的历史发展到了商代，农业生产渐渐发达起来，用谷物酿造的酒也就更普通了。在甲骨文里，遗留有许多殷商帝王用酒鬯祭祀祖先的记载。例如，有一片甲骨记载："鬯其酒于大甲于丁"。这句话的意思说，向死去的大甲和丁供献美酒。鬯是一种香酒，用黑小米酿成的。《礼记・表记》有"粢盛秬鬯以事上帝"之句。《说文解字》解释"秬鬯"是黑黍。汉代班固（32—92年）著的《白虎通义》的《考点篇》说明"鬯"字的意义，写着："鬯者，以百草之香，郁金合而酿之成为鬯"。这种称作鬯的香酒，大概在商代就开始酿造了。

"酒"这个字，和甲骨文、钟鼎文里的"酉"字有密切的关系。《说文解字》解释"酉"字说："绎酒也，从酉。"刘熙编的《释名》一书，在《释饮食》中说："酒，酉也。酿之米曲酉泽，久而味美止。"《礼记・月令》称监督酿酒的官为"大酉"。"酉"字的古义大概是造酒之意。我们现在可以由古"酉"字的形象，多少看出一点早期酿酒的情形（图1-7）。

图1-7　甲骨文和钟鼎文"酉"字

这些字的下部分代表酿酒的器具，上部分的Ⅲ或⊕代表黍粒发酵上浮或起泡的样子。

当时酿酒既以黍（小米）为主要原料，所以帝王祈求农业丰收的卜辞，经常把求"酉年"和求"黍年"的字样并列在一张卜片上。这类例子在甲骨卜片里是很多的。

殷商奴隶主的帝王贵族极度荒淫酗酒。《诗经・荡》里曾经痛骂那些腐化的贵族。有下面这么一段名句：

"咨汝殷商，天不湎尔以酒，不义从式，玩愆尔止，靡明靡晦，式号式呼，俾昼作夜。"可见殷商的统治者如何的沉醉在酒里。

在《书经》里《周书・酒诰》中，周公反复向子孙诰诫，叫他们绝不要学殷朝帝王乱喝酒。虽不能同意旧史家的说法，认为殷纣所以被周朝灭掉就是由于酗酒的缘故，可是殷商饮酒风气之盛却是可以想见的（图1-8）。

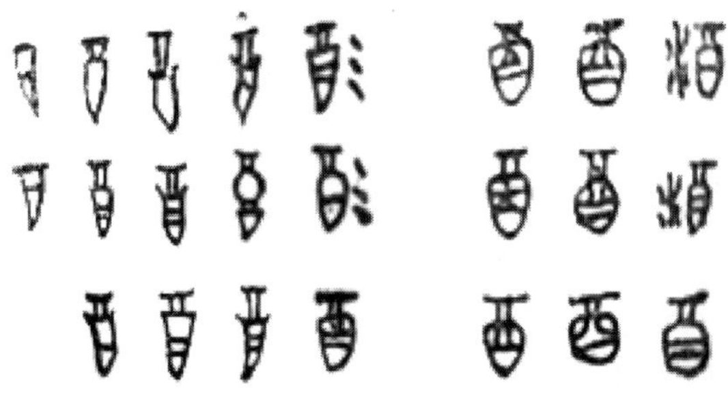

图1-8　甲骨文和钟鼎文"酒"字

酒在殷商之普遍，还可以从殷墟发掘出来的实物作证明。多次的发掘都得到不少的饮酒器和贮酒器，有铜制的，也有陶制的。如爵、斝、尊、卣、觥、觚等都是酒器，并且制作得相当精致。"酒"字也是从酒器的象形文字演变来的。下面是甲骨文和钟鼎文字中的"酒"字，大体上可以看出由最粗的酒器象形字，逐步演变到形声字的经过。

有两种酒：一种“醴”；一种“鬯”。醴是用蘖（麦芽）做的甜酒，糖化的程度大而酒化的程度小，所以是一种很薄的酒。鬯是用曲加小米做的香酒。

到了周朝，在最初便节约饮酒，可是统治者还是很重视酒的供应，所以设有专管酒的官吏。从《周礼》和《礼记》里，可以看到“酒正”“浆人”“大酋”“酒官”等官民和执掌。这部书里的记载不会是全无根据的。

《周礼·天官冢宰》：“酒正，中士四人、下士八人、府二人、史八人。”“酒正，掌酒之政令，以式法授酒材……辨五齐之名：一曰泛齐，二曰醴齐，三曰盎齐，四曰醍齐，五曰沉齐；辨三酒之物，一曰事酒，二曰昔酒，三曰清酒。”又“浆人”：“浆人掌共王之六饮，水、浆、醴、凉、医，酏，人于酒府。”

《礼记·月令》对于仲冬说：“乃命大酋，秫稻必齐，曲蘖必时，湛炽必洁，水泉必香，陶器必良，火齐必得，兼用六物，大酋监之，毋有差贷。”

这几段话要能逐字逐句翻译成现代语是不容易的，有些字只能作大体的体会。过去替经书作注解的人也各有不同的解释。一般说来，可以从这几段话看出周朝在酿酒技术上有了明显的提高。所谓“五齐”大概是酿酒过程中观察到的五个阶段。发酵开始时产生二氧化碳气体，把部分的谷物冲到液面上来，为“泛齐”阶段；逐渐有薄薄的酒味儿了，为“醴齐”阶段；气泡很多，还发出一些声音，为“盎齐”阶段；颜色改变，由黄到红，为“醍齐”阶段；气泡停止，发酵完成，糟粕下沉，为“沉齐”阶段。“酒正”根据一定的方法，检查酿酒的原料，并且监督劳动者进行造酒，由这五个阶段来辨别发酵进行的程度，这是酿酒技术有了发展的证明。有人把“五齐”解释为五种不同原料的酒，那也可证明酿酒技术得到发展。

前面提过远古连糟带酒一齐吃的情形。《周礼》里的所谓“清酒”大概是把糟粕滤掉了的酒浆，可见比起早期的酿造技术更有了进步。“昔酒”可能是指储藏了些时日之后才饮用的酒，酒经久藏会增加香味，这是由于逐渐酯化的原因。大概周朝已发现陈酒比新酒醇酽了。“事酒”大概就是一种很普通的酒，也许还是连糟在一起的。

《礼记·月令》里关于仲冬酿酒的记载，虽然只有短短的几句，却把酿酒的注意点都说到了。因为毛霉和酵母菌都是很敏感的低级生物，水里稍有杂质就会影响菌类的活动，所以“水泉必香”。“陶器必良”可以避免杂菌的滋生。“火齐必得”是温度的控制，酵母活动的最适温度是30℃左右。现在酿酒的老师傅利用嗅觉来准确地测验温度，这种经验大概已经流传很久了。

周朝不但在酿酒技术上有了提高，酒的饮用大概也比殷商更为普及。帝王贵族以外的农民多少有些机会在节日饮酒作乐。《诗经》里有很大一部分是民歌。这些民间诗歌之中，提到酒的很不少。现在从《诗经》里举些例子：《豳风·七月》：“十月获稻，为此春酒，以介眉寿……十月涤场，朋酒斯饗，曰杀羔羊。”这是农民于终年辛劳之后，庆祝收获的一幅行乐图，酒当然是少不了的。

《小雅·伐木》：“有酒湑我，无酒酤我，坎坎鼓我，蹲蹲舞我；迨我暇矣，饮此湑矣。”

这显然是在说，朋友们于工作结束闲暇休息的时候，相约喝杯酒，搞点音乐，跳舞。在生产力比起殷商来有了提高的周朝，劳动的人们也是可能偶然有这样的生活的。

南方《楚辞》中也有不少咏酒浆的词句。例如《招魂》里的“瑶浆蜜勺，实羽觞些，挫糟冻饮，酎清凉些……美人既醉，朱颜酡些”。又如《大招》中有“吴醴白蘖，和楚沥只”。

有些词句虽然简短，但是从所用字样的优美，可以想象到当时酒的品质，一定已经很不差了，所以够得上“瑶浆”“冻饮”的美名。

在两周、春秋、战国的800年间，酒的生产是有不小发展的。除了上面已提过的一些酒名以外，还有很多不同的名称，表示酒的品种增加了。《礼记》里就还有元酒、清酌、醴醆、粢醍、澄酒、旧泽、酏、醷等酒名，比起殷商时的只有鬯和醴，多了许多品种。至于那时的酿造方法大概还是蘖和曲并用。曲的制造显然是有了发展，《左传》记载申叔展关心士兵的生活，他曾经问：“有麦麴乎？”麴

字上加了麦字，这表示当时可能有几种不同的酒曲，而麦曲是酒曲中的一种。

商周两朝奠定了我国民族文化的基础，酒的发酵生产也是在这1000多年里逐渐构成了我国很普遍的手工业之一。

（五）秦汉以来制曲技术的发展

秦汉以来，我国酿酒的发展有几个方面。其一在经济关系方面，从汉代开始所谓“官酤”，就是由政府垄断酒的酿造和售卖。据《汉书·武帝本纪》的记载，“天汉三年（公元前98年）春二月，初榷酒酤”。韦昭注解说：“谓禁民酤酿，独官开置，如道路设木为榷，独取利也。”这是封建统治者进一步剥削人民的办法之一，他们就盐、铁、酒等关涉到全体人民生活的物资，专卖图利。这种加深的措施，曾经不断地遭到人民群众的反对，所以历代帝王对于所谓“官酤”，不得不有时兴办，有时废止。在兴办官酤的时期，酒的生产就低落；在废止官酤的期间，酒的生产就有发展，这也是在封建社会里，手工业生产在经济方面必然的现象。

酒在经济关系方面的演变，不属本文的范围，在此不多讨论。

第二个方面是酿酒技术的提高，主要表现在制曲技术的不断发展上。这是此处所要讨论的主题。

第三个方面是吸收了外来的酿酒法，使酿酒的原料更多样化，酒的品种续有增加。我们准备在本文的后面扼要地加以讨论。现在先来讨论制曲技术的发展。

使谷物发霉成曲，再利用曲来使更多的谷物糖化和酒化而酿酒，这是我们祖先的一项天才的发明。霉菌的种类很多，空气中的杂菌又不少，如何能使制得的曲效率高、副作用小，这必须有长期的经验，才能达到完善的地步。我国有几千年制曲的经验，创造了许多宝贵的技术。汉代以后，这方面的记载很多。

汉代虽还用些蘖来造酒，但是主要的酒药却已经是曲了。《汉书·食货志》里记载着当时酿酒用曲的比例：“一酿用粗米二斛，曲一斛，得成酒六斛六斗”。可见，当时一般酿酒已不用蘖。这一句简短的话，是我国工艺史上，关于酿酒原料和成品比数的最早的记录。这一比数基本上符合于酿造原理的。

汉代制曲的技术一定有了相当的发展，各地的酿酒者已经善于利用不同的谷物来制曲了。这可以从当时各地的地方语里对于曲这一原料，创造了不同的名称看出来。《方言》这部古书，虽不一定是西汉末年杨雄的著作，但写作的时代绝不会晚于3世纪的“汉魏之际”（洪迈的话）。《方言》里载有曲在各地的名称：榖、麸、䴹、麰、麴、䵂等，例如山西叫麸，山东叫麰等。《说文解字》里也有了榖、麸、䴹等字，解释作饼状曲。饼状曲至今仍然是通用的酒曲，可见在汉代已开始制造。麰用大麦作为原料，麴用小麦作为原料，䵂是因菌丝特别显著而成了多毛状的生衣曲。作为酿酒重要药剂的曲，在2000年前的汉代已有好多品种了。

在南方，由晋代嵇含著的《南方草木状》和唐代刘恂著的《岭表录异》中，可以看出早期制曲的情形。

《南方草木状》记载两广的曲是：“杵米粉杂以众草叶，治葛汁滫溲之大如卵，置蓬蒿中，经月而成。用此合糯为酒。”《岭表录异》记载：“南中酝酒即先用诸药，别淘漉秔米晒干，于入药和米檮熟，即绿粉矣。热水溲而团之，形如餢饦。以指中心刺一孔，布放簟上，以枸杞叶攒窍之……既而以藤篾贯之，悬于火烟之上。”

这些南方的制曲术是在南方独自发展起来的，还是由北方传去而加以改变的，至今还未能有决定性的结论。我国的酿造学家如方心芳先生倾向于相信北曲南传之说，而日本人如山崎百治却主张南方自创制曲法。无论南北方在制曲术上的贡献如何，总之，到了4世纪的晋代，我国全国各地都已以曲酿酒了。

多少年来，酒受到了劳动人民和知识分子的欣赏和喜爱，而知识分子写关于酒的书籍诗词也很不少，大部分都是浪漫性的抒情式文字。至于记载酿酒技术的书，最有名的有两部：《齐民要术》和

《北山酒经》。这两部书都是实地观察的记录，而不是转相抄录的文字，所以特别宝贵。从这两部书里，我们可以看出，5世纪以来，我国的制曲酿酒方法的不断改进。

《齐民要术》是5世纪北魏贾思勰的著作，是我国古代遗留至今完整的最早的一部农业技术书。它详尽地记载了当时农业种植的方法和农业品加工的技术。这部书的第七卷叙述的都是造曲酿酒的方法。像这样详细记述酿酒法的古文字，是世界其他国家所没有的，因此受到研究化学工艺史的人的重视，曾被黄子卿和赵云从译成英文发表。它成为世界工艺史里的重要参考资料。

《齐民要术》里共载了12种造曲法，其中神曲5种，笨曲3种，白醪曲、女曲、黄衣、黄蒸各1种。黄衣、黄蒸两种是碎块的散曲，摊着生长毛霉的，具有糖化作用和水解蛋白质的作用，而酒化作用弱，所以它们是用来作豆酱的。其余十种都是饼状的曲，制造的时候做成大块的饼或砖。这些饼曲至今仍是酿造高粱酒最常用的曲，现在的饼曲都是放在模子里用脚踏成的。方心芳和金培松二位专家曾详细调查过近代制曲的情形，著成《高粱酒之研究》一书。《齐民要术》里所记的方法有好些与方心芳、金培松调查所得的方法是相同的，例如北魏时的“造神曲法……于平板上令壮士熟踏之”，仍通行于北方一带。可见，1400多年前的造曲法，已经达到很高水平。

南北朝时期的制曲法到了宋代又有了发展，这可以从《北山酒经》一书里的记载看出来。

《北山酒经》又简称《酒经》，是宋代朱翼中著的一部书。书上有1117年的序文，所以是12世纪初期的一部著作。朱翼中即朱肱，懂医学，在杭州自己开办过酒坊，根据他的实地观察所得，写成这部《酒经》；关于造曲酿酒的方法都有详细的记载。

《北山酒经》里共记录有13种曲的制法。这些曲子有“香桂”“金波”“玉友”等名称，依制法的不同而分为罨曲、风曲、醵曲三类。罨曲是把生曲埋置在麦秸里，定时翻动。风曲是用树叶或纸张包着生曲，挂在透风的地方。醵曲是将曲团先放在草里，待生毛后就把盖草去掉。这些曲子里都加了草药，如川芎、白术、苍耳等，显然是可以增加酒的风味的。

宋代的造曲法比5世纪时《齐民要术》上所记载的，有两点明显的改进。一是所用的原料，如小麦、糯米等，大部分不再先行蒸煮或者烧炒了，只用磨碎的面粉即可，节省了人工和成本。二是把老曲末涂布在生曲团的表面，这是下种的意思。老曲一般是用于研究优良菌种的，糖化力较强，杂菌也较少，所制造的曲子当然更适于酿酒之用。

至迟在宋代的时候，我国在发酵工艺方面又有了一项很新奇的发明，就是发明了红曲。红曲又称作丹曲，或红粬，是经过发酵作用而得出的透心红的大米。至今福建所产的红曲是全国最著名的。它可以制豆腐乳，做红酒，还可以作为烹调食物的调味品和食品染色剂。《北山酒经》有“伤热则心红”之语，陆游诗里有“最爱红糟与炰粥”之句。北宋初期陶谷的《清异录》里已有“以红曲煮肉”的话。所以红曲的发明不会晚于10世纪。

红曲的制造的确是一项不容易的发明。资本主义国家的酿造学家也不得不表示惊叹，认为只有中国人民的才智才能发明红曲。原来红曲是由一种红米霉起作用产生的，而这种红米霉的繁殖很慢，在自然界里很容易被繁殖迅速的其他霉类所压制。普通制曲的时候，红米霉繁殖的机会很少，只有在曲块的内部有一些小红点而已。红米霉是高温菌，在较高的温度才繁殖，尤其是酸败的大米，许多菌类不能生长，红米霉等却能生长。因此，如果没有耐心的观察，长期的经验，特别的技术，是无法生产红曲的。

元代的著作，如忽思慧《饮膳正要》、朱震亨（1281—1358年）《本草衍义补遗》、吴瑞《日用本草》等书中都提到红曲，可见红曲在元代已很普遍。明代李时珍的《本草纲目》和宋应星的《天工开物》中均有关于红曲制法的记载，这些记载是与现行的方法相符合的。李时珍和宋应星都曾赞美红曲，李时珍说：“此乃窥造化之巧者也”；宋应星说：“盖奇药也”。

几千年来，制曲术的不断发展与新曲品种的发现，乃是我国在酿酒工艺中的重大成就。除了制曲技术有许多不同的方法以外，酿酒术本身也以原料的不同与比例的差别而有各种方法。《本草纲目》第二十五卷里节录了70种普通酒与药酒的制法。

（六）绍兴酒、烧酒和葡萄酒的简史

自从制曲技术在汉代得到发展以后，我国酒的品种就增加了不少。再经历代知识分子的品题，酒的名目变得更多，虽然有些只是大同小异，有些不同名称的酒的确是各具特色的。例如，元代宋伯仁的《酒小史》一书里所载酒名就有“椒浆”“秋露白”等 100 多种。这些不同的酒往往因产地的不同而有所区别。一直到现在，我国的许多名酒也都是一定地区的特产，如浙江绍兴黄酒、贵州茅台酒、山西汾酒、四川泸州大曲酒等，它们也各有长期的历史了。

绍兴的黄酒是不经蒸馏的酒类，是我国江南的名产，在文献上最早的记录是梁元帝萧绎（508—554 年）著《金楼子》一书。书中有一段说他自己幼时读书，“有银瓯一枚，贮山阴甜酒”，放在旁边，边读边饮。南北朝时的山阴就是现在的绍兴，可见绍兴之产名酒绝不迟于 6 世纪的初期。这可能与东晋的南迁，以及南朝贵族醉生梦死的生活有关。在封建时代，由于统治者生活享受的需要，使工艺制造有了发展，这也是合乎历史规律的。

宋代朱翼中的《北山酒经》载有“东浦产最良酒”一语，也是指绍兴黄酒。

近代绍兴酒的酿造法，1936 年金培松曾做过详细的调查研究。绍兴酒有淋饭酒、摊饭酒、加饭酒和善酿酒等四种；都是用小麦曲、糯米加酒药酿成的。酿得的酒醪用绸袋压榨以除去糟粕。摊饭酒是绍兴酒中的代表。普通称为花雕，酒精含量为 10%~13%。

在利用酒曲酿造而不经蒸馏的酒之中，绍兴的花雕是我国最有名的特产酒。

因为酒精成分达到 10%左右的时候，酵母菌就停止繁殖，从而发酵作用也就进行很慢。所以仅经发酵作用而不经蒸馏的酒，酒精成分不高。古人曾经想用酒代水来再酿，希望增加酒精成分。我国古书里的“酎”（zhòu）字，据《说文解字》的解释是“三重酎酒”，大概意思是酿过三次的酒。《左传》里记鲁襄公二十二年（公元前 645 年）的事，就有“见于尝酎”的话，可见用酒重酿的方法是很早的。可是用酒重酿仍然增加不了酒精百分比，绝得不到像今天的白干酒。

白干酒或名烧酒，乃是蒸馏酒。酿造的酒醪是经过加热蒸馏而得出。茅台、泸州大曲、汾酒都是蒸馏酒，一般酒精含量在 60%以上。

我国在什么时候才开始有烧酒一类的蒸馏酒？过去因为李时珍在《本草纲目》中说：“烧酒非古法也，自元时始创其法”，所以一般人总以为我国在元代才开始有蒸馏酒。其实，我国有烧酒远较元代早。李时珍之所以有此误会，可能由于元代忽思慧《饮膳正要》中的阿拉吉酒和朱德润《轧赖吉酒赋》，都把这种蒸馏酒说得很新奇，并且用了外来语，因此认为是外国传来的新事物。“阿拉吉”或“轧赖吉”是东南亚“Arrack”一语的音译，是利用棕榈汁和稻米酿造而成的一种蒸馏酒，具有椰子特有的香味。这种酒在元代方传来我国当然是可能的，并且会引起注意的，可是我们不能因为元代才有阿拉吉酒就认为那时才有烧酒。烧酒的种类是很多的，只须有了蒸馏器就能制出蒸馏酒。我国很早就会使用蒸煮的器皿，而蒸馏液体的甑至迟在唐代就有了。因此，有理由相信，我国制造蒸馏的烧酒绝不会晚于 14 世纪的元代。

关于我国早期酿造酒的记载，虽尚未在古书里发现，而在咏酒的诗里，唐代已有烧酒字样。举例如下：

白居易（772—846 年）在他的四川忠州《荔枝楼对酒》一诗中有：“荔枝新熟鸡冠色，烧酒初闻琥珀香。”这里用“烧酒”来对“荔枝”，说明“烧酒”已不是说明动作，而是习见的名词了。

唐代后期的另一诗人有这样两句诗：“自到成都烧酒熟，不思身更入长安。”可见当时四川大概已产像大曲酒一类的烧酒了。

唐代李肇著的《国史补》一书，记载开元、长庆（8 世纪到 9 世纪初期）之间的事，中间有一句：“酒则有剑南之烧春。”烧春想必就是烧酒的别名，也是指的四川产品。贵州的茅台酒大概是借鉴了四川烧酒的经验而发展起来的。

山西汾阳杏花村出产的汾酒是著名的特产蒸馏酒。方心芳于 1933 年曾去杏花村进行调查研究。据当地的传说，唐代的时候就出产美酒了。这也可作为唐代已有蒸馏酒的一个旁证。

由于以上文字和传说的证明，故认为我国在元代方有蒸馏酒之说是不可信的，蒸馏酒的制造可能不晚于8世纪的唐代。

我们的祖先对于各种工艺技术，既富有创造的智慧，也善于吸收外来的经验。在酒的酿造术之中，葡萄酒就是一例。我国虽有野生葡萄，而栽培的葡萄却是汉代时由西域传来的。这在《汉书》中有确实记载。葡萄是由张骞带回来的，乃是流传已久的史实。《史记》《大宛列传》记载，大宛和安息“有葡萄酒”，可见当时已知葡萄能造酒。

我国在汉代已开始栽培葡萄，可是大概因为下列的原因，当时虽知葡萄能酿酒，而并未在国内酿造。一则葡萄也许还没有大量种植，只能供水果食用，不够作为造酒的原料。还有一层，我国最富有经验的麦曲酿酒对于葡萄是不适用的。既有了各种各样的曲造酒，也就不注重利用葡萄酿酒了。《汉武内传》中虽有这样的话：“武帝时西王母下，帝为设葡萄酒”，可是《汉武内传》是魏晋间人托名班固编的神话书，不能认为是汉武帝时我国已有葡萄酒的证明。

早期有关葡萄酒的记载关于国外的较多，而涉及国内的较少，可是即就一些零星的文字而言，也还是可以作出一些推论。

大概在东汉时期，我国在西北地区可能已开始酿造一些葡萄酒了。《太平御览》引用司马彪《续汉书》，有这样一段：“扶风孟佗以葡萄酒一斛遗张让，即以为凉州刺史”。张让是东汉灵帝时得宠的宦官。扶风在陕西，凉州在甘肃。可能西域酿造葡萄酒的方法已开始传入玉门关内，所以先在西北地区有些仿造。后来唐代初期王翰的名句，“葡萄美酒夜光杯”，也是指玉门关内的凉州而言的。因此，把孟佗的酒不视为关外运来的珍品而视为关内自造的，乃是结合王翰诗句考虑的。当然，张让和王翰相隔400多年，唐初凉州虽已有葡萄酒，而张让所受赠的酒却可能还是西域的产品。

再看一下三国时期的文献，就仍然会觉得东汉可能已有自酿的葡萄酒。魏文帝曹丕（在位220—226年）曾经写给吴监的一封信中有这样的话：“中国珍果甚多，且复为说。葡萄……酿以为酒，甘于曲蘖，善醉而易醒。”3世纪曹丕把葡萄列为我国珍果之一，并且所述酿酒字样，绝无外来之意。由上述资料，大体上可以作这样推论：东汉或三国时期，我国已试酿葡萄酒了。

不过葡萄的栽培和酿酒，在魏晋南北朝似乎并没有什么发展。那一期间的诗文里提到国内葡萄和葡萄酒不算多，葡萄显然还是很珍贵的果品尚不普通。北魏贾思勰的《齐民要术》里，未记载种葡萄法。《北齐书》记载有人向皇帝贡献一盘葡萄而皇帝赏赐100匹绸绢，可知当时葡萄的珍贵。直到唐高祖李渊的时候（在位618—626年），葡萄大概仍然稀少，《太平御览》里记有高祖因听一位近臣说母亲想吃葡萄而无法得到，引起高祖自己思母下泪的缘故。葡萄虽一直不算普通的水果，但是酿酒的情形仍然是可能存在的。南朝的文人张正见（6世纪）的对酒诗里有句“当歌对玉酒……葡萄百味开”。唐初王绩（约589—644年）的《过酒家五首》里也有“葡萄带曲红”的句子。这可以说明那几百年间，国内并不是完全没有葡萄酒的。

到了唐代，葡萄酒的酿造有了发展，直接吸取了西域的酿酒法，使得酿葡萄酒的技术得到改进。《太平御览》中记载有关唐太宗李世民的一段史实：“破高昌，收马乳葡萄实于御苑中种之；并得其酒法，上自益造酒。酒成，凡有八色，芳香酷烈，味兼醍盎，既颁赐群臣，京师始识其味。”唐太宗攻破高昌是公元640年的事。唐代李肇的《国史补》里列举的名酒也有“河东之乾和葡萄”。《新唐书》卷三十九《地理志》，载太原府土贡有葡萄酒。因此，可以说，从7世纪的中期起，葡萄酿酒在我国就逐渐通行了。

我国酿酒最善于用曲，而葡萄是不必糖化就可酿酒的，如果加上曲就反而破坏了葡萄酒的风味。大概我国最初造葡萄酒时也用过曲，所以酒味并不甘美。这可能是葡萄酒长期在我国未能发展的原因之一。唐代所接受的外来造酒法，想来就是无曲发酵法。李时珍的《本草纲目》引用苏恭在《唐本草》里的话，就说“葡萄、蜜等酒，独不用曲”。这种不用曲的葡萄酒被称为真葡萄酒。

宋代朱翼中《北山酒经》、明代高濂《遵生八牋》等记述造酒法的书都提到葡萄酒，《遵生八牋》

中的葡萄酒法还在使用酒曲。虽然从《马可波罗游记》中可以知道元代时太原“有许多好的葡萄园，制造出很多的酒”，可是葡萄酒在我国并未如绍兴酒和烧酒等那样普遍。这必然是与我国在用曲酿酒术上得到高度发展有关，所以果汁酒敌不过复合发酵酒。

直到近几十年里，我国才开始用培养的酵母菌来酿葡萄酒，葡萄酒方在我国大量通行。1895 年在烟台创办的张裕酿酒公司，乃是首先采用新式酿法的葡萄酒厂。现在我国酒业不但善于利用培埴的葡萄造酒，在东北的通化等地还大量利用野生葡萄造酒，使酿造绍兴酒和烧酒的粮食得到节约。这种新的发展，又是我们中国人民在酿酒术上的成就之一。

（七）结语

酿酒的起源是很早的。含糖野果的天然发酵大概在旧石器时代就引起了人们的注意。谷物酿酒虽然在化学变化上要经过糖化和酒化的两个过程，可是谷物的发芽和发霉都会促成糖化，所以谷物造酒在农业开始后不久就可能发生的，绝不是哪一个个人的发明。新石器初期是谷物造酒起源的最大可能的时期。那应当还是在原始社会里，而不是在奴隶制社会里。

我国的酿酒，在初期是既用发芽的糵，也用发霉的曲。到了汉代，曲的制造技术发展很快。这种使谷物造酒的两个步骤结合在一起的酒曲法，是我国的宝贵发明。后来酒曲发展了许多种类，酒也生产出许多品种；糵只用于制饴而不再用于酿酒了。

我国几种名酒也有悠久的历史。绍兴酒的开始生产不会晚于 5 世纪后期。烧酒经过发酵以后需要经过蒸馏。过去把我国的烧酒生产估计到元代才开始是不够正确的，据初步的推测，我国在唐代就可能有烧酒了。葡萄酒的酿造是我们祖先善于吸收外来技术的例子之一，可能在东汉就在西北地区有少量的生产了。

酒的酿造是化学工艺中一个重要部分。经过我们祖先积累长期的经验，我国在世界酿造技术和发酵学方面，曾经作出过重要的贡献。

[袁翰青主编《中国化学史论文集》，1956]

三、中国古代人民对酿酒化学的贡献

在我国悠久的历史和灿烂的文化中，古代人民在酿酒化学方面曾经作出过重要贡献，下面从三个主要方面加以论述。

（一）发明曲糵酿酒——制曲酿酒术

现在世界酿酒技术可归为三大来源，一为古埃及的麦芽啤酒生产；二为古代的欧洲葡萄酒酿造；三为我国古代发明的曲糵酿酒以及发展至今的制曲酿酒技术。

曲糵酿酒技术的发明是我国古代人民重要贡献之一，从大量出土文物中，可以看到这一独创工艺的光辉成就。离现在大约 6000 多年以前的龙山文化时期，我们的祖先就使用了盛酒的尊、鬶（guī）和罍（lěi）等器具。进入奴隶社会后，青铜器中有更多的尊、卣、罍，还有热酒用的爵（jué）、斝（jiǎ）、角，以及饮酒用的觚、觯（zì）等，可见酿酒业之兴盛。当时酒的种类，从质量上看，大概有两大类，即一类为较浓较香的“鬯其酒”，另一类为淡薄的醴。“鬯其酒”在甲骨文卜辞上常见，“鬯”是什么呢?《左传》上说：“秬鬯，黑黍也”，可知“鬯其酒”就是用黍所酿的香酒。从酒的加工过程来看，似可分为三种，即《周礼·天官》中的“辨三酒之物，一曰事酒，二曰昔酒，三曰清酒。”事酒就是一般的酒糟酒，即醴；昔酒是陈放时间较长的酒；清酒是把糟粕过滤掉的酒浆。至于酿酒的方法，当时有“五齐之名”，即“一曰泛齐，二曰醴齐，三曰盎齐，四曰醍齐，五曰沉齐”。何谓五齐?

袁翰青解释为发酵的五个步骤，“泛”为发酵之初，物料发动之状态；“醴”为物料冒泡；“盎”即发酵到最盛时，放出二氧化碳等气体；“醍”是到了发酵后期；“沉”是发酵终点，物料残渣与之分层了。虽然五齐可视为当时掌管酒类生产的“酒正”官们教授识别发酵现象的方法，但是实际的技术还是《尚书》中记载的“若作酒醴，尔惟曲蘖”，即曲蘖并用于酿酒的技术。

这种曲蘖并用技术，到了秦汉间才有较详细的记载，那篇记叙文即《礼记・月令》里写道：“仲冬之月，乃令大酋，秫稻必香，曲蘖必时，湛炽必洁，水泉必香，陶器必良，火齐必得，兼用六物，大酋监之，毋有差贷。”这段四十四字诀，可说是世界酿酒技术的最早记载，它明确而扼要地叙述了酿酒的六个要素，即配酒时间的掌握、原料、酿酒微生物、水质、发酵器（陶器）和酿酒的温度。

从现代微生物发酵知识来看，六个要素中最要紧的是“出蘖必时”。要及时地使用曲蘖，才能使原料即黏粟中的淀粉，在中性偏酸的泉水调和下，被曲中微生物酶和种子发芽时的酶所转化，蘖就是种子发的芽，如麦芽或稻芽。六个要素如果具备，就可以保证产酒的可能性。现代生物化学指出，原料中的淀粉转变成酒精，经历着一系列复杂的酶的催化反应，第一步是淀粉的水解，在α-淀粉酶、β-淀粉酶或葡萄糖淀粉酶等各自催化下，淀粉转化为单糖或双糖；接着葡萄糖在磷酸化酶等多种酶催化下，变为丙酮酸到乙醛，然后乙醛还原为乙醇（酒精），放出二氧化碳。如果用1份淀粉发酵的话，理论上则可产生65°白酒0.992份。古代人们由于历史局限性，虽不能了解上述机制，然而他们总结的酿酒六个要素，终究是我们的宝贵遗产。

这一遗产之可贵，还由于与同时代的古代世界各民族相比较，它具有独特的地方。上面说到古代埃及和古代地中海欧洲人也有他们的酿酒方法。但是，就技术本身掌握难易程度而言，我国曲蘖酒术比他们那两种方法需要更多的知识。我们的祖先使用曲蘖，首先需要一个制曲过程，而制曲过程是人工控制霉菌生长发育的过程。要掌握这些过程，势必要了解霉菌生物学的规律，然后才可能获得制曲的成功。从对微生物世界进行研究的意义上来讲，不能不说我国古代人们比18世纪有了单筒显微镜后才开始观察微生物世界的欧洲早了许多年。

但是我国古代曲蘖酿酒技术毕竟还是比较原始的。到了西汉繁荣之后，我国酿酒工艺才有了一个新的突破。此点，笔者曾经在讨论古代中国酿酒分期时，作了论述。这个突破就是单独用曲酿酒，其结果提高了酒的质量，提高了出酒率，扩大了酒的生产量等。

现在着重讨论单独用曲不同于曲蘖酿酒的最主要的技术特点及其发展概况。

单独用曲酿酒最主要的技术特点之一，是制曲工艺本身；特点之二，是酿造时用曲量的技术。用多少曲才能酿出更多的酒？这是古代人们一直要探讨的问题。起初规定“一酿用粗米二斛，曲一斛，得成酒六斛六斗”。其用曲量为原料的50%。稍后崔浩母亲写的《食经》中做白醪酒法，似乎用曲量未变。到曹操呈的《上九酝法奏》中谈及的九酝春酒法，用曲量依故，但加曲次数可达九次之多，当时发现多次加曲有利于产酒。经过300年时间，由于制曲技术的发展，曲的质量大为提高。从公元533—544年北魏贾思勰记录的资料看，酿酒的用曲量已经大大减少。用最差的曲酿造，其用量也只是原料的1/6；若用发酵力强的神曲，其用曲量仅仅是原料的1/30。但加曲的次数仍然采纳曹操推荐的多次投加法。这一技术到盛唐时应该有所发展，从李约瑟描写的唐首都长安西市场酒家兴隆的景象推测，理应如此。可惜唐代有关酿酒技术的书籍，如刘炫著《酒孝经》等至今下落不明。不过，到宋代确实证明了曲量又在减少，《北山酒经》中说：“陈曲一斗米用10两曲，新曲用12两或13两”。一斗约合30斤，10两是一斤16两制，可见用曲量乃不足原料的1/30。至于宋时发明的红曲，以及酿红曲酒时的用曲量及出酒率都未见记录，仅仅从宋应星1637年初刻的《天工开物》十七卷《酒母》“南方曲酒，酿成即成红色者……”知道有红曲酒存在。

以上简述了我国古代发明的曲蘖酿酒到单独用曲酿酒技术的特点及历史发展过程。

（二）制曲工艺的光辉成就

下面介绍古代制曲工艺的发展情形。

首先要了解制曲工艺为什么会发展？自然主要是为了酿酒需要。为什么曲能使粮食酿出酒？因为曲中有几十种微生物，它们体内有许多种酶。酶是一种生物催化剂，在常温常压下，可以较容易进行物质转化。例如，曲中有一种微生物称黑曲霉，其体内有一种葡萄糖淀粉酶，可以使成千上万葡萄糖苷在常温常压下很快水解成结构较简单的葡萄糖。曲中的酶各有各的用途，生物化学上称之为专一性。因此，实际上曲是许多酶种的保存者，它在现代科学中称为酶制剂，曲作为粗酶制剂，包括了酿酒全过程所需要的全部酶种。如果进一步提纯了酿酒所需的酶种，也就是说提高了酶的活力，就可以在同一份原料条件下，提高其出酒率。换句话，为提高出酒率，需要提高曲的质量，发展制曲工艺。

从古籍中可以看到，古人虽然没有如上明确的认识，然而为酿酒而发展到制曲工艺的思想是明确的。例如，贾思勰就说过要好曲才能酿出好酒的话。除此而外，发展制曲同时也为了治病，《左传》有一个故事，说有的人得了腹病求曲作药，大概他得了今天说的消化不良症，需要淀粉酶。求者得对方无曲，唉息地说："河鱼腹疾，奈何?" 到了后来，以曲治病的记载就更多了，并专制了"神曲"作药用，李时珍《本草纲目》就有详细的制法。

然而，制曲工艺不是很早就具有较高水平的。到了秦汉，由于曲蘖用途的分野，才促进了制曲工艺的发展，《史记》上有"蘖、曲、盐、豉千合"一句，可能是曲豉分家很早期的记载。从那以后，蘖专门用在制饴糖方面；酿酒只用曲了。到了三国时代魏末，用曲酿酒已很普遍，有一位当时名士，名刘伶，写了一篇《酒得颂》，其中说到有位大人先生如何爱酒，"衔杯漱醪"，"枕曲籍糟"，后一句是说垫坐在曲和酒糟上。可见用曲酿酒很普遍了。

虽然如此，制曲技术的全面总结，却当推200多年后的北魏贾思勰。笔者曾经讨论过贾思勰的制曲成就。我们觉得其中最主要的成就有两点：第一，贾思勰比较科学地提出了曲的分类和用量的原则。在此以前，我国制曲虽有千年历史，但是各地品种繁多，并未见有人进行比较归类的研究。贾思勰首先根据自己所处时代十多种曲的发酵力强弱，把曲分成神曲与笨（音"图"）曲两大类。他说："（神）曲一斗杀三石，笨曲一斗杀六斗。省费悬殊如此。" 这是说，用神曲酿酒，用曲量为原料的1/30，笨曲为1/6。第二，贾思勰较准确地记述了制曲工艺所依据的曲中微生物生产规律。例如，他说制曲过程要"三七日"，第一个七日，将曲料"当处翻之，还令泥户"；"至二七，聚曲"；"至三七日，出之"。有的还要拿出曲房放入瓮里再泥封，待到四七，再取出晒太阳。出曲标准是"打破看，饼内干燥，五色衣成"。如果饼中"五色衣未成，更停三五日"。所谓"五色衣"即系霉菌的各种颜色表现。现在看来，贾思勰所述过程基本上符合霉菌的生长规律。第一阶段以泥封曲房，是为了保温保湿，促进霉菌孢子萌发；第二阶段，当菌丝迅速生长，强烈呼吸作用放出大量热能时，这时需要散热调节品温，故需翻动；第三阶段，孢子逐渐形成了，品温下降，故又需"聚曲"保温，以利正常发育。最后"五色成衣"说明各种霉菌都很茂盛了。

贾思勰如此精心总结的成果一直影响到后代，到了宋代，才又看到了有新的发展。首先，对曲中微生物进行选育，后人较前人进步。北魏时，贾思勰总结的制曲，只讲究选择季节，还不知道有微生物接种的概念。例如，贾思勰说："以七月中旬以前作曲，为上时"，其意思是说，要做质量最高的曲子，需在七月初十至二十日之间做。因为这段时间对贾思勰所处的黄河中下游来说，空气中微生物作为曲的菌种来源似乎有好处。每年如此按时制曲，并不用陈曲作为新曲之母。可是宋代，已知道用老曲接到生曲团表面上，而不强调做曲季节。明末《天工开物》又进一步指出制曲要选育优良菌种，说"凡曲信必用绝佳红酒糟为料，每糟一斗，入马蓼自然汁三升，明矾水和化。" 这是讲做红曲的接种方法及培养条件。有所发展的第二点，就是后人创造了红曲制法。红曲又称丹曲，首次记录是宋陶谷著《清异录》。不过，他只是写了"以红曲煮肉"的话，并没有制造工艺。《北山酒经》没有红曲，只看到在制曲过程"伤热则心红"一句；较详细的工艺描述就数《天工开物》了。

宋应星著作中的丹曲工艺特点：①在原料处理方面，有一个浸米使"其气恶不可闻"的去蛋白质氨基酸的过程，这在以前的制曲过程中是没有的；②选择优良种子后，规定接种量为2%（每曲饭一石，入信二斤）；同时用明矾水拌种培养，在pH 3.5左右培养，如此准确定量，过去历代所未见；

③在管理方面，强调保持酸性环境，强调干净、防污染；④出曲标准要观察“生黄曲”的全过程，即由白至黑，黑转褐，褐转赭，赭转红，红极转微黄。

以上概述了我国制曲工艺的高度成就。这是古代世界上的重要成果，一直到19世纪，欧洲才从我国曲中分离到霉菌。

（三）提出发酵论雏形

在酿酒发酵技术的基础上，我国古代许多学者探索着发酵本质和规律问题，最早记录发酵现象的，恐怕要算上面提到的“五齐之名”，但是比较系统叙述发酵现象、发酵本质、发酵方法和产物鉴定的著作，只能归于北魏贾思勰和北宋朱肱了。当然，在他们先后都有人积累一些资料，例如，晋代江统（？—310年）写过一篇《酒诰》，观察和思考了自然发酵现象。他说：“有饭不尽，委余空桑，郁积成味，久蓄气芳。本出于此，不由奇方”。显然他是说，剩饭在空气中，经空气微生物作用可发酵出酒味。

然而贾思勰的《齐民要术》却成为集大成之作。贾思勰出的见解，实在是当今有关酶化学和乙醇有机化学的发酵理论雏形，具有启蒙作用。1400多年前，贾思勰只凭观察与思考，而非用精密仪器测量，得出较科学的解释，这在世界酿酒史上是罕见的。

什么是发酵现象？他说：“浸曲发，如鱼眼汤”“酒薄霍霍”“香沫起”“沸止为熟”等。就是说，曲掺到原料中，不久，表面可以看到像鱼眼大小的气泡不断产生与消失，而后逐渐激烈些，可闻到轻香酒味，听到霍霍之声；发酵最激烈时好似沸腾，最后不再沸腾了，称为“沸定”，就是发酵终点。为什么会发酵，即发酵的本质是什么？贾思勰说“曲势”也。“沸未来息者，曲势未尽………”，“盖用米既少，曲势未尽故也”，“酒薄霍霍者，是曲势盛也”，“米有不消者，便是曲势尽”。这就是说，“曲势”是一种内在的发酵潜力，它是整个发酵过程中始终居于主导地位的推动力量，这是十分符合今天酶的动力学知识的。贾思勰用“曲势”来解释发酵全过程，显然十分可贵。至于发酵方法，他虽然未写成系统的几条几款，但从他对各种酒的酿造过程记述中，可以看出贾思勰对发酵方法的一般规律是颇有体会的。例如，他对酿酒发酵条件的归纳，提出对原料的选择及处理的具体方法；他对发酵温度的调控；对发酵用水的选择，以及发酵用水与原料比例的规定等。这方面的分析，可另行参看笔者的其他论文。

发酵理论雏形，还提供另一个重要内容，即对发酵产物的性质鉴定。产物性质如何？古代是不可能用现代化学分析方法，诸如各种仪器分析，但提出了简便且相对可靠的检定方法。贾思勰对酒质量好坏可以归纳为“闻、品、色、感”四个字。何谓“闻”？他说好酒“芳香酷烈，轻隽遒爽，超然独异”。用现代话说，闻起来芳香、浓厚、强烈而轻快。显然芳香是酒中醇与酸的酯化产物，如乙酸乙酯、丁酸丁酯，都是具有芳香气味的酯类；而浓厚与强烈等感觉，是表示其有一定的浓度，例如总酯浓度在每100mL酒中含0.03g以下，则闻不到酒香，在0.07g以上可闻到一些，总酯浓度在0.2%以上就能闻到浓厚的酒香了，像出口汾酒总酯量在0.3%以上就能使人感到浓厚、强而遒爽了。何谓“品”？就是品尝，看酒的口味如何，是测定非挥发物的办法。贾思勰用几种物味类比。他说“酒甘如乳”，“姜辛、桂辣、甜、胆苦，悉在其中”。这就是常说的甜、辛、辣、苦、甘五味俱调。五味为何物质？现代有机分析化学可以查到它的主要成分。不过，测味的古法至今仍有简便通行的现实意义。我国现有名酒之一的西凤酒，就是品出五味俱调而列为上等。何谓“色”？“酒色漂漂，与银光一体”“色似麻油”均为好酒。这实际上是对乙醇为主体的多种物质水溶液的观察和体验。“感”即用手插入发酵器中，靠感觉判断温度。“以手入内瓮中看：冷，无热气，便熟矣。”没有温度计的条件下，这也是可贵的经验。

总之，贾思勰在发酵产物的鉴定等方面的总结，为我们留下了宝贵的科学遗产。在贾思勰之后，我国古代有不少学者还根据自己时代酿酒生产的发展，对上述理论雏形作了补充。比较知名的有《新丰酒法》《北山酒经》和李保《续北山酒经》，特别是朱肱《北山酒经》对发酵概念、微生物接种概

念、发酵方法等方面均有创见。例如，当时宋代有一种宣传发酵只用“刷案水”的唯心主义说法，朱肱对此进行批判，他说“凡酝不用酵，即酒难发醅，来迟则脚不正”，而“正发的醅为酵最妙”。他提出“曲力”“酵力”说去批“不用酵，衹用刷案水，谓之信水”说。在发酵方法上，朱肱还补充了加油止沸的办法。

以上种种，特别是古代中国人对发酵概念的建立，比之西欧1857年才由巴斯德实验室确知发酵现象，足足早了1300余年。由此可见，我国古代劳动人民具有伟大的才智。

[罗志腾《中国古代人民对酿酒化学的贡献》，《中山大学学报》(自然科学版) 1980 (1)]

四、酿酒工业的变迁

(一) 酒的出现

酒是什么时候出现的？最早出现的是什么酒？自古以来，有种种不同的说法。凡是含有糖分的物质，例如水果，尤其是浆果（像葡萄、菠萝、草莓等），蜂蜜，兽乳，只要受到发酵微生物的作用，就会引起酒精发酵，产生酒味，所以有人认为最原始的酒应该是由水果自然发酵生成的，古人笔记上，有不少类似的记载。

另一种说法认为最古老的酒是游牧时代（新石器时期）的醴酪（《周记·礼运》）。这是中国有文字记录的最古老的酒，不妨把它看成我国第一代酒精饮料。后来到了农耕时代，人们有了余粮，由于保管得不好，或者水分太多，粮食发芽，引起淀粉的糖化，空气里的发酵微生物又把已经糖化的淀粉转变成酒。这种依靠谷芽糖化酿成的酒，古人称之为醴，或称为醪醴。醪醴出现在曲酒之前，黄帝的《素问》，已经有关于“醪醴”的记录了。但还没提到酒。所以醪醴是中国第二代酒。

古人把发芽的谷物称作糵。糵酿成的酒称作醴。醴酒酒精度很低，不容易致醉。后来出现了有强大糖化、发酵力的曲。因为曲是一个含有各种发酵生物的混合培养物，它既能糖化又能发酵，而且经过双边发酵，可以制成酒精含量高达20%的酒。所以在夏、商、周时代盛行的醴酒，到了秦汉以后就被逐渐淘汰了。宋应星《天工开物》说：“古代用曲造酒，用糵制造醴，后世厌醴味薄，遂至失传，则并糵法亦亡。”我国用谷芽造醴酒和巴比伦人用麦芽做啤酒，差不多是同时出现于新石器时代。彼此之间是否有联系已难以考察。不过，巴比伦人因为没有创造出酿造高酒精度粮食酒的方法，而始终保留了啤酒生产，成为现代啤酒的鼻祖。

从公元前2000多年一直到春秋战国，曲和糵是同时存在的。《书经》载有“若作酒醴，尔惟曲糵”。楚辞还提到“吴醴白糵”，可见当时还造醴酒，后来就失传了。

(二) 曲的出现

曲的出现是我国古代发酵技术的最大发明创造，并且对后来的工业发酵带来极其深远的影响。有了曲，才由糵糖化发展到边糖化边发酵的复式双边发酵，才有今天的酿酒工业。

关于酒曲的起源，古人还有各种说法。公元3世纪，晋朝江统作《酒诰》，提出了空桑秽饭的说法，可能最接近事实。他说：“……有饭不尽，委之空桑，郁结成味，久蓄气芳。本出于此，不由奇方”。译成白话就是“有剩饭扔弃在桑园，堆积的饭生成酒味，放置日久，气味芬芳，酒是这样来的，并没有什么稀奇的方法”。根据这种方法，最早的曲就是微生物繁殖的残粥剩饭。后来，凡是谷物以至豆类，不论生熟，整粒或粉末，只要经过微生物繁殖的，都称作曲，因为新鲜的曲不易保存，就发展成为晒干的曲饼、曲块、曲砖。汉武帝时代（公元前100年）的酿酒配比，用粗米二斛，曲一斛，成酒六斛六斗。这里用的曲，可能是磨碎的曲块，也可能是新鲜的散曲，可惜至今还未找到更详细的说明。

公元6世纪，贾思勰《齐民要术》列举当时各种曲的名称、形状、种类都和现在的曲差不多，而且已经能够控制培养条件来制造发酵力强的神曲和发酵力弱的笨曲，用来生产不同的酒。除了块曲之外，还制造黄衣（整粒蒸熟小麦）、黄蒸（蒸熟的小麦粉）等散曲，用于酱醋的制造。

我国的制曲方法，公元5、6世纪先后传到朝鲜、日本、印度及南洋各国。日本岚山的松尾神社（日本三大酒神庙之一）就是公元701年，由一位姓秦的中国酿酒师创造的。

我国古代劳动人民创造的曲是世界上最古老的微生物自然培养物。古人虽然还不能理解微生物的存在，但通过实践，掌握了微生物的规律，开辟了独一无二的双边发酵酿酒的道路。

（三）中国古代的酒

中国是世界上最早用粮谷酿酒的国家之一。神农教民稼穑，栽培五谷（黍、稷、稻、麦、菽），除了菽之外，都可酿酒。但根据《素问》，最早出现的醪醴，是用稻谷发芽制成的，《诗经·豳风》里“十月获稻，为此春酒”讲的也是米酒。但古代尚有黍酒、稷酒等其他粮谷所酿的酒。宋代窦革《酒谱》称：“少康始作秫酒。”

西汉时代，根据原料，酒分三级：糯米做的为上正、稷米为中正、粟米为下正。贾思勰《齐民要术》，详细记载用小米或大米酿造黄酒的方法。南北朝以后，关于酿酒的著作不多。北宋政和七年（1117年），朱翼中《酒经》三卷，总结了大米酿酒经验。当时酿酒技术已有很大改进，如陶器酒坛，内部涂蜡或漆，新酒必须加热杀菌，煮酒用松香或黄蜡作消泡剂，榨酒使用压板，并指出酒坛必须装满，即使不煮，夏月亦可保存。

北方酿酒，大曲是作为糖化剂使用的。所以用曲量比较多，南方气候温暖，只要用少量曲接种，就能造酒。因此，出现了低温培养的小曲，也称作酒药，酒药是作为种子使用的。接种量一般在0.5%~1%，首先让微生物生长发育。糖分达到一定浓度之后，才开始酒精发酵。

法国微生物学家卡尔梅研究中国酒曲，创造了Amylo法，应用在酒精工业。日本人曾在我国台湾用Amylo法制作大米黄酒，获得成功。

红曲是用红曲菌培养的米曲，原产于浙江南部及福建地区。宋代陶谷《清异录》介绍了红曲。后来，《天工开物》做了更详细的介绍。现在已传播到日本及东南亚各国，为温暖地区酿酒的重要霉菌之一。

在蒸馏酒出现之前。虽然酒的种类非常之多，但都是酿造酒，也可以说都是黄酒。不过，花色品种、酿造方法也各地不同。现在许多地区还保持着传统的酿酒方法。

（四）蒸馏酒的出现

中外发酵工作者都想搞清楚蒸馏酒的起源，可是至今在探索之中，不少西方科学家认为中国是世界上第一个发明蒸馏和蒸馏酒的国家，因为蒸馏和中国古代的炼丹技术有密切的关系，一旦掌握了蒸馏方法，必然会应用到酒的蒸馏。不过《齐民要术》还没有提到蒸馏酒。可见蒸馏酒的出现，大概不会早于公元6世纪。唐代诗人，大都喜欢用酒做题材，可是李白、杜甫从未吟过烧酒。中唐的诗中，才出现了烧酒。例如，白居易的“烧酒初闻琥珀香”。雍陶的“自到成都烧酒熟，不思身更入长安”。

古人把蒸馏称为蒸烧，称蒸馏器为烧锅，称制造蒸馏酒的作坊为烧坊。蒸馏技术的发明是出现蒸馏酒的先决条件，这和我国古代的炼丹术有极其密切的关系。蒸馏方法推测是由炼丹术演变来的。秦汉之际，我国就有了炼丹术，随着黄老学说与道教的兴起，为了求不死之药，炼丹术不断发展。虽然不死之药始终未能发现，但凭长时间积累的技术知识，创造了一系列物质提炼方法与炼丹设备。由唐到宋，炼丹术已接近没落，但仍有炼丹术书籍出现。南宋吴悮（1163年）《丹房须知》，记载了各种类型的蒸馏器（《化学发展简史》，科学出版社，52页图3-3、54页图8-4）。虽然这些设备出现在宋代著作中，但早已用在唐代或更早的年代了。1975年承德青龙县出土文物中曾发现过一套金世宗时代

（约 1161 年）的铜制烧锅（蒸馏器），敦煌壁画中有西夏时代的酿酒蒸馏壁画，都可以证明，至迟在 10 世纪前后，我国已经生产蒸馏酒，后来经丝绸之路通过阿拉伯传入欧洲。

［朱宝镛《酿酒工业的变迁》，1981 年“全国酒曲微生物学术讨论会”论文］

五、中国酿酒技术的过去、现在与将来

（一）糵、曲糵、曲的意义

糵：据清代说文家段玉裁《说文解字》里解释：“糵，牙米也”。注云：“牙同芽，芽米者，生芽之米也……芽米之谓糵。”东汉时代的《释名》说：“糵，缺也，渍麦复之，使生芽开缺也。”可知“糵”字是指出芽的谷类。这与袁翰青的看法是一致的。

1981 年日本东京大学名誉教授坂口谨一郎赠送我一本《发酵——东亚的智慧》。他说：“前日诵读上海陈騊声所著《中国微生物工业发展史》，在本书中，断定糵是麦芽，与曲是截然为两种不同的物。”他又说：“谷类浸水后，由内部向外部发芽，是麦芽，这是根据清代段玉裁的注释，而作出的结论。陈騊声引用其他最近文献，证明糵确实是麦芽。”

曲：曲的繁体字为“麯”或“麴”。《辞源》（3563 页）对“曲”的注释为酒母，酿酒或制酱用的发酵物，亦作“麯”、《列予·杨朱》“聚酒千钟，积曲成封，望门百步，糟浆之气逆于人鼻。”又云：“曲上所生菌，色淡黄如尘”，也作“曲尘”。白居易《山石榴寄元九》一诗：“千芳万叶一时新，嫩紫殷红鲜曲尘。”可知曲是一种发霉的东西。

曲糵：曲的发明历史可能是很早的，但在周朝（西周约在公元前 11 世纪—公元前 771 年）始有文献记载。《书经》“若作酒醴，尔惟曲糵”。酿酒要用曲糵，酿醴也要用曲糵。曲糵也可作酒母解释。

曲糵也可解释为“酒”。例如，杜甫《归来》一诗有“凭谁给曲糵，细酌老江干”。笔者近作有“深深曲糵日方”的诗句，这里“曲糵”也是指“酒”。

（二）酿酒技术的演变

1. 用“糵”制“醴”（甜酒）

《淮南子》说：“清醠之美，始于耒耜”，这句话，十分可信。《黄帝内经·素问·汤液醪醴论·第十四》有一段关于黄帝与岐伯讨论造酒（醪醴）的话，在传说中，黄帝时代就能造酒了。当时所酿的酒称作“醴”。“醴”，甜酒也。它是用糵为糖化剂，由谷类酿成的。当时谷粒散在田野，遇湿发芽，谷芽有糖化酶，将谷中淀粉转化为糖，可能再由野生的酵母（果皮中常含有野生酵母）将糖发酵为酒，味甜而酒味薄。

据《吕氏春秋·孟春纪第一正月纪》说：“醴者以黍相醴不以曲也，浊而甜耳。”又如《释名·释饮食·第十三》里说“醴齐醴礼也，酿之一宿而成社，有酒味而已。”明代宋应星所著《天工开物》中说：“古来曲造酒，糵造醴，后来厌醴味薄，遂至失传，则并糵法亦亡。”这是说古代用曲制酒，以麦芽制甜酒，后来人们因为甜酒味薄，不喜欢它，以致失传了。根据这些记载，我国古代曾单独用发芽的麦（即“糵”）酿造多甜味少酒味的酒，同时也以“糵”制饴，从技术上讲，将淡的饴糖水，经过自然发酵，或加一些“果皮”，作为酒母，使之变成带酒味的甜酒是可能的。

2. 用曲制造黄酒与白酒

前面说过用糵酿造甜酒的历史，极为悠久，后来发现发霉的谷物，可以酿酒，经过不断的技术改良，终于制成大曲与小曲，以后就用曲代糵，进行酿酒。《礼记·月令》中说：“乃命大酋，秫稻必齐，曲糵必时，湛炽必洁，水泉必香，陶器必良，火齐必得，兼用六物，大酋监之，无有差贷。”这短

短几句，概括了古代酿酒的技术要点。选用优良原料，选择季节酿制，保持清洁无菌，使用优良泉水，使用清洁器具，保持适当发酵温度，最引人注意的是“曲蘖必时”，这里说的“曲蘖”是指制酒，并不是“曲”与“蘖”。前面说过“曲蘖”并不是“曲”与“蘖”，而是把“曲蘖”二字作为“酒”的解释。可知那时已不用麦芽，而用曲酿酒了。

用曲制成的黄酒，经过蒸馏后，便成为白酒。白酒的生产远在黄酒以后，详见下文。

（三）白酒的起源

白酒又名烧酒，含乙醇45%~65%，能燃烧，故又名烧酒。它是由酒醪经过蒸馏器蒸馏而成的。所以研究白酒的起源，必先以蒸馏器为佐证。过去关于白酒起源的说法，由于没有看到古代蒸馏器，只凭文献和诗句来推测。

李时珍《本草纲目》说：“烧酒非古法也，自元时（1271—1368年）始创其法”。袁翰青对李时珍的说法，持了否定态度。他说，李时珍之所以有此误会，可能由于元代忽思慧《饮膳正要》里的“阿拉吉酒”和朱德润的《轧赖吉酒赋》，都把这种蒸馏酒说得很新奇，并且用了外来语，因此认为是外国传来的新事物。

袁翰青引用了一些唐代诗句，认为我国在元代方有蒸馏酒之说是不可信的。他认为蒸馏酒的制造可能不晚于8世纪的唐代。

白居易（772—846年）在他的四川忠州《荔枝楼对酒》一诗里有句：“荔枝新熟鸡冠色，烧酒初闻玫瑰香”。这里以“荔枝”来对“烧酒”可表示“烧酒”是一种酒的名称。雍陶有这样两句诗：“自到成都烧酒熟，不思身更入长安”。可见当时的四川已出产烧酒了。

烧酒又名白酒，古诗中常常出现“白酒”二字，例如李白的“白酒新熟山中归”、白居易的“黄鸡与白酒”。唐代的白酒，当就是烧酒。

从上述诗句看来，烧酒的起源，当不晚于唐代（618—907年）。以上所说，只凭古人诗句来推测，但无实物（蒸馏器）可证。

河北承德出土的金代铜制蒸馏器，以实物证明了白酒起源于金代（1127—1179年）。1990年7月19日《文汇报》刊载《东汉蒸馏器，今朝制美酒》，这一实验表明我国用蒸馏器制酒始于东汉（25—220年）。原文照转如下：

我国利用蒸馏器制酒始于何时？过去，学术界常以李时珍《本草纲目》记载为准，说：“自元时始创其（制酒）法”。有的学者还说中国的蒸馏器制酒技术是从国外传入的。目前，记者在上海博物馆，参观该馆馆藏的青铜蒸馏器制酒实验。我国利用蒸馏器技术制酒的历史由此提早到东汉时期。

这次实验是为即将前往伦敦剑桥大学参加第六届中国科技史国际讨论会的上海博物馆馆长马承德和上海社科院历史研究所研究员吴德铎做的。吴德铎是这个讨论会的评论员和副主席。他于1986年5月前往澳大利亚参加第四届中国科技史国际讨论会，披露了中国在东汉已利用蒸馏器制酒的新闻，引起了国际科技史界的注意和重视。为了证实这个青铜蒸馏器是东汉时期的器物，这次会议特地邀请马承德前往做《汉代蒸馏器的考察和实验》报告。

这是一具造型精美、古色古香的蒸馏器，它通高53.9cm，分为甑（zèng）体和釜体两部分。甑体有储料室和凝露室。工作人员把500多克9.8°的崇明老白酒灌入釜体，大约加热20min，乳白色的酒液就从管道口中汩汩流出，一试浓度为49.7°。酒气清香，酒味醇美。唐朝文学家韩愈《醉赠张秘书》一诗中有：“酒味既冷冽，酒气又氛氲”，大概指的就是这种蒸馏酒吧。

我国的祖先在远古时代就发明酿酒，从酿酒到蒸馏酒是制酒史上划时代的进步。马承德说，他们已用不同的酒做过多次实验，证实公元初年的蒸馏器，今天依然可制酒。“怎么知道这具蒸馏器是东汉时期的器物呢？”马承德和吴德铎从青铜铸造学、汉代器具形状特点，向我作了介绍，我国先民早在夏末商初就懂得冶铸青铜。商朝中期以后形成的青铜文明举世瞩目。

著名科技史专家李约瑟的巨著《中国科技史》在叙述中国蒸馏器技术时曾说它是从国外传进来

的，当听到上海博物馆有东汉时期蒸馏器消息时，他兴奋地说，这是中国科技史近年来的重大发现，并表示要改写《中国科技史》。中国是世界上少数利用蒸馏器和制造蒸馏器的国家之一，这一事实今天已为世人公认！

（四）制曲技术的演变

曲的种类很多，制酱用的名酱曲（黄子），制酒用的名酒曲。本节所述的以酒曲为主。

酒曲的种类也很多，大体可分为大曲和小曲。大曲和小曲有哪些不同呢？在外形上，大曲一般多是砖形，小曲的样子很多，有的是圆饼形，有的是圆球形，有的是长方形或正方形。但是小曲要比大曲小得多。除了上述这些异点外，两种曲子还有着以下的不同点：第一，原料方面，大曲的原料主要是大麦（或小麦）和豌豆（或小豆），小曲的原料是米粉或米糠，一般还要加入很多种类的草药。第二，微生物方面，大曲主要是曲霉；小曲中主要是根霉和毛霉。第三，用量方面，用曲量小曲比大曲少很多。第四，产品方面，我国名酒如茅台、泸州大曲、汾酒等都是使用大曲。四川糯高粱、包谷、桂林三花酒等都是使用小曲。用大曲酿成的酒称大曲酒，或简称“大曲”，由小曲酿成的白酒名小曲酒。黄酒的酿造则兼用小曲与大曲。第五，产地方面，北方各省因天气寒冷，以制造大曲为主，南方各省天气温暖，以制造小曲为主。

中国酒曲的发明，是我国劳动人民智慧的结晶，他们利用自然发酵法制成了各种曲，并利用各种曲酿造各种名酒和发酵食品。此种独特的酿造方法传播到亚洲各国，为我国古代文化增添光彩。

我国古代制曲方法详见《齐民要术》，此书是北魏（公元 6 世纪）时期贾思勰所著。书中叙述曲的制造颇详：《造神曲并酒·第六十四》《白醪曲·第六十五》《笨曲并酒·第六十六》叙述神曲，笨曲与白醪曲的多种制法与酿酒方法甚详。古代采用各种特异的制曲方法，能够利用自然界的有用微生物，繁衍增殖于麦、豆、米、米糠等原料之中，此中所含的微生物是极其复杂的。

采用自然发酵制成的曲酿酒，芳香醇美，闻名国内外，但淀粉出酒率很低。为了节约粮食起见，便用纯菌制曲。利用纯菌制曲的方法最初为曲盘制曲法，此法需要很多曲盘及保温保湿室，工人在高温高湿的曲室内工作，易患感冒、关节炎等疾病。以后改为固体厚层通风制曲法，此法劳动强度虽较曲盘法少得多，但由曲箱出曲还要大量劳动力，因此又有回转式自动制曲培养装置等形式设备的创造。

以上所说的都是纯菌进行固体培养的固体曲。为了克服曲盘式及厚层通风法的缺点，上海市轻工业研究所于 1956 年开始与上海酒精厂协作研究液体曲。1957 年研究成功，为曲菌培养最先进的方法。应用这些方法制成的曲以代自然发酵的大曲或小曲，其发酵结果如何呢？细看下文便可明了。

（五）酒的风格

我国生产的各种著名白酒和黄酒，风格各异，品尝名酒者应有丰富的经验和灵敏的味觉，非人人所能胜任。上海《新民晚报》张辰霄写的《酒之格》很有参考价值，摘述如下：

好酒应有三香：溢香、喷香和留香。溢香也叫闻香，是指酒倒入杯子后，溢散于杯口附近空气中的香气。酒愈好，溢香愈高愈持久。喷香是指酒进口以后，受口腔温度影响使香气充满口腔，这就叫喷香。只有名酒才具有较好的喷香，以五粮液最为突出。留香是指下咽后，口中还有余香，名酒均需具有留香的特点，其中茅台酒的留香最突出，素以余香绵绵而著称。

我国白酒的香型大体可分为五种：酱香（茅香）、浓香（泸香、窖香）、清香（汾香）、复香（混合香）和米香。五种香型的代表酒分别为茅台、泸州特曲、汾酒、西凤和桂林三花酒。其中，茅台的酿造工艺最精湛，香气成分亦最复杂。

酒中有五味：酸、甜、苦、辣、涩。这五种味道都要有适当的比例，否则就会破坏酒质的平和。有些劣酒还会有咸味或怪味，色、香、味三者，味在首位，只有滋味调和并具有浓（浓郁或浓厚）、醇（醇和或绵柔）、甜（回甜）、净（气味纯净）、长（回味悠长）等特点的酒才是好酒。综合色香味三方面的形象加以抽象判断，确定典型性称作格（风格）。

换句话说，就是酒中多种物质互相联系互相影响呈现的特殊感觉。每种好酒，都具有自己的独特风格。这些风格含有哪些成分？是怎样形成的？

（六）我国酒曲微生物研究的进展

1. 酒曲酒药中微生物的初步研究

日本微生物学家对于我国酒业早已进行了研究。在中华人民共和国成立以前，内忧外患，朝野昏聩，人们将传统酿造视为作坊，无足轻重，而奥妙的祖先遗产，却被外国人争先研究。距今 90 余年前（即 1882 年），我国自己不懂得用科学方法去利用这些酒药的微生物，而由法国微生物学家卡尔麦提（Calmette），首先自我国南方酒药中发现一种糖化力强大的根霉，他应用此种霉菌生产酒精，定名为阿明诺法或淀粉法（Amol Procezz）。

1930 年笔者由上海劳动大学转入当时实业部南京中央工业试验所，主持酿造研究室。头一件事，是向全国各地索取酒药、酒曲，开始酒曲、酒药的微生物分离工作。先后发表了《湖南酵母的研究》《阿明诺法制造酒精的研究》等论文。1932 年赴美留学，曾将在国内分离的酵母与霉菌进行详细的形态、生理等研究。金培松自上海劳动大学毕业后，转入南京大学，在魏岩寿指导下，发表了《华北酒曲中微生物之初步分离与观察》《华南三省酒曲酒药酒饼中微生物之初步分离与试验》。以上详见实业部中央工业试验所编写的《酿造研究》（商务印书馆，1937 年）。

方心芳于 1935 年在黄海化学工业社将各地酒曲、酒醇葡萄、酱醇等分离所得酵母 40 株，试验发酵力。其结果显示我国曲内酵母菌的发酵速度比较缓慢。方心芳等在中国科学院微生物研究所于 1956 年起开始将小曲分离出的根霉进行根霉分类及重要的生理特性的研究，确定了根霉是小曲的主要糖化菌。以上研究结果，证明了大曲以曲霉为主，小曲以根霉为主。两者都可分离出酵母，但发酵能力似乎都不够强。

以上研究结果，只说明了曲具有糖化与发酵的能力，应用这些微生物以代酒曲酒药所酿制的酒，其结果如何详见下文。

2. 烟台酿酒操作法

1955 年 11 月中华人民共和国地方工业部、轻工业部、商业部等联合在北京召开了全国第一届酿酒工业会议，会议针对酿酒工业存在的主要问题，指出酿酒工业当前的任务之一是：在保证质量的前提下，以提高出酒率为上。会议通过了《烟台酿酒操作法》，此法采用纯菌培养的米曲霉与酒精酵母，淀粉出酒率有所提高（约为 70%），较老法提高约 20%，但酒的香气没有达到预期的目的。因此，各种名酒到今日仍是采用老法酿造，在机械化方面有所改进。这个问题应该怎样解决呢？下面将予以说明。

3. 酒香组成的初步分析

近代分析仪器日益精准，人们利用这些仪器例如液相气体分析仪等精密仪器，进行酒香气组成的分析，分析结果指出香气成分有甲醇、乙醇、丙醇、丁醇、戊醇、己醇、庚醇、辛醇；甲酸乙酯、乙酸乙酯、丁酸乙酯、己酸乙酯、庚酸乙酯、辛酸乙酯、乳酸乙酯、甲酸、乙酸、丙酸、丁酸、戊酸、己酸、庚酸、辛酸、乳酸、乙缩醛、甲醛、乙醛、丙醛、戊醛、己醛、糠醛、丙酮、丁二酮等，泸州大曲含量最多者为乙酸乙酯、己酸乙酯、乳酸乙酯、乙缩醛等。其他名酒的香气组成各不相同，但乙酸乙酯的含量一般却较高。

人们采用上述分析结果，将上述各种香气成分配成各种名酒，其结果都不能达到满意的效果。由此可知，白酒的香气成分极其复杂，除了上述酸、酯、醛等外，一定还有许多尚未发现的成分，到现在还是没有被人发掘。因此，人们对酒曲微生物的深入研究，特别重视。

4. 酒精微生物的初步揭露

上面说过酿造白酒除了上述已发现的糖化霉菌及发酵酵母外，必有与生香有关的微生物。

1975 年，内蒙古轻化工科学研究所与呼和浩特市酒厂协作，采用从老窖泥中分离到的己酸菌进行

发酵，然后将己酸发酵液添加于白酒发酵醪中，用量为5%，继续发酵4~5d蒸出的成品酒的己酸乙酯含量最高可达158mg/100mL，经评审，有较明显的泸香型大曲酒香味，口味较为协调。自己酸菌发现后，打破了过去只用霉菌与酵母进行发酵的做法，进一步证明了白酒酿造除了糖化与酒精发酵所需霉菌与酵母外，还有细菌与酿酒也有很大关系。

5. 白酒微生物的深入研究

中国科学院成都生物研究所、轻工业部食品发酵研究所等研究单位对酿酒微生物作了深入的研究，中科院成都生物研究所吴衍庸发表了《中国泸型白酒传统工艺的微生物生态学意义》一文《工业微生物》（1988年第6期）。摘录如下：

泸州老窖特曲为浓香型（泸型）的代表。麦曲、万年糟、老窖又是构成浓香型酒的传统工艺特点。成都生物研究所对泸州老窖特曲的麦曲、老窖等微生物做了下列工作。

（1）麦曲中的微生物类群　麦曲中所含微生物包括霉菌、酵母、细菌、放线菌四大类。将麦曲中高效功能菌进行有效的移植，研制出的强化曲比一般麦曲香味浓、断面颜色好，菌丝多，并出现黄红斑点。测定酶活力高，具有典型泸酒优质曲的特点。

（2）参与窖内发酵的微生物　窖内发酵的微生物一是来自麦曲，二是来自窖外环境；三是来自酒窖窖泥中的厌氧细菌。大曲酒的酿制是将麦曲加入粮糟中，粮糟以母糟为基础，母糟好坏又是影响酒质的关键。母糟（万年糟）中存在大量微生物参与窖内不同物质的转化作用，形成众多与呈香呈味有关的前体物，窖内发酵的酯化反应是形成泸型酒风格的关键。该所发现的泸型红霉M-1，就有较强的酸醇酯化能力。另外，他们还首次分离到一株能利用甲醇为唯一碳源的生丝微菌，定名为*Hyopmicrobium* M7的菌株，它的生长将消耗甲醇，因此大曲酒中甲醇含量极微。

（3）甲烷菌的发现　该所除研究了窖内己酸发酵外，还研究了窖内甲烷发酵。浓香型酒窖中存在甲烷发酵的条件，甲烷形成有两个途径，一是利用氢还原CO_2，一是乙酸被甲烷菌所利用形成甲烷。该所从泸州老窖中分离出一株布氏甲烷杆菌（*Methanobacterium bryantii* CS），甲烷菌与己酸菌共栖于老窖泥中互相生长，会生成更多的己酸，使酒体浓香突出，这样优质酒率就提高了，他们开发应用“甲烷菌、乙酸菌共用发酵强化的人工窖泥”新技术，使我国的白酒香气研究又进一步推进了。

以上所述的仅是泸州老窖特曲一种的研究结果，而其他香型的名酒，迄今鲜见报道，由此可知我国的酿酒微生物研究还有许多工作要做。

在国外，混合菌发酵已成为一个独立的研究领域，我国应该按照我国情况，学习外国经验，使我国酿酒微生物研究日臻完善，把科学研究转化为生产力，在保证酒的质量的前提下，达到缩短发酵时间，提高产酒率和节约粮食的目的。

（七）混合菌株发酵应列入重点科研课题

由上述研究结果看来，要酿成名酒不是单凭一两种微生物所能完成任务的，而是要靠许多许多微生物的新陈代谢、互相配合、互相作用而酿成的，称作混合菌株发酵或简称混合发酵。

混合菌株发酵，不但酿酒是这样，其他传统酿造如酱油、醋等许多酿造产物也是这样。

1981年，英国Surrey大学的M. E. Bushell和Warwich大学的J. H. Slater两位教授合写了《混合菌株发酵》（*Mixced Cauture Feraetation*）一书，此书是依据1980年在伦敦召开的混合菌株学术讨论会的论文而写成的。其中，以Slater写的《各类的混合菌株发酵》供参考，简介如下：

第一类：在两菌之间，一菌能产生另一菌生长时必需的营养物。在酿酒上，霉菌能够由淀粉产糖，以供酵母生长之用。

第二类：两菌共存时，一菌能除去另一菌的生长有碍的物质。例如，甲烷可被假单胞菌代谢为甲醇，而甲醇对假单胞菌则有阻碍作用，而生丝微菌菌株即有利用甲醇的能力，此两菌可以成为一个菌群。在酿酒中发现生丝微菌*Hyopmicrobrium* M7，它可消耗甲醇，所以酒中甲醇大为减少。

第三类：两菌并存时，对各自的生长参数有所改善或对凝块物形成有所影响。例如，啤酒在发酵时被污染的细菌，可被啤酒中酵母所吸附。形成凝聚物，随着酵母而从啤酒中分出。

第四类：这一类是由两个菌或两个菌以上组成的菌群。当这些菌共同存在时，由于它们之间的互相关系，使代谢得以顺利进行，而单独一个菌则不能显示它的作用。在酿酒中时常发生此现象。例如，淀粉由糖化曲等转变为糖，糖由酵母转变为乙醇，乙醇由醋酸菌转变为乙酸等。

第五类：由于种间氢离子的转移，在厌氧情况下，发酵菌需要把最终产物的还原物进行处理。例如，乙醇由 *S. organism* 发酵后，生成的氢对本身有害。而甲烷杆菌 MOH 以 CO_2 为碳源，把氢转变为 CH_4。如图 1-9 所示。

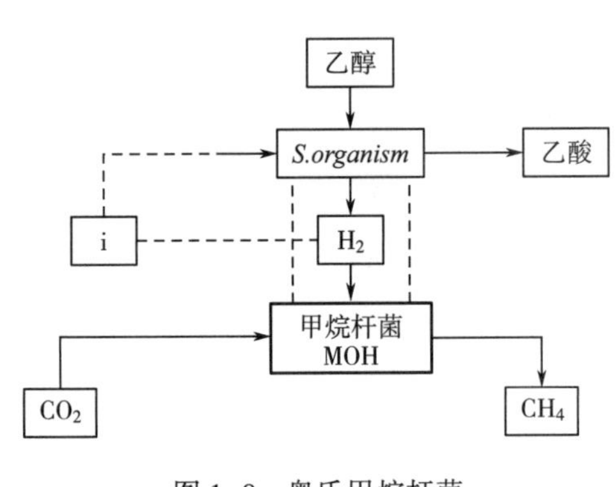

图 1-9　奥氏甲烷杆菌

(*Methanobacterium Omelianskii*)

成都生物研究所也发现了浓香型酒窖中存在甲烷发酵的条件，一是利用氢还原 CO_2，一是乙酸被甲烷菌所利用形成甲烷。酒窖中既有乙酸的基质，窖内发酵又是氢和 CO_2 的产生。因此，以酸为基质和以氢为营养的甲烷细菌都有存在。

第六类：一个基质同时存在一个以上的同一基质消耗者。在酿酒时产生的乙醇可由己酸菌作用转变为己酸，同时又可由醋酸菌作用转变为醋酸，此外还有一些有机酸，与在酿酒中的乙醇，经过一系列的生化反应生成相应的酯，是浓香型香味的主要成分。

此外，Wood 论述了酵母与乳酸杆菌在饮料（如清酒、啤酒、威士忌）、食物（面包、罐头等）、调味品（酱油等）、动物饲料的相互作用。

以上所述均属混合发酵的范畴。

酿酒即是一种混合菌株发酵，对此已有初步的认识，以后还要努力探讨各种名酒的混合发酵的机制，这不但可以揭露祖先遗留下来的奥秘，且可为混合发酵研究，奠定牢固的基础。这样，利用人工培养的各种纯菌可能酿出各种具有特色的名酒。

（八）结束语

我国现有大小酒厂 5 万家，年产各类酒 800 万 t，要装 10 万节火车皮。按 5 亿成年人计算，平均每人每年要喝掉 10kg 白酒，在产量和消费上已双获“世界冠军”。500 万 t 的酒要消耗高达 1250 万 t 的粮食，这相当于全国人民一个月的口粮。全国白酒行业利润高达 60 亿元，仅次于烟，列第二。全国各地大小酒厂如雨后春笋，蓬勃发展。仅四川一省，今年经过整顿，仍有大小酒厂 7500 多家。（茅廉涛《酒这玩意儿》，《文汇报》，1989 年）

综观上述数据，白酒既为劳动人民所喜爱，又为国家提供了大量利润，但同时又消耗了大量粮食。为了增产节粮，酿造科研工作者应积极从事混合菌发酵的科学研究，争取在短时间内，获得下述两个成果。

（1）完全了解各种名酒的香气组成，由人工制成与名酒相类似的配制酒。日本配制清酒的配制，已达到乱真的程度。

（2）应用各种生香微生物进行发酵，能酿成各种名酒，同时又能缩短发酵时间和提高出酒率。或至少可以以混合菌株代替自然发酵的曲，在不影响酒的质量情况下，减少用曲量，并获得较高的出酒率。

［陈驹声《中国酿酒技术的过去、现在与将来》，1991 年“国际酒文化学术讨论会”论文］

第二节　酒曲文献史料

一、中国古代酒文献史料

中国酿酒历史悠久，数千年来为国民留下了极其丰富而宝贵的古代酒文献，成为中华民族优秀传统文化的重要组成部分，是祖国宝贵的科学文化遗产。傅金泉总结、记述了中国记载酿酒历史的书籍，为从事酒文化和酒类科研提供参考。

1.《尚书》

《尚书》，原称《书》，战国以来儒家尊称《书经》。西汉始用今名，经由商、周、战国长期汇集而成，传有百篇。秦焚书后，西汉初仅有 28 篇。《十三经注疏》（浙江古籍出版社，1998 年）中《商书》卷十《说命下・第十四》有“昔作酒醴，尔惟曲蘖”。卷十四载有《酒诰》。其内容可分三部分：第一部分阐述戒酒的重要性，告诫卫国臣民饮酒要有节制；第二部分以正反两方面总结殷商戒酒兴国和纵酒亡国的历史教训；第三部分为宣布禁酒的法令条例。

《酒诰》反映了周公改易恶俗的思想，对巩固政权极其重要，具有很强的史料价值。

2.《周礼》

《周礼》，原称《周官》，《周礼》是我国古代著名的政治制度的专著，是儒家的重要典籍之一。

对《周礼》的写作年代及作者，有三种意见：其一，刘歆校书，指为西周周公之作；其二，认为《周礼》是伪书；其三，认为是战国时人所作。当代有的学者认为“成书最晚不在东周惠王后”的观点。此书必定还会持续下去。

古今学者注释《周礼》的书很多，而影响最大的有三种：一是东汉郑玄的《周礼注》；二是唐人贾公彦的《周礼注疏》；三是清人孙诒让的《周礼正义》。《周礼》其中“天官冢宰第一”“春官宗伯第三”等，记载了有关酒官、酒礼、酒酿造等方面的事，是最早研究酒文化的史料。现在《十三经注疏》中（浙江古籍出版社，1998 年）可查。

3.《礼记》

《礼记》，又称《小戴礼》，为儒家经典。传西汉戴圣编。取材于周秦古书，为研究古代社会、儒家学说和文化制度的重要史料。现《十三经注疏》有记载。

《礼记》中的《月令・第六》《内则・第十二》和《乡饮酒义・第四十五》都记载了有关酒酿造及管理、酒品种、饮酒等内容。

4.《仪礼》

《仪礼》，原称《礼》，汉代称《士礼》，大约到晋代，才称《仪礼》。其年代和作者各有说法，有待研讨。《士礼》是具体介绍礼仪内容的专著，是记录中国礼仪的最早文献。《仪礼》共 17 篇，共 56000 余字。其中第四篇《乡饮酒礼》记载了古代乡社组织的定期酒会仪式，描述了酒会中敬老尊贤、祭神问吉、联络同好和演奏礼歌等活动。

5.《尔雅》

《尔雅》，即用当代语言解释古代语言或通语解释方法，是我国现存的第一部综合性的训诂专著。

其成书年代和作者，大致有三种说：第一种以郑玄为代表，认为作者是孔子的门人，成书在东周时代；第二种以《四库提要》为代表，认为作者不止一人，是秦汉时期学者采集训诂注释，递相增益而成，成书于汉初；第三种以张揖为代表，认为作者是周公，成书于西周时期。现在多数学者认为第二种说法比较可信。现存最早的、最完整的注本是郭璞的《尔雅注》，宋代邢昺疏《十三经注疏》有记载。

《尔雅注》记载了有关酒器、粮食等方面的内容。

6.《素问》

《素问》，相传是黄帝所作。全称《黄帝内经・素问》中载有《汤液醪醴论・第十四》，可为研究中国酒起源与应用的参考。

7.《战国策》

《战国策》，相传为战略史官或策士楫录。西汉末刘向校，订为33篇。有元代吴道师的《战略策校注》、近人金正炜《战国策补释》、上海古籍出版社点校本（1978年）。

《战国策・魏策》载有"昔者，帝女命仪狄作酒，禹饮而甘之，曰：'后世必有以酒亡其国'，遂疏仪狄而旨酒。"可供研究酒史作参考。

8.《世本》

《世本》，即《世本八种》。先秦史料丛编，清代秦嘉谟等辑补。《世本》原10卷。记录了三皇五帝至春秋间事，为先秦史官记录和保存部分历史档案资料。约写定于战国末年，经秦汉人的整理。全书有15篇。1957年，商务印书馆乃集王谟等8家辑本成此编，其中以雷学淇、茆泮林两本较严谨，茆本尤佳。

《世本》载有"仪狄如作酒醪，变五味。少康作秫酒。"可供研究酒史作参考。

9.《古史考》

《古史考》，古史书。三国时期蜀谯周（约207—270年）撰，5卷。今有清黄奭揖本1卷，收入《黄氏逸书考》。章宗源辑本1卷，收进《平津馆丛书》。该书中载："仪狄造酒"。可供研究酒史作参考。

10.《齐民要术》

《齐民要术》，北魏贾思勰著，为古代农业学专著。书中集西周北魏农业生产知识之大成，是古代农业科学巨著。全书正文10卷，2篇。我国现存版本有《四库全书・子部农家类》；《百子全书・农家类》；北京中华书局铅印本（1956年），石声汉选译《齐民要术选读本》铅印本（农业出版社，1961年）等。《百子全书》（浙江古籍出版社，1998年）有载。

该书卷七中记载酿造知识，其中第六十四记载了《造神曲并酒》、第六十七记载了《法酒》。均详细记载了制曲和酿酒方法，反映了北魏时期酿酒技术水平，是我国最早的制曲、酿酒操作法，是研究我国古代制曲、酿酒的极其宝贵的史料。

11.《方言》

《方言》，西汉杨雄（公元前58—18年）撰，13卷。此书为汉语方言学第一部著作，为方言史、语言史之重要资料。晋代郭璞为《方言》作注。清代载震撰《方言疏注》。当代学者周祖谟有《方言校笺》（科学出版社，1956）。《百子全书》（浙江古籍出版社，1998年）有载。

《方言》中记载了秦汉以后，古时不同的酒曲品种及技术，是研究酒曲的重要史料。

12.《释名》

《释名》，东汉时刘熙撰。为训诂书，8卷。明天啟（1621—1627年）的《五雅》刻本较为珍善，以《四部丛刊》本较为常见。

其中，释饮食中载有有关酒的发酵现象的解说。

13.《淮南子》

《淮南子》，亦称《淮南鸿烈》。西汉刘安（公元前179—前122年）主编，21卷。今有高诱释注《淮南子注》（中国书店，1986年，世界书局《诸子集成》本影印）。

《淮南子注》载有"清醠之美，始于耒耜"。这是关于酒起源的一种观点，值得探讨。

14.《四民月令》

《四民月令》，东汉崔寔撰。书仅 1 卷，原书大概在宋元战时已散佚。近年，农业出版社出版了缪启愉编的《四民月令辑释》。该书以《玉烛宝典》为底本，配合《齐民要术》及其近 30 种书所引，进行了较缜密的辑佚，并加校勘注释，尽可能地使其接近原书。

《四民月令》按月记述各种农事，其中有制曲和酿酒之事。

15.《汉书》

《汉书》，东汉班固（公元 32—92 年）撰。又名《前汉书》120 卷。唐代颜师古集大成，为之作注，为现存最早的流行注本，中华书局标点本（1962 年）。王雷鸣编著《两代食货志注释》（农业出版社，1984 年），载有《汉书食货志》有关酒事：有酿酒用米、用曲以及出酒量的比例，还记载有销售后其利的分配比例。反映了汉代酿酒技术水平及管理水平，是汉代酿酒生产、经营状况的重要史料。

16.《酒诫》

《酒诫》，晋代葛洪著，自号抱朴子，著有《抱朴子》内外篇。

《酒诫》见《抱朴子》卷二十四，《百子全书》（浙江古籍出版社，1998 年）有载。这是我国历史上较全面论述饮酒危害的论文。文中就饮酒对身体的伤害、酒后失德的丑态进行了具体论述和形象描述，还对古时关于饮酒可以产生神奇效果的说法进行驳正。这对研究古代饮酒文化有一定的参考价值。

17.《酒德颂》

《酒德颂》，晋代刘伶著。《酒德颂》是中国古代散文名篇。文中以赞颂的笔调塑造了一位“惟酒是务，焉知其余”的大人先生，对研究晋魏时期社会饮酒文化有重要的参考价值。

18.《醉吟先生传》

《醉吟先生传》为唐代白居易著。该文以其晚年致仕洛阳时所作。文中塑造了一个耽于诗酒的老人形象，从中可看到白居易对自己晚年饮酒生活的陶醉。

19.《醉乡日月》

《醉乡日月》，唐代皇甫松著，原书 30 篇。收入《新唐书·艺文志》著录，又收入《说郛》94 篇。现存 14 篇，均叙饮酒礼节，是我国一部系统介绍饮酒艺术的经典。可作为研究唐代饮酒文化的重要史料。今由吴龙辉主编、注释的《醉乡日月》（中国社会科学院出版社，1993 年）亦有记载。

20.《茶酒论》

《茶酒论》，唐代王敷撰。《茶酒论》现存 6 种写本。今有阮浩耕等校点注释的《中国古代茶叶全书》（浙江摄影出版社，1999 年），载有《茶酒论》一文。文中茶与酒各执一词，从多种角度夸耀己功。这对研究饮酒文化有一定的参考价值。

21.《醉乡记》

《醉乡记》，唐代王绩著。王绩，人称斗酒学士，一生写下了许多宣传酒德的诗文，而《醉乡记》是其中之一。

22.《岭表录异记》

《岭表录异记》，唐代刘恂著。书中记载了岭表地区古代《南中酒》的制曲酿酒方法。对研究古代酒药和米酒生产与历史有重要价值。

23.《四时纂要》

《四时纂要》，唐代韩鄂撰。书为 5 卷，成书于唐末或五代。1961 年，缪启愉根据日本山本书店影印本加以整理，由农业出版社出版。《四时纂要》很多资料采自《齐民要术》《氾胜之书》《四民月令》等及一些医药书籍，分四季按月令或记载每月农事。书中均有记述有关制曲酿酒之事。

24.《初学记》

《初学记》，唐代徐坚等撰。此书是唐玄宗时期，官修的类书。全书分 23 部，213 子目。其卷 26《器物部》中《酒·第十一》《饭·第十一》载有酒、酒文、酒事和红曲方面的内容。

25.《武林旧事》

《武林旧事》，宋代周密撰。《四库全书·史部·地理类》、《知不足斋丛书》第 16 集、《武林掌故丛编》第 2 集都有记载。今有李小龙、赵锐评注《武林旧事》插图本（中华书局，2007 年）。

卷六载有酒楼、诸色酒名。卷九高宗幸张府节次略等。这对研究宋代诸酒及饮酒文化有重要参考价值。

26.《酒名记》

《酒名记》，宋代张能臣撰。《说郛》卷九十四收有《酒名记》1 卷。胡山源编《古今酒事》（上海书店，1987 年影印版），也有《酒名记》编入。

书中记载宋代内府、王公贵族家及各地名酒 200 余种，是研究宋以前及宋代酒类品种及酿酒业地理分布的重要史料。

27.《觥记注》

《觥记注》，宋代郑獬撰。《说郛》卷九十四有收录。该书记载了上古至宋代的历代酒器，是研究我国古代酒器的重要史料。

28.《梦溪笔谈》

《梦溪笔谈》，宋代沈括著。本书是一部综合性的科学著作。其卷三《辩证》中载有《汉人酿酒》，是研究我国汉代酿酒的重要史料。今有吴洪译《梦溪笔谈》（巴蜀书社出版，1996 年）。

29.《文献通考 · 论宋酒坊》

《文献通考 · 论宋酒坊》，宋末元初马瑞临撰。348 卷，书成于元代成宋大德十一年（1307 年）。初刊于元至治二年（1322 年），现存最早之本为泰定间西湖书院刻元明递修本，清武英殿《三通》合刻附考证 3 卷本，后世多据以复刻。《万有文库》2 集《十通》合刻，附《十通索引》本，便于利用。书中有《论宋酒坊》，是研究宋代酒业的重要史料。

30.《梦粱录》

《梦粱录》，宋代吴自牧著。全书 20 卷，成书在元顺帝甲戌年（1334 年）。有《四库全书》本《丛书集成》；《东京梦华录》（中国商业出版社，1982 年），《东京梦华录》（上海古典文学出版社，1956 年）；《知不足斋丛书》第 28 集等有记载。

全书对南宋时期都城临安的岁时习俗、街道、人文物产、山川水城、商业店肆、饮食品目等都有详细记载。其中，下卷记述了酒库、酒肆等，反映了南宋酒业的状况，对研究南宋时期的酒文化有重要价值。

31.《北山酒经》

《北山酒经》，宋代朱肱撰。朱肱，字翼中，自号大隐翁。故名《朱翼中酒经》医学博士。有《程氏丛刻 · 酒经》1 卷；《四库全书 · 子部谱录类》；《说郛》宛委山堂本卷九十四《酒经》，商务印书馆本卷四十四（不分卷）；胡山源编《古今酒事》等都载有《北山酒经》。

书首卷为总论；中卷论制曲，凡 13 则；末卷论酿酒，凡 22 则；卷后附录神仙酒法，凡 5 则。《北山酒经》是宋代制曲酿酒工艺技术和理论的总结，是一部杰出的黄酒酿造专著，是研究宋代黄酒技术的重要史料。

32.《续北山酒经》

《续北山酒经》，宋代李保撰。李保为医学博士。政和七年曾为《北山酒经》作序，并撰《续北山酒经》。《说郛》卷九十四仅存序及各酿酒篇目。胡山源的《古今酒事》有载。全文分经和酝酿法，所列制曲与酿酒法共 47 种，是研究宋代前和宋代制曲与酿酒法的重要史料。

33.《东坡酒经》

《东坡酒经》，宋代苏轼撰。此书成书早于《北山酒经》。《重订欣赏编》、《说郛》卷九十四收录，作《酒经》1 卷；《旧小说 · 丁集》收《东坡酒经》。全文 375 字，详述南方制曲与酿酒方法等。寥寥几百字，把制曲酿酒法说得清楚、详尽。正如洪迈所言："而读之者不觉其激昂渊妙，殊非世间闲笔墨所能形容"，此文对研究宋代黄酒生产具有重要的史料价值。

34.《山家清供》

《山家清供》，宋代林洪撰。《说郛》卷九十四、《丛书集成》本有收《山家清供》。书中详细总结了唐代名酒新丰酒的酿造方法，是研究唐代酒酿造技术的重要史料。

35.《酒尔雅》

《酒尔雅》，宋代何剡撰，是我国第一部字典，古代解释字义的书。《说郛》卷九十四收录1卷。《古今酒事》亦有记载。

《酒尔雅》汇集训释有关酒的字、词，实为解释有关酒的字书。对研究古代酒文化有一定参考价值。

36.《桂海虞衡志》

《桂海虞衡志》，宋代范成大撰。为地方志书，共13篇。有《永乐大典》，所收亦多于当今通行本内容；明刻本《百川学海》本；《知不足斋丛书》本。书中有关酒方面的记载，是研究宋时广蜀一带的酒事重要史料。

37.《酒谱》

《酒谱》，宋代窦苹撰。有《说郛》宛委山堂本卷九十四，商务印书馆本卷66；《四库全书·子部谱录类》等。全书12篇，篇目为：酒之源、酒之名、酒之事、酒之功、温克、乱德、诫失、神异、异域、性味、饮器、酒令，篇后附总论。可供研究我国古代饮酒、酿酒、酒事、酒史等酒文化参考。

38.《苕溪渔隐丛语》

《苕溪渔隐丛语》，宋代胡仔撰。前集60卷，成于绍兴十八年，后集成于乾道三年。廖德明以乾隆杨佐启耘经楼依宋版重雕本为底本，与宋、元、明各家刊本、抄本对校，分前后两集，1962年人民文学出版社出版。书中记载酒事，供研究酒文化者参考。

39.《酒小史》

《酒小史》，元代宋伯二撰。胡山源编《古今酒事》有载。该书记载了历代各地出产名酒，共记117种酒名，是研究宋元名酒及产地的重要史料。

40.《食物本草》

《食物本草》，金代李果著。全书22卷，是一部重要的食疗本草著作。有明代天启辛酉（1621年）钱允治刊本。今有元代李果编辑《食物本草》，明代李时珍修订、姚可成补辑，1990年中国医药科技出版社出版。

该书为酿造类书，卷十五记载有烧酒制法，是研究我国白酒史的史料参考。

41.《酒乘》

《酒乘》，元代韦孟撰。《说郛》卷九十四有载。著录自《酒诰》以来有关酒文献著作，只记作者、书名、卷数，没有提要，是研究酒文献及酒文化的重要史料。

42.《居家必用事类全集》

《居家必用事类全集》，元代佚名著。本书是一部家庭日用手册的古代类书。全书10集（亦有12集），是世界上最为丰富多彩的烹饪文献宝库。明代《永乐大典》编纂时，曾引用本书。北京图书馆特藏明刻本。1986年中国商业出版社出版过此书。书中有关于酒曲类生产的记载，记载有东阳酒曲方、白曲方、制红曲法、天台红曲酒法等。

43.《饮膳正要》

《饮膳正要》，元代忽思慧撰。本书是我国第一部营养学专著，刊于元天历三年（1330年）。作者是元代蒙古族医学家，兼通蒙汉两种医学，于元代仁宗廷祐年间为宫廷的饮膳太医。该书有《四部丛刊续编·子部》（上海商务印书馆，1935年）、据明景泰铅印192，刘玉书点校《国学》丛书本（人民卫生出版社，1986年）等。

全书共分3卷。其中卷一载有“饮酒避忌”，卷三载有各种药酒的制法及其功效，这对研究元代制作各种药酒及功效和饮酒文化有一定的参考价值。

44.《饮食须知》

《饮食须知》，元代贾铭撰。学海类编。丛书集成初编、应用科学类等有载。全书8卷，其卷五

《味类》，记载了酒性和饮酒事项，以研究古代饮酒不当而造成的危害。

45.《觞政》

《觞政》，明代袁宏道撰。《述古堂藏书目》卷四载："袁宏道《觞政》一卷"。《说郛》卷三十八有收录。今《古今酒事有载》，该书记载觞政16则和酒评等，是研究古代饮酒文化的重要资料。

46.《酒鉴》

《酒鉴》，明代屠本畯著。《酒鉴》共指出酒席上有84种不良表现，分"猥品四十二事"，希望人们对这些不良表现引以为戒。对研究古代饮酒文化有重要价值，对当今社会亦有实用价值，值得一读。

47.《帝鉴图说》

《帝鉴图说》，明代张居正等撰。该书是大学士张居正等专门为小皇帝朱翊钧（1573—1620年）编写的一部帝王教材，希望他以史为鉴，将来做一个明君圣主。全书载有117个典故，其中有关酒事典故有3个，如《戒酒防微》《脯林酒池》《纵酒妄杀》，并配有图，是研究古代酒对政治的影响实例的记述。

48.《五杂俎》

《五杂俎》，明代谢肇淛撰。有明万历四十四年潘氏如韦轩刻本、襟霞阁排印本、《国家珍本文库》本等。1955年，中华书局另据明刻本排印，较旧本多18条。书分为《天》《地》《人》《物》《事》五部，内容以有关明代史事最为精彩，述考风俗、名物、掌故等项。书中有《论酒》1篇。

49.《本草纲目》

《本草纲目》，明代李时珍著。李时珍为中国医药学作出重大贡献，成为世界公认的杰出医药学家。

《本草纲目》成书于明万历六年（1578年）。全书52卷，共收药物1932种，是一部药物学巨著，堪称明代万历年以前的中药文献集大成者。内容有很多兼述食品、食养、食疗及烹饪者，亦是我国古代烹饪饮撰、保健食品的珍贵遗产。

该书有：商务印书馆，1954年，6册。锦章书局，1954年，石印线装影印、清时光绪古斋刻本，并由金陵第一版校勘。人民出版社，1975年，4册。《古今酒事》亦有载。

书中《谷》部第25项，记载有红曲的制法及功效；有米酒和诸药酒方等，是研究古代酒及文化的重要史料。

50.《天工开物》

《天工开物》，明代宋应星撰。《天工开物》初刻于崇祯十年（1637年），北京图书馆有藏。1959年，中华书局出版了原刻本影印本。1997年6月，江苏广陵古籍刻印社亦出版此书。全书共3卷，分18个项目，是我国古代最有名的一部科技文献专著。其中，第17记载曲蘖，记载了酒母、丹曲（红曲）的制法。

51.《墨娥小录》

《墨娥小录》，明代佚名编。该书有北京中国书店于1959年8月出版的线装本（据明隆庆五年吴氏聚好堂刻本影印）。有乾隆丁亥（1767年）重刻袖珍本。本书在饮膳集珍类，记述了红曲制曲法。

52.《便民图纂》

《便民图纂》，明代邝璠著。全书16卷，为明代简明百科全书。北京农业出版社于1959年出版第1版。此书是据北京图书馆藏、明嘉靖本及郑振铎先生藏、明万历本校印。由石声汉等校注《便民纂要》（农业出版社，1959年）。书中卷十五《制造类》载有造酒、酒曲法等相关内容。

53.《宋氏养生部》

《宋氏养生部》，明代宋诩著。全书大卷成书于明治甲子（1504年）年。有《四库全书·子部杂家类》（《竹屿山房杂部》32卷）。书中卷一为酒制载有烧酒制法，对研究明代烧酒有参考价值。

54.《酒史》

《酒史》，明代冯时化撰。焦竑《国史经籍志》卷三载《酒史》2卷，冯时化《述古堂藏书目》卷四载无怀山人《酒史》2卷。《四库提要》卷一一六子部谱录类存目载有此书。《宝颜堂秘笈》也有记录收录。

全书共两卷，分酒系、酒品、酒献、酒述、酒余、酒考，大多汇集有关酒诗文与故事。可供研究古代酒文化作参考。

55.《遵生八笺》

《遵生八笺》，明代高谦撰。该书有明嘉靖本。今《古今酒事》收录。书中《酿造类》载有各种酒和酒曲的制造方法，为研究明代酒文化提供宝贵史料。

56.《调鼎集》

《调鼎集》，清代童岳荐撰。全书10卷，涉及烹饪饮食的各方面，是中国烹饪发展历史上极为珍贵的典籍。该书是国内唯一抄本，原藏北京图书馆，现有张延林校注本《调鼎集》（中国纺织出版社，2006年）等。该书《酒谱》详细记载了清代绍兴酒酿造方法，并附各种酒、各种造酒酒曲法等，是研究清代绍兴酒酿造法的宝贵史料。

57.《随园食单》

《随园食单》，清代袁枚著。自清乾隆壬子57年（1792年）初刻后，曾有多种版本刊行。1922年上海扫叶山房发行的校正本，改题书名为《随园食单》。最新版本有周三金等注译版（中国商业出版社，1984年）、关锡霖注译版（广东科技出版社，1983年）。书中的茶酒单中载有金坛于酒等9种名酒，为研究与开发地方名酒提供有参考价值的资料。

58.《中馈录》

《中馈录》，清代曾懿撰。今有中国商业出版社（1984年）出版。书中载有制“甜醪酒”的方法。

59.《浪迹丛谈续谈三谈》

《浪迹丛谈续谈三谈》，清代梁章矩撰。于道光二十七年（1847年）、二十八、二十九年成书。共25卷。《丛谈》11卷、《续谈》8卷，《三谈》6卷。约30万字，多记清末人物典故、名物等。有陈铁民三编合刊点校本（中华书局，1981年）等。

书中记载有神仙酒、雄黄酒、烧酒、绍兴酒、沧酒、浦酒、惠泉酒、兰陵酒等相关内容。

60.《太平御览》

《太平御览》，宋代李昉等撰。全书分50门，每门下又分若子目，共4558子目、子目下按时代先后排列资料，先具书名，次录原文。卷843~867《饮食部》，有酒、嗜酒、使酒等，酒、食文字较多，各分上、中、下3篇。对研究唐代及唐代以前酒文化有重要参考价值。

61.《太平广记》

《太平广记》，宋代李昉等撰。今有中华书局排印本。卷二三三为《酒部》，载有千日酒、若下酒、昆仑觞、碧筒酒、九酝酒、黏雨酒等。还载有刘伶等名人酒事等，是研究唐代以前酒文化的重要资料。

62.《酒令丛抄》

《酒令丛抄》，清代俞敦培撰。此书汇集有《乐记》以来，历朝见诸于文献的酒令，是古代酒令的集大成之作。全书4卷，包括《古今》《雅令》《通令》《筹令》，辑寻古今酒令322则，是研究古代酒令的重要资料。今有《笔记小说大观》第30册收有。

63.《列仙酒牌》

《列仙酒牌》，清代任熊绘撰。《贬书偶记》卷十子部艺术类载《列仙酒牌》1卷。可供研究古代酒令参考。

64.《熙宁酒课》

《熙宁酒课》，宋代赵珣撰。该书记录了北宋神宗熙宁年间，全国各路府的酒政管理机构、酒税数额。对研究宋代酿酒业地理分布，宋代酒产量及宋代酿酒业颇有参考价值。今《说郛》卷九十四有载。

65.《曲洧旧闻》

《曲洧旧闻》，宋代朱允撰。有《四库提要》卷一二〇子部，杂家类四著录十卷。所记北宋遗事，故曰旧闻。记录了近200种酒，最有名的为宫廷酒，以及黄河和长江一带的酒。是查考宋代酒业的参考资料，有《四库全书》本。

66.《清异录》

《清异录》，宋代陶谷撰。辑本《直斋书录解题》卷一一《小说家类》录曰："凡天文、地理、花木、饮食、器物，每事皆为异名新书"。书中酒浆门收文16则，对研究唐、五代酿酒、饮酒习俗等颇有参考价值。有《说郛》本、《四库全书》本。

67.《竹屿山房杂部》

《竹屿山房杂部》，明代宋诩撰。此书最早见著于《千顷堂书目》，有《四库全书》本。书中养生部记载有酒制目等，可供研究明代酿酒技术参考。

[傅金泉《中国古代酒文献史料》，《酿酒科技》2008（12）：115-120]

二、《齐民要术》中的制曲酿酒

早在4000多年前，我国古代劳动人民就开始用霉菌糖化谷物发酵酿酒了。古书中仅记载了何时何人开始酿酒的传说，但不能因此就把酿酒的发明说成是少数人的事。事实上，酿酒的发明和技术的发展，是我国古代劳动人民长期劳动实践与生活观察的结果。

北魏时期（公元6世纪）的贾思勰，注重农业生产，同时也注重农产品的利用。在编写《齐民要术》的过程中，作者比较重视劳动人民在科学技术上的贡献，系统地总结了制曲和酿酒的规律，反映了随着历史的发展，劳动人民在生产实践中的精心观察、比较、总结和创造。

将煮或炒熟的谷物，放置一段时间，表面生长了霉菌，古人称之为曲。用曲酿酒和用麦芽酿酒大不相同，因为前者是利用微生物对原料进行糖化和酒化而成酒。应用微生物这种复式发酵法制曲，是我国劳动人民独特的创造，是世界酿酒史上十分重要的发展，对我国微生物学的发展有着深刻的影响。《齐民要术》第七卷中，详细记载了制曲和酿酒的方法和原理。

（一）制曲

酿酒要先制曲，制曲的过程实际上是培养微生物菌种的过程。《齐民要术》记载酿酒用的八类曲，全都采用饼曲，其中"神曲"近似现在的小曲，"笨曲"近似现在的大曲，曲的糖化和发酵力比之以前大为提高。《汉书·食货志》中记载："用粗米二斛，曲一斛，得成酒六斛六升。"而《齐民要术》中记载："神曲一斗，杀米三石；笨曲一斗，杀米六斗。"用曲的比例由1/2降为1/30和1/6。这说明制曲方法的改进，利用微生物的种类和特性都有了很大的变化。八类曲的制作方法、步骤基本上相同。

1. 培养微生物

培养微生物要提供微生物生长需要的营养物质。北魏时期制曲的原料是用小麦。小麦含有淀粉、蛋白质、脂肪、无机盐等，可供微生物生长繁殖时利用。小麦经过蒸、炒、磨细，比未经处理的小麦容易被微生物分解和糖化。微生物生长繁殖还需要水，制曲时加水量"以相着为限，大都以小刚，勿令太泽"。这就是说加水量以手捏成团为限度，不要太湿。料太湿，不利于通气，妨碍有益微生物的生长，使曲的质量下降，甚至失败。

料准备好之后，便可进行微生物的培养。在当时不可能进行纯种接种和无菌操作，而是把饼曲放置在密封的曲室内，或铺盖秸草。曲中微生物来源于空气及铺盖曲坯的物料。近来研究知道，谷物上生存着糖化力很强的根霉。《齐民要术》中指出："蒸、炒、生各一斛。"生料也是微生物的来源之一。因此，曲中生长的微生物不是单一的，而是有好多种。饼曲呈块状，不同于颗粒状的散曲，霉菌也因生态条件的改变，生长的种属也不一样。根据现代对曲中微生物的研究推测，神曲中占优势的菌可能是根霉。根霉有较强的糖化淀粉的能力，也有把糖转化为酒精和二氧化碳的酶系。从酿酒多次加米发酵来看，也说明是根霉占优势，曲霉没有这一特性。饼曲中还有曲霉、毛霉、酵母以及乳酸菌、醋酸

菌等。酿酒发酵的过程，虽然主要是酒精发酵，但由于多种微生物代谢产物的作用，具有特殊的醇香气味。制成的饼曲干燥后“得停三年”，仍有发酵能力。这是我国劳动人民创造的一种简便的微生物菌种保藏方法。

《齐民要术》中记载制曲的方法中，有四种是添加中草药的，如桑叶、苍耳、艾、茱萸（或以野蓼代之）等。一种可能是，由于中草药具有特殊的芳香和辛辣味，可增加酒的风味；其次，据报道有些中草药可以促进酵母和霉菌的生长，有利于酒的酿造。

2. 温度

在控制制曲的条件中，温度的控制很重要，所以《齐民要术》一再强调制曲的季节。“七月上寅日作曲。”农历七月气温较高，湿度也较大，空气中霉菌、酵母等的数量也较多。这些微生物发育繁殖时要求有较高的温度，选择这个月份制曲是有道理的。曲放入曲室后，要“闭塞窗户，密泥缝隙，勿令通风。”“满七日，翻之。二七日，聚之。皆还密泥。三七日，出外，日出曝令燥，曲成矣。”这与霉菌生长繁殖的三个阶段，大体上是相适应的。第一阶段，曲要保温，以促进霉菌的孢子吸水膨胀萌发，密封曲室起了保温作用。第二阶段，霉菌的菌丝体迅速生长，进行强烈的呼吸，释放出热量，要进行散热调节品温。满七日打开曲室的门，翻动饼曲，散热。把饼曲向下的一面翻上来，有利于这一面微生物的生长。第三阶段，霉菌的分生孢子逐渐形成，品温下降，应进行保温，以利于菌丝体的正常发育，所以将曲堆起来，曲室仍要密封。待霉菌生长成熟后，便可取出，在日光下曝晒干燥，以便保存备用。制曲时，曲室密封，“勿令通气”，一方面可以减少室内空气流动；另一方面，靠近门口的曲不会因“受风”而影响质量，与现在制造大曲时注意不要“受风”是一致的。

在1500多年前控制温度的办法虽是有局限性的，但劳动人民在长期生产实践中，不仅掌握了霉菌、酵母生长对温度的要求，也掌握了一年四季气温变化的规律，并把二者的规律恰当地结合起来，达到了控制有害微生物的生长，培养酶活力高的曲的要求。

（二）酿酒

《齐民要术》中记载酿酒方法比制曲方法多得多，约40种，总结起来，大体相同。对于水质、温度、酸度、分批加料、酎酒等讨论如下：

1. 水质

《齐民要术》对酿酒用水是很注意的。“收水法，河水第一好。远河者，取极甘井水，小咸则不佳。”意思是说，取用的水宜酸不宜碱。霉菌、酵母适宜生长和发酵的条件是偏酸的，偏碱就不利于霉菌和酵母的生长和发酵，酿成的酒质量就不好。从酿酒的季节来看，多在桑树落叶以后，“十月落桑，初冻”，这时水温较低，水中浮游生物、微生物、有机杂质等的含量较少，酿酒时容易管理，酒不易酸败。“其春酒及余月，皆须煮水为五沸汤，待冷，浸曲。不然则动。”河水在春季和其余月份水温升高，水中浮游生物、微生物、有机杂质比冬季相对增加，若不经处理，有害微生物在发酵时就会起破坏作用。用常压灭菌法将水煮沸五次，杀死水中的浮游生物和微生物。不然的话，酒就会变坏。由此可见，北魏时期劳动人民在生产实践中意识到酒变坏是由水中有害微生物引起的，所以对水的处理很注意，由此创造了常压灭菌法。

2. 温度

酿酒的过程是微生物转化糖为酒精和二氧化碳同时释放热量的过程。这一过程要求在一定温度下进行，温度过高过低对微生物酶系的作用都有影响，所以对发酵是有影响的。因此，这一阶段温度控制的方法不同于制曲。在1500年前降温是比较困难的，升温相对来说是比较容易的。《齐民要术》记载的酿酒时间多在桑落叶以后，这时气温已经下降了。“桑落时稍冷，初浸曲，与春日；及下酘，则茹瓮上，取微暖，勿太厚！太厚则伤热。”意思是桑树落叶时气温稍冷，下酿饭时在瓮上盖上一些东西，使瓮内的温度高一些。其次，低温发酵既可减少有害细菌的活动，酵母的代谢产物也比较单纯，所以低温缓慢发酵制的酒醇酯味美。至今大曲酒的酿造仍然采用低温发酵，或在气温高的季节采取措施，进行低温发酵。但瓮不能盖的太厚，太厚发酵时放出来的热散不掉，瓮内温度就嫌高，影响发酵和酒的质量。在“隆冬寒后，虽日茹瓮，曲汁犹冻；临下酿时，宜漉出冻凌，于釜中融之。取液而已；不得会热！凌液尽，还泻著瓮中，然后下黍。不尔，则伤冷。”深冬时节气温降得很低，曲汁冻成了冰凌。由于当时没有精确测量温度的工具，加热冰凌融成水即可，水温不要再升高了。若再加热，温度难以控制在适当范围内，弄得不好，有可能将霉菌和酵母杀死了，发酵就会受到很大影响。要是不加热融化冰凌，瓮内的温度就嫌低了，发酵也就无法进行。

3. 酸度

《齐民要术》对酿酒的酸度也比较注意。“经一宿，米欲绝酢”。米浸一夜，就会极酸。米在酸性液中浸泡，可除去外部的一部分蛋白质，使酿成的酒味醇酯；另一方面可抑制细菌的生长，促进霉菌与酵母的繁殖。至今，绍兴黄酒酿造时采用酸浆这一措施，其道理是相同的。这是我国酿酒的特点之一。

4. 发酵

酿酒的过程中，劳动人民对一些现象的观察和认识，是符合现代科学认识的。如“浸曲发，如鱼眼汤沸，酘（音“豆”）米。”“味足沸定为熟。气味虽正，沸未息者，曲势未尽，宜更酘之，不酘则酒味薄矣。”意思是说，曲经浸泡后开始发酵时，产生鱼眼般气泡如沸水一样，就可以下米发酵。酒味够浓了，不再产生气泡，酒就成熟了。酒味酒气尽管很好，但在冒气，表明曲的发酵力还没有尽，应当再加米，不加米，酒味就嫌淡薄了。

现在知道，在液体酒精发酵时，糖经菌体内酶系的作用，生成酒精和二氧化碳，二氧化碳从液体中释放出来，便呈鱼眼般的气泡，发酵旺盛时，产生的二氧化碳就多，醪液像煮沸似的。这种观察是多么生动确切啊！通过现象的观察，提出了适当加米的时间和酒是否酿造成熟的判断，并且和酒精发酵的实质联系起来。

5. 分批加料

《齐民要术》中酿酒加料的方法大多是分批加料，加料的量和时间可灵活掌握。“第四、第五、第六酘，用米多少，皆候曲势强弱加减之，无于定法。或在宿一酘，三宿一酘，无定准；唯须消化乃酘之。”这种分批加料的方法与现在制作喂饭酒相同。参照喂饭酒、神曲与现代用的小曲（酒药）相近，主要作用是接种糖化淀粉和发酵的菌种，所以加入的量不大。神曲中的根霉、酵母在发酵醪中生长繁殖，起了扩大培养微生物的作用。这样生成更多的根霉和酵母，使发酵力保持旺盛。当发酵液中酒精度逐渐升高时，对根霉、酵母就有个适应的过程。米不断地加入，酒精浓度不断地提高，根霉虽仍能糖化淀粉生成糖，但酵母受到酒精浓度的限制，发酵不能继续下去。这是我国劳动人民根据对微生物发酵规律的认识，创造出来的酿酒方法。尤其是根霉的应用，对以后的发酵工业影响很大。近几十年来发酵工业的大发展是从用液体深层培养青霉菌，生产青霉素开始的。这一方法是模仿阿米诺（Amylo）酿酒法，而后者则是我国用根霉酿酒法的改进。现在，在改进白酒酿造时，仍有参考意义。

6. 酎酒

《齐民要术》中记载一种特殊的酒——酎酒。“先能饮好酒一斗者，唯禁得升半，饮三升大醉。三升不‘浇’必死。”“多喜杀人；以饮少，不言醉死。”在方法上，原料都是糯米，“笨曲一斗，杀米六斗”“用水一斗”“米必须肺”“碓檮成粉”“盆合泥封”“正月作，至七月好醉”。现在估计，是酎酒的酒精浓度比其他酒高，故多饮醉人。因糯米易于糖化，水不多，厌气发酵7个月，酒精含量肯定会比其他酿造方法制的酒要高，这时劳动人民对酒精厌气发酵的控制又前进了一步。

我国酿酒已有4000多年的历史，古代劳动人民在制曲酿酒的技术和原理方面，有许多重大的创造与发明，是微生物学中宝贵的科学遗产。中华人民共和国成立，酿酒工业有了很大的发展，提高了酒的产量和质量，培养了优良的纯种菌种，改进了生产工艺和设备，改善了工人的劳动条件，同时还开展了综合利用。《齐民要术》中有些方法和原理保留了下来，并得到了发展。

[中国科学院微生物研究所《齐民要术》研究小组，《微生物学报》1975，15（1）]

三、古抄本《看曲论》

孟乃昌校点的古抄本《看曲论》，刊登在1987年第5期《中国酿造》（上），这是我国古代最全面、最详细的制曲经验总结，反映了当时制曲科技水平。这一重要的宝贵史料作为制曲文献编入《中国酒曲制作技艺研究与应用》，将对研究中国酒史具有重要参考价值和保存价值。但此文的作者和年代还有待查考。

（一）看曲捷径法上本——看曲总论

看曲最要者，忌大火。凡坏曲，俱是火大之过，学者谨记，万万不可曲有时刻火大耳。造曲宜造坚硬者，要拌均匀，足踏结实。切忌浆水大软浓，踏不结实，拌不均匀，内藏干面，为害不小。

造曲宜造凹心曲为妙，亦不可甚凹。万万不可贪重图厚，使造高心之曲。凡未成之曲，或成就之曲，切就日头晒。看曲论火大小，是用手摸曲；或冰手，或烫手，忽论曲房冷热。用手摸曲，宜摸上数层，检火大者深摸。只要火势合适，勿令火大，永远无害。纵有寒、冷、凉曲，不过晚成几日，有何患乎？且曲初造之时，论晾几日，勿论不晾。要看天道冷热，随时尔等关上门窗。曲霉要早生为妙。拉霉后总要速起胎火，使水气出现。万万不可迟误日期，使水在内糟沤，看曲使火，前后不一。如曲在胎火之时，宜用急速温火，专出水气。如曲到干火之时，宜用温火。如曲将成之时，须用微末之火，不可断绝。

曲起干火之时，后味常馨香不断，而曲终无患。不可使有恶醭，臭味钻鼻。看曲宜赖白日而成，若白日常常摸看，时时用合适温火而曲自成矣。如黑夜，岂有为看曲而不睡觉之理。只宜将窗户闪开，教曲寒冷无碍，不过晚成一日。万万不可熬夜使合适温火。倘人睡觉不醒，一时火大，曲必坏矣。到立秋后看曲，一时干火，总要清底，将地下打扫洁净，铺上秫秸，不生虫蛆。曲在胎火之时，用手摸曲，宜每日常有温乎之火，不可一时火大，烧糊曲皮，亦不可使火断绝。曲到干火之时，用手摸曲，只觉温手，正然合适，永远无害。万万不可一时有烫手之火，为祸不小。纵有三五日无火，不过晚成三五日耳，何患之有？曲到将成之时，中心微剩不多生面，不论昼夜，宜时时摸看。勿使温火、大火，勿使无火，须用微火，不可断绝。大抵曲到将成之时，内中生面不多，水气全无，此正易生、易烧时。若使一时无火，终久不能扶起，准剩中心生曲一块。然此为患犹可，如一时火大尤为深，且不止烧坏中心，即外边好曲，俱要烧坏。曲既成就，抬出曲房，宜层层垫上秫秸，花垛起来，切不可实垛，恐异日反火，为害不小。磨犁曲面，要看粟粮轻重。如浮轻粟粮，面少皮多，宜犁细面；如沉重粟粮，面多皮少，宜犁粗面。曲面要在干处盛放，用脚踏实，终久不能发热恶醭。造曲宜大麦为主，有掺小豆者，有掺豌豆者，有掺芸豆者。勿论掺诸豆等粟，大抵加四为止；如掺黑豆者，加三为止。只许少掺，不宜过多，如再多加，反为不美。糜谷杂粟等粮除去油粮，皆可造曲。只要审粮轻重，如沉重之粮，宜造温火；倘遇浮轻之粮，只有微末之火可也。曲粮要干净，粟粮不可有土腻，湿粮掺在内中。宜先晒干，收拾洁净，而后犁曲面，永远无患。

（二）看曲捷径法中本——看曲八论

1. 第一论：曲粮

曲粮要成实、干净。曲粮成实，而曲到底无患。干者，不潮也，使粮不能发热、恶醭，而且不止犁粮成曲面，亦保久远不发热、恶醭。净者，洁净也，无土腻、邋遢曲粮，待曲成之后，查口到底明亮。若使浪汤、邋遢、湿糊秕粮造曲，为害不浅，如腐烂粪土一般，岂能成良曲乎？

2. 第二论：曲面

磨犁曲面，宜犁精细均匀，曲到终永保无患，虽然也不可过细。若十分甚细，总要初始曲皮不干犹可，若等曲火既起，闪开窗户再晾，曲生紧皮之病；如仍然不晾，曲犯悠皮之病。犯此二症，外火不可攻于内，内火不可攻于外，非烧即生，不可不防。若粗面造曲，为害更大。曲始之时，火起甚急，必犯烤皮之症。如初火未起又有风吹口，准生干皮之症。大抵曲面粗而粗病多，与虚弱之人一般，见风而寒病起，见火而热病生。倘遇粗面，须当常用微火，不可断也。盛放曲面，宜在干处盛放，用脚踏实为妙，永不发热、恶醭。

3. 第三论：水

造曲使水，宜用清洁井水为妙，有益无损，曲查终久明亮。若使浑浊之水，造曲有损无益，查口不明，颜色不正，则河、热水，亦宜忌之。若遇寒冷之时，造曲恐凉水冰手冰脚，造曲之人必要热水，总要看曲人时时防他，许用微温水，使伊不冰手脚可也。不用河水者，大抵河水浑浊者多，清净者少，而况炎热之天，太阳日晒，河水岂有不热之理？但河水造曲，为患犹小，若雨水之水造曲，为害更大，而曲必臭，学者宜详耳。

4. 第四论：造曲

造曲亦不宜浆水甚少，造成干曲。若曲干必坏。造曲宜造坚硬，搅拌均匀，足踏结实，而曲到底佳妙。亦不可贪图厚，装十分饱满。估摸若拌不均匀，有干面裹在内中，必须烧成灰烬矣。若造曲暂图光活好看，使浆水甚大，造成软浓之曲，卧在曲房，无火不成，见火必压，亦有压坏者，亦有压蛊降者，亦有压大头小尾者，为害不浅。造曲要不惜银钱，唯求多人踏实，方保始终无害。有等不明之人，不用多人踏曲之徒，先省微末之利，造不结实，不管后坏无数粟粮，学者须当谨记。

5. 第五论：曲初

造曲前，宜先知天道冷热。如立夏前、立冬后造曲，要临造曲前三日，用木炭生火，烘暖曲房，将窗户护封严谨。到造曲之时，用麦秸上地，或谷草铺地亦可。上边用席子苫盖严谨，不使有透风之处。四角宜用木炭生火，或煤弄火亦可。到第三四日，看曲合适，正是一闪芝麻霉。将席子除去，不用再苫。若立冬后、冬至前造曲，不用席子苫盖，须荞麦皮铺地亦可，高粱谷亦可，青草马蔺等物俱可铺地。不用四角弄火，而曲自能挂霉起火。若二三日，仍然无霉，再弄火不晚。且天道冷热，并无一定之理，勿论立冬立夏，不过言其大略。若立夏前岂有日日常冷之理，究竟亦有温暖之时；譬如立夏后，亦无日日常暖之理，到底亦有寒冷之日。总要学者临时通变，看天道冷热，用火万万不可执一耳。卧曲要卧周正。若遇寒热之时，卧曲不可卧密，越稀越妙，看曲要看天道冷热。如天寒之时，将曲造就，窗户关闭严谨，内中不可有透风之处，用木炭生火，或煤火亦可。如遇温暖天道，造曲用不着大火，只用谷糠煨火，沤烟而已。若遇天道炎热之时，将曲造就，窗户自然不关，或晾一日，或晾两天。若以关窗户，总要次日，曲上生霉。如次日无霉，须等再日。如再日仍无动静，速弄火引之，或沤烟引之，切不可延误日期。曲无霉者，不美；霉大者，有害。总要一闪霉为佳。或曰：霉大霉小，是曲自生，岂由人乎？予曰：不然。总要看曲者脚勤，每日到窗户外，用鼻闻味。觉有酒糟之味，再进去观看。看曲上无霉，仍然不可开放窗户，必须再等时候。若看曲霉合适，正是一闪芝麻霉，速将窗户闭开，不可再使曲上再生重霉，或晾半日，或晾两天。等曲皮坚硬不浓，急关窗户不可教曲皮干。曲皮要不干不浓，曲霉不厚不大，永远无害。

6. 第六论：曲胎火

胎火者，潮火也，自曲拉霉为始，引到干火为终。拉霉者，是曲霉，不大不厚，正是一闪芝麻霉。将窗户闭开晾之，或晾半日，或晾一二天不等。总要看曲皮不浓不干，永不复生重霉，再关窗户。如今关上窗户，次日曲起胎火。如次日无火，须等一日，如再日仍无动静，宜急速弄火又引之，切不可迟缓日期。曲在胎火之时，用两手摸曲，总要常有温火为妙。每日要将窗户关闭严谨，不可时有透风之处。每遇清晨起来，将上边窗户微微闪开。严谨每日如此，不过十日上下，曲中水气出尽，曲房潮气全无，而曲自起干火，何难之有？大抵曲在胎火之时，使水气出尽为妙，不用日日常看，只要窗户关闭严谨，使曲中水气出现，曲房内热气熏人，似有大火之势，不可着慌，要知是水气发散。总要曲在胎火之时，使水气出尽为妙。虽是如此，也须要用手摸曲，勿论火大。倘一时火大，烤糊曲皮，而

外火不能攻于内，内火不能现于外，为害不小，不可不防。

7. 第七论：曲干火

凡曲临干火之时，要预先早早提防，勿令无火干皮，勿使火大烤皮，宜用两手摸曲，有微火，不可断也。倘一时火大，或烧坏曲皮或内火烧圈，使外火不能攻于内，内火不能攻于外，为害不小。若用微火，永保无患。忽然干火既起，曲房内已无潮气，曲子成近三分厚，宜先知曲粮高低，曲面粗细，要量其材料使火。譬如曲粮粃，曲面粗，须用微火以成之；若曲粮高，曲面细，宜每日尽昼夜温火可也。万万不可火大，要火大者，一时一刻而曲必臭必坏。须冷寒数日数夜，到底永保无碍。每到黑夜临睡之时，总要到曲房去看一回。用手摸曲，如曲微火全无，窗户又是半掩半开，心中不要慌忙，万万不可关闭窗户，只管睡去无妨。早晨起床，再关窗户不晚。如黑夜临睡之时，窗户仍是半掩半开，用手摸曲，而曲正是温火，火势正然合适，须要将窗户大大放开，只管睡去无妨碍。曲在干火之时，不论白日黑夜，或要睡觉，或去办紧急之事，切不可照常时，合适或温火，临去总要将窗户大大开放，纵寒数日，也无妨碍，不过晚成数日。如曲一日无火，晚成一日，两日无火，晚成两日，有何患乎？曲在干火之时，始终无时大火，日日温火合适，而曲满房善味馨香。倘一时火大，恶味熏人，而曲自臭矣。若论曲每日火起几次，实难定准。盖因天道冷热不均，须看有风无风，如遇无风安稳天道，酉时必起大火，学者宜早提防。凡曲到将成之时，中心微剩一点干曲面，大如核桃，若火断绝必生，如仍然常用温火必烧，总要看曲者脚勤，时时不可断微火，曲自成矣。

8. 第八论：曲房

凡盖曲房，宜在敞亮之处，不可倚墙靠屋，挡住风头，地深宜内外一平，不可内凹外高，不可内洼外高。草房、瓦房，宜举架六尺五，高至边檀至地六尺五寸之数，不宜太高，亦不宜太低。窗户宜四尺五高，窗台宜二尺高。若盖平房，宜举架七尺五寸为妙，不可甚高，不宜低，总要边檀至地七尺五寸之数，窗户宜五尺五寸高，窗台宜两尺高。勿论平房、草房，入身宜浅不宜深，窗户宜宽不宜窄，墙捶宜窄不宜宽。总要墙捶窄，窗户大为妙。间量不拘多少，或三间，亦可四、五、六、七等间俱可造盖，总要每间必有前后对照窗户，使风南来北往，北来南去，东入西出，西进东走，不可教有窝风、窝火之处。予之所论，不过撮其大要，岂能事事悉言，总要学者自谅，不可以浅近而忽之也。

（三）看曲捷径法下本——冷热虚实干湿六证论

1. 冷证论

冷证者，寒病之谓也。是曲出之时，曲面甚细，天气寒冷，曲房透气，不能扣火；而看者速当弄火以烘之。若不弄火，寒病显然。或外生红霉，如鲜血者；或外长白霉，如官粉者。如曲面甚粗无霉，皮干，此谓曲初之寒病也。如曲火既起之后，或三五日无火，而曲必坏。

2. 热证论

热证者，火病之谓也。是曲始之时，天道炎热曲面太粗，造曲甚干，而曲火易起。看者不明此理，仍照常使火，用火紧急，使曲霉未生，而曲火先起，将曲皮烤糊，水气不能外散，为害不小。此谓曲始之热病也，则胎干火，亦不宜火大为妙。倘一时火大，将曲内烧成黄圈、黄块者，有烧成黑圈、黑块者，有烧成烂浓如泥者，为害不小。

3. 虚证论

虚证者，不实之谓也。是曲粮甚秕，曲面太粗，踏不结实，使曲皮易干，而曲霉难生。犯此证者，邪风易入，邪火易起，曲内时寒时火，万病皆生，此谓不实之病也。学者不可不防。

4. 实证论

实证者，结实之谓也。是曲粮沉重，曲面太细，造曲使水甚大。宜不关窗户大晾，使风吹之，曲皮坚硬为妙。若窗户关闭太早，或曲生皱霉，或曲霉太厚，为害不小。如曲潮火既起，勿使见风，见风则紧皮裂缝，内火不能进，而曲自成矣。大抵实证之说，是曲面过于甚细之故，不可认作踏实之过，造曲踏实更妙，何病之有？

5. 干证论

干证者，干之谓也。是曲面太粗，造曲浆水甚少，拌不均匀，有干面裹在其中。宜紧闭窗户，勿令皮干。若窗户早未关闭，使风吹干曲皮，宜用微火成之。倘看者不明此理，仍照常用合适温火，或烤糊曲皮，或内里烧圈，为害不小。

6. 湿证论

夫湿证者，潮之谓也。是曲面太细，造曲浆水甚多，宜预先开窗户大晾。如不早晾，曲生毫毛，曲霉厚大，为害不小。况且曲子软浓，不晾必压，或有压坏者，或有压盅降者，有压大头小尾者。遇此压证者，宜用微火而成，万万不可照常使温火。大抵逢曲既压，内中必空，与虚证相仿。学者不可不察。

（四）论曲内外病源诸论须知

1. 论曲外证

曲有红霉者，是寒潮之故也。皆因天道寒冷，而曲不能起火，看者又不大弄火以引之，使糟沤日数甚多，以致有此红霉之证耳。

曲有绿霉者，是曲皮成就，曲火断绝，而看者仍不弄火，使曲寒数日甚多，曲房内地潮，以致有绿霉之证。

曲有黄霉者，皆潮湿之故，而看者不关窗户大晾，以致生毫毛，终变黄霉之证。

曲有皱霉者，皆曲软之故，而看者用火紧急，以致生皱霉之证。

曲有白霉如官粉者，皆曲潮火悠之故，以致有此等之证。

曲有黑霉者，皆因下雨之日造曲，使曲着雨，以致生黑霉之证。

曲有烧皮者，是皮干火急，以致有烧皮之证。或胎火甚大。

曲有生干皮厚者，皆因曲初之日，风吹时，以致胎火，开窗风吹，以致有皮厚之证。

曲有水淹皮者，是曲软浓，卧曲甚密，而看者不开大晾，用火紧急，以致有淹皮之证。

曲有大厚霉者，皆不开窗户之故，以致有厚霉之证。

大抵曲生外病，皆因曲终之时，失时调理，以致曲生外病，或胎火弄不合适，与干火之日，毫不干涉。

2. 论曲内证

凡论曲查口，人言黄查者善，青查者美。以愚之见，勿论青查、黄查，总要查口明亮为佳。

曲有白查，如生面者，皆因胎火甚大，曲皮太干，将曲皮烤糊之故，使外火不能进于内，以致有白查生面之证。

曲有微红查，如高粱查色者，皆胎火甚大，不开窗户门，曲房内热气不能外散，如笼屉蒸曲一般，以致曲有微红查之证。

曲查有乌暗不明者，皆因胎火火大，或水浑浊不清，或粟粮不净之故，以致曲查乌暗不明。

曲有白查如葫芦瓢者，皆因曲面太粗，面少秕多，造曲浆水甚少，宜用微火，迟缓日期以成之。倘看者不明此理，仍照前一样用火，使曲内火乱不整，内外一齐乱成，以致有白查如葫芦瓢之证。

曲内有黄圈不浓者，皆因曲在干火之日，看者不小心之故。倘一时火大，以致曲内有黄圈之证。

曲内有黑圈不浓者，亦有曲在干火之日，看者不小心之故。皆因曲面太粗，而曲干火大之故，遇一时火大，以致曲有黑圈之证。

曲内有黄圈如烂泥者，皆因干火甚大，以致烧成黑浓泥圈之证。俗其臭曲，此之谓也。学者不可不察。

曲内有大小黑块者，皆因曲面甚粗，造曲拌面，又无均匀，有干面裹在其中，或粟粮不净，曲到干火之日，又用大火之故，以致有烧成黑块之病。

曲内有大小黄块者，亦因在干火之日，用火甚大，火气聚在一起，以致有烧成黄块之证。

曲内有杂色点者有无暗不明者，皆因曲粮甚秕，又土腻不净，曲面太粗，而曲空虚之故，易寒易烧，万病皆生，以致有杂色杂点之证。

此篇论曲内之症，但讲火大之病，未详寒冷之疾。盖因曲本无寒冷之故耳。予前篇言过，曲寒一

日，晚成一日，曲寒十日，晚成十日，何论之有。纵有寒冷之证，亦与干火之时，毫无干涉。皆因曲初之时，或胎火之时，寒冷数日，甚多未出透汗，水气在内，糟沤日久，再使火起，以致曲内有红斑长点之证。若使始终无火，将曲晾干，虽然无证，内生黑穗。谓之生曲与坏曲仿佛。

3. 捷径论

尝见看曲者，不讲看曲正理，专以谬言惑人。预设此本，削去谬说，撮其大要，实论二备哉。使学者明晓，故曰捷径看法。谬言者，如后续造曲，吉日忌风歌诀。盖曲或臭或烧，皆看者失时调理之故，与吉日凶日何干？忌风歌言，春忌东风，夏忌南。譬如夏日炎热之时，曲房内窗户大开，而曲火甚大，吾恐求风而尚且不得，或有南风岂肯舍之。学者不可认作真有造曲吉日、忌风之说。此皆看者恐人易晓，专以谬言惑人耳。予书末之后，又续二端谬说，特使学者明日后莫被谬言瞒过。

4. 续曲论

或曰此本处处防火，火之证，言无寒冷之疾，此论到底未敢尽信。如曲造就，将曲放在外边几块，使曲寒冷无火，试之而曲皮理也。有黄圈如烂泥者再将干火曲放在外边，而曲理又有红斑红点，黄霉黑烧者，非寒证而何？予曰，此时炎热之时，曲虽无火，而不甚寒，以致糟沤日久之故。吾预先言过，曲寒一日，晚成一日，譬如冬天剩食日久无妨，夏天剩食一日即坏，又如烙饼用之，但能有火，则无糊臭之理。若用大火，难免糊沤之患。此理极明，有何疑乎？

造曲吉日

辛未　乙未　庚子　三伏日　忌六甲勾蛇

忌风歌

春忌东风夏忌南，秋忌西风保曲安；
冬忌北风君须记，学者详察莫轻传。

［黄平主编《中国酒曲》，中国轻工业出版社，2000］

四、中国古代酒曲制法

（一）麦曲、小曲类型

1. 东汉崔寔著《四民月令》

六月，是月六日，……可作曲。是月，廿日可捣择小麦硙之；至廿八日溲，寝喔之，七日，不能十日，六日，七日亦可。以供一岁之用。随家丰约，多少无常。七月。四日命治曲室、具薄、持、槌、取净艾。六日，馔治五谷，磨具。七日，逐作曲。

［缪桂龙选择、缪启愉审订《四民月令》选读，农业出版社，1984 年］

2. 晋代嵇含著《南方草木状》中的曲药

南海多美酒，不用曲蘖，但杵米粉杂以众草叶，治葛汁滫溲之，大如卵。置蓬蒿中荫蔽之，经月而成。用此合糯为酒，故剧饮之，既醒犹头热。涔涔以其有毒草故也南人有女，数岁即大酿酒，即漉。候冬陂池竭时，填酒罂中，密固其上，瘗陂中。至春潴水满，亦不复发矣。女将嫁，乃发陂取酒以供贺客，谓之女酒。其味绝美。

3. 唐代刘恂著《岭南录异记》中的曲药

南中坛酒即先用诸药。别淘漉粳米晒干。入药和米熟捣，即绿粉矣。热水溲而团之，形如餢饦。以指中心刺一窍，布放蕈上，以枸杞叶攒罨之。其体候好弱，一如造曲法。既而以藤篾贯之，悬于烟火之上。每酝，用几个饼子，固有恒准矣。南中地暖，春冬七日熟，夏秋五日熟。既熟，贮以瓦瓮，用粪埽火烧之。

4. 北魏贾思勰著《齐民要术》中的酒曲

（1）作三斛麦曲法　①蒸、炒、生各一斛。炒麦，黄，莫令焦。生麦，择治甚令精好。种各别磨，磨欲细。磨讫，合和之。七月，取中寅日，使童子著青衣，日未出时，面向杀地……汲水二十斛。勿令人泼水，水长，亦可写却莫令人用。②其和曲之时，面向杀地和之，令使绝强。团曲之人，皆是童子小儿，亦面向杀地，有污秽者不使；不得令人室近。团曲当日使讫，不得隔宿。屋用草屋，勿使瓦屋；地须净扫，不得秽恶，勿令湿。③画地为阡陌，周成四巷。作曲人，各置巷中。④其房欲得板户，密泥涂之，勿令风入。至七日，开。当处翻之，还令泥户。至二七日，聚曲，还令涂户，莫使风入。至三七日出之。盛著瓮中，涂头。至四七日，穿孔绳贯，日中曝，欲得使干，然后内之。⑤其曲饼：手团，二寸半，厚九分。

（2）造神曲法　其麦，蒸、炒、生三种齐等，与前同，预前事一麦三种，合和，细磨之。

七月上寅日作曲。溲，欲刚，梼。欲粉细，作熟，饼，用圆铁范，令径五寸，厚一寸五分。于平板上，令壮士熟踏之。以杙刺作孔。净扫东向开户屋，布曲饼于地，闭塞窗户，密泥缝隙，勿令通风。满七日，翻之。二七日，聚之。皆还密泥。三七日，出外，日中曝令干曲成矣。……此曲一斗，杀米三石，笨曲一斗。杀米六斗。省费悬绝如此。

（3）河东神曲法　七月初，治麦，七日作曲。七日未得作者，七月二七日前亦得。

麦一石者，六斗炒，三斗蒸，一斗生，细磨之。桑叶五分，苍耳一分，茱萸一分，若无茱萸，野蓼亦得用。合煮取汁，令如酒色。漉去滓，待冷，以和曲。勿令太泽。捣千杵，饼如凡曲，方范作之。

（4）卧曲法　先以麦曲布地，然后著曲。讫以麦麸复之。多作者，可用箔槌，如养蚕法。复讫，闭户。七日，翻曲，还以麦麸复之。二七日，聚曲。亦还复之。三七日瓮盛。后经七日、然后出曝之。

（5）作白醪曲法　取小麦三石，一石熬之，一石蒸，一石生。三等合和，细磨作屑。煮胡菜汤、经宿、使冷、和麦屑梼令熟，踏作饼。圆铁作范，径五寸，厚一寸余。床上置箔，箔上安蘧蒢；蘧蒢上置桑薪灰，厚二寸。作胡菜汤、令沸。笼子中盛曲五六饼许，着汤中。少时，出，卧置灰中。用生胡菜复上以经宿。勿令露湿；特复曲薄偏而已。七日翻，二七聚、三七日，收。曝令干。作曲屋，密泥户，勿令风入。若以床小不得多着曲者，可四角头竖槌，垂置椽箔，如养蚕法。七月作之。

（6）秦州春酒曲法　七月作之，节气早者，望前作，节气晚者，望后作。

用小麦不虫者，于大镬釜中炒之。炒法：钉大橛，以绳缓缚长柄匕匙着橛上，缓火微炒。其匕匙，如挽棹法。速疾搅之，不得暂停；停则生熟不均。候麦香黄，便出；不用过焦。然后簸、择、治令净。磨不求细；细者，酒不断；漉，刚强难押。预前数日刈艾；择去杂草，曝之令萎，勿使有水露气。溲曲欲刚、洒水欲均。初溲时，手搦不相著者，佳。溲讫，聚置经宿，来晨熟梼。作木范之；令饼方一尺，厚二寸；使壮士熟踏之。饼成，刺作孔。竖槌，布艾椽上，卧曲饼艾上，以艾复之。大率下艾欲厚，上艾稍薄。密闭窗户。三七日，曲成。打破看，饼内干燥，五色衣成，便出曝之。如饼中未燥，五色衣未成，更停三五日，然后出。反复日晒，令极干；然后高厨上积之。

（7）大州白堕曲方饼法　谷三石：蒸二石，生一石，别磑之，令细，然后合和之也。桑叶，胡菜叶、艾，各二尺围，长二尺许，合煮之，使烂。去滓取汁，以冷水和之，如酒色；和曲。燥湿。以意酌量。日中，梼三千六百杵。讫，饼之。安置暖屋：床上先布麦秸，厚二寸，然后置曲；上亦与秸二寸复之。闭户，勿使露见风日。一七日，冷水湿手试之令遍，即翻之。至二七日，一例侧之。三七日，笼之。四七日，出置日中，曝令干。作酒：十斤曲、杀米一石五斗。

［石声汉释《齐民要术造读本》，农业出版社，1961］

5. 唐代韩鄂《四时纂要·六月》

载造曲法：小麦三石：一石生；一石蒸，晒干；一石炒，炒勿令焦。各别磨，罗取面，其麸留取

入曲使。取苍耳、蓼，烂捣，绞取汁，溲和。五更和取了，若天明后则无力。控欲刚，捣欲熟。于平板上以范子紧踏，脱之。净扫东向户室，密窗户，泥封隙，使不通风。地上铺蒿草厚三五寸，竖曲如隔（格）子眼，以草覆之令厚。闭户，封泥之。一七日开，翻之。至二七日，聚之。一宿，明日出曝晒。夜则露之。遇雨则收。极干乃止。

［唐韩鄂原编，缪启愉选译，农业出版社，1984］

6. 宋代朱肱著《北山酒经》中的曲药

（1）朱翼中《北山酒经》　白醪曲；粳米三升、糯米一升，净淘洗，为细粉。川芎一两，峡椒一两为末。曲母末一两与米粉，药末等拌匀。蓼叶一束、桑叶一把。苍耳叶一把，烂捣，入新汲水破令得所。滤汁拌米粉无令湿，捻成团须是紧实，更以曲母遍身糁过为衣。以谷、树叶铺底，仍盖一宿，候白衣上，揭去（盖），更候五七日，晒干，以篮盛，挂风头。每斗（米）用三两（曲），过半年以后，即使二两半。

（2）北宋朱翼中《北山酒经》　玉友曲：辣蓼、勒母藤、苍耳各二斤，青蒿、桑叶各减半并取近上稍嫩者，用石臼烂捣，布绞自然汁，更以杏仁百粒去皮尖，细研，入汁内。先将糯米拣簸一斗，急淘净，控极干，为细粉，更晒令干，以药汁逐旋匀酒，拌和干湿得所，干湿不可过，以意量度。抟成饼子，以旧曲末逐个为衣。各排在筛子内，于不透风处。

净室内先铺干草，一方用青蒿铺盖，厚三寸许，安筛子在上。更以草厚四寸许覆之，覆时须匀，不可令有厚薄。一二日间不住以手探之，候饼子上稍热仍有白衣，即去覆者草。明日取出，通风处安桌子上，须稍干旋逐个揭之，令离筛子。更数日以篮子悬通风处，一月可用。罨饼子须熟透，又不可过候，此为最难。来干见日即裂，夏月造易蛀，唯八月造可备一秋及来春之用。自四月至九月可酿，九月后寒即不发。

［洪光住编著《中国酿酒科技发展史》，中国轻工业出版社，2001］

（3）《北山酒经》中的顿递祠祭曲　小麦一石。磨白面六十斤，分作两栲栳，使道人头，蛇麻，花水共七升，拌和似麦饭，入下项药：白术一两半，川芎一两、白附子半两、瓜蒂一个，木香一钱半，已上药捣罗为细末，均在六十斤面内。

（4）道人头十六斤，蛇麻八斤，一名辣母藤，以上草栋择、剁碎，捣烂，用大盆新汲水浸，搅拌似蓝淀水浓为度，只收一斗四升，将前面拌和令匀。

（5）右件药面拌时需干湿得所，不可贪水，“握得聚，朴得散”，是其诀也。使用粗筛隔过，所贵不作块。按令实，用厚覆盖之，令晚三四时辰，水脉匀，或经宿，夜气留润亦佳。方入模子，用布包裹实踏，仍预治净宝，无风处安排下场子。先用板隔地气，下铺麦麸约一尺浮，上铺箔，箔上铺曲，看远近用草人子为契上用麦麸盖之；又铺箔，箔上又铺曲。依前铺麦麸。四面用麦麸扎实风道，上面更以黄蒿稀压定。须一日两次觑步体当，发得紧慢。伤热则心红，伤冷则体重。若发得热，周遭麦麸微湿，则减去上面盖者麦麸，并取去四面扎塞。令透风气，约三两时辰，或半日许，依前盖覆。若发得太热，即再盖，减麦麸令薄。如冷不发，即添麦麸，厚盖催趁之。约发及十余日已耒，将曲侧起，两两相对，再如前罨之，蘸瓦日足，然后出草。

（6）小酒曲　每糯米一斗，作粉，用蓼汁和匀，次入肉桂、甘草、木香、川乌头，川芎、生姜，与杏仁同研汁，各用一分作饼子。用穰草盖，勿令见风。热透后翻依“玉友罨法”。

（7）出场，当风悬之。每造酒一斗，用四两。

（8）莲子曲　糯米二斗，淘净，少时蒸饭摊了。先用面三斗，细切生姜半斤如豆大，和面，微炒令黄。放冷，隔宿，亦摊之。候饭温，拌令匀，勿令作块。放芦席上摊以蒿草罨，作黄子，勿令黄子黑。但白衣上，即去草翻转，更半日，将日影中晒干，入纸袋盛，挂在梁上风吹。

其他还有金波面、滑台通，瑶泉曲、杏仁曲，香桂曲、豆花曲、真一曲的制曲法。

[（宋）朱肱著《酒经》，高建新编著，中华书局，2011]

7. 元代佚名《居家必用事类全集·已集》

白酒曲法：当归、缩砂、木香、藿香、公丁香、川椒，白术，以上各一两。官桂三两，檀香、白芷、吴茱萸，甘草各一两，杏仁一两别研为泥，右件各味药研为细末。

用白糯米一斗，淘洗极净，舂为细粉。入前药和匀。用青辣蓼取自然汁，溲拌干湿得所，捣六七百杵，团圆如鸡子大。中心捺一窍，以白药为衣。稗草去叶，觑天气寒暖，盖闭一二日。有青白醭，将草换了，用新草盖。有全醭。将草去讫。七日，聚作一处，逐旋散开，斟酌发干。三七日，用筐盛顿，悬挂，日曝夜露。每糯米一斗，曲七两五钱重。酥、湿、破者不用。

8. 明代李时珍著《本草纲目》

（1）造大小麦曲法　用大麦米或小麦连皮，井水淘净，晒干，六月六日磨碎，以淘麦水和作块，楮叶包扎，悬风处，七十日可用矣。

（2）造面曲法　三伏时，用白面五斤，绿豆五升，以蓼斗煮烂。辣蓼末五两，杏仁泥十两，和踏成饼，楮叶裹悬风处，候生黄收之。

（3）造白曲法　用面五斤，糯米粉一斗，水拌微湿，筛过踏饼，楮叶包挂风处。五十日成矣。

9. 明代宋应星著《天工开物》中酒母、麦曲

酒母：凡酿酒必资曲药成信。无曲即佳米珍黍空造不成。古来曲造酒，糵造醴，后世厌醴味薄，遂至失传，则并糵法亦亡。凡曲，麦、米、面随方土造，南北不同，其义则一。凡麦曲，大、小麦皆可用。造者将麦连皮，井水淘净，晒干，时宜盛暑天。磨碎，即以淘麦水和作块，用楮叶包扎，悬风处，或用稻秸罨黄，经四十九日取用。

造面曲用白面五斤、黄豆五升，以蓼汁煮烂，再用辣蓼末五两、杏仁泥十两，和踏成饼，楮叶包扎，与稻稿罨黄，法亦同前。其用糯米粉与自然蓼汁溲和成饼，生黄收用者，罨法与时日亦无不同也。其入诸般君臣与草药，少者数味，多者百味，则各土各法，亦不可殚述。近代燕京则以薏苡仁为君，入曲造薏酒。浙中宁、绍则以绿豆为君，入曲造豆酒。两酒颇擅天下佳雄，别载《酒经》。

凡造酒母家，生黄未足，视候不勤，盥拭不洁，则疵药数丸动辄败人石米。故市曲之家必信著名闻，而后不负酿者。凡燕、齐黄酒曲药，多从淮郡造成，载于舟车北市。但淮郡市者打成砖片，而南方则用饼团。其曲一味，蓼身为气脉，而米、麦为质料，但必用已成曲、酒糟为媒合。此糟不知相承起自何代，犹之烧矾之必用旧矾滓云。

10. 清代佚名氏《调鼎集、酒谱》中麦曲、白曲

（1）麦曲　以嵊县（今浙江省嵊县）者为最佳，山、会（山阴、会稽，即今浙江绍兴）者次之，淮麦更次之，然有时因本地年岁不足，或身份有不及淮麦者，故用之。

造酒须先盦曲，盦曲必先置麦。五月间新麦出市，择其光圆粗大者收买，晒燥入缸，缸底用砻糠斗许，以防潮气，缸面用稻草灰煞口，省得走气。至七月间再晒一回，名曰“拔秋”，八月鸠工磨粉，不必太细。九月天气少凉，便可盦矣。以榨箱作套，每套五斗，加大麦粉二三斗，不加亦可。每箱切作十二块，以新稻草包裹，每包贮曲四块，紧缚成捆，以乱稻草铺地，次第直竖有空隙处，用草塞紧切不可斜歪，恐气不能上升必致霉烂，酒味有湿曲之弊即此之故。谚云：“曲不湿，坚得直”，信不诬也。如有陈曲，须于春夏间晒好舂碎，用干净坛盛贮封固，不致蛀坏，下半年可与新曲掺用。盖陈曲造酒，其色太红，而且力弱，所以只可以与新曲掺用，用至十分之三足矣。京酒曲粉要粗，粗则吃水少，酒色必白，浑脚亦少。家酒曲粉要细，细则吃水多，酒色必红，因家酒喜红故也。

盦曲房屋，以敞亮干燥之所为妙，楼上更好。

向例盦曲，原系用麦，但价昂贵，将早米对和亦可。早米代麦其粉要细，米有肉无皮较麦性为坚硬，粗

则不能吃水，不吃水则米不化，反有无力之病，这种因麦少而代之，则酒多浑脚，故非造酒之正宗也。

（2）白曲　白面一担，糯米粉一斗，水拌，令干湿均匀，筛子格过，踏成饼子。纸包挂当风处，五十日取下，日晒夜露。每米一斗，下曲（白曲）十两；内府秘传曲：白面一百斤，黄米四斗，绿豆三斗。先将豆磨去壳，将壳簸出，水浸听用。次将黄米磨末，入白面、豆末和作一处。将收起豆壳浸水，倾入米、面、豆末内和起。如太干，再加浸豆壳水，可捻成块为准，踏作方曲，以实为佳。以粗草晒六十日，三伏内方好制曲。造酒每石米入曲七斤，不可多放，其酒清冽；郑公酒曲：白面三十斤。绿豆一斗，煮烂。缩砂、木香各一两为末，官桂一两为末。莲花蕊三十朵，用须并瓣不用房，碎捣。甜瓜，捣烂，以粗布绞肉汁约一碗。捣辣蓼自然汁，和前料拌匀，干湿得中。用布包（曲料），脚踏令实。二桑叶包裹，麻皮（绳）扎，悬风梁上。一月后取下，去桑叶刷净，日晒夜露约一月。入瓦土瓮中密封。每曲三十斤，约饼七十个。

［洪光住编著《中国酿酒科技发展史》，中国轻工业出版社，2001］

（二）红曲类

1. 元代佚名氏《居家必用事类全集》中的造红曲法

造曲母：白糯米一斗，用上等好红曲二斤。先将秫米淘净，蒸熟作饭，用水和合，如造酒法。溲和匀下瓮，冬七日，夏三日；春秋五日，不过，以酒熟为度。入盆中擂为稠糊相似，每粳米一斗只用此母二斤，此一斗母，可造上等红曲一石五斗。

造红曲：白粳米一石五斗，水淘洗，浸一宿。次日蒸作八分熟饭，分作十五处。每一处入上项曲二斤，用手如法搓操，要十分匀，停了，共并作一堆。冬天以布帛物盖之，上用厚荐压定，下用草铺作底，全在此时看冷热。如热，则烧坏了，若觉大热，便取去覆盖之物，摊开。堆面微觉温，便当急堆起，依原样覆盖。如温热得中，勿动。此一夜不可睡，常令照顾。次日日中时，分作三堆，过一时分作五堆，又过一两时辰，却作一堆，又过一两时，分作十五堆。既分之后，稍觉不热，又并作一堆。候一两时辰，觉热又分开，如此数次。第三日用大桶盛新汲井水，以竹箩盛曲，分作五六份，浑蘸湿便提起。蘸尽，又总作一堆。俟稍热，依前散开，作十数处摊开，候三两时，又并作一堆，一两时又散开。第四日，将曲分作五七处，装入箩，依上用井花水中蘸，其曲自浮不沉。如半沉半浮，再依前法堆起，摊开一日，次日再入新汲水内蘸，自然尽浮。日中晒干，造酒用。

2. 明代吴氏《墨娥小录》中的造红曲方

造红曲方：无糠粞舂白粳米，水淘净，浸过宿，翌日炊饭，用后项药、米乘热打拌。药：每米一石用曲母四斤，磨研；海明砂一两、黄丹一两、无名异一两、滴醋一大碗。一处调和打拌，上坞，或一周时或二周时，以热为度。测其热之得中，则准自身肌肉，开坞摊冷……

洒水打拌，聚起，候热摊开，至夜分开摊。第二日聚起，洒水打拌，再聚，热即摊冷，又聚，热又摊，至夜分开摊。第三日下水，澄过，沥干，倒柳匾内，候收水，作热摊开，冷又聚，热又摊，至夜分开摊。第四日如第三日。第五日下水，澄过，沥干，倒柳匾内，候收水，分开薄摊三四次。若贪睡失误以致发热，则坏矣。

3. 明代李时珍《本草纲目》中的红曲

红曲本草不载，法出近世，亦奇术也。其法：白粳米一石五斗，水淘，浸一宿，作饭。分作十五处，入曲母三斤，搓揉令匀，并作一处，以帛密覆。热即去帛摊开，觉温急堆起，又密覆。次日日中又作三堆，过一时分作五堆，再一时合作一堆，又过一时分作十五堆，稍温又作一堆，如此数次。第三日，用大桶盛新汲水，以竹箩盛曲作五六份，蘸湿完又作一堆，如前法作一次。第四日，如前又蘸，若曲半沉半浮，再依前法作一次。又蘸，若曲尽浮则成矣。取出日干收之。其米过心者谓之生黄，入酒及酢醢中，鲜红可爱。未过心者不甚佳。入药以陈久者良。

4. 明代宋应星《天工开物》中的丹曲

凡丹曲一种，法出近代。其义臭腐神奇，其法气精变化。世间鱼肉最朽腐物，而此物薄施涂抹，能固其质于炎暑之中，经历旬月蛆蝇不敢近，色味不离初，盖奇药也。

凡造法用籼稻米，不拘早晚。舂杵极其精细，水浸一七日，其气臭恶不可闻，则取入长流河水漂净，漂后恶臭犹不可解，入甑蒸饭则转成香气，其香芬甚。凡蒸此米成饭，初蒸半生即止，不及其熟。出离釜中，以冷水一沃，气冷再蒸，则令极熟矣。熟后，数石共积一堆拌信。

凡曲信必用绝佳红酒糟为料，每糟一斗入马蓼自然汁三升，明矾水和化。每曲饭一石入信二斤，乘饭熟时，数人捷手拌匀，初热拌至冷。候视曲信入饭，久复微温，则信至矣。凡饭拌信后，倾入箩内，过矾水一次，然后分散入篾盘，登架乘风（见图 1-10、图 1-11）。后此风力为政，水火无功。

凡曲饭入盘，每盘约载五升。其屋室宜高大，防瓦上暑气侵迫。室面宜向南，防西晒。一个时中翻拌约三次。候视者，七日之中，即坐卧盘架之下，眠不敢安，中宵数起。其初时雪白色，经一二日成至黑色，黑转褐，褐转代赭，赭转红，红极复转微黄。目击风中变幻，名曰生黄曲，则其价与入物之力皆倍于凡曲也。凡黑色转褐，褐红，皆过水一度，红则不复入水。

凡造此物，曲工盥手与洗净盘簟，皆令极洁，一毫滓秽，则败乃事也。

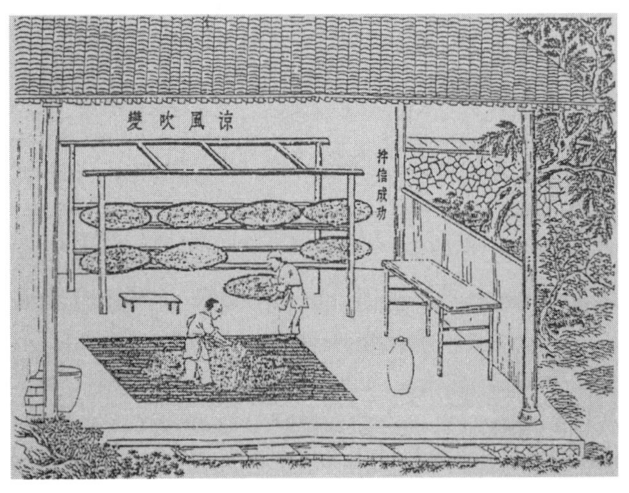

图 1-10　宋应星《天工开物》制丹曲图

（引自《喜咏轩丛书》刊本《天工开物 · 丹曲》插图）

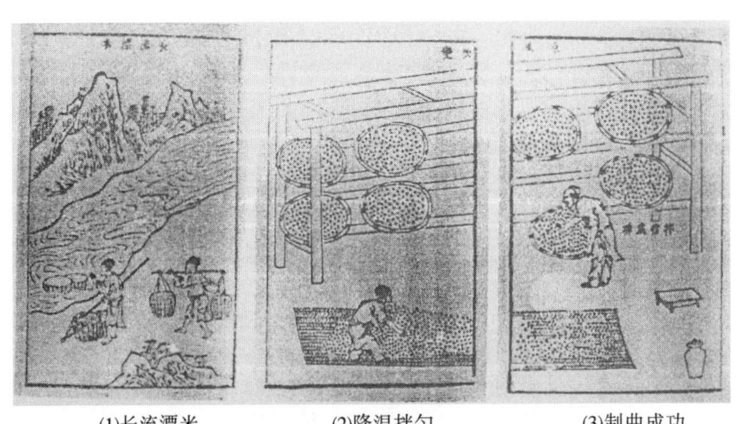

(1)长流漂米　　(2)降温拌匀　　(3)制曲成功

图 1-11　宋应星《天工开物》制丹曲图

（引自明崇祯十年刊本《天工开物 · 丹曲》插图）

［洪光住编著《中国酿酒科技发展史》，中国轻工业出版社，2001］

五、中国近代酿酒微生物研究史料

中国酿酒历史源远流长，对酿酒微生物的研究始于近代。日本人齐藤在1904年就对我国的绍兴酒酿造的丝状菌进行了研究，我国对中国酒曲微生物的研究始于20世纪30年代初。老一辈的科技人员的研究成果及文献，对中国酒曲微生物的种类及分布、菌类学、酒曲的效用等均作了较详细的记载。这些重要参考史料对研究中国酿酒微生物很有帮助。

20年前，在主编《中国酒曲集锦》时就想写一章中国近代酿酒微生物研究史料，想知道我国从哪个时代就开始了对酿酒微生物的研究。至今未见到这方面的报道。所以，从那时起一直注意搜集材料，去年我在搜集《中国酿酒微生物研究与应用》书稿的材料时，偶然在一个旧书店发现一本《寄生物和微生物》小册子，其中微生物的内容占了全书的一半以上，且微生物论述中讲的全是中国酒曲微生物如中国酒曲之种类及分布；中国酒曲的科学研究之过去及现在；菌类学上的考察及记载；微生物以外成分的考察及记载；曲之真效用的分析。该书由王云五、周建人主编，杜其垚等编译，于1936年10月初版，由上海河南路商务印书馆印刷与发行。此书在当时具有权威性和可信性，是研究中国酿酒微生物的重要参考史料。现将有关内容摘录如下所述。

（一）中国酒曲微生物的种类及分布

曲之由来既属甚古，及近世，欧化所及，对此始有科学上的研究。且西方人尊于先，日本人承其后，中国人自己反不顾之，斯亦中国文化上之一遗憾。1883年，英国人加匹（H. B Guppy）的 *Samshu、Brewingin North China* 论文，开曲类研究之端。但是仅用显微镜证明发酵菌类孢子的存在。1892年，法国人卡尔美忒（A. Calmette）更进一层，从微生物方面进行研究，用麦芽汁醪（Wurzege-latime）施行平面培养（Plattem-Kultur），分离出一种霉菌，名为 *Amylomyces Rouxii Calmette*，及其他多种酵母菌、霉菌、细菌类（西贡地方烧酒曲中）。此后遂引起各国学界之注意。如1894年，爱及克曼（C. Eijkmamn）；1895年，汶忒（Went）及奇立斯（Primsem Geerligs）氏；1900年，威美尔（Wahmer）氏；1901年，克尔赘斯（Chrzaszcz）氏；及1902年，波亭（Boidims）氏，都有新研究与新菌种的论文发表。唯以上诸氏多用安南、南洋一带材料研究之，对于中国内地的状况尚未顾及。此后日本学术发达，又经日俄等战争，获得中国台湾及东北三省特权，对大陆物产自然生出许多研究兴趣，进而开始了调查。在中国台湾及东北三省均设有大规模的试验场，调查研究附近所产的酒曲。其中主要学者有齐藤氏、中泽氏、长西二氏；东京帝国大学农学部有高桥侦造教授，上海同文书院有山峙百治博士。就中山崎博士收集江苏、浙江、江西、安徽、湖北、湖南、河南、福建、广东、贵州、山东、热河等地材料凡百三十余种，为广大精细之研究，功绩最大，其余高桥教授（1915年）的《绍兴酒曲及酒药之微生物考察》——论文，研究绍兴酒特有之酵母菌，属纯粹培养，亦称为中国酒曲中的大发现，总计诸氏的研究范围成绩超过前述西方的研究何止数十倍。且渐由纯学术而趋于实用方面，我国台湾改良酒类，即由这些研究产出的。现记录诸氏研究成果如下。

1. 西方的发现与研究

西方的研究见表1-1。

表1-1 西方的发现

菌名	种别	发现人	时间	产地	文章出处
Amylomyces Rouxii Calmette	丝状菌	A. Calmette	1892年	西贡	La levure chinoise Ann de l'iust Pasteur
Chlomydomucor Oryzae Went et Geerligs	丝状菌	Went et Prinsen Geerligs	1895年	爪哇	—
Rhizopus Oryzae Went et Geerligs	丝状菌	Went et Prinsen Geerligs	1895年	爪哇	—

续表

菌名	种别	发现人	时间	产地	文章出处
Mucor javanicus Wehtner	丝状菌	C. Wehmer	1900 年	爪哇	Centralb. f. Bakteriol
Mucor dubius Wehmer	丝状菌	C-Wehmer	1900 年	爪哇	Centralb. f. Bakteriol
Rhizopus Cunbodja Chrzasze	丝状菌	Chrzasze	1901 年	爪哇	Centralb. f. Bakteriol
Rhizopus tonkinensis VUillemin	丝状菌	Boidin	1902 年	东京	

2. 日本的发现与研究

从表 1-2 可知日本人齐藤于 1904 年已对我国酿造绍兴酒的丝状菌进行了研究，这可能是研究绍兴酒酿造微生物的第一人了，1913 年中泽对我国台湾白曲进行了研究，1915 年高桥和 1922 年山崎对绍兴酒酿造微生物进行了研究。同时，对上海、宝山县、常州、杭州、徽县、安徽梨园、江西新淦、湖南永绥的酒曲进行了研究。

表 1-2　　日本的研究

菌名	种别	发现人	时间	产地	用途	文章出处
Rhizopus chinensis Saito	丝状菌	齐藤	1904 年	绍兴	绍兴酒	Centralb. f. Bakteriol
Rhizopus tritici Saito	丝状菌	齐藤	1904 年	绍兴	绍兴酒	Centralb. f. Bakteriol
Rhizopus oligosporus Saito	丝状菌	齐藤	1905 年	山东	酒曲	Centralb. f. Bakteriol
Rhizopus formasaensis Nakazawa	丝状菌	中泽	1913 年	中国台湾	白曲	—
Rhizopus oligosporus var. glaler Nakazawa	丝状菌	中泽	1913 年	中国台湾	白曲	—
Rhizopus chinensis var. *rugospors Nakazawa*	丝状菌	中泽	1913 年	中国台湾	白曲	—
Saccharomyces shaoshing var. Ⅰ，Ⅱ，Ⅲ，Ⅳa，Ⅳb，Ⅴ，Ⅵ，Ⅶ	酵母菌	高桥	1915 年	绍兴	酒糟	Jour Coll Agric. Imp. Univer Tokyo
Zygosaccnaromyces shaoshing var. Ⅰ，Ⅱ，Ⅲ，Ⅳ，*Nov.* Sp	酵母菌	高桥	1915 年	绍兴	酒糟	Jour Coll Agric. Imp. Univer Tokyo
Rhizopus chiuniang Yamazaki	丝状菌	山崎	1922 年	上海	酿酒	上海东亚同文书院
Rhizopus liquefaciens Yamazaki	丝状菌	山崎	1922 年	上海	蒸酒	上海东亚同文书院
Rhizopus shanghaiensis Yamazaki	丝状菌	山崎	1922 年	宝山县	酿酒	上海东亚同文书院
Rhizopus formosaensis ver Chlamydosporus Yamazaki	丝状菌	山崎	1922 年	常州	酿酒	上海东亚同文书院
Rhizopus Hangchow Yamazaki	丝状菌	山崎	1922 年	杭州	绍兴酒	上海东亚同文书院
Rhizopus niveus Yamazaki	丝状菌	山崎	1922 年	绍兴	绍兴酒	上海东亚同文书院
Rhizopus chungkuoensis Yamazaki	丝状菌	山崎	1922 年	杭州	甜酒	上海东亚同文书院
Rhizopus pseudochinensis Yamazaki	丝状菌	山崎	1922 年	徽县	酿酒	上海东亚同文书院
Rhizopus candidus Yamazaki	丝状菌	山崎	1922 年	安徽省梨园	高粱酒	上海东亚同文书院
Rhizopus salebrosus Yamazaki	丝状菌	山崎	1922 年	江西省新淦	—	上海东亚同文书院
Rhizopus humilis Yamazaki	丝状菌	山崎	1922 年	湖南省永绥	水酒	上海东亚同文书院
Rhizopus albus Yamazaki	丝状菌	山崎	1922 年	湖南省永绥	水酒	上海东亚同文书院
Aspergillus albus var Ⅰ，Ⅱ. *Yamazaki*	丝状菌	山崎	1922 年	—	—	上海东亚同文书院
Aspergillus Okazakiiar，Ⅰ，Ⅱ，Ⅲ *Yamazaki*	丝状菌	山崎	1922 年	—	—	上海东亚同文书院
Chlamydomucor javanicus Yamazaki	丝状菌	山崎	1922 年	—	—	上海东亚同文书院

3. 各曲中微生物分布情况

各曲中微生物分布情况见表 1-3～表 1-6。

表 1-3　卡美尔忒氏西贡酒曲的研究

菌名及种类	平面培养的群落数
Amylomyces Rouxii Calmette	8
酵母菌类	18～25
丝状菌类	2
各种细菌类	30

表 1-4　山崎氏贵州平坝县包谷酒曲的研究

菌名及种类		群落数
酵母菌Ⅰ，Ⅱ，Ⅲ		6
丝状菌	*Mucor*	1
	Rhizopus	1
	Aspergillus	1
	Penicillium	1
	Absidia	1
细菌类		多数

表 1-5　山崎氏热河黄姑屯高粱酒曲的研究

菌名及种类		群落数
红酵母菌		2
酵母菌		8
丝状菌	*Rhizopus* Ⅰ，Ⅱ	2，1
	Absidia	13
Monilia		10
细菌类		多数

表 1-6　我国社其垚学者对乡里信阳县西乡产两种曲的研究

Ⅰ. 甜酒曲			Ⅱ. 小曲酒曲		
菌名及种类		群落数	菌名及种类		群落数
酵母菌		4	酵母菌		3
丝状菌	*Mucor* Ⅰ，Ⅱ	3，4	丝状菌	*Rhizopus* Ⅰ	2
	Rhizopus	2		*Rhizopus* Ⅱ	3
细菌类		3		*Rhizopus* Ⅲ	若干
				Mucor Ⅰ	1
				Mucor Ⅱ	2
				Mucor Ⅲ	1
			Monilia		3
			细菌类		20

4. 东三省高粱酒曲及酒糟中的微生物

日本人齐藤氏于 1914 年对东北三省高粱酒曲及酒糟的微生物研究如下。

(1) 丝状菌类 (Schimmelpilze)

①子囊菌类 (Askomyceten)

Endomyces Hordei n. sp.

Thermoascus aurantiacus Miche.

Aspergillus Oryzae (*Ahlbg.*) Cohn.

Aspergillus glaucus Link.

Monascus purpureus Went.

Penicillium mandshuricum n. sp.

Penicillium glaucum Link.

②藻菌类 (Phykomyceten)

Mucor circinelloides Van Tiegh.

Mucor mandshuricus n. sp.

Mucor racemosus Fres.

Rhizopus tonkinensis Vuillemin.

Rhizopus japonicus Vuillemin.

Absidia Lichtheimi.

Rhizopus oryzae Went et Geerligs.

③不完全菌类 (Fungi Imperfecti)

Oidium lactis

Cladosporium herbarum (*Pers.*) Link.

Dematium pullulans de Bary et Low. Monilia sp.

(2) 线状菌类 (Aktinomyceten)

Actinomyces thermophilus Berestnew. Actinomyc sp.

(3) 酵母菌 (Hefen)

Saccharomyces manshuricus n. sp. *forma* Ⅰ–Ⅳ

Zygosaccharomyces manshuricus n. sp.

Pichia membranaefaciens Hansen. Mycoderma sp.

Pichia manshurica n. sp.

Kaoliang-chiu kahmhefe.

Willia anomala.

Willia belgica (*Lindner*) Klocker.

(4) 细菌类 (Bakterien)

①醋酸菌类 (Essigbakterien)

Barterium aceti Hansen.

Bakterium ascendens Henneberg (p)

Bakterium acetigenum Henneberg.

②乳酸菌类 (Milchsaurebakterien)

Bacillus Leichmann Ⅰ Henneberg. Bakterium sp.

③酪酸及四碳醇菌类

Granulobakter saccharobutyricum Beijerinck.

Granulobakter polymyxa Beijerinck.

④其他细菌

Bacillus mesentcricus vulgalus Flugge.

Bacillus mesentericus suber.

5. 长西（K Nakanishi）山东黄酒曲的分析（1915）

（1）丝状菌类

①子囊菌类

Aspergillus glaucus Link.

Aspcrgillus Oryzae（*Ahlbg*）Cohn.

Endomyces Hordei Saito.

Endomyces Lindncri Saito.

Monascus purpureus Went.

Penicillium glaucum Link.

Thermoascus aurantiacus Miche.

②藻状菌类

Absidia Lichtheimi Lindner.

Circinella mucoroides Saito.

Mucor racemosus Fres.

Rhizopus japonicus Vuillemin.

Rhizopus nigricans Ehrenberg.

Rhizopus tonkinensis Vuillemin.

③不完全菌类（Oospora Laetis.）

Monilia sp.

（2）线状菌类

Actinomyces thermophilus Berestnew.

（3）酵母菌类

黄酒酵母菌 I

黄酒酵母菌 II

Willia anomala.

产膜酵母（Kahmhefe，*Kaoliang chiu-kvhmhefe*）

（4）细菌类

Granulobacter saccharobutyricum Beijierinck.

Sarcina sp.

Bacillus megatherium De Bary.

Sarcina pulchra Heurici.

6. 山崎博士调查安徽梨园产烧酒曲 1g 中的含菌数

表 1-7　　安徽梨园烧酒曲含菌数　　单位：个/g 曲

菌类		外部数	内部数	平均数
细菌		12205000	35222000	29646000
丝状菌	*Mucor*	844	2034	1287
	Rhizopus	1688	2034	1287
	Absidia	30386	197260	149200
	Monascus	1686	2034	1287

续表

菌类	外部数	内部数	平均数
不完全菌 *Monilia*	3376		1278
酵母菌	+ + +	+ + +	+ + +
子囊菌	-	+	-
Penicillium			

（二）有关酿造微生物的文献

1.《增订化学工业大全》

高桥侦造著有《增订化学工业大全》《酿造工业》，商务印书馆于1935年根据日本新光社1933年版《最新化学工业大系》全书译，在第五篇《绍兴酒、黄酒、清酒》中，也记载了绍兴酒酒药中含有大量优良发酵菌类（*Rhizopus*、*Monilia*、*ASP*、*Absidia*），绍兴麦曲中含有 *Mucor*、*Rhizopus*、*Absidia*、*Yeast*、*ASP*、*Momascus* 等。

（1）在成熟酒母（淋饭酒醪）中含菌类之群落数（1mL中）

含 *Bacteria* 75460000个；*Mucor* 8933个；*Rhizopus* 5955个；*Yeast* 10290000个；*Penicillium* 59380个；*Absidia* 17865个；*Aspergillus*（白）178650个；*Aspergillus*（绿）59550个。

（2）浆水中菌类菌落数（1mL中）

含 *Bacteria* 3340700个；*Aspergillus* 1885个；*Mucor* 1392个；*Rhizopus* 928个；*Oospora* 1624个；*Yeast* 148480个；*Renicillium* +++（数量多）；*Monilia* ++（数量较多）。

2.《东亚发酵化学论考》

山崎百治是中日酿酒技术交流的先驱，这是日本菅间诚之助在1994年“国际酒文化学术讨论会”上作出的评价。山崎百治大约在1914年在上海东亚同文书院任农工系教授，在中国期间除教育学生外，同时研究中国酒类古文献和研究中国酒曲，供试用酒曲总数达207个，产地共14个省等，后来他的《关于中国产的曲》论文，刊于1929年10月的《上海自然科学研究所汇报》第1卷第1号。1994年10月，菅间诚之助送我一本《宇都宫高等农林学校的学术报告（第二号）》（1932年），其内容是相同的，因为山崎百治回日本后1933年在成宇都高等学校任教授。

1954年，山崎百治先生的藏书寄给中国科学院首任院长郭沫若。1993年中国科学院微生物研究所研究员带来一本《东亚发酵化学论考》给我参阅，他告诉我这是山崎百治赠给郭沫若的，现藏于中国科学院图书馆，该书是1937年编著的。这是一份非常珍贵的资料。由于当时经费的问题，我仅复印了第二编《中国化学发酵论考》，初步看了一下，深深感到一个外国人如此热衷于中国酒古文献的研究是可敬的。这也使我更加认识到中国酒文化在中国历史上的重要意义。同时，更痛恨日本对我国的侵略行为。

山崎百治从中国酒曲中分离出的 *Aspergillus* 属菌株全部托付给坂口谨一郎，经研究整理，1974年移交给了农林省粮食研究所，后因研究者不幸去世，残存的中国曲 *Aspergillus* 原菌株交给了东京大学微生物研究所饭塚教授，饭塚教授也在调任东京理工大学后去世，现在大部分菌株已下落不明。在我国1982年科学出版社《菌种目录》中由饭塚教授赠送我国的菌种不少，如AS3.758黑曲霉等都在我国酒精及白酒生产中得到广泛推广应用。

3. 日本发表的研究论文

日本发表的研究论文主要有：

①仲田侦三、西泽宽次。《酿造试验报告》，1910，第1辑：6-49，日文。

②酿造科。《高粱酒之调查报告》，1915，第1辑：487-592，日文。

③涩川矿藏。《大曲内淀粉酶之研究》，1915：111-136，日文。

④长西广辅。《大曲制造中微生物之发育状况》，1915，第2辑：55-60，日文。
⑤小次忠次郎。《高粱酒发酵醅中乳酸之增加及提取试验》，1915，第4辑：197-271，日文。
⑥长西广辅。《高粱酒发酵醅中微生物之调查报告》，1915，第2辑：121-135，日文。
⑦齐藤贤道。《高粱酒发酵学上之研究》，1921，第6辑：1-143，日文。
⑧《高粱酒酵母同化氨基酸试验》，1925，第1辑：401-424，日文。
⑨山本隆次《高粱酒曲子中氮素之分布状态》，1924，第9辑：275-290，日文。
⑩山崎百治，等。《中国产高粱酒用曲类研究》，《日本酿造学杂志》，1935，13卷各期。
⑪吉野荣吉。《高粱酒曲子中藻菌氮化合物代谢变化之研究》，1924，第9辑：291-304。
⑫六所文三。《中国的酒——日本酿造协会报告》，1939，第34卷：357。
⑬涩川矿藏、中西金二郎。《大曲制造法及制造中化学成分变化》，1915，第2辑2号：25-52。

（三）我国近代对酒曲微生物的研究

1. 黄海化学工业研究社

我国近代对中国酒曲微生物的研究出现在20世纪30年代初，黄海化学工业研究社是我国最早开展酒曲微生物研究与应用的科研单位，为我国培养了一批微生物研究人才并取得了重大的科研成果。如方心芳是我国工业微生物学的开拓者，为我国酿酒工业作出了重大贡献。

1922年8月，范旭东在天津塘沽创立黄海化学工业研究社，孙学悟（留美化学家）任社长。该社把调整研究我国传统的化学工业作为重要任务之一，发酵工业是其研究的一个重要内容，并成立发酵与菌学研究室，由魏岩寿主持工作。

我国工业微生物学的开拓者之一方心芳的科学生涯就是在黄海化学工业研究社开始的。1931年，我国著名农艺化学家、方心芳导师魏岩寿带着方心芳和金培松一同赴任黄海化学工业研究社工作。

在社长孙学悟的指导下，从改良高粱酒曲开始，选出了糖化力强的米曲霉和发酵力强的酵母菌制成了麸皮曲以生产白酒，1932年，在威海市建立酒厂（广海泉），还到唐山和山西汾酒厂考察，写出了关于我国制曲酿酒的第一批科学论文，具有重要的历史文献价值。例如，孙颖川、方心芳《汾酒用水及其发酵秕之分析》，《黄海化学工业研究社研究报告》（第八号），（1934）；方心芳、金培松《唐山高粱酒之酿造法》，《黄海化学工业研究社研究报告》（第三号），《高粱酒之研究》，1932：1-30；孙学悟、方心芳《改良高粱酒酿造之初步试验》，《黄海化学工业研究社研究报告》（第三号），1935：67-75；区嘉伟、方心芳于1935年对川芎、白术等11种草药对于酿造的影响的研究，《工业中心》，1935（4）：373-376；方心芳于1935年从各地酒曲、酒醅、葡萄、酱醅等中分离得40株酵母，试验其发酵力，其结果表明，我国曲内酵母菌的发酵速度大多比较缓慢，《工业中心》1935（4）：195-198；方心芳《高粱酒曲改造论》，《黄酒》，1951，12（4）；方心芳《汾酒酿造情况报告》，《黄海化学工业研究社研究报告》（第七号），1934：1-16。

方心芳在欧洲的两年多，他利用先进的科研手段，研究了多种酒曲中的微生物，发表了《酒曲内根霉两新种》《中国酒曲中几种酵母菌之研究》等论文。

方心芳在研究、保藏菌种方面也作出突出贡献。他在抗战的困难条件下保藏了黄海化学工业研究社的菌种，1952年人民政府接管"黄海"，方心芳领导的发酵研究室并入中国科学院菌种保藏委员会。1957年成立中国科学院北京微生物研究室，方心芳任副主任。1959年成立中国科学院微生物研究所，戴芳澜任所长，方心芳任副所长兼工业微生物研究室主任。1979年，方心芳任中国微生物菌种管理保藏委员会主任委员，1981年被选为中国科学院生物学部委员。

1939年，方心芳在范旭东的支持下，创办了《黄海发酵与菌学特辑》，这是我国第一个创办的发酵微生物学的学术期刊，1937—1951年坚持出版了12卷，12年中的72期刊物共刊载近300篇论文。这对学术交流和普及科学技术知识起到了很好作用。

2. 中央工业试验所

我国近代的研究酿造科学的机构还有民国实业部中央工业试验所的酿造工场，1931年发表的《实业部中央工业试验所酿造工场概况》曾系统描述该工场的状况：中央工业试验所于1930年10月1日筹办酿造研究室及酿造工场，1931年3月正式办公，在当时是中国最早拥有现代化仪器设备的研究场地，如显微镜、高压灭菌器、摇瓶培养器等。开展了对酒精、酱油及高粱酒的研究，并发表一些论文，还为一些大学培训了一批酿造专业的学生。

酿造学术研究机构——中国酿造学社，于1937年“七七事变”前筹备，当时联系了一批国内发酵界有名望的发酵专家为会员，并筹办了《酿造杂志》，第一期于1938年出版。民国时期，国内一些学校先后组建了一些学科，培养了大量的发酵专业人才。当时，在工业微生物学教学方面，全国只有北京工业专门学校设立应用化学科，酿造是课程之一。1930年，南京农学院、上海劳动大学农学院设立农产制造系，以酿造为主要课程。以后还有南京中央大学、上海交通大学、圣约翰大学、沪江大学、大夏大学等均设立发酵工业课程。

3. 我国老一辈酿酒专家对酿酒微生物的研究及文献

在20世纪30—40年代，我国科学家和科研人员主要著作及发表的论文集中反映了我国当时的科研进展和技术水平。如金培松、魏岩寿、方乘、陈駒声、秦含章、周恒刚、朱宝镛、檀旭辉、熊子书等为我国酿酒工业作出了重大贡献并留下了重要的科学文献，是研究我国近代酿酒微生物史的重要史料。

（1）主要著作

①金培松。《酿造工业》，正中书局，1936年第1版，1943年第6版。

②魏岩寿、何正礼。《高粱酒》，商务印书馆，1935年第1版，1951年第4版。

③方乘。《农产酿造》，中华书局，1940年第1版，1948年第3版。

④陈駒声。《发酵工业》，中华书局，1931年。

⑤陈駒声。《农产制造》，中华书局，1931年。

⑥陈駒声。《酒精》，中华书局，1932年。

⑦陈駒声。《酿造学总论》（上、下册）。商务印书馆，1941年。

⑧陈駒声。《酿造学分论》（上、下册）。商务印书馆，1941年。

⑨周清。《绍兴酒酿造研究》，上海新学会社，1928年。

⑩杜其垚，等，编译。《寄生物和微生物》，商务印书馆，1936年。

（2）主要论文

①金培松。《中国高粱酒之酿造法及改良途径》，《工业中心》，1934，3：222-223，249-256。

②余世圆、樊正廪。《改良高粱酒曲之初步研究》，《平大工院专刊》，1936：17-24。

③沈治平。《十种茅台酒曲中丝状菌之初步分离与试验》，《工业中心》，1939，8：1-8。

④汤腾泽、郭质良。《山东酒曲》，《科学》，1941，25：62-74。

⑤李祖铭。《四川泸州大曲酒用菌的分离与试验》，《黄海发酵与菌学特辑》，1947，9：28-31。

⑥李祖铭。《泸州大曲酒之调查》，《黄海发酵与菌学特辑》，1948，10：14-17。

⑦金培松。《华北酒曲中微生物之初步分离与观察》，《黄海化学工业研究社研究报告》，1933：31-36。

⑧金培松。《中国产数种红曲菌第一报、第二报》，《工业中心》，1937（6）：251-262。

⑨周无懿。《红曲制造之研究》，《工业中心》，1944（11）：1-2。

⑩肖永澜。《红曲菌的初步比较试验》，《黄海化学工业研究所》，1943—1944（5）：26-30。

⑪1932年，陈駒声从南京等地酒药中分离出15株酵母及数种曲霉，并进行形态和生理研究（见陈駒声1932年毕业论文），陈駒声（T. S. Chen）：*Microbiological Studies of Chinese Femen taton Products*（1932年毕业论文）；1934年，从湖南酒药中分离到1株发酵力强的酒精酵母，《工业中心》，1934，3（4）：130-134；从严州酒药分离到1株根霉，《工业中心》，1934（3）：64-67。

⑫汤腾泽、郭质良。《山东酒曲之研究（1~6）》，《山东大学化学系报告》，1934（3-4）：175-173。

⑬李绍白。《唐山高粱酒酿造法》，《平大工学院化学季刊》，1933（1）：41-48。

⑭1945—1946 年，赵学慧。研究四川嘉定附近的曲菌属。《黄海》，1945（7）：27-34。

⑮1946 年，李毅民从关中各地所得酒曲中分离出酵母 4 株，比较其发酵力，获得发酵力较强的酵母 7 株，可以应用于酒精制造。《化学》，1946（10）：37-42。

⑯1949 年，刘橡从福建长汀酒药中分离出糖化力极强的霉菌。《化学工程》，1949（16）：28-38。

⑰1944—1945 年，檀旭辉等研究包谷酒，找出能同时刺激糖化及酵母菌生长的药物有芽皂、独活、苏荷，云风等。《黄海》，1944—1945（6）：63-67。

[傅金泉《中国近代酿酒微生物研究史料》，《酿酒科技》2006（5）]

六、红曲是我国巧夺天工的发明

红曲，是一种微生物作用后的紫红大米，因其颜色红紫优美宛如朱丹，故亦名丹曲。由于工艺前后物料的品色断然不同，这种变化的奥秘和独特性，给人以神奇和巧妙的感觉，所以许多中外学者和爱好者都称它是一项中国人“巧夺天工”的发明。

我国利用微生物制曲的历史是极悠久的，仅从记叙殷商古事的“若作酒醴，尔惟曲蘖”分析，大约也有 3000 多年。在漫长的制曲技术不断发展的道路上，红曲是我国古代劳动人民首先培育出来的举世无双的科技新花。

据我国制曲的历史情况分析，红曲的发明应当是不会很晚的。陶谷在《清异录》中已有“红曲煮肉”之句，尽管“红曲”之名大约得到了五代时才出现，但是从北魏成书的《洛阳伽蓝记》著作中也有“红酒”的记载分析，红曲的发明年代，可能在 9 世纪时的唐代。

到了宋代，北宋诗人苏轼诗里有“剩与故人寻土物，腊糟红曲寄驼蹄”之句。在宋人的著作中还有“夜倾闽酒赤如丹”和“有兴欲倾红曲酒”两歌，可见宋人使用红曲酿酒已经相当普遍，不过谈到制作技术的都较少，只有北宗《北山酒经》里有在制曲时古人发现“伤热则心红”的现象。根据制红曲时的发酵温度要比一般制曲温度高的实践情况分析，那种“心红”的曲可能就是红曲。

据目前所知，在元代的古籍中有关红曲的使用记载是较多的，只是还没有发现制法文献，然而明代却很多。其中，明隆庆五年聚好堂刻本吴氏《墨娥小录》、李时珍《本草纲目》、邝璠《便民图篡》、刘清田《多能鄙事》、宋应星《天工开物》等著作，都是比较重要的参考资料和研究对象。

今摘抄《墨娥小录》部分内容如下：“造红曲方：无糠粞白粳米，水淘净浸过宿，翌且饮饭，用后项药乘热打拌，上坞或一周时或二周时，以热为度，测其热之得中则准自身肌肉，开坞推冷……薄摊三四次，若贪睡失误以至发热，则坏矣。”

李时珍《本草纲目》记载如下：“其法：白粳米一石五斗，水淘，浸一宿，作饭。分作十五处，入曲母三斤，搓揉令匀，并作一处，以帛密覆。热即去帚摊开，觉温急堆起，又密覆。次日日中又作三堆，过一时分作五堆，再一时合作一堆，又过一时分作十五堆，稍温又作一堆，如此数次。第三日，用大桶盛新汲水，以竹箩盛曲作五六分，蘸湿完又作一堆，如前法作一次。第四日，如前又蘸，若曲半沉半浮，再依前法作一次。又蘸，若曲尽浮则成矣。取出日干收之。其米过心者谓之生黄，入酒及酢醢中，鲜红可爱。未过心者不甚佳。入药以陈久者良。”

宋应星《天工开物》记载如下：“几造法用籼稻米……不拘早晚。春杵极其精细，水浸一七日……凡曲信必用绝佳红酒糟为料，每糟一斗，人马蓼自然汁三升，明矾水和化。每曲饭一石，入信二斤，乘饭热时，数人捷手拌匀……凡造此物，曲工的手与洗净盘，皆令极洁。一毫滓秽，则败乃事也。”

根据上面三方面的分析，我国古代劳动人民在明代，对红曲霉的生活特点是比较了解的，这可以用下面的例子说明。

温度控制：《墨娥小录》有这样一段话："测热之得中则准自身肌肉……若贪睡失误以至发热则坏"。在没有控制仪器的古代，这种用人体温作衡量标准来测定约40℃曲温的办法，确实是很科学的。但是仅用这种办法还不能确保曲温的恒定，所以作者指出贪睡容易造成烧曲的话是正确的。这种控制曲温的传统方法，至今仍然具有现实意义。

湿度控制：红曲霉同其他霉菌相比不怕湿度大的特点，是我国古代劳动人民首先发现的。李时珍《本草纲目》所说的"蘸湿完又作一堆……再依前法作一次。又蘸"，就是利用这个特点的实践。采用加大曲中湿度的办法不仅可以促进红曲霉的繁殖，而且还可以抑制杂霉菌的生长。但是湿度太大或太小也不好。太大时，分解产物中的糖类、氨基酸、有机酸或其他成分容易被红曲霉进一步分解成挥发性的醇类，损失太大。太小时，红曲霉不能将米粒内的成分分解，曲的质量差。所以我国古代劳动人民采用分段加水的办法来适应红曲霉的生长，这是一种创造性的发现和应用，在生物学上是很有意义的。

pH 控制：红曲霉同其他霉菌相比不怕酸度大的特点也是我国古代劳动人民首先发现的。宋应星《天工开物》有"明矾水和化"的记载，就是利用这个特点的实践。红曲霉在繁殖的初期很难与别的霉菌竞争，但是当 pH 达到约 3.5 时，它却能压倒一切霉菌旺盛生长。采用加入明矾水的办法就是使介质呈酸性，使不耐酸的霉菌死亡或受抑制。这种创造性的发现和应用，对于微生物研究工作者来说，具有一定的借鉴意义。

污染控制：宋应星《天工开物》说："凡曲信必用绝佳红酒糟为料"。他又说："曲工盥手与洗净盘簟。皆令极洁"。使用绝佳酒糟为接菌料，这是我国历代劳动人民创造出来的一条不断精选优良曲种的传统经验。至于"凡造此物……皆令极洁"一段，体现了作者对于制曲时必须认真消毒和严防杂菌污染的重要性，有着极深入的实践认识。在理论上，这种认识是很有道理的。

在显微镜下观察，红曲霉的菌丝顶端有一个或几个近似球形大子囊，囊内又有一些近似大子囊的小子囊，小囊里有数个分生孢子。由于红曲霉能产生红曲糖化酶、淀粉酶、红曲霉红素、红曲霉黄素、有机酸等物质，因此具有广泛的用途和除病益寿的作用，已经引起了国内外科学界的注意。

红曲对于治疗饮食停滞、痢疾、跌打损伤和妇女血亏等病症，有相当高的疗效，是消食化滞、活血消肿、健脾强胃的良药，是很好的食品着色剂和有益无害的防腐剂，是我国福建、台湾红色名酒酿造中的必用名曲，是传统名酒天津五加皮的重要原料，是制作红方腐乳不可缺少的主要组分之一。除此之外，还被广泛地应用于制醋、制药和食物烹调方面，是炖肉、红烧鱼、炒菜等常用的佐料。可见，红曲的发明对于世界人类事业来说，的确是一项重要的贡献。

［洪光住《红曲是我国巧夺天工的发明》，《食品酿造科学》1981（1）］

七、知味斋杂记（一）

（一）白酒

白酒从前称为烧酒，亦称老白干、烧刀子，而称烧酒为白酒，是中华人民共和国成立以后的事。古代所谓白酒，多是指黄酒中呈白色的一种。

东汉许慎《说文》（公元100年）："白酒曰醝，厚酒曰醑"。何剡《酒尔雅》："醥清酒也，醘浊酒也，西善苦酒也，醍红酒也，醽绿酒也，醝白酒也"。因此，梁武帝诗云："金杯盛白酒"，这个白酒可能不是现代的蒸馏酒，即醝，乃黄酒中之白者也。直至唐代窦革《酒谱》也说白酒为醝。贾思勰著《齐民要术》（530—550年）粱米酒法；"十日便好熟，押出酒色漂漂，与银光一体"。可能是黄酒中之清酒。宋朱翼中《北山酒经》（1117年）煮酒："自酒须泼得法，然后煮"。

从这些例子来看，古代所谓白酒多指黄酒中呈白色者而言，至于是属于清澈的呢？还是指呈乳白

状态的黄酒呢？尚难判断。像现在蒸馏的白酒，古人多以烧酒称之。然烧酒始于何时，现已有不少新的发现和见解，但仍不免还是疑云重重，据最近出土文物蒸馏器推论，最晚亦当始于宋代。

唐代白居易诗："荔枝新熟鸡冠色，烧酒初闻琥珀香"。雍陶诗："自到成都烧酒熟，不思身更入长安"。

仅以"烧酒"二字很难判断，是当黄酒成熟时，实酒满瓮，泥其上，火烧方熟，不然不中饮的呢？还是指用直火加热杀菌的"火迫酒"呢？还是临饮时，直火加温所谓烫酒呢？或是真正的蒸馏酒及其雏形呢？目前尚缺乏确实论证。

宋代关于蒸馏酒亦有记载。北宋田锡《曲本草》中记载暹罗酒，是用蒸馏酒又二次蒸馏，加入香料而成的陈酒。当地土著至今犹用此原始的方法制酒，它是烧酒无疑，可能是我国造的暹罗酒，但也不能排除作者记录了暹罗国的烧酒制法。

元代《饮膳正要》记载阿剌吉酒，不知是否属于现在南亚一带特别是巴基斯坦一带的蒸馏酒？

明代李时珍《本草纲目》（1580 年）："烧酒非古法也，自元时始创。其法用浓酒和糟入甑、蒸令气上，用器承取滴露。凡酸坏之酒，皆可蒸烧……以甑蒸取，其清如水，味极浓烈，盖酒露也"。李时珍治学严谨，由于受时代眼界所限，对于烧酒出现的时代估计得不甚准确，但他对操作描述详细，是描写蒸馏最早的记录。特别是提出当时烧酒是为了处理酸败黄酒而发展起来的，烧酒是在黄酒基础上发展而来的说法比较合理，也应该说是从液态法蒸馏开始的。但是固态发酵和蒸馏始于何时尚无从查考。

"以巷烧酒醉人者为小人"（明代袁宏道《殇政》），看来他是地道的黄酒派，他对烧酒工人或者是用烧酒请客的人都无好评。谢肇淛著《五杂俎·物部论酒》："京师之烧刀，与棣之纯棉也，然其性凶替，不啻无刃之斧"。看来烧酒在很早以前已成为劳动人民御寒之物了。

邢润川、唐云明在《光明日报》上发表《从考古发现看我国古代酿酒技术》，通过实物，对我国酿酒技术史进行了精辟的阐述。举 1975 年出土的金代铜烧酒锅，最迟不过于 1161 年，从摄影、叙述和试验效果来看，该蒸馏器在南宋时期已达到相当完臻的地步。可以推论，从开始到如此成熟阶段，是需要一些岁月的。因此，蒸馏白酒最迟也是由宋代开始是无可争辩的，这比从前认为由元始又向前推进了若干年。今后科学不断发展，出土文物不断涌现，将会有更新更有说服力的发现。

（二）制曲

《尚书》记载："若作酒醴，尔惟曲蘖"，用粮谷原料酿酒，当然要首先解决糖化曲及培养部分酵母菌。周代王室礼服有"曲衣"，"曲衣黄桑服也，色如曲尘"。说明那时制曲，黄曲霉已占很大比重，但也不排除是由于许多菌丝因老化变黄和许多微生物共同作用而产生的黄色素。不管怎样，至今在华北地区实际生产过程中，黄心曲仍然是好曲的标志。制曲技术不断发展，到魏时已达到相当成熟的地步。

后魏高阳太守贾思勰著《齐民要述》对于制曲有精辟的论述和总结。其中，包括三斛麦曲法、神曲法、秦州春曲法、白醪曲法、河东神曲法和卧曲法，对于原料配方、制曲工艺、曲饼规格、卫生及保温措施、成品外观鉴定以及保存方法都详述井然。如能除其迷信糟粕，以现代科学进行阐述与讲解则价值将更大，时至今日仍有极大的实用价值，的确是一部不朽的著作。

《北山酒经》关于踩大曲部分所述："拌时须乾湿得所，不可贪水，握得聚，扑得散，是其诀也"。指出了拌料控制水分是制曲的关键，所述方法直到今日也是踩曲合料看水分大小的行之有效的检验方法。"方入模子用布包裹实踏""直须实踏，若虚则不中造曲，水分多则糖心，水脉不匀则心内青黑色，伤热则心红，伤冷则发不透而体重。惟是体轻，心内黄白或上面有花衣乃是好曲"。这些叙述抓准了制曲要领，踩曲踏实的重要性、水大及水不足的危害性、控制温度不适宜的后果以及成曲的外观鉴定方法都说明对于培养野生微生物，有着极其深刻的心得体会。

"曲有新陈，陈曲力紧（大），每斗用十两；新曲十二两或十三两""隔年陈曲有力""用曲四时不同，寒即多用，温即减之""腊脚须用曲重"。大曲的陈曲比新曲效果好（因细菌失掉了发芽能力，

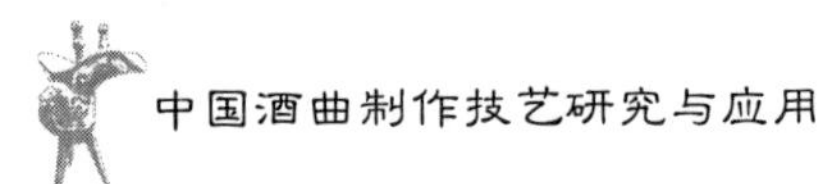

变成了较纯的粗制酶制剂），在冬季适当加曲，夏季可少用曲，现在已是常识；但也有不少酒厂并不懂得陈曲的重要性，出曲即下窖，造成极大的危害，也有到了夏季不肯减曲的。

“曲须极乾，若湿则恶矣”。这指出了存曲的重要性。有的酒厂对辛辛苦苦做出的好曲，由于保管不善而造成惨重损失，也是屡见不鲜的。曲子着湿反潮，复侵入了大量有害微生物，给生产带来极大的灾难，不管是黄酒或白酒势必造成质量低劣，出酒率大为下降的局面。

宋应星《天工开物》（1637 年）：“疵药数丸，动辄败人石米，故市曲之家，必信著名闻”。几粒次品的小药曲，如果质量低劣，经常败坏了人家的石米，所以供应小曲单位，必须是守信用的品牌。

“凡齐燕黄酒曲药，多以淮郡造成，载于舟车北市。南方酒酿出或成红色者，用曲与淮郡所造相同，统名大曲”。看来大曲这个名称由来已久，江淮地区是当时的制曲中心，应有一番盛况。“淮郡市打成砖片，而南方则用饼团”。在明代北方用似砖片状的大曲，南方则用酒饼，以适应地方气温条件，这也是有悠久历史的。但从这个侧面也不难看出，我国劳动人民在利用野生菌方面显示了他们的聪明才智，创立了光辉灿烂的我国古代科学文化。

（三）酒母

蒸馒头要留面肥，即留下发面的酵母种。苏轼《酒经》：“取面起肥”，即留下酿酒的酵母菌种。平时习惯称酵母种曰“肥”，确是渊源有自。王安石诗云：“剩留官室贮酒母”。说文：“酴，酒母也”。《北山酒经》：“酴米酒母也，今人谓之脚饭”。可见很早已有酒母这个名称了。

宋代朱翼中《北山酒经》（1117 年）对于酵母发酵的应用，作了精辟的总结。“北人造酒不用酵，然冬月天寒，酒难得发，多攧了”。说明用酵的重要性，如不用酵，在寒冷季节里酒发不起来而失败。“要取醅面，正发酵为醅最妙”指出在发酵正处于旺盛期的酒醅作为接种的酵母为最好。“酒人谓之传醅，免用酵也”。用传醅这个方法，在中华人民共和国成立前，在尚未采用人工纯种培养酵母时，白酒工人常采取固态酒醅发酵 1~2 天的酒醅接入下一窖酒醅中，也是一种传醅方法，工人称作“勾脚”，与黄酒古代传醅的方法同出一辙。

“……发醅，撇取面上米掺，控干，用曲米拌令湿匀，透风阴干，谓之干酵”。此乃是酵母有效干燥保存方法。“用酵四时不同，须是体衬天气，天寒用汤发，天热用水发，不在用酵多少也”。注意季节，掌握气温，即控制始发温度。培养酒母天冷用热水，天热用冷水使它发起来（培养）。酵母是在适宜条件下不断繁殖，所以不在用量多少，真是明鉴！“酒入冬月用酵紧，用曲少，夏日用曲多，用酵缓”。尽管是酿制黄酒，现在白酒生产实践证明，这也是白酒生产安全度夏的有效措施之一。在将近千年前的古人，已经抓住了按不同季节控制酒母用量这个关键环节，确实使人敬佩。

《天工开物》对酒母接种也有精辟的阐述：“必用已成曲酒糟（醅）为媒合，此糟不知相承起自何代，犹之烧矾之必用旧矾渣云”。接入酒醅作酵母种使之繁殖发酵，如烧矾加入晶种矾渣真是巧喻！

当然古代酿酒是充分有效地利用天然的野生微生物，受当代知识所限，也只能是操作上的经验总结，关于发酵的科学研究，如对酵母菌的研究，只能在 1590 年荷兰汉斯发明用凸凹镜重视，后来逐步完善为显微镜以后，特别是微生物学家法国巴斯德将这门学科集为大成后，得到长足发展。

（四）“将军盔”之我见

众所周知，我国方块字是从象形文字演变而来的。甲骨文上的酒字类型很多，估计一方面是从酿酒器物而来的，如有的酒字同酒坛子形状相似，但大部分是来自饮酒器物，有许多酒字与出土的酒杯很接近。但它与白酒的关系不大，很难以置信，在殷商时期就已经有蒸馏术了。

《光明日报》登载《从考古发现我国古代酿酒技术》，以大量出土实物，作出了科学的论断。尤其是由河北藁城出土的“将军盔”的形状，与甲骨文中的“□”“□”即酒（与“酉”字相似），使我产生了极大的兴趣。我认为这个“将军盔”是酿酒的重要工具。这个酒字上面的两个“犄角”是提手，便于搬运，腹部大便于盛酒。妙就妙在底部是尖形，尖形放不稳，古代人也会知道此事，那么又

为什么呈尖形呢？试看现代的化学工厂，凡是静置沉淀的设备都是尖形底的，推论用现代的名词，“将军盔”应该称做加热杀菌沉淀器。黄酒酿成之后，加热杀菌可以延长保存期，加热后，高分子物质如蛋白质、淀粉、糊精等物凝集成絮状发生沉淀而沉集于器底，这样就能使酒澄清，或为过滤创造条件。器底越尖其效果越好，便于除渣。古代当然没有锅炉和二重锅加热，可能是将“将军盔”放置在架子上，用直火加热杀菌。在文献中指出：“将军盔”的外表和底部有烟熏痕迹。更加有助于这种推断。

《石门酒器五铭》中有云（烧器铭）：“厚其耳，广其腹，厚故胜，广故蓄，绵薄任重”。似乎与“将军盔”有关。石门即今之石家庄，距藁城仅20km。

（五）酿酒家苏轼

宋代大文豪苏轼（东坡）才智过人，诗词歌赋、琴棋书画无一不精，任择其一皆为当代之雄，但却很少知道他是位酿酒专家。他著有《酒经》，文字不多却精练地总结了用糯米为原料，制南方黄酒的操作法。制作药曲，取曲起肥作酒母，关于曲子保存及鉴定方法皆有详述。对酿酒工艺论述甚详，并有独特见解。并著有《浊醒有妙理赋》《酒子赋》《中山松醪赋》《洞庭春色赋》等，皆以赋的形式阐明酿酒方法。用苏轼自己的话说：“予无病而多蓄药，不饮而多酿酒，劳己以为人”（书东皋子传后）。苏门家学渊博，连他的弟弟苏辙的《家酿》《酿重阳酒》诗中，也可以看出酿酒内行，并都深得酿酒三昧！苏轼：“以舌为权衡也”，看来他对评酒还有些门道呢！

苏轼的前辈大文学家欧阳修作《醉翁亭记》，其中有句云：“泉洌而酒甘”。后45年，苏轼大书重刻，遂改为“泉甘而酒洌”，深受后世文人的赞赏，因其后句胜前句。如从酿酒工作者的角度出发，就应该更加赞赏了。泉甘说明水中必含有微量的无机盐，这些微量无机盐对酶的活化及酶活力的保护都有重要作用；并对酵母菌的生育、繁殖和发酵都有好处。因此，只有用甜甜的泉水，才能制出清澈爽朗的好酒，不精于斯道者焉能道出！

（六）名酒以春

《国史补》记载：“酒有郢之富春；乌程之箬下春；荥阳之土窟春；富平之石冻春；剑南之烧春”。子美诗云：“闻道云安曲米春，才倾一盏便熏人”。《韩退之传》：“百年未满不得死，且可勤买抛青春”。“乃知唐人名酒多以春，则抛青春亦必酒名也”。《东坡志林》：“杭州俗酿酒，趁梨花时熟，号梨花春”。此外还有许多，如“瓮中百斛金陵春”（李白句），“秀山泻榼中山春”（陆游句），“吴酿木兰春”（司马光句），“闻说崇安市，家家曲米春”（朱熹句）。此外尚有瓮头春、此日春、雅成春、万里春、霹雳春、玉露春、玉壶春等，说明唐宋间名酒以春命名的确实不少。

［周恒刚《知味斋杂记（一）》，《黑龙江发酵》1981（4）］

第三节　酒曲的研究与发展现状

一、我国酒曲的分类及其应用

我国酿酒有悠久的历史，据考证可追溯到距今4000年的龙山文化时期。从天然曲糵发展到人工曲酿酒不晚于商代，至今也有3000年的历史了。用曲酿酒是我国独创的，具有独特的民族特色。

我国古代制曲技术蕴含着高深的科学原理和技术，如米麦固体曲、自然培养多种微生物、曲种传代和保藏技术等以及保留下来的宝贵的曲种（红曲、小曲），它都深刻地影响着我国现代酒曲技术的发展。认真整理、总结祖国传统制曲技术并与现代科学技术结合起来，对实现酿酒工业现代化将具有重要的现实意义。

酒曲是酿酒发酵的动力。我国劳动人民在长期的生产实践中，培育了许多不同用途的酒曲，酿制出了遐迩中外，品种繁多的各色酒类。曲子的质量直接关系到酒的质量和产量，因此酒曲的科研和生产一直为人们所重视。特别是中华人民共和国成立后，制曲技术的改进促进了酿酒工业的发展，根据我国酿酒工业目前的实际情况，酒曲可分为五大类，现将分类和应用详细情况分述如下。

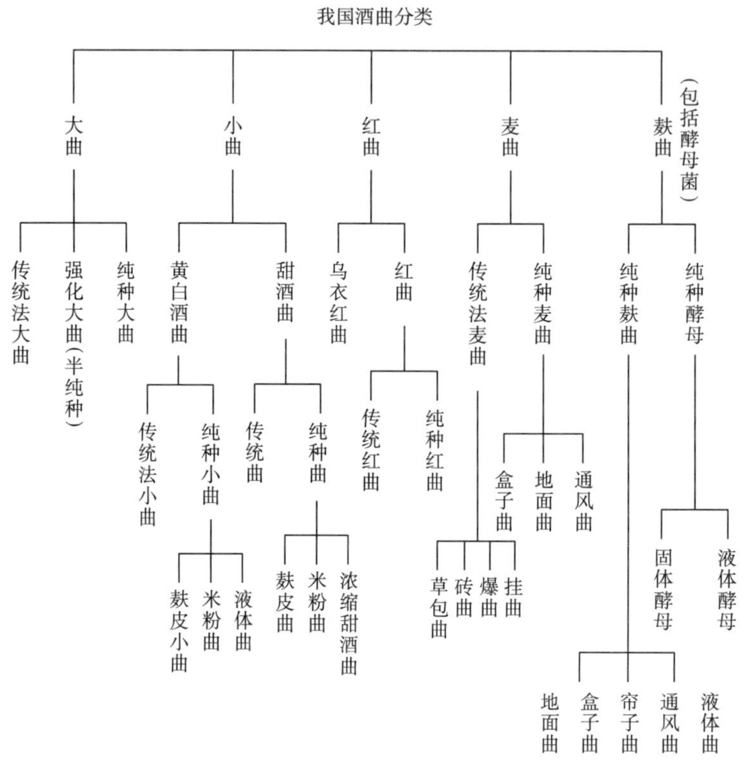

（一）大曲

大曲是以大小麦为原料，经粉碎加水压成砖块状的曲坯，人工控制在一定的温度下培育而成。大曲中主要微生物以霉菌占大多数，酵母和细菌比较少。霉菌中以根霉、毛霉、念珠霉为主。细菌有乳酸菌、醋酸菌、芽孢杆菌等。由于地理环境和工艺条件等的不同，因此曲中的微生物种类和数量都有差异，生产出的酒也表现出不同的风格。这些微生物主要来自原料，其次是水、空气和工具等。故大曲是一种多菌种的混合曲。

由于大曲中含有多种微生物，所以在酿酒发酵过程中产生种类繁多的代谢产物，使酒中含有不同的芳香成分并形成不同的香型。目前，我国名酒、优质白酒和地方名酒大都用传统法大曲酿造的。例如，茅台酒有清亮透明、特殊芳香、醇和浓郁、回味绵长的特点，是酱香型的代表。酱香是茅台酒的主体香，初步认为其主体芳香成分是由高沸点的酸性物质和低沸点的酯类组成的复合香气，但对极其复杂的组分还未全部确认。汾酒有无色透明、清香、绵柔、回甜、饮后余香、回味悠长等特点，是清香型酒的代表。据分析，汾酒以乙酸乙酯和乳酸乙酯为主体香，并含有多元醇、醋醯、双乙酰等芳香成分。陕西的西凤酒也是以清香型为主的。泸州大曲酒有浓香、醇和、味甜、回味长四大特色，是浓香型酒的代表。它的主体香物质认为是己酸乙酯、丁酸乙酯等芳香成分。这类型的酒在名酒中数量较多，所占比例最大，如五粮液、全兴大曲、古井贡酒等。因此，近几年来各地在创制名酒上都向浓香

型白酒的方向发展。关于大曲白酒主体香的问题，还有待更深入的研究，特别是对酒的全面系统的分析，距要求还有较大的差距。

制曲的温度和酒的香味有关，一般认为高温制曲是提高大曲酒浓香的一项重要技术措施。如茅台曲 60~65℃、五液曲 58~60℃、龙滨大曲 60~63℃、全兴大曲 60℃、泸州大曲 55~60℃、长沙大曲 62~64℃，均控制在比较高的培养温度，以达到酒质浓香的目的。

大曲酒生产由于用曲量高，发酵周期长、耗粮多、出酒率低、劳动强度大、机械化水平低等原因，而影响了大曲酒的生产。据估计，大曲酒产量占全国白酒产量的1%左右，远远不能满足国内外市场的需要。为了发展大曲酒的生产，各地都侧重对大曲的研究，如在强化大曲、纯种大曲以及制曲机械化等方面都取得了较好的效果，但是对大曲和大曲酒的研究结果还不能满足生产的需要，还存在很多问题等待进一步解决。

（二）小曲

小曲（也称作酒药、白药、酒饼等）是用米粉（米糠）为原料，添加少量中草药或辣蓼草，接种曲母，人工控制培养温度制成。因为颗粒比大曲小，故称作小曲。小曲是黄酒和白酒的糖化发酵剂，经分离研究其所含微生物种类，主要有根霉、毛霉和酵母等；而根霉的糖化能力很强，并具有酒化酶的活性，有边糖化边发酵的特性。小曲是我国劳动人民在千百年的生产实践中选育的结果，是中国酒曲的一个典型代表。汉末曹操提到的“九酝酒”就是用小曲酿造的黄酒。

我国小曲和小曲酒的生产主要分布于江南各省区，如江苏、浙江、江西、广东、广西、四川、贵州等。按用途可分为黄酒小曲（绍兴酒药、宁波白药）、白酒小曲（四川邛崃米曲、广东酒饼）和甜酒曲（安徽歙县甜酒药），这些小曲品种都很著名，并各有特色。

用中药制曲是小曲的特色。据考证我国早在晋代就开始应用中药制曲了。据科学工作者的研究，酒曲中的大部分中草药有促进酿酒微生物繁殖生长以及增加白酒香味的作用。但有少数种类如黄连、黄柏等也是有害的。小曲制造采用少数的中药是有道理的，可是有的酒药配方使用中药达七八十种之多，有的还加蜈蚣之类，搞得神乎其神，也是必须改革的。四川无药糠曲的试验成功，打破了“无药不成曲”的神秘观点。现在，有的酒药配方在用药种类上已大大减少了。

传统的小曲制作方法代代相传，经过了长期人工的筛选，保存了我国小曲的优良品种，如四川邛崃米曲、浙江绍兴酒药、安徽甜酒曲等，为现代小曲纯粹培养提供了分离优良菌种的材料。中国科学院微生物研究所对全国小曲进行了分离研究，选出了优良的根霉菌株，为我小曲改革提供了菌种。几十年来我国小曲制作逐步地从传统方法向纯种化方向发展，如厦门白曲、贵州小曲、浙江湖州黄酒曲药、苏州甜酒曲、上海浓缩甜酒曲以及广东最近研究的小曲液体曲等，都是纯种培养，其中有的已向机械化方向发展了。

用小曲酿造白酒，其酒有米香型的独特风格。据研究，它的主体香成分是乳酸乙酯、乙酸己酯，并且含量较高，从而决定了小曲酒的风味。如桂林三花酒、广西湘山酒、广东长乐烧都是有代表性的小曲白酒，是我国优质白酒。用小曲酿造黄酒，是利用小曲中含有酶活力较强的糖化型淀粉酶和酒化酶的特性，因此在黄酒酿造过程中自始至终进行着边糖化边发酵的作用，最终可使酒醅中酒精的含量达到 16%~19%。如浙江的绍兴酒就是用小曲酿制淋饭酒的；福建的沉缸酒、九江封缸酒等甜型黄酒也都用小曲发酵酿造的，其葡萄糖含量可达 20%以上。

甜酒曲主要含有糖化能力较强的根霉菌，另外还有极少的酵母菌，所以在甜酒酿造中葡萄糖含量可高达 35%以上，而酒精在 1%~2%。这样酿制的甜酒酿不但有较高含量的葡萄糖（1430mL 甜酒酿相当于 500g 纯粹葡萄糖），而且含有一定数量的有益酶类，有助人体的消化吸收，因此甜酒酿是一营养丰富、价廉物美的饮料。特别在夏季江南用甜酒酿和鸡蛋作为补品食用，是值得推广的。

（三）红曲（包括乌衣红曲）

红曲是我国黄酒酿造特殊曲种之一。它是以大米为原料，经接曲母培养而成。据分离研究，曲中主要有红曲霉和酵母菌等微生物，故红曲既有糖化能力又有酒化能力。由于经过许多世代的人工选择和培育，从而使红曲曲种达到了现代相当纯的程度，这说明我国古代红曲生产技术具有较高的科学水平，这对现代菌种保藏也有重要的参考价值。

红曲主要应用于黄酒酿造。用红曲酿成的酒称作红曲酒，它具有色泽鲜艳、酒味醇厚等特点，是我国黄酒的种类之一，主产地分布于我国福建、台湾、浙江等地，如福建的沉缸酒、老酒和金华的寿生酒都是用红曲酿造的名酒。其次，在腐乳、中药、食用色素等方面也有应用。红曲中有红曲霉红素（$C_{28}H_{24}O_5$）和红曲霉黄素（$C_{17}H_{24}O_4$），现在国内外都很重视从红曲中提取这些红色素的研究和应用，并取得一定进展。据研究，红曲还有一定抗菌防腐的作用，也应引起重视。

由于红曲培养技术比较复杂，加上研究工作做得少，因此红曲生产技术至今在大部分工厂仍停留在传统方法的水平上，依然存在繁重的体力劳动和质量不稳定的问题，所以改革红曲生产是当前工厂一项迫切需要完成的任务。1964 年，中国科学院微生物研究所对我国红曲进行了研究，分离出 11 株红曲霉菌，其中有酒曲用菌，也有生产色素用菌，为工厂改进红曲质量提供了优良菌种，促进了红曲生产的纯种化。近几年来，福建、浙江等地对红曲纯种培养的研究也取得了一定的成果，如福建南平微生物实验站的纯种红曲生产试验等。但是红曲的固体生产方法仍然存在占地面积大和手工操作繁重的问题，因此如何把固体曲改为液体曲是值得今后研究的问题。

乌衣红曲是红曲霉、黑曲霉和酵母共生在一起的曲子，它比红曲有更强的糖化力和发酵力，出酒率也较高。它主要应用于黄酒生产，特别是籼米黄酒的生产。使用乌衣红曲的地区主要在福建建瓯一带，以及浙江的温州、丽水、金华三地，乌衣红曲酒具有一定的地方特色。

乌衣红曲与红曲不同之处是有黑曲霉，曲种的纯度不及红曲，故酒的风味不及红曲酒。因此如何改革乌衣（即黑曲霉）的作用，是提高乌衣红曲酒质量的措施之一。目前，正在应用 UV-11 糖化菌对乌衣红曲酒进行改革，这是值得探索的。

（四）麦曲

这是我国古代应用最早的曲种之一。它是以小麦为原料，轧碎加水成型，经培养而成，是一种多种微生物共生在一起的曲。曲中主要有米曲霉、根霉、毛霉以及少量酵母菌和细菌。麦曲主要是糖化作用和产香作用，是黄酒工业的糖化发酵剂，如我国著名的绍兴酒就是用麦曲酿造的，它具有特殊的曲香、酒味醇厚的特点。麦曲酒在全国黄酒产量中占 80%以上，产地分布于浙江、江苏、江西、上海等地，其他各地也有少量生产。目前，绍兴酒的麦曲操作仍沿用传统操作法，因为纯种曲酒的香味不及传统法麦曲酒好，这就需要认真摸索和掌握传统法的操作特点和关键，特别是要对曲中微生物种群进行深入的研究。随着黄酒工业机械化的发展，麦曲生产向纯种化方向改进，并取得了一定的经验，如纯种麦曲和纯种酵母的生产便于科学的操作管理，保证了产品质量的稳定。但是，目前黄酒工业应用菌种的工作，还值得总结提高，如在优良菌种的分离（特别是产酒率高、香味好的菌种）、保藏以及防止退化等方面，都值得深入研究。

自古以来，都用麦类制曲，这是很有科学道理的，因为麦类不仅含有曲霉、根霉生长所必需的营养成分，而且还含有生成酒中芳香成分的物质。因此，在提高麦曲糖化力降低用曲量时，也应保持一定的用曲量，否则酒精度达到了标准，而酒的香味不足，影响黄酒质量。

（五）麸曲

麸曲是采用纯种的霉菌为菌种，以麸皮为原料经人工控制温度培养而成。它主要是起糖化作用。麸曲与酵母菌（酒化作用）混合进行酒精发酵生产的白酒，称麸曲法白酒。

用麸曲法代替大曲法和小曲法生产白酒，这是中华人民共和国成立后推广开来的一种新的生产方法。目前，麸曲法白酒生产是我国白酒生产主要操作方法之一，产量占白酒总产量的 70%以上。其主要优点是糖化和发酵力强，淀粉利用率高达 80%以上，在节约粮食方面有显著的效果；二是生产周期

短；三是便于实现机械化；四是适宜多种淀粉原料生产，特别是对野生淀粉原料的利用。因此，推广麸曲法是白酒工业一次重要的技术改革。从固态法白酒生产（即烟台酿制白酒操作法）发展到液态法白酒生产，使白酒工业逐步地向现代化方向发展，在酿造工业中起到示范作用。

当前麸曲法白酒的主要问题是香味不足，近几年来各地科研和生产厂正在研究提高麸曲白酒质量，如串香、调香、固液态结合、多种微生物发酵、己酸菌发酵等都取得显著效果，麸曲白酒质量正在不断提高。

中国科学院微生物所、轻工业部食品发酵所、上海工微所等科研单位为工厂选育了许多优良菌种，这对提高质量和出酒率都有显著经济效果，深受工厂欢迎。特别是近几年中国科学院的UV-11黑曲霉在全国推广后，取得极其可喜的结果，成为酿酒工业三项重大的增产节约措施。现在UV-11黑曲霉在大曲酒和黄酒生产中进行研究和应用也取得一定成果。

［傅金泉《我国酒曲的分类及其应用》，《中国酿造》1983，2（2）：7-10］

二、大曲生产工艺

（一）大曲的特点

我国以大曲作为酿制大曲酒用的糖化发酵剂已有千百年历史，各种名优白酒都是用大曲制造的，并形成了我国特有的酿酒传统技艺，在世界上独创一格。

大曲是用小麦、大麦和豌豆等粮食为原料，经过粉碎、加水、压制成各种不同大小的砖块状曲胚，在曲室经过保温、保湿进行培菌；在制造过程中，依靠自然界带入的微生物，再经过风干、贮藏，即为成品大曲。每块大曲的重量为2~3kg。一般要求存放3个月以上，才算陈曲，予以使用。

大曲中含有丰富的微生物，如根酶、曲霉、毛霉、酵母菌、乳酸菌、醋酸菌、芽孢杆菌等，提供了酿酒所需要的多种微生物混合体系，特别是大曲中还有霉菌，是世界上最早把霉菌应用于酿酒的实例。直到1892年，法国人从中国酒药中分离出根霉后，欧洲才开始在酒精发酵中应用。

微生物在曲块上生长、繁殖时产生多种酶类，使大曲具有液化力及蛋白质分解力等，故大曲也可被认为是提供酿制白酒用粗酶制剂。大曲中含有多种酵母菌，具有发酵力、产酯力。在制曲过程中，微生物分解原料所形成的代谢产物和氨基酸、阿魏酸等，这些物质是形成大曲酒特有香味的前驱物质（前体物质），而氨基酸也提供酿酒微生物所需要的氮源。因此，大曲不仅是一种糖化发酵剂，而且对成品酒的香型、风格也起着重要的作用。因此，流传着一种说法："水是酒的血，曲是酒的骨。"意思是说没有好曲就酿造不出好酒。

大曲的糖化力、发酵力均比纯种培养的麸曲或曲母低，粮食耗用也多。在大曲制造过程中主要利用自然野生菌，因此生产受到一定季节的限制，而管理方法目前还依赖于经验，劳动生产率低，质量也不能稳定。中华人民共和国成立后经过推广麸曲，全国除名酒和优质酒外，已将一部分大曲酒改为麸曲白酒。辽宁锦州的凌川白酒和山西祁县的六曲香酒，均是根据大曲中含有多种微生物菌群的原理，采用多菌种纯种培养后混合使用，出酒率较高，具有大曲酒的风味。但由于大曲中含有多种微生物菌群，从而在制曲及酿酒过程中形成的代谢产物种类繁多，使大曲酒具有丰富多彩的香气与醇和回甜的口味，各种大曲酒均独具香型或风格。目前用其他方法酿造，尚不能达到这样的水平。另外，大曲也便于保存及运输，所以，各种名优白酒仍沿用大曲进行生产。

为了发展大曲酒的生产，提高产品质量和产量，开展科学实验，进行大曲所含微生物菌系的分离，生化性能的测定，研究曲香与酒香间的辩证关系等问题，使大曲酒的酿制，从经验走向科学，这将是一个必然的趋势。另外，制曲过程的进一步机械化、自动化生产等问题，也是需要特别研究的课题。

在保证各白酒独特风格的前提下，如何提高大曲的糖化发酵力，以达到提高出酒率、节约粮食，是一项艰巨的任务。

（二）大曲的制法

1. 工艺流程

曲母①
↓
原料→配料→粉碎→拌曲料→踩曲→曲块→培养→成品曲→出房→贮藏

2. 操作方法

（1）制曲配料和原料的粉碎　大曲原料，要求含有丰富的碳水化合物（主要是淀粉）、蛋白质以及适量的无机盐等，能够供给酿酒有益微生物生长所需要的营养成分。因为微生物对于培养基（营养物质）具有选择性，如果培养基是以淀粉为主，则曲里生长繁殖的微生物必然是对淀粉分解能力强的菌种；若以富于蛋白质的黄豆作培养基，必然是对蛋白质分解能力强的微生物占优势。酿制白酒用的大曲是以淀粉质原料为主的培养基，适于糖化菌的生长，故大曲也是一种微生物选择培养基。大曲原料采用麦类为主（小麦、大麦等），也有配加豌豆、小豆的。

完全用小麦做的曲，品质较好，因为小麦含丰富的面筋质（醇溶谷蛋白与谷蛋白），黏着力强，营养丰富，最适于霉菌生长。茅台大曲和宜宾大曲为小麦曲；泸州大曲、全兴大曲基本为小麦曲，外加3%~5%的高粱粉。其他的麦类（大麦、荞麦）因缺乏黏性，表皮多，制成的曲块过于疏松，制曲过程中水分容易蒸发，热量也不易保持，而且蛋白质含量少，不利于微生物的生长。所以在用大麦或其他杂麦为原料时，往往要添加20%~40%豆类，以增加黏着力，并增加营养。如古井酒所用亳县大曲为小麦、大麦、豌豆曲，曲料配比为7：2：1；但配料中如豆类用量过多，黏性太强，空气不易流通，当温度上升后，热量不易发散，容易引起高温细菌的繁殖，而导致制曲失败。

大曲原料的主要化学组成见表1-8。

表1-8　大曲原料的主要化学组成　单位：%

原料	水分	粗淀粉	粗蛋白质	粗脂肪	粗纤维	灰分
大麦	11.5~12	61~62.5	11.2~12.5	1.89~2.8	7.2~7.9	3.44~4.22
小麦	12.8	61~65	7.2~9.8	2.5~2.9	1.2~1.6	1.66~2.9
豌豆	10~12	45.15~51.5	25.5~27.5	3.9~4.0	1.3~1.6	3.0~3.1

制大曲的粮食原料，要求颗拉饱满均匀、无虫蛀、无杂质、无异常气味、无农药污染，并保持干燥状态。

原料的除杂，可采用一般粮食加工所采用的风动除杂和振动除杂设备。原料的粉碎，都采用附有筛的辊式粉碎机或钢板磨。应控制适当的粉碎度，如粉碎过粗，制成的曲坯黏性小，空隙大，水分易蒸发，热量散失快，使曲坯过早干涸和裂口，影响微生物的繁殖；过细，则粉太多，制成的曲坯过于黏稠，水分、热量均不易散失，微生物繁殖时通气不好，培养后容易引起酸败及发生烧曲现象。因此，对原料的粉碎度应正确控制与掌握。不同种类大曲对原料的粉碎度均有不同要求。现将泸州大曲对小麦粉碎度的要求，介绍于后（表1-9）。

① 茅台大曲、泸州大曲生产时，加3%~5%曲母。

表 1-9　　泸州大曲小麦粉碎度　　单位：%

筛目	占小麦重量
未通过筛目	
20 目	77.71
40 目	6.72
60 目	2.79
80 目	2.49
100 目	4.93
通过筛目	
120 目	3.61

对采用纯小麦制曲，在粉碎前应进行润料操作。要求把小麦粉碎成烂皮的梅花瓣，即表面麦皮成片状，而麦心全碎烂。对采用大麦、小麦和豌豆等原料混合制曲时，应按配料比例，将各种原料混合均匀后，再进行粉碎。

（2）和曲、加水搅拌　原料粉碎后，经过和曲，加水搅拌操作，然后进行曲坯压制。原料加水量和制曲工艺有很大关系。因为各类微生物对水分的要求是不相同的。所以在制大曲工艺上控制曲料水分是一个关键。各酒厂加水量是根据原料含水量、季节气温及曲室设备而有所增减。如加水量过多，曲坯容易被压制过紧，不利于有益微生物向曲坯内部生长，而表面则容易生长毛霉、黑曲霉等。另外，曲坯升温快，易引起酸败细菌的大量繁殖，使原料受损失，并会降低成品曲的质量，当加水量过少时，曲坯不易黏合，造成散落过多，增加碎曲数量；并且曲坯会干得过快，致使有益微生物没有充分繁殖的机会，亦将会影响成品曲的质量。

一般纯小麦制曲加水量在 37%～40%，对于小麦、大麦和豌豆混合制曲，加水量可以控制在 40%～45%（加水量指对原料重量百分比）。原料加水时，还应考虑水温，因水温可调节曲料温度。一般冬季用 30～35℃的温水，夏季用 14～16℃的凉水。

（3）踩曲（压曲）　踩曲的目的是将粉碎后的曲料压制成砖块形（便于堆积、运输、保存）的固体基，使其在合适的环境中，充分生长繁殖酿酒所需要的各种微生物（野生菌）。

大曲生产的传统操作是用人工踩制，踩曲劳动强度大，所制曲坯往往前紧后松，质量不好。如汾酒大曲过去每批投原料 8000～10000kg，需 30～50 人踩一天方能完成。目前许多酒厂都已制成了踩曲机（压曲机），大大节约了劳动力并减轻了劳动强度。如汾酒厂改用机器制曲后，可节约劳动力 75%，提高工效一倍，并有利于大曲质量的提高。压制完毕后的曲坯要求四角整齐，厚薄均匀，重量一致，表面光滑齐整，内外水分一致，且具有一定的硬度。

（4）踩曲季节　踩曲季节一般在春末夏初到中秋节前后最为合适，因为在不同季节里，自然界中微生物群的分布状态有差异，一般是春秋季酵母比例大，夏季霉菌多，冬季细菌多，在春末夏初这个季节，气温及湿度都比较高，有利于控制曲室的培养条件，因此，春末夏初被认为是最好的踩曲季节。如汾酒大曲是在清明节后开始踩曲，有“桃花曲”之称；泸州曲酒厂规定在夏季踩曲，称作“伏曲”。由于生产的发展，目前很多名酒厂已发展到几乎全年都制曲，这说明只要控制好制曲工艺条件，是完全可以四季踩曲的。

（5）大曲的培养　大曲的质量好坏，主要取决于曲坯入曲室后的培菌管理。在制曲工艺上，除采用调节曲坯水分、配料或接入曲母外，主要是调节曲室温度和湿度，达到最适于有益微生物的繁殖条件，以淘汰有害的微生物。调节方法为启闭门窗、疏密曲坯的排列。因此，在进行曲室管理时应做到：

①保持曲室的卫生。

②调节曲室中曲坯排列、堆放的方式，以保持曲坯间距离合适，并适时翻曲以调节曲坯的温度与水分来控制微生物的生长。

③合理地通过开闭门窗来调节曲室的温度、湿度和通风情况。

总之，通过曲室的培菌管理来调节曲坯的品温，使每块曲坯能均衡地逐渐升温，并控制其不超过一定的温度限度。同时控制曲坯水分，使不致过早散发。一般大曲的培养大多是以霉菌（主要是黄曲霉）的最适宜生长条件来进行管理的。但管理的方法主要是继承传统操作，尚有待科学总结。

整个培养曲的过程，大致可分为前、中、后三个时期。微生物在曲坯上生长繁殖情况有一定的规律性，前期是霉菌和酵母菌大量繁殖，中期是霉菌从曲坯表面深入到内部繁殖，而中、后期由于曲坯品温升高很快，一般会超过 50℃。目前，除汾酒大曲、董酒麦曲等之外，绝大多数名酒和优质酒都倾向于高温制曲。现介绍几个厂制曲品温及最高升温如下：

汾酒大曲 45~48℃　西凤大曲 58~60℃

茅台酒曲 60~63℃　德山大曲 60~65℃

高温会促使酵母大量死亡，如茅台酒曲中很难分离到酵母菌，酶的活性损失也大，而细菌特别是嗜热芽孢杆菌在制曲后期高温阶段繁殖较快，少量耐高温的红曲霉也开始繁殖，这些复杂的微生物群在曲中繁殖，与酿制白酒的质量关系，至今还没有完全了解清楚，所以还要做很多的工作。

（6）成品曲的贮藏　制好的大曲，需经过贮藏 3~6 个月，最好是过夏后，才投入生产使用，这样可以提高大曲酒的质量。大曲在经过一段时间贮藏后，称作陈曲。在传统生产上非常强调使用陈曲。

陈曲的特点是，制曲时潜入的大量产酸细菌，在长期比较干燥的条件下，会大部分死掉或失去繁殖的能力，所以经贮藏后的大曲相对讲是比较纯的，用来酿酒时酸度会比较低。河北省曾用大曲酒母，杂菌反比麸曲少，就是这个道理。另外，大曲经贮藏后，其酶活力会降低，酵母数也会减少，所以用陈曲酿酒时的发酵温度上升会比较缓和，所酿酒香味较好。1965 年汾酒试点时，对贮藏大曲进行过生化性能的测定，其结果如表 1-10。

表 1-10　贮藏后汾酒大曲生化性能测定结果

项目	出房后火曲	贮藏 6 个月的后火曲发酵率/%
发酵 3d CO_2减重量/g	9.7	4.0
发酵率/%	67	42
产出酒精度/%vol	9.75	4.85
酒中总酯/(g/150mL 蒸馏液)	0.025	0.0116
糖化力	1574	1488
液化力	2.9	2.8

如表 1-10 所示，出房后火曲（中温曲）的发酵率、生成酒精度、酒的总酯量均高于贮藏 6 个月的大曲；新曲中汉逊酵母要比陈曲高几十倍，陈曲的酵母数少，所以发酵速度慢；但新曲中产酸菌比较多，所以在保存好大曲中酶活力和发酵微生物的前提下，用贮藏 3 个月的曲来酿酒比较好，而不是曲越陈越好。

成曲应移到阴凉通风室内，日光不能直射到的地方，把曲分层竖立垒起来，一般行距 30cm，曲距 7~8cm，目的是有利于通风降温，进一步排除大曲中的水分。

（三）大曲的类型

大曲酒的香型、风格和质量，与酿酒原料、制曲工艺、酿酒工艺和贮藏勾兑等几个因素都有密切关系。大曲酒香型、风格不同，与其所用大曲类型不同有关。

大曲的类型是根据其在制曲过程对控制曲温最高温度不同，大致地分为中温曲（曲坯品温最高控制不超过 50℃）及高温曲（曲坯品温最高达 60℃以上）两种类型。清香型白酒如汾酒用中温曲工艺进行生产，因此中温曲亦称之为清香型大曲。而高温曲主要用来生产酱香型大曲酒如茅台酒，故亦称作酱香型大曲。浓香型大曲酒虽也使用高温曲，但制曲过程所控制的品温较酱香型大曲略低。因此，大曲酒的香型与所用曲的类型是密切相关的。

除汾酒大曲和董酒麦曲外，绝大多数名酒和优质酒厂都倾向于高温制曲，以提高酒的香味。

现将各酒厂制曲品温最高升温度数比较如下：

茅台	60℃	五粮液	55~56℃
泸州	53~54℃	西凤	58~60℃
成都全兴	60℃	德山大曲	60~65℃
汾酒	45~48℃	董酒麦曲	44℃

清香型的汾酒制曲工艺，着重于“排列”，制曲工艺严谨，保温、保湿、降温等各工艺阶段环环相扣，曲坯品温控制最高不超过50℃。所用制曲原料为大麦和豌豆。通过对中温曲微生物菌系的分离鉴定工作，初步了解到中温曲以霉菌、酵母为主。

酱香型大曲堆养，着重于“堆”，即在制曲过程用稻草包裹或隔开的曲坯堆放在一起，以达到提高曲坯培养品温，使品温达到60℃以上，称为高温堆曲。所用制曲原料为纯小麦。高温大曲成品氨基酸含量高，具有浓郁的酱香味。从这种大曲分离得到的主要是耐高温的芽孢杆菌及少量霉菌，而酵母很少存在。

今将华东部分酒厂的两种类型大曲样品的分析数据见表1-11。从数据中可看出高温曲与相应的中温曲对比时，高温曲的水分低、酸度高（pH低）及淀粉量消耗多（淀粉含量低）、糖化力低而液化力高的规律。由此可见，制曲温度对大曲性能的影响是很大的。

表1-11　　高温曲与低温曲的分析

大曲名称	水分/%	酸度	pH	淀粉/%	糖化力/[mg葡萄糖/(g·h)]	液化力
双沟高温曲	12.3	1.08	5.8	52.16	140	268
双沟中温曲	14	0.6	6.3	55.05	320	97
洋河高温曲	13.2	0.96	5.9	52.36	120	320以上
洋河中温曲	15	0.36	6.6	52.59	465	37
濉溪高温曲	13	0.96	5.6	59.13	70	320以上
濉溪中温曲	13.4	0.46	6.5	52.83	720	32

注：(1) 分析方法按江苏轻工局编《白酒化验操作法》进行；
(2) 液化力以碘色时间（min）表示；
(3) 酸度单位：消耗0.1mol/L NaOH mL/g曲。

（四）酱香型大曲（高温堆曲）生产工艺

高温堆曲主要用于生产酱香型酒（以茅台为典型），高温曲酱香（来自氨基酸）浓郁，直接影响到酒的特殊香味。另外，有的浓香型酒如五粮液亦使用高温曲，但它的制作特殊，五粮液曲块表面一面鼓起，并用稻草包制，堆放培曲，称为“包包曲”。制曲品温最高达55~56℃。四川郎酒厂生产的酱香型酒亦采用高温曲，在培养中最高温度达65~70℃。现重点介绍茅台大曲的制曲工艺。

1. 工艺流程

曲母 ↓（加入拌曲料）；水 ↑（加入拌曲料）

小麦（100%）→ 润料 → 磨碎 → 粗麦粉 → 拌曲料（和曲）→ 踩曲

→ 曲坯（生曲母）→ 曲的堆积培养 → 成品曲 → 出房贮藏

2. 操作方法

(1) 小麦磨碎　酱香型大曲用纯小麦制曲，对原料品种没严格要求，只要求颗粒整齐、无霉变。

小麦需经磨碎后踩曲，其磨碎程度与大曲的质量有密切关系。小麦在粉碎前应加6%～10%水拌匀，润料3～4h，让小麦吸收一定量水分后，再用钢板磨粉碎，这样可使麦皮压成薄片（俗称梅瓣），在曲料中起疏松作用，而麦心成细粉，无小颗粒的粗麦粉。粉碎度要求：未通过20目筛的粗粒及麦皮占50%～60%，通过20目筛的细粉占40%～50%。

（2）和曲（拌曲粉操作）　和曲时，将曲面运送到压曲房（踩曲室），通过定量供面器和定量供水器，按一定比例的曲面（及母曲）和水连续进入搅拌机，搅匀后送进压曲设备进行成型。和曲时，一般加水量为粗麦粉重量的37%～40%。

1964年，在茅台酒厂进行试点时，曾对制曲时不同加水量进行对比试验，结果为重水分曲（加水量48%）培养过程升温高而快，延续时间长，降温慢；轻水分曲（加水量38%）则相反，轻水分曲酶活力较高（表1-12）。

表1-12　　不同水分对成品曲外观和糖化力的影响

曲样	外观	内部	气味	化学成分对比		
				糖化力/[mg葡萄糖/(g·h)]	水分/%	酸度
重水分曲	多为褐色	灰白色，菌丝密集，均匀		109.44	10.0	2.0
轻水分曲	大部分褐色	斑花状，粗糙，菌丝少，黑褐色较多		300.0	10.0	2.0

注：酸度单位：消耗0.1mol/L NaOH mL/g曲。

表1-12的数据说明，茅台大曲含水量对微生物的活动及香气和前驱物质的消长有一定的影响。

制造茅台大曲的传统操作，在和曲时要加入一定量的曲母，至今仍沿用；曲母使用量随踩曲季节而异，夏季用量为麦粉的4%～5%，冬季用量稍多为5%～8%；如曲母使用过多，会产生曲坯升温过猛，曲块容易变黑；使用少了，又会升温过慢。一般认为曲母应选用去年生产的含菌种类和数量较多的白色曲为好，虫蛀的曲块不可使用，否则会使曲产生不好的气味。

（3）踩曲（曲坯成型）　已采用踩曲机（压曲机）成型。茅台大曲的曲模规格为：长36cm，宽23cm，高7cm。在生产实践中体会到踩曲时曲坯的硬度对制成曲块的质量有影响，以能形成松而不散的曲坯为最好，这样，黄色曲块多，曲香浓郁。如曲坯过硬，则制成的曲块颜色不正，曲、心还有异味；如太松了，容易松散，造成浪费，操作也有困难。曲块硬度不同，所以能造成曲子质量上的差异，被认为可能是与曲块所含空气量不同而引起微生物种类和数量上的变化及代谢产物的不同所致。

（4）曲的堆积培养　为酱香型大曲制造中的重要一环。曲的堆积培养过程可分为堆曲、盖草及洒水、翻曲、拆曲四步，分述如下：

①堆曲：把压制好的曲坯放置2～3h，待表面略干，并由于面筋黏结而使曲坯变硬后，即移入曲室进行培养。

曲块移入曲室前，应先在靠墙的地面上铺一层稻草，厚约15cm，起保温作用；然后将曲块3块横的和3块竖的相间排列，曲块间约留2cm距离，用草隔开，促进霉衣生长。堆曲时的行间及相邻的曲块应互相靠紧，以免曲块变形过甚，影响到将来翻曲工作的进行。在排满一层曲后，在曲块上再铺一层直稻草，厚约7cm，但横竖排列应与下层错开，以便空气流通。一直排到四至五层为止；再排第二行，最后留一行或两行空位置，作为今后翻曲时转移曲块位置的场所。

②盖草及洒水：曲块堆好后，即用乱稻草盖在上面及四周，进行保温和保湿。还可以遮蔽凝结滴下的水滴，使不致滴湿曲块，以免酸败。尤其重要的是盖草可以帮助曲块后期干燥，因后期在开门开窗时进行翻曲，曲块受到盖草的保护，温度不致急速降得太低。曲块内水分可以不断地被带出而散发

到空气中，促进曲块的干燥。为了保持湿度，常对曲堆上面的稻草层洒水，洒水量夏季比冬季多些，但应以洒水不流入曲堆为准。

③翻曲操作：曲堆经稻草层洒水后，立即紧闭门窗，微生物即开始在表面繁殖，曲堆品温逐渐上升，夏季经5~6d，冬季经7~9d，温度会达到最高点，曲块堆内可达63℃左右。室内湿度会达到或接近饱和点。至此，曲块表面的霉衣已长出；此后，曲块温度会稍降，这是由于室内充满二氧化碳，使微生物的新陈代谢受到抑制，也可能是由于在高温下，部分微生物死亡或停止生长，而使品温下降。当品温达到最高点时，即可进行第一次翻曲。再过一周左右，翻第二次，这样可以使曲块干得快些。翻曲时应将上、下层和内、外行对调，其目的是调节温、湿度，使每块曲坯均匀成熟，质量都好。翻曲时，尽量将内部湿草取出，地面应垫以干草，曲块间夹以干草，湿草则留作堆旁的盖草使用。为了使空气易于流通，促进曲块的成熟与干燥，可将曲坯间的行距增大，并竖直堆积，不使曲层向内斜靠；靠墙的曲块应留出距离，因为大部分的曲块，都在翻曲后菌丝体才从曲坯外皮向曲坯内心生长。曲的干燥过程就是霉菌菌丝体向内生长的过程，在这期间，如果曲坯水分过高，将会延缓霉菌生长速度。

根据工厂多年来的生产经验，认为翻曲过早，曲坯的最高品温会偏低，这样制成的大曲，白色曲多；翻曲过迟，黑色曲会增多。生产上要求黄色曲多，因黄色曲酿制的酒香味较为浓郁，所以翻曲时间要很好掌握。目前主要依据曲坯温度及口味来决定翻曲时间，即当曲坯中层品温达60℃左右（通过指示温度计进行观察），口尝曲坯具有甜香味时（类似一种糯米发酵蒸熟的食品所特有的香味），即可进行翻曲。这样操作会使黄色曲多、香味浓郁的原因，可能与以下成分变化有关：

a. 很多高级醇、醛类是一些酱香组成分。

b. 有些酱油中酱香的特殊香气成分，如酱香精（Soyanal）等的生成，都与氨基酸有关。

c. 氨基酸能和某些糖、醛、酚生成酱油色素和黑色素。

茅台试点结果可知，当曲坯品温达60℃左右时，有利于蛋白质的分解；采用高温制曲，在制曲过程中氨基酸含量大量增加，这可能是黄色曲曲香浓郁的原因所在，所以在制曲操作中十分重视第一次翻曲。

④拆曲：曲块经翻曲后，一般品温会下降7~12℃。大约在翻曲后6~7d，温度又会渐渐回升到最高点，以后又会逐渐降低，同时曲块逐渐干燥，在翻曲后15d左右，可略开门窗，进行换气，使潮气外散。待40d以后（冬季50d）曲温降低到临近室温时，此时曲块也大部分已经干燥，即可拆曲出房。

在出屋时，如发现下层有含水分高而过重的曲块（水分超过15%），应另放置于通风良好的地方或曲仓，以促其干燥。

（5）成品曲的贮藏　拆曲后，应贮藏3~4个月，称作陈曲，然后再使用。茅台酒厂规定过端午节拆曲到重阳节下沙（投料），也相当于这个贮藏时间。

成曲在贮藏期间容易发生的病虫害有：

①曲块表面上长出霉。

②虫害。

用感染青霉的成曲酿酒带有苦味；曲遭虫害将浪费粮食并降低曲的酶活力，并使曲产生一种难闻的虫粪臭味。为防止生霉，应把水分过高的曲块或未成熟的曲块与正常曲块分开贮藏，并增加仓库的通风措施。为减少虫害，除进行合理的保管外，应将仓库门窗及通风孔用金属纱网保护防虫，并在仓库使用前用硫黄加甲醛混合燃烧进行灭菌和杀虫，用量每100m^{3}需1.8~2.2kg甲醛和硫黄（二者当量混合），混烧后封闭30min，成虫即死亡。

（五）清香型大曲（中温曲）生产工艺

以汾酒大曲的工艺操作为例。

1. 工艺流程

大麦 60%→混合→粉碎→加水搅拌→踩曲→曲坯

豌豆 40%→入房排列→长霉阶段→晾霉阶段→起潮火阶段→干火阶段→后火阶段→养曲阶段→出房→成曲

2. 操作方法

（1）原料粉碎　将大麦 60%与豌豆 40%按重量配好后，混合，粉碎。粉碎程度细粉 52%~55%，体积如小米粒状，大的占 45%~48%。

（2）踩曲（压曲）　使用汾酒大曲压曲机，将拌和水的曲料，装入曲模后，经 9 个铁锤压制而成曲坯。为防止曲料粘在铁锤下，在锤底有小孔，锤子外面包上两层毛巾和两层白布，锤内灌水由小孔流过，使布潮湿，不粘曲料，曲坯表面光滑平整。曲坯含水量 36%~38%，每块重 3.2~3.5kg，误差不超过 0.15kg。压曲机实际效能为 700 块/h。

（3）曲的培养　以清茬曲为例，介绍工艺操作。

①入房排列：曲坯在入房前应调节曲室温度在 15~20℃，夏季越低越好，并准备好清洁稻皮、席子、麻袋等。

曲房地面铺上稻皮，将压制好的曲坯搬入置于其上，排列成行（侧放），曲坯间隔 2~3cm，冬近夏远。行距为 3~4cm。每层曲上放置苇秆（或竹竿）5~6 根，上面再放曲坯一层，共放三层，使成品字形。从里往外放，至全室放满为止。每层曲冬季入房曲坯数多于夏季。

②长霉（上霉）：入室的曲坯稍风干后，即在曲坯上面及四周盖席子或麻袋保温，夏季蒸发快可在上面洒些凉水，然后将曲室门窗封闭，曲室温度会逐渐上升。一般在 1d 左右，即开始“生衣”，即曲坯表面有白色霉菌菌丝斑点出现。夏季约经 36h，冬季约 72h，即可升温至 28~39℃，不超过 40℃，在操作上应控制使品温缓升，这样能上霉良好，曲坯表面出现根霉菌丝和拟内孢霉的粉状霉点，还有针头状稍大一点的乳白色或乳黄色的酵母菌落。如品温上升到指定温度，而曲坯表面长霉尚未完好，则可缓缓揭开部分席片，进行散热，但应注意保潮，适当延长数小时，使长霉良好。

③晾霉：待曲坯表面长霉、布满白色菌霉，品温升高至 38~39℃，此时必须打开曲室门窗，以排除曲室的潮气和降低室温。另外应把曲坯上层覆盖的保温材料（如草席）揭去，将上下房曲坯翻倒一次，拉开曲坯间排列的间距，以降低曲坯的水分和温度，控制曲坯表面微生物的生长，勿使菌丛过厚，在制曲操作上称作晾霉。及时进行晾霉，是制好曲的一个关键，如果晾霉太迟，菌丛长得太厚，曲皮起皱，会使曲坯内部水分不易挥发。但如晾霉过早，菌丛长得少，将会影响曲坯中微生物的进一步繁殖，曲不发松。

晾霉开始温度 28~30℃，温度不可太低或太高，不允许有较大的对流风，防止曲皮干裂，形成裂缝和干皮。晾霉期为 2~3d，每天翻曲一次，第一次翻曲，由三层增到四层，第 2 天翻曲，增至五层曲块。

④起潮火：在晾霉 2~3d 后，曲坯表面不粘手时，即封闭门窗而进入潮火阶段。入房后第 5~6 天起曲坯开始升温，品温上升到 36~38℃后，进行翻曲，抽去苇秆，曲坯由五层增到六层，曲坯排列成“人”字形，每 1~2d 翻曲一次。此时，每日放潮两次，昼夜窗户两封两启，品温两起两落，曲坯品温由 38℃渐升到 44~46℃，这需要 4~5d，此后即进入大火（干火）阶段，这时曲坯已增高至七层。

⑤大火（干火）阶段：这阶段微生物的生长仍然旺盛，菌丝由曲坯表面向里生长，水分及热量由里向外散发，通过开闭窗来调节曲坯品温，使保持在最高热曲温度 44~46℃ 7~8d，不许超过 48℃，不能低于 28~30℃。在大火阶段每天翻曲一次。大火阶段结束时，基本上有 50%~70%曲块已成熟。

⑥后火阶段：这阶段曲坯日呈干燥，品温逐渐下降，由 44~48℃逐渐下降到 32~33℃，直至曲块不热为止，进入后火阶段。后火期 3~5d，曲心水分会继续蒸发干燥。

⑦养曲阶段：后火期后，还有 10%~20%曲坯的曲心部位尚有余火，宜用微温来蒸发，这时曲坯本身已不能发热，采用外温热到 39℃，品温 28~30℃，把曲心仅有一点残余水分蒸发干净。

⑧出房：垛成堆，曲间距离 1cm。

制曲总周期为 25~26d。出曲率约为原料的 75%。

3. 三种汾酒大曲制曲特点

汾酒酿造使用三种大曲：即清茬、后火、红心三种大曲。在酿酒时按比例混合使用。这三种大曲制曲各工艺阶段完全相同，只是在品温控制上有所区别，现分别说明其制曲特点：

（1）清茬曲　热曲顶点温度为 44~66℃，晾曲降温极限为 28~30℃，属于小热大晾。

（2）后火曲　由起潮火到大火阶段，曲升温顶点达 47~48℃，在高温阶段维持 5~7d，晾曲降温限为 30~32℃，属于大热中晾。

（3）红心曲　在曲的培养上，采用边晾霉边关窗起火潮，无明显的晾霉阶段，升温较快，很快升到 38℃，无昼夜升温两起两落，无昼夜窗户两启两封，依靠平时调节窗户大小来控制曲坯品温。由起潮火到大火阶段，曲升温顶点为 45~47℃，晾曲降温极限为 34~36℃，属于中热小晾。

4. 大曲的病害与处理操作

大曲的培菌管理主要是继承传统操作，故在制曲过程中有时会出现病害，因此应对此有所了解并学会处理操作。常见的病害如下：

（1）不生霉（不挂衣）　曲坯入室后 2~3d，如表面仍不生菌丝白斑，这是曲室温度过低或曲表面水分蒸发太大所致，应关好门窗保持室温，并在曲坯上加盖席子及麻袋、草袋，用喷雾器洒温水至曲表面湿润即可，以补救使曲坯发热，表面长霉。

（2）受风　曲坯表面干燥，而内生红心，这是因为对着门窗的曲坯，受风吹，表面水分蒸发，中心为分泌红色色素菌类繁殖所致。故曲坯在室内位置应常调换。门窗的直对处，应设置席、板等，以防风直接吹到曲坯上。

（3）受火　在生产中温曲时于，曲坯于入室 6~7d（天气热则为 4~5d），微生物繁殖最旺盛，温度增高，俗称“干火”，此时如温度调节不当，或因疏忽使温度过高，会把曲的内部烧黑、炭化。故此时应特别注意温度，采用拉宽曲间距离，使逐步降低品温。

（4）生心　如曲料过粗，或因前期温度过高致使水分蒸发而干涸；或后期温度过低，以致微生物不能继续繁殖，则会产生生心现象。故生产过程中应时常打开曲坯，检视曲的中心微生物生长的状况，以进行预防，如早期发现此现象，可喷水于曲坯表面，覆以厚草，按照不生霉的方法处理。如过迟内部已干燥，则无法再救。故制曲经验有“前火不可过大，后火不可过小”。因前期曲坯微生物繁殖最盛，温度极易增高，高则利于有害细菌的繁殖，后期繁殖力渐弱，水分亦渐少，温度极易下降，时间若久，水分流失，有益微生物不能充分生长，于是曲中的养分亦未被充分分解，故会产生局部生曲。

[《黑龙江发酵》1979（1~2）]

三、制曲两大流派初析

制曲是亚洲人的专长，亚洲制曲存在两大流派。一派是以中国为代表的生料制曲；一派是以日本为代表的熟料制曲。生料制曲是利用自然界野生微生物，其中以根霉为主，在生料上培养。熟料制曲是人工培养微生物，以纯种曲霉为主，在熟料上培养。由于所用培养原料的生熟不同、培养方法不同，导致微生物群及其酶系各异，最终反映在酒的质量上，各具不同风格。两个流派的形成，既有地理条件的客观因素，也有历史的缘由。

（一）中国制曲

我国生料制曲，似乎是从生熟料混合培养演变而来的。据南北朝时代《齐民要术》（534 年）记载，共有3类曲、9种制曲方法，其中神曲绝大多数是蒸米、炒麦、生麦三者和合；笨曲只用炒麦；白堕曲蒸二份生一份。各种曲中也有添加中药及浸汁的，但却无生料制曲的记载。至宋代《北山酒经》(1117年）共记载13种制曲方法，其中只有一种用蒸料，一种生熟料混合，其余全部用生料制曲（当时为黄酒用曲）。自宋以后的书籍中，很少有生熟料混合制曲的记载。是否可以推论，从古代以生熟料混合制曲，逐步过渡到全部使用生料制曲，自宋以后，已演变成为生料所代替了。

生料制曲就必然培养野生菌，大曲上生长的野生菌类，主要来自粮谷原料本身（参照表1-13）。由于制曲是开放式生产，感染的机会很多，防不胜防，纯种培养是不可想象的。反过来，能够在生料上生长的野生菌，也必然具备适应在生料上生育的条件。实际上许多菌类在生料上能够生长旺盛，甚至比熟料上生长得还好，根霉菌便是个典型例子。

表1-13　曲料带来的菌类及数量一例（洋河酒厂）

菌别	细菌		酵母		霉菌	
	类型	数量/(个/g)	类型	数量/(个/g)	类型	数量/(个/g)
牛肉膏蛋白胨琼脂	4	1.6×10^5	—	—	—	—
察氏培养基	—	—	—	—	3	4.1×10^4
酵母完全培养基	—	—	1	2.0×10^4	3	4.0×10^4

因为熟料经加热蛋白变性，反而难以分解利用，所以根霉及其他许多系状菌，在熟料上生长反而不及在生料上生长得好。如果在熟料上补加硝酸铵或酪素水解液，就能够与生料同样生育。如图1-12所示，根霉在生米粉上繁殖能力很强，而在熟米粉上却无能为力。米曲霉及黑曲霉在生米粉上生长略好于熟料。根霉培养在蒸熟的豆粉上，其生育与生豆粉并无区别。

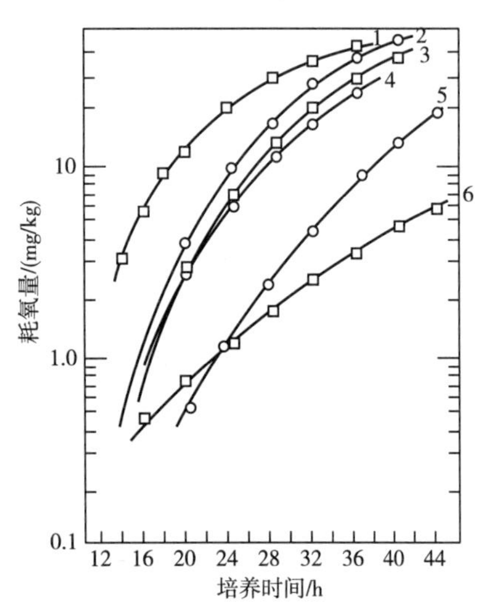

图1-12　生、熟米粉培养各种菌的生长速度

1—生料上的日本根霉　2—生料上的米曲霉
3—熟料上的米曲霉　4—生料上的泡盛米曲霉
5—熟料上的泡盛米曲霉　6—熟料上的日本根霉

制曲原料中的微生物，以细菌数量为最多（1.6×10^5/g左右）；霉菌及酵母菌次之（均4×10^4/g左右）。原料来源不同，如地区、品种、霉变、水分、病害等因素影响，会有极大的差异。

大量能在生料上生长的，不同来源的菌类，在曲坯上在共生、拮抗复杂的局面下生活在一起。在不断的盛衰交替过程中，可代谢各种酶及白酒香味的前体物质。这些微生物的生长是交叉进行的，所以只能说它有个大致的规律，大致是有节奏、有层次地生长。曲坯入房后，好气性菌首先开始大量繁殖，主要是霉菌，待有一定糖分之后，酵母菌开始旺盛起来。在潮火阶段，温度、湿度大的情况下，异养性细菌猛增。而后，随着营养的消费、水分的散失，细菌繁殖能力逐步下降，继之酵母也下降，后期霉菌又一度出现夕阳无限好的局面，在后火阶段酶量不断上升。

$$\text{霉菌}\rightarrow\text{酵母菌}\rightarrow\text{细菌}\xrightarrow{(\text{长})}\text{酵母菌}\rightarrow\text{霉菌}$$

从大曲中分离出放线菌，目前对于曲内放线菌知道的还很少，有待于深入挖掘。初步得知其耐热性很强，有的种基本上没有糖化力及液化力。然而，酸性蛋白酶含量相当高，可达到28.4~73.6U/g干曲。曲中放线菌在白酒生产上的作用，将是今后很好的研究课题。

那么究竟是生料在支配着菌群或菌体发育及酶的生成呢？还是为了网罗野生菌及其生育，才不得不用生料呢？我认为二者兼而有之，是互为因果的。至于“先有鸡还是先有蛋”这个问题并不重要。

（二）日本制曲

利用熟料制曲就必须接种（加大接种量）。因为原料上附着的野生菌都被蒸死了，单靠外部感染来作种子，不但数量不足，感染的菌可能是以细菌为主，曲子不待成熟早就酸败了。日本的人工培养纯种曲霉，是近百年的事，那么从前怎么办呢？从前是用稻曲接种的。

稻曲亦称“稻之花”“曲花”，是日本米曲的起源。它是生长在稻穗下部或茎叶上的深绿色菌块。日本农民时至今日尚认为稻曲发生多的岁月，是丰年之兆，备受农民欢迎。从水田里采取稻曲作种，用以制曲造酒的原始生产方式流传已久。直到公元 900 年前后才开始选用人工培养优良菌种制曲。稻曲原本是暗绿色的植物病菌，称作“稻曲病”。直至 1896 年，Y. TAKAHASI 为了区别于黑穗病，命名为黑粉菌（*Ustilagino virens*）。黑粉菌与米曲霉是共生关系，尚未发现有拮抗作用。二者很容易分辨与分离。培养皿平面分离培养时，黑粉菌开始时长出白色菌丝，表面逐渐变成灰白色。而米曲菌菌落，开始时亦长出白色菌丝，表面逐渐变成黄绿色，用肉眼很容易鉴别。

用稻曲作种制曲，古籍上有很多记载，稻曲究竟是否可以用以制曲，多年来一直是个谜。直到 1984 年做了印证试验才证实了这个问题，并获得了一些有趣的结果。

黑粉菌与米曲菌培养在生米上都生长得很好。在经蒸熟的米粉上，黑粉菌就不能生长了。因为它不能利用加温热变的变性蛋白质。然而，米曲菌却能很好地利用变性蛋白质，所以在熟料上生长旺盛。于是在蒸米熟料制曲过程中，黑粉菌就被淘汰了，最终只有米曲菌在生长。通过熟料培养及制曲过程，对菌种起到了纯化作用。这就是用米曲菌必需用熟料制曲的关键所在。

更为有趣的是，黑粉菌与米曲菌两者的生育温度不同，米曲菌的生育适宜温度为 37.5℃，而黑粉菌超过 35℃则不能生育，所以在熟料制曲过程中，由于品温，黑粉菌又被进一步淘汰，而米曲菌又得到了再次纯化。如表 1-14 所示。

表 1-14　黑粉菌与米曲菌的生育温度

温度/℃	黑粉菌					米曲菌				
	1d	2d	3d	4d	5d	1d	2d	3d	4d	5d
25	±	++	+++	+++	+++	+	++	+++	+++	+++
30	±	++	+++	+++	+++	+	++	+++	+++	+++
35	-	±	+	+	+	+	++	+++	+++	+++
37	-	-	-	-	-	+	++	+++	+++	+++
40	-	-	-	-	-	±	++	+++	+++	+++

黑粉菌 25~30℃培养 24h 即可看出有生育现象，在 35℃以上根本不发育。此时正值米曲菌生育的最适温度，生长极为旺盛。在用稻曲作种制曲时，尽管开始时米曲霉数量较少，由于黑粉菌被淘汰、米曲菌适应性强且生育速度快，所以在曲子王国里，竟成为米曲菌的天下了。在这不断纯化过程中，用稻曲作种已成为可能的了。

从稻曲中经自然纯化的米曲菌，有很强的淀粉酶与蛋白酶活性。测定结果显示，黑粉菌基本上没有酶活力。用稻曲作种酿制出来的酒，其质量难称上乘。但是与当年酒的水平相比，应该处在什么地位，现在就不好评述了。

值得注意的是，提供的稻曲样品中，两菌量的比例有很大的差异。在健全的水田里生长出的稻米及茎叶和土壤中分离出大量米曲菌，却不曾分离出黑粉菌。

古时日木有许多科学技术是由中国传播过去的，我国古籍中有“黄衣、黄蒸”的记载，不少人推论日本的黄曲霉是由中国流传过去。这完全可能，奈何时代久远难以查考。因此，这些推论尚有论证不足之感。

（三）体会

（1）从生、熟料两者对比，使人回忆到我国古代《齐民要术》所载，生熟料混合制曲是有一定道理的。如能根据季节、原料及地域条件，调整生、熟料配比，将两者优点综合起来，或将获得满意的结果。古代炒料，可能起到灭菌和防止蛋白质变性的双重效果。

（2）我国许多酒厂制曲工人，在制曲时要求使用新稻草铺地与盖曲，并每年更新一次，看来是很有道理的。

（3）为了保持白酒的固有风味，大曲生产工艺难以改变。但是否可以选育优良菌种，经人工纯种培养之后，接种于大曲上，在不改变大曲的前提下，予以强化，值得探讨。

根据生、熟料不同的特点，采用不同菌种及工艺来制曲酿酒，不论中国或日本，都证明了人类祖先的聪明才智和宝贵的实践经验。对生物体酶的认识和理解仅有50余年，而人类祖先却在千百年前就能巧妙地利用微生物制曲酿酒。这充分说明了经验积累与实践的重要性。前人留下的宝贵遗产中，既有精华也有糟粕，以现代科学来总结前人的创造，这是我们肩负的责任。要完成这一光荣任务就必须理论与实践相结合。没有理论，只能停留在工匠水平上难以提高。有理论而没有实践，亦有劲用不上。更重要的是凡事必须亲自动手，两手插在裤袋里，在曲房或实验室里晃来晃去，永远不会理解它的真谛。

［周恒刚《制曲两大流派初析》，《酿酒》1992（4）：1-4］

四、酿酒小曲的研究进展

郭威、方尚玲、庾昌文、陈茂彬从小曲的原料、微生物、工艺技术发展几个方面进行综述，就当前我国小曲发展存在的一些问题提出了相应的看法，旨在为酿酒小曲的进一步研究和开发提供参考。

（一）制曲原料

过去为了节约粮食，一般采用观音土、米糠、薯渣为原料来制曲。现在制曲则以米粉、麸皮为主。大米淀粉含量较高，脂肪、蛋白质的含量较低，结构疏松，是制小曲的主要原料。例如董酒小曲、厦门白曲、四川邛崃米曲等，都是用米粉或者加中草药、米糠等制成的。米粉原料一般制成块曲、粒曲和球曲。以米粉作原料时，通常以早籼米为最好，因早籼米含蛋白质较高，营养丰富。麸皮含大约15%的淀粉，结构疏松，具有良好的透气性、疏松性和吸水性，适合微生物生长，并且资源丰富，价格低廉，是制小曲的主要原料。在酿酒行业中，为突出麸皮用料特点，特别将其制成的酒曲称为麸皮小曲。麸皮原料通常制成散曲。贵州省轻工业科学研究所研发的Q303根霉曲种，正是以麸皮作为原料的。

制曲除了采用上述原料外，通常还添加一些中草药。历史文献中详细记载了许多添加大量中草药的制曲工艺，涉及的中草药包括胡椒、桂花、茯苓、木香、川芎、桑叶、白芷、生姜、苍耳等。用于小曲酿造的中草药，称之为酒曲植物，其种类十分广泛。赵富伟等调研了贵州雷公山地区的土酒酿造，对其添加的酒曲植物类别进行整理、鉴定和编目，涉及的酒曲植物多达19科28属35种，并认为大量酒曲植物的工艺传承已经出现流失，呼吁人们对传统酒曲植物进行有效保护。添加了中草药的小曲，小曲质量和酒体风味都很突出。张新武等以辣蓼草、黄花蒿、金樱子按一定量进行糯米酒曲培养试验。结果表明，使用中草药和曲母混合制造糯米酒曲，酒的传统风味很好地保存下来，没有腐败和异味产生，酒的糖分也有所提高。这项研究也解决了以传统方法生产的糯米酒曲质量不稳定、酿酒酸而不甜、糖化不良等问题。

添加中草药，除了为微生物提供养分，抑制杂菌的生长，同时改善酒体香味之外，还有一个重要目的是开发保健功效。目前开发出的保健酒很多，如湖北房县黄酒，该酒添加房县独有的野生蓼子制曲，具有养颜活血，改善睡眠，提高免疫力等保健价值，被誉为“液体蛋糕”。还有云南贵州盛产的天麻酒，该酒添加天麻、人参、枸杞、五味子、当归等名贵中草药制曲，有强腰壮骨、补气活血、益智明目、降压健脑的保健作用。除此之外，还有灵芝酒、柳根酒等。

为了了解中草药对于曲中有益菌生长代谢所起的作用，科研人员做了许多研究。现在已经发现不少中草药对酒曲中酵母菌和霉菌的生长代谢有促进作用。张博等研究了蒌叶对小曲质量的影响。证实了蒌叶对根霉菌和酵母的生长有重要影响。制曲过程中添加适量的蒌叶能促进根霉菌和酵母的生长，有利于小曲质量的提高。周恒刚着重研究了 8 种中草药的添加对酵母菌的影响，其中陈皮、甘草、香附子可促进酵母菌的生长及酒精的生成，杏仁、肉桂、良姜无明显效果，柴胡、茯苓则对酵母菌生长代谢存在抑制作用。

不同的中草药添加比例对小曲的质量（糖化力、液化力及发酵力等）影响结果不一样。李新社等在小曲中添加辣蓼草、桑叶和何首乌进行制曲研究。结果表明，辣蓼草：桑叶：何首乌添加比例为1：1：1或 2：1：1 或 1：2：1，最适培曲时间为 5d，最适温度为 25℃。在此条件下制得的小曲糖化力、液化力和发酵力最高。这说明不同中草药的添加比例也是小曲酿造的重要因素。

随着制曲技术的发展，人们发现中草药的添加并不是越多越好。如张大为等的试验研究证明了这一观点。该试验以糯米为原料，添加多种中草药酿制甜酒酒曲，发现当甘草 0.7g、肉桂 0.07g、陈皮 0.6g、辣廖草 0.5g、曲母 1.6g 时，所制作的酒曲质量才最好，所酿制出来的甜酒酿感官评分也最佳。许多中草药的添加几乎没有作用，甚至有些还会抑制酵母菌和霉菌的生长。现有的小曲品种，如无药糠曲、厦门白曲等均没有添加中草药。对于制曲是否必须要添加中草药，研究人员进行了大量的实践探索，目前仍没有明确定论。

（二）酿酒微生物

小曲在酿酒过程中起糖化和发酵的双重作用，这一作用主要依赖于它所含的丰富的酿酒微生物。这些微生物包括酵母菌、霉菌、细菌和少量放线菌。其中起主要作用的是霉菌和酵母菌。王海燕等对清香型小曲酒的微生物进行分析鉴定。结果发现，其中的优势酵母菌有 4 种：扣囊复膜酵母、异常汉逊酵母、东方伊萨酵母、酿酒酵母。前 3 种是产酯酵母，而最后 1 种是产酒酵母。优势霉菌则是米根霉，主要起糖化作用。由于它还能产生酯类、有机酸等一系列代谢产物，因此对酒体风味也有重要影响。而优势细菌则以乳酸菌和芽孢杆菌为主。这项研究使人更加明确地认识了小曲的微生物菌群组成。宋北等从大米酒酒曲中分离纯化，得到 4 株酵母菌、10 株霉菌和 7 株细菌，并进行了分类鉴定。这项研究的意义在于揭示了大米酒酒曲发酵的优势菌群，为提高大米酒的出酒率提供理论依据。

小曲的微生物菌群结构是十分复杂的。如何从中分离和筛选出优势功能菌，开发优势菌种，是酿酒小曲的研究热点。李锐利从酿酒小曲中分离筛选出 1 株高产乙酸乙酯酵母菌株，该酵母菌株在产酯培养基中 30℃下静置培养 4d，乙酸乙酯产量可达 2.152g/L，占总酯含量的 90.9%。经鉴定是异常汉逊氏酵母。将该菌株应用于清香型小曲酒的生产，可提高清香型小曲酒的酒质。邓开野等从甜酒曲中分离、诱变、筛选出 1 株糖化力高的优良根霉菌株，在最优培养条件下，糖化力达到 1317mg/(g·h)，具有一定应用价值。张涛以酿酒酵母 1445 和具有抑菌作用的枯草芽孢杆菌为出发菌株，采用原生质体融合技术，选育出 1 株嗜杀酵母，命名为嗜杀酵母 Sa2。该酵母对麸皮原料中各优势杂菌具有很好的抑制作用，且对根霉菌无抑制作用。该嗜杀酵母应用于低碳模式（生熟料混合）生产小曲，效果很好。从酒曲中分离筛选优势菌种的研究不胜枚举。各种优良菌种的开发，为酿酒的深入研究奠定了基础，推进了酿酒行业的进步。

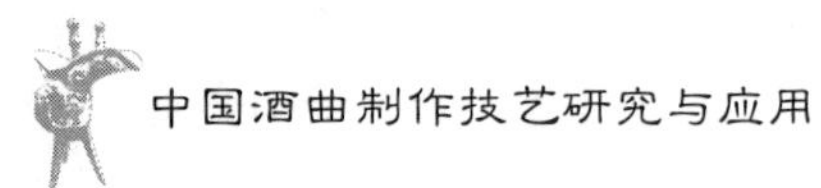

（三）小曲工艺技术发展

1. 纯种制曲技术的应用

传统小曲采用自然培养制成，这种方法培养的小曲不仅有根霉、酵母等一些功能菌，而且还有各种杂菌存在。杂菌的存在导致出酒率下降，酒质也不稳定。后来，随着纯种制曲技术的开发与应用，目前以麸皮为原料的纯种根霉曲在小曲酒酿造中得到广泛使用。川法小曲白酒生产就是采用由纯种根霉和酵母制成的小曲进行糖化发酵的。与传统小曲比较，纯种根霉小曲具有用曲量少，出酒率高、酒质稳定等优点。目前，酿酒行业中常用的根霉菌种有中国科学院选育的 AS3. 866、AS3. 851，贵州省轻工业科学研究所选育的 Q303，以及四川 3 号根霉诱变而来的 YG5-5。常用的酵母菌种有 AS2. 541、K 氏酵母、古巴 2 号、1308 等。

2. 酶制剂和活性干酵母的应用

随着现代酶制剂生产技术的不断提高，科研人员尝试使用价格低廉、品质优良的商品化酶制剂替代或者部分替代传统小曲，取得了很好的效果。应用最多的酶制剂是糖化酶。采用传统小曲和糖化酶共同发酵的生产工艺，称之为半酶法。赵金松等用半酶法工艺酿造清香型小曲酒。原料出酒率提高了 5%，酒体风味特征保持良好。而该工艺生产小曲酒所获得的经济效益也提高了一倍。除了糖化酶之外，使用的其他酶制剂还有酸性蛋白酶、酯化酶等。小曲中的酸性蛋白酶含量很少，在小曲生产中添加适量的酸性蛋白酶，能解除蛋白质对淀粉的包裹，从而有利于糖化酶更好地进行糖化作用，提高原料出酒率。另外，酸性蛋白酶的水解产物（氨基酸），是酒体风味形成的重要前体物质，酸性蛋白酶的添加有利于改善酒体风味。

除了酶制剂外，酿酒活性干酵母也在酿酒行业得到推广，酿酒活性干酵母是一种现代生物活性制品，具有保存期长、细胞耐性强、发酵能力突出等优点。目前，酿酒活性干酵母和酶制剂在酿酒行业中的应用技术日趋成熟，已成为降低成本、稳定质量和提高原料出酒率的重要措施。

3. 制曲机械化与标准化

过去制曲设备简陋，石磨粉碎原料、搅拌配料、踩制曲坯等工艺大部分是靠人工操作，劳动强度大，且生产效率低。现在酿酒制曲除了少数作坊式酒厂外，都已经实现半机械化，甚至有些生产线已经实现全机械化。据报道，劲牌有限公司投资 10 亿元新建的枫林酒厂酿造工业园区，其生产线实现高度机械化生产。河北三井酒厂于 2012 年引进了一套制曲设备，具有储粮、润粮、粉碎、加水、搅拌和压制等一系列功能，实现了从原料粉碎到曲坯成型过程的机械化生产。机械化制曲，极大地提高了劳动生产率，制得的成品曲大小规格一致，干净卫生，保质期大大延长。

随着酒曲生产的规模越来越大，各种特色小曲品牌厂家申请了自己的商标使用权，纷纷建立了本企业的质量标准。安琪酵母公司生产的安琪甜酒曲等还申请并通过了 ISO 9000 国际标准质量管理体系认证。这些都表明了我国制曲行业在向标准化发展。制曲的标准化，促进了酿酒制曲行业的科学发展。

4. 现代化酒曲研究技术

当今时代，现代生化技术的诞生，为酒曲的研究工作提供了新的思路。传统微生物技术与现代生化技术相结合，从分子层面上对酒曲进行分析研究，取得了很好的进展。这些新型研究技术，具有快速、灵敏、准确的突出特点，解决了长久以来存在的技术手段落后，对酒曲微生物的研究和认识不准确、不充分的问题。诸如 PCR 技术、电泳分离显示技术等已经得到了广泛应用。向文良等采用 16S-23S r RNA ITS AFLP 指纹图谱技术监控了米酒发酵过程中理化因子的动态变化，对四川传统米酒发酵过程中原核微生物的演替进行了分析。结果表明，米酒发酵过程中，随着酒曲的接入，米酒理化因子动态变化的同时，酒醅中原核微生物随之发生群落演替。张中华等利用变性梯度凝胶电泳（PCR-DGGE）技术对黄酒麦曲中细菌群落进行分析，成功鉴定了机制生麦曲和熟麦曲中的细菌种类，为进一步探究细菌在黄酒发酵中的作用提供基础。江南大学的有关学者用氯化苄法提取基因组 DNA 后，应用真菌 ITSr DNA 通用引物 *ITS*1 和 *ITS*2 扩增整个 ITS 序列，经测序和序列比对，准确鉴定了从酒曲中

分离的5种菌株新型研究技术的使用大大提高了研究效率，研究结果也更加准确有效。

（四）展望

目前，对于酿酒小曲中微生物的研究主要集中在功能菌株的分离、筛选、鉴定、培养发酵条件优化上，以及其在制曲过程中的变化规律上，而对影响酿酒的各种功能微生物之间的作用关系了解不多，还有待于进一步研究。随着科学技术的发展，结合现代生化技术，从分子层面对酿酒小曲进行研究，使人更加深入了解酿酒小曲，更好地指导酿酒科技的进步和发展。随着越来越多的酿酒微生物的基因序列解码，明晰了基因的分布及表达，相应的基因工程菌也能开发出来。将它用于酿酒工业，能极大改善酒曲性能，提高酒的质量和产率，缩短生产周期，降低生产成本。这是当今研究的一大趋势，也是未来的研究热点。

酿酒小曲的生产多数采用纯种根霉制曲，这样虽然提高了糖化力及发酵力，但是由于是无药纯种制曲，因此酿造的小曲酒风味特征稳定但口感单一，没有传统药曲的绵延悠长。还有一些小曲酒生产企业采用减曲、加糖化酶和活性干酵母的方法，这种方法由于形成小曲风味物质所必需的微生物及其酶系不足，也使酒质下降。因此研究人员探究如何在提高出酒率的同时还提高酒体风味质量。目前，纯种培养根霉曲、酒精活性干酵母、生香活性干酵母与传统小曲协同糖化发酵是解决这一问题的重要思路。如何通过合适的工艺方法解决这一问题，仍然是以后的主要研究目标。

目前，我国大型酒企，很多都实现了从原料粉碎到曲坯成型过程的机械化操作，但后面的曲房培曲过程，仍难以完全脱离传统的手工操作工艺。一些酒厂探索采用微机控制技术，基本实现了曲房的智能操控。但是，完全意义上实现曲房培曲的机械自动化，还任重道远。未来发展过程中，研究工作者需要进行深入研究，从而更好地推动制曲的机械自动化的发展。此外，我国小曲酒是很有希望打入国际市场的酒种。固态法生产的小曲酒由于品质纯净，有望成为中国的伏特加。半液态法小曲酒由于风格醇香突出，同白兰地、威士忌有些相似。然而，从目前我国酿酒行业的研究进展来看，相对于大曲而言，小曲的研究大大滞后。我们应该认识到这一点，积极对小曲进行深入研究，改良酒曲性能，采用合适的工艺，致力于创造出适合国际口味的小曲酒，让中国小曲酒享誉海内外。

［《酿酒科技》2015（6）：69-72］

五、强化曲的应用及研究进展

郭威、周敬波、方尚玲等从发展现状、菌株开发、工艺技术三个方面对强化曲展开综述，旨在为强化曲的进一步研究和开发提供参考。

（一）强化曲的发展现状

目前，对强化曲的研究主要集中在大曲强化方面，这是因为长期以来，大曲的制作受自然环境影响最大，从而导致大曲质量不稳定。而小曲的纯种工艺技术的发展使得小曲的糖化发酵力普遍强于大曲。所以大曲的生产技术迫切需要一场革命。而强化曲通过将自然接种和人工接种相结合，从而提高酒曲性能，稳定酒曲质量，有助于改善当前大曲面临的现状，由此促使了强化曲在大曲中的广泛研究与应用。

厦门酿酒厂是我国最早使用强化大曲技术的酒厂，距今已有很多年的历史。大量研究和工业实践证明，在不改变传统生产工艺的前提下，用强化曲代替普通曲，有助于提高酒的优质水平。

泸州老窖酒厂从200多个酒曲样品中选育出2株糖化功能菌种A2-3和LZ-24，一株发酵功能菌种S2.10以及1株生香功能菌种R-3，并将其配成复合菌种，强化到制曲过程中。制得的强化曲，酶活力和微生物数量显著增加，酯化酶活力增加 55.49%，出酒率提高 10.89%，总酸、总酯、乙酸乙酯、丁酸乙酯和己酸乙酯含量分别提高 23.8%、5.9%、45.9%、43.1%、15.7%，口感质量明显提高。

北京红星股份有限公司考虑到红曲霉不仅具有一定的糖化力、发酵力，而且还具有较强的酯化力，尝试纯种培养红曲霉和酵母菌，在不改变大曲原有生产的基础上，接种到大曲中制成强化大曲，用于实际生产表现优异。对比普通大曲，强化大曲在增己降乳、提高出酒率方面的表现尤为突出。

江苏洋河酒厂股份有限公司筛选 8 株霉菌、2 株产香酵母和 2 株产香细菌接种大曲中生产强化曲。发现强化曲菌丝饱满，曲香突出、浓郁，其各项指标都优于普通曲。尝试将强化曲用于窖池后发现，使用强化曲的窖池，窖池温度变化符合“前缓、中挺、后缓落”，窖池出酒的酒体骨架成分和感官品评也表现良好。

宝丰酒厂在酿酒过程中分离出有益菌种，扩大培养后制成的强化大曲可用于酿酒生产，使宝丰酒的出酒率提高 4.8%。该酒厂再将强化曲应用于清香型白酒生产的探索研究，为提高清香型大曲酒的质量和产量提供了新途径，获得了国内同行的高度评价。当时该厂原酒出口量达到全国第一。

河北三井酒业外购了 1 株红曲霉菌株，将其培养液拌入大曲水后均匀喷洒在曲坯表面，制得的强化大曲除发酵力低于普通大曲外，糖化力、酯化力、酸度等都略高于普通大曲，特别是蛋白质分解力几乎是普通大曲的 2 倍。

除此之外，陕西西凤酒股份有限公司筛选了高酯化力红曲霉作为强化菌种，应用于西凤小麦曲生产中。结果表明，强化曲的糖化力、发酵力等各项检测指标优于普通大曲，特别是酯化力提高了 24%~162%，效果显著。今世缘酒业同样用红曲霉接种制作强化大曲，在使大曲糖化力和发酵力得以提高的同时，蛋白质分解力大幅提升，明显改善了酒体风味，获得广泛赞誉。双沟酒业选育出产酯能力强的菌株，进行纯种培养，接种到制曲原料中强化制作了双沟大曲。酿造的双沟大曲酒被评为国家名酒。总之，各酒厂结合自身情况，都在对强化曲进行广泛开发，强化曲的应用也得到极大的发展。

（二）强化菌株的开发

对强化曲的研究，主要集中在强化菌株，也就是优良功能菌株的开发上。选育优良功能菌合理应用到制曲中，可改善酒曲的性能，起到提高酒的品质和产率的作用。酒曲中的优势功能菌主要是霉菌、酵母和细菌三大类。

霉菌是主要的糖化菌。霉菌在酒曲中具有糖化力、液化力、蛋白质分解力，还可生成多种有机酸。班世栋等对酱香大曲中的功能霉菌进行分离筛选，筛选到 2 株霉菌，其产液化酶、糖化酶和蛋白酶活力都较高。除此之外，霉菌对酒的风味物质的影响也很大。罗惠波等从 15 株霉菌中筛选出产香能力强的霉菌 Njsys-45，其酯化酶活力达到为 7.18U/mL，总酯含量为 0.18%。王晓丹等从浓香大曲中分离筛选得到 1 株酯化酶活力较高的菌株，经鉴定是红曲属的紫色红曲霉。吕梅等从中高温大曲中分离得到 1 株高产酯酶菌株 HSM，经鉴定为多枝横梗霉。据研究，一般来说，根霉与一些挥发性成分的合成有关，红曲霉与酯类的合成有关，木霉则降解纤维素和淀粉，而青霉对曲的质量也有影响。

酵母菌是酒曲发酵期间的主要功能菌。对白酒生产作用最大的是产酒酵母和产酯酵母。产酒酵母主要是发酵产酒精，而产酯酵母可以生成多种的醇类、醛类、酯类等呈香物质，是形成酒香的重要来源。目前，对于酵母的选育，有的尝试选育产酒能力高的酵母。比如徐超英等从酱香型白酒糟醅中分离选育出 1 株高产酒精酵母，经鉴定为酿酒酵母。该研究的启示是，发酵基质中的优良酵母菌随着工艺技术发展的不断进步而富集程度越来越高，其菌株的高产酒精等性能比较稳定，所以从发酵基质中直接选育高产酒精的酵母菌是一种经济实用的途径。

有的研究针对菌株耐受能力进行选育，包括耐酒精、耐酸、耐高温等。陆筑凤等尝试用紫外诱变和基因组改组（Genome Shuffling）技术相结合的方法选育出了能耐高温（46℃）和耐酒精（16%vol）的酿酒酵母。该研究为选育高耐受性高产酵母提供了一种思路：先筛选耐受乙醇的高温酵母，再通过发酵试验，筛选出耐受性高产酵母。因为高产乙醇的酵母必然能耐受较高浓度的乙醇。

有的研究从白酒风味成分出发，考虑到高级醇含量及各种高级醇之间的比例协调对酒体风味的影响，特别是以玉米为原料的液态法酿酒，其高级醇含量较高的情况，尝试选育低产高级醇酵母菌。例如，王鹏银等采用离子注入诱变选育出1株低产高级醇的酿酒酵母。该菌株能使异戊醇含量降低39.85%，高级醇含量降低33.62%，而发酵性能基本保持不变。还有的学者考虑甲醇是酒中的有毒物质，试图选育低产甲醇的酿酒酵母。例如，林小江采用原生质体融合技术选育出了1株低产甲醇与高产总酯的酿酒酵母融合菌株，相对甲醇含量降低23.4%，总酯含量提高了37.1%选育产酯酵母也是一大热点。严锦等从清香型酒曲中分离筛选到1株高产乙酸乙酯的菌株，其产乙酸乙酯和总酯能力分别达到2.152和2.368g/L。经鉴定，该酵母为异常汉逊式酵母。

细菌也是酒曲主要功能菌，对于酒体风味影响很大。细菌的许多代谢产物对白酒风味物质的形成起着关键作用。茅台制曲发酵的主体微生物就是细菌。唐婧等对茅台酒酒曲细菌多样性进行研究，发现细菌主要分布于γ-变形菌纲（50%以上）和芽孢杆菌纲（30%以上），正是这些细菌决定着茅台酒的呈香。有的细菌还有产淀粉酶的作用，钟小娟等在酒鬼酒制曲车间筛选到4株产淀粉酶活性较高的细菌。有的细菌具有酯化作用，张秀红等从汾酒大曲中筛选出1株产酯化酶较高的细菌，经鉴定为葡萄球菌，酶活力可达到33.33U/mL。有的细菌还是蛋白酶产生菌，袁先玲等从酱香大曲中分离出3株蛋白酶产生菌，都是枯草芽孢杆菌，最高酶活力可达1717.5U/g。

选育的功能菌多数来自于酿酒生产过程中的分离，包括酒曲、酒醅、窖泥等，少数来自于菌种保藏机构。后来，随着活性干酵母和酶制剂的广泛运用，也有直接加入活性干酵母和糖化酶等酶制剂进行强化制曲的。例如，内蒙古奈曼旗酒厂采用TH-AADY和生香活性干酵母作强化菌种，制强化大曲。结果表明，该强化大曲用于酿酒，在同等条件下原料出酒率、优质品率比其他菌种制作的强化大曲提高4%~5%，大大提高了经济效益。

除此之外，酿酒副产物黄水中也含有经长期驯化的有益微生物，其中有益微生物主要为梭状芽孢杆菌，是产己酸和己酸乙酯不可缺少的有益菌种，可利用其作为菌源制作强化大曲。

（三）强化曲的生产工艺

各酒厂生态环境差异，根据自身情况，制曲工艺不同，但都是在传统制曲的基础上加入人工培养的有益菌株进行制曲。强化工艺的研究主要集中在如何强化方面，诸如怎么接入有益菌株、如何确定接种比例等。洋河酒厂王耀等尝试先把强化菌株制成种曲，然后按比例直接接种大曲生料中进行强化制曲，经过反复试验确定，细菌与酵母混合液添加量为1%，霉菌以固态形式添加量为3%，大曲生料含水量调整为47.5%，在此工艺条件下，得到的强化曲各项指标都达到或优于传统曲。

山东泰山生力源集团股份有限公司进行强化大曲生产，设计糖化菌与发酵菌的比例为1∶1，糖化菌配比：黄曲霉∶根霉∶红曲霉为7∶2∶1；发酵菌配比：产酯酵母∶产酒酵母为1∶1，在不改变原有传统的制曲工艺基础上，采用上述混合种曲，接种量0.5%~1%，培养1个月出房，贮藏3个月后检测各项指标，达到了预期效果。

河套酒业罗维等把有益菌株制成功能菌液，其用量为曲料的0.1%~0.15%，将强化菌液注入喷雾器中，在曲块入房后，均匀喷洒在曲坯表面。试验结果表明，采用这种喷洒菌液的方法来强化制曲能取得较好的效果，并指出该强化制曲工艺特别适合于气温干燥、不易上霉的北方地区。

王晓丹等采用高酯化力的红曲霉FBKL3.0018强化制青酒大曲，探究出最佳制曲工艺条件是原料配比为小麦50%、大麦40%、豌豆10%，接种量10g/kg，加水量40%，最高温度55℃，培养时间25~28d。大曲贮藏使用期2~3个月。

强化曲的入房培曲过程也与普通曲有差异。由于强化曲接入纯种优良功能菌，曲坯微生物生长活跃，所以来火快、散热大。有文献称，强化曲入房20h，品温就能升到40℃左右，比传统曲升温快10多个小时。因此，为了方便控温，曲块排放间距需要适当加大，应及时翻曲，并且严格控制曲房温度和湿度，防止曲块表面失水过大，造成干皮、窝心，同时注意适当降温，其方法与普通曲基本一致。

刘群等对中温强化大曲进行研究，指出强化曲摆放间距要比传统曲大2cm，入房温度在20℃，而后在33h左右需进行第一次翻曲，整个制曲时间30d，控制最高温度在45℃以下。丁超成等也有类似研究，并指出对于加入的嗜热产香细菌，曲温可提高2～3℃，并适当延长高温时间，以保证其生长，促进生香。

（四）结语

强化曲在酿酒生产中的应用取得了良好的效果。优良菌株的接入，抑制了杂菌生长，提高了糖化力、发酵力。用强化曲酿酒，成品酒杂味较少，酒质有所改善。同时，强化制曲可以缩短前期培曲时间，因此特别适合气温较低的地区和季节制曲。强化曲的使用也存在弊端，比如大曲的生产是多维发酵，强化大曲若接入的纯种菌株较多，酒质虽然纯净了，但也失去了大曲酒的独特风味。所以，强化曲的使用也需慎重。另外，在强化曲性能上，许多研究片面追求糖化力、发酵力或酯化力。事实是，并非糖化、发酵力越高，酒曲质量越好。所以，如何在强化制曲过程中，使糖化、发酵、生香达到协调强化，各有益菌株均能发挥各自的作用才是关键所在。这也是未来强化曲研究的重点和方向。

［《酿酒科技》2015（9）：98-101］

六、有关大曲工艺机械化问题的看法

（一）大曲是一种粗酶制剂

大曲是我国传统的一种酶制剂，没有提纯，为复合酶体系，全部酶系载荷在原料上，原料是酶系的载体，有良好的酶活性。这种酶制剂广泛应用在白酒的生产中，借以制出我们喜爱的大曲酒。

应用大曲酿酒，主要目的是应用它的发酵化学性能，也就是应用其糖化酶来把淀粉转化为糖分，应用其酒化酶来把糖分转化为酒精。同时，大曲也混杂有其他多种微生物的分解代谢产物，因而使大曲酒能够具有特殊的香气和口味。

历来的经验告诉我们：酿好酒，做好醋，要好曲。曲是酿酒做醋的生化动力，没有曲，就做不出酒，也做不好酒。

我国的著名白酒如贵州茅台酒55°、山西汾酒65°、四川泸州大曲酒60°、陕西凤翔西凤酒65°、四川宜宾五粮液60°、四川成都全兴大曲酒59°、安徽亳县古井贡酒62°、贵州遵义董酒60°以及山西老陈醋（清徐老醋），目前仍都是用优良大曲进行酿制的。

1. 大曲微生物

以汾酒大曲为例，汾酒大曲系用大麦、豌豆和井水为原料经专业队伍（杏花村的制曲队）或专用机器（汾酒厂的踩曲机）踩成大方砖形的曲块，入房保温保湿，完成培菌过程，再进行贮藏养曲，然后制成大曲。

汾酒大曲为我国传统曲种之一。汾酒大曲中的微生物，来源于自然界中的霉菌、酵母和细菌等，种类较为复杂。

制曲工艺不同（主要指曲室内的培菌工艺），其出房大曲品种亦不相同，因此汾酒大曲大部分为清茬曲、后火曲和红心曲三种。红心曲，一般又称高温曲。制造汾酒大曲，不加任何曲母（这与茅台大曲不同）。

汾酒大曲的微生物，主要来源于：曲房空气、制曲用具、大麦和豌豆原料、谷糠和芦苇等材料；有时，人的双足、双手也成为接种微生物的有效媒介。通过三种大曲在制造和贮藏过程中进行的主要微生物的比例计数和分离鉴定工作，证实了上述论断。

（1）汾酒大曲主要微生物的种类

犁头霉属（*Absidia*）：分布最广，数量最多，耐高温，有较强的液化酶、糖化酶及蛋白酶，约为黄米曲霉群的1/4～1/3。

根霉属（*Rhizopus*）：有较强的液化酶和糖化酶。

黄米曲霉群（*Aspergillus flavo-oryzae* group）：具有极强的糖化力和蛋白质分解力。

黑曲霉群（*A. niger* group）：同上。

拟内孢霉属（*Endo mycopsis*）：无产酒能力，是曲坯“上霉”的主要微生物，生长初期微有香气，耐高温。

红曲霉属（*Monascus*）：糖化酶较微弱。

毛霉属（*Mucor*）：蛋白酶强，糖化酶中等，发酵率较低。

酵母属（*Saccharcmyces*）：产酒力强，温度不宜超过26℃。

假丝酵母属（*Candida*）：有产酒能力，生长温度可达40℃以上。

芽孢杆菌属（*Bacillus*）：有一定的糖化酶，很强的液化酶和蛋白酶。能生成多量醋醯及微量双乙酰。

醋酸杆菌属（*Acetobacter*）：使酒醅生成醋酸。

乳杆菌属（*Lactobacillus*）：使酒醅生成乳酸。

大肠杆菌群（Escherichla group）：革兰阴性，无芽孢杆菌，除污染酒醅外，对酿酒的关系不明。

（2）汾酒大曲主要微生物的来源　霉菌，由曲房空气、谷糠、芦苇、席片等辅助材料中接种；酵母和细菌，由制曲原料（即粉碎的豌豆和大麦）中带来。曲房空气中的微生物，主要是犁头霉、根霉和黄米曲霉；拟内孢霉是曲坯“上霉”的主要微生物。原料、材料及曲房空气都是来源。

芽孢杆菌主要来自原料和曲房空气；除芽孢杆菌外，通常细菌很少。

制曲原料中带入的微生物是以酵母为主，同时也存在一定数量的细菌。

由谷糠、席片、芦苇分离到的微生物种类比较接近，以犁头霉、根霉、拟内孢霉为主。

这种分布情况，是与微生物的习性有关。霉菌多生孢子，易于飞扬，可以在营养条件较差的情况下生存；酵母及细菌通常是在淀粉、糖分和蛋白质等营养较为丰富的情况下生存。

（3）大曲培养过程中主要微生物的消长　以同样的方法采取曲坯样品，在入房、干火前期、出房以及贮曲过程中每月取样一次，分别培养在酵母、霉菌、细菌或红曲各类的典型的培养基上，然后分别计算各种微生物的总数，求出一个大致的相对的菌种数量的消长情况。

酵母属：从入房到干火前期，曲坯中有大量酵母繁殖，生长最多；曲坯出房以后通过贮曲过程，酵母数量随贮藏时间的进展而减少。在制曲过程中，如果天气渐冷，酵母就减少出芽增殖，而形成子囊孢子，以抵抗不良环境。在大曲中的酵母数量，有多有少，很不规律。

汉逊氏酵母属（*Hansenula*）：从入房至干火前期，为数最多；经干火高温以后，逐渐被抑制。产酒力较强，同时生成酯类物质，最高温度不宜超过38℃。出房后，有时形成礼帽形的子囊孢子。贮藏一月，在清茬曲、后火曲中，汉逊氏酵母繁殖又较多，但红心曲则否。

假丝酵母属：高温对假丝酵母的抑制作用很小，从入房到出房，大曲中假丝酵母有明显的增长；贮藏两个月以后，因温度和水分不适宜，假丝酵母又剧烈减少，如从出房的1000万个降至1000个以下/g干曲。通常7月踩制的大曲含假丝酵母较多，8、9月的大曲，含假丝酵母较少。

拟内孢霉属：它们是大曲“上霉”的主要微生物，耐高温，抗干旱，在干燥的曲坏上，可由菌丝断裂形成裂生子（*Athrosporos*），在大曲出房时，为数最多，贮曲以后，则日趋减少。

犁头霉属：由入房至干火前期，菌丝生长最多，由气生菌丝生成孢子囊，洋梨形，内藏孢子；由出房到贮曲1个月，有时繁殖又增多，以后则减少。

曲霉属：成曲出房时曲块断面上的黄色斑点，说明已经完成生长分生孢子阶段。在干火前繁殖最多，干火期的高温，对清茬曲的曲霉属影响不大，仍能继续繁殖，使生长和繁殖（产生分生孢子）阶段结合起来，在出房期形成最多。后火曲和红心曲的干火期品温较高，曲霉繁殖受抑制。

曲霉的计数，因大曲样品不同而差异很大，尤以金黄一条线曲的样品，含曲霉最多。

根霉属：在制曲过程中的干火前期生长最多，贮曲 1 个月以后渐趋稳定。

红曲霉属：在干火期受高温抑制不显著。出房至贮曲 1 个月，已经生成大量的子囊孢子数量最多。通过继续贮曲，数量逐渐减少。“晾红心”即是红曲霉的体外色素染成的曲色。

细菌类：制曲入房时，主要为细菌，至干火前期，芽孢杆菌的数量剧增。通过干火期的高温，淘汰了部分乳杆菌，所以成曲出房至养曲阶段，芽孢杆菌仍然很多，其他为乳球菌、四联球菌等。贮曲 3~4 个月以后，芽孢杆菌逐渐减少。大曲贮藏 3 个月以后，细菌很少。醋酸杆菌主要存在于干火前期，成品曲中极少（表 1-15）。

表 1-15　　三种大曲的主要微生物及其数量

曲种	酵母菌/(100 个/g 干曲)	汉逊氏酵母菌/(100 个/g 干曲)	拟内孢霉/(100 个/g 干曲)	犁头霉/(10000 个/g 干曲)	曲霉/(10000 个/g 干曲)	根霉/(10000 个/g 干曲)
清茬	6.76	3.06	5387	583	262.73	17.36
后火	11.50	43.15	4330	970	61.47	8.63
红心	58.8	8.41	5190	684	165.36	12.73

注：贮藏 3 个月的大曲，由三轮大曲求平均值。

综观表 1-15 可知，酵母菌以红心曲为最多，清茬曲为最少；汉逊氏酵母以后火曲为最多，清茬曲为最少；拟内孢以清茬曲为最多，后火曲为最少；犁头霉以后火曲为最多，清茬曲为最少；曲霉以清茬曲为最多，后火曲为最少；根霉以清茬曲为最多，后火曲为最少。

2. 大曲酶活性

制曲的目的，主要是利用酶类的生化性能，使它变成我国独特形式的一种酶制剂。具体说来，就是制造大曲白酒的糖化剂和发酵剂，也就是利用它的酶活性。大曲的质量指标，应取决于大曲的生化指标。

汾酒酿造用的清茬曲、后火曲和红心曲三种大曲的酶活性，主要取决于大曲微生物的菌种和数量的关系，也受到大曲贮藏期和外界环境条件变化的影响。

现就液化酶的液化力、糖化酶的糖化力、蛋白酶的蛋白质分解力、酒化酶的酒精发酵力来说明大曲的酶活性。

清茬曲、后火曲、红心曲各有其优点。

根据实际观测可知，清茬曲的液化酶、糖化酶和蛋白酶要高于后火曲和红心曲。后火曲的发酵率要高于清茬曲和红心曲，后火曲通过中型酿酒生产试验的原料出酒率亦最高。红心曲的蛋白酶略高于后火曲，接近清茬曲。

三种大曲的酶活性（除糖化酶外）总的差别并不显著。在大曲的液化酶、糖化酶和蛋白酶差别不太悬殊的情况下，应首先选择发酵力强的大曲作为酿酒用曲，使其能够符合在较长的发酵周期内达到“前缓、中挺、后缓落”的发酵工艺要求。汾酒大曲发酵力最强的时候，是在贮曲 1~2 个月时期（表 1-16）。

表 1-16　　三种大曲的酶活性比较

曲种	液化酶/(U/mL)	糖化酶/(U/mL)	蛋白酶/(U/mL)	发酵率/%
清茬	1.94	979	16.33	76
后火	1.31	975.5	16.07	87
红心	1.34	974.5	16.60	84

注：贮藏 3 个月的大曲，由三轮大曲求平均值。

综观表1-16可知，清茬曲的液化酶和糖化酶高于后火曲和红心曲；蛋白酶三者相近；后火曲和红心曲的发酵率高于清茬曲。

3. 结论

汾酒大曲各类微生物在干火期培养有部分死亡，除酵母属、假丝酵母属、黄米曲霉群及多数细菌以外，大部分霉菌和汉逊氏酵母等在出房时又有增殖的现象。汾酒大曲贮藏以后，因贮藏时间越长而菌类死亡越多，可避免在发酵过程中前火猛，减少酒醅的总酸度。

汾酒大曲贮藏以后，液化酶、糖化酶及发酵率等都有降低，因此，伏曲贮曲时间不宜过长，以通常不超过3个月左右较好。伏曲踩制时间，以8、9月较好，7月的大曲并不算好。通常以曲皮比曲心糖化酶高，而曲心比曲皮发酵率高。后火曲出房后，含有较多的汉逊氏酵母，通过贮藏4个月以后，有明显的减少。所以选用后火曲酿酒，以贮曲时间稍短较好。

将清茬、后火和红心三种大曲分别制造，混合酿酒，对糖化和发酵，可以取长补短，且能提高产量与质量。若适当增加后火曲的比例，预计效果更好些。

（二）大曲也是一种酿酒原料

1. 大曲的主要化学成分

以汾酒大曲为例。大曲原料大麦和豌豆，在培菌制曲过程中，并未全部消耗完毕，大曲中仍保留有可发酵的糖分（单糖类、双糖类、多糖类），这些物质都可与高粱原料一起发酵成为酒精。根据实例，得知清茬曲、后火曲及红心曲的主要化学成分略有差异。如表1-17~表1-20所示。

表1-17　　清茬曲

分析项目	出房时	贮藏6个月
水分/%	18.29	11.85
总酸度/(mg/100g)	7.54	4.80
还原糖/%	0.83	0.38
粗淀粉/%	53.09	53.53
总氮/%	3.67	—
蛋白态氮/%	3.09	3.11
氨态氮/%	0.25	—
氨基酸态氮/%	0.21	0.18

表1-18　　后火曲

分析项目	出房时	贮藏6个月
水分/%	17.40	11.00
总酸度/(mg/100g)	6.06	4.41
还原糖/%	0.48	0.26
粗淀粉/%	55.70	54.49
总氮/%	4.15	3.84
蛋白态氮/%	3.27	3.32
氨态氮/%	0.26	1.19
氨基酸态氮/%	0.16	0.19

表 1-19 红心曲

分析项目	出房时	贮藏 6 个月
水分/%	16.80	12.00
总酸度/(mg/100g)	6.50	4.45
还原糖/%	0.66	0.29
粗淀粉/%	52.72	54.08
总氮/%	3.54	—
蛋白态氮/%	2.65	—
氨态氮/%	0.23	—
氨基酸态氮/%	0.16	0.14

表 1-20 三种大曲的主要化学成分比较（贮藏 3 个月的大曲）

曲种	水分/%	总酸度/(mg/100g)	还原糖/%	粗淀粉/%	总氮/%	蛋白态氮/%	氨基酸态氮/%	氨态氮/%
清茬曲	13.20	5.25	0.41	53.20	3.26	2.79	0.17	0.16
后火曲	13.00	5.24	0.38	53.00	3.29	2.83	0.18	0.14
红心曲	13.45	5.52	0.40	53.10	3.22	2.64	0.15	0.11

从分析结果可以明显地看出，大曲非但可以出酒，并且是微生物最好的培养基。50%以上的粗淀粉以大曲的形式投入发酵池中，当然会和高粱一道逐步变成酒精。

2. 吨酒粮耗、吨酒曲耗和吨曲粮耗

这三个技术经济指标，应该同时计算，作为衡量酿酒技术水平和生产成本的主要依据。兄弟厂彼此竞赛也应该比这三个指标。

名白酒是用粮食酿制的，由于酿酒工艺有差别，所以吨酒粮耗、吨酒曲耗、吨曲粮耗也有出入。

汾酒的吨酒粮耗，1971 年 2.275t，1972 年 2.272t，历史最低 2.203t；吨酒曲耗，1971 年 0.485t，1972 年 0.477t；历史最低为 0.43t；吨曲粮耗，1971 年 1.25t，1972 年 1.25t。

西凤酒的吨酒粮耗，1971 年 2.519t，历史最低 2.435t；吨酒曲耗，1971 年 0.591t，1972 年 0.546t，历史最低 0.442t；吨曲粮耗，1971—1972 年各 1.33t。

茅台酒的吨酒粮耗，1971 年 4.66t，1972 年 5.129t，历史最低 4.4t。

五粮液酒的吨酒粮耗，1971 年 2.563t，1972 年 2.71t，历史最低 2.51t；吨酒曲耗，1971 年 0.613t，1972 年 0.64t，历史最低 0.613t；吨曲粮耗，1971 年 1.25t，1972 年同。

泸州特曲酒的吨酒粮耗，1971 年 2.13t，1972 年 2.14t，历史最低 2.06t；吨酒曲耗，1971 年 0.47t，1972 年 0.44t，历史最低 0.43t；吨曲粮耗，1971—1972 年，各 1.17t。

安徽亳县古井贡酒的吨酒粮耗，1971 年 2.403t，1972 年 2.407t，历史最低 2.27t；吨酒曲耗，1971 年 0.62t，1972 年 0.65t，历史最低 0.577t；吨曲粮耗，1971 年 1.3t，1972 年同。

遵义酒厂出产的董酒吨酒粮耗（高粱），1972 年 2.59t；其用曲量为小曲 0.5%，大曲 10%，吨酒曲耗可由此算出。

四川古蔺郎酒厂出产的郎酒吨酒粮耗，1971—1972 年，各 5.5t；吨酒曲耗，1971—1972 年，各 5.5t；吨曲粮耗，1971—1972 年，各 2.5t。

各个名白酒的吨酒粮耗、吨酒曲耗，彼此出入很大，的确是各有千秋。可知开展科学研究，大有文章可做。

3. 茅台酒厂的加曲酿酒法

茅台酒的酿酒法，既不同于山西汾酒（清楂法），也不同于泸州大曲酒（续糟法），而是带有小曲法酿酒特点的独特方法，我们称之为“加曲酿酒法”。经过微生物初步分解以后的曲，是更好的酿酒原料。

据蹲点同志的现场观察，以前每次投料蒸粮取酒达 8 次，在生沙（高粱经破碎后投第一次生产的称呼）、糙沙（第二次生产，添加一半的新原料）中泼入大量的次品酒（尾酒），以酒养糟，发酵周期约 1 个月，整个大周期达 10 个月之久。

茅台大曲因制曲时温度高，故名高温曲。为了使用高温曲，乃采用了小曲酒法的操作，加曲后，收堆培菌，称为堆积发酵。在堆积下窖时，一边入窖，一边泼尾酒，其用量为原料 2%以上。密封发酵在 30d 以上。开窖蒸酒，采用老式天锅，流酒温度为 50~60℃。酒糟加曲后，再依法酿酒。如此轮流进行，可到轮八次以上。第一、二次为生沙酒和糙沙酒，带有生涩味；第三、四、五次为大回酒，质量较好；第六次为小回酒，质量次之；第七次为枯糟酒，第八次为丢糟酒，糟味较重。常将第一次和最后一次蒸出的酒作为酿酒原料而回入生产。

（三）制造大曲的工艺

以典型的汾酒大曲为例，介绍其从人工到机械化的发展成就：

1. 工艺流程

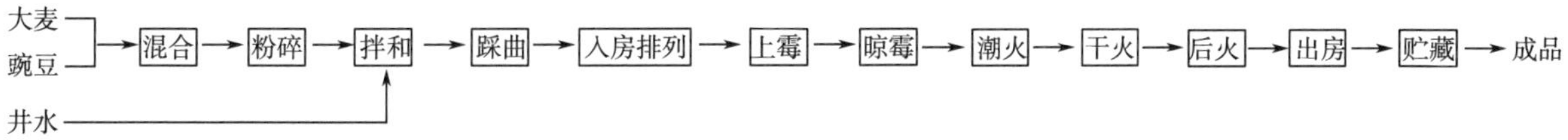

大麦、豌豆 → 混合 → 粉碎 → 拌和（← 井水） → 踩曲 → 入房排列 → 上霉 → 晾霉 → 潮火 → 干火 → 后火 → 出房 → 贮藏 → 成品

（1）专业术语

①上霉：上霉是培菌制曲的第一阶段，让曲坯表面生长白色斑，称为上霉，俗称“生衣”；此斑点主要为拟内孢霉的菌丝体在曲坯上发育，开始向曲面露头，“生衣”有利于保持曲坯的水分。

②晾霉：晾霉是培菌制曲的第二阶段，因微生物生长繁殖，品温逐渐升高，为了降低温度而进行晾霉。晾霉降温，可以减弱曲坯表面霉菌的继续生长，避免形成厚皮曲坯，影响大曲质量。

③潮火：潮火的“潮”，是指湿度大，“火”是指温度高。潮火期最高温度可达 48℃。据曲师经验，认为潮火期是高温排水，可使曲坯酶活性增强，有利于原料的降解，空气的上升（通风）。

④干火：干火又称“大火”，实际较潮火期温度略低。一般干火期温度为 44~45℃，这时，对耐温较低的菌株将部分地被淘汰。

⑤后火：后火是制曲的最后一个阶段，实际是“干火”期的继续，最高温度在 35~38℃。

⑥贮曲或贮藏：汾酒厂踩制的大曲，从生产上要求存放一段时间才能使用，称作贮曲。贮曲，在历史上认为需半年左右，可使出房的成曲自然干燥。贮曲试验证明，以贮藏 3 个月左右较好。

（2）制曲原料和材料　为了制造良曲，必须选择原料，加以适当配比，让微生物充分繁殖。因大曲中微生菌种复杂，微生物酶种亦复杂；由于这些酶种的作用，在酿酒过程中生成了不同种类的芳香组分和口味组分，最后遂使成品酒具有独特的风格。

汾酒大曲所用的原料，主要为大麦、豌豆和井水，同时使用谷糠和芦苇为“材料”。

①大麦：大麦为汾酒大曲的主要原料，占制曲原料总量的 60%，与高粱相比，约占汾酒酿造原料的 11.7%，故大麦用量较多。

制曲大麦外观为淡黄色、有光泽、颗粒整齐、密度大、芒较少、不霉烂、夹杂物少；每千粒重平均为 29g（表 1-21）。

表 1-21　　大麦的主要化学成分　　单位:%

化学成分	干基
水分	11. 2~12. 9
还原糖	0. 04~0. 09
粗淀粉	66. 57~66. 69
总氮	2. 10~2. 21
乙醚抽出物	2. 02~2. 29
灰分	2. 91~3. 50

制曲大麦的化学成分指标。要求水分<13%，粗淀粉>66. 5%，总氮>2. 0%，灰分>3. 5%。

②豌豆：豌豆皮柔薄，淀粉充足，总氮含量较高，因黏性重，故为汾酒大曲的主要黏和原料，有利于与大麦原料混合制曲。

制曲豌豆外观上可分为白皮和绿灰皮两种，颗粒为圆形，以干燥、饱满、整齐、肥大、无皱纹和虫蛀等为上品。每千粒重平均为 115g（表 1-22）。

表 1-22　　豌豆的主要化学成分　　单位:%

化学成分	干基
水分	11. 30~11. 45
还原糖	0. 05~0. 08
粗淀粉	55. 12~56. 15
总氮	3. 59~3. 78
乙醚抽出物	1. 91~2. 00
灰分	2. 12~2. 56

制曲豌豆的化学成分指标，要求水分<12%，粗淀粉>55%，总氮>3. 5%，乙醚抽提物约 2%，灰分<3. 0%。

③井水：井水为制造汾酒大曲的主要原料之一，又为曲料的掺和剂及良好的溶媒。

制曲用水要求与酿酒用水有共同的条件，水量大、水质良（溶解物少）和温度低。

酿酒用水的要求，应符合于饮料用水的标准。无色透明、无臭气、微甜、爽口、溶解物少、不混浊，煮沸后很少产生沉淀者为佳。井水的水质分析如表 1-23 所示。

表 1-23　　井水的水质分析

项目	古井亭水	新井水
色	无色透明	无色透明
味	无味	无味
pH	7. 9	7. 9
总硬度（德国标准）	34. 6	14. 6
固形物/(g/L)	1. 42	0. 63
亚硝酸根离子/(mg/L)	0. 59	痕迹
硝酸根离子/(mg/L)	14. 3	6. 31
氯离子/(mg/L)	123	42. 1

续表

项目	古井亭水	新井水
硫酸根离子/(mg/L)	365	112
碱度/(mg 当量/L)	10.9	6.4
钙离子/(mg/L)	111	31.8
镁离子/(mg/L)	95.2	44.2
铁离子/(mg/L)	0.038	0.060
氨离子/(mg/L)	0.064	0.20
钾+钠离子/(mg/L)	202.4	111.1

从分析结果看来，各种新鲜井水都可用于制曲。

④谷糠、芦苇：汾酒大曲使用谷糠和芦苇为材料。谷糠用来撒于排列曲坯的地面上，作为垫料，要求新鲜、干燥和无霉烂现象。制曲时，每房每次需用谷糠约 20kg，可连续使用。芦苇用来隔离曲坯，要求杆长而坚硬，每房每次制曲使用约 1100 根。

(3) 原料输送与粉碎设备

①设备流程：大麦和豌豆原料，在制曲以前，必须经过粉碎。其输送及粉碎是通过一套机械设备完成的。

大麦和豌豆先按 6∶4 的配料比混合，然后由斗式提升机提升，送入振动筛选机内，除去原料中的石粒、尘土和金属等杂物。除杂后的原料由提升机输入钢板磨内，粗碎成瓣，又由斗式提升机送入粉机内，被磨粉机内第一对辊子磨成较粗的粉，后由提升机送进振动筛内过筛，分成粗、细两级。其中较粗的面粉由提升机输入贮仓，不再粉碎；而另一部分的细粉，为了达到一定的粉碎度，又回入磨粉机内，由第二对辊子进行细磨，这部分细粉再由提升机与粗粉混合，输入贮仓。

②提升机：由于厂房条件的限制，原料处理设备不得不安装在一个平面内，因此原料只得分几次通过机械提升，输入各设备内进行处理。在粉碎流程中，原料是由 5 台提升机来完成整个送任务的。

③振动筛：该设备由振动筛和鼓风机组成，物料借助于倾斜筛面的振动进行筛选。其中，比较大的杂物被筛析出去，而轻的杂质皮壳和灰尘等则被鼓风机的气流吸出。在振动筛出料口处装有磁性除铁器，振动筛孔系圆形，直径 10mm。

④钢板磨：该设备由加料斗和钢板磨组成。其作用是通过两块相对运动的磨板，把整粒的原料，主要是豌豆破碎成瓣，以便磨粉机细磨和提高效率。

⑤磨粉机：磨粉机为四个辊子的粉碎设备，辊面有斜纹。第一对辊子间距较大，第二对辊子间距较小，两对辊子均可通过调节间距而达到要求的粉碎度。制曲原料的粉碎，夏季要求细粉占 50%，冬季细粉占 55%；春、秋季细粉为 53%~55%。凡能通过 0.6mm 筛孔再为细粉。磨粉机每小时粉碎能力为 0.875t 原料。大曲原料输送和粉碎机械，由两台 20kW 的电动机带动。

⑥振动筛：制曲原料要求粗细粉有一定的比例，因此磨粉机第一次磨碎的原料经振动筛分成粗细两部分，其细粉再回入磨粉机内进行粉碎。振动筛规格约为 30 孔/cm^2。

(4) 人工踩曲工具　在人工踩曲时期，汾酒大曲所用的工具是比较实用的。

①拌和锅：拌和锅又称和面锅，系用铸铁制成。其直径 68cm，深 20cm。锅放在一木架上。由人工初步拌和曲料。

②和面机：和面机又称揉面机，机内有两个搅拌装置，均起搅拌揉面作用。第一次搅拌轴由 3 对带齿的叶片组成。将人工初步拌和的面团投入和面机以后，首先进行第一次机械搅拌，然后落入和面的主体圆筒内（内装有一个带许多粗铁齿的搅拌轴），又经第二次机械搅拌，可将制曲原料拌和揉扭得更均匀。和面机由一台 4.5kW 的电动机带动。

③曲模：汾酒大曲踩制成型的工具称为曲模，用木料制成。曲模大小为28cm×18cm×5.5cm。

④踩曲用石板：人工踩曲是在圆形的红沙石板上进行的。石板直径为58cm，厚5cm，共计12块，排列成弧形。

⑤运曲坯小车：小车为双轮手推车，用木料制成。将踩制好的曲坯用此车送进曲房，每车可装曲坯30块。

（5）培曲房　培养大曲微生物的专用房间称为培曲房。培曲房为砖木结构的平房，每间曲房长9m，宽6.5m，高3.5m。两面开窗，每房6个窗户，每面的采光面积为3.12m^2。屋顶设有通风气孔，便于调节室内温度。制曲过程中，曲房通风量的大小，可根据需要改变开窗的通风面积来任意调节。每间曲房内有暖气设备，供冬、春季制曲保温用。每次每房可容曲坯3000~4000块。

（6）贮曲房　贮藏大曲的专用房间称为贮曲房，系凉棚式。贮曲房亦为砖木结构的平房，全长57m，宽9m，三面共开拱形门35孔，每孔宽2.6m，高2.6m。每轮成曲出房后，依出房时间堆放于贮曲房内，保证曲块不受日晒雨淋，但能在通风良好的条件下，任其自然干燥，不致因受潮而霉烂。

2. 踩曲以前的工序

仍以汾酒大曲为例。

（1）原料处理

①原料的混合：汾酒大曲的制造，是利用自然界微生物在大麦和豌豆等原料上得以充分生长繁殖，产生多量的酶供给酒醅的糖化发酵。为了达到制曲的目的，必须注意制曲原料中营养丰富、水分恰当和温度适宜。

制曲原料中，大麦皮多，黏性小，疏松；压块后间隙大，上火猛，后火快，水分和热量散发亦快，不能使微生物充分繁殖而获得多量的酶。豌豆皮薄，黏性大；压块后，水分和热量不易散失，亦不利于微生物的充分繁殖而获得多量的酶。因此，大麦和豌豆必须按一定的配比进行混合，才能达到制造良曲的目的。

冬季制曲，大麦为65%，豌豆为35%。夏秋季制曲，大麦为60%，豌豆为40%。大麦、豌豆分别称重，按重量比例进行混合。混合时，先在配料间的地面上撒一层大麦，然后在大麦上撒一层豌豆，如此类推，直至每次配料量7500kg用完为止。最后搅拌一次，力求混合均匀。

②原料的粉碎：大麦和豌豆的粉碎，主要利用磨粉机。原料先经过一座振动筛，每分钟振动800~1000次，尘埃由原料进口处的吸尘机吸出。振动筛的筛孔为圆形，直径10mm。除尘的原料通过振动筛时，粗大的夹杂物留在筛面上被分离出来；另在振动的出口处装有磁力分离器，使铁钉等可被吸住。从振动筛流出的是清净的原料。清净的原料再送进钢板磨，使豌豆磨碎成碎瓣，以免整粒豌豆在以后的磨粉机中的转轮上跳动，不受辊子的磨碎作用。粗碎原料选入磨粉机后，先由第一对钢辊磨成粗粉，再经第二对钢辊磨成细粉。自第一对钢辊流出来的粗粉，其中含有一部分较大的皮质，为了保持曲坯有足够的坚韧性，不致容易破裂，在进入第二对钢辊以前过筛，将这部分皮质分离出来，然后使去皮粗粉再与第二对钢辊流出来的细粉混合为制曲粉。磨粉机生产能力为850~860kg/h，其粉碎程度为通过0.3mm筛孔孔径占35%~40%，其余体积如小米粒状。

制曲原料粉碎粗细与大曲质量有密切关系，若原料粉碎过粗，曲坯空隙大，培菌升温快，落温亦快，水分和热量散失也快，不利于曲坯表皮上霉。若原料粉碎过细，曲坯空隙小，黏性大，水分和热量不易散发，易造成酸臭味的坏曲，所以粉碎度要适当（表1-24）。

表1-24　制曲原料的粉碎度（以筛孔直径为准）　单位：%

踩曲轮次	大于5mm	大于2.5mm	大于1.2mm	大于0.6mm	大于0.3mm	大于0.15mm	小于0.15mm
第一轮	0.18	6.50	0.80	30.50	23.37	17.30	16.35
第二轮	0.04	4.82	1.68	23.00	31.40	19.77	19.29

（2）踩制曲坯　人工踩制曲坯，分“拌和”与“踩曲”两道工序。

①拌和：在制曲原料中加水拌和，俗称“和面”。其加水量按每种大曲的工艺要求而不同。例如：

踩清茬曲，每 100kg 原料，加水为 48kg；

踩后火曲，每 100kg 原料，加水为 49kg；

踩红心曲，每 100kg 原料，加水为 50~51kg。

一般踩曲，每 100kg 原料，加水为 48~52kg。

踩曲用水为清洁井水，夏季用凉水，水温 15~18℃；冬季用温水，水温 30~35℃。在和面锅中，先加水 1 桶，后加料 1 斗，用双手将水和料拌和，拌和后，将湿料推入面机中，进行机械搅拌，使其充分混合。再将其推出于地面上，由拌面者用木掀翻拌，达到水分分布均匀、无干面、无疙瘩、全体已松散，手握能成团。

②踩曲：将拌和的制曲原料，用人工踩制成曲坯。曲坯踩得松紧和软硬，对培菌过程中温度和水分的变化有直接的关系，最后影响大曲的质量。因此踩制曲坯，要求饱满坚实，四角整齐，表面光滑，软硬一致。每天踩曲一房，夏、秋季一房为 3200~3600 块，冬、春季可达 4000 块，共需用曲料 7600~8600kg。每天踩曲工人为 30~35 人。装模者先将曲模平放在地面上，用双手取适量拌和好的曲料装入模内，用力踩三脚，将曲料踏紧不脱模，传给踩曲者进行踩曲。

踩曲班子是由 12 人组成，排列为半圆形的队伍，每人足下有一块石板，第一人接过装好曲坯的曲模，放在石板上，用光脚踩之，踩完后翻转曲模，传给第二人如法踩紧，依次传至末尾。每人每块曲坯踩 9~11 脚。踩曲的方法，是把两脚分为八字形，先踩模的四角和两边，后踩模中间。踩的程序是分三道进行的，开始 1~5 人为头道；6~8 人为二道；9~12 人为三道。头道是以足跟用力踩紧；二道不但以足跟用力踩紧，还要以铁铲铲平，把多余的曲料铲去；三道是全足用力踩，且踩且转，踩平、踩紧、紧光，踩完后传给开曲者。

开曲者接过曲模，把曲坯开出，立于石板上，用手抹光，并检查其质量；合格曲坯传给运曲者，不合格曲坯退回重踩。运曲者将曲坯装上手推车，运进培曲室。踩成的曲坯，必须“四角整齐，表面光滑，软硬一致，饱满坚实”。每块曲坯平均重量为 3.55~3.60kg。

3. 踩曲机的试制和应用

依照传统习惯，培制大曲，历来就是笨重的手工操作，尤其是踩曲这一工序，更是用人多，费力大，车间曲尘满天飞，卫生条件很差。改变这种人工制曲工艺，正是制曲工人盼望已久的。

山西杏花村酒厂，曾对机械踩曲下了一番研究功夫。该厂参观和学习了兄弟工厂有关机械制曲的先进经验，结合汾酒厂的具体情况，自行研究设计，自行加工制作，研究试制成功了一部踩曲机。沿迄今，两年多来，证明踩曲性能良好。1973 年 7 月，在全国名白酒技术协作交流会议上，曾现场参观了这一部机器。在踩曲机试车过程中，也遇到过不少困难。例如，曲料的加水，忽大忽小；料面的喂送，或多或少，往往不够均匀；曲块挤压成型不实，曲面料黏附曲模不脱等。该厂边试车，边改进，终于在 1971 年 2 月试制成功，并投入生产应用。

现在，踩曲机经过两年多的实际运转，证明所制大曲，完全符合质量要求。由于这一部踩曲机的应用，就适当地减少了踩曲人员（过去都属季节工），并大大地减轻了体力劳动强度，颇受各方同行的欢迎。这一套制曲设备，大体上包括三个部分：一是曲料运输部分，二是水面混合部分，三是压制成型部分。

（1）曲料运输与水面混合机构

①工作程序：将制曲面料搅拌均匀，运至压曲房，通过定量供面器和定量供水器，按一定比例的面和水连续送进搅拌机内，搅拌均匀后，送进压曲工序。

②设计依据：曲面比重：$1m^3=510kg$，$1dm^3=0.51kg$

曲面和水的重量比：曲面 5~6kg，水 2.5~3kg。

曲面和水的体积比：曲面 $12dm^3$，水为 $2.5dm^3$。

③结构特征：曲坯要求水分一致。一定量的曲面和水搅拌均匀是一个关键，这部分的机械结构主要由提升机、定量供水器、定量供面器和搅拌机组成。搅拌机是由螺旋搅轮机和桨叶搅拌机两组机件组成，转速为347、487r/min，能使面和水充分接触搅匀，并且不黏附起来。

④运转操作：大曲原料按比例配好、粉碎后，集中在曲面贮藏室。由电动机带动运输部分的机件，依规定速度运转。曲面经斗式提升机送到上方的螺旋运输机内，再送进第一次定量曲面槽内；多余的曲面经过下方的螺旋运输机，仍退回到曲面贮藏室。

定量曲面槽内的曲面，通过下边的开口，进入第二次定量曲面给粉器内。曲面给粉器将曲面均匀地、连续不断地送入水面混合槽内。自来水流进定量水槽，多余的水，则由槽旁溢水管流入下水道。一定量的水经过一个升降阀门定时地进入贮水槽内，再由槽下部的管道把水慢慢地加到水、面混合槽内。经过刮板式绞笼将水和曲面混合均匀，再由齿式疙瘩耙把疙瘩打碎。然后进入三角贮斗中。再经运输槽内的运输带，将曲料送到压曲机上。

（2）压曲机构

①工作程序：曲料装入曲模后，经9个铁锤打压，最后压制而成曲坯。

②设计依据：链条负荷计算：采用60号（3/4″）罗拉链，其极限拉力为37781N。

a. 链条负荷分配

链条自重	长10m，约980N
曲模自重	3188N
曲面重	368N
水重	191N
黏力	1472N
传动扭力及其他不利因素	981N
合计	6398N

b. 链条利用率：19.5%。

③结构特征：压曲机部分，其主要功能是通过铁锤压制曲料，成为曲坯。为了防止曲料黏附在铁锤上，在锤底有小孔，锤孔外面包上二层毛巾和二层白布，锤内灌注的水，乃由小孔流出，使布潮湿，不黏附曲料，而使曲坯表面光滑平整。

④运转操作：电动机带动压曲机运转。由运输带送来的曲料，可自动地装进曲模内；曲模由链轮和链条的带动，在托板上滑行，按顺时针方向围绕压曲机前进，每到一定的位置，由踩曲脚压一下。踩曲脚齿轮带动拉杆，拉杆拉动大梁下移，大梁压迫弹簧，从而把压力传到踩曲脚上，而把曲模里的曲料逐步压实。每块大曲踩压8下即成砖块形。最后，由第9只踩曲脚把曲块从曲模内压出，曲块于是落到运输带上，横向送出机身，另由人工逐块接装在推车上，再由专人运入曲房，依法堆放，进行培菌。

（3）经济效果　这部制曲机结构比较简单，设计制造容易，无需特殊加工要求，机器体积较小，占地面积63m^2，和人工踩曲占地面积相当。

①节约劳动力75%：对于同等数量的制曲原料，人工踩曲需壮劳力34人，机械踩曲只需工人8名，可减少劳动力26人。

②提高工效一倍：人工踩制一房曲坯需12h，现在压曲机实际效能为700块/h。

③有利于提高大曲质量：人工踩制大曲，由于工作时间长，劳动强度大，往往造成曲坯质量不均，大都前紧后松。现在机制曲坯就克服了这个弊病，机制曲坯合格率在90%以上。

④踩曲工艺的卫生条件相应改善：尤其是制曲的劳动强度大大降低，这必然受到制曲工人的欢迎。

（4）改进要点

①机制曲坯水分在36%~38%，人工踩制曲坯水分在39%~40%，所以，机制曲坯比人踩曲坯较为坚硬。

②机制曲坯入房培菌，不能采用人工踩曲的培菌条件和操作方法。

③通过3年多的实践，证明机制曲坯能够培养成好曲。

④需要专门进行总结一套成熟的工艺操作法。

⑤需要进一步控制入模的曲料量，以使曲坯厚薄均匀，重量一致。

综上所述，我们认为汾酒厂研究试制这一部踩曲机，常年运用这一部踩曲机，加上原有的原料处理的机械系列，已为大曲酒厂进行机械化制造大曲在培养菌工序以前树立了样板，已为推广入房培菌以前曲制曲坯机械化生产奠定了基础。

（四）曲室内的培菌过程

1. 从“入房排列”到“检查出房”的培菌工艺

同样的原料，同样的配比，用不同的培菌工艺，可制成不同的大曲曲种。历史上，华北地区各白酒厂或高粱酒厂，常用的大曲品种有三类，即清茬曲、后火曲和红心曲。每种大曲的合格率，可以达到88%~90%，这是指人工制曲、人工培菌所得大曲而言。

（1）清茬曲培养法　专指曲房内的手工培菌工艺（手工操作式的微生物工序）。

①准备工作：选择一处砖瓦平房，水泥地板，青砖围墙；有门窗，可开关，屋顶铺有天花板，最好修成穹隆形；天花板的中间部位，开有气窗2~3个；墙壁的门窗部位，沿地面设有进气洞，可开关洞口，以调节进气流量。布置这样的培菌场所，称为制曲室，或培养菌室，就是大曲微生物的培养室（发酵室），简称曲房。在曲坯入房以前，室内应先打扫干净。地面撒上一层谷糠，以不露出地面为度。准备好芦席、苇秆、高粱秆等一切用具和物料。室内温度在天热时为自然温度；天冷时利用水汀控制室温度为20~25℃（或烧火炉、加水盆亦可达到保温保湿的目的）。

②入房排列：曲坯运入曲室，进行堆码排列。排列方法：将长方形曲坯的长边竖放在地面上，依次竖放，彼此看齐，块与决之间要隔开一些，约半片曲坯的距离；然后放上苇秆或高粱秆，铺成楞条，上面再排列一层曲坯，上下相叠，防止倾倒。排列次序，先由曲室的一边开始，依次向另一边进行排列；排完第一架，再排列第二架、第三架，依次排列，完满为止。每行为一架，每架摆放2层或3层。层与层的中间，铺上粗细一致的苇秆8~10根；撒上一些谷糠，以防曲坯和苇秆或曲坯和曲坯相互黏着在一起。曲坯与曲坯之间的距离为3~4cm，如果排列三层，距离可增加到4~5cm。曲坯行列与行列之间的距离为1.5cm。曲坯排列层数，视入房曲坯数量多少而定。夏季每房曲坯约为3200块，排列为2层，冬季每房曲坯为4000块左右，排列为3层。待曲坯排列完毕，窗户继续小开放些，以便排放室内潮气，使曲坯表皮水分可以挥发一些，以利上霉。这样管理曲房。经过5~6h以后，曲坯架的四周和上部，用预先喷过清洁水的湿芦苇席围好或盖好（但湿席不宜滴水，切忌水滴直接滴落在曲坯上，以免引起腐败发酵，有损大曲质量）；然后将门窗关闭，保持室温25~30℃，使曲坯上霉。

③上霉：曲坯全部入房后，经1~2d（冬春季2~3d），曲坯间的品温逐渐上升，一般35~37℃，室温30~33℃，室内干湿球温度差1~3℃；此时，先入房的曲坯表皮已生出多量的白色斑点，这就称作开始上霉，可将这部分曲坯的苇席揭开；再经4~5h，其他部分的斑点也已上齐；揭掉其苇席，小开其窗户，放出潮气，促使曲坯表皮水分逐渐挥发，停止上霉工序。

曲坯上霉的标准，以曲坯表皮分布有多数白色斑点为度。上霉斑点的多少，与水分挥发关系很大：如斑点生长过少，是培菌过程中水分挥发过快，室内相对湿度过低（小于60%~70%）所致；如斑点生长过多，是水分不易挥发，室内相对湿度过高（大于85%~95%）所致。上霉斑点过多或过少，都说明制曲工艺不够理想，室内温湿度控制不好，不适宜于制造优良大曲。

上霉最适宜温度30~35℃。在温度较低时，上霉困难，或不上霉；温度过高时，则造成腌皮（即曲皮烧成肉红色，霉点很小）；所以，温度过高或过低，均不适宜于上霉。

④翻曲（上霉后的翻曲工序）：当曲坯的上霉斑点符合要求时，可小开窗户，放散潮气。待曲坯表皮稍干，已不粘手时，即进行第一次翻曲，翻曲以后的曲还，另行堆码，由2层增加到3层，上层

翻到下层，下层翻到上层，全部更换原来的位置。曲坯堆码完毕，此时曲坯间的距离为6~7cm。第一次翻曲以后的曲坯排列透视图，呈品字形。

⑤晾霉：曲坯翻过以后，窗户逐渐开大，使曲坯表面水分逐渐挥发，这一工序称为晾霉。晾霉温度保持在24~28℃（冬季不低于15℃），干湿球温度差3~5℃。在晾霉期间，不宜通风过大，否则使水分挥发太快，曲坯表面就容易出现裂纹；因为曲坯有裂纹处，就不易生长菌体，所以必须防止通风过大。

⑥翻曲（晾霉期的翻曲工序）：在晾霉阶段，每天或隔天需翻曲一次，使上下层曲坯获得同样的挥发水分机会，并使温度高低一致。翻曲方法和曲坯排列形式如前（品字形）。经2d，曲坯表面已感觉不粘手，曲坯表面的苇痕花纹也逐渐干燥，乃开始关闭窗户，进行保温、升温。

⑦潮火：指湿度大、温度高的培菌工序。关窗以后，潮火开始。潮火开始1~3d为前期。这一阶段的最高温度44~46℃；开窗户，放潮气；当温度降至40~42℃，就关窗，升温。每当品温升至44~46℃，干湿球温度计温度差1~3℃时，又应小开窗户，放散潮气；当品温降至40~42℃，干湿球温度计品度差2~3℃时，又应把窗户关闭，使品温升起。每天需开窗放潮1~2次。

⑧翻曲（潮火前期的翻曲工序）：在潮火前期阶段，每隔1天翻曲1次。曲坯由原来的3层翻倒排列成4层，此时，可拉掉苇秆或高粱秆，曲坯则排列成人字形，并将曲坯间的距离放宽至8~9cm。在潮火工序进展到第4~6d，为潮火后期阶段的开始。这一阶段品温保持在40~44℃，干湿球温度计温差3~6℃；每天放潮1或2次；放潮时窗户可开得较前期为大些；品温降低，达37℃。潮火后期的翻曲工序，为每天翻曲1次。或间隔1天翻曲1次。曲坯排列，由4层渐次增加到7层；排列形式仍为人字形。曲坯间的距离亦渐次增加到10~11cm。

为了使全部曲坯（不论曲室中央部位成四周部位）降温相同，故在最后一次翻曲时，把室内全部曲坯分堆成两批，中间空出1条专道，宽60~70cm，以便行人，检查温度。潮火工序（前后期两个阶段）一般经历5~6d，于是曲坯内心里显肉色，夹杂有黄色，入口试尝，酸味显著减少，微微带有干火味，可进入干火期。

⑨干火：分干火前期和干火后期两个阶段。曲坯入房，经过10~11d，进入干火阶段。在这个阶段，大曲微生物已由曲坯的表皮蔓延到内部，在曲坯内生长繁殖，充分呼吸，产生热量；由于此热量产生于曲坯内部，向曲坯外散发较为困难，故曲坯升温容易，而降温困难。越是接近干火后期，曲坯水分就挥发越多。曲坯的干硬部分越厚，其热量向外散发的机会越少，因而造成干火（白坯发干热），所以在这干火阶段，应使温度逐日降低，以便防止曲心温度过高，而发生烧心现象。在干火阶段，务使曲坯内心温度保持在36~45℃，由高向低发展。从干火期开始的1~3d，为干火的前期阶段。在这一阶段，品温经常保持在33~39℃，干湿球温度计温差4~6℃。每天调节1次温度。每次调节温度时，温度最高40~43℃，降温不低于32℃。干火工序到达4d以后为干火的后期阶段。在这一阶段，经常保持品温30~33℃。每天调节一次温度。每次调节温度时，可用双手手掌压紧曲坯的两面（两个曲坯大面）试探曲坯温度的高低，判断曲温是否合适。同时，查看室内温度计，参证品温与室温的差异。

⑩翻曲（干火期的翻曲工序）：在干火期开始的1~3d内，每天翻曲一次；然后每隔1d再翻曲一次。经翻曲后，曲坯水分大量挥发，使曲坯重量差别较大。在翻曲时根据曲坯的轻重，调换曲坯的位置，把重的放在中间，轻的放在两头或边缘，借此操作来调节曲坯的重量差和温度差。整个干火期，一般需要8d左右。曲坯内心的湿润部分约为1cm宽，也有少量曲坯已接近培菌成熟。此时，曲坯升温显然缓慢，可进入后火期。

⑪后火：后火期，品温经常保持在30~33℃，每次调节温度，最高升至35~38℃，最低降至27~29℃。

⑫翻曲（后火期的翻曲工序）：后火期每隔1天翻曲1次，翻曲方法和摆放形式，与干火期相同。因曲坯接近成熟，发热量小，故曲坯的距离应缩小到9~10cm。曲坯经过3~4d，已经不再见升温了，可把窗门全部关闭，保温养曲2~3d，然后评定是否出房。

⑬出房：指曲坯移出曲房的工序。培养清茬曲，从入房至出房，一般需要经过23~25d；若在冬季制曲，可达30d之久。出房的曲块，长27cm，宽17.2cm，厚5.5cm，重量2~2.1kg。培菌完毕，曲坯成为大曲，即可移出房，以便腾空场地，进行另一轮培菌操作。

⑭质量检查：每一轮出房大曲，需要经过质量检查。在出房前1d，每房大曲要抽样100块，从不同的位置抽取，作为每房大曲的曲样看待。每块大曲从中间打断，观察断面颜色，嗅闻散发气味，并分别计算块数。

a. 从外观上鉴定清茬曲，断面呈白色，无其他杂色掺杂在内，气味清香。这种曲占每房块数的60%~80%。

b. 从外观上鉴定，有单耳曲、双耳曲、金黄一条线曲之分，这些都是良曲，占每房块数的20%~30%。

单耳曲、双耳曲：大曲在干火初期温度较高，延续时间较长，就容易出现单耳或双耳。其特征是在大曲断面上可以看到棕黄色的1个圈点或2个圈点，即为单耳或双耳。单耳曲、双耳曲的微生物，以耐高温的犁头霉为主，根霉及黄米曲霉等次之，不耐高温的酵母及细菌则较少。

金黄一条线曲：在高温升降幅度较小时，曲块断面就出现一道火红色的直线，称为金黄一条线。其微生物主要是由犁头霉、根霉和少许黄米曲霉等生长而形成的。这些大曲断面，也有一个斑点、两个斑点金黄或一条色带金黄，并具有豌豆香味。

c. 从外观上鉴定，大曲断面有黑褐色曲心，带有异臭，或其他酸辣等气味，称为烧心曲，此种大曲在每房块数中应为10%以下，这是劣曲。大曲在后期温度过高，容易产生烧心，常出现于清茬曲。烧心曲的微生物，主要为芽孢杆菌、乳酸菌和少量的酵母；一般说来，在大曲的烧心中，通常霉菌较少。

d. 出房时成品大曲的酶活性（按特定方法测定）

液化酶	1.9U/g
糖化酶	1264U/g
蛋白质分解酶	12.3U/g
发酵率	0.75%

e. 生产实绩（清茬曲的实验记录）

原料：大麦60%，豌豆40%。

粉碎度：粗面50%，细面50%。

踩曲：加水量47.9%，水温18℃。

入房：曲坯块数3196块，用料7670.4kg，时间7h。

出房：大曲块重2.075kg。

成品率：86.4%。

成品曲观感指标：清茬曲占62%，单耳曲、双耳曲、一条线曲占36%，烧心曲占2%。

⑮大曲贮藏：从曲房内取出的大曲，运入专用的贮曲室，依次堆积成“码”，便于通风干燥。每批成曲单独堆放，曲距2~3cm，高12~14层，每过1~2个月，应翻倒重堆一次。成曲贮藏不得少于3个月，一般贮藏3~6个月。贮藏满期的大曲，方可投入生产应用。将不同贮藏期的同一曲种，分别进行酿酒对比试验，证明大曲贮藏期以3个月为较好。

（2）后火曲培养法

①准备工作：同清茬曲工序。

②入房排列：曲坯入房后，排列为3层，其中下2层的排列形式和清茬曲相同，最上一层（实际不是一层而是半层）的排列形式是由每两块曲坯组成人字形；其他操作手续同清茬曲。

③上霉：同清茬曲工序。

④晾霉：同清茬曲工序。

⑤潮火：保温起潮火后，品温逐渐升高；每当其升至45~47℃时，开窗，放潮；待品温逐渐降低至40~42℃时，收小窗口，保持品温在42~44℃，干湿球温度计温差4~6℃。每天调节温度的次数1~2次。潮火期，每天或隔1天翻曲1次，其操作方法同清茬曲。潮火期一般经过4~5d，曲心呈淡黄色；曲心温度达到45℃时，可进入干火期。

⑥干火：曲坯入房经过9~10d，进入干火期。在干火期内，每天调节一次温度。每当品温升到42~46℃时（开始时品温较高，为46℃，以后逐日降至42℃），把窗打开，放潮降温，待品温逐渐降至32~34℃时，就把窗户收小，使品温保持在34~38℃，干湿球温度计温差5~7℃。如果品温低于34℃，可把窗门全闭，使其升温；如果品温高于38℃，就把窗门开大些。

在干火阶段，每天或间隔1d翻曲1次。操作方法同清茬曲。曲坯在干火期经过6~7d，品温上升速度已变缓慢，并有一小部分曲坯已经成熟，此时可进入后火期。

⑦后火：后火期品温经常保持在31~34℃，干湿球温度计的温差5~7℃。每天调节1次温度，品温最高不超过38℃，最低不低于30℃。后火期一般要经过2~4d，曲坯培菌全部成熟，使品温保持在30~32℃，养曲2~3d，可评定出房工作。培养后火曲，从曲坯到大曲出房，共需22~24d。

⑧质量检查：a. 从曲块的断面看，有两道黑线者，称为两道眉曲，带有酱香和炒豌豆香味，此种曲占每房曲块总数的80%~90%。

b. 从曲块的断面看，凡有一个红斑、两个红斑或呈红心者，称为单耳曲、双耳曲或红心曲，带有豌豆香味，此种曲占每房大曲曲块总数的10%~20%。

c. 生产实绩（后火曲的实验记录）

原料：大麦60%，豌豆40%。

粉碎度：粗面50%，细面50%。

踩曲：加水量49.7%，水温13℃。

入房：块数3584块，用料8601.6kg，时间8.5h。

出房：每块大曲重1.9kg，成品率81.66%。

成品曲块感官指标：二道眉曲占92%，单耳曲、双耳曲、一条线曲占8%。

d. 出房时成品大曲的酶活性（按特定方法测定）

液化酶	1.3U/g
糖化酶	720U/g
蛋白质分解酶	11.0U/g
发酵率	0.75%

（3）红心曲培养法

①准备工作：制造红心曲的曲房，不同于一般制造清茬曲和后火曲的曲房。此曲房有顶棚，顶棚上有天窗6个，专供调节温湿度用。曲房的准备工作同清茬曲。

②入房排列：曲坯入房排列，应对向两边窗口，便于通风排潮。

③上霉：同清茬曲工序。

④晾霉：培养红心曲，没有单独的晾霉期，而是和潮火期合在一起，边晾霉，边潮火。

⑤潮火：曲坯入房上霉后，于第3天，表皮凝结水已经挥发，此时，进行等一次翻曲。曲坯排列形式，翻曲方法，曲坯间距，均同清茬曲。翻曲时间，每隔一天进行一次。由第一次翻曲时起，天窗常开，日夜保持一定的温度；第一次翻曲后的最初1~2d，品温保持在30~33℃（如果品温低，天窗只小开，品温高，天窗可大开），第一次翻曲后的3天以后，温度逐天增加。从曲坯入房开始，计算至10~11d，品温逐次增加到40℃，干湿球温度计温差由最初的2~3℃，逐次增加到5~7℃，此时，曲坯温度较高，如超过40℃可把边窗小开，使品温保持在40℃以下。整个潮火期为12~14d。潮火后，曲坯内心温度逐渐上升，达到45℃以上；内心剖面呈淡黄色，曲心培菌未成熟部分，宽度2~2.5cm，此时可进入干火期。

⑥干火：干火期约为 4d。开始 1~2d，品温保持在 41~43℃，干湿球温度计温差 5~7℃；后 2d，品温保持在 44~46℃（最低不低于 40℃），干湿球温度计温差 5~7℃。此时是培养红心曲的关键阶段，所用温度较高，故又称高温曲。红心曲出现红心与否，主要决定于这个阶段的曲心温度，此时，曲心温度可达 50℃以上。天窗常开，潮气常放。曲心剖面呈淡黄色，微有小部分黑色。过此 2d 以后，适当地降低温度，以便进入后火阶段。

⑦后火：后火开始第 1~3 天，品温保持在 40~42℃，干湿球温度计温差 7~10℃；而后逐日降温，品温下降至 30℃，干湿球温度计温差缩小到 5~7℃。当进入后火期的第 2~3d，品温降至 40℃左右时，这是出现红心的时期，曲坯总数 80%以上的曲坯红心，是在此期出现的。后火期共需 3~4d，曲坯培菌已全部成熟，正式成为大曲（红心曲），此时，品温保持在 30℃左右，养曲 2~3d，即可评定出房。红心曲的培养制造时间，从曲坯入房到成品出房，总共需要 18~20d。

⑧质量检查：红心曲（高温曲）的质量，注重于下列各点：

a. 从曲块的断面看，内心多呈红色，故称红心大曲（简称红心曲），常有酱香和炒豌豆香味。此种曲块可占每房曲块总数的 85%~95%。

b. 从曲块的断面看，在内心不呈现红色或黑褐色者，称为二道眉曲、烧心曲等，带有异臭冲辣等气味（如氨臭气）。此种曲块占每房曲块总数的 5%~15%。

c. 出房时成品曲的酶活性（按特定方法测定；其他化学分析指标从略）

液化酶	1.09U/g
糖化酶	835U/g
蛋白质分解酶	19.4U/g
发酵率	0.59%

d. 生产实绩（红心曲的实验记录）

夏季大伏期制曲，所得产品特称伏曲。

原料：大麦 60%，豌豆 40%。

粉碎度：粗面 50%，细面 50%。

踩曲：加水量 51.4%，水温 19℃。

入房：块数 3637 块，用料 8365.1kg，时间消耗 9h。

出房：每块成品曲重 1.93kg，成品率 80.4%，

成品曲感观指标：红心曲 92%，二道眉曲等 8%。

2. 成品大曲在贮藏养曲中的化学成分变化

出房大曲是新曲，送入贮曲室，经过养曲工序，即得陈曲。各种大曲，自出房后，分别存放于贮曲室内，使其在通风条件下自然干燥，就叫养曲。根据生产体验，一般认为陈曲（贮藏过的大曲）酿酒，在酒质方面要比新曲（出房时的大曲）酿酒好。在贮藏养曲过程中，由于曲块水分的变化会引起化学成分的变化，这是理所当然的。出房大曲的贮藏养曲，时间应该是多少才算经济合理，这是值得注意的问题。

（1）清茬曲的贮藏期和化学成分变化　贮藏期以 3 个月为标准。

①水分：清茬曲在出房时所含水分，因制曲月份不同而异，天热较低，天冷较高。例如 8 月的出房大曲水分为 14.17%，9 月为 18.2%，10 月为 19.2%；但在贮藏期内，大曲水分则随贮藏时间的进度而有规律的下降，一般贮藏 8 个月后，就达到稳定。自此以后，水分下降幅度很小（这与大气湿度有关）。

②总酸度：清茬曲的总酸度与水分情况相似。但天热较高，天冷较低。例如，8 月出房大曲的总酸度为 8.64，9 月为 7.54，10 月为 6.00，大都随制造大曲的月份进展而降低（天热较高，天冷较低），在贮藏期中，总酸度在第一个月下降幅度较大，以后变化很小，一般贮藏 3 个月后可稳定在 5.2 左右。

③还原糖：清茬曲出房时的还原糖较高，贮藏一个月后，就大为减少，贮藏 3 个月后变化不大，但无规律可循。

④粗淀粉：清茬曲出房时和贮藏后粗淀粉曲量变化不大，无规律可循。

⑤总氮和其他氮：分析后，找不出变化的规律性。

（2）后火曲的贮藏期和化学成分变化　贮藏期以 3 个月为标准。

①水分：培养后火曲的季节，多在伏天，温度过高，故出房水分尚无规律可循，一般为 13.9%，最高为 17.7%，三次试验出房水分平均为 15.5%；贮藏期，曲块水分也逐渐下降，经历 3 个月，就可达到稳定。

②总酸度：后火曲出房时的总酸度，比较清茬曲为低，贮藏过程中变化也较小，略有下降趋势。

③还原糖：无规律可循。

④粗淀粉：无规律可循。

⑤总氮等：无规律可循。

有时，化学分析数据有出入，也可能由取样分析带来一些较小的误差。

（3）红心曲的贮藏期和化学成分变化

通过 3 轮红心曲制造试验和养曲试验，证明贮藏期仍以 3 个月为准。

①水分：因红心曲的制造方法略有不同，其出房水分亦有差异。例如，在 4 月出房水分为 13.8%，8 月出房水分为 16.8%，9 月出房水分为 16.45%，所以红心曲的水分比较接近。

红心曲在贮藏期的水分，下降幅度一般较小，贮藏 3 个月后趋于稳定。

②总酸度：红心曲出房时的总酸度，除在 7 月制造时稍高外，以后 4 个月制造时，水分相差不多。

贮藏过程中水分变化亦较小。

③还原糖、粗淀粉和总氮等：其变化情况，都无规律可循。

总之，上述 3 种大曲在贮藏期的化学成分变化，其主要目的是为了通风自然干燥，易于粉碎；贮藏期因水分、总酸度等在 3 个月后就趋于稳定，所以认为贮藏 3 个月左右较好。

酶活性也如此。

生产大量的酒曲，贮藏时间过度地延长，就会增加贮曲室的基本建设工程，或者增加管理费用，引起生产成本加大，这是工厂管理方面的一个大问题，不得不事前加以考虑，寻找一个合理的贮藏期。

3. 调温、调湿、通风、排潮（将来可能应用人工气候装置）

根据研究酱油曲的生产经验，从小规模试验、中间扩大试验，一直到大生产应用，证明培曲工艺过程，其成功的因素，主要是温度、湿度、空气三者安排得当，组合得当，制曲的成功率几乎是百分之百。

设计了一个人工制种曲箱，可以很容易地繁殖成功优良的种曲：

制种曲箱分甲乙两部：甲部为一木制玻璃箱，箱中堆放种曲盘 2~3 盘；盘为木框布底，上下重叠，盘与盘之间应间隔相当距离。箱内底部有热水管，备加热之用，另有温度计、湿球温度计及通气孔管道等。乙部为一铅皮制成的大水壶，壶底加火，可烧煮蒸汽，导入种曲箱内，以增加箱内的湿度和温度。壶身装有水面调节管一支，热水出入管 2 支，也有把手 2 只；壶顶有一个倒置的漏斗形壶盖，亦有孔 2 个，旁孔备蒸汽之放出，上孔备冷水之添入。另以橡皮管连接两部特设的管口，由铁铗的收放，决定二器通水或通气的多少，以调节箱内的湿度和温度。

种曲箱及其附件，应用前应先洗净，再用开水冲洗，末用硫黄熏蒸 1~2h，于无菌曲室内开放箱门，驱散白烟，然后关闭，移出曲室，留待应用。将曲料分配在曲盘内，另加少许草木灰（170℃灭菌 1h），拌匀，摊成丘状，时时翻动，待其冷却。曲料冷至 36~37℃，方能添加曲种（纯粹培养在三角瓶中的糖化力强的米曲霉菌种，或蛋白质分解力强的黄曲霉菌种）。一个三角瓶的种量，可接种一箱 3 盘种曲料之用。接种完毕，拌和均匀。保温 30℃，干湿球温度相差 1~2℃。待料温增加到 36~37℃时，需翻拌一次，堆积如前。待料温增高至 36~37℃时，再翻拌一次。

在曲料表面出现少数白色斑点时，即可将曲料堆成丘状，上下调换曲盘位置，调换次数不定，视现场实际需要而定。待曲料遍生白斑点时，即可将丘形的曲料摊平。自此以后，曲料表面先长白色菌丝，次生黄绿色孢子；此时，可减少湿分（少通蒸汽）直至孢子老熟，呈深黄绿色而止。用此方法，试验其他霉菌菌种，都能依法制成种曲。

试验结果，证明培养酱曲的成败关键，主要在湿度、温度、通气三者能够调节适度，保持霉菌的最适生长条件，依此原理制曲，无不取得成功。酒曲所用霉菌等，也与酱曲的大致相似；只要通过实验研究，亦可取得成功机会。

这是应用人工气候装置来制造酱油种曲的成功例子。在制造名、优白酒的大曲过程中，根据微生物的生理生化性能的研究成果，也可以应用人工气候装置。

仿照纺织厂、卷烟厂、麦芽厂及其他有关工厂的人工气候调节装置，在曲室内进行自动或半自动的调温、调湿、通风、排潮的设计安排，其难度并不太大，只要依照上述人工制曲的工艺要求，进行保温、保湿、通风、排潮，务必使其与人工培菌工艺具有同样的或相似的环境条件，让大曲微生物都能发育生长旺盛，繁殖不息，模拟翻曲操作和翻曲次数的全部曲坯，也可获得菌类繁殖成熟而具备应有的酶活性，最后变成理想的大曲（酶制剂）。

4. 培菌工艺机械化方案初步设想

这是一个等待现场试验研究的攻关项目，也是微生物工程在酿酒工业上的应用研究项目。

组织有关微生物学、酿酒工艺学、机械工程学和自动控制学以及电脑处理等等工程技术专家，在有关部门给予必要的物质资助下（科研经费、钢材、水泥、木材、化学药品、仪器设备等），选择一座比较现代化的名、优酒厂，进行试点，共同研究，协作攻关。预计经过2~3年的实验研究，就可改革原有的手工大曲生产面貌，而成为一种专业化的现代大曲制造厂。

培菌工艺的机械化方案初步设想如下：

选择白酒厂的现有制曲楼房一栋，经过改建修缮，使其成为专门的机械化、自动化的制曲车间。楼房附近应利用现有的制曲房，作为平行的对照制曲房，只要室内“机械制曲”的酶活性接近于对照所用“手工大曲”的酶活性，就可算数，直接应用于酿酒（改进提高，可待以后进行）。机械曲房的屋顶，设有数个天窗，可随时开关。房内有水汀，可保温。另有水管数排，其管壁有小孔，可用这些水管喷雾保湿。楼房上部有送进曲坯的开口，楼房下方有排出曲坯的开口。在曲坯进口的一旁，装置一座提升机，可以按量送上曲坯，这些机具都安装在机械曲房的外面，不会干扰曲室内部的运转操作。另在曲坯出口的一旁，装置一座曲块运输机，将培养成熟的出房大曲依次送进曲房，依法养曲，待其变为陈曲后，再供酿酒应用。在机械曲房内部，安装若干排平行转动的运输带，其回转速度比较缓慢，运输带长度应尽量放长，可配合翻曲的需要以完成霉菌的繁殖阶段。运输带用竹片或木条制成帘席状，以便透通湿度和温度，回转时，也不致黏着曲坯。为了维持运输带的水平状态，两端带圈内部设置道轮各一个，可使帘带绷紧；为了不让帘带中部向下方弯曲，故在上下的帘带面上，设置托辊或带刺导辊，以便维持帘带的原有水平位置，也可于必要时，刮去黏着在导辊上的曲面。在帘带圈的一端下方，设有滑板，借以接受上方落下的曲块，并翻身一次，依序滑向下方的运输带上。运输带的转动方向，上下交替进行，如此布置，以此运动，可使曲坯在房内以“之”字形方式前进，自上而下，走满全程，是为培菌需要的全过程。保温保湿的气流自下而上，可以通风，可以排潮，力求符合手工制曲的技术特点。

曲房下部的进风口，自应有空气过滤装置，做到空气进入曲房时，不污染任何杂菌。曲坯在室内，自上而下，间断运行，不跳动，不破碎，以稳妥的方式，绕之字形弯道，完成坯块的培菌工序。

室内机械制曲，其整个培养周期共28~30d，这是模拟手工培菌的工序，保温、保湿、通风、排潮，可以满足大曲的工艺操作。全部机械运转参数，自然需要周密计算、设计、制作、安装、试车，最后促使设想变为现实。

（五）做好酒，要用好曲

一般来说，做好酒，要用好曲；反过来说，用劣曲，做不出好酒，大家都有这个体会。

1. 白酒大曲的质量标准

以清香型白酒为例。传统名白酒，均采用多品种大曲混合使用法。中华人民共和国成立初期，有的白酒厂逐渐发展为单一品种的清茬曲，借以增加白酒的产量，但质量不高，这是单一使用清茬曲的缺点。

近年来，为了提高白酒的质量，有关酒厂先后恢复了后火曲和红心曲的生产，实行了“分别制曲，混合使用”的工艺程序。经过试验对比，证明分别制曲（清茬曲、后火曲和红心曲），混合使用（同样三种大曲），可以提高大曲白酒的产量和质量。所谓“混合使用”，是指清茬曲、红心曲和后火曲按 3∶3∶4 的比例组合用于酿酒工序。实验证明混合曲产生酒精的延续时间较长，成熟酒醅的酒精含量最高，最后可达到 9.39%，比其他三种大曲单独使用任何一种要高 0.73%~1.19%。

从大糁酒（原料第一道发酵酒醅所产酒名）的发酵温度变化来看，混合曲最为理想，因其发酵前期升温缓慢，中期维持最高发酵温度的时间较长，而后期温度下落也很缓慢，符合白酒酿造的一般规律，即“前缓、中挺、后缓落”的发酵工艺要求。应用大曲，生产白酒，其产酒的数量多少，质量高低，是衡量大曲好坏的主要标准。从淀粉出酒率看，混合用曲的淀粉出酒率，比其他三种大曲单用的淀粉出酒率要高 0.27%~2.07%。从酒的质量看，亦以混合用曲最佳，它具有清香纯正、风味醇和、爽口、回甜等特点，其大糁酒和二糁酒的质量，均可达到优质酒的程度。这一研究成果，足以说明做好酒要用好曲的论点。

国内名酒厂习惯使用伏曲（夏季制成的大曲）和陈曲（经过贮藏的大曲）。踩制大曲的季节，在华北地区，历来认为夏季、秋季的气温较高，相对湿度较大，曲房温湿度容易保持，适于微生物的生长繁殖；同时，夏秋季自然界微生物较多，可以充分利用野生菌种，因此，夏秋季踩制的大曲，一般认为质量较好，酿酒性能亦较好，这种大曲特称伏曲，这是从生产实践中总结出来的经验。踩制成型的大曲，要求贮藏 3~6 个月，才能使用。贮藏后或养曲后投入生产的大曲，称为陈曲。大曲在贮藏过程中，可让通风而自然干燥。贮藏时间越长，菌种淘汰越多，尤以生酸细菌在大曲贮藏 3 个月后更少，因而陈曲有利于酿酒。

好曲的感官标准：根据大曲性状，制定伏曲或陈曲的感官标准，评定其质量的优劣。

好清茬曲：以外观光滑、断面青白且稍带黄色、气味清香者为正品。陈曲中的正品率应占全部曲块的 60%~80%，其他花色曲（如单耳、双耳和金黄一条线）占 20%~30%，曲心黑色、味臭或酸辣者应在 10%以下。

好后火曲：以断面内外呈浅青黄色带酱香和炒豌豆香味者为正品。陈曲的正品率应占全部曲块的 80%~90%，其他花色曲（如单耳、双耳、红心等）占 10%~20%。

好红心曲：以断面周边青白、中心红色者为正品。陈曲的正品率应占全部曲块的 85%~95%，其他花色曲（如二道眉曲、烧心曲等）占 5%~15%。

好曲（伏曲或陈曲）的酶学特性：以伏曲或陈曲的酶活性作表示。

好清茬曲：液化酶 1.94，糖化酶 797，蛋白酶 16.33，发酵率 76%；

好后火曲：液化酶 1.31，糖化酶 795.5，蛋白酶 16.27，发酵率 87%；

好红心曲：液化酶 1.34，糖化酶 974.5，蛋白酶 16.6，发酵率 84.3%。

2. 汾酒的用曲法

以汾酒为例，说明大曲的使用法。

（1）大糁汾酒的下曲法　下曲，专指利用大曲使酒醅发酵，生成酒精。下曲温度，随生产季节不同而灵活掌握；一般情况，冷季比入缸温度高 5~10℃；热季与入缸温度相等。熟糁扬冷至 21~28℃，即行收堆。堆长 4m，宽 3m，厚 15~30cm，成两个长方片。将曲粉沿其周边缓缓撒下，用木掀将熟糁

和曲粉摊匀，边翻拌，边堆积，摊匀的熟糁和曲粉先堆成4小堆。继将前后两小堆各合并成两中堆，再将两中堆合并成一大堆，借以保证熟糁和曲粉混合均匀，温度一致。用曲的比例，一般为总原料量的9%~11%，天寒可多用，天热则少用。如果曲粉用量大，则发酵猛，升温快，但难以持久，且酒醅易酸败，酒味多发苦。如果曲粉用量小，则发酵弱，升温慢，且不完全，也必然影响酒的产量及质量。

（2）二楂汾酒的下曲法　大楂酒醅蒸酒后的酒糟，称为“二楂秕”，还含有45%左右的淀粉（干基），再次发酵，所得汾酒，称为二楂汾酒。下曲温度随季节灵活掌握。二楂秕的水分为59%~61%。用曲量（楂秕与曲粉之比）为9.5%。如表1-25所示。

表1-25　　下曲入缸的温度条件

楂场温度/℃	入缸温度/℃	下曲温度/℃	水分/%
5以下	24~27	36~42	59~61
5~15	26~27	35~39	59~61
15以上	25~27	30~32	59~61

3. 茅台酒的用曲法

茅台酒是用高温曲按照独特的方法酿制的。高温曲的特点：一是制曲温度较高，品温可达60~62℃；二是酿酒时用曲量大，与原料高粱之比为1∶1，如果折算成小麦与高粱之比，则小麦用量超过高粱用量；三是高温曲既作为酶制剂、营养料，又作为酿酒原料（以曲酿酒）；四是成品大曲的香气，是茅台酒酱香的主要来源之一。

制造茅台大曲时，专用小麦为原料。小麦经过粉碎，粗细各占50%。加入母曲，加水拌和，然后装料入曲模，踩制而成曲坯。把曲坯侧立，晾干1~1.5h，曲坯即可送进曲房。母曲是选择大生产中的优良大曲，作为曲种使用，这是大曲的接种法（简称接曲法），母曲用量为麦粉总量的5%。茅台大曲用水特多，制曲用水量为40%。茅台大曲的制曲温度特高，一般培菌法，品温在35℃以上约15d，品温最高可达62℃；其间翻曲1~2次，以调节曲坯位置和曲坯温度。曲坯进房大曲出房，全程经过40~50d。待曲块大部分已呈干爆状态，水分15%即可运出曲室。每块大曲重5~6kg。

茅台大曲又称小麦大曲，断面有红、黄、青、白等多种颜色，证明其微生物是多种多样的，菌种构成非常复杂，以细菌最多，占菌类总数约30%，念珠霉和曲霉次之，酵母又次之，根霉和毛霉则更少。茅台大曲中有蛋白质分解力强的细菌，有淀粉分解力强的念珠霉，这是茅台大曲酿酒工艺的独特之处。

茅台大曲的质量标准，以黄褐色，香气冲鼻，曲块干燥，曲块表皮薄，无霉臭气及其他怪气味者为佳。酿制茅台酒，方法亦独特。既不是山西汾酒的清楂法，也不是泸州特曲酒的续糟法，而是具有自己的一套操作方法，并带有小曲法酿酒的特点。每轮投料、蒸粮、取酒，来回往复套用，共达8次之多，才算完成一个大周期。在“生沙”（高粱经粉碎后，第一次投入生产的俗名）、“糙沙”（第二次投入生产，加入一半的新原料）中，泼入大量的次品酒（通称尾酒），以酒养糟，回酒发酵，其发酵周期为1个月。整个大周期共达10个月。

酒窖是茅台酒的发酵池，用方块石与黏土砌成，窖积为14m^3，每窖可容纳高粱约850kg。酒窖亦可用条砂石砌成，容积约25m^3，每窖可容纳高粱为11000~12000kg。从生产管理上看，小窖比大窖较为方便，但从产品质量上看，老窖比新窖为好。

当“生沙”堆积，“糟”尚未入窖之前，空窖必须用50~100kg木柴熏烧，特称烧窖，烧窖是茅台酒最独特的操作。木柴用量和烧窖时间，要根据酒窖的大小、新旧、干湿和空间时间来决定。烧窖可以消灭窖内的杂菌，除去最后一次的枯糟味，提高窖内的温度。烧窖完毕，待温度稍降，打扫干净，乃用少量“丢糟”撒入窖底。再打扫一次，用喷壶泼尾酒，用双手撒底曲。经多次蒸粮取酒，才能制得茅台名酒。

为了使酒醅不发黏，不难装甑，而将高粱破碎为二、八成及三、七成。在操作过程中，很少加稻谷为填充料，并且用水量亦较少，入窖水分偏低。茅台大曲因制曲时温度较高，其中酵母几乎没有，糖化酶也较少，因此采用小曲酒法的下曲操作，加曲后，收堆，培菌，称为堆积发酵。一般堆积发酵44~60h；待品温升至40℃以上，鼻闻有酒香时，即可进行下窖。将堆积的糟移入窖内。一边入窖，一边泼尾酒；尾酒用量为原料2%以上。最后，密封，发酵30d以上。酒醅温度35~48℃。密封管窖，最为重要。因为空气进入窖内，升温高，发酵快，可使酒精及水分逸出，增加损耗；同时，因霉菌繁殖旺盛，而将发酵糟结成饼状，俗称烧包。这样，不仅影响产量，质量也多不好，酒也带怪味。

开窖蒸酒，采用老式天锅，流酒温度50~60℃。由于低沸点的醛类等成分挥发多，所以茅台酒喝后不上头。茅台酒生产，依其轮次而产品质量不相同，如第一、二次为生沙酒和糙沙酒，带有生涩味；第三、四、五次为大回酒，质量较好；第六次为小回酒，质量次之，第七、八次为枯糟酒和丢糟酒，糟味较重，属于尾酒。工厂常将第一次和最后一次蒸出的酒作为酿酒原料而回入生产。每次蒸出的成品酒，经鉴定符合质量标准，就入库房用瓦坛贮藏，称为陈酿。酒出库时，尚须勾兑，遂得成品酒。茅台酒因发酵取酒次数多，用曲量也较大，大曲作为酿酒原料使用，也作为发酵剂使用。实际上，茅台酒是高粱和小麦各占一半酿成的，这与成品酒的风味有密切的关系。

茅台酒历来是用各年各次库存的酒通过勾兑调配而成。调配时，选用香、醇、甜等不同风味的单体酒，经过勾兑，相互调和，使香气和口味融合为一体，醇和可口，丰满舒适，具有酱香，在国内外市场上享有很高的声誉。

（六）酿酒工业也要预防霉菌毒素

关于霉菌毒素（尤其是黄曲霉毒素）的危害性，已有很多报道，受到各方重视。大曲微生物中有黄（米）曲霉群，黄曲霉是大曲所有黄（米）曲霉群中的主要霉菌。大曲霉菌群中是否也有产生霉菌毒素的菌株，大曲中的黄曲霉是否也要产生黄曲霉毒素，这是大家关心的问题。到目前为止，尚未见到现场的科学实验报道说明大曲微生物的产毒性能。为了加强环境保护，为了提高产品质量，酿酒工厂在制造名优白酒的过程中，不能回避这个霉菌毒素问题。重视霉菌的生理生化研究，及时采取措施，设法预防有毒霉菌的污染，防患于未然，控制好生产，才是上策。

根据国外的科学研究文献（西班牙马德里国际食品工业会议）报道，说明有毒黄曲霉如果和链孢霉共生，就会发生所谓抗生作用，引起黄曲霉毒素的生物降解反应，最后使毒素丧失毒性。由此推理，我们在大曲培菌过程中，有许多不同的微生物彼此共生在曲坯的内外，其中常有好食链孢霉，菌落呈棕红色或赭红色，使曲坯变成杂花曲，这是常见的事。既然链孢霉与黄曲霉共生在曲坯内外，彼此接触就避免不了生物降解作用，最后促使大曲并不含有黄曲霉毒素，是符合上述马德里会议文献中所提出的新理论的。我们希望得到科学研究的证实。

1. 制曲过程中曲霉菌的分生孢子容易吸入肺内

曲霉的分生孢子，相继地由小梗尖端生出，小梗不断延长，孢子不断分生，如此发展，形成不分枝的分生孢子链，成熟后脱落，飞散，数量甚多。

如果黄（米）曲霉群中混杂有毒性的霉菌菌株，如黄曲霉、寄生曲霉等，那么，其有毒的分生孢子必然与其他无毒霉菌所产无毒的分生孢于混杂在一起，到处飞散，成为曲尘（或大曲尘埃）。在培曲房内或贮曲房内从事手工操作的人员，就会将这些孢子，不论有毒无毒，一起吸入肺内，使肺部变为“孢子肺”（像“煤肺”或“矽肺”那样），所以制曲工人的肺部透视，常有阴影的病例。

孢子在支气管内获得培养基，如空气、温度、湿度，孢子就会出芽繁殖，进而形成菌丝体。在有毒霉菌的菌丝体内，自然含有霉菌毒素，它在适当的条件下，也会从菌丝体内向体外释放，因此进入人身，引起中毒病症。

在不同温度条件下，寄生曲霉含有黄曲霉毒素的分量及其从菌丝体向培养液释放毒素的比例，参考表1-26。

表 1-26　寄生曲霉菌丝体（*Aspergillus parasiticus mycelium*）的黄曲霉毒素释放量

温度/℃	黄曲霉毒素	菌丝体内原始黄曲霉毒素含量/μg	经过一定培养时间，在培养基内含有原始毒素量的比例/%		菌丝体内残存黄曲霉毒素量的比例/%
			1h	45h	
7	B_1	1457.0	14.3	51.5	48.5
	B_2	71.3	32.3	67.4	32.6
	G_1	292.0	27.7	72.9	27.1
	G_2	21.1	37.9	70.9	29.1
	合计	1841.4	17.4	55.7	44.3
28	B_1	1670.5	22.5	74.1	25.9
	B_2	100.8	34.2	79.7	20.3
	G_1	417.0	41.4	82.0	18.0
	G_2	24.1	44.6	82.1	17.9
	合计	2212.4	26.8	75.9	24.1
45	B_1	1803.5	27.8	76.9	23.1
	B_2	133.0	34.6	84.6	15.4
	G_1	333.3	50.7	86.4	13.6
	G_2	25.9	51.8	84.6	15.4
	合计或平均	2295.7	31.8	78.8	21.2

注：培养液含葡萄糖 5%。

资料来源：《食品研究和探索杂志》（［德］*Zeitschrift fur Lebensmitlel-Untersuchung and Forschung Band*），152，Heft 6，S. 337。

2. 用传统的蒸馏锅进行固体法蒸酒是否会将黄曲霉毒素拖带入蒸馏液中

名优白酒是蒸馏酒，在生产过程中必须经过蒸馏工序。蒸酒的目的，是从成熟酒醅中分离出所含有的酒分。一般说来，大曲酒大都采用间歇操作的甑桶（即蒸馏锅）来蒸酒。甑桶相当于一个填料式蒸馏器，物质和热量的传递均在酒醅中进行，酒醅既是含有酒精的物料，又是蒸馏器的填充料。就填料式蒸馏器而言，欲提高其蒸馏效果，必须使上升蒸汽与发酵液体得到充分的接触，以进行相互间的物质和热量的交换。为此，酒醅必须疏松，加热必须缓慢，才能使酒尽量蒸出。蒸酒设备由甑锅和冷凝器两部分构成。甑锅则有甑盖、甑桶和地锅 3 个部分组成一个整体，形式独特，便于上甑和出甑。

仍以汾酒为例，说明其蒸酒操作要点如下：每 100kg 原料的酒醅，分两甑蒸酒。蒸酒采用五步蒸馏法。流酒温度，大生产中一般控制在 25～30℃，以冷却水的流量来调节流酒的温度。截头摘尾，看“花”接酒。蒸酒开始，最初流出来的馏分，称酒头，其酒精度约为 80%vol，最后流出来的馏分，称酒尾，其酒精度为 15～35%vol。

根据酒精的精馏原理，得知在酒精含量为 80%（容量比）时，存在于酒醅中的乙酸乙酯、乙酸甲酯，甲酸乙酯、乙醛、甲醇等的挥发系数均大于 1，且均较乙醇的挥发系数为大。故酒头中除大部分为乙醇外，还含有一定量的酯类、醛类和甲醇等低沸点物质。

酒头的截除是必要的，因为乙醛带刺激味，甲醇对人体视觉器官有毒害作用；但是，酒头中尚有属于芳香物质的酯类，所以，为了保证汾酒的清香，酒头的截除必须适量。大生产中，一般每甑截酒头 2kg。截下的酒头，香味较浓，单独贮藏，可作香酒，用于勾兑。酒尾含有高级醇，糠醛和有机酸等高沸点杂质，口味酸涩、糙辣，味苦而刺喉，气香而上头，必须适量摘除。摘除酒尾，必须适量。摘得过多，影响成品酒产量；摘得太少，就使酒质变次。根据现场试验结果，概以断花摘尾为宜。

开始流出的 4kg 酒尾，称硬酒尾，其余称一般酒尾。硬酒尾的酒精度约为 35%vol，回缸发酵，最为得力。一般酒尾的酒精度为15%vol，则回锅蒸酒，如此利用，可以提高白酒的质量和产量。如表1-27所示。看花量度，这是蒸酒师傅的老经验。

表1-27　历史经验　单位：%vol

酒花的花别	白酒的酒精度
大清花	81~63
小清花	63~57.5
云花	57.5~48
过花（无花）	48~10
二花（水花）	10~7
油花满面（油花盘成龙）	7以下

观察不同的酒花，判断不同的酒精度，称作看花量度。断花摘酒是恰当的。此时，酒样出现浑浊（酒精度48%vol左右），这说明高级醇含量增加，如再不摘酒，则流入酒中的高级醇过多，必将影响酒质。

蒸酒时，酒花与酒气温度亦有一定的关系。如大清花出现时，气相温度80~83℃；小清花出现时，气相温度90℃，在大清花阶段，有一段时间，气相温度（83℃左右）和酒精度（80%vol左右）变为恒定关系，此时馏分中杂质最少，酒质最纯。再如云花，约在气相温度93℃时消失。此种恒定关系，虽随装甑质量好坏而略有偏差，但其差额仅为±10；可见，亦可根据气相温度（93℃左右）来决定摘除酒尾的时间。

蒸出的酒，以酒篓承接：接酒满篓，移入酒库，进行陈酿。不同的接酒，分别贮藏在不同的酒坛中。如表1-28所示。

表1-28　蒸馏效率　单位：%

楂别	一次蒸汽	二次蒸汽
大楂	93.39	94.85
二楂	93.78	94.89

注：一次蒸汽，即蒸汽盘管高于地锅内液面，用直接蒸汽蒸酒；二次蒸汽，即蒸汽盘管在液面下，用蒸汽加热地锅水所产生的二次蒸汽来蒸酒。

由表1-28可知，将盘管下放，改用一次蒸汽，可以提高蒸馏效率；这是在同一生产运转的基础上，增加白酒产量的措施之一。

甲醇、乙醇的化学性能是比较接近的，尤其是溶解度方面，这对黄曲霉毒素的溶解度有关系。从霉菌培养物中抽提黄曲霉毒素，常用氯仿甲醇溶液，或者甲醇水溶液（其容量比为55：45）500mL，与己烷200mL，作为抽提剂。根据化学常识推断，凡是用甲醇溶液可以抽提的物质，一般也可以用乙醇溶液来抽提，只是得率有所不同。黄曲霉毒素既然可以用甲醇溶液来抽提，自然也可以用乙醇溶液来抽提，只是溶解度略有所区别。如果大曲含有黄曲霉毒素，就必然会传入酒醅中；酒醅经过蒸馏工序，很难说，溶解在乙醇和甲醇溶液中的黄曲毒素，就不会被蒸汽拖带入酒中。此外，固体法蒸馏设备，有许多高沸点的物质如甘油等，也往往被蒸汽拖带而蒸入酒中，使酒味较为醇和；同样，混合在乙醇溶液中的黄曲霉毒素，也会被蒸汽拖带而蒸入酒中，使酒质具有毒性。

填料式蒸馏器在蒸馏工序中的强烈的拖带作用，往往把某些理论上看来是蒸馏残渣，但也被拖带到蒸馏液中，即与酒一道被蒸馏出来。所以，如果大曲中含有有毒性的黄曲霉，那么，其黄曲霉毒素如未经受过生物降解作用，就有可能污染大曲酒。当然，这是从理论上来考虑问题，实际上究竟是否如此？还要从化验检测中来求得证明。

轻工业部食品发酵工业科学研究所曾对国产名优白酒进行了一系列的化验分析，应用英国的标准方法，检查白酒中是否含有黄曲霉毒素 B_1，结果是否定的。或者说，名优白酒没有黄曲霉毒素的存在。

3. 应用人工曲母，排除有毒霉菌

曲母又称母曲，是大生产酒曲所用的大曲种子。曲母来自大生产的酒曲。一般做法，选择大生产中优良的大曲，作为种子使用。这是提高大曲质量的关键，俗称老曲带新曲，做法方便，容易推行。例如，制造茅台大曲，用小麦为原料，经过粉碎工序，麦粒被粉碎，粗细各半，于是，添加曲母和水，充分拌匀，然后加入曲模，踩成曲坯，呈长方形砖块。所以曲坯中已有曲母存在，换句话说，曲坯已经完成大曲微生物的初步接种手续。

也可采用纯菌种培养法，专门制造曲母，选择有关糖化酶、蛋白质分解酶的菌株（霉菌和细菌），从试管到三角瓶，从三角瓶到种曲箱，由小到大，按序扩大培养，最后获得曲母。同时，也可选择从大曲酒醅中分离出来的酿酒酵母，从试管到三角瓶，从三角瓶到发酵罐，由小到大，按序扩大培养，最后获得酒母。酒母当作用水那样，拌和在曲料中，依法压成曲坯。所以曲坯中已有酵母存在（耐高温的酵母），有利于酿酒效果。

为了排除有毒霉菌，要彻底进行大曲微生物的研究工作。分离鉴定大曲中有关微生物的类别和菌种，通过生理生化性能的试验研究，求知哪些菌株是对发酵酿酒有毒害？哪些菌种是无害或有利？清理一下菌体队伍，把好的留下来，坏的淘汰掉；尤其是弄清楚有没有产生霉菌毒素的霉菌，改成有计划地培植一批优良的大曲微生物菌种或菌株，然后专门制成曲母，作为大生产的种子，借以提高大曲的质量。

制造大曲的培菌过程，好像种庄稼一样，希望获得优质高产。用纯粹菌种培养出来的大曲，当然还要经过酿酒工艺的验证。应用人工曲母，排除有毒霉菌，必然也会为大曲工艺室内室外全部机械化或部分自动化创造一个有利的条件。

4. 种曲、曲母、大曲

从制曲工艺的机械化、自动化的要求，尚须强调制备种曲、曲母、大曲的重要性，并要下大力量从事科学研究和推广工作。首先研究酿酒工业所需要的优良菌种，对大曲微生物下一番研究苦功夫，然后分别依法制成种曲，这是小样品，准备千分之一的数量，供下一步接种之用。制备种曲，可以利用种曲箱，在严格控制培养条件下进行。由种曲出发，按种放大的一批曲料，通过繁殖，分别将各个优良菌种制成曲母，这是中样品，也准备 1‰的数量，供下一步接种之用。由曲母制成大曲，应将各个曲母混合接种，在机械化、自动化的曲室内进行。

以上所述，都是今后留待研究解决的课题，也是白酒行业进行技术改造的主要内容。

[秦含章 1973 年“华东大曲酒协作组第一次技术协作会议”发言摘要]

七、机械化制曲技术研究现状

不同的白酒有不同的制曲工艺，但总体来讲，可分为曲坯成型和曲房培曲两个阶段。首先采用小麦、大麦和豌豆等为原料，经粉碎拌水后压制成块状的曲坯，然后经曲房培曲、贮藏一段时间而成，其本质就是培养霉菌、酵母和细菌等微生物的过程。曲是酿酒的动力，富含淀粉、生物酶、微生物和香味物质，在白酒的酿造过程中，可起到投粮、糖化和增香等作用。千百年来，酿酒先辈们从实践中总结出了“曲乃酒之骨，好酒必有好曲”的精辟论断，可见大曲质量的好坏直接影响着白酒品质的高低，在白酒的生产过程中发挥着举足轻重的作用。

（一）机械自动化曲坯成型技术

传统曲坯成型工艺是间歇式人工工艺过程，石磨粉碎原料、手工搅拌配料、人工踩制曲坯等都是通过繁重的体力劳动来实现的，生产效率低下；物料粉尘多，制曲环境恶劣。面对这些缺点，白酒行业不断尝试创新制曲工艺，将机械自动化技术应用到制曲过程中。如以8031单片机为核心的大曲原料间歇式称重系统的应用，具有数据采集、处理、运算控制和显示等功能，实现了大曲原料的投料、放料及搅拌定时等操作的自动控制，解决了人工配料无法保持一致的难题；机械冲压式压曲机的广泛应用，通过采用齿轮和链条联合转动，偏心机构与连杆上下运动，多次压制成型的工艺，无需配备专门的喂料机构，实现了喂料与压曲的同步操作，克服了液压、气动式压曲机喂料、压曲的分步操作，一次压制成型而使曲坯具有表面紧凑、中心疏松、提浆不好等缺点；河北三井酒厂于2012年引进了一套制曲设备，具有储粮、润粮、粉碎、加水搅拌和压制等一系列功能，实现了从原料粉碎到曲坯成型过程的机械化自动控制。目前，机械自动化曲坯成型技术的广泛应用，大大提高了曲坯成型过程的生产效率，推动了大曲规模化生产的实现。而且与传统人工制曲相比，该技术还具有曲坯成型好，松紧程度适中，糖化力、发酵力和蛋白质分解力等性能都较好的优点。

（二）机械自动化曲房培曲技术

培曲是微生物在曲坯上大量生长繁殖形成稳定群落体系的过程。传统培曲工艺，需根据曲坯发酵的实际情况，及时进入曲房进行曲坯翻动、堆烧和开启门窗等手工操作，以调节曲房内温度、湿度和CO_2浓度等，大曲质量受生产人员经验和环境条件影响大，曲质不稳定。目前，虽然我国各大白酒企业，基本上都实现了从原料粉碎到曲坯成型阶段的机械化自动控制，但后续的曲房培曲过程，仍难以完全脱离传统的手工操作工艺。

20世纪90年代出现的微机控制架式制曲技术，通过镍铬电阻丝、轴流降温机、鼓风机、喷水机构和对流搅拌风机等设备的使用，具有控温、控湿、供氧和对流等功能，并结合传统制曲工艺，通过人机配合技术，模拟传统的曲房培曲过程，创造出一个适合微生物生长繁殖的环境。该技术的应用，虽在很大程度上提升了曲房培曲过程的机械自动化水平，但因微生物指标难以确定，造成曲的品质不及人工制曲，且不够稳定，而未能广泛推广。茅台习酒厂和四特酒厂基于自身独特的传统制曲工艺，在原有的基础上，对微机控制架式制曲技术进行改进，很好地提升了大曲的品质。江苏洋河酒厂通过引进圆盘制曲机，嫁接醋、黄酒和酱油的机械自动化生产模式来生产调味酒用曲，实现了入曲、翻曲、加温、加湿、降温、有空气过滤、高压清洗、灭菌和初步干燥等操作的自动控制。古贝春、五粮液和古井贡酒等酒厂，通过曲房紫蜂（ZigBee）无线测温技术的使用，能够及时掌控制曲过程中的温度变化，初步实现了曲房的智能调控。现阶段，完全实现曲房培曲过程的机械自动化还很困难，在继承传统培曲工艺的同时，还需结合现代生物技术，深入认识培曲过程复杂的微生物混合发酵体系，改造传统制曲模式，推动制曲机械自动化的实现。

[《中国酿造》2013，32（2）：5-8]

八、大曲检测指标研究进展

大曲研究检测指标包括理化及生化指标、微生物指标、酶系列指标和香味物质指标等。这些指标的检测对大曲质量标准的进一步规范化、标准化起到一定的推动作用。涂荣坤、钱志伟、秦辉等从已经公开的文献资料中收集、整理相关的大曲检测指标，简要介绍大曲中测定指标的研究进展。

（一）大曲理化及生化指标研究进展

大曲的理化指标可归结为大曲发酵代谢的终极状态指标，不对窖内固态酿酒结果产生直接影响或影响甚微的指标，是大曲的静态指标。它主要包括传统理化指标中描述的水分、淀粉、酸度以及反映大曲发酵成熟度的曲块容重等指标。

大曲生化指标即大曲生化功能的动态指标，即酒化力、酯化力和生香力等，是大曲所具备的活性指标。

炊伟强等从感官特征出发，选取泸州老窖普级大曲和优级大曲进行比较研究，以期发现感官特征与微生物、理化指标和生化性能等的关系。结果表明，优级大曲中细菌、芽孢杆菌、霉菌、酵母菌的总数高于普级大曲；理化指标分析显示，优级大曲和普级大曲相比，优级大曲中水分、酸度高，淀粉含量低；优级大曲中的液化酶、糖化酶、蛋白酶的活力均明显高于普级大曲；优级大曲的生化性能要优于普级大曲，总游离氨基酸含量方面也高于普级大曲。任道群等对泸型大曲发酵过程理化指标的变化进行研究，得出结论，以液化力的变异性最大，一般为50%左右。其次是酸度和糖化力，为20%~30%，淀粉含量的变异性较小。温度的高低对糖化力影响较大，高温曲糖化力低，低温曲糖化力高，可改进制曲工艺提高糖化力，同时进一步研究高温曲赋予酒香的原因。唐玉明等以泸州老窖成品曲为研究对象，根据多元生物统计学原理，采用 DPS 数据处理系统，对曲药理化指标进行了基本参数估算、系统聚类分析和多元相关分析。结果表明，①泸州老窖的曲药质量基本稳定，可以95%的置信区间作为判定曲药质量是否相对稳定的范围。②曲药可分为性能各异的 3 个大类，第一类曲是液化力、糖化力、酯化力和酒化力均较高；第二类曲各指标值均处于中等值；第三类曲是糖化力、液化力、酯化力和产酒力均较低。③曲药的部分理化指标间存在显著的相关性，呈正相关的有酸度与氨态氮、液化力与糖化力、液化力与发酵力、发酵力与发酵醪酸度；呈负相关的有酸度与酒化力、酸度与发酵醪总酯、糖化力与发酵力、发酵醪酸度与酒化力。曲药酸度大小和氨态氮含量高低可作为反映大曲复合曲香物质强弱的指标。④传统的体现大曲产酒能力糖化力、液化力和发酵力三大指标与大曲发酵醪的产酒量（酒化力）无明显相关性，曲药的酯化力与发酵醪酯含量相关性亦不明显，表明大曲的酒化、酯化、生香功能是一个非常复杂的系统，需要更进一步的深入研究。

张良等对泸型酯化曲在发酵过程中微生物菌群和酶活指标变化趋势进行研究，揭示了微生物菌群变化与酯化曲酶活之间的关系。泸型酯化曲和中高温曲酶活指标的对比结果表明，泸型酯化曲的糖化力、酯化力和液化力均优于中高温曲，为改进泸型大曲生产工艺提供了理论依据。

张良等以中高温曲作为研究对象，重点研究了曲药贮藏过程中液化力、糖化力、发酵力等生化性能的变化，同时也研究了微生物种群和数量在这一过程中的变化。由生化性能以及微生物的变化，得出曲药贮藏 4 个月后使用效果最好。

（二）大曲微生物指标研究进展

大曲是一种“多酶多菌”的微生态制品，进入酿酒发酵体系后，大曲中代谢酯化酶的微生物如产酒微生物一样，仍然存在一个“吸水复活、生长繁殖和微生物酶的代谢”过程。大曲的生产是靠传统工艺自然接种，它是富集、培养有益的微生物和其代谢产物的载体。大曲的微生物主要有 4 类：霉菌、细菌、酵母菌、放线菌。目前，研究大曲微生物方法主要为：其一，利用传统方法对微生物进行分离、培养，直接镜检计数和平板菌落计数是常用的统计方法；其二，利用分子生物学的方法对大曲中主要菌种进行分子鉴定，是一种快速、简便和有效的方法。分子生物学技术的发展使微生物学研究从可培养技术转向了未培养分析技术。

1. 传统微生物指标研究进展

王忠彦等对郎酒高温大曲中的微生物进行培养计数，发现细菌最多，霉菌次之，酵母很少。霉菌数量曲皮与曲心差异不大，曲皮比曲心略多，这是由于在制曲的高温期，部分霉菌被淘汰。

施安辉等用稀释平板计数法对雁宾大曲中的细菌类群进行了剖析，并对芽孢杆菌和非芽孢杆菌在大曲中的量比关系进行了探讨。同时，也对主要产酸菌进行了分类。结果表明，芽孢杆菌在细菌总数中只占很小部分，非芽孢杆菌占细菌总数的绝大部分。大曲中细菌主要类群是乳酸菌和醋酸菌，在产酸细菌中乳酸菌数量最高。细菌优势菌种为乳酸杆菌属、醋杆菌属、芽孢杆菌属、微球菌属。

廖建民等从四川泸州几个名优酒厂的曲药中分离得到125株细菌，并按照常规生理生化手段进行了分类。从初步鉴定结果看，芽孢杆菌数量多，种类也较多；球菌数量少，种类比较单一，主要是乳球菌类；无芽孢杆菌主要是醋酸杆菌和乳酸杆菌。

姚万春等系统地研究了泸州老窖国窖曲不同层次间微生物数量、种类和优势种群差异及规律。结果表明，国窖曲层次间微生物数量、种类和优势种群差异较大，其中曲侧表层和曲包表层微生物数量多，以霉菌为主，微生物种类少，优势菌是根霉；曲包心、曲心、曲底表层微生物数量少，以细菌为主，优势菌是芽孢细菌，微生物（主要是细菌）种类较多；青霉和犁头霉主要分布在曲底层；黄曲霉、红曲霉、酵母菌均匀分布在曲坯各层。

杨代永等对茅台高温大曲制曲发酵过程进行跟踪检测。初步分离出汉逊酵母属、假丝酵母属、毕赤酵母属等6种酵母；枯草杆菌、地衣芽孢杆菌等41种细菌；曲霉属、毛霉属、根霉属等51种霉菌。高温大曲发酵过程中的微生物总数以细菌为主，霉菌次之，酵母最少。

王世宽等研究了大曲发酵的3个阶段：培养期、堆积转化期和储存阶段，发现各个阶段中微生物及理化指标的变化均呈现一定规律。温度对微生物生长影响较大，与乳酸菌、酵母菌、霉菌和细菌的变化有较强的相关性，湿度影响程度较弱；微生物数量变化和部分理化指标呈一定的相关性，一定程度上微生物的数量变化对理化指标的影响是显著的。

总之，传统的微生物指标测定方法主要是利用微生物生长特性，采用选择性培养基将目标微生物分离培养。并根据微生物的形态、生理生化特征或遗传特征进行鉴定。但是，这种方法不仅工作量大、费时，而且在多样性研究中存在很大的局限性。自然环境生态中存在很多不能培养的微生物，该方法并不能完全反映整个微生物群落的全貌。分子生态学的研究表明，被分离的微生物仅占总微生物的1%~5%。

2. 微生物分子生态学技术研究进展

目前，在白酒酿造微生物研究中用到的分子生物学方法主要有克隆文库、变性梯度凝胶电泳（DGGE）、单链构象多态性（SSCP）、实时定量聚合酶链式反应（qPCR）等。而核糖体基因间隔区分析（RISA）虽然在白酒发酵微生物多样性研究中还没有相关报道，但是陆健等运用RISA研究了黄酒麦曲制作过程中的真菌结构及变化，证明了该方法可以非常方便、快速的分析复杂微生物群落结构的组成，也非常适合研究微生物的动态变化，这给白酒微生物多样性的研究提供了新的选择。

张文学等应用DGGE研究了泸州老窖发酵过程中酒醅细菌和真菌群落结构变化规律。*Lactobacillus acetotolerans* 在整个发酵过程中处于优势地位。真菌多样性随着发酵过程的进行而不断降低。

潘勤春等建立了一种利用聚合酶链式反应-变性梯度凝胶电泳（PCR-DGGE）技术快速有效地评价汾酒大曲细菌群落结构多样性的方法。研究结果表明，品温最低的清茬曲含有的条带最多（10条），后火曲次之，品温最高的红心曲含有的条带最少。清茬曲和红心曲间迁移位置不一致的条带达8条。在培养工艺中，品温控制的高低对3种汾酒大曲中细菌的种类多少和数量多少的影响较大。通过优势条带切胶鉴定，得知汾酒大曲中的细菌组成包括 *Enterococcus*、*Bacillus*、*Lac-tobacillus*、*Acinetobacter*、*groc-occus*，其中 *Enterococcus* 和 *Bacillus* 为优势类群。同时，还发现了5种不可培养微生物（Uncultured Bacterium），丰富了酿酒微生物资源。

罗惠波等通过聚合酶链式反应-单链构象多态性（PCR-SSCP）分析了浓香型大曲发酵过程中7个曲样中真核微生物群落的变化情况，在大曲发酵过程中，微生物群落结构复杂，变化多样，不同微生物群落具有协同和制约的复杂生态学效应，并与外界因素相互作用，共同对大曲发酵过程产生影响。大曲发酵过程中温度的升高，对真核微生物多样性的影响较大。

高亦豹采用 PCR-DGGE 技术，研究了 5 种高温和中温白酒大曲细菌群落结构，通过优势条带切胶鉴定确定了大曲中优势细菌种属信息。结果表明，*Weissellacibaria*、*Lactobacil-lus helveticus*、*L. fermentum*、*L. panis* 等乳酸菌普遍存在于 5 种大曲，*Thermoactinomyces sanguinis* 仅存在于高温酱香型大曲中，同时 DGGE 检测到了传统方法未能分离鉴定的 *Staphylococcus xylosus*、*Klebsiella oxytoca*。不同工艺大曲细菌群落结构存在明显差异，随着制曲温度的升高，大曲细菌多样性指数有下降趋势。PCR-DGGE 技术是一种能够快速有效地研究白酒大曲细菌群落结构的技术。

秦臻等建立了一种基于生物标记物表征大曲类固态发酵体系微生物群落结构的生物化学方法。以微生物细胞膜的特征组分磷脂脂肪酸（PLFAS）组成信息为指标，描述大曲微生物群落结构特征；采用麦角甾醇标记物含量可估算出样品真菌生物量。结果显示：5 种不同生产工艺的大曲样品中共计检出 18 种磷脂脂肪酸，优势 PLFAs 是 16：0、18：2（n-6，9）和 18：1（n-9），占总 PLFAs 物质的量的 90%以上。从 PLFAs 组成特征判断 5 类大曲中优势菌群均为真菌。基于麦角甾醇含量与真菌生物量的关联性，估算出绝干大曲中的真菌生物量分布在（110.45±4.60）~（218.47±11.19）μg/mg。

黄祖新利用宏基因组学技术可以直接从基因水平上研究大曲酒生产微生物群落，研究发酵过程中微生物群落的消长及变化，特别是对大曲酒微生物群落的功能菌及多酶体系的认识，全面了解大曲酒微生物群落的代谢机理和形成大曲酒与众不同的香味组分的构成和风味特征。

（三）大曲酶系指标研究进展

大曲中的酶根据催化功能可分为糖化酶、液化酶、酸性蛋白酶、酯化酶、脂肪酶、纤维素酶、半纤维素酶、单宁酶、果胶酶等酶类。目前，大曲酶类物质的研究测定主要集中在糖化酶、液化酶、酸性蛋白酶、酯化酶等能评价大曲发酵性能的指标。

范文来等对浓香型大曲的分解酶体系中的液化型淀粉酶、糖化型淀粉酶、酸性蛋白酶、纤维素酶和木聚糖酶测定方法作了全面的研究。研究发现，大曲不同部位的液化型淀粉酶、糖化型淀粉酶、酸性蛋白酶、纤维素酶、木聚糖酶含量不同，它们主要存在于曲外层；pH 对大曲水解酶活力有影响。发现液化型淀粉酶、糖化型淀粉酶受 pH 影响较大，而对酸性蛋白酶、纤维素酶、木聚糖酶活力影响较小；测定了不同等级曲的水解酶活力。一等品大曲的液化力、糖化力、酸性蛋白酶活力、纤维素酶活力和木聚糖酶活力大于二等品曲，二等品曲大于三等品曲。

张艳梅等在茅台酒酒糟中添加纤维素酶（10U/g 酒糟）和糖化酶（60U/g 酒糟），于 58℃水浴中保温 6h，还原糖含量增加为 18.78g/L，乳酸产量达到 7.01%左右，出酒率提高 2%左右，可提高茅台酒酒糟的再利用价值。

王耀等对浓香型大曲的酯化酶测定方法作了研究。建立有机相反应体系来代替传统方法的水相反应，与传统测定方法（需反应 100 h）相比，能简单、快捷检测大曲质量，适合工业化生产的要求。有机相中酯化反应条件为：在 30mL 正庚烷有机反应介质中，35℃的条件下，加入 0.15mol/L 的底物酸，己酸与乙醇的浓度比为 1：1.25，加入 15g（干曲）的大曲，仅用 24h 就能比较出大曲酯化力的高低。

万自然研究了中温大曲培养发酵 30d 左右过程中曲料内的微生物及酶系的变化规律，“前火不可过大”，若大曲培养前期升温过快、过高，微生物不能充分生长繁殖；“后火不可过小”，降温期是大曲中保留微生物及酶增长的重要时期，若温度降得太快或控制得太低，微生物不能充分生长，将严重影响大曲质量。

张秀红等对清香型大曲中可能存在的淀粉代谢相关酶类及各自催化作用进行全面分析，并从 Brenda 数据库中搜索酿酒相关的淀粉水解酶，了解不同来源淀粉水解酶类的酶学特征，并从基因组角度分析酿酒微生物合成的淀粉代谢酶类，对酿酒微生物有更深入的认识，为选育理想的酿酒微生物提供理论依据。

张强等在提取条件为料液比 1：2、pH 6.0、温度 30℃ 、提取时间 2h 下，用水相制取不同大曲的酶组分溶液，并按常规方法测定其液化力、糖化力。以α-淀粉酶、糖化酶水溶液作为标样，对提取液中酶组分进行高效液相色谱（HPLC）分析，分别计算标样和提取液对应峰的峰面积，进行峰面积比较并换算为酶活。与常规方法测试结果进行比较，HPLC分析结果与常规分析结果一致。这一结果表明，HPLC适用于大曲的质量评价，HPLC的精确性和可同时分析多组分特性表明这一方法在曲药质量测定中有较好的应用前景。

（四）大曲香味物质指标研究进展

大曲是白酒酿造的发酵生香剂，含有丰富的白酒香味前体化合物，大曲中的香味成分种类繁多，而且组成相当复杂，同时大曲也是香味化合物的载体，就是常说的曲香，不同等级曲药的香味成分又存在着区别。目前，酿酒行业技术人员已经开始全面地研究中国白酒的香气特征，对于大曲香味物质的研究，主要采用的方法为气相色谱-质谱联用（GC-MS）、气相色谱-嗅闻法（GC-O）和（EN）等，气相色谱-闻香法能评价出各种挥发性物质对总体风味特征的作用，电子鼻技术的实验结果只是反映被检测的挥发性风味物质的整体信息。表1-29列举了利用先进检测仪器分析大曲的香味物质的研究进展。

表1-29　　大曲香味物质研究概况

年份	研究人员	研究方法	研究结果
2006年	赵东，等	顶空固相微萃取-气相色谱-质谱法（HS-SPME/GC-MS）	可定性大曲中的68种挥发和半挥发性成分，成品曲药中的很多微量香味成分如乙醇、己酸、己酸乙酯、乙酸、乙酸乙酯等与基础酒中的微量香味成分相似，大曲中的微量成分的含量远远高于其在基础酒中的含量，初步定性分析了大曲中的部分微量成分，主要是以杂环化合物为主的复合香味成分
2007年	范文来，等	气相色谱-质谱联用法（GC-MS）	气相色谱-质谱联用方法测定了酱香型大曲，通过优化萃取条件，在最优条件下检测到酱香型大曲中的挥发性成分112种，含量最高的是异戊酸和2-苯乙醇
2011年	郭兆阳，等	顶空固相微萃取法（HS-SPME）	以出峰数量和面积为指标比较，以PA为萃取头，5mL 12%vol乙醇为溶剂，0.2g大曲取样量，不加入盐离子，经60℃超声平衡，在60℃搅拌萃取60min。利用该条件从1种清香型大曲样品中共检出56种组分
2011年	张春林，等	顶空固相微萃取-气相色谱-质谱联用法（HS-SPME/GC-MS）	分析大曲在发酵和贮藏过程中香气成分变化规律。多数挥发性化合物含量从发酵的第1d开始增加，到第5d达到最大值，随后下降，20d后趋于稳定，含氢类化合物从发酵的第5d快速增加，第9d达到最大值，发酵20d后含量趋于稳定。这为优化大曲工艺、理解大曲中风味物质变化的原理提供了理论依据
2012年	张春林，等	气相-嗅闻法（GC-O）的频率检测法（DF）和香气提取稀释分析法（AEDA）	考察了中温优级大曲和高级优级大曲，依据DF值和FD值的大小判断香气物质对大曲香气的贡献程度。中温优级大曲中的特征香气成分可能主要是由已醛、未知化合物（*n*0，*n*2）、苯乙醛和4-乙基愈创木酚等化合物组成；高温优级大曲中的特征香气可能主要是由己醛、2-6-二甲基吡嗪、壬醛、1-辛烯-3-醇、苯乙醛、4-乙基愈创木酚和未知化合物（*n*0、*n*2、*n*3、*n*5和*n*7）组成，其他挥发性化合物可能作为背景香气物质
2013年	陈勇，等	顶空固相微萃取-相色谱-质谱联用法（HS-SPME/GC-MS）	高温大曲（叙府大曲）与2种中高温大曲（泸州老窖大曲、丰谷大曲）分别含26种、12种和21种挥发性组分，主要包括酯类、芳香族类、杂环及其他等4类，不同类型的大曲不仅所检出组分数量差异较大，且含量亦有区别，在不同种类大曲的制曲过程中，多数酯类的相对含量逐渐减少，芳香族亦呈类似的变化规律，多数的杂环化合物也仅是中间代谢物。丁子香烯则是大曲中后期合成的主要产物之一

（五）大曲食品安全指标研究进展

随着我国经济的不断发展，食品种类越来越丰富，产品数量供给充足有余，在满足食品需求供给平衡的同时，食品质量安全问题越来越突出。从原料到白酒成品的整个生产过程都是在开放式的环境中进行，存在一定的安全隐患，大曲在其培菌发酵和入库贮藏过程中微生物可利用大曲中的营养成分自然发酵，可能会污染一些有害霉菌，这些霉菌可能产生真菌毒素。由于在白酒生产的蒸酒过程会破坏多数霉菌毒素，且大多数毒素不易挥发因而难以进入成品白酒，所以这些毒素被带入到成品白酒的可能性微乎其微。大曲中可能存在的生物毒素有：黄曲霉毒素 B_1、赭曲霉毒素 A、呕吐毒素和橘霉素。

但是，作为工厂大规模生产酿造用原料的大曲在某种意义上也是食品，从防患于未然的角度，检测成品大曲中几种具有代表性的霉菌毒素的含量，进一步提高食品安全指标，提高食品安全意识。

张春林利用 HPLC 方法分析泸州老窖公司制曲生态园大曲中的霉菌毒素含量，选取了具有代表性、可能在小麦原料中被带入或者在培菌发酵期和入库贮藏期产生的 4 种霉菌毒素：黄曲霉毒素 B_1（曲霉属产生）、赭曲霉毒素 A（曲霉属和青霉属产生）、呕吐毒素（谷镰刀菌和黄色镰刀菌产生）和橘霉素（青霉属和红曲菌产生）进行实验检测分析。检测结果表明，该方法具有很好的精密度和回收率，大曲中的黄曲霉毒素 B_1 在国家标准安全范围以内；大曲的赭曲霉毒素 A 含量没有超标；大曲样品的呕吐毒素含量没有超过 1000μg/kg 国家标准；4 种大曲样品均未检测出有橘霉素，符合国家限量标准。因此，大曲中检测到的 4 种真菌毒素含量均未超过国家或国际上通用的限量标准，符合食品类商品出厂标准。因为大曲用于发酵酿酒还要经过后续工艺流程，所以大曲中的毒素通过蒸馏被最终带入到白酒成品的可能性极小。

（六）展望

1. 通过工艺调整调控制曲过程生产有利于健康的香味物质

随着检测技术的发展，大曲中更多有利人体健康的物质被检测出来，通过检测出来的健康物质为代谢目标产物，利用发酵代谢调控技术调整制曲工艺以生产出优质的大曲。通过酿酒过程，有利于健康的物质被带入酒体中，适量饮酒后，更有利于促进人体健康，同时，有利于生产工艺的改进，产品质量的提升。

2. 加强食品安全卫生指标的检测

白酒生产是开放式生产、多菌种混合发酵，随着未来环境的变化，各种未知的对人体有害的物质都可能产生，因此应当加强对食品安全指标的检测，及时发现食品中的潜在危险，不断提高食品安全技术检测能力与水平，对食品中的风险、危害做到未雨绸缪、预防在先。吸收借鉴外国先进检测技术，为我国所用，为食品监管提供有力支撑；检测技术水平的提高，会促进食品安全国家标准的提升，也将推动食品国际贸易的发展。

[《酿酒科技》2016（1）：110-115]

九、酒曲害虫的种类、危害及其防治研究进展

酒曲的生产是酿制优质白酒的一道重要工序，曲块质量的好坏直接决定着白酒的出酒率和优质品率。但是由于酒曲制作和贮藏过程中很容易滋生酒曲害虫，这些害虫蛀食曲砖，消耗淀粉，严重降低了酒曲的糖化率和出酒率。周平、罗惠波、黄丹等对酒曲害虫的种类、危害和防治技术进行了综述并对今后酒曲害虫的防治前景作了一定的展望，旨在为今后酒曲害虫的防治提供一定的参考和借鉴。

（一）酒曲害虫的种类及危害

1. 酒曲害虫的种类

“曲虫”这一名称是酿酒行业所特有的，但它所涉及的害虫并不是只有酒厂才独有，而是在大自然界普遍存在的。据初步统计，全世界已发现危害贮藏物的害虫 492 种，其中有害昆虫 410 种，害螨 82 种；我国已发现危害贮藏物的害虫 309 种，其中有害昆虫 254 种，害螨 54 种。而曲虫就属于这类害虫中的一部分。为了弄清危害酒曲害虫的种类，魏建华、许均祥等联合陕西省西凤酒厂进行了系统调查采集，初步记录害虫（螨）23 种，隶属 4 目 17 科。张孝义等在江苏洋河酒厂发现主要的酒曲害虫有土耳其扁谷盗、咖啡豆象、药材甲和黄斑露尾甲，其中前 3 种是为酒曲害虫的优势种。两次的调研是国内首次对白酒厂的酒曲害虫进行的比较系统的调查研究。后来陆续有酒厂的技术人员和科研工作者对国内的一些酒厂的酒曲害虫进行了调查和研究。胡全胜等对安徽省的酒厂进行了调查，发现黑菌虫、黄斑露尾甲、土耳其扁谷盗、咖啡豆象、二带黑菌虫、药材甲和蜚蠊为主要种类。轩静渊等对合川市酿造厂进行调查发现干酒曲有 13 种害虫，以长角扁谷盗数量较多。曾建德等对邵阳酒厂进行调研，发现酒厂内曲虫 12 种，其中大谷盗、土耳其扁谷盗、黄斑露尾甲、咖啡豆象是优势种。宋河酒厂的丁超成等对厂内的酒曲害虫进行调查，发现酒曲害虫有十多种，优势种群是土耳其扁谷盗、咖啡豆象、黄斑露尾甲、药材甲 4 种。程开禄等对泸州老窖的曲药生产车间进行调查，发现泸州酒曲害虫至少有 35 种，优势种群为土耳其扁谷盗、咖啡豆象。张百发等调研了茅台镇部分酱香型白酒厂，发现咖啡豆象、土耳其扁谷盗及蟑螂是影响茅台地区白酒厂的主要酒曲害虫。综上所述，在各酒厂调研的结果显示，酒曲害虫种群有一定的差异，这可能是由于各酒厂所处的地理位置和环境条件有所不同所致，但是从大体上来说，对各个白酒厂危害最严重的为土耳其扁谷盗、咖啡豆象、黄斑露尾甲、药材甲这 4 种酒曲害虫。

2. 酒曲害虫的危害

曲虫在白酒厂内历来就有，但是我国白酒厂的工作人员以前不了解酒曲合理的贮藏期，他们误认为酒曲贮藏期越长越好，并且被酒曲害虫蛀成千疮百孔就更好。后来随着对白酒厂内的酒曲害虫的调查研究才逐渐认识到了它们对酒曲危害的严重性。丁超成等在宋河酒厂东、西两院曲库的实地调查中发现曲库内的曲块损失非常严重，东院曲库贮曲 750t，曲重年损失率为 9.6%，年损失大曲 72t；西院曲库年贮曲 835t，曲重损失率为 12.3%，年损失大曲 102.71t，东西两院曲库每年因虫害造成的直接经济损失达 19.74 万元。程开禄等对泸州老窖入库的大曲重量、含水量及贮藏 1、2、3 个月后的曲重和含水量进行了测定，结果发现：大曲在库内贮藏 1 个月，损失率为 1.08%~2.88%，平均为 2.02%；2 个月损失率为 3.16%~4.15%，平均为 3.73%；3 个月损失率为 4.93%~9.29%，平均为 6.46%。李新社等在湖南等地酒厂调查发现，曲虫对曲块的危害较为普遍，曲重平均损失率达 9%~12%，而且造成酒曲质量下降，霉菌、酵母菌、细菌总数下降 8%~10%。张孝义等在洋河酒厂的两个小曲库进行试验，结果发现，每间贮藏量为 125t 的小曲库，贮藏 3 个月后，损失 6.9t，经济损失 1.03 万元；贮藏 6 个月后曲块重量损失达 11.4t，直接经济损失 1.71 万元。俞峰民等对比了被酒曲害虫破坏的曲和未被酒曲害虫破坏的曲，发现被酒曲害虫破坏的曲不仅在质量上有重大损失，而且曲块糖化力、液化力下降达到近 30%和 50%。以上这些数据表明，曲虫不仅能够吃掉酒曲，而且还对酒曲中的各类微生物造成危害，使酒曲的糖化力和液化力严重下降。曲虫除了对酒曲本身产生危害，同时还严重污染了我们的生产和生活环境，对曲库的工作人员和周边的居民造成了严重伤害。正是由于酒曲害虫给酒厂和周边居民带来的这些影响，防治酒曲害虫带来的危害即成为了酒厂和周边居民的迫切需要。

（二）酒曲害虫防治技术研究进展

1. 物理防治技术

物理防治是利用各种物理因素来防治害虫的方法。具体措施可以是通过改变温度、光照、含氧量

等物理环境来改变害虫生存环境，从而将其杀灭。这种方法在国内外是使用最早的防治害虫的方法，很早之前我国的部分白酒厂就利用酒曲害虫具有趋光性这一特点，利用灯光来进行诱捕。龚士选等自制了诱源白炽灯和物料制作捕虫机诱捕酒曲害虫。结果发现，捕虫机每天每台机子可捕虫约 1.25kg，虫量大约为 164853.62 万头。戚仁德等探究了不同功率的白炽灯对酒曲害虫的诱杀作用及其在防治上的应用。发现 100W 诱灯对各种酒曲害虫的诱集量均显著多于 15 或 40W 的诱灯，同时发现大部分酒曲害虫在 18：00 至 23：00 这段时间的诱集量明显高于其他时段。所以，他们建议灯诱酒曲害虫宜在 18：00以后开灯，避开对天敌昆虫的影响。张百发等用频振式杀虫灯对酱香型大曲的曲虫进行了诱杀，结果观察到诱捕到的酒曲害虫以鞘翅目害虫为主，并发现在 18：00 至 23：00 这段时间诱捕到的酒曲害虫最多，达到 41.9892g/h。姚翠萍等通过调整捕虫器的运行时间及空间布局，来达到资源最大化的利用。结果发现，单日捕虫量可高达 746g，经过一段时间的诱捕后，环境中的曲虫密度下降了 38%，曲块损耗减少可达 7.7%。黄德等也利用频波杀虫灯对生产区域和贮藏区域的酒曲害虫进行诱杀，效果也比较显著。以上资料显，虽然利用灯光对酒曲害虫进行诱捕具有一定的杀虫效果，同时也比较环保，不易对酒曲的感官质量带来危害。但是其防治规模比较小，不能在大规模上进行应用，也不能从根本上防治酒曲害虫。

在最近的研究中我国也有人利用酒曲害虫对氧的需求较强烈这一生理特性，采用 CO_2或 N_2等惰性气体排氧，导致缺氧环境下酒曲害虫发生窒息而死亡，从而达到灭杀的目的。王国春等利用 CO_2进行气调来防治酒曲害虫，通过向试验曲房初始通入浓度高达 30%的 CO_2，然后用浓度为 10%~30%的 CO_2保持 3d，并与不充入 CO_2气体的曲房对比。结果发现，试验库的酒曲重量损耗率为 3.6%，而对比库中的酒曲损耗高达 14%，同时还对两库的酒曲进行了感官、理化指标和酒曲酿酒质量的评价，发现通 CO_2气体对曲药的各项主要指标及其酶活指标没有负面影响，试验曲对糟醅和酒质无副作用，并且还对酿酒的产量、质量有一定的提高作用。李付丽等探究用气调治理酱香型大曲的曲虫，在试验曲中通入 CO_2处理 4 h 后，然后搬至干曲房中贮藏 6 个月。试验发现经过气调处理的大曲损耗率最高为 1.8%，而未经处理的大曲损耗率高达 16.12%。李争艳等用 CO_2防治中、高温酒曲害虫，结果发现，通气处理 4h，保持 CO_2浓度为 80%是防治酒曲害虫的较佳条件，在此条件下，单位重量曲块中灭杀曲虫数为 129 条/kg，曲块损耗率从 12.86%下降到 2.19%，且库房空气中与曲块中微生物种类及数量均无明显变化。从气调治理酒曲害虫的效果来看，气调治理具有高效、环保且能保持酒曲纯正曲香的特点。但是，气调治理这种方法缺乏可操作的工艺参数，包括在制曲过程的环节处理，实际生产中如何控制惰性气体浓度、作用时间以及操作的安全问题等，所以不能切实有效地应用于生产实践。

综上所述，采用物理方法防治酒曲害虫，虽然在一定的程度上能对酒曲害虫起到杀灭作用，但是由于受场地、经济投入等因素的影响，很难在酒厂进行大规模的防治，不能在生产上对酒曲害虫的防治起到根本性的作用。

2. 化学防治技术

化学防治是指用适宜的化学杀虫剂如溴甲烷、磷化铝、磷化氢等，采用各种适宜方法，将化学药剂作用于害虫躯体，或散布在害虫的食物、栖息场所等，然后通过害虫取食及各种活动，促使药剂进入虫体，导致害虫中毒死亡。化学防治作为一种重要的防治害虫的方法，我国很多酒厂在酒曲害虫防治问题上都利用过化学防治。由于白酒是人们直接食用饮料，而酒曲又是在白酒酿造过程中不可缺少的发酵剂，所以大部分的酒厂在利用化学防治时都是将多种化学药物进行混合制成化学杀虫剂，然后将药液喷施在曲房、曲库内外墙角、窗台、地面、窗纱、门帘和门框的四周，这样酒曲害虫在进出曲库时就会触药而死。一般是每天或隔天在上述地方喷药，而且将麻袋钉在墙壁窗台下喷药效果更好，次日或隔日将杀死的酒曲害虫清扫彻底。这样的化学防治可以避免对酒曲中微生物群落、酒的质量、风味和污染环境造成较大破坏。然而，使用什么样的杀虫剂更有效果呢？为了研究哪种杀虫剂对酒曲害虫具有更好的毒杀效果，陈福生等从 30 多种高效低毒的除虫菊酯农药、安全无毒的生物农药及专用卫生害虫防治剂中筛选得到了一种安全、高效、无味、无刺激，药效时间很长的药剂 GL-34，这种药剂对酒曲害虫有很强的杀伤力与很长的残效期。顾忠盈等用药膜法测定了 5 种杀虫剂对药材甲成虫的触杀毒力试验，发现杀螟硫磷对药材甲成虫的触杀毒力最强，其毒力几乎是氰戊菊酯的一万倍。后来，为了更加有效地杀灭酒曲害虫，有部分酒厂采取化学熏蒸法来熏蒸处理曲库内贮藏大曲来杀灭酒曲害虫。一般是用 1.0~1.5 g/m^3 的磷化铝熏蒸曲房和曲库，投药后全封闭 3~5d。能用磷化铝进行熏蒸是因为磷化铝能够吸水生成高效杀虫气体磷化氢，使酒曲害虫呼吸中毒而死亡。曾建德等曾经用磷化铝对曲库实仓熏蒸防治酒曲害虫进行过详细的试验，在熏蒸前布置了施药点和计算出各点以不超过 300g 的施药量施药。结果发现，实仓熏蒸后密封保持 72h，并保持曲库温度为 35℃，施药浓度为 $3g/m^3$ 的磷化铝能杀灭供试的各种裸露曲虫成虫达 100%，杀灭曲砖中的各种曲虫的成虫和幼虫可达 98.76%。李玮等曾经通过多次气密性试验来提高原料仓库熏杀酒曲害虫的效果，以解决目前熏蒸法在杀灭酒曲害虫工作中密闭条件不够好的问题。结果发现，对酿酒原料仓库用塑料槽管密封熏蒸可以大大改善传统方法的密封效果，在该密封条件下，用较低量药剂处理原料后，可做到一年内不重复熏蒸而基本无虫。为了研究熏蒸法处理曲库或原料仓库是否会对酒曲质量产生影响，许均祥等试验了几种杀虫剂对酒曲质量的影响及对残毒进行了分析。测试分析表明，磷化铝和氰化钾分别在施用剂量 20 和 $70g/m^2$ 以下时，均对酒曲质量无明显的影响。磷化铝在处理后 5d，即无残毒检出；氰化钾在施用量为 30 和 $40g/m^2$ 时，处理后 5d 取样分析，其残毒低于国家规定的允许残留标准。

综上所述，利用化学防治酒曲害虫具有高效、快速、经济合算等特点，而且不用受地理环境和季节性限制，能在较短时间内获得较彻底的杀虫效果。但是从安全、环保的角度来看，化学防治在减少酒曲害虫数量的同时容易形成了恶性循环，不仅污染环境，而且增强了害虫对药物的抵抗性和适应性，同时若防护不周或用药不当，会对人和动物的健康安全带来严重的影响。

3. 生物防治技术

1987 年，美国国家科学院将生物防治定义为“利用自然的或经过改造的生物、基因或基因产物来减少有害生物的作用，使其有益于生物”。生物防治是病虫害治理的一个重要组成部分，随着社会经济的发展和人民生活水平的提高，它在病虫害治理中的地位和作用越来越重要，已成为食品、药品等生产领域用来防治害虫的研究热点。但是，在我国对于用生物防治方法来杀灭酒曲害虫还处于起步阶段，目前所报道的只有邵阳学院的李新社副教授对用生物防治方法来杀灭酒曲害虫进行过一系列的研究。由于苏云金芽孢杆菌能产生对害虫有毒杀作用的晶体蛋白，李新社等采用苏云金杆菌防治大曲害虫，在 30 ℃条件下，苏云金芽孢杆菌液体制剂达到 0.004mL/g 的剂量，可使大谷盗毒的校正死亡率达 91.8%。苏云金芽孢杆菌液体制剂达到 0.008mL/g 的剂量，24d 黑菌虫校正死亡率达到 100%。采用苏云金芽孢杆菌干粉制剂和磷化铝以 1.0mg/L：0.006mg/L 混合，液体制剂和磷化铝以 0.5mL/L：0.004mg/L 混合，在 30℃条件下能杀死土耳其扁谷盗。采用苏云金芽孢杆菌和有机磷类化学药剂以 B.t.杀虫剂/无菌水（5mL/10mL）与磷化铝（0.0007g）混合，在 37℃条件下能杀死酒曲中的主要害虫。利用苏云金芽孢杆菌分别与白僵菌、平沙绿僵菌混配杀灭酒曲害虫大谷盗，在温度 30℃、相对湿度 60%~69%条件下，苏云金芽孢杆菌分别与白僵菌、平沙绿僵菌液体制剂按 1：1 比例混配后，苏云金芽孢杆菌与白僵菌使用量为 4.5mL 时，在杀虫 24d 时可使大谷盗的死亡率达 96.0%，校正死亡率达 94.7%。苏云金芽孢杆菌与平沙绿僵菌使用量为 5mL 时，在杀虫 20d 时可使大谷盗的死亡率与校正死亡率达 100%。从以上数据可以看出，采用生物防治方法来防治酒曲害虫，具有无污染、低成本、高药效的特点，但是因条件限制，这些方法还处于实验室阶段，如果想要得到实际应用还需做进一步探索研究。

总体来说，采用这种方法为酒曲害虫防治开辟了一条新途径，在酒曲害虫防治方面有着广阔的应用与发展前景。

4. 综合防治技术

随着对酒曲害虫治理方面的研究越来越深入，我国酿造行业的工作者越来越意识到仅靠单一防治技术是很难对酒曲害虫起到长期有效的防治。因此，提倡以经济、安全、有效地控制酒曲害虫为目的

的综合防治方法，主要采用预防为主、综合防治的策略。提出除了利用物理、化学、生物防治来进行综合防治外，还提出了以下几点防治酒曲害虫的原则：①计划生产，合理安排酒曲的生产量，做到产需平衡，减少不必要的库存；②制订并严格遵守制曲工艺，要做到及时翻曲，适时通风、排潮，控制曲房的温度、湿度，抑制杂菌的繁殖，保证有益微生物的生长；③进曲并作相对的封库，用纱窗和纱门把曲库封闭起来，阻断酒曲害虫的入侵途径；④加强曲库管理，合理安排曲块的贮藏，严禁新陈曲混放，坚持每日清扫曲房、曲库内外环境，控制酒曲害虫的繁殖。目前，我国的大部分酒厂都是采用的这种综合物理、化学、生物防治法再配同上面这几条原则来对酒曲害虫进行防治。通过这些综合防治的措施，酒厂的酒曲害虫的发生量和对曲块的危害都显著下降，改善了酒厂的生产环境，也给酒厂带来了很大的经济效益，同时社会效益也十分显著。

（三）结论及展望

酒曲害虫的发生历来就是我国酒厂始终无法解决的一个难点问题。虽然近年来我国酒厂在对于酒曲害虫防治上进行了一系列的研究，也取得了比较不错的成果，但是这些防治方法在酒曲的质量、风味成分、微生物群落等方面都会存在一定的影响，同时这些措施也不能从根本上消灭酒曲害虫。所以说现在我国酒厂仍然在为解决酒曲害虫问题而困扰。如今，随着科技进步和经济水平的提高，人们对食品中的有害残留物的要求也越来越高。展望未来，为了适应现代社会的持续发展和对害虫持续控制的要求，在食品、药品、农作物等领域对害虫的防治正在向生态管理的方向发展，绿色防治害虫技术是未来各个领域防虫的发展方向。对于我国白酒领域的酒曲害虫防治方面，我们应该深入地认识酒曲害虫的发生、危害的特点和其活动的规律，结合绿色防虫技术，抓住其发生过程中的薄弱环节，安全、经济、有效地进行防治。面对过去在酒曲害虫防治实践中存在的问题，今后研究工作应该从以下几个方面深入：①对生物防治法进行更加系统、全面的研究，结合生物防虫在其他领域内取得的成果，加大植物源杀虫剂、微生物源杀虫剂、昆虫激素等研究，开发出环境友好的生物和谐农药并进行推广应用。②利用近代分子生物学、基因工程等新兴技术，将其他微生物的杀虫基因（如苏云金芽孢杆菌）导入大曲本身存在的微生物中，利用大曲自身的微生物来实现对酒曲害虫的杀灭。③加强酒曲害虫预测预报技术应用，利用信息技术提高对酒曲害虫的实时监测，估计酒曲害虫未来发生期、发生量、危害程度以及分布的趋势。同时，加强各个酒厂的信息交流，分享防治动态，交流防治方法。④引进对酒曲无危害的酒曲害虫天敌类群，推广以虫治虫的防治法，在保证生态平衡的基础上引进高效天敌类群或对本地天敌进行改造、繁殖。⑤建设高技术的曲库管理系统，在质量、设施、配置等方面进行改善和提高，利用自动化技术控制库房温湿度、充气系统等，使曲库向更加专业化和现代化的方向发展。总之，酒曲害虫的防治是一项极其重要的工作，需要我国酿酒行业的工作者长期坚持防治，这样才能巩固防治效果，保证酒厂经济和社会生态的可持续发展。

［《酿酒科技》2015（9）：102-106］

十、中国酒曲微生物利用的发展现状

基于历史资料的考察，程光胜对“酒曲”的定义作了探讨，并结合目前的科学技术发展现状，对酒曲中所含微生物的多样性进行分析及总结。

（一）以酒曲为代表的微生物培养物在日常生活中的广泛应用，是中国文化的特征之一

曲是用粮食或粮食的加工副产物培养微生物所制成的含有大量活菌体及其酶类的发酵剂。自公元前841年的周王朝时期开始，就有了文字记载的发酵食品相关记录，大部分是利用曲作为发酵剂。

日本著名微生物学家坂口谨一郎认为，中国创造酒曲，利用霉菌酿酒，并推广到东亚，其重要性可与中国的四大发明媲美。为什么在几千年前微生物的利用在中国特别成功？笔者认为主要原因是中国的农耕时代开始得比较早，又有季风（Monsoon）气候的影响。据竺可桢的研究，在北纬20°~40°之间欧亚大陆东岸，夏季受副热带高压西侧下沉气流控制，下沉空气从暖湿海面吸收大量水气，因此带来丰沛的降水，形成了副热带湿润气候。这里由于海陆对比十分强烈，形成了独特的季风气候，其显著特点是夏雨冬干，雨量集中在夏季。温度高，湿度大，自然适合微生物的生长。所以，中国自古以来把芒种后第一个丙日称为“入霉”，小暑后第一个未日称为“出霉”，即从6月6—15日到7月8—19日这段时间内，中国东部有一个明显雨期较长、雨量比较集中的雨季。这个时期粮食器物容易发霉，因此在历书上加以警示。同时，竺可桢还在对中国的古气候变迁进行深入研究后指出：在我国近5000年中的最初2000年（即从原始氏族时代的仰韶文化到奴隶社会的安阳殷墟），大部分时间的年平均温度高于现在2℃左右。1月温度比现在高3~5℃。因此，当时适于微生物生长的地域会更广，所以我们今天知道的古文献中记载的“麴（曲）”，大部分是在那最初的2000年中创制的。

（二）关于酒曲

1. 粮食酒的来源

20世纪30年代以前，发酵法是酒精的唯一工业生产方法。1930年，美国联合碳化物公司建立了第一个用石油热裂化生产的乙烯为原料，经硫酸吸收再水解制乙醇的工业装置（简称乙烯间接水合法）。1947年，美国壳牌化学公司又实现了乙烯直接水合制乙醇的方法。

人类酿酒主要有3类原料：水果酒、奶酒、粮食酒，粮食酿酒要求更高的主动性。将含淀粉的粮食变成酒精，必须先将淀粉水解成可被酵母菌发酵的简单糖类，而酵母菌基本没有水解淀粉的能力，要靠其他方式。水解粮食淀粉酿酒的方式有3种：人类唾液酶（美人酒）、植物酶（麦芽酒）、微生物酶（酒曲酒）。酒曲是东方特产，由于酒的特殊文化地位，酒曲可以作为曲的代表。现就几个问题谈谈个人的看法。

2. 关于曲的定义

按中国经典的定义，《说文解字》对曲的解释是“酒母也”。《现代汉语词典》解释：“用霉菌和它的培养基（多为麦子、麸皮、大豆的混合物）制成的块状物，用来酿酒或制酱。”日本是对曲研究得最深入的国家，他们对曲下的定义和我国《现代汉语词典》的类似。村上英也《曲学》定义：“使霉菌繁殖在米、麦、豆等谷物或它们加工的副产物麸皮、米糠等上面制成的物品”。《岩波生物学词典》解释：“在经过蒸馏的白米中，接种进曲霉属的分生孢子，然后保温，米粒上面即茂盛地生长出菌丝，此即曲”。而在 *Dictionary of Microbiology and Molecular Biology*（3rd Edition，Paul Singleton and Diana Sainsbury，John Wiley & Sons，LTD，2001，p. 418）对曲（Koji）的解释是：A preparation consisting of mould（usually *Aspergillus oryzae*）growing on cooked cereal and/or soybeans；the mould produces enzymes（including a range of proteases，amylase，pectinases，glutaminase，etc）and is used in the production of e. g. soy sauce and miso。

笔者认为，在近代中国和外国，对曲的定义存在片面性，过分强调了霉菌，尤其是强调了霉菌中的曲霉类群。曲的定义还是以中国最古老的辞书《说文解字》的解释为依据最好。其定义为：“用粮食或粮食的加工副产物培养微生物所制成的含有大量活菌体及其酶类的发酵剂。”将上述诸释义中的“霉菌”改为“微生物”，更能如实地反映曲的实际情况进行总结。下面对一些具体的酒曲的微生物组成情况进行总结，更能说明这个定义的正确性。

3. 关于曲的英译

日本将曲英译为“Koji”，这可能是世界上应用得最多的。显然这是从中国南方沿海地区方言中直接音译来的。我们知道，曲又常常称为：“曲子”，这两个字在我国福建、台湾一带的闽南话中发音是“ka-ji”“kiu-ji”、广州话的发音是“ku-ji”，同样，朝鲜语中曲的发音为“ku”。王郦华和方心芳英译

为“chu”，黄兴宗将曲英译为“chhü”，并对曲这个词作了相当详细的解释。而在由英国人 Brian J. B. Wood 编著的 *Microbiology of Fermented Foods* 中，也采用了日本人的英译“Koji”。中华人民共和国的全国自然科学名词审定委员会在 1988 年公布的《微生物学名词》中将曲英译为“Qu”，这是为了和中国的普通话一致，因为曲这个词在非汉语语言中确实找不到贴切的对应词，同时也有利于克服使用“Koji”造成对“曲”的片面理解。尽管汉语拼音中的“Q”的发音不太容易被外国人读准，但“qu”这个音节在英语中还是很常见的，即使按英语发音，和“ko”也是很接近的。笔者热切地希望今后能够以此为据逐渐统一起来。

（三）曲中微生物组成的复杂性

1. 随着制曲技术的发展使曲中微生物的区系复杂化

曲的最早形态应该是曲糵，即发芽发霉的谷物种子，经过漫长的使用和改良，到周代以前，有所谓“曲衣”的说法，即长满曲霉孢子的粮食曲，因为菌种较单纯而色彩较单一和鲜艳，说明此时的曲中微生物应该以产生黄色孢子的米曲霉为主，当然也少不了酵母菌。由于当时是使霉菌生长在分散的谷物颗粒上制曲，因此现在把它们称为“散曲”。到汉代，风行的是饼曲，由于饼曲内部可以繁殖更多种类的微生物，使曲中的微生物组成更加丰富。首先是酵母菌更多了，更重要的是，根霉这种相对于曲霉的霉菌更容易在曲的内部生长，产生乳酸和分解蛋白质能力强的细菌也更容易在曲中占有一席之地。后来在曲中加入野生草本植物，更为酵母菌提供了维生素等营养，使之生长更为旺盛，这样便使我国独具一格的边糖化边发酵的酒精复式发酵工艺得以形成。因为酒曲微生物区系的多样性，不仅有糖化作用和酒精发酵作用，还有其他微生物对蛋白质和脂肪等的分解，以及各种生化代谢产物的形成，使酒中的成分异常复杂，形成了独特的风味。而由于制曲技术的发展，特别是通过以优良曲作为“母曲”工艺的不断延续，使曲的利用效果不断提高。使制曲成为富集优良菌种的一种手段，使曲成为长期保存优良菌种的形式。中国和日本许多现代发酵工业中使用的优良纯菌种，许多都是从曲中分离后加以选育而获得的。

2. 从几种中国名酒的酒曲看曲中微生物组成的多样性

从微生物学的观点看，微生物的地域分布没有高等生物那样明显的特征。这是因为微生物容易随着气流到处飘荡和传播。因此，酒曲中的微生物基本上来自制曲车间（曲房）的空气、用于保温的稻草麦秆和芦苇等，由制曲原料，即各种粮食表面带进的，以酵母菌和细菌为主。虽然由于酒界在中国市场经济的初级阶段技术数据难以获得，但从 20 世纪 70 年代的一些零星报道中，仍然可以找出一些规律性的结果。选择双沟大曲、汾酒大曲和茅台大曲中分离的微生物作为中国东南部、北部和西南部酒曲的代表，考察它们的微生物种类，发现环境中的微生物基本上是类似的，主要是制曲原料和制曲工艺条件的不同，造成曲中微生物种类的差异。例如，汾酒大曲中主要是根霉（*Rhizopus*）、曲霉（*Aspergillus*）次之，优质曲中含有较多红曲霉（*Monascus*），双沟大曲也类似，这两种酒曲中都含有较多的乳酸细菌、芽孢杆菌和醋酸细菌，而茅台酒曲中除含有与上述两种酒曲中相似的霉菌外，还有耐高温的霉菌，但以细菌占绝对优势，多数属于耐热的芽孢杆菌属（*Bacillus*）细菌。为何茅台酒曲中细菌占绝大多数，是因为这种酒曲在培制过程中，由于微生物生长释放热量，可以使曲块的温度升高至 62℃，此时大部分霉菌和酵母菌都因不耐高温而死亡。而前两种酒曲的培制过程中，温度不曾超过 55℃，因此保存了较多的霉菌和酵母菌。

由于这些名酒酒曲一直是靠天然接种来制造的，难免有不利于酿酒的微生物存在。例如，在上述几种酒曲中，总能发现不少犁头霉（*Absidia*）。据有经验的酒厂专家指出，这类霉菌对于酒的质量有负面影响。例如，它会使汾酒产生苦味。

（四）用现代微生物技术和分子生物学技术剖析酒曲是当务之急

用曲富集天然微生物，作为利用微生物生产食品是创始于中国的独特技艺，经过千百年的选择，获得了一个对于酿酒比较优秀的微生物生态系统。再通过地窖长期堆积发酵，又培育了以窖泥为载体的生态系统；使多种微生物在一边糖化，一边酒化的复式发酵过程中，进行多种代谢反应，形成包括酒精和成百上千种风味物质，再通过特殊的蒸馏工艺，形成了品格多样的高酒精度烈性酒（白酒）；同样，用曲作为酒精发酵的启动物，通过在大缸中人工控制的复杂发酵工艺，得到酒精度在18%vol左右的黄酒。因此，曲是一个蕴含多种可供利用的微生物的宝库。

根霉的利用是酒曲的重要贡献。包启安曾从生物化学的角度总结了根霉对于酿造粮食酒的优点，即：①根霉的糖化酶非常强，而且分解成的糖分，几乎全部是葡萄糖，葡糖苷很少，淀粉利用率高。②根霉属兼性厌氧性霉菌（*Facultative anaerobic mould*），也就是说在透气性差的饼曲上能够很好地生长、增殖。③根霉在没有经过蒸煮的生淀粉中能迅速繁殖。④根霉产酸能力强，可抑制杂菌，尤其是细菌的生长。⑤根霉具有相当量的酸性蛋白酶；在酸性条件下，能将蛋白质分解成氨基酸，供自身及酵母繁殖所需；也有助于淀粉粒周围蛋白质的分解，促进淀粉的水解，提高淀粉利用率。⑥根霉在发酵过程中分泌出的有机酸，除了促进酵母的繁殖和酒精发酵外，还有利于酒味的改进。⑦培养根霉具有较弱的酒化酶系，只能产生少量酒精，而不能成酒，这点也是不可忽视的。⑧根霉不仅适合于固态培养，它还能在液体状态中很好地进行菌丝繁殖。⑨根霉生料饼曲有贮藏菌种和酶作用的功用，因此，在生产中常选出优质曲作为下批次生产的种曲使用。⑩根霉和酵母之间有一种相性共生的生理特性，使根霉和酵母很好地共生于制曲过程中，使曲兼备了糖化和酒精发酵的功能。因此，根霉的利用是中国酒曲的重要特征，除印度尼西亚培养根霉在大豆上制成的“Tempeh”外，在国外是少见的。

［《酿酒科技》2014（3）：122-124］

十一、我国老一辈科学家对酿造微生物学的贡献

我国酿酒历史悠久，至少有5000年的历史。用曲酿酒技艺是先人的伟大发明，酒曲质量优劣直接关系到酒的质量和产率，故大家都非常重视酒曲微生物的研究与应用技术。而最早对酿酒微生物研究的日本科学家宇佐美桂一郎于1902年在《日本工业化学》杂志上发表《中国上海产之曲》的文章，齐藤、山崎、高桥等日本学者相继于1904—1922年发表了有关绍兴酒微生物研究的文章。而我国科学家于20世纪30年代早期才开始进行酿酒微生物学的科学研究。其代表人物有陈騊声、魏岩寿、金培松、方心芳、朱宝镛等老一辈的科学家。他们为酿酒微生物学研究和人才培养等方面作出重大贡献，同时他们的爱国精神和科学奉献精神也是值得我们学习的。

（一）陈騊声（1899—1992年），福建省福州人

陈騊声1928年毕业于北京工业大学，1932年公费留学美国路易斯安那大学，获理学硕士学位后又进入威斯康星大学深造。

他于1934年回国后，在中央工业试验所工作，任技正兼酿造室主任。1934—1937年在上海中国酒精厂任总化学师。1940年任新酵素厂技术总监。抗战胜利后，兼任上海华星酒精厂技术顾问及经济部上海工商辅导处化工组组长。1947年改任上海工业技术委员会副主任委员。

1950—1951年，奉食品工业部委派，在东北、西北筹建糖厂、酒精厂。1952—1956年兼任华成化工厂（今上海酒精厂）技术顾问。并一直担任酒精一厂和二厂技术顾问。1956年任上海轻工业研究所发酵研究室主任。1966—1982年在上海市工业微生物研究所主持研究工作。1982年6月应聘上海科技大学生物工程系主任。1993年2月17日逝世。

陈騊声是我国最早的发酵工业专家之一。他在北京、南京、上海等数度任教，为发酵工业培养许多人才。早年兼任京师大学、中央大学讲师、国立劳动大学副教授。1934年兼任国立交通大学发酵化

学特别讲座讲师。抗战期间，在上海大夏大学、圣约翰大学、暨南大学、沪江大学兼课。1950—1952年，兼任江南大学食品工业系教授。1953—1954年兼任复旦大学、上海第二医学院教授。1980年应聘为上海科技大学顾问教授。1982年，83岁高龄为上海科大创立生物工程系。

他历任中华化学工业会理事，上海化学会理事、理事长，上海化工学会副理事长、顾问，上海微生物学会理事，中国微生物学会理事，中国微生物学会酿造学会名誉理事长，中国食品协会理事，上海市第六届政协委员，上海市第七届人大代表。1956年加入九三学社，1978年被评为上海市先进工作者，同年获国家科学大会重大科技成就个人奖，1986年9月11日加入中国共产党。

在微生物研究与应用方面：

1934年由中国酒药中分离出一种根霉，试用阿明诺法发酵，效率达80%以上（陈騊声．酿造研究［M］．北京：商务印书馆，1937：221）。

1932年开始由南京等地酒药中分离出15株酵母及数种曲霉，并对其进行形态和生理的研究（T S Chen. Microbio-logical studies of Chinese，Fermem，Tation Products，1932）。

1934年又由湖南酒药中分离出1株发酵力较强的酒精酵母（陈騊声，冯镇，等．工业中心，1934，3：130-133）。

1935年又由严州酒药中分离出1株根霉，其糖化力与德氏根霉相似（陈騊声．工业中心，1934，3：64-67）。

1940年开始研究以根霉酒母麸曲混合法制造酒精，结果甚佳。发酵效率可达90%以上［陈騊声．阿明诺混合制造酒精//高等酿造学.2版．北京：商务印书馆，1954：51-52；化学世界，1949，2（1）］。

1955年陈騊声首先提出了开展液体曲的研究，为1957年全国性科研重点项目。由中国科学院微生物研究所、食品工业部制酒局上海科研所、华南工学院和上海市轻工业研究所参加，由上海市轻工业研究所负责，该所在陈騊声指导下，于1959年完成并在生产中应用。在上海科技大学工作期间，他已经80多岁还指导细菌发酵生产酒精的试验研究。

20世纪30年代初，他在中央工业试验所期间，还对我国传统酱油酿造工艺改良作出贡献。如他从酱油中分离出蛋白酶活性很强的米曲霉，用于制成纯种曲酿造酱油成功，引起国内酿造界的重视，被认为是中国酱油改革的先声。

陈騊声是微生物学界少见的著作等身的科学家。主要著作有：《发酵工业》，中华书局，1931年；《农产制造》，中华书局，1931年；《酒精》，商务印书馆，1932年；《酿造学总论》（上、下），商务印书馆，1941年；《酿造学分论》（上、下），商务印书馆，1941年；《酿造学实验》，商务印书馆，1951年；《实用微生物学实验》，商务印书馆，1951年；《高等酿造学》（上、下），商务印书馆，1953年；《实用微生物学》，商务印书馆，1953年；《食品微生物实验》，商务印书馆，1953年；《酶化学》，商务印书馆，1954年；《液体曲研究》，轻工业出版社，1958年；《抗生素发酵研究法》，上海科技出版社，1958年；《酒精发酵研究》，科学出版社，1959年；《中国微生物工业发展史》，轻工业出版社，1979年，获1977—1981年全国优秀科技图书奖。

（二）魏岩寿（1900—1973年），浙江省鄞县人

魏岩寿是我国微生物学先驱，中国第一代现代微生物学家。他于1921年考取政府公费入日本京都大学化学工程系深造，1926年回国。1927—1930年在上海国立卫生实验室从事研究工作并于1929年秋兼任国立劳动大学农学院农艺化学系教授。

1930—1937年，他在国立中央大学农学院创建我国第一个农艺化学系，担任系主任和教授，1935年受实业部的推荐，曾兼任中国酒精厂总工程师。抗日战争时期，在资源委员会工作，在四川、云南等省创建并管理过多家酒精厂。1945年，受陆志鸿校长之聘，前往我国台湾接收由日本经营的台北帝国大学，该校更名为台湾大学。1946—1957年，任台湾大学工学院院长兼化学工程系主任，并在农业化学系教授微生物学。1957年，受中央研究院代院长之聘，负责筹建中央研究院化学研究所，担任筹

备处主任，至逝世前一直任该所所长，1970 年 4~5 月，短暂代理过中央研究院院长职务。1973 年 6 月 4 日逝世于台北。

魏岩寿的科学生涯开始于日本求学期间，学习化学和微生物学，并研究真菌。回国后，他把自己的研究工作紧密地和人类日常生活结合起来，而且终生不渝。1927 年回国后，他在上海劳动大学农学院化学系带领学生们从事我国传统发酵食品中微生物分离和研究工作，1929 年在美国的《科学》（*Science*）杂志上报道了他在腐乳中分离的一个毛霉新种，而且详细介绍了这种对于我国汉族饮食具有重要意义的发酵食品。1931 年，他还指导他的学生方心芳研究传统食品酱油，在酱醪中分离酵母菌，一起在《新农通讯》上发表了《中国酱醪中之数种酵母》，这是我国科学家从传统发酵食品中分离出第一批工业微生物菌种，为微生物学进行了大量的奠基性工作。1959 年开始，他主持编纂了《应用微生物图谱》，这部 15 卷的巨著不仅反映了他对各类微生物的认识和驾驭的高深造诣，还对科研、教学、产业有重要价值。

他从 20 世纪 20 年代后期在《科学》杂志发表第一篇有关论文起，对腐乳的研究一直延续到 20 世纪 60 年代后期。他在 1968 年完成的腐乳研究的《技术总结报告》，在当时具有最高水平，至今也是重要的参考资料。这些成就和他临终那年出版的《高粱酒》一书，都表明他对我国传统发酵技术所具有的深刻理解，也体现着他重视总结提高中华民族的优秀科学遗产，并从中吸取精华，加以发扬光大的责任感。据我国台湾近年发表的文献统计，魏岩寿一生发表过论文 82 篇，著作 7 部，而实际数目已超过此数目。

1957 年，他在一次国际会议上发表了《霉菌和细菌的淀粉酶之联合作用》，在这个报告中，他向国外介绍了我国白酒酿造中用麦子制成酒曲是结合采用了霉菌和细菌的淀粉酶，可以协同地完成淀粉的液化和糖化过程，从酶学水平总结和提高了传统东方酿造工艺中的复式发酵过程。抗战期间，在兼任中国酒精厂总工时研究试用甘薯为原料采用纯种酵母发酵，以提高发酵效率生产酒精，为抗战时的交通运输提供能源。

魏岩寿长期担任高等院校的领导和教学工作，为我国工业微生物学和发酵化学方面培养了大量骨干力量。他在上海劳动大学培养过方心芳、金培松和秦含章等。方心芳在晚年曾多次提到魏岩寿教授对他的影响：一是注意研究我国传统发酵食品；二是重视保藏微生物菌种。

（三）方心芳（1907—1992 年），河南省临颍县人

方心芳是我国现代工业微生物学开拓者和应用微生物学研究传统发酵食品的先驱者之一，著名工业微生物学家。

1927—1931 年，在上海劳动大学农学院农艺化学系学习；1931—1934 年任黄海化学工业研究社助理研究员；1935 年在比利时鲁文大学酿造专修科学习；1936 年在荷兰菌种保藏中心和法国巴黎大学访问研究；1938—1951 年任黄海化学工业研究社研究员、副社长。1952—1956 年任中国科学院菌种保藏委员会研究员、秘书。1957—1958 年任中国科学院北京微生物研究室研究员、副主任；1958—1979 年任中国科学院微生物研究所副所长兼工业微生物学研究室主任。1980—1992 年任中国科学院微生物研究所研究员。1992 年 3 月 24 日在北京逝世。

1935 年，方心芳将各地酒曲、酒醅等分离所得 40 株酵母菌，试验发酵力。其结果：我国曲内酵母菌的发酵速度大多数比较缓慢（方心芳．工业中心，1935，4：195-198）。

1935 年，区嘉伟、方心芳对川穹、白术等 11 种草药对酿造的影响研究（方心芳．工业中心，1935，4：373-376）。

1932 年在威海市建立酒厂，就是方心芳等在社长孙学悟指导下从改良高粱酒曲开始，选用糖化力强的米曲霉和发酵力强的酵母菌制成麸皮曲生产白酒。

还有方心芳、金培松《唐山高粱酒之酿造法》；孙学悟、方心芳《改良高粱酒酿造之初步试验》；孙颖川、方心芳《汾酒用水及其发酵秕之分析》；方心芳《高粱酒曲改造论》《汾酒酿造情况报告》

《酒曲内根霉两新种》以及《中国酒曲中几种酵母之研究》等关于制曲酿酒的一批科学论文，都具有重要的历史文献价值。1962 年，他还出版了《应用微生物学实验法》一书。

方心芳在保藏菌种方面也作出了突出贡献。他在抗战困难条件下保藏了黄海化学工业研究社的全部微生物菌种，1952 年人民政府接管黄海化学工业研究社，这些菌种移交中国科学院菌种保藏委员会。

1939 年，方心芳在范旭东的支持下，创办了《黄海发酵与菌学特辑》，这是我国第一个创办的发酵微生物学的学术期刊。1939—1951 年连续出版了 12 卷，12 年中的 72 期刊物，共刊登论文近 300 篇，这对学术交流和普及科学技术知识起到了很好作用。

1956 年，方心芳等开始进行对根霉的分类及重要生理特性的研究，并先从分离小曲内根霉着手，结果见：乐华爱，方心芳．微生物学通讯，1959，1（2）：86-89；1959，1（3）：151-163。通过研究确定根霉是小曲的主要糖化菌，并选择了 5 株根霉在全国推广，为我国传统小曲改革提供优良菌种并指明了方向。

他领导了酵母菌分类、遗传育种和青霉、曲霉、根霉、乳酸菌、醋酸菌等的分类研究，选育出大批优良菌种应用于工业生产，还开展丙酮丁醇、氨基酸、调味核苷酸发酵生产研究，创立了烷烃发酵生产长链二元酸的生产工艺。他主持的科研成果先后获得全国科学大会奖、国家发明三等奖、中国科学院重大科技奖。

1960 年，方心芳到茅台酒厂实地考察，并派人常驻酒厂进行大曲和酒醅中微生物分离并进行鉴定工作，对后来研制白酒新品种采用纯种发酵法影响深远，同时提出了茅台酒酿制过程中的特有风味主要来自耐高温细菌的理论。20 世纪 70 年代异地仿制茅台酒时，这一研究成果起了重要作用。

（四）朱宝镛（1906—1995 年），浙江省海盐县人

朱宝镛是我国发酵科学的著名教育家、科学家、著名的酿酒专家。

他早年留学日本、法国、比利时，在法国著名的巴斯德学院学习，后转入比利时发酵工业学院学习，毕业后获生物化学工程师学位。

1936 年，朱宝镛回国曾在烟台张裕公司任工程师、厂长。后在西北联大、四川大学、同济大学等任教。1950 年，在无锡江南大学创立我国第一个食品工业系；1952 年，经院校在南京工学院创建我国第一个发酵专业；1958 年，迁系建校至无锡轻工业学院并任副院长，长期从事教育事业，培养与造就一大批国内著名科学家、酿造家、教育家和企业家，是中国酿酒工程师的摇篮，是江南大学的奠基人。

1936 年，他与担任经理的徐望之发起组织“中国酿造社”，这是中国酿造史上第一个学术组织。成员有：上海酒精厂经理汤腾权、厂长陈陶声，中央大学农化系主任陈方济、教授鲁宝重，烟台张裕公司副经理等。1939 年 1 月 1 日创刊《酿造杂志》，由上海国光书局承印。

他在吉林通化葡萄酒厂经实验分离出三种山葡萄酒酵母，定名“通化一号”“通化二号”“通化三号”，对提高产品质量起到重要作用。

主要论著有：《发酵生理化学及发酵工业》《啤酒工艺学》《葡萄酒工艺学》《酿酒工艺学》《酿造酒工艺学》等讲义教材。译著有：《农业工业微生物学》《酵母发酵与纯培养》《酵母与成品啤酒》《葡萄酒》《麦芽与啤酒生物化学》《食品科学与工艺学辞典》《啤酒译丛文选汇编》《葡萄酒工艺与科学》。

他还主持了《葡萄酒工业手册》与《中国酒经》的编写会议。如今无锡轻工业学院已发展成新的江南大学，是教育部直属 211 所重点建设高校之一。发酵科研组已发展成生物工程学院，发酵工程学科是国家同类学科中唯一的重点学科。

（五）金培松（1906—1969），浙江省东阳人

1927 年 9 月金培松考入上海劳动大学化学系学习，并且荣获奖学金。1931 年 7 月毕业后在我国早先的黄海化学工业研究社工作。1932 年，任国文中央大学农科院助教。1934 年，任国立中央工业试验

所酿造试验室主任，并兼任四川教育学院和重庆大学教授。1944 年 8 月至 1947 年 3 月在美国威斯康星大学留学深造，并获得硕士学位。

抗日战争时期，他为了几百种菌种不落入侵略者手中，孤身将这些菌种抢救隐藏起来，为此受到当时国民政府颁发的“胜利勋章”。

金培松在科学研究上取得成果发表论文与著作有：金培松于 1945 年应用三种方法在实验室内小量用木材试验制酒精，据报：稀硫酸法较实用，每 100g 松木屑可得 95%酒精 11.8mL［金培松．化学工业，1945，17（1）：33-38；金培松．十年来之酿造试验与研究，经济部中央工业试验所研究专报（第 115 号），1949；金培松．酿造工业，1936 年 12 月出版，1939 年 4 月渝 3 版，1943 年 5 月 6 版，1947 年 4 月沪 1 版］。

1937 年，金培松将中国各地酒曲中分出的曲霉、根霉及酵母多种，在紫外线下观察其呈色，此法易于鉴别形态上甚为类似的种类（金培松．酿造研究［M］．北京：商务印书馆，1937：27-27）；又研究了酵母菌孢子形成与培养基的关系（金培松．酿造研究［M］．北京：商务印书馆，1937：58-73）；对黄酒、白酒等进行调查研究［金培松．工业中心，1936，5（4）：178；方心芳、金培松．高粱酒之研究．黄海化学工业研究社研究报告（第 3 号），1932：1-30；金培松．本所历年分离鉴定及贮藏之各种发酵微生物，经济部中央工业试验所研究报告（第 126 号），1941：15；金培松，等．豆饼酿造酱油试验报告Ⅰ及Ⅱ//酿造研究．北京：商务印书馆，1937：162-182］；对镇江产醋酸的研究，于 1937 年曾分离出醋酸菌 2 种，并分别试验对酒精、醋酸的抵抗力及分解醋酸力（金培松．工业中心，1937，6：47-62）。

中华人民共和国成立后，金培松积极从事发酵科学的研究，如对麻胶发酵菌、右旋糖酐、柠檬酸发酵、发酵法制葡萄糖酸钙以及抗菌素（青霉素、链霉素、金霉素）等都取得成果并发表论文。另外，金培松对我国民族特产如酱油、醋、黄酒和烧酒、腐乳、饴糖和酱色等做过研究。

他曾被复旦大学、同济大学、沪江大学、无锡轻工业学院、苏州轻工业学院等聘请讲授专业课程。1963 年，被山西省轻化研究所聘请为汾酒专题指导老师。1964 年，被轻工业部聘任为高等工业学校发酵工业专业课程教材编审委员会委员。1966 年，被第一轻工业部聘任为发酵工业科技图书编委会副主任委员。中国微生物学会第二、三届理事。1958 年，开始从事教育工作，由于成绩显著，曾多次登上天安门参加国庆观礼。多次参加全国科技规划会议，并多次受到周恩来总理和陈毅副总理的接见。

文革中，金培松含冤损身，于 1969 年 6 月 7 日逝世。他嘱咐子女把他多年来省吃俭用购买的在我国微生物方面很有价值的 2600 多册科技书籍，全部献给天津轻工业学院图书馆。1978 年 12 月 25 日，为金培松平反昭雪，恢复名誉。

主要论著：《酿造工业》，正中书局，1936 年；《食品工业》，正中书局，1940 年；《微生物学》，中国财经出版社，1961 年；《发酵工业分析》，中国财经出版社，1962 年；《工业发酵》，北京轻工业学院，1963 年。大学教材讲义：《应用微生物学》《酿造工艺》《发酵工艺学》等。其他：《酱油制造》《醋的制法》《腐乳的制造》《黄酒和烧酒制造》等。

［傅金泉《我国老一辈科学家对酿造微生物学》，《酿酒》2010，37（1）：4-7］

十二、中国传统酿酒大曲的风味化学研究进展

本文综述了中国传统酿酒大曲风味化学研究进展情况，总结分析了大曲风味化学研究的方法体系、风味化合物的香气特征等，展望了大曲风味化学分析的前景，为系统认识大曲对白酒风味的贡献度提供参考。

（一）大曲风味化合物的研究体系

1. 大曲风味化合物的提取方法

待测样品中风味成分的提取方式极大程度上取决于样品体系中成分组成、含量、理化性质乃至组织形态。常用的方法包括溶剂萃取（Solvent Extraction）、固相萃取（Solid Phase Extraction）、固相微萃取（Solid-phase Microextraction）、搅拌棒吸附萃取（Stir-bar Sorptive Extraction）、顶空进样（Head Space Injection）和吹扫捕集（Purge &Trap）等方式。

溶剂萃取法是基于待测物中挥发性组分与溶剂之间极性的相似相溶原理或溶剂化作用，选择适当有机溶剂提取风味组分的一种常用样品前处理方法。根据其极性特征，常用的有机溶剂包括三氯甲烷、二氯甲烷、正己烷、石油醚、乙醚、正戊烷、氟利昂、乙酸乙酯、乙醇等。这类溶剂具有提取不同极性化合物的能力，使得待检物易被质谱鉴定，又可比较准确定量，所以该技术是分析风味化合物的经典方法。胡沂淮等利用乙醚索氏提取法研究了洋河中高温曲中的风味化合物，鉴定出 39 种化合物，其中酯类 2 种、酸类 10 种、醇类 7 种、含氮化合物 8 种、氧杂环 3 种、芳香族 1 种、酮类 2 种、酚类 4 种、烷烃 2 种。陈路露利用 50 %乙醇水溶液浸提了口子酒高温曲中的风味成分，共鉴定出 26 种化合物。吕云怀等分析了浓、清、酱 3 种大曲中的风味化合物，共检出 103 种，其中酱香检出 63 种，浓香 57 种，清香 53 种。然而，溶剂提取法在风味物质的提取过程中存在样品用量大、溶剂消耗量大、萃取时间长、浓缩过程容易造成低沸点成分损失且有机溶剂毒性严重危害人体健康等缺点。同时，大曲中富含油脂、色素、蛋白质以及糖类，这些不挥发性物质严重影响气相色谱（GC）对挥发性风味化合物的检测。

20 世纪 90 年代以来，固相微萃取（SPME）广泛应用于风味化学的研究领域。顶空固相微萃取（HS-SPME）和浸入式固相微萃取（DI-SPME）是两种最常用的固相微萃取（SPME）方法。纤维头材质涵盖了中等极性聚二甲基硅氧烷（PDMS）、强极性聚丙烯酸酯（PA）以及复合涂层的碳分子筛（CAR)/PDMS、二乙烯基苯（DVB）/PDMS、DVB/CAR/PDMS 等。该技术利用萃取头与待测物之间的吸附或吸收特性，在密封、加热或搅拌的样品瓶中将待测物在一定时间内富集于萃取纤维头上，再在气相色谱（GC）高温进样口受热解吸附，将萃取头上的待测物导入色谱柱中进行分析。目前的报道中已有大量关于利用 SPME 研究大曲风味物质的研究，对大曲 SPME 方法的优化则因大曲类型的不同而异（表 1-30）。范文来等优化了 HS-SPME 分析高温大曲微量挥发性成分的条件参数，认为最佳萃取条件为大曲粉 0.2g，5mL 去离子水溶解曲粉，混匀，50℃超声振荡 30min 后，再用 HS-SPME 法进行检测。张春林等和陈勇等分别优化了泸州老窖中高温大曲中挥发性成分的 HS-SPME 萃取条件，可能是由于样品的差异性，两者的优化参数具有一定差异，前者基于 0.5g 大曲粉和 5mL 饱和 NaCl 体系，获得了最优萃取条件为 50/30μm DVB/CAR/PDMS 萃取头，50℃水浴中顶空吸附 30min；后者则从曲用量、萃取头到萃取条件进行了优化，最优条件为：大曲粉 2g，不加溶剂，85μm CAR/PDMS 萃取头，60℃水浴中顶空吸附 50min。中温大曲的 HS-SPME 最优萃取条件为大曲粉 0.2g，PA 萃取头，加入 5mL 的 12%vol 乙醇，不加盐离子，经 60℃超声平衡，再在 60℃下搅拌萃取。

表 1-30 大曲 SPME 提取条件优化参数比较

大曲类型	萃取头	质量/g	提取溶剂	超声处理	水浴温度/℃	萃取时间/min
高温大曲	50/30μm DVB/CAR/PDMS	0.2	5mL 去离子水	50℃，30min	50	40
高温大曲	50/30μm DVB/CAR/PDMS	2.0	无	否	60	30
中高温大曲	50/30μm DVB/CAR/PDMS	0.5	5mL 饱和 NaCl	否	50	30
中高温大曲、高温大曲	85μm CAR/PDMS	2.0	无	否	60	50
中温大曲	PA	0.2	5mL 12%乙醇	60℃超声平衡	60	60

此外，也有大量关于利用 HS-SPME 分析大曲风味成分的报道。如不同类型大曲制曲过程主要风味组分的变化规律、多种中高温大曲风味化合物的差别并采用主成分分析等确定了大曲中重要的风味成分，以及不同大曲的区别鉴定。

2. 大曲风味化合物的定性、定量方法

风味化合物的定性、定量及风味贡献度是风味化学的主要课题。因我国白酒中赋予特征风味的化合物组成极其复杂且痕量，其贡献度取决于体系的组成与浓度等诸多因素。目前主流的白酒风味化合物定性技术包括标准品保留时间比对、质谱库比对、保留指数定性、闻香技术等。早期风味化合物采用 GC 偶联红外光谱（GCIR）、核磁共振（NMR）等来鉴定。随着质谱（MS）技术的成熟，标准化数据库（NIST、Weily）的不断丰富，目前该鉴定技术已是最为常见的定性方法之一，大部分含量高且能产生 MS 碎片离子的化合物在 MS 分析过程中形成质谱图进而被鉴定出。但是在大多数情况下，较多含量极其低且 MS 响应值极低的化合物则很难被检出，这就需要借助其他检测器进行。例如，利用硫磷检测器（FPD、pFPD）检测硫化物、利用氮磷检测器（NPD）检测含氮化合物、利用电子捕获检测器（ECD）检测双乙酰等。目前，大曲中风味成分的鉴定方法主要是与质谱库比对。常用的风味化合物定量方法包括峰面积归一化法、峰面积百分比、峰高百分比、外标标准曲线法、内标法和稳定性同位素稀释定量法；大曲风味化合物的定量方法主要是峰面积归一化法和内标法，其中内标法（IS）的报道较多，如利用 2-辛醇、乙酸丁酯、4-甲基-2-戊醇半定量大曲中的风味化合物。国外风味化学的定量研究中，多种物质的外标标准曲线法和特殊物质的稳定性同位素稀释法（SIDA）则是最为常见的定量方法，如 Micheal C. Qian 和 Vicente Ferreira 等定量检测水果（草莓、黑莓、树莓等）、葡萄酒（黑皮诺、霞多丽等）中的关键风味化合物，草莓、黑莓中活跃香气成分的定量；Peter Schieberle 则是开发并应用 SIDA 的先驱，利用稳定性同位素稀释法定量分析了爆米花中呈烘焙味的特征 2-乙酰-四氢吡啶、2-丙酰基-1-吡咯啉、2-乙酰基-1-吡咯啉和乙酰吡嗪，以及小麦、大麦和麦芽中的酚酸，雪莉酒的关键风味化合物。

（二）大曲风味化合物类型及特征

近年来，随着色谱分析技术的广泛使用，大曲中的风味化合物检出数量呈不断攀升的态势。

检出的化合物主要包括醇类、酸类、酯类、醛酮类、内酯类、芳香族、呋喃类、萜烯类、含氮化合物、含硫化合物等。不同类型化合物的香气特征以及阈值显著不同，本文概要探讨中温、中高温和高温三大类大曲中化合物的阈值较低且与大曲“烤面包味、杏仁味、烟熏味”等特征香味相关的化合物。

1. 醇类化合物

检出的醇类化合物见表 1-31。

表 1-31　不同类型大曲中检出的醇类化合物

大曲类型	化合物
中温大曲	乙醇、正戊醇、2-庚醇、正已醇、2-壬醇、2-辛醇、3-辛醇、正庚醇、正辛醇、1-辛烯-3-醇、2-癸烯-1-醇、(Z) -2-辛烯-1-醇、(E) -2-辛烯-1-醇、(Z) -3-壬烯-1-醇、(Z) -3-已烯-1-醇、2,4-癸二烯-1-醇、3-甲基-2-丁烯-1-醇、5-甲基-3-已醇、2-乙基-1-已醇
中高温大曲	甲醇、乙醇、异丁醇、乙醇、2-甲基丁醇、异戊醇、正戊醇、正已醇、2-戊醇、2-己醇、2-辛醇、庚醇、壬醇、1-辛烯-3-醇、2,3-丁二醇、2-氨基丙醇、2-乙基戊醇、2-甲基-1-丁烯基-4-醇、3-辛醇、2,3-丁二醇、2,7-二甲基-4,5-辛二醇
高温大曲	2-丁醇、正丙醇、3-甲基丁醇、2-乙基-1-已醇、正壬醇、2,3-丁二醇、2-十九烷醇

醇类化合物是赋予白酒特殊口感的一类化合物，多数具有甜味，气味则各异。正丁醇、异戊醇、正戊醇等是白酒中的杂醇油，正丁醇具有类似香蕉的气味，气味阈值 500μg/L。正己醇具有一定的青草气味，气味阈值 2. 5mg/L。2,3-丁二醇具有奶油气味，气味阈值 50μg/L，其主要由芽孢杆菌属细

菌、肠杆菌属细菌发酵葡萄糖或直接利用淀粉产生。1-辛烯-3-醇具有强烈的蘑菇味和土腥味，气味阈值2.7μg/L，在Zhang等对泸州老窖中高温大曲的活跃香气成分（AAC）研究中1-辛烯-3-醇的香气稀释指数为81，可见大曲的霉味或许与该物质存在一定关联。

2. 酸类化合物

检出的酸类化合物见表1-32。

表1-32　不同类型大曲中检出的酸类化合物

大曲类型	化合物
中温大曲	乙酸、3-甲基丁酸、己酸、庚酸、辛酸、壬酸、2-苯基丙二酸
中高温大曲	乙酸、丁酸、异丁酸、异戊酸、己酸、辛酸、壬酸、癸酸、十二酸、4-羟基丁酸、DL-3-氨基丁酸
高温大曲	乙酸、丙酸、丁酸、2-甲基丙酸、3-甲基丁酸、4-甲基戊酸、己酸、壬酸、苯甲酸

酸类化合物往往是由于大曲发酵过程中产酸细菌代谢所生成。乙酸具有刺激性醋味、丁酸具有臭脚丫味、己酸具有汗臭味、辛酸及长链脂肪酸大部分具有蜡味。然而目前为止还未见对大曲中长链脂肪酸，尤其是亚油酸、油酸、棕榈酸等的定量分析，毕竟这类脂肪酸常见于小麦、大麦等粮食中，大曲培养过程中对这类物质的影响以及这些物质含量与气味阈值间的关系仍待进一步研究。

3. 酯类化合物

检出的酯类化合物见表1-33。

表1-33　不同类型大曲中检出的酯类化合物

大曲类型	化合物
中温大曲	乙酸乙酯、乙酸异戊酯、乳酸异戊酯、油酸乙酯、甲酸异戊酯、dl-2-羟基己酸乙酯、3-甲基丁酸乙酯、己酸乙酯、乙酸己酯、（2Z）-3-己酸乙酯、庚酸乙酯、辛酸乙酯、癸酸乙酯、苯乙酸乙酯、苯丙酸乙酯、肉豆蔻酸乙酯、十五酸乙酯、棕榈酸乙酯、亚油酸乙酯、乙酸苯甲酯
中高温大曲	甲酸乙酯、乙酸乙酯、乳酸乙酯、异丁酸乙酯、乙酸丙酯、丁酸乙酯、己酸甲酯、庚酸乙酯、癸酸乙酯、丁二酸二乙酯、十五酸乙酯、苯乙酸乙酯、肉豆蔻酸乙酯、棕榈酸乙酯、9-十六碳烯酸乙酯、油酸乙酯、亚油酸乙酯、月桂酸乙酯、2-甲基丁酸乙酯、异戊酸乙酯、亚油酸甲酯
高温大曲	乙酸乙酯、丙酸乙酯、异戊酸乙酯、己酸乙酯、2,3-环氧丙酸乙酯、月桂酸乙酯、十四酸乙酯、棕榈酸乙酯、油酸乙酯、亚油酸乙酯、9,12,15-十八碳三烯酸乙酯

酯类物质是白酒中的主要风味物质，大部分短链酯类如乙酸乙酯、丁酸乙酯、戊酸乙酯、己酸乙酯等具有水果气味。长链脂肪酸酯，尤其是油酸乙酯、亚油酸乙酯、棕榈酸乙酯等虽然阈值较高（>2 mg/L），但表现出显著的蜡味，这种气味与大曲的特征香气或许存在一定相关性。众所周知，白酒酿造过程中酯类物质主要是酸醇在酯化酶的作用下脱水形成，而在大曲培曲过程中，短链酯类物质可能是由酯化酶作用形成，而长链脂肪酸酯的研究还未见报道。

4. 醛酮类化合物

检出的醛酮类化合物见表1-34。

表1-34　不同类型大曲中检出的醛酮类化合物

大曲类型	化合物
中温大曲	壬醛、糠醛、（*Z*）-2-庚烯醛、（*E*）-2-庚烯醛、正己醛、（*F*）-2-辛烯醛、棕榈醛、（*E*，*B*）-2,4-十六烯二醛、（*E*，*E*）-2,4-壬二烯醛、（*E*，*E*）-2,4-庚二烯醛、2-辛酮、3-辛酮、2-壬酮、3-辛烯-2-酮、（*E*，*B*）-2,5-辛二烯-2-酮、6-甲基-5-十六烯-2-酮

续表

大曲类型	化合物
中高温大曲	乙醛、2-甲基丙醛、2-甲基丁醛、3-甲基丁醛、正己醛、异丁醛、2-丁酮、2,3-二丁酮、4-甲基-2-戊酮、2,3-戊二酮、3-辛酮、3-羟基-2-丁酮、1-羟基-2-丙酮、2-戊酮、香叶基丙酮、2-庚酮、6-甲基-5-庚烯-2-酮、(*Z*) -氧代环十七碳-8-烯-2-酮
高温大曲	3-甲基丁醛、己醛、2-甲基-2-丁烯醛、壬醛、1-辛烯-3-酮、3-羟基-2-丁酮、(*Z*, *Z*) -2,4-辛二烯醛、香叶基丙酮、植酮、2,3-二醛-3,5-二羟基-6-甲基-4 (*H*) -吡喃-4-酮

醛类物质具有显著的香气特征，低级醛类如壬醛、己醛、2-甲基丁醛、3-甲基丁醛具有显著的青草味。泸州老窖中高温曲的AAC的研究结果认为，正己醛是所有挥发性物质中稀释指数最大的物质，达729，其具有显著的青草味，气味阈值为17μg/L。不饱和醛如（*Z*）-2-庚烯醛、（*E*）-2-庚烯醛、（*E*）-2-辛烯醛具有显著的蘑菇味、霉味，这或许与大曲中的“霉味”具有一定关联性。多不饱和醛类（*E*，*E*）-2,4-壬二烯醛、（*E*，*E*）-2,4-庚二烯醛则是米饭中的关键香气物质，表现为典型的油脂与青草复合香气。绝大部分的酮类化合物呈现出花香味和水果味等甜香味，如香叶基丙酮和3-辛烯-2-酮呈玫瑰花味、2-壬酮呈水果味和乳酪味。糠醛具有烤面包、烘焙味。3-羟基-2-丁酮，俗称乙偶姻，呈奶油味，气味阈值为800μg/L，对中高温大曲的香气有一定贡献。

5. 吡嗪类化合物

检出的吡嗪类化合物见表1-35。

表1-35　　不同类型大曲中检出的吡嗪类化合物

大曲类型	化合物
中温大曲	2，3-二甲基吡嗪、2-乙基-6-甲基吡嗪、2,3,5-三甲基吡嗪、2,3,5,6-四甲基吡嗪、2-甲基-6-乙烯基吡嗪、2,6-二甲基吡嗪
中高温大曲	2,5-二甲基吡嗪、2,6-二甲基吡嗪、2-甲基吡嗪、2,3-二甲基吡嗪、2,3,5-二甲基吡嗪、2,3,5,6-四甲基吡嗪、2,3,5-三甲基-6-乙基吡嗪、2,3-二甲基-5-乙基吡嗪、2-乙基-6-甲基吡嗪、2-乙基-3,5-二甲基吡嗪、2,5-二甲基-3-异戊基吡嗪、2,5-二甲基-3-烯丙基吡嗪、3,5,6-三甲基-2-丁基吡嗪、2,5-二甲基-3-戊基吡嗪、3,5-二甲基-2-丙基吡嗪、2-乙烯基-6-甲基吡嗪
高温大曲	1-甲基吡嗪、2,5-二甲基吡嗪、2,3-二甲基吡嗪、2-乙基-5-甲基吡嗪、2,3,5-三甲基吡嗪

吡嗪类物质被认为是大曲中焦香味、烘焙味的主要来源。大部分吡嗪的阈值较低且香气特征明显。吡嗪类物质产生机理包括美拉德反应和微生物代谢合成作用产生。由于大曲培曲过程中曲药的温度控制在50~60℃，还有超过65℃的超高温大曲，在不低于一周的高温转化阶段，小麦中的氨基酸、蛋白质发生美拉德反应产生多种吡嗪类物质；同时，诸如枯草芽孢杆菌、地衣芽孢杆菌等嗜高温微生物在曲药中迅速繁殖并代谢产生如四甲基吡嗪等焦香味物质。2,5-二甲基吡嗪和2,6-二甲基吡嗪被认为是中高温曲中的重要香气物质，在AAC中稀释指数分别为27和81，气味阈值分别为800μg/L和200μg/L；2,5-二甲基吡嗪也被认为是浓、清、酱3种类型大曲的重要吡嗪类化合物。2,3,5-三甲基吡嗪是中高温曲中最高的吡嗪化合物，气味阈值400μg/L，而2,3,5,6-四甲基吡嗪的阈值则为1mg/L，在上述两个实验中均被认定不是3种大曲的特征香气成分。

6. 内酯类化合物

检出的内酯类化合物见表1-36。

表 1-36 不同类型大曲中检出的内酯类化合物

大曲类型	化合物
中温大曲	γ-辛内酯、γ-壬内酯
中高温大曲	γ-丁内酯、γ-辛内酯、γ-癸内酯、γ-壬内酯
高温大曲	椰子醛、可卡醛、γ-辛内酯、γ-癸内酯、γ-壬内酯

内酯均在白酒中被检出。由于阈值特别低，且呈果香味、甜香味等香气特征。椰子醛具有典型的椰子味和奶油味，气味阈值 150μg/L。γ-辛内酯、γ-壬内酯在闻香实验中被证实对浓、清、酱 3 种大曲的香气具有贡献作用，而 γ-癸内酯只对酱香大曲有贡献。

7. 呋喃类化合物

检出的呋喃类化合物见表 1-37。

表 1-37 不同类型大曲中检出的呋喃类化合物

大曲类型	化合物
中温大曲	糠醛
中高温大曲	2-正戊基呋喃、2,4-二甲基呋喃、5-甲基呋喃甲醛、2-乙酰呋喃、糠醇、3-苯基呋喃、2,5,6-三甲基-4-乙基吡啶、2-乙酰吡咯、二氢-2-甲基-3（2H）呋喃酮、2,5-二甲基呋喃酮
高温大曲	3-苯基呋喃、2-乙酰吡咯、2-吡咯甲醛、2-吡咯烷酮、5-甲基吡咯-2-甲醛、4-苯基-四氢-2-呋喃酮

呋喃类物质往往呈现出典型的焦香味。5-甲基呋喃甲醛具有典型的焦糖味和坚果味。二氢-2-甲基-3（2*H*）呋喃酮又称咖啡呋喃酮，气味阈值极低，为 0.005μg/L。糠醛具有显著的烤面包味，具有典型的焦香味，2-乙酰呋喃和 2-乙酰吡咯均具有典型的坚果味，这三者似乎与大曲典型的烤面包气味、坚果气味有直接联系，但是气味阈值均十分高，分别为 3、10 和 170mg/L，但由于目前缺乏这些物质的定量信息以及相关风味化学评价，因此无法知晓其对大曲香气的贡献度。

8. 萜烯类化合物

检出的萜烯类化合物见表 1-38。

表 1-38 不同类型大曲中检出的萜烯类化合物

大曲类型	化合物
中温大曲	β-大马酮
中高温大曲	β-大马酮、榄香烯、1-石竹烯
高温大曲	β-大马酮

β-大马酮是重要的萜烯化合物，具有强烈的花香、果香、玫瑰以及烟草味，气味阈值仅为 0.002μg/L，对酒类香气具有强烈的烘托作用，如清香型白酒、玫瑰酒；在 3 种类型大曲贡献度的比较中，汪玲玲认为，β-大马酮仅对浓香和清香曲有贡献，呈现甜香。榄香烯是一类具有抗肿瘤、抗病毒作用的倍半萜类化合物，具是有非常广阔前景的抗肿瘤药物，曲药中检出的榄香烯是 β-榄香烯还是 γ-榄香烯以及含量比例等均需进一步确认。

9. 芳香族化合物

检出的芳香族化合物见表 1-39。

表 1-39 不同类型大曲中检出的芳香族化合物

大曲类型	化合物
中温大曲	苯甲醇、苯乙醇、2-糠醇、4-乙烯基愈创木酚、4-乙基苯酚
中高温大曲	苯、甲苯、乙基苯、乙烯基苯、乙酰苯、1-2-二甲氧基苯、苯甲醇、苯甲醛、苯乙醛、苯乙醇、愈创木酚、4-乙基愈创木酚、4-乙烯基愈创木酚、萘、1-苯基-2-丙醇、苯酚、苯乙酮、2,4-二叔丁基苯酚、香兰素
高温大曲	苯甲醇、苯乙醇、苯乙醛、4-乙基愈创木酚、4-乙烯基愈创木酚、4-甲基愈创木酚、丁子香酚、香兰素、苯酚、2-羟基-4-异丙基萘

芳香族化合物是在大曲中赋予大曲丰富且复杂气味的一类化合物，包括具有花香味的苯甲醇和苯乙醇，具有典型烟熏味的4-乙烯基愈创木酚和愈创木酚，具有典型墨水气味的萘、苯酚和4-乙基苯酚，具有香草味的香兰素以及具有一定甜味的甲苯、乙基苯等。其中，4-乙烯基愈创木酚和4-乙基愈创木酚是赋予酱油特殊酱香味的挥发性香气成分，阈值分别为3和50μg/L；苯甲醛和苯乙醛具有显著的苦杏仁味，低浓度的苯甲醛和苯乙醛呈一定的霉味，阈值分别为350和4μg/L，这种气味与大曲的典型曲香味的关联性仍待进一步证实。

10. 含硫化合物

检出的含硫化合物见表1-40。

表 1-40 不同类型大曲中检出的含硫化合物

大曲类型	化合物
中温大曲	二甲基三硫、3-甲硫基丙酸乙酯、3-甲硫基-1-丙醇
中高温大曲	二硫化碳、三甲基二硫、二甲基三硫、2-乙酰基-2-噻唑啉
高温大曲	二甲基二硫、二甲基三硫、3-甲硫基丙酸乙酯、3-甲硫基-1-丙醇

含硫化合物常常被认作白酒和葡萄酒中的邪杂味物质，含量越高对酒体的影响程度越明显。二甲基三硫呈显著的烂白菜叶气味，气味阈值极低，仅为0.005μg/L；二甲基二硫具有明显的大蒜气味，气味阈值0.16μg/L。过去研究中二甲基二硫只对高温曲有贡献，二甲基三硫对3种类型大曲均有贡献。

［《酿酒科技》2017（3）：89-94］

第二章

大曲制作技艺及研究

大曲是大曲酒的糖化发酵剂，它是以大麦、小麦、豌豆为主要原料，经粉碎、加水拌料、压制成型后，在一定的温度、湿度条件下培育而成。大曲中主要含有根霉、毛霉、念珠霉等霉菌，以及多种酵母和细菌等微生物，是一种多菌种混合发酵曲，所以大曲酒具有独特的风格。

传统的大曲制造法，是在春末到仲秋（即伏天）踩曲，因为这段时间，气温最适合霉菌繁殖，并且容易控制培菌条件。中华人民共和国成立后，经科学实验，改变了这一传统周期，现多数为四季踩曲，这是大曲的一次重要改革。20 世纪 70 年代，有许多酒厂采用制曲机压曲，代替人工踩曲，减轻了制曲的劳动强度，并提高了工作效率，这是大曲的又一次重要改革。

大曲中的微生物和大曲酒的香味成分密切相关，因此近几年来，对大曲中微生物的分离研究报道甚多，如茅台大曲、汾酒大曲、泸州大曲等分离研究成果，初步揭示了大曲中的微生物菌群，同时众多研究人员也开展了多种微生物酿酒试验，取得了一些数据，这为改革大曲的生产技术提供了依据。多年来的生产实践表明，使用高温曲对提高大曲酒香味有重要的作用，这是大曲生产中的又一经验，对提高大曲酒质量有重要意义。

采用多种纯种微生物培育强化大曲，是大曲改革的另一条途径。如辽宁凌川白酒和山西六曲香白酒的生产都是根据大曲中包含多种微生物的原理而制成强化曲进行酿造的。另外，厦门酒厂在制作大曲时添加根霉，既提高了大曲的糖化力，同时又使产品兼具大曲酒的风味。这种强化大曲的方法在传统大曲的基础上迈出了重要的一步，表明我国大曲的改革正在向逐步实现纯种化、机械化的方向发展。

我国大曲生产技术虽有所进步，但还远远落后于生产发展的需要。我国名优白酒生产所用的大曲，虽然在向机械化、自动化方向发展，但是总体上仍然采用传统的生产工艺。解开大曲之谜，还需进一步研究。大曲酒的香味成分还需进一步摸清，这样方能从根本上把大曲的生产和科研提高到新水平。

第一节　高温大曲制作技艺及研究

一、兼谈高温酒曲

中国酒的酿造历史悠久，但用近代微生物学的方法酿造，国内是从20世纪30年代左右开始的，中华人民共和国成立以后才见成效。如果说20世纪50年代是提高酿酒淀粉利用率的时期，60年代是摸索提高白酒质量的时期，70年代是实验推广泸州老窖白酒的时期，那么80年代可能是推广茅台型高温曲的时期。遵义酒厂、昌平酒厂实验仿制茅台型白酒都取得了一定的成果。贵州轻工所召开了茅台酿造研究成果鉴定会；张弓酒厂、杜康酒厂及其他酒厂都在实验高温茅台型酒曲酿酒，看来茅台型高温曲的实验推广已在进行中。1960年春，我应邀去茅台酒厂调查访问，见到熊子书等1957—1960年调研茅台酒厂写的《贵州茅台酒整理总结报告》（1960年），并仔细观察了茅台酒酿造的过程。后派我所郑文尧去茅台酒厂分离菌种并请贵州轻工所几位同行来微生物所分离鉴定茅台酒曲、酒醅中的微生物。总结以上资料，我对茅台酒的酿造有了一点认识。现将近年来对茅台酒曲的生产、大家提出的问题，说些自己的意见。

茅台酒的酿造不同于我国一般高粱酒的酿造，它的特殊性很多，本文只谈其有关微生物学的两个重要点：制曲和堆积。

茅台酒曲是一种特殊的大曲，不能用一般的观点去评价它，所谓一般的观点就是传统的看法。《北山酒经》一书中说，“伤热则心红……心内黄白……乃是好曲”。黄海化学工业研究社1932年印行的《高粱酒之研究》一文中，报道了河北省酒师们对各大曲的评价：“清茬曲，曲之断面应呈纯净之白色”。1934

年在《汾酒酿造情况报告》中写道："最好之曲为清茬曲，纵横断面全呈白色……中心呈一金红线，品质中等……'双耳'与'金圈'曲，可用而已。"《汾酒酿造情况报告》文中还说："至于最劣之曲，则为上火过高，曲子被烧而褐化，或水分不散而心腐，干后呈灰褐色。此等曲子绝不能用。因其出酒既少，且予酒及酒糟以恶味，不能出售。"《高粱酒之研究》中也说："温度过高，曲即受火，内部呈褐色，如炭化然。此等曲劲不大……窝水曲，曲内水分未能蒸发去……干后呈暗灰色，糖化发酵作用皆无，为最劣之曲。"茅台酒曲培制时的特征恰好是水分大和温度高。低温的清茬曲，茅台视为劣曲。

茅台酒曲可以说是一种细菌曲，以前少见，1960 年我在茅台酒厂见到有些曲子形状歪扭，它表现出水分还多时，温度特高，曲成软泥而变形；若先期水分挥发，曲硬，定形；温度再高，只烧曲心，而外形不变。由此可见，茅台酒曲的特征是早期水分还多时温度已升高，曲中空气少，不适于霉菌生长，但细菌可在此环境中旺盛繁殖，形成了这种特别的细菌酒曲。《贵州茅台酒情况总结报告》中茅台酒制曲工艺总结原始记录（1959 年 6 月 20 日）指出曲坯入室第 3 天，曲温达到 58℃，而后在 25~30d 的培曲过程中，曲温都在 55~65℃。在制曲坯时，加水为原料的 40%；曲坯在曲室内是用稻草包围着的，水分很难蒸发；曲子入室 10d 后，水分才开始减少。这种水多高温环境宜于芽孢杆菌生殖。1960 年鉴定茅台酒曲中微生物的结果，确实芽孢杆菌最多。鉴定的 17 株芽孢杆菌（枯草芽孢杆菌）中有 5 株产生黑色素（A S1. 286、A S1. 433）。把这些菌株培养在碎麦粉中，也能产生像茅台曲的香味。

当然茅台酒曲也不完全是一样的，《贵州茅台酒情况总结报告》中把茅台酒曲分为三类，不过那是由曲子表面情况分类的。曲坯水分减少后，高温霉菌可能繁殖。像《贵州茅台酒情况总结报告》中所说："高温培养，发现一种高温霉菌，像黄曲霉，不过菌丝稍长。32~35℃不生长，45℃才生长。"这有点像斋藤贤道所描写的由中国大曲分离出的金色高温囊菌（*Thermoascus aurantiaeus*）。它的特征是：30℃不生长，最适生长温度为 40~45℃。37℃能形成暗褐色的被子器。被子器为不整形，稍有多角，表面为橙褐色乃至褐色的菌丝紧密包裹。每个被子器中含多个子囊，每个子囊含八个子囊孢子。子囊孢子为卵形，无色，光面，大小是 5. 5μm×4μm。1960 年从茅台酒曲中也分离出各种霉菌，不过我们认为在 60℃的高温下，一般霉菌，如曲霉、根霉、毛霉、青霉甚至红曲霉很难生长。这些霉菌多在曲子表面繁殖，生成孢子，耐高温高湿的孢子才能幸存下来。若曲子干不透，曲库湿度大，会发霉并产生怪味，要注意避免。

第二点是堆积。60℃上下的高温曲中酵母菌类基本都被杀死。所以茅台型酒曲无酒精发酵作用，必须另外引入酵母菌类。茅台酒厂向酒醅中引入酵母菌是在摊凉堂上进行的。因摊凉堂地上酵母不多，必须在空气较多的情况下加以培养，这就是沙醅的堆积。茅台酒厂把蒸好的沙糟摊凉后，加入酒尾，与曲子和匀，堆成堆。从凉堂地上、空气中、器具上传植于醅子中的酵母菌类即开始繁殖。"一般堆积时间是 2~3d……品温达 40℃，表层温度可达 50℃，有白色斑点……鼻闻有香甜味和微酒气时，即可下窖。"《贵州茅台酒情况总结报告》中的这段话，说明堆积期间有糖化、酒化和酯化作用。酵母菌类繁殖迅速，品温上升快。特别是类酵母（白色斑点）多，这对茅台酒香味的产生有重要作用。据分离鉴定酒醅中的酵母菌类，也可知堆积的重要性。茅台酒醅中有酒精发酵力较强的卡尔斯伯酵母（A S2. 1042）、酿酒酵母（A S2. 1041）、产生香气的白地霉（A S2. 1035）、假丝酵母（A S2. 1047，2. 1048），还有栗酒裂殖酵母（A S2. 1043）、球拟酵母（A S2. 1039），毕氏酵母（A S2. 1036，2. 1039），甚至有掷孢酵母（A S2. 1036）等。值得注意的是，其中有热带地区生栖的裂殖酵母，这可能与茅台镇气候温暖有关。气温低的地方，凉场上的酵母少且种类不全，难以培养出茅台型的酒醅；因此，我觉得添加外培养酵母菌是有必要的。在出甑的沙糟中，同时加入酒曲、酒尾、发酵好的酒醅，并且加入混合培养的以下酵母菌类：2. 1042、2. 1041、2. 1035、2. 1047、2. 1048、2. 1043、2. 1037、2. 297、2. 470、2. 388、2. 296、2. 1182，可以提高茅台大曲的质量。

以上所说，只是我依据不多的观察和见到的文献提出的看法，是否与事实完全相符，不敢肯定。所提出的初步观点：高温、多水条件下培制茅台型细菌曲，气温较低的地方，酒醅堆积时外加酵母菌类是否有效，还有待试验验证。

[方心芳《兼谈高温酒曲》，《酿酒》1982（1）：175-177]

二、茅台酒的制曲工艺剖析

高温制曲是茅台酒特殊的工艺之一，贵州省轻工业研究所的丁祥庆就其高温制曲过程、香气形成以及与制曲质量有密切关系的几个问题，提出了相关观点。

（一）高温制曲过程

制曲原料使用纯小麦，对小麦要求颗粒饱满、不虫蛀、不霉烂。

传统制曲过程全部采用手工操作。先将小麦磨细，一般以磨成对开，即50%半细粉50%粗粉和麦皮，手摸不感糙手为好。

然后加入5%~8%母曲粉，制曲用水量为40%，拌匀后，堆放至场地即可进行踩曲。踩曲的要求是：曲块要均匀踩紧，应避免出现只把四周踩紧而中间凸起松散的情况。

曲块踩好后，还是软的，还不能承受压力，应把曲块侧立晾干。经1~1.5h后，曲块即可进房。

堆放前，先将稻草铺在曲房靠墙的地上，厚约2寸①，可用旧草垫铺，但要求旧草干燥不霉烂。排放的方式是：将曲块侧立，横三块、直三块地交叉堆放。曲块和曲块之间要塞草，塞草最好新旧草搭配。塞草的目的是：避免曲块和曲块之间互相黏连，并便于曲块通气、散热和制曲后期的干燥。

当一层曲块排满后，要在上面铺一层草，厚约一寸，再排第二层，直至推放到四层至五层为止。一行排满后，又排第二行，每房排满六行为止。堆放完毕后，为了增加曲房湿度，减少曲块干皮现象，除了要在曲堆上面盖草外，还要泼水湿润盖草，并将门窗关闭或稍留气孔。

曲块进房后，由于条件适宜，微生物大量繁殖，曲块温度逐渐上升，至第一次翻曲（一般进房第7天）时，中间曲块温度可达60~62℃，翻曲时间夏天可提前一天，冬天可推迟一天，一般手摸最下层曲块已经发热了，即可翻曲。太早了，下层的曲块还具有生麦子气味，太迟了中间曲块升温过猛，大量曲块变黑。

曲块经第一次翻曲后，上下倒换了位置，在翻曲过程中，散发出大量的水分和热量，品温可降至50℃以下，不过1~2d后，品温即很快回升，至第二次翻曲（一般进房第14天）时，品温又升至接近第一次翻曲时的温度。

个别酒厂在仿制高温大曲时，据说曲块品温可达70℃以上，但从我们多次现场测试中，曲块品温很难有超过65℃以上的。

二次翻曲后，曲块温度还能回升，不过后劲已经不足，很难再超过前期的高温，经过一段时间后，品温就开始平稳下降。

进房40d后，一般就可出曲。这时曲块品温已经降至40℃以下，水分含量降至15%左右。近年来，茅台酒厂已采用机械制曲代替人工踩曲，大大减轻了工人劳动强度。经过一段时间的试生产，表明机械化生产的曲子质量是可以得到保证的。

（二）曲香的形成

曲块进房后第2天至第3天，品温就可上升到50~55℃，除曲块变软颜色变深外，还可闻到甜酒似的醇香和酸味，可把这一阶段称为曲的升温升酸期。在这一时期进行微生物分离，除了能够得到细菌和霉菌外，还能分离到酵母。这一时期对整个制曲过程极为重要：升酸（主要是不挥发性酸，吃有酸味，闻不刺鼻）可防止某些腐败菌生长，保证曲块不臭不馊；升温有利于高温细菌的繁殖，而高温细菌大量繁殖产生的热，又给整个制曲过程带来了持续的高温。从曲块进房后第3天、第4天，即可

---

① 1寸=3.33cm。

闻到浓厚的生酱味，品温升至55℃以上，已接近第一次翻曲温度。

进房后第7天，开始第一次翻曲，品温最高可达60~62℃，曲色酱味进一步变深变浓，少数曲块黄白交界部位开始闻到轻微的曲香，可把这一阶段称为曲的酱味形成期。这一时期的微生物，细菌占优势，霉菌受到抑制，酵母很少检出。曲块进房后的第14天，开始第二次翻曲，除部分温度较高的曲块外，大部分曲块都可闻到曲香，但香味还不够浓厚。这一时期的微生物也是细菌占绝对优势。纯菌种制曲表明：在整个高温阶段，有一种分解蛋白质能力很强的嗜热芽孢杆菌，对形成曲的酱香起着重要的作用。

二次翻曲后，曲块逐渐进入干燥期，曲块一面干燥，一面继续形成曲的酱香。因此，制曲水分以及制曲的松紧程度对曲块以后形成酱香很重要，机器制曲代替人工踩曲时必须特别予以重视，否则将影响曲的质量。

（三）制曲温度

从制曲过程中香气的形成来看，制曲温度的高低直接影响成品曲的质量。影响制曲温度高低的因素很多，除了气温高低、曲室大小、是否通风、培菌方式外，还与制曲水分轻重、翻曲次数有着直接的关系。老法制曲有只翻一次曲的。为此，我们曾作过制曲水分对比试验和只翻一次曲对比试验。如表2-1、表2-2所示。

表2-1　不同制曲条件成品曲外观

曲样	外观	香味
重水分曲	黑曲和深褐色曲较多，白曲占比例较少	曲块酱香好，带糊香
轻水分曲	白曲占一半，黑曲很少	曲香淡，曲色不匀，部分带霉味
只翻一次曲	黑曲比例较大，和重水分曲差不多	曲块酱香好，糊苦较重

表2-2　不同制曲条件成品曲理化检测结果

项目	重水分曲	轻水分曲	只翻一次曲
糖化力/[mg葡萄糖/(g·h)]	109.44	300.00	127.20
水分/%	10.0	12.0	11.5
酸度/°	2.0	2.0	1.8

轻水分制曲水分含量为38%，重水分制曲水分含量为48%，对照曲制曲水分含量为42%；只翻一次曲试验，主要是想提高制曲温度，故把一次翻曲时间延长两天至第9天。三房试验曲都是大房生产试验，升温情况开始每天记录一次，二次翻曲后，隔天记录一次，三房试验曲和对照曲升温情况如图2-1、图2-2所示：

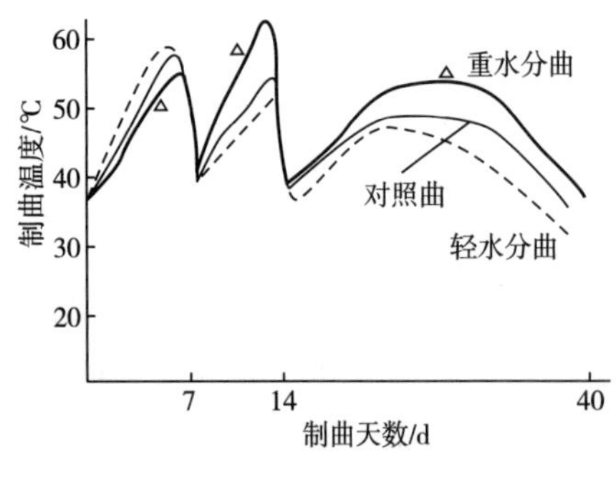

图2-1　制曲水分对比试验

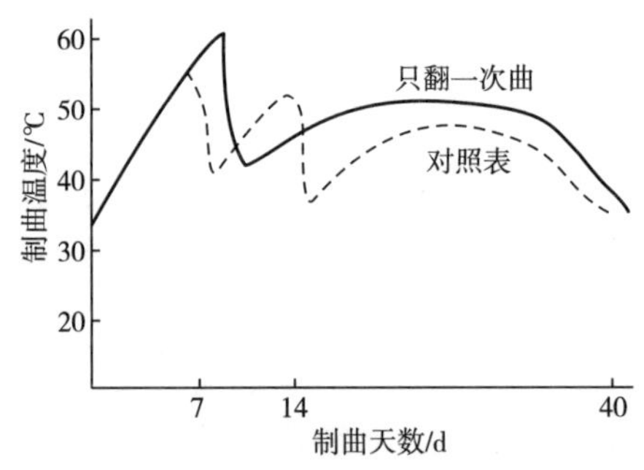

图2-2　翻曲次数对比试验

如图 2-1 所示，轻、重水分曲和对照曲第一次翻曲时，品温升温幅度相差不大，最高品温都在 56～58℃，轻水分曲升温略高，对照曲居中，重水分曲略低。二次翻曲时，重水分曲品温猛升至 62～63℃，对照曲居中，轻水分曲品温最低，甚至低于 50℃。

二次翻曲后，曲块处于保温阶段，升温情况也有明显的差别：重水分曲后期长期保持较高温度，出房时品温也较高，对照曲仍然居中，轻水分曲后期品温很快就降下来了。曲块出房时，品温也较低。

试验结果还表明，轻水分曲一次翻曲最高温度高于二次翻曲温度；对照曲一、二次翻曲温度品温接近；重水分曲二次翻曲温度高于一次翻曲温度。只翻一次曲的品温由于翻曲时间延长了两天，品温最高升至 62℃以上，制曲后期保持高温持续时间又长，实际上是一种特高温曲。以上对比试验说明，制曲水分过重过轻，以及只翻一次曲，并没有给成品曲的质量带来明显的好处；相反，水分过轻过重，人工踩曲困难，重水分曲和只翻一次曲，工艺条件不好掌握，弊多利少，不宜提倡。

（四）微生物来源及稻草的作用

制曲过程中，微生物主要来源于小麦粉、水、场地、工具、曲母和稻草。不加曲母并与稻草隔绝的曲块，进房后第 2 天、第 3 天，品温和大生产曲块（添加 5%曲母）一样，依然可以升至 50℃以上，进房后第 3 天、第 4 天，亦同样能和大生产曲一样，进入曲的高温阶段，说明制曲前期的升温过程，微生物主要来源于小麦粉、水、场地和工具。添加 5%曲母，可以促进制曲前期酱味的形成，说明曲母还是带进了许多有益的微生物。

一次翻曲时曲块内部可以见到的菌落还很少，至二次翻曲时，曲块内部产生犹如雪花那样一点一点的菌落，这些菌落与曲块表面没有明显的联系，说明这些菌落并不是从稻草来的，而是由曲块内部生长出来的。

旧稻草带有很浓的曲香，笔者曾以旧稻草加旧稻草浸泡水，新稻草加新稻草浸泡水拌和制曲，放在大生产曲中一起培养，两次对比试验结果，无论是一次翻曲还是两次翻曲，两种试验曲块在闻香上都有差别，都是旧稻草浸水制的曲香气好。添加旧稻草浸泡水制曲，有促进曲块早熟生香的作用，这是由于旧稻草在制曲过程中，附着在草上的曲粉带进了一些有益的微生物，制曲时，只要旧稻草干燥不霉烂，应尽可能地多用旧稻草，虽然有些费工，但对曲的质量有利。不过就整个制曲过程来看，从稻草带进的微生物还是有限的，稻草前期主要起保湿保温通气的作用，后期主要起保温使曲块缓慢干燥的作用。

（五）曲的糖化力

曲块进房时，糖化力高达 595mg 葡萄糖/(g·h)，至第一次翻曲时，糖化力直线下降（统一取样于曲心部分，因此是曲心部分的糖化力）。从第一次翻曲直到曲块出房，曲心部分的糖化力都很低，波动在几十毫克葡萄糖/(g·h) 的水平上（图 2-3）。

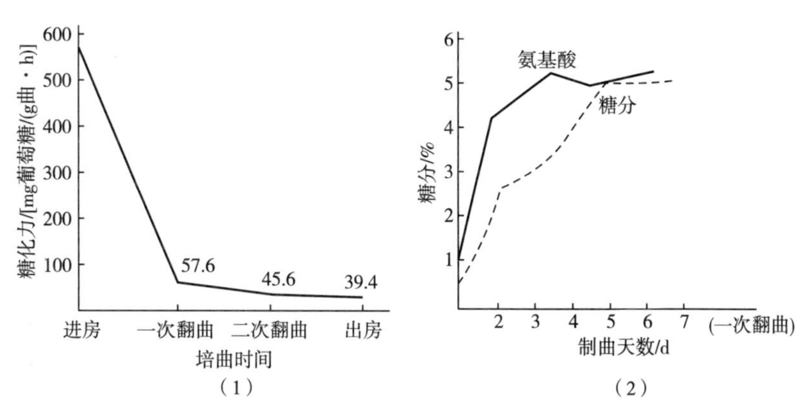

图 2-3 制曲过程糖化力的变化

一般测定混合曲样，糖化力在200~300mg葡萄糖/(g·h)。混合曲样这样高的糖化力是由哪里来的呢？为此，笔者测定了出房时曲块各个部位的糖化力，测定结果见表2-3。

表2-3　出房时曲块各个部位的糖化力　单位：mg葡萄糖/(g·h)

取样部位	糖化力
磨碎的小麦粉	588
白曲干皮表面，基本上是干小麦粉	712
黄曲表皮	320
黑曲表皮	122
白曲和黑曲块内部混合样	46

如表2-3所示，曲块的糖化力主要来自曲块的表层，尤其是白曲表面，这一层表皮，由于在制曲过程中，水分挥发相对较快，品温较低，保存了来自小麦粉本身的糖化力。这里也应指出，测定曲的糖化力时，使用的介质是可溶性淀粉，而酿酒原料中，可溶性淀粉只占很少数，仅以糖化力表示酶的活性，有一定的局限性，不过从上面测定的结果至少可以这样说，采用高温制曲，主要作用是想增加曲的香气，至于糖化力的大小看来是次要的。

（六）曲的黑、白、黄

制曲前期，由于小麦粉本身带来的淀粉酶以及微生物中酶的作用，曲块在培养过程中，糖分不断积累，至第一次翻曲前，糖分积累可达6%，在糖分积累的同时，小麦粉本身的氨基酸以及高温过程中细菌分解蛋白质产生的大量的氨基酸与糖在高温过程中发生氨羰基反应，形成褐（黑）色素，给曲块增添了颜色。温度越高，水分越重，曲色越深。大多数谷物在焙炒时很易引起美拉德反应，一方面谷物色泽变深，另一方面产生所谓食品烘炒香。

黄曲在制曲前期升温适中，后期干燥良好，三种曲中黄曲最香；白曲在制曲前期温度偏低，干皮严重，后期水分又不易散发出来，干燥不好，曲块不仅不香，还常带较重的霉味；黑曲在制曲前期升温过猛，虽有香味，但带糊苦，同时由于黑曲曲块板结，后期水分散发不及黄曲，也常带轻的霉味。

（七）红心曲

所谓红心曲是指曲块内部长有红曲霉，也有少数曲块红曲霉长在曲块表层。一般认为有红心的曲是红曲，但通过我们的观察和调查发现，红心曲并没有为曲块带来好的香气，红心曲松散，手研即成粉末，单独收集没有香气而带霉味。

红心曲多产于白曲中，在黑曲和黄曲中为数极少。白曲一般都是位于曲堆最上层和最下层的曲块，这部分曲块在制曲过程中湿度较低（只是对高温曲而言，实际湿度也并不低），曲块干燥慢，水分温度不适宜，在这部分曲块中，就比较容易形成红曲。红曲经分离，主要是一类红曲霉类。菌落开始呈白色，逐渐转红。二次翻曲时，可以分离到较多的红曲霉类。它们生长速度较一般曲霉要慢些，只有生长条件对它很适宜时，它才能较大量地生长。在制酒过程中，如果堆积发酵过了头，堆温达到40~48℃时，在一部分糟子中也常出现红曲霉类，说明红曲还是比较喜欢高温的。

将以红心曲做母曲制成的曲块放在大生产曲房中一起培养，在高温制曲条件下，这些曲块几乎都不形成红心曲，说明仅接种了曲母还不行，工艺条件才是形成红曲的主要因素。曲块出房时，如发现红心曲过多，说明这房曲前期升温不够高，后期干燥又不好，应予以重视。

（八）结束语

以上就制曲过程中一些主要方面进行了讨论，看法不一定全面。当前无论从生产方面还是降低工人劳动强度方面都提出了制曲要实现机械化连续化生产的要求。不断对制曲工艺进行剖析，是实现这一目标的一个重要方面；另一方面就是进行纯菌制曲试验，笔者已经选择了优良的嗜热芽孢杆菌、霉菌和酵母菌进行不同菌株配合的制曲试验，包括大曲房混合制曲试验。从成品的外观和香气看，细菌与霉菌混合，以及细菌、霉菌、酵母菌混合制成的曲与大生产曲接近，使这项工作又前进了一步。

［《酿酒科技》1982（1）：19-22，35］

三、传统高温大曲制作方法

酱香型白酒生产，是用独特的高温大曲为糖化发酵剂。制曲的原料是小麦，经粉碎后加水和曲母踩成曲坯，在室内保温培养，让自然界微生物生长繁殖，以产生酿酒中所需要的糖化酶和酒化酶，再经风干、贮藏，即成大曲。其工艺特点包括：制曲温度高，最高品温可达62℃以上；制曲时间长，曲房培养时间最短为40d，贮曲期在3个月以上；用曲量大，曲粉与酿酒原料高粱之比为1∶1，如果把大曲折合成小麦，则小麦用量超过高粱。用小麦制成的大曲，称为麦曲、酒曲或酒药。麦曲质量好坏与酿酒风味优劣有密切关系，业内普遍认为麦曲的香气，是酱香的主要来源之一。麦曲既作糖化发酵剂，又作酿酒原料，对形成酒的风格和提高酒质起着决定性的作用。

（一）传统制曲法

1. 工艺流程

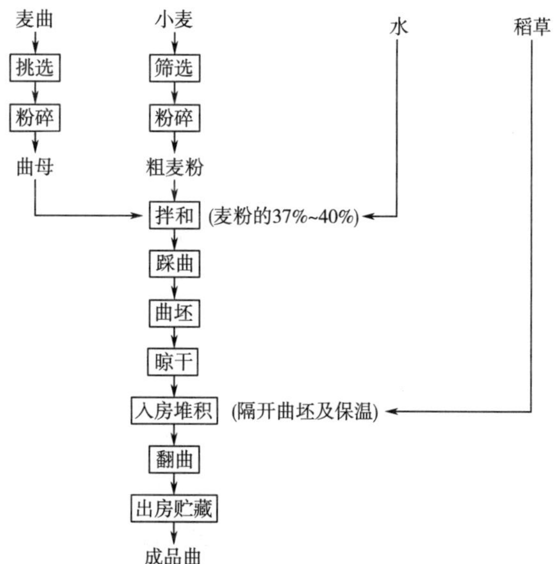

2. 生产工艺

（1）制曲原料　大曲用纯小麦为原料。要求小麦颗粒饱满，干燥均匀，不虫蛀，不霉变，无农药污染等。可从色泽、粒状、净度和剖面来检查其质量。

①色泽：呈淡黄色，两端不带褐色。

②粒状：形状整齐，颗粒坚硬饱满。

③净度：无霉变、虫蛀及夹杂物。

④剖面：表皮薄，麦粒胚乳呈粉状。

小麦的主要成分为淀粉、蛋白质和脂肪等，是良好的制曲原料，亦为优质的酿酒原料，贵州和四川产小麦的化学成分见表 2-4。

表 2-4　小麦的化学成分　单位：%

品名	水分	淀粉	糖分	蛋白质	粗脂肪	半纤维素	粗纤维素	灰分	千粒重量/g
贵州小麦	11.67	57.95	2.01	12.64	1.90	9.76	1.83	1.76	—
四川小麦	12.81	64.98	2.81	9.84	2.54	3.32	1.59	1.66	95.83

如表 2-4 所示，淀粉、糖分和粗脂肪等成分的含量，四川小麦较贵州小麦高，但蛋白质和半纤维素等的含量，则贵州小麦较四川的多。小麦收获时，外皮附有各种微生物，尤其是瘦小和不完整的麦粒，外皮所附微生物的种类比较复杂，不利于制曲。

（2）曲料粉碎　小麦先经筛选后，再粉碎成适当的粗麦粉。曲料的粉碎度，粗粉中含有表皮为 65%，细粉 35%，以无粗块，手摸不糙手为好。麦粉的粗细度要均匀，否则影响制曲质量。经测定，不通过 20 孔标准筛的麦粉占 27.74%，通过 40 孔标准筛的占 60.72%，通过 60 孔标准筛的为 11.54%。

（3）曲料配比　制曲原料为粗麦粉、曲母和水三种，其用量比例要适当，否则对麦曲质量影响甚大。一般拌曲用水为 37%~40%，但要根据麦粉干湿和季节气候来决定，可增减 1%~3%。曲料中曲母用量为麦粉重量的 4.5%~8%，亦应根据季节气候来掌握，夏季少用，冬季多用。曲母必须是储存半年以上的陈曲，挑选其中质量较好的使用。现认为曲母用量过多，会影响成品率，加入 3%~5%曲母亦可。

（4）踩制曲坯　踩曲前，先将场地扫干净，检查工具是否清洁。通常踩曲场应靠近麦粉仓库。和面锅、注水桶、曲料槽斗和曲母容器要分别定容和定量。和面锅为普通大铁锅，曲模由木料制成，大小为 370mm×230mm×65mm。踩曲工人 12~14 位，其中提麦粉、加水、加曲母各 1 位，踩曲 9~11 位。踩曲时将麦粉、水和曲母粉按比例混合，1 人用曲料槽斗将麦粉定量倒入和面锅，1 人加入定量的曲母粉，再 1 人往和面锅中注入定量的水，两人和面，相对站立翻拌 4~5 转，翻拌 24~28 次，至无干粉为止。将拌和均匀的曲料堆到锅旁的空地上，由踩曲工人进行制坯。

曲料装入曲模后，用足踩紧，一边踩，一边将多余的曲料拨出曲模四周，以免曲料黏附曲模导致曲坯在出模时破裂。如采用单面踩曲法，曲坯底面是平的，上面稍凸起，要求将曲坯均匀踩紧，先踩曲模中心，后踩四周，其松紧程度应恰好松而不散，应避免四周紧而中间松散的情况，中心凸起部分高度不超过 1cm，以减少曲坯在搬运时发生断裂的情况。曲坯踩后要经过修整，要求平整光滑。出模时先将曲模在水平方向左右移动再用双手将曲模提起，顺势向地下冲击一下，使曲坯稍离曲模，随即将曲模移至较空的地面，再轻轻一击，曲坯即可脱模落地。出模的曲坯仍然是湿的，还不能承受压力，可将曲坯侧立晾干。经 1.5~2h，曲坯外面水分挥发，一部分水分被麦粉吸收，曲坯表面呈现半干状态，俗称“收汗”，此时即可搬进曲房。

（5）曲坯培养　曲坯搬进曲房前，先将地面清扫干净。在靠墙的一侧铺稻草，厚 3~4cm，北方地区 15~20cm（厚度是指稻草压紧后，下同），宽约 40cm，可用旧稻草垫铺，但要求干燥不霉烂。堆放的方式，是将曲坯侧立，横三块，直三块地交叉排放。曲坯与曲坯之间要塞草，最好是新旧稻草搭配，厚约 1.5cm。这一操作称为“卡草”，可避免曲坯与曲坯之间互相黏连，有利于曲坯通气、散热和制曲后期的干燥。

当第一层曲坯排满后，要在上面铺一层稻草，厚约 2cm，北方地区约 7cm，再依次排列第二层，但上下层曲坯排列方向要错开，互成垂直交叉，以利通气和干燥，直至堆放到四层或五层为止。一行排满后，又排第二行，每房排满六行为止。曲房剩余 1~2 行空位置，留作走道或翻曲用。在排列过程中，继续将稻草盖在曲堆上进行保温、保潮。盖草厚度夏季为 4~5cm，北方地区 13~17cm；冬季 7~

8cm，北方地区20~25cm。盖草厚度可根据各地气温、相对湿度等来决定，并尽量使稻草疏松，以利保温和散潮。曲堆四周同样用稻草保温，以保持曲堆内外温度均匀，减少曲坯干皮，稻草还可增加曲房湿度。曲坯堆放完毕，在曲堆上面泼水，并将门窗关闭或稍留气孔进行保温培养，使微生物在曲坯上生长繁殖。

曲坯进房后，由于条件适宜，微生物即大量繁殖，曲坯温度逐渐上升，至第一次翻曲（一般进房第7天）时，中间曲坯温度可达60~62℃，翻曲时间夏季可提前一天，冬季可推迟一天，用手摸最下层曲坯，如果已经发热，就可以进行翻曲操作了。如翻曲时间太早，下层的曲坯还有生麦子气味；翻曲太迟中间曲坯升温过猛，大量曲坯变成黑色，两种情况都不好。

翻曲操作是将上下层曲坯调换，同时把每块曲坯的上下面对调，以调节温度和湿度，使曲坯成熟更加均匀。翻曲时堆放与曲坯进房堆放一样。曲坯经一次翻曲后，散发了大量的水分和热气，品温可降至50℃以下，不过1~2d后，品温很快回升，至二次翻曲（一般进房第14天）时，品温又升至接近第一次翻曲时的温度。

自第二次翻曲后，曲坯温度还要回升，经8~10d，品温达到55℃左右，以后温度逐渐降低，这时可稍开门窗，加快降温，以利曲坯干燥。当曲堆温度接近或等于室温时，这时曲块的水分也降到了15%左右，即可出房。从曲坯进房到出房，一般为40~45d，冬季有时达50d。夏季制曲时的品温变化曲线见图2-4。

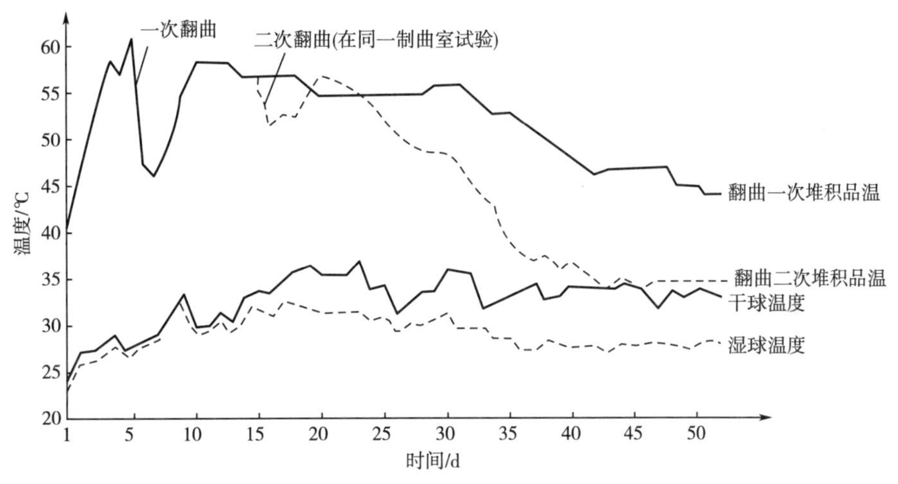

图2-4　夏季制曲时的品温变化曲线

（1959年6月20日—8月11日）

曲块出房时，将附着于曲块表面的稻草除净，运入曲仓储存。曲仓多为平房，分两边排列，中间为走道，每个曲仓的有效面积约30m^2，地面以红土筑成或水泥地面，门窗各一。每个曲仓投料麦粉9000kg，踩成曲坯约1600块，每块平均重量为7.6~7.9kg，出房成品曲每块平均重量为4.6~4.8kg，一般成曲率为80%~84%。麦曲的储存期要求3个月以上，使曲块进一步干燥。3个月后即为成品曲，称为陈曲，方可投产使用。

（6）成品曲质量鉴定　麦曲外观有白、黑和黄褐色三种。白色曲通常都是在曲堆上层的曲块，因水分散发干皮，表面菌丝较少，但曲的内部仍和其他曲块一样。黑色曲一般是中层的曲块，是在高温而潮湿的情况下生成的。黄褐色曲大部分是曲堆下层的曲块。

高温优质麦曲为黄褐色，香气冲鼻，曲块干，表皮薄，曲质疏松，经折断闻有酱、曲香味，无霉臭气味及其他异味。如将曲块放入水中，能出现多而久的成串气泡，这种曲可认为是好曲。高温麦曲是一种以细菌为主的传统酒曲，制曲过程中芽孢杆菌最多，成品曲中细菌占总菌数84%~95%，又称细菌曲，具有氨态氮含量高和糖化力低等特点。

（二）麦曲病害及其防治法

1. 曲皮变黑

在高温高湿环境中，容易使一部分曲坯的曲皮变黑，这种曲称为黑曲。黑曲带枯草臭气味，糖化力很低。为防止黑曲产生，应在制曲过程中注意适时翻曲，避免长时间在高温、高湿中培养；可用干稻草隔开曲坯，让热气和湿气散发；麦粉不宜过粗，以免升温过猛；还可采取在曲坯间换用新干稻草，不用旧烂稻草和延长曲坯晾干时间等措施。

2. 白色皮曲

曲堆上层和边层，常见有白色皮曲，亦称白曲。白曲的形成是由于曲坯表面水分蒸发，干燥较快，霉菌不易生长。如白曲皮不过厚时，对酿酒质量影响还不太大。为防止白曲形成，可将新踩的曲坯堆在上层，堆后及时盖稻草，避免曲坯长时间暴露在空气中，进房后的头 3~4d 紧闭门窗，保持较高的温度和湿度。

3. 曲块不过心

曲块出房时，如曲心断面仍未干燥，称为曲块不过心，其原因多为曲堆通气不良，或曲坯露在曲堆外，保温不够好。防止曲块不过心的方法，是使曲堆保温良好，在曲坯间多隔稻草，以利通气。

4. “醋虱”

“醋虱”是指曲块内部产生的黑灰色而松散的团块，或曲心与曲的外皮分离的现象，一般也称做“马蜂窝”。“醋虱”常由烂稻草、墙壁或曲母等因素中的某一因素或几种因素作用产生。防止“醋虱”的方法，是在曲堆内层少用旧的烂稻草，曲房墙壁及地面保持清洁，选用优质曲块作曲母，制曲时麦粉和曲母要拌和均匀后再加水。

［熊子书编著《酱香型白酒酿造》，中国轻工业出版社，1994］

四、珍酒高温大曲制作方法

（一）原料配比和要求

曲母要优选色泽金黄，酱香突出的大曲，使用时要粉碎，越细越好。原料粉碎要求粗块及麸皮占30%以下，粗粉占 55%~60%，细粉占 10%~15%。无整粒小麦，手摸不糙不腻为好。

（二）拌料及曲坯制作

将麦粉与母曲拌匀，母曲用量夏天为 3%~3.5%，冬天为 3.5%~4%。加水量一般 38%~40%，要求拌料均匀，无白粉、无灰色、无球团，手握成团不散，不粘手。制坯可采用人工踩曲和机械制曲。

（三）晾曲

曲坯制好后，将其侧立进行晾曲，约 1~1.5h，要灵活掌握。

（四）入房堆曲

堆放前，应搞好曲房清洁卫生，先将稻草铺在曲房地面上，厚约 6cm，稻草要求干燥无霉烂。将曲块侧立，靠墙横放两块，然后侧立直放。曲块之间要塞草，塞草要新旧草搭配，其目的是避免相互黏连，利于曲块通风、散热等。当一层排满后，要在上面铺一层草，厚约 3cm，再排第二层，直至堆放 5~6 层为止。一行排满后，又排第二行，每间曲房排满 6 行为止。堆放完毕后，再在稻草上洒水几十千克，以利保湿，然后关闭门窗。

（五）培菌管理

曲坯进房第 7 天时，中间曲块温度可达 60～62℃，进行第一次翻曲（夏天提前 1d，冬天可推迟 1d，以手摸下层曲块已经发热为准）。曲块经过第一次翻曲后，上下倒换了位置，在翻曲过程中，散发了大量水分和热量，品温降到 50℃以下，但过 1～2d 后，品温又很快回升。一般进房 14d 后，进行第二次翻曲，品温又可达到 60～62℃。进房 40d 后，一般可出曲。水分在 16%以下。

（六）成品曲质量

色泽金黄，菊花心，酱香浓厚，黄曲达 75%以上。

［黄平主编《中国酒曲》，中国轻工业出版社，2000］

五、四特酒大曲制作方法

（一）制曲原料与配料

1. 原料

面粉、麸皮、酒糟。其成分见表 2-5，原料附着微生物数量见表 2-6。

表 2-5 原料及成品成分测定 单位:%

原料	水分	淀粉	粗蛋白质	粗脂肪	灰分
面粉	11.5	57.1	9.6	3.66	1.22
麸皮	12.5	44.4	14.3	3.04	4.72
酒糟	63	7.56	5.5	4.5	7.16
曲坯	40	41.8	10.7	2.85	3.71
成品曲	16.5	37.8	8.8	1.67	5.81

表 2-6 原料附着微生物检测（3 次平均） 单位：10^4个/g

原料	细菌	酵母菌	霉菌	放线菌
麸皮	67.79	2.52	16.94	16.93
面粉	45.71	4.28	5.71	9.3

2. 制曲配料

四特酒制曲配料是有特色的。制曲原料种类，配料比例都与全国名优酒厂大不相同。原料用面粉 45%，麸皮 55%为主体，外加鲜酒糟 10%（干计）。加水量 27%～28%，入房曲坯水分 39%～40%。

3. 制曲工艺与跟踪测定

曲房面积 5.76×3.7＝21.3（m^2），每一曲室培养曲坯 1320 块，每块曲坯重量为 2550g，投料 106.24kg/m^2，平均 62 块/m^2。入房水分 40%，曲坯入房码成三层，满室后用湿稻草盖好，关闭门窗等待上霉。约经 2d 品温上升至 42℃，曲坯表面出现白色斑点及菌丝。随即调节门窗晾霉。同时进行第一次翻曲，将曲码成人字形，码放 4 层，控制品温 40～42℃，约经过 3d 后，进行第二次翻曲，曲坯由 4

层码成6层，此时已进入大火期。要控制品温46～52℃，保持5～6d，然后进行第三次翻曲，继续培养。自入房15～17d后进入干火期，将曲坯并层，进行后期养曲，曲坯重量平均1290g，水分17.5%，出曲率为69.59%，如图2-5所示。

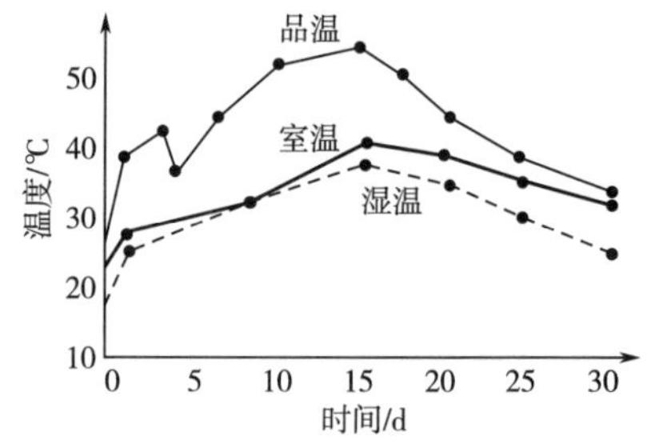

图2-5 培养过程温度变化

在制曲过程中，对曲生长指标的消长进行了跟踪测定。每隔5d取样测定，每次取样按曲对角及中心取曲坯10块，粉碎通过20目筛，按四分法缩分曲粉约500g，立即投入测定。四特酒曲培养过程中微生物及生化指标的变化情况分别见表2-7和表2-8。

表2-7 四特酒曲培养过程中微生物变化情况 单位：$\times10^4$CFU/g

菌类	0d	5d	10d	15d	20d	25d	30d
细菌	191.67	344.2	231.89	207.32	156.86	136.15	117.87
酵母菌	8.3	28.46	207.23	198.14	157.97	103.56	79.67
霉菌	29.17	40.65	156.25	181.16	232.68	248.19	30.36
放线菌	21.67	19.51	27.34	11.23	11.11	10.84	7.56

表2-8 四特酒曲培养过程中生化指标变化情况

项目	0d	5d	10d	15d	20d	25d	30d
水分/%	40	38.5	36	311	23.5	19	17.5
酸度/°	1.1	2.9	2.9	3.0	2.65	2.1	1.4
糖化力/［mg葡萄糖/(g·h)］	7440	210	280	388	566	796	890
液化力/［g淀粉/(g·h)］	0.4	0.9	2.18	2.67	1.1	9.38	9.1
酸性蛋白酶活力/(U/g)	14.4	36	42.3	53.6	57.2	59.3	51.6
氨态氮/(μg/L)	0.014	0.014	0.07	0.14	0.147	0.87	0.201
发酵力/%（酒精体积分数）	0	0.3	1.3	2.2	3.6	4.0	4.2
升酸幅度/°	0.3	0.9	0.6	0.12	0.1	0.1	0.1
酯化酶/(U/g)	0.023	0.057	0.061	0.352	0.361	0.391	0.402
酯分解率/%	—	47.2	48.4	46.4	44.4	43.6	42.8

表2-7表明，在制曲过程中，由于水分蒸发，曲坯营养消耗，以及代谢产物的影响，细菌在第5天达到高峰后，随即逐步下降。酵母菌与放线菌在第10天处于高峰，此后随着制曲时间的延长而降低。唯有在低水分中也能生长的霉菌，自入房起，菌数与日俱增。5～10d之间霉菌及酵母菌正处于对数期（旺盛期），菌数直线上升。以后保持平稳上升。

如表2-8所示，入房时糖化力达到7440mg葡萄糖/(g·h)，这是由麸皮自身带来的β-淀粉酶所造成的假象。5d后β-淀粉酶被微生物分解，以致糖化力下降到210mg葡萄糖/(g·h)，但这倒是糖化力的真实水平。

酸度10～15d升到最高峰，然后不断下降，这与细菌的变化是相吻合的。糖化力、液化力、氨态氮、酯化酶等指标在整个曲坯培养过程中，逐步升高。酸性蛋白酶活力在10d内即对数期内迅速增长，此后虽有上升但幅度不大。酯分解率前期上升，此后微有下降，但基本维持平稳状态。

（二）成品曲质量测定

取各车间生产的大曲，经贮藏3个月后粉碎成曲粉，取曲粉进行测定，结果如表2-9。从表2-9中可以看出各车间的大曲质量相差不大。就成曲品温而言，三车间曲品温最高，一车间品温最低，二

车间居中。三车间酸性蛋白酶活力高而淀粉酶活力低，相反，一车间淀粉酶活力高而酸性蛋白酶活力低。据测定结果，各车间曲大同小异，可以相互搭配使用。

表 2-9　　各车间成品大曲测定

项目	一车间	二车间	三车间
水分/%	16.5	15.6	16
酸度/°	0.8	0.96	1.1
糖化力/[mg 葡萄糖/(g·h)]	930	780	670
液化力/[g 淀粉/(g·h)]	7.38	4.68	3.2
酸性蛋白酶活力/(U/g)	39.2	48.5	58.6
氨态氮/(μg/L)	0.13	0.109	0.114
升酸幅度/°	0.6	0.5	0.6
发酵力/%（酒精体积分数）	4.4	4.2	4.0
酯化酶/(U/g)	0.32	0.34	0.345
酯分解率/%	4.2	43.6	45.8
细菌/($\times10^4$ CFU/g)	230.53	212.69	198.3
酵母菌/($\times10^4$ CFU/g)	122.75	198.6	187.5
霉菌/($\times10^4$ CFU/g)	156.89	144.46	177.3
放线菌/($\times10^4$ CFU/g)	22.75	19.89	26.63

[周恒刚、刑明月著《酿酒大曲》，河南科学技术出版社，1994]

六、茅台酒大曲微生物的研究

为了解各种微生物在大曲中的作用及其代谢产物对酒香味的影响，笔者对茅台酒制曲过程中的样品进行了多次微生物分离，分得细菌 47 株、霉菌 29 株、酵母菌 19 株，共 95 株。通过初步鉴定和生理生化特性测定，选择有代表性的菌株，进行了纯菌种及混合菌种的制曲实验。所制曲的外观、气味和化学分析结果，与生产用曲相似，比未接种的对照曲好。现将研究结果报道如下：

（一）制曲过程中化学成分的变化及微生物动态

制曲过程中，每天记录室内干湿球温度，曲的品温，并定期取样进行常规分析和微生物的分离，测定结果如图 2-6~图 2-8 所示。

图 2-6~图 2-8 说明，曲块进房后，酸度和糖分逐渐上升，在第二次翻曲前达到高峰。由于小麦粉本身带来了淀粉酶，开始时糖化力较高，随着品温的上升而显著下降。第二次翻曲后，水分减少，霉菌增殖，糖化力又有所回升，但总的来说，茅台大曲的糖化力是很小的。

大曲中微生物主要来自曲母、麦粉。在曲块表面生长的霉菌，主要是毛霉类，随着温度的上升，霉菌的生长受到抑制，至第二次翻曲时，水分减少，曲霉类和红曲霉类代之而起，直至出仓，曲霉经常出现。细菌在制曲过程中占有绝对优势，在高温阶段分离到的细菌，多数是嗜热芽孢杆菌；而酵母在制曲过程中出现较少。在进房至第 11 天，偶尔可分离到假丝酵母、拟内孢霉和地霉属酵母菌。

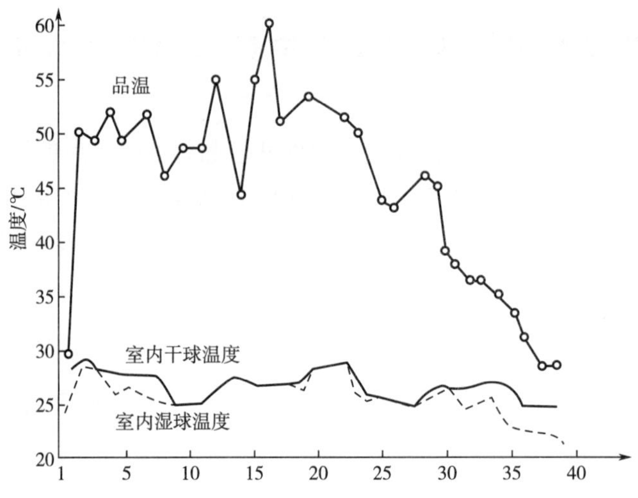

图 2-6　制曲过程中发酵温度的变化（第 7、14 天翻曲）

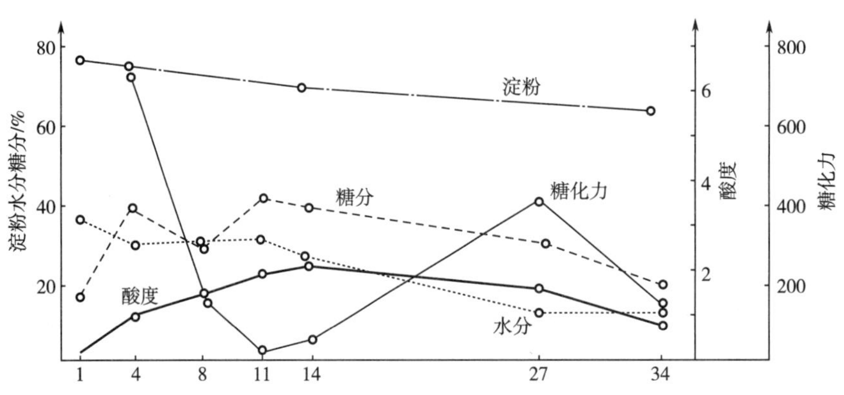

图 2-7　制曲过程中化学成分的变化

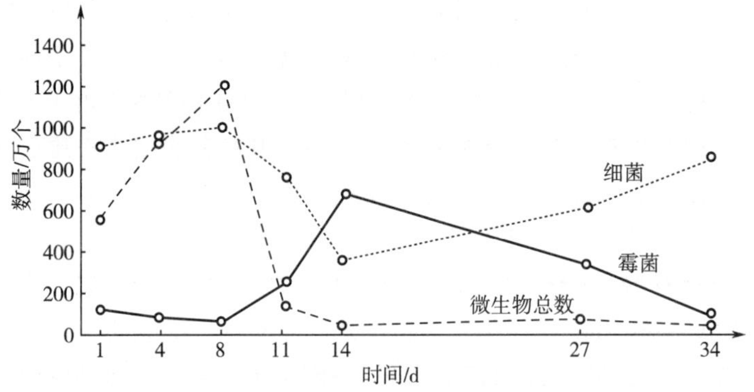

图 2-8　制曲过程中微生物数量的变化

（二）制曲过程中分离菌株的初步鉴定

对 19 株酵母菌进行鉴定，它们分别属于拟内孢霉属（*Endomycopsis*）、地霉属（*Geotrichum*）、汉逊酵母属（*Hansenula*）、假丝酵母属（*Condida*）、毕赤酵母属（*Pichia*）、酵母属（*Saccharomyces*）、红酵母属（*Rhodotorula*）。47 株细菌中，多数属于芽孢杆菌属，其中有能在 50～55℃下生长的嗜热芽孢杆

菌；它们大都属于孢囊不膨大，菌体直径小于 0.9μm 的枯草芽孢杆菌群，少数孢囊膨大成球拍状；还有微球菌属，气杆菌属的细菌。29 株霉菌分别属于曲霉属（*Aspergillus*）、毛霉属（*Mucor*）、犁头霉属（*Absidia*）、红曲霉属（*Monascus*）、青霉属（*Penicillium*）、拟青霉属（*Pescilomyces*）。

（三）不同条件的制曲试验

菌株通过生理、生化的测定，进行单株纯种制曲试验，选择有代表性的芽孢杆菌属细菌 7 株；霉菌选择红曲霉属 3 株，曲霉属 3 株，毛霉科 3 株，共 9 株；酵母菌中选择拟内孢霉属 3 株，汉逊酵母属、毕赤酵母属、假丝酵母属、地霉属各 1 株，共 7 株。

1. 纯种混合曲的制曲和测定

将添加 30%水的粗小麦粉培养基，分装于三角瓶中，在 1kg 压力条件下灭菌 30min。将上述 23 株菌株逐株在三角瓶中制好曲，采用相同的培养基，再按细菌（7 株混合）、酵母菌（7 株混合）、霉菌（9 株混合）两两结合的方式制纯种混合曲。每组接种 5 个三角瓶，35℃培养，在第 4、7、11、15 天取样进行分析，用第一天灭菌的麦粉作对照，结果见表 2-10。

表 2-10　纯种混合曲和小试验曲的分析结果

样品名称	取样日期	淀粉（无水）/%	水分/%	酸度	糖化力	糖分（无水）/%	氨态氮
酵母菌、霉菌曲	12 月 16 日	78.89	32.5	0.210	0	2.16	0.002
	12 月 19 日	62.07	30.1	0.814	228	3.03	0.159
	12 月 22 日		39.4	0.814	433	3.47	0.225
	12 月 26 日		44.0	0.919	514	1.72	0.361
	12 月 30 日		53.8	1.050	1205	2.17	0.335
细菌、酵母菌曲	12 月 16 日	78.89	32.5	0.210	0	2.16	0.002
	12 月 19 日	73.83	36.3	0.368	429	1.77	0.088
	12 月 22 日	55.32	41.5	0.420	138	1.20	0.171
	12 月 26 日		46.2	0.886	110	2.07	0.340
	12 月 30 日		55.7	0.945	1050	1.15	0.390
					67		
					543		
					943		
					1004		
细菌、霉菌曲	12 月 16 日	78.89	32.5	0.210	1176	2.16	0.002
	12 月 19 日	63.28	38.1	0.761	1262	5.51	0.212
	12 月 22 日	46.35	38.4	0.961	1133	3.24	0.213
	12 月 26 日		47.3	1.103	1362	3.63	0.289
	12 月 30 日		55.0	1.155		2.44	0.442
小试验曲	12 月 16 日	79.30	39.5	0.210	1176	1.12	0.001
	12 月 19 日	73.15	31.5	0.935	1376	3.94	0.324
	12 月 22 日		27.9	0.945		3.72	0.360
	12 月 26 日		23.7	1.181		3.22	0.412
	12 月 30 日		25.5	1.181		2.47	0.331

续表

样品名称	取样日期	淀粉（无水）/%	水分/%	酸度	糖化力	糖分（无水）/%	氨态氮
对照曲	12月16日	79.30	39.5	0.210	1176	1.12	0.001
	12月30日	67.89	21.4	1.550	1376	1.40	0.489

注：糖化力单位：mg 葡萄糖/(g·h)；
酸度单位：消耗 0.1mol/L NaOH mL/g 曲；
氨态氮单位：g/100g 曲。

表 2-10 说明，酸度和氨态氮由于糖代谢产酸和蛋白质的分解而升高。糖化力由于霉菌的作用而明显增强，第 15 天细菌酵母混合曲的糖化力仅为其他两种曲的 1/10。对照曲的酸度高，曲子霉味重。试验曲的外观、香气与茅台大曲相类似。

2. 小试验曲的制曲和测定

按前法将上述 23 株菌逐株制好种曲，以 8%的接种量接入添加了 40%水的粗小麦粉（未经灭菌）中，用曲模压成曲块，每块 1kg 左右，垫隔以无菌稻草，置 35℃保温箱中，注意保持湿度。对照曲（未接入培养菌种的曲子）也一起置箱中培养 14d，第 7 天翻曲一次，定期取样进行化学分析（表2-10）并注意曲子的颜色、气味与对照曲的差别。试验表明，进箱后酸度与氨态氮明显增加，糖分第 4 天达到高峰，之后糖被微生物所利用而下降，糖化力却自始至终保持稳定。

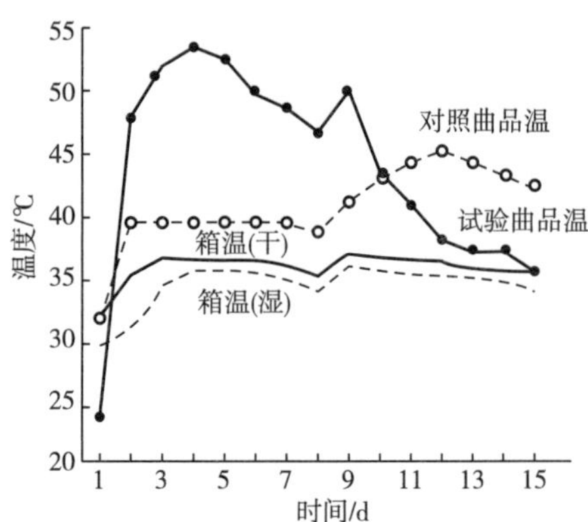

图 2-9 小试验曲的温度变化（第 7 天翻曲）

试验曲由于接入大量的微生物，前期品温迅速上升，第 3 天达到 53℃的高峰，翻曲后，第 8 天品温又回升至 50℃，以后逐渐下降。而对照曲由于麦粉中微生物的数量很少，前期品温上升缓慢，至第 11 天才到 45℃，见图 2-9。

3. 生产试验曲的制曲和测定

用上述 23 株菌制种曲，按 4%的接种量踩制大曲。每块曲用麦粉 5.5kg，加水 37%另以生产曲（添加 5%茅台大曲粉）和空白曲（不添加任何种曲）作为对照。分别垫隔无菌稻草，和大生产的曲子一起进房培养。第 7 天和第 14 天翻曲时取样分析，并注意曲的品温、形态、气味的变化，结果见表 2-11。

表 2-11　生产试验曲的测定

取样日期及样品		生化分析				微生物细胞数/($\times10^4$CFU/g)			
		水分/%	糖分/%	酸度/°	糖化力/[mg 葡萄糖/(g·h)]	总数	细菌	酵母	霉菌
试验曲	3月24日	39.0	0.83	0.1	600	9984	9664	112	208
	3月30日	34.0	5.09	1.3	26	19776	19728	16	32
	4月6日	26.7	5.09	3.0	19	864	816	—	48
空白曲	3月24日	39.0	0.42	0.1	658	2208	1216	64	928
	3月30日	32.5	3.61	1.5	0	2571	1200	1136	235
	4月6日	30.0	5.09	1.9	0	688	576	—	112

续表

取样日期及样品		生化分析				微生物细胞数/($\times 10^4$CFU/g)			
		水分/%	糖分/%	酸度/°	糖化力/[mg 葡萄糖/(g·h)]	总数	细菌	酵母	霉菌
生产曲	3月24日	36.0	0.42	0.1	595	2208	1216	64	928
	3月30日	34.8	5.09	1.5	0	352	208	80	64
	4月6日	30.5	3.56	2.4	5	272	192	—	80

从成品曲的形态、颜色、气味来看，试验曲与生产曲很接近，有酱香味，与对照曲则有明显差别。

大曲进房后，由于品温迅速升高，糖化力大大下降，酸度则明显升高，至第二次翻曲时，酸度增高达20倍以上。由于品温高，微生物数量明显减少，而且分离不出酵母。

4. 纯种曲香气成分分析

将上述7株细菌逐株制成三角瓶纯种曲，培养基仍为添加30%水的灭菌小麦粉，培养时间为15d，培养温度从35℃起逐渐升高，最高温度为60℃。成品曲都不同程度地带有酱香气味。称曲50g，研成粉加乙醚150mL，浸泡过夜，过滤后吸1mL于空烧杯中，挥发去乙醚，闻香并以生产曲粉作对照。结果表明，香气接近，能闻到香草醛的气味，有的样品还可闻到烟熏气味。另将乙醚浸出液以0.1N $NaHCO_3$调pH至7.5~8.0，醚层水选后进行纸上层析，普遍可见到香草醛、阿魏酸、丁香酸的斑点。

(四) 讨论

在研究茅台酒成曲过程中分离的微生物时，用单株细菌制的成品曲都不同程度带有酱香气味。可以说这些嗜热芽孢杆菌是茅台酒生产的有益菌类，其代谢产物在高温条件下生成的香味物质，和茅台酒的香味有密切关系。

制曲过程中常见的曲霉、毛霉、红曲霉等霉菌，有些也可耐受50~55℃高温，它们也有较强的糖化力及蛋白质分解力，与细菌一样起着重要的作用。酵母菌则只在制曲的前期有过出现，随着温度升高，其生长受到抑制并逐渐死亡。

选择优良菌株，进行不同条件下的制曲试验，所得结果说明存在着利用分离菌株制曲提高大曲质量的可能性。

[《微生物学通报》1981，8（6）：261-264]

七、德山大曲酒酿造中微生物数量变化的初步研究

(一) 大曲中微生物数量变化情况

1. 材料和方法

制曲原料：本地产小麦与沅河江水。

微生物数量测定是用稀释平板法进行。所用培养基为麦芽汁琼脂、肉羹两种。在大曲发酵低温期、高温期、出房期等三个阶段，分曲皮、曲心两个部位采样测定。

（1）曲皮　在大曲表皮0~1.6cm以内采样。

（2）曲心　在大曲心部1~2cm内取样。

所采样品在麦芽汁琼脂、肉羹琼脂两种培养基上，低温期用10^{-4}、10^{-5}、10^{-6}三个稀释度接种，高温期用10^{-2}、10^{-3}、10^{-4}三个稀释度接种，出房用10^{-3}、10^{-4}、10^{-5}三个稀释度接种，每个稀释度接种四套平皿。28℃培养3~7d检查结果，分别计算总菌落数和各优势菌落的数目，换算成每克干曲的菌数。

2. 结果和分析

在两种培养上生长的微生物总数见表2-12。

表2-12　在大曲发酵各阶段曲皮和曲心中微生物的总数量

处理	低温期	高温期	出房期
在麦芽汁琼脂上生长的微生物总数/($\times10^6$CFU/g)			
曲皮	126.53	2.81	1.04
曲心	86.59	0.04	0.76
在肉羹琼脂上生长的微生物总数/($\times10^6$CFU/g)			
曲皮	10.27	2.81	1.00
曲心	4.47	0.05	0.86

如表2-12所示，大曲微生物的数量变化与大曲发酵阶段有紧密的联系。即在整个发酵期中，微生物在低温期出现一个高峰。

如图2-10、图2-11所示，两种培养基上，大曲微生物的数量变化，均在低温期形成一个高峰，高温期显著下降，出房期曲皮部分稍有下降，而在曲心部分略有升高。此外，不论在哪一种培养基上曲皮部分的菌数都显著的高于曲心部分。产生这种现象的原因，笔者认为与大曲水分、温度、通气条件等因素有关。

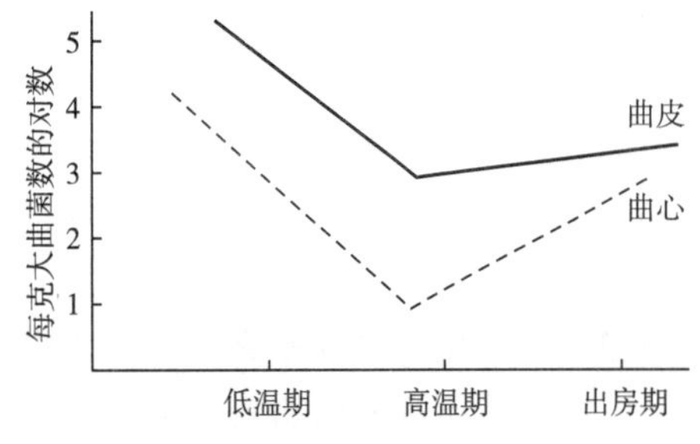

图2-10　大曲发酵各阶段曲皮和曲心微生物数量变化（麦芽汁培养基）

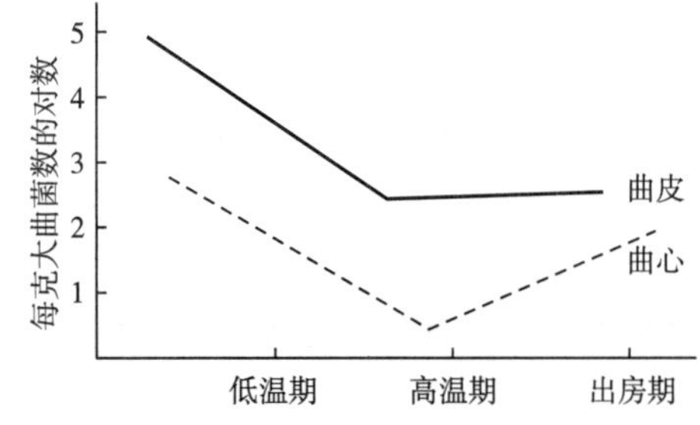

图2-11　大曲发酵各阶段曲皮和曲心微生物数量变化（肉羹培养基）

首先，大曲微生物受大曲水分变化的影响较为显著。低温期大曲水分充足适宜（表2-13），溶解于水的养料及氧颇为丰富，为微生物迅速而大量的繁殖提供了充分的营养物质和能源，加之温度、通气条件适宜，给微生物生长繁殖创造了一个良好的生态环境，从而导致低温时期菌数的显著上升，并形成一个高峰，随着水分的蒸发，渗透压逐渐增高，到出房期曲皮部分水分已降到14%以下，故菌数呈现下降的趋势，而曲心部分水分为16.5%左右，少数耐干燥种类微生物尚能繁殖，故菌数略有升高。在高温时水分的影响不明显。

表2-13　大曲发酵各主要阶段水分变化情况　单位：%

处理	低温期	高温期	出房期
曲皮	34	20	14
曲心	37	29	16.5

其次，从大曲品温变化情况来看，发酵前期品温在30℃左右，适于各类中温性微生物生长，当发酵进入高温期时，品温高达55~60℃（表2-14），大部分菌类都被高温所淘汰，仅有少数耐温菌类得以保存下来，即高温是造成菌数大幅下降的主导因子。到出房期温度的影响又退居次要地位。

表2-14 **大曲不同发酵期品温变化情况** 单位:℃

项目	低温期	高温期	出房期
品温	30	55	32

此外，大曲微生物数量变化与通气状况表现出一定关系。而大曲通气状态又受大曲孔隙特征与水分多少的影响，水分过重的大曲基本上是嫌气的，水分轻的大曲则以好气条件为主。原料破碎度过粗通气性好，过细则易于形成嫌气条件，在大曲中，由不同粉碎度的麦粒之间，形成了各级大小的孔隙，在大孔隙中，通气条件好，小孔隙中水分经常饱和，通气条件差，故在低温期的同一块大曲中，特别是在曲皮部分同时具备好气和嫌气条件，为好气与嫌气性菌类旺盛生长创造了良好条件。而在曲心则由于空气通气性差，以嫌气条件为主，对好气性菌类生长不利，再加之分离又采用好气培养，故曲心部分菌数显著的低于曲皮部分。出房期，由于曲皮部分水分大量损失，曲心部分空气通透性有所增加，曲心部分水分损失又相对少一些，为后期曲心部分微生物的生长创造了条件。这就是出房期曲心部分菌数升高的原因所在。

最后，从大曲微生物优势类群变化情况看，低温期以细菌占绝对优势，其次为酵母菌，再次为霉菌。在肉羹琼脂上尚有一定数量的放线菌生长。其中曲皮部分的酵母与霉菌数量又远多于曲心部分，而细菌数量则相差不多，见表2-15。

表2-15 **低温期在麦芽汁琼脂上各类微生物总数** 单位：$\times10^6$CFU/g

类别	细菌	酵母	霉菌
曲皮	100.68	23.71	2.12
曲心	81.19	4.28	1.11

当发酵进入高温期后，细菌和酵母大量死亡，霉菌中的少数耐热种类逐步取而代之成为优势类群。但此时细菌尚有一定数量，芽孢杆菌相对数量增多，酵母菌数量较少。到出房期优势菌群仍为霉菌，其特点为红曲霉的数量明显增加，特别是在曲心部分。

如上所述，高温期菌数急骤下降主要是细菌和酵母菌大量死亡引起的。此时的糖化力，曲皮部分高于曲心，说明糖化力的高低与霉菌的分布密切相关，即淀粉酶的形成主要来自霉菌。而在出房期，曲皮、曲心之间糖化力的差距显著缩小（表2-16）。这与曲心部分曲霉数量（主要为红曲霉）略有升高相一致。

表2-16 **大曲发酵各主要阶段糖化力的变化** 单位：mg葡萄糖/(g·h)

处理	低温期	高温期	出房期
曲皮	—	528.0	556.8
曲心	—	28.0	289.0

3. 结论

大曲微生物的数量变化，低温期有一个高峰，在这个阶段微生物得以大量生长，是由于有适宜的水分以及与之相适应的温度与通气条件。水分充足，溶解于水的养料和氧就越多，微生物生命活动的营养和能源也就越充足，微生物生长繁殖的速度也越快。高温期品温猛升至55℃左右，可造成微生物大量死亡和菌数显著下降，而水分和通气条件的变化不能说明这一现象。在出房期曲心水分含量不同，是造成曲心部分曲霉增高的主要原因。

（二）大曲酒醅中微生物数量变化状况

1. 材料和方法

材料：实验用曲为贮藏两个月的大曲，水分13%，酸度1.049°，糖化力34.12mg葡萄糖/(g·h)。

发酵原料为高粱，淀粉62.22%，投料量为1600kg，搭配比例1∶5，加壳19%，入池水分57%，酸度1.65°，还原糖0.38%，淀粉20.78%。

出池水分62.5%，酸度2.45°，还原糖0.43%，淀粉11.2%，酒精度5.2%vol，产酒778.5kg，出酒率48.6%。

成品质量经品尝具有典型德山大曲酒风味。理化指标：总酸0.0859g/L，总酯0.3524g/L，总醛0.0038g/L，甲醇0.010g/L，杂醇油0.25g/L，铅0.21g/L，酒精度62.5%vol。

微生物数量测定是用稀释平板法进行的。所用培养基有麦芽汁琼脂、肉羹琼脂两种。在整个发酵期中，每5d取样分析一次。取样方法为五点取样，取样深度1~1.2m。

所取样品在麦芽汁琼脂、肉羹琼脂上，用10^{-3}、10^{-4}、10^{-5}、10^{-6}四个稀释度接种，每个稀释度接种四套平皿，28℃培养3~7d检查。分别计算总菌落数，换算成每克干醅的菌数。大曲分析取样为多点取样，所取样品为已粉碎备用的大曲。测定计数方法同酒醅分析。

2. 结果和分析

（1）大曲与酒醅微生物区系之间的关系　在两种培养基上生长的微生物数量如表2-17所示。

表2-17　大曲和入池酒醅中各类微生物的总数量　单位：$\times 10^6$CFU/g

处理		霉菌	酵母	细菌	总数量
大曲	麦芽汁	1.13	0.38	—	1.51
	肉羹	0.89	0.43	0.14	1.46
酒醅	麦芽汁	0.32	0.149	0.001	0.47
	肉羹	0.34	0.11	0.01	0.46

如表2-17所示，在两种培养基上生长的各类微生物总数量，不论大曲或入池酒醅均以霉菌最多，酵母次之，细菌最少。即各类微生物的相对数量十分近似。就微生物的总数量而言，大曲微生物显著地高于入池酒醅，约8倍，上述事实说明了酒醅微生物主要来源是大曲，即大曲为酒醅接种了大量的具有一定特殊性的发酵微生物。

其次，大曲还为酒醅提供了必不可少的生化动力——以淀粉酶为主的多种酶类，通过这些酶的作用，为酒醅微生物生长繁殖提供了大量的营养和能源。特别是在前发酵和主发酵阶段，为以酵母菌为主的微生物大量增殖与发酵转化提供了充分的糖类。

最后，大曲还给酒醅带来了数量可观的多种多样的代谢产物，主要由淀粉与蛋白质等降解产生。它们在丰富大曲酒的口味成分和生香方面起着重要作用，有待深入研究。

（2）大曲与酒醅中各类微生物的相对数量（表2-18）

表2-18　大曲与酒醅中微生物的相对数量　单位:%

处理		霉菌	酵母	细菌
大曲	麦芽汁	74	26	—
	肉羹	61	29	10

续表

处理		霉菌	酵母	细菌
酒醅	麦芽汁	68.1	30.4	1.5
	肉羹	73.8	23.3	3.4

（3）酒醅微生物数量变化情况

表 2-19　在两种培养基上生长的微生物总数量　单位：$\times10^6$CFU/g

处理	0d	5d	10d	15d	20d	25d	30d	35d	46d	53d
麦芽汁	0.472	14.200	74.219	17.256	15.075	13.141	12.894	8.756	6.973	7.000
肉羹	0.465	13.799	64.096	14.256	14.256	12.307	9.276	7.243	6.513	6.217

如表 2-19 所示，酒醅微生物的数量变化与酒醅发酵阶段有密切联系。即在整个发酵期中，微生物数量在发酵初期增殖最快，并在第 10d 前形成一个高峰，随后菌数开始下降。产生此现象的原因，我们认为是与酒醅这一特殊生态环境分不开的，即与酒醅的酸度、孔隙、入池温度等有关。

首先，酒醅微生物的数量受酸度变化的影响较为显著。在发酵的头 5d，由于酒醅具有一定的酸度而有选择性的淘汰了不耐酸的大量霉菌和细菌，从而为酵母菌的大量繁殖创造一个良好的先决条件（表 2-20）。

表 2-20　在发酵 0~5d 的酒醅中各类微生物的总数量　单位：$\times10^6$CFU/g

处理		酵母	霉菌	细菌
0d	麦芽汁	0.149	0.32	0.001
	肉羹	0.11	0.32	0.01
5d	麦芽汁	14.20	0.0039	0.0045
	肉羹	13.78	0.0011	0.0011

在整个发酵过程中酸度上升缓慢。这对酵母菌的繁殖和发酵以及防止杂菌的滋生都是有益的。此外，还为保持德山大曲酒的特有风格提供了必不可少的酸类物质。但酸度过高则对酵母菌产生抑制作用，促使淀粉酶变性加快，会对大曲酒发酵带来不利影响。其次，从酒醅的通气状况来看。因酒醅具有良好的孔隙性，在其大小孔隙之中充满着大量空气，为前发酵阶段酵母菌进行旺盛的有氧呼吸及繁殖提供了充足的氧气，促进了以酵母菌为主的酒醅微生物大量增殖，并在前期形成了一个高峰。糖和水分的变化则不能说明这一现象。当酒醅进入主发酵阶段以后，随着酒醅微生物的大量增殖，氧气被逐步耗尽，整个酒醅为嫌气状态，此时酵母菌类转而进行无氧呼吸与旺盛的酒精发酵，其繁殖速度则显著下降，从而导致了酒醅微生物的数量呈现缓缓下降的趋势。此阶段酒醅代谢变化的特点为：酒醅淀粉浓度迅速降低，累积的发酵性糖迅速被消耗。与此同时，酒精迅速上升，而酸度和酯的上升则较为缓慢，在后发酵阶段通气状况的影响不明显。

综上所述，笔者认为酒醅孔隙特点具有调节酒醅微生物繁殖与发酵速率的作用。其调节机制又是通过酒醅空隙的空气容量大小来实现的，酒醅空气容量的大小又间接的受淀粉糊化度、水分与酒醅多少的影响。

入池温度与酒醅微生物的数量变化表现出一定的相关性，低温入池（12℃左右）的酒醅，其最高醅温在 30℃以下，顶温期在 20d 左右，主发酵在 30d 左右完成，原酒产量高，且质量好。而高温入池酒醅，最高醅温在 35℃以上，顶温期在 10d 左右，主发酵亦相应提前，其产量低，质量差。总之，笔者认为低温入池方式的主要作用是利用低温来控制发酵前期酵母菌的繁殖速度，从而达到控制酒醅温度与发酵的目的。并且因在低温条件下繁殖的酵母具有细胞健壮、发酵力强、耐酸、耐酒精能力强与抵抗杂菌力强的特点，故低温入池是取得优质高产的必要条件之一。

最后，从酒醅微生物类群的变化情况来看，在入池时酒醅微生物类型与大曲基本一致；在发酵5d以后的酒醅中，就有选择地淘汰了不耐酸的大曲霉菌；在以后的整个发酵期中，霉菌仅有偶尔的出现，无一定规律可循。出现种类以曲霉、毛霉居多，红曲霉未发现。

就细菌而言，在整个发酵期中均可见到，但其数量较少。在25d以后，菌数似有增加趋势（表2-21）。

表2-21　　发酵25～53d酒醅中的细菌总数　　单位：CFU/g

项目	25d	30d	35d	46d	53d
细菌总数	64100	210000	258000	342000	384600

酵母菌自始至终都是酒醅中的优势微生物，相对数量在90%以上，其他微生物（细菌、霉菌等）则不足10%。此外，在肉羹琼脂上，偶尔可以见到放线菌，若单就酵母菌种类的变化情况来看，在发酵前期，酵母菌类型较多，10d以后逐步减少，25d以后就仅有酒精酵母一个群存在了，与汾酒酒醅中的变化情况大体相似，由上述情况看出，酒醅微生物数量变化规律，实质上也就是酵母菌类数量变化规律。在发酵前期由于多种酵母菌类大量增殖，在第10天前后形成一个高峰。随后菌数逐渐下降，可能与除酒精酵母以外多种酵母逐渐消失有关系。

3. 总结

酒醅微生物主要来自大曲。发酵初期由于酒醅具有一定的酸度，而有选择性地淘汰了来自大曲的霉菌和细菌，从而促进了酵母菌的大量繁殖。随着多种酵母进行有氧呼吸与酒精发酵，酵母菌的繁殖速率也逐步下降。同时，酵母的增殖与发酵又受酒醅空隙特性的调节。通过对入池温度的控制，可以间接地控制酒醅发酵。酵母自始至终都是酒醅微生物的优势菌群。

[《食品与发酵工业》1977（2）：22-29，48；《食品与发酵工业》1975（3）：1-4]

八、兼香型酒曲微生物的研究

高温堆积是兼香型白云边酒生产工艺的重要环节。通过微生物研究发现，冬季气温低，堆积时微生物生长繁殖缓慢，进而影响酒醅升温。为解决此难题（其他同类工艺厂家普遍存在），该厂与湖北轻工研究所合作研究，从高温堆积酒醅中分离、筛选有益菌株，经培养，添加到高温堆积酒醅中，在环境温度低于0℃时，可升温到工艺要求的堆积温度，酒质和单轮出酒率也有一定的提高。

（一）方法

取高温堆积好的酒醅10g，加入盛有100mL无菌水的三角瓶中（含有玻璃片）振动15min，然后将瓶放入65～85℃水浴中保持30nin，之后采用平板稀释分离法，分得27株优良细菌。其中有8株能产生浓郁的豆豉味，定名为ByB4、ByB8、ByB10、ByB11、ByB12、ByB13、ByB14，经鉴定分别是地衣芽孢杆菌、枯草芽孢杆菌、短小芽孢杆菌和腊状芽孢杆菌。

（二）兼香型白云边酒生产环境中微生物分布探讨

各地白酒都有自己的独特风味特点。原因除工艺不同外，主要在于参与白酒发酵的微生物种类和数量各不相同，同时与生产环境中的微生物也有关。

1. 空气中细菌、酵母、霉菌的分布情况

表 2-22 空气中细菌、酵母菌、霉菌分布情况 单位：个菌落/皿

微生物	季节	酿酒新车间	酿酒老车间	新曲房	老曲房	原料仓库	酒库	室外
细菌	春	10	19	20	47	20	16	12
	夏	17	37	70	87	27	45	10
	秋	7	9	49	50	17	38	8
	冬	5	17	37	39	9	7	3
酵母	春	7	12	9	15	1	5	5
	夏	12	10	21	30	3	7	9
	秋	5	8	13	17	1	3	3
	冬	1	4	7	9	1	2	1
霉菌	春	27	30	37	51	24	10	27
	夏	20	47	101	117	37	19	30
	秋	15	19	52	57	27	8	13
	冬	10	27	47	40	10	2	3

2. 原料、窖泥、稻草微生物分布情况

表 2-23 原料、窖泥、稻草微生物分布情况 单位：个/g 干重

类别	细菌	酵母	霉菌
高粱	$3×10^4$	$5×10^3$	$2×10^6$
小麦	$5×10^3$	$3×10^2$	$2×10^5$
窖泥	$3×10^6$	$2×10^2$	$1×10^2$
稻草	$2×10^4$	$2×10^2$	$3×10^5$

3. 新老车间、新老曲房霉菌分布情况

表 2-24 新老曲房霉菌分布情况 单位：个菌落/皿

季节	新曲房				老曲房			
	根霉	黄曲霉	青霉	其他	根霉	黄曲霉	青霉	其他
春	17	5	5	10	27	4	1	19
夏	57	17	2	25	73	20	0	24
秋	10	9	3	30	22	8	0	27
冬	13	17	2	15	20	10	1	9

表 2-25 新老酿酒车间霉菌分布情况 单位：个菌落/皿

季节	新车间				老车间			
	根霉	黄曲霉	青霉	其他	根霉	黄曲霉	青霉	其他
春	8	10	5	4	7	12	3	8
夏	12	1	3	4	19	8	1	19

续表

季节	新车间				老车间			
	根霉	黄曲霉	青霉	其他	根霉	黄曲霉	青霉	其他
秋	4	3	4	4	3	2	2	12
冬	2	0	2	6	5	3	1	18

表2-22~表2-25表明，空气中的微生物以夏季最多，秋冬次之。微生物种类以霉菌为主，细菌、酵母次之。老曲房、老酿酒车间微生物较多，并以根霉、黄曲霉占优势。新曲房、新酿酒车间微生物较少。

［黄平主编《中国酒曲》，中国轻工业出版社，2000］

九、芝麻香型酒曲微生物的研究

山东大学施安辉等对水浒芝麻香型大曲和窖泥中微生物进行了分离研究，结果表明：菊花心大曲中的主要微生物群包括霉菌中的曲霉属，以米曲霉、黄曲霉、黑曲霉为主，其次为红曲霉属和根霉；酵母菌中的汉逊酵母属、球拟酵母属、地霉属和假丝酵母属等；细菌中的芽孢杆菌属和乳杆菌属等。微生物种类和数量见表2-26。

表2-26　水浒酒菊花心大曲微生物种类及数量

微生物种类	菌数/($\times10^6$CFU/g 干曲)	占总数比例/%
霉菌	148.6	74.28
酵母菌	34.75	17.37
细菌	16.32	8.16
放线菌	0.37	0.18

这些微生物的代谢产物有阿魏酸、香草酸、香草醛、呋喃酮类、缩醛和醇等，与芝麻香型白酒中酱香、糊香、芝麻香等特殊风味的形成密切相关。

在花砖窖中主要微生物类群是酵母菌中的汉逊酵母属、球拟酵母属和假丝酵母属；细菌中的厌氧丁酸菌、好氧芽孢杆菌和兼性厌氧乳酸杆菌属等，其数量变化与分布见表2-27。

表2-27　水浒大曲窖泥中微生物数量及分布　单位：CFU/g 窖泥

种类	菌落数		
	上层	中层	下层
好氧细菌	9.37×10^4	4.29×10^4	1.76×10^4
厌氧细菌	6.85×10^4	23.48×10^4	29.43×10^4
酵母菌	33.89	27.13	73.96

［黄平主编《中国酒曲》，中国轻工业出版社，2000］

十、仰韶超高温大曲发酵过程中微生物变化的初步分析

仰韶酒厂通过研究自主培养的超高温细菌曲发酵过程中的微生物动态变化，发现了制曲过程中酵母菌、霉菌和细菌数量的变化规律。

（一）样品及处理

高温大曲，超高温细菌麸曲均取自本公司。

将超高温细菌麸曲分别以3%、5%的比例加入到曲坯中，选取7个取样点。取样点的确定：

根据生产经验结合大曲生产工艺的生产特点确定大曲生产过程中可能对大曲质量产生影响的重要阶段的关键点作为取样点。结合实际生产经验和大曲生产的工艺特点选取大曲发酵过程中的7个关键点作为优化点，取样方法为：

优化取样点1：取小麦混合粉碎后加水拌和前的原料，从暂贮仓分别取5个不同位置，混匀，备用。

优化取样点2：取卧曲前压制好的曲块，随机选取3块，将大曲按对角平分2块，取其中1块粉碎混匀，备用。

优化取样点3：晾霉结束（第4天）时，在曲房不同位置随机挑取3块有代表性大曲，将大曲按对角平分成2块，取其中1块粉碎混匀，备用。

优化取样点4：取达到顶火温度（第10天）时大曲，在曲房不同位置随机挑取3块有代表性大曲，将大曲按对角分成2块，取其中1块粉碎混匀，备用。

优化取样点5：取大火结束时（第18天）大曲，在曲房不同位置随机挑取3块有代表性大曲，将大曲按对角分成2块，取其中1块粉碎混匀，备用。

优化取样点6：取后火结束时（第35天）大曲，在曲房不同位置随机挑取3块有代表性大曲，将大曲按对角平分成2块，取其中1块粉碎混匀，备用。

优化取样点7：出房验收（第45天）时，随机选取经品评合格的大曲3块，将大曲按对角平分成2块，取其中1块粉碎混匀，备用。

样品粉碎及保存方法：要求过0.3mm筛孔，封装于密封袋中，置于-20℃保存1~3个月或-4℃保存7d，备用。

（二）结果

制曲过程中酵母菌数量的动态变化见图2-12。制曲过程中霉菌数量的动态变化见图2-13。制曲过程中细菌数量的动态变化见图2-14。

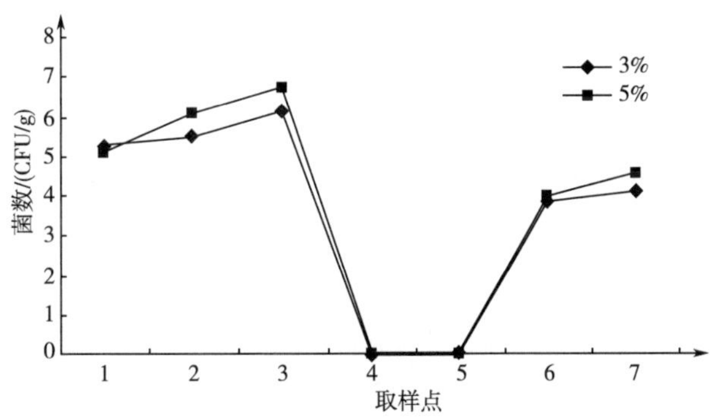

图2-12　制曲过程中酵母菌数量的动态变化

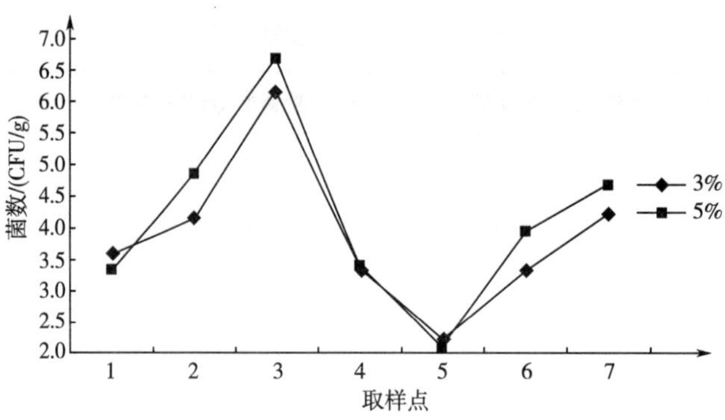

图 2-13 制曲过程中霉菌数量的动态变化

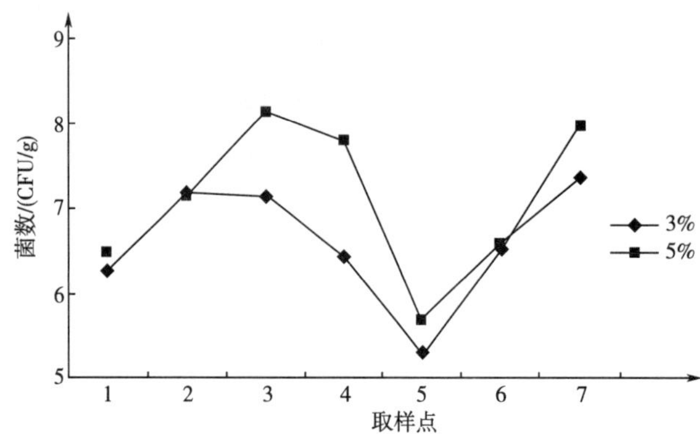

图 2-14 制曲过程中细菌数量的动态变化

[《酿酒》2015（1）：49-51]

十一、特型酒曲微生物的研究

江西省四特酒厂黄冰静等对四特酒大曲微生物进行了分离研究，现介绍如下。

（一）成品曲中霉菌含量及其功能

表 2-28　　成品曲中霉菌含量及其功能　　单位：个/g

菌类	含量				功能
	春	夏	秋	冬	
高大毛霉	10	4.0	8.0	5.1	蛋白酶活力强，糖化酶活力中等
总状毛霉（$\times10^7$）	10	4.0	8.0	5.1	蛋白酶活力强，糖化酶活力中等
黄曲霉（$\times10^5$）	7.0	2.0	4.2	1.2	糖化力低，液化力及蛋白质分解力强
米曲霉（$\times10^5$）	5.5	3.2	5.0	4.0	糖化力低，液化力及蛋白质分解力强
黑曲霉（$\times10^4$）	4.8	2.4	5.0	4.3	糖化能力强
红曲霉（$\times10^5$）	4.0	3.4	5.0	6.2	糖化能力稍低，所制成品酒的风味较好
白曲霉（$\times10^6$）	1.2	3.4	4.8	4.2	糖化能力稍低，所制成品酒的风味较好
根霉（$\times10^2$）	5.3	2.3	5.0	4.7	淀粉酶活力强，产酯
木霉（$\times10^3$）	1.1	2.4	3.6	3.2	分解纤维素，与其他糖化力高的菌共同作用，提高出酒率

（二）成品曲中细菌含量及功能

表 2-29　成品曲中细菌含量及功能　单位：×10^6^个/g

菌类	含量				功能作用
	春	夏	秋	冬	
乳酸菌	5.7	4.1	6.1	3.7	产乳酸及少量乙酸
醋酸菌	4.2	2.7	4.0	2.1	产醋酸能力强
己酸菌	1.97	1.03	2.05	1.59	浓香型来源之一
芽孢杆菌	6.8	4.7	8.5	7.3	有分解蛋白质及淀粉的能力，产双乙酰等白酒成分

注：芽孢杆菌有枯草芽孢杆菌、丁酸菌。

（三）成品曲中酵母含量及功能

表 2-30　成品曲中细菌含量及功能　单位：$\times10^6$个/g

菌类		含量				功能作用
		春	夏	秋	冬	
产酒酵母	啤酒酵母椭圆变种	2.07	2.20	3.77	1.73	产酒精力较强
	球拟酵母	2.18	2.72	3.23	2.65	产酒精、多元醇、醇甜味来源之一
产酯酵母	汉逊氏酵母异常变种	2.9	1.3	1.18	3	产乙酸乙酯强
	产蛋白假丝酵母	4.3	2.0	4.0	2.7	产酯产酒精力较强
	小圆形酵母	1.78	2.02	2.52	1.63	产酯及酱香力较强
	白地霉（$\times10^4$）	3.0	2.7	4.0	3.0	主产清香

（四）四特酒曲酶系及微生物消长跟踪的研究

四特酒大曲配方与全国名白酒厂不同，主要是以面粉45%和麸皮55%为主，外加鲜酒糟10%（干计），加水27%~28%，入房曲坯水分39%~40%，有人工踩曲和机械压曲两种，每块曲坯质量2.5kg。

吴鸣等对江西四特酒厂生产用曲培养过程中各酶系及微生物消长进行了跟踪测定，结果见表2-31~表2-36。由表2-31~表2-36结果可知，四特大曲的曲料以麸皮为主，添加适量酒糟制曲与众不同，可能对四特酒风味有一定影响。曲模2000~3000cm^3的大小，对制曲质量影响不大，生化指标基本一致。初步分析了制曲工艺中各项生化指标及微生物数量。

表 2-31　原料附着微生物检测　单位：$\times10^4$个/g（3次平均值）

原料	细菌	酵母菌	霉菌	放线菌
麸皮	67.79	2.52	16.94	16.93
面粉	45.71	4.28	5.71	9.3

表 2-32 添加不同量酒精制得成品曲的测定结果

项目	酒精体积分数			
	5%	10%	15%	20%
水分/%	17.5	16	14	15
酸度/°	1.4	1.4	1.3	1.2
糖化力/[mg 葡萄糖/(g·h)]	648	790	774	642
液化力/[g 淀粉/(g·h)]	5.5	5.6	5.6	4.4
蛋白酶（pH 3）活力/(U/g)	36.8	48	40	30.8
发酵力/酒精体积分数/%	3.4	3.8	3.6	2.9
氨基氮含量/(μg/L)	0.179	0.315	2.10	0.154
升酸幅度/°	0.5	0.3	0.2	0.2
酯化酶活力/(U/g)	0.211	0.304	0.316	0.115
酯分解率/%	46.5	46.0	47.9	48.9
细菌数/($\times10^4$个/g)	214.6	158.4	150.6	137.5
酵母菌/($\times10^4$个/g)	174.8	246.5	199.6	102.9
霉菌/($\times10^4$个/g)	158.2	153.7	138.2	132.2
放线菌/($\times10^4$个/g)	18.6	20.4	36.5	50.7

表 2-33 不同大小曲模成品测定结果

项目	曲模		
	3037.5cm^3	2437cm^3	1897cm^3
水分/%	17.5	18.0	17.5
酸度/°	1.1	1.0	1.0
糖化力/[mg 葡萄糖/(g·h)]	1110	1050	1110
液化力/[g 淀粉/(g·h)]	7.39	7.39	7.33
蛋白酶（pH 3）/(U/g)	48.4	48.8	48.4
氨态氮/(μg/L)	0.136	0.191	0.182
发酵力/(酒精体积分数%)	3.8	4.0	4.4
升酸幅度/°	0.6	0.5	0.5
酯化酶/(U/g)	0.314	0.414	0.414
酯分解率/%	46.5	48.6	47.15
细菌数/($\times10^4$个/g)	190.91	191.46	145.46
酵母菌数/($\times10^4$个/g)	152.12	158.54	172.73
放线菌/($\times10^4$个/g)	18.6	17.5	12.6

表 2-34 四特曲培养过程中微生物变化测定 单位：$\times10^4$个/g

菌类	培养时间/d						
	0	5	10	15	20	25	30
细菌	191.67	344.2	231.89	207.32	156.86	136.15	117.87
酵母菌	8.30	28.46	207.23	198.14	157.97	103.56	79.67

续表

菌类	培养时间/d						
	0	5	10	15	20	25	30
霉菌	29.17	40.05	156.25	181.16	232.68	248.19	30.36
放线菌	21.67	19.51	27.34	11.23	11.11	10.84	7.56

表 2-35　　四特曲培养过程中生化指标变化测定

项目	培养时间/d						
	0	5	10	15	20	25	30
水分/%	40	38.5	36	31	23.5	19	17.5
酸度/°	1.1	2.9	2.9	3.0	2.65	2.1	1.4
糖化力/[mg 葡萄糖/(g·h)]	7440	210	280	388	566	796	890
液化力/[g 淀粉/(g·h)]	0.4	0.9	2.18	2.67	4.4	9.38	9.1
蛋白酶（pH 3）/(U/g)	14.4	36	42.3	53.6	57.2	59.3	61.6
氨态氮/(μg/L)	0.014	0.014	0.07	0.14	0.147	0.87	0.201
发酵力/(酒精体积分数%)	0	0.3	1.3	2.2	3.6	4.0	4.2
升酸幅度/°	0.3	0.9	0.6	0.12	0.1	0.1	0.1
酯化酶/(U/g)	0.023	0.057	0.061	0.352	0.361	0.391	0.402
酯分解率/%	—	47.2	48.4	46.4	44.4	43.6	42.8

表 2-36　　四特酒大曲成品质量测定

项目		一车间	二车间	三车间
理化指标	水分/%	16.5	15.6	16
	酸度/°	0.8	0.96	1.1
	糖化力/[mg 葡萄糖/(g·h)]	930	780	670
	液化力/[g 淀粉/(g·h)]	7.38	4.68	3.2
	蛋白酶（pH 3）/(U/g)	39.2	48.5	58.6
	氨态氮/(μg/L)	0.13	0.103	0.114
	发酵力/(酒精体积分数%)	0.6	0.5	0.6
	升酸幅度/°	4.4	4.2	4.0
	酯化酶/(U/g)	0.302	0.34	0.345
	酯分解率/%	47.2	43.6	45.8
微生物指标	细菌数/($\times10^4$个/g)	230.53	212.69	198.3
	酵母菌/($\times10^4$个/g)	122.75	198.6	187.5
	霉菌/($\times10^4$个/g)	156.89	144.46	177.3
	放线菌/($\times10^4$个/g)	22.75	19.89	23.63

[黄平主编《中国酒曲》，中国轻工业出版社，2000]

十二、特香型大曲贮藏过程中霉菌、酵母菌、细菌数量变化规律的研究

四特酒有限责任公司严伟、刘建文等以特香型大曲为研究对象，分析大曲贮藏过程中霉菌、酵母菌、细菌数量变化规律。结果表明，大曲存储 2~3 个月时最适合白酒生产。同时，初步制定特香型大曲霉菌、酵母菌和细菌数量质量标准（每克曲）：霉菌≥1×10^6个/g，不超过 5×10^6个/g；酵母菌≥0.1×10^6个/g；细菌≥2.5×10^6个/g，不超过 10×10^6个/g。

贮藏过程中霉菌数量变化，见图 2-15。

贮藏过程中酵母菌数量变化，见图 2-16。

贮藏过程中细菌数量变化，见图 2-17。

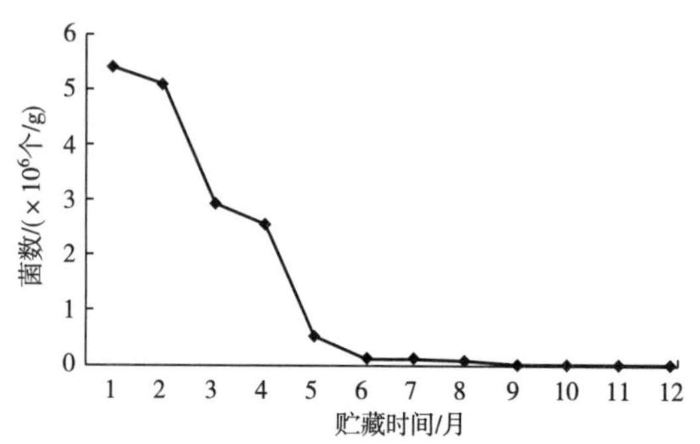

图 2-15　贮藏过程中霉菌数量变化

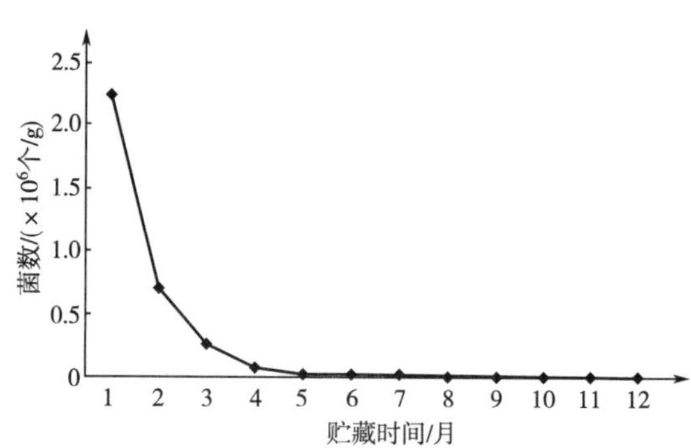

图 2-16　贮藏过程中酵母菌数量变化

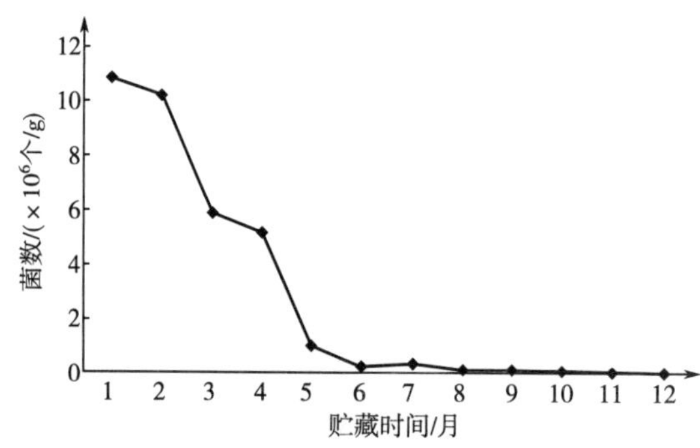

图 2-17　贮藏过程中细菌数量变化

［《酿酒》2014（1）：27-28］

十三、高温大曲培菌方法的探讨

四川省古蔺郎酒厂有限公司的卓毓崇、王会、赵荣寿等通过培养酯化液对发酵仓和新稻草进行接种培菌技术，提高了成品曲的质量和优质曲比率。现将其方法介绍如下。

（一）实验方法

1. 曲母粉的制作

从成品曲仓库选取曲坯表面呈黄褐色或黑褐色，酱香突出，断面颜色为灰白色，色泽一致的成品

曲进行粉碎，过 40 目筛后，用麻袋装好并做好标识，每包质量控制为（100±5）kg，存放于阴凉、干燥的地方。

2. 培养液的配制

准备好用清水洗净的容器，放于阴凉、干燥的地方，倒入 800kg 清水。然后将废弃稻草粉碎得到的稻草粉 150kg 和曲母粉 50kg 缓慢倒入装有 800kg、35℃清水的容器中。在倒入过程中边倒入边搅拌，保证清水与稻草粉和曲母粉混合均匀，然后密封、静置发酵 72d。

3. 培养液的使用

在曲坯进入实验仓前 24h 铺垫好稻壳和稻草，以入仓发酵制作曲坯的小麦用量为标准，用 1%～1. 5%已制备好的稻草粉均匀撒在稻壳和稻草表面。曲坯堆放结束后，在曲堆表面平整地覆盖一层厚度为 4～6cm 的稻草。然后根据季节、曲坯水分及发酵房差异，在标准范围内向稻草表面均匀洒原料质量 5%～10%的培养液，然后插好温度计，关闭门窗进入保温培菌阶段。

（二）结果与分析

1. 使用前后新老稻草微生物种类及数量对比

曲药培养前期是曲药自然接种微生物、培菌最重要的时期之一，此期间的曲房温湿度条件及微生物种群数量对曲药质量有重要影响。新稻草购进后，由于未经过微生物的接种和培菌，稻草上所含微生物种类较杂，数量上也相对较少，影响大曲保温培菌和仓内发酵阶段的工艺效果。通过接种培菌后，各类微生物在数量上有明显的增加，具体变化情况见表 2-37。

表 2-37　稻草微生物数量对比表　单位：个/g

种类	对比仓	实验仓
酵母	3.75×10^{4}	5.82×10^{4}
细菌	1.318×10^{7}	2.236×10^{7}
霉菌	4.67×10^{6}	6.724×10^{6}
其他	2.06×10^{5}	3.43×10^{5}
总数	1.81×10^{7}	2.77×10^{7}

由表 2-37 可看出，微生物总数由原来的 1.81×10^{7}个/g 提高到了 2.77×10^{7}个/g，提高了 53. 33%，酵母、细菌、霉菌等制曲主要微生物数量得到了提高，其中以细菌提升幅度较大，提高了 69. 65%，酵母、霉菌也分别提高了 55. 20%和 43. 98%，微生物总数提高了 53. 33%，丰富了制曲微生物的数量。高温大曲在发酵初期微生物的数量、种类都最多，中后期芽孢杆菌占优势。满足了微生物的生长并形成多种香味物质或其前驱物质的条件，为后期生香提供了充足的微生物种类和物质保障，使得优质曲比率得到了大幅提高。

2. 发酵仓内升温情况对比

为对比稻草经过接种培菌后在大曲的发酵、生香阶段的温度变化情况，将对比仓在工艺上除减少了对稻草进行接种培菌及酯化液的使用，其他条件都与实验仓相同，结果见图 2-18～图 2-20。

由图 2-18 可以看出，入仓至第 1 次翻曲阶段，实验发酵仓内的曲坯发酵温度比对比仓都高，而第 4 天到第 7 天的挺温阶段，实验仓挺了 3d，对比仓只挺了 2d；最高温度实验仓也比对比仓高出了 2. 99%。

由图 2-19 可以看出，由于入仓至第 1 次翻曲阶段打下的良好基础，从第 1 次翻曲后的第 1 天至第 2 次翻曲的前 1 天实验仓曲坯温度都比对比仓曲坯温度高 5%左右，特别是第 2 天，实验仓比对比仓高了 17. 02%，这让整个阶段内的曲坯能更早地处于一个高温发酵状态，增加了美拉德反应的进行，促进了更多酱香物质和前体物质的形成。

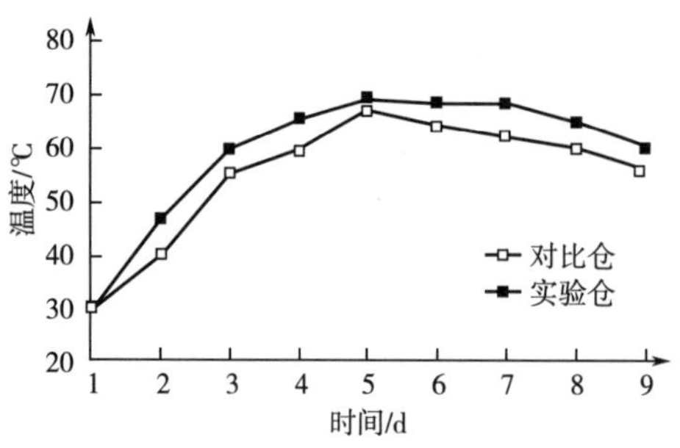

图 2-18　入仓至第 1 次翻曲温度变化情况

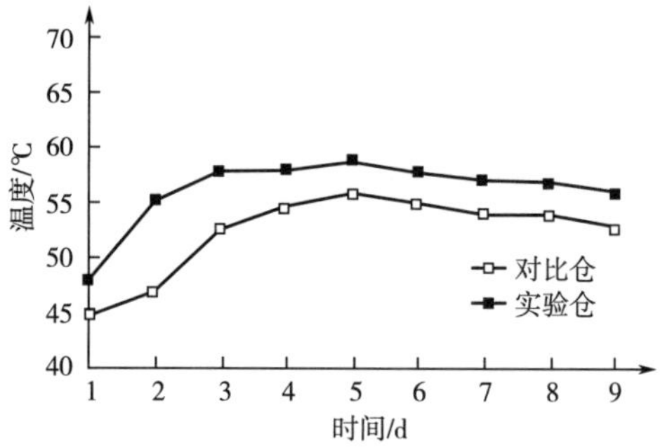

图 2-19　第 1 次翻曲至第 2 次翻曲温度变化情况

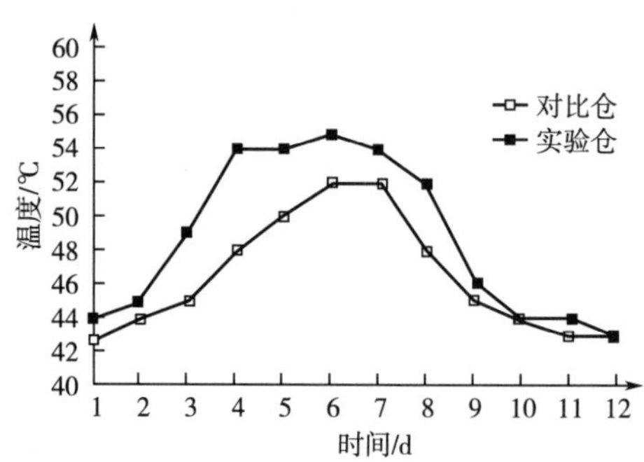

图 2-20　第 2 次翻曲至收堆温度变化情况

由图 2-20 可以看出，从第 2 天到第 4 天的升温阶段，实验仓升温更快，且到最高温度后的挺温时间更长。这是由于经过接种培菌后，为曲坯的发酵提供了丰富的微生物菌系及各类微生物生长、繁殖、代谢所需的条件，能让曲坯在仓内发酵的温度更高，加速了化学、生物化学、褐变反应的发生与进行，曲中生成了众多的香味物质和色素物质，这些物质可作为酱香型白酒酿造过程中微生物发酵的底物或直接作为白酒的风味物质。

3. 稻草使用量的对比

新稻草在使用前未进行接种、培菌处理，整体的质量不高。制曲生产过程中保温培菌阶段温度和保持时间的要求，通常通过增加稻草使用量来实现，但这样治标不治本，而且效果也不理想。如表 2-38 所示，实验仓的稻草使用量比对比仓减少了 36.04%左右，特别是顶层盖草，由于发酵仓及稻草质量的上升，曲坯在发酵过程中的升温得到了保障，同时解决了保温的难题，所以顶层盖草的使用量减少了近 45%，达到了节约成本的目的，减小了废弃稻草的数量及在处理过程中对环境的污染。

表 2-38　**发酵仓稻草使用变化情况**　单位：kg

发酵仓	对比仓	实验仓
底层铺草量	55~75	30~45
间隔	55~75	30~45
顶层盖草量	130~150	90~110
合计	240~300	150~200

4. 半成品曲质量对比

按实验分析方法对生产的半成品曲质量进行分析，结果见表 2-39。从表 2-39 可以看出，实验仓在保温培菌阶段随着温度的升高，半成品曲出库时，水分同对比仓相比，有一定的下降；酸度、糖化力、液化力、发酵力变化不大，有略微的提高；酯化力提高幅度较大，提高了 142.16%。感官指标上

实验仓半成品曲的各项感官指标均优于对比仓的半成品曲，且优质曲率从以前的76%提升到了93%，单位面积上的酱香前体物质得到了提高，质量提升效果明显。

表2-39　半成品曲理化、感官对比表

项目	对比仓	实验仓
水分/%	11.97	11.43
酸度/(nmol H^+/10g)	1.78	1.90
糖化力/[mg葡萄糖/(g·h)]	129	152
液化力/[g淀粉/(g·h)]	0.72	0.76
发酵力/[g/(g·72h)]	3.5830	3.9738
酯化力/[mg/(g·100h)]	12.5	30.27
优级曲比率/%	76	93
感官指标	曲坯表面大多数呈黄褐色或黑褐色，有少量灰白色，酱香较突出，断面颜色大部分为灰白色或少量灰黄色，有黑心 所占比例≥60%	曲坯表面呈黄褐色或黑褐色，酱香突出，断面颜色灰白色，色泽一致 所占比例≥85%

（三）结论

通过使用稻草粉、曲母及培养液对高温大曲进行接种培菌处理，能有效地增加大曲发酵过程中的各类微生物数量，提高发酵温度，为制曲保温、培菌、发酵等阶段提供了丰富的微生物菌系及其发酵代谢产物，为后期生香提供了物质保障，使优质曲比率大幅度提高，同时还减小了对废弃稻草的处理难度及处理后对环境带来的污染。在培菌过程中，新旧稻草和发酵仓除了微生物数量外，在种类上的变化有待后期做进一步研究。

[《酿酒科技》2014（7）：69-71]

十四、肖尔布拉克高温大曲中细菌分离及产香研究

从肖尔布拉克酒业酱香型高温大曲中通过常温法和热处理法分离出了39株细菌，采用麸皮浸出汁培养基发酵，发现其中15株细菌的发酵液酱香味明显。将这15株细菌进行复发酵并进行蛋白酶活力的测定，显示15株菌株均有蛋白酶活力，其中有6株活力较强，分别为C1-3、C4、C8、R12、R19和R20。对这6株菌株进行基因组测序，C1~3、C4、R19和R20为枯草芽孢杆菌，C8为甲基营养型芽孢杆菌，R12为考克氏菌。对该6株菌发酵液进行气相色谱质谱分析，结果显示，6株菌检测出的物质数分别为：8、19、24、15、8和9种。其中，C1~3和R19生成的四甲基吡嗪含量较高。

[《酿酒科技》2014（6）：27-29]

十五、酱香大曲中产中性蛋白酶嗜热细菌的筛选及鉴定

贵州大学的肖蓓、王晓丹、班世栋等通过对成品高温大曲进行嗜热细菌的分离培养，筛选出15株嗜热菌，并对这些菌株产中性蛋白酶活力的情况进行了测定。

(一) 试验方法

1. 嗜热细菌的分离

分别从曲房的四角和中心位置取样，将所取大曲粉碎混合后用四分法取所需要的量，其余样品于4℃保存。取20g样品于180mL灭菌生理盐水中制备成菌悬液，放入65℃水浴锅中水浴20min。采用稀释平板法将菌悬液用无菌生理盐水进行10^{-2}梯度稀释，取0.2mL菌悬液涂布接种于平板，35℃倒置培养1d。通过平板划线法将长势良好的细菌分离，再转接到斜面培养基上于4℃保存。

2. 产蛋白酶嗜热细菌初筛

将分离出的嗜热细菌转接至细菌培养基平板上活化，然后将这些菌株以点接法接种到酪蛋白琼脂培养基上，培养1d后观察透明圈大小，并用直尺测量透明圈直径D（cm）和菌落直径d的比值（D/d），选出能产生较大透明圈的菌株。

3. 产中性蛋白酶嗜热细菌复筛

将初筛的细菌接种到蛋白胨液体培养基中，于37℃培养1d，按10%接种量接种于麸皮培养基中，培养好后，置于40℃烘箱中干燥10h，称取5g干燥培养物于250mL的三角瓶中，加入95mL蒸馏水然后于40℃水浴中保温1h，每隔15min搅拌1次，之后用定性滤纸过滤，滤液为粗酶液。

4. 中性蛋白酶酶活测定

福林酚法测定中性蛋白酶活力［参见《蛋白酶制剂》（GB/T 23527—2009）］。酶活力定义：规定1g固体发酵物在pH7.5，温度40℃条件下，1min水解酪蛋白产生1μg酪氨酸所需的酶量为1个蛋白酶活性单位。

5. 菌株形态鉴定

菌落形态观察：观察筛选到的高产中性蛋白酶菌株的菌落形态。

菌体形态观察：通过革兰染色观察高产蛋白酶菌株的菌体形态。

6. 菌株生理生化试验

按《伯杰氏细菌鉴定手册（第八版）》及《一般细菌常用鉴定方法》对细菌进行生理生化试验。

7. 菌株分子生物学鉴定

根据试剂盒说明书提取细菌DNA，采用细菌16S rDNA通用PCR引物27f（5′-AGAGTTTGATCCTG-GCTCAG-3′）和1492r（5′-GGT-TACCTTGTTACGACTT-3′）进行扩增，在25.0μL PCR反应体系中，加上、下游引物各1.0μL，Mix 12.5μL，细菌DNA 2.0μL，ddH_2O 8.5μL。PCR扩增条件为，初始变性94℃、5min；然后变性94℃、0.5min，退火55℃、0.5min，复性72℃、1.5min，30个循环；最后延伸72℃、10min。取4μL的PCR产物于0.8%琼脂糖凝胶中，在100V条件下电泳30min左右。在260nm紫外灯下观察PCR效果，切胶回收测序。测序由上海生物工程有限公司完成，采用16S rDNA测序方法对菌株进行分子鉴定。将测序结果与美国国立生物技术信息中心（NCBI）中的序列用BLAST进行结果比对，用Neighbor-Joining构建目标菌的系统发育树。

(二) 结果与讨论

本实验采用65℃高温分离培养，共得到15株嗜热细菌，通过平板透明圈法初筛出7株菌有明显透明圈，经过三角瓶固态发酵物蛋白酶活力测定的复筛，FBKL 1.016菌株中性蛋白酶活力最高，达到68.3U/g（目前已有的报道中，在61℃条件下，耐高温中性蛋白酶活力最高达到57.6U/mL）。芝麻香型白酒高温大曲在55℃条件下，测得中性蛋白酶活力最高为96.06U/g。对FBKL 1.016菌株进行个体形态特征、生理生化试验及分子生物学鉴定，结果表明，该菌为地衣芽孢杆菌。资料表明，高产中性蛋白酶活力的地衣芽孢杆菌，可以辅助霉菌中酸性蛋白酶对原料中复杂的蛋白质进行降解，对酱香型白酒的品质有重要作用。该课题实验的研究，对酱香型白酒的生产具有参考价值。

［《酿酒科技》2015（2）：50-53］

十六、高温大曲中产果香霉菌的分离及研究

四川郎酒集团有限公司的蒋英丽、卓毓崇、聂正东等从大曲中分离得到的霉菌，经过菌落形态、理化特性及产香气成分分析，从而确定部分霉菌如地霉、木霉、曲霉和根霉为酱香型白酒独特风味的形成提供了果香味。现摘录其研究结果如下。

（一）结果与分析

1. 霉菌形态

将分离纯化所得菌株接种至马铃薯琼脂培养基上，30℃倒置培养 3~7d，观察并记录各菌体群落形态及镜检情况，结果见表 2-40 所示。

表 2-40　霉菌宏观形态描述与显微镜照片表

编号	形态描述
C01	浅绿色相间白色菌落，大，扁平，易挑起，边缘规则，生长迅速，约 2d 长满平板，不产生色素，菌丝多而长，有隔膜，尖端突起呈球形，孢子略大，椭圆形
C07	白色扁平大菌落，覆盖白色绒毛，边缘整齐，反面白色，生长迅速，2d 可铺满平板，不产生色素，菌丝细长，无隔膜，分生孢子梗顶端分枝，孢子椭圆形
C16	生长迅速，白色短绒毛，易挑起，菌落圆形、小，中部隆起，边缘整齐，反面白色，不产生色素，菌丝长，有隔膜，分生孢子梗顶端膨大成顶囊，孢子呈圆形且数量多
C17	生长迅速，白色短绒毛，易挑起，菌落圆形、小，中部隆起，边缘整齐，反面白色，不产生色素，分生孢子梗顶端膨大呈囊状，有隔膜，部分菌丝会膨大，孢子圆形且数量多
C20	生长迅速，中间呈青褐色隆起，边缘轮状白色，易挑起，菌落大而圆，反面橘红色，能产生红色色素，孢子大小不一呈红色
C21	生长缓慢，中间呈青色隆起，粗糙，边缘轮状，白色密集绒毛，外圈光滑透明，反面血红色，生长缓慢，能产生血红色色素，分生孢子梗有分枝，孢子形状略大

参考《真菌鉴定手册》和《常见与常用真菌》对各菌株进行形态学鉴定，初步判断结果见表 2-41。

表 2-41　霉菌形态学鉴定结果表

编号	种属	编号	种属
C01	地霉属	C17	根霉属
C07	木霉属	C20	根霉属
C16	曲霉属	C21	红曲霉属

2. 理化特性试验

理化特性试验结果见表 2-42，根据在培养基中生长的优劣，分别记“+++”（生长良好）、“++”（生长较好）、“+”（生长一般）、“±”（略有生长）和“-”（不能生长）。

表 2-42　霉菌理化特性试验结果

菌种编号	碳源利用					氮源利用					
	果糖	木糖	乳糖	山梨糖	麦芽糖	硝酸钠	亚硝酸钠	硫酸铵	氯化铵	牛肉膏	酵母膏
C01	++	+	++	+	+	+	+	+	+	++	+
C07	+	+	+	+	+	+	-	+	+	+	+
C16	+	+	+	±	+	±	-	-	+	+	+
C17	+	+	+	-	+	-	++	±	+	+	+
C20	++	++	+	+	++	++	++	++	++	++	+
C21	-	+	+	-	+	+	+	±	++	+	+

将表 2-42 的霉菌理化特性试验结果与《常见与常用真菌》对比分析，由于菌株 C21 在碳源利用测试中不利用果糖，所以可以进一步判断 C21 为红曲霉属。

3. 霉菌产香试验

（1）感官评定结果　部分菌种在淀粉察氏培养液中的感官评定结果见表 2-43。

表 2-43　霉菌液体培养产香评定结果

编号	气味的感官评定	性状	气味浓度/ou
C01	浓郁果香，无酒味，有甜味	黄色悬浮小圆颗粒	81. 53
C16	轻微馊臭味，有少量果香和甜味	絮状黄色悬浮	62. 35
C17	酸味	均一浑浊白色	94. 34
C20	平菇真菌味	红色悬浮小颗粒，液体也是红色	135. 53
C21	浓郁馊臭味，臭豆豉味	悬浮圆颗粒，灰色，带有徐红色	93. 85

从表 2-43 可看出，察氏培养基中培养的菌株产香效果均不理想，故采用麦芽汁培养基进行产香试验，结果见表 2-44。

表 2-44　霉菌液体培养产香结果

编号	麦芽汁 35℃培养 7d 香气成分感官评价	气味浓度/ou	挥发性物质检测结果			
			挥发性物质浓度/ou	TVOC/(mg/L)	硫化物/(mg/L)	胺类/(mg/L)
C01	果香浓郁，有香蕉味，酒味轻微，甜	868. 96	1389. 34	2. 67	low	3. 25
C07	菠萝味	13. 38	26. 32	3. 51	0. 51	6. 25
C16	酒味很重，甜	1721. 97	892230. 1	10. 53	0. 98	4. 31
C17	浓郁果香，甜，无酒味	1275. 36	317085. 65	12. 61	0. 66	3. 87
C20	轻微酒香果香	664. 29	12578. 2	2. 36	low	1. 26
C21	酒香果香，蜜甜香	545. 67	11486. 31	3. 24	low	1. 56

如表 2-44 所示，仅有少部分菌株不产生硫化物，多数菌株能够产生硫化物；几乎所有菌株都会产生少量的胺类物质。

（2）气相色谱结果　对部分具有代表性霉菌的代谢成分进行了测定分析，其结果见表 2-45。

表 2-45　　发酵液 GC—2010 型岛津气相色谱仪结果　　单位：mg/100mL

种类	化合物名称	霉菌编号			种类	化合物名称	霉菌编号		
		C01	C20	C21			C01	C20	C21
酸类	乙酸	227.7768	333.94726	256.24286	酯类	苯丙酸乙酯	0.84219	0.81078	1.01666
	丙酸	3.51256	6.12626	8.77267		棕榈酸乙酯	—	—	0.18391
	异丁酸	0.20481	0.38785	0.65812	醇类	异丁醇	0.16844	—	5.68276
	丁酸	—	—	0.2649		活性戊醇	—	—	0.20873
	异戊酸	0.44974	0.26645	0.19892		异戊醇	0.3754	0.39083	4.74329
	戊酸	4.36195	6.64641	2.65031		正戊醇	1.07519	1.35717	1.21184
	己酸	0.61687	0.66472	0.71818		2-庚醇	—	0.11529	—
	庚酸	1.61947	0.47218	1.20502	其他	2,3-丁二醇（左消旋）	0.22164	1.50599	14.30495
	辛酸	3.60374	5.44186	4.03082		正辛醇	—	—	0.18986
	壬酸	1.3887	0.54619	0.29839		2,3-丁二醇（内消旋）	4.01699	8.60978	27.89827
	癸酸	0.29088	—	0.30827		苯甲醇	0.09625	0.14928	0.17529
酯类	乙酸乙酯	0.13021	—	—		β-苯乙醇	1.01605	0.21182	6.91705
	异丁酸乙酯	0.33214	—	—		2,3-丁二酮	—	0.69341	—
	己酸丁酯	—	—	0.11696		3-羟基丁酮	2.01857	1.60461	2.60058
	癸酸乙酯	—	6.97821	10.60103		乙醛	0.30241	—	3.82373
	丁二酸二乙酯	91.04037	152.05098	52.15873		糠醛	1.88596	0.54102	0.9921
	苯乙酸乙酯	1.77142	3.16267	3.96075		苯甲醛	1.36825	1.58072	0.78053
	十二酸乙酯	0.84784	1.39673	1.61097		四甲基吡嗪	0.75242	—	—

如表 2-45 所示，发酵液中主要存在以下几种香气成分：酯类（以丁二酸二乙酯等酯类含量较多，与癸酸丁酯、己酸丁酯、苯乙酸乙酯、乙酸乙酯一起，有助于产生甜、果香、苹果和菠萝的香味，可能是重要的大曲酒香气来源）、酸类（其中乙酸含量最高，戊酸次之，少量的乙酸可以提供酯和酸的香气；此外，丁酸具有轻微的大曲酒糟和窖泥味，微酸甜；戊酸和辛酸有腐臭、干酪质、汗的气味，不具愉悦的香气）、醇类（其中以丁二醇含量最高，其他戊醇、庚醇、辛醇等可能也是重要的芳香物质，因为它们可产生水果和花的香气，苯乙醇也是极其重要的物质，可以提供玫瑰和蜂蜜的香气）、醛类和酮类（醛类 3 种和酮类 2 种，其中糠醛含量较高，它提供杏仁香气和甜香味，对酱香风味的产生有重要作用，苯乙醛具有新鲜的面包香、清甜的玫瑰花香味及山楂的香味，也是重要的香气成分）及其他杂环类化合物（四甲基吡嗪具有类似于烘烤的焦香味，这些物质的香味与大曲本身的香味很相似）。由以上结果可以看出，霉菌编号为 C21 的菌株多数物质的产量高于其他 2 株霉菌，如酯、醛、醇等。其中 C21 中含量较多的物质有：β-苯乙醇、乙醛、乙酸、糠醛、丁二酸二乙酯、癸酸乙酯、丁二醇、戊酸、辛酸、3-羟基丁酮等物质，且结合感官评定该菌株产酒香、果香、蜜甜香，说明分离所得霉菌 C21 可产生许多具酱香风味的前体物质，可作为重要的产香功能菌。

（二）结论

本次试验可初步鉴别出霉菌种属，由气相色谱分析结果可知，霉菌的发酵培养液里基本都含有各种产香的酯类、羰基化合物以及部分高级醇和酸，还有糠醛和吡嗪等化学物质。胡国栋等的研究表明，从酱香型白酒中筛选产酱香的菌种能发酵代谢产生高级醇类，具水果和花香味等呈香功能，本实验一定程度上说明霉菌发酵产生的部分物质与酱香酒风味物质的前体成分相关。

[《酿酒科技》2015（2）：21-24]

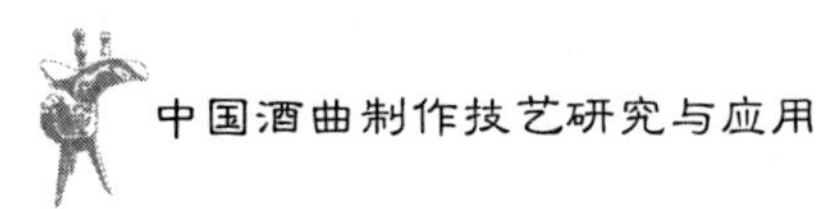

十七、北方酱香大曲培曲过程中微生物变化的分析研究

印璇、冯英志、韩兴林等以地处我国最北方的黑龙江北大仓酒业公司所生产的酱香高温大曲为样品，分析研究了培曲过程中酵母、霉菌和细菌的变化情况，并对大曲制作过程中的温度、水分等指标进行跟踪测定。现将结果摘录如下。

（一）结果与分析

1. 温度测定结果

温度测定结果如图 2-21 所示。

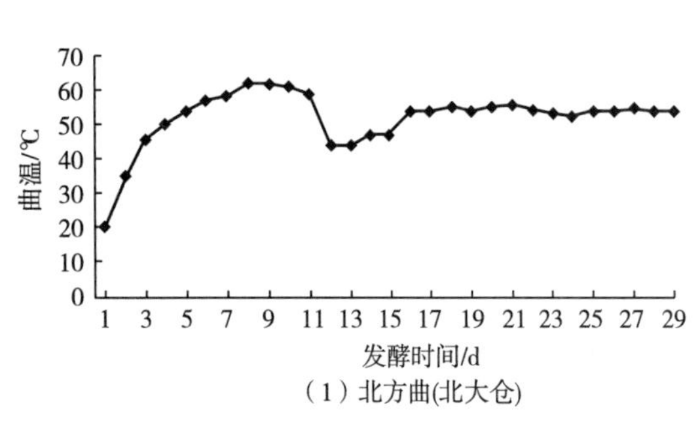

（1）北方曲(北大仓)

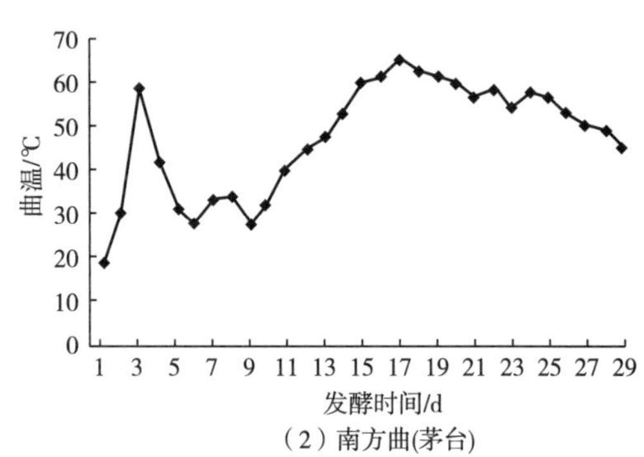

（2）南方曲(茅台)

图 2-21　高温大曲培曲过程温度变化曲线

实验测得北方酱香大曲曲温，如图 2-21（1）所示，入房时品温 21℃，接近当时的常温，入房后曲中微生物开始生长繁殖，释放热量，8d 时达到曲块的最高温度 62℃，之后第 1 次翻曲，上下、里外层对调，散发大量的热量，使品温降至 47℃，曲块的降温使适应环境的微生物继续生长繁殖，曲块第 2 次升温；发酵到 16d 时，温度上升到 54℃，温度波动稳定，稍稍上升，在 21d 时，温度第 2 次达到最高，为 56℃；随后进行第 2 次翻曲，温度稍降低，但维持在 50℃以上至 30d。这段时间持续高温的原因：温度的升高有利于耐高温细菌的繁殖，经过一次高温筛选的细菌在繁殖过程中产生的热量，使这一过程保持高温。然后至 50d 出房期间，曲温缓慢下降，当曲块成型时，温度在 40℃左右，在房中晾一段时间，温度下降至常温 26℃时摘草出房，出房的大曲贮藏 3 个月后可正式投入生产。

图 2-21（2）中南方酱香大曲曲温变化是牛广杰等对茅台高温大曲的研究，南方高温大曲入房时水分含量高，发酵前期微生物富集较快，使得曲温上升较快，大曲曲温在入房后增长迅速，在 3d 左右温度升至 59℃，之后第 1 次翻曲使得温度明显下降，到 6~9d 时，出现小的反复，然后又开始升温，13d 时温度升至 50℃以上，发酵中期温度始终保持在 50℃以上，然后耐热细菌的大量增殖使得曲温开始大幅增长，到 17d 左右第 2 次翻曲，温度也升到最高，达 65℃，随后温度开始缓慢回落，但保持在 40℃以上，这一阶段是香味物质大量积累的时期。对比分析南北方酱香大曲制作过程中的曲温变化，主要有以下几点异同。

（1）相同点

①南北方制曲初始温度都在 20℃上下。大曲的培养具有较强的季节性，古代传统酿酒讲究“伏天踩曲”，是为了保证在制曲过程中有适宜的环境条件、充足的微生物种类、数量等因素，来满足优质大曲的培养，并且此时昼夜温差小，可减少了外界环境温度的变化对制曲的影响。茅台酒的酿造，顺应季节变化的自然规律，一年一个生产周期，“端午踩曲，重阳下沙投料”；同样北方制曲也选择在端午前后，因为这段时间气温高、湿度大，空气中微生物种类和数量繁多，生态活跃。故南北制曲初始温

度相同。

②制作过程中曲温的变化总趋势一致，两者曲温均有两次“升高—顶点—下降”的起伏。大曲的制作过程就是酱香型白酒酿造微生物区系的形成过程，曲块的升温为筛选耐热微生物提供了环境，尤其是大曲的第 1 次升温。首先，微生物的生长使曲温升高，高温将不耐热微生物消亡，并筛选出能在高温下存活的菌株，翻曲使温度下降后，保留下来的微生物会再度繁殖生长，温度再次升高，升高后又翻曲降温。所以，南北曲温变化均有两次起伏。

③发酵中后期温度均维持在 45℃以上。在第 2 次翻曲后，为保证制曲后期曲块内部水分的挥发，无不良的“软心曲”生成，以及大曲中香味物质的呈现，大曲在这个时期的温度不得低于 45℃，并且持续时间不低于 5d。所以，在南北大曲的第 2 次升温（翻曲）后，温度均应维持在 45℃以上几天。

（2）不同点

①南方曲较北方曲升温快，南方曲 3d 达到顶温 59℃，北方曲需要 7d。由于南北环境不同导致南北微生物区系必然不同。曲块的升温主要是来自于微生物的生长代谢所释放的热量。南方菌种丰富多样，能更快适应制曲环境，使南方曲较快升温至顶点。郭坤亮在分析茅台酒酿造微生物多样性指出了茅台酒酿造微生物区系得以形成的得天独厚的自然条件，包括冬暖夏热、降雨量丰富的天然气候，含大量有益矿物成分的土壤，以及赤水河优良的水质等，这些优越的自然环境有利于微生物的生长繁殖，形成了非常丰富的酿酒微生物体系。“茅台酒异地实验”采用相同的生产工艺和原料，但却未能生产出优质的茅台酒，进一步证实了茅台酒的生产与自然环境之间的密切关系。南方微生物的多样性强于北方，使在制曲中升温快于北方。

②第 1 次翻曲后，曲温下降幅度不同，北方曲温下降的幅度不及南方曲，北方下降了 20℃左右，南方变化幅度约 30℃。主要与两地的环境气候有关，南方较北方空气更加湿润，在第 1 次翻曲时，曲室需开窗透风，外界湿冷的风较干冷的风更能带走曲块中的热量，故温度下降幅度南方大于北方。

③南方曲温度最大值为 65℃，出现在第 2 次升温阶段，而北方曲温度最大值为 62℃，在第 1 次升温阶段。南方曲经过第 1 次翻曲后，降温幅度大，适合更多的微生物生长，同时南方微生物体系丰富多样，筛选出耐高温的菌株性能强的概率比北方大，所以南方曲最高温度值高于北方，且出现在第 2 次升温阶段，而北方曲中微生物区系决定了曲块第 1 次升温速度慢，翻曲后温度下降幅度不大，故第 2 次升温不及第 1 次高。其次，南北制曲工艺虽大致相同，如下所示。但在工艺细节上仍存在差异，比如踩曲形状南方为凸形，北方为方形；南方大曲排列方式采取“横四竖四”的方式，而北方一般以“横三竖三”的方式排列入房；这些细节的差异都有可能引起南北方大曲制作过程的不同。

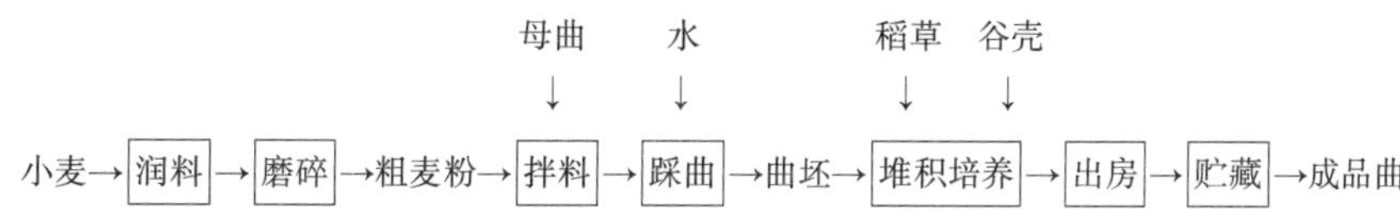

崔利总结了高温是生产优质的酱香高温大曲的关键。在实际生产过程中，为了保持高温所采取的工艺措施有覆盖稻草、增加保湿材料、增加室内曲块、曲块紧挨不留空隙等。高温加速了化学、生物化学反应，一些酶的最适作用温度较高；高温同时促进了褐变反应的发生与进行，生成了众多的加热香气成分；高温可以培养出需要的微生物，得到所需要的代谢产物：各种酶和香味物质，如大曲中嗜热芽孢杆菌和耐高温的霉菌对酱香有更重要的贡献作用。与此同时，张志明等采取各种技术措施适当提高制曲品温，由传统的 60~65℃提高为 65~70℃，使生产出的成品曲酱香、焦香突出，曲香，酱香馥郁味浓，提高了大曲感官质量，酿造的酱香型白酒酒质醇厚，酱香突出，香气幽雅，回味悠长。证明了在一定温度范围内，大曲能达到的温度越高，所酿造的酱香酒越香，从培曲过程的温度变化来看，南方培曲温度高可能是有利酱香型白酒酿造的原因之一。

2. 水分含量测定结果

由图 2-22 可知，北大仓大曲入房时曲坯的水分含量在 36%左右，发酵 8d 时大曲品温达最高值，水分含量下降了约 11%，发酵中期 9~21d，水分缓慢下降，第 2 次翻曲后，经过几天后火排潮期，水

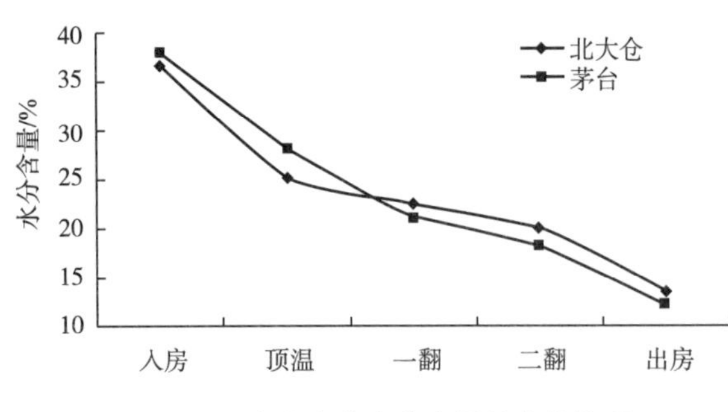

图 2-22　南北大曲水分含量的变化情况

分快速下降，随后品温逐渐下降，曲块逐渐干燥，经换气通风，当曲温降低到接近室温时，曲块已干燥，出房时水分降至 13%左右。南方酱香大曲随着发酵的进行水分含量整体呈下降趋势，但在发酵前期 1~6d 时，水分始终保持在 38%左右且变化不明显，发酵中期 9~20d 时，水分开始呈现较快的下降趋势，发酵 28d 后，水分下降缓慢，且趋于平稳，出房时水分含量约 12%。

崔利研究表明，多水分是制作优质高温大曲的前提。多水、高湿才能保证制曲高温的持续、稳定与生化反应的正常进行。水分在高温制曲中除了满足微生物的繁殖需要、使曲块成型、保持曲房空气湿度外，还具有保持高温曲高温的重要作用。因此，在堆曲时还需在每层盖曲的稻草上洒上一定的水分，以保持一定的湿度。多水使高温制曲的高温得以保持、使高温微生物生长条件得以满足、使各种酶的活力得以发挥、使褐变反应得以进行。张志刚、李长文以茅台酒曲为典型，介绍高温大曲生产技术，提出曲块水分宜保持在 34%~38%。水分过多，曲坯不易成型，不利于有益微生物的繁殖，且表面易长毛霉；同时在培菌管理过程中，曲温升得过快，易引起酸败，影响成品曲的质量。水分过少，曲坯在发酵过程中升温慢，妨碍微生物的生长繁殖，影响曲的质量。为制作优质酱香大曲，入房时南北方曲均保持高水分，初始时的水分含量与拌料有关，拌料分为手工和机械两种，前者操作复杂，体力劳动强，但容易控制，含水量在 38%左右；后者操作简单，但控制难度较人工大些，含水量在 36%左右，北大仓大曲采用机械拌料方式，曲水分含量 36%，而南方曲水分含量 38%。与其他香型大曲比较，北大仓大曲与浓香曲相近，入房时的水分含量在 36%~37%，与清香曲夏季入房时的水分含量为 39%~41%不同；但由于北方干燥，高水分含量只能保持 3d，南方多湿，使曲中的高水含量可以保持 6d；随后曲中较高的温度与微生物的利用，使水分含量加速减少，呈现较快的下降趋势；后期水分含量减少至 20%左右，微生物的生长代谢作用减慢，此时是曲心水向外牵引至挥发的过程，水分挥发的速度减慢，水分含量呈现出较缓慢的下降趋势，最终降至 13%左右。水分含量的变化与曲温的变化密切相关，同时也与曲中微生物代谢活动相互影响。

3. 微生物测定结果分析

大曲中的微生物来源主要包括酒曲、环境、工具、窖泥、生产工艺等，其微生物群系大体可分为霉菌、细菌、酵母菌三大类，通过发酵进行物质与能量的交换，以及各类微生物间的组分更迭，大曲中的微生物主要根据水分温度等培养环境的不同来控制发酵进程。在整个北方大曲的制作过程中，微生物群系的生长情况见图 2-23。由图可知，在北方大曲的制作过程中细菌占绝对优势，最高时达 3.9×10^6CFU/g；其次是霉菌，霉菌的数量在出房时最高达 10^5CFU/g；酵母除了入房、出房时数量约 10^4CFU/g，其他时期的酵母均不超过 100CFU/g。杨涛等进行了嗜热芽孢杆菌在高温大曲生产中的应用实验，普通成品大曲细菌 3.3×10^6CFU/g、霉菌 4.7×10^3CFU/g、酵母菌 2.6×10^3CFU/g，细菌占微生物总数的比例，为 99.79%；强化后的大曲细菌数量不变，霉菌与酵母菌数量均降低一个数量级，这导致细菌所占比例提升到了 99.97%。对大曲香味成分进行剖析，强化曲生成了更多的香味成分，尤其是与酱香典型风格相关的杂环类化合物。由此看出，不管是成品曲、强化曲或是制作过程中的大曲，均以细菌所占比例最高（除出房时细菌比例，但实验测得经过贮藏之后微生物数量均有下降，尤其是霉菌，约下降了 2 个数量级）。因此，可以说酱香高温大曲即细菌大曲。

高温大曲外观有白色、黑色和黄褐色 3 种。白色曲通常为曲堆上层的曲块，因水分散发较快，表面菌丝较少，但曲的内部仍和其他曲块一样；黑色曲为高温大水分曲，是在高温潮湿的情况下生成的；高温优质大曲为黄褐色，香气冲鼻，曲块干，表皮薄，曲质疏松，折断会闻有酱香、曲香味，无霉臭气味及其他异味。罗建超、谢和对茅台酒曲中出仓新曲、成品黄曲、成品白曲、成品黑曲进行细菌菌

落计数，分别为 2.2×10^7、1.4×10^7、1.3×10^7、1.5×10^6 CFU/g。制曲过程中，母曲的种群数量最多，但芽孢杆菌占比小，在翻仓曲中比例大大增加，成品曲时芽孢杆菌数量约为原来的 2 倍。高温制曲有助于在成品曲中富集芽孢杆菌。曲坯、翻仓曲、成品曲的细菌数量分别为 2.6×10^7、1.0×10^6、2.2×10^7 CFU/g。细菌代谢产生物质与能量，是制曲发酵的主要动力源泉；同时分泌代谢多种酶类，如淀粉酶、蛋白酶、纤维素酶以及参与氧化还原反应的各类脱氢酶。高温大曲中的细菌以芽孢杆菌属为主，因此，也可以说酱香高温大曲即耐高温芽孢杆菌大曲。

（1）细菌变化情况分析　由图 2-24 可知，北方大曲入房时，细菌数量为 2.8×10^6 CFU/g。分析认为，顶温时，大曲温度达到最大值 62℃，水分含量下降多，在此高温的情况下，只有具有抗逆休眠体的芽孢类细菌能够存活，外加其他生长条件的影响，如酸度的上升，会淘汰不适应环境的细菌，细菌数量下降至 8.5×10^5 CFU/g。然后适宜此生长条件的细菌继续生长繁殖，同时经过第 1 次翻曲，品温的下降与氧气量的增加也会促进细菌的生长繁殖，细菌数量呈大幅上升趋势，一翻阶段达 3.9×10^6 CFU/g。细菌的生长繁殖使曲块的温度再一次的升高，其代谢产物的积累，使细菌的生长停止甚至开始消亡，因此第 2 次翻曲时细菌数量稍降至 3.7×10^6 CFU/g。出房时，菌数下降至 2.9×10^5 CFU/g。

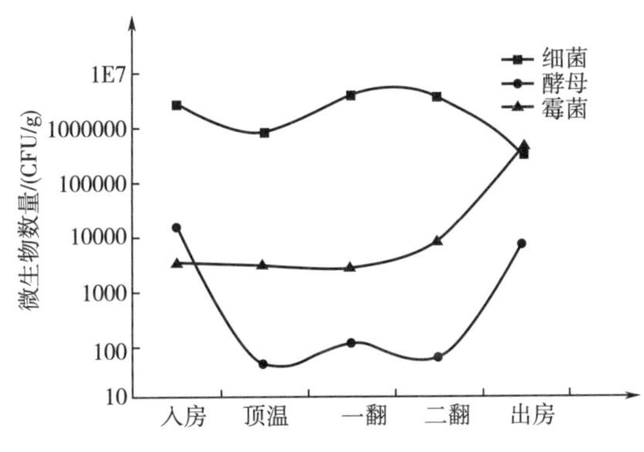

图 2-23　北方酱香大曲培制过程中微生物变化情况

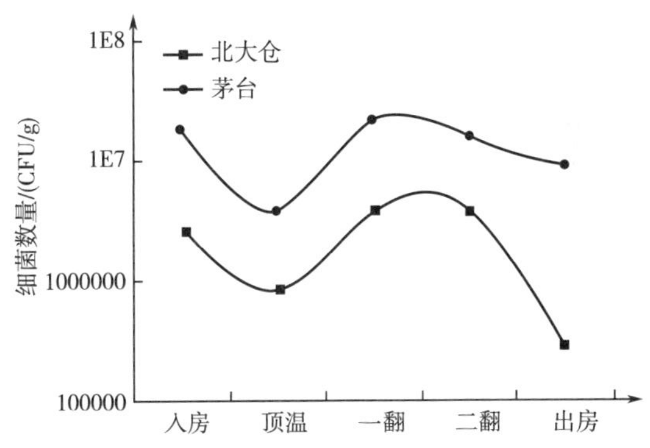

图 2-24　南北大曲细菌变化情况

茅台酒曲的微生物变化数据皆出自蒋红军的茅台酒制曲发酵过程中微生物演替规律。南方大曲曲坯入库时，细菌数量约为 10^5 CFU/g；制曲升温阶段，细菌大量繁殖，数量达到高峰期，后因 58～65℃ 的高温，使部分不耐热细菌的生命物质失去活性导致死亡，细菌以耐热的芽孢菌种为主，最终到第 1 次翻曲时，数量为 10^7～10^8 CFU/g；制曲高温成香阶段，即细菌进行大量代谢活动产生大量产物的阶段，数量维持在 10^5～10^6 CFU/g 的动态平衡范围；大曲干燥阶段，经过第 2 次翻曲，曲温下降，但由于水分含量低等不良环境的影响，微生物逐渐减缓或停止其生长代谢活动。

入房时，曲中的细菌主要来源于制备大曲的原料小麦中，从入房至出房过程中，南方曲始终远远高于北方曲中的细菌，恰恰说明了北方微生物区系不及南方微生物丰富。谭映月等利用 PCR-DGGE 技术研究细菌菌群多样性问题发现，母曲与第 1 次翻仓曲的细菌菌群结构相似，而与出仓成品曲的细菌菌群结构差异较大，母曲的细菌多样性最高，翻仓曲的多样性降低，菌群种类减少，但优势菌群数量增多，出仓曲的细菌多样性最低。出仓时，只有耐受高温和耐受贫瘠环境的芽孢杆菌和乳杆菌能够存活。所以，南北方大曲细菌的对比显示，不仅在细菌总数上北方不如南方，而且在菌群种类上北方也不及南方，尤其缺少耐受高温和耐贫瘠环境的细菌。

蒋红军同样论证了茅台酒微生物多样的主要成因：环境因素。空气也是微生物活动的主要场所，茅台酒厂区域因其地理位置的特殊性，空气流动性差。同时由于长期生产，各车间附近的微生物种群经过了多年长期的自然筛选、驯化，使空气中的有益于酿造的微生物区系基本上保持一个动态平衡。这是南方大曲中细菌数量及种类优于北方的重要原因。

（2）酵母变化情况分析　如图 2-25 所示，入房时，酵母主要来源于制曲原辅料，数量为 1.4×10^4

CFU/g。酵母的极端环境耐受性低，高于47℃时，酵母细胞一般不能生长。因此，后期顶温到二翻这3个阶段由于高温的影响，绝大部分的酵母失活，检测其数量不超过10^2CFU/g。二翻至出房这一阶段，品温下降，且曲中水分含量也满足酵母的生长繁殖条件，酵母数量在出房时增至7.4×10^3CFU/g。与南方曲中酵母菌比较，除入房、出房时南方曲中酵母菌数较高，分别有4.4×10^4、6.6×10^4CFU/g，中间发酵过程中的状态均相同，证明了南北方酵母菌株比较，北方在数量、种类以及菌种耐性上均不及南方。

（3）霉菌变化情况分析　如图2-26所示，霉菌在制曲前中期数量不高，曲坯从入房至一翻这3阶段霉菌数量一直保持在3.0×10^3CFU/g左右，无明显变化。在第2次翻曲时数量稍有提高，为8.1×10^3CFU/g。与细菌、酵母相比，霉菌的生长周期较长，适应生长条件缓慢，这就造成了在制曲发酵前中期霉菌的生长繁殖较迟缓，其数量维持在初始水平，直至二翻时，霉菌已适应其生长环境，一些耐高温的霉菌孢子在品温较高的情况下，开始转变为营养体，进行生长繁殖，使二翻期霉菌数量稍有提高。二翻至出房这段时期，温度与水分等条件促进霉菌的生长繁殖，其数量在出房时升至4.5×10^5CFU/g。

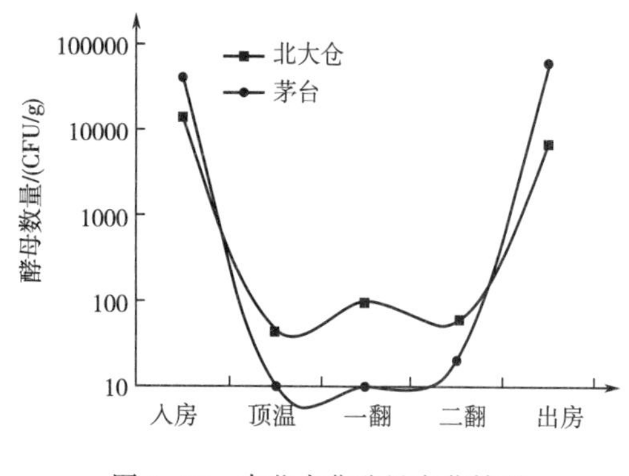

图2-25　南北大曲酵母变化情况

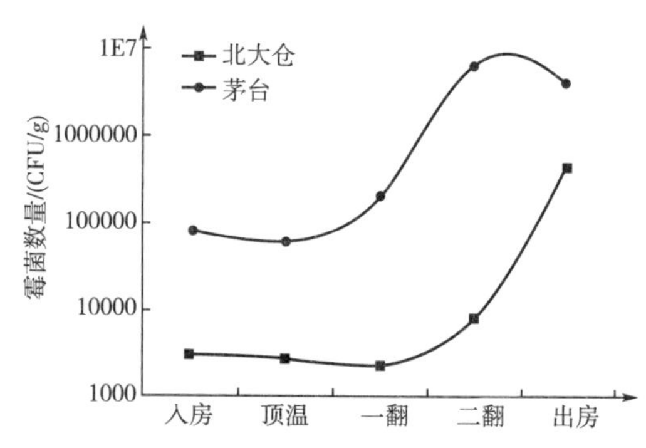

图2-26　南北大曲霉菌变化情况

杨代永通过对茅台高温大曲制曲发酵过程进行跟踪检测研究发现，高温大曲发酵过程中的微生物总数霉菌居于第二位，前中期（前20d）霉菌的数量几乎无变化，维持在入房时霉菌数量，达顶温后才开始大幅度增长，最高达到6.4×10^6CFU/g，后期随着水分含量的下降，数量也随着有小幅度的下降，但仍大于北方霉菌数量。南北方曲的霉菌生长情况及变化规律绝大部分相同，但北方的数量始终不及南方，说明北方霉菌区系不及南方。

刘晓光等在酱香型白酒风味物质的形成与微生物关系的研究现状与进展分析中，认为酱香型白酒的风味物质是多种微生物共同参与的复杂过程；并归纳了微生物的作用，有生香作用、代谢作用、参与热能供应、分解难利用的原料、提供动物性蛋白源等。故高温大曲的培制过程即是曲中微生物的培养过程，通过南北方大曲的对比，得出北方微生物从数量、种类、耐性等方面确实不及南方。

假设将微生物作用、大曲温度的升高与水分含量的变化看作一有机整体，它们之间是相互联系、相互作用、相互控制影响的，它们环环相接，缺一不可。首先微生物的作用使温度上升，温度的上升促进了水分的挥发，温度升到一定高度后制约了微生物的生长，此时采用翻曲作为人工降温的措施，使得温度下降。在第1次升温的过程中，已完成了一次大曲的耐高温菌种的筛选工作。温度下降后，筛后微生物继续繁殖生长，温度第2次上升，在第2次翻曲降温之后，温度徘徊在45~50℃之间，在这期间生长发酵的是耐高温的菌种，它们通过微生物的发酵作用，同时利用此时的温度，将曲中的酱香风味呈现出来，同时排除曲块内部水分，最后水分挥发至11%~13%。如此低的水分活度无法支持曲中微生物的生长，微生物停止生长后，温度缓缓降至常温，完成了大曲的培制工作。所以，从改善微生物出发，是提高北方酱香型白酒酒质的有效方法之一。

（二）结论

本研究对北方酱香大曲培制过程中的微生物变化情况进行了跟踪分析，并对影响微生物变化的温度、水分等条件进行了测定，简单分析了微生物变化与温度、水分之间的相互联系。同时，对比分析了北方大曲培曲过程中微生物、温度、水分与南方大曲培曲过程中的差别，得出南北方的气候条件是造成培曲过程中温度、水分差异的主要原因，又进一步影响了大曲培制过程中微生物的生长，是造成南北方酱香酒品质差异的主要原因之一。

从分析结果来看，南北方酱香大曲在培曲过程中温度、水分变化趋势一致，但南方顶火温度更高，高温时间更长，有利于对高温细菌的筛选和驯化。微生物分析结果表明，南北方酱香型大曲同属于高温细菌大曲，但各种微生物的丰富度不同，南方大曲的细菌和霉菌均明显多于北方大曲。

微生物和酶系是大曲作用于酿酒发酵过程中的关键因子。由于南北方气候条件的差异，使得南方在酿酒微生物构成上更加丰富，因此有南方适于酿酱酒的说法。如何通过选育优良的酱香功能微生物，并在酿造过程中有效运用，将是提高北方酱香型白酒品质的方法之一。

［《酿酒科技》2015（1）：1-6］

十八、口子窖酒不同时期高温曲微生物的消长与温度变化的关系研究

安徽口子窖酒业股份有限公司的张国强、单淑芳、刘恒兆等跟踪测量高温曲入房时期的自然温度、室温以及品温，分析曲块中的微生物分布情况，摸索了高温曲微生物消长与温度变化的关系。

（一）温度变化情况

根据公司制定的口子制曲工艺过程，本实验于 8 月中旬到 9 月底对制曲车间 501 房高温曲温度进行监测，具体温度见表 2-46 和图 2-27。

表 2-46　高温曲不同入房时间温度变化

入房时间/d	自然温度/℃	室内温度/℃	品温/℃
1	30.4	29.8	34.4
2	32.0	34.0	47.4
3	32.0	35.2	52.6
4	33.0	37.0	56.4
5	34.4	39.0	61.8
6	33.4	39.2	63.8
9	24.8	33.0	60.4
11	19.6	31.4	61.8
12	27.2	32.2	49.2
14	29.4	33.8	49.2
16	24.6	34.8	56.8
18	26.0	36.4	58.4
24	29.8	35.8	58.0
26	25.2	31.0	49.6
28	19.8	32.8	51.4

续表

入房时间/d	自然温度/℃	室内温度/℃	品温/℃
32	23.6	33.2	58.2
36	21.8	31.2	54.6
40	20.2	30.2	52.0

注：上表温度均为手工测量。

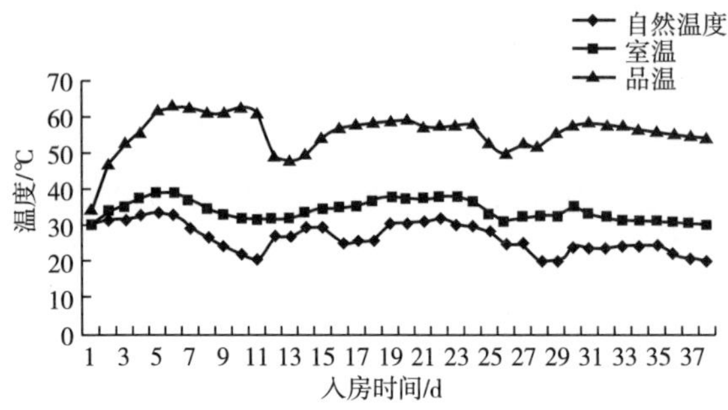

图 2-27　不同时间入房高温曲自然温度、室温及品温的变化

从实验表 2-46 和图 2-27 可以看出，从高温曲坯入房到出房前这段时期内自然温度、室温以及品温的变化关系。室温随着外界自然温度和室内品温的变化而升高或是降低，三者之间的变化是相辅相成、互相影响的。

变化最明显的还是品温，在曲块入房以后，品温很快上升，一直升到最高温 63.8℃，头翻前品温一直维持在 60℃以上，因为翻曲要开窗通风，室内温度下降，品温也会下降，但是下降趋势只持续到第 14 天，以后品温又开始上升，维持在 58℃左右，直到二翻前这段时期温度比较平稳，变化不大，二翻后温度又小幅回落，后来慢慢上升，在 54~58℃之间徘徊，到 40d 左右要开窗通风，准备摘草，温度慢慢下降，后来降至室温。

从测温结果来看，入房曲坯经过了三次升温三次降温的过程。

（二）不同时期高温曲的微生物分布培养情况

不同时期高温曲中微生物分布培养情况如表 2-47 所示。

表 2-47　从入房到出房贮藏不同时期高温曲中微生物数量分布表　单位：个/g

项目	霉菌	细菌	酵母
入房 0d	1×10^4	8.7×10^5	$<10^2$
入房 12d（头翻）	2.2×10^2	1.5×10^2	—
入房 26d（二翻）	4×10^3	$<10^2$	$<10^2$
入房 43d（三翻）	1.4×10^3	1.6×10^6	—
入房 48d（出房）	$<10^2$	4×10^4	—
贮藏 1 个月	2.2×10^4	1×10^3	—
贮藏 2 个月	4.6×10^4	$<10^2$	—
贮藏 3 个月	4×10^6	$<10^2$	—

注：—表示未检测出。

从表 2-47 中可以看出刚入房时，霉菌、细菌等微生物总数出现高峰，头翻时，只有少量耐高温的芽孢杆菌和霉菌存在，到了二翻时期，霉菌数量有所增长，是此时期的优势类群；少量的酵母菌和细菌，微生物菌群较头翻时丰富。三翻时细菌数达到顶峰，占绝对优势；霉菌数量变化不大，酵母菌已经死亡，很少能检测到酵母。

从出房到贮藏 3 个月高温曲的实验结果看出，霉菌不断增殖，一直升到 4×10^{6}个/g 曲，而细菌数则不断减少，这个时期霉菌占优势，没有检测到酵母菌存在。

（三）结论

从制曲到出房入库保存期间微生物的消长与温度关系密切，大致情况讨论如下：

（1）在入房 0~6d 期间，品温从入房时的 27. 9℃，不断升高至 63. 8℃，这可能是由于富集于曲块中的微生物在适宜的温度，足够的水分，丰富的营养，充足的氧气等良好条件下，逐渐开始增殖，微生物呼吸代谢机能变得异常活跃，放出大量热，致使曲块的品温迅速上升。

（2）营养物质的逐渐消耗，代谢产物的积累，曲坯中水分逐渐减少，酸度增加等均限制了微生物的生长，故到 12d 头翻时再对其进行微生物分离培养，只有少量的芽孢杆菌和霉菌孢子存在，已经几乎没有或很少有其他菌落存在。

（3）到 26d 二翻时，因翻曲前开门窗通风散气，曲块品温有所回落，导致曲块本身耐高温的霉菌以及芽孢菌还有环境酵母等继续生长；但品温很快又上升，直到三翻前一直维持在 60℃左右，此时期耐高温的细菌开始大量繁殖，霉菌数量变化不大，酵母菌已经死亡，很少能检测到酵母菌存在。

（4）43d 三翻以后至出房，菌体死亡率远高于繁殖率，曲块品温继续回落，部分菌体在自身所产的酶和其他代谢产物的作用下自溶死亡。

（5）高温曲出房入库以后，随着时间的增长，霉菌不断增殖，细菌越来越少，无酵母菌检出。这可能是由于曲块水分降低，酸度升高，影响了微生物的生长和繁殖。

［《酿酒》2015（4）：23-25］

十九、芝麻香细菌曲的太空诱变育种

山东景芝酒业股份有限公司的刘雪、韩学娟、曹健全等将景芝芝麻香细菌曲搭载“神舟十号”飞船，进行了空间诱变育种，返回地面后对其进行细菌分离筛选，期望获得更加优良的芝麻香功能菌株，以提高芝麻香白酒产品品质。其结果如下：

芝麻香细菌曲经过太空诱变后共计筛选出 16 株酶活得到提高的细菌菌株，其中中性蛋白酶活力最高的可达 79. 495U/g，是出发菌株的 31. 7 倍，碱性蛋白酶活力最高为 123. 139U/g，是出发菌株的 6. 7 倍。对诱变菌进行稳定性测试后筛选出 5 株产蛋白酶活力相对稳定的诱变菌，均可作为生产试验备用菌株。

本次太空诱变所选诱变材料为景芝芝麻香细菌曲，它是 8 种细菌菌种混合培养制曲而来，也即本次诱变的对象是多种微生物的混合体，而没有进行纯种诱变，因此诱变后期进行分离筛选时，不能对单株菌诱变前后结果进行对比，只能以其整体作为比较对象，本研究选择以该类菌在白酒酿造中的主要作用即蛋白酶活力作为筛选标准进行分离和筛选。这种诱变及筛选的方式可以满足生产上对菌种性能方面的要求，本研究后期将继续对分离筛选得到的菌株进行分子生物学、生理生化等方面的鉴定，以进一步搞清楚每株菌的生物学背景。

空间诱变是微生物诱变育种的有效方法，通过空间诱变可以丰富物种资源，以获得常规分离筛选和杂交育种所不能培育出的新品种，目前通过空间诱变已选育出很多高产、优质品种，并已经应用于生产中，带来了经济效益。空间条件引起的生物变异有些是可以遗传的，通过空间诱变获得的新基因可应用于分子生物学研究，将优良的性状通过现在克隆技术转化至具有不同遗传背景的载体中，创造出新的优良品系，加速育种进程。

［《酿酒》2015（4）：95-98］

二十、兼香型白云边酒不同工艺高温大曲差异性分析

湖北白云边酒业股份有限公司熊小毛和华中农业大学严楠峰等首次系统检测分析了白云边酒厂生产的3种不同工艺高温大曲（机械大曲、人工大曲和混合大曲）的理化性能和不同种类微生物的数量，作为白云边酒酿造的生产依据。

（一）理化性能

表2-48　　不同工艺大曲的理化指标

项目	机械大曲	人工大曲	混合大曲
水分含量/%	11.48	11.15	11.28
酸度/(°/100g大曲)	6.90±0.251	6.04±0.174	8.73±0.671
纯淀粉含量/%	47.76±0.4	32.96±0.1	51.16±2.3
液化力/(U/g)	10.77±2.95	8.31±1.70	9.10±2.67
糖化力/(U/g)	236.40	194.81±2.67	203.72±0.80
酯化力/(己酸乙酯mg/g曲样)	87.90±0.05	87.64±1.22	65.20±2.85
酒化力/%	5.27±0.06	5.73±0.15	9.70±0.5
生香力/(氨态氮mg/100g曲样)	172.21±1.97	196.79±1.73	238.74±2.13

（二）微生物计数

表2-49　　3种大曲中不同种类微生物数量　　单位：CFU/g

培养基	测定菌群	机械大曲	人工大曲	混合大曲
孟加拉红	酵母	9.33×10^3	8.25×10^3	1.53×10^4
孟加拉红	霉菌	2.73×10^4	4.75×10^4	1.78×10^5
LB	细菌	1.73×10^6	1.27×10^6	7.00×10^5
LB（80℃水浴15min）	芽孢杆菌	1.28×10^6	8.10×10^5	5.20×10^5

（三）结论

通过测定大曲的理化性能，混合大曲酒化力和生香力最高，分别达到9.70%和238.74mg/100g；机械大曲和人工大曲酯化力差异不大，分别为87.90和87.64mg/g，均高于混合大曲；而机械大曲的液化力和糖化力最高，分别为10.77和236.40U/g。采用传统的稀释涂平板方法计数大曲中细菌、酵母菌、霉菌和芽孢杆菌的结果如下：混合大曲霉菌总数达到1.53×10^4CFU/g，约为机械大曲和人工大曲的1.5倍；混合大曲酵母菌总数为1.78×10^5CFU/g，高出机械大曲和人工大曲4~8倍；而机械大曲

和人工大曲细菌总数分别为 1.73×10^6 和 1.27×10^6CFU/g，均高于混合大曲；芽孢杆菌数量最高的是机械大曲，达到 1.28×10^6CFU/g。混合大曲的霉菌和酵母菌数量最多，这从侧面印证了混合大曲酒化力最高的结果，机械大曲的细菌和芽孢杆菌数量最高，从侧面印证了其糖化力、液化力和生香力最高的结果。

［《酿酒科技》2014（1）：21-23］

二十一、仰韶陶香型高温大曲中挥发性香味物质分析

河南仰韶酒业有限公司博士后研发基地的韩素娜、牛姣、侯建光以仰韶陶香型高温大曲为研究对象，利用顶空固相微萃取（HS-SPME），结合气相色谱质谱法（GC-MS）测定仰韶酒厂曲库中刚制的 7 房高温曲样品中的挥发性香味成分，共鉴定出香味物质 50 种，主要分为六大类化合物，其中包括醛类 8 种，醇类 5 种，酯类 7 种，吡嗪类 4 种，酮类 6 种，酸类 10 种，芳香族类 5 种，烷烃类 4 种，杂环类 1 种。相对含量分别为 15.91%、33.19%、7.5%、6.35%、2.2%、26.52%、6.23%、2.08%、4.18%。同时利用内标法对这些香味成分进行半定量分析，总体来看，乙酸、（2*S*，3*S*）-（+）-2,3-丁二醇、3-甲基丁酸、己酸、苯乙醇、十六酸乙酯、四甲基吡嗪，2-甲基丙酸含量相对较高，这些微量成分可能会对后期白酒香味形成起着重要作用。

对检测的 50 种挥发性香味物质含量进行主成分分析，共提取 4 个主成分，累计贡献率达到了 89.394%，且 4 个主成分的特征值均大于 1，可以较客观地反映各曲样的挥发性香味物质的原始信息。其中：第 1 主成分主要与香叶基丙酮、3-羟基-2-丁酮、棕榈酸、2,3-环氧丙酸乙酯、四甲基吡嗪、3-甲基-1-丁醇、2，6，10-三甲基十二烷、苯酚、苯乙酸、三甲基吡嗪、2,6-二甲基吡嗪、正十四烷、4-苯基-四氢-2-呋喃酮、己酸乙酯、（2*S*，3*S*）-（+）-2,3-丁二醇、2-甲基丙酸、苯乙醇、十六烷有较高的相关性，它们具有较高的载荷值，均大于 0.7。第 2 主成分主要与 2-吡咯烷酮、可卡醛、椰子醛、4-甲基戊酸、萘、3-糠醛、4-甲基愈创木酚、5-甲基吡咯-2-甲醛、植酮、香兰素、苯甲酸、2-羟基-4-异丙基萘有高度相关性，它们具有较高的载荷值，均大于 0.7。第 3 主成分主要与十七烷、十四酸乙酯、己酸相关，载荷值均大于 0.7，第 4 主成分主要与壬酸相关，载荷值大于 0.7。在这些香味物质中，载荷值较大的集中表现为酮类化合物，醛类化合物，吡嗪类化合物，酸类化合物，酯类化合物。由于第 1 主成分、第 2 主成分累计贡献率为 61.236%，包含了原始信息中的大部分信息，所以其中载荷值较大的香味物质对曲香影响较大，确定为主要香味物质即香叶基丙酮、3-羟基-2-丁酮、棕榈酸、2,3-环氧丙酸乙酯、四甲基吡嗪、3-甲基-1-丁醇、2,6,10-三甲基十二烷、苯酚、苯乙酸、三甲基吡嗪、2,6-二甲基吡嗪、正十四烷、4-苯基-四氢-2-呋喃酮、己酸乙酯、（2*S*，3*S*）-（+）-2,3-丁二醇、2-甲基丙酸、苯乙醇、十六烷、2-吡咯烷酮、可卡醛、椰子醛、4-甲基戊酸、萘、3-糠醛、4-甲基愈创木酚、5-甲基吡咯-2-甲醛、植酮、香兰素、苯甲酸、2-羟基-4-异丙基萘。该研究结果为进一步量化评价大曲香味及完善大曲质量评价体系提供了参考。

［《酿酒科技》2017（2）：49-53］

二十二、白云边高温机械制曲工艺研究

湖北白云边酒业股份有限公司的汪棉坤、邓祥松、刘军经过两年多的科学研究和生产实践，高温机械制曲生产的成品曲基本达到规定的质量标准，并成功应用于白云边酒的酿造生产。现对白云边高温机械制曲工艺及其制曲生产进行总结。

1. 工艺流程

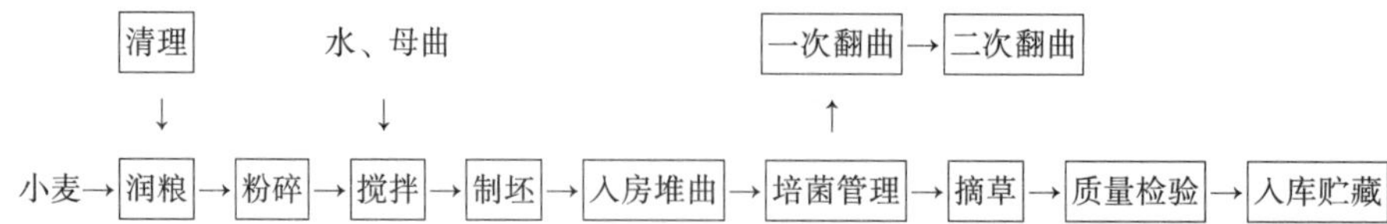

2. 生产设备

生产设备包括粮食杂质清理设备、润粮设备、粮食粉碎设备、粉料及母曲搅拌设备、大曲压块机。

3. 操作要点

（1）粮食清理及润粮　将仓库中的小麦经过除尘、除杂、去石、除铁等处理后，转入润粮罐中，加入适量的水润粮。一般所采购的小麦水分为12%～13%，经润粮后可达到15%左右。控制润粮时间，一般春秋季15h左右，夏季10h左右。

（2）粮食粉碎　经过润粮后的小麦进入粉碎设备粉碎，粉料以小麦烂心不烂皮，为多梅花瓣状颗粒为宜，其粉碎度控制在40%～45%（过20目筛）。

（3）粉料搅拌　小麦粉碎后流入搅拌器，加入水和母曲进行搅拌，要求达到均匀、透彻、无灰包、干湿一致。拌料水分是高温曲培菌发酵的关键因素，必须严格控制。根据2年多的实践和经验，综合水分化验数据分析，以控制在原料重量比的34%～36%为宜。原因有以下两个方面：首先，机械制曲无晾曲过程，其拌料水分必须比人工踩曲的水分小，这样才能便于搬运；其次，拌料水分偏大，曲坯成型后易断裂或导致压制过紧，入房后升温猛、散热难，且曲坯易变形，成熟后黑曲较多；拌料水分偏小，曲坯不易黏合，入房后难以保持水分和发酵温度，造成裂缝和干皮，发酵后期裂缝中易滋生有害霉菌，成熟后白曲较多。母曲是从上一年度发酵正常的优质成品曲中挑选出来的，单独存放，严防虫蛀，单独粉碎备用。母曲具有接种功能，其添加比例为原料重量的4%左右，可根据季节及气候变化情况适当增减。

（4）制坯　搅拌均匀后的曲料通过皮带输送至大曲压块机，经多次压制成型后装车，然后转入曲房进行堆曲操作。压制的曲坯要求其长、宽一定，但厚度在压制过程中会有波动，对其控制较为严格，一般要求控制在7～8cm范围内，以7.5cm为宜。曲坯压制太厚，会导致曲心发酵不彻底，成品曲酱味不足；曲坯压制太薄，易使曲坯发酵过度，成品曲带糊味，两种情况都对成品曲质量造成不利影响。压制好的曲坯应松紧适度，厚薄一致。松紧适度有利于微生物的生长繁殖，松紧度主要通过调整压曲机的压力大小来控制；厚薄一致，有利于曲坯整体发酵效果趋于一致。

（5）入房堆曲　将压制好的曲坯运至曲房，按一定的摆放要求堆码。先将曲房打扫干净，在地面铺上一层4～6cm厚的新鲜稻壳，然后将曲坯侧立排列，曲坯间用稻草隔开，间距2～3cm。排满一层后，在上面铺上一层8～12cm厚的稻草，再排列第2层，依次排列到5层为止，成为一行。接着排第2、3行至若干行，每房最后留2～3行位置，作为翻曲倒曲之用。

（6）培菌管理　每房堆曲结束时，在曲堆上面覆盖一层30～50cm厚的稻草，并在稻草上均匀洒水，关闭门窗，调节通气孔，保温保湿培菌。

①第一次翻曲：因微生物生长繁殖产生大量热量，曲坯品温逐渐上升，经过6～8d，曲坯内部温度上升到62～65℃，曲房内的湿度也会接近或达到饱和，此时应及时进行第一次翻曲。翻曲时应将上、下层，内、外行的曲坯位置对调，以达到使曲坯各部分温度均衡的目的。翻曲过程中，应将较湿的稻草更换为干稻草，以利于曲坯中水分的排出。翻曲的时间主要是根据曲坯的温度来确定。曲坯入房后，每天会对其品温跟踪测量，当曲房内多点温度达到62～65℃时，应及时进行第一次翻曲。若翻曲时间过早，曲坯品温未达62～65℃，曲心不易发酵成熟，造成成品曲酱味不足，质量较差。若翻曲时间过迟，则曲坯品温可能超过65℃，曲坯容易发酵过度，成品曲易产生糊味，且黑曲较多，产品质量差。

②第二次翻曲：经第一次翻曲后，由于散失大量水分和热量，曲坯品温迅速下降到50℃以下。因微生物的生长繁殖活动还在继续，曲坯品温又开始回升。经6～8d时间，品温回升到58～60℃，即可进行第二次翻曲，其操作同第一次翻曲。经2次翻曲后，曲坯品温会像第一次翻曲后那样先下降后回

升，但回升幅度明显减小。主要原因是曲坯水分大量散失，保温保湿效果下降，微生物的新陈代谢也受到抑制，故无法将温度再提升到前次的高度。伴随着水分的不断散失和消耗，曲坯品温开始平稳下降，直至与室温持平。

（7）摘草　从入房开始，经过45d左右的培菌管理，曲坯品温逐渐降至室温，基本干燥，即可将稻草摘去。要求把黏附在曲坯表面的稻草摘除干净，把曲块整齐地堆放在曲房，再排出水分，让品温完全降至室温，曲坯即成熟。

（8）质量检验　成品曲质量检验分感官检验和理化检验两个方面。感官检验要求：曲坯表面颜色较协调，黄色占70%左右，白色占20%~30%，黑色占10%以下；断面要求皮薄，黄色无生心，无杂色，有浓郁的酱香味，无其他异杂味。成品曲理化标准：水分≤14%，酸度1.0°~2.0°，糖化力为100~300mg葡萄糖/(g·h)，液化力为1.5~2.5U/g曲，发酵力为1.5~2.0g/100g曲。

（9）入库贮藏　将成品曲运至曲库贮藏3~6个月后，用于酿酒。曲库要求通风、防潮、防虫。成品曲应按先入先出的原则投入生产使用，避免贮藏时间过长而影响发酵效果。

［《酿酒科技》2011（5）：84-86］

二十三、探索茅台酒制曲自动化实现途径

贵州茅台酒股份有限公司的陈贵林认为以目前国内机械制造、物流设备、自动控制水平以及公司员工掌握和应用新技术的能力，已具有实现制曲自动化的条件。结合机械制曲的发展现状，对茅台酒厂的自动化制曲提出具体、可行的改进方案。

（一）茅台酒生产制曲工序的现状

茅台酒高温大曲以纯小麦为原料培养而成。工艺流程如下：

小麦→（润粮）→磨碎→拌料（母曲、水）→踩曲→曲坯成型→入仓（稻草、水）→

仓内发酵（2次翻曲）→拆曲→贮藏至成曲→磨曲→曲粉发往制酒车间

注：润粮工序受条件限制，目前未实施。

在传统制曲工艺中，采用人工踩曲成型。劳动强度大，效率低，是亟需改进的一个环节；入仓发酵中，有铺草、堆曲、翻曲、拆曲等操作，这些是传统工艺中高温度、高湿度、大强度的手工操作，是需改进的第二个环节。

（二）具体改进措施

1. 曲坯成型工序环节

早在20世纪80年代前后，茅台酒厂就试验过大规模机械制曲。我厂的第一代制曲机是仿照砖块成型原理制造的，曲坯是一次挤压成型，过于紧密，发酵内外温差大，散热差，曲子断面中心出现烧曲的现象，曲块发酵力低。制曲机械简陋、故障率高。在5年前，我们又一次联合专业酿酒机械制造企业，共同开发了第二代制曲机。生产的曲坯与茅台曲坯的外形尺寸基本一致，做到边紧中松、龟背状，但由于制曲过程还是靠一次成型，曲块提浆差。其结果只能基本达到人工踩曲的效果；而当前我们又联合有关单位、机构研制第三代制曲机。在第二代制曲机的基础上，更进一步细化各项生产工艺控制参数，还把人工生产的曲坯各点的密度、含水量、总体重量测准量化。第三代制曲机采用对曲块多次的挤压，而不是一次成型的方法。使得其在外形、松紧度、提浆等方面与人工生产的曲块能达到大致或是完全一致的效果。

2. 曲坯仓内发酵环节

在曲块发酵方面，考虑架子堆曲发酵。该法在我国台湾已得到成熟的生产应用。内地以前也有这方面的实验，因受当时检测和控制设备落后、造价高等因素的限制未全面推广。随着当代检测仪器的成熟，加上电脑可编程逻辑控制器（PLC）控制技术的发展，已经能够实现自动化检测，按工艺要求调控。具体方案如下：

（1）特制金属架　底部安装轮子可移动，采用多层、错层布局。层间隙能铺垫草席，上面单层摆放曲坯。金属架底部成条状布局，保证盖在曲坯上、下的草席垫达到保湿保温的作用。同时发酵结束后便于通气和水分的蒸发。金属架均布在发酵仓内，不必留翻仓空位，这样能降低人工劳动量，同时仓内容量还能得到适当增加。

（2）自动控制发酵　除了采集发酵过程中室内原有的温度变化外，同时还采集了湿度变化及外界（室外温度等）与室内温度的对应关系等数据，便于 PLC 控制程序的编制。待自动控制工程设计完成后，在制曲车间选择一间合适的发酵仓进行架子堆曲自动控制发酵实验，通过实验结果调整控制参数，完善控制设施，以提高黄曲率，达到最佳的发酵效果。

（3）适时调整湿度、温度　在控制系统中采用 PLC 系统对发酵仓内各项参数进行调控。而 PLC 的编程数据源为实际生产中最佳的各项生产参数。通过控制喷凉水量和室内通风量，来满足曲坯温度、湿度的变化需求。适时调整湿度、温度。

［《酿酒科技》2011（4）：65-66］

二十四、高温仿生机制曲在酱香习酒生产中的应用

贵州茅台酒厂（集团）习酒有限责任公司的曾凡君、罗胜、杨刚仁等在行业当前制曲机设计和使用的基础上，利用仿生学的原理，与岷江厂合作，于 2013 年底开发了仿生机械压曲机，后投入生产试用，其试用的情况大大好于预期效果。现介绍如下。

（一）仿生机械压曲机的功能特点

仿生机械压曲机的压曲方式是初压成型加多次模拟人工踩曲，额定产量为 450 块/h，曲块规格为 370mm×270mm×65mm；压曲机初成型采用液压，模拟人工踩曲动作采用独创气缸两阶段多次踩曲技术，所有动作分别由不同的油压缸和气缸完成，动作直观，容易查找故障点；滑动部分采用成品无油润滑轴承和直线滑轨，滑动效果好，同时减少了摩擦和维护，不污染曲料；专门设计有送料装置，保证每块曲坯厚度一致；与曲料接触的部分全部采用优质不锈钢制作，确保曲料卫生清洁；油缸采用缓冲缸，噪音大大降低，更有效保护工人的身心健康；高度智能化，操作简单直观，各项参数完全数字化；不锈钢脚板对曲料多次进行踩制，使曲料揉搓得更加彻底，曲料的黏连性更加明显，面筋的形成与作用更加到位，提浆的效果也更好，曲坯整体的松紧度恰到好处，可改变曲块包包形状，有效实现中间松四周紧，成型曲块的松紧度趋近于人工踩曲，仿生机制曲坯为培菌发酵提供了良好的条件，弥补了当前“盖章式”压曲方式所存在的缺陷。

（二）仿生机制曲的生产

如图 2-28 所示，高温仿生机制曲一次翻曲的温度平均为 65.4℃，最高温度 67.5℃，最低温度 63.6℃；传统人工制曲一次翻曲的平均温度为 64.5℃，最高温度 65.5℃，最低温度 63.6℃；仿生机制曲的平均温度比传统人工制曲高 0.9℃，最低温度均为 63.6℃。一次翻曲时高温发酵的特点明显，在曲坯水分和温度合适的条件下，氨基酸与糖作用发生美拉德反应，尤其在曲坯发酵至 7d 后翻曲时，曲

颜色变深，酱味变浓，少数曲坯黄白交界的接触部位开始有轻微的曲香，酱香物质逐渐形成。在整个高温阶段，嗜热性芽孢杆菌对制曲原料中蛋白质的分解和水解淀粉的能力很强，对曲酱香物质的形成起着极其重要的作用，满足高温制曲的工艺要求。

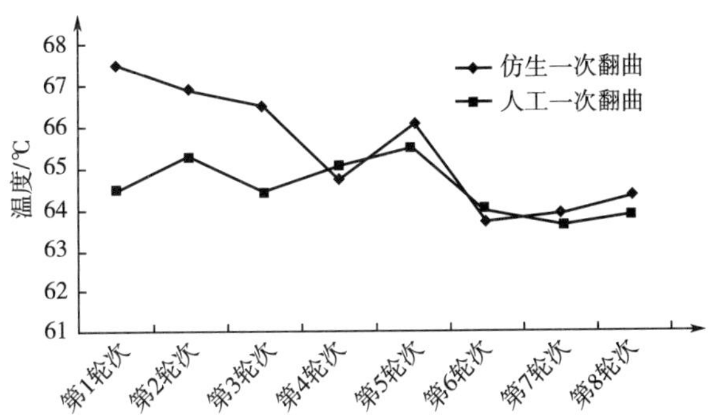

图 2-28　高温仿生机制曲与人工曲的一次翻曲温度对比

如图 2-29 所示，高温仿生机制曲二次翻曲的温度平均为 53.2℃，比一次翻曲时缓落了 12.2℃，最高温度为 56.0℃，最低温度为 50.2℃；传统人工制曲二次翻曲的平均温度为 53.7℃，比一次翻曲时缓落了 11.2℃，最高温度为 55.7℃，最低温度为 51.9℃；仿生机制曲的平均温度比传统人工制曲低 0.5℃，二次翻曲时的温度挺度平稳有力，符合高温制曲的工艺要求。

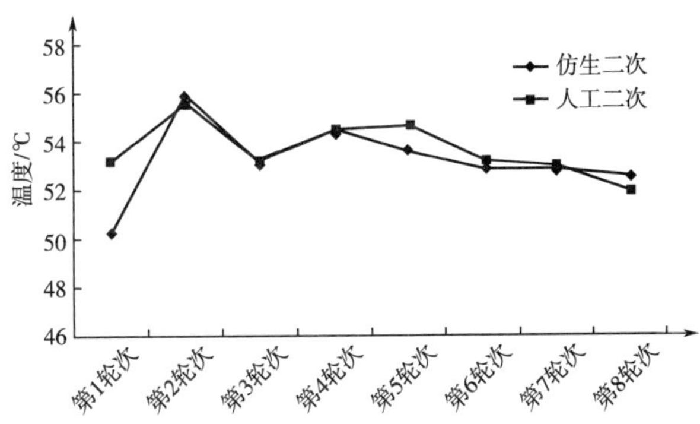

图 2-29　高温仿生机制曲与人工曲的二次翻曲温度对比

（三）仿生机制曲在酿酒生产上的应用

2015 年酱香酒的生产，仿生机制曲在习酒制酒三车间 33 班和 36 班全面应用。生产原料使用本地糯高粱，严格按照“两次投粮、七次取酒、八次发酵、九次蒸馏”的传统酱香生产工艺进行，高温酿造特点贯穿整个生产过程，员工精心操作，班组科学管理，在赤水河谷酒厂普遍遇到罕见的糟醅高酸度导致出酒率大受影响的情况下，生产班组积极应对，克服困难，习酒生产创下历史最高水平，以 180t 班组的投粮标准计，平均每个班组产酒 91t，最高班组产酒 98t，2 个仿生机制曲班组的酿酒生产，取得了显著的成绩和效果。如表 2-50 所示。

表 2-50　　仿生机制曲在酿酒生产中的应用情况

项目	三车间 33 班	三车间 36 班
投粮/kg	180000	180000
投糠/kg	36900	36900
投曲/kg	172800	172800

续表

项目	三车间 33 班	三车间 36 班
七轮次累计产酒/kg	126216	125244
出酒率/%	70.12	69.58
优质率/%	65.5	65.1

[《酿酒科技》2016（5）：80-82]

二十五、大曲酱香型白酒制曲机械化的研究

门延会、蒋世应、杜伟针对大曲酱香型白酒，提出了其制曲机械化自动生产线的研究，实现了从原料进仓、粉碎到曲坯成型阶段的机械化自动控制，克服制曲质量不稳定的难题，真正实现了制曲技术的机械自动化。

该系统采用西门子 S7-300PLC 为主控中心，触摸屏人机界面（HMI）为人机操作界面，变频器等作为系统执行机构，可以时刻监控系统的运行状况并设置所有的运行参数，便于操作者对设备的人性化管理。通过实际现场应用，该制曲生产系统可满足小麦投入量 48000t/年的制曲生产需求，运行稳定，易于维护，使用寿命长，提高了生产效率，制曲质量稳定，实现了制曲各环节的自动化控制，具有生产效率高、曲块成型效果好、操作简单、易于维护等优点。

[《酿酒科技》2016（12）：83-86]

二十六、芝麻香型白酒河内白曲机械化生产工艺探索

山东景芝酒业股份有限公司的刘建波、薛德峰对白曲机械化生产工艺进行探索。

1. 工艺流程

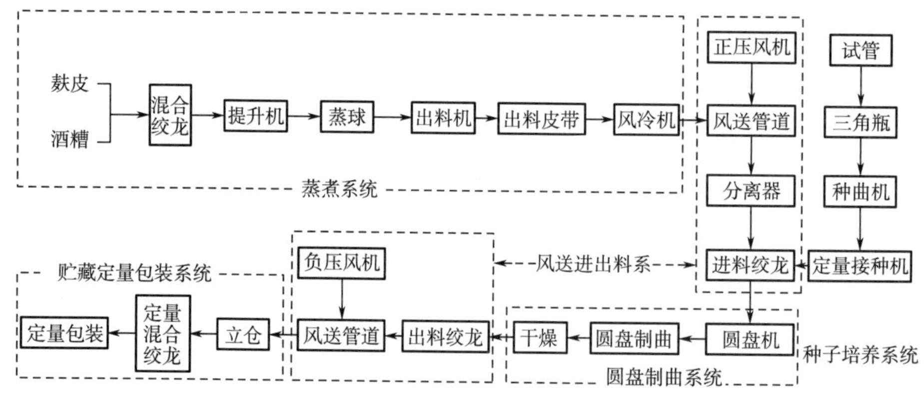

2. 主要设备

制曲设备：圆盘制曲机、空气过滤设备。

蒸煮设备：蒸球、风冷机、进出料定量设备。

物料输送贮藏设备：罗茨风机、风送管路、立仓、定量混合设备。

种子培养设备：种曲机、空气净化设备。

3. 生产工艺

（1）种曲生产工艺

①配料：根据种曲机控温供氧特点，确定麸皮、稻壳比例分别为90%、10%，装盘厚度20mm。

②灭菌：

a. 确认设备电器正常，尤其是自控系统运转正常后，排出种曲机内残水，并放空夹套水，保持夹套水放水阀门为开启状态。

b. 灭菌压力0.10MPa，灭菌时间20~25min。

c. 灭菌结束后排气和排水，开启真空泵，使罐内真空度达到-0.06MPa。

d. 向罐内输送无菌空气，待罐内压力达到-0.04MPa，料温33~35℃时接种。

③接种：确认风机频率40Hz，曲料温度33~35℃，气压表-0.04MPa，接种。

④培养：接种完毕后，设置温度、供氧、喷雾等自动培养参数，进入全自动培养。

⑤注意事项：

a. 加热前放净夹套保温水，否则加热杀菌时夹套水升温膨胀，造成安全事故。

b. 培养期间培养罐排气门、罐底疏水阀要打开，防止罐内压力过大，影响安全，同时罐内冷凝水不能及时排出，鼓风机吹起残水溅落在菌种上，影响菌种质量。

c. 培养过程供氧量要根据不同培养阶段适当控制，防止水分流失过快，造成过早成熟，影响菌种质量。

（2）蒸煮工艺

①投料：按比例投料，麸皮90%、稻壳10%。每四个蒸球一组，合理调配做到连续进出料。根据季节和天气情况设定加浆罐参数，投料时开启自动加水系统。

②蒸料：控制蒸汽压力0.10~0.15MPa，保持25~30min。蒸煮结束后排气排水，开启真空泵抽出残余蒸汽，使蒸锅压力为0。

（3）进料接种工艺

①灭菌：在制曲前对圆盘进行干燥灭菌。打开自动灭菌设定页面，设置灭菌参数（温度60~65℃，时间30min），开启自动灭菌。

②进料：

a. 检查圆盘制曲机、风送系统、蒸料系统等是否就位，开启进料控制开关，自动顺序开启“风送进料”“圆盘转动”“平料绞龙”“圆盘进料”“风冷机”“定量机电机”等，开始进料。

b. 及时调控熟料下料速度，经风冷机冷却到33~35℃，通过风送管道输送至圆盘进料绞龙。

③接种：曲种放入接种机曲斗内，调节下料速度，开启接种定量机接种，接种温度≤33℃。

④入盘：

a. 曲料接种后入盘，进料时可开启风机20~35Hz，减少漏料。合理控制平料绞龙高度和圆盘转速，使物料均匀地平铺在圆盘上。

b. 进料结束后，如果圆盘表面有起伏，及时将物料用平料绞龙整平。

（4）培养干燥工艺

①初始温度调节：料层厚度一般在300~350mm之间，保持疏松、厚度一致。投料完毕后开启品温测控探头，进行品温调节。开启风机，开启新风阀调节风温，调节曲料品温一致后，关闭风机。

②培养：

a. 设定培养参数，开启“自控”模式进入自动制曲培养程序。

b. 培养分几个阶段：静置期、缓慢升温期、快速升温期、平稳期，每一段时间的温度、湿度、通风根据不同天气和不同季节设定。一般要求品温控制在35℃以下，防止高温损伤白曲，及时调控供氧量，确保白曲生长需求。

c. 白曲培养过程中视生长结曲和温度情况适时翻曲，避免料层结块失水开裂造成的风短路，引起温度上升，生长不均匀及烧曲等问题。

③干燥：制曲完成后对曲料进行干燥。干燥温度不能高于培养温度，干燥结束要求曲料水分≤14%。

（5）出曲工艺　出曲时，把相应管道接好。检查管路各处控制开关和立仓控制开关，确保管路正确、畅通。确定罗茨风机正常后开机，将风机设定到合适频率25~35Hz，启动自动出曲程序。

（6）清洗　投料、出曲结束后，停止相关设备运行，彻底打扫各设备卫生，清理结束后开启风机吹干风送管道，开启圆盘灭菌烘干圆盘。定期清理地沟和空调箱。结束后检查蒸汽、高压空气和水是否关好。

4. 讨论

（1）机械化生产模式，从种曲到圆盘培养，到供氧、通风控温、风力输送等方面提供了更加强有力的手段。同时，大量空气使用，对空气过滤系统管理要求很高。

（2）生产过程卫生管理与手工生产不同，大量的设备、设施需要及时清理，要求管理到位。

（3）翻曲时机选择非常关键，后期结块后容易造成风路短路、烧曲或供氧不足。

［《酿酒科技》2017，44（2）：94-96］

第二节　中高温大曲制作技艺及研究

一、泸州老窖大曲酒的大曲制作方法

泸州老窖大曲酒是用传统法的大曲酿造的，这种曲是夏季踩制的，即所谓“伏曲”。操作方法介绍如下：

1. 工艺流程

小麦→发水→翻糟→堆积→磨碎→加水拌和→装箱→踩曲→晾汗→入室安曲→保温培菌→翻曲→打拢→出曲→入库贮藏

2. 操作方法

（1）原料处理　小麦的粉碎，用电动机传动的石磨，每小时可处理小麦300~500kg，在磨碎前每100kg小麦约用10kg 80℃的热水发湿，糙匀，并传拢、堆积，经3~4h，麦粒表面柔润收汗，内心带硬，口咬不黏牙齿，并尚有干脆的响声即为合适，切不可堆积过久，否则，由于吸水后的麦粒呼吸旺盛，消耗养分。

小麦的粉碎程度对于曲子质量关系很大，过细则黏性大，曲胚里的水分蒸发太慢，热量不易散失，容易引起酸败；过粗则黏性小，曲胚里的水分迅速蒸发，热量散失快，使曲胚过早的干涸或裂口，微生物不易繁殖。因此，要求磨成“烂心不烂皮”的“梅花瓣”，即将麦子的皮子磨成片状，心子磨成粉状，其粉碎度如表2-51所示。

表2-51　粉碎度　单位:%

未通过孔筛	20目	40目	60目	80目	100目	120目	通过孔筛	120目
	77.71	6.27	2.79	2.49	4.93	2.20		3.61

（2）配料、拌和 在拌和前，所有踩曲场、拌料锅以及曲箱等，均须打扫清洁，以防止或减少有害杂菌的浸染。拌料用拌料铁锅（置于木架上），每锅拌粉 30kg，加水 7.8~9.3kg。即水分占原料的重量为 26%~31%。除热季用凉水外，一般用 40~60℃的热水。拌法是两人对立，用手拌和，要求拌和均匀、无疙瘩、灰包，用手捏成团而又不粘手为标准。

一切生物化学的变化，都须在水的参与下进行和完成，故水起着介质的作用，所以踩曲的用水必须清洁、新鲜。拌和时加水量的多少和拌和是否均匀，均密切关系着有益菌类能否正常生长繁殖。加水过多则曲胚升温快，容易生长絮状的毛霉和黑霉；加水过少，则曲坯容易过早干涸，有益菌不能充分繁殖。

（3）装箱、踩曲 拌和好的曲料，立即从锅内堆在踩曲场上，踩曲人再细致迅速地拌和一次，以彻底消灭灰包、疙瘩，随即装入曲箱。装好后，先用脚掌从中心踩一遍，再用脚沿四边踩两遍，要踩紧、踩平、踩光，特别是四角更要踩紧，中间可略微踩松点。上面踩好后翻转过来再踩。踩好的曲排列置于踩曲场的一边，品温约为 25℃，刚一收汗，即端进曲房，否则，曲坯表面水分逐渐蒸发，在培养期中容易起厚皮。

曲箱内长 33cm，宽 20cm，高 5cm。每箱可装曲料 3.2~3.5kg。每人每日可踩曲 100~120 块。

（4）入室安曲 曲室为砖木结构，夹层墙，黄泥地，高 6m，长 8m，宽 4m，每室可安曲 800~850 块，周围墙壁建有足够的双层通气窗（玻璃和木板）两层，顶有通风天窗，在双层墙壁中填以稻壳及木屑保温。安曲以前，在室曲坯的水分为 35%~37%。安置的方法是将曲坯楞起，每四块为一斗，曲与曲间相距两指宽（3~4cm）。注意不使曲坯倒伏和靠拢，每平方米约可安曲 26 块。先从曲室的里边安起，一斗一斗的纵横相间，挨次排列。安满后，在曲与四壁的空隙处塞上稻草，在曲坯上面加盖蒲草席，在席上再盖 15~30cm 厚的稻草以保温并用竹竿轻轻将稻草拍平拍紧，最后按每百块曲坯所占面积在稻草上洒水约 7kg，原则上是踩什么水（指温度）就洒什么水，但在冬季要洒 90℃左右的热水，借以提高室温。洒毕，关闭门窗保持室内的温度、湿度。

（5）培菌管理 麦曲质量的好坏，决定于入室后的培菌管理，特别是翻第一次曲的头几天，如管理不当，发生病症，以后则难于挽救。

因此，必须适当地调节温度、湿度和定时更换曲室的空气，从而控制曲坯逐渐升温，给有益菌造成良好的生长环境，这是一个以优势压倒劣势，大量压倒微量，适宜环境压倒不适宜环境的管理原则。

曲坯升温的快慢，视季节与室温的高低而不同。在品温上升到 40℃左右，曲坯表面已遍布白斑及菌丝时，应勤加检查。如表面水分已蒸发到一定程度，且已带硬时，即翻第一次曲。翻曲方法是底翻面，周围的翻到中间，中间的翻到周围。硬度大的安在下层，曲与曲间的距离保持二指到二指半（4~4.5cm）。全部并列置，叠砌 2~3 层。上层的曲胚对准下层两块曲胚间的连隙，每排曲层之间，用曲竿或隔篾两块垫起，以使上下层之间有一定的间隔并稳固曲堆，堆完后仍照前法加盖稻草和蒲席，并关闭门窗保温。但要求品温不超过 44℃。随时用减薄盖草和开启门窗等来调节温度。以后每隔 1~2d 翻一次，翻法如前，并可视曲胚的变硬程度而逐渐叠高。如发现曲心水分已大部蒸发，因而品温逐渐下降时，可进行最后一次翻曲，即所谓打拢（收堆、堆积）。翻法如前，只是将曲胚靠拢，不留间隔，并可叠至 6~7 层。打拢后的品温是逐渐下降的，要特别注意保温，避免下降快，致后火太小，产生红心、生心或窝水等弊害。曲坯从入室至成热（干透），约需时 1 个月，成热后即可出曲，贮于干燥通风的曲房，新曲须经 3 个月以上的贮藏，可投入生产。由于陈曲的香味和干度都优于新曲，所以必须经过一定的贮藏。每块成曲重 2.5~2.8kg。

3. 曲的感官鉴定

香味：将成曲折断后以鼻嗅之，应具有特殊的曲香味，不能带霉酸味。

外表颜色：成曲的外表应有颜色一致的白色斑点或菌丛，不应有光滑无衣，或成絮状的灰黑色菌丛（如有此种现象，系曲块靠拢、水分不易蒸发和水分过重而翻曲又不及时所造成的）。

皮张厚度：曲皮越薄越好，但往往由于入室后升温过猛，因而水分蒸发过速；或踩好后的曲块在室外搁置过久，使表面水分蒸发过多；或曲粉过粗，不易保持表面必需的水分，致使微生物不能正常生长繁殖，因而皮张很厚。

断面颜色：曲的横断面要有菌丝生长，且全为白色，不应有其他的颜色掺杂在内，例如：

（1）窝水曲　由于曲块互相靠拢，及后火太小，水分不易蒸发所造成。

（2）曲心长灰黑毛　由于在发酵过程中，后火小，因而不能及时追出过多的水分。这种湿度大、温度低的环境，对此种杂菌生长繁殖很有利。

（3）曲心呈黑褐色　系因温度过高和水分蒸发太快，致微生物不能繁殖。

［四川省轻工业厅等编《泸州老窖大曲酒》，轻工业出版社，1959］

二、洋河大曲酒的大曲制作方法

洋河大曲酒产于江苏省泗阳县洋河镇，以产地而得名，是全国名酒之一。该酒采用大曲酿造。现将洋河大曲操作方法介绍如下：

1. 工艺流程

原料配比→破碎→拌面（加水）→踩曲成坯→下曲→翻曲→堆曲→出房

2. 操作方法

（1）原料配比　小麦 50%，大麦 40%，豌豆 10%。

（2）破碎　按配比将原料掺和均匀，破碎成粉，要求 40 孔筛粗细各半。

（3）踩曲前的准备工作

①干净的水及拌面用具。

②木模十五只：大曲模 30cm×18.5cm×6cm，小曲模 26.5cm×16.5cm×5cm

③备专用袋原料小方斗子 2 只（长 18cm×深 10cm），装料 1.75kg。置水用的水斗 3 只，装水 0.8~0.85kg

④踩曲用木板 2 块。

⑤脱曲用木板 1 块。

⑥定模用木槽 1 块。

（4）踩曲成坯

①人员配备：每班日投料 6000kg，用工 18 人。具体分工是拌面打团 8 人，装料 2 人，曲 10 人，脱曲 1 人，推车 1 人，供水拌面 1 人。

②拌面打团：用料准确（一块差不超过±50g），抄料均匀，无疙瘩、水眼、白眼。加水量的多少按原料性质、气候、曲室条件等决定，一般春季 43%~44%，夏季 44%~45%，春季踩曲需用部分热水，保持水温在 30℃以上，有利于微生物繁殖。

③踩曲要求：踩紧踩平，四面见线，四角整齐，无缺边掉角，每人踩 9~12 脚。

（5）曲坯入房（下曲）

①入房前的准备工作：曲室地面铺 3~4cm 厚的一层稻壳，接平，上铺柴席，下曲前撒一些稻壳。

②下曲方式采用双层曲：曲间距下层紧（约 3cm）、上层略松（5~6cm），行距 2cm，距墙 12cm，近墙的地方塞湿草，春秋季曲坯上盖湿草和席。夏季只需盖席子，层与层之间的架柴要放平，避免歪斜影响操作。曲坯全部入室后，封闭门窗，便于菌类繁殖。

（6）主发酵　曲坯入室，野生酵母、霉菌等进行自然繁殖，逐渐开始升温，品温最高可达 55℃。质量要求发酵透，外皮棕色，有白色斑点，断面呈棕黄色，无生面，略带微酸味。此阶段一般春季 5~

6d，夏秋 3～4d。

（7）放（开）门排湿　主发酵结束后，立即放门排湿，揭去席草，二层改三层，目的是去除部分水气，换取新鲜空气，有利于霉菌、野生酵母的繁殖生长，操作中要轻拿轻放，黏带稻壳及湿草的要打扫干净，放门晾曲只需 12h 左右，春秋末放门时间适当缩短，即可关门窗，否则放得过多，品温太低，造成外皮干硬，影响中后期的培养。

（8）曲的培养　已繁殖好的曲仍需保温培养，但在保温培养中，应特别注意品温的变化及水分的挥发快慢，由入房后 15d 左右，每天称重一次，每次失重以 100g 左右为宜。温度变化有下列要求。

①潮火阶段：从放门开始 5～7d，品温在 50℃以上，室温比品温低 2～3℃，玻璃窗上有水珠，室内比较湿闷，在放门后的第 3 天，三层改成四层。

②大火阶段：一般维持 10d 左右，品温在 50℃以上，室温比品温低 3～4℃，架层，以调节品温。

③后火阶段：一般也只有 10d 左右，品温保持在 45℃以上，曲间距离逐步紧缩，直至下柴码曲挤火。

④操作中应注意的几个问题

a. 为使在培养中求得温度的均衡，在近墙及窗门的曲往往受到外界空气的影响，因此翻出时必须将曲块里转外、外转里、底调上、上调底。

b. 在最后挤火时间，如门窗封闭也不能保住温度可在曲周围加盖席或草包保温。

c. 在制曲中严防前期品温高，而后期品温低，造成曲内水分发挥不出来，外壳坚硬，出现断面黑圈、生心。所以在品温掌握上要求均衡，适时开闭门窗。

d. 曲室温度变化要有专人负责检查记录，以供生产和研究的参考。

（9）大块火曲的培制方法同小块曲相似，不同的是主发酵温度较高，一般 56～60℃，而培养时间较长。

3. 曲成熟期的管理及保管

（1）在接近成熟期时，水分含 16%～20%，始可堆积挤火。

（2）成熟曲的入库水分，夏季 15%～16%，春季 16%～17%。

（3）各房成熟曲入库，掺和勾兑，以保证性能稳定，入库前需留样 5～10 块/5000kg，送化验室进行质量检验，并定期组织酒师、曲师及有关人员进行感官评定。

（4）入库的堆放不宜过紧，应留有空隙风洞，最好采用人字形堆曲，以免发热。

（5）曲库要求通风、干燥，堆曲前地面铺稻壳并用碎木做底。尽量做到先制曲先用。

（6）成熟曲使用前必须进行试用，以便掌握曲的性能，确定合理用曲量。

4. 曲的质量标准

（1）感官指标　断面色泽均一，呈黄褐色，无火圈、黑圈，具有麦曲的特有香味，无其他杂气。

（2）理化指标

表 2-52　曲的质量理化指标

品种	水分/%	糖化力/[mg 葡萄糖/(g · h)]	发酵力/(g CO_2/48h)
大块曲	16～17	200～250	0.2～0.5
小块曲	14～16	300～350	0.4～0.5

［《江苏酿酒》1975（1）］

三、西凤酒的大曲制作方法

西凤酒是我国名酒之一，产于陕西省凤翔县柳林镇，它具有“清芳古香，甘润绵爽，诸味谐调，尾净味长”等特点。西凤酒所用的曲是大曲，而曲中以伏曲为最好。一般在6~10月踩制的称伏曲。现将操作方法介绍如下：

1. 工艺流程

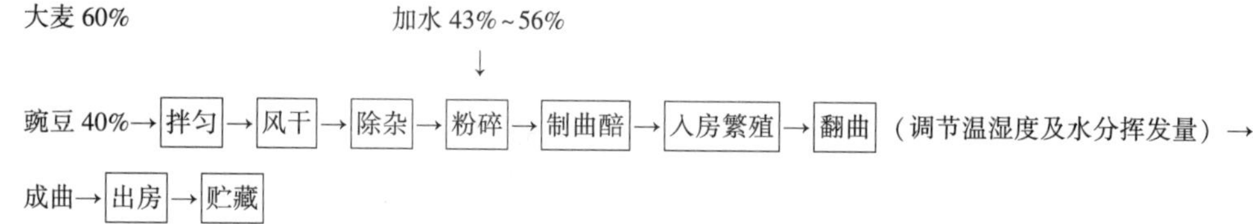

2. 操作方法

（1）配料　按重量计算大麦60%，豌豆40%，按容量计算大麦和豌豆的比例是7∶3。根据原料的情况、空气干湿及天气冷热，加43%~56%的水。

（2）原料处理　原料运到工厂以后，应充分拌和、晒干并除去杂质。大麦与豌豆经过混合后，风干一部分水分，即用石磨或钢滚磨破碎，破碎细度应视制曲季节而定。夏季天气炎热，自然温度高，曲体容易发松，升温快，水分挥发量也大，因此出醅要细一些，通常一部分成粉状，其余颗粒不可大于糜子粒，撒开来看，以色白而不显灰麻色为宜，这样，可使制出来的曲表面光滑，曲霉均匀，皮薄。如果曲面过粗，制成曲面后升温快，曲易受热，皮厚，表面粗糙，曲霉生长会不均匀；曲面过细，水分挥发慢，菌类生长迟缓，易成生曲。冬季天气冷，曲体升温慢，曲面宜稍粗。经过粉碎的面应放在干燥凉爽的地方，下铺木板、芦席或高粱皮，避免发烧霉变。如保管不适当，部分曲面受潮结块，应于踩前打碎结块，充分拌匀，否则用受潮曲面制成的曲，不易发松生霉，质软，容易压坏，发生空心现象。

（3）踩曲操作　踩曲房的位置在通风的高处，房面朝南，室内干燥：土木结构，屋脊高为5m，每间曲房面积要适宜。因工人踩曲每踩满一房，常要较多时间，先入房的曲和后入房的曲，时间不能相差很久，以保证菌类生长的条件一致，质量均一。为了便于管理，曲房有效面积以60m^{2}为宜。曲房应注意密封，以便保温。每间前后开窗，前窗后高1.10m，分上下两层，可以上下撑开成倒挂，窗内用猪血纸糊，或用隔热板遮挡。两头山墙各开天窗一个，以利降温放潮。曲房前面一端开双重门，外层为单开门，内层为两扇可以开关的半截短门。窗子使用示意图如图2-30所示。

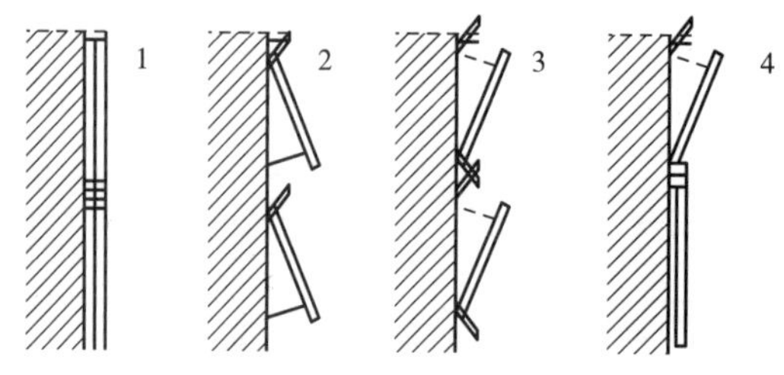

图2-30　曲房窗子使用方法

1—关闭，保温用　2—半开，降温用　3—全部倒挂，放潮用　4—上窗倒挂，放潮，防风

踩曲前的准备工作：踩曲前两三天，首先检查屋顶门窗和四壁，堵塞各方面的漏洞、缝隙，窗外加钉芦席，填平室内凹陷不平的地方，将室内及窗台打扫干净，并洒一些清洁的冷水，夏季宜潮，冬季宜稍干，水分要适宜，通常喷洒两三次水以后地面显微黄不发暗，不显积水为宜。洒水以后应开窗

放净房内飞起的尘土和潮气，然后再密闭门窗进行保温。制曲前一天调节室温在20℃左右，天气寒冷时可生火炉，火炉与曲坯间，以短墙隔开。准备足够的细竹竿和曲架，每块曲约需用竹竿2根，十块曲用曲架2~8个。

曲的成型：以每天制曲6000块为标准，需要工人75个，其分工是：踏板工人18~22人（上板5~6人，中板8~10人，下板5~6人；如踩曲场地狭小，板上工人可适当减少，但不可少于18人），拌曲面2人，供模2人，掌掀抹疙瘩2人，装模1人，踏曲（转曲）1人，倒面1人，提斗量料1人，提水1人，曲房内垒曲9人，扣曲1人，呼号1人，洗模1人，其余工人抬水。由板上工人轮流向曲房运曲（图2-31）。

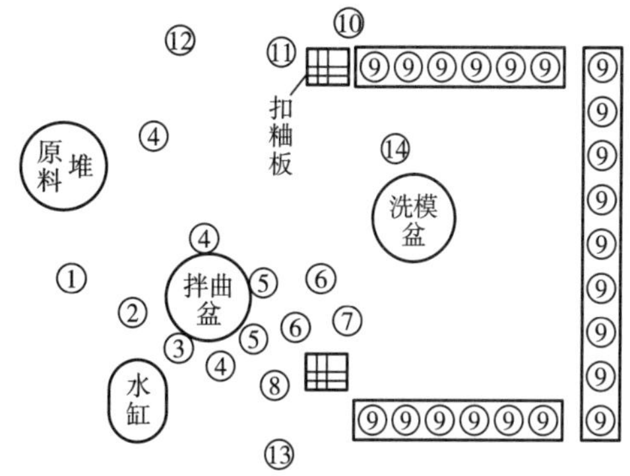

图2-31　踩曲工人操作位图

1—倒面　2—提斗量料　3—提水　4—拌曲面　5—掌掀抹疙瘩　6—供模　7—装模　8—踏曲　9—踩板　10—扣曲　11—扫曲　12—送曲　13—叫号　14—洗模

踩曲工具：踩曲板三块，一块长5m，两块长3.5~8m，各宽40~45cm，厚6cm，曲模40个［规格是：30cm×(20~23)cm×8cm］，拌曲盆1个，装模底石1块（0.25~0.44m^2），以及水桶、木锨等工具。

踩曲的场所用踩曲棚外，亦可利用酿酒场在夏季停产时制曲。

踩曲时，提斗量料人将曲面倒入拌曲盆，提水人随即倒入适量的水，拌面人用手拌和均匀后将曲面堆在场上，用木掀搓碎疙瘩，装入曲模，送到模板上，踏板工人迅速用脚踏实。每人踩两三下翻转曲模，传至下一人，由上板至中板至下板，依次踩踏。曲醅踏好，由最后一人从曲模扣出，扫去毛渣，然后把曲送入曲房，全部工作在叫板者呼号下进行，步调都是协调的。

踩曲要求做到上板压实，中板用脚跟拧紧、下板踩平、才能达到把曲踩紧、踩平、踩光，以适于曲醅入房后曲菌的生长。

拌料时应按曲面粗细、含水分大小和天气冷热、潮干情况，适当加水。过干曲菌生长慢，曲不易生霉，过湿曲醅稀软，易倒批甚至压烂。现场检查水分的方法是：

当曲醅从曲模扣出以后，扫毛渣的时候，猛然把曲在曲板上竖立起来，察看曲醅的摆度大小（术语称摆腰），或用手指按压曲面，凭经验感觉和指印深浅来决定。曲醅入房分批摆放，分两层垒积（最多不得超过三层），上下批顶住（图2-32）。底批每隔五六块放曲架一个，每层之间铺八九根细竹竿，撒一些米糠，以防曲醅和竹竿黏在一起。竹竿要选粗细均匀，不弯曲，大小头一致的。大头紧顶在墙上，使曲醅不易倒，上下层不相挤压，曲间距为2cm，行距为4cm，冬季升温慢，还可以稍密一些。曲醅分层摆好后，撒上一层米糠，盖以麻纸或芦席，顶端喷一些水。盖上麻纸或芦席，防止潮气蒸发太快，以保持适当温度，利生霉。

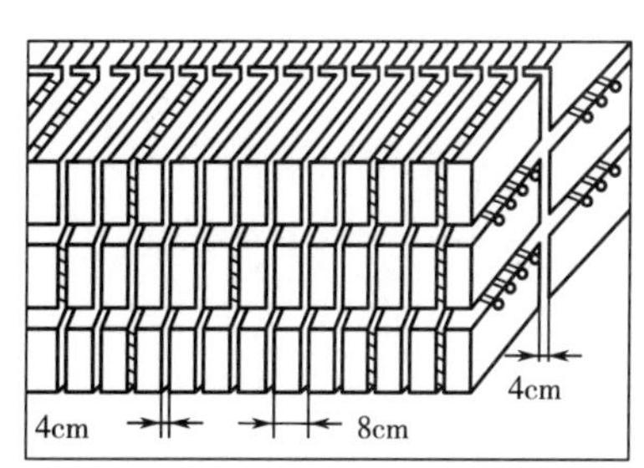

图2-32　入房曲库排列

曲房管理：曲菌生长的过程是：曲醅入房1~2d后曲霉长好，揭房放潮；7~8d曲皮稍发硬，即可清糠扫霉，11~12d品温达最高点（58~60℃）；此后温度开始下降，18~20d收火保温；25~35d出房储存。根据这个规律，曲房管理工作，要求做到：

①勤检曲，及时调节温度与湿度，保证品温稳升稳降。

②按翻曲不拖延时于间，翻曲要紧张细致，不伤曲。

③避免冷风直接吹上曲醅和日光直射。

将曲醅成熟时各阶段曲房管理工作分述如下：

（1）揭房　曲醅入房后将全部门窗密闭，室内温度开始保持在20℃，夏季经24h渐升至25℃左右，窗纸发潮，曲发松表面显白色花霉点（俗称梅花点），就要及时揭房。如无大风，可将门窗大开，放出潮气，如有风或日光直射，可将窗子倒挂，冬天不可大开门窗，仅打开两头山墙上的天窗。门窗启开后，揭去曲上的麻纸或芦席，晾30~40min，等曲皮发硬，用手摸不发黏时，就进行第一次翻曲。及时揭房是制好曲的第一个关键。揭房迟，曲霉长得太厚成为一片白（俗称白脸），曲皮起皱，水分不易挥发，甚至因曲房潮气大，水气在曲霉上结成露珠，渐汇集成为水滴，就会把霉淹没（淹霉），这样就会严重影响曲的质量了；揭房过早，曲不发松，曲霉轻，会形成光板曲。一般情况，夏季曲霉稍重，揭房后多晾一会；冬天曲霉稍轻，但上霉过轻时在翻曲后还可以把近轻霉曲处的窗子关严，次日就可以上好。谨慎地调节室温和品温，才可制成好曲。

（2）清糠扫霉

第一次翻曲：上下批翻转，仍旧顶住，如曲醅软硬和曲霉轻重都合适，可以按照曲块的总数目计算一下，把原来的批数减少几批，行距适当放宽一些，以利水分正常挥发。曲醅软，比较发松，应该把曲批架高到三层。如中间一批曲受不住压，可以增加曲架，或把上层的曲，斜放在两个曲的上边以分担负荷。曲翻毕，室温不可低于19~23℃，干湿球温度计差不超过2℃。此后如不吹风，窗子可以经常打开一些，每隔3、4h检一次，曲霉不变能保持揭房时的样子为正常。天气太潮湿，曲房水分挥发不出去，一部分曲长出白色，并逐渐变黑。遇到这种情况可以接着多翻一次，长毛在扫霉时可以去掉，影响曲的质量不大。曲显黑系揭房迟，温度高，必须严格保持曲房温度，不使急速上升或下降，否则曲表面就会干裂和发生水圈或火圈。

第二次翻曲：第一次翻曲后，为了不使曲内水分渗透（或称积流）到下边，维持正常挥发和防止曲体因潮气大而生毛、变质和把曲醅压坏，次日要进行第二次翻曲，原批上下翻转，使曲内水分倒转流向。曲距按天气而定，冬天近，夏天远，一般在3.5cm，上下批顶错开约半个曲的间隔。墙边和比较厚的曲移到中间，中间和薄曲移在近墙的地方，曲的层数不再加高。

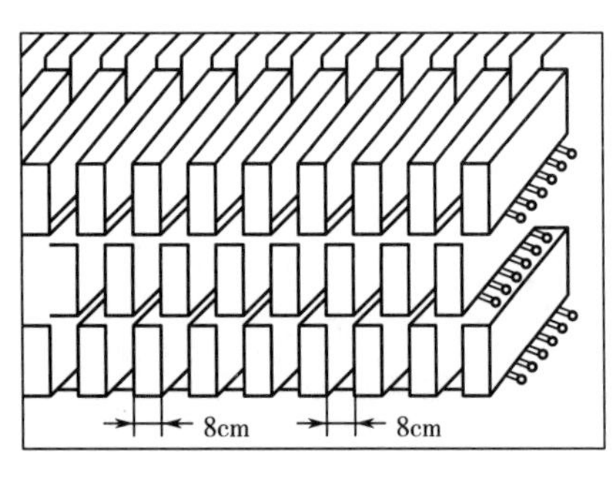

图2-33　第三次翻曲曲醅排列

第三次翻曲（图2-33）：二次翻曲后，次日即进行第三次翻曲，上下批顶成品字形，注意放净潮气。

第四次翻曲：第三次翻曲后隔一天（如曲软房内潮气大，可以在第三次紧接第四次）进行第四次翻曲，翻后曲体温度开始上升到36~40℃，室温在25~29℃，干湿球温度计差在5℃上下。这时如曲皮显干，就要把地面和底批曲下的米糠清扫出去，地面改铺细竹。

第五次翻曲：四次翻曲后隔一天进行第五次翻曲。这时品温升高（起火），曲皮干燥，就用扫帚将地上曲上的米糠和曲面上的霉点扫刷一遍（消糠扫霉）。这样扫去霉层以利曲内水分挥发。清糠扫霉是决定曲的质量好坏的第二个关键。这时是曲菌生长繁殖最旺盛的时候，这一工作不仅要及时并且要做到彻底，绝不能马虎从事。因为霉扫早了，霉扫不掉，黏在曲的表面，阻止曲内水分向外挥发，品温就要急剧上升，使正在繁殖的曲菌停止繁殖，曲内显棕色火圈，影响曲的质量，造成损失。从这时候起要按天气冷热、风向变化，利用开窗、闭窗、机动调节曲房温度，使品温缓缓上升。在正常情况下，以保持品温45℃，室温35℃，干湿球温度计差7℃为宜。清糠扫霉时为保持曲房温度，不能经常开窗，但曲房内空气干燥，曲霉的孢子飞扬。室温较高，工作时间长，工人应注意戴口罩，要常喝开水，不让工人在室外更衣，维护工人身体健康。

（3）起大火

第六次翻曲：五次翻曲后，室温、品温上升较快，干湿球温度差也显著增大，曲内水分挥发很快，隔一天进行第六次翻曲。曲距、行距、层次不变。除继续调节室温、品温持续上升以外，紧要的是掌握水分正常挥发，一般每天曲减轻 5~6 两，不可过多或过少。

第七、八次翻曲：六次翻曲后隔一天翻第七次，曲批高度保持四层，每天曲体减轻 6~7 两。这时曲入房已 11~12d，品温升到最高达 58~60℃，干湿球温度计差在 9~10℃，以后品温就开始逐渐下降。隔一日再翻一次，曲体每天减轻 300~350g。

（4）收火

第九次翻曲：八次翻曲后隔两天翻第九次。翻毕，品温已经降至 47~48℃，每天曲体减轻 200~250g。把曲向一块靠拢，要根据天气冷热决定。然后闭门窗进行收火保温。7、8d 后，打开窗子放出潮气，再翻一次，把曲架高至五六层（天热还可以架至六七层），进行晾曲，使品温逐渐下降接近正常室温。晾过 5~8d 即可出房，贮藏备用。

收火保温是决定曲质量好坏的最后一个关键环节，必须因时制宜，以曲体品温高低，水分大小来决定。天气凉爽，品温降至接近室温，曲醅重量也减轻到入房时 65%左右，就可以不再进行放潮和翻曲工作了，这时要紧闭门窗，保持室温，让品温自然下降。如天热，曲内水分比较大、品温高，把曲破开，断面显温的部分还有曲醅厚度的 1/3 左右，就需要隔两三天翻一次，不可紧闭门窗，直到出房为止。否则曲体品温会又重新升起（回烧或起倒烧）对曲醅内由曲菌所产生的孢子或酶不利，影响曲的质量，应特别注意。

为了制曲工作的进一步提高，特将试点中三次记录中曲房内室温、湿度、品温变化情况及曲醅重量减轻有关数据初步制成曲线图（图 2-34）和表 2-53 如下，以供参考。

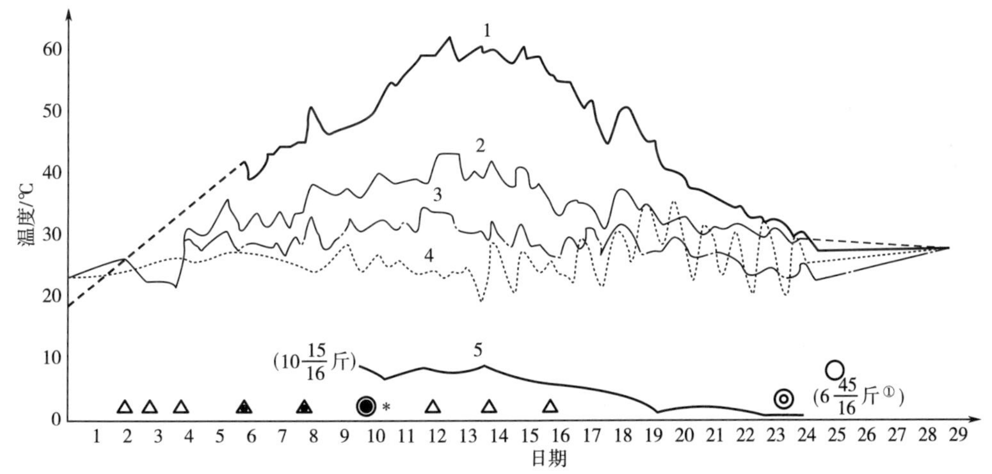

图 2-34 曲房内室温、湿度、品温变化情况及曲醅重量减轻数据

▲—翻曲揭房 ◉—清糠 *—扫曲霉 ◎—晾曲 ○—架曲 △—翻曲

1—品温 2—干度 3—湿度 4—自然温度 5—曲体减轻重量

注：单位：市两② 原料：17086kg 大麦：豌豆 = 60：40（重量）

踩曲块数：4472 加水数量：51.8%

制曲日期：1956 年 6 月 22 日 每日记录时间 6：00；12：00；12：00；24：00

制曲厂名：虢镇酒厂

① 1 斤 = 500g；

② 1 市两 = 1 两 = 50g。

表 2-53　曲醅发育期间重量减轻情况

曲醅入房后日数/d	减轻重量/两[①]	曲醅入房后的日数/d	减轻重量/两
1~6	10~16	13	7
7	4	14	6
8	4	15	6
9	5	16	5
10	6	17	5
11	6	18	4
12	7	19（出房）	10

注：在凤翔、宝鸡、虢镇一带，使用的曲模制成曲醅一般重 5.75kg，至出房时曲醅重 3~3.125kg。曲入房正常水分挥发，使曲体重减轻的结果与表中所列出入不大。因为天气太冷或太热，曲房调节温度不适合，曲菌发育不正常，则曲体重量减轻是有变化的。这次试点期间，因雨太多，曲体减轻情况有几房也不够正常，这是比较正常的情况。

① 1 两 = 50g。

曲的质量鉴定：西凤酒的味美，除酿制操作外，就是采用了品质优良的酒曲。根据经验，好曲皮薄色白，糙青发光，质地坚硬，气味清香，无杂色，称为麦仁青曲，是较好的曲。麦仁青曲经存放后内部呈黄色称为槐瓤曲。另一种是内有桃红、黄（呈粒状头在棕色之间）浅棕色、麦仁青色和白色的皮，共有五种颜色，称为五花曲，也都是上曲。

曲块由于在曲菌发育时期有停水现象，水分挥发慢，温度可急剧上升或下降，曲内有水圈或火圈，或者揭房过早，曲表面显棕色无霉的为次曲。

曲内有生心未熟透或空心质松者为劣曲。

3. 成曲的贮藏

曲块出房以后，应该在阴凉通风、日光不能直射的地方，分层竖立垒起来。夏秋空气里的水分比较多，容易被干曲块吸收，所以应特别注意，一般行距 30cm，曲距 7~8cm，否则不利通风，易出现倒烧现象。

［陕西省工业厅编《西凤酒酿造》，轻工业出版社，1958］

四、古井贡酒的大曲制作方法

古井贡酒以甘甜的井泉水酿成。在明代万历年间，曾作为贡品，故称古井贡酒，多年来一直被评为全国名酒。

古井贡酒采用中温曲（最高品温不超过 50℃），其操作方法如下：

（1）原料配比　小麦、大麦和豌豆混合比例是 7∶2∶1。原料要求是颗粒饱满，无霉烂虫蛀，夹杂物低于 1%。

（2）原料粉碎　将制曲所有原料按比例混合均匀，用粉碎机进行粉碎，并要求过 40 目孔筛，夏季面占 40%，冬季面占 38%。

（3）压制曲块　将粉碎的原料加水拌匀，用踩曲机压成曲块，每块重 3.2kg，水分为（38±1）%，曲块厚 6~7cm。

（4）入房　入房前先将曲房打扫干净，铺新鲜麦秸，厚度 3~5cm，麦秸每季度更换次，用硫黄杀菌备用。曲房经处理后即可入房卧曲，从里向外，上下两层，中间用竹竿隔开，块距 2~3cm，行距 8cm，夏稀冬密，曲块上面盖麦秸，边进边盖，直到满房为止。房容有曲料 5000kg。

（5）挂衣　房入满后，关闭门窗，曲室温度升高，曲块表面逐渐生成菌丝和白色斑点夏天 1d，冬天 3～4d，即可满衣，曲室温度可高达 46～47℃。挂衣时间如挂不好，麦秸上可喷水保潮，使衣挂满。待挂满衣后将窗户打开，揭去覆盖的麦秸，放风 2～4h。

（6）晾霉　放风后，曲室温度降低，曲块表面不粘手，进行上下里外翻第一次曲，翻后晾霉 2d。

（7）起潮火　晾霉后关窗，曲温升高，曲温升到 40℃左右进行保温，用开启窗户调节，第一天后隔天进行翻曲一次，潮火期一般 4～5d。

（8）保中火　潮火后，抽去上、下层中的竹竿，曲块逐渐收拢，同时逐渐由二层逐加至三、四、五层，曲温保持 44～46℃，保温要在一周左右。

（9）升后火　中火后，曲已堆至五层，部分曲成熟，这时可将水分大、不成熟的曲堆至里面，紧密堆积，并用麻袋覆盖，四周用麦秸堆围，使曲温继续升高 47～48℃，并保温严防降温，同时不要翻动，直至曲块完全成熟为止。曲成熟后，让其温度逐渐降低，排尽余水分，待降到室温即可出房。

（10）出房　出房前抽样检查，进行理化分析。根据曲的质量好坏分别贮藏，贮藏 3 个月后即可投入生产使用。从曲块入房到曲块成熟出房约需 1 个月。

[刘学贤，古井贡酒厂]

五、北方中高温包包曲机械制曲工艺分析研究

河北三井集团于 2012 年引进一套机械化制曲设备，该设备具有储粮、润粮、粉碎、加水搅拌、压制等一系列功能。经过 2 个月的科学研究和生产实践，机械制作的成品曲完全达到了规定的质量标准。现将研究结果摘要如下。

（一）机械制曲与人工制曲的感官指标分析

从形状、挂霉、断面、皮张、香气这 5 方面对机械制曲和 2011 年人工制曲进行分析、比对，结果见表 2-54。

表 2-54　机械制曲与人工制曲的感官指标

指标	形状	挂霉	断面	皮张	香气
机械制曲	+++++	++++	+++++	++++	+++++
人工大曲	++++	+++++	++++	++++	++++

注："+"越多，表示程度越好。

由于在制作过程中机械制曲受力均匀，压制较实，因此在培养过程中能保持较好的形状，降低变形率，所以本公司机械制曲采用"双层曲"培养方式。在挂霉方面，人工制曲挂霉情况略好于机械制曲，原因有二：①机械制曲在压制完毕后直接入房，人工制曲在踩制完成后要晾干 0.5h 再入房，因此人工制曲能更多地富集空气中的微生物；②人工踩曲提浆效果好，导致培养前期曲块的挂霉效果较好。在断面方面，机械大曲与人工制曲均较整齐，呈灰白色，不过由于机械压制受力均匀，曲块松紧适宜，成品曲表现断面裂缝少。在皮张方面，机械制曲与人工制曲均较薄，培养前 1～2d，曲块在低温、潮湿的条件下培养发酵，表面良好的挂霉促进了霉菌菌丝在表层部位的生长，降低了皮张。在香气方面，由于机械大曲比人工大曲要厚约 1cm，顶火温度更容易控制在 60℃，"中挺"时间比人工制曲长 2～3d，因此美拉德反应更加彻底，曲香更加浓郁，具有明显的酱香味。品温 60℃，"中挺" 10～12d 的另一个好处是可以有效抑制乳酸菌的生长，降低乳酸的生成，从而在制曲阶段就着手"降乳"的工作，为白酒酿造过程打下良好基础。

（二）机械制曲与人工制曲的理化指标分析

检验6、7月这两个月时间内机械制成品曲的水分、酸度、糖化力、发酵力、酯化力、液化力和蛋白质分解力，与2011年同时间段的人工制曲平均数据做比对，结果如表2-55所示。

表2-55　机械制曲与人工制曲的理化指标

工艺类型	水分/%	酸度/(NaOH mL/g)	糖化力/[mg葡萄糖/(g·h)]	发酵力	酯化力/[mg/(g·h)]	液化力/[g淀粉/(g·h)]	蛋白质分解力/[g/(g·h)]
机械制曲	12.5	1.2	786	39.08	33.26	4.67	7.51
人工制曲	11.6	1.0	552	36.00	22.74	3.06	6.45

根据《三井公司大曲内控标准》，人工和机械制曲理化数据均在标准范围内。水分方面，机械制曲水分稍大，原因可能为机械制曲较厚，水分排出不易所造成。总体来说，水分低于15%，仍在正常范围之内。酸度方面，机械制曲酸度略高于人工制曲，酸度往往伴随着水分的增大而增大，原因是产酸菌在较湿条件下更易生长。这也是酿酒工艺中为了减低入池的酸度使用贮藏3个月以上陈曲的原因。糖化力方面，同时期的机械制曲与人工制曲虽然都在标准范围之内，但相差较大。发酵力、酯化力、液化力、蛋白质分解力方面，机械制曲均高于人工制曲。由酿酒实际经验可知，糖化力高的大曲产酒多，但酒质一般，而具有一定糖化力，且液化力、发酵力高的大曲，才能酿出高质量的酒。

[《酿酒》2012（6）：36-38]

六、泸州大曲酒所用麦曲中发酵微生物的数量与组成

选用新曲即当年生产的曲，其中又分热季生产的伏曲和非热季生产的四季曲。陈曲中可分优质曲、劣质曲。实验用的10°Bx麦芽汁琼脂培养基，从曲皮、曲心分别取样，平板计数，其中霉菌和酵母综合测定结果。就麦曲不同部的微生物总数而言，陈曲曲皮多于曲心，每克曲多82×10^5个；新曲相反，曲心多于曲皮，每克曲多15×10^5个；新曲与隔年曲比较，新曲多于隔年曲，每克曲多30×10^6个，就其中霉菌而言，一克曲多13×10^5个。伏曲与四季曲比较，伏曲少于四季曲，其中霉菌少4×10^5个，酵母少139×10^5个。优质曲与劣质曲比较，前者多于后者，霉菌数每克曲多13×10^5个，酵母多22×10^5个。根据以上结果，结合生产实践经验进行讨论。

分离出典型菌株、霉菌和酵母253株，通过菌株整理相同类群合并，分纯菌、酵母共65株。全部进行镜检，对每一菌号的形态特征和培养特征进行了描述，并测定了部分菌株与泸酒发酵有关的生理活性指标。

[《中国微生物学会1979年学术年会论文摘要汇编》，1979]

七、双沟大曲酒酿造中微生物的分离研究

（一）大曲微生物的分离

共分离得细菌10种，酵母菌24种，霉菌42种，共76种不同的菌株。这些微生物及培养基特征是：

1. 藻状菌纲毛霉科

根霉属：菌落疏松，初为白色，后变为灰褐色，菌丝为无色，匍匐。假根发达，枝状分枝，2~4株成束。孢子囊内为球形，老熟后呈黑色。根霉的淀粉酶活力相当强，能将淀粉很快转化为葡萄糖，能发酵多种糖，产生一定量的乙醇。

毛霉层：在形态上和根霉相似，菌丝无隔膜，无假根及匍匐菌丝。能糖化淀粉及生成少量乙醇，蛋白质分解力强。

犁头霉属：菌丝体近似根霉，但孢霉梗散生在匍匐丝之间，同假根并不对称，孢囊根大都是2~5成簇，很少单生，呈轮状或不规则分枝，孢子囊顶生，多呈洋梨形，壁薄，成熟后多消失。

2. 子囊菌纲酵母科

汉逊酵母属：在固体培养基上，菌落为乳白色，无光泽，边缘呈丝状，细胞为腊肠形或椭圆形。液体培养时，液面形成干而皱的白膜，液体浑浊，有菌体沉于底部。此种酵母能生产乙酸乙酯，具有果实香味。

酵母菌属：在固体培养基上，菌落呈乳白色，有光泽，平坦，边缘整齐。细胞为圆形或卵形。此种酵母发酵能力强，产生乙醇和二氧化碳。

拟内孢霉属：在固体培养基上形成白色毛毡状菌丝体，较长，用针不易挑起。出芽生殖时，其酵母状的细胞，形成于菌丝的顶端与侧面。拟内孢霉具有一定的糖化力。

红曲霉属（曲霉科）：菌落初为白色，老熟后变为粉红色、紫红色等。通常都能形成红色素并分泌到培养基中。菌丝具有横格，多核，分枝甚繁，且不规则，此菌能产生淀粉酶、麦芽糖酶、蛋白酶等。

3. 半知菌纲隐球酵母科

假丝酵母属：菌丝为奶油色，无光泽和稍有光泽，软而平滑或部分有皱纹，培养久时菌落渐硬并呈菌丝状，细胞圆形、卵形或长形。多边芽殖，形成假菌丝。

丛梗科曲霉菌属：

黑曲霉：菌落生长局限，菌丝初为白色，常出现鲜黄色区域，厚绒状，黑色。分生孢子呈放射状，顶囊球形，小梗双层，自顶囊全面着生，褐色。具多种活性强大的酶系。

黄曲霉：菌落初带黄色，后变黄绿色，老后颜色变暗。平坦或有放射状皱纹。分生孢子头呈放射状，继而变为疏柱状。能产生淀粉酶、果胶酶等。

米曲霉：菌落初为白色，后变为黄褐色及淡绿褐色。分生孢子头放射形，顶囊呈球形，小梗单层。生成较强的蛋白酶、α-淀粉酶和糖化型淀粉酶。

灰绿曲霉：属灰绿曲霉群，菌落呈绒状或絮状，灰绿色，分生孢子头疏松反射状。有时在琼脂平板上形成鲜黄色闭囊果，内着生子囊及子囊孢子。

白曲霉：菌落生长局限，白色或带黄的奶油色。分生孢子头大小不一，幼时球形，后分裂疏松的短柱。顶囊球形，具蛋白质分解能力。

青霉：菌落生长较快，绒状，直径比曲霉菌落小，初呈灰绿色后变为暗褐色，无顶囊，分生孢子呈帚状。

4. 裂殖菌纲

乳酸杆菌：短杆状，菌落表面光滑。在大曲酒中的乳酸乙酯，是酒中大曲香气成分之一。

枯草杆菌：短杆状，菌落表面扩展，粗糙，有皱。产生不愉快的气味，有的菌株能产生α-淀粉酶、蛋白酶等，属好气性芽孢杆菌。

醋酸杆菌：细胞短杆，单独生长链排列，在液体表面形成薄膜，能氧化乙醇为醋酸。

以上仅是分离的结果。但由此可见大曲内微生物的复杂及酶种的丰富。笔者对以上分离所得到的微生物，选择了部分菌株进行了酶活力测定及糖化发酵试验，测定结果如表2-56所示。

表 2-56　　部分菌株的酶活力测定及糖化发酵试验

菌名	编号	糖化力/[mg 葡萄糖/(g·h)]	液化力/[g 淀粉/(g·h)]	酒精生成量/(V/V)
黄曲霉	1	717	13	2.5
	2	720	13	5.35
	3	783	13	8.1
	4	910	17	6.4
黑曲霉	1	330	94	
	2	1165	17	
根霉	1	240	73	
	2	265	71	
	3	300	57	
	4	820	25	
红曲霉	—	125	210	
毛霉	1	55	148	
	2	130	148	
白曲霉	—	480	35	
		880	28	

注：(1) 化验方法：按江苏省轻工业局编《白酒化验操作》进行。

(2) 酒精生成量确定：高粱浸泡 4~5h，在 1kg/cm^{2}压力下蒸煮 30min，称 100 克装入 500mL 三角瓶内灭菌，冷却后接种，在 30℃培养 60h，再加入无菌稀释至 250mL，在 30℃培养 103h 测定。

酵母的酒精生产量测定方法，其培养基和菌种分离相同，灭菌冷却后接种，在 30℃培养 96h 后测定（表 2-57）。

表 2-57　　不同酵母的酒精生成量

菌名	编号	酒精生成量/(V/V)
酒精酵母	1	2.7
	2	2.7
	3	5
汉逊酵母	1	2.6
	2	0.5

从测定分析数据看，其中有的菌具有较强的糖化力、液化力及发酵能力。笔者选择了根霉 4 号、白曲霉、拟内孢霉、酒精酵母 3 号及汉逊酵母 1 号作为试验菌种。

（二）大曲培养过程变化趋势

将以上 5 个菌种，分别用霉菌以麸皮作培养基，经扩大培养后，以 0.2%及 0.5%的比例接入制的麸面中，制成大曲曲坯，进房培养。其制法和大曲同。

在曲的培养过程中，笔者对不同时期的变化进行了测定，如表 2-58 所示。

表 2-58　　曲培养的不同时期的变化

对比曲	酸度	糖分/%	水分/%	淀粉/%	pH	糖化力/[mg 葡萄糖/(g·h)]	发酵力
进房	0.12	0.32	40	74	5.2		
第 2 天	1.7	0.45	38	72	3.9	480	2.2
第 7 天	1.4	1.07	29	67	4.7	580	2.0
第 10 天	0.9	0.61	21	62	5.4	450	4.0
第 14 天	0.9	0.22	18	62	6.0	460	4.0
第 25 天	0.9	0.25	13	62	6.0	460	3.0
试验曲	酸度	糖分/%	水分%	淀粉%	pH	糖化力/[mg 葡萄糖/(g·h)]	发酵力
进房	0.10	0.30	40	72	5.2		
第 2 天	1.5	0.61	38	68	4.0	325	2.2
第 7 天	1.4	1.20	30	62	4.6	430	2.5
第 10 天	0.8	0.80	21	59	5.4	500	4.3
第 14 天	0.8	0.45	18	58	6.0	590	4.3
第 25 天	0.8	0.60	13	54	6.0	740	37

试验曲与对比曲房在房温度（品温）变化的测定，如表 2-59 所示。

表 2-59　　试验曲与对比曲房在房温度（品温）变化的测定

天数/d	试验曲/℃	对比曲/℃	天数/d	试验曲/℃	对比曲/℃
1	24	22	14	39.5	39
2	28	25.5	15	37	35.5
3	40	35	16	37.5	35.5
4	30	27	17	38	31.5
5	31	30	18	34	32
6	32	30	19	34.5	35
7	33.5	30	20	33	26.5
8	36.5	33.5	21	31	29
9	36.5	37.5	22	30.5	28
10	38	37.5	23	31	24.5
11	39.5	39	24	31	26.5
12	41	38	25	30.5	23.5
13	39.5	38	26	29	21

如表 2-59 所示，试验曲与对比曲相比较，其前期发酵温度无较大差异，而大火期及后火期品温均较高，后火降低缓慢较为明显。

同时测定了微生物消长情况，其测定方法为：取曲样 1g，加入 10mL 无菌水，稀释到 10^{-8}，然后在 30℃下培养 36h，镜检，其菌落数如表 2-60 所示。

表 2-60　微生物消长情况

天数/d	霉菌	酵母	细菌	备注
2	400	300	32	放潮
7	1200	300	300	潮火
10	1100	200	170	干火
14	8000	300	2070	后火
25	4550	40	2510	出房

由以上测定可知，从大曲中分离、选择部分优良菌株，经扩大培养后，接种到曲中，来提高曲的酶效是可行的。如表 2-58～表 2-60 所示，试验曲与正常对比，糖化力提高 60%，发酵力提高 23%。微生物的消长情况是在大曲培养后火期繁殖得最多，其中以霉菌增长最快，细菌次之，酵母最少。从后火到出房阶段则霉菌有所下降，酵母亦残留很少，而细菌则反而上升。从外观来看，接有菌种的与正常生产的大曲对比，其菌丝生长较为致密，色润纯匀，曲香无大差异。

（三）发酵试验

较大的生产试验共进行了两次。其综合情况如下：在发酵期为 10d 与 13d 的两个班进行试验，每班日投料 800kg。用曲量为 185kg，占 23.1%，试验班组发酵池口中留三条使用正常生产用曲，作为对比池口。制酒的工艺未作任何改动，仍按正常操作进行。池发酵对比分析测定的数据如表 2-61 所示。

表 2-61　池发酵对比分析测定的数据

发酵天数/d	酸度		温度/℃		酒精度/%vol		糖分/%		淀粉/%		水分/%	
	试验曲	对比曲	试验曲	对比曲	试验曲	对比曲	试验曲	对比曲	试验曲	对比曲	试验曲	对比曲
入池	0.84	0.84	13	11.5			0.43	0.40	14	21.2	55	54.8
1	0.96	0.84	13	13.5			1.60	1.27				
2	1.20	0.96	13	12			2.10	1.05				
3	1.08	1.20	15	13			1.80	2.31				
4	0.96	1.20	19	18	0	0	1.23	1.30				
5	1.44	1.20	25	21	1.5	1.6	0.75	0.30				
6	1.44	1.26	26	25	2.0	2.3	0.58	0.45				
7	1.50	1.38	28	26	2.8	2.2	0.55	0.48				
8	1.54	1.38	31	29	2.9	3.0	0.43	0.40				
9	1.56	1.38	31	30	3.8	3.2	0.63	0.40				
10	1.56	1.42	32	31	4.6	3.2	0.31	0.45				
11	1.58	1.44	32	32	4.8	4.4	0.31	0.25				
12	1.26	1.44	32	32	5.2	4.8	0.40	0.25	12.8	13.0	66	64
出池	1.80	1.68	31.5	32	5.3	5.0	0.38	0.28				

发酵天数/d	酸度		温度/℃		酒精度/%vol		糖分/%		淀粉/%		水分/%	
	试验曲	对比曲	试验曲	对比曲	试验曲	对比曲	试验曲	对比曲	试验曲	对比曲	试验曲	对比曲
入池	0.74	0.78	14	15.5			0.33	0.40	12.4	21.7	54.8	55.1
1	0.84	0.84	15.5	15.5			1.54	1.38				
2	0.96	0.84	16	18			2.25	2.31				

续表

发酵天数/d	酸度		温度/℃		酒精度/%vol		糖分/%		淀粉/%		水分/%	
	试验曲	对比曲	试验曲	对比曲	试验曲	对比曲	试验曲	对比曲	试验曲	对比曲	试验曲	对比曲
3	0.96	0.96	20	20			2.20	1.42				
4	0.96	1.20	25	24	2.1	1.7	0.43	0.50				
5	1.26	1.08	28.5	27	3.6	3.1	0.45	0.32				
6	1.24	1.44	31	28	3.7	3.4	0.53	0.40				
7	1.44	1.20	33	30	3.7	3.6	0.70	0.58				
8	1.44	1.36	33	31	4.8	3.7	0.45	0.43				
9	1.60	1.48	34	32	5.1	4.2	0.45	0.28				
出池	1.80	1.68	34	32	5.1	5.0	0.40	0.40	12.00	13.01	63.2	3.4

如表2-61所示，使用试验曲后株发酵期提前了2~3d，生酸的幅度略偏高，酒精生成量则比正常使用的要多，增长也快，糖化进行得也较快，出池水分较正常偏大些（表2-62）。

表2-62　平均出酒情况（50kg红粮出酒率按65℃计算）

试验批数	第一批生产试验		第二批生产试验	
	平均产酒/kg	平均出率/%	平均产酒/kg	平均出率/%
试验组	368	41.93	391	44.54
对照组	354	40.33	367	41.81

通过生产试验得实践，从平均出酒率对比来看，使用试验曲后，第一批试验108次，每百斤红粮出酒率平均提高795g；第二批试验53次，每百斤红粮出酒率平均提高1355g；两批平均提高1050g。

对于成品酒的质量，我们将混合酒样进行了理化指标测定及品尝对比，情况如表2-63所示：

表2-63　混合酒样的理化指标测定及品尝对比

样品	总酸	总酯	色	香	味
使用试验曲	0.036	0.24	色清透明	大曲酒香较浓	甜正，较甜
使用对比曲	0.035	0.24	色清透明	香不明显	甜一般，微辣

通过成品酒的化验分析，其酸酯含量无甚差别，品尝结果，以使用试验曲的较好，酒香较浓、甜味增加。

（四）结论

（1）大曲中的微生物体系是比较复染的，有霉菌、酵母菌、细菌等。这些微生物主要来源于原料、空气、制曲用水及工具等。这些微生物在制曲的过程中不断得到扩大繁殖，从而丰富了菌类的积累。

（2）由于大曲在培养过程中品温较高，所以大部分菌类被高温所淘汰，尤其是酵母菌大量衰亡，霉菌中的耐热菌株得以保存下来，细菌也尚有相当的数量，所以大曲的淀粉酶的形成主要是来自霉菌。

（3）大曲中的微生物群内，其中霉菌占绝大多数，其次为细菌，而酵母菌则较少。

（4）通过对大曲中的微生物群进行分离，而后再测定其生化性能的基础上，选择优良的菌株，扩大培养后接到大曲中进房培养，这样能扩大有益微生物的作用，有利于提高曲的酶活力。

（5）将此种试验曲应用于生产，通过在池发酵情况的化验分析对比，可看到糖化及发酵进行得较快，酒精的生成量亦较多。

（6）通过不断的生产试验，从出酒情况来看，对提高出酒率是有效的；对提高酒的质量方面，虽从总酸、总酯的化验对比无甚差异，但品尝鉴定则较香甜。

目前，在我国的大曲酒生产中，大曲的制造过程仍有赖于自然界中的野生菌类，所以生产受到一定的限制，操作方法还以经验为主，劳动生产率低、质量也不够稳定。如何根据本厂具体情况，在保证曲酒独特风格的前提下提出优良的有效菌株，来提高大曲的酶效，进一步提高产品质量和产量，这是一个十分重要的课题。

［1981 年“全国酒曲微生物学术讨论会”资料］

八、凤型酒曲微生物的研究

陕西省轻工业研究所在西凤酒厂的支持下，自 1980 年以来，对西凤酒微生物的研究，为改进工艺和提高质量打下基础和提供科学依据。任玉珍等的研究结果如下。

（一）微生物种类

清茬曲、红心曲、后火曲的曲贮藏期酶活对比，如表 2-64 所示。

表 2-64　　3 种曲贮藏期的酶活对比

项目		出房大曲			贮曲		
		曲皮	曲心	混合	1 个月	3 个月	6 个月
清茬曲	糖化酶活力/(U/g)	936.0	880.0	1107.7	1273.0	1510.0	1264.0
	液化酶活力/(U/g)	1.04	1.09	1.55	2.06	1.94	1.39
	蛋白酶活力/(U/g)	18.8	21.2	18.5	15.3	16.3	21.7
	发酵率/%	79.0	82.5	73.5	61.5	79.3	66.0
红心曲	糖化酶活力/(U/g)	7230	297.0	666.0	896.3	1211.3	1151.7
	液化酶活力/(U/g)	1.32	0.52	1.24	1.38	1.29	1.38
	蛋白酶活力/(U/g)	20.0	17.30	20.4	14.7	16.6	21.4
	发酵率/%	73.5	70.0	67.0	76.7	87.0	66.0
后火曲	糖化酶活力/(U/g)	849.5	432.0	673.7	867.0	1089.5	892.0
	液化酶活力/(U/g)	1.33	0.68	1.30	1.09	1.31	0.97
	蛋白酶活力/(U/g)	14.2	21.2	16.1	13.6	16.7	24.0
	发酵率/%	79.0	63.0	71.7	79.3	84.3	65.3

通过从西凤酒厂的曲房和制曲用粮、谷糠、用水以及大曲、制酒车间的空气、窖泥、酒醅等微生物可能栖息的所有场所所分离到的微生物，经初步鉴定，除制曲用水几乎无菌外，其他场所分离到的主要微生物有霉菌属中的黄曲霉群、菌核曲霉、红曲霉等，根霉属有匍枝根霉、米根霉，伞霉属有伞卷霉、犁头霉属、青霉状曲霉等，酵母属有拟内孢霉、白地霉、汉逊酵母属等；细菌类有芽孢杆菌、乳酸菌及醋酸菌等。但不同场所分离出的微生物，其种类和比例有所不同，例如大曲中微生物种类比例，见表 2-65。

表 2-65 大曲酒醅窖泥中的微生物种类的比例

项目	大曲（成品曲）			酒醅（入池 3d）			窖泥（7 月）		
	霉菌	酵母菌	细菌	霉菌	酵母菌	细菌	霉菌	酵母菌	细菌
菌数/($\times10^6$/g 干曲)	152.5	34.19	11.49	1.42	64.5	58.71	28.33	1.67	48.33
占总数/%	76.95	17.25	5.79	1.13	51.75	47.1	36.16	2.13	61.7

（二）微生物的生化性能的测定

酿酒微生物主要功能是淀粉糖化、酒精发酵和产香 3 个方面，为此，将分离到的菌株，做了生化性能测定，以便找出优良菌种，用于提高西凤酒厂产量和质量，测定结果见表 2-66。

表 2-66 霉菌测定结果

菌号	糖化力/[mg 葡萄糖/(g·h)]	液化力/[g 淀粉/(g·h)]	发酵力/%（RP）	酒精体积分数/%	单菌体麸曲香气
1004	883.2	—	—	—	—
1008	710.4	1.04	未记录	5.3	—
1003	571.2	1.21	59.0	7.2	—
1007	412.8	0.68	未记录	2.7	—
1022	864.0	0.81	—	—	—
1012	535.2	1.35	0.11	1.5	—
1024	192.0	0.63	0.25	1.8	—
1010	530.4	1.35	0.27	2.1	有香味
1006	595.5	0.36	41.4	4.5	—
1031	523.2	1.17	—	—	—
1016	511.2	1.22	0.61	—	苹果香味
1019	230.4	0.44	未记录	2.3	苹果香味
1020	427.2	0.7	0.42	3.7	香蕉苹果香味
1028	568.8	0.92	55.6	5.0	香味
1032	715.2	1.25	0.083	0.3	—
1030	436.8	0.42	19.7	1.8	香味

霉菌共测定了 32 株，结果是糖化力以曲霉菌最高，其次为毛霉、红曲霉、根霉、米曲霉、伞卷霉。液化力由高到低为毛霉、伞卷霉、黄曲霉、根霉、米曲霉、红曲霉。发酵力和酒精浓度仍以黄曲霉为最高，红曲霉次之，再次为伞卷霉和根霉。

糖化力、液化力、发酵力和酒精浓度 4 项生化性能均较高的菌株仍是黄曲霉群，其次是红曲霉、毛霉、伞卷霉、根霉。

酵母菌共测定 17 株，发酵力达 50%以上的有 2 株，40%以上的有 2 株，30%以上的有 1 株。发酵液有果香和曲香的有 4 株，结果见表 2-67。细菌共测定了 21 株，结果见 2-68。

表 2-67　　酵母菌的测定结果

酵母菌号	发酵力/%（PR）	酒精体积分数/%	备注
3019	56.8	5.3	麸曲有香蕉味，培养液有香味
3030	53	4.7	发酵液有香味，
3029	48	5.3	好麸曲中有醪糟香味，
3003	43.4	5.1	曲子有苹果香味
3011	34.6	3.4	
3005	3.3	0	发酵液有香味

表 2-68　　细菌测定结果

细菌号	发酵力/%（PR）	酒精体积分数/%
2012	48.47	4.1
2009	13.23	0.7
2008	11.84	0.4
2006	11.57	—
2007	9.06	—
2004	6.91	—
2013	5.59	—
2011	5.25	—
2010	1.26	—
2003	0	0

这些细菌均无糖化力，其中有3株有发酵力和产酒精力，发酵力高的达48.47%，其余6株只有发酵力而无产酒精力，另外几株均无发酵力和产酒精力。

综上所述，西凤大曲起糖化作用的微生物是多种霉菌，其中以曲霉属的一株菌株糖化力特别高。根据化验结果，酵母菌、霉菌、细菌三者都有发酵作用，特别是霉菌中的黄曲霉群中的一株霉菌发酵力超过了酵母菌最高发酵力的水平。为此，认为曲霉菌为主的多种霉菌是西凤酒大曲中主要微生物，尤其是黄曲霉群对西凤酒质量起着重要作用。

将分离的几株黄曲霉采集到60~80个分生孢子，在西安医学院用扫描电镜观察，绝大多数孢子表面结构属米曲霉，有少数孢子表面结构鉴别不清。

（三）选出的优良菌种用于强化大曲的试验

选出优良菌种经混合培养后，配成菌液喷到酒坯表面，以增强曲坯上优良微生物的生长繁殖，从而提高曲子质量（表2-69）

表 2-69　　提高曲子质量测定结果

试验曲房号	对照			喷菌液			比对照提高率/%		
	糖化力/[mg 葡萄糖/(g·h)]	液化力/[g 淀粉/(g·h)]	发酵力/%(RP)	糖化力/[mg 葡萄糖/(g·h)]	液化力/[g 淀粉/(g·h)]	发酵力/%(RP)	糖化力	液化力	发酵力
3	441.6	0.26	64.2	739.2	0.35	64.4	67.39	34.61	0.31
8	460.8	0.24	60.3	710.4	0.46	60.4	54.16	91.67	0.17

续表

试验曲房号	对照			喷菌液			比对照提高率/%		
	糖化力/[mg葡萄糖/(g·h)]	液化力/[g淀粉/(g·h)]	发酵力/%(RP)	糖化力/[mg葡萄糖/(g·h)]	液化力/[g淀粉/(g·h)]	发酵力/%(RP)	糖化力	液化力	发酵力
10	499.2	0.36	59.4	672	0.47	59.7	34.61	30.56	0.51
4	518.4	0.24	47.4	556.8	0.28	63.9	7.41	16.67	33.96
29	547.2	0.33	64.4	480	0.32	44.5	-12.28	-3.03	-30.9
9	480.0	0.30	59.5	422.8	0.33	44.3	-11.91	10	-25.54
平均	491.2	0.29	59.2	596.9	0.37	56.2	23.23	30.08	-3.58

(四) 西凤大曲的曲皮和曲心中微生物数量和生化变化

表 2-70　培菌期微生物数量及生化测定

项目		低温期[入房3d,品温(35±1)℃]	高温期(入房15d,品温58~60℃)	出房期(26d后,品温24℃以下)
微生物总数/(×10^6个/g)	曲皮	122.1	80	78.6
	曲心	171.3	21	57.4
水分/%	曲皮	39	25	14
	曲心	41.8	37.8	19
糖化力/[mg葡萄糖/(g·h)]	曲皮	561.6	691.2	988.8
	曲心	513.6	138.4	230.4
液化力/[g淀粉/(g·h)]	曲皮	0.69	1.81	0.36
	曲心	—	—	0.16

(五) 西凤酒厂香微生物的鉴别试验

将西凤酒厂分离的85株菌种，经单株培养，加入生产酒醅中进行产酒试验，经感管品评和香味成分检测，最后选出12株优良菌种，结果见表2-71。

表 2-71　西凤酒产香微生物鉴别试验结果　　单位：mg/mL

菌种号	色谱						分析					
	乙醛	甲醇	乙酸乙酯	正丙醇	仲丁醇	乙缩醛	异丁醇	正丁醇	丁酸乙酯	异戊醇	乳酸乙酯	己酸乙酯
1005	18.56	10.02	134.38	15.77	—	20.12	20.17	3.86	5.27	42.44	262.69	—
对照	17.14	9.49	128.53	14.11	—	11.61	20.09	4.05	8.65	46.18	198.45	—
1006	33.64	8.63	111.48	12.47	—	71.20	23.09	微	12.70	32.43	234.88	42.81
对照	48.23	10.35	112.23	9.89	—	65.21	15.31	微	7.67	24.81	158.35	23.18
1016	24.29	18.98	88.85	22.30	10.63	27.57	16.26	微	5.97	55.25	356.95	21.49
对照	18.20	15.82	74.24	22.37	11.79	6.74	10.04	1.90	微	34.08	415.80	10.13
1027	21.84	9.35	107.52	12.28	—	22.16	18.85	微	9.95	36.05	249.20	15.45

续表

菌种号	色谱						分析					
	乙醛	甲醇	乙酸乙酯	正丙醇	仲丁醇	乙缩醛	异丁醇	正丁醇	丁酸乙酯	异戊醇	乳酸乙酯	己酸乙酯
对照	18.20	7.19	198.19	9.85	微	25.44	12.12	微	7.39	24.86	109.97	19.31
2062	27.13	8.44	113.41	16.35	—	44.38	18.53	6.14	7.14	36.54	162.62	—
对照	25.70	7.38	102.88	16.70	—	19.18	16.73	5.57	4.49	43.01	137.98	—
2063	24.28	7.91	119.25	15.45	—	39.71	21.38	9.35	9.97	43.06	132.10	—
对照	25.70	7.38	102.88	16.70	—	19.18	16.73	5.57	4.49	43.01	137.98	—
2069	44.27	13.62	146.88	26.48	4.36	93.81	30.22	10.84	9.85	63.65	34.98	40.55
对照	40.70	10.99	118.99	7.71	—	80.96	29.08	1.20	4.02	52.76	90.68	30.89
2072	41.41	12.31	139.86	27.58	5.54	82.52	23.17	12.77	11.49	68.09	47.09	39.39
对照	49.98	12.31	117.14	14.71	—	86.75	47.85	1.28	4.77	78.20	47.09	18.61
2077	58.55	14.94	124.84	12.77	—	76.97	24.77	2.62	7.72	55.57	76.96	27.22
对照	82.82	14.06	124.84	11.46	—	34.95	24.62	2.52	10.61	61.08	62.62	30.27
3003	44.27	15.38	92.43	9.36	—	64.14	21.05	2.62	6.62	42.28	203.44	11.34
对照	62.83	10.55	128.26	9.65	—	103.01	20.88	1.23	6.28	43.42	142.45	17.72
3009	51.43	12.30	35.62	12.37	—	46.99	30.40	3.95	18.55	59.78	194.88	20.92
对照	70	11.43	63.68	8.12	—	16.10	26.99	3.58	7.81	56.25	123.21	8.75
3053	87.14	14.94	155.88	12.54	—	18.01	37.09	2.88	7.52	66.01	66.50	23.36
对照	95.71	15.82	140.38	10.92	—	24.84	28.84	1.92	4.18	56.24	151.64	20.04

根据以上检测结果，4 株霉菌有 2 株曲霉菌的乙缩醛最多，1 株红曲霉的己酸乙酯最多，1 株毛霉的乳酸乙酯突出；5 株细菌中 2 株乙缩醛突出，2 株仲丁醇突出，1 株丁酸乙酯突出；3 株酵母分别为正丁醇、乙缩醛、丁酸乙酯突出。

（六）西凤大曲质量评定方法研究

大曲评定标准，由感官鉴定和理化指标得出得分总和，作为判定等级依据。采用百分制，感官鉴定为主，占总分 60%，理化指标占 40%。其等级划分为：优质曲：90~100 分；一等曲：80~89 分；二等曲：70~79 分；70 分以下为等外品，为不合格曲。

对制曲车间总产量等级指标要求优质曲 25%以上，一等曲为 65%以上，二等曲不超过 10%。

1. 感官鉴定评分法

（1）优质曲

清茬曲：皮薄色白，茬青一色，茬口清亮，整齐，坚硬，味清香。

槐瓤曲：皮薄色白，茬口坚硬，整齐，清洁，断面中心部位呈金黄色，味浓清香。

红心曲：皮薄色白，茬口坚硬，清洁，整齐，断面内有红色一条线或红点，有炒豌豆特殊曲香。

（2）劣曲　曲内有水圈、火圈，曲皮表面无霉，发棕红色。曲内有空气、生心、溺水、奔层、断层、糖心、大裂缝，两张皮。

2. 感官鉴定评分项目

（1）上霉（占 8 分）　要求上霉均匀，为梅花点状，霉稍清亮为佳。若无霉、污霉（有水毛，色棕、黑、绿、黄）、沫霉或土霉稀淡（零星点点）不均匀，都要酌情扣分。

（2）曲皮（2 分）　要求皮越薄越好，皮厚度不超过 1~2mm 为佳。否则酌情扣分。

（3）色（10分）　茬口色泽清洁，并具有青茬曲、槐瓤曲、红心曲的典型。若色泽不亮、发红、发暗、发污、发黑或不具典型大曲的曲色，均要扣分。

（4）香（占10分）　具有大曲的浓郁曲香，如青茬曲味清香、槐瓤曲有强劲冲鼻的浓郁曲香、红心曲有炒豌豆香味；若曲香淡薄，味气不正，均要扣分。

（5）茬口（占10分）　要求茬口坚硬，整齐一致。若茬口绵软、松散有断裂、包心、空气、溺心、夹层、水圈、火圈、糠化等均要扣分。

（6）成品率（占20分）　青茬曲占全房曲量的90%，可算其成品率达标，得此项满分，达不到者无分。成品槐瓤曲占全房曲量的85%，则可得满分，达不到者无分。红心曲占全房曲量的60%，则得满分，达不到者无分。

3. 理化指标评分标准

（1）理化指标占总分的40分。

（2）评分项目

糖化力（占15分）：青茬曲达800U得满分，槐瓤曲500U得满分，红心曲500U得满分。其青茬曲糖化力指标每低10U扣1分槐瓤曲、红心曲糖化力每低5U扣1分。

液化力（占10分）：3种大曲要求在0.4U得满分，指标每低0.1U扣2.5分。

发酵力（占15分）：3种曲要求在60U，每降低1U扣3分。

［黄平主编《中国酒曲》，中国轻工业出版社，2000］

九、剑南春大曲曲药培养过程中菌系、酶系的研究

剑南春集团有限责任公司的唐清兰、徐姿静、徐占成通过对不同踩曲季节浓香型大曲曲药发酵过程中的微生物及生物酶的跟踪分析，发现在一年的踩曲季节中，春季最适宜制曲。春季踩曲培养初期温度较低，高温期时间较短，最适宜酿酒微生物的大量富集和生物酶的代谢活动；秋季次之；夏季踩曲培养初期温度较高，高温期持续时间长，对微生物生长繁殖有明显抑制作用，从而导致夏季曲生物酶活也相对较低。在大曲药培养过程中，微生物数量在大曲升温期出现高峰，在高温期步入低谷，在降温期又稍有回升；在整个培养过程中霉菌占绝对优势，细菌次之，酵母菌相对较少。成品曲中酵母菌数量以春季曲最多，秋季次之，夏季曲最少。大曲培养初期的原料具有较高糖化力、液化力、发酵力、酯化力、酸性蛋白酶活力，在大曲升温期，曲药中大量富集各种生物酶，到高温后期生物酶活急剧下降，降温期又略有回升。该研究成果为制曲工艺优化提供了科学的理论依据。

曲药培养过程中水分变化规律图，如图2-35所示。

曲药培养过程中温度变化规律图，如图2-36所示。

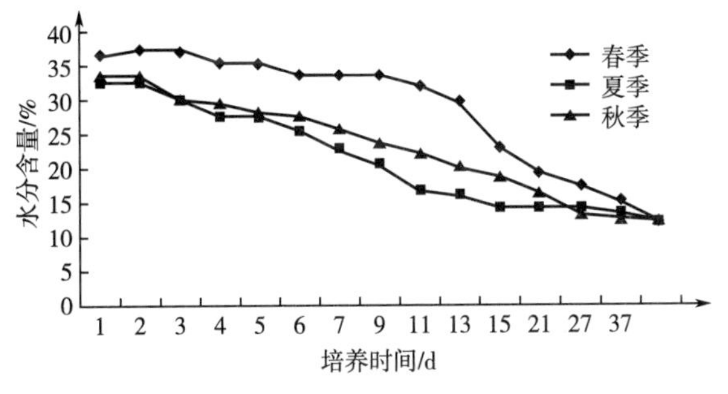

图2-35　曲药培养过程中水分变化规律图

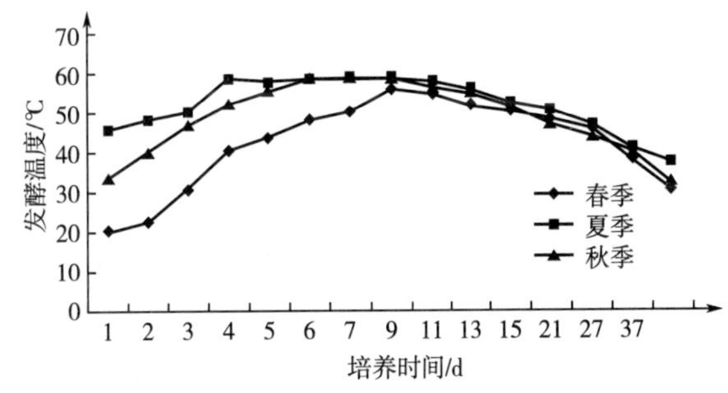

图2-36　曲药培养过程中温度变化规律图

不同季节曲药发酵过程中细菌数量对比图，如图 2-37 所示。
不同季节曲药发酵过程中酵母数量对比图，如图 2-38 所示。
不同季节曲药发酵过程中霉菌数量对比图，如图 2-39 所示。
不同季节曲药培养时间与糖化酶活力对比分析图，如图 2-40 所示。
不同季节曲药培养时间与液化酶活力对比分析图，如图 2-41 所示。
不同季节曲药培养时间与发酵力对比分析图，如图 2-42 所示。
不同季节曲药培养时间与酯化酶活力对比分析图，如图 2-43 所示。
不同季节曲药培养时间与蛋白酶活力对比分析图，如图 2-44 所示。

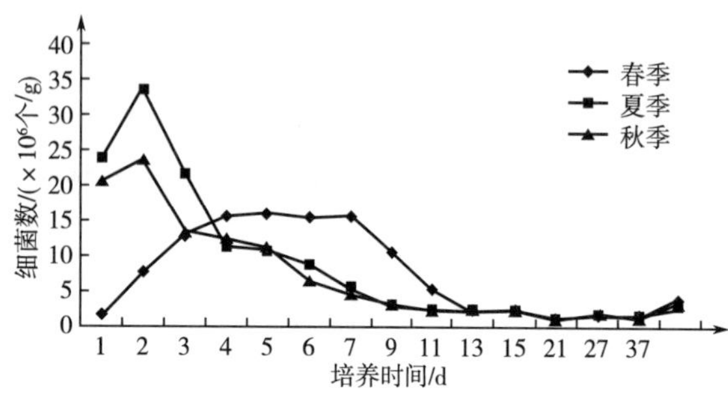

图 2-37　不同季节曲药发酵过程中细菌数量对比图

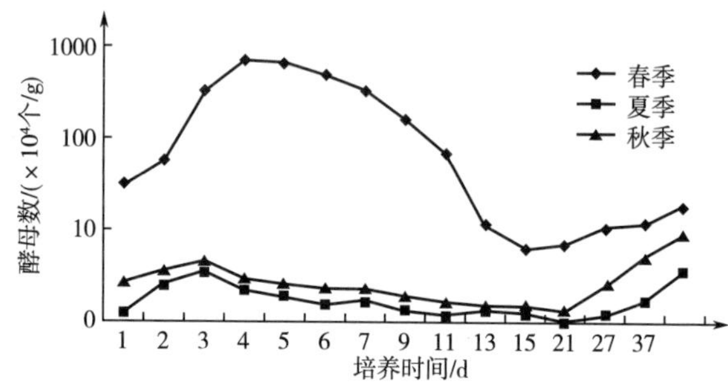

图 2-38　不同季节曲药发酵过程中酵母数量对比图

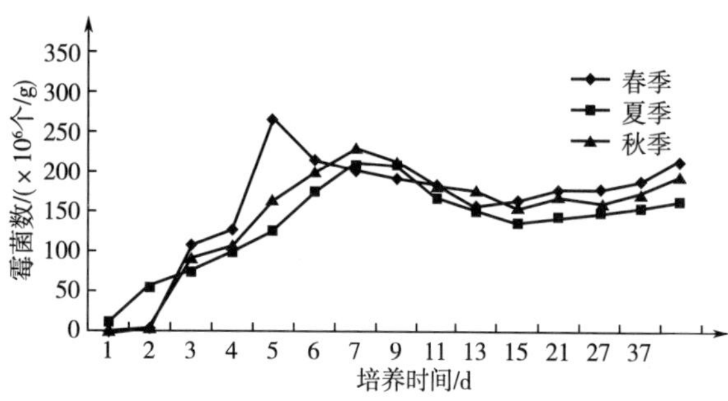

图 2-39　不同季节曲药发酵过程中霉菌数量对比图

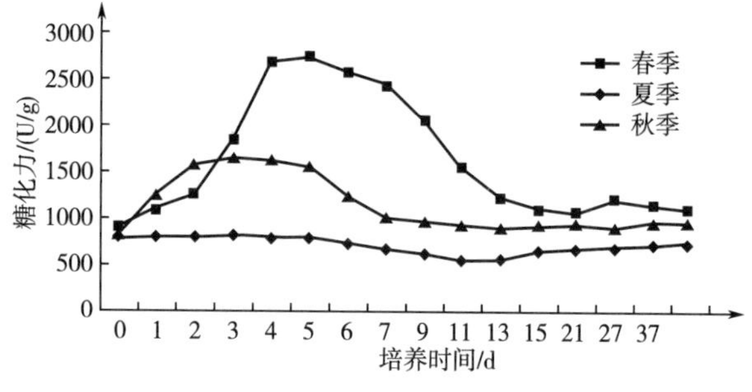

图 2-40　不同季节曲药培养时间与糖化酶活力对比分析图

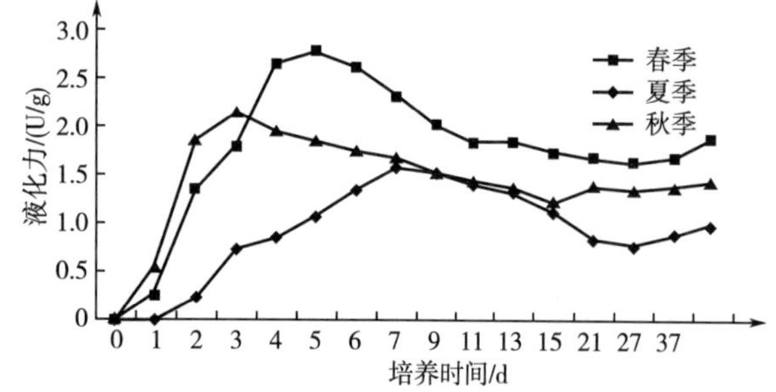

图 2-41　不同季节曲药培养时间与液化酶活力对比分析图

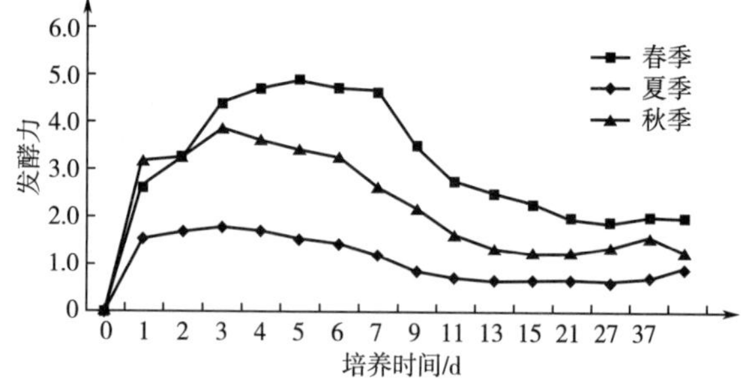

图 2-42　不同季节曲药培养时间与发酵力对比分析图

衡量催化合成酯类物质能力大小的指标——酯化力，也是衡量大曲质量的关键指标。不同季节曲药培养时间与酯化力关系如图 2-44 所示。

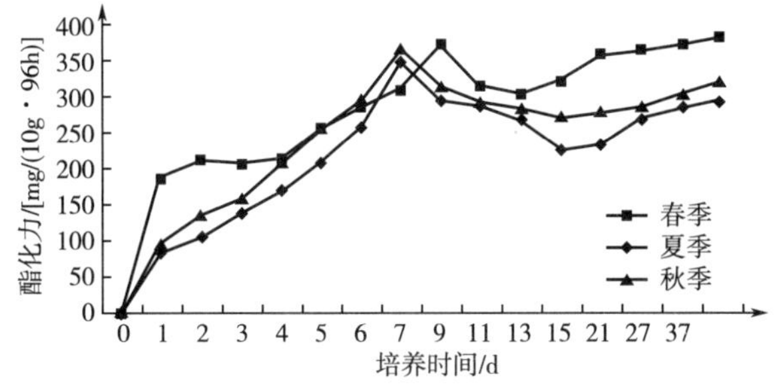

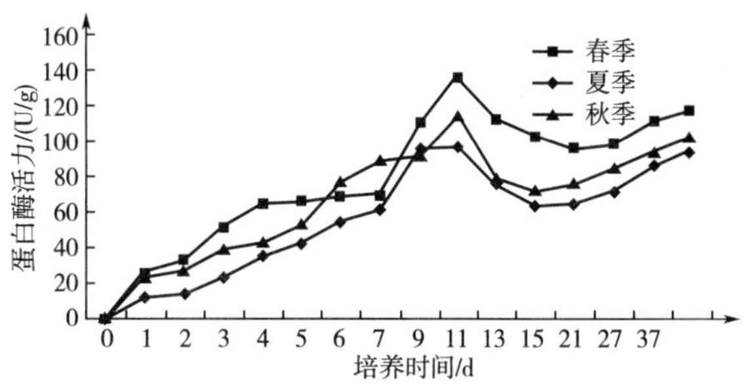

图 2-43　不同季节曲药培养时间与酯化酶活力对比分析图

图 2-44　不同季节曲药培养时间与蛋白酶活力对比分析图

［《酿酒》2013（2）：20-24］

十、古井贡酒大曲中微生物的初步研究

古井贡酒是以“窖香浓郁、回味悠长”而著名的大曲酒。笔者对古井贡酒大曲中的微生物进行研究，将分离到的发酵菌株，进行了初步鉴定。

以大曲中（包括环境中微生物）得到了较多曲霉，除黄曲霉群外还有烟曲霉群、土曲霉群、杂色曲霉群和黑曲霉群。而黄曲霉群被认为是古井贡酒大曲中的主要糖化菌；有的白酶活力较高，这可能与古井贡酒的香味有关。还得到较多根霉菌，但其糖化、发酵能力均不高。分离到古井根霉 57 号和 73 号两株菌经鉴定认为属米根霉。此外，古井大曲中还有较多酵母菌，既有酒精酵母又有产酯酵母，其中古酯 11 号经初步鉴定属汉逊酵母属，其产量比对菌株汉逊酵母略高。古酯 12 号在形态和生理特性上都具独特之处，在生长过程中产生黑色素和特殊香味，是否属于新种，有待进一步研究。

［《中国微生物学会第四届代表大会暨建会三十周年纪念会论文摘要汇编》，1982］

十一、十里香大曲培养过程中理化和微生物变化的研究

河北三井酒业股份有限公司的孟姣姣、杨月轮、崔靖靖等通过对大曲培养过程中理化指标和微生物变化的检测，了解培养过程中各指标的变化情况，初步揭示十里香大曲的形成机制。

（一）大曲理化指标变化及分析

大曲理化指标变化情况见表 2-72。

表 2-72　大曲理化指标变化情况

项目	温度/℃	水分/%	酸度	淀粉/%
入房（0d）	26	36.4	0.07	45.3
第一次翻曲（6d）	52	22.4	0. 63	58.3
第二次翻曲（11d）	60	18.2	0. 8	61.2
第三次翻曲（21d）	46	11.5	1.22	50.4
出房（30d）	30	10. 3	1.2	49.8

如表 2-72 所示，大曲温度的变化总体呈现出一个先升后降的趋势，入房初期，大曲温度几乎与室温持平，随着发酵的进行，大曲内的微生物通过消耗原料里的淀粉等营养物质，大量地生长繁殖，除生成二氧化碳和水外，还释放出大量的能量，部分用于微生物自身生长，部分以热能散失，表现为曲块升温。发酵后期，由于温度的上升和水分的散失，曲块环境不利于微生物的生长，微生物代谢减弱，产能大幅度减少，曲块温度下降明显，最后出房时又与室温大概持平。入房培养后，大曲的水分呈现出先快速下降，后趋于平缓稳定的趋势，根据生产经验，入房的鲜坯水分基本保持在 35%～37%之间。随着发酵的进行，微生物大量繁殖，消耗曲块大量水分，致使大曲水分在前 20d 基本呈现直线下降，但在培养后 10d 大曲水分降低很少，几乎不再变化，一方面由于曲块水分降低到一个较低的水平，水分很难再减少；另一方面，由于温度升高、水分散失和代谢产物的积累，微生物的代谢进入到消减状态，不再大量消耗水分。大曲酸度整体呈上升趋势，初期酸度急剧上升，可能由于环境适宜，微生物大量繁殖代谢。培养后期，酸度增长不明显，甚至出现下降现象，一方面可能由于培养温度升高，部分有机酸挥发；另一方面，温度、水分等环境的不适使微生物的繁殖代谢减弱，产酸下降。由此可见，大曲酸度和微生物的数量关系密切，尤其是芽孢杆菌，几乎成正相关，在一定范围内，酸度越大，说明大曲中所含微生物数量越多，有利于对酒醅中淀粉的分解、利用。大曲培养过程中，微生物将原料中的淀粉分解、利用，用于自身生长、繁殖、代谢，培养前期，淀粉含量增加，原因是大曲鲜坯含水分多，水分散失速度大于微生物分解、利用淀粉的速度。数据证明，除去水分散失的影响，淀粉的消耗主要集中在培养中期，即高温中挺阶段，这一阶段微生物的生长繁殖主要为细菌，通过消耗淀粉产生热量，可能是经过前期的培养，这期间大曲内糖化酶和液化酶的含量及活性均较高，淀粉消耗较多。

（二）大曲微生物变化及分析

大曲微生物变化情况见表 2-73。

表 2-73　　大曲微生物变化情况　　单位：$\times10^4$CFU/g

项目	细菌	酵母菌	霉菌
入房（0d）	49	21.5	0.01
第一次翻曲（6d）	11578	2137	2.5
第二次翻曲（11d）	2600	592	5.05
第三次翻曲（21d）	360	83	0.8
出房（30d）	302	76	0.65

如表 2-73 所示，培养初期微生物生长、繁殖良好，数量迅速增长，在第一次翻曲时大曲微生物数量达到最高，之后数量开始下降；在培养后期，第三次翻曲至出房期间，微生物数量变化不大。大曲入房培养初期，水分、淀粉充足，温度适宜，微生物生长良好。随着发酵的进行，微生物代谢产热使曲块升温，水分散失严重，次级代谢产物不断积累，微生物代谢受到抑制，部分微生物死亡，数量大大减少。另外，大曲中细菌的数量最大，酵母菌次之，霉菌最少，主要原因是细菌里的产芽孢细菌具有一定的耐热能力，而酵母菌一般不耐高温，整体培养过程中霉菌的数量都处在较低水平，可能与地理环境和气候有关。

（三）结论

大曲酒生产的实质就是多种微生物共同发酵的过程，大曲作为发酵过程中糖化剂、发酵剂，微生物和酶是质量的重要指标，而曲块的温度、水分、酸度直接影响着微生物的种类和数量。入房水分保持在 35%～37%之间，确保前期温度缓慢增长，切不可使曲块升温过猛，曲块前期升温过快，微生物不能充分生长繁殖，数量会大大减少，另外，温度高产酸细菌大量繁殖，也会影响整体微生物的生长

繁殖。培养后期控制温度不要降得过低，后期温度过低，也不利于微生物的生长繁殖，致使数量减少，后期温度低也影响曲块水分的散失，致使曲块水分高。另外，根据生产实际情况，可以适当在配料过程中强化一些霉菌，有利于发酵过程中原料的利用，而产生优质的大曲。

［《酿酒》2015（1）：86-88］

十二、五粮液大曲中嗜热红曲霉的筛选及初步研究

唐圣云、崔小亮、王戎等从五粮液大曲中筛选嗜热红曲霉，经过初筛、复筛得到1株嗜热霉菌，经过显微形态、菌落形态、生理生化实验初步确定为嗜热红曲霉。理化性能测定结果表明，该红曲霉嗜乳酸，最适生长pH为5，可耐受的最低pH为3。对乙醇也有较好的耐受性，最高可耐受11%（体积分数）的乙醇。由酯化酶活力测定可知，其酯化酶活力高达280U。

［《酿酒科技》2015（3）：23-26］

十三、剑南春酒曲细菌群落结构的分析

四川剑南春集团有限责任公司的樊科权、唐清兰、刘孟华、徐占成以剑南春中温大曲曲药为研究对象，采用聚合酶链式反应-变性梯度凝胶电泳（PCR-DGGE）技术研究浓香型白酒细菌的群落结构及其多样性。细菌DGGE指纹图谱揭示了剑南春中温大曲曲药中乳酸菌的种群多样性，所鉴定出的乳酸菌包括*Lactobacillus brevis*、*L. sakei*、*L. curvatus*、*L. sanfranciscensis*、*L. mindensis*、*L. reuteri*、*L. farciminis* *L. panis*、*L. helveticus*、*L. fermentum*、*L. pontis*、*Staphylococcus xylosus*、*Weissella confusa*、*Weissella cibaria*。同时，还检测到了传统培养方法未检测到的*Saccharopolyspora spinosporotrichia*、*Weissella confusa*、*Weissella cibaria*、*Klebsiella oxytoca*和*Staphylococcus xylosus*等细菌。曲药微生物种群多样性特征的解析为深入研究白酒微量香味物质生成机制提供了技术支撑。

［《酿酒》2013（6）：46-49］

十四、稻花香包包曲白酒发酵过程微生物动态分析

湖北工业大学的李习、张晶、严锦等利用基于16S rDNA的聚合酶链式反应-复性梯度凝胶电泳（PCR-DGGE）技术对处于4个阶段（入房3d大曲、入房13d大曲、出房大曲、贮藏90d）的稻花香大曲中原核微生物种群结构的变化进行了研究，使用原核同源引物对（341fGC/518R）从总DNA中扩增出目的16SrDNA，对扩增出的16S rDNA进行DGGE分析，优势条带经测序后得到同源性分析结果和系统发育树图，结果显示，稻花香包包曲中原核微生物多样性较丰富，优势种群结构变化较明显，主要包括细菌和放线菌，其中细菌占绝大部分，以芽孢杆菌、杆菌、球菌为主，芽孢杆菌数量和种类较多，球菌和杆菌种类相对较少，放线菌较单一且以链霉菌为主。

使用18S rDNA的PCR-DGGE和系统发育分析对处于4个阶段的稻花香大曲中真核微生物种群结构的变化进行了研究，使用真核同源引物对（NS-GC/EF4）从总DNA中扩增出目的18S rDNA，对扩增出的18S rDNA进行DGGE分析，优势条带经回收测序后得到同源性分析结果和系统发育树图。结果

显示，稻花香大曲中真核微生物优势种群明显，主要包括酵母菌和霉菌，两者的多样性较丰富，霉菌以曲霉为主，群落结构和优势种群呈现一定动态规律的变化。

[《酿酒科技》2014（1）：16-20]

十五、基于 Biolog ECO 技术分离鉴定古井贡酒大曲微生物

安徽古井贡酒股份有限公司的梁金辉、李安军、李兰等采用传统的纯培养法和 Biolog 法相结合的方法对古井大曲进行研究，分析大曲中存在的微生物种类，以期筛选得到影响大曲发酵力的主要微生物及产香微生物，将其应用于大曲生产，提高大曲的糖化力和发酵力，为制曲工艺的改善提供理论依据及古井微生物菌种库的建立奠定了基础。

利用该方法已鉴定并确定大曲微生物 103 株（表 2-74），表现出了古井大曲微生物的丰富多样性。在已确认的细菌中，主要为枯草芽孢杆菌、地衣芽孢杆菌、解淀粉芽孢杆菌、短小芽孢杆菌、微小枯草芽孢杆菌、类芽孢杆菌、环状芽孢杆菌、蜡样芽孢杆菌等，酵母菌主要为毕赤酵母、假丝酵母、伊萨酵母、肋状拟内孢霉属酵母、隐球酵母、产香酵母、丝孢酵母属、红酵母属等，霉菌主要为青霉菌等。研究表明酒曲中酵母菌、细菌、霉菌均是白酒酿造中的重要微生物，酵母菌直接关系到产酒率并能够代谢产生各种风味物质，细菌对白酒香型骨架物质的形成起重要作用，霉菌在酿酒生产中对淀粉酒样液化、糖化的作用。

表 2-74　　已鉴定古井大曲微生物种类

序号	菌株序号	可能性（PROB）	相似性（SIM）	距离（DIST）	菌种	中文名称
1	BAL02	0.610	0.610	5.672	*Bacillus subtilis/Mojavensis*	枯草芽孢杆菌/莫海威芽孢杆菌
2	BAL03	0.522	0.522	7.064	*Mycobacterium hassiacum*	分枝杆菌属
3	BAL04	0.632	0.502	2.854	*Bacillus subtilis/Mojavensis*	枯草芽孢杆菌
4	BAL05	0.624	0.624	5.461	*Sporolactobacillus nakaya-mae* subsp *nakayamae*	菊糖芽孢乳杆菌中山亚种（细菌模式菌株）
5	BAL06	0.667	0.667	4.742	*Sporolactobacillus nakay-amae* subsp *nakayamae*	
6	BAL07	0.555	0.555	6.514	*Pseudomonas fluorescens*	荧光假单胞菌
7	BAL08	0.589	0.589	5.696	*Bacillus subtilis/Mojavensis*	枯草芽孢杆菌/莫海威芽孢杆菌
8	BAL09	0.522	0.522	7.094	*Bacillus licheniformis*	地衣芽孢杆菌
9	BAL10	0.631	0631	5.312	*Myroides odoratimimus*	拟香味类香味菌
10	BAL11	0.589	0.589	6.055	*Bacillus subtilis/Mojavensis*	枯草芽孢杆菌/莫海威芽孢杆菌
11	BAL12	0.667	0.667	4.798	*Bacillus amyloliquefaciens*	解淀粉芽孢杆菌
12	BAL13	0.549	0.549	6.672	*Bacillus subtilis/Atropbaeus*	枯草芽孢杆菌/萎缩芽孢杆菌
13	BAL14	0.697	0.697	4.340	*Staphylococcus xylosus*	木糖葡糖球菌
14	BAL16	0.637	0. 511	2.812	*Bacillus subtilis/mojavensis*	枯草芽孢杆菌
15	BAL17	0.697	0.697	4.351	*Bacillus amyloliquefaciens*	解淀粉芽孢杆菌
16	BAL18	0.535	0.535	6.922	*Bacillus salarius*	杆菌
17	BAL19	0.719	0.719	4.044	*Staphylococcus succinus ss succinus*	琥珀葡萄球菌
18	BAL20	0.697	0.697	4.334	*Pectobacterium cypripedii*	发光细菌属
19	BAL21	0.582	0.582	6.086	*Bacillus ruris*	芽孢杆菌 ruris
20	BML22	0.653	0.653	5.034	*Bacillus licheniformis*	地衣芽孢杆菌

续表

序号	菌株序号	可能性(PROB)	相似性(SIM)	距离(DIST)	菌种	中文名称
21	BAL25	0.631	0.631	5.369	*Paenibacillus castaneae*	类芽孢杆菌属
22	BAL27	0.800	0.511	5.182	*Bacillus pumilus*	短小芽孢杆菌
23	BAL28	0.638	0.638	5.194	*Bacillus subtilis Mojavensis*	枯草芽孢杆菌/莫海威芽孢杆菌
24	BAL29	0.603	0.603	5.809	*Bacillus sabtilis Mojavensis*	枯草芽孢杆菌
25	BAL30	0.562	0.562	6.475	*Bacillus sonorensis*	杆菌
26	BAL33	0.575	0.575	6.178	*Bacillus subtilis ss spizizen-ii*	枯草芽孢杆菌
27	BAL34	0.689	0.689	4.493	*Bacillus subtilis ss subtilis*	微小枯草芽孢杆菌
28	BAL35	0.667	0.667	4.794	*Bacillus lieheniformis*	地衣芽孢杆菌
29	BAL36	0.674	0.674	4.647	*Mycobacterium mucogenicum*	分枝杆菌属
30	BAL37	0.711	0.711	4.072	*Bacillus licheniformis*	地衣芽孢杆菌
31	BAL40	0.624	0.624	5.419	*Mycobacterium thermoresistibile*	耐高温分枝杆菌
32	BAL41	—	0.567	2.617	*Bacillus subtilis*	枯草芽孢杆菌
33	BAL43	0.503	0.503	7.402	*Bacillus vallismortis*	芽孢杆菌
34	BAL44	0.610	0.610	5.666	*Paenibacillus wynnii*	类芽孢杆菌属
35	BAL45	0.685	0.502	3.766	*Bacillus circulans*	环状芽孢杆菌
36	BAL46	0.809	0.606	3.609	*Bacillus licheniformis*	地衣芽孢杆菌
37	BKL47	0.737	0.502	4.551	*Bacillus circulans*	环状芽孢杆菌
38	BAL48	0.549	0.549	6.716	*Bacillus sonorensis*	杆菌
39	BAL49	0.552	0.552	7.159	*Bacillus sonorensis*	杆菌
40	BAL51	0.603	0.603	5.824	*Bacillus subtilis/Atrophaeus*	枯草芽孢杆菌/萎缩芽孢杆菌
41	BAL52	0.562	0.562	6.484	*Bacillus subtilis/Atrophaeus*	枯草芽孢杆菌/萎缩芽孢杆菌
42	BAL53	0.610	0.610	5.711	*Bacillus cereus/Thuringiensis*	蜡样芽孢杆菌
43	BAL54	0.569	0.569	6.376	*Bacillus subtilis/Atrophaeus*	枯草芽孢杆菌/萎缩芽孢杆菌
44	BAL55	0.667	0.667	4.803	*Baccillus subtilis/Mojavensis*	枯草芽孢杆菌/莫海威芽孢杆菌
45	BAL57	0.772	0.772	3.183	*Lysinibacillus sphaericus*	球形赖氨酸芽孢杆菌
46	BAL58	0.688	0.505	3.755	*Bacillus licheniformis*	地衣芽孢杆菌
47	BAL59	0.689	0.689	4.402	*Bacillus licheniformis*	地衣芽孢杆菌
48	DAL02	0.807	0.562	4.306	*Staphylococcus xylosus*	木糖葡萄球菌
49	DAL03	0.522	0.522	7.118	*Bacillus licheniformis*	地衣芽孢杆菌
50	DAL04	0.719	0.719	4.027	*Staphylococcus arlettae*	阿尔莱特葡萄球菌
51	DAL05	0.674	0.674	4.701	*Ochrobactrum intermedium*	中间苍白杆菌
52	DAL06	0.917	0.639	4.382	*Pantoea agglomerans*	成团泛生菌
53	DAL07	0.610	0.610	5.677	*Bacillus safensis*	沙福芽孢杆菌
54	DAL08	0.778	0.559	4.005	*Sphingobacterium thalpophilum*	嗜温鞘氨醇杆菌
55	DAL09	0.569	0569	6.346	*Pantoea agglomerans*	成团泛生菌
56	YLH03	0.948	0.884	1.000	*Pichia anomala*	毕赤酵母
57	YLH05	0.978	0.945	0.492	*Pichia anomala*	异常毕赤酵母
58	YLH07	0.924	0.837	1.402	*Pichia anomala*	毕赤酵母
59	YLH09	1.000	0.940	0.889	*Endomyces fibuliger*	栗蕈寄生菌属

续表

序号	菌株序号	可能性（PROB）	相似性（SIM）	距离（DIST）	菌种	中文名称
60	YLH10	0.928	0.864	1.028	*Pichia anomala*	毕赤酵母
61	YLH11	1.000	0.955	0.661	*Endomyces fibuliger*	栗蕈寄生菌属
62	YLH12	0.652	0.603	1.114	*Pichia anomala*	毕赤酵母
63	YLH13	0.804	0.696	2.000	*Schizosaccharomyces pombe*	粟酒裂殖酵母
64	YLHl4	0.981	0.607	5.904	*Pichia sydowiorum*	赛道威毕赤酵母
65	YLH15	1.000	0.836	2.458	*Pichia anomala*	毕赤酵母
66	YLHl7	0.998	0.919	1.177	*Rhodotorula acheniorum*	瘦果红酵母
67	YLH18	0.993	0.612	5.936	*Candida haemulonii*	希木龙假丝酵母
68	YLH21	0.818	0.766	0.943	*Pichia guilliermondii* B	季氏毕赤酵母
69	YLH23	0.998	0.862	2.028	*Pichia anomala*	毕赤酵母
70	YLH24	0.995	0.928	1.000	*Pichia anomala*	毕赤酵母
71	YLH25	1.000	0.911	1.318	*Pichia anomala*	毕赤酵母
72	YLH28	1.000	0.959	0.609	*Pichia anomala*	毕赤酵母
73	YLH30	0.800	0.719	1.504	*Issatchenkia orientails*	东方伊萨酵母
74	YLH32	0.552	0.505	1.253	*Candida incommunis*	假丝酵母
75	YLH34	0.777	0.710	1.288	*Pichia anomala*	毕赤酵母
76	YLT001	1.000	0.977	0.345	*Candida tropicalis* B	热带假丝酵母（热带念珠菌）
77	YLT003	0.998	0.946	0.782	*Candida maritima*	滨海假丝酵母
78	YLT004	0.947	0.897	0.782	*Endomyces fibuliger*	肋状拟内孢霉
79	YLT005	0.999	0.921	1.167	*Pichia anomala*	异常毕赤酵母
80	YLT007	0.911	0.895	0.268	*Pichia anomala*	异常毕赤酵母
81	YLT009	0.593	0.507	2.172	*Pichia membranaefaeiens*	膜醭毕赤酵母
82	YLT010	0.991	0.967	0.350	*Endomyces fibuliger*	肋状拟内孢霉
83	YLT011	0.949	0.886	1.000	*Endomyces fibuliger*	肋状拟内孢霉
84	YLT013	—	0.437	3.356	*Cryptococcus*	隐球酵母
85	YLT014	0.949	0.949	0.000	*Endomyces fibuliger*	肋状拟内孢霉
86	YLT015	0.988	0.931	0.862	*Pichia anomala*	异常毕赤酵母
87	YLT016	0.997	0.990	0.114	*Endomyces fibuliger*	肋状拟内孢霉
88	YTHG01	0.838	0.627	3.808	*Zygosaccharomyces cidri*	产香酵母
89	YTHG02	1.000	0.804	2.942	*Zygosaccharomyces cidri*	产香酵母
90	YTHG04	0.671	0.506	3.722	*Pichia fabianii*	弗比恩毕赤酵母
91	YTHG05	0.996	0.750	3.743	*Trichosporon beigelii* A	丝孢酵母属
92	YTHG06	0.997	0.641	5.488	*Rhodotorula pustula*	红酵母属
93	YTHG07	0.803	0.569	4.426	*Hyphopichia burtonii* B	酵母属
94	ASC001	1.000	0.657	5.268	*Monaseus ruber* v. Tieghem	红曲霉
95	ASC002	—	0.307	11.860	*Aspergillus parasiticus* Speare BGB	寄生曲霉属
96	ASC003	1.000	0.850	2.234	*Paecilomyces variotii* Bainier BGA	拟青霉属

续表

序号	菌株序号	可能性（PROB）	相似性（SIM）	距离（DIST）	菌种	中文名称
97	ASC004	1.000	0.837	2.439	*Paecilomyces variotii* Bainier BGA	拟青霉属
98	ASC005	1.000	0.702	4.537	*Paecilomyces variotii* Bainier BGA	拟青霉属
99	ASL002	1.000	0.728	4.124	*Geotrichum candidum*	白地霉
100	ASL005	—	0.004	24.811	*Penicillium roqueforti* Thom BGE	青霉属
101	ASL008	—	0.595	4.511	*Aspergillus flavus var flavus* Link BGA	曲霉属
102	ASL012	1.000	0.814	2.790	*Paecilomyces variotii* Bainier BGA	拟青霉属
103	ASL015	0.997	0.779	3.290	*Aspergillus parasiticus* Speare BGB	寄生曲霉属

酒曲中的微生物区系主要为霉菌、酵母菌和细菌。大曲微生物区系是微生物种类分布、数量多少及微生物生命活动性能在一定生态环境下的综合体现，酒曲产地不同，曲种不同，其微生物的种类也不同，相应其所酿造的白酒香型也会不同，大曲中微生物的种类和数量是大曲质量的反映。为提高大曲酒的酒质及产酒率，必须对大曲微生物区系有一个全面的了解。利用 Biolog 微生物鉴定系统鉴定大曲中的微生物比用传统经典的鉴定方法更快捷、简单和准确，该方法由计算机辅助记录和读取数据，灵敏度高，再现性强，能最大限度地保留原有的微生物代谢特征，无需分离和培养微生物，可用于鉴定微生物和比较分析微生物群落。本研究经 Biolog 鉴定并确定大曲微生物 103 株，其中有 24 株细菌是第一次从大曲中分离得到的，如拟香味类香味菌（*Myroides odorati-mimus*）、类芽孢杆菌属（*Paenibacillus castaneae*）、球形赖氨酸芽孢杆菌（*Lysinibacillus sphaericus*）、成团泛生菌（*Pantoea agglomerans*）等。在已确认的酵母菌中，有 9 株酵母是第一次从大曲中分离得到的，如赛道威毕赤酵母（*Pichia sydowiorum*）、瘦果红酵母（*Rhodotorula acheniorum*）、希木龙假丝酵母（*Candida haemulonii*）、季氏毕赤酵母（*Pichia guilliermondii* B）等。本研究扩展了古井贡酒大曲中宝贵的菌种资源，明确大曲的主要微生物群系，对构建企业自身的微生物菌种资源库及找到古井贡酒的特色功能菌，为制曲工艺的改善及提高酒质和出酒率提供理论依据。

［《酿酒》2017（1）：28-32］

十六、基于 Biolog ECO 技术对贮藏过程中大曲微生物多样性变化规律的研究

安徽古井贡酒股份有限公司的汤有宏、李红歌、李晓欢根据大曲微生物的特性和生长特点，研究不同贮藏时间的大曲微生物利用不同种类碳源的特征、分析微生物群落功能多样性指标，探讨了大曲入库贮藏不同阶段微生物多样性变化规律。现介绍如下。

（一）实验材料与仪器

1. 实验材料与主要试剂

大曲样品：古井春季中高温大曲，选择 5 月中旬出房的三房曲（92#、109#、139#），存放于曲库，三房曲单独存放。酪氨酸、三氯乙酸、硫酸、葡萄糖、氢氧化钠、乙酸、乙酸钠、柠檬酸等均为国产分析纯；蛋白胨、营养琼脂、孟加拉红、琼脂粉等均为国产生化试剂。

2. 实验仪器与设备

Biolog 微生物鉴定系统、生化培养箱、分析天平、光学显微镜、分光光度计、立式蒸汽灭菌锅、

干燥箱、振荡器等。

（二）实验方法

1. 大曲样品的处理

大曲贮藏期间进行取样，分别取出房当天，贮藏期 15、30、45、60、75、90、105、120、135、150、165、180、195d 的样品，取样时分别从曲堆的上、中、下三层取六个点的样品，将采集得到的整块大曲粉碎、混匀，过 40 目筛，利用四分法粉碎均匀后，-20℃冰箱保存备用。

2. 大曲菌悬液的制备

在无菌室中称取混合均匀大曲粉 1g，加入装有 99mL 去离子水和玻璃珠的灭菌三角瓶中，摇床振荡 20min，将样品充分打散混匀，制成 10^{-2}的大曲悬液，静止约 10min 后取上清液，采用十倍稀释法，将其用无菌生理盐水稀释至浓度为 10^{-4}。

3. 微生物群落代谢活性的测定

将 Biolog ECO 微平板从冰箱中取出，预热到 25℃。将稀释 10000 倍的菌液加入 Biolog ECO 微平板中，每孔加入 150μL。将接种的 Biolog ECO 微平板在 30℃培养，分别于 24、48、72、96、120、144、168、192、216、240h 于 590nm 和 750nm 读取数据。

4. 数据处理方法

微生物代谢强度采用平均吸光度值（AWCD）来描述，计算公式：

$$AWCD=[\sum(C-R)]/31$$

式中：C——反应孔的吸光度值；

R——对照孔的吸光度值。

采用 McIntosh 指数、Shannon 指数、Simpson 指数、Shannon 均度和 McIntosh 均度来描述微生物群落多样性指数，计算方法参照杨永华等的计算方法。采用不同培养时间的数据计算会产生不同的结果，采用培养 96h 的数据计算微生物群落的多样性指数，并用 SPSS 21.0 软件进行聚类分析。

（三）结果与讨论

1. 微生物群落代谢强度的变化

（1）微生物平均吸光值（AWCD）　AWCD 代表了曲样微生物的总体活性。本文采用 Biolog ECO 板研究不同贮藏时间段大曲微生物群落代谢功能多样性。结果表明，不同曲房的曲样 AWCD 差异显著，说明不同的大曲培养方式及温度变化对大曲微生物碳素利用形式或者代谢功能以及微生物群落产生较大的影响。不同贮藏时间段的大曲微生物代谢强度也有差异，说明在贮藏过程中大曲微生物群落发生了改变，相对于出房曲，随着贮藏时间的增加，大曲微生物利用碳源的平均吸光值均有不同程度的增加。如表 2-75 所示。

表 2-75　不同贮藏时间大曲微生物利用碳源的平均吸光值（AWCD）

项目	出房	贮藏 2 个月	贮藏 4 个月	贮藏 6 个月
92 房	0.7804	0.5479	0.8070	0.9535
109 房	0.2891	0.4833	0.7305	0.7919
139 房	0.0582	0.1897	1.1050	0.9535

（2）大曲微生物利用不同种类碳源的特征　按化学基团的性质对生态板（ECO 板）上的 31 种碳源分成 6 类，即单糖\糖苷\聚合糖类、氨基酸类、酯类、醇类、胺类和酸类，将每类碳源的 OD 值平均，结果见表 2-76。

表 2-76　　不同贮藏时间大曲微生物群落对不同种类碳源的相对利用率

房号	糖类	出房	贮藏 2 个月	贮藏 4 个月	贮藏 6 个月
92 房	单糖\糖苷\聚合糖类	1.0931	0.4699	1.2414	1.1284
	氨基酸类	0.7746	0.5424	0.8307	1.2773
	酯类	1.1120	1.2665	0.9451	1.3589
	醇类	0.7493	0.1104	0.6811	0.8457
	胺类	0.5937	0.3688	0.8437	1.1762
	酸类	0.4800	0.3755	0.4096	0.2545
109 房	单糖\糖苷\聚合糖类	0.0652	0.3237	1.1316	0.7580
	氨基酸类	0.0529	0.1478	0.7861	0.6822
	酯类	0.0288	0.3006	0.9527	0.6868
	醇类	0.0227	0.1201	0.7686	0.6124
	胺类	0.0956	0.2960	0.7038	0.5410
	酸类	0.0820	0.2621	0.4365	0.3225
139 房	单糖\糖苷\聚合糖类	0.0619	0.3430	1.3524	1.2093
	氨基酸类	0.0370	0.1528	1.3287	0.9878
	酯类	0.08 39	0.3278	1.2847	1.0328
	醇类	0.0449	0.1186	1.0396	0.8246
	胺类	0.0469	0.3196	1.2761	0.8286
	酸类	0.0607	0.2313	0.5604	0.4052

如表 2-76 所示，贮藏 2 个月的 92 房曲微生物对单糖\糖苷\聚合糖类、氨基酸类、醇类和胺类的利用率最低，贮藏 4 个月时曲样微生物对糖类、氨基酸类、醇类、胺类和酸类的利用率有不同程度的增加，但对酯类的利用率稍有下降。至贮藏 6 个月时，曲样微生物除了对糖类和酸类碳源的利用率下降外，对其他碳源的利用率均达到最大。

2. 微生物群落功能多样性指数分析

表征生物多样性的指数很多，如 Shannon 指数、Simpson 指数、McIntosh 指数等。在实际应用中，评价群落内生物多样性最常用的指数是 Shannon 指数，它是研究群落物种的丰富度和分布均匀程度的综合指标。Shannon 指数越高，表示微生物群落多样性越高。McIntosh 指数是反映微生物群落均一性的度量，Simpson 指数可评估大曲中微生物群落中最常见的物种。由表 2-77 可知，三房曲样在微生物群落多样性差异较小，且在贮藏过程中变化也较小；92 房曲样微生物均一性在贮藏过程中变化不大，而 109 房和 139 房曲样微生物均一性在贮藏过程中有一定的变化，均是在贮藏 4 个月时达到最大，在贮藏 6 个月时又稍有下降，但总体来说比出房曲样微生物群落均一性差；109 房曲样微生物在贮藏过程中最常见的物种差异不大，而 92 房和 139 房曲样微生物在贮藏过程中最常见的物种差异较大。

表 2-77　　不同贮藏时间大曲微生物群落功能多样性

房号	多样性指标	出房	贮藏 2 个月	贮藏 4 个月	贮藏 6 个月
92 房	McIntosh 指数	5. 3611	4. 0924	5. 1735	6. 2158
	Shannon 指数	2. 9345	2. 8830	3. 0789	3. 0471
	Simpson 指数	16. 6690	14. 4871	8. 3986	27. 0470
	Shannon 均匀度	0. 6907	0. 7713	0. 7110	0. 7221
	McIntosh 均匀度	0. 8841	0. 8976	0. 8960	0. 8987
109 房	McIntosh 指数	2. 6460	2. 9534	4. 93 09	3. 7015
	Shannon 指数	2. 3546	2. 2326	2. 9929	2. 8107
	Simpson 指数	8. 5599	8. 7159	8. 5747	4. 7761
	Shannon 均匀度	0. 7066	0. 7271	0. 7118	0. 7300
	McIntosh 均匀度	0. 8690	0. 8904	0. 8911	0. 8866
139 房	McIntosh 指数	0. 5158	1. 9678	7. 0107	6. 2158
	Shannon 指数	2. 7680	2. 3089	3. 1051	3. 04 71
	Simpson 指数	-1. 6241	1. 8169	44. 5762	27. 0470
	Shannon 均匀度	1. 2598	0. 8749	0. 7066	0. 7247
	McIntosh 均匀度	1. 0714	0. 9081	0. 8948	0. 8996

3. 曲样微生物群落利用碳源多样性的主成分分析

为了进一步探讨各个处理对微生物各种碳源的利用情况，本试验将培养 96h 的 Biolog 数据进行主成分分析（图 2-45）。Biolog 数据主成分载荷通常反映了微生物群落的生理轮廓，是其群落结构和功能多样化的具体体现。主成分 1（PC_1）和主成分 2（PC_2）分别解释了 58. 3589%和 12. 481%的变异(图 2-46)。

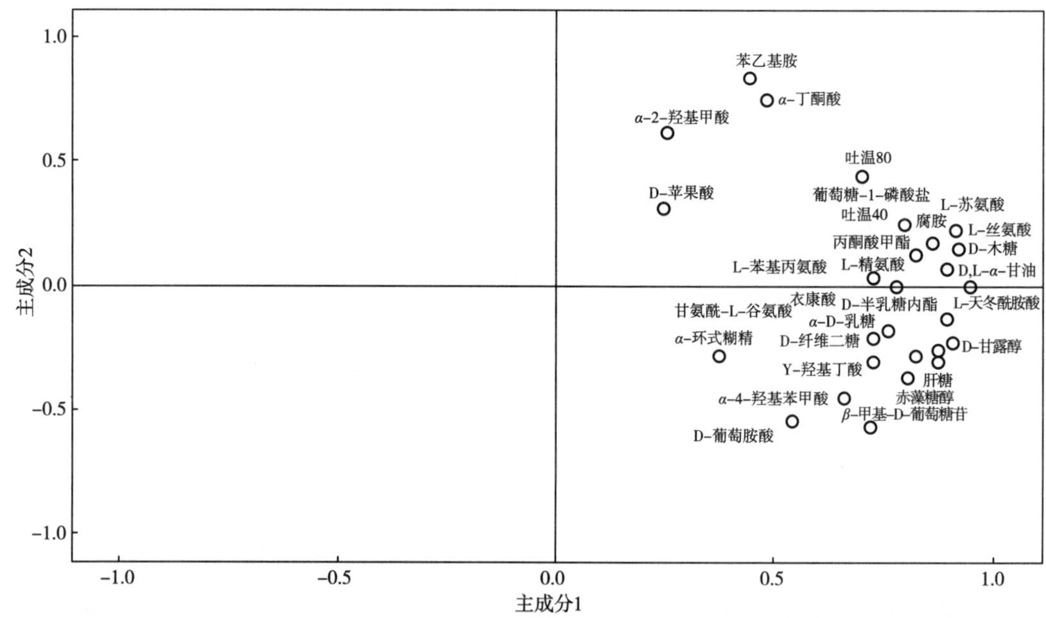

图 2-45　不同碳源主成分载荷值

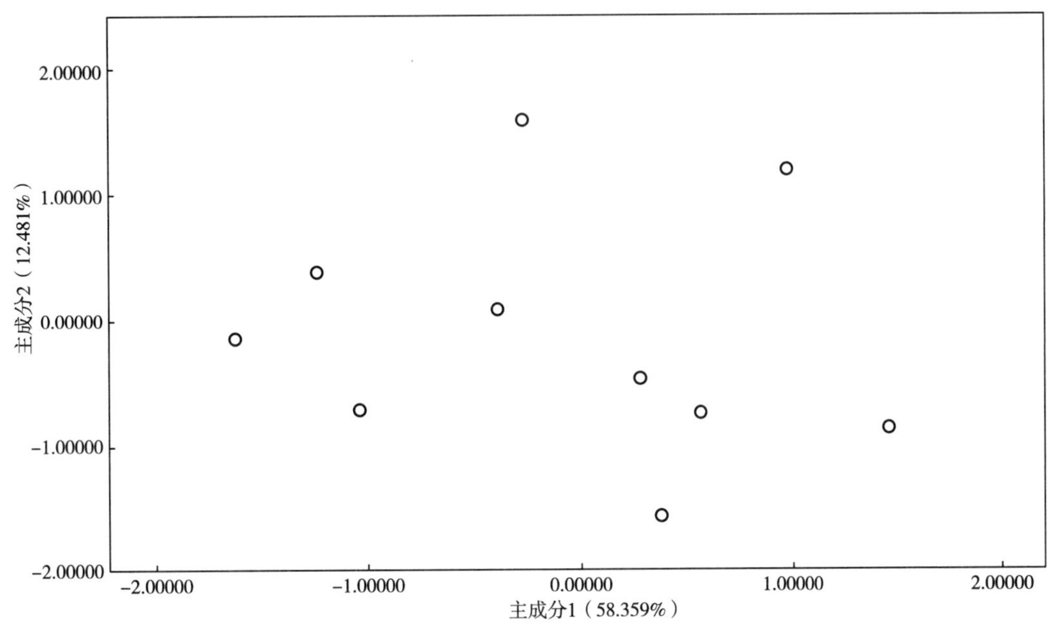

图 2-46　不同曲样微生物群落碳源利用率的主成分分析

4. 不同曲样微生物代谢指纹数据聚类分析

将接种不同大曲菌悬液的 Biolog ECO 板培养 96h 生成的数据进行聚类分析，结果形成一个树状图（图 2-47）。聚类分析图谱直观显示出不同曲样按照其对不同碳源的利用率，将相似的曲样聚为一类。当聚合水平>15 时，本次分析的大曲可以分为 5 类，第一类：92 房贮藏 6 个月曲、139 房贮藏 6 个月曲、139 房贮藏 4 个月曲；第二类：92 房贮藏 4 个月曲、109 房贮藏 4 个月曲、92 房出房曲；第三类：139 房出房曲、139 房贮藏 2 个月曲、109 房出房曲；第四类：109 房贮藏 6 个月曲；第五类：92 房贮藏 2 个月曲。从聚类分析结果可明显看出，贮藏不同时间的曲样微生物群落差异性较大，均是在较长时间内才聚为一类的。

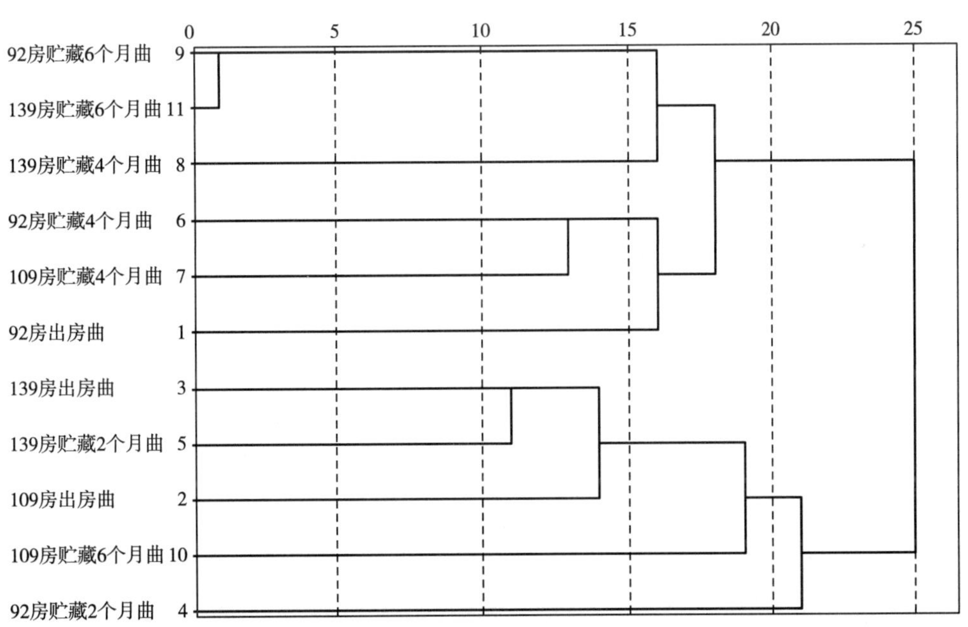

图 2-47　不同曲样微生物群系代谢指纹聚类分析图谱

（四）总结

通过对贮藏过程中大曲的微生物平均吸光值（AWCD）、大曲微生物利用不同种类碳源的特征的研究分析，表明不同的大曲培养方式对大曲微生物碳素利用形式或者代谢功能以及微生物群落产生较大的影响；贮藏过程中大曲微生物群落发生了明显的变化，随着贮藏时间的增加，大曲微生物利用碳源的平均吸光值有不同程度的增加。通过对贮藏过程中大曲的微生物群落功能多样性指数分析研究，Shannon 指数表示微生物群落多样性。研究表明不同曲房微生物群落多样性差异较小，且在贮藏过程中变化也较小；McIntosh 指数是反映微生物群落均一性的度量，研究表明不同曲房微生物均一性在贮藏过程中变化不大；Simpson 指数可评估大曲中微生物群落中最常见的物种，分析表明曲样微生物在贮藏过程中最常见的物种差异没有呈现出规律性。

Biolog 数据主成分载荷反映了微生物群落的生理轮廓，通过对曲样微生物群落利用碳源多样性的主成分分析研究，表明不同曲样微生物群落结构和功能的多样化。

通过对不同曲样微生物代谢指纹数据聚类分析，表明贮藏不同时间的曲样微生物群落差异性较大，均是在较长时间内才聚为一类。

一系列的实验表明，贮藏过程中大曲的微生物指标发生明显的变化，但是部分研究数据显示的规律并不相似，造成这种现象的原因仍有待继续研究。

[《酿酒》2015（1）：75-78]

十七、中高温大曲中的挥发性成分分析

淮阴工学院生化学院的胡沂淮、江苏洋河酒厂股份有限公司的姜勇、戴源、蔡楠、郭亚飞采用索氏提取法对浓香型中高温大曲中的挥发性成分进行提取，并应用气质联用技术对提取物进行定性分析研究。现介绍如下。

（一）大曲挥发性成分分析

浓香型白酒中高温大曲乙醚提取液中主要挥发性风味化合物成分经 NIST 谱库检索和资料分析，检测结果见表 2-78。

表 2-78　中高温大曲的挥发性成分

时间/min	化合物名称	分子式	相似度/%	时间/min	化合物名称	分子式	相似度/%
含氮化合物				4.17	乙醛缩二乙醇	$C_6H_{14}O_2$	75.3
3.58	异噁唑	C_3H_3NO	71.0	4.54	异戊醇	$C_5H_{12}O$	81.1
13.90	N,N-二甲基乙酰胺	C_4H_9NO	78.1	5.16	1,2-丙二醇	$C_3H_8O_2$	85.8
25.99	1H-吡咯甲醛	C_6H_6NO	69.5	8.80	2,3-丁二醇	$C_4H_{10}O_2$	89.7
26.59	N-苄氧羰基-β-丙氨酸	$C_{11}H_{13}NO_4$	65.4	32.48	苯乙醇	$C_8H_{10}O$	84.7
29.87	3-乙酰基-1H-吡咯	C_6H_7NO	78. 6	39.83	丙三醇	$C_3H_8O_3$	78.2
30. 52	四甲基吡嗪	$C_8H_{12}N_2$	82.1	酸类化合物			
103.44	9-十八稀酰胺	$C_{18}H_{35}NO$	76.2	9. 59	2-甲基丙酸	$C_4H_8O_2$	78.1
103.85	3-苄基-1,4-酮吡咯并哌嗪	$C_{14}H_{16}N_2O_2$	74.7	10.81	正戊酸	$C_5H_{10}O_2$	73.5
醇类化合物				4.90	丙酸	$C_3H_6O_2$	90.0
3. 96	1,2-乙二醇	$C_2H_6O_2$	80.5	15.31	异巴豆酸	$C_4H_6O_2$	90.7

续表

时间/min	化合物名称	分子式	相似度/%	时间/min	化合物名称	分子式	相似度/%
16.56	异戊酸	$C_5H_{10}O_2$	82.2	含氧杂环类化合物			
17.96	正丁酸	$C_4H_8O_2$	88.3	11.92	2-呋喃甲醇	$C_5H_{10}O_2$	95.5
18.57	3-甲基-2-丁烯酸	$C_5H_8O_2$	82.9	22.06	2-戊基呋喃	$C_9H_{14}O$	72.1
92.60	正十六酸	$C_{16}H_{32}O_2$	75.8	40.74	苯并呋喃酮	$C_8H_6O_2$	77
100.99	9，12-十八二烯酸	$C_{18}H_{30}O_2$	77.3	烷烃类化合物			
103.99	正十八酸	$C_{18}H_{36}O_2$	70.6	24.98	3-甲氧基-1-丁烯	$C_5H_{12}O$	73.4
酚类化合物				123.25	角鲨烯	$C_{30}H_{50}$	75.2
24.03	苯酚	C_6H_6O	82.3	酮类化合物			
30.34	愈创木酚	$C_7H_8O_2$	80.6	19.24	2-庚烯酮	$C_7H_{12}O$	77.6
46.72	4-乙烯基愈创木酚	$C_9H_{10}O_2$	69.1	20.05	3,4-二羟基-3,4-二甲基-2,5-己二酮	$C_8H_{14}O_4$	88.1
59.66	2,6-二叔丁基对甲酚	$C_{15}H_{24}O$	62.2				
酯类化合物				芳香族化合物			
15.62	丁内酯	$C_4H_6O_2$	77.4	44.50	1-丙烯基-1H-茚	$C_{11}H_{10}$	67.1
23.18	己酸乙酯	$C_8H_{16}O_2$	88.5				

应用索氏提取法并结合气相色谱-质谱（GC-MS）联用技术，从大曲中共检测出 39 种挥发性成分，其中含氮化合物 8 种、醇类化合物 7 种、有机酸类化合物 10 种、酚类化合物 4 种、酯类化合物 2 种、含氧杂环类化合物 3 种、烷烃类化合物 2 种、芳香族化合物 1 种、酮类化合物 2 种。由结果分析可以看出，大曲中所含有的挥发性成分主要是白酒中香气成分的前体物质，即有机酸、醇类物质、杂环类化合物、酰胺类化合物及酚类化合物等。通过与成品酒的风味物质比较可以看出，异戊醇、1,2-丙二醇、2,3-丁二醇、苯乙醇、丙三醇、2-甲基丙酸、正戊酸、丙酸、异巴豆酸、异戊酸、正丁酸、3-甲基-2-丁烯酸、正十六酸、正十八酸等既是风味前体物质又是成品酒的风味物质；四甲基吡嗪、乙醛缩二乙醇、丁内酯、己酸乙酯、苯酚、愈创木酚、4-乙烯基愈创木酚、2-戊基呋喃、苯并呋喃酮等是成品酒的风味物质；异噁唑、*N*,*N*-二甲基乙酰胺、1H-吡咯甲醛、*N*-苄氧羰基-β-丙氨酸、3-乙酰基-1H-吡咯、9-十八稀酰胺、3-苄基-1,4-二酮吡咯并哌嗪、1,2-乙二醇、9,12-十八二烯酸、2,6-二叔丁基对甲酚、2-呋喃甲醇、3-甲氧基-1-丁烯、角鲨烯、2-庚烯酮、3,4-二羟基-3,4-二甲基-2,5-己二酮、1-丙烯基-1H-茚等是风味前体物质，这些物质经发酵、蒸馏等工艺后消失。

其中，丁酸具有轻微的大曲酒糟和窖泥味，微酸甜，酯化后得到的丁酸酯化物具有不同的水果香味；戊酸有脂肪臭，似丁酸气味，微量时无臭，微酸甜，其酯化后得到的酯化物具有苹果似的水果香气；异戊酸特征风味与正丁酸相似，其酯化后得到的酯化物与戊酸乙酯具有相似的特征风味，并具有甜味；糠醇具有焦香气味、极淡咖啡味，酯化后得到的酯化物具有果香气（丁酸糠酯具有醋栗香味）；乙醛缩二乙醇具有果香和清爽的香气；1,2-乙二醇和丙三醇都具有味甜柔和浓厚感，只是前者次于后者；异戊醇有杂醇油气味，刺舌、稍涩、香蕉味，酒头香；2-甲基-2-丁烯酸具有水果香味；2,3-丁二醇有甜味可使酒发甜，具有小甘油之称，可以改善白酒的风味，同时可增香。此外，苯乙醇具有新鲜的面包香、清甜的玫瑰花香；愈创木酚和4-乙烯基愈创木酚具有木本烟熏味；四甲基吡嗪具有烘烤焦香味，这些物质的香味与大曲本身的香味很相似。

（二）结论

本实验应用 GC-MS 技术初步分析了浓香型中高温大曲中的挥发性成分，共检测出 39 种化合物，并探讨了这些化合物本身及部分发酵产物的风味。因苯乙醇、愈创木酚、4-乙烯基愈创木酚和四甲基吡嗪等物质的香味与大曲很相似，故推测它们可能是大曲香气的主要贡献者。

[《酿酒科技》2013（9）：53-54]

十八、中高温浓香型大曲中挥发性香味物质分析

四川理工学院的明红梅、姚霞、周健和泸州老窖股份有限公司的许德富、王小军选取中高温浓香型大曲为研究对象，采用顶空固相微萃取（HS-SPME）与气相色谱-质谱（GC-MS）联用的方法，对大曲中挥发性香味物质进行定性和半定量测定，并结合主成分分析法对检测信息进行处理和分析。现将结果介绍如下。

（一）大曲样品挥发性香味物质定性分析

采用顶空固相微萃取-气相色谱-质谱（HS-SPME/GC-MS）联用技术检测大曲中的挥发性物质，经计算机谱库查询，15 组大曲样中鉴定出 123 种化合物，其挥发性成分的总离子流色谱图见图 2-48。

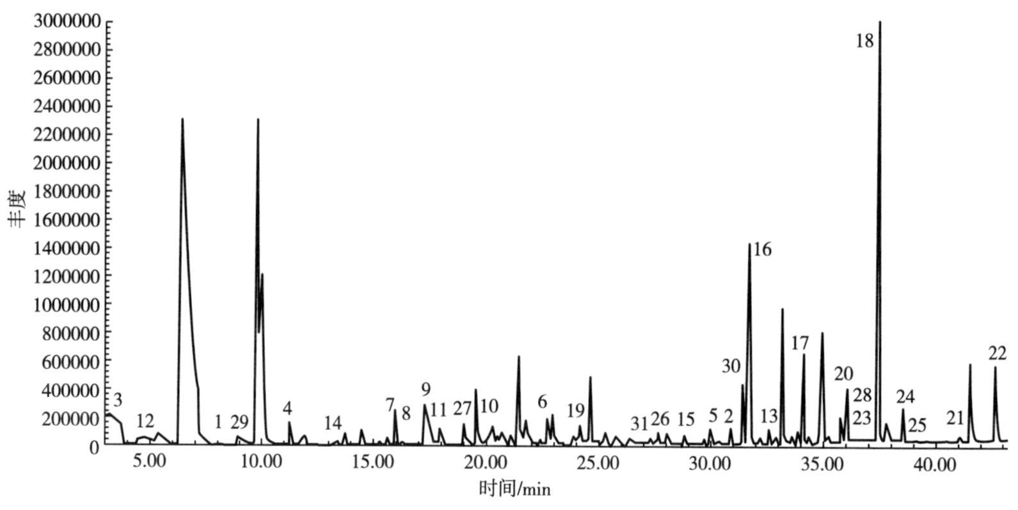

图 2-48　大曲样品挥发性成分的总离子流色谱图

1—2-丁烯醛　2—2-苯基巴豆醛　3—乙醛　4—正丁醇　5—苯乙醇　6—1-石竹烯　7—2,5-二甲基吡嗪　8—2,6-二甲基吡嗪　9—2,3-二甲基吡嗪　10—2，3,5,6-四甲基吡嗪　11—2,3,5-三甲基吡嗪　12—乙酸乙酯　13—11-十六烯酸乙酯　14—己酸乙酯　15—十二酸乙酯　16—十四酸乙酯　17—十五酸乙酯　18—十六酸乙酯　19—癸酸乙酯　20—9-十六碳烯酸乙酯　21—十八碳-6，9-二烯酸乙酯　22—亚油酸乙酯　23—（7*E*,9*E*）-十二碳二烯醇乙酸酯　24—棕榈酸异丙酯　25—9-十八碳烯酸乙酯　26—苯乙酸乙酯　27—辛酸乙酯　28—11,13-二甲基-9-十四碳烯-1-醇乙酸酯　29—异戊酸乙酯　30—1,2，4 一三甲氧基苯　31—萘

结合相关文献中香味物质的报道，排除在少部分样品中发现，大部分样品中未检测出的香味物质，15 组大曲样品中共获得挥发性香味物质 31 种，主要分为六大类化合物，其中，酯类 18 种，吡嗪类 5 种，醇类 2 种，醛类 3 种，烯类 1 种，芳香族类 2 种。酯类、吡嗪类、醇类、醛类、烯类、芳香族类化合物的相对含量分别为 9.49%、3.66%、2.01%、1.00%、0.77%、0.33%，其中，相对含量较高的香味物质主要有十六酸乙酯（1.73%）、2，3，5，6-四甲基吡嗪（0.90%），而 1，2，4-三甲氧基苯的相对含量最低（0.01%）。吡嗪类物质的形成与蛋白酶的作用和美拉德反应密切相关，特别在制曲顶温超过 50℃时，有利于该类物质的产生；酯类物质的形成主要与酯酶有关，在酯酶作用下醇类和酸类物质大量合成酯类物质。芽孢杆菌和霉菌是分泌蛋白酶的主要功能菌，而细菌、酵母、霉菌均能产生酯酶。通过这些微生物及其酶和温度的共同作用，产生大曲中众多的香味物质，进而赋予白酒芳香浓郁的复合香气。

（二）大曲样品挥发性香味物质定量分析

内标物乙酸丁酯的含量已知，根据各种化合物的色谱峰面积与乙酸丁酯的色谱峰面积的比值，可初步得出每克大曲中各种挥发性化合物的含量。15 组样品的各挥发性香味物质含量统计见表 2-79。

表 2-79　　大曲样品中挥发性香味物质成分及含量　　单位：ng/g

序号	化合物名称	样品编号							
		1-1	1-2	1-3	1-4	1-5	2-1	2-2	2-3
1	2-丁烯醛	1.94±0.04	16.35±0.04	—	—	—	—	8.86±0.11	49.77±0.12
2	2-苯基巴豆醛	0.87±0.00	1.69±0.00	0.44±0.00	—	—	—	0.48±0.00	—
3	乙醛	—	—	—	—	—	—	4.34±0.01	1.98±0.01
4	正丁醇	14.41±0.05	25.09±0.49	5.11±0.06	8.13±0.03	—	4.61±0.03	12.18±0.03	—
5	苯乙醇	9.66±0.02	9.41±0.15	4.19±0.02	3.99±0.02	2.37±0.02	3.41±0.08	31.26±0.06	26.16±0.06
6	1-石竹烯	7.03±0.01	5.10±0.10	3.02±0.01	3.83±0.01	1.49±0.01	5.04±0.11	5.58±0.11	48.32±0.11
7	2,5-二甲基吡嗪	1.61±0.00	1.53±0.04	—	1.02±0.00	0.34±0.00	1.57±0.05	3.97±0.05	22.74±0.05
8	2,6-二甲基吡嗪	0.64±0.01	2.90±0.07	—	—	—	—	5.57±0.03	12.04±0.03
9	2,3-二甲基吡嗪	2.95±0.01	—	—	—	—	—	0.52±0.01	—
10	2,3,5,6-四甲基吡嗪	20.90±0.05	23.46±0.59	1.30±0.08	11.39±0.08	38.86±0.06	28.50±0.25	65.32±0.24	111.02±0.24
11	2,3,5-三甲基吡嗪	7.23±0.02	9.04±0.19	1.72±0.02	3.93±0.01	3.69±0.01	12.37±0.11	28.13±0.11	50.73±0.11
12	乙酸乙酯	—	—	2.60±0.01	4.81±0.01	1.82±0.01	7.61±0.02	5.10±0.02	—
13	11-十六烯酸乙酯	2.86±0.02	7.43±0.18	—	1.22±0.01	0.71±0.02	—	—	9.37±0.02
14	正己酸乙酯	16.06±0.04	11.18±0.04	—	0.34±0.04	—	—	2.31±0.14	55.53±0.14
15	十二酸乙酯	—	—	—	1.28±0.00	—	3.91±0.01	1.38±0.01	5.68±0.02
16	十四酸乙酯	9.58±0.03	15.50±0.30	3.27±0.03	4.52±0.02	2.38±0.30	12.12±0.05	3.28±0.05	21.13±0.05
17	十五酸乙酯	2.66±0.01	5.53±0.01	0.96±0.01	—	0.88±0.01	3.58±0.01	—	—
18	十六酸乙酯	—	—	—	—	28.23±0.07	94.77±0.12	83.74±0.15	122.81±0.15
19	癸酸乙酯	0.97±0.01	2.48±0.06	0.27±0.01	—	—	—	—	3.41±0.01
20	9-十六碳烯酸乙酯	1.96±0.01	6.18±0.01	1.87±0.01	3.11±0.01	0.70±0.01	6.15±0.01	1.95±0.01	4.11±0.01
21	十八碳-6,9-二烯酸乙酯	—	87.63±0.25	—	—	—	21.40±0.03	23.73±0.06	30.76±0.06
22	亚油酸乙酯	21.93±0.03	14，70±0.04	5.90±0.03	16.19±0.04	6.96±0.03	—	—	22.90±0.06
23	(7*E*，9*E*)-十二碳二烯醇乙酸酯	55.57±0.14	—	—	5.42±0.14	—	—	18.53±0.06	15.59±0.07
24	棕榈酸异丙酯	75.15±0.34	175.22±0.37	27.27±0.34	52.94±0.14	89.50±0.28	—	—	—
25	9-十八碳烯酸乙酯	—	—	—	—	—	17.71±0.05	19.96±0.05	23.55±0.04
26	苯乙酸乙酯	—	—	—	—	—	—	0.77±0.01	2.09±0.01
27	辛酸乙酯 11,13-二甲基	—	—	—	—	—	—	0.51±0.05	19.22±0.05
28	-9-十四碳烯-1-醇乙酸酯	5.48±0.01	—	0.13±0.00	—	—	2.14±0.01	0.73±0.01	5.33±0.01
29	异戊酸乙酯	—	—	—	—	—	—	1.63±0.01	—
30	1,2,4-三甲氧基苯	0.52±0.00	0.70±0.00	0.25±0.00	0.32±0.00	—	—	—	—
31	萘	3.86±0.01	3.40±0.06	1.63±0.01	1.99±0.01	1.21±0.01	2.12±0.02	3.03±0.03	11.80±0.03

续表

序号	化合物名称	样品编号						
		2-4	2-5	3-1	3-2	3-3	3-4	3-5
1	2-丁烯醛	—	15.43±0.11	2.38±0.05	5.51±0.05	2.14±0.02	1.03±0.05	2.02±0.04
2	2-苯基巴豆醛	—	—	0.56±0.01	0.85±0.01	—	—	—
3	乙醛	3.63±0.01	—	—	0.09±0.02	0.20±0.02	—	1.74±0.02
4	正丁醇	5.23±0.02	8.79±0.03	—	2.13±0.03	—	—	1.01±0.03
5	苯乙醇	3.41±0.07	16.90±0.06	11.81±0.13	5.21±0.13	14.47±0.14	3.78±0.10	3.98 ± 0.13
6	1-石竹烯	2.90±0.01	5.08±0.11	5.79±0.10	6.07±0.11	10.67±0.11	0.96±0.07	7.49±0.06
7	2,5-二甲基吡嗪	0.68±0.02	7.78±0.05	5.67±0.07	4.49±0.11	9.21±0.10	2.52±0.10	11.51±0.08
8	2,6-二甲基吡嗪	0.35±0.01	—	2.56±0.04	3.40±0.05	4.96±0.06	1.24±0.05	5.90±0.04
9	2,3-二甲基吡嗪	—	1.98±0.01	1.09±0.02	1.48±0.02	2.68±0.02	0.67±0.01	0.92±0.02
10	2,3,5,6-四甲基吡嗪	1.06±0.14	37.32±0.19	10.46±0.61	5.53±0.81	53.09±0.77	3.42±0.73	62.68±0.76
11	2,3,5-三甲基吡嗪	0.91±0.06	14.68±0.09	7.50±0.30	5.62±0.36	27.71±0.35	2.87±0.31	29.06±0.33
12	乙酸乙酯	0.74±0.02	9.66±0.02	—	—	—	0.10±0.00	0.08±0.00
13	11-十六烯酸乙酯	2.13±0.01	—	2.41±0.03	—	—	—	—
14	正己酸乙酯	1.23±0.01	3.88±0.14	4.40±0.04	5.49±0.04	4.97±0.04	1.85±0.04	3.40±0.02
15	十二酸乙酯	—	—	2.92±0.03	1.96±0.05	2.98±0.05	0.39±0.05	5.34±0.04
16	十四酸乙酯	1.86±0.03	2.29±0.05	6.67±0.06	3.79±0.10	6.62±0.10	1.52±0.10	10.47±0.07
17	十五酸乙酯	0.64±0.01	1.81±0.01	4.45±0.05	0.81±0.03	1.40±0.05	0.19±0.05	2.95±0.04
18	十六酸乙酯	66.79±0.84	58.95±0.14	59.16±0.54	21.27±0.84	40.05±0.80	12.07±0.88	84.74±0.71
19	癸酸乙酯	—	—	1.21±0.02	1.16±0.01	—	0.33±0.02	—
20	9-十六碳烯酸乙酯	1.14±0.01	2.34±0.01	2.24±0.03	1.74±0.07	3.43±0.07	0.98±0.07	6.97±0.06
21	十八碳-6,9-二烯酸乙酯	18.05±0.05	1.85±0.06	22.68±0.25	5.27±0.38	1.71±0.39	3.56±0.36	32.50±0.04
22	亚油酸乙酯	4.16±0.04	16.36±0.06	—	—	11.69±0.15	—	—
23	(7*E*, 9*E*) -十二碳二烯醇乙酸酯	—	28.82±0.03	5.45±0.10	—	7.49±0.10	—	—
24	棕榈酸异丙酯	1.73±0.03	10.77±0.03	—	—	—	—	—
25	9-十八碳烯酸乙酯	3.90±0.04	11.81±0.03	19.83±0.20	5.14±0.27	11.41±0.26	2.59±0.29	25.78±0.24
26	苯乙酸乙酯	—	2.39±0.01	1.70±0.02	1.82±0.02	0.63±0.01	0.45±0.02	1.01±0.02
27	辛酸乙酯 11,13-二甲基	—	—	3.79±0.05	2.75±0.03	—	0.57±0.04	0.81±0.05
28	9-十四碳烯-1-醇乙酸酯	1.21±0.01	2.70±0.01	—	—	—	—	—
29	异戊酸乙酯	—	5.20±0.01	0.70±0.02	1.62±0.02	1.13±0.01	—	0.53±0.01
30	1,2,4-三甲氧基苯	0.10±0.00	0.74±0.00	0.84±0.01	—	—	0.14±0.01	—
31	萘	4.56±0.01	—	1.05±0.01	0.75±0.03	0.49±0.03	0.41±0.03	2.59±0.03

注：—表示未检测出。

由表 2-79 可知，大曲中的挥发性香味物质种类丰富，含量各不相同。其中，醛类物质：2-丁烯醛在 10 组样品中检测到，其含量为 1.03~49.77ng/g，在醛类物质中含量最高，而 2-苯基巴豆醛和乙醛检测到的较少，含量较低；醇类物质：15 组样品中均检测到苯乙醇，其含量为 2.37~31.26ng/g，正

丁醇的含量与苯乙醇较为接近，但少数样品中缺少正丁醇；烯类物质：15 组样品均检测到 1-石竹烯，而且含量很高（0.96~48.32ng/g）；吡嗪类物质：15 组样品中均检测到 2,3,5,6-四甲基吡嗪（1.06~111.02ng/g）、2,3,5-三甲基吡嗪（0.91~50.73ng/g），14 组样品中检测到 2,5-二甲基吡嗪（0.34~22.74ng/g），2,3-二甲基吡嗪和 2,6-二甲基吡嗪在少数样品中未检测出。酯类物质：15 组样品中均检测到十四酸乙酯（1.52~21.13ng/g）、9-十六碳烯酸乙酯（0.70~6.97ng/g），其余酯类物质在少数样品中未检测出。芳香族类物质：14 组样品中检测到萘，其含量为 0.41~11.80ng/g，1,2,4-三甲氧基苯在少数样品中未检测到，含量较低。由表 2 可知，浓香型大曲中的挥发性香味物质主要以酯类和吡嗪类为主，吡嗪类物质和酯类物质的含量占大曲中香味物质总含量的 51.13%。其次是醇类、烯类、醛类、芳香族类化合物，这与张春林等研究的浓香型大曲的挥发性香味成分结果基本一致。因此，总体来看，十四酸乙酯、9-十六碳烯酸乙酯、2,5-二甲基吡嗪、2,3,5,6-四甲基吡嗪、2,3,5-三甲基吡嗪、苯乙醇、1-石竹烯，可初步判定为浓香型大曲的主要香味物质。

（三）大曲样品挥发性香味物质主成分分析

大曲样品挥发性香味物质主成分分析见表 2-80~表 2-82。利用 SPSS 19.0 软件对 15 组曲样中 31 种挥发性香味物质的含量数据进行主成分分析（principal componentanalysis，PCA），得到主成分的特征值和贡献率（表 2-81），主成分载荷矩阵如表 2-82 所示。

表 2-80　大曲样品中不同种类挥发性香味物质总含量　单位：ng/g

种类	总含量	种类	总含量
醛类	5.56	吡嗪类	12.99
醇类	9.48	酯类	13.02
烯类	7.89	芳香族类	1.93

表 2-81　5 个主成分的特征值及其贡献率

主成分	特征值	贡献率/%	累计贡献率/%
1	14.15	45.63	45.63
2	4.64	14.98	60.61
3	3.34	10.76	71.37
4	2.91	9.38	80.75
5	1.93	6.22	86.98

表 2-82　主成分载荷矩阵

指标	主成分				
	1	2	3	4	5
2-丁烯醛	0.426	0.469	0.311	0.553	-0.103
2-苯基巴豆醛	0.287	0.705	-0.23	-0.265	0.094
乙醛	0.485	-0.549	-0.32	0.422	-0.029
正丁醇	-0.33	0.143	-0.185	0.101	0.7
苯乙醇	0.743	0.156	0.384	-0.391	-0.021
1-石竹烯	0.881	0.052	0.395	0.164	-0.046
2,5-二甲基吡嗪	0.962	-0.226	0.072	0.004	-0.013

续表

指标	主成分				
	1	2	3	4	5
2,6-二甲基吡嗪	0.950	-0.188	0.07	0.018	0.019
2,3-二甲基吡嗪	0.706	-0.063	0.403	-0.501	0.055
2,3,5,6-四甲基吡嗪	0.803	-0.529	0.164	0.112	0.136
2,3,5-三甲基吡嗪	0.863	-0.451	0.186	0.03	0.103
乙酸乙酯	-0.479	-0.285	-0.031	-0.126	-0.327
11-十六烯酸乙酯	0.293	0.737	-0.062	0.244	0.24
己酸乙酯	0.636	0.43	0.427	0.456	-0.027
十二酸乙酯	0.950	-0.218	-0.163	-0.027	-0.014
十四酸乙酯	0.953	-0.101	-0.111	0.068	0.178
十五酸乙酯	0.768	0.184	-0.381	-0.286	0.166
十六酸乙酯	0.919	-0.194	0.246	0.012	-0.115
癸酸乙酯	0.427	0.867	-0.119	-0.024	-0.068
9-十六碳烯酸乙酯	0.848	-0.407	-0.232	0.024	0.153
十八碳-6,9-二烯酸乙酯	0.702	0.016	-0.606	0.164	0.276
亚油酸乙酯	0.188	-0.159	0.85	-0.109	0.365
(7*E*, 9*E*) -十二碳二烯醇乙酸酯	0.168	0.146	0.631	-0.179	0.251
棕榈酸异丙酯	-0.401	0.169	-0.129	0.055	0.825
9-十八碳烯酸乙酯	0.918	-0.148	-0.276	-0.065	-0.038
苯乙酸乙酯	0.762	0.393	-0.158	-0.244	-0.244
辛酸乙酯	0.581	0.694	-0.013	0.253	-0.321
11,13-二甲基-9-十四碳烯-1-醇乙酸酯	-0.157	0.209	0.493	0.59	-0.016
异戊酸乙酯	-0.012	-0.289	0.762	0.432	0.055
1,2,4-三甲氧基苯	0.303	0.604	-0.28	-0.404	0.024
萘	0.667	-0.022	-0.15	0.707	0.015

由表2-81可知，主成分1贡献率为45.63%，主成分2贡献率为14.98%，主成分3贡献率为10.76%，主成分4贡献率为9.38%，主成分5贡献率为6.22%，5个主成分累计贡献率达到86.98%。主成分分析一般提取包含85%以上信息，就可以代表原始数据的信息，而提取的5个主成分累计贡献率达到了86.98%，且5个主成分的特征值均大于1，可以较客观地反映各曲样的挥发性香味物质的原始信息。

载荷值主要反映各变量与主成分之间的相关系数。由表2-82可知，主成分1主要与2,5-二甲基吡嗪、十四酸乙酯、十二酸乙酯、2,6-二甲基吡嗪、十六酸乙酯、9-十八碳烯酸乙酯、1-石竹烯、2,3,5-三甲基吡嗪、9-十六碳烯酸乙酯、2,3,5,6-四甲基吡嗪、十五酸乙酯、苯乙酸乙酯、苯乙醇、2,3-二甲基吡嗪、十八碳-6,9-二烯酸乙酯有高度相关，它们具有较高的载荷值，均大于0.7。主成分2主要与癸酸乙酯、11-十六烯酸乙酯、2-苯基巴豆醛有高度相关，它们具有较高的载荷值，均大于0.7。主成分3主要与亚油酸乙酯、异戊酸乙酯有高度相关，它们具有较高的载荷值，分别为0.85和0.762。主成分4主要与萘有高度相关，它具有较高的载荷值，为0.707。主成分5主要与棕榈酸异丙酯有高度相关，它的载荷值为0.825，大于0.7。综合来看，各种类香味成分对大曲香气贡献的大小依次为酯类化合物>吡嗪类化合物>烯类化合物>醇类化合物>醛类化合物>芳香族类化合物。这与定量分

析结果基本一致。主成分 1、主成分 2 的累计贡献率为 60.61%，包含了原始信息中的大部分信息，因此主成分 1、主成分 2 中载荷值较高的香味物质对大曲香气影响较大，可确定为大曲香气的主要香味物质，即 2,5-二甲基吡嗪、十四酸乙酯、十二酸乙酯、2,6-二甲基吡嗪、十六酸乙酯、9-十八碳烯酸乙酯、1-石竹烯、2,3,5-三甲基吡嗪、9-十六碳烯酸乙酯、2,3,5,6-四甲基吡嗪、十五酸乙酯、苯乙酸乙酯、苯乙醇、癸酸乙酯。

以贡献率较高的主成分 1 值为横坐标，主成分 2 值为纵坐标（主成分 1 和主成分 2 累计贡献率达到 60.61%，包含了主要信息），分别做 15 组大曲样品的散点图（图 2-49），31 种挥发性香味物质的散点图（图 2-50）。

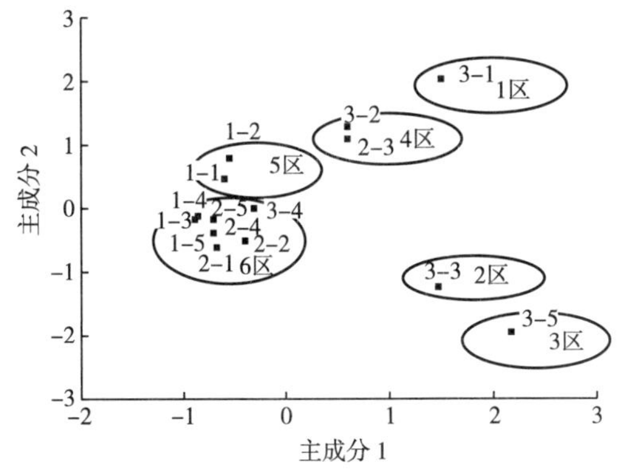

图 2-49 15 组大曲样品主成分散点图

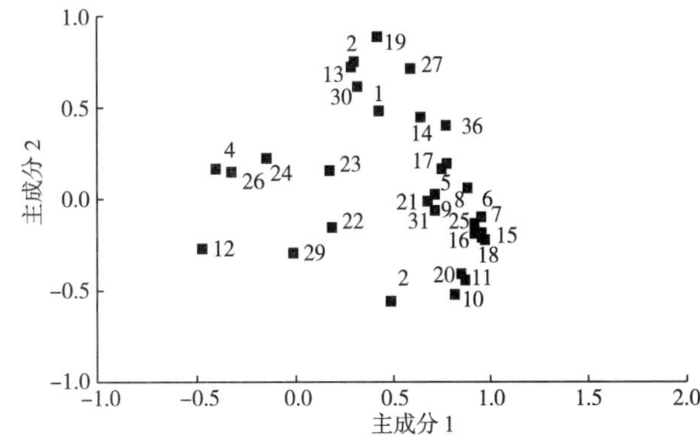

图 2-50 31 种挥发性香味物质主成分散点图

由图 2-49 可知，15 组样品根据距离的远近可分为 6 个区，3-1、3-3、3-5 距离分散，各自成一区，分别命名为 1 区、2 区、3 区；3-2 和 2-3 距离接近，划分为一区，命名为 4 区；1-1 和 1-2 距离接近可划为一区，命名为 5 区；其余的样品距离接近可划为一区，命名为 6 区。由图 2-49 结合样品取样信息，可初步判断第 3 曲库选取样品的香味成分差异较大，而第 1 曲库和第 2 曲库所选样品的香味成分较为一致。

由图 2-50 结合图 2-49 可知，影响 1 区和 4 区的香味物质主要集中在主成分 1 和主成分 2 的正半轴上，4 区更接近原点，影响 1 区的香味物质为辛酸乙酯、癸酸乙酯、2-苯基巴豆醛、11-十六烯酸乙酯、1,2,4-三甲氧基苯、2-丁烯醛等；影响 4 区的香味物质主要为己酸乙酯、苯乙酸乙酯、十五酸乙酯、苯乙醇等；影响 2 区和 3 区的香味物质主要集中在主成分 1 正半轴和主成分 2 负半轴上，2 区更接近原点，影响 2 区的香味物质主要是亚油酸乙酯、十八碳-6，9-二烯酸乙酯、萘、1-石竹烯、2,5-二甲基吡嗪等；影响 3 区的香味物质主要为 9-十六碳烯酸乙酯、2,3,5,6-四甲基吡嗪、2,3,5-三甲基吡嗪、乙醛；影响 5 区的香味物质主要集中在主成分 1 负半轴和主成分 2 正半轴上，主要有正丁醇、11，13-二甲基-9-十四碳烯-1-醇乙酸酯、棕榈酸异丙酯；影响 6 区的香味物质主要集中在主成分 1 和主成分 2 的负半轴上，主要影响物质为乙酸乙酯、异戊酸乙酯。

由分析结果可知，不同曲库或相同曲库所选样品在香味成分上存在差异，在影响样品香气的主要香味物质上也有一定差异，这可能由于大曲样品所处微环境（如温度、湿度、氧含量等）的不同，因而富集的微生物及其代谢产物不同，从而导致有部分香味物质不同程度积累所致。关于各样本之间的差异与曲库、坯层、制曲微环境等因素之间的相互关系，还有待进一步研究。

（四）结论

利用顶空固相微萃取（HS-SPME），结合气相色谱-质谱（GC-MS）测定 3 个库房的 15 组大曲样品中的挥发性香味成分，共鉴定出香味物质 31 种，包含酯类化合物、吡嗪类化合物、烯类化合物、醇类化合物、醛类化合物、芳香族化合物。同时利用内标法对这些香味成分进行半定量分析。结果显示，十四酸乙酯、9-十六碳烯酸乙酯、2,5-二甲基吡嗪、2,3,5,6-四甲基吡嗪、2,3,5-三甲基吡嗪、苯乙醇、1-石竹烯在大多数样品中均检测到，这些香味物质的含量在各组曲样中几乎均达到 1ng/g 以上。对检测的 31 种挥发性香味物质含量进行主成分分析，共提取 5 个主成分，它们代表了 86.98%以上的原始信息，其中，主成分 1 主要指向酯类化合物、吡嗪类化合物、烯类化合物、醇类化合物；主成分 2 主要指向酯类化合物、醛类化合物；主成分 3 主要指向酯类化合物；主成分 4 主要指向芳香族化合物；主成分 5 主要指向酯类化合物。综合来看，各种类香味成分对大曲香气贡献的大小依次为酯类化合物>吡嗪类化合物>烯类化合物>醇类化合物>醛类化合物>芳香族化合物。大曲中的主要香味物质为：十四酸乙酯、9-十六碳烯酸乙酯等酯类物质，2,5-二甲基吡嗪、2,3,5-三甲基吡嗪、2,3,5,6-四甲基吡嗪等吡嗪类物质，以及 1-石竹烯、苯乙醇。该研究结果为进一步量化评价大曲香气及完善大曲质量评价体系提供了参考。

大曲样品及各香味物质在主成分 1、主成分 2 上的分布表明，不同的大曲样品在香味物质成分及影响样品香气的主要成分上有一定的差异。其原因可能与不同曲库或相同曲库不同坯层样品的微生物、微环境及工艺控制等存在差异有关，还有待进一步研究。后续还需针对不同质量等级的大曲样品进行香味成分分析，并结合感官评价结果，研究不同质量等级大曲香气的定性与定量评价指标及体系。

［《酿酒科技》2015（6）：73-79］

十九、大曲挥发性成分动态变化研究

邢钢、敖宗华、王松涛等以泸州老窖中高温大曲为研究对象，利用固相微萃取-气相色谱-质谱法分析大曲在制曲过程中挥发性成分组成和含量的变化，共检测到 54 种挥发性成分，包括烃类、醇类、酯类、醛类、酮类、酸类、含氮化合物、芳香族化合物、酚类化合物和呋喃类化合物。大多数物质含量从 1d 时开始增加，到 8d 时达到最大值，随后下降，到贮藏 15d 时含量趋于稳定。种类最多的是醇类，最少的是呋喃类。

［《酿酒科技》2014（9）：1-4］

第三节　中温大曲制作技艺及研究

一、杏花村汾酒的大曲制作方法

汾酒为我国名酒之一。汾酒的特点是清亮透明，清香醇厚，入口绵，落口甜等。生产汾酒采用大曲。汾酒大曲操作方法如下：

1. 工艺流程

原料→配合→粉碎→加水搅拌→踩制曲块→入房排列→长霉阶段→凉霉阶段→起潮火阶段→起干火阶段→挤后火养曲阶段→出房→鉴定入库

2. 操作方法

（1）原料配合　制曲的目的，在于使有益的微生物能够在一定量的曲料中得到充分的繁殖，以便产生酿酒所需要的酶类。这就要求给有益微生物营造最适宜的生长繁殖环境。因此，配制曲料时必须使其中营养丰富，水分调节适量。

制曲原料全系大麦和豌豆。大麦的特点为皮多，疏松透气，微生物容易生长繁殖，但水分与热量也容易散失，微生物不能充分繁殖和利用其养分，故有“上火快，退火亦快”的缺点。豌豆性质黏稠，容易结成块状，水分既不易蒸发，热量也不易散失，因此微生物繁殖不易，但一当微生物繁殖以后，温度增高又不易下降，故有“上火慢，退火亦慢”的缺点。但大麦与豌豆若按适当比例配合起来，二者的缺点恰好抵消，正适于制曲。在制曲时，大麦与豌豆的配合比例（按重量计算）如下：大麦 60%，豌豆 40%。

在原料的配比上，过去还有“外加三”和“内加三”两种说法，所谓“外加三”系指曲料按 10 石大麦、3 石豌豆的比例配合，所谓“内加三”系指曲料按 7 石大麦、3 石豌豆的比例配合，这都是按容量来计算的。

在曲料的配比上，还必须与季节气候相结合，在冬季豌豆用量可以适当减少些，以免曲块外干内湿和内有生心等缺点。但也控制在 30%与 70%的比例范围内。因为如果豌豆用量太少，则曲块缺乏黏力，易于破碎，不易处理，且汾酒的独特香味亦与豌豆有关。

（2）原料处理　大麦、豌豆在制曲以前必须经过粉碎。最初这道工序是以畜力拖动的石磨来进行的。随着生产量的扩大和工业的发展，从 1953 年开始曲料的粉碎已为机器所代替。

大麦、豌豆在粉碎以前，须预先按比例配合好，然后混合进行粉碎。其粉碎的程度如何，对于曲子的质量关系很大。过粗，曲块空隙大，水分吃不透，且易挥发，热量又易散失，微生物繁殖不易。过细，则曲块过于黏稠，水分不易挥发，热量又不易散失，容易造成酸败的病害。因此过粗、过细，均不宜制品，一般规定细面应占 52%~55%，小米粒占 45%~48%，用三指一捏以成三角形而不散不坍为适宜。

（3）踩曲　踩曲的目的，在于将粉碎好的曲料掺水，利用人工踩制成砖形的固体培养基，使其在适当的环境里，充分生长繁殖酸酒所需要的微生物。

踩曲需分批进行，每批踩制曲料 8000~10000kg 不等，踩成曲 3000~4000 块，每批共需踩曲工 30~45人，分工如下（图 2-51）：

①和面：3 人；
②端面：1 人；
③搅拌：2 人；
④打水：2 人；
⑤装模：1 人；
⑥踩曲：12~20 人；
⑦开曲：1 人；
⑧端曲：3 人；
⑨排曲：2 人；
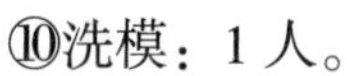
⑩洗模：1 人。

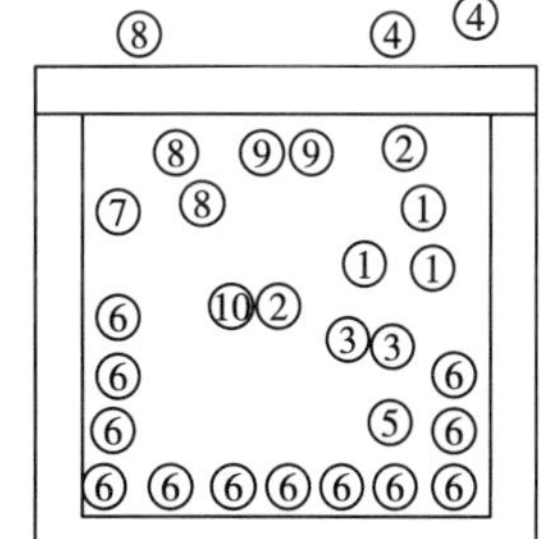

图 2-51　制曲上岗位配备简图

和面加水量和水温，视原料粗细与季节气候的变化灵活掌握，一般每百斤原料用水量为 50%~55%，水温夏季以凉水（14~16℃）为宜，春秋季以 25~30℃的温水为宜，冬季以 30~35℃的温水为宜。水分用量对曲子质量影响很大。如果用量太小，则有益菌尚未成熟，曲块已呈干燥状态。如果用量太多，则来火快，长黑霉和毛霉，均对制曲不利。当已加好水后，和面者应迅速和成面团。然后，由装模者用力装入井字形的曲模中，以进行踩曲。踩曲者站在板上踩踏，且踏且转，使曲块平滑坚实。最后传给开曲者，脱模置于板上，检验其硬度，不足的要再踩，好的就送入曲房排列，进入培菌阶段。

踩制曲块时，要做到四角整齐、饱满、厚薄一致、表面光滑平整、使里外水分、软硬一致，越坚实越好。每块用料 2.7kg 左右，踩成之曲每块重 3.7~3.8kg。

踩制曲块的曲模内长 27~28cm，内宽 18~19cm，高 5~6cm，其形状如图 2-52 所示。

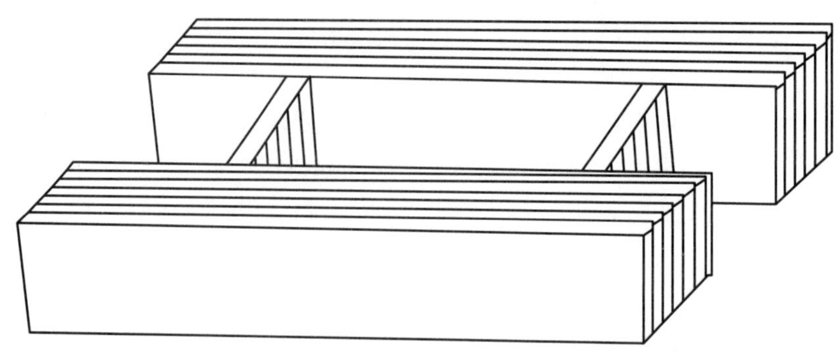

图 2-52　曲模

踩曲时间，每年略有差异。一般自农历三月清明节到农历十月（秋收时）止，为踩曲较为适宜的时间。因为在这一段时间内，气候和环境适宜微生物的生长繁殖，所以有“桃花曲”与“杏花酒”的说法。

（4）入房培养管理　曲房为砖木结构的平房，每房可容曲块 3000~4000 个，长 10~11m，宽 5~6m，高 2.5~3m，周围建有整齐和易于启闭的门窗，屋顶设有通风气孔，以便于调节温度。在曲块入房以前，室温必须调节到 20~25℃（冬季可生火炉）。随即在地上铺糠或麦壳，并准备好苇干、盖席或麻袋等用具。

曲块入房后按环墙式排列，曲块与曲块间一般距离 1~2cm。冬寒，夏热，距离远近，则随之灵活掌握。初入房的曲块应随即盖上席子或麻袋，夏季可洒些凉水，待全部曲块入房后，随即将门窗封闭，室内温度则因微生物的生长而逐渐上升。从入房之日起 2~3d 后，曲块表面 80%~90%已长满白色菌丛，此即长霉阶段，俗称“上霉”或“生衣”。此时应将曲块上下内外倒翻一次，增加曲层与曲距，并适当开启窗户而进入凉霉阶段。凉霉一般需时 2~8d，品温由原来的 25~30℃降至 22~27℃。待曲块表面不粘手时，即封闭门窗，进入起潮火阶段。经过 5~6d 后曲体发热，品温逐渐上升到 36~38℃，最高可达 42℃。此期间需每天散放 2~3 次潮气，并应将曲块上下里外互相翻倒，以调节温度，并将曲层逐渐加高至七层“轴苇干”由“环墙式”排列改为“人字形”排列。然后进入起干火（俗称起大火）阶段。这时为曲菌繁殖最盛期，需历时 10~16d，在此期间需严密注意曲块品温，使其逐渐上升。每上升 5~6℃就放潮一次，使之降低。经常保持品温在 32~35℃。一般不许超过 40℃，不许低于 28℃。在起大火期间，每天需翻曲一次，待全部曲菌发育健壮后，品温则逐渐下降，曲块水分也逐渐因蒸发而干燥，这时即进入挤后火养曲阶段。

翻动曲块时要注意距离远近，按照“曲热则宽，曲凉则近”的原则灵活掌握，在曲块上下倒翻时，要注意轻重，重的含水分大，应该放在温度高的上部，还应掌握前火放透潮气，后火达到成熟一致的标准。

挤后火养曲阶段需历时 4~5d，此时需将曲内残存水分完全蒸发，以防生热窝住潮气，形成红心大的缺点。但这时温度不宜过高或过低，一般保持室温 28~30℃，品温 31~35℃，待曲块已完全成熟长透后，曲子品温逐渐下降至 20~25℃时，即可出房。

从曲块入房到出房，总共要经 1 个月左右的时间。出房的曲块每个重 1.8~1.9kg，即约 1kg 原料可以制得 0.75kg 的曲。制成的曲每块长 26~27cm，宽 16~17cm，高 4.8~5.8cm。入房培养过程中的操作实例与品温、室温及湿度的变化情况如表 2-83 和图 2-53 所示。

表 2-83　　**制曲原料配比及逐日发酵原始记录表**

曲房第一号：

时间＼类别 温度	曲块入房时间	室温		配料种类及数量			粉碎程度		水分温度		踩制曲块数目	评定质量	成曲出房时间	化验结果			
		干度	湿度	大麦	豌豆	合计	粗面	面粉	水分	温度				水分	淀粉	酸度	糖化力
温度	1956 年 8 月 13 日	23	19	4991	2687	7678	50%	50%	50%	15	3160	8. 5 成	9 月 19 日	10%	48. 1%	0. 267	78

发酵过程		长霉阶段			晾霉阶段			起潮火阶段							起干火阶段											挤后火养曲阶段				
		第一天	第二天	第三天	第一天	第二天	第三天	第一天	第二天	第三天	第四天	第五天	第六天	第七天	第一天	第二天	第三天	第四天	第五天	第六天	第七天	第八天	第九天	第十天	第十一天	第一天	第二天	第三天	第四天	第五天
六至八时	干度	23	23		25	27		36	36	35	34	33	33		30	27	25	25	23	28	26	29	24	30	26	29	27	28	28	
	湿度	19	21		23	26		35	34	34	31	28	27		25	21	21	20	19	22	21	23	23	24	20	23	23	23	23	
	曲度		24		28	29		39	39	39	38	35	38		35	33	32	32	32	30	32	32	30	34	30	33	33	33	33	
十二至十四时	干度	24	23		24	25		36	34	36	33	32	30		29	29	27	26	29	28	28	25	26	27	27	27	26	26	25	
	湿度	20	21		22	23		35	32	34	29	27	24		24	22	23	22	24	23	22	21	21	21	22	21	20	20	20	
	曲度		25		24	28		42	38	41	36	38	34		33	33	30	29	32	33	33	30	31	31	30	30	30	28	30	
二十至二十二时	干度	20	24		26	28		40	34	38	38	39	35		35	35	34	32	34	34	35	33	32	32	33	31	30	27	26	
	湿度	18	22		24	27		38	32	36	35	34	32		30	30	29	28	30	29	29	27	27	27	28	27	25	21	20	
	曲度		26		28	33		42	38	41	42	42	40		40	40	40	40	40	40	40	40	28	39	38	37	36	31	32	
翻曲层数		2	3		4	4		4	4	4	6	6	7		7	7	7	7	7	7	7	7	7	7	7	7	7	7	7	
气候变化		晴	晴														阴		晴											
翻曲次数			1		2	3			4	5	6	7	8		9	10	11	12	13	14	15	16	17	18	19	20	21		22	

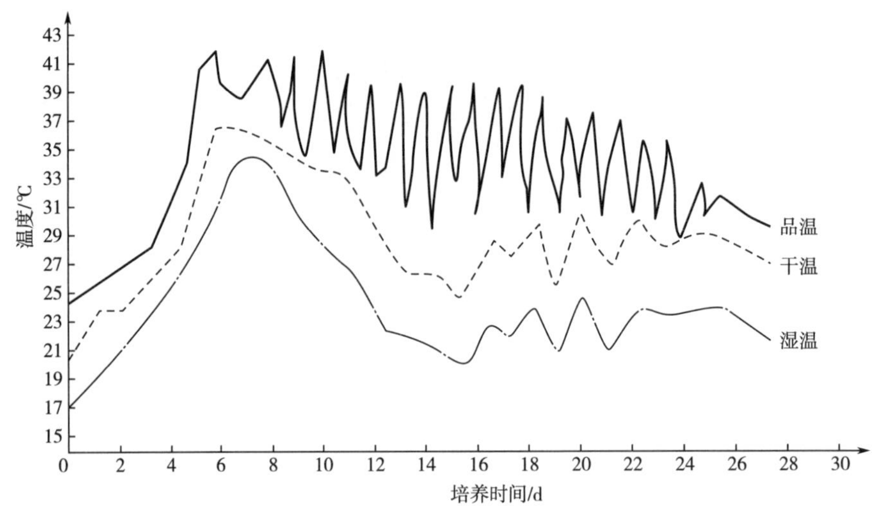

图 2-53　制曲过程品温、干温、湿温变化曲线图

（5）曲的病害及其处理方法　从上述制曲方法可以看出，曲中微生物均来自空气，器具、覆盖物及原料，故其种类复杂。虽有优良的有益菌种存在，而有害者亦属难免，其唯一的控制方法，即在于调节温度、湿度、水分，使达到最适于有益微生物的繁殖而抑制有害者生长。调节的方法，为启闭门窗、气孔，调整曲排列的疏密。至于水分用量适宜与否，气候的变化，操作掌握的适当与否，均足以影响曲的质量。所以在制曲过程中，发生病害很多，列举出常见的几种病害与处理的方法如下：

①不生霉：曲块入房后 2~3d，仍未见表面生出白斑菌丛，称作不生霉，或称作不生衣。这是由于温度过低，曲表面水分蒸发过多所造成的。这时应当盖上席子或麻袋，再喷洒以 40℃的温水，至曲块表面润湿为止。然后封闭好门窗，让它发热上霉。

②受风：曲块表面干燥，不长菌，内生红心。这是因为对着门窗的曲块受风吹，失去表面水分，中心为红霉菌繁殖所造成的。因此，应常常变换曲块位置来加以调节。同时对于门窗的直对处，应经常挡好席子、草帘等物，以防风吹。此病害在春秋季节最易得，因此，在该季节应特别注意。

③受火：曲块入房后的干火阶段，是菌类繁殖最旺盛时期，曲体温度较高，如果温度调节不当，或因疏忽，致使温度过高（45℃以上），则曲的内部炭化为糠。此时，应特别注意温度，使曲块的距离较宽，逐步降低曲的品温，使曲逐渐成熟。

④生心：曲中微生物在发育后半期，由于温度低，以致不能继续生长繁殖，造成生心，俗话说“前火不可过大，后火不可过小”，其原因就在这里。因为在前期微生物繁殖最旺盛，温度极易增高，便于有害细菌的繁殖。后期繁殖力渐弱，水分亦渐少，温度极易降低，有益微生物不能充分生长，曲中养分也未被充分利用，故有局部为生曲的现象。因此，在制曲过程中，曲工常常拣较厚的曲块裂视之，如“生心”发现得早，可把曲块的距离拉近一些，把“生心”较重的曲块放到上层，周围加盖席子或麻袋，提高室内温度，尚可挽救。如果发现晚了，内部已干燥，便无法补救了。

⑤皮厚与白沙眼：这是因为晾霉时间过长，曲体表面干燥，里面反起火来后才堵门窗所造成的。由于曲体太热而又未随时放热，因此，曲块内部由于温度太高而形成暗灰色，出现长黄、黑圈等病症。防止的方法是在初期凉霉的时间不可太长，以曲块大部分发硬不黏手为原则，并要保持曲块具有一定的水分和温度，才利于微生物的繁殖，逐渐由外往里生长，达到内外一致。

⑥制成的曲不可放在潮湿或日光直射的地方，否则曲体容易反火生热、生长杂菌。因此，成曲必须贮藏于干燥通风的地方，温度亦不应超过 30℃。在气候炎热季节，应勤检查，以防变质，影响生产。

成曲的贮藏时间以 3 个月左右为宜。俗语有“陈曲出好酒”的说法。

⑦曲的鉴定：曲子质量的好坏，直接关系着产酒量的高低和酒质量的优劣。因为淀粉变糖，糖变

酒全依赖曲中微生物所产生的酶。所以对成曲的质量要求很严格。感官鉴定，必须气味清香，入口苦涩，内外一致，即大青茬，断面呈青白色，没有干皮、生心、红点、黑圈、风火圈等毛病，表面光硬部分越薄越好。这样的曲就被认为是好曲，可以用于生产。经化验分析和显微镜检查其成分和图形（图 2-54、图 2-55）如下：水分 10%~14%；淀粉 40%~45%；还原糖 0.338%~0.437%；酸度 0.25~0.50；糖化力 70~85。

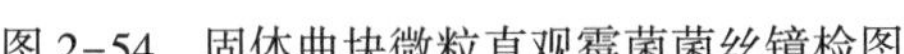

图 2-54 固体曲块微粒直观霉菌菌丝镜检图

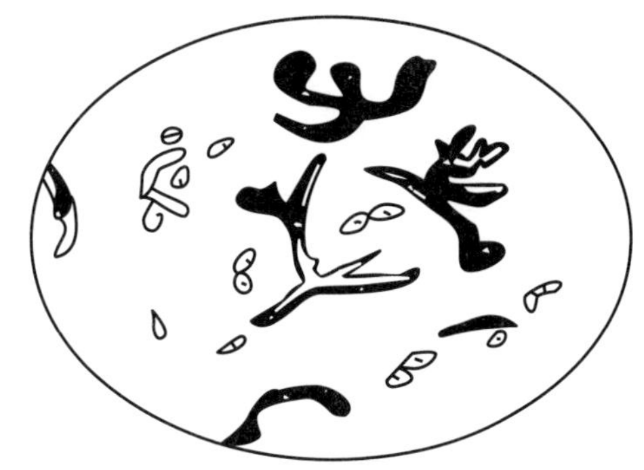

图 2-55 固体曲块表面白斑菌丝直观镜检图

由于对曲中微生物缺乏系统的分离、培养和研究工作，因此，对其种类，尚不明了曲中微生物究竟有哪些，还很难得出一个较全面的回答。这都是待深入研究的题材。但从制曲过程中微生物的生长繁殖情况和成曲的外观鉴定及发酵情况来看，可以肯定曲中生长着具有强大糖化能力和酒精发酵能力的多种曲霉、酵母（天然酵母）及细菌。因为在发酵酒醅中，还原糖的最高含量可达到 4.42%，而酒精生成量最高达到 11.4%，酸度也达到 3.8 度，其中 90%系不挥发酸。这些均足以证明其中微生物的种类是很复杂的。

[《汾酒酿造》，食品工业出版社，1958]

二、汾酒大曲的研究

熊子书在汾酒试点期中曾对清茬、红心和后火三种大曲的生产工艺、贮藏变化、添加母曲和质量标准等进行生产写实与研究，并肯定了分别制曲、混合使用是较好的用曲经验。通过十余年来生产实践，对提高汾酒质量收到一定的效果。为进一步提高名白酒和优质酒的香味，使用高温制曲被认为是白酒增香的有效措施之一。对如何使我国大曲达到优质、高产、低耗的先进水平的问题，现仅就汾酒大曲作一个简明扼要的综述，以供参考。

（一）制曲要点与试验

（1）汾酒大曲以大麦和豌豆为主原料，而大麦皮多、黏性小、疏松、结块后间隙大，上火猛、后火快、水分和热量散失亦快，亦不利于微生物充分繁殖而获得多量的酶；豌豆皮薄、黏性大、结块后水分和热量不易散失，亦不利于微生物的充分繁殖而获得多量的酶。因此大麦和豌豆必须按一定的配比，应与季节气候结合起来，过去以冬、夏季而有增有减，现在则按大麦与豌豆 6∶4 的配比，以达到制造曲的目的。

（2）制曲原料经混合粉碎后，加水拌匀，装入 28cm×18cm×5.5cm 的曲模，过去是人工踩曲，现改为机械操作，曲坯要求完整结实，水分控制要一致。制曲培养微生物的条件，必须有丰富的营养、恰当的水分和适宜的温度，严格掌握操作规程，按照小曲的品种控制曲房温湿度、品温及翻曲时间，以潮火和后火阶段最为重要，成曲要求达到一定的质量标准。汾酒大曲曲块较小，平整似砖，别具一格。

（3）为了增强汾酒酿造有益菌种起见，可在踩曲前的配料中，加入2%~3%的曲种，称为母曲，以利提高大曲质量，增加汾酒的香味。经试验证明：①使用加母曲的大曲酿造汾酒时，并不影响出酒率，产品质量也很好；②母曲应该是生产中最好的大曲，作种子使用，母曲的用量和制曲的管理要严格经过研究决定，因加了母曲的曲坯，来火特别快，否则不易控制；③加母曲制造大曲是发展方向之一，为我国今后制造大曲的过渡方法。

（4）新曲中菌落多，发酵前火猛，总酸度高，必须贮藏于通风干燥的曲库，称为陈曲。在汾酒酿造过程中，所贮藏的大曲，受外界自然环境条件的影响很小。各类大曲的活性，特别是呼吸作用也是不同的。根据清茬、红心和后火等三种大曲在贮藏过程中的呼吸作用比较，并结合贮曲过程中微生物分离工作，到3个月时分离出菌株，与1个月时分离出菌株作比较，发现其种类较少，而且单一；大部分菌株处于休眠状态或死亡状态。因此，从初步结果看来，大曲的贮藏期，在1~2个月者，其呼吸强度较好，3个月后，则大幅下降。如果以三种大曲混合使用，可能提高其呼吸强度，糖化力及发酵力也会较好。经试验证明可得出以下结论：①汾酒酿造用的清茬、红心和后火三种大曲的贮藏，一般以1~2个月为宜，时间过长，呼吸强度降低；②呼吸过程中保温8h和保温1h呼吸作用相差不大，但放气10~15min后，呼吸作用强；③从分段的氧消耗量看，呼吸强度在2h后，成直线上升，看出贮曲阶段菌株大多为好氧菌；④混合大曲不同贮曲月份比较，贮曲时间短时，氧的消耗量大，3个月时降低；⑤同一贮曲时间，混合大曲比单一大曲呼吸强度高，今后大生产可以用不同大曲混合下料，可能会互相弥补，提高出酒率。

（5）为了知道清茬、红心和后火三种大曲的单一品种或两种以上混合大曲的酿酒效果，找出在汾酒酿造中的优异点，特在试验过程中尽量控制酿酒工艺条件在相同情况下进行，最后对酿造的成品酒进行尝评与分析，其结果如表2-84所示。

表2-84　各种大曲酿酒试验结果

大曲品名	试验天数/d	原料出酒率/%
清茬	3	41.67
红心	3	39.38
后火	3	42.23
红心与后火各半	2	45.68
红心、后火、清茬各1/3	3	45.71

注：本试验单一品种平均原料出酒率为41.09%。

从表2-84看出，单一品种大曲的出酒率远远不如混合大曲高，其中以红心曲最低，清茬曲又低于后火曲，二种混合大曲又略低于三种混合大曲，即三种大曲混合使用，出酒率最高。

通过三种大曲的单独、混合酿酒试验结果，在成品酒质量上无显著差别，发酵过程的变化也很正常，但其中红心曲前火略快些，清茬和后火曲的后火劲大些。我们认为三种大曲分别制造，混合使用最好，与单一品种大曲对比，平均提高出酒率4.62%，且不影响质量。现在汾酒酿造使用的大曲，清茬、红心和后火三种大曲为3∶3∶4。

（二）汾酒大曲的理化指标

汾酒大曲按生产工艺及成曲性质的不同，分为清茬、红心和后火三个品种，其他花色是生产这三种曲过程中同时产生的，如单耳、双耳、二道眉和金黄一条线等。

1. 三种大曲的物理性质

（1）清茬曲　清茬曲以外观光滑，表面青白且稍带黄色、气味清香者为正品。成曲中的正品率应占60%~80%；其他花色如单耳、双耳和金黄一条线占20%~30%；曲心黑褐、味臭或酸辣者应在10%以下。

（2）红心曲　红心曲以断面周边青白、中心红色者为正品。成曲的正品率应占85%~95%；其他花色如二道眉、烧心曲占5%~15%。

（3）后火曲　后火曲以断面内外呈浅青黄色、带酱香或炒豌豆香味者为正品。成品的正品率应占80%~95%，其他花色如单耳、双耳、和红心曲占10%~20%。

2. 三种大曲的化学成分

（1）汾酒大曲的化学成分（表2-85）。

表2-85　汾酒大曲的化学成分

曲种成分	水分/%	总酸度/[mg当量/100g]	还原糖/%	粗淀粉/%	总氮/%	蛋白态氮/%	氨基酸态氮/%	氨基酸/%
清茬	13.20	5.25	0.41	53.28	3.26	2.79	0.17	0.16
红心	13.45	5.52	0.40	53.10	3.22	2.64	0.15	0.11
后火	13.00	5.24	0.38	53.00	3.20	2.82	0.18	0.14

注：样品为贮藏3个月的大曲。

（2）汾酒大曲的主要微生物（表2-86）。

表2-86　汾酒大曲的主要微生物

曲种种类	酵母菌/（100个/g干曲）	汉逊酵母/（100个/g干曲）	拟内孢霉/（100个/g干曲）	犁头霉/（10000个/g干曲）
清茬	6.76	3.06	5387	583
红心	58.8	8.41	5190	684
后火	11.50	43.15	4330	970

曲种种类	曲霉/（10000个/g干曲）	根霉/（10000个/g干曲）
清茬	262.73	17.36
红心	165.36	12.75
后火	61.47	8.63

注：（1）贮藏3个月大曲的三轮平均值；

（2）本试验是依据波义尔定律和亨利定律来测定的，请参考《汾酒试点研究报告》，1965。

（3）汾酒大曲的酶活性（表2-87）。

表2-87　汾酒大曲的酶活性

曲种酶活性	糖化酶	液化酶	蛋白分解酶	发酵率
清茬	797.0	1.94	16.33	76.0
红心	974.5	1.34	16.60	84.3
后火	795.5	1.31	16.07	87.0

注：（1）样品为贮藏3个月大曲的三轮平均值。

（2）资料摘自《汾酒大曲生产写实总结》（初稿），测定方法及表示单位另见《汾酒酿造用微生物实验法》（初稿）。

（三）讨论

（1）大曲为我国古老曲种之一，以大麦或小麦为主原料，称麦曲，其形状似砖，又称砖曲。大曲历来是利用自然界微生物，让其生长繁殖而成的，从中培养出有益的菌类，分泌出许多复杂的酶，以促成酿酒原料的糖化和发酵作用。这些酶在酿酒过程中主要使淀粉变糖，糖经酵母发酵生成酒精和二氧化碳，还生成微量的副产物如有机酸、酯类、高级醇和羰基化合物等香味成分，所以大曲法酿酒的风味具有独特的芳香和滋味。

（2）为了提高大曲的质量，可选取优良大曲作曲种，我们在 1959—1960 年茅台酒现场总结时，选用好曲作曲种，普遍提高大曲的质量。在 1964—1965 年汾酒试点时，曾加入适量的曲种，证明产品质量有所提高。另据四川泸州曲酒厂加老曲后，提高制曲温度，使成品酒优质率大有提高。说明自然微生物制成大曲，其质量是无精确把握的。一般认为选取优良大曲作曲种，进一步选用大曲中有益菌株作曲种制造大曲，以改进和提高大曲质量。

（3）全国第二届评酒会评定名酒和优质酒时，曾以“香、醇、甜、净”为白酒质量的感官指标，特别讲究芳香。因此，近年来普遍用高温制大曲来提高产品酒的质量，认为是行之有效的措施。大曲生产可分低温（俗称小火，最高品温 50℃以下）、中温（中火，最高品温 50~55℃）和高温曲（大火，最高品温 55~62℃）三种情况。从三种大曲理化性质与产酒多少对比，高温曲水分偏低，酸度较高，糖化力和发酵力弱，但液化力特别强，出酒率低；中温曲的糖化力和发酵力中等，其产量与质量兼顾；低温曲的糖化力和发酵力强，出酒率高。从产品质量上看，低温曲生产白酒香气小，味糙辣，后味短；中温曲闻有一定的香气，口味适中；高温曲香气浓，带酱香，味醇厚，有甜味。不同温度制造的大曲，对产品产量与质量各有利弊。因此，可以认为“分别制曲，混合使用”是提高大曲酒质量和产量的有效措施。

（4）我国大曲压曲机，目前成型方式有上下压和冲击两种。制曲要求达到松紧适度、平整结实，力求控制水分一致，严防畸形曲坯，一般反映上下压较好。曲坯采用机械操作，节省劳力，大大降低劳动强度，提高工效，有利于提高大曲质量。但如何使制造大曲全部机械化，有待进一步研究。

［《黑龙江发酵》1980（2）：8-12］

三、红心曲制作方法

生产清香型酒所用的大曲有清茬曲、后火曲和红心曲。红心曲的酒具有醇甜而突出水果酯香等优点，所以采用 3 种曲合理配比才能酿出好酒。红心曲生产工艺如下。

1. 制曲配料

大麦 70%、豌豆 20%，小麦 10%。粉碎用辊式破碎机，要求细粉多而皮壳粗，黏稠性好，不松不紧。细粉占 40%~45%。

2. 曲室设备

曲房坐北朝南，长 12m，宽 7.5m，高 3.3m。室内设有顶棚，南北有 6 对玻璃窗，压实黄土地面，四壁粗泥抹面。一般满房约 8h，夏天入坯约 600 块，冬春季约 8400 块。

3. 踩制曲坯

曲坯采用机械踩制，入房水分为 42%~45%，8~9 块/min，曲坯长×宽×厚为 20cm×12cm×6cm，每块质量 1.95~2.05kg。脱模后基本达到六面光滑、平整、饱满、软硬松紧一致。

4. 大火期入房管理

（1）入房排列　先将曲房室温控制在 15~20℃，地面铺好 1cm 厚的稻壳，并适当喷洒清水呈微潮状态。入房顺东西排列，间距 1~3cm（冬近夏远），行距 3~4cm，每行放 3 层，每放一层撒一层稻壳，

防止曲坯黏结。然后用苇秆3~4根铺好，以此相隔，再放2~3层，曲坯排成品字形。排列时中间留出60~80cm的通道。

(2) 上霉（俗称挂衣）　入房后曲坯风干3~4h即可盖席保温保湿，室温保持在28℃以下，5~6h品温开始缓慢上升，曲坯表面渐渐生出白色斑点。夏经40h，冬经80h左右，品温升到32~38℃，此时视上霉程度揭席，待80%曲坯已基本上满雪花霉时，可开窗放潮降温。

(3) 晾霉　经10~20h，可根据曲坯软硬程度上下进行一次翻倒，窗渐渐开大，待曲表面不黏手、曲形固定，再继续晾霉1~3d。室温要求22~26℃，曲间温25~30℃为宜。晾霉应以渐冷为原则，防止表面霉菌生长过快而形成厚皮曲，同时又要防止对流风，以免造成曲皮干裂。晾霉标准以曲皮厚0.2~0.3cm为宜，晾霉期每天翻一次曲一般不超过5层。

(4) 起潮火　此阶段是高温排水的高峰阶段，使酶活力增强。晾霉结束便可关门窗，要求缓慢升温，起潮火要稳，前火不可过急过猛。潮火期每天控制升温幅度以2~3℃为宜。升至41~43℃需5~6d。潮火后期品温高达44~46℃时，即进入中期阶段。潮火阶段每天翻曲，当曲坯已增高到6层时即可抽去苇秆，翻曲时品字形改为井字形，以利散热。

5. 大火期恒温培养

这是长好红心的关键，大火期入进曲房有燥热感，并能明显闻到曲香。另外，曲坯已由6层增到7层，这是一个基本概念。

大火期，每天翻曲仍以码井字形为主。翻曲室温保持在37~42℃，翻后曲品温下降最多不超过2~3℃，曲间品温保持在47~49℃，不超过50℃。进入第2天品温应保持47~49℃，直至其自然下降。当接近大火期最后1~2d，应提高室温使品温在49~50℃恒温培养，以尽量散发曲心水分，避免曲心窝水变黑或生心。大火中期较薄的曲块已出现红心，此时曲心温度一般在55~58℃。自入房后第14~16天检查断面，将会有80%以上的曲心部位已基本形成宽0.3~0.5cm、长2~3cm的红心。

中温红心曲的红心部位往往是经大火期恒温培养在高温低潮条件下生成的，这是与其他类型大曲的主要工艺区别，也是红心曲的技术关键。大火期为7~8d，每天翻曲一次，排列成井字形。

6. 后期管理

自曲坯入房15d后，有70%的曲块基本成熟，品温开始自然下降，为保持品温缓慢下降，应做好保温工作，减少翻曲次数和增加层数，促进后熟。待自然风干2~3次后出房，共经23~26d。

7. 成曲质量

外观：雪花霉分布均匀，表皮层0.2cm，无麦皮。内茬青白色，中间夹白，正中为铁红色红心，大麦壳上长黄色斑点，清香带曲香，成品率92%以上。

[黄平主编《中国酒曲》，中国轻工业出版社，2000]

四、青稞大曲制作方法

1. 工艺流程

原料→混合→粉碎→加水→搅拌→上机→成型→培养→成曲

2. 原料配比

青稞50%、小麦30%、豌豆20%，即5：3：2的配比。

3. 操作方法

(1) 原料粉碎　将青稞粉碎后过18~20目筛孔的细粉，夏季细些，但总细粉量比例不得少于70%(以当批投料量为基数)，冬季可粗些，但不得超过23目筛孔。小麦、豌豆均粉碎成通过18~20目筛孔的细粉，按各料比例拌匀备用。

（2）拌料制坯　拌料水温，夏季以14~16℃，春秋季以25~30℃，冬季以30~35℃为宜。制曲机压坯，曲坯含水量为36%~38%，每块质量3.5~4.0kg。

（3）曲坯入室　传统的曲房为土木建筑，现在多为混凝土砖结构，一般宽为3.3~4m，长为5~6m，高为2.5~3m，四壁有易于开闭的门窗，也可在房顶设置通气孔。曲坯入房前，室温调为20~25℃，夏季温度越低越好。曲房地面铺一层谷糠或麦壳，曲坯侧放成行，曲块的间距为5cm。因季节而异，行距为1.5~2cm，层与层之间放置竹竿，可放3层，形成“品”字形。初入室的曲坯应排放，稍风干后盖上草席或麻袋，夏季温度太高，可均匀洒些凉水在席或麻袋上。曲坯入室一次性放完毕，应将门窗关闭。

（4）上霉　曲坯入房1~1.5d，即开始“穿衣”，表面呈现白色的霉菌菌丝斑点，应控制品温缓升，夏季约72h品温可升达35~38℃，这时曲块表面生长根霉菌丝和拟内孢霉的粉状霉点，以及比针头稍大些的乳白色或乳黄色的酵母菌落。若品温已达到预定要求，但曲块表面霉还未长好，则可揭开部分草席或麻袋进行散热，并注意保潮，可将上霉时间适当延长几个小时，使霉菌长好。

（5）晾霉　品温高达35~38℃，应打开曲室门窗，并揭去草席或麻袋，进行第一次翻曲，即将曲块上下、内外调换位置，并且增加曲层及曲块间距，以降低曲块的水分及温度，使表面菌丝不过厚，并得以干燥。晾霉期为2~3d，每天翻曲一次。第1次翻曲由3层增至4层，第2次翻曲增至5层。晾霉期的起始品温为28~35℃，终止时品温为22~25℃。晾霉阶段不应有较大的对流风，以免曲皮干裂。

（6）起潮火　晾霉后，曲块表面已不黏手，即可封闭门窗进入潮火阶段。在曲坯入室后第5~6天起，曲块开始升温，待品温升至36~38℃时可进行翻曲，抽出苇秆，由5层增至6层，曲块的排列方式为“人”字形，曲块的间距可增至6cm，以后隔天翻曲一次。第二次翻成7层，再翻曲时层数不变。潮火期为4~6d，每天放潮2次，昼夜窗户两启两封，品温两落两起，品温由38℃渐升或调高为42~45℃。

（7）大火（高温）阶段　大火期又称为干火期，因潮火期结束后，曲块有2/3的水分已排除，曲室潮度下降。大火期为7~8d，菌丝由曲块表面向里生长，水分及热量继续由里向外散发，以开闭门窗调节品温。最高品温达48℃，最低品温为30~32℃，头3d每天品温最高46~48℃，每天翻曲一次，并晾曲降温到30~34℃，热、晾时间基本相等。翻曲方法同潮火期，但中间留火道，即够人侧行的空道，仅一端可通行。后3~4d因曲心已较少，可隔天翻曲一次，适当多热少晾。

（8）后火期　大火期结束后，曲坯断面只有宽度约1cm的水分线，曲心尚有余热。后火期为3~6d，品温由48℃下降到33℃，每天约下降1℃，要特别注意多热少晾。

（9）养曲　后火期结束时，还有10%~20%的曲块中心部分尚有余水，宜用温热驱散，注意多热少晾，保持热曲品温34~40℃，晾曲品温为30~32℃。晾曲时开窗不宜过大，以利曲心余水挤出，养曲期为3~4d。

（10）出房　贮曲从曲坯入室共培养28~30d后出房，出房后入贮曲房，再存贮半年左右。贮曲时曲块码为间距2cm，高为12~13层，整齐地“人”字形交叉排列。要求糖化力下降60%左右，发酵力变化不大，最好贮曲设棚贮藏，四壁无墙或有1m的半壁为宜，使曲排杂，通风，产生正常的物理变化。

［黄平主编《中国酒曲》，中国轻工业出版社，2000］

五、黄鹤楼酒业大清香型白酒生产工艺

黄鹤楼酒是酒中翘楚，蝉联两届中国名酒称号。在漫长的时间发展与淘汰中，经过黄鹤楼酒业的多次复工与全力升级，在保持汉汾优良品质的基础上进行创新，打造出了天成坊大清香；好酒离不开好曲的配合，添加优质大曲用于白酒发酵是大清香白酒生产工艺的重要步骤。

1. 工艺流程

高粱→粉碎→润糁→蒸糁→加浆→冷散下曲（大曲粉碎）→入缸发酵→

出缸拌辅料→装甑蒸馏（出大楂酒）→出甑加浆→二楂冷散下曲→二楂发酵→

出缸拌辅料→装甑再蒸馏（出酒糟）→二楂酒→新产酒

大清香白酒生产工艺指导意见，见表 2-88 所示。

表 2-88 大清香白酒生产工艺指导意见

楂次	投料/kg	润料加水/kg	闷头浆	凉浆	用曲量/kg		用糠量/kg			堆积时间/h	入缸水分/%	入缸酸度	入缸淀粉/%	入缸温度/℃
					数量	比例/%	稻壳	小米糠	比例/%					
大楂	1000	680	20	300	100	10.0%	0	0	0	18~20	53.5~54.5	0.1~0.3	27.0~30.0	10~15
二楂	0	0	0或30	0	115	11.5%	102	68	17.0%	0	59~61	1.1~1.4	14.0~20.0	18~22
丢楂	0	0	0	0	0	0	80	0	8.0%	0	0	0	0	0

资料来源：摘自《黄鹤楼酒业生产写实总结》。

2. 操作方法

（1）投料　投料的目的在于选取优质的粮食作为白酒发酵的原料，好酒的基础是好粮的配合；原料高粱要求籽实饱满、皮薄、壳少。霉变虫蛀的高粱忌用。高粱经过清选、去除杂物和除铁屑、砂石后，进入辊式粉碎机粉碎为 4、6、8 瓣。其中，通过 1.2mm 筛孔的细粉占 25%~35%，粗粉占 65%~75%，整粒粱不得超过 0.3%（冬季少细，夏季少粗）。

（2）下曲　根据酿酒发酵要求，大曲的粉碎度应适当粗些，大楂发酵用曲的粉碎度，大的如豌豆，小的如绿豆，能通过 1.2mm 筛孔的细面不超过 55%。大曲的粉碎度和发酵升温速度有关，粗细适宜有利于低温缓慢发酵，对酒质和出酒率都有好处。

（3）润糁、蒸糁　粉碎后的高粱称为红糁，在蒸煮前要用热水浸润，以使高粱吸收部分水后有利于糊化。先前的操作是将每班 1000~1100kg 投料运至打扫干净的车间场地，堆成凹形，加入定量的温水翻拌均匀，堆积成堆，上盖芦席或麻袋。目前已采取提高水温的高温润糁操作。用水温度夏季为 75~80℃，冬季为 80~90℃。加水量为原料量的 60%~70%，堆积时间 18~20h，冬季堆温能升至 42~45℃，夏季为 47~52℃。中间堆翻 2~3 次。若发现糁皮过干，可补加原料量 2%~3%的水。高温润糁有利于水分吸收，渗入淀粉颗粒内部。在堆积过程中，有某些微生物进行繁殖，故掌握好适当的润糁操作，则能增进成品酒的醇甜感。但若操作不严格，有时因水温不高、水质不净、产生淋浆、场地不清洁或不按时翻堆等原因会导致糁堆酸败事故发生。润糁结束时，以用手指搓开成粉而无硬心为度。否则还需适当延长堆积时间，直至渗透。

蒸糁前先将底锅水煮沸，在篦子上撒上一层谷壳，然后装甑上料。操作要求：见气撒料、轻撒匀铺，装匀上平。圆气后，在料面上泼洒 60℃左右的热水，加水量为原料量的 1.5%~3%（每甑合 3~4.5kg）蒸料时间掌握在 80min 左右，蒸料时，可在红粱顶部覆盖一层谷壳，一起清蒸。谷壳清蒸时间不得少于 50min，清蒸后的谷壳单独存放。

（4）加水、冷散、加曲　出甑后泼入占原料量 30%左右的地下水（温度最好掌握在 18~20℃），使红粱颗粒分散，鼓风降温（冬季降温到比入缸温度高 2~3℃，其他季节降到入缸温度），然后加曲。清香型酿造制曲工艺讲究：以大麦和豌豆制成中低温三种大曲（用料比大麦：豌豆=6：4 或 7：3）；三种曲（清茬、后火、红心）并用，分别按 30%、40%、30%比例混合使用。该三种曲在制曲工艺上基本相同，只是在培菌各阶段品温控制上有所区别；加曲温度：春季掌握在 20~22℃，夏季 20~25℃，秋季 23~25℃，冬季 25~28℃。

（5）入缸发酵及温度控制　楂子入缸前，用 0.4%浓度的花椒水洗刷缸的内壁，然后即可装填楂子。入缸温度：9~10 月份宜掌握在 12~14℃，严寒季节 13~15℃，3~4 月份 8~12℃，5~6 月份尽量做低，最好比自然温度低 1~2℃。

（6）封缸、打发酵温度　封缸：当楂子入完后，醅面盖一层塑料布，加盖棉被后用石板将缸口盖严或再覆盖一层保温膜。打发酵温度：及时测量发酵升温情况，发酵升温符合"前缓、中挺、后缓落"发酵规律，入缸后 6~7d 升到大温（28~32℃），热季 5~6d，冬季 9~10d；顶温保持在 3d 左右，一般最好不要超过 32℃，冬季顶温最好保持在 26~27℃，主发酵阶段约从入缸后第 7~8d 延续到 17~18d；发酵后期温度缓慢下落，每天下降幅度在 0.5℃以内，到出缸时，酒醅温度保持在 23~24℃。

（7）出缸、蒸大楂酒　发酵期 28d 结束后，将大楂酒醅挖出，加入 17%辅料（稻壳：小米糠=6：4），掺拌均匀后开始上甑摘酒，馏酒速度掌握在 3~4kg/min，每甑先摘酒头 1~2kg，酒精度在 75%vol 以上，并单独存放，回入二楂中重新发酵，然后按各排摘酒工艺指导意见要求摘取大楂酒（整体混合酒精度在 67%vol 左右）、二楂酒（混合酒精度掌握在 65%vol 左右）。

（8）二楂发酵及蒸馏　为了充分利用原料中的淀粉，将大楂酒醅蒸馏后的醅，还需继续发酵一次，这在清香型酒中被称之为二楂。

二楂的整个操作大体上和大楂相似，发酵期也相同。将蒸完酒的大楂酒醅趁热加入投粮量 2%~4%的水，出甑冷散降温，加入投粮量 10%的曲粉拌匀，继续降温至入缸要求温度后，即可入缸封盖发酵。

二楂的入缸条件受大楂酒醅的影响而灵活掌握。如二楂加水量的多少，决定于大楂酒醅流酒多少、黏湿程度和酸度大小等因素。一般大楂流酒较多，醅子松散，酸度也不大，补充新水多，则二楂产酒也多，其入缸温度也需依大楂酒醅质量而调整。

（9）贮藏、勾兑　大楂酒与二楂酒各具特色，经质检部门品评、化验后分级入库，在陶瓷缸中密封贮藏一年以上，按不同品种勾兑为成品酒。

3. 结论

在工艺操作过程创新方面，在坚持古法酿造、工匠精神的同时，生产工艺要向新型工业化发展，人工培育霉菌、酵母菌、细菌中的功能微生物可进行多种微生物纯种发酵，提高产品质量和生产效率。经过更加科学的筛选大曲，黄鹤楼酒业的大清香白酒得到消费者一致好评；通过筛选优质粮食，优质大曲和优质酿酒师傅，才使得大清香白酒做到真正的浑然天成。

［《黄鹤楼酒业生产写实总结》，1988］

六、汾酒大曲和酒醅中主要微生物研究

（一）汾酒酿造与微生物的关系

汾酒为全国名酒之一，是汾酒大曲和地缸发酵酒醅中有关微生物对高粱原料的生命活动的代谢产物。由于汾酒酿造采取特殊的传统操作工艺和优质高粱为原料，加之用大麦、豌豆为原料制成具有多种微生物的大曲为糖化剂和发酵剂，因而使汾酒具有独特的风味。

大曲中的霉菌和细菌等，可分泌出体外酶，使高粱糖化变成糖，使蛋白质分解成简单的化合物，提供了微生物在发酵中的物质基础。汾酒中主要微生物，是从原料、空气和酿造用水引进的，而在曲房使用的谷糠和芦苇也是重要来源。

大曲和酒醅中微生物是比较复杂的，为了解这个混合体系，必须从单株微生物开始研究，通过分

离和鉴定，初步了解汾酒酿造中有益和有害微生物，进一步扩大有益微生物的作用，如汉逊酵母在汾酒酿造中能够产生一定的香气，产气杆菌、乳酸菌、芽孢菌等能产生一些芳香成分的二乙酰等，这与成品酒中芳香成分是可以联系的。因此，我们可以在工艺条件上采取措施促进汉逊酵母和 V. P. 反应（Voges-Proskaues Reaction）中的菌株的生长量，以达到提高汾酒产量和质量的目的。

（二）汾酒大曲和酒醅中的主要微生物

1. 汾酒大曲中的主要微生物

（1）酵母菌类　汾酒大曲中有丰富的类酵母和酵母，酵母菌属（*Saccharomyces*）在发酵中起主要作用，酒精发酵力强，在大曲中含量较少，约5%以下，通常在曲块中心较多，这个结果与大曲发酵力的测定是一致的，曲心比曲皮强。

汉逊氏酵母属（*Hansenula*）在汾酒大曲中有较强的发酵力，仅次于或接近酒精酵母（酵母菌属），多数种类产生香味，同样在曲块中心较多。

假丝酵母属（*Candida*）和拟内孢霉属（*Endomycopsis*）是大曲中种类最多的酵母，曲皮多于曲心，大曲表面的黄色小斑点主要是假丝酵母，而白色小点，有时甚至是一大片拟内孢霉，通称“上霉子”，拟内孢霉在成曲期更多。假丝酵母主要在潮火前期，约 80%，经过“大火”高温淘汰后，常常在 40%以下。

丝孢酵母属（*Trichosporon*）和克勒克酵母属（*Klockera*）含量较少，一般不易分离，亦不是大曲中主要酵母菌。

另一种近似酵母的霉菌，菌落白色绒毛状，称白地霉（*Geotrichum Candidaum*）在“采曲”至“潮火”阶段较多。

（2）汾酒大曲的霉菌　根霉属（*Rhizopus*）在曲块表面形成网状的菌丝体，这些气生菌呈白色、灰色至黑色，形成明显的孢子囊，尤其用麻袋覆盖的曲块之间，可以经常发现，一经晾霉之后，则以营养菌丝形式深入基质中去。

犁头霉属（*Absidia*）在大曲中最多，但糖化力不高，网状菌丝青灰色至白色，纤细孢子囊小。

大曲中还有米黑毛霉（*Mucor michei*），该菌与根霉、犁头霉可区分，即菌丝整齐，菌丝短，淡黑色或黄褐色。

黄米曲霉群（*Aspergillus flavus-orrzae* group）是大曲的主要糖化菌，糖化力、蛋白质分解力都很高，曲块表面可以观察到黄色或绿色的分生孢子穗。

与此菌形态相似的黑曲霉群（*Aspergillus niger*）分生孢子穗黑色，在曲块中含量较少。红曲霉属（*Monascus*）在清茬曲的红心部分最多。

共头霉属（*Syncepalastrum*）在曲房用的芦苇、席上较容易分离到。

（3）汾酒大曲中的细菌　它有丰富的乳酸菌类。“潮火”前期，乳杆菌和乳球菌约等量，“潮火”后期是乳球菌多于乳杆菌，约 7∶4，乳球菌中主要是乳酸小球菌（*Pedioceccus acidilactici*）和少量的乳酸链球菌（*Streptococcus acidilactici*）。

醋酸杆菌属（*Acetobacter*）在大曲中含量较少。

芽孢杆菌属（*Bacillus*）在大曲中含量不多，但繁殖迅速，高温、高水分、曲块发软的区域，常常很容易得到芽孢杆菌。

2. 汾酒酒醅中的主要微生物

（1）醅酒中的酵母菌类　在大曲中原来含量较多的酵母菌，在酒醅中则明显的减少，但原来含不多的酵母菌，则剧烈的增多，如在 7 对时以前，假丝酵母、拟内孢霉、酵母菌属和汉逊酵母都可以分离到，但在此以后，几乎完全是酵母菌属，直至 28 对时亦复存在。如表 2-89、表 2-90 所示。

表 2-89　酒醅发酵各对时的酵母比例表

对时数	酵母菌属/%	假丝酵母/%	拟内孢霉/%	白地霉/%	汉逊酵母/%
0	15	70	10	5	—
3	40	50	5	—	5
7	75	20	5	—	—
12	95	个别	—	—	—
18	100	—	—	—	—
28	100	—	—	—	—

表 2-90　大曲和酒醅中的乳杆菌与乳球菌的比例　单位:%

曲样	乳杆菌群	乳球菌群
大曲	30	70
酒醅	80	20

（2）酒醅中霉菌　根霉在 1~4 对时可以分离到，5 对时以后就没有了。犁头霉经常可以分离到，但不规则出现。毛霉没有。黄米曲霉很少获得，黑曲更不容易发现，而自始至终在酒醅发酵过程中经常存在的是红曲霉。

（3）酒醅中细菌　大曲中乳酸球菌比乳酸杆菌占绝大多数时，在酒醅中则相反。从分离结果看，乳酸球菌在 3 对时以后就分离不到，而乳酸杆菌在 12 对时以后才很少出现。醋酸菌在酒醅中显然比大曲要多，几乎是随着发酵对时的增加而增加，直到 28 对时，仍然可以分离到醋酸菌。芽孢杆菌同样是在发酵酒醅中始终存在。

3. 汾酒大曲和酒醅中主要微生物的形态特征

（1）汾酒大曲和酒醅的酵母形态特征（表 2-91）

表 2-91　汾酒大曲和酒醅的酵母形态特征

菌种（属名）	子囊孢子	真菌丝	发达的假丝菌	裂殖	芽殖	半裂殖	麦芽汁内情况及是否发酵	麦芽汁琼脂上菌落情况	营养细胞形状	子囊孢子数目形状
拟内孢霉属（*Endomycopsis*）	有	有	少	有	有		液面有絮状盖，有絮团状沉淀，发酵	粉茸面，白色，皮膜型，老时成粉状	真菌丝，椭圆形，芽细胞及圆筒状裂生子	大礼帽形及土星形
丝孢酵母属（*Trichosporon*）	无	有	多	有	有		粉块，不发酵，有絮状沉淀	白色粉面，皮膜型，边缘根状	真菌丝，椭圆形，芽细胞及圆筒状裂生子	
汉逊酵母属（*Hansenula*）	有	无	有	无	无	无	糙形皮，发酵弱（有极少气泡）	乳白，微光，平滑、腊脂型，边缘整齐	椭圆腊肠形	不接合，子囊孢子草帽形

续表

菌种（属名）	子囊孢子	真菌丝	发达的假丝菌	裂殖	芽殖	半裂殖	麦芽汁内情况及是否发酵	麦芽汁琼脂上菌落情况	营养细胞形状	子囊孢子数目形状
酵母菌属（*Saccharomyces*）	有	无	少	无	无	无	无形，浑浊，发酵较强	乳白，微光，平滑、腊脂型，边缘整齐	椭圆	营养细胞不结合，直接形成子囊孢子
克勒可酵母菌属（*Kloekera*）	无	无	有	无	无	无	无形，沉淀，不发酵	乳白，平暗，腊脂型，边缘根状	柠檬形（二级芽殖）	圆形，光面1~4个
假丝酵母属（*Candida*）	无	无	有	无	无	无	薄形，振动时成粉状下沉，弱发酵	乳白，平暗，腊脂型，边缘根状	椭圆	
白地霉（*Geotrichum*）	无	有	无	有	有	无	粉块形，不发酵或极弱发酵	白色，茸毛或粉白，皮膜或腊脂型	菌丝及圆筒形裂生子	

（2）汾酒大曲和酒醅中霉菌的一般形态特征　根霉、曲霉是汾酒酿造的主要糖化菌，根霉、红曲霉均有酒精发酵能力。在汾酒大曲和酒醅中存在较多。

汾酒大曲和酒醅中的主要霉菌，分别属于藻状菌纲和子囊菌纲，菌丝体一部分深入基质作为营养菌丝，另一部分为气生菌丝，呈疏松的网状结构，部分菌丝起繁殖作用，称孕育菌丝。常常表现为无性繁殖的孢子囊孢子、分生子穗、粉孢子或关节孢子。

霉菌的孢子发芽后，伸出芽管，芽管顶端延长成菌丝体。

①根霉的一般形态和特征：汾酒大曲和酒醅中米根霉（*Rhizopusoryzae*）为主要的糖化菌之一，用馒头培养基可以选择性获得大量根霉。根霉的代谢产物，有乳酸、反丁烯二酸等。

它的主要特征，菌丝无隔膜，具有孢子囊柄、假根和匍匐枝、孢子囊柄单生或丛生、与假根对生、孢子囊柄顶的膨大部分为中轴，圆形或半圆形，孢子囊形成或近圆形，开始无色，成熟后深褐色或黑色。孢子囊孢子内生，呈圆形、卵形、不规则形、不正六角形或柠檬形，有的有棱角，表面具有皱折或沟纹，呈无色或灰黄色。多数根霉有厚壁孢子，少数种生接合孢子（汾曲和汾醅中并未发现）。

汾酒大曲和酒醅主要根霉一般特征见表2-92。

表2-92　汾酒大曲和酒醅中主要根霉的一般特征

菌名	形态观察				温度试验/℃			培养特征	糖化力	蔗糖产酸
	细胞	孢子囊柄	孢子囊	孢子	37	40	45			
米根霉（*Rhizopusorzae*）	发达与不发达	直立，丛生	圆形，半圆形	不规则形，大小不整齐	+	+	-	菌丛黑色，孢子囊较多	较强	+
河内根霉（*Rhizopustonkinensis*）	发达与不发达	直立，丛生，有时分枝	圆形，半圆形，易破裂	不规则形，多角形，大小整齐	+	⊗	-	菌丛带白色，孢子囊较少	较强或一般	-

续表

菌名	形态观察				温度试验/℃			培养特征	糖化力	蔗糖产酸
	细胞	孢子囊柄	孢子囊	孢子	37	40	45			
中华根霉 (*Rhizopuschinensissaito*)	发达与不发达	较短，丛生 1~5 根	圆形，一般较小	圆形，较小，大小不整齐	+	+	+	菌丛绒毛状，带灰黑色，孢子囊细小	一般	-
黑根霉 (*Rhizopusnigricans*)	很发达	很长，直立，较粗	圆形，一般较大	不规则形，多角形，较大，大小不整齐	-	-	-	菌丛特别疏松，菌丛粗，孢子囊大而多，黑色	一般	-

注：⊗表示 40℃生长较弱。

②梨头霉的一般特征：梨头霉菌落浅灰色至青灰色，菌丝纤细，疏松网状，孢子囊小，这个属在若干程度上不同于根霉，孢子囊柄匍匐枝生出，与假根侧生，孢子囊洋梨形，中轴小，孢子囊壁包被中轴的一半，有显著囊基即喇叭颈，少数根霉有接合孢子，但是柄托生出若干侧丝。孢子囊孢子较小，一般为圆形和椭圆形。梨头霉生长温度较高，生长速度快，在 37℃ 24h，可以覆盖整个平皿。梨头霉汾酒大曲中为数最多，在各种培养基中几乎都能分离到。

③毛霉的一般特征：汾酒大曲和酒醅中毛霉很少，偶尔发现，菌丝整齐，光泽，灰褐色或黄褐色，为卷枝毛霉种。

毛霉与根霉和梨头霉在显微镜下难识别，毛霉虽有匍匐枝，但无假根，孢子囊柄不分枝，中轴不膨大或很少膨大，呈半圆形或柱形，孢子囊壁黑色，内生孢子，水浸制片时，孢子囊壁易破碎或溶解，在囊轴基部不溶解部分的孢子囊壁，称为囊颈，无囊基，营养菌丝生较多的厚壁孢子。

④共头霉的一般特征：共头霉是我们在曲间芦苇上分得的，而大曲和酒醅中很难找到。与根霉的菌落相似，菌丝网状结构呈灰色至灰黑色。与梨头霉也很相似，糖化力都不高。

显微镜检查共头霉的明显特征是孢子囊柄顶端膨大，着生放射状孢子囊，所以低倍镜下很像曲霉，管状孢子囊内生一行孢子，囊膜很薄。

⑤红曲霉的形态和生理：红曲霉在清茬曲晾红心部分最多，也是酒醅中的主要微生物。因为红曲霉耐酸力或耐酒精力都很强，在麦芽汁中加 0.7%的乳酸和 10%的酒精即分离。

纯种的红曲霉，菌落茸毛状，有红色、黄色、白色或紫红色，甚至黑褐色。尽管菌落颜色不同，菌落反面都有很规则的放射折皱。

红曲霉通常分泌水溶性色素于体外，红色或紫红色，成熟的被子器无色至红色，圆形至近圆形，破碎后放出椭圆形的松散的子囊孢子，红曲霉的子囊很难发现，即使幼年的被子器在显微镜下打碎后，借助于暗视野亦不易找到，通称散子囊菌类。

红曲霉的无性繁殖形成分生孢子，分生孢子柄顶端不膨大，通常着生 1~3 个椭圆形分生孢子。

⑥黄米曲霉群：包括黄曲及米曲两个种，在察贝克氏琼脂上稀释分离可得到此菌。

黄米曲霉菌黄绿色，黄曲霉为灰绿色，米曲霉为浅黄色至黄绿色。

黄曲和米曲显微镜镜检几乎很难区别，分生孢子柄粗糙或生麻点，分生孢子柄顶端膨大，膨大的上部放射状地着生瓶形小梗，有时有次级小梗或间细胞，瓶形的小梗上着生一串分生孢子，外生，分生孢子粗糙，圆形或椭圆形。

黄米曲霉是汾酒大曲的主要糖化菌，糖化力、液化力和蛋白质分解力都很高，黄曲霉在汾酒大曲中的特殊作用，显然是其他霉菌无法比拟的。

⑦黑曲霉的一般特征：黑曲霉在汾酒大曲中和酒醅中极其稀少，而且糖化力测定结果，远不如黄

米曲霉。黑曲霉菌落外形，白色茸毛状，分生孢子穗黑色至炭黑色。分生孢子柄长，光滑，基部由营养菌丝生出具足细胞，顶端特别膨大，圆形，分布着整齐的放射状瓶形小梗，该菌容易辨别。

［《山西发酵》1973（2）］

七、五粮液中温曲培曲过程理化指标变化规律研究

五粮液股份有限公司的彭智辅、张霞、乔宗伟等研究了五粮液中温曲在不同季节培曲过程中理化因子的演变，特别是研究了糖化力和发酵力的变化规律，从而进一步探索曲药的发酵机制，结果表明：不同季节培曲过程中，曲药理化指标变化总体趋势相近，但也呈现出一定的差异性，冬季培曲过程中，曲药糖化力、发酵力总体较高，夏季则总体较低，春秋两季介于二者之间。培曲过程中曲药糖化力一部分来源于制曲原料，一部分产生于培曲过程中，在培曲过程中，曲药糖化酶活性表现出较差的稳定性。培曲过程中，曲药的发酵力与酵母菌数量不完全正相关，可能与酵母菌的活性及曲药菌系结构有一定关系。

不同季节培曲过程中曲药温度变化，如图 2-56 所示。

不同季节培曲过程中曲房温度变化，如图 2-57 所示。

不同季节培曲过程中曲药水分含量变化，如图 2-58 所示。

不同季节培曲过程中曲药糖化力变化，如图 2-59 所示。

不同季节培曲过程中曲药发酵力变化，如图 2-60 所示。

不同季节培曲过程中曲药酵母菌数量变化，如图 2-61 所示。

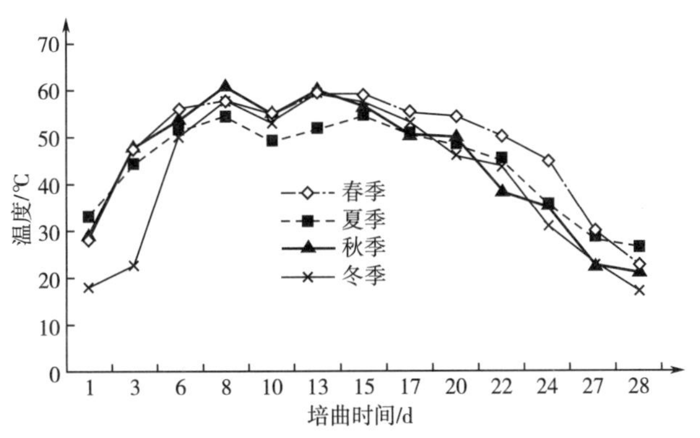

图 2-56　不同季节培曲过程中曲药温度变化

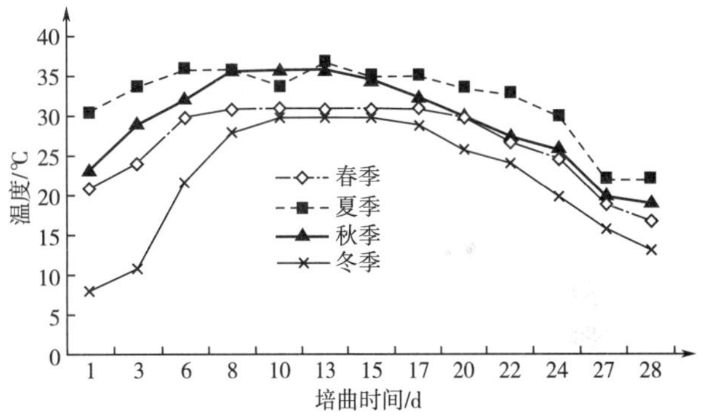

图 2-57　不同季节培曲过程中曲房温度变化

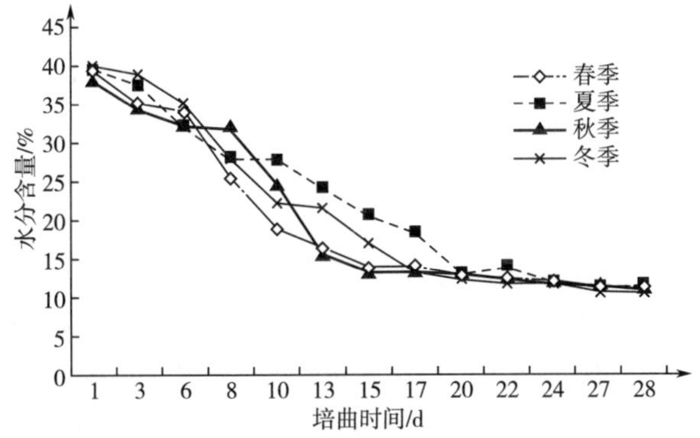

图 2-58　不同季节培曲过程中曲药水分含量变化

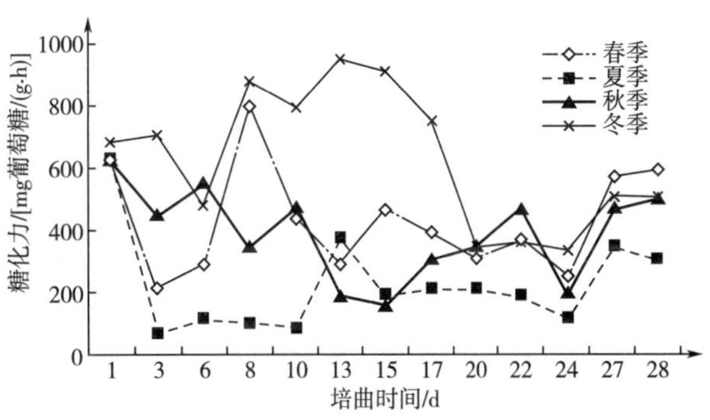

图 2-59　不同季节培曲过程中曲药糖化力变化

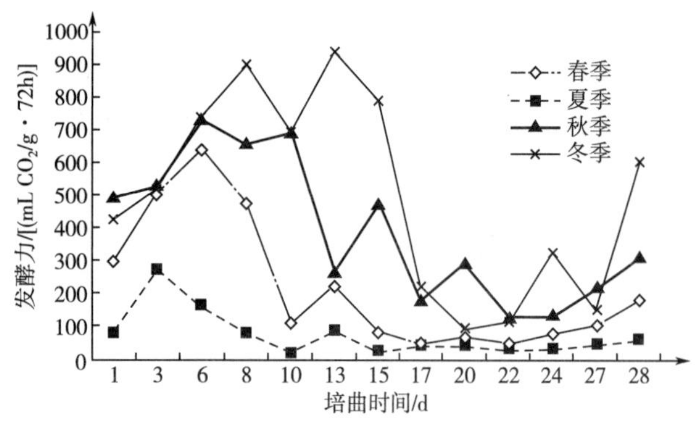

图 2-60　不同季节培曲过程中曲药发酵力变化

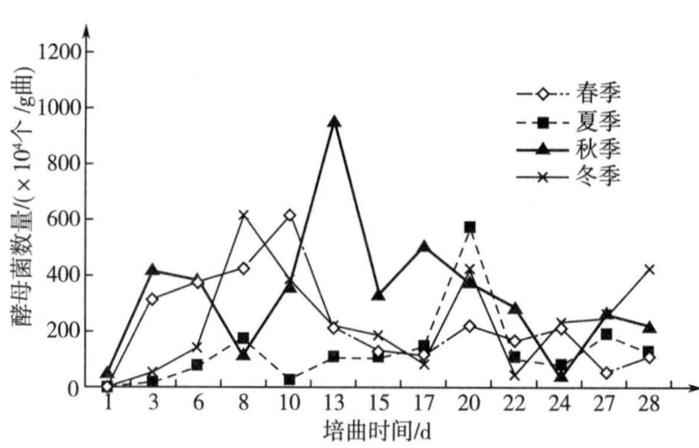

图 2-61　不同季节培曲过程中曲药酵母菌数量变化

[《酿酒科技》2015（9）：46-48]

八、丛台酒大曲春季培养过程中细菌数量变化的研究

邯郸学院和邯郸丛台酒业股份有限公司的王鑫昕、耿宵、杨军山等对中温大曲春季培养过程中细菌数量的变化情况进行研究，结果摘要如下。

（一）大曲中水分的变化

由图 2-62 可知，整个大曲的含水量总体是呈下降趋势的，曲皮的含水量总体比曲心低。在大曲成熟培养的过程中，其水分含量不断降低，一是随着微生物的大量繁殖，产生大量热量，造成曲房温度不断升高，曲块含水量因蒸发而降低；二是因为大曲富集的微生物生长利用了其所含的水分。大部分曲块成熟后期，曲块含水量都会降到 15%以下。曲皮水分总体呈下降趋势，但在第 14 天时，含水量有略微的升高，之后又逐渐降低，这是因为在此期间，水分及热量由里向外散发。

（二）大曲培养过程中温度的变化

由图 2-63 可知，曲温总的变化趋势是：大曲入曲房后，曲温迅速上升，6~8d 时达到高峰，以后呈下降趋势，14d 时达到最低，之后曲温维持在 30℃。

曲温与室温的变化，与曲块中富集的微生物的繁殖与代谢密切相关。微生物的大量繁殖及其代谢，产生大量热量，造成曲温与室温的升高。随着微生物数量的减少，曲温与室温也逐渐降低。此外，曲温与室温改变的另一个决定性因素是人为的调控。人为调控通过窗户的开闭、草帘的铺盖或掀开、改变各曲块间的距离等实现。如在曲块入房后的长霉阶段，温度不可上升过快，否则影响上霉，此时可缓缓掀开部分草帘进行散热。

（三）大曲培养过程中细菌数目的变化

由图 2-64 可知，大曲培养过程中，曲皮内细菌数量的总变化趋势是先迅速升高，后逐渐降低至最小值，之后又缓慢上升。在第 6 天，细菌数量达到高峰，最多可达 7.8×10^7个/g，此后，细菌数量开始下降，在第 16 天达到最小值，最少为 7.6×10^5个/g，16d 后保持在 10^6个/g 的数量级。因此，4~12d 为曲皮细菌数量最多的时期。呈现这样升高又降低的规律是因为培养初期升高的温度加快菌体的生长速率，也使曲温继续升高，生长速率继续增大，直到达到细菌生长能够承受的最高温度，而此时水分的散失和曲皮营养的消耗也使细菌数量积累达到限度，曲皮细菌数量便在第 6 天时达到了顶峰。此后，

由于许多不耐热的细菌因高温致死，也就呈现了细菌数量在6d后骤减的现象，随着曲温降低到细菌耐受温度，环境中细菌再次富集在曲块上，也就出现了曲皮细菌数略有回升的现象。

由图2-65可知，大曲培养过程中，曲心内细菌数量的总变化趋势与曲皮的变化趋势大致相同，也是先升高后降低，之后又缓慢上升。曲心内细菌的数量在第8天达到顶峰，最高可达2.35×10^6个/g，此后，细菌数量开始下降，在第16天降到最少，为3.0×10^5个/g。16d后保持在10^5个/g的数量级。因此，6~13d为曲皮细菌数目最多的时期。

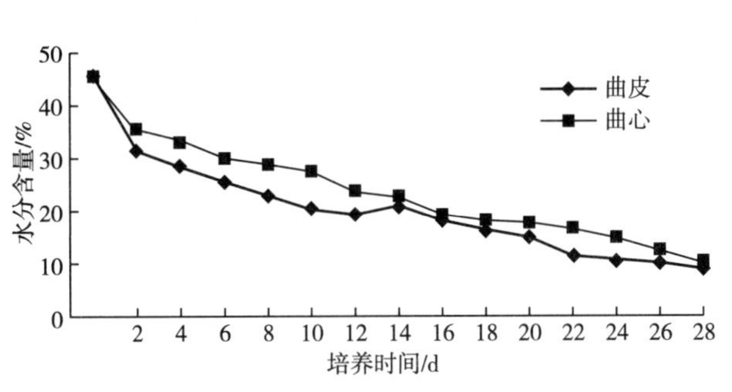

图2-62 大曲培养过程中水分的变化

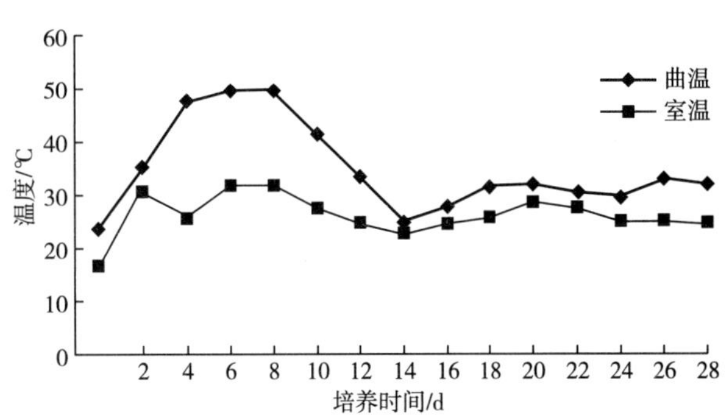

图2-63 大曲培养过程中温度的变化

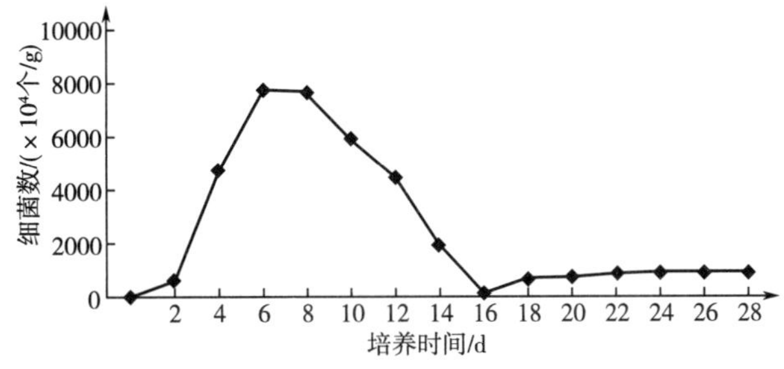

图2-64 大曲培养过程中曲皮细菌数量的变化

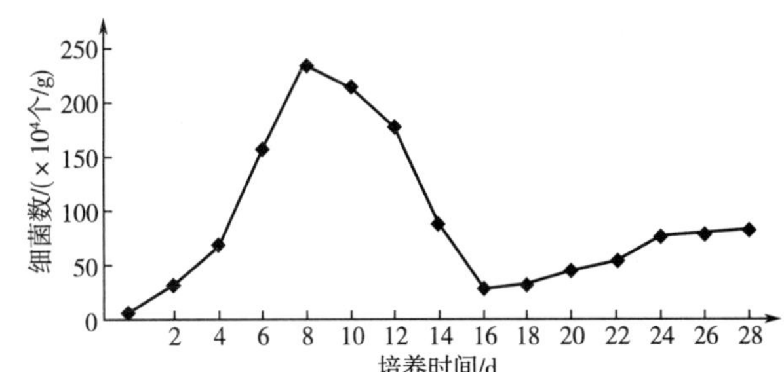

图2-65 大曲培养过程中曲心细菌数量的变化

比较曲皮、曲心细菌数量的变化曲线，曲皮中细菌的数量远高于曲心中细菌的数量，而且曲心达到数量顶峰的时间滞后于曲皮，这是由于曲皮、曲心在通风、水分、温度和从环境富集细菌机会不同等方面的差异造成细菌类别、生长繁殖速率的差异，进而影响细菌数目间的差异。起初，曲皮中细菌数量先迅速增加，而曲心中细菌增长较慢，这主要因为，曲皮暴露在曲房环境中，空气中的细菌会自然富集在曲皮上，并利用营养快速生长；曲皮相对较好的通风和营养的配合使好氧菌生长繁殖得更快；曲心的细菌是由曲皮向内扩散生长的，所以最初几天曲心处细菌量较少，而且微生物产生的热量不太高，导致曲心温度升高缓慢，细菌生长速率增加慢于曲皮。曲皮的细菌增长迅速，曲温快速升高，曲皮处营养消耗快，曲皮细菌竞争生长使曲皮细菌数量顶峰的时间提前于曲心，于第6天结束了高增长趋势。此外，由于曲心处氧气量少，好氧细菌无法正常存活，向曲心处生长的以兼性和厌氧菌这些生长繁殖慢的细菌为主，所以曲心细菌增长速率较曲皮慢很多，曲心的细菌量比曲皮的少许多。

（四）结论

本研究结果显示，在大曲培养过程中，曲皮细菌数量的变化规律是，先迅速升高，在培养第6天达到最高峰，数量级达到10^7个/g。培养第16天时达到最小值，数量级达10^5个/g。曲心细菌数量的变化规律也是先升高，在培养第8天达到最大值，数量级为10^6个/g，在第16天数量最少，数量级为10^5个/g。细菌数量的变化是曲房内各个环境因素的综合效果，制曲工艺紧密影响着细菌的种类和数量，进而影响了白酒的质量。曲皮与曲心的细菌数量变化是不同的，这也导致了曲皮与曲心的理化指标和酿酒效果是明显不同的。

[《酿酒科技》2017（2）：37-39]

九、浓香型白酒夏冬两季生产车间及大曲中霉菌与放线菌的分离纯化

黄鹤楼酒业有限公司和湖北工业大学的李良、陈茂彬、郑桂朋、镇达等对冬夏两季生产车间和中低温大曲中霉菌和放线菌数量的变化情况进行研究，结果摘要如下。

（一）夏季车间中分离得到的霉菌研究

由表 2-93 可知，空气中霉菌的菌落形态非常丰富，共分离到 15 株不同形态的霉菌，未分离到放线菌。夏季空气霉菌的多样性很强，样品中霉菌子实体包括孢子囊（膨大，有外膜）、分生孢子梗（无膨大的顶囊，但有分枝的孢子梗，上面着生成串孢子）、分生孢子头（有膨大的顶囊，上面着生成串孢子）及孢子座（有其他复杂的着生孢子的结构），菌丝包括有隔和无隔，甚至有卷曲状菌丝，孢子形状也有不常见的柱状和镰刀状。其中，菌株 P1 根据形态鉴定为青霉，其他菌株暂未确定其种属。

表 2-93　　夏季车间空气中分离到的霉菌

编号	菌珠	菌落总数	子实体	菌丝	孢子	菌落
1	Y1	1	—	无隔	—	菌落扩展，气丝少，表面粉白色
2	Y2	3	—	无隔	—	菌落扩展，气丝少，表面规则花纹
3	Y3	1	孢子座	无隔	外生，镰刀状	菌落扩展，气丝丰富，表面浅绿色，中部凹陷
4	Y5	2	链状孢子	有隔	外生，椭圆	菌落扩展，无气丝，暗红色
5	Y6，L1	1	孢子囊	无隔	内生，圆形	菌落扩展，气丝较多，表面灰色
6	Y7	1	孢子囊	无隔	内生，圆形	菌落扩展，气丝丰富，表面灰白色
7	Y8	1	孢子头	有隔	外生，柱状	菌落较小，无气丝，近白色
8	Y10	1	—	无隔	—	菌落扩展，少量气丝，表面浅黄
9	Y11	1	孢子囊	有隔	内生，椭圆	菌落较小，无气丝，表面黄绿色
10	L2	2	孢子头	有隔	外生，椭圆	菌落扩展，气丝较多，表面轮状花纹
11	L3	1	细长孢子囊	有隔	内生，圆形	菌落扩展，气丝少，表面绿色
12	L4	1	—	有隔	—	菌落扩展，气丝少，表面深灰色
13	L5	1	孢子头	有隔	外生，椭圆	菌落扩展，气丝少，表面灰色
14	P1	3	孢子头	有隔	外生，圆形	菌落较大，气丝少，表面绿色，青霉
15	P2	2	—	无隔	—	菌落小，气丝少，表面灰绿色

（二）夏季窖泥中分离到的霉菌及放线菌变化

由表 2-94 可知，壁泥和底泥中仅从底泥中分离到两种菌株，包括放线菌 6P1 及霉菌 6D1。这两种菌落出现在 10^{-2}稀释度平板上，说明数量较少。

表 2-94　夏季窖泥中分离到的霉菌及放线菌

编号	菌株	培养基	分离部位	数量级/(CFU/g)	形态
1	6P1	DG1 1sp2	底泥	10^3	有隔菌丝，菌丝上直接着生孢子（端生），白色小菌落
2	6P1	PDA	底泥	10^3	灰色小菌落，无孢子，菌丝细小，需要油镜观察，初定为放线菌

（三）夏季大曲中微生物分析

由表 2-95 可知，从大曲皮及曲心中分离出 10 株霉菌，其中曲皮 5 株，曲心 5 株。从形态上划分，主要有 4 种类型：一是具有孢子囊、气丝丰富的类型，与根霉相似，但也包括有隔菌丝的类型，还有待进一步细分；二是曲霉型，具有顶囊和孢子链；三是具孢子囊，但是菌落气丝很少；四是气丝少，无顶囊而具有孢子链的类型。从曲皮及曲心中分离到的霉菌有相同类型，也有不同类型，但是均未分离到青霉和放线菌。

表 2-95　夏季大曲中分离到的霉菌

编号	菌株	培养基	分离部位	数量级/(CFU/g)	子实体	菌丝	菌落
1	7C1	SCA DGl8	曲皮	10^5	孢子内生，具顶囊	无隔	气丝丰富，表而灰白色
2	7C2	SCA DGl8	曲皮	10^5	孢子内生，具顶囊	无隔	气丝丰富，白色菌落中部呈灰绿色
3	7C3	SCA	曲皮	10^4	孢子外生，具顶囊	有隔	气丝少，白色菌落中部为金黄色
4	7I1	Isp2 M1	曲皮	10^5	孢子内生，具顶囊	无隔	气丝少，白色菌落
5	7P3	PDA	曲皮	10^4	孢子内生，具顶囊	有隔	菌落小，气丝少，灰色表面
6	8C2	除 IG1 外的培养基	曲心	10^5	孢子内生，具顶囊	无隔	气丝丰富，均匀白色
7	8D3	DGl8	曲心	10^5	孢子内生，具顶囊	无隔	气丝丰富，白色菌落中部灰绿色
8	8G1	IG1	曲心	10^4	孢子链	有隔	白色小菌落，无气丝
9	8M1	M1	曲心	10^4	孢子内生，具顶囊	无隔	气丝丰富，白色菌落中部灰色
10	8P1	PDA	曲心	10^5	孢子内生，具顶囊	无隔	气丝丰富，表面浅黄色

（四）冬季生产车间空气中微生物分析

根据第一批培养基的分离效果，第二批样品采用 LB 及 YEPD 两种平板分离车间空气霉菌和放线菌，共获得 9 株，结果见表 2-96。由表 2-96 可知，具有近似根霉形态的菌株较多，也有一株曲霉，另外菌株 L23，为长囊状孢子囊，含内生孢子，而 L24 为外生孢子，但未观察到子实体，总共有四种主要形态。没有分离到青霉和放线菌。与 2016 年 9 月采集的样品比较，2017 年 2 月（冬季）的发酵车间空气中的霉菌种类较少。

表 2-96　冬季生产车间的空气中分离到的霉菌

编号	菌株	菌落总数	子实体	菌丝	孢子	菌落
1	L21	4	孢子囊	无隔	内生，圆形	气丝丰富，中间灰绿色
2	L22	2	孢子头，具顶囊	有隔	外生，圆形	气丝少，边缘白色，中部黄绿色同 Y21，曲霉
3	L23	3	孢子囊，长形	有隔	内生，圆形	气丝丰富，边缘白色，中部灰色
4	L24	1	孢子链，无顶囊	有隔	外生，圆形	气丝丰富，边缘白色，中部灰绿色
5	L25	1	孢子囊	有隔	内生，圆形	气丝较多，灰绿色表面
6	L26	1	孢子囊	无隔	内生，圆形	气丝较多，边缘白色，中部灰色

续表

编号	菌株	菌落总数	子实体	菌丝	孢子	菌落
7	L27	1	孢子囊	无隔	内生，圆形	气丝丰富，浅灰色表面
8	Y22	1	孢子囊	有隔	内生，圆形	气丝少，边缘白色，中部浅黄
9	Y23	5	孢子囊	有隔	内生，圆形	气丝丰富，整体灰色表面

（五）冬季窖泥微生物分析

由表 2-97 可知，在窖泥中获得 7 株霉菌，这些菌株形态与根霉、曲霉、青霉等常见类型不同，普遍无明显气丝。菌株 D22 具有外生孢子及膨大的顶囊，但是其孢子不是呈串生长，与曲霉差别明显。与 2016 年 9 月的窖泥样品比较，这次获得的霉菌类型较多，相同之处在于，从两批样品中的窖泥中获得的霉菌均无明显气丝。

表 2-97　　冬季窖泥中分离到的霉菌

编号	菌株	培养基	分离部位	数量级/(CFU/g)	形态
1	M31	M1	底泥	10^4	端生单孢子；有隔菌丝；菌落扩展，白色，中部浅绿色，气丝少
2	I21	Isp2、PDA	底泥、上壁泥	10^3	外生孢子，具顶囊；有隔菌丝；菌落扩展，表面白色中部浅绿色
3	D22	DG18	上壁泥	10^3	无孢子；有隔菌丝；菌落扩展，气丝少，中部绿色环状
4	D18	DG18	上壁泥	10^3	端生单孢子；无隔菌丝；菌落较小，粉红色
5	M25	M1	上壁泥	10^3	端生单孢子；有隔菌丝；菌落较小，近白色，边缘辐状皱褶
6	D31	DG18	下壁泥	10^4	无孢子：有隔菌丝；菌落小，表面不规则突起
7	I31	Isp2	下壁泥	10^4	端生 1 到 2 个圆形孢子；有隔菌丝；菌落扩展，气丝少，边缘辐状皱褶

（六）冬季大曲微生物分析

从 2017 年 2 月这批大曲样品中共分到 9 种霉菌，结果见表 2-98。由表 2-98 可知，其中 6 株气丝丰富，有孢子囊和内生孢子，与根霉相似，另有两株与青霉相似（曲皮、曲心各一株），有一株与曲霉相似，来自曲皮。各自数量级达到 $10^4 \sim 10^5$CFU/g。根霉类型的菌株差别在于孢子囊数量不同，以及菌丝有隔和无隔的差别，有待细分。曲心和曲皮中均分离到青霉，这与上次夏季大曲样品不同。样品中未分到放线菌。

表 2-98　　冬季大曲中分离到的霉菌

编号	菌株	培养基	分离部位	数量级/(CFU/g)	子实体	菌丝	菌落
1	7P31	PDA、DG18、M1	曲皮	10^5	孢子内生，具顶囊	无隔	气丝丰富，菌落扩展，表面均匀灰色
2	7C31	SCA	曲皮	10^4	孢子外生，无顶囊	有隔	气丝少，菌落较小，中部绿色，青霉
3	7C32	SCA	曲皮	10^4	孢子内生，具顶囊	有隔	气丝丰富，菌落扩展，表面均匀灰色
4	7D41	DG18	曲皮	10^5	孢子外生，具顶囊	无隔	气丝少，菌落较小，中部绿色，曲霉
5	8I31	Isp2、DGl8	曲心	10^5	孢子内生，具顶囊	有隔	气丝丰富，菌落扩展，表面均匀灰色
6	8C31	SCA	曲心	10^4	孢子内生，具顶囊	有隔	气丝丰富，菌落扩展，表面不均匀灰绿色
7	8D41	DG18	曲心	10^5	孢子内生，具顶囊	无隔	气丝丰富，菌落扩展，表面均匀灰色

续表

编号	菌株	培养基	分离部位	数量级/(CFU/g)	子实体	菌丝	菌落
8	8D43	DG18	曲心	10^5	孢子外生，呈链状，无顶囊	有隔	气丝少，菌落小，中部绿色，青霉
9	8P41	PDA	曲心	10^5	孢子内生，具顶囊	有隔	气丝丰富，菌落扩展，表面均匀灰绿色

（七）结论

黄鹤楼酒洞酿车间冬季的空气霉菌显著少于夏季，冬季窖泥霉菌明显多于夏季窖泥，而两季的大曲中霉菌种类数量相近。说明浓香型黄鹤楼酒生产车间的空气、窖泥的霉菌数量差异较大。该结果为阐明夏季和冬季基酒质量差异的机理提供了支持。

［《中国酿造》2017，36（11）：54-58］

十、清香型酒曲制曲机设计及其性能研究

国内目前机械制曲机有两大类：直线链式制曲机和圆型制曲机。但是这两类制曲机都存在设备噪音较大、模盒难以清洗、踩压出来的曲胚块致密性不连续等缺陷。田定奎在总结前人的设计成果后，查阅大量的参考文献，现场实地调研，完成了对清香型酒曲制曲设备的设计和模型的建立。利用软件对所设计制曲机的液压系统进行了仿真，验证了设计的合理性。并通过现场工业实验，对清香型酒曲制曲机的合理性、稳定性进行了验证。取得如下研究成果：

根据制曲机的工作流程，设计了一套制曲机，并对踩压系统建立了数学模型，通过 MATLAB 软件绘制响应曲线，并对其进行分析和校正，校正后的指标满足要求。在 ADAMS/AMESim 软件中搭建联合仿真模型来验证设计的合理性，并对其进行了校正。对液压系统双油缸位移的同步性、油缸的速度响应和液压回路的脉动进行了仿真。利用现有条件，在汾酒厂搭建实验平台进行实验，检测了双油缸的同步性、油缸的速度响应时间、液压回路的脉动和现场工作噪音，实验结果表明清香型酒曲制曲机的设计可行，踩压出来的曲坯块达到了工艺要求，噪音低于国家标准。

［田定奎《清香型酒曲制曲机设计及其性能研究》，太原理工大学，2017］

第四节　其他大曲制作技艺及研究

一、丢糟大曲制作方法

1. 原辅料质量要求

（1）面粉　色白干燥，无杂质，无霉变结块，无异气味。

（2）麦麸　大瓣麸皮，质好干燥，无霉变结块，无杂质异气味。

（3）糟醅　当天出甑的新鲜丢糟，pH 6.5 以下，晾冷后使用。也可用新晒干的丢糟干粉。

2. 原料配比

冬春季节：面粉：麦麸：丢糟=4.5：4.5：10（丢糟以干燥量计）。

3. 制曲操作

（1）拌料　先将面粉、麦麸、丢糟按比例倒进拌料斗，翻拌均匀后，然后边加水边搅拌，以达到均匀无团块为准。加水量一般视气温而定，夏秋季一般控制在 38%~40%，冬春季稍减 1%~2%。

（2）压块　下料均匀，每块大小为 24cm×13cm×6cm，曲坯要求厚薄一致，软硬适宜，表面光滑，棱角分明，内无干粉和裂缝为合格。

（3）入房培养　入房时要求曲坯整齐，摆放前，地面应先垫一层 1~2cm 厚的稻壳，使曲坯不接触地面，有利于繁殖。夏秋季节，一般摆单坯，曲与曲间隙为 3~4cm。冬春季节，入房摆双坯，曲坯增加一层，摆放形式为上下呈斜格井字形。入房后的曲坯，春冬盖干稻草保温，夏秋季盖湿稻草保潮。

（4）培菌　培菌可分上霉、晾霉、前火、大火、后火、晾曲等过程，在制曲不同阶段，必须严格按制曲操作规程进行翻曲，掌握好温湿度，观察曲坯上菌的繁殖情况，及时做好保潮、排潮、保温、散热工作，保证曲坯上菌系繁殖的最佳条件，并做好原始记录。一般发酵 1 个月后出房，入库堆积贮藏 3 个月可使用，其繁殖各阶段室温、品温、湿度指标见表 2-99。

表 2-99　丢糟曲培养期间温湿度变化情况

季节	时间/d	阶段	翻曲次数	堆积层数	室温/℃	品温/℃	相对湿度/%
夏秋	2	晾霉	—	—	21~32	38~40	95~99
冬春	4						
夏秋	3~4	潮火	1	2	27~32	39~42	90~98
冬春	5~6			4			
夏秋	5~7	大火	2	3	29~32	46~55	85~90
冬春	7~9			5			
夏秋	8~10	大火	3	5	28~31	45~53	85~90
冬春	10~13			6			
夏秋	11~18	后火	4 次并房	7	27~29	40~46	80~85
冬春	14~20			8			
夏秋	19~25	晾曲	出房	—	室温	室温	50~80
冬春	—			—			

（5）出房　出房晾曲后一般在 25~30d 以上均可入库贮藏，出房曲质要求内湿，长霉好，水分在 16%以下。

（6）入库贮藏　贮藏曲库要求通风条件良好，按曲质堆放，留有间隙。堆放量较多时，还应加放竹编制的通气罩（散热作用），防止受潮返火、变质。

4. 大曲质量标准

（1）感官指标　断面色泽均一，呈灰白或菊花心，无火圈及黑圈，有大曲特有香味。

（2）理化指标　水<13%，酸度为 0.8，淀粉 40%，糖化力 600~800mg 葡萄糖/(g·h)，液化力 35μ/g 以上。

［黄平主编《中国酒曲》，中国轻工业出版社，2000］

二、纯种生料混合制大曲

纯种生料制大曲是指用人工培养数种根霉和酵母混入制曲的生料中，再进行培养繁殖而成的大曲（又称麦曲）。厦门酿酒厂采用这种工艺制曲已有 30 余年的历史。

1. 工艺流程

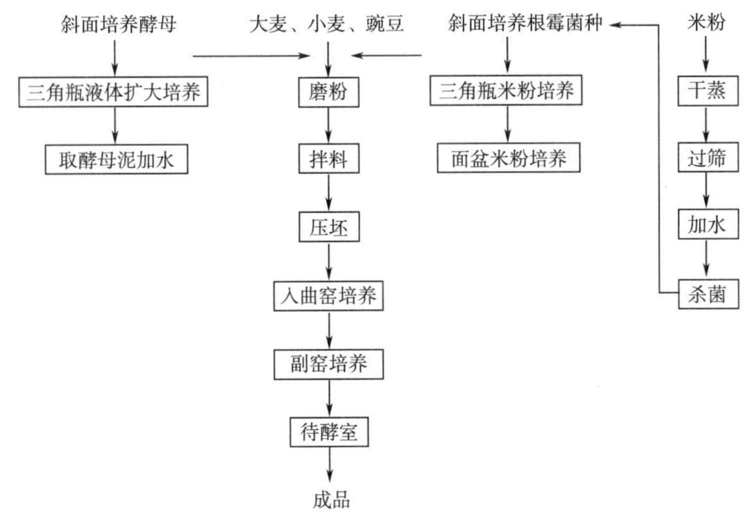

2. 培菌

（1）斜面培养根霉菌种　糖化液（以大米为原料，加入根霉曲糖化、过滤而成），浓度调整为 6~6.5°Bé，酸度 0.15~0.20，取其 100mL，加琼脂 2.5~3g，加热溶化，趁热过滤、分装于试管，常压杀菌二次，每次 45~60min，趁热制成斜面培养基，经 25~30℃保温箱培养 4~5d，检查无杂菌后，按无菌操作手续接种，在 30~33℃培养 72h，即成斜面培养菌种。

（2）第一次三角瓶扩大培养　将新鲜米粉干蒸 30~45min，趁热过筛，消除团块。根据米粉质量和气候变化，加入占米粉重量 20%~25%的冷开水，拌匀，揉细过筛，分装于已杀菌的 500mL 三角瓶，每瓶数量 80~100g，塞上棉塞，在 1kg/cm^3 的压力下，杀菌 30min，或常压间歇杀菌二次，每次 45~60min，取出冷却后摇匀，在无菌箱内分别接入根霉菌种，在 30~33℃培养 72h，即为三角瓶米粉培养根霉。

（3）面盆扩大培养　米粉处理同三角瓶米粉，按生产曲量的 5%投料，分装于洗净沥干的面盆中，每盆装量 0.75~0.9kg，常压杀菌 1h，取出冷却至 33~35℃，移入无菌室内，分别接入三角瓶米粉培养根霉，扩大倍数为 6~8 倍，在 30~33℃培养 48h，即可投入大型生产使用。

（4）酵母扩大培养　按每 50kg 曲料使用 150mL 计算，将糖化液分装于已杀菌的三角瓶，常压间歇杀菌 45~60min，冷却后接入斜面培养酵母菌种。在 30~33℃培养 72h 时即为三角瓶液体酵母。

3. 配料

大麦 752kg，小麦 564kg，豌豆 208kg，根霉米粉 80kg，液体酵母 4800mL。使用前把上层清液去掉，酵母泥倒入定量的水中，即为酵母液。

4. 制曲

制曲加水量视季节气温及原料性质稍有加减，一般用水量为 40%~45%，夏季用井水，冬季用 35℃左右温水。接入根霉米粉、酵母液拌匀，装入曲模中，曲坯要压得四角整齐，厚薄一致，表面光滑平整，水分均匀，软硬一致、扎实。每块曲料 0.375~0.4kg，压成曲块每块 0.5~0.55kg。

曲坯排列在曲盒中，每盒 21~24 块，搬入曲窑，置于曲架上，每窑投料 500~600kg，插上温度计，关闭门窗，其温度管理如下：

正窑：室温 28~32℃。

调盒：入窑后 14~16h，曲坯表面长出霉菌，品温达 42℃左右可调盒。

开窗：调盒后品温回升至 41~42℃，曲坯表面已均匀地布满霉菌，可分次开窗。入窑 48h，品温控制在 39~42℃，搬进副窑。

副窑：室温 34~35℃，品温 39~42℃，经 24h，品温控制在 39~42℃，搬进待酵室。

待酵室：第 4~5d 排列成 10~12 层的单柱井形，品温控制在 40~45℃。第 6~8 天排列成 10 层的格形，品温控制在 43~45℃。第 9~11 天排列成 14~16 层的格形，品温控制在 46~48℃。第 12 天后排列成 18~20 层的格形，品温控制在 48~50℃，待品温降至 25~30℃，可堆成品。

制曲周期约 15d，成曲质量每块 0.25~0.3kg，打开断面，全面灰白，曲香正常。

5. 人工培养大曲酿酒情况

高粱酒用红粮配以人工培菌大曲酿造而成，采用续糌工艺。发酵期 6~7d，入池糌酸度控制于 0.8~1.4g/100mL，淀粉 17%~19%，水分 55%~59%，辅料（粗糠）18%~23%，酸度 1.6~1.8，淀粉 9%~10%，水分 60%~64%，粮与底醅比例一般为 1∶3。高粱酒质量情况如表 2-100 所示。

表 2-100　　高粱酒质量情况

项目	1959 年	1960 年	1961 年	1962 年	1963 年	1964 年	1965 年	1966 年	1967 年	1968 年	1969 年	1970 年	1971 年	1972 年	1973 年
原料出酒率/%	49.64	51.58	54.26	55.21	54.86	53.75	54.60	54.72	53.59	54.68	55.74	55.40	54.10	51.77	49.33
酒精度/%vol								60.2	60.2	60.3	60.2	60.2	60.2	60.2	60.1
总酸/(g/100mL)								0.045	0.05	0.042	0.071	0.068	0.058	0.063	0.062
总酯/(g/100mL)								0.141	0.190	0.192	0.176	0.190	0.190	0.198	0.20
甲醇/(g/100mL)								0.01	0.01	0.016	0.013	0.014		0.012	0.16
总醛/(g/100mL)												0.0494	0.031	0.030	0.034

注：原料出酒率以 60%计，包括曲用粮（每 100kg 原料使用 7kg）。

6. 纯种生料制曲的优缺点

（1）人工培菌制曲生产周期短，发酵周期也短，因此场地节约，资金周转快。

（2）用人工培菌，曲的糖化力和发酵力强，糖化发酵时杂菌受到抑制，原料出酒率比较高，出酒率稳定，十几年来没有发生严重掉排现象。

（3）用人工培菌的大曲酿酒，一般具有清香、醇厚、净爽的风格。

（4）人工培菌制曲，在培养过程中无其他菌种，故不具有天然大曲“五花曲”的外观，所制的酒风味单调，加上发酵周期短，易使酒产生苦、辣、冲的缺点。

［轻工业部食品发酵科学研究所编《科技情报》，1974（2）］

三、菌泥大曲制作方法

1. 菌泥制备

采集一定量的新鲜黄泥和窖皮泥或晾堂泥，加入适量的黄水（酒酯液）、曲药或少量腐殖质，拌匀，密封，发酵 15~25d 后待用。

2. 曲块制作及管理

将培养好的菌泥，按制曲原料的 1%~2%加入拌料水中，搅拌均匀后，加入麦粉中，拌匀，再制成曲坯，按大曲操作法管理。不同的是培养时酸味重、升温快，应注意保潮和通风，翻、转曲程序不变。曲堆挺温时间相对缩短，顶点温度易过头，应加强保温和尽量延长热曲时间。入库后 1 个月即可使用。

3. 用途

用于新窖和翻沙窖及“双轮底”等效果明显。酯含量可提高 50mg/L 以上，且酿出的酒口感可上两个等级。同样一种用途，但用曲量可减少 10%左右，故效益可观，用途广泛。

［黄平主编《中国酒曲》，中国轻工业出版社，2000］

四、强化大曲制作方法

白酒的大曲生产一直沿用传统制曲工艺，即生料压块制曲、自然法接种、曲房码堆培养。但这种方法生产的大曲酒，质量不稳定、用曲量高、出酒率低、成本高等。20 世纪 80 年代，随着对酒曲微生物研究的深入，在认识到采用纯种培养技术将大曲中分离得到的多种微生物经纯培养后，加入大曲制造过程，增加微生物种类和接种量，提高大曲质量，称之为强化大曲。近几年，各地有很多单位开展了强化大曲的研究与应用，都取得了很好的效果，这是我国大曲的一项重大改革。

（一）菌种

根霉 2 株，红曲霉 1 株，黄曲霉、白曲霉、米曲霉等 5 株，细菌类芽孢杆菌、嗜热脂肪芽孢杆菌等 4 株，经扩大培养后成曲种，用于制造强化大曲。

（二）强化大曲制作方法

1. 曲房准备

生产前必须将曲房打扫干净，地面铺上一层干净的麦秸或撒上一层新鲜稻壳，并准备好一定数量的湿麻袋。

2. 种子处理及用量

制曲前，将培养好的各种种曲分别进行粉碎和稀释处理。霉菌类种曲可粉碎后直接加入。用菌总量根据季节不同控制在 0.5%~1%，各种曲比例霉菌：酵母：细菌约为 1：1：0.2。

3. 入房管理

曲块压成，收汗后及时入房，曲块排列距离比普通大曲加大 1~2cm（因强化曲来火快），入房后上下排列为两层，入房温度 20℃左右，四周用湿麻袋围好，上部盖上席子，同时选择 2 个曲房作普通曲对照，并每隔 4h 记录一次曲房培曲参数。入房 20h 后，品温升至 40℃左右，比普通大曲来火快 10~15h，因此，在入房 20h 后需及时进行第一次翻曲。翻曲后，曲层由 2 层增至 3 层，此时曲表面呈白色或乳黄色霉菌和酵母菌落，以后要严格控制席子的覆盖面及曲房的温度和湿度，防止曲块表面失水太快，造成上霉差或窝心。曲温适当提高 2~3℃，高温维持时间长一些，以保证嗜热细菌生长。潮火前一天进行第二次翻曲，曲层由 3 层增为 4 层以后翻曲次数比普通大曲多 1~2 次。其他管理与普通大曲相同。

强化大曲用于酿酒试验，可降低用曲量 5%~8%，提高出酒率 2%~5%，优质品率提高 5%左右。

（三）强化大曲质量指标

（1）强化大曲与普通大曲理化指标对比，如表 2-101 所示。

（2）强化大曲与普通大曲微生物含量对比，如表 2-102 所示。

（3）强化大曲与普通大曲游离氨基酸含量对比，如表 2-103 所示。

（四）生产试验

表 2-101　　强化大曲与普通大曲理化指标对比

曲别	编号	水分/%		酸度		糖化力/[mg 葡萄糖/(g·h)]
		入房	出房	入房	出房	
强化大曲	1	36.2	13.89	0.24	1.35	887
	2	37.1	14.33	0.31	1.30	904
	3	37.3	14.31	0.23	1.36	815
普通曲	1	36.0	15.5	0.19	1.34	720
	2	36.8	15.1	0.22	1.32	680

表 2-102　　强化大曲与普通大曲微生物含量对比　　单位：$\times 10^4$/g

菌类	强化曲			普通曲	
	1 号	2 号	3 号	1 号	2 号
霉菌	342.3	213.6	160.2	167.1	152.9
酵母	101.44	129.80	132.17	92.73	37.24
细菌	741.42	802.9	887.4	632.7	566.5

表 2-103　　强化大曲与普通大曲游离氨基酸含量对比　　单位：氮含量/(mL/mL)

名称	普通大曲	强化大曲	名称	普通大曲	强化大曲
天门氨酸	38.065	36.227	蛋氨酸	14.584	13.857
苏氨酸	39.49	43.988	异亮氨酸	33.899	38.038
丝氨酸	45.369	60.574	亮氨酸	46.891	46.254
脯氨酸	377.239	820.937	酪氨酸	26.452	29.32
甘氨酸	57.071	78.368	苯丙氨酸	19.758	18.868
丙氨酸	203.336	384.586	赖氨酸	37.529	38.109
胱氨酸	8.821	3.729	组氨酸	24.741	33.611
缬氨酸	40.819	42.933	精氨酸	20.552	24.586
谷氨酸	252.341	267.008	合计	1286.957	1981.723

[黄平主编《中国酒曲》，中国轻工业出版社，2000]

五、黄水丢糟制曲初步研究

四川省宜宾高洲酒业有限责任公司于2011年开始将丢糟和黄水一起用于制曲，并获得了国家发明专利。现将其研究结果摘录如下。

（一）大曲制作方法

供试大曲均为企业自制，其制曲小麦来自同一批原料，制曲时间均为2012年9月，检测时间为2013年4月。

供试大曲①：其中将添加了4.5%黄水的制曲用水添加到小麦中，同时实现润粮和拌料、12%丢糟与麦粉共同踩曲、收汗、翻曲制成大曲（以下简称处理一）。

供试大曲②：黄水含量8%、丢糟含量6%制成大曲，方法同上（以下简称处理二）。

供试大曲③：常规方法生产的大曲（以下简称对照）。

（二）实验方法

样品制备：每种大曲随机选取1块，在超净工作台上各用四分法（曲块从中砸断，再将半块分为4块，取对角2块在无菌研钵中研磨成细粉）制备500g细粉，装入磨口瓶备用。

微生物数量检测：将曲粉、无菌水1∶10（w/v）混合，采用平板菌落计数法对样品中的酵母菌、细菌和产芽孢细菌计数。其中，细菌和酵母采用梯度稀释的方法；产芽孢细菌是将样品在80℃下处理30min再进行梯度稀释平板计数，酵母计数培养基为YPD，细菌和产芽孢细菌培养基为NA。

理化指标测定：水分、酸度、糖化力、液化力、发酵力、酯化力测定参照文献进行。

（三）三种大曲微生物指标比较

按实验方法对添加黄水、丢糟制曲对大曲微生物数量的影响进行分析，结果见表2-104。

表2-104　　添加黄水、丢糟制曲对大曲微生物数量的影响　　单位：CFU/g

实验组	酵母菌	细菌	产芽孢细菌
处理一	2.33×10^{7}	5.5×10^{6}	3.2×10^{6}
处理二	1.82×10^{7}	2.85×10^{6}	2.1×10^{6}
对照	6.1×10^{6}	2.5×10^{6}	1.65×10^{6}

（四）添加黄水、丢糟制曲对大曲理化指标的影响

按实验方法对添加黄水、丢糟制曲对大曲糖化力、发酵力的影响结果进行分析，结果见表2-105。

表2-105　　黄水、丢糟对大曲糖化力、发酵力的影响

实验组	水分/%	液化力/(U/g)	酸度/mL	糖化力/(U/g)	发酵力/%	糖化力/发酵力
处理一	6.56	1.47	2.28	270	111	2.43
处理二	6.47	2.03	1.77	228	102	2.24
对照	7.28	2.1	3.18	204	89	2.29

（五）添加黄水、丢糟所制大曲对原酒品质的影响

按实验方法对添加黄水、丢糟制曲对生产原酒品质的影响结果进行分析，结果见表2-106。

表2-106　添加黄水、丢糟所制大曲对原酒品质的影响　单位：g/L

实验组	己酸乙酯	糠醛	乳酸乙酯	戊酸乙酯	异戊醇	丁酸乙酯	正丁醇	异丁醇	乙缩醛	仲丁醇	正丙醇	乙酸乙酯	甲醇	乙醛
处理一	2.84	0.04	1.75	0.13	0.25	0.18	0.02	0.12	0.57	0.08	0.15	1.47	0.07	0.44
处理二	3.61	0.03	2.34	0.15	0.22	0.24	0.03	0.11	0.77	0.06	0.15	1.13	0.10	0.38
对照	4.11	0.03	3.34	0.21	0.38	0.33	0.06	0.25	1.19	0.10	0.25	2.13	0.10	0.55

（六）结论

黄水、丢糟本来富含各种白酒风味物质及酿造所需酶系，同时，与纯小麦制曲相比，添加黄水、丢糟可增加大曲微生物的数量，黄水与丢糟分别应用到制曲中已见报道，但是同时添加两种物质进行制曲还未见过类似的报道。黄水、丢糟对制曲的影响，一是改变了曲坯的表面状况及内部通透性；二是增加了风味物质前体；三是影响了大曲微生物的种类、数量及代谢。这三个因素共同影响了大曲的最终质量。

本研究发现，添加黄水4.5%、丢糟12%制曲时微生物数量及发酵力高于对照，添加黄水8%，丢糟6%制曲时有利于淀粉酶的生成。在实际生产中，黄水、丢糟的添加量、添加比例还可进一步优化，同时，后期还可在充分评估的基础上，添加产液化酶的功能菌株来提高黄水丢糟大曲的液化力。

［《酿酒科技》2014（11）：81-83］

六、微机控制架子大曲制作方法

微机控制架子大曲是大曲酒制曲工艺的一项重大改革。它采用微机监控大曲主体培养，在微机内设置最佳大曲有益微生物繁殖的温度、湿度曲线，通过多个传感器的测试，经计算机处理后，按设置数据适时调整温、湿度，始终使大曲培养处于最佳状态。该工艺改善了劳动条件，减轻了劳动强度，提高了劳动生产率，节约曲房，提高产量。

（一）曲室结构及设备

曲室面积为15.8m×7.8m（123.24m^2）。瓦砖结构，室内墙壁涂泥，砖地，上面用芦席作顶棚。架子大曲用曲架长×宽×高为2.0m×2.0m×1.8m的铁焊成铁架。用细竹编成上下7层的曲坯培养床。在各不同位置安放传感器，并与微机相连，以便自动增湿排潮或升温降温，从而控制品温、室温及通风供氧与排潮。

（二）曲坯入房培养

原料全部为小麦，粉碎细度通过20目筛的为68.7%，加水量（按曲料计）38%，曲料拌匀由机械制成曲坯，体积（长×宽×高）=21cm×13cm×6cm=1638cm^3，每块曲坯质量为2.1kg。按培养层数分7层排列，每1m^2平均为147块曲坯，传统曲每1m^2为87块曲坯。培育期30d，出曲率为70%，整个培养过程由微机监控。

（三）培养过程中微生物群体及酶活力变化

大曲发酵过程中酶活力见图 2-66，品温、含水量和 pH 变化见图 2-67，微生物群体变化见图 2-68、图 2-69，发酵前期微生物及酶类变化如表 2-107 所示。

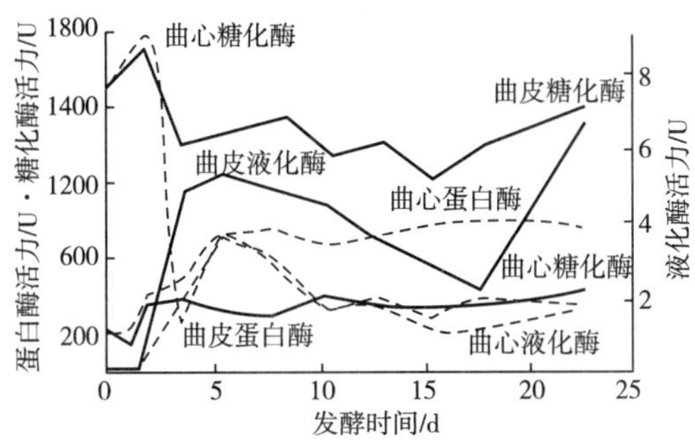

图 2-66　大曲发酵过程中酶活力的变化

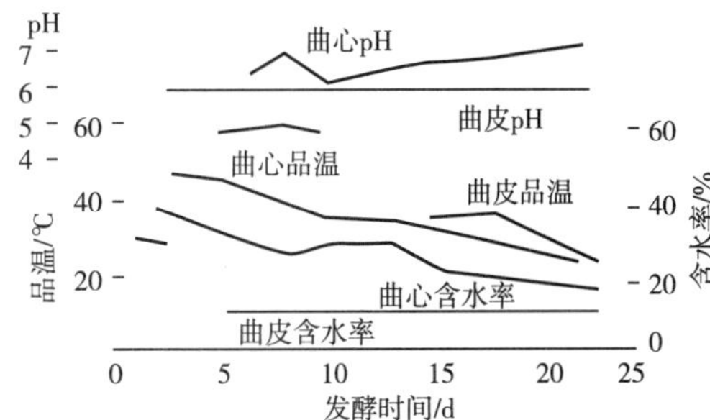

图 2-67　大曲发酵过程中品温、含水量和 pH 的变化

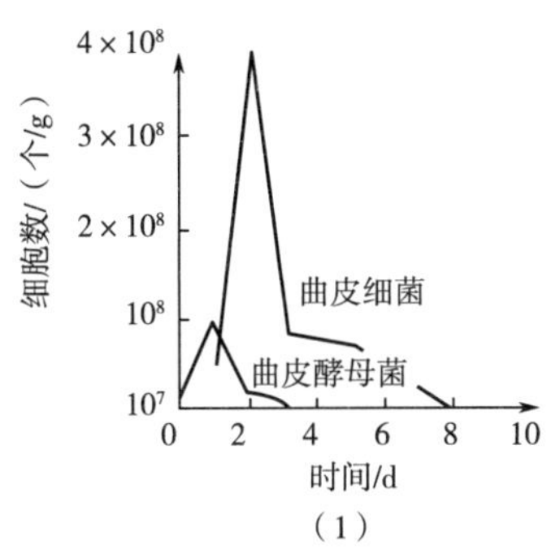

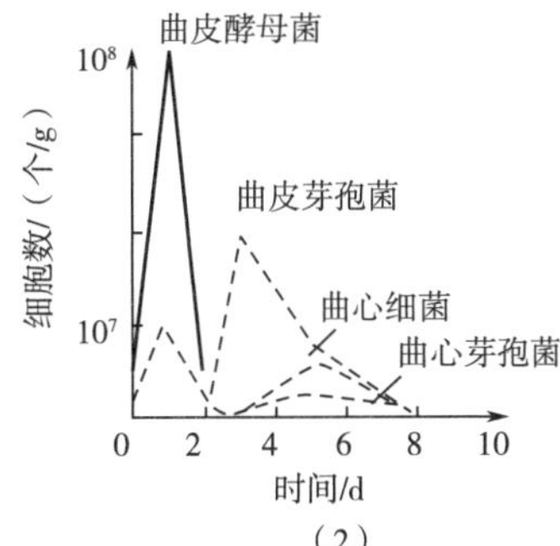

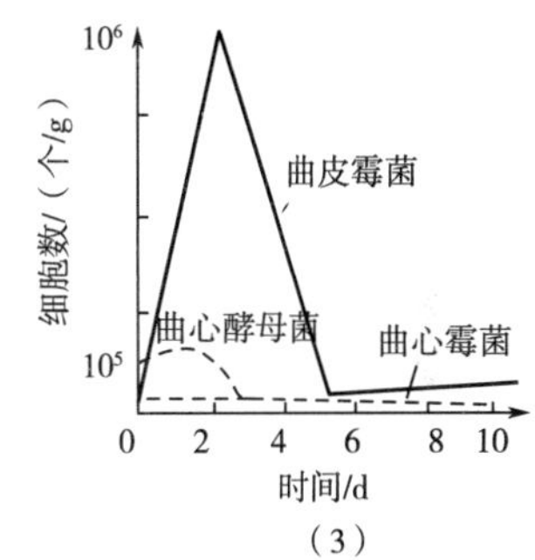

图 2-68　大曲发酵 0~10d 中微生物群体的变化

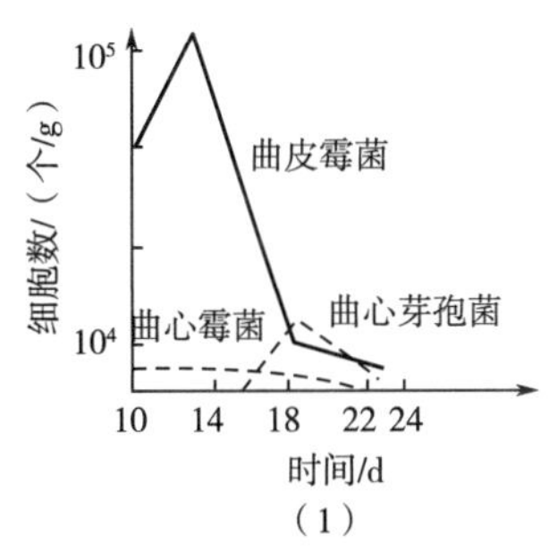

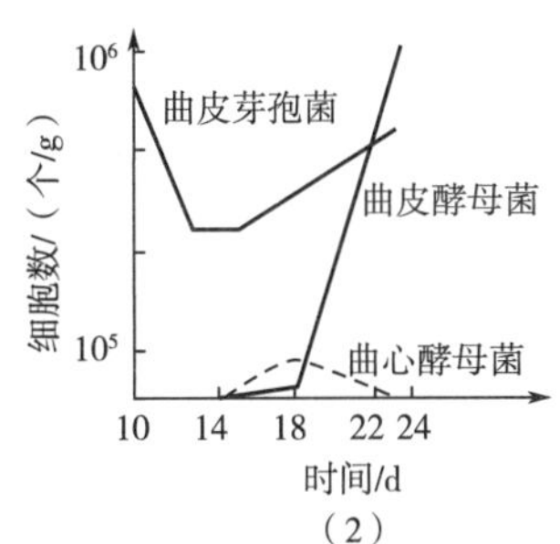

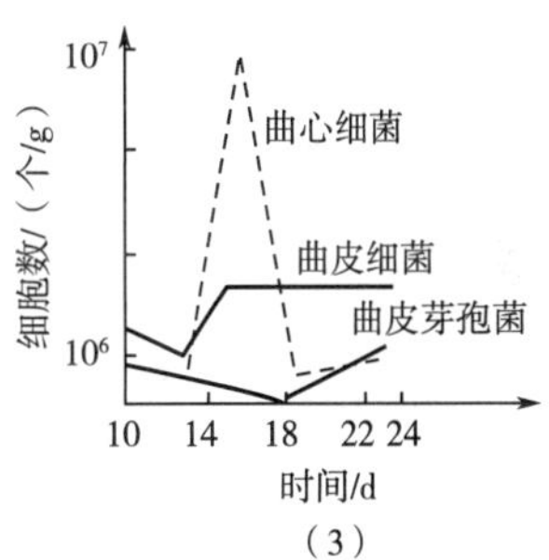

图 2-69　大曲发酵 10~23d 中微生物群体的变化

表 2-107　　发酵前期微生物及酶类的变化

项目	含水率/%	糖化酶活力/（U/g）	液化酶活力/（U/g）	蛋白酶活力/（U/g）
麦粒	11.5	165	<0.40	165
新曲	36.5	1478	<0.40	191
项目	细菌数/（个/g）	芽孢菌数/（个/g）	酵母菌数/（个/g）	霉菌数/（个/g）
麦粒	8.0×10^3	8.0×10^3	$<10^2$	4.6×10^4
新曲	1.0×10^5	10^3	9.0×10^4	2.0×10^4

（四）架子曲与传统曲微生物和酶活力跟踪检测比较

如表2-108所示，刚成型的曲坯糖化力较高，这是由于小麦自身酶活力所致的假象。架子曲前5d，各种酶活力都低于传统曲，这可能与保温保潮效果较差有关。10d后都持平，质量相同。如果架子曲再配套强化法效果会更好。

［黄平主编《中国酒曲》，中国轻工业出版社，2000］

七、机械化通风制曲法

1. 工艺流程

大麦、豌豆混合→粉碎→加水拌和→机械制坯→强化接种→入房上架→上霉→晾霉→潮火→干火→后火→晾架→出房→贮藏→成品

2. 生产设备

制曲机、曲架、小曲房、自控仪表。

3. 主要措施

（1）采用通循环风的方法，解决上下层曲坯的温差。为了进风均匀，风道的倾斜角度为5°，风道上面盖筛板，筛板通风面积为20%（开孔率）。在曲房的上端装一个喇叭口，长与宽和曲房长宽一致。

（2）为防止上下温差梯度太大，装有自动通风装置，每20~30min通循环风3~5min，以调节上下层温度。在装曲时，上层少下层多，以利于温度调节。

（3）为提高曲房温度，在循环风系统中，装有风机和暖气片，并选用喷雾风机，增加循环风的湿度。

（4）安装排潮管和新鲜空气气管。

（5）采用曲架堆放曲坯，每层的高度稍高于曲坯宽度，曲架为10层。

（6）采用入房培养3d上好霉的曲坯，粉碎后加到曲料中拌匀，强化接种量。

4. 试验结果

机械化曲采取边上霉边晾霉工艺，曲心温度逐步上升，没有明显的阶段分界点，槐瓢曲曲料粉碎细，曲坯水分大，要求大火温度高，而且持续时间长，一般要求大火温度在58~60℃，维持3d以上。机械化大曲与传统大曲的比较结果如表2-109、表2-110所示。

表2-109　机械化大曲与传统工艺大曲外观对比

曲别	外观得分	曲别	外观得分
传统工艺平房曲最高分	52.6	传统工艺楼房曲最高分	51.2
传统工艺平房曲最高分	51.6	机械化通风曲平均分	54.0

表2-110　机械化大曲理化检测结果

项目	标准	实测结果	得分
糖化力	500U以上为满分15分	531.8	15
液化力	0.2U以上为满分10分	0.23	10
发酵力	60U以上为满分15分	70.1	40

［黄平主编《中国酒曲》，中国轻工业出版社，2000］

表 2-108 架子曲与传统曲微生物跟踪检测和酶活力测定

项目	0 曲坯	5d		10d		15d		20d		25d		30d	
		架子	传统	架子	传统	架子	传统	架子	传统	架子	传统	架子	传统
细菌数/(个/g)	155.0	191.2	844.9	2023	2719	2850	3131	4858	4573	2826	2296	1841	1578
酵母菌/(个/g)	8.15	551	943	238	353	237	207	233	329	145	201	58.8	57.8
霉菌/(个/g)	68.55	22	133	765	298	621	414	289	289	180	173	145	92
放线菌/(个/g)	2.8	24.8	6.13	58.8	75.3	44.2	124.2	78.5	151.1	60.1	157.5	51.8	173.4
水分/%	38	32	24.5	15	16	15.5	15.5	14	14	13.5	13	13.5	13.5
酸度	0.34	1.85	1.15	1.1	0.8	1.2	1.1	0.8	1.05	1.25	1.0	0.8	0.9
糖化力/[mg 葡萄糖/(g·h)]	7980	984	1038	1506	1360	1920	1764	2280	1938	2100	2160	2304	2070
液化力/(U/g)	180min 不退色	1.76	9.76	5.28	5.53	7.06	7.41	13.33	11.27	13.87	11.59	16.47	14.18
蛋白酶活力/U (pH 3)	3.77	24.91	29.3	32.8	31.4	33.91	34.84	37.65	50.24	42.7	50.24	49.11	50.87
氨基氮含量/%	0.014	0.231	0.259	0.147	0.133	0.413	0.385	0.347	0.357	0.336	0.329	0.336	0.301
发酵力/%	—	4.4	4.6	5.6	5.3	5.0	5.2	4.5	4.6	4.4	4.4	4.7	4.25
升酸幅度	—	2.25	1.85	1.05	1.10	0.95	0.9	0.94	0.88	0.85	1.15	0.86	0.92
酯化酶活力/U	—	0.34	0.36	0.21	0.22	0.21	0.3	0.26	0.38	0.27	0.32	0.26	0.26
酯分解率/%	—	27	30	27.7	28	23.8	29.5	25.5	31.59	38.4	36.14	39.64	40.0

八、隧道式智能化架式制曲装置开发与应用

邵虎、黄亚东对大曲的培养管理进行了改革，设计开发隧道式智能化架式制曲装置，按预定的工艺条件准确控制曲房的温湿度，稳定并提高成品曲的质量。

（一）隧道式智能化架式制曲装置设计

隧道式智能化架式制曲装置见图 2-70，主要由压曲机、曲坯输送装置、曲架车、控制器、吊钩、风机等构成。隧道长约 100m，砖混结构，两端有门，中间有窗，水磨石地坪，两侧和顶部设有多根可加热、保湿、供氧的风道。整条隧道分为两段，即曲坯压制段与培曲段，培曲段又分为主发酵段、大火段和后火段。制曲工艺全过程在同一隧道内完成，工艺条件由微机控制。

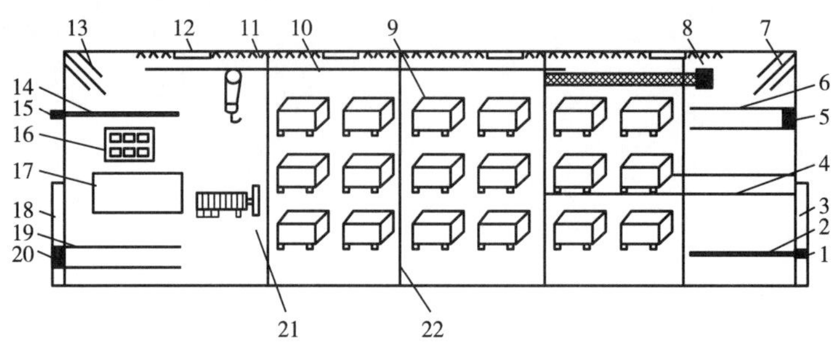

图 2-70　隧道式智能化架式制曲装置

1、15—离心式风机　2、14—多孔送风管　3、18—卷闸门
4—曲架车轨道　5、20—轴流式风机　6、19—排风管
7、13—加热装置　8—增氧装置　9—曲架车　10—智能吊钩
11—保湿装置　12—通风窗　16—智能总控制器
17—压曲机　21—智能化曲坯输送装置　22—绝热卷闸门

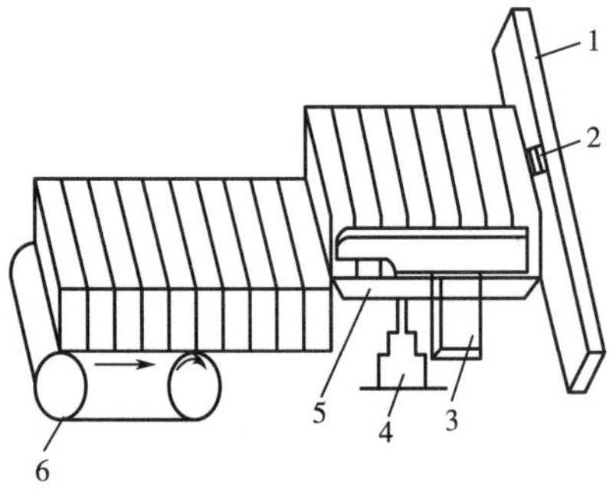

图 2-71　曲坯输送装置

1—挡板　2—光电智能感应器　3—推板
4—智能曲架腿　5—托板　6—输送带

曲坯输送装置见图 2-71，主要由智能曲架腿、光电智能感应器、推板、不锈钢链板式输送带、挡板、托板等组成。制出的曲坯进入运行的链板式不锈钢输送带上，借助曲坯与链板表面的摩擦力来实现其传送过程。当曲坯靠近输送装置末端，进入光电智能感应器的感应区时，感应器自动启动推板，将曲坯推上曲架。曲坯上架后，推板自动返回原位。当一层曲架排满曲坯后，通过信号反馈，工业控制机自动启动智能曲架腿调整曲坯输送装置与曲架车的高度，再进行排曲，直至整个曲架车全部装满曲坯为止。光电智能感应器由半导体激光二极管、玻璃管、集成电子、模拟和数字信号零部件等组成，有一定范围的感应区。当物体进入感应区时，设备自动打开或启动预先设定的应用程序执行命令。输送曲坯上架一端安装智能升降曲架腿，可按微机预先设定好的高度自动升降，以满足多层曲坯输送上架的需要。当装满曲架车第一层时，智能曲架腿自动上升或下降，调整至与曲架第二层相同高度，依次第三层、第四层，实现曲坯输送上架的机械化、连续化和智能化。

（二）智能曲架车的设计

智能曲架车见图 2-72，主要由动力装置、无线电智能控制器、放射性温度计、镍铬电阻丝、湿度

感应器、温度感应器、层板、车轮等结构组成。由无线电智能控制器接收微机发出的控制信号启动动力装置，使装满曲块的曲架行驶至指定位置，曲架底部安装镍镉电阻丝加热器，对曲架进行均匀加热；放射性温度计能准确地测定曲房大环境、曲架小环境的温度；温度传感器、湿度传感器为智能化培曲的关键性设施。

（1）无线电智能控制器　无线电智能控制器接受无线电信号，经过软件处理和分析，可控制曲架车启动、加速、减速、停止、转弯等多项复杂运动，操作简单，方便易行。

（2）放射性温度计　放射性温度计利用被测量物体发出的红外线进行温度的测定。曲块受空气温湿度、流动性，曲料的水分及曲块的发热量等影响，放射性温度计启动后，3s 即可显示曲块表面温度。

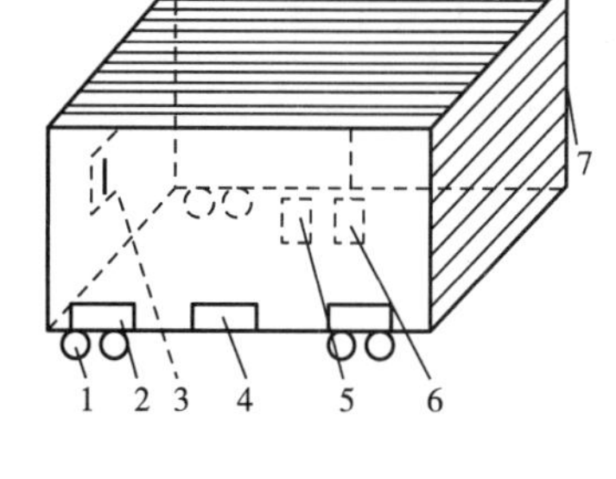

图 2-72　智能化曲架车
1—车轮　2—动力装置　3—放射性温度计　4—无线电智能控制器　5—温度感应器　6—湿度感应器　7—层板　8—镍铬电阻丝

（3）湿度感应器　室内的湿度通过传感器传递给工业控制机，再传给电脑，在湿度感应器显示屏上显示。

（4）温度感应器　温度感应器能够准确地测出曲房内的环境温度，由传感器将所测参数传递给工业控制机，再传给电脑，便于曲房管理。

（三）结论

经生产实践研究结果表明，隧道式智能化架式制曲装置具有以下特点：①制曲工艺实现机械化、连续化和智能化，可大大提高生产效率；②曲坯输送装置使曲坯上架实现机械化；③省去了繁重的人工翻曲工序，大大降低了劳动强度，避免工人受高温、高湿、高浓度二氧化碳及发酵过程中有害物质的影响；④多层架式培曲，结构紧凑，占地面积小，便于管理；⑤采用架式培养，不需要使用稻草、谷壳，可大大地改善操作环境；⑥生产周期比原传统曲缩短 15d。

[《酿酒科技》2012（12）：61-64]

九、自动化机械制曲生产线的研制开发

湖北纵横科技有限责任公司的陈枫、刘彬波及湖北工业大学的曹敬华、陈茂彬等研究开发了自动化机械制曲生产线，它将传统酿酒生产工艺与现代化机电技术及设备结合起来，在保证酿酒生产工艺的要求下，能大大提高企业生产效率。自动化机械制曲生产线工艺设计如表 2-111 所示。

（一）主要设备

表 2-111　　制曲工序机电设备明细表

工序号	设备名称	规格型号	主要技术参数	数量	单位	功率/kW	主要特征
ZQ101	承重钢格板	承重格栅	2 目	2	套		Q235A
ZQ102	粮食收集斗		1.2m^3	6	套		Q235A
ZQ103	汇合埋刮板	MS25	30m^3/h	2	台	3	Q235A
ZQ104	连通埋刮板	MS25	30m^3/h	2	台	4.4	Q235A
ZQ105	斗式提升机	TDTG36/28	30m^3/h	2	台	8	Q235A
ZQ106	连通螺旋	GMLX350	30m^3/h	2	台	4.4	Q235A
ZQ107	连通分料管			2	套		Q235A

续表

工序号	设备名称	规格型号	主要技术参数	数量	单位	功率/kW	主要特征
ZQ108	振动清理筛	TQLZ180		2	台	3	Q235A
ZQ109	清理筛分料管			2	套		
ZQ110	比重去石机	TQSX160		4	台	6	Q235A
ZQ111	缓冲料仓		0.8m^3	2	套		Q235A
ZQ112	固料流量秤		36m^3/h	2	台	0.24	S304
ZQ113	斗式提升机	TDTG36/28	30m^3/h	2	台	22	Q235A
ZQ114	切换螺旋	GMLX350	30m^3/h	2	台	22	Q235A
ZQ115	入仓埋刮板	MS25	30m^3/h	2	台	15	Q235A
ZQ116	气动插板阀	B300×300		2	台	0.24	Q235A
ZQ117	钢板仓		5800m^3	4	套	22	Q235A+镀锌
ZQ201	吸尘风力管网			2	套		Q235A
ZQ202	布袋除尘器	GXHM-B300		2	台		Q235A
ZQ203	排料锁气阀	DN200	高负压	4	台	2.2	Q235A
ZQ204	气控蝶阀	DN1000		2	台		Q235A+气控
ZQ205	引风机套件	4-72-10C	含减震器	2	套	64	Siemens
ZQ301	定量给料阀	DN300	15m^3/h	4	台	3	Q235A+变频
ZQ302	配料电子秤	B600×3000	15m^3/h	4	台	4.4	Q235A+变频
ZQ303	出仓埋刮板	MS25	30m^3/h	2	台	15	Q235A
ZQ304	连通埋刮板	MS25	30m^3/h	2	台	8	Q235A
ZQ305	跨越埋刮板	MS25	30m^3/h	1	台	4	Q235A
ZQ306	斗式提升机	TDTG36/28	30m^3/h	1	台	5.5	Q235A
ZQ307	切换螺旋	GMLX300	25m^3/h	1	台	1.5	Q235A
ZQ308	切换三通	DN300		1	台		S304+气控
ZQ309	提升螺旋	GMLX300	25m^3/h	2	台	4.4	S304
ZQ310	润粮缓存仓		18.2m^3	2	套		S304
ZQ401	小麦缓存仓		3.3m^3	1	套		Q235A
ZQ402	定量螺旋	GMLX300	25m^3/h	1	台	1.1	Q235A+变频
ZQ403	恒压供水罐		1.0m^3	1	台	2.2	S304
ZQ404	定量加水器			1	台	0.12	S304
ZQ405	强力着水机	Φ600×L1200		1	台	7.5	S304+Siemens
ZQ406	润麦斗提机	TDTG36/28	30m^3/h	1	台	2.2	S304
ZQ501	定量给料阀	DN300	10m^3/h	2	台	1.5	Q235A+变频
ZQ502	永磁除铁器	DN300		2	台		S304
ZQ503	粗破磨粉机	MFQ250×1000	10m^3/h	2	台	88	Siemens 电机
ZQ504	联动定量筒		0.5m^3	2	台		S304
ZQ505	细破磨粉机	MFQ250×1000	10m^3/h	2	台	88	Siemens 电机
ZQ506	恒压供水罐		1.0m^3	1	台	2.2	S304
ZQ507	定量加水器			2	台	0.24	S304+线调

续表

工序号	设备名称	规格型号	主要技术参数	数量	单位	功率/kW	主要特征
ZQ508	卧式混合机	Φ400×L2200		2	台	8	S304+Siemens
ZQ509	提升螺旋	GMLX300	$12m^3/h$	2	台	3	S304
ZQ510	切换分料器			2	台		S304
ZQ511	分料螺旋	GMLX200	$6m^3/h$	4	台	4.4	S304
ZQ512	延时钢带机	B500×5500		4	台	13	S304+变频
ZQ513	压曲机	链条式		4	台	24	S304
ZQ601	桁架、栈桥			35	t		Q235A
ZQ602	物料连通管			1	套		Q235A+S304
ZQ603	检修平台			1	套		
ZQ604	空压站	斯可络		1	套	27.5	
ZQ605	空压管网	DN25~DN20		1	套		Q235A
ZQ606	水连通管网			1	套		
ZQ701	线槽桥架			1	套		
ZQ702	电线电缆			1	套		
ZQ703	二次仪表	料液位开关等		1	套		
ZQ704	控制系统	Siemens		1	套		

（二）制曲工序

（1）初步净化的曲粮（小麦、豌豆、大麦等）经过机械卸料或人工卸料、进入原粮收集斗，通过格栅除去较大物，进入斗式提升机提升至一定的高度，以便靠自流进入净化处理设备。

（2）曲粮提升后自流进入振动筛分机，然后进入风选除杂箱。此处筛分机配有两层筛网，主要是清除粒度>12mm 的大颗粒或粒度<2mm 的小颗粒杂物，在风选箱进一步除去各种粒径的轻质杂物。

（3）经过筛分与风选除杂的曲粮，还含有少量重质杂物，此时，进入比重去石机，进一步去除较重杂物，例如石粒、金属粒等。本方案中设计了两套净化系统，每套净化系统配备了一台振动筛分机、两台去石机，这样既可以满足大流量生产需求，也可以同时处理不同种类的物料。同时，在人工上料口有容量较大的设备，分别送入四个钢板仓（$5800m^3$/个）储存。通过计量设备，可以精确得知各仓的粮食重量、累计重量，可方便地和净化前重量进行对比。钢板仓具备料位监控、通风等功能。

（4）各钢板仓内的粮食通过定量出料器、配料电子秤，按设定的比例配比混合，跨越输送，进入斗式提升机，提升到一定的高度，依靠粮食的自重下流，有序地进入磨粉缓存仓，以便连续稳定地粗破磨粉。

（5）由于某些物料的粗破磨粉需要先润粮，因此，设置了润粮通道，当需要润粮时，物料可通过切换螺旋进入该通道，缓存定量，加入水分，并强力搅拌，进行一次润麦，然后同样进入磨粉缓存仓。与此同时，热水制备罐已将热水（25~85℃，可根据要求调整）备好，并存放在热水罐内。受编程逻辑控制器（PLC）的指令，热水定量输送泵开始工作，泵出较高压力（0.35MPa）的热水，进入调压稳压系统，经过加水计量仪计量确认，与粮食一同加入着水机内，搅拌均匀。流量检测设备与加水计量仪互相连通比较，比较的结果又通过 PLC 控制定量加水器的运行速度，达到伺服跟踪的目的。

（6）各磨粉缓存仓内的物料通过定量器、除铁器，进入对应的双联对辊式磨粉机，实施挤压磨粉，完成粗破磨粉的工艺。粗破磨粉的粒度、流量均可根据工艺要求调整。

（7）粗破磨粉后，物料通过联动定量筒，进入细破磨粉机。通过检测联动定量筒的料位变化，控制细破磨粉机进料辊的速度或粗破磨粉机定量器及进料辊的速度，达到磨粉流量匹配的目的，同时为后续二次润粮提供依据参数。

（8）已经磨好的小麦（或豌豆大麦混合料）粉通过输送设备进入混合搅拌机，以备与温水二次配比混合，达到压曲工艺水分的要求。与此同时，温水制备罐已将温水（20~40℃，可根据要求调整）备好，并存放在温水罐内。受可PLC的指定，温水定量加水器开始工作，通过流量计计量确认，与粮食一同加入搅拌机内，搅拌均匀。母曲计量仓在PLC的控制下均匀准确地送出母曲，加入混合搅拌机中。同时，流量计检测的数据与PLC设定的数据及流量数据比较，结果再通过PLC来控制计量泵的运行速度，达到伺服跟踪的目的。

（9）二次加水的粮食先通过卧式高速搅拌机，然后螺旋输送，再进入卧式散料机构，以便水分浸透均匀，料块粒度均匀，然后进入延时输送机、压曲机，压制出符合要求的曲块。

（10）在人工上料、输送机、振动筛分、风选除杂等环节，将产生较多扬尘，这些粉尘通过环境除尘系统收集并统一处理。在磨粉等工序也会产生一些由粮食细粉生成的扬尘，可通过粉尘回收除尘系统回收利用。

[《酿酒科技》2016（8）：91-96]

十、应用现代生物技术实现大曲自动化生产的研究

江南大学的葛向阳、徐岩和江苏洋河酒厂股份有限公司的周新虎、陈翔、张龙云等采用现代生物技术手段，分析了洋河机械化成品大曲中的微生物体系和酶系，确定了大曲生产的主体微生物。先介绍如下。

（一）洋河传统大曲中的微生物体系

经过多级富集、分离、纯化与鉴定，并将从洋河传统包包曲中分离得到的主体微生物与文献报道的传统浓香型大曲中的主体微生物进行了比较，结果见表2-112。

表2-112　洋河大曲与文献报道传统浓香型大曲中的主体微生物比较结果

项目	传统浓香型大曲	洋河大曲
优势细菌	芽孢杆菌属	芽孢杆菌属
	乳酸菌	单胞菌
	醋酸菌	乳酸菌
优势酵母菌	黏红酵母	毕赤酵母属
	异常汉逊酵母	异常汉逊酵母
	拟内孢霉	地霉属
	假丝酵母	假丝酵母
优势霉菌	总状毛霉	卷枝毛霉
	爪哇毛霉	寄生曲霉
	黑曲霉	黑曲霉
	黄曲霉	黄曲霉

由表 2-112 可知，洋河包包曲中的主体微生物与报道的浓香型大曲主体微生物存在一定差异。这主要归结于传统浓香型大曲，其制曲“顶火温度”一般不超过 60℃；洋河大曲虽然是浓香型大曲，但为了达到突出绵柔风味的目的，酿酒使用的不是严格意义上的浓香型中温大曲，而是中高温大曲，其制曲“顶火温度”可高达 58~62℃。当然，这也与洋河酒厂当地特殊的自然环境有一定关系。

（二）洋河传统大曲中的主体水解酶系

通过对本厂传统大曲进行多样检测分析，确定其主体酶——糖化酶、液化酶和酸性蛋白酶的活力，并与检索得到的酱香型与清香型酒用曲进行比较，结果见表 2-113。

表 2-113　　各种香型酒大曲的水解酶系特征分析　　单位：U/g 干曲

香型	糖化力 A	液化力 B	酸性蛋白酶 C	A∶B∶C
酱香	270	2.0	111.0	140∶1∶55
浓香	1045	6.0	61.2	510∶3∶30
清香	1480	8.3	38.7	720∶4∶20
洋河大曲	545	1.8	56.0	270∶0.9∶2.8

表 2-113 将洋河酒厂传统大曲主体水解酶系与报道的酱香、浓香与清香酒所用大曲进行了比较。可见，3 种类型大曲随着制曲品温的升高，成品曲的糖化酶和液化酶活力明显降低，而酸性蛋白酶活力具有明显上升的趋势，浓香型曲的酶活均位于清香型大曲和酱香型大曲之间。由于洋河酒厂大曲“顶火温度”在 60℃左右，占顶火时间可达 6~8d，最终使成品曲糖化酶活力大大降低，液化酶和酸性蛋白酶活力也较浓香型大曲低。本厂大曲总体水解酶活力低于浓香大曲的平均水平，尤其是糖化力与酸性蛋白酶。与此同时，前期的大量研究表明，酸性蛋白酶活力对酒体有显著影响。所以，进一步提高与优化大曲水解酶活力是下一步研究的重点。

（三）现代大曲工艺主体微生物的确定

通过对传统大曲主体微生物和酶系的研究，确定了 3 株霉菌、3 株细菌、2 株酵母作为主体微生物，表 2-114 列出了所使用的 8 株菌及其生理学特征。大曲是一个含有多菌系、多酶系与复杂香气物质的整体。正如之前报道的一样，大曲中的微生物常常是一种菌产多种酶、多个菌产一种酶、多个菌产多种复合香气。因此，在得到理想水解酶的同时，要赋予现代大曲同样复杂的香气物质，必须采用多菌种发酵工艺。而多菌种的纯种培养工艺还是要与传统大曲生料发酵工艺相结合。

表 2-114　　现代制曲工艺所使用的 8 株微生物的名称与特征

菌株	名称	特征
霉菌	卷枝毛霉	糖化力较强
	黑曲霉	液化力较强
	黄曲霉	蛋白酶活力较强
酵母菌	异常毕赤酵母	酯化力较强
	库德里阿兹威毕赤酵母	酒精发酵活力较强
细菌	解淀粉芽孢杆菌	液化力较强
	枯草芽孢杆菌	产生特殊的香味物质
	短小芽孢杆菌	酯化力较强

（四）现代大曲生产工艺

在对传统制曲工艺进行深入的探索与分析后，结合现代生物技术，经过多次反复的试验与论证，最终确定采用90：10的制曲配方，以及免压曲、免翻动的多菌种混合生料现代制曲工艺，大曲培养时间为9d，得到了较为理想的中试结果。将中试曲样检验指标与本厂传统包包曲的检测指标进行比较，结果见表2-115。

表2-115　　现代大曲样的检测指标

项目	感官指标		理化分析①					工艺控制参数			
	菌丝	曲香	水分/%	糖化力	液化力	蛋白酶活力	酯活力	发酵周期/d	培养模式	条件控制	曲形
现代曲	饱满	浓郁	15	705	7.95	70	55	9	多菌种混合	恒温，恒湿	免压曲，免翻曲
传统曲	饱满	浓郁	14.2	545	1.8	56	20	28	自然接种	受天气影响较大	压曲+翻曲

注：①酶活力按U/g干曲计。

由表2-115可知，现代制曲工艺排除了传统制曲中压曲和翻曲等繁琐而劳动强度大的工艺，避免了环境对产品质量的影响，并将制曲周期缩短到9d，而且各项指标都达到或优于传统大曲。

（五）总结

大曲传统发酵工艺周期为4个月，消耗大量的人力物力，由于外界菌系随季节变化较大，产品质量受多种因素影响，不易控制，致使大曲产品质量不稳。利用现代生物技术，实现大曲生产机械化、自动化和信息化是目前大曲生产的发展方向和必经之路。本项目在传统大曲工艺的基础上，通过对影响其品质的微生物体系、多酶体系及其成香机制的研究与验证，将现代纯种培养生物技术与传统生料发酵工艺相结合，缩短了生产周期，实现了大曲生产的连续可控化。该项研究成果的推广无论是对提高大曲生产效率，还是对推动白酒行业科技进步都具有深远的意义。

[《酿酒科技》2014（3）：1-3]

十一、有机大曲与普通大曲的差异性研究

泸州老窖股份有限公司涂荣坤、蔡小波、沈才萍等以及重庆大学生物工程学院霍丹群分别以有机原粮与普通原粮为原料制作中高温大曲，研究有机大曲与普通大曲的差异。

对大曲培菌期的升温情况和制作过程中的感官、理化指标以及微生物变化情况进行跟踪检测，并对所得结果进行比较分析。结果表明，有机大曲在培菌期内较普通大曲升温速度更快，所能达到的顶温更高；有机大曲与普通大曲的皮张都较厚，但是有机大曲的菌丝更丰满，断面整齐，曲香味更浓；有机大曲较普通大曲更有利于微生物的富集与繁殖，其酶活性更高。

不同大曲的感官变化，如表2-116所示。

两种大曲培菌期的升温变化，如图2-73所示。

不同大曲贮藏期微生物变化情况，如表2-117所示。

不同大曲的酸度、淀粉含量和水分含量，如表2-118所示。

不同大曲的液化力，如图2-74所示。

不同大曲的糖化力，如图2-75所示。

不同大曲的发酵力，如图2-76所示。

不同大曲的酯化力，如图2-77所示。

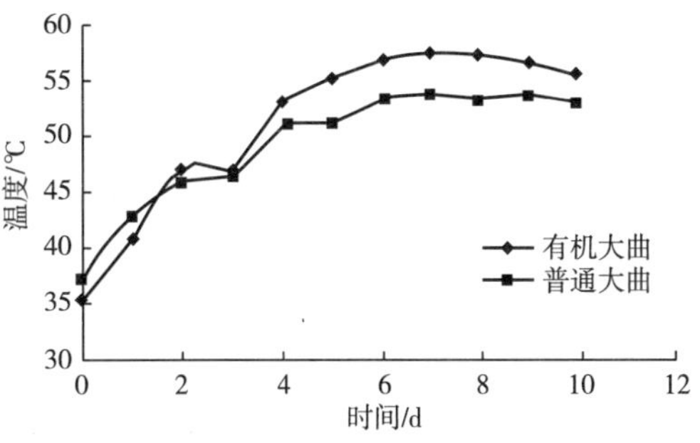

图2-73 两种大曲培菌期的升温变化

表2-116 不同大曲的感官变化

时期	发酵时间	有机大曲	普通大曲
培菌期	鲜坯	曲坯表面呈黄色，光滑，整齐，含水量充足	曲坯表面呈黄色，较光滑，整齐，含水量充足
	翻曲	曲块的外表面有较大的白色斑点，部分曲块有裂口，断面整齐泡气，菌丝丰满，呈灰白色，皮张较厚	曲块的外表面有白色斑点，部分曲块有裂口，断面整齐泡气。菌丝较丰满，呈灰白色，皮张较厚
贮藏期	15d	较翻曲时，出现了曲香味	较翻曲时出现了曲香味，较有机大曲淡
	30d	较15d时，曲香味变浓，曲块水分逐渐挥发	较15d时，曲香味变浓，但较有机大曲淡，曲块水分逐渐挥发
	45d	较30d时，曲块水分进一步挥发，曲香味变浓	较30d时，曲块水分进一步挥发，曲香味变浓，但较有机大曲淡
	60d	外表面出现较45d大的白色斑点，曲块水分进一步挥发，曲香味变浓	较45d时，曲块水分进一步挥发，曲香味变浓，但较有机大曲淡
	75d	较60d时，曲块水分进一步挥发，曲香味变浓	较60d时，曲块水分进一步挥发，曲香味变浓，但较有机大曲淡
	90d	较90d时，曲块水分进一步挥发，曲香味变浓	较90d时，曲块水分进一步挥发，曲香味变浓，但较有机大曲淡

表2-117 不同大曲贮藏期微生物变化情况 单位：$\times 10^6$CFU/g

时间	细菌		芽孢杆菌		霉菌		酵母菌	
	有机大曲	普通大曲	有机大曲	普通大曲	有机大曲	普通大曲	有机大曲	普通大曲
翻曲时	17.43	12.8	6.38	3.13	7.05	6.24	0.85	0.55
30d	16.35	11.63	7.85	3.83	6.13	5.88	0.64	0.42
60d	16.00	10.46	7.29	3.14	6.65	6.45	0.57	0.34
90d	15.60	8.85	7.07	2.68	6.27	5.95	0.48	0.29

表2-118 不同大曲的酸度、淀粉含量和水分含量

发酵时间	酸度		淀粉含量/%		水分含量/%	
	有机大曲	普通大曲	有机大曲	普通大曲	有机大曲	普通大曲
鲜坯	0.08	0.11	42.98	40.48	37.43	33.74
翻曲	0.54	0.41	54.93	53.76	14.51	15.44

续表

发酵时间	酸度		淀粉含量/%		水分含量/%	
	有机大曲	普通大曲	有机大曲	普通大曲	有机大曲	普通大曲
15d	0.59	0.68	61.95	56.83	11.30	14.77
30d	0.61	0.75	63.10	59.78	11.07	14.25
45d	0.74	0.69	61.02	58.56	11.51	13.62
60d	0.57	0.58	56.57	60.71	11.41	12.26
75d	0.52	0.46	56.74	57.53	10.97	12.13
90d	0.45	0.32	56.42	57.75	10.76	12.12

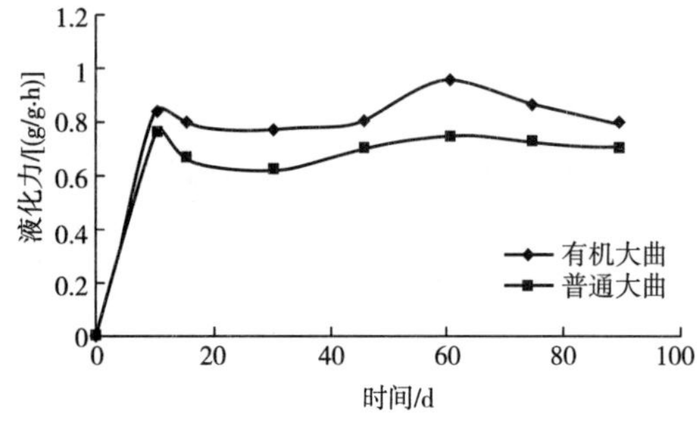

图 2-74　不同大曲的液化力

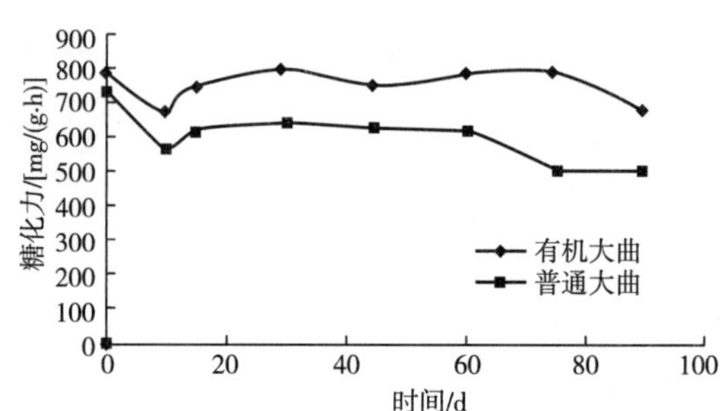

图 2-75　不同大曲的糖化力

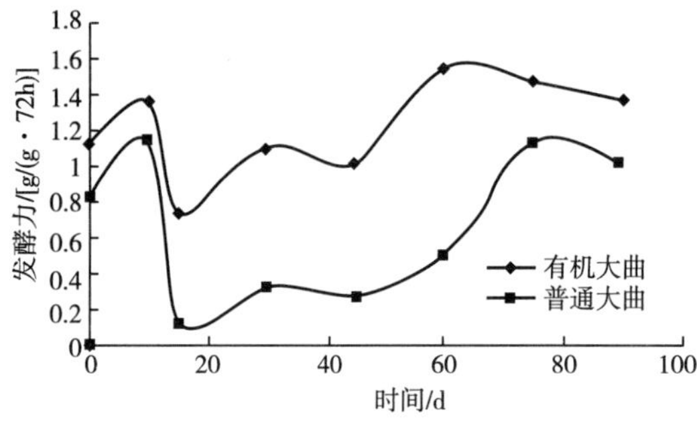

图 2-76　不同大曲的发酵力

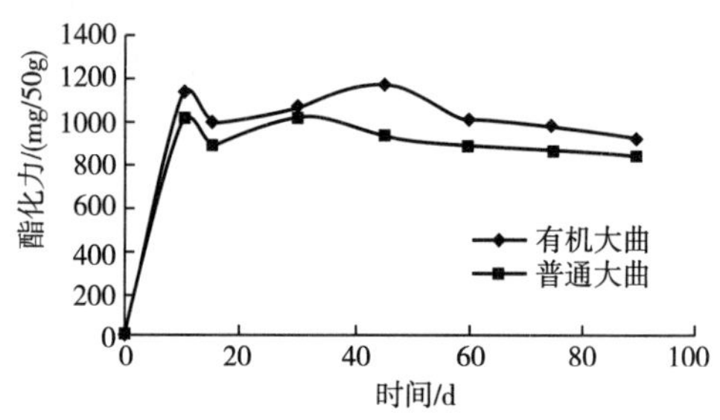

图 2-77　不同大曲的酯化力

[《酿酒科技》2014（1）：1-5]

十二、一种评价大曲代谢性能的预判方法

山东扳倒井股份有限公司的蔡鹏飞、韩晴晴、李芬芬等初步找到了一种简便易行、费用不高、耗时较少，同时可以反映大曲微生物菌系的代谢产物比例的方法，用来预判选择酶系活力相近的大曲，何种更有利于所产原酒的质量和口感。现介绍如下。

（一）材料与方法

1. 材料

清香型大曲，市售；浓香型包包曲，酱香型高温包包曲，扳倒井曲库；23#、31#平板曲，扳倒井

自制新曲；JX 高温曲，某厂家市售；MT 高温曲，某厂家用曲。

2. 仪器

Blue pard 隔水式培养箱，上海一恒科学仪器有限公司；7890A 气相色谱-5975C 质谱联用仪（GC-MS），安捷伦；1220 液相色谱仪（LC），安捷伦。

3. 方法

（1）清香型、浓香型和酱香型大曲的发酵与分析　从市售大曲和扳倒井库存大曲中取样一块大曲，分别是清香型平板大曲、浓香型包包曲和酱香型高温包包曲，分别粉碎，用于发酵试验。按照高粱粉：蒸馏水=20：200 的比例配制高粱发酵液，装入 500mL 的广口三角瓶中，每瓶装入 200mL，在 121℃下，高温高压处理 10min，水冷至室温，分别接入大曲样品 4g，在 30℃恒温培养箱中，培养 7d，每隔 24h 摇瓶一次。发酵液经脱脂棉过滤，加入 90mL 无水乙醇，水冷蒸馏，得蒸馏液 150mL，通过 GC-MS 和 LC 综合分析，定性定量蒸馏液中的香味物质成分。

（2）两种浓香型平板大曲的发酵与分析　从扳倒井大曲生产车间新出房的平板曲中取样，粉碎，选择酶系活力相近的两房曲（23#、31#）用于发酵试验。按照高粱粉：蒸馏水=20：200 的比例配制高粱发酵液，装入 500mL 的广口三角瓶中，每瓶装入 200mL，在 121℃下，高温高压处理 10min，水冷至室温，分别接入大曲样品 4g，在 30℃恒温培养箱中，培养 7d，每隔 24h 摇瓶一次。发酵液经脱脂棉过滤，加入 90mL 无水乙醇，水冷蒸馏，得蒸馏液 150mL，通过 GC-MS 和 LC 综合分析，定性定量蒸馏液中的香味物质成分。

（3）两种酱香型大曲的发酵与分析　从市售大曲中选择一个生产厂家的高温大曲，再从某著名酱香型白酒生产厂家取高温大曲样品，分别是 JX 高温曲、MT 高温曲，分别粉碎后，用于发酵试验。按照高粱粉：蒸馏水=20：200 的比例配制高粱发酵液，装入 500mL 的广口三角瓶中，每瓶装入 200mL，在 121℃下，高温高压处理 10min，水冷至室温，分别接入大曲样品 4g，在 30℃恒温培养箱中，培养 7d，每隔 24h 摇瓶一次。发酵液经脱脂棉过滤，加入 90mL 无水乙醇，水冷蒸馏，得蒸馏液 150mL，通过 GC-MS 和 LC 综合分析，定性定量蒸馏液中的香味物质成分。

（二）结果与分析

1. 清香型、浓香型和酱香型大曲的发酵结果之比较

清香型、浓香型和酱香型大曲的发酵试验的色谱分析结果如表 2-119。

表 2-119　　清香型、浓香型和酱香型大曲的发酵液色谱分析结果　　单位：mg/L

项目	酱香型大曲	浓香型大曲	清香型大曲
乙酸乙酯	257.02	187.69	440.33
丁酸乙酯	0.77	—	—
乳酸乙酯	8.40	10.15	4.85
己酸乙酯	33.17	42.20	2.13
正丙醇	4.31	6.26	31.20
正丁醇	—	1.27	—
异丁醇	5.26	22.95	31.57
异戊醇	9.15	36.05	42.85
正戊醇	3.61	3.62	9.62
β-苯乙醇	3.95	14.94	9.46
甲酸乙酯	—	1.69	4.65
棕榈酸乙酯	4.77	3.44	1.71

续表

项目	酱香型大曲	浓香型大曲	清香型大曲
油酸乙酯	2.71	2.00	1.39
亚油酸乙酯	7.70	5.39	1.60
乙酸	2317.20	36.87	67.19
丙酸	5.24	1.11	3.05
异丁酸	10.37	2.78	1.17
丁酸	146.97	2.38	1.79
异戊酸	7.91	0.99	1.41
戊酸	—	—	0.63
己酸	4.57	3.68	88.46
乙醛	9.47	10.51	15.48
醋鎓	351.91	1.89	1.96
2,3-丁二醇（左）	7.49	1.66	2.80
2,3-丁二醇（内）	6.23	1.60	4.82

由表 2-119 结果可知，发酵蒸馏液中的香味成分，从乙酯类物质分析，清香型大曲的乙酸乙酯、甲酸乙酯含量最高，分别是 440.33、4.65mg/L，乳酸乙酯和己酸乙酯的含量最低；浓香型包包曲的己酸乙酯、乳酸乙酯的含量最高，分别是 10.15、42.20mg/L；酱香型高温曲的乙酸乙酯、己酸乙酯、乳酸乙酯的含量居于两者中间，其具有唯一检出量的丁酸乙酯。长链的棕榈酸乙酯、油酸乙酯、亚油酸乙酯的含量，酱香型高温曲的含量最高，清香型大曲的含量最低，浓香型包包曲的含量居中。

从醇类物质分析，大部分醇类，如正丙醇、异丁醇、异戊醇、正戊醇，清香型大曲的含量最高，酱香型高温曲的含量最低，浓香型包包曲的含量居中。

从酸类物质分析，比较复杂，如乙酸、丙酸、异丁酸、丁酸、异戊酸，酱香型高温曲的含量明显最高，分别是 2317.20、5.24、10.37、146.97、7.91mg/L；清香型大曲的己酸含量最高，为 88.46mg/L。

酱香型高温曲的醋鎓含量是明显最高的，351.91mg/L，大约是其他两种大曲的 200 倍。

众所周知，酱香型白酒的总酸含量是最高的，其口味独特；浓香型白酒的特征香味成分是己酸乙酯；清香型白酒的特征香味成分是乙酸乙酯。在表 2-119 的色谱分析结果中，酱香型高温曲的发酵蒸馏液中，多数酸类物质明显最高，再加上其中高含量的醋鎓、棕榈酸乙酯、油酸乙酯、亚油酸乙酯这些物质，形成了酱香型白酒独特的风味；浓香型包包曲的发酵蒸馏液中己酸乙酯、乳酸乙酯的含量最高；清香型大曲的发酵蒸馏液中乙酸乙酯、甲酸乙酯、正丙醇、异丁醇、异戊醇、正戊醇的含量最高。

以上分析表明，该试验方法可以从代谢产物上明显区分不同香型的白酒生产所用的大曲的独特的代谢性能，能够用于预判大曲用于生产后对原酒中香味成分色谱骨架的影响。

2. 两种浓香型平板大曲的发酵结果之比较

两种浓香型平板大曲，23#平板曲和 31#平板曲的发酵试验的色谱分析结果如表 2-120。

表 2-120　　两种浓香型平板大曲的发酵液色谱分析结果　　单位：mg/L

项目	23#平板曲	31#平板曲
乙酸乙酯	5.41	3.82
丁酸乙酯	—	—
乳酸乙酯	2.73	1.59

续表

项目	23#平板曲	31#平板曲
己酸乙酯	1.05	0.51
正丙醇	23.63	25.83
正丁醇	69.44	37.00
异戊醇	0.63	—
正戊醇	6.00	5.92
庚酸乙酯	0.53	—
棕榈酸乙酯	2.86	1.93
油酸乙酯	1.94	1.02
亚油酸乙酯	2.90	1.76
乙酸异戊酯	0.43	—
十四酸乙酯	0.70	—
乙酸	165.74	119.48
丙酸	2.33	1.88
辛酸	0.41	—
异丁酸	0.66	0.67
丁酸	382.06	191.40
异戊酸	0.92	0.78
戊酸	0.48	—
庚酸	0.42	—
己酸	32.46	17.10
丙酮	13.96	11.70
乙醛	2.97	2.18
醋酚	1.09	1.22
2,3-丁二醇（左）	7.64	7.314
2,3-丁二醇（内）	1.49	4.68

从表2-120的结果可知，发酵蒸馏液中的香味成分，从乙酯类物质分析，除了丁酸乙酯均未检出，乙酸乙酯、乳酸乙酯、己酸乙酯、庚酸乙酯、棕榈酸乙酯、油酸乙酯、亚油酸乙酯、乙酸异戊酯、十四酸乙酯等的含量，23#平板曲都高于31#平板曲。从醇类物质分析，23#平板曲的正丁醇含量是31#平板曲的1.86倍，前者的总醇含量99.3mg/L，同样明显高于后者的总醇含量68.75mg/L。

从酸类物质分析，23#平板曲的乙酸、丙酸、辛酸、丁酸、异戊酸、戊酸、庚酸、己酸的含量都高于31#平板曲的含量，特别是乙酸165.74mg/L、丁酸382.06mg/L、己酸32.46mg/L，明显高于后者的含量乙酸119.48mg/L、丁酸191.40mg/L、己酸17.10mg/L。

浓香型白酒的主体香味成分是己酸乙酯，生物酶合成己酸乙酯需要乙醇和己酸，而乙酸和丁酸是己酸菌合成己酸的重要前提物质。所以，以上分析表明23#平板曲用于发酵，更有利于形成所产原酒的浓香型白酒的典型风格，该试验方法可以用于预判大曲用于生产后对原酒中香味成分色谱骨架的影响，进而选择使用更加正确的大曲。

3. 两种酱香型大曲的发酵结果之比较

两种酱香型大曲，JX高温曲和MT高温曲的发酵试验的色谱分析结果如表2-121。

表 2-121　　两种酱香型大曲的发酵液色谱分析结果　　单位：mg/L

项目	JX 高温曲	MT 高温曲
乙酸乙酯	15.81	20.52
丁酸乙酯	0.55	1.52
乳酸乙酯	5.13	4.44
己酸乙酯	69.97	67.67
正丙醇	16.89	40.38
异丁醇	14.52	15.20
正丁醇	0.42	3.84
异戊醇	50.06	54.25
正戊醇	3.76	3.84
β-苯乙醇	5.08	10.13
甲酸乙酯	1.09	—
辛酸乙酯	0.29	—
棕榈酸乙酯	3.49	4.54
油酸乙酯	1.86	2.36
亚油酸乙酯	5.13	6.36
庚酸乙酯	0.77	0.75
乙酸	825.82	164.01
丙酸	3.12	2.74
异丁酸	2.87	0.43
丁酸	1.40	35.81
异戊酸	4.51	0.43
戊酸	0.19	0.24
己酸	20.67	34.17
辛酸	0.41	—
乙醛	6.54	26.44
醋酴	3.47	1.13
2,3-丁二醇（左）	2.93	0.55
2,3-丁二醇（内）	1.70	1.76

从表 2-121 的结果可知，发酵蒸馏液中的香味成分，从乙酯类物质分析，JX 高温曲的乳酸乙酯、己酸乙酯、庚酸乙酯的含量略高于 MT 高温曲；MT 高温曲的乙酸乙酯、丁酸乙酯、棕榈酸乙酯、油酸乙酯、亚油酸乙酯的含量略高于 JX 高温曲，而且其中甲酸乙酯、辛酸乙酯未到检出量。

从醇类物质分析，MT 高温曲的正丙醇、异丁醇、正丁醇、异戊醇、正戊醇、β-苯乙醇的含量高于 JX 高温曲的含量，特别是正丙醇和β-苯乙醇，前者分别是后者的 2.39 倍和 1.99 倍。

从酸类物质分析，JX 高温曲的乙酸、丙酸、异丁酸、异戊酸、辛酸的含量高于 MT 高温曲的含量；MT 高温曲的丁酸、戊酸、己酸，则高于 JX 高温曲，特别是丁酸，约是 25.58 倍。

MT 酱香型白酒是中国酱香型白酒的代表，其口感、饮后舒适度和销量优于其他同类型的白酒。从表 2-121 的分析结果可知，其高温大曲的代谢产物的特点是丁酸乙酯和长链有机酸乙酯的数量较高；醇类物质的数量普遍较高，β-苯乙醇的量较高，总醇的量较高；丁酸、己酸的量明显高于对比的 JX 高温曲。从中可以找到其醇甜型、窖底香型两种基酒的产生与其高温大曲的代谢产物密切相关，依此推论 JX 高温大曲所产的醇甜型、窖底香型基酒的典型性不如 MT 高温大曲，其口感可能偏清香型。

以上分析表明，该试验方法可以说明酱香型高温大曲用于生产后对原酒中香味成分色谱骨架及其口感的影响。

（三）结论

综上所述，按照高粱粉：蒸馏水=20：200 的比例配制高粱发酵液，装入 500mL 的广口三角瓶中，每瓶装入 200mL，在 121℃下，高温高压处理 10min，水冷至室温，分别接入大曲样品 4g，在 30℃恒温培养箱中，培养 7d，每隔 24h 摇瓶一次。发酵液经脱脂棉过滤，加入 90mL 无水乙醇，水冷蒸馏，得蒸馏液 150mL，通过 GC-MS 和 LC 综合分析，定性定量蒸馏液中的香味物质成分。这种发酵分析方法，简便易行、费用不高，可以用于预判大曲用于生产后对原酒中香味成分色谱骨架的影响，便于比较选择使用何种大曲用于实际生产。

［《酿酒》2015（6）：80-83］

十三、高粱酒曲微生物的研究

我国著名微生物学家、酿酒微生物先驱者方心芳先生于 1931 年在黄海化学工业社就开始研究高粱酒曲，对 81 种东北大曲进行分离研究，结果见表 2-122。

表 2-122　大曲中微生物的定量

项目			细菌	毛霉	酵霉	犁头霉	酵母	红米霉	曲霉及青霉	黑念珠霉
0.1mg 曲末直接分离的结果	菌苔数	最多	2420	66.9	5.2	642	832.5	184	143.6	7493
		最少	0	0	0	0	0	0	0	0
	生菌苔的曲数	个数	57	41	47	79	9	11	56	62
		占总曲数/%	70	51	58	98	11	14	69	77
培养分离的结果	分离出菌的曲	个数	24	8	25	1	20	0	20	19
		占总曲数/%	30	10	31	1	25	0	25	23
	分离不出菌及未生菌苔的曲	个数	0	52	9	1	52	70	5	0
		占总曲数/%	0	69	11	1	64	86	6	0
制曲原料 0.1mg 直接生菌苔数			68	0.3	1.4	9.5	1.7	0.5	+	6

按每 0.1mg 曲末生菌苔的最多数排成次序，以出现菌苔曲数的多少，可排成次序：犁头霉（98%）→黑念珠霉（77%）→细菌（70%）→曲霉及青霉（69%）→酵霉（58%）→毛霉（51%）→红米霉（14%）→酵母（11%）。差不多所有的曲都生犁头霉的菌苔，而犁头霉在酿造上的重要性却不甚大。黑念珠霉居第二位，可知依散布的广狭及细胞的多少来说，黑念珠霉在大曲内占重要位置。可是有的酵母，反居末位，只有约一成的曲能出现菌苔，可见大曲中酵母之少。酵霉及曲霉也只有六七成的曲子能产菌苔，也不算多。

从分离的结果看，酵母只出现于 1/4 的曲子内，有 60%以上曲培养不出酵母。约 10%的曲不能出现酵霉，40%不出现毛霉，半成的曲不出现曲霉及青霉，说明有用霉菌类也不是普遍存在。

方先生经研究，提出了大曲改良方向：①制造纯种曲进行接种主要是曲霉（黄绿曲或黑曲霉）和酵母菌，用量0.5%~1%；②采用麸皮和高粱糠磨成粉状，代替一部分麦类制曲；③制纯种糟曲或麸曲。

从方先生撰写的《高粱酒曲改造论》得知，大连科学研究所在1910年也已研究高粱酒（1910—1926年），论文报告有14篇及一个专利。当时研究高粱酒的，还有南开大学应用化学所及平大工学院应用化学系、东北大陆科学院等。

［黄平主编《中国酒曲》，中国轻工业出版社，2000］

十四、有关名白酒厂大曲质量等资料

各香型名酒厂大曲粉测定如表2-123~表2-130所示。

表2-123　各香型酒厂大曲粉测定

香型	水分/%	酸度	糖化力	液化力	酸性蛋白酶	发酵力/(w/w)	升酸幅度	氨基氮/%
酱香	12.3	1.68	164.16	1.96	85.36	3.19	1.63	0.349
清香	11.6	0.83	1254.57	8.28	28.58	4.75	0.28	0.20
浓香	12.95	0.97	960.8	6.12	51.57	4.22	0.343	0.408

香型	酯化酶	酯分解率/%	酵母/(×10⁴个/g)	霉菌/(×10⁴个/g)	细菌/(×10⁴个/g)	放线菌/(×10⁴个/g)	平均样品数
酱香	0.401	39.07	35.91	34.39	1721.18	0.6508	7
清香	0.51	33.05	310.56	289.25	341.89	8.14	7
浓香	0.63	36.46	158.81	111.09	495.07	—	9

表2-124　兼香型及其他香型大曲粉测定

香型	水分/%	酸度	糖化力	液化力	蛋白酶 pH_3	发酵力	升酸幅度
兼香（中温）	14	0.83	870	5.35	61.50	2.06	0.363
兼香（高温）	12	1.68	330	2.26	82.28	0.95	0.34
凤型	12	0.72	1590	8.07	40.41	5.4	0.43
景芝大曲	11.5	1.1	1310	8.16	45.5	4.55	1.0
四特大曲	13	1.61	1080	8.0	45	4.2	0.6

香型	酯化酶	酯分解率/%	酵母菌/(×10⁴个/g)	霉菌/(×10⁴个/g)	细菌(×10⁴个/g)
兼香（中温）	27.6	113.95	172.35	541.6	2
兼香（高温）	0.36	27.8	76.63	115.35	422
凤型	34	159.1	162.5	442.05	1
景芝大曲	30	361.6	305.1	840.6	3
四特大曲	42.92	302.5	264	875.6	1

表 2-125 各厂大曲粉测定结果

项目号	水分/%	酸度（乳酸计）	糖化力	液化力	蛋白酶 pH 3	发酵力	升酸幅度	酯化酶	酯分解率/%	酵母菌/(×10⁴个/g)	霉菌/(×10⁴个/g)	细菌/(×10⁴个/g)
1	12	50	240	1.51	108.99	0.9	0.412	0.385	42.16	73.86	85.23	410.23
2	13.0	2.06	300	1.19	113.02	0.7	0.515	0.455	39.27	102.27	85.23	307.96
3	13.5	1.24	1620	11.7	56.51	2.5	0.258	0.645	21.16	164.77	96.59	495.46
4	12	1.24	780	5.46	76.69	2.5	0.299	0.669	27.31	170.46	107.95	822.73
5	13	0.75	520	5.8	67.71	1.6	0.4	0.48	35.91	245.6	99.1	437.6
6	13	0.6	1260	3.9	43.99	1.5	0.37	0.469	38.1	153.1	79.61	455.7
7	13.5	0.82	1500	11.43	22.83	4.2	0.618	0.645	32.41	221.59	193.18	553.41
8	13	0.6	1680	4.7	57.98	6.6	0.24	0.287	26.1	221	134	165
9	13	1.05	1260	8.82	35.42	3.76	0.43	0.61	35.4	116.9	147.7	491.1
10	12	0.72	1590	8.07	40.41	5.4	0.43	0.577	34	159.1	162.5	442.05
11 中温	12	0.7	760	5.05	69.42	2.23	0.325	0.42	20.1	103.4	157.4	567.7
12 高温	12	1.8	240	10.89	90.12	0.59	0.325	0.25	27.2	75.56	89.1	407.5
13 中温	16	0.95	980	5.65	53.57	1.89	0.4	0.55	35.1	124.6	187.3	514.5
14 高温	12	1.55	420	2.82	74.44	0.9	0.35	0.46	28.4	77.7	141.6	436.5

表 2-126 各厂大曲酶活性测定

厂别	糖化力	液化力	pH 3~4.5蛋白酶
五粮液	270	174	0.57
古井	569.32	67	0.67
全兴	383.76	146	0.68
茅台	232.8	不褪色	0.61
西凤	506.08	119	0.59
汾酒	488.16	120	0.65
董酒	523.68	145	0.48

表 2-127 省、市级浓香型酒厂生产用大曲粉测定实例

项目号	水分/%	酸度（乳酸计）	糖化力	液化力	蛋白酶 pH 3	发酵力	升酸幅度	酯化酶	酯分解率/%	酵母菌/(×10⁴个/g)	霉菌/(×10⁴个/g)	细菌/(×10⁴个/g)
1	12	0.85	1950	2.65	31.14	4.68	0.72	0.41	41.8	104.7	89.6	297.4
2	12	1.5	300	1.03	57.52	5.67	0.48	0.26	34.6	50.8	107.1	397.1
3	11	1.07	510	2.0	49.88	4.51	0.2	0.34	39.1	77.6	111.6	287.3
4	12	1.13	1080	4.0	42.34	3.34	0.35	0.74	41.8	98.4	234.1	687.1
5	15	0.855	1200	3.78	23.6	3.98	0.2	0.21	47.1	181.4	126.5	596.7
6	12	1.07	660	2.83	31.42	3.14	0.56	0.56	31.4	86.5	185.6	196.4
7	15	1.8	420	2.18	49.1	6.19	1.47	0.38	46.7	127.4	224.4	645.1
8	12	1.3	540	2.74	78.62	1.72	0.225	0.40	33.6	97.8	111.6	309.8
9	14	1.8	420	4.36	47.56	3.37	0.175	0.6	37.7	135.7	124.5	668.9
10	13.5	1.05	900	7.33	56.3	4.35	0.43	0.04	61.4	123	200	650

表 2-128　各厂曲坯体积与重量

厂别	形状	长×宽×高/cm	成品曲块/g
五粮液	长方形、中间凸起俗称包包曲	648×17. 4×5 中间凸	2715
古井	长方形、截去四角	15×12. 9×5. 9	1625
全兴	长方形、中间凸起	103×19×16. 2	3309
茅台	以长方形为主，形状不整齐		4987
西凤	长方形	28. 3×17. 2×6	2238
汾酒	长方形	17. 2×17. 3×5. 3	1867
董酒	瓶状不规则		2575
泸州	长方形	曲箱 33×20×5	320~350
洋河	长方形	30×18×6	2300

表 2-129　几种浓香型大曲原料配比

厂别	小麦	高粱	大麦	豌豆	大曲粉	制曲最高温度/℃
五粮液	100					56~58
泸州	90~95	5~10				53~54
全兴	95	4			1	55~60
古井	70		20	10		50 左右
洋河	50		40	10		48~50

表 2-130　各厂大曲成分常规分析表

厂别	水分/%	淀粉/%	粗蛋白质/%	粗脂肪/%	灰分/%	其中含 CaO/(mg/100g)
五粮液	17. 19	55. 64	14. 18	0. 97	2. 33	1008
古井	16. 51	50. 80	16. 91	1. 00	3. 79	558
全兴	15. 07	57. 62	13. 70	1. 12	2. 16	551
茅台	14. 73	57. 42	13. 49	1. 16	2. 24	552
西凤	16. 85	42. 30	18. 84	0. 85	4. 72	1672
汾酒	13. 79	45. 61	20. 52	1. 07	3. 86	882
董酒	14. 66	54. 93	14. 85	1. 25	2. 58	790

［周恒刚、邢月明著《酿酒大曲》，河南科学技术出版社，1994］

第三章 小曲制作技艺及研究

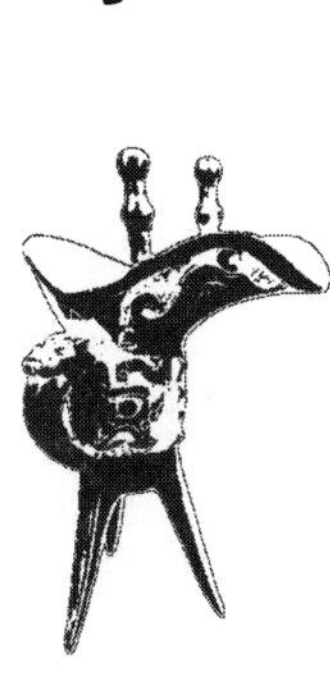

小曲（酒药、酒饼、白药）是用米粉（或米糠）为原料，有的添加少量中草药或辣蓼粉（水）为辅料，有的还掺入少量泥土为填料，用接曲母的办法，加适量的水制成曲粒，在人工控制温、湿度等条件下培养而成。主要含有根霉、毛霉和酵母菌等多种微生物，是黄酒和小曲白酒的糖化发酵剂，具有用曲量少，整粒原料发酵，应用方便，设备简单等优点。产区多在我国南方各省。中华人民共和国成立以后，小曲制作逐步向无药、纯种化方向发展，如厦门白曲、贵州麸皮小曲以及甜酒曲等，因此质量和出酒率都有所提高。甜酒曲已达到纯种机械化生产程度，为改革小曲提供了宝贵经验。各地在改革小曲生产中都重视菌种的研究和应用。本节所搜集的资料反映了我国小曲的生产实践和科研动向。

第一节　传统酒药（小曲）制作技艺及研究

一、酒药制作方法（一）

绍兴酒所用酒药，原有白药和黑药两种。白药产于宁波，富阳等地，作用较猛烈，适宜于严寒的季节使用；黑药主要产于杭州，它使用早米粉和辣蓼草再加上陈皮、花椒、甘草、苍术等药末制成的，作用较缓和，适宜于暖和的气候下使用，以往也仅限在绍兴柯桥、阮社一部分地区。中华人民共和国成立后，酿制绍兴酒用的都是宁波白药，黑药几乎绝迹，直到现在才开始试验恢复。为了适合当前生产情况，本节以白药为主；对黑药的制造，仅能将试剂配方、操作方法及文献所载的材料列出，供读者参考。

（一）白药

白药是用早籼糙米粉、辣蓼草末和水为原料，经过自然界的微生物繁殖而制成的。现将其制造过程如下：

1. 工艺流程

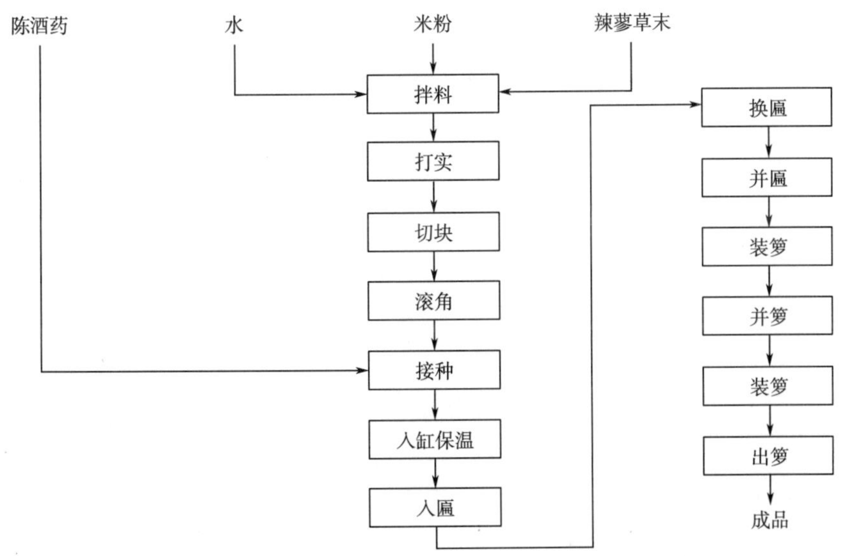

2. 配料

（1）米粉　18.75kg。用宁波当地的早籼糙米磨成细粉。

（2）辣蓼草粉　126~157g。它的制法是用每年7~8月间，尚未开花前割取野生种，除去杂草，洗净，必须当日晒干，经搓软去茎，将叶磨成粗末备用。如果当日晒不干，色泽变黄，便会影响酒药的质量。

（3）种母　400~500g（对每22.5kg原料米粉而言）。采用质地疏松，干燥充分，有良好香气并经研磨筛过的陈白药粉末。

（4）水　10.5~11.5L。用清洁的河水。

3. 制作过程

将以上配合的原料置石臼中混合，然后用石槌捣拌十数下以增强它的黏塑性，再用蔑托筛成细块，将其移入长约90cm、宽约60cm、高约10cm的木框中。用竹刀刮成厚约5cm的粉层，盖上蒲席，用脚踏实。再去席，用木棒打紧，去框，用刀切成2~2.5cm的立方块。然后分三次移入悬挂在空中的大竹匾中（直径130cm，高20cm、篾制）。保温室中排列有5~7层的木架，每层相距约30cm，将盛酒药的篾托搁在其上（图3-1），此时品温已下降至29~30℃，但比室温尚高1~2℃。经3~4h，品温有上升达38~42℃，又经5~6h，品温已回降至35~39℃，此时需要进行换托、并托等操作。换托是将一篾托的药酒倒入另一空的篾托上，并将三托并成二托。它的目的是使酒药的温度和水分均匀；且使品温不过快地降低。此后品温回升至40℃左右。再经10h，重新换托一次，此时酒药已逐渐干燥，品温与室温相接近。又经10h，便将酒药倒入竹箩内，每箩盛25kg，约占箩的总容量的1/2。在盛箩之前，须在箩的中心竖立稻草一束，使箩中的酒药能上下通气。再经8~10h，将两箩酒药併成一箩。此后每天换箩两次，经2~3d后，可放在阳光下曝晒，约需曝晒6d始能充分干燥，贮藏备用。

图3-1　酒药保温室用木架

如果在保温室中温度过低，或换箩后因天雨不能及时晒干，则酒药上易滋长青绿色或黑色霉菌。鉴别酒药成品时，以表面白色，用口嚼酒药，质松发脆，并有良好香气的为佳，若质硬、带有微咸口味，则不能使用。

（二）酒药的物理性状与化学成分

今将浙江省工业厅综合工业试验所分析的白药化学成分及高桥偵造著《综合农产制造学（酿造篇）》上所载黑药分析结果列表3-1及表3-2。

表3-1　酒药的物理性状

项目	白药	黑药
大小/cm	2.0~2.6	3~4.5
重量/g	6~12	9~18
颜色	乳白色	灰褐色-灰黑色
主要成分	早籼糙米粉	植物性药粉
添加物	辣蓼草	米粉及无机物

表3-2　酒药的化学成分　单位：%

项目	白药	黑药
水分	13.57~15.38	13.26
粗蛋白质	7.82~8.23	12.96

续表

项目	白药	黑药
脂肪	1.39~1.70	2.11
粗纤维	0.47~0.68	18.55
糖分	1.10~1.91	34.32（糖分、糊精、淀粉合计）
糊精	65.59~70.24（糊精、淀粉合计）	
淀粉		
灰粉	—	18.80

（三）酒药中的微生物及生化性能

酒药所含的酿酒微生物主要为根霉、毛霉、酵母等。其他含有多量的细菌、黎头霉（*Absidia*）、念珠霉（*Monilia*）等。日本人高桥侦造将其进行详细的分离计数（以每克酒药中获得各种微生物的集落数计），其含量见表3-3。

表3-3　酒药中微生物的集落数（每克计）

菌名	外部	内部	全部
细菌	12205000	2522000	29646000
毛霉	844	2034	1287
根霉	1686	2034	1287
犁头霉	30386	197260	149260
红麴霉	1686	2034	1278
酵母	+++	+++	+++
青霉	-	+	-
念珠霉属	3376	-	1278

［轻工业部科学研究设计院、北京轻工业学院编著《黄酒酿造》，轻工业出版社，1960］

二、酒药制作方法（二）

1. 工艺流程

酒药的制作工艺流程详见下页。

2. 原辅料的选择与制备

（1）籼米粉　应选择当年收获的新早籼米，以糙米为好。籼米与其他大米比较，富含蛋白质和灰分等营养成分，有利于糖化发酵菌的生长繁殖。在制酒药的前一天磨好米粉，细度以通过50目筛为佳，磨后摊冷，以防发热变质。米粉应保持新鲜，确保酒药质量。

（2）辣蓼草粉　辣蓼草中含有丰富的酵母菌及根霉所需的生长素，有促进菌类繁殖的作用。每年7月中旬收割尚未开花的野生辣蓼草，除去黄叶和杂草，必须当日晒干，趁热去茎留叶，并粉碎成粉末，过筛后装坛备用，如果当日不晒干，色泽变黄，将影响酒药的质量。

（3）陈药粉　挑选前一年生产中发酵正常、温度易掌控、糖化发酵力强、生酸低和黄酒质量好的酒药，粉碎备用。

（4）水的要求　采用酿造用水。

（5）辅料及工具器　要搞好环境卫生和用具等的卫生工作，生产用的陶缸、缸盖竹扁等要做好消毒工作（清洗、开水冲洗、太阳下曝晒等），新稻草要去皮、晒干，谷壳要求新鲜的早稻谷壳。

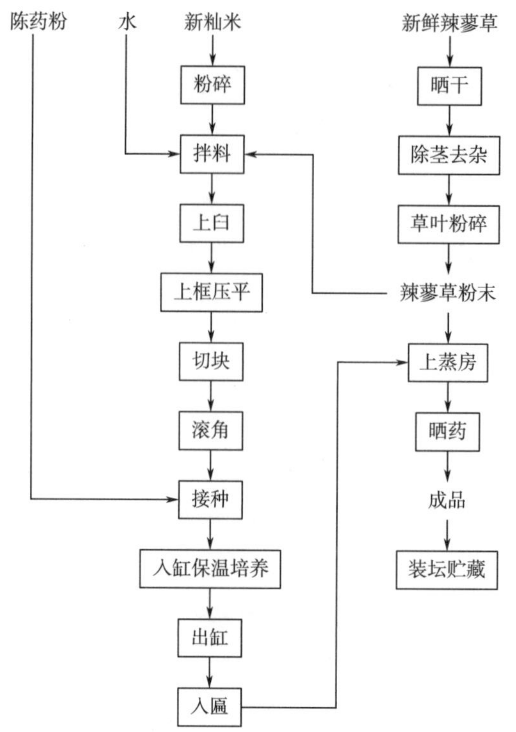

3. 操作方法

（1）配方　糙米粉：辣蓼草粉末：水＝20：（0.4～0.6）：（10.5～11）。

（2）上臼、过筛　将称好的米粉及辣蓼草粉倒在石臼内，充分搅匀，加水后充分拌和，然后用石槌捣拌数十下，以增强它的黏塑性，取出在谷筛上搓碎，移入打药木框内进行打药。

（3）打药　每臼料（约20kg）分三次打药。木框长约90cm、宽约60cm、高约10cm，装料后刮平，盖上塑料薄膜，用脚踏实，去塑料薄膜，再用木椿打实压平，去框，用刀沿木条（俗称划尺）纵横切开成方块，分三次倒入悬空的大竹匾内，来回推动，将方形滚成圆形，然后加入3%的陈曲粉，再进行回转打滚，使药粉均匀地黏附在新药上，筛落碎屑并入下次拌料中使用。

（4）摆药　先在缸内放入新鲜谷壳，距离缸口沿边的30cm左右，铺上新鲜稻草芯，将药粒分行留出一定距离，注意药与药之间、药与缸内壁之间不能相碰。谷壳的高度与酒药放置的紧密程度与气温的高低有关，气温高时，谷壳应适量少放，药也可以放置得疏松些。

（5）保温培养　放好酒药后，盖好缸盖，缸盖上再铺上麻袋，进行保温培养。一般经10～12h开始升温，再经3～4h缸内温度可以达到35～37℃，这时可以去掉麻袋。每隔2h检查一次，并逐步移开缸盖，可以发现缸内壁附有冷凝水，并散发出特有的香气，观察药粒是否全部均匀地长满白色菌丝。如果还能看到辣蓼草粉的绿色，表示酒药还嫩，不能将缸盖全部打开，用移开缸盖大小的方法来调节培养的品温，以利菌体生长，直至药粒菌丝用手摸不黏手，像白粉小球一样，方将缸盖全部揭开以降低温度。冷至室温后再经8～10h，此时酒药的水分已经蒸发许多，酒药变得比较坚实，可以进行拾药。

（6）出缸入匾　将缸中的酒药小心地捡起放入竹扁中，每匾盛2缸酒药（约13kg），应做到药粒不重叠且粒粒分散。

（7）上蒸房　将竹扁移入密封保温的蒸房内，放在铁架上保温培养。待1～2h后观察品温，升至36～37℃时，进行第一次翻匾，即将匾中的酒药倒入空匾中，使其温度下降1～2℃。再经2～3h，温度升至36～37℃，再翻匾一次，此时酒药逐渐干燥。经3～4h，温度已不再上升，维持在32～34℃，可逐渐开门窗，2～3h后再翻匾一次，开门窗冷却。从当天下午入蒸房至次日早上约15h即可出蒸房，把酒药倒入竹簟内摊薄，每天早晚翻动一次，摊3d后晒药。

（8）晒药入库　将酒药摊在竹簟上晒3～4d至水分合格。第1天晒药温度不能太高，时间也要短一些，称“出水”，一般时间为上午6：00—9：00时，品温不超过36℃，第2天上午6：00—10：00

时，品温 37~38℃，第 3 天晒药的时间和品温与第 1 天一样。然后趁热装坛密封备用。坛要先洗净晒干，坛外要粉刷石灰。

4. 酒药的质量要求

成品酒药的质量鉴定采用感官和化学分析的方法。一般好的酒药表面呈现白色，口咬质地松脆，无不良香气，糖化力和发酵力高。此外，还可以做小型的酿酒试验，糖液浓度高，味香甜的为好药。为了保证正常的生产，在酿造开始前，要安排新酒药的酿酒试验，通过生产实践，鉴定酒药质量的好坏，同时了解酒药的性质，便于掌握。

［谢广发编著《黄酒酿造技术》，中国轻工业出版社，2010］

三、绍兴酒药制作方法（一）

绍兴酒药是用早米粉和辣蓼草为原料，经接种曲母，控制一定的温度繁殖而成。其中含有根霉、曲霉和酵母菌等多种微生物，在酿酒中起糖化及发酵作用。

1. 工艺流程

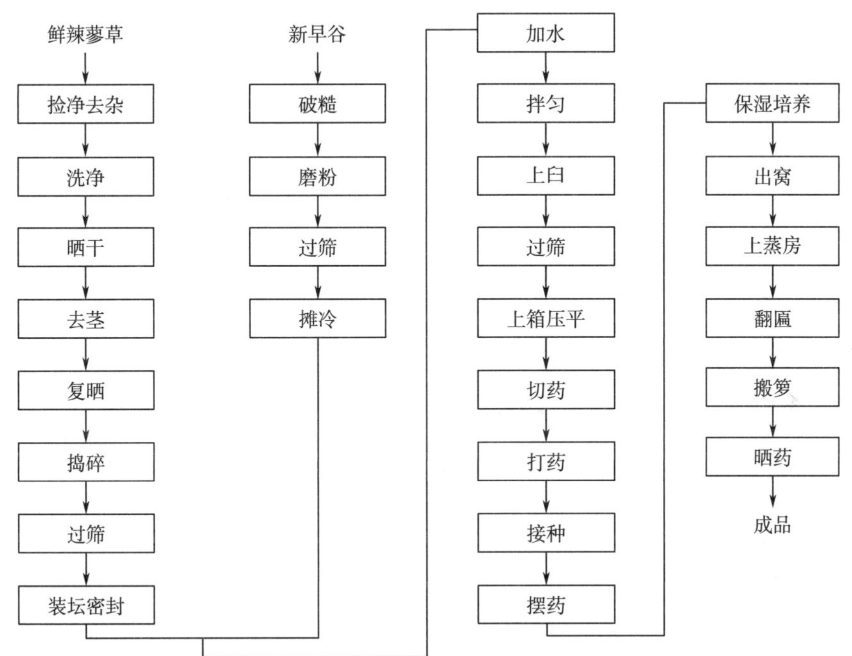

2. 原料的选择与制备

（1）辣蓼草粉　在末伏期，选割小水蓼草，去掉黄叶、杂草等，洗净后，暴晒 6h，立即去茎留叶，再复晒、趁酥捣碎，过筛后装入坛内备用。

（2）早米粉　制药前一天磨好米粉，细度以通过 50 目筛为佳，磨后摊冷，以防发热变质，要求碾一批、磨一批、生产一批，使米粉新鲜，保证酒药质量。

（3）水　采用色清、无异味（漂白粉、碱等）的自来水、河水。

（4）种曲（娘药粉）　选择生产中发酵正常、温度控制容易、生酸量小和黄酒质量好的酒药。

3. 准备工作

（1）酒药质量好坏，直接影响黄酒质量。因此，生产前必须加强思想教育，引起重视，各工序确定专人负责。

（2）生产用的陶缸、缸盖、匾等工具要做好消毒工作，稻草要去外皮，去根，日晒干燥，谷皮要新鲜的早谷糠。

4. 操作方法

（1）配方　糙米粉：辣蓼粉：水=20：0.125：10的配比充分拌匀。

（2）上臼及过筛　将称好的米粉及辣蓼粉倒入石臼内拌匀，加水后再拌匀，捣碎约90次，成块状，取出在谷筛上搓碎，然后转入打药箱内打药。

（3）打药　每臼料分三次打药（每次约6.25kg），箱长73cm，宽50cm，高10cm，上复软席，用脚踏实（以不散开为准），取掉软席，压平，去箱，依棒纵横切开成正方颗粒，分三次倒入篮内打成圆角形，倒入木桶内撒入娘药0.6kg（米粉20kg约放娘粉0.6kg），再打匀，过筛，摆药。

（4）摆药培养　培养用缸窝，在缸内放入谷皮，离缸沿27cm左右，铺上稻草芯、将药分行距离摆平，然后加盖复袋，气温30~32℃，经14~16h检查温度，升至37~38℃时可去掉盖袋；再经6~8h，检查缸沿有气水，可将缸盖揭开，检查，视培养是否底面均匀，有菌丝，如还能看见辣蓼粉，说明胚嫩，不能将缸盖全部打开，这是影响质量的关键环节。要勤检查，注意调节培养温度，使根霉菌很快繁殖，直至菌丝用手涝不粘手时，将缸盖揭开以调节温度，经3h可出窝，至接近室温，经4~5h，使药胚坚实以便于撮药搬匾。

（5）出窝搬匾　将酒药撮至匾内，每匾盛药3~4缸，不要太厚，防升温变质。

（6）上蒸房　培养房必须严格密闭，木架分两挡，挡距66.6cm左右，匾放挡上，气温36~38℃，品温保持在38~40℃，不超过40℃。经4~5h第一次翻匾；至12h，上、中、下挡调换位置（翻匾是将坯药倒入空匾内）；再经7h做第二次翻匾和调换位置；约再经7h倒入箩内，化成凹形，以防升温，搁高通风地方，再培养2d，早晚各倒箩一次，自生产至第6天，可晒药。

（7）晒药入库　正常天气在竹扁上需晒3d，冷至室温，倒入缸或坛内，密封保存。

［《绍兴酒生产技术资料》，1975］

四、绍兴酒药制作方法（二）

绍兴酒用的酒药有黑白两种，这种酒药大多数不是绍兴本地制造，或购自外省如江西、湖南、湖北等省。或购自富阳、宁波等地，制造方法，各地稍有不同，现略述如下：

（一）白药的制造法

1. 原料

白药以粳米与辣蓼为原料。辣蓼有两种：一为柳叶种，叶细而尖；二为圆叶种，叶阔而圆。柳叶种又有赤茎、青茎的分别。赤茎的蓼，灵赤色，根须红色，茎直立，叶繁茂。青茎的蓼，根须与茎皆青色，节带红色。可以制造白药的以青茎的柳叶种为佳。

2. 制造方法

终盛夏时摘取未开花的野生辣蓼，晒干，去茎，存叶，研成细末，至11月间与新鲜辣蓼浸出液和粳米粉，拌匀，蓼末为米粉的1/10，蓼汁加至原料能黏结为止。混合后成药面，以手压成匾饼状，用曲刀切成1寸许（约3.33cm）的形状，以陈白药粉，敷撒其上，置于竹扁中旋转成圆形，然后置于草席上，以麻袋厚藁等覆盖之。密闭房屋的窗户，不使外界冷气侵入，保持室温25~30℃，1d或2d后白药品温上升，四周皆出现白色菌丝。至第3d白药温度甚高，约达40℃，则麻袋可撤去，将白药置于扁上，扁搁架上，每天移换一次或两次，使温度上下相同。8或9d后，待天气晴朗，一次晒干。冬季研成粉，就可以使用了。

（二）黑药的制造法

1. 原料

粳米磨成粗屑，使用量每次约 10kg，小麦麸 12.5kg，药料量如下：

杜仲	75.0g	麻黄	52.5g
川芎	34.5g	苍术	24.0g
肉桂	16.0g	甘草	35.0g
陈皮	55.5g	花椒	18.0g
草乌	34.0g	小茴	18.0g
大茴	35.0g	巴豆	70.0g
生姜	120.0g	升麻	72.7g

以上配合的药料，经日曝干，磨成粉末，以备使用。

2. 药料浸出

用上述配合的药料，取 1/4（约 240g）放入麻袋中，扎紧袋口，浸于 5kg 水中，煮沸 3~5h，即得药料浸出液。另用赤豆 64~80g，加水少量，久煮之，滤取其汁和入药料浸出液中，以备使用。

3. 原料混合与制造

将下面原料混于一缸：

粳米粉	10kg
小麦麸	1.25kg
药料粉	736g

充分混合后，分数次加入药料浸出液，一面加入，一面拌和，拌和均每面，即成药面。

多次将药面放在板上，以手压成扁饼状，厚约 1 寸许（约 3.33cm），用刀纵横切割，成正方形状，每个重约 50g，置于盛有药料粉之扁中旋转，使稍成圆形，表面黏附着少许药粉。酒药制成圆粒状后，排列于草席上，上面用麻袋、稻藁等被盖。以后工作和白药制造法相同。

4. 酒药中的主要微生物

白药与黑药中所存在的微生物大致相同，就微生物的数量言，以 *Bacteria* 为最多，*Yeast* 与 *Monilia* 为次多，*Mucor* 与 *Rhizopus* 又次之。*Aspergillus* 与 *Penicillium* 极少数。但用于酿酒时因环境关系，其中的 *Yeast* 繁殖旺盛，常占优胜地位。其他各菌逐渐淘汰，终至绝减。

［金培松编著《酿造工业》，正中书局，1936］

五、浙江衢州酒药制作方法

衢州酒药制法在浙江、江西一带具有一定的代表性，它主要采用稻草地窝的形式进行生产，具有操作简便、适合于农村社队酒厂生产，现将制法介绍如下：

1. 工艺流程

磨谷粉→拌和中药→加沸水拌匀→压形切胚→筛胚接种→归窝→排曲→保温培养→晒干→成品

2. 原料配方

每次取谷粉 500kg、细糠 150kg 和中药 25kg，加水 58%~60%（以混合原料总量计算）及曲娘 10kg。

原料规格：谷粉用干燥不霉的谷壳磨成细粉，以手捏不见碎米粒。

（1）细糠　用新鲜、干燥、不霉变的谷壳加工而成。

（2）中药（另附药方）　经干燥粉碎而成。

（3）曲娘　在上年生产曲中，挑选出酒率较高的曲作为曲娘。

（4）水　用清洁的水，加新鲜蓼草 1%，经煮沸，滤出液备用。

3. 操作分工

烧水 1 人，筛坯 1 人，切坯 1 人，接种 1 人，排曲 1 人，压坯 2 人，送坯 1 人，共 8 人。

4. 培养草窝的准备

排曲前应将草窝做好，用干净清洁的稻草，理去草衣平铺于干燥工场（或楼板上），厚约 4cm，天冷时为 6~7cm，地点应选择清洁干燥能通风与保温的场所为宜。

5. 具体操作

现将谷粉、细糠、中药粉倒在地垫里，然后 2 人用木铲反复四次翻拌，达到十分均匀，拌好后以 65kg 一次分成 10 批次，加水拌匀。在加水拌坯时，应先将沸水称好分量，先倒少部分至木桶底，然后再将 65kg 原料倒入，再将其余水全部倒入，即由 4 人用木棒迅速搅拌均匀，拌好后立即开始用压规切坯、筛坯、接种等工序。搅拌时必须均匀，以不见干粉为准，压坯时应压得紧，切坯时应大小均匀，以每小方块 2. 5cm 为宜，筛坯接种时应注意使每块曲坯外表满布，归窝排曲时，不能排得过紧，以个个离空为度，盖稻草衣保温，天热时（室温 15~25℃）边排边盖，草衣厚薄、天热宜薄，天冷宜厚。

6. 培养管理

曲坯归窝后，即将窗户气孔关好，进行保温培养，归窝后 12h 进行检查曲坯，即有菌丝出现，有带药清香（一般天冷时 24h，有此清香）；天热时需要 18~20h 菌丝繁殖旺盛，天冷时需要 32h 菌丝才生长旺盛，并开始发热，需要开风，这是一个关键环节。开风的标准：从曲坯发热到曲坯菌丝开始倒伏（天冷时菌丝倒伏，并开始见白色时），即行开风，将盖好的稻草衣去掉，让窗气孔等打开。开风后约 1h，进行翻曲，即将每块曲坯移动，并要翻过面；再经 8~9h 翻第二次，使品温均匀，并下降直至曲坯表面干燥；曲坯里有 1/3 未过心时，即将曲坯全部搬出草窝，在另外的地垫里打堆，天热时约 10cm 厚，天冷时约 0. 5m，并沿用稻草围起来，堆积品温维持在 38℃左右；经 8~12h 进行翻堆，将边沿处的翻到中心，中心处的翻到边沿，底部翻到上面，地垫底部在天冷时要垫稻草；翻堆后品温如仍上升，可翻第二次，并减低厚度，以曲坯发过心，品温不再上升时，摊开，直至有曲香、过心、没有生药气味时，可搬到阳光下晒干。以分两次晒干为宜，避免高温，晒干凉透后，即可密封贮藏。

附药方：

川巴	6kg	川干姜	3kg	王桂子	1kg	甘松	1kg
闹洋花	2kg	川乌	1kg	甘草	2kg	万春花	2kg
前胡	6kg	毛苍术	1kg	大回香	1. 5kg	草乌	4kg
草叩	1kg	白芷	1kg	黄柏	2kg	小回	1kg
桂皮	2kg	威灵仙	2kg	活石	8kg	升黄	3kg
山枝子	2kg	桂枝	6kg	西麻黄	6kg	大公丁	1kg
北细辛	2kg	山柰	2kg	大独活	1kg		
官桂	3kg	石羔	16kg	牙皂	6kg		

上述配方共 28 种，可做酒药 2000kg。

［傅金泉编著《黄酒生产技术》，化学工业出版社，2005］

六、江西民间酒药制作方法

江西民间酒药是酿造黄酒、甜酒酿和部分小曲白酒的糖化发酵剂，江西的甜黄酒生产，与外省甜

黄酒的生产工艺有所不同，它是淋饭法生产，不用麦曲冲缸，最后添加白酒以补充酒精度。因此，制作的酒药要求有较强糖化率。生产黄酒时用曲量为 0.3%~0.5%，酒药根据其添加的曲种（母曲）和加水量不同可分为甜酒药和老酒药，甜酒药用来酿造甜酒酿，老酒药则用来酿造黄酒和小曲白酒。酒药形状为不规则的圆形，重量为几克至二十几克。

传统酒药的制造特点：①都是民间祖传制曲工艺，各种制造方法之间略有区别。②采用开水泡料，能杀死原料中的部分杂菌。③由于其生产工艺是作坊式的，一般采用小缸地窖形式来保温培养。现将其生产方法归纳如下：

1. 工艺流程

原料→加沸水拌匀→搓黏→制曲坯→滚曲母→保温培养→晒曲→成品

2. 原料及配比

（1）原料

①米糠：又称之为细糠，一般营养较丰富。要求干燥无霉，无异杂味。

②米粉：用早籼米碾成的粉，米粉一部分用来拌料，一部分用来拌曲母。用来制曲坯的米粉细度要求为 40~60 目，用来拌曲母的则要求细于 60 目。

③中草药：江西传统酒曲所用的中草药以辣蓼草为主，有的曲还掺入一些其他的中草药。因制造者的祖传方法而异。

④曲母：挑选出糖化力强，出酒率高的陈酒药来做曲母，曲母用量为原料的 0.5%~1%，其用量因气温高低略有区别，一般气温高时，少用些，反之用量大些。用来酿造甜酒则接入甜酒药作曲母，用来制黄酒和小曲酒的则用老酒药作曲母。

（2）配料　细米糠 40kg，米粉 10kg（其中 2.5kg 用来滚曲母），水 50%~60%；制作老酒药的水用量略多些；曲母用量为 0.5kg，中草药 2kg。

3. 操作方法

（1）拌料　先将称重好的沸水倒入一半到拌料盒中，并将 7.5~8kg 米粉倒入沸水中迅速搅拌均匀，使其糊化。再将 40kg 米糠、中草药和剩余的一部分沸水加入，然后用木棒翻匀，温度下降至不烫手后，将曲料放在揉板上搓，以增加曲料的黏性，以备搓成曲粒。

（2）制曲坯　曲料准备好。用手将曲料搓成直径为 2cm 大小的曲粒，放在竹匾上，以备滚上曲粉。

（3）接曲　将制好曲坯倒入本桶中，然后将准备好的 25kg 的米粉与曲母混合均匀，放入桶中，摇动木桶，使曲坯表面粘上层米粉与曲母混合粉。

（4）培养　接好曲母的曲坯，即可进入保温培养。制曲量少时一般在缸中培养，这与宁波白曲的操作大致相同。制曲量大时，则采用地面培养。其操作方法是先在地板上铺一层谷壳，再在其上铺一层稻草芯；准备好工作后，可将曲坯整齐地排列在稻草上，曲坯之间的空隙约为 0.5cm，注意不能靠得过近，以免黏在一起。曲坯排好后，在其上盖一层稻草保温。稻草的厚薄，视气温高低而定。排曲完毕后，便可关闭门窗，进行培养，使室温保持在 20~25℃，培养 10h 左右品温开逐渐上升，经 16~18h 菌丝开始旺盛繁殖，品温上升较快。又经数小时，品温可达 38℃左右，此时应注意采取降温措施，及时减少草盖的厚度或适当打开窗透气，散发一些热量和水气。当旺盛繁殖的根霉菌丝匍匐在曲坯上时可将曲粒翻一面，使菌丝生长均匀，天热时可撤去草盖。翻曲后经数小时再翻一次，经 8h 再翻曲一次，共经 46~52h，当品温下降到 20~30℃，曲粒水分已散发很多了，曲粒已不再黏手，此时将曲粒倒入箩中培养或打堆培养，使品温保持在 34~35℃，经 10~12h 后，换箩或翻堆。继续培养 12~16h，然后摊开在竹匾中，继续培养和散发水分。

（5）干燥　待根霉菌丝完全长透过心后，即可将匾移到太阳底下晒干，晒干时应避免在强烈的太阳光底下暴晒，以免高温和紫外线杀伤根霉和酵母等有益微生物。晒药时间 4~5d，晒干后，密封贮藏。

［原载陈卫平等《制曲工艺》，江西科学技术出版，1993］

七、无锡老廒黄酒酒药制作方法

1. 配料

无锡市酿制黄酒用的酒药，一般均系酒厂自己制造的，其配料如下：

米粉	20kg	白泥	50kg
细糠	25.5kg	统糠或灰	18kg
国药末	68kg	药料混合粉末	1.625kg。

上列配料中的药料混合粉末，其配料见表 3-4。

表 3-4　　无锡酒药中药料配料单

编号	名称	数量/市两	数量折为克	编号	名称	数量/市两	数量折为克
1	班根	30	937.50	21	小茴	1.8	56.15
2	黄柏	6	187.50	22	西滑石	1.6	50.00
3	石膏	5	156.25	23	玉果	1	31.25
4	足川巴	3.14	98.13	24	川均姜	6	187.50
5	中牙皂	2.12	66.12	25	原油姜	4	125.00
6	广皮	2	62.50	26	生川乌	4	125.00
7	枝条苓	4	125.00	27	大良姜	6	187.50
8	桂皮	6	187.50	28	开杨花	5	156.25
9	桂尔通	5.2	162.50	29	桑叶	4	125.00
10	白芷	4.5	140.63	30	川松	3.4	106.25
11	栋花粉	3.4	106.25	31	中竹帚	2.6	81.25
12	大公丁	2.1	65.23	32	大山乃	1.12	35.00
13	大黄渣	3	62.50	33	青皮	1.6	50.00
14	红豆蔻	1.8	56.15	34	麻黄	1	31.25
15	川芎	1.2	37.50	35	薄荷	8	250.00
16	北细华	1	31.25	36	原仲角	6	187.50
17	班毛	6	187.50	37	釜智仁	2	62.50
18	赤小豆	4	125.00	38	绵茵陈	4	125.00
19	生草乌	4	125.00	39	草权仁	4	125.00
20	潮枝	4	125.00				

2. 测定结果

现将四川省糖酒工业科学研究所测定无锡酒药的结果列表如表 3-5～表 3-7 所示。

表 3-5　　无锡酒药直接测定结果

项目	夏窝酒药	秋窝酒药
水分/%	6.37	7.14
酸度	0.7035	0.4461
pH	6.20	6.20
液化力	33.5	45.5

续表

项目	夏窝酒药	秋窝酒药
糖化力	22.70	28.89
发酵力	5.74	7.51
酵母数（百万）	21.48	19.84

注：酸度：每克酒药所消耗酸的毫克当量数；液化力：每克酒药在30℃每小时所液化淀粉的毫克数；

糖化力：每克酒药在30℃每小时糖化淀粉所生成还原糖毫克数；发酵力：每克酒药能逸出1.75g CO_2者，则其发酵力定为100，作为计算。

表3-6　无锡酒药间接测定结果

项目	夏窝酒药	秋窝酒药
酸度	0.6060	0.6540
淀粉糊精酶	35.1	40.8
淀粉糖化酶	21.43	20.15
麦芽糖酶	6.50	4.20
最终糊精酶	20.2	21.0
淀粉利用率	53.01	52.56

注：酸度：每克酒药所消耗酸的毫克当量数。

淀粉糊精酶：每克大米经培养26h后，在30℃每小时所液化淀粉的毫克数。

淀粉糖化酶：每克大米经培养26h后，在30℃每小时所糖化淀粉所生麦芽糖毫克数。

麦芽糖酶：每克大米经培养26h后，在30℃每小时作用于麦芽糖所生还原糖毫克数。

最终糊精酶：每克大米经培养26h后，在30℃每小时作用于最终糊精所生麦芽糖毫克数。

资料来源：《国药铺中各种药料碎屑的混合物》，食品工业部制酒工业管理局编《四川糯高粱小曲酒操作法——各省小曲测定的初步试验报告》，轻工业出版社，1958年。

表3-7　无锡酒药的感观测定

项目	夏窝酒药	秋窝酒药
外观形态	表面白色，心带黄色，方圆形或无定形边长（或直径）2~2.5cm，每块重4.8~7.2g	皮面白色，心带黄色，方块形，每边长约2cm，每块重约5g
皮张	米粉光皮	米粉光皮
颜色	纯白	纯白
泡度	中等泡度	有泡度
菌丝	菌丝均匀，但未挂满	中心满现菌丝
闻味	曲香，无怪味	曲香，无怪味

注：鉴定指标：

皮张：酒药的皮张以起皱皮或挂满菌丝为较好，如有黑点、不生皮或跑皮的皆为不正常现象。

颜色：酒药的剖面要呈一致的颜色，如有其他颜色掺杂其中皆非优良酒药。

泡度：酒药要发泡，发透（在制造过程中酒药发泡后，微生物才能大量的生长）。

闻味：具有酒药香（清香）味、甜味的较好，带有霉酸味的则较次。

菌丝：酒药中心应有足量的菌丝生长。

［轻工业部科学研究设计院、北京轻工业学院编著《黄酒酿造》，轻工业出版社，1960］

八、温州仿绍黄酒酒药制作方法

以米为主要原料，经粉碎后，混合许多种国药，俗称“大荆黑药”。

1. 工艺流程

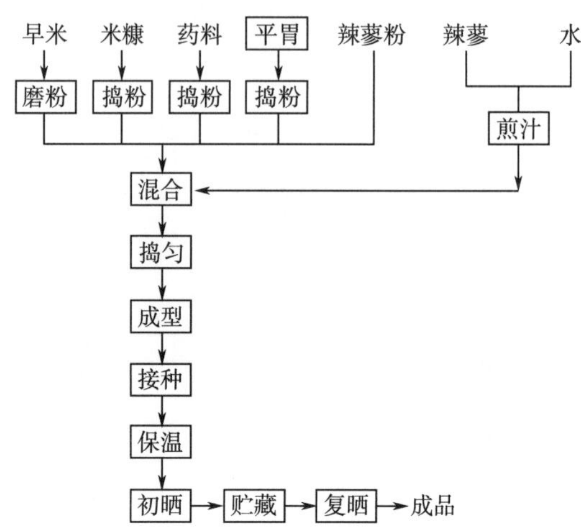

2. 配料

早稻米	220kg
细糠	50kg（米皮糠）
统糠	30kg（米皮糠并夹杂部分谷糠）
平胃	160kg（已煎过的国药渣捣细应用）
辣蓼草粉	5kg（将青辣蓼晒干研成细末）
辣蓼	2. 5kg（成汁 15kg）
种药	8kg（前一年生产优良的酒药名“麴衣”）
药料	28. 375kg　包括下列 19 种国药

药料配方：

草乌	2. 5kg	草蔻	0. 375kg	红蔻	0. 375kg
桂皮	1. 875kg	洋草	1. 75kg	大良姜	3. 0kg
正甘松	0. 25kg	滑石	0. 5kg	归尾	1. 25kg
石膏	4. 0kg	生茴	1. 875kg	山茇	0. 563kg
杜仲①	4. 0kg	白芷	0. 375kg	闹阳花	0. 188kg
川交本	1. 75kg	苏胡	2. 0kg		
黄柏	1. 5kg	柴胡	1. 5kg		

3. 操作方法

（1）原料处理

①原料米：取早米放入石磨中，磨碎成细粉，用细纱筛过筛。粗粉复磨至全部成细粉为止。

②药料：购入药料必须放在阳光下充分晒干，然后与平胃分别在石臼中捣成细粉，经细糠筛过筛。在药料中的杜仲应另行炒干捣碎。捣好后药料须密封，以防药性外出。

---

① 注：晒干并炒后捣粉。

③蓼汁：取清水 50kg，放在锅中煮沸，将辣蓼枝叶 2.5kg 投入沸水中（辣蓼枝叶应分批加入），煮至沸腾，约历 1h，煎出的蓼汁，除去渣，其汁呈黑褐色并具有特殊气味。

（2）混合　原料混合时，必须分批、分次、分层地将米糠、平胃、辣蓼粉、药料、米粉用簸箕抖动倒入一只大木桶中，使成波纹状，再耙平充分混合。

（3）成型　取原料混合物分批入石臼捣黏，每臼原料 9.75kg，加 90℃ 蓼汁 5.75kg，混合后，迅速用木棒将混合物翻拌捣黏，捣至不存粉状物为度。动作须敏捷，一般每臼 5~10min。完毕后即迅速用双手捏成一个个圆形小块，直径约 3cm，表面须整齐，人数为 5~7 人。此时成型物含水分为 46.24%。

（4）接种　将成型物倒在竹筛上，并散上陈酒药粉末，摇动竹筛，使其表面黏附得十分均匀（筛下的多余陈酒药粉，供下次应用）。完毕后立即送至保温室。

（5）保温　先将保温室及工具用二氧化硫灭菌，稻草亦经阳光曝晒，然后将稻草搬入室内铺在地上，堆积 6~10cm 厚。然后将已经接种的酒药平摊（不能叠积）在稻草上，在酒药面上再盖上稻草一层以保温。

酒药入室后 4h，品温已下降至近室温，经 16h 后，品温才逐渐上升，往后品温又回降。上升成波浪式 4 次，最高 42℃，最低 30℃。自酒药入室 76h 后品温不再变化，酒药制成全部时间为 4d。

当酒药入室 24h，开始有白色菌丝出现，以后如蛛网状，向空间发射。待品温上升至 42℃ 时，再将面上覆盖的稻草除去，降低品温，否则有变质危险，此时为菌丝繁殖最旺盛时期，至 40h 菌丝已开始萎缩。约 2d 后，酒药表面为白色菌丝所包裹，且夹杂有少许黑褐色孢子。此时酒药内部，亦已充满生长着灰白色菌丝，并有特有的药味及香味。其制造过程温度变化见表 3-8。

表 3-8　酒药制造过程温度变化情况　单位：℃

日期	气候	时间	摘要	气温	室温	品温
10 月 23 日	晴	16：00		21	22	35
		20：00		21	22	22
		24：00		20.5	21	21
10 月 24 日	晴	4：00	白色菌丝开始出现	20.5	21	21
		8：00	繁殖最旺盛，除去覆盖物	20	21	21
		12：00		20.5	21	21
		16：00		21	22	39
		20：00		21	22	41
		24：00		20	22	42
10 月 25 日	晴	4：00	菌丝开始萎缩	21	22	34
		8：00		21	22	33
		12：00		21	22	36
		16：00		21	22	37
		20：00		21	22	32
		24：00		20	21	30
10 月 26 日	晴	4：00		20	21	33
		8：00		20.5	21	36
		12：00		21	22	35
		16：00		21	22	31
		20：00		21	22	34
		24：00		20	21	32

续表

日期	气候	时间	摘要	气温	室温	品温
10月27日	晴	4：00	出室	20	21	32
		8：00		20	22	30
		12：00		20	21	28
		16：00		20	21	24
		20：00				
		24：00				

4. 物理性状

（1）色泽　外表灰白色或灰色，中部为灰褐色，且带有红色。

（2）气味　有强烈的药材味及特有的香味。

（3）性状　为不整齐圆形块状物，直径3~4cm。

（4）重量　每个重量平均为25.50g。

5. 化学成分及生物检查

酒药的化学成分如表3-9所示。

表3-9　酒药的化学成分　单位:%

项目	含量
水分	12.92
淀粉	32.45
蛋白质	11.52
脂肪	3.12
粗纤维	21.04
灰分	12.73

酒药的生物检查结果如表3-10所示。

表3-10　酒药的生物检查

项目	结果
粉碎情况	褐黑色粗粉末
酸度/%	0.06
酵母数/($\times10^4$个/mL)	16.24
细菌数/($\times10^6$个/mL)	632.2
主要霉菌	毛霉、根霉

［轻工业部科学研究设计院、北京轻工业学院编著《黄酒酿造》，轻工业出版社，1960］

九、宁波白药制作方法

宁波白药是早糙米粉、辣蓼草粉、水和母药粉通过培养而成。

1. 工艺流程

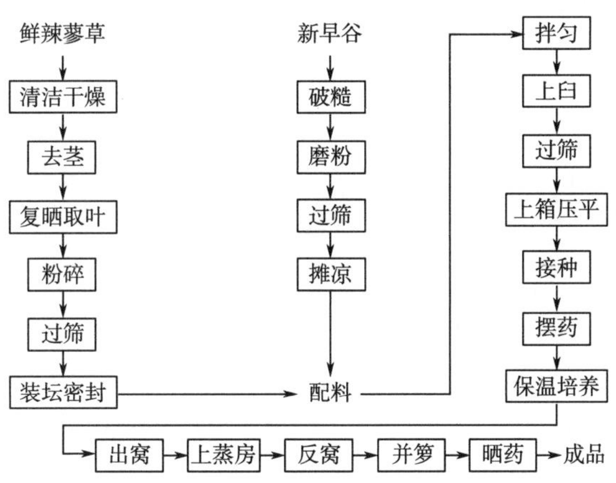

2. 原料的选择和制作

(1) 辣蓼草粉　要求在起伏期（农历小暑到大暑之间），选用梗红，叶厚而软又无黑点，无茸毛、要开花的小水辣蓼草（对叶有黑点的和尖叶白茸辣蓼草，其本身含有杂菌，故不能作白药用）。捡净杂草，去黄叶和根子，用水洗净，当天在烈日暴晒6h，立即去梗留叶，次日将叶在烈日下复晒，趁酥脆上臼桩碎，过筛装入专用坛内，密封，防止受潮变质。

(2) 早糙米粉　要求选用质地老熟无霉变的早籼谷。在白药生产的前一天，将稻谷去壳，磨成米粉，细度要每寸① 60目筛为佳，磨成米粉要摊开，以防发热变质，要轧一批、磨一批、生产一批，以确保质量。

(3) 水　最好采用梅雨季水（梅雨季采用清洁缸储存的水），或用色清味甜、无异味河水或溪水，凡浑浊异味的河水、溪水、自来水都不能使用。

(4) 母白药粉　选择香味好、质地疏松、无虫蛀，并在大生产中发酵正常、温度容易控制、生酸量少、产酒精高的酒药。

3. 生产前的准备

(1) 配料、切药、选料、培菌必须由有经验的技工负责。

(2) 搞好缸、缸盖等工具的消毒工作。

4. 操作方法

白药生产季节，一般以农历初秋季节为适宜（农历处暑前后）。

(1) 配料　早糙米粉为20kg、辣蓼草粉0.2kg（即0.6%~0.7%），均匀加水9~10kg，含水量为45%~50%，雨天可45%，充分拌匀、越匀越好。

(2) 上臼过筛　将已配好的药料，倒入石臼内舂捣，舂至成块（一般舂90~100次），用水捣散、搓碎，入白药箱内打药。

(3) 打药　每一臼药料，分三次装入打药箱内。打药箱长0.73m，宽0.5m，箱内放米粉约1.5L（未打实前），上复糠包或软席，用脚踏实（要求不要太实），踏实后去掉软席，用木杆压平，去箱壳，切成长宽约3cm大小的四方形颗粒，分次装入药篮内打匀、打圆、打滑，使四方形颗粒为圆角形，再

① 1寸=3.33cm。

倒入木桶，放入母粉 0.05kg（约 1%），来回摇动木桶，使白药坯表面沾满药母，随即倒入筛内，除去碎药，后入室培菌。

（4）摆药培菌　培菌分缸窝、地窝、寨窝三种，以缸窝为好。现以缸窝为例，先把空缸洗清洁、晒干，放置在白药生产车间，再在缸内放上砻糠，离缸口 0.5m 左右铺上稀薄稻芯，将接种好白药放入寨内，摆平，曲坯之间保持 0.5cm 空隙，摆满后，用 3 根竹棒搁起，然后盖好草盖，上覆盖麻袋 3 只（天热可减少）以保持缸内一定温度（32~35℃），约 14~16h，温度上升到 37~38℃，可以揭去麻袋；再经过 6~8h，缸内已有气水，可将缸盖揭开一些，培菌是否底面透匀完整，视菌丝浓厚情况而定，俗称白毛起。在培菌中有排花、双排花两种。辣蓼粉还能看见的称作单排花，证明药坯嫩，此时如果将缸盖揭开，第二排就出不来了，药坯发不透，成品坚硬，质量差，这是保证质量的关键。双排花出齐后，手拿不会黏手，要求发得老些，使药中心有菌丝，但要防止起泡出汗，此时可将缸盖揭开，调节缸内空气和温度，这样再过 3~4h 可全部出窠，使坯药冷到与室温相同（4~5h），然后撮药倒寨。

（5）撮药倒寨　将寨内草芯去掉，把缸内白药撮到寨内，一只空寨可盛坯药 4~5 寨，要求不可放得太厚，以防温度过高，撮时手势要轻，以防破裂，减少浪费。

（6）上蒸房　必须严格保温，最好有地板，四周装木架阻挡，每枝相隔 0.6m，分成四挡，酒药寨放在挡上，加青白稻草一小束，以吸收水和防止架挡水珠下滴，室温保持在 35~38℃，品温保持在 38~40℃，最高不超过 40℃；在气温 32~35℃时，约经过 8h 作一次反寨，同时上、中、下调位置，再经 7h 做二次反寨，再经过 7h 作三次反寨和调换位置。

（7）并箩　三次并寨后，经 4h 左右，可将药坯倒入箩内，但不要太满，中间制成凹形；如果温度高，箩中可放些稻草，以利通气，降低温度。箩内要单边搁起，不能平放，使箩内空气流通，并在早晚并箩一次，经过 24h 可出蒸房，随即移入室温 30~32℃的房间内，继续蒸发水分，继续繁殖 2d，使药坯内部菌丝繁殖完全，每天早晚再并箩各一次，这样自生产起 6d 即可以出曲晒药。

（8）晒药　不能在强烈的阳光下暴晒，一般不超过 40~45℃，晒药需 5~6d，晒到最后一天趁热进仓，此时要求水分在 14%~15%。

（9）成品入库　为了防止白药虫蛀变质，仓库必须清洁，通风干燥，入库前 3d，仓库要消毒，消毒后打开门，将每批生产的日期、班组、质量情况等做好记录，以便考察。

［轻工业部科学研究设计院、北京轻工业学院编著《黄酒酿造》，轻工业出版社，1960］

十、闽西白药制作方法

1. 制曲配方

辣蓼草（全草）187.5g，马鞭草（全草）125g，桃树鲜叶片 125g，麻黄适量，纯米粉 500g 或米粉 350g 加细米糠 150g 混合（要求过 40 目）。

2. 制曲操作

（1）将麻黄研粉，过 70 目筛，均匀拌入已干蒸 2h 的米粉中。

（2）将辣蓼草、马鞭草、桃树叶洗净，加水在锅中煎煮 2h 后得煎汁。

（3）成团块　将冷到 40℃的煎汁与米粉拌匀，似制馒头（米粉：煎汁为 2∶1.1）。

（4）将团块放入清洁的缸内，加盖，注意应通一点气，在室温 28~30℃，经 5~7d 培养（品温 25~35℃，最高不超过 35℃）后。掀盖观察，若团块长白色绒毛，并有特殊曲香，即用刀将团块切成块状，在阳光下晒 5~6d 即成曲。

［黄平主编《中国酒曲》，中国轻工业出版社，2000］

十一、绍兴白药制作方法

酒药分黑、白两种，白药材料较黑药简单，而对于米酒曲，能起发酵作用则一也。白药以辣蓼、早米粉为原料，黑药除辣蓼、米粉外，还要添加陈皮、花椒、甘草、苍术等药末。

白药制法：当盛夏时，采取未开花之野生辣蓼草，晒干去茎存叶，研成粉末。于11月间，再以鲜辣蓼浸出液，和早米粉拌匀，蓼末为米粉的1/7，蓼汁以粉能黏合为止。置榨脱中，踏实以曲刀切成寸许块状，用陈白药粉敷撒其上，(使曲类孢子繁殖在此)，于匾中转成圆形，置诸草席上，再以草及麻袋复之，并密闭房屋，1~2d后，药之皿围，如现白色菌丝及分子孢子，则袋等可撤去。药品诸蚕匾，匾搁架上，每天移换1~2次，使其所蒸热量上下相等，等天气晴朗，一次晒干，冬季研碎后用之。

［周清著《绍兴酒酿造之研究》，上海新学会社出版，1928］

十二、绍兴黑药制作方法

1957年秋季，绍兴柯桥酒厂为了恢复将近失传的黑药酿酒经验，特地聘请技师试制黑药，今将其试制的情况概如下：

(一) 制法1

1. 配料

取早熟籼米100kg、辣蓼草20kg、药渣头100kg（国药铺中各种药料的不成料碎屑的混合物），都分别磨成粉，另加下列磨碎国药，混合均匀备用：

杜仲	1. 5kg	良姜	3kg
桂皮	1. 5kg	草乌	3kg
洋草	1. 5kg	头刀	1. 5kg
土高本	2. 0kg	碎黄柏	2. 0kg
苏叶	2. 0kg	断甘草	2. 0kg
山艻	0. 125kg	草果	0. 125kg
大苗	0. 125kg	一支箭	0. 125kg
净甘松	0. 125kg	活面	2. 0kg
闹洋花	0. 135kg	石膏	7. 0kg

2. 蓼汁的浸出

另取干辣蓼草80kg，整株放入水锅中加热煎熬。过一段时的加热后，辣蓼草节间部脱开了，至此程度，便表示煎熬完毕。此时即从大铁锅中取出辣蓼草渣。煎汁必须有300kg左右。维持沸腾状态，供酒药成型时调制用。因为所用药料很多，如果水不沸，便不易使药块黏结成团。

3. 成型

将以上充分拌匀后的米粉、辣蓼草末、国药末等混合物分成每批15kg左右，约加沸腾蓼汁10L，拌和后，放在石臼中，用木棒舂成黏块，务使无生粉为度。然后放入无底小木框中，打实，切成2. 5cm^3的小块，移入篾编的竹篮中滚成圆角，撒入宁波白药粉末160~170g，只需稍回转，便可黏附在酒药的表面。上述全部配料，约用白药粉5kg做种母。

4. 保温

保温室为楼房，当成型酒药送入保温室后，门窗便紧闭。楼面地板上平铺10~15cm厚的一层洁净稻草，将成型的药块一个个紧靠在一起，平铺在稻草上，但不能堆叠成层；当排列太疏松时，温度上升太慢，然后在上层覆盖同样厚度的一层稻草保温。其品温变化情况见表 3-11。

表 3-11　黑药制造时的品温变化情况　单位：℃

日序	工作摘要	室温	品温
1	放入保温箱	18	22
2	外表已被白色菌丝包围	15	18
3		26	22
4	撤除一半覆盖保温稻草	23	30
5		18	26
6	撤除全部稻草	18	22
7	出药	—	—

上述操作经过 7d 后即可取出，放在阳光中曝晒 4d。据老年技工说：当年黑药的药味太重，必须陈放一年以后才能使用，甚至可以陈放 5~6 年尚无虫蛀、性能衰退等情况发生。

（二）制法 2

另据酿造研究，介绍黑药制造方法的报道中，操作及配料与上法又有出入，今将其制造方法介绍如下：

1. 原料

粳米磨成粗粉，使用量每次约 10kg，小麦麸 1.25kg，药料量如下：

杜仲	75.0g	麻黄	52.5g
川芎	34.0g	苍术	24.0g
肉桂	16.0g	甘草	35.0g
陈皮	55.0g	花椒	18.0g
草乌	34.0g	小茴	18.0g
大茴	35.0g	巴豆	70.0g
生姜	120.0g	升麻	72.7g

以上配合的国药，经日曝干，磨成粉末，以备使用。

2. 药料浸出液的制备

用上述配合的药料，取其中的 1/4（约 150g）于布袋中，扎紧口袋，浸于 5L 水中，煮沸 3~5h，即得药料浸出液。另用赤豆 40~50g，加水少量，久煮，滤出其汁，和入药料浸出液中，以备使用。

3. 原料混合与制造工作

将下列原料混合于一缸内：

粳米粉	10kg
小麦麸	1.25kg
药料粉	0.23kg

上物料充分混合后，即分数次加入药料浸出液中，一面加入，一面拌和，拌和均匀后，将其移于木板上，以手压成扁饼状，厚约 3cm 许，用刀纵横切割成正方形小块，置于盛有药料粉的中旋转，使稍成圆形，表面黏附着少许药粉。酒药制成圆粒后，乃排列于草席上面，用麻袋、稻草等被盖保温，密闭房屋窗户，不使外界冷空气使入，保持室温 25~30℃。1 或 2d 后，黑药品温上升，四周皆出现白色菌丝。至第 3 天，黑药品温高，约达 40℃，则麻袋可以撤去，将酒药置于匾上，匾搁架上，每日移换一或二次，使品温上下相同。8~9d 后，待天气晴朗，一次晒干。冬季研成粉末就可使用了。

［轻工业部科学研究设计院、北京轻工业学院编著《黄酒酿造》，轻工业出版社，1960］

十三、四川无药糠曲制作方法

1. 工艺流程

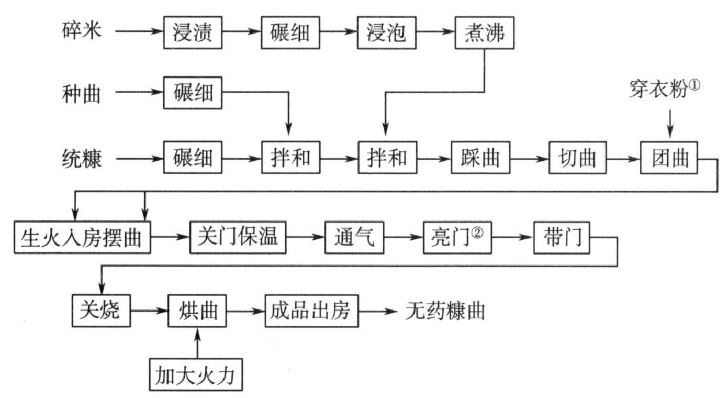

注：①穿衣粉：用来撒布在曲表面的种曲和米粉的混合细粉。
②亮门：即打开汗房房门的意思。

制曲要点："二准""一匀""三不可"是制曲要点，是保证曲子质量的关键，有特别提出的必要。

①二准：一是水分准，一是温度准。水分（温度）与温度恰当地结合，有利于益菌繁殖健壮，并抑制杂菌滋生。否则水分过少，容易产生干皮，不出针（不长菌丝），不穿衣（菌丝繁殖不旺）的弊病。水分过多，又易产生发汗（长出菌丝后，曲皮突然发汗，因而菌丝隐没不见，故又称作"坐针"）、发法（在亮门期中或亮门后曲子应收汗，并黏手）、酸败等危害。益菌对于温度的适应各不相同，因而应尽可能在不同阶段中给予各自需要的适温，从而使曲子的糖化力和发酵力均能达到较高的要求。

②一匀：是拌和均匀，即合匀种曲和水分。接种的种子要分布均匀，才能使每个曲子中的微生物在一定时间内生长的数量、速度等基本一致，以利于汗房管理。碎米粉经煮沸后已大部分吸水膨胀和糊化，扩大了吸水能力。反之，没有直接接触开水或接触时间较短的就吸水较少。所以，全盒曲料的吸水量是不均匀的，必须充分搅拌，使吸水均匀。否则，曲料就会发生过干或者过湿的弊病，而影响曲子质量。

③三不可：一是不可用馊酸原料，二是不可用粗糠粉，三是不可在起烧（带门后曲子逐步升温叫"起烧"）前后窝潮。使用馊酸原料后，在大量杂菌或其他代谢产物的危害下，严重妨碍益菌生长，因而造成废品。用粗糠必须用过多的水分，但水分过多，适于杂菌滋生，容易腐败，或因皮张粗糙现干，微生物生长不良，影响曲子质量。在起烧前后，曲子外层的菌类已基本上停止繁殖，不再需要水分，而曲心水分却又不断地向外蒸发，若不及时排除，将使曲与曲之间生长长毛，产生霉臭味。

2. 原料

（1）统糠

①外观：以新鲜、干燥、疏散、无油臭、霉臭和酸败现象为合格。

②淀粉价：20%以上（指碾磨后的细糠粉）。

③水分：100%以下。

制曲原料以砻糠最好。砻糠是从稻谷加工成米时去除粗糠的二细糠，又叫毛糠。这种糠既含有适量的淀粉，又无过多带角质的稻皮及富有蛋白质的米皮，是根霉与酵母，特别是根霉最好的培养基。其次是统糠，统糠是以稻谷一次加工成米的糠，其中所含谷皮及米皮虽然比砻糠多，但只要充分碾细，也是很好的制曲原料。米皮糠的黏性大，不疏松，含蛋白质多；升温猛，含解脂酶，容易酸败，故不适于制曲。现在粮食加工厂所产的糠，大部分是统糠，故操作原料，以统糠为主。

（2）碎米

①外观：以新鲜、干燥者为合格。

②淀粉：70%左右。

③水分：12%左右。

在统糠中配入碎米，以增加曲胚里的养料和黏合力。但不一定要碎米，凡含有淀粉的薯类及野生植物均可。

（3）种曲　种曲用邛崃米曲。邛崃米曲分两种，一种是每个重约 7g 的立方形，一种是每个重约 160g 的马蹄形。前者较后者优。也可用无药糠曲接种，以连续二、三代为限。否则，曲子的糖化力、发酵力均逐渐减退。

（4）水　生水的感官指标，以无色、透明、无臭味、无悬浮物、略带甜味为合格。沸水以无臭气和无沉淀为合格。酸碱值以略带酸性或中性为优。

3. 操作方法

（1）配料　如表 3-12 所示。

表 3-12　配料表　　单位:%

原料				开水
统糠	碎米	种曲	合计	
92~87	5~10	3	100	64~74

（2）碾料　统糠碾到用手指捻起绒软不起沙粒为标准。先将糠内的大粗糠筛过再碾，可以提高碾碎效率与糠粉质量。种曲下在最后一碾的统糠内碾细碾匀。每天碾完统糠后，再碾碎米。碾碎米前 1.5~2h，在碎米内浇清洁冷水 20%~25%，碾好的碎米粉，应及时交车间摊开晾潮。夏天米粉容易变馊，最好改为干碾或干磨。

（3）制胚

①煮米粉：按每盒曲料所需水量，并多加 3%的蒸发量倒入锅内。快要沸腾时，用少许冷水将 5%米粉泡湿（每 100kg 曲料煮 5kg，如必须多加，只能加在干粉内，否则煮时因米粉过多浓稠，拌和不匀）。待沸腾后将湿米粉倾入锅内搅转，煮沸即用，不可久煮，泡米粉的水应计入总用水量中。

②合料：先在搅料场上将糠粉、米粉和种曲用木锨搅和均匀，再过秤装入盒内，称足后，一面加水，一面搅和，要和得快、和得散、和得匀，纵横和 3~4 道。要求和好的曲料不出现干粉或溏心蛋，并细致地检查水分含量。检查水分的感官指标是：用手紧握原料，从指间鼓出水珠 1~2 滴为合适。对摆在顶、中、脚楼曲子的用水量应依次递减 1%~2%，摆在温度较高的灶膛、火道或火堆周围的曲子水分宜偏高，摆在温度较低的边角处的水分宜偏低。入房毕，取中楼正中样品化验，水分应为 45%~48%。

③踩曲、切曲、团曲：踩曲需 2 人，同踩一箱，要求踩快、踩紧、踩平，踩后用曲刀按紧，用木枋赶紧、打平。切曲要切断，切正、切匀。团曲以团去棱角和团光为准。团曲的簸箕悬于屋梁，1 人用手一按一推，一提一拉地顺势团簸，每次约团 60~70 转。亦可以由 3 人提起簸箕团，提起簸箕团的直径可加大为 1.45m，并用 3 根长 35cm、直径 3cm 的竹棍或木棒系于簸箕内边做提手。簸箕的木架高 47cm，在团曲中途每百千克干料撒用穿衣粉 0.6kg。穿衣粉是用 0.3kg 的种曲粉（在 3%的种曲内留用）和 0.3kg 的碎米粉合成的，要求撒开撒匀。团好的曲随即入房，以保持水分和品温。当天拌好的曲料必须做完，不能剩到第 2d 继续使用。

④生火：曲子入房时的室温，保持在 22℃左右。除夏季外，应在曲子入房前生火保温。如用炉灶，只将灶门关闭或另加生炉即得很快升温，如用稻壳火，则用约 50~70kg 的稻壳在过道两端靠墙边处分成两个踩紧，在堆顶加火种，用稻壳灰把全部稻壳和火种盖严，避免冒烟，需要大火时拨灰，需

要小火时盖灰。

⑤摆曲：摆曲次序由上而下，由边角而中心，曲与曲之间稍留间隔，不得靠拢。除夏季外，摆曲时均须关闭门窗，以免影响室温、湿度和曲子水分。摆完后紧闭门窗保温、保湿。

⑥汗房管理：培菌管理情况详见表 3-13。培菌温度变化如图 3-2。

表 3-13　　无药糠曲培菌管理

时间/h	0	2	4	6	8	10	12	14	16	18	20	22	23	24
品温/℃	22~25			25	26	27	28	29	30	31	33	35	33~37	37~38
室温/℃	22~25			26	27	28	29	30	31	32	34	36	37~38	38~39
干湿球温差/℃	2	2	4			1.5								
感官						甜香	出针	针齐	浅白			甜浓香	全跑白	
时间/h	25	30	35	40	42	44	46	48	52	56	60	70	80	90~96
品温/℃	30	28~29	28~29	29~30	32	33	34	35	36~38	36~38	36~38	38~40	38~40	40 以上
室温/℃				30	31~32	32~33	31~34	35	36~38	36~38	36~38	35 以上	38~40	40 以上
干湿球温差/℃	3.5				2.5	2				2.5	3		4	5
感官	甜浓香				清香			起烧	清香			清香		

注：(1) 严格检查与防止灶膛、火道或火堆漏烟。
(2) 排潮系敞开门窗 3~5min，以排除过多的潮气。如在起烧前后曲子黏手，立即加大火力，增加排潮次数。
(3) 起烧时间的曲子，以不超过 34℃ 的室温，而自然繁殖起烧（升温）的为最好。
(4) 品温以测量中楼中间的曲心为标准。室温、干湿球温差以悬于中楼中间的温度计、干湿球计为标准。
(5) 温差范围在 10℃ 以内。
(6) 成品率为原料的 82% 以下。

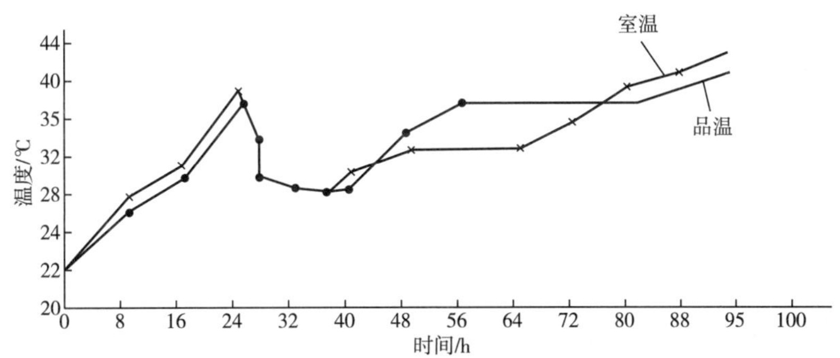

图 3-2　无药糠曲培菌温度变化曲线

4. 成品曲

（1）成曲质量鉴定　对感官鉴定要求达到气味清香、皮张醒板（菌丝均匀、致密而现筛眼）、曲质泡气（曲子内部形成许多空隙）、色白（白中带灰）光润、菌丝过心等五个指标。对试箱（培菌箱）鉴定达到甜、香、杀心（菌丝透过粮粒中心）、清糊（由糊精水解为糖液）、泡气（培菌基泡如面色，手按有弹性）等五个指标。达不到上述指标的作为次品，应作为废品处理，不得用于酿酒生产。

（2）成曲水分　成品的水分规定 9%~10%。感官指标以曲心干透，拎起成粉为指标。

（3）成品贮藏　成曲贮藏于干燥通风的库房，库房内的相对湿度不超过 75%。

［《无药糠曲制造》，轻工业出版社，1960］

十四、邛崃米曲制作方法

四川邛崃米曲的特征有三：第一，用生米粉做培养基；第二，加入了许多的中草药；第三，加入种曲。现将制造邛崃米曲的过程叙述如下：

1. 工艺流程

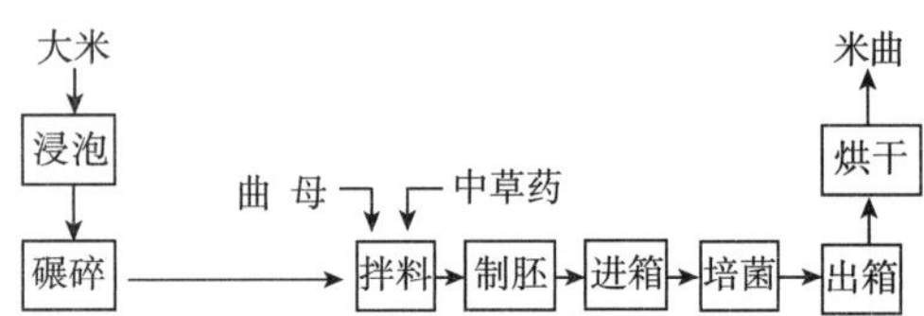

2. 原料

每一箱米曲，所用原料及其质量要求：

（1）大米　新鲜的大米 80kg，如受潮发霉的陈米不能使用。

（2）中草药　烘干、碾细的中草药粉共 2.75kg（见说明①）。

（3）曲母　碾细的曲母 0.25kg。

（4）水　使用清洁的泉水或河水。

3. 操作方法

（1）浸泡　用箩装 80kg 大米，在水中浸泡 20~30min，检查米粒发现有裂痕（冬天三段，夏天两段）时，用清水冲洗，并滴干水分，即可下碾。

（2）碾碎　浸泡后的大米，放入水碾槽中碾碎。在碾至米粉中还保留有少数的颗粒时，加入曲母粉 0.25kg，中草药粉 2.75kg。继续碾至使原料混合均匀。

（3）拌料　将碾后米粉全部倒入干净的木盆内，加清洁水约 18kg，拌和均匀。

（4）制坯　将拌好的坯料，用刀切成长条，搓成直径约为 9cm 的长条，然后做成厚约 3.5cm 的饼状曲坯。

（5）进箱　进箱前，先将箱底下铺一层干净稻草，稻草上铺一层篾席，席上再均匀地撒布一层 3cm 的短节稻草，将做好的曲坯逐行均匀地放入保温箱内（见说明②）。

（6）培菌　曲坯进箱后，应根据不同气候，采取加盖草垫、竹席，并用在箱底加木炭火的办法来调节和控制曲坯的培菌温度，一般在 28~30℃，最高不超过 38℃，以有利于曲坯中有益类微生物的繁殖。当曲坯心部菌丝布满后，即可出箱。

（7）出箱烘干　将全部曲从箱内取出，放在箩筐内，然后放入烘烤灶内（见说明③），盖上稻草，用木炭火在温度 40~50℃，最高不超过 60℃的情况下，烘烤约 24h，翻动一次（即将上部的曲取出调换到下部）。再烘烤 24h，待水分降至 10%左右，即可包装使用。

4. 制曲培菌期间的管理

（1）在热天曲坯入箱后，最初应该晾坯（即不加盖竹席、草席），以免升温过猛。但在晾坯达一定的时间后，就应根据箱上升温情况，采用加盖竹席、草帘的办法来保温（一般室温按照理想的速度上升）。冷天还应随箱温度变化，生火来保持温度，一般生火的时间如下：

箱温 10℃	提前 0.5~1h 生火
箱温 10~15℃	进箱完了就生火
箱温 16~17℃	进箱后 1~2h 生火
箱温 18~19℃	进箱后 3~4h 生火

箱温 20～21℃　　进箱后 5～6h 生火

箱温 21～22℃　　进箱后 6～8h 生火

箱温 23～24℃　　进箱后 10～12h 生火

箱温 25～26℃　　进箱后 14～16h 生火

箱温 28℃以上　　可以不生火

（2）曲坯进箱后，每 4h 应去检查温度一次。一般品温上升情况如表 3-14 所示。

表 3-14　　**品温上升情况**

时间/h	品温/℃	备注
0	22	进箱，加盖竹席、草席
8	26	
16	33	
20	35.5	
24	37.5	翻箱，翻箱后待品温降至 28℃盖席
28	30	
32	30.5	
36	33	
40	38	
44	30	揭烧，使温度降至 28℃左右又盖席
48～92	28～30	自揭烧以后，即用生气、压火、盖席、揭席等方法，控制品温在 28～30℃，一直升到曲坯心部菌丝布满，即可出箱

（3）生火方法　在箱底下可安设木炭保温炉，一般室温在 15℃以下，可以升炉一个，在保温炉上空应盖以铁皮或大的碎缸片，以防火力直接上升。

（4）软坯和生皮　一般曲坯进箱，倘温度控制得好，在 14h 左右，水分增大，曲坯发黏，这种现象曲工称作“软坯”。在软坯后 3～4h 左右，曲坯表面菌丝聚集成膜，称作“生皮”。

（5）翻箱　进箱后 24～26h，品温达 37～38℃，即可翻箱。方法：先揭去箱上的草垫、竹席，取去木箱的框子，然后从一端将曲坯拣去四、五行。卷起这部分竹席，将原先放在竹席内的曲坯，移放到去席的草垫上，同时应进行调换位置，即将原来在箱边的曲移至箱的中部，原在中部的曲移至箱边。待品温下降至 32℃左右，加箱盖、草席、竹席。必要时可以升火，务必使品温不低于 30℃。

（6）发泡　翻箱后 14～16h，曲坯中的水分挥发，内部空隙变大，体积虽然不变，但重量减轻，这种现象称作“发泡”。

（7）揭烧　当曲坯全部发泡以后，此时品温已升高到 38℃，应该将箱上所盖草帘全部揭去，以使品温下降，这便称作“揭烧”。揭烧后待品温降到 28～30℃，又可加盖草帘保持温度。以后仍采用盖、揭草帘的办法，控制适宜于霉菌培养的温度，一直等到霉菌菌丝繁殖过心、曲的绒毛全部为白色、表皮发皱、闻时有一股清香气、尝的时候有甜味，就可以出箱了。

5. 说明

①根据四川邛崃制曲的配方，所加中草药共 27 味：

神曲	2000g	均姜	250g	麦芽	1000g	苓皮	625g
枳壳	625g	班毛	250g	白芷	875g	丹皮	500g
香附	250g	白附子	375g	大香	375g	山柰	375g
小香	625g	草叩	250g	附片	563g	白芍	750g
卜挂	500g	排草	125g	灵草	125g	北辛	750g

甘松	625g	小人	875g	羌活	625g	甲皮	750g
香本	625g	良姜	563g	建苓	500g	川芎	750g
条芍	500g	草乌	500g	蓖麻	875g	榔根	375g
台乌	875g	坝归	625g	生地	500g	薄荷	1125g
茵陈	750g	芽皂	750g	粉可	1000g	勾片	625g
通片	625g	土皮	1000g	川乌	1750g	南星	1000g
双球	1000g	大黄	500g	木香	563g	桂枝	625g
甘草	625g	官桂	1125g	黄柏	875g	杜仲	375g
独活	1000g	石一	250g	砂头	375g	公丁	250g
广香	250g	胡椒	250g	枝子	938g	丑牛	875g
中茂	875g	麻黄	2000g	南滕	1000g	灵仙	1000g
桑皮	1000g	前胡	750g	柴胡	750g	荆芥	750g
香加	563g	紫苏	1250g	荆芥子	250g	巴豆	875g

合计=50815g

②保温箱：保温箱分上、下两部分，下面为箱座，是用火砖砌成的。箱座上面厚约115mm，它的内部由上至下逐渐加厚，形成斜面。座上放有竹篦，篦上加稻草，稻草上放有竹席。座前开有火门一个，木炭火炉放在座内两旁空处，以作保温之用。上部为木箱，放在竹席上。

③烘烤灶：烘烤灶也分为上、下两部分，上部为盛曲箱，下部为火堂，中间放置木炭火加热。

［黄平主编《中国酒曲》，中国轻工业出版社，2000］

十五、河南甜酒曲制作方法

酒药有黑、白两种，其制法简单。民间自酿黄酒都用白酒药，用米粉和辣蓼草为原料，而黑药除米粉和辣蓼草外，还添加少量陈皮花椒、甘草和苍术等中药粉，故色泽呈黑色，作用比较缓和，适合在气温较高的季节酿酒。黑药发酒不如白药强。辣蓼草土名为水蓼，长叶，是一年生的草本野生植物，多生在河、湖水洼处，采收时，一般在盛夏末开花时，将其采收晒干，去茎留叶，干叶研成细粉备用。米粉最好用新收获的粳米，用粉碎机粉碎。干辣蓼草粉：米粉为1∶9。

操作方法：

①先将配比好的原料拌匀，再加少量清水迅速拌匀，加水量以米的黏合为宜，切忌过湿。

②拌好的坯料放入木框内压实，然后用刀切成3cm大小的小块制成药坯。

③取陈酒药粉末均匀地撒在药坯上拌好。

④取大缸一口，底铺稻草及麦糠，上放竹匾一个，将带陈酒药粉末的药坯平放在竹匾上，一层酒药坯，一层干净的麦草，防止酒药坯重黏连，缸上面盖一个竹缸盖，加盖麻袋保温。

⑤经24h，酒药坯品温升到36~38℃，表面可见白色菌丝，并有曲香，此时即可揭开麻袋，略开缸盖，供给新鲜空气，0.5h后把缸盖拿开，使其自然通气降温。

⑥随着药坛温度下降，菌丝倒状，过3~4h，可将酒药连同竹匾一起移出缸外。

⑦将药坯移入密闭房间内，使温度再次上升到38~40℃，然后将酒药坯用另一个竹匾翻换，使菌繁殖均匀，一天翻换2~3次。

⑧在温室中换匾发酵3~4d后即可晒曲。成曲需6d时间。

［黄平主编《中国酒曲》，中国轻工业出版社，2000］

十六、湖南观音土曲制作方法

湖南观音土曲又称常山神曲或常山土曲。生产规模较小，5 家曲房日产土曲约 1600kg，主要供应湘、鄂民间作坊生产小曲白酒。其原料及制法具有地方特点，现简述如下，供参考。

1. 曲房及用具

（1）曲房　为土木结构的平房。其长、宽、高分别为 55.5m，3~3.5m，2.5~3m。房顶有木楼脚。楼脚置以少量瓦板，上铺竹席，再盖以厚度约 1.2m 的稻壳，以利于保温和吸收并挥发水分而调节房内的湿度。曲房安装有门窗，但不设天窗。

（2）用具　日产 300kg 曲所需用具如下：

①箱架即曲箱或称箱窝，其长、宽、高分别为 2~2.2m，1.5m，0.15m。

②竹片共 50 片，每片长 4.2m，宽 1.4m。

③木架共 6 个，每个长 6m，宽 1.5m。

④配料盆 1 个，其直径为 1.5m，高 0.7m。

⑤干粉碎机 1 台，型号为 QF-44A。

⑥磨粉机 1 台，型号为 QF2-15。

⑦钢筛 1 个，长 4m，宽 1.5m。

⑧碾槽 1 个。

2. 制种曲

（1）准备　制曲前，须将曲房打扫干净并灭菌，再生火保温。要求房内无明火、无烟、无不良气味。

（2）制坯　取 10kg 大米，用井水淘洗后，再用水浸泡 12h，然后用磨粉机磨成细粉。再用布袋装上草灰，将其中多余的水吸干，并拌入少量的苍术、肉桂、公丁香、母丁香、附子、甘草等中草药粉末，加水和匀，制成曲坯。

（3）培曲　培曲过程同土曲，周期 7d。种曲出房时呈金黄色，有丝纹，具有曲香味。经晒干后置于通风的库房内，备用。

3. 制土曲

（1）原料

①大米：为当年收获的早稻米。

②观音土：在培菌过程中起保菌降温作用。

③油糠：要求无杂质、无霉烂、不潮湿。

（2）制坯　按大米 20kg，观音土 300kg，油糠 50kg，种曲 10kg 的比例，将物料置于配料盆内，拌匀后再加入水拌和均匀，手工制成直径 5cm 的球状曲坯。要求其表面光滑、提浆。

（3）入箱培养　将上述曲坯排放在垫有稻壳的曲箱内，盖上竹席和麻袋保温，起始室温为 20~25℃。在 5~6h 之内，室温升至约 30℃，促使曲中微生物开始繁殖，并使曲房内呈现轻微的曲香，培养 10~12h，曲也开始升温，俗称“来温”。这时能闻到更香的曲香味，其曲表面布满水分，俗称“上汗”。自入箱后 22~23h，品温升至 32~33℃，以比室温高 1~2℃ 为宜。这时的曲具有较好的甜酸味，即可将其捡至竹片上。通常开箱时机依天气变化和室内及箱内的温度而定。

（4）竹片上降温　待品温降至 20~25℃时，再将曲从竹片上移至木架上培养。

（5）在木架上培养　应将室温调整为 30~31℃，以保证曲在移至木架的第二天即能正常升温。这时第一架的曲开始长出一层薄薄的白色菌皮，俗称“生皮”。第二、三架的曲开始生长绿霉菌，第四、五架的曲上霉菌已充分生长，俗称“生衣”。此时的微生物生长旺盛，品温应控制为 34~36℃。为避免品温过高，可进行翻曲，并更换曲的上下位置。第六架为“养菌”，可看出曲的表面质量，通常以霉的厚度不超过0.05cm、皮的厚度不超过0.01cm为宜。各架上的曲温不同。

在培菌过程中，品温不能过高或过低。若室温过高，则曲会过早开裂，使有益微生物不能充分繁殖；若室温过低，则曲会出现水毛，霉菌生长不正常，会出现红心、黑心等现象。在培养后期，室温应控制为32℃左右，使曲中多余的水分得以充分挥发，并使曲中的菌及时老熟。

（6）出房、贮曲　自曲坏入房至出房，只经7d。出房后的曲，应立即晒干，并存放于通风的曲库内15~20d。若曲库条件不好而使曲“反烧”，则用这种曲酿制的酒品质不良。

（7）成曲指标

①感官指标霉外表呈绿色，皮为白色，无黑心、红心现象，质地泡松，具有较好的曲香味。

②理化指标水分8%~9%，酸度0.6~0.8，糖化力220~500mg葡萄糖/(g·h)。

［谢邦祥编著《农家小曲酒酿造实用技术》，金盾出版社，2011］

十七、观音土曲制作方法

1. 工艺流程

米粉→、种曲→（加入拌料）

米糠→拌料→加水→制坯→入箱培菌→开箱→单烧→二烧→三烧→四烧→五烧→烘干→成曲

2. 原料

（1）观音土　晒成半干，以减少粉碎时灰尘飞扬。粉碎后过1.2~1.5mm细筛，除去粗粒及杂质。

（2）米粉　应用早稻谷加工粉碎，用1~1.5mm细筛过筛。

（3）米糠　用新鲜、无霉变的早谷皮糠加工而成，过1~1.5mm细筛。

（4）种曲　挑选优良种曲，最好用人工碾细，过1~1.5mm细筛，现碾现用。

（5）水　应用饮用自来水，冬天将其加热到40~45℃时拌料，以利于增加曲坯品温。

3. 工具准备

工具：料盆（直径1.2m、深50cm）、簸箕、盖垫、箩筐等应清洗干净。

辅料处理：箱底用糠壳经过筛后清蒸，糠壳应新鲜无霉变。

4. 操作方法

（1）小曲制作　曲房应坐北朝南，墙脚应有通风窗，天花板应有天窗。天花板用大竹垫或其他易透气又防潮的竹木等原料制成。大竹垫上再铺30cm左右的谷壳。曲房装有控温仪，温度控制在25~28℃，调整湿度在90%左右。

（2）原料配比（表3-15）

表3-15　不同季节原料配比　单位：%

季节	观音土	糠	米粉	种曲	水
春季	35	16	4	1.2	22
夏季	40	16	16	1.2	24

（3）拌料制坯　先将米糠、米粉倒入拌料盆中充分混匀，加种曲，拌匀，再将观音土倒入拌匀，加水再拌，直至曲料拌匀。手捏成曲球，大小因季节而不同，冬天曲球稍大，直径6~7cm，春季5.5~

6.5cm，夏季5~6cm，秋天5.5cm，曲球大小一致，松紧适宜。

（4）入箱培菌　在干燥清洁的箱垫上，撒一层经过筛、清蒸灭菌后的谷壳，厚度约1cm，将曲球依次排列于箱垫谷壳上，每箱选2个曲球插上温度计，盖好竹垫子，调节曲房室温25~28℃，湿度90%，关好房门及缓冲间的门。

（5）培菌　曲坯入箱后3~4h，微生物开始生长，可听到如蚕咬桑叶的声音，8h后最强。历时14h，品温达28℃，开始有菌丝生长。品温达31~34℃，打开箱盖垫子，此时曲香浓郁，手摸曲坯不黏不滑，即可开箱。

（6）单烧　培菌的第一天。开箱后箱内温度降到室温，即可拣箱。拣好一折后，依次放在曲架上面两层。待品温逐渐上升到32℃曲面随菌丝生成白霜状。单烧培菌一般历时22h。

（7）二烧、三烧、四烧

①二烧：又称夹烧，为培菌第二天。将单烧的曲球2个竹折相叠放入第三层曲架。二烧过程中，曲表面开始出现酵母菌菌丝体突起菌落状，品温上升到31℃左右，曲表白霜增厚。二烧历时24h。

②三烧：将二烧曲球翻动，使各曲球长势均匀。在同一折子的曲球，应将受风曲翻到背风处，向火曲翻至背火处，背火处翻至近火处。拣好后，近火的折子移动换方向后移至远火的曲架。相反，远火的折子经翻曲换面后移至近火曲架，且将二烧的折子3个一叠放入第四层曲架，二烧的中上折翻至三烧的中折或下折，二烧的下折变为三烧的上折或中折继续培菌。三烧历时24h。此时，曲球表面出现不同颜色和不同层次的孢子，有白色、淡黄色、嫩绿色、蓝绿色。

③四烧：也是根据曲球生长情况，对同一折子的前后内外翻动，同一架子的上下翻动，同一曲房中不同曲架的内外翻动。远火近火相互交换位置翻动，放入曲架子的第五层。四烧过程水分损失较大，温度上升也较高。一般可达35~37℃，中间高达40℃以上。到四烧为止，曲球表面多为绿色孢子灰盖满，曲球表面开始出现细小裂缝，曲球开裂。四烧历时24h。

（8）五烧　进入五烧即进入成熟期。此时将四烧曲球略为散开，曲球之间间隙比四烧大，以利透气散热散水，将四烧土曲五折一迭放入曲架最底层，均移到近火曲架上，近火曲架更有利曲球排潮干燥。五烧历时24h。此时，曲球表面已出现较深的不规则裂纹，扳开曲球闻，有近似熟豆腐渣的酒香。

（9）烘干　将五烧土曲倒入箩筐中，抬入烘房干燥，烘房温度35~40℃。经常翻动，使水分挥发。成品曲呈灰嫩绿色及墨绿色，裂口自然，截面颜色一致，曲香浓郁，落地时跌碎能显示良好泡度。成品曲最佳使用期15~100d。

［黄平主编《中国酒曲》，中国轻工业出版社，2000］

十八、董酒小曲制作方法

生产董酒所用的曲，过去一直认为分小曲和大曲两种，但实际上董酒大曲的大小也仅为11cm见方，远小于被称为小曲的广东酒饼曲的长度和宽度。因此，区分某些曲是大曲或小曲，不能单以其长度和宽度或直径为准。例如，小曲类的桂林酒曲丸的直径为2cm，四川无药糠曲的直径为4cm，邛崃小曲饼的直径为8~9cm，广东酒饼曲的大小为20cm×20cm×3cm。砖状大曲类的茅台大曲大小为37cm×23cm×6.5cm，泸州大曲为34cm×20cm×5cm，汾酒大曲为27.5cm×16cm×5.5cm，西凤大曲为28cm×18cm×6cm。何况所谓的小曲、中曲（一般不提）或大曲，也没有明确的尺寸界限。所以，如前所述，在区分小曲和大曲时，要比较其总的体积（尤其要注意其厚度），也要考虑培养的品温、时间及相应的原料等因素，其中最高品温可以40℃为界限。从这个意义上考察，董酒大曲的体积虽然比上述其他砖状大曲小得多，但还是名副其实的大曲。

1. 制坯

（1）原料粉碎将制大曲的小麦和制小曲的大米先用粉碎机粉碎后，再用磨盘磨成细粉。要求米粉越细越好，而小麦粉则比较粗。

（2）中药材粉碎制小曲用的 95 味中药材和制大曲用的 40 味中药材，如表 3-16、表 3-17 所示。将其分别按比例配好后粉碎，备用。

表 3-16　　制小曲用的 208.5kg 中药材的组成　　单位：kg

药名	用量	药名	用量	药名	用量
姜壳	2.5	粉葛	3.0	丹皮	2.0
白术	1.5	升麻	3.0	大黄	3.0
苍术	2.5	白芷	3.0	黄芩	3.0
远志	2.0	麻黄	3.0	知母	2.5
天冬	2.5	荆芥	3.0	防己	2.0
桔梗	1.5	柴苿	3.0	泽泻	1.5
半夏	1.5	小荷	2.5	草乌	2.0
南星	1.5	木贼	2.5	蛇条子	1.5
大具	2.0	黄精	2.5	黑故纸	2.5
花粉	2.5	玄参	2.5	香薷	2.5
独活	2.5	益智	1.5	准通	2.5
羌活	2.0	白芍	2.5	香附	2.5
防风	2.5	生地	2.0	瞿夏	2.0
蒿本	2.5	红花	1.5	大茴香	2.5
小茴香	2.5	藿香	2.0	甘松	2.5
良姜	2.0	山柰	2.5	前仁	1.5
茯苓	2.5	黄柏	3.0	桂枝	2.5
生膝	2.5	柴胡	3.0	前胡	3.0
大腹皮	2.5	五加皮	2.5	枳实	1.5
青皮	2.5	肉桂	2.5	官桂	2.5
斑蝥	1.0	石膏	1.0	菊花	2.0
蝉蜕	1.5	大枣	2.0	杜仲	2.0
猪苓	2.0	茵陈	2.0	蜈蚣	500 条
厚朴	2.5	牙皂	3.0	泡参	2.5
木瓜	2.5	桂子	2.5	马蔺子	1.5
绿蚕	1.0	然铜	1.0	栀子	2.5
甘草	2.5	雷丸	1.5	陈皮	2.5
枸杞	2.0	吴萸	2.0	百合	2.5
化红	2.0	川椒	2.0	白芥子	1.5
山楂	2.5	红娘	1.5	马鞭草	2.5
穿甲	2.0	干姜	2.5	川乌	2.0
神曲	2.5	大鳖子	1.5		

表 3-17 制大曲用的 400kg 中药材的组成 单位：kg

药名	用量	药名	用量	药名	用量
黄芪	10	砂仁	10	波和	10
龟胶	10	鹿胶	10	虎胶	10
益智仁	10	枣仁	10	志肉	10
元肉	10	百合	10	北辛	10
山柰	10	甘松	10	柴胡	10
白芍	10	川芎	10	当归	10
生地	10	熟地	10	防风	10
贝母	10	广香	10	贡术	10
虫草	10	红花	10	枸杞	10
丹皮	10	杜仲	10	黑故纸	10
麻黄	10	大茴香	10	小茴香	10
丹砂	10	桂枝	10	安桂	10
尖具	10	茯神	10	荜拨	10

（3）拌料　将小麦粉和米粉各加 5%的中草药粉后，再分别接种大曲粉 2%和小曲粉 1%，并添加原料量为 50%~55%的洁净水，用搅拌机充分拌和均匀。

（4）成型　将上述拌好的物料置于板上踩紧，其厚度约为 3cm。再用刀切成块，大曲坯大小为 11cm 见方，小曲坯为 3.5cm 见方。

2. 培曲

（1）曲坯入室　将上述曲坯移入垫有稻草的木箱中，并把箱堆成柱形。在室温 28℃下开始培养，以后视具体情况调节室温。

（2）揭汗　培养 1d 左右，即可达到揭汗温度。小曲揭汗温度 37℃，若采取较低品温揭汗，则为 35~36℃；大曲揭汗温度 44℃，低温揭汗温度 38℃。

（3）翻箱　揭汗后，将曲箱错开，每隔 2~3h，上下翻箱一次，使上、中、下品温基本一致。

（4）反烧　揭汗后曲块品温下降，但小曲经 24h、大曲经 7d 左右，品温回升，称为“反烧”。通常小曲的升温幅度大于大曲，但小曲品温也不宜超过 40℃。若小曲品温太高，则应注意勤翻箱，必要时打开门窗降温。大曲反烧与曲块烘干的时间基本上可衔接，故品温稍高也无妨。大曲和小曲培养约 7d 后即可成熟。

3. 烘曲

培养成熟的曲子，应及时烘干。烘干的温度以不超过 45℃为宜，时间为 7d。

[谢邦祥编著《农家小曲酒酿造实用技术》，金盾出版社，2011]

十九、河南小曲制作方法

1. 制坯

将 8~9 月间新收获的粳米用粉碎机粉碎成细粉后，与 10%辣草叶粉、10%葡萄叶粉、5%甘草粉及少量陈皮、花椒、苍术等中药拌匀，再加入适量水拌和，加水量以物料能黏合为度，切勿过湿。

将上述拌好的坯料放入木框内压实后，再用刀切成 $3cm^2$ 的小块，并把少量陈小曲粉均匀地撒在上述曲坯上，加以拌匀。

2. 培曲

（1）入缸　在大缸底部铺垫稻草及麦糠，上放1个竹匾，在匾上铺一层干净的麦草。麦草上排放曲坯，曲坯间不能黏连。再在缸口加盖一个竹制的盖，盖上用麻袋保温。

（2）培养　揭盖，曲坯入缸保温约24h，品温可升至38℃以上，表面呈现白色菌丝并产生香气，这时可揭去麻袋，稍开启缸盖，以供给新鲜空气并排放二氧化碳和降温。0.5h后，可将缸盖全部揭开。

（3）降温、去湿　随着曲温下降，曲块上的菌丝呈倒伏状。经3~4h，可将曲块连同竹匾移出大缸，使曲块中多余的水分得以挥发，并检查有无黏连现象。

（4）升温、换匾　将上述曲块移入密闭的曲室内，使品温再次升到38~40℃。再将曲块翻换至另一个竹匾内，使曲块各部位的水分及温度基本上保持一致，1d要翻2~3次。经如此的换匾、培养3~4d，即可基本成熟。

3. 干燥、贮藏

将上述培养成熟的曲块在日光下连续晒约6d，使其充分干燥，并具有良好的曲香味。再将上述干燥的曲块置于通风、干燥处存放，一次制曲可使用一年。

［谢邦祥编著《农家小曲酒酿造实用技术》，金盾出版社，2011］

二十、湖北小曲制作方法

湖北省的很多小酒厂大多生产小曲白酒。现将这种小曲介绍如下：

1. 曲房及用具

（1）曲房　平房，面积为20m^{2}左右，高为3m，顶上盖有芦苇席。安有门窗，并设有天窗。

（2）用具

①竹盘：呈圆形，其直径为70cm。

②竹盘架：高190cm，宽74cm。共8层，层间距为20cm。

③箱窝：为长150cm，宽80cm的木箱。内有高50cm的木架，架上放置长160cm，宽85cm的竹席。

④吊筛：呈圆形，其直径为70cm，筛孔为3cm见方。该筛因悬吊于距地面90cm处，故名吊筛。

2. 制坯

（1）拌料　将黏米糠40~44kg，观音土100kg，曲母4~6kg（留1%用于坯的成球）倒入配料盆内拌匀后，加水68~70L拌和均匀。曲母的水分为12%~13%，酸度为0.4~0.45，糖化力为160~220mg葡萄糖/(g·h)。

（2）成型　将上述物料在木板上踩成4cm厚，再用刀切成4cm见方的曲坯，移入吊筛，撒上少量的曲母粉及米粉后，旋转吊筛，使曲坯呈球形。

3. 入箱培曲

（1）入箱　预先在箱窝底铺一层厚约1cm的稻壳，将曲坯排列在稻壳上，坯间距为2cm，再加盖竹席。

（2）排汗　曲坯入箱后，室温保持约30℃。经15~16h，微生物开始繁殖，曲丸表面布满水，俗称排汗。

（3）生皮　排汗后3~4h，品温升至34~35℃，曲丸表面长出一层薄的白色菌丝，俗称生皮。

（4）培菌　自曲坯入箱后24h，品温可升至37~38℃。这时可将曲丸放到垫有1cm厚稻壳的竹盘上，待品温降至32℃时，再将竹盘移至竹盘架上进行培菌。培菌过程可分为前、中、后三期，期间为调节品温和水分，可适时调换曲盘的上下位置。

①前期：历时22~24h。期间因根霉和酵母等生长和呼吸旺盛，故应注意将品温控制在34~36℃之间。

②中期：历时44~46h。期间微生物生长极为旺盛，品温可控制36~38℃之间。

③后期：历时22~24h。品温可控制在32~34℃之间，期间曲丸渐趋成熟。

④后熟：经上述历时5d培养，曲丸的水分降至12%，酸度降为0.4，进入历时约1d的后熟期，并将多余的水分继续挥发掉。期间品温控制在30~32℃。

4. 出房

从曲坯入房至出房，共历时6d。出房后的成曲，须存放于干燥、通风的库房内，备用。

5. 成曲指标

（1）感官指标　曲丸呈白色或淡黄色，表面有皱纹，菌丝生长均匀，中央有3~5点红心，质地泡松，具有甜香味。

（2）理化指标　水分9%~11%，酸度0.5~0.6，糖化力220~550mg葡萄糖/(g·h)。

［谢邦祥编著《农家小曲酒酿造实用技术》，金盾出版社，2011］

二十一、广东长乐烧多药小曲制作方法

（一）实例1

1. 酒饼

无杂色，香味正常，出酒率以产酒精体积分数为40%的白酒计，为90%以上。

酒饼的原料配比：米粉15kg，加大青叶4%~5%，白泥5%，中药1.5%，麸皮少量或不加，加水量为50%~55%，接种量为2%~2.5%。

中药配方：除桂皮为1份和丁香为0.5份外，其余14种草药均为1份。这14种草药为薄荷、香茄、元苗、川菌、细辛、用椒、甘松、川乌、砂姜、皂角、荜拨、麦芽、白椒、甘草。

2. 白曲

结块紧密且有弹性，香味正常，无异杂色。糖化率为15%~20%。出酒率以产酒精体积分数为40%的白酒计，为95%以上。

（二）实例2

1. 中草药粉配方（以小曲原料大米的质量计）

桂皮0.3%，香菇0.1%，小茴香0.1%，细辛0.2%，三利0.1%，荜拨0.1%，红豆蔻0.1%，元茴0.2%，苏荷0.3%，川椒0.2%，皂角0.1%，排草香0.2%，胡椒0.05%，香加皮0.6%，甘草0.2%，甘松0.3%，良姜0.2%，九本0.05%，丁香0.05%。将上述19种中草药干燥、磨碎、过筛、混匀为中草药粉。

2. 制曲过程

将大米浸渍2~3h，淘洗洁净后磨成米浆，用布袋滤出水分至用手可捏成团为度。在上述干的米粉浆中，按原料大米用量加入4%~5%以面盆米粉培养的根霉菌种子、2.6%~3%以米曲汁三角瓶培养而成的酵母种子液、1.5%中草药粉，搅和均匀后制成曲坯，其厚度和直径分别为1.5cm和3~3.5cm。再将曲坯摆放于底部垫以新鲜稻草的木格内。将装格后的曲坯入培曲室保温保湿培养58~60h后即可出室。最后，将曲块干燥，贮藏备用。贮藏期雨季或夏季约为1个月，秋冬季可适当延长时间。

［谢邦祥编著《农家小曲酒酿造实用技术》，金盾出版社，2011.5］

二十二、广东酒饼种和酒饼的制作方法

（一）酒饼种

1. 工艺流程

酒饼种制造普通用米（白米、朴米），饼叶（大叶、小叶），或饼草（高脚、矮脚），药材（君臣草），饼种（酒饼种），饼泥（酸性白土）和水等原料，其工艺流程如下：

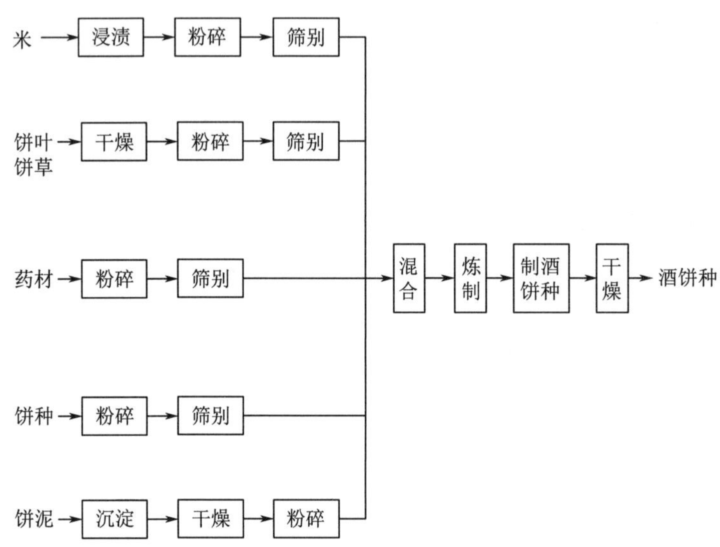

2. 原料配比

依各地有异，其方法略有不同，仅举三例说明，如下：

例一：米（大米、碎米）50kg，饼叶（大叶、小叶）5~7.5kg，饼草（高脚、矮脚）1~1.5kg，饼种2~3kg，药材1.5~3kg。

例一药材用量：白芷0.5kg，草果1kg，花椒1.5kg，苍术1.25kg，川支1.75kg，赤苏叶1.25kg，丁香0.75kg，祥不必1.25kg，大茴1.5kg，牙皂0.5kg，香菇1.25kg，薄荷1.5kg，机片0.05kg，小茴1kg，年见0.75kg，吴仔0.75kg，肉蔻0.75kg，樟脑0.2kg，大皂1kg，甘松0.75kg，薄荷2kg，陈皮2.5kg，中皂0.5kg，灵先1.5kg，桂通1kg，麻五1.5kg，桂皮3kg，北辛1.5kg。

例二：朴米60kg，桂皮9kg，大青4.5kg，大麦4.5kg，饼种1.75kg，药材1.7kg。

例二药材用量：川椒1.6kg，良羌0.15kg，小皂0.15kg，必发0.15kg，甘草0.15kg，甘松0.15kg，三内0.15kg。

例三：朴米12kg，橘叶3kg，大青叶1kg，桂皮2kg，饼种1.5kg，饼泥35kg。

3. 操作方法

将原料处理成粉，筛分，放入容器中加水混合后，倒放木板上，以四方木格压成饼，用刀横直切成小四方格，然后用竹箩筛圆，放入培养室，保持25~30℃左右，约经过48~50h，取出晒干，即得酒饼种。

（二）酒饼

1. 工艺流程

酒饼的制造，通常是用米、黄豆、饼叶、饼种、饼泥等原料，其工艺流程如下：

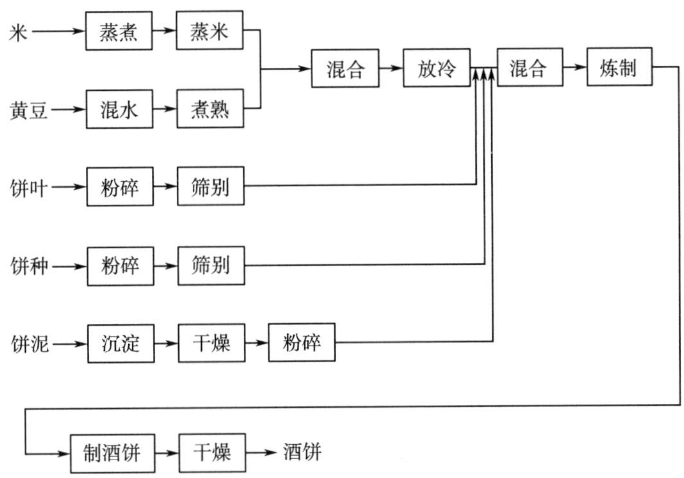

2. 原料混合

原料配合量，随各地而略有不同，仅举两例如下：

例一：朴米 48kg，黄豆 9kg，饼叶 3. 6kg，饼泥 9kg。

例二：麸 45kg，黄豆 15kg，饼叶 6kg，饼种 4kg，桂皮 0. 5kg，饼泥 15kg。

3. 操作方法

将米蒸熟，一方面将黄豆置埕中，加水，加热煮熟，取出，去水后，与蒸米一起移于饭床中混合，冷却后，撒布饼种、饼叶及饼泥等搓揉混合后，放入长方形酒饼格中，踏实造型，移于制酒饼室中，保持 25~30℃，约经 10d 则制成酒饼。

（三）酒饼种及酒饼的化学成分

酒饼种、药酒饼及酒饼的化学成分分析结果如表 3-18 所示。

表 3-18　　酒饼种、药酒饼及酒饼的化学成分　　单位：%

成分	酒饼种		药酒饼		酒饼	
	原物	无水物	原物	无水物	原物	无水物
水分	1. 240	—	14. 120	—	10. 200	—
固形物	98. 760	100. 000	85. 880	100. 000	89. 800	100. 000
粗蛋白质	1. 762	1. 783	15. 427	17. 669	16. 406	18. 272
粗脂肪	0. 354	0. 358	1. 012	1. 176	3. 290	3. 664
粗纤维	5. 750	3. 821	11. 630	13. 542	4. 980	5. 544
可溶性无氮物	2. 211	2. 251	49. 293	57. 402	40. 274	44. 848
葡萄糖	0. 000	0. 000	2. 600	3. 027	2. 125	2. 364
糊精	0. 000	0. 000	0. 000	0. 000	1. 325	1. 474
灰分	88. 683	89. 794	5. 918	6. 866	21. 400	23. 830
全氮	0. 282	0. 291	2. 468	2. 827	2. 625	2. 923
蛋白质态氮	0. 000	0. 000	1. 750	2. 037	1. 750	1. 948
非蛋白质态氮	0. 282	0. 291	0. 718	0. 780	0. 875	0. 976

由表 3-18 可看出，酒饼种由于一般含泥，故灰尘特别多；药酒饼一般不含泥而多淀粉质原料，所以可溶性无氮物（主要是淀粉等）含量特别多；酒饼的灰分含量亦多，可溶性无氮物亦多。前者由含泥酒饼种来，后者则由淀粉质原料而来。

［《制酒工业科学研究报告选集》，轻工业出版社，1958］

二十三、广东玉冰烧酒曲制作方法

玉冰烧酒曲的配料与一般小曲有些不同，且外形也比球形小曲大得多，故当地称其为大酒饼或“大曲”。

1. 原料配比

（1）大豆　10kg，无虫蛀、无霉烂、无变质现象。

（2）大米　50kg，以精白米为佳。

（3）中草药　5kg，其中串珠叶或山橘叶 4.5kg，桂皮 0.5kg。要求杂质少且干燥，并无霉烂、变质现象。配料前需焙干、磨碎。

（4）填充料白癣土泥　20kg。

（5）曲母　0.5kg，要求其呈白色略带微黄色，菌丝多，有甜香味，无酸败味。配料前需将其磨成粉。

2. 蒸料

大米加水量为 80%～85%。开大蒸汽 5min 后，用木锨将米层的底面翻转，再加盖后开少量蒸汽焖 5min，接着翻第二次及焖第二次。其熟度达 75%～80%时即可。大豆采用常压蒸煮 16～20h，务必熟透。

3. 制坯

将米饭于曲床上摊凉至 36℃左右，加入经冷却的熟大豆后，再撒入其他物料拌匀。然后装料入压曲机，由螺旋推进挤压成坯。将 85kg 曲料压制成坯均需 15min。曲坯呈方块状，规格为 20cm×20cm×3cm，重量约 0.5kg。

4. 培曲

成型后的曲坯品温为 29～30℃。曲坯移入曲室后用麻绳将其挂于木架上，并用席盖顶、遮边。在培曲过程中，要求室温保持在 28～32℃，干湿温差 0.5～1℃。培养 7～8h 后，品温可升至约 40℃，这时可揭去顶席。根据经验，待曲身发白、生成微量白色菌丝时，即可揭去边席。揭席操作应及时进行，以免曲发生黑心。培养 7d 后，可转入焙房，于 60℃下干燥 3d，即得含水量在 10%以下的成曲。每块成曲的重量约 0.5kg。

5. 成曲质量

（1）感官鉴定　曲块表里色泽较一致，无黑心。菌丝多且粗壮，分布均匀。具该曲特有的清香。

（2）分析检验　酸度以 10g 曲消耗 0.1mol/L 氢氧化钠计，糖化力以 1g 曲在 35℃下于 1h 糖化淀粉的 U/g 数表示，发酵力以 35℃下产酒精的理论值（%）计。分析检验结果如表 3-19 所示。

表 3-19　曲饼分析检验结果

水分/%	酸度	糖分/%	淀粉含量/%
10 以下	8～4	1	30～35
pH	**酵母数/(×10^6 个/g)**	**糖化力/(U/g)**	**发酵力/%**
5.5～6	3.5～4	25 以上	75 以上

［谢邦祥编著《农家小曲酒酿造实用技术》，金盾出版社，2011］

二十四、广西桂林三花酒曲制作方法

桂林三花酒曲又称桂林酒曲丸。

1. 工艺流程

大米→浸泡→粉碎→加经干燥粉碎的香草药拌和→接种母曲→制坯裹粉→入室培养→出室→干燥→成曲

2. 原料配比

（1）大米粉　以投料 1 次总用量 20kg 计，其中 15kg 用于制坯，5kg 细粉用作裹粉。

（2）草药　只使用一种香草药，其用量为制坯米粉量的 13%。香草药是茎细小的桂林特种草药，应予以干燥磨成粉末后用。

（3）曲母（或称母曲）　是从上次成曲中选取的优良小曲。其用量为坯粉量的 2%，为裹粉量的 4%。

（4）水　加水量为坯粉量的 60%左右。

3. 操作方法

（1）浸米　大米加水浸泡（夏季为 2～3h，冬季为 6h 左右），浸透后沥干备用。

（2）粉碎　将上述沥干后的大米先用石臼捣碎，再用粉碎机粉碎成米粉后，用 180 目筛筛出 5kg 作为裹粉用的细粉。

（3）制坯　将米粉 15kg，香草药粉 1.95kg，曲母 0.3kg，水约 9L 混合均匀后，制成饼团。再在制坯架上压平，用刀切成约 2cm 见方的小块，并用竹筛筛成球形的坯。

（4）裹粉　将 5kg 的细米粉加入 0.2kg 的曲母中混合均匀后，先撒一部分裹粉于簸箕中。在第一次洒少量水于坯上，使其外表湿润。再将坯倒入簸箕，用振动筛筛成圆形后，再一次洒水、裹粉，直至细粉用完为止。总洒水量为 0.5L。然后将坯分装于特制的小竹筛内摊平，入曲室培养，坯含水量为 46%左右。

（5）培曲　可分为下列 3 个阶段。

①前期：室温为 28～31℃。在曲坯上面盖 1 只空簸箕。培养 20h 左右，待霉菌菌丝生长旺盛后倒下、曲粒表面起白珠时，可将盖在上面的空簸箕掀开。这时品温为 33～34℃，最高品温不宜超过 37℃。

②中期：曲坯入室培养 24h 后，进入中期，酵母开始大量繁殖。该阶段历时约 24h，期间室温应控制在 28～32℃之间，不得超过 35℃。

③后期：需 48h。品温逐渐下降，而曲子渐趋成熟。

（6）干燥、贮曲　将上述成熟的曲子移至 40～50℃烘房，经 1d 即可烘干。也可移至室外晒干，不得曝晒。经干燥的成曲，应置于阴凉干燥的库房内贮藏。自曲坯入曲室至成曲入库，只历时 5d 左右。

4. 成曲质量要求

（1）感官要求　带白色或淡黄色，无黑色，质地疏松，具有本曲特殊的芳香味。

（2）分析　水分为 12%～14%，总酸为 0.6g/100g 以下，发酵力为每 100kg 大米可产酒精体积分数为 58%的白酒 60kg 以上。发酵力具体测定方法如下：

取新鲜、精白度较高的大米 50g，用清水洗 3 遍后沥干，置于 500mL 三角瓶内，加水 50mL，塞上棉塞并以牛皮纸包扎，常压蒸 30～40min。再用灭菌过的玻棒将饭团搅散，再塞好棉塞，待饭粒凉至 30℃左右，加入上述曲粉 0.5g 拌匀，在 30～31℃下培养 24h 后，视其有无菌丝生长。再加入冷水 100mL，继续保温培养至 96～100h，然后加入适量水，蒸馏至馏液为 95mL，加水至 100mL 混合均匀后，用酒精计测量酒精体积分数，即可换算出 1kg 小曲能使 100kg 大米生产出酒精体积分数为 58%的白酒的千克数。

［谢邦祥编著《农家小曲酒酿造实用技术》，金盾出版社，2011］

二十五、少数民族的酒曲制作方法

少数民族先民们在观察食物成酒的过程，探究其原因，并摸索以人为手段促进食物发酵的途径，寻求人工发酵的方法，逐步掌握山中各种酒药植物的识别与利用，使之成为天然酒曲。酒曲与植物的发现与利用，在酒史上有着极其重要的意义。流传至今的少数民族制曲方法，是研究中国酒曲发展史的宝贵史料和实物见证。

长期流传于云南哀牢山区彝族社会的彝文典籍《万事万物的开端》说，彝族祖先最后找合成酒曲的草本原料及制法。

《云南彝族歌谣集成》中有：酒是众人酿出，色色帕尔是酿酒的祖先。做酒曲要用十六种草药，要靠几百只脚各处寻找。火洛尼咎是做酒业的始祖，他率领众人翻山登云，踏出了世上的九十九条路。荞子是众人的心血，草药是众人的汗水，酒曲是众人的功绩，多少酿酒的先祖没有留下名字，酿酒是众人的智慧。

流传于云南禄功、武定一带的彝文右籍《根本·酒药歌》则记载，做酒曲的草药共有十二种，并说明制作酒曲的方法：

古时酒药十二副，六副在岩上，岩上挖得着；六副在山地，山地挖得着。岩上挖回来，山地挖回来，十二副草药合起来，又舂又要筛，水拌大麦，捏成小团团。捂上七日夜，打开晒干了，就成为酒药。

一副“乱头发”，二副老黄芩，三副龙胆草，四副是柴胡，五副是茜草，六副一把香，七副是兰勾，八副地土瓜，九副“碎米子”，十副是提勾，十一副辣子面，十二副是草乌。一共十二副，煮成好酒药。

云南怒江峡谷的傈僳族以苦草（即龙胆草）为主要原料配制酒曲，做法是将苦草舂碎捏成团，在甑子里蒸透，捂在竹筐中数日，发酵后成曲。在代代相传的傈僳族风俗歌《请工调》中也反映傈僳族制酒曲的全过程。“别为蒸酒难过，别为蒸酒发愁，我背起了背筐。到山梁上瞧瞧，到山坡上看看。我走过了山梁，我走到了山坡，见到一蓬药草，看到一塘苦草。找到药草交给你，拔回苦草递给你。你把苦草舂碎，你把药草捏好，苦草蒸了三天，药草发酵七夜，太阳出来晒晒它，月亮出来晾晾它。晒了三天后，晾了三天后，阿妹可以蒸酒啦，老妹可以泡酒啦。”

碧罗雪山、高黎贡山一带的怒族也喜饮烈酒，并且较早就掌握了制造优质酒曲的方法。怒族配制酒曲的主料是玉米面和苦草（当地怒语称为“筛可”），先把玉米舂成粉状，把苦草捣碎，将苦草粉盛在土锅中，倒入冷水浸泡一天一夜，用泡出的红色并带有苦味的水，把玉米面搅匀成半流状，搓成鸡蛋大小的药团，在竹筐上铺上米糠，把药团分层放在竹筐里，层与层之间再撒上米糠，以防黏连，最后把竹筐放置在火塘附近，待发酵后取出用火烘干即可。承担以上工作的都是怒族妇女。

根据田野调查资料，各少数民族制作酒曲的原料，因地域、民族的差异而有不同。如拉祜族把柴胡、香树皮、香蕉皮、橘子皮、草根、带辣味的某些植物的秸秆和果实等和在一起，用铁锅炒熟并煮一夜后，晾干、舂碎，再掺入老酒药，藏捂在稻草中，发酵成酒曲。

藏族的酒曲，另具特色，采用一种叫“木都子格”的植物，拌以鱼、山羊、野生动物的胆汁，碾成粉末，再加入面粉和少许凉水捏成饼，用细绳串在一起，挂在屋墙上风干即成。

彝族制酒曲用料最多，所选配料，能根据酿酒原料、季节以及酿酒人对酒的呈味和色泽的偏好，而在酒曲原料的选择、比例和配制程序上作适当的调整。云南禄劝、武定一带彝族配制的土酒曲中常用的有：酒药花、柴桂叶、地门冬、天门冬、马风头、黄蜂、小松根、老母猪耳朵草、山萝卜、小黄芩、穗呆子花、龙胆草、山薄荷、草乌、辣椒、麦芽、老母猪辣杆、乱头发、小箐草、绿藤、苦草、黄萝尾、马鞭鞘、山胆参、何首乌、小毛竹、红地芋、红天麻、地草果、蜂蜜、蜂包壳、麦面、荞面、玉米面。

我国古代少数民族中流传着嚼米酿酒法。《魏书·勿吉传》载，当时的“失韦”人能够“嚼米酝

酒，饮之能醉。”《稗海纪游》载，我国台湾高山族“其酿酒法，聚男女老幼共嚼米，纳筒中，数日成酒，饮时人清泉和之。”《台湾纪略》载，“高山族人好饮，取米置口中嚼烂，藏于竹筒，不数日而酒熟，客至出以相敬，必先尝而后进。”即所谓“嚼米成曲”。

少数民族酒文化是中华酒文化的重要组成部分，而在我国酒界却被忽视。在当今社会里我们应该重视它、研究它、提高它，开发与发展少数民族酒文化，是促进少数民族脱贫致富的一项重要任务，也是酒业界应该关注的。

［何明、吴明泽著《中国少数民族酒文化》，云南人民出版社，1999］

二十六、册亨酒曲

居住在我国西南贵州的册亨布依族，每家每户一年四季都有“老毫哄”（布依语包谷酒）、“老毫浩”（米酒），供自饮或送亲友。

100kg 大米可烤酒 120kg，酒精体积分数 18%~22%。其酒曲多为妇女自己制作，每年 6 月采集植物，晒干捣碎，在立秋之前把药曲捏好，这种酒曲称为“火酒药”。

制作火酒药的植物有 12 种（其名称为布依语）：亚霞（根）、甘草（叶）、桔巧（全草）、巧坳（全草）、勒蒂（全草）、告勒（藤叶）、巴谢（全草）、尾坳（全草）、窖背（花）、热外（全草）、厥荡（全草）、绕贤（全草）。

亚霞、巧坳、告勒、厥荡、绕贤分量比其他植物多一倍，其余量相等，1. 53kg 植物用 8L 谷子捣细拌匀，加上 1 个陈药丸，0. 5kg 红糖或蜂糖，用甘草、勒蒂熬水捏成药丸，晒干即成。每个药丸 32g 左右，用 8 枚药丸可煮 20kg 包谷酒或米酒。

［黄平主编《中国酒曲》，中国轻工业出版社，2000］

二十七、全国小曲测定的初步试验报告

（一）前言

小曲是我国独特而优异的酿酒菌种，在酿造工业上有着数百年的悠久历史。以小曲酿制之饮料酒——白酒，为我国广大人民所乐于饮用，其产地几乎遍及我国南方十余省，在我国目前的经济状况下，有其一定的优越性。但在酿造工艺程序上，由于小曲酿酒的糖化与发酵作用全赖小曲之力，所以小曲质量的优劣，直接关系到原料淀粉的利用率。

从小曲外表上看，其所保藏的菌种好似天然的野生菌种。但从它所使用的曲母中的菌种看，则是经过了长时间的驯养，具备了纯种培养菌种的性能。在制造过程中，由于曲师的丰富经验，从原料处理和配料上都是十分恰当地调节到霉菌繁殖的较适环境，供给足够的养料；在培养过程中，掌握了酸度、湿度和水分，有效控制了有害微生物的侵入，给糖化和发酵菌类创造了适合的生产条件。因此，我们认为小曲的制造对微生物的保藏，是有其一定的科学道理的。

小曲的制造方法简单，且保藏较容易，适合于我国广大地区零星分散的酿酒厂，同时以小曲酿制饮料酒的地区，其原料的淀粉利用率已高达 80%以上（如四川以糯高粱为原料所酿制的小曲酒），这自然与所使用小曲的质量优劣有一定的关系。所以说小曲是我国宝贵的科学历史遗产，但在中华人民共和国成立以前由于封建社会的长期统治，对小曲的制造和质量的分析根本未予重视，以致小曲的制

造虽然符合一定的科学原理，但缺乏科学的整理和总结。

1957年春，中央食品工业部制酒工业管理局调集了十余省的小曲酿酒工人和工程技术人员，于四川省永用总结推广四川小曲酒的操作经验，同时将各省所制的主要小曲由四川糖酒工业科学研究室进行分析。

此次收集到的小曲样品，计有27种之多，产地分布于江苏、浙江、安徽、福建、河南、湖北、江西、湖南、广东、云南、四川、贵州等十余省。就其外观形态看，有正方形的，圆形的、圆饼形的。直径与边长除浙江乌衣红曲外，约0.5~12cm，每粒重量0.1~160g。其中以浙江乌红曲为最小，四川邛崃米曲为最大。颜色一般为主要制造原料（米糠成大米）或被霉菌白色菌丝所包围的颜色。

制作使用的原料，一般均以谷物如大米、稻糠、小麦等为主，其次以中药、观音土为辅。有全用大米的，也有全用稻糠的。前者浪费粮食较多，且成本高。后者成本低，又符合节约粮食的原则。

制作方法，普遍多为手工操作。在设备上，虽有曲箱和汗房，但保湿既不均匀，亦难控制，受气候的影响很大，干燥设备也很粗陋，且产地分散，受季节性影响较大。

现将此次分析的各种小曲的产地、外观形态，使用原料及制作方法等，胪陈于后，以备参考（表3-20）。

表3-20　小曲样品产地及制作方法

产地	名称	外观形态	使用原料	制作方法	备注
江苏无锡合营酒厂	夏窝药曲（糠曲）	表面白色，心带黄色，方圆形，边长（或直径）2~2.5cm，每块重4.8~7.2g	白泥90kg，米粉38kg，细米糠50kg，粗米糠35kg，药料1kg，药衣125g，水110kg	将原料拌和，加沸水拌搅，踏切成块，接种药衣后，即开始繁殖，最后晒干，即可使用	夏季制造
	秋窝药曲（糠曲）	皮面白色，心带黄色，方块形，每边长约2cm，每块重5g	白泥90kg，米粉38kg，细米糠40kg，粗米粉45kg，药料1.5kg，药衣125g，水110kg	同上	秋季制造
江苏江都酒药厂	普通药曲（糠曲）	圆方形，重5~6g，外表涂米粉一层，白色，中心呈黄色，有霉味	每百千克成品所需原料配方如下：细米糠22kg，粗米糠32kg，白泥48kg，药料1kg，大米16.75kg，曲母0.25kg，清水60kg，共重180kg	将各种原料碾成粉状，用沸水调匀拌和，压成薄饼，用刀切成小块，置筛中团成圆方形，然后将曲种撒于球面，上架保温培养5~7d，取出晒干，即为成品	
	特制药曲（糠曲）	圆方形，每块重4~6g，边长或直径1.5~2.5cm，外表有大米一层，色白，内呈黄褐色，带药味	每百千克成品所需原料配方：细米糠16kg，粗米糠38kg，白泥24kg，药料1.5kg，大米40.25kg，曲母0.25kg，清水60kg，共重180kg	与制造普通药曲法相同	
浙江平阳酒厂	乌衣红曲	米粒状，表面成黑红色，中心白色，并杂有红点，有泡度	大米		
浙江余姚酒厂	糠曲	方圆形，边长2.5~3.5cm，重14~18g，较坚硬，内外皆呈米黄色	米糠		
浙江宁波酒厂	糠曲	每块重7~11g，形似正方或长方，每边长2~3cm，外表白色，有米粉一薄层，中心呈黄色	早米粉100kg，辣料草125g，水24kg，陈白药250g	把原料混合后，制成正方形颗粒状，即行保温培养，最后以日光晒干，时间共需10d	

续表

产地	名称	外观形态	使用原料	制作方法	备注
安徽合肥酒厂	有药糠曲	长方形，每边长3~5cm，每块重42~46g，有曲香，内外皆呈黄褐色，外表部分有白色菌丝			
	无药糠曲	重量及形状同上，无药香，有霉味			
福建厦门酒厂	糠曲	圆形，直径约4cm，每块重24~26g，疏松有泡度，内外皆呈米黄色，菌丝生长穿心，闻之有白曲菌香，无杂菌沾染	大米（磨成粉状）10%，细米糠90%，杀菌的清水70%~78%（对原料重）	纯种培养制造	
河南信阳酒厂	糠曲	方圆形，边长2~3cm，每块重11~13g，较疏松，有酸味，表面有一薄层米粉，稻壳，外表为黄白色，内为褐色			
	米曲	长方形，重6~8g，带疏松状，有药香，味甜，内外皆为白色			
湖北江陵酿酒厂	南曲（糠曲）	不规则方形，每块重23g，药味不显著，底部有稻壳一层，内外呈黄褐色	每千克成品用料配比：糠皮50%，白泥80%，碎米10%，曲母4% 每100kg用药量：巴豆500g，麻黄62g，桂枝62g，陈皮250g，川芎78g，辛药750g，芽皂93g，细辛62g	将各种原料拌和后，进房子在箱里发酵一个对时，第2天上单烧，第3天上夹烧，第4天上三烧，第5天上四烧，第6天上堆烧，第7天出房子后，用暖和太阳晒一天即可	
湖北汉陵红星酒厂	糠曲	方圆形，每块重为30~40g，坚硬，有霉味，外部为米黄色，内为赤褐色（个别曲块表面有青霉）	各项原料用量以小曲5kg，占成品比例：碎米6.4%，白泥43.6%，米糠20.5%，曲母1.3%，清水28.2%		
湖北宜昌七一酒厂	米曲		原料配方：米粉50kg，白面5kg，百药24kg，巴豆14kg，麻黄1.12kg，桂枝1.12kg，北细辛1.12kg，广皮2.10kg，甘草1.12kg，班麻0.14kg，红粮0.1kg，公丁0.1kg，川甲0.07kg，桃红0.1kg，西企桂1.12kg，红言11.2kg，玄甲0.4kg，桔梗0.14kg，有恒曲210kg，牙皂0.14kg，另加草药九种	将原料拌和，加水搅拌，成型后入房，经历48h后，开始发白点，96h全跑白，出白毛衣，132h揭去盖草，停留窝内约30min，将曲子搬出来，摊凉约1h，调换铺窝底草，加烧约60h，拿去加烧草，停留窝内4h后，即晒干为成品	玉米1200kg，用四川糠曲2.8kg，用此药曲17~19g

续表

产地	名称	外观形态	使用原料	制作方法	备注
江西丰城酒厂	米曲	形状为不规则的扁圆形	制造原料为早米，另外用中药巴豆、草乌、川芎等 30 余种	手工土法，在夏季制造	
江西巴都酒厂	米曲	圆球形	制造原料为早米，另外用马条草和少量竹叶	手工土法，制造最适时间为 8、9 月	
湖南长沙酒厂	米曲	圆饼形，直径约 7~9cm，外面为黄色，中心呈白色，底部有稻壳一层，发泡，有霉味			
广东汕头酒厂	糠曲	外面及中心为米黄色，满挂菌丝，有曲香，形似方圆形，每块重 22~25g，发泡	主要原料为米糠、碎米	纯种培养	
广东靖远酒厂	麦曲	方薄饼型，边长为 13~14cm，厚 1.8~2.5cm，外表及中心为黄褐色，有麦粒			
四川邛崃合营酒厂	米曲	圆饼形，内外为纯白色，直径 7~10cm，厚 4~4.5cm，每块重 130~160g，表面有厚皱纹，底部有短节稻草，有浓重的曲药香味	大米 96.39%，中药 72 味，3.31%，曲母 0.30%	大米碾成细粉，拌入中药、曲母、清水，搓成条状，制成饼状，置曲箱中，控制品温在 38℃ 以内，四天出箱，烘干，即包装出售	
四川桿木镇糠曲生产合作社	糠曲	外表有白色菌丝，内部褐黄色，正方形，每边长 4~5cm，重 60~80g，有霉味，微带曲香	细稻壳粉 86.4%，碎米 8.87%，中药 87 种，2.17%，曲母（米曲）2.56%	稻壳、中药经碾细后混合加水，使曲胚含水 45%~47%，踏成饼状，然后切成小块，用筛将四角团圆后，即置入汗房内，保温数日，即为成品	
云南楚雄酒厂	米曲	同四川邛崃米曲	同四川邛崃米曲	同四川邛崃米曲	
贵州黄平酒厂	米曲	外表及中心皆呈白色，形状为正方和长方形，每边长 2.5~3cm，每块重 14~16g，略疏松，药味不浓			
贵州修文酒厂	麦曲	圆形，中央凹入，黑黄色，外表部分有白色菌丝，每块重 20~24g，有显著的浓厚药味			
贵州安顺酒厂	米曲	同四川邛崃米曲	同四川邛崃米曲	同四川邛崃米曲	

从上表 3-20 可以看出，小曲的品种是繁多的，其制作所用的原料及生产工艺过程，亦有差异。在生产实践上，由于酿酒原料的不同，用曲量亦各有不同。唯对小曲质量的鉴定、分析，根据文献资料所载，是以糖化力与发酵力为主的，而一般酿酒厂则仅凭有经验的酒师从外观上进行检查。这样，就不可能全部地、正确地衡量小曲质量的优劣。小曲的制作目的是为了要培养出优秀的糖化发酵菌种，以使其在酿酒过程中对淀粉质的糖化发酵阶段，起到各种酶的催化作用。因此，对小曲的分析，不能不考虑到小曲中各种酶的能力。

在测定各种酶的能力的时候，为了要确切地知道各种酶的活性，必须在一定的固定条件下来测定酶所引起的化学变化的量，或者测定化学变化所需时间的长短。如果我们能在一定温度和 pH 等条件下，将酶浸液作用于一定浓度的基质，然后做精确地保温处理，同时抽取一定量的样品来进行分析。由此即可探索在反应过程中，由于酶的催化作用，引起的化学变化所产生物质的量，随着所测定的酶的不同，其作用物（即基质）亦应有所不同。例如，测定小曲中麦芽糖酶的能力，则以麦芽糖作为基质，在一定的时间内，测定麦芽糖所产生的还原糖（葡萄糖）量，就可推定在某一段时间中所进行的化学变化的量，同时，还需做一对照试验，即在开始的一瞬间抽取样品，对基质和酶浸液中的糖量（即非酶的催化作用所产生的糖量）进行测定，以便扣除之。

酶是一种复杂的有机催化剂，具有一般的蛋白质性质，受外界的物理因素和化学因素的影响极大。在一般的化学反应中，如温度升高，则反应速度加快；温度降低则反应速度亦相应减慢。各种酶所引起的各种化学变化的反应速度，亦同样受着温度的影响。但各种酶可因过热而失去活性。所以如果温度过高，虽能增快反应速度，但酶的活性亦随之而破坏。因此，每一种酶的催化作用都有最适的温度，如以最适温度作为控制的条件，随着反应时间的增长，作用基质成分的改变，亦可能使酶的活性受到影响。所以在测定中，皆以较最适温度为低的条件来控制，这样催化剂本身亦较稳定，且不易破坏。各种酶对它们直接环境中的 pH 亦极敏感，其催化作用的活性必须在最适 pH 的条件下才能表现出来。pH 过高或过低，都会影响酶的活性，甚至引起多数酶的失效，而且这种失效是不可逆转的。另外，各种酶对它们作用基质的浓度也有一定的影响。有些酶还受它们本身作用产物浓度的抑制。许多化学试剂，如蛋白质沉淀剂，亦能对酶发生抑制作用。激烈的机械振荡以及紫外线的照射等物理因素的作用，亦可使酶的活性失效。

因此，各种酶活力的测定，是有一定的条件性的。如果要在一套固定的条件环境下来测定酶的活力，得到可靠的试验结果，必须严格控制和避免影响其催化作用的这些因素。

小曲中所含的糖化和发酵菌种，是复杂而多种多样的。在小曲酿酒生产工艺中，由于小曲中的糖化和发酵菌种是同时存在的，因此决定了固体发酵的特点是糖化和发酵同时进行的；又因用曲量少，一般多在 1%以下；所以，在酿酒过程中须进行扩大培养，使霉菌繁殖，才能进行糖化与发酵作用。笔者在进行小曲的测定时，除了直接分析其成品外，还应结合生产的实际情况，将小曲试样以一定的基质，经过不同时间，在固定的条件下进行扩大培养后，再进行分析。所以在小曲的化学分析部分，把它分为直接测定和间接测定。测定项目在两部分中虽有相同之处，但分析结果的意义是不相同的，在间接测定中，各项分析的结果，在生产实践上更有一定的重要意义。

通过化学分析，对小曲的质量虽然可以得出比较正确的结果，但目前我国固体发酵酿酒厂大部分都零星分散于广大地区，限于设备和技术条件，对各种小曲成品尚不可能一一进行各种项目的化学分析。此次试验可证明，如果在设备条件不允许进行全面分析的情况下，结合生产过程仅测定其淀粉利用率，亦可说明在生产实践上小曲质量的优劣。

感官鉴定，通常为一般酒师所采用，其结果无数据可以说明小曲质量的优劣。但这种方法也有一定的科学理论根据，是我国劳动人民从生产实践中积累起来的生产经验。因此，笔者将四川邛崃米曲及榫木镇糠曲所采用的感官鉴定指标，加以综合整理，分为皮张、颜色、泡度、闻味、菌丝等项，一并列入分析方法中。

在拟定各项分析方法的过程中，根据实际需要，尽可能避免不必要的特殊仪器设备和贵重试剂。

每一个实际方法的操作程序，力求简单，只要严格遵守操作条件，所得结果是精确可信的。

由于时间较长，远路寄来的样品部分有霉变现象，故对原样的代表性不够。现将完成部分汇总报告于后。

（二）测定方法

1. 试样的采取和处理

为了使分析结果正确反映出小曲中某一物质的含量及其各种酶的活力，正确选取具有代表性的均匀样品是小曲化学分析的关键步骤。通常在分析的全部过程中，虽然小心而精确地工作，但得到的结果有时却不可靠，这也是对样品的采取和处理有重要影响的因素之一。

分析所取的样品为数极少，而分析的结果却是对很大量的样品给以客观的鉴定，因此对样品的选取必须密切注意。

样品的采取和处理是按下述方法进行的。

（1）将欲分析的样品，从各个不同部分（如箩筐中的上、中、下及四角部分都应采取）采取1~2kg。

（2）将采取样品（小块状小曲）以四分法选取两次，如系饼状，则选择其菌丝、色泽等一致的样品约500g。

（3）以铁碾将最后选取的样品仔细地粉碎，使其全部通过每平方英寸① 40孔的筛孔，然后将粉碎后的粉状试样，装入具有磨塞的棕色广口瓶中。

（4）处理好后的样品，应立即进行水分的测定，如其水分含量在14%以上，则应将试样于50℃烘箱中干燥，再重新测定水分，分析结果折算为原样的含水量。

2. 直接测定

（1）水分

①仪器：低形称瓶，恒温干燥箱，玻璃干燥器，感量千分之一的天平。

②测量：称取1~2g（须精确至3位有效数字）小曲试样，在干燥已知恒重的低形称瓶中称量后，即把称瓶放在恒温箱内。其余手续照一般干燥称重法测定。

（2）酸度　参考《烟台酿酒操作法》。

（3）pH　比色法。

（4）酵母细胞数　参考《烟台酿酒操作法》。

（5）发酵力

①试剂：发酵液（称取蔗糖20g，磷酸铵1.25g，磷酸二氢钾1.25g，将以上三种物质加水溶解后定容至250mL）。

②仪器：恒温培养箱、150mL三角瓶、50mL移液管。

③测定程序：以移液管吸取发酵液50mL于150mL三角瓶内，塞上棉塞，并以油纸包裹棉塞。在常压下杀菌1h，取出冷却至室温后，加入欲测定的小曲试样1g，称其重量（称量时可将棉塞取下，须精确至3位有效数字）。置于30℃恒培养箱中，保温24h，再称其重量（称量前0.5h将棉塞取下，轻微地振荡，使二氧化碳逸出）。两次重量之差即所损失二氧化碳的重量，由此可计算出发酵力。

④计算

$$\text{发酵力}=[\text{损失二氧化碳重(g)}/1.75]\times 100\% \tag{3-1}$$

式中：1.75——依麦素尔氏（Miessl）的规定，1g纯酵母能产生1.75g之二氧化碳者，称为规定酵母，定其发酵力为100%。今以1g小曲能逸出1.75g二氧化碳者，则其发酵力亦定为100%作为计算基础。

① 1英寸=2.54cm。

（6）液化力

①试剂：1%可溶性淀粉，0.1mol/L 碘液，磷酸二氢钾缓冲溶液。

②仪器：瓷乳钵，50mL 大试管，水浴锅，温度计（0~110℃），有孔白瓷板，5、10、20、100mL 移液管，250mL 烧杯，漏斗。

③测定程序

a. 酶液的制备：称取小曲 5g（须精确至两位有效数字）置于磁乳钵中，以移液管加入磷酸二氢钾缓冲液 10mL，与小曲共同研磨 2~3min 后，再加水 90mL，于 30℃恒温箱中浸渍 1h，用滤纸过滤浸汁。

b. 测定：在 50mL 大试管内插温度计 1 支，以移液管吸取 1%可溶性淀粉液 20mL，蒸馏水 5mL，混合均匀后，在水浴锅内保温至 31~32℃，然后以移液管加入 25mL 酶液，摇匀后，使温度维持在 36℃，立即记下时间，每隔数分钟取一滴置于白瓷板中以碘液测之，接近终点时间可每一分钟取一滴，直到取出的试液与碘作用不变色为止，记下时间。

④计算

$$液化力=(0.2\times60)/(a\times b) \tag{3-2}$$

式中：0.2——20mL 1%可溶性淀粉相当的克数；

60——1h 为 60min；

a——添加酶液所相当的小曲克数；

b——碘液不变色所需的时间。

（7）糖化力

①试剂：2%可溶性淀粉，0.5N 氢氧化钠溶液，2.5N 氢氧化钠溶液，1%铁氰化钾溶液，次甲基蓝指示剂。

②仪器：电炉或酒精灯，250mL 量瓶，100、20、5mL 移液管，150mL 三角瓶，50mL 滴定管。

③测定程序

a. 酶液的制备：同液化力。

b. 测定：吸取 2%可溶性淀粉 200mL 于 250mL 量瓶内，保温至 31~32℃，以移液管加入制备的酶液 20mL，记下时间，置于 30℃恒温培养箱中糖化 1h 后，立即加入约 0.5mol/L 氢氧化钠液 10mL，停止酶的作用，并加水稀释至刻度。同样的吸取 2%可溶性淀粉 200mL，在加入酶液后，立即加入氢氧化钠以停止酶的作用，作为空白试验。然后以氰化盐法测定其糖化前后（即正式与空白试验）的含糖量，其法如下。

以移液管准确吸取 1%铁氰化钾溶液 20mL、2.5mol/L 氢氧化钠液 5mL 于 150mL 的三角瓶内（如果溶液的含糖量小于 0.25%，则每种所加的试剂量要缩减一半），将三角瓶放在石棉网上用电炉或酒精灯加热。煮沸 1min 后，加入一滴次甲基蓝指示剂，用糖溶液滴定至指示剂无色为止。糖溶液每隔 2~3min 加入一滴，如消耗 5~6mL 糖液时，可得到最精确的结果，但第一次为预测数据，根据预测结果再进行最后的滴定。

如果预测所消耗糖试液不大于 8mL（在相反的情况下，糖溶液应加水稀释 1 倍），则于盛有亚铁氰化钾及氢氧化钠的三角瓶中加入糖液量应较预测时所消耗的总量减少 0.5mL。按预测方法滴定，直到指示剂无色为止。

④计算：如铁氰化钾溶液恰为 1%，滴定 20mL 所消耗糖试液为 XmL，则如式 3-3、式 3-4 所示。

$$1mL中还原的糖含量(mg)=(20.12+0.035\times X)/X \tag{3-3}$$

如取 10mL 精确的 1%铁氰化钾钠液，滴定时消耗糖试液 XmL，则：

$$1mL还原的糖含量(mg)=(10.06+0.0175\times X)/X \tag{3-4}$$

如铁氯化钾不是精确的 1%浓度，则上述系数应加改变（见试药配制）。

所以，每克小曲每小时在 30℃所生的还原糖量（mg）即为正式与空白试验所含还原糖量（mL）之差。

计算举例：设亚铁氰化钾的校正值为 19.94+0.0347，正式试验耗液 5.25mL，则每毫升中含还原糖量为(19.94+0.034×5.25)/5.25=3.83mg；250mL 所含还原糖量为 250×3.83=957.50mg；空白试验耗糖液 9.25mL，则每 mL 中含还原糖量为(19.94+0.0347×9.25)/9.25=2.19mg；250mL 中所含还原糖量为 250×2.19=545.5mg；则每克小曲每小时在 30℃所生的还原糖量为 957.5−545.5=412mg。

3. 间接测定

（1）间接测定酸度

①试剂：0.1mol/L 氢氧化钠溶液，酚酞试剂，中性蒸馏水。

②仪器：250mL 三角瓶，漏斗，100mL 移液管，250、100mL 烧杯，50mL 滴定管。

③测试程序

a. 扩大培养：取 250mL 三角瓶一个，清洗干净，装入大米 25g，加水 40gmL（即大米重量 160%的水），用棉塞塞上，并用油纸包裹棉塞，于常压下蒸煮杀菌 1h，取出后立取以玻璃棒搅散饭团，待冷至 30℃时，小心地撒入待试小曲粉末 0.25g（即米重量的 1%），混合均匀，置于恒温培养箱中，在 30℃保温培养 26h。

b. 测定：将扩大培养后的大米醅，加入中性蒸馏水 100mL，浸泡 0.5h 后过滤，然后取滤清液 25mL 放入 100mL 的小烧杯中，以 0.1N 的氢氧化钠溶液滴定至粉红色在 0.5min 内不褪色为止，记下所使用的毫升数。

④计算

$$A=(N\times V\times 4)/2.5 \tag{3-5}$$

式中：A——10g 大米所生酸量的毫克当量数；

N——所用的氢氧化钠液的当量；

V——滴定时耗氢氧化钠的毫升数；

4——换算为 100mL 的因数；

2.5——换算为 10g 大米的因数。

⑤注意事项

a. 加入大米的水量应做到准确；

b. 撒入小曲时应避免将小曲粉黏着在三角瓶壁上。

（2）淀粉利用率（发酵率）

①试剂：粉状碳酸钠，酚酞指示剂。

②仪器：250mL 三角瓶，250mL、2L 圆底烧瓶，直形冷凝管，100mL 量瓶，2（或 50）mL 带温比重瓶，10mL 移液管，酒精灯（或 8000~1000W 的电炉），恒温培养箱。

③测定程序：扩大培养的方法与酸度测定中的方法同。制备大米培养醅的方法是在 30℃恒温箱中培养 26h 后，即取出，加水 10mL，再继续保温培养到全部时间为 120h 后（五昼夜）即取出，以 100mL 水将发酵醅仔细无损地洗入 250mL 圆底烧瓶中，并加入酚酞指示剂两滴，以粉状碳酸钠中和至微红色，立即蒸汽蒸馏（装置见图 3-3），冷凝管出口处以 100mL 量瓶接收，蒸馏液约达 100mL 时即行停止，整个蒸馏时间约 1h，加水稀至刻度，最后以带温比重瓶测定蒸馏液的密度，计算为每 100mL 中所含纯酒精的克数。

④计算

$$淀粉利用率=[蒸得纯酒精克数/(25\times 大米淀粉价\times 0.5678)]\times 100\% \tag{3-6}$$

式中：25——大米克数；

0.5678——100 份淀粉理论上应产 100%纯酒精份数。

⑤注意事项

a. 杀菌后的饭粒易结成团状，必须以玻棒搅散，使饭粒有部分空隙，与空气增加接触面，使菌丝能均匀正常繁殖。

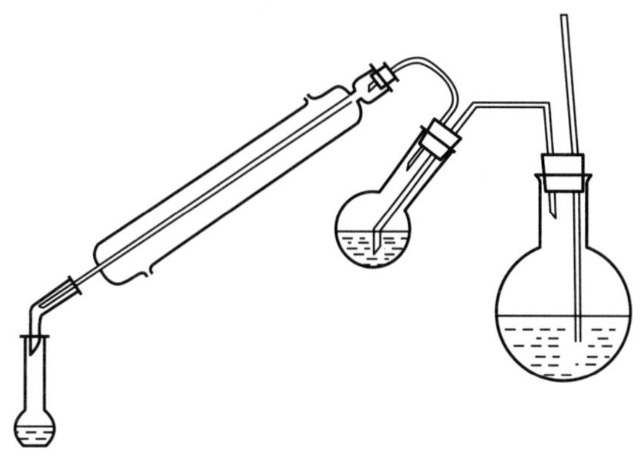

图 3-3　酒精蒸馏示意图

b. 接入小曲前所用器具、实验台须以 70%酒精杀菌。

c. 蒸馏装置的瓶须严密，以防酒精挥发损失。

d. 蒸馏中如产生泡沫，可在蒸馏液中稍加过量的氯化钙溶液，或加少量的蜂蜡，再行蒸馏。

（3）糖化率

①试剂：费林氏甲、乙液，次甲基蓝指示剂，0.2%葡萄糖。

②仪器：150mL 三角瓶，250mL 容量瓶，5、10、20mL 移液管，250mL 烧杯。

③测定程序：将测定淀粉利用率蒸馏后的残渣，小心无损地转移到 250mL 量瓶内，置水龙头处，用水流冷至室温，加水稀释至刻度，摇匀后以滤纸过滤，如滤液混浊可反复过滤数次，使滤液透明为度。吸取费林氏甲、乙液各 5mL，按试药配制中费林氏溶液校正法，以糖液滴定之。

④计算

蒸馏残渣含还原糖量＝[液稀释的毫升数×10mL 费林氏溶液所相当还原糖(g)]/糖液滴定毫升数　(3-7)

糖化率＝[1.9553×实产纯酒精(g)+蒸馏残渣含还原糖量(g)]/(25×大米淀粉价×0.9)　(3-8)

式中：1.9553——酒精折算为还原糖因素；

0.9——淀粉转换为葡萄糖因素。

⑤注意事项

a. 如滴定 10mL 费林氏甲、乙液所耗用的糖液在 50mL 以上时，则可酌量加入 10 或 20mL 0.2%标准葡萄糖液，再按下式计算为蒸馏残中所含还原糖量，如式（3-9）所示。

$$还原糖=[(a-b)\times W\times A]/V \quad (3-9)$$

式中：a——校正 10mL 费林氏甲、乙液所耗用 0.2%标准葡萄糖的容量；

b——以糖液滴定前所加入的 0.2%标准葡萄糖的毫升数；

W——0.2%标准葡萄糖液每毫升含糖量，g；

A——糖液稀释倍数；

V——糖液滴定毫升数。

b. 费林氏甲、乙液仅在测定开始可混在一起，原因是氢氧化铜在碱性溶液中会慢慢将酒石酸钾钠氧化，而析出氧化亚铜。

c. 滴定时间须严格控制，如太长则红色 Cu_2O 可变为黑色 CuO，致使终点不明。

（4）淀粉糊精酶

①试剂：2%可溶性淀粉，0.1N 碘液，磷酸二氢钾缓冲液。

②仪器：恒温墙养箱，250mL 三角瓶，250mL 容量瓶，温度计（0～110℃），5mL、10mL、20mL 移液管，250mL 烧杯等。

③测定程序

a. 酶液的制备：方法与酸度测定中的方法相同。制备大米培养醅时，将小曲进行扩大培养 26h 后，取出，加入 25mL 磷酸二氢钾缓冲液，以玻棒充分搅拌，定容至 250mL，先以纱布初滤，然后将初滤液用滤纸过滤，即得 10%（对大米原重）的酶浸液。

b. 测定：与直接测定中的液化力测定法相同。

④计算：每克大米经培养 26h 后，在 30℃作用 1h 所液化淀粉的克数，如式（3-10）所示。

$$淀粉糊精酶=(0.4\times60)/(a\times b)=(24/ab) \tag{3-10}$$

式中各项皆与直接测定中液化力的相应项目同。

⑤注意事项：与直接测定中液化力的注意事项同。

（5）淀粉糖化酶

①试剂：硫酸铜液、碱性酒石酸钾钠液、硫酸高铁溶液、0.1N 高锰酸钾液、磷酸二氢钠缓冲液、1%可溶性淀粉液。

②仪器：铺有石棉的古氏坩埚（或 4 号玻璃过滤器），250mL 吸滤瓶，水压唧筒（或电动抽气筒），50mL 滴定管，150mL 三角瓶。

③测定程序

a. 酶液的制备：同液化力。

b. 测定：在 50mL 大试管中，顺次加入 1%可溶性淀粉 20mL 及水 10mL，保温至 31～32℃，加入酶液 20mL，轻微摇荡，使其混合，立即准确吸取 5mL，注入盛有 20mL 费林氏溶液的三角瓶中，试管放入 30℃恒温培养箱中，经 15min 后取出，再准确吸取 5mL，注入另一盛有 20mL 费林氏液的三角瓶中，然后按照贝尔德兰氏法测定其还糖量，方法如下：

将上述两瓶盛有待测糖的费林氏溶液，在铁丝上以酒精灯或电炉同时加热，使其缓和沸腾恰 3min（应当避免太强烈的沸腾，否则易引起溶液的浓度增大），将三角瓶从火取下，静置 1～2min，使所得的红色氧化亚铜沉淀，沉于底部。在铺有石棉的古氏坦锅内，以水压唧筒减压（在过滤瓶与水压唧筒之间应安上玻璃活塞，停止抽滤时，应先关上玻璃活塞，再关水龙头，以防水流入过滤瓶中），用倾泻法先将上层清液过滤。用热水洗涤沉淀，至流出洗液无色为止。最后以冷水洗沉淀一次。洗完后，取下古氏坩埚，倾倒滤液，并用水充分洗过滤瓶，再重新安好古氏坩埚。在三角瓶中加入硫酸高铁溶液约 20mL，溶解沉淀，这时沉淀由黑变绿。然后倾入古氏坩埚中，使石棉上的少量氧化亚铜沉淀和被溶解，此过程即减压过滤。以煮沸后的热水反洗涤三角瓶及古氏坩埚。滤液以 0.1N 高锰酸钾液滴定至微红色在 1min 内不退色为止。记下使用的毫升数。

④计算：按下式计算为每克大米经培 26h 后，在 30℃作用于麦芽糖，每小时所生成的还原糖毫克量，如式（3-11）所示。

$$麦芽糖分解酶=[(A-a)\times50]/(5\times2\times2) \tag{3-11}$$

式中：A——液化 2h 后所测得的葡萄糖毫克量（查贝尔德兰氏表）；

a——糖化开始时所测得的葡萄糖毫克量；

50——液化时冲淡的倍数（1%麦芽糖 20mL+水 10mL+酶液 20mL＝50mL）；

5——酶液的毫升数；

2——糖化的时间，以小时计算；

2——20mL 酶液相当的大米重量。

（6）最终糊精分解酶

①试剂：1%最终糊精液（称取 1g 最终糊精，加水溶解后，在 100mL 量瓶中稀释到刻度）。其余试剂同淀粉糖化酶测定。

②仪器：同淀粉糖化酶测定。

③测定程序

a. 酶液的制备：同淀粉糖化酶。

b. 测定：在 50mL 的大试管中顺次加入 1%最终糊精液 20mL，水 10mL，保温至 31~32℃，加入酶液 20mL，轻微摇荡，混合均匀，立即准确吸取 5mL，注入盛有 20mL 费林氏溶液的三角瓶中，将试管放入 30℃恒温培养箱中，经 2h 后取出。再准确地吸取 5mL，注入另一盛有 20mL 费林氏溶液的三角瓶中。以下操作同淀粉糖化酶测定。

④计算：按下式计算为每克大米经培养 26h 后，在 30℃作用最终糊精，每小时所生成的麦芽糖毫克量，如式（3-12）所示。

$$\text{最终糊精分解酶}=[(A-a)\times50]/(5\times2\times2) \tag{3-12}$$

式中：各项均与麦芽糖分解酶的计算中相应项目同。

⑤注意事项：同淀粉糖化酶。

（7）感官鉴定　将小曲样品从外观上来鉴定其菌膜的厚薄（皮张）、菌种的纯良（颜色）、曲块的疏松程度（泡度）、菌丝在曲块中的分布（菌丝）、闻味是否正常（有无酸败味），来衡量并判断在制曲过程中技术条件的控制好坏和小曲质量的优劣，为一般曲师所采用。现将各项鉴定的指标如下。

①皮张：曲的皮张以起皱皮或排满菌丝为较好，如有黑黄色斑点，不生皮或跑皮的，皆为不正常现象。糠曲的表面也以挂满白色菌丝的较好。

②颜色：曲块的剖面要呈一致的颜色，如有其他的颜色掺杂在内（如米曲的灰黄色，糠曲的红色、黑色），皆非好曲。

③泡度：曲块要发得泡，发得透（在制曲过程中曲块发泡后，微生物开始大量地生长）。

④闻味：具有曲香（清香）味、甜味的较好，带霉酸味的则较次。

⑤菌丝：曲块中心应有足量的菌丝生长。

（三）测定结果

测定结果如表 3-21~表 3-23 所示。

表 3-21　　全国小曲测定（直接测定）

样品名称	水分/%	酸度	pH	液化力	糖化力	发酵力	酵母数/百万
江苏江都特制药曲（糠曲）	8.90	1.0809	6.00	63.5	38.54	6.32	31.68
江苏江都普通药曲（糠曲）	7.00	0.7983	6.00	43.2	18.45	5.42	19.04
江苏无锡夏窝药曲（糠曲）	6.37	0.7035	6.20	33.5	22.70	5.74	21.48
江苏无锡秋窝药曲（糠曲）	7.14	0.4461	6.20	45.5	28.89	7.51	19.84
浙江乌衣红曲（米曲）	14.38	1.4413	5.9	531.6	383.00	6.36	18.56
浙江余姚糠曲	15.78	1.8190	5.9	250.0	67.43	11.09	21.12
浙江宁波米曲	15.95	0.6816	6.1	193.5	83.54	16.45	16.16
安徽合肥有药糠曲	9.5	1.1839	6.1	226.4	80.83	8.83	6.08
安徽合肥无药糠曲	10.27	1.6634	5.9	315.8	109.10	8.23	22.40
福建厦门糠曲	10.58	1.1269	5.9	387.1	282.2	12.99	31.20
河南信阳米曲	13.46	0.4461	6.3	187.5	65.75	13.55	38.72
河南潢川米曲	7.39	2.6625	5.8	521.7	138.00	28.8	38.4
河南信阳无药糠曲	7.42	0.9952	6.3	117.6	90.88	6.35	8.0
湖北江陵南曲（糠曲）	5.52	0.7193	6.5	83.3	33.20	29.66	19.2

续表

样品名称	水分/%	酸度	pH	液化力	糖化力	发酵力	酵母数/百万
湖北汉阳红星糠曲	4.81	0.6713	6.4	77.9	25.23	13.26	17.6
湖北宜昌糠曲	15.94	0.5325	5.9	387.1	163.38	2.55	5.62
江西巴都米曲	12.07	0.4700	6.0	2000	763.68	10.37	10.4
江西凤城米曲	15.17	0.6390	6.1	1000	245.75	17.54	16.16
湖南长沙米曲	15.64	0.7029	6.2	82.1	40.58	37.05	34.72
广东汕头糠曲	12.37	1.9560	6.1	480.0	337.18	29.75	16.48
广东靖远糠曲	11.88	0.6692	6.2	307.6	146.88	19.03	35.68
云南楚雄米曲	13.41	0.3603	6.3	372.7	83.20	9.90	8.0
四川邛崃米曲	12.34	0.2900	6.1	375.0	143.23	10.45	7.2
四川榫木镇糠曲	12.83	0.4467	6.2	210.5	90.23	23.06	11.36
贵州黄平米曲	11.58	0.6250	6.2	89.6	50.75	6.4	8.32
贵州修文麦曲	10.95	1.4935	4.5	260.9	222.33	8.72	7.04
贵州安顺米曲	12.56	0.3821	6.3	285.7	99.98	31.42	28.8

注：酸度：每克小曲所消耗酸的毫克当量数。

液化力：每克小曲在30℃每小时所液化淀粉的毫克数。

糖化力：每克小曲在30℃每小时糖化淀粉所生还原糖毫克数。

表3-22　　全国小曲测定（间接测定）

样品名称	酸度	淀粉利用率/%	淀粉糊精酶	淀粉糖分解酶	麦芽糖酶	最终糊精酶
江苏江都特制药曲（糠曲）	0.8550	55.14	33.3	21.12	8.10	17.5
江苏江都普通药曲（糠曲）	1.1520	55.54	33.3	35.10	5.25	17.8
江苏无锡夏窝药曲（糠曲）	0.6069	53.01	35.1	21.40	6.50	20.2
江苏无锡秋窝药曲（糠曲）	0.6540	52.56	40.8	20.15	4.20	21.0
浙江乌衣红曲	0.0959	29.26	133.3	57.00	7.75	10.5
浙江余姚糠曲	0.0102	51.65	21.4	39.30	1.50	4.25
浙江宁波米曲	0.4260	58.49	34.9	38.55	22.0	15.75
安徽合肥有药糠曲	0.3930	38.05	60.0	14.20	10.95	16.5
安徽合肥无药糠曲	0.4650	48.82	37.9	42.0	13.5	23.10
福建厦门糠曲	0.1770	66.52	250	84.00	2.65	18.0
河南信阳米曲	0.2630	59.31	139.5	39.20	8.50	13.20
河南潢川米曲	0.5964	44.11		70.80	6.50	8.5
河南信阳无药糠曲	0.1360	63.05	85.7	104.8	15.0	22.45
湖北江陵南曲（糠曲）	0.1520	65.57	166.7	92.2	4.20	13.0
湖北汉阳红星糠曲	0.1150	66.18	157.9	108.4	10.55	13.5
湖北宜昌糠曲	0.0816	20.07	32.1	86.40	5.5	7.5
江西巴都米曲	0.1246	69.74	222.2	119.20	10.5	14.5
江西凤城米曲	0.6816	60.98	139.5	123.60	8.5	29.0
湖南长沙米曲	0.9201	67.34	87.0	46.8	6.0	20.5

续表

样品名称	酸度	淀粉利用率/%	淀粉糊精酶	淀粉糖分解酶	麦芽糖酶	最终糊精酶
广东汕头糠曲	0.1486	64.91	98.4	99.6	3.0	8.5
广东靖远糠曲	0.1822	60.68	84.5	58.00	10.5	16.8
云南楚雄米曲	0.1774	64.33	153.8	44.8	2.0	5.0
四川邛崃米曲	0.2210	65.06	127.7	50.4	8.5	25.35
四川榫木镇糠曲	0.1966	61.41	352.9	152.0	14.0	33.5
贵州黄平米曲	0.1150	58.95	115.40	82.0	2.5	18.00
贵州修文麦曲	0.1970	48.46	200	160.00	8.5	12.0
贵州安顺米曲	0.2215	65.79	146.3	50.40	11.0	17.25

注：酸度：10g 大米酯所消耗酸的毫克数。

淀粉糊精酶：每克大米经培养 26h 后，在 30℃每小时所液化淀粉的毫克数。

淀粉糖化酶：每克大米经培养 26h 后，在 30℃每小时糖化淀粉所生成的麦芽糖毫克数。

麦芽糖酶：每克大米经培养 26h 后，在 30℃每小时作用于麦芽糖所生成还原糖毫克数。

最终糊精酶：每克大米经培养 26h 后，在 30℃每小时作用于最终糊精所生成麦芽糖毫克数。

表 3-23 感官鉴定

样品名称	皮张	颜色	泡度	菌丝	闻味
江苏江都特制药曲（糠曲）	米粉皮张	纯白	发得较泡	外层发透，中心不匀	稍带曲香，无怪味
江苏江都普通药曲（糠曲）	米粉光皮	白色	中心坚实	菌丝细软无力，且不多	稍带曲香，无怪味
江苏无锡夏窝药曲（糠曲）	米粉光皮	纯白	中等泡度	菌丝均匀，但未挂满	曲香，无怪味
江苏无锡秋窝药曲（糠曲）	米粉光皮	纯白	有泡度	中心满观菌丝	曲香，无怪味
浙江乌衣红曲（米曲）	有菌丝	红褐色	有泡度，较坚硬	无菌丝	有酸味
浙江余姚糠曲	有菌丝	牙黄色	有泡度	中心未发过	无怪味
浙江宁波米曲	皱皮染手	白色	泡度较好	中心有菌丝，不均匀	无怪味
安徽合肥有药糠曲	有菌丝	淡谷黄色	缺乏泡度	中心未发过，菌丝少	稍带曲香
安徽合肥无药糠曲	有菌丝	浅谷黄色	坚定，无泡度	曲心菌丝不匀，且未发过，边缘菌丝多	稍带曲香，有酸味
福建厦门糠曲	发泡，带皱纹	牙黄	有泡度	中心菌丝少，且坚硬	酸臭味，微有曲香
河南信阳米曲	粉皮染手	纯白	泡度好	中心无菌丝，发暗	有药味
河南信阳无药糠曲	粉皮，有皱纹	白色	泡度好	满挂菌丝	曲香，无酸味
湖北江陵南曲	有皱纹，较好	牙黄色	发得好	中心全过，菌丝无力	清香味
湖北汉阳红星糠曲	粉皮，有皱纹	表皮色白，中心红土色	有泡度	满挂菌丝，细软无力	曲香，无怪味
湖北宜昌糠曲	有菌丝	黄色	稍有泡度	菌丝不匀	无怪味
江西巴都米曲	皱纹好	底白面黄	上等泡度	满挂菌丝	曲清香，无怪味

续表

样品名称	皮张	颜色	泡度	菌丝	闻味
江西凤城米曲	米光皮	白色	较泡	全过心，菌丝很细	味甜，不香
湖南长沙米曲	较好	谷黄色	上等泡度	菌丝满布，粗壮有力	药气，有酸味
广东汕头糠曲	上等皱纹	牙黄色	上等泡度	菌丝满布，粗壮有力	清香，有酸甜味
广东靖远糠曲	有菌丝	白黄色	较坚实	菌丝较多，但杂有绿黑菌丝	带烟气
云南楚雄米曲	有皱纹	白色	中等	菌丝均匀，粗大有力	甜香味
四川邛崃米曲	皱纹	白色	泡度好	菌丝穿心，粗大有力	曲清香
四川榫木镇糠曲	有白色菌丝	白色带黄	带泡度	菌丝满布	带曲香
贵州黄平米曲	米粉，光皮	白色	泡度较好	菌丝细小，发过心	曲香，无怪味
贵州修文麦曲	皱纹中等		发得泡	菌丝满布，多而有力	酱药香，带有酸辣味
贵州安顺米曲	带有皱纹	白色	较泡	中心全过，但不均，个别有黑霉	甜香味

(四) 讨论

此次收集的小曲样品共计 27 种，其中有米曲 11 种，糠曲 15 种，麦曲 1 种。由于制造所用原料和方法的不同，且所含的糖化和发酵菌类又多，使部分分析项目的结果有些差别，但每一分析项目与小曲的质量都有着一定程度的关系。

小曲的水分含量是微生物保藏的重要指标，如含水量过高，则在保藏中很易酸败；相反，如水分含量过低，小曲过于干燥，也不利于微生物的保藏。因此，尽可能精确地测定小曲中水分，是非常重要的，根据测定的结果，全部小曲的水分变化颇大，最低为 4.81%，最高为 15.95%，其中含水量在 14%~16%者 6 种，12%~14%者 7 种，10%~12%者 5 种，8%~10%者 2 种，6%~8%者 5 种，4%~6%者 2 种，因此，部分小曲的水分含量有过高或过低的现象。

直接测定中的 pH，变化不大，较为稳定。但酸度的变化范围在 0.2900~2.6625 之间。这过高的酸度，可能是由于在制曲过程中某种霉菌繁殖时，生酸能力特强，或基质中水分含量过高，在保藏中引起酸败现象所造成的。间接测定是将小曲以大米为基质，进行扩大培养的。测得的酸度的变化范围在 0.0102~1.1520 之间。虽为同一小曲，直接与间接测定得的酸度结果也难一致。这是由于培养和制曲时的条件改变所致。有机酸是某些微生物利用碳水化合物呼吸作用所产生的，其中以乳酸、醋酸、丁酸等为主，此外尚有少量的草酸、延胡索酸等，故酸量过高，其中副产物增多，小曲的质量欠佳，在生产上也有一定的影响。

间接测定中的淀粉利用率，是结合生产的方式，可在实验室进行小型的生产试验。虽然测定的方法与生产上培菌和发酵工序的实际操作情况有些不同，由于在实验严密的控制下，固定了温度、水分等条件，在淀粉质较纯的大米培养基上来进行比较测定，有可能达到与生产实际情况相结合的意义。测定的结果，淀粉利用率在 20.07%~69.74%之间，其中 60%~70%者 13 种，50%~60%者 8 种，40%~50%者 3 种，30%~40%者 1 种，20%~30%者 2 种。而淀粉利用率在 60%以上者，从感官鉴定上看，大部分都具有一定程度的泡度，表面及中心都有不同程的菌丝生长。所以在缺乏化验设备的情况下，用感官鉴定的指标来衡量小曲的优劣，也有相当的正确性。

直接和间接测定淀粉水解酶和淀粉糖化酶，即对曲中淀粉酶的测定——β-糖化淀粉酶、α-糊精化淀粉酶的测定。因结构不同，而决定了淀粉是由两种主要成分混合组成。一种是直链淀粉，其主要成

分为1,4-α-葡萄糖苷单位。整个直链淀粉分子含200~300个葡萄糖苷单位，可能为一个长而卷曲的不分枝或极少分枝的链状结构淀粉。另一种是支链淀粉，在植物性淀粉中，一般占80%左右的支链淀粉是由分枝很多的链结成的，由许多含有20或24个1,4-α-葡萄糖苷的“单位小链”联缀而成的。

这两种结构的淀粉，即直链淀粉和支链淀粉，决定了淀粉酶作用的差别，如下所示。

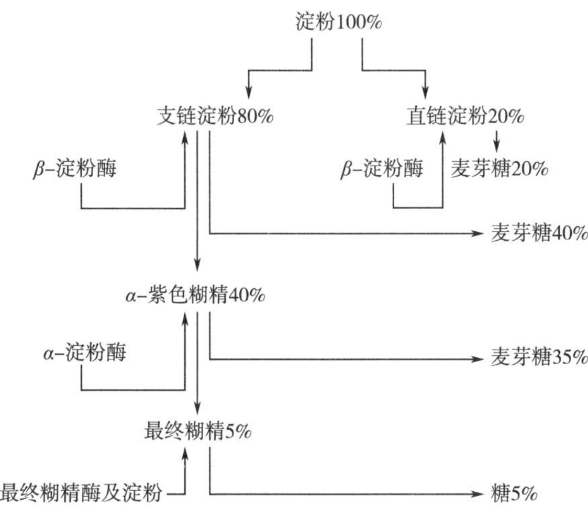

当β-淀粉酶作用于20%的直链淀粉时，能使直链淀粉分子全部分解为麦芽糖。如果β-淀粉酶作用于支链淀粉，则可将支链淀粉的分子分解为麦芽糖与糊精。因为β-淀粉酶只能分解葡萄糖链的游离链端，生成麦芽糖，所以当分解进行到支链淀粉分子中的支链时，它的作用便停止了。即β-淀粉酶分解支链淀粉时，总共只生成40%麦芽糖，不能被分解的所谓α-紫色糊精，则为α-淀粉酶水解为35%的麦芽糖，剩下尚有5%的最终糊精，而为最终糊精酶所作用。

因此，不论β-糖化淀粉酶或α-糊精化淀粉酶，单独作用于淀粉的，都不能使淀粉质完全水解，必须两种酶同时作用，淀粉始可水解达95%。由此可见，在淀粉糖化酶和淀粉糊精酶所测得结果，不可分为β-糖化淀粉酶或α-糊精化淀粉酶的作用，实际上为两酶共同作用的结果，仅在测定结果上以不同的单位量表示出来。而β-糖化淀粉酶，更确切说，应是麦芽糖的淀粉酶。

直接测定的液化力变化范围在33.5~2000mg，糖化力变化范围在18.45~763.68mg。间接测定的淀粉水解酶变化范围在21.4~352.9mg，淀粉糖化酶变化范围在14.2~160mg。

麦芽糖酶是与淀粉同时存在的。在测定淀粉酶时，所得到的结果，是连同麦芽糖酶的能力一并计算在内的，可能是扩大了淀粉酶的结果，所以单独的进行麦芽糖酶能力的测定是必需的，但若直接取小曲试样制备酶液，其能力极微弱，用普通化学分析方法不易测出。故必须将小曲进行扩大培养后，再予以测定。根据测定结果，全部27种小曲的麦芽糖酶的能力没有多大差别，一般在1.5~22mg之间。

淀粉酶对淀粉的水解在理论上亦仅能达到95%，剩余的部分最终糊精，必须在最终糊精酶与其作用后始能为麦芽糖所分解，然后为酵母菌所利用，发酵成为酒精。所以测定小曲中最终糊精酶的能力，亦是很重要的。测定的结果，27种小曲的最终糊精酶的能力在4.25~33.5mg之间，其中除5种小曲的最终糊精酶的能力在10mg以下，其余均在10mg以上。所以，小曲中所分泌的最终糊精酶的能力是较强的，这说明了小曲酿酒在发酵中后糖化作用是较为重要的。

直接测定发酵力，是以纯粹酵母在一定时间内所能产生1.75g的二氧化碳为标准。但小曲中的酵母，从酵母细胞数的测定中看出，每克小曲所含有的酵母数，较纯种酵母有极大的差别。同时多系野生菌种，所以测定的结果一般均偏低，最低的为2.55%，最高也仅达37.05%。

在测定的27种小曲中，将淀粉利用率的结果加以比较。11种米曲在29.26%~69.74%，15个糠曲在20.07%~66.18%。糠曲仅稍低于米曲，再以有药小曲和无药小曲相比较，亦相差无几。如果以小曲的制造方法相比较，则纯种培养制造的广东汕头及福建厦门等地的糠曲，皆较一般自然培养野生菌种的糠曲为高。因此，今后在小曲的制造原料上，应逐步以米糠代替大米。适当减少（或不用）中草药。在设备条件允许的情况下，亦应以优良菌种来代替不良菌种的制造方法，使各地所产小曲在节约用料、保证质量的基础上，进一步改进和提高。

［食品工业部制酒工业管理局编著《四川糯高粱小曲白酒操作法》，轻工业出版社，1958］

二十八、小曲生产添加中草药和辣蓼草作用

小曲制造在我国有着悠久的历史，添加中草药或辣蓼草是小曲制造的特色。根据科学工作者的研究，用中草药制造小曲始于晋代或更早的时代，现在小曲的传统制法仍采用中草药。早在 20 世纪 40 年代本文作者对此作了研究，现将研究方法和研究结果介绍如下，供研究和生产参考。

（一）对酵母的试验

分别将作试验的国药每种 10g 切碎，加水 100mL，煮沸 10~20min。将药汁倾出在药渣中再加水 100mL，煮沸 10~20min，将第一次煮出的药汁与第二次煮出的药汁混合，取此种混合液 1mL、2mL，分别加入预先备好的两份各 50mL 酵母培养液中。接入酵母（116 号），培养一定时间后，测定其中酵母的细胞数，以判断用药是促进了还是抑制了酵母的能力，以 F 值表示，其公式如式（3-13）所示。

$$F = 加试液的细胞数/不加试液的细胞数 \quad (3-13)$$

F 值在 1 以上，说明这味国药有促进酵母生长的能力；F 值在 1 以下，则说明它对酵母的生长无益。试验结果见表 3-24，从 30 种国药对酵母所起的作用来说，有的不但无益而且有害，如黄连。但大多数是有益的，30 种国药中有益的为 28 种，最好的是薄荷。

表 3-24　国药促进或抑制酵母的能力

号数	药名	加 1mL 试液的 F 值	加 2mL 试液的 F 值	号数	药名	加 1mL 试液的 F 值	加 2mL 试液的 F 值
1	茯苓	1.6	2.5	16	细辛	2.2	2.2
2	姜黄	2.5	2.7	17	青蒿	2.9	3.3
3	益智	2.1	2.3	18	泡参	3.0	3.3
4	甘草	2.3	2.6	19	艾	2.4	2.9
5	丁香	2.6	3.0	20	杏仁	5.0	5.8
6	茱萸	3.0	3.4	21	附子	2.0	2.5
7	黄柏	0.6	0.47	22	木香	3.1	2.4
8	薄荷	5.5	7.0	23	肉桂	3.7	2.9
9	天南星	4.6	4.8	24	良姜	3.0	2.6
10	柴胡	4.0	4.5	25	陈皮	5.0	5.0
11	槟榔	3.0	3.0	26	苍子	3.0	3.2
12	桑叶	4.8	5.4	27	白术	3.2	4.3
13	草拔	2.7	2.0	28	川椒	1.9	1.9
14	防风	2.9	4.5	29	川芎	4.0	5.0
15	白芷	3.2	4.3	30	黄连	0.2	—

（二）对霉菌的试验

试药配制方法如前。取试药 1mL，放入 50mL 培养液中，分别接入根霉、黄曲霉及黑曲霉。经过一定时间，把培养液中所长的菌丝取出烘干，称其重量；计算 *F* 值，其结果见表 3-25。

表 3-25　国药促进或抑制霉菌的能力

号数	药名	根霉（22 号）*F* 值	黄曲霉（301）*F* 值	黑曲霉 *F* 值
未加	—	1.0	1.0	1.0
1	丁香	1.0	1.2	1.6
2	姜黄	1.1	1.2	1.6
3	白芷	1.2	1.4	1.7
4	草拔	1.0	1.3	1.5
5	槟榔	1.2	1.4	1.5
6	白术	1.3	1.3	1.9
7	艾	1.0	1.5	1.6
8	肉桂	1.0	1.5	1.2
9	川芎	1.2	1.0	1.5
10	甘草	1.2	1.5	1.6
11	天南星	1.0	1.4	1.9
12	柴胡	1.0	1.1	1.6
13	黄柏	1.0	1.3	1.6
14	青蒿	1.0	1.4	1.5
15	陈皮	1.0	1.3	1.8
16	附子	1.0	1.0	1.5
17	木香	0.9	0.4	1.8
18	薄荷	1.0	1.3	1.5
19	细辛	1.0	1.4	1.3
20	苍子	1.0	1.2	1.0
21	桑叶	1.2	1.2	1.7
22	防风	1.0	1.5	1.5
23	泡参	1.2	1.3	1.4
24	杏仁	1.0	0.9	1.5
25	茯苓	1.0	1.3	—
26	良姜	1.0	1.5	1.5
27	川椒	1.0	1.3	1.5
28	益智	1.0	1.3	1.6
29	茱萸	1.2	1.6	1.7
30	黄连	—	—	2.5

对霉菌的试验结果表明，有的国药对这种霉菌有益，但对别的霉菌无益，有的用也可，不用也可。不过酒药是一种酵母和霉菌混合存在的发酵剂。某一味国药对根霉无益，但对酵母有益，如薄荷、天南星、桑叶、杏仁、陈皮等。

从上面结果看，我国古代劳动人民制造酒药时用辣蓼草和国药不是没有科学道理的。现介绍试验情况，以供更好选择中草药以提高小曲质量，继承和发扬祖国的遗产。

[轻工业部科学研究设计院、北京轻工业学院编著《黄酒酿造》，轻工业出版社，1960]

二十九、麦淋酒酒曲中“百草尖”配方的研究

陇南师范高等专科学校农林技术学院的王都留、何九军、叶文斌、杨建东通过对当地村民的访谈、资料整理、野外植物调查和鉴定比对，对麦淋酒酒曲中“百草天”的配方进行了研究，明确了酒曲配方中常用到的100种植物，并对其进行了系统科学的名称考证，如表3-26所示。

表3-26　　麦淋酒曲百草尖配方植物名称表

序号	中文名称	学名		序号	中文名称	学名
1	刺五加	*Acanthopanax senticosus*		27	甘草	*Glycyrrhiza uralensis* Fisch
2	艾蒿	*Artemisia argyi* H. Lev. &Vaniot		28	甘肃棘豆	*Oxytropis kansuensis* Bunge
3	白花败酱	*Patrinia villosa* Juss.		29	甘肃瑞香	*Daphne tangutica* Maxim.
4	白及	*Bletillastriata* （Thunb. ex A. Murray） Rchb. f.		30	枸杞	*Lycium chinense* Mill.
5	白芍	*Paeonia lactiflora* Pall		31	贯众	*Dryopteris* setosa
6	白术	*Atractylodes macrocephala*		32	何首乌	*Fallopia multiflora* （Thunb. ） Harald.
7	白芷	*Angelica dahurica* （Fisch. exHoffm. ） Benth. et Hook. f. ex Franch. et Sav		33	花椒	*Zanthoxylum bungeanum* Maxim.
				34	槐树	*Sophora japonica* Linn.
8	百部	*Stemona sessilifolia* （Miq. ） Miq.		35	黄花菜	*Hemerocallis citrina* Baroni.
9	百合	*Lilium brownii* var. *viridulum* Baker		36	黄芪	*Astragalus membranaceus* （Fisch. ） Bunge
10	百里香	*Thymus mongolicus* Ronn		37	黄芩	*Scutellaria baicalensis* Georgi
11	半夏	*Pinellia temata* （Thunb. ） Breit.		38	茴香	*Foeniculum vulgare* Mill.
12	薄荷	*Mentha* haplocalyx		39	藿香	*Agastache rugosus* （Fisch. etMeyer） Kunze.
13	苍耳	*Xanthium sibiricum* Patrin		40	鸡爪草	*Clathodes oxycarpa* Sprague.
14	苍术	*Rhizoma* Atractylodis		41	金钱草	*Lysimachia christinae* Hance.
15	草麻黄	*Ephedra sinica* Stapf		42	荆芥	*Nepeta cataria* Linn.
16	菖蒲	*Acorus calamus* Linn.		43	韭菜	*Allium tuberosum* Rotl. ex Spreng.
17	车前	*Plantago asiatica* Linn.		44	桔梗	*Platycodon grandiflorus* （Jacq） A. DC.
18	赤芍	*Paeonia veitchii* Lynch.		45	决明	*Cassia tora* Linn.
19	川芎	*Ligusticum chuanxiong* Hort.		46	苦参	*Sophora flavescens* Ait.
20	大蓟	*Cirsium japonicum* DC.		47	灰藜	*Chenopodium album* Linn.
21	丹参	*Salvia plectranthoides* Girff.		48	竹叶花椒	*Zanthoxylum nitidum* （Roxb. ） DC.
22	当归	*Angelica sinensis* （Oliv. ） Diels		49	大叶龙胆	*Gentana macrophylla* Pall.
23	党参	*Codonopsis pilosula* （Franch. ） Nannf.		50	马齿苋	*Portulaca oleracea* Linn.
24	灯芯草	*Juncus effusus* Linn.		51	麦冬	*Ophiopogon japonicus* （Linn. f. ） Ke-Gawl.
25	丁香	*Syringa aromaticum* （Linn. ） Merr. et Perry		52	曼陀罗	*Datura stramonium* Linn.
26	冬花	*Tussilago farfara* Linn.		53	茅香	*Hierochloe odoratal* （Linn. ） Beauv.

续表

序号	中文名称	学名	序号	中文名称	学名
54	苜蓿	*Medicago sativa* Linn.	78	豌豆	*Pisum sativum* Linn.
55	女贞	*Ligustrum lucidum* Ait.	79	威灵仙	*Clematis chinensis* Osbeck.
56	蒲公英	*Taraxacummongolicum* Hand. Mazz	80	乌药	*Lindera aggregata* （Sims）Kosterm.
57	荠菜	*Capsella bursa-pastoris*（Linn.）Medic	81	五味子	*Schisandra chinensls* （Turcz.）Baill.
58	前胡	*Peucedanum praeruptorum* Dunn	82	细辛	*Herba* Asari
59	荷叶	*Folium* Nelumbinis	83	夏枯草	*Prunella vulgaris* Linn.
60	茜草	*Rubia cordifolía* Linn.	84	香草	*Reseda odorata* Linn.
61	羌活	*Notopterygium forbesii* Boiss.	85	香茶莱	*Rabdosia amethystoides* （Benth.）Hara.
62	泡参	*Adenophora stricta* Miq.	86	香椿	*Toona sinensis* （A. Juss.）Roem.
63	青蒿	*Artemisia carvifolia* Buch. -Hamex Roxb.	87	香附子	*Cyperus iria* Linn.
64	忍冬	*Lonicera japonica* Thunb.	88	缬草	*Valeriana officinalis* Linn.
65	桑叶	*Morus alba* L.	89	芫荽	*Coriandrum sativum* Linn.
66	沙参	*Adenophora stricta* Miq.	90	燕麦	*Avena sativa* Linn.
67	沙棘	*Hippophae rhamnoides* Linn.	91	野草莓	*Fragaria vesca* Linn.
68	山楂	*Fructus Crataegi* Pinnatifidae	92	野菊花	*Dendranthema indicun* （Linn.）Des Monl.
69	蛇床	*Cnidíum monnieri* （Linn.） Cusson.	93	益母草	*Leonurus artemisia*（Lour.） S. Y. Hu.
70	升麻	*Cimicifuga foetida* Linn.	94	茵陈蒿	*Artemisia capillar* Thunb.
71	水蓼	*Polygonum hydropiper* Linn.	95	淫羊藿	*Epimedium brevicornum* Maxim.
72	一把伞南星	*Arisaema erubescens*（Wall.）Schott	96	鱼腥草	*Houttuynia cordata* Thunb.
73	田旋花	*Convolvulus arvensis* Linn.	97	郁金香	*Tulipa gesneriana* Linn.
74	铁筷子	*Helleborus tibetanus* Franch.	98	远志	*Polygala tenuifolia* Willd.
75	通草	*Stachyurus chinensis* Franch.	99	泽泻	*Rhizoma* Alismatis
76	透骨草	*Clematis intricate* Bunge.	100	知母	*Anemarrhena asphodeloides* Bunge.
77	菟丝子	*Cuscuta chinensis* Lam.			

［《酿酒科技》2015（6）：38-40］

三十、日本学者山崎百治对绍兴酒用麦曲和酒药的研究

日本学者山崎百治著的《淋饭酒制造方法》一文记载了他对淋饭酒生产用麦曲和酒药分离的研究成果，对我们研究绍兴酒麦曲和酒药有一定的参考价值。

（一）淋饭酒用麦曲的微生物学性质

表 3-27　淋饭酒用麦曲的微生物学性质（0.0001g 中的菌落数）

麦曲编号		细菌	毛霉	根霉	犁头霉	酵母	红曲霉	曲霉青霉	类似酵母	其他
东方产曲	No. 101	3784	1	Rh Ⅱ	16	21	-	+	27	Rh Ⅱ
东方产曲	No. 103	15206	11	+	73	15	+	6	+	Rh Ⅰ

注：+表示生长，-表示不生长。

（二）淋饭酒用麦曲的物理性质

表 3-28　　淋饭酒用麦曲的物理性质

项目	东方产曲 No. 101	东方产曲 No. 103
形状	不规矩的圆形	不规则的椭圆形
大小/cm	（5. 5~6. 5）×（17. 0~17. 7）×（26. 5~27. 7）	直径 27~31，平均 30，平均厚度 4. 4
色	赤褐色	褐色
气味	有霉气味	有较多的谷物气味
质量/g	1715~1995	1220~1620
表面的形状	很粗糙，小麦的碎片相黏结，菌类布满曲面	很粗糙，可见麸皮，一面是平的，另一面是凹的
剖面的形状	皮壳厚 1. 0~1. 5cm，和表面的颜色一样，中心 2~3cm 是灰黑色的菌类物	可见细密的麸皮，呈黑色，中间夹杂有部分白色的点和线
备注	全部用小麦碎粒制造	全部用小麦麸皮制造

（三）淋饭酒用麦曲的化学成分

表 3-29　　淋饭酒用麦曲的化学成分　　单位:%

组分	东方产曲 No. 101		东方产曲 No. 103	
	气干样品	干燥样品	气干样品	干燥样品
水分	14. 212	—	11. 657	—
粗蛋白质	14. 109	16. 446	25. 143	28. 461
乙醚抽出物	1. 380	1. 609	1. 980	2. 242
粗纤维	3. 016	3. 516	41. 819	47. 336
还原糖	1. 547	1. 803	1. 525	1. 726
糊精	4. 173	4. 865	2. 524	2. 850
淀粉	58. 293	67. 944	9. 382	10. 600
灰分	3. 270	3. 817	5. 970	6. 785
合计	100. 000	100. 000	100. 000	100. 000
全氮量	2. 25623	2. 62985	4. 02033	4. 55086
蛋白质氮量	2. 03933	2. 37716	2. 84557	3. 22100
非蛋白质氮量	0. 21680	0. 25269	1. 17476	1. 32978

（四）淋饭酒用酒药的微生物学性质

表 3-30　　淋饭酒用酒药的微生物学性质（0. 0001g 中的菌落数）

酒药编号		细菌	毛霉	根霉	犁头霉	酵母	红曲霉	曲霉青霉	类似酵母	其他
东方产曲	No. 63	59	-	Rh Ⅰ 7 Rh Ⅱ	9	4	-	+	432	Rh Ⅲ

续表

酒药编号		细菌	毛霉	根霉	犁头霉	酵母	红曲霉	曲霉青霉	类似酵母	其他
东方产曲	No. 102	4800	40	Rh Ⅰ 5 Rh Ⅱ	-	8	-	-	-	Rh Ⅲ

注：+表示生长，-表示不生长。

（五）淋饭酒用酒药的物理性质

表 3-31　　淋饭酒用酒药的物理性质

项目	东方产曲 No. 63	东方产曲 No. 102
形状	不规则的圆形	不规则的椭圆形
大小/cm	1.6×1.7×（1.8~2.0）×2.2×3.2	(5.0~5.8) ×（5.5~6.4）
色	淡褐色	微灰白色
香	无	有谷物的气味
质量/g	5.0~14.5，平均 8.65	47~58，平均 51
表面形状	像泥墙的表面	呈平滑的泥粉状土墙表面，并有稻壳附着的痕迹和不少小孔
断面的形状	淡黄色，可看见米的粗粒和植物的细末	可看见米的粗粉粒，呈微灰白色
备注	主要成分为米的粗粉粒和细末	主要成分为无机物的细粉末

（六）淋饭酒用酒药的化学成分

表 3-32　　淋饭酒用酒药的化学成分　　单位:%

组分	东方产曲 No. 63		东方产曲 No. 102	
	气干样品	干燥样品	气干样品	干燥样品
水分	10.796	0.000	4.975	0.000
粗蛋白质	7.974	8.939	5.436	5.721
乙醚浸出物	1.060	1.188	0.610	0.682
粗纤维	7.615	8.537	5.581	5.871
还原糖	1.592	1.785	1.669	1.780
糊精	2.821	3.163	2.189	2.304
淀粉	35.390	39.394	8.480	8.924
灰分	32.752	36.994	71.040	74.718
合计	100.000	100.000	100.000	100.000
全氮量	1.27509	1.42938	0.86912	0.91470
蛋白质氮量	1.14541	1.28400	0.65812	0.69257
非蛋白质氮量	0.12968	0.14538	0.21108	0.22213

［傅金泉编著《黄酒生产技术》，化学工业出版社，2005］

三十一、绿衣观音土曲中微生物种群区系分析及其功能研究

绿衣观音土曲是我国小曲的一种，并具有地方性特色。湖北劲牌有限公司冯春、汪光明、杨强、孙细珍和华中农业大学梁运祥、田焕章、殷翱、王丽新对绿衣观音土曲中微生物种群区系进行了分析及其功能研究，并取得成果。

（一）微生物区系分析

1. 母曲、土曲中霉菌、酵母和细菌量的分析

表 3-33　　母曲、土曲中霉菌、酵母和细菌量　　单位：$\times10^7$个/g

培养基	菌别	第一次	第二次	第三次	平均值
土曲麦芽汁培养基	酵母	5.3	12	8.0	8.9
	霉菌	7.3	5.0	4.3	5.5
母曲麦芽汁培养基	酵母	19	24	12	18
	霉菌	21	92	56	49
土曲牛肉膏培养基	细菌	7.5	8.1	9.3	8.3
母曲牛肉膏培养基	细菌	28	11	17	18
土曲察氏培养基	霉菌	4.2	2.0	1.8	2.7
母曲察氏培养基	霉菌	0.4	0.12	0.58	0.37

2. 不同来源母曲、土曲微生物区系分析

表 3-34　　几种观音土曲微生物计数结果　　单位：$\times10^7$个/g

观音土曲	酵母	霉菌	细菌	观音土曲	酵母	霉菌	细菌
大冶母曲	8.0	1.2	17	公安张才文土曲	1.2	0.27	9.7
园林清母曲	5.8	1.1	13	卫农粮曲厂土曲	1.7	0.6	9.3
公安富强母曲	4.3	0.56	16	岳阳王承波土曲	11	2.2	13
大冶土曲	3.4	0.43	4.0	园林清土曲	3.6	1.0	3.8
公安刘新国土曲	4.3	0.2	6.3	临澧秋生土曲	4.7	2.3	5.6

3. 几种曲样表层和中心部分微生物区系比较

表 3-35　　曲的表层和中心部分微生物区系比较　　单位：$\times10^7$个/g

项目	霉菌		酵母		项目	霉菌		酵母	
	表层	中心	表层	中心		表层	中心	表层	中心
大冶母曲	2.5	0.6	9.0	3.1	大冶母曲	3.7	2.3	11	7.6
大冶土曲	22	0.36	25	1.3	大冶土曲	6.7	0.3	22	1.8

（二）微生物类群及其特征描述

经多次重复分离，共得霉菌 51 株、酵母菌 30 株，经鉴定归类，霉菌中：FS41 等 10 株为棒曲霉；FS13 等 8 株为黄曲霉；FS19 等 8 株为构巢曲霉；FS16 等 13 株为毛霉；FS14 等 5 株为白地霉。此外还有根霉 1 株、青霉 2 株、瓶梗青霉 1 株和镰刀霉 2 株。酵母菌中：YS51 等 10 株为克鲁斯假丝酵母，YS53 为啤酒酵母，YS54 等 3 株为克鲁维酵母，YS116 等 3 株为异常汉逊酵母异常变种，还有 YS581 株粉状毕赤酵母。此外，还分离到放线菌和较多的细菌。细菌以芽孢菌占优势。

对上述已鉴定微生物类群，仅选取其中数量占优势和具优良生产性能的霉菌和酵母菌进行形态和生理特征的描述。

1. 棒曲霉 FS41

在察氏培养基中于 26℃下培养 10d，菌落直径 2.5~3.2cm，表面淡灰绿色，由基质内长出相当丰富的分生孢子类。菌落边缘有一薄层白色菌丝紧贴基质生长，宽 2~3cm。菌落反面暗黄色，有近同心环状和少量近放射状深波皱，有渗出物。分生孢子柄光滑无色，（18~29）μm×（750~1470）μm，顶囊呈棒状，（29~65）μm×（130~254）μm，小梗单层密集、全面着生，生于基部者（2.8~3.5）μm×（2.8~2.9）μm，生于上部者（2.8~3.8）μm×（9.3~13）μm。分生孢子呈卵形（3.8~5.4）μm×（4.4~5.8）μm 和圆形 3.9~4.4μm，表面光滑。

糖发酵：仅发酵葡萄糖。

碳源利用：葡萄糖+乙醇+甘油+可溶性淀粉+乳酸+柠檬酸+其他。

其他：半乳糖、L-山梨糖、蔗糖、麦芽糖、纤维二糖、海藻糖、乳糖、蜜二糖、菊糖 D-木糖、L-阿拉伯糖、赤藓糖醇、半乳糖醇、D-甘露醇、水杨苷、棉籽糖、鼠李糖、松三糖。硝酸钾利用——裂解杨梅苷。耐 NaCl 浓度 9%。

2. 克鲁斯假丝酵母

YS51 在麦芽汁平板上菌落扩展，无光泽，边缘不整齐。在麦芽汁液体培养基中形成白色醭及沉淀，醭沿管壁向上蔓延。细胞呈卵圆形，（2.4~4）μm×（4~10）μm。此外还有少量柱状形体，（3.5~4.5）μm×（14~27）μm。多边芽殖，在玉米粉培养基上形成丰富的假菌丝。

3. 啤酒酵母

YS53 在麦芽汁平板上菌落呈圆形，边缘整齐，乳白色，表面光滑有光泽。液体培养形成沉淀，数日后，先形成环，后向中心扩展形成薄膜。细胞呈卵形，（3.5~5.2）μm×（5.2~6.9）μm 和近圆形，3.8~6.9μm，多边芽殖，无假菌丝。子囊圆形，内有 1~4 个子囊孢子，孢子表面光滑。

（1）糖发酵　葡萄糖、蔗糖、半乳糖、棉籽糖、α-甲基-D 葡萄糖能发酵。蜜二糖、菊糖、松三糖、纤维二糖、可溶性淀粉、乳糖不能发酵。

（2）碳源利用　能利用葡萄糖，半乳糖、蔗糖、棉籽糖、松三糖、α-甲基-D-葡萄糖苷、乳酸、无维生素生长。不能利用碳源的有纤维二糖、乳糖、L-山梨糖、蜜二糖、裂解杨梅苷、菊糖、可溶性淀粉、D-木糖、L-阿拉伯糖、L-鼠李糖、乙醇、甘油、同化硝酸钾、赤藓糖醇、D-甘露醇、甜醇、水杨苷、柠檬酸、肌醇。耐 NaCl 浓度 6%。

（三）霉菌及酵母菌的数量分布

在霉菌中，以棒曲霉为主，数量居首位，稀释皿中平板菌落数为 100×10^7 个/g 曲，黄曲霉、构巢曲霉、毛霉、根霉、瓶梗青霉和镰刀菌等为数很少。酵母菌以克鲁斯酵母和啤酒酵母为主，异常汉逊酵母异常变种和克鲁维酵母次之。粉状毕赤酵母偶有出现。

对于不同来源的土曲，酵母和霉菌的数量比例不同，对成品曲质量和酒的风味有影响。

（四）发酵生理的测定

结果见表 3-36~表 3-38。

表 3-36　　霉菌糖化型液化型淀粉酶活力

菌株号	菌种名称	糖化酶活力/［$mgC_6H_{12}O_6$/(g 曲·h)］	液化酶活力
FS41	棒曲霉	3516	+++
FS13	黄曲霉	2903	++
FS19	构巢曲霉	151	−
FS16	毛霉	500	+
FS14	白地霉	−	−

注：+++表示酶活力强，++表示酶活力较强，+表示酶活力一般，−表示酶活力弱。

表 3-37　　酵母菌发酵力耐酒精力和产酯

菌号	菌种名称	CO_2 生成量/g	耐酒精力/%（体积分数）	产酯
YS51	克鲁斯假丝酵母	0.7	12	酯香
YS53	啤酒酵母	5.1	14	酯香
YS54	克鲁维酵母	1.8	8	酯香
YS116	异常汉逊酵母异常变种	1.8	10	乙酸乙酯
YS58	粉状毕赤酵母	0.4	6	后期稍有酯香

表 3-38　　几种霉菌酵母菌最高生长温度

菌号	温度/℃						菌号	温度/℃					
	37	40	42	45	47	50		37	40	42	45	47	50
FS41	+	±	−	−	−	−	YS51	++	++	+	±	−	−
FS13	++	++	+	−	−	−	YS53	++	++	±	−	+	−
FS19	++	++	++	++	+	−	YS54	++	++	++	++	−	−
FS16	++	++	++	++	+	−	YS116	+	−	−	−	−	−
FS14	+	−	−	−	−	−	YS58	++	++	++	±		

注：++生长良好，+生长差，±微弱生长，−不生长。

（五）土曲中的细菌和棒曲霉功能试验

结果见表 3-39～表 3-41。

表 3-39　　土曲中细菌功能试验　　单位：mg/mL

项目	1#土曲	2#土曲+青霉素 60mg/kg	3#土曲+青霉素 100mg/kg
乙醛	7.317	6.193	9.6.9
甲酸乙酯	0.516	0.781	1.050
乙酸乙酯	225.687	204.686	295.810
甲醇	11.642	11.877	11.386
仲丁醇	71.747	49.644	30.543
正丙醇	594.459	394.704	314.251
异丁醇	37.931	43.637	55.628
戊酸乙酯	16.236	12.731	10.959
正丁醇	2.553	1.590	3.031

续表

项目	1#土曲	2#土曲+青霉素 60mg/kg	3#土曲+青霉素 100mg/kg
异戊醇	62.887	69.356	73.212
正戊醇	0.742	0.673	0.780
乳酸乙酯	101.712	100.864	51.478
正庚醇	0.702	0.836	—
乙酸	28.925	47.331	31.104
丙酸	9.505	8.361	7.051
苯乙醇	1.638	2.570	1.907
辛酸	0.004	—	—
棕榈酸乙酯	1.361	1.502	1.763
月桂酸乙酯	2.014	2.265	3.003
庚酸	—	1.659	1.775

表 3-40　　棒曲霉糖化力功能试验结果　　单位:%

项目	棒曲霉糖化酶	
	M1 本厂棒曲霉	M2 华农棒曲霉
麸皮二级母种	0	6.8
静置培养母种	0.8	2
摇床培养母种	1.8	1.1

注：糖化率：每 1g 曲在 30℃，24h 糖化 100g 大米饭所生成葡萄糖的质量（g）。

表 3-41　　棒曲霉功能试验结果　　单位：mg/mL

项目	1#土曲	2#根霉+酵母	3#根霉+30%棒曲霉+酵母	4#根霉+50%棒曲霉+酵母
乙醛	7.317	28.85	10.527	7.368
甲酸乙酯	0.516	1.390	—	—
乙酸乙酯	225.687	124.875	82.588	108.384
甲醇	11.642	15.775	11.299	11.001

[《酿酒科技》2005（3）：39-42]

三十二、广东产酒饼种及酒饼发酵菌类的研究

华南工学院的陈连对本省产的酒饼种及酒饼进行了一次比较全面的调查和检验，以期找寻得糖化力强的丝状菌和发酵力强的酵母菌。

（一）广东产酒饼种

表 3-42 广东产酒饼种

分类	材料编号	产地	采集日期	物理性质			
				重量/g	直径/cm	表面颜色	内部形态
酒饼种	1	广州芳村	1953. 5. 22	22. 0	3. 5	灰白色	灰黄、粗糙有树叶
	2	广州芳村	1953. 5. 22	11. 5	3. 2~3. 5	灰黄色，虫蛀	灰黄、粗糙有树叶
	3	广州	1953. 5. 22	10. 0	2. 7~3. 0	灰百色，虫蛀	灰白、粗糙有树叶
	4	梅县	1953. 11. 16	5. 5	24~25	灰黄色，虫蛀	灰黄、粗糙有树叶
	5	梅县	1953. 11. 16	7. 0	24~28	灰白色	灰白、粗糙有树叶
	6	潮安市	1953. 11. 23	60	20~26	白色	灰黄、粗糙有树叶
	7	汕头	1953. 12. 3	4. 5	4×3. 5×1. 5（扁平）	灰黄色，虫蛀	灰白、粗糙
	8	汕头	1953. 12. 3	4. 5	4×3. 5×1. 4（扁平）	灰白带黄	白色、粗糙
	9	汕头	1953. 12. 3	20. 0	4. 0~4. 5	黄褐色	黄色、粗、有白粉粒
	10	乐昌	1953. 12. 16	4. 0	2. 0	圆柱形灰黄色	灰白、粗糙有树叶
	11	普宁尖陇	1953. 12. 23	5. 0	3. 5×3. 5×1. 2（扁平）	淡黄色	白色、粗糙有树叶
	12	揭阳	1953. 12. 23	7. 0	2. 2~2. 4	灰黄色	灰白、粗糙有树叶
	13	厦门	1953. 12. 23	7. 5	2. 5~2. 4	灰黄色	灰白、粗糙有树叶
	14	海口市	1953. 12. 22	15. 0	2. 4~2. 5	灰白带红	灰白、粗糙有树叶
	15	崖县藤桥	1953. 12. 22	7. 2	2. 5~2. 6	灰黄色	灰白、粗糙有树叶
	16	文昌	1953. 12. 22	18. 5	3. 5~4. 0	红褐色	红褐、粗糙、树叶少
	17	琼东	1953. 12. 22	4. 3	粉状	灰褐色	灰褐、有树叶
	18	南雄	1953. 12. 22	7. 0	28~3. 0	灰白色	灰白、粗糙有树叶
	19	南雄	1953. 12. 22	3. 0	2. 0	白色带黄	灰白、粗糙有树叶
	20	阳山附城	1953. 12. 23	6. 0	2. 5~3. 0	灰黄色	灰白、粗糙有树叶
	21	江门	1953. 12. 23	15. 0	3. 2~3. 8	灰黄色	灰白、粗糙有树叶
	22	恩平	1953. 12. 23	15. 0	3. 4~3. 8	灰白色	灰白、粗糙有树叶
	23	增城县新增镇	1953. 12. 24	23. 0	3. 5~3. 6	灰黄色	灰白、粗糙有树叶
	24	增城县城镇	1953. 12. 24	10. 0	3. 0~3. 2	灰黄色	灰白、粗糙有树叶
	25	增城县城镇	1953. 12. 24	17. 0	3. 2~4. 0	灰黄色	灰白、粗糙有树叶
	26	清远	1953. 12. 24	9. 5	3. 0~3. 3	灰白色	灰白、粗糙有树叶
	27	怀集	1953. 12. 25	20. 0	3. 5~4. 5	灰污色	赤褐、粗糙有树叶
	28	饶平黄冈镇	1953. 12. 26	7. 0	3. 7×3. 5×1. 6（扁平）	灰黄色	白色、粗糙
	29	饶平黄岗镇	1953. 12. 26	6. 5	4. 0×3. 7×16	灰黄色	白色、粗糙
	30	饶平黄岗镇	1953. 12. 26	7. 5	3. 8×3. 5×2. 5	淡黄色	白色

续表

分类	材料编号	产地	采集日期	物理性质			
				重量/g	直径/cm	表面颜色	内部形态
	31	饶平黄岗镇	1953. 12. 26	7. 0	4. 5×3. 8×1. 7	灰污色	白色
	32	饶平黄岗镇	1953. 12. 26	7. 0	3. 3×3. 2×1. 5	灰白色	白色、粗糙、
	33	厦门	1953. 12. 26	14. 0	3. 5~3. 7	黄褐色	灰黄、粗糙、有糠皮
	34	凌丰	1953. 12. 26	5. 0	2. 3~2. 5	灰黄色	灰白、粗糙、有树叶
	35	兴宁	1953. 12. 25	5. 0	2. 2	灰黄色	灰白、粗糙、有树叶
	36	江西会昌	1953. 12. 25	7. 0	2. 6~3. 2	灰白色	灰白、粗糙、有树叶
	37	罗定	1953. 12. 27	14. 0	3. 0~32	灰黄色	灰色、粗糙、有树叶
	38	罗定	1953. 12. 27	9. 2	30~32	灰褐色	灰褐、粗糙、有树叶
	39	茂名	1953. 12. 25	7. 0	3. 0~3. 5	灰白色	灰白、粗糙、有树叶
	40	台山	1953. 12. 25	20. 0	2. 8~3. 3	白色	白色、粗、有树叶
	41	连县	1953. 12. 22	3. 5	2. 0~2. 3	灰白带黄	灰白、粗糙、有树叶
	42	南海	1953. 12. 31	16. 0	粉状	淡黄色	淡黄、粗糙、有树叶
	43	南海	1953. 12. 31	13. 0	3. 5~4. 0	灰黄色	灰白、粗糙、有树叶
	44	顺德桂州	1953. 12. 24	14. 5	粉状	灰白色	灰白、粗糙、有树叶
	45	顺德大良	1953. 12. 7	15. 0	3. 0~3. 5	灰白色	灰白、粗糙、有树叶
	46	广西梧州	1953. 12. 27	7. 0	3. 0~3. 4	灰白带黄	灰白、粗糙、有树叶
	47	广西入步	1953. 12. 27	2. 8	2. 0~2. 4	灰色	灰白、粗糙、有树叶
	48	广西桂林	1953. 12. 22	2. 0	粉状	灰色	灰白、粗糙、有树叶
	49	广西桂林	1953. 4. 6	2. 0	粉状	白色	白色、粗糙、有树叶
	50	广西桂林	1953. 4. 6	2. 0	粉状	白色	白色、粗糙、有树叶

分类	材料编号	产地	采集日期	物理性质				
				重量/市两	厚/cm	长/cm	宽/cm	形态
酒饼	51	广州	1953. 7. 26	17. 0	3. 0	19. 5	19. 5	方形、赤褐色、粗糙
	52	广州芳村	1953. 7. 26	12. 0	1. 6	17. 7	17. 7	方形、灰褐、粗糙
	53	广州	1953. 7. 26	12. 0	1. 8	18. 6	18. 0	方形、灰褐、粗糙
	54	广州	1953. 7. 26	15. 0	1. 7	18. 5	18. 0	方形、灰褐、粗糙
	55	台山	1953. 12. 27	8. 0	2. 3	18. 5	10. 5	灰白色、粗（平边）
	56	新会外海	1953. 12. 21	6. 0	1. 6	19. 5	10. 0	灰白色、粗（平边）
	57	顺德大良	1953. 12. 24	2. 5	2. 3	8. 5	7. 5	灰白色、粗（平边）
	58	顺德大良	1953. 12. 25	2. 5	2. 0	11. 0	8. 0	灰白色、粗（平边）
	59	顺德桂州	1953. 12. 25	6. 0	2. 0	19. 5	7. 0	灰白色、粗（平边）

（二）酒饼种及酒饼所含发酵菌类

酒饼种及酒饼所含发酵菌类经分离培养法检出结果见表 3-43。

表 3-43　酒饼种及酒饼含发酵菌类

材料编号	发酵菌类	材料编号	发酵菌类
1	酒曲菌（*Rhizopus*）、曲菌（*Aspergillus*）、青霉（*Penicillium*）	31	酵母、酒曲菌、类酵母菌
2	酒曲菌、曲菌、类酵母菌（*Monilia*）	32	酵母、类酵母菌
3	酵母、酒曲菌、曲菌、类酵母菌	33	类酵母菌
4	酵母、曲菌	34	酵母、酒曲菌、曲菌、青霉
5	酵母、曲菌、类酵母菌、青霉	35	酵母、酒曲菌、曲菌、毛霉、类酵母菌
6	酵母、酒曲菌	36	酵母、酒曲菌、曲菌、毛霉、类酵母菌
7	酵母、酒曲菌、类酵母菌	37	酵母、酒曲菌、曲菌
8	酵母、青霉、曲菌、类酵母菌	38	酵母、曲菌、类酵母菌
9	酵母、类酵母菌、青霉、毛霉（Macor）	39	酵母、酒曲菌、曲菌、青霉
10	酵母、酒曲菌、类酵母菌	40	酒曲菌、青霉
11	酵母、曲菌、类酵母菌	41	酵母、酒曲菌、曲菌、青霉、毛霉
12	酵母、酒曲菌、曲菌、青霉、类酵母菌	42	酵母、酒曲菌、青霉、毛霉
13	酵母、酒曲菌、曲菌、类酵母菌	43	酵母、青霉、曲菌
14	酵母、曲菌、青霉、类酵母菌	44	酵母、酒曲菌、曲菌、青霉、类酵母菌
15	酵母、曲菌、类酵母菌	45	酵母、酒曲菌、曲菌、类酵母菌
16	酵母、酒曲菌、曲菌、青霉、类酵母菌	46	酒曲菌、类酵母菌
17	酵母、曲菌、类酵母菌	47	酵母、青霉、毛霉、曲菌、类酵母菌
18	酵母、酒曲菌、曲菌、青霉、毛霉、类酵母菌	48	酒曲菌、曲菌、类酵母菌
19	酵母、酒曲菌、毛霉、类酵母菌	49	酒曲菌、类酵母菌
20	酵母、酒曲菌、曲菌、青霉、类酵母菌	50	酒曲菌、类酵母菌
21	酵母、酒曲菌、青霉、类酵母菌	51	酵母、曲菌
22	酒曲菌、曲菌、毛霉	52	酵母、酒曲菌、曲菌、青霉
23	酒曲菌、曲菌、青霉	53	酵母、酒曲菌、曲菌
24	酵母、酒曲菌、曲菌、青霉、类酵母菌	54	酵母、酒曲菌、曲菌、青霉、类酵母菌
25	酵母、毛霉、曲菌、青霉、类酵母菌	55	酒曲菌、青霉
26	酵母、酒曲菌、曲菌、类酵母菌	56	酵母、酒曲菌
27	酵母、青霉、曲菌、类酵母菌	57	毛霉、酒曲菌、曲菌、类酵母菌
28	酵母、酒曲菌、青霉	58	酵母、酒曲菌、毛霉、类酵母菌
29	酵母、酒曲菌	59	青霉、酒曲菌、曲菌、类酵母菌
30	酵母、酒曲菌、曲菌、青霉、毛霉、类酵母菌		

［食品工业部制酒工业管理局编《制酒工业科学研究极告选集》，轻工业出版社，1958］

三十三、绍兴酒发酵微生物研究

1957—1958 年，由原食品工业部上海食品工业科学研究所负责，并在浙江省轻工业厅及所属绍兴酒厂、云集酒厂、沈永和酒厂、柯桥酒厂和谦豫萃酒厂的积极支持和配合下，对绍兴酒的生产进行了总结、整理和提高的研究。现将有关绍兴酒发酵微生物研究成果摘录如下：

（一）酒药

它是酿制绍兴酒中淋饭酒的酵母及糖化菌制剂。其所含的微生物主要有根霉、毛霉、酵母及细菌等。从酒药直接分离的结果看来，除根霉、毛霉外，其他多数为野生酵母，而参与酒精发酵的酵母反不易分离获得。但是，在淋饭酒酿制过程中，糯米饭经根霉等菌糖化46h后，酵母已占优势，发酵75h，酵母数已高达3亿~4亿个/mL，至20d后作酒母应用时，酒精含量已达15%左右，除酵母外，其他杂菌均不易检得。由此可知，酒药中虽有酿造酵母的存在，但是含量极微少。本章将两个优良酵母菌株的初步鉴定作介绍，这些菌株均是从绍兴酒半成品中分离所得的。

因此也可以认为，酒药中的微生物繁多，而且其存在数量的多寡，未必能代表起主要作用的微生物的多寡。在酿酒初期，主要是根霉、毛霉生长，为淀粉糖化的时期，至糖液产生后，加水稀释，酵母即占优势，酒精浓度逐步增长，其他菌类便无从发育繁殖了。所以要获得酿酒起主要作用的微生物，除了酒药外，还应从实际生产中去分离。

（二）麦曲

麦曲中的微生物生长最多者为米曲霉、根霉及毛霉，此外尚有数量不多的黑曲霉、灰绿曲霉及青霉等。这些种类的霉菌，它们繁殖的情况，各批麦曲均有差异。一般正常产品中主要是米曲霉，但有时根霉、毛霉反而占优势。据工人反映：“麦曲黄绿花（米曲霉的分生孢子）越多，则麦曲的质量越优良。”从麦曲中分离所得的米曲霉糖化力及液化力均很差，在麦曲制造时，由于水分添加量仅20%，所以霉菌生长情况并不佳，因此酿造绍兴酒时的麦曲用量，达原料糯米的1/6。

（三）浆水

浆水是酿制绍兴酒时的重要配料之一。一般投入生产的均是汲取浸米20d后的下层浸米水（俗称浆水）。在浸米深层活动的微生物，经显微镜镜检，主要是兼性厌氧乳酸链球菌，大部分成对生长。取浸渍11d后的深层浆水，用曲汁平板分离的方法计数，每毫升细菌含量达254~353百万个。在浸渍的过程中，浆水表面也常生长一层皮膜酵母，有时也有青霉等丛生。不过生产上取用浆水时，表面的浸渍水均须撇除或用清水冲洗。

（四）酵母菌

从绍兴酒半成品中由菌落形态初选出8种不同的酵母菌株，其代号分别为A_3、A_{15}、B_1、B_5、B_6、C_4、C_{30}、C_{61}，将各菌株分别做耐酒精度、耐乳酸度、发酵各种不同糖类以及对米曲汁的发酵试验，其结果为：

①A_{15}、C_4、C_{30}、C_{61}在18%的酒精浓度下能发酵，20%以上时，发酵微弱；A_3、B_1、B_5、B_6则不能耐较高浓度的酒精，当达5%的酒精浓度时，生长受到抑制。

②A_{15}、C_4、C_{30}、C_{61}，对3%的乳酸浓度，生长尚无影响；但A_3、B_1、B_5、B_6已受到抑制，2%浓度的乳酸尚可生长。

③以上各酵母菌株均能发酵蔗糖、麦芽糖、葡萄糖、半乳糖（B_1、B_5不发酵）、甘露糖、果糖、棉籽糖；除B_1、B_5两株外，均不能发酵乳糖、淀粉、阿拉伯糖。但B_1、B_5发酵也很微弱（A_3、B_6未进行糖类发酵试验，因其与B_1、B_5属同一类型）。

④在米曲汁中以A_{15}、C_4发酵率最高，尤以A_{15}最好；而A_3、B_1、B_5、B_6则产生酒精量少，但具有产生酯香的特性。

经过上列筛选，挑出A_{15}及B_5两株为代表，进行了初步检定。

（1）A_{15}

形态与大小：在曲汁中，温度为25℃，培养24h，细胞为圆形，其大小多数为5μm，大者有7μm。在曲汁琼脂斜面上，温度为25℃，培养3d，细胞为椭圆形，大小为（3.7~5）μm×（5~8）μm，多

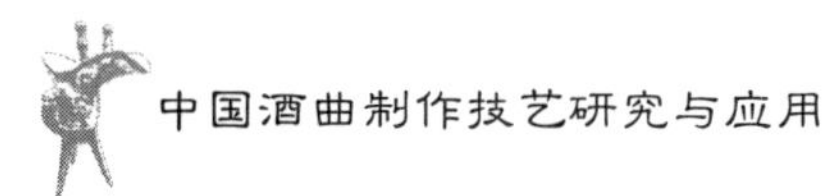

数为 3.7×7.4μm。

液体培养基中生长情况：在曲汁中培养 24h，有沉渣，8d 后沉渣增多不黏，液清。在发芽汁中培养 34h，有沉渣，8d 后沉渣增多不黏，液清。在海台克氏（Hayduck）液中培养 24h 沉渣少而密结，8d 后沉渣增多不黏，液清。在梅友氏（Mayer）液中培养 24h，沉渣少而密结，8d 后沉渣增多不黏，液清。

固体培养基上生长情况：曲汁琼脂斜面上，温度为 25℃，培养三周，菌苔呈黄白色，有光泽，中部有褶皱，边缘呈齿状。在麦芽汁琼脂上，与上相同，唯中部褶皱较深。

巨大集落：在曲汁琼脂上，温度为 25℃，培养一个月，菌落大小约 7cm，黄白色，表面有光泽，中央平坦，有同心圈，有凹纹，辐射线不明显，边缘呈深波纹状。

子囊孢子形成：在哥氏（Gorodkowa）培养基上约 1/20 产生子囊孢子，1~2 个，形状为不规则圆形。

乙醇利用：在乙醇培养基上，温度为 25℃，培养一周，无生长迹象。

糖类发酵：能发酵蔗糖、麦芽糖、葡萄糖、半乳糖、甘露糖、果糖、棉籽糖；不能发酵乳糖、淀粉、阿拉伯糖及木糖。

（2）B_5

形态及大小：在曲汁中温度为 25℃，培养 24h，细胞圆形成长圆形，圆形者大小为 2.5~6.2μm，多数为 3.7μm；长圆形者大小为（2.5~3.7）μm×（5~6.2）μm，多数为 3.7μm×6.2μm。在曲汁琼脂斜面培养至 3d，细胞圆形，大小为 2.5~5μm，多数为 3.7μm。

液体培养基中生长情况：在曲汁中培 24h，液混浊，液面有白色菌醭，沉渣密结，8d 后沉渣增多而黏。在麦芽汁中培养 24h，液混浊，液面有白色菌醭，沉渣密结，8d 后沉渣增多而黏。在海台克氏液中培养 24h，液混浊，液面有白色菌醭，沉渣较少，8d 后液混浊，沉渣少而黏。在梅友氏液中培养 24h，液稍混，有白色菌醭，沉渣少而密结，8d 后沉渣少而黏。

固体培养基上生长情况：在曲汁琼脂斜面上 25℃三周，菌落乳白色，无光泽，呈粉状，表面平坦，边缘呈树枝状。在麦芽汁琼脂斜面上相同，仅菌苔边缘树枝状较细。

巨大集落：在曲汁琼脂上，温度为 25℃，培养 1 个月，菌落大小约 4.5cm，白色，表面有光泽，边缘处无光泽，中央平坦，无同心圆，近边缘处有凹纹伸出，边缘呈浅波纹状。

子囊孢子形成：在哥氏培养基上不产生子囊孢子。

乙醇利用：在乙醇培养基中 25℃，一周，有生长。

糖类发酵：能发酵蔗糖、麦芽糖、葡萄糖、甘露糖、果糖、棉籽糖。在乳糖，半乳糖、阿拉伯糖及木糖中不产气，液稍有混浊。

（五）曲霉

从绍兴酒生产用的麦曲、酒药及半成品中分离出众多的曲霉菌株，分别用格拉祖诺法测定总淀粉酶活力；用胡氏法测定 α-淀粉酶活力；用明胶法测定蛋白质分解力。其中以 D_{24} 及 K_7 两菌株液化力及糖化力最强，蛋白质分解力各菌株相差不多，且均弱。经过了初步筛选及利用其作纯粹培养试制麦曲酿制绍兴酒证实，性能良好。曾将其进行形态的初步检定。

（1）K_7

固体培养基上菌丛形态：在曲汁琼脂平板上，菌丛黄绿色，后转草绿色，有辐射线，外围有两个同心圈，背面黄色，中央深黄，有褶皱。在察氏（Czapek）琼脂平板上，菌丛起始黄色，后转黄绿而灰绿，中央高起，边缘不清楚，有同心圈，培养基背面生紫红色色素，有褶皱，呈不整齐辐射状。在马铃薯琼脂上，菌丛呈黄褐色至土黄色，有同心圈，背面黄色，有放射状褶皱。

玻片培养上菌体形态：分生孢子头帚形至圆扇形。分生孢子柄径 2.5~3.7μm，绿色，表面有粒状点，无隔膜。顶囊梨形，径 15~20μm。小梗单列，（3~3.5）μm×（5~7）μm，长圆形，淡黄绿色。分生孢子球形至椭圆形，直径（5~6）μm×（6~7.4）μm，黄绿色，壁膜有粒状斑点。

（2）D_{24}

固体培养基上菌丛形态：在曲汁琼脂平板上，菌丛黄绿色，绒毛状，表面疏松，有两个同心圈，培养基背面开始为淡黄色，后转为绿色，有辐射状褶皱，先自半径中段向外缘展开，后又展延至中央。麦芽汁琼脂平板上，菌丛颜色同上。在察氏琼脂平板上，菌丛开始为淡黄色，后转草绿色绒毛状，同心圈不明显，表面疏松，培养基背面黄色，后变褐色，有不规则褶皱。在马铃薯琼脂平板上，菌丛由绿色渐渐转变为黄绿色而灰绿色，有同心圈，培养基背面黄色，有褶皱。

玻片培养上菌体形态：分生孢子头球形。分生孢子柄径 3.7~6μm，绿色，有颗粒，无隔膜。顶囊球形至椭圆形，径（9.9~19.8）μm ×（12.4~25）μm。小梗单列，瓶形，（2.5~3）μm ×（4.9~7.4）μm，绿色。分生孢子圆形，径约 3.7μm，表面有纹理。

［轻工业部科学研究设计院、北京轻工业学院编著《黄酒酿造》，轻工业出版社，1960］

三十四、云贵小曲中微生物的研究

日本学者柳田藤治于 1984—1985 年，借访问中国贵州和云南的机会，在当地取集酒曲样品 22 个并对其进行了分离研究，其成果可供我们研究小曲参考。22 个酒曲样品进行分离研究，其中霉菌、酵母菌和乳酸菌见表 3-44。

表 3-44 云贵小曲中的霉菌、酵母菌和乳酸菌 单位：个/g

试样编号	名称	购买地点	霉菌数	酵母菌数	乳酸菌数
1	酒药曲	贵州贵阳	4.3×10^6		8.0×10^4
2	甜酒曲	贵州贵阳	9.0×10^6		8.0×10^3
3	自家制曲	贵州贵阳	5.9×10^5	4.5×10^7	8.0×10^6
4	酒药曲	贵州贵阳	6.0×10^5		1.5×10^5
5	甜酒曲	贵州凯里	1.0×10^5		
6	烧酒曲	贵州雷山	2.0×10^5		2.5×10^5
7	甜酒曲	贵州雷山	1.6×10^6		8.0×10^5
8	糖化曲	贵州雷山	1.0×10^3		6.4×10^4
9	甜酒曲	贵州雷山	1.0×10^1		1.0×10^6
10	甜酒曲	贵州贵阳	3.0×10^3		8.6×10^6
11	酿酒曲	云南昆明		5.0×10^6	1.7×10^6
12	白酒曲	云南思茅	1.0×10^3	1.4×10^7	5.8×10^6
13	海燕日乙女曲	云南思茅	3.0×10^7		1.6×10^6
14	甜酒曲	云南思茅	1.0×10^1		
15	酒曲	云南景洪	1.0×10^2		5.6×10^6
16	甜酒曲	云南景洪	1.7×10^8		5.7×10^5
17	甜酒曲	云南景洪	1.0×10^3		8.0×10^{10}
18	甜酒曲	云南景洪	2.0×10^3	4.0×10^6	3.8×10^6
19	甜酒曲	云南景洪			2.4×10^4
20	浓缩甜酒曲	云南景洪	1.0×10^5		6.4×10^4
21	浓缩甜酒曲	云南思茅	1.0×10^2		
22	甜酒曲	云南思茅	6.0×10^2		

（一）霉菌的鉴定

在霉菌酶活力试验中，选出酶活力高的 19 株进行鉴定试验，14 株为根霉属，5 株为总状共头霉（*Symcephalastrum racemosum*）。其 α-淀粉酶活力、总糖化力及有无假根的测定结果见表 3-45。

表 3-45　分离菌株的酶活力糖化力与有无假根的测定结果

试样编号	α-淀粉活力酶/(U/g)	糖化力/(U/g)	有无假根
6-2	182	105	+
7-2	194	84	+
9-1	167	98	-
10-2	128	138	+
12-1	259	198	+
12-2	140	96	+
13-2	208	68	-
13-9	218	88	-
14-2	165	86	+
15-3	179	124	+
15-4	197	108	+
15-7	211	118	+
15-8	287	154	+
16-1	300	126	-
17-1	296	126	-
18-1	296	132	+
22-1	206	60	+
22-4	203	86	+
22-8	226	100	+

注：+表示有假根，-表示无假根。

根据生长最高温度将根霉划分为 3 个群，其结果见 3-46。

表 3-46　根据生长温度鉴定根霉属

试样编号	35℃	40℃	45℃	根霉属
6-2	+	+	-	米根霉
7-2	+	+	+	小孢根霉群
10-2	+	+	-	米根霉
12-1	+	+	-	米根霉
12-2	+	-	-	匍枝根霉（黑根霉群）
14-2	+	+	+	小孢根霉群
15-3	+	-	-	匍枝根霉（黑根霉群）
15-4	+	+	-	米根霉
15-7	+	+	-	米根霉
15-8	+	+	-	米根霉
18-1	+	-	-	匍枝根霉（黑根霉群）
22-1	+	+	+	小孢根霉群
22-4	+	+	+	小孢根霉群
22-8	+	+	+	小孢根霉群

注：+表示生长，-表示不生长。

从生长温度看，45℃以上能生长的小孢根霉有5株，40℃以上能生长、45℃不能生长的米根霉有6株。40℃以下不能生长的匍枝根霉（黑根霉）有3株。在匍枝根霉群中，根据接合孢子形成和孢子柄的形成，分为2株匍枝根霉变种。从分离鉴定的菌群看，米根霉是以前爪哇酒曲分离而得的，具有淀粉糖化力。匍枝根霉是中国曲的主要组成菌。

（二）酵母菌的鉴定

在22个曲样中，鉴定酵母菌的有4个样品，菌数（4.0~4.5）×10^6个/g，从4个曲样中分离出103株酵母菌，根据真菌丝和孢子出芽情况分为11个群，其形态学性质见表3-47。

表3-47　　分离酵母菌的形态学性质

试样编号	形态	营养体生殖	假菌丝	菌丝	出芽孢子	孢子形状	皮膜形成
3-1	球形至椭圆形	多极出芽	+①	-②	-③		+⑤
3-2	球形至圆筒形	多极出芽	+	-	-	球状形	-⑥
3-3	卵形	多极出芽	+	+	+④	帽子形	-
3-4	卵形至伸长形	多极出芽	+	+	+		-
11-1	卵形	多极出芽	+	+	+	帽子形	-
11-2	球形至圆筒形	多极出芽	+	-	-	球状形	+
11-3	卵形至伸长形	多极出芽	+	+	+		-
12-1	球形至圆筒形	多极出芽	+	-	-	球状形	-
18-1	卵形	多极出芽	+	+	+	帽子形	-
18-2	球形至圆筒形	多极出芽	+	-	-	球状形	+
18-3	球形至卵形	多极出芽	+	-	-		

注：①有菌丝；②无菌丝；③不出芽；④出芽；⑤形成；⑥不形成。

根据真菌丝及孢子出芽分成5群，其中3群观察出具有帽子形子囊孢子。不形成真菌丝的有6个群，其中有3群有子囊孢子，子囊孢子为环形。另有3群形成皮膜，皮膜形成看不出有子囊孢子。在糖类发酵上，所有菌群都能发酵葡萄糖。对碳源利用上，有6个群能利用可溶性淀粉。在氮源利用上，有3群能利用硝酸钾，能分解熊果苷者有3群。在缺乏维生素培养基上，全群仅有1群能生长。在50%葡萄糖培养基上，全群都属阴性。从形态学性质及生理学性质上鉴定结果归纳见表3-48。

表3-48　　分离酵母菌鉴定

试样编号	种类	分离菌数	试样编号	种类	分离菌数
3-1	蚕豆假丝酵母	6/9	11-3	威利复膜孢酵母	1/42
3-2	酿酒酵母	1/9	12-1	酿酒酵母	12/12
3-3	扣囊复膜孢酵母	1/9	18-1	扣囊复膜孢酵母	27/40
3-4	毕赤酵母	1/9	18-2	酿酒酵母	11/40
11-1	扣囊复膜孢酵母	20/42	18-3	汉逊德巴利酵母	2/40
11-2	酿酒酵母	11/42			

从表3-48鉴定结果看，酿酒的主要酵母菌株为酿酒酵母，在4个试样中都有。

（三）乳酸菌的鉴定

菌数测定用GYP-$CaCO_3$培养基对乳酸菌进行分离。经纯种分离共得75株乳酸菌，分属于链球菌属、片球菌属（四链球菌属）和乳酸杆菌属3个属，对其分布比例进行了试验，其结果见表3-49。

表3-49　根据形状与链锁情况对乳酸菌的分布　单位：%

试样编号	球菌		杆菌	试样编号	球菌		杆菌
	链球菌	四链球菌			链球菌	四链球菌	
1	70	30	—	12	—	—	100
2	100	—	—	13	100	—	—
3	90	10	—	15	—	—	100
4	80	20	—	16	100	—	—
6	100	—	—	17	—	—	100
7	86	14	—	18	70	30	—
8	33	67	—	19	100	—	—
9	40	30	30	20	—	55	45
10	30	70	—	21	60	—	40
11	30	70	—				

在21个样品中除4个样之外都检出链球菌属的乳酸菌，特别是2、6、13、16、19五个试样全部为链球菌属乳酸菌所组成。鉴定结果见表3-50。

表3-50　分离乳酸菌的同类鉴定

试样编号	菌名	试样编号	菌名
1	戊糖片球菌	11	戊糖片球菌
	屎链球菌		屎链球菌
2	屎链球菌	12	纤维二糖乳杆菌
	粪链球菌		短乳杆菌
3	戊糖片球菌		嗜粪乳杆菌
	屎链球菌		绿色乳杆菌
4	屎链球菌	13	屎链球菌
	戊糖片球菌	15	嗜粪乳杆菌
6	屎链球菌	16	屎链球菌
7	粪链球菌		粪链球菌
	戊糖片球菌	17	嗜粪乳杆菌
8	戊糖片球菌	18	屎链球菌
	屎链球菌		戊糖片球菌
9	粪链球菌	19	屎链球菌
	戊糖片球菌	20	戊糖片球菌
10	干酪乳杆菌		唾液乳杆菌
	戊糖片球菌	21	屎链球菌
	屎链球菌		嗜粪乳杆菌

根据以上乳酸菌分离测定结果，中国酒曲中共有的乳酸菌为链球菌属。

［傅金泉编著《黄酒生产技术》，化学工业出版社，2005］

第二节　根霉曲制作技艺及研究

一、黄酒根霉曲制作方法

1. 菌种

来源于苏州东吴酒厂。

2. 培养基的制备

用新鲜的大麦芽或干大麦芽，制成13~16°Bx的麦芽汁，或用大米糖化的米曲汁，滤去沉淀物，再配入0.1%酒石酸及2%琼脂，装入18cm×180cm试管中，每支大约10mL，在1kg/cm^{2}压力下杀菌0.5h，或常压杀菌三次，做成斜面培养基，备用。

3. 三角瓶种子的制备

将早籼米磨成细粉（要求新鲜的），加水至米粉含水量约30%，装的厚度不超过1.5cm；常压杀菌两次，冷却后将根霉菌接种于米粉或麸皮中，于保温箱中28~30℃条件下，培养2~3d，米粉中布满白色菌丝，无黄色或黑色等颜色的斑点，有糖香气，无异味如馊或酸气味等。

4. 根霉菌的制作

将麸皮加水100%，放0.1%酒石酸，拌和、润料、过筛，常压杀菌1h，待冷却过筛；于30℃，将三角瓶米粉种子接入，翻拌均匀后打堆（接种量：一只1000mL三角瓶，可接5kg麸皮），经过6~8h翻拌一次，并装入曲盒或竹帘培养，培养室温度控制在28~30℃，培养时间36~40h，出房晒干备用。

5. 酵母的培养

将K氏酵母和1312、1276生香酵母分别培养在米曲汁中，其培养方法同《烟台酿制白酒操作法》酵母培养法相同。将培养好的酵母，去掉上面清液，取其下层的酵母泥，一只1000mL的三角瓶装500mL糖液所得的酵母泥，可以拌3~3.5kg滑石粉，拌匀后在35℃干燥箱中干燥，或在太阳光下晒干，备用。

6. 配合成曲

按根霉菌：酵母=50：1的配比，也可根据气候温度不同，如冬天可灵活掌握。

7. 成品鉴定

表面及剖面布满菌丝，闻有糖香气，无异味，用碘量法测定糖化率在120~130U/g左右，酸度不超过0.5，此曲即为好曲。

8. 特点

（1）酒精度高，出酒率高，酸度低。（粳米出酒132.5kg，酒精度平均在15.5%vol以上，酸度在0.35%以下，平均出槽8~9kg。）

（2）操作容易掌握。

（3）糖化快，发酵力强，酿成汁液清，比一般白药酿制的提早6~8h。

（4）养培期可缩短。

（5）用药量可减少80%。如每100kg大米搭窝时用白药（潮药）500g，使用根霉曲只需100g，1971—1973年，我厂用潮药生产黄酒，平均出酒128.6kg，1974—1976年已有70%改用根霉曲，平均出酒 132.95kg。1979 年全部改用根霉曲，出酒达到 134.75kg。

［“第十一届四省一市黄酒协作会议”资料］

二、贵州麸皮根霉曲制作方法

以麸皮为原料的纯种培养根霉菌曲，不仅节约了大量的上等大米和中药材，而且原料出酒率得到大幅度提高，为国家节约更多的粮食，根霉曲操作简单，容易掌握，质量较有保证。目前为止，根霉曲的生产已有 20 多年的历史，但纯种生产根霉曲技术及其产品已遍及 20 多个省市，广泛应用于小曲酿酒和家庭酿制甜酒等方面，在生产与应用上已取得可喜成绩，为此，曾荣获 1978 年全国科学大会奖。

（一）试管菌种的培养

生产上习惯把试管菌种称为一级种子。一级种的培养尤为重要，在根霉曲生产上，常常由于频繁移接而造成试管菌种的污染或变异，导致酿酒出酒率大幅度下降。为了解决这个问题，贵州省轻工业厅科研所试验，用麸皮制麸皮固体培养基。该法应用于菌种保藏和根霉曲的实际生产，效果显著，对稳定根霉曲质量起到良好作用。试管菌种的制备、灭菌、接种、培养按一般常法。

在根霉曲的生产上，可供使用的根霉菌种较多，选择哪一个菌种较好，有的是按照习惯或用途，有的根据季节。一些厂常常在炎热季节用产酸较高的 3.866 根霉菌种，其他季节使用 Q303 号菌种。

1977 年，贵州省轻工业厅科学研究所从四川、贵州、广西、湖南等采集小曲共九个样品，分别获得 Q301、Q302、Q303、Q304 等四个根霉新菌株，Q303 号根霉具有糖化力强，产酸少，生长繁殖快的特点，目前已被广泛应用于生产。分离的四枝菌种与 3.866 菌种的比较见表 3-51 所示。

表 3-51　五支根霉的糖化发酵试验（三次试验品均值）

菌号	累计发酵减重量/g					原料出酒率(45%vol)/%	糖化发酵率/%
	1d	2d	3d	4d	5d		
Q301	5.2	8.5	8.7	8.9	8.9	91.6	79.7
Q302	6.0	8.7	9.0	9.1	9.2	82.0	80.1
Q303	6.2	9.3	9.7	9.8	9.9	83.2	81.3
Q304	6.3	8.7	9.3	9.4	9.5	81.5	79.6
3.866	6.9	8.0	8.5	9.6	8.7	75.6	73.2

常用的酵母菌种有 2.109 号、南阳混合酵母、2.541 号、K 氏酵母等。

（二）三角瓶扩大培养

1. 工艺流程

工艺流程详见下页。

2. 操作方法

（1）润料、装瓶、接种　称取麸皮，倒入盆内，加水 70%~80%，充分拌匀，用大口径漏斗将湿料装入洗干净烘干的 500mL 三角瓶内，每瓶装料 40~50g，塞好棉塞，用牛皮纸包扎瓶口，置于蒸汽高压灭菌锅内以 1kg/cm^{2}灭菌 30min，或常压间歇灭菌，即常压蒸 2h，取出保温培养，第 2 天又重复此操作，直至第 3 天灭菌完毕后，取出三角瓶趁热轻轻摇动，将瓶内结成块状麸皮打散（冷后不易打散），和瓶壁部分冷水回入培养基内。待冷却到 30~35℃，于培养室内，用无菌操作将根霉试管菌种接种到三角瓶麸皮培养基上，再摇匀一次，使菌体分散，有利于培养。

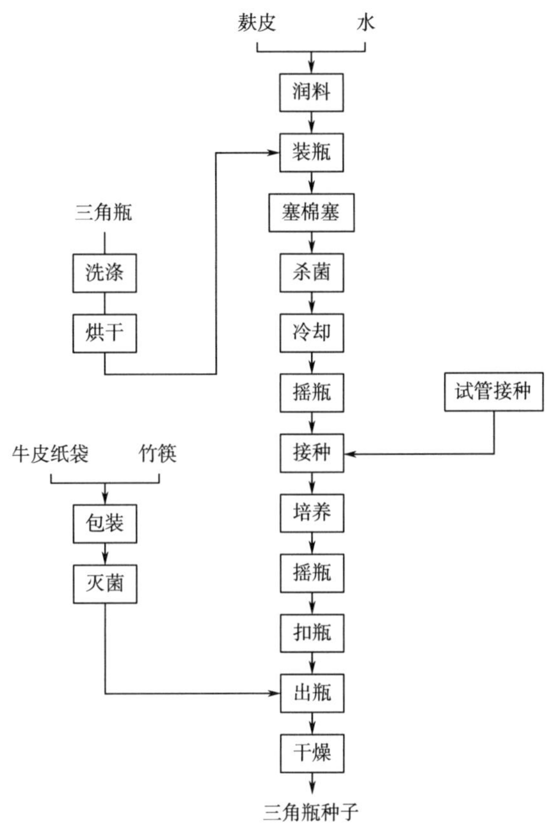

（2）培养与烘干　三角瓶接种完毕，置于恒温箱内保温28~30℃培养2~3d，待菌丝布满培养基，将麸皮连接成饼状时，进行扣瓶，扣瓶时将瓶轻轻震动放倒，使麸饼脱离瓶底，悬于瓶的中间，以增加与空气的接触面积，使瓶底培养基的根霉健壮生长繁殖。扣瓶后培养约1d，即可出瓶烘干。出瓶是在无菌室内，用无菌操作法，将培养好的结块麸饼用灭菌竹筷或玻璃棒充分打散，倒入灭菌的牛皮纸口袋中烘干。

三角瓶种子的烘干，多是在培养箱内进行，烘干温度为35~40℃，使之迅速除去水分，使菌体停止生长，便于保存备用。烘干后又于无菌室内，在灭菌的乳体内充分研磨粉碎，再倒回纸袋内，经检验合格，保存备用。

（3）三角瓶种子的贮藏　烘干的三角瓶种子，极易吸收空气中水分，尤其是雨季，很容易受潮湿变质，因此，对三角瓶种子的贮藏不容忽视。常用的保存方法是将三角瓶种子放在以硅胶做干燥剂的玻璃干燥器内，可存放数年不变质。

（三）浅盘种曲的培养

1. 工艺流程

工艺流程详见下页。

2. 操作方法

（1）润料灭菌　称取麸皮，加水70%~80%，充分拌匀，打散团块，用纱布包裹或装入竹箩等容器中，在高压蒸汽灭菌内1kg/cm^2 灭菌30min。对木曲或搪瓷盘可用1kg/cm^2 高压蒸汽灭菌20min，或常压蒸汽灭菌2h。

（2）接种培养　麸皮经高压灭菌后，于无菌室内冷凉30℃左右，接入三角瓶根霉种子0.3%，充分拌匀，即行装盘，装盘要快，并注意应厚薄均匀，然后将其叠成柱形，放入培养箱内，在28~30℃保温培养，培养约8h，孢子萌发，约12h，品温开始上升，至18h左右品温升至35~37℃时，将曲盘拉成X形，或品字形，使品温稍有下降，培养至24h左右，根霉菌丝已将麸皮连接成块状，即行扣盒，扣盒后继续培养至品温接近室温时，出曲烘干。

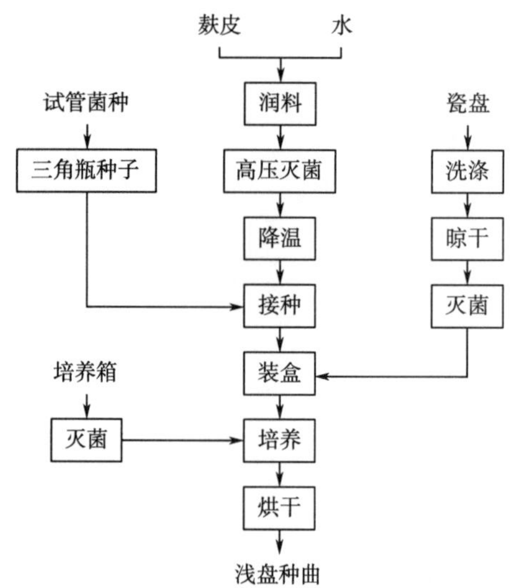

（3）烘干　烘干分两个阶段进行，前期烘干时因曲子含水较多，微生物对热的抵抗力较差，温度不宜过高，前期干燥温度一般控制在38~40℃，随着水分的蒸发，根霉对热的抵抗力逐渐增加，后期烘干温度可控制在40~45℃。

（四）根霉曲的生产

1. 曲盘制曲

（1）工艺流程

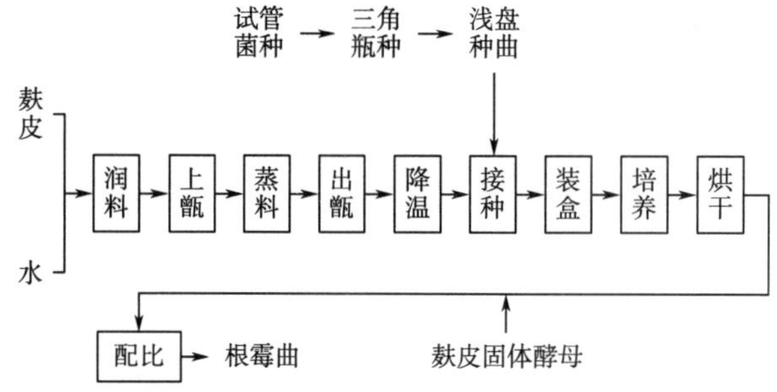

（2）操作方法

①润料：润料操作与浅盘种曲的润料相同，但浅盘生产投料量少，一般在盆内进行。而大生产投料量大，润料多用扬麸机，且多是底面操作。所以，润料场要冲洗打扫干净，润料时将麸皮加水60%~80%，用铲子初拌后，铲入扬麸机内充分和匀，打散团坂。润料加水多少，需根据气候、季节、原料及生产方式、设备条件等决定。

②蒸料：蒸料目的是使麸皮内淀粉糊化，并杀死料内杂菌。蒸料是整个根霉曲生产中生、熟料的分界线，生料经蒸料后，不允许再用生料的工具操作熟料，在工具不够使用时，必须将工具清洗杀菌后方可使用。

大生产曲料都是常压蒸料，麸皮润料完毕，打开蒸汽，将麸皮轻匀撒入甑内，加盖见穿气后常压蒸1.5~2h。

③接种：蒸好的曲料，经过扬麸机或人工扬散降温后，待品温降至35~37℃（冬季），夏季降至接近室温时，就可进行接种。接种量一般为0.3%~0.5%（夏天接种较少，冬季较多），接种量与繁殖速度如图3-4。由此可见，接种量大，培养时繁殖速度快，品温上升较猛；接种量小，繁殖速度较慢。一般夏天接种偏少；冬季较多。接种的方法是：先将浅盘种曲搓碎混入部分曲料，拌和均匀，再撒布于整个曲面上，充分拌匀。装入曲盘进曲室培养。

④培养：接种后将曲盘迭成柱形，在曲房内控制室温度28~30℃进行培养。曲房培养管理，主要是根据根霉不同阶段的生长繁殖情况，调节品温和控制湿度，采用桩行、X形、品字形、十字形调节等各种不同的形状（图3-5），使根霉在30~37℃的温度范围内生长繁殖。具体温度、湿度的掌握与浅盘种曲原理相同。

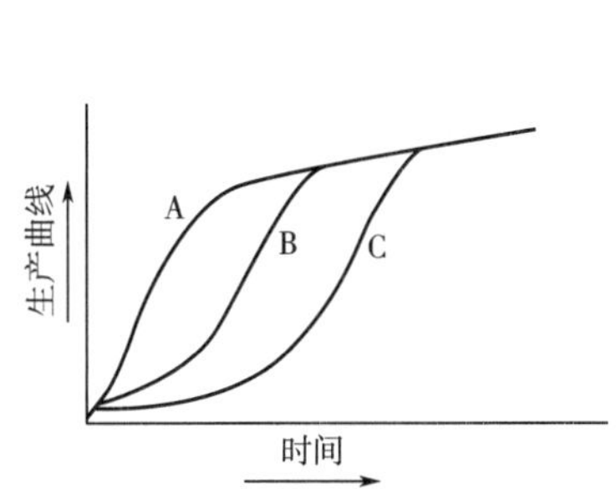

图3-4　接种量与繁殖速度

A—接种量大　B—接种量中　C—接种量小

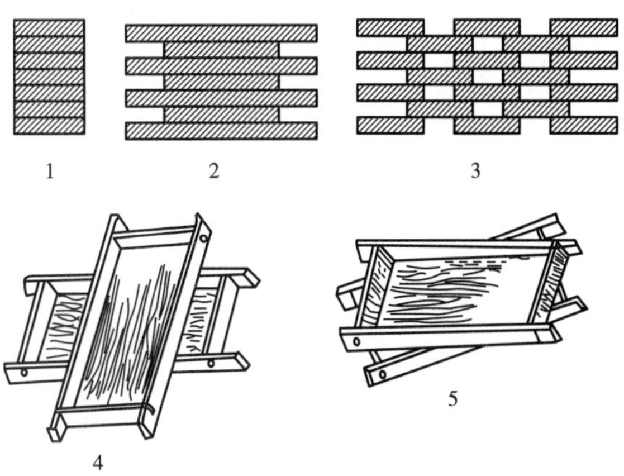

图3-5　曲盒罗形

1—方柱形　2—墙形　3—品字形　4—十字形　5—X字形

⑤烘干：微生物被加热到细胞中蛋白质凝固的温度时，就会死亡，蛋白质凝固的温度，又因水分含量的减少而上升。因此，细胞中水分含量越低，杀死微生物的温度就越高。所以，根霉曲的烘干一般分为两个阶段进行，前期从进烘房开始至烘曲24h左右，这时曲内含水量最多，基质内仍有部分养料可被利用，菌体继续繁殖生长，但曲内水分过多，也易引起杂菌繁殖，前期烘干温度掌握在35~40℃，使起后培养作用，又能尽快降低曲内水分。从24h直至烘干为后期烘干阶段，在这一段时期内，曲内水分较少，菌体逐渐停止生长，由于水分减少，菌体细胞对热的抵抗力增强，此时的烘干温度一般控制在40~45℃，使曲子快干、干透。利用阳光晒干，也能达到干燥目的。

⑥粉碎：干燥的根霉菌，需要经过粉碎，粉碎能使根霉的孢子囊破碎，释放出孢子来，以提高根霉曲的使用效能，常用粉碎设备有中、小型面粉粉碎机或者药物粉碎机、电磨、石磨等。在粉碎时要注意粉碎设备的机械运动产生的热使品温上升，品温太高，影响质量，最高不超过55℃。

2. 通风制曲

通风制曲具有节省厂房面积、节约木材、节省劳力、设备利用率高等特点，目前发展为根霉曲生产的重要方法之一。

（1）工艺流程

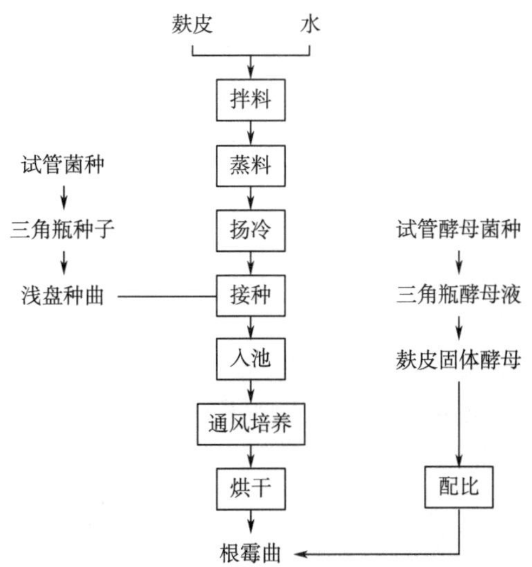

（2）操作方法

①拌料蒸料：称取麸皮，加水50%~60%，用扬麸机充分拌匀，堆积4h左右或直接上甑，常压蒸料2h，即可出甑。

②冷却接种：出甑时，用扬麸机打碎降温至38℃以下，便可接种，接种时将浅盘种子搓碎与少量冷麸料混合，再用扬麸机与料一起拌匀，接种量为投料量的0.3%~0.5%。接种拌匀后，疏松地装入灭过菌的通风培养池中，入池温度控制在28~32℃，装料厚度，一般为25~30cm。

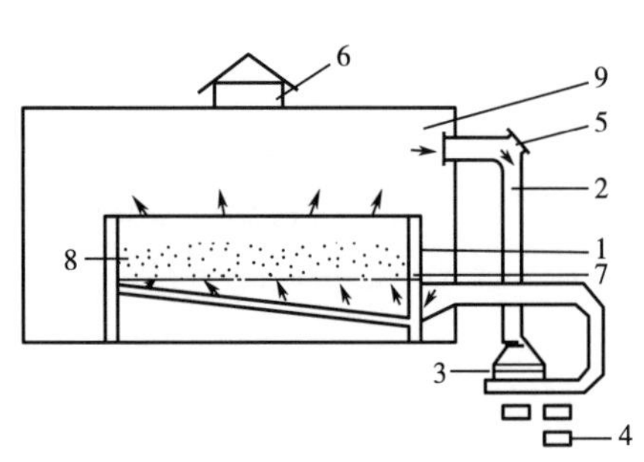

图3-6　通风制曲设备

1—曲箱　2—风道　3—鼓风机　4—电动机
5—新鲜风　6—天窗　7—篦子　8—培养料　9—曲室

③通风培养：接种装箱完毕，进行静止培养，使孢子尽快发芽，品温控制在30~31℃、进房后4~6h，菌体开始生长，品温逐渐上升，待品温上升到36℃左右，便开始自动间断通风，使曲料降温。培养约15h后，根霉开始旺盛生长，此时原料中的养分被大量消耗，由于根霉的呼吸作用而放出大量的热，使品温维持在30~37℃之间，一般入箱24h左右，曲内菌丝密布，连续成块，麸皮中的养分逐渐被消耗，水分不断减少，此时菌丝生长缓慢或已停止生长，即可进行烘干。

④烘干：培养完毕，立即用钉耙把曲块翻拌打散，送入干燥热风进行烘干，直至干曲水分在10%以下，即可出曲，装袋贮藏待用，通风制曲设备见图3-6。

3. 麸皮固体酵母培养

麸皮固体酵母，供配制根霉曲使用，具有容易制备和便于贮放、运输等特点。

（1）工艺流程

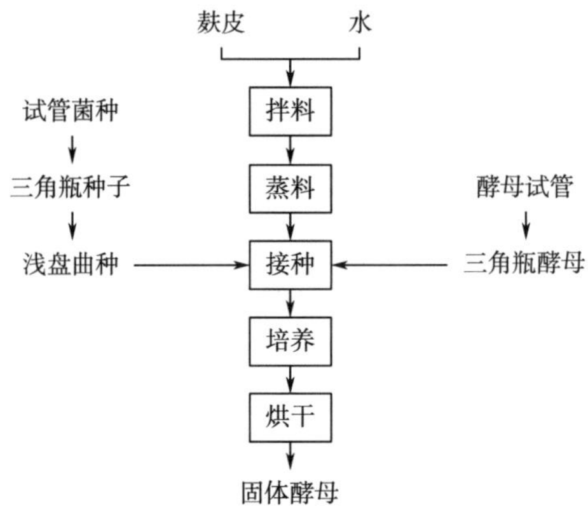

（2）操作方法

①三角瓶酵母的扩大培养：取甜酒水培养液或5%葡萄糖豆芽汁培养液，装入500mL三角瓶中，塞上棉塞，包扎瓶口，$1kg/cm^2$ 压力下灭菌25min，取出冷凉后于无菌室内，用无菌操作接入试管酵母菌中1~2环，28~30℃保温培养为24~36h，培养液内气泡大量上升至繁殖旺盛时，即作生产固体酵母的种子使用。

②固体酵母的制造：固体酵母的原料处理与根霉生产方式相同，润料加水量稍可增加，因充足的水分更适宜于酵母的繁殖，同时，因酵母在曲房管理时，翻拌次数较多，水分损失量大，所以合理增加水分是必要的，一般比培养根霉增加5%~10%。

原料经常压蒸汽灭菌后，降温至30℃左右，接入2%的三角瓶酵母液及0.1%~0.2%的根霉浅盘曲，以利用根霉糖化淀粉的作用，给酵母的生长繁殖提供部分糖分。接种后，将曲盘叠成柱形，入曲房28℃室温保温培养，至8~10h品温上升，需翻拌一次，叠成柱形继续保温培养，至12h进行第二次翻拌，至15h酵母细胞旺盛繁殖，品温变化较大，需视温度增加翻拌次数，至24~30h，固体酵母培养完毕，及行干燥。干燥条件与根霉曲相同。

对酵母的翻拌操作很重要，酵母繁殖生长需要大量空气，放出二氧化碳，翻拌操作能同时排除麸料内的二氧化碳，并补充氧气。同时，酵母在固体基质上生长繁殖，不像液体里那样能自行繁殖布满整个液体，也不像根霉那样能匍匐蔓延，布满到整个麸料内，因此翻拌操作，可使繁殖生长后的菌体细胞，不断分布到还没有酵母繁殖的养料内进行繁殖生长，使原料内养分用来繁殖酵母菌体，以提高固体酵母的质量。

4. 根霉曲的配比

将根霉与酵母按一定的比例合成根霉曲，使根霉曲具有糖化和发酵作用，向纯根霉中配入的固体酵母的量，与固体酵母所含的细胞个数有关，酵母细胞数多，固体酵母用量少；酵母细胞数少，固体酵母用量就多。一般固体酵母中酵母细胞数在 4 亿个/g 左右，加入的固体酵母为 6%。

[《白酒生产技术讲义》，《酿酒科技》（增刊），1982]

三、厦门白曲制作方法

福建省的厦门白曲是将酵母驯养在米曲汁中和将根霉驯养在米粉中作种曲，然后加入米糠和米粉中制得的。因开始产于厦门，所以一般通称为厦门白曲。

厦门白曲是在 1931 年由我国台湾人来厦门首先开始生产的。这种白曲具有如下特点：

（1）用曲量少　每 100kg 大米，夏季用曲 0.5kg 左右，冬季用曲 1kg 左右。

（2）出酒率高　每 100kg 大米可出 37%vol 酒 106kg，高的可达 112kg；每 100kg 鲜甘薯可出 37%vol 酒 30kg，高的可达 36kg；每 100kg 糠饼粉可出 37%vol 酒 20kg，高的可达 30kg。

（3）可用于多种原料酿酒　如大米、橡子、土茯苓、木薯、蔗渣、糠饼粉等均可适用。

（4）酿酒时操作简单，酿酒温度容易控制。

（5）便于贮藏和运输。

（6）还可以用于供应各酒厂扩大培养使用。

由于具有上述特点，所以这种曲不仅畅销福建省各地酒厂，而且还远销到汕头、中国香港等地。为了适应福建省酿酒工业的发展，本厅于 1958 年组织短期训练班普遍推广“厦门白曲”制造的经验。现在，全省 95%以上的酒厂都能自己制造白曲，这样不仅解决了酒厂本身糖化剂的供应问题，而且有力地支援了公社大办酒厂对白曲的需要。

（一）菌种

1. 菌种的选择

选择糖化力和发酵力均强，而生长繁殖又极旺盛的优良菌种，目前福建省用的菌种是：

根霉：*Rhizopus taiada* NO_2

酵母：*Saccharomyces miyanrae*

2. 培养基的制备

（1）液体培养基

①准备工作：将洗净的试管和 500mL 三角瓶塞上棉塞，置于干热灭菌器内加热到 150~160℃，灭菌 40~60min 备用。

②注意事项：试管或瓶上的棉塞要选用清洁的普通棉花（不能用脱脂棉），因为普通棉花含有脂肪，不宜吸水，同时一般纤维较长，弹性充足，能使棉塞始终保持松紧适度，杂菌不易侵入。棉塞要做得相当紧密，不可过松，否则空气会毫无阻碍的进入，但也不宜过于紧密，恐阻碍空气流通，不利于微生物的生长。此外，棉塞不能有褶痕，否则杂菌会顺着褶痕的隙缝侵入培养基上。

③操作方法：将大米 6.5kg 洗净后分装 4 盒，每盆加水 1500~1800mL（视米原含水量而定），气温在 21~22℃时浸渍时间可延长一些，夏天只需 1h，不宜太长，否则容易起泡发酸。蒸约 1h，米粒熟透后取出，放入用 0.1%升汞水或 70%的酒精杀菌的盆内，摊凉至 31~36℃左右（视气温而定），加入三角瓶米粉培养 48h 的根霉种曲 160g。种曲加入后，预先放入杀过菌的缸中，中央做成一井形，盖上已杀菌的布一层，再盖铁盖，放入 33℃保温室内，经过 3~4h 品温上升至 35~36℃，经 24h 后，将糖化液泄出；温度开始慢慢下降。再经 18h 搬出保温室（糖化时间不超出 48h），防止产生酒精及酸度增加，加 70~75℃杀菌水 16kg 左右（视糖化液的浓度而定），浸约 30min。用肥皂洗手后再用 70%的酒精杀菌，然后将饭粒沉于缸底，再继续浸 1h 榨出糖化液，倾倒入锅内，加蛋白两个。

先将蛋白倒入清洁碗中，加水少许，打成泡沫。一边搅拌糖化液，一边将蛋白质加入其中，煮沸 10min 后取出澄清，目的是使糖化液中固形物与胶体凝固而下沉，用绒布反复过滤直到滤液透明为止，所得淡黄色液体即糖化液，将此液体留一部分作琼脂培养基，余下的加杀菌水调节，浓度为 6.5°Bé（酸度不超过 0.2°Bé）。测定酸度是用 NaOH 滴定，其酸度一般为 0.08~0.05/100mL，分装于上述已准备好的 500mL 三角瓶中，每瓶装 300~340mL，随即塞上原有棉塞，并包上防潮纸，然后加热杀菌，如常压杀菌，每天蒸 40min。连续 2d。如加压杀菌只须 8~10 磅/寸^{2}①15~20min 即可，连续 2d。时间过长或磅数过高，糖易分解，不适于培菌之用。

杀菌后的培养基最好抽取 1~2 瓶放入保温室中。经 3d 后检查杀菌是否彻底，如无杂菌才能使用。

（2）固体培养基

①琼脂培养基：将上述糖化液加无菌水调节至 6°Bé，每 100mL 加琼脂 2~3g（视琼脂质量而定），先将琼脂剪成 0.3~0.5cm 长，放入锅内加热，使琼脂全部溶化后，迅速用纱布过滤，立即倾入漏斗，再分装入上述干热杀菌的试管内，每管约 5mL，随即塞上原有棉塞（装培养基时要特别注意，切勿至管口壁上），同上法加热杀菌后放成斜面，待冷凝后放入清净凉爽的柜中，经 7d 后检查杀菌是否完全，如无杂菌即可使用。

②米粉培养基：将米粉用 60~70 目/寸^2 的筛过筛后，均匀撒入垫有白布的甑中，一面穿气，一面撒米粉，防止压气。撒毕，待穿满气后加盖蒸 1.5h（视米粉粗细及原含水量而定），用喷壶将无菌水均匀于米粉上，用手拌匀，再用 20 目/寸^2 的筛筛后，分装于清净而且干的 500mL 三角瓶及面盆中，每瓶装约 80g，每盆装 0.75~1kg（视盆大小及气候而定，气候炎热就少装一点），随即将三角瓶原有棉塞塞上，并包防潮纸，然后用手旋转瓶底，使瓶内的米粉中央较薄，以利杀菌。盆内米粉叶要将中央搞薄，盖上铁盖，常压杀菌两次，每次至少蒸 1h，连续 2d。第一次蒸后取出放冷，待第 2d 杀菌前取出再用 20 目/寸^2 的筛筛过，同时看米粉含水量情况，酌情加入适量的水（一般情况是每千克米粉加水 40mL），再拌匀后同前法装入盆内，进行第二次杀菌，如是高压杀菌须 15 磅/寸^{2}30min。

注意米粉杀菌十分重要，因为产品质量有决定性意义，如杀菌不完全，将使产品成为废品，因此杀菌时火力要猛，穿气要匀。

3. 菌种的培养

（1）准备工作

①用肥皂将手及手臂洗净，再用 0.1%升汞水洗后擦干，然后穿上工作服。

②在接种前 1h，用 0.1%升汞水将接种室内的全部桌椅擦清净，并洗涤接种箱的内外壁，最好用喷雾器将 0.1%升汞水或 5%的甲醛喷入接种箱内，待雾滴沉降即可接种。如装有紫外线灯的，于接种前开灯 30min，杀菌后备用。

③将待接种的试管或三角瓶壁用升汞水或瓶内水气烤干，随即写上日期、菌号或代号，迅速放入接种箱内。

④将接种针的柄在火焰上烧后再用 70%的酒精杀菌，再将针的尖端烧至灼热，并用酒精杀菌，再

① 1 磅=0.45kg；1 寸^2=11.1cm^2。

烧至灼热（以保证全部微生物都被杀灭），迅速放入接种箱内。

⑤取 250mL 三角瓶一个，盛入 70%的酒精，放入接种箱内备用。

⑥将酒精灯放入接种箱内，并检查火焰必须光度强烈。

⑦在洗净双手，并用 70%的酒精消毒后伸入接种箱内。

（2）接种酵母

①试管培养：右手把已培养好菌种一株的试管斜面，放于左手食指与中指之间，中指与无名指之间放置培养基试管，将大拇指压于基上，使其不移动，然后右手大拇指、食指及中指拿住接种针柄的中部，将针尖端在火焰上灭菌，再放入酒精中浸一下，即取出再烧至灼热，用右手小指及无名指将试管的棉塞挟住，移至火焰旁边，一面拨去棉塞。一面迅速将试管口对准火焰，这时右手将接种针通过火焰伸入有杂菌的试管内，先将针的尖端在菌种旁边的培养基上轻轻接触或将在菌种旁边的培养基上刺一下，使其冷却，然后挑少许细胞，同时左手迅速移动，使管口离开火焰外围约 3cm 无菌处，即刻将接种针迅速移入待接种的试管内，轻轻在培养基上抹一下便退出，同时再将管口移至火焰上，一面将棉塞底端在火焰上轻轻烧一下迅速塞入试管，即放入 33℃保温室中静置培养 72h 使其繁殖。

②三角瓶培养：将上述培养 72h 的酵母一株，放置左手食指与中指之间，其余各指即手心紧握着待接种的三角瓶底部，照上法操作挑少许细胞放入三角瓶壁上，轻轻用接种针把酵母细胞分散，使其均匀分散于糖化液中，同上法保温，待酵母繁殖沉淀后即可使用，时间约 72h。

（3）接种根霉

①试管培养：与接种酵母的方法基本相同，唯不同的是接种根霉的针端是钩形，挑少许根霉菌丝轻轻放入待接种的琼脂培养基斜面上，其培养温度和时间完全相同。

②三角瓶培养：将试管培养 72h 的根霉，照接种酵母的方法移植于已杀菌的三角瓶米粉培养基中，一支试管中培养基的根霉可接种 3~4 瓶。菌丝挑入米粉后，必须把米粉搞松散，不能有小块，随即塞上棉塞，摇匀，但勿将米粉弄至瓶塞上，以免菌丝繁殖于上，妨碍空气流通，然后旋转瓶底使中央较薄，以免菌种繁殖时，瓶中央温度过高，然后放入 33℃保温箱中，培养 48h 即可。

③面盆培养：这一操作最好两人合作，其中一个人将 0.1%升汞水浸湿清洁的毛巾，并捏干后擦拭待接种面盆外壁和铁盖，迅速放入接种箱内。另一人用 70%的酒精杀过菌的手即刻揭开盆盖，随即将盖上的气水用毛巾擦干，然后将上述三角瓶培养 48h 的根霉用接种针挖一半（约 40g）放于盆内，用手充分拌匀盆中间的米粉，仍搞得薄一些，立即盖上原有的盆盖，放入 33℃保温室内，经 3~4h，品温升至 34℃，冬天需要 5~6h，要经常注意勿使用温度超过 37℃。经过约 24h 品温上升至 36℃，盆地即垫三角木条，以防止底部温度过高，如高于 37℃，应立即取出放入接种室内，揭开盆盖，迅速用杀过菌的玻璃棒或木棒翻松米粉，使温度下降，随即盖上原有铁盖，这一操作要特别小心，同时操作要越快越好，因面盆面积较大，容易污染，若能控制温度不超过 37℃（最好不超过），培养 48h 左右待孢子繁殖后，即可制曲。

（二）原料

（1）大米　选精白米，最好是晚稻，不能有霉烂及杂物。

（2）米粉、米糠　选新鲜而细的，越细越好，榨过油的米糠只要未变质、无霉味都可制曲。米粉，米糠成分，列表如表 3-52 所示。

表 3-52　　米粉、米糠成分

化验单位	原料名称	淀粉/%	水分/%
厦门酒厂	米粉	69.50	12.70
	米糠	26.93	10.60

（3）水　要清洁透明，无臭味及无腐败的有机物质。

（三）制曲

1. 制曲工艺

（1）工艺流程

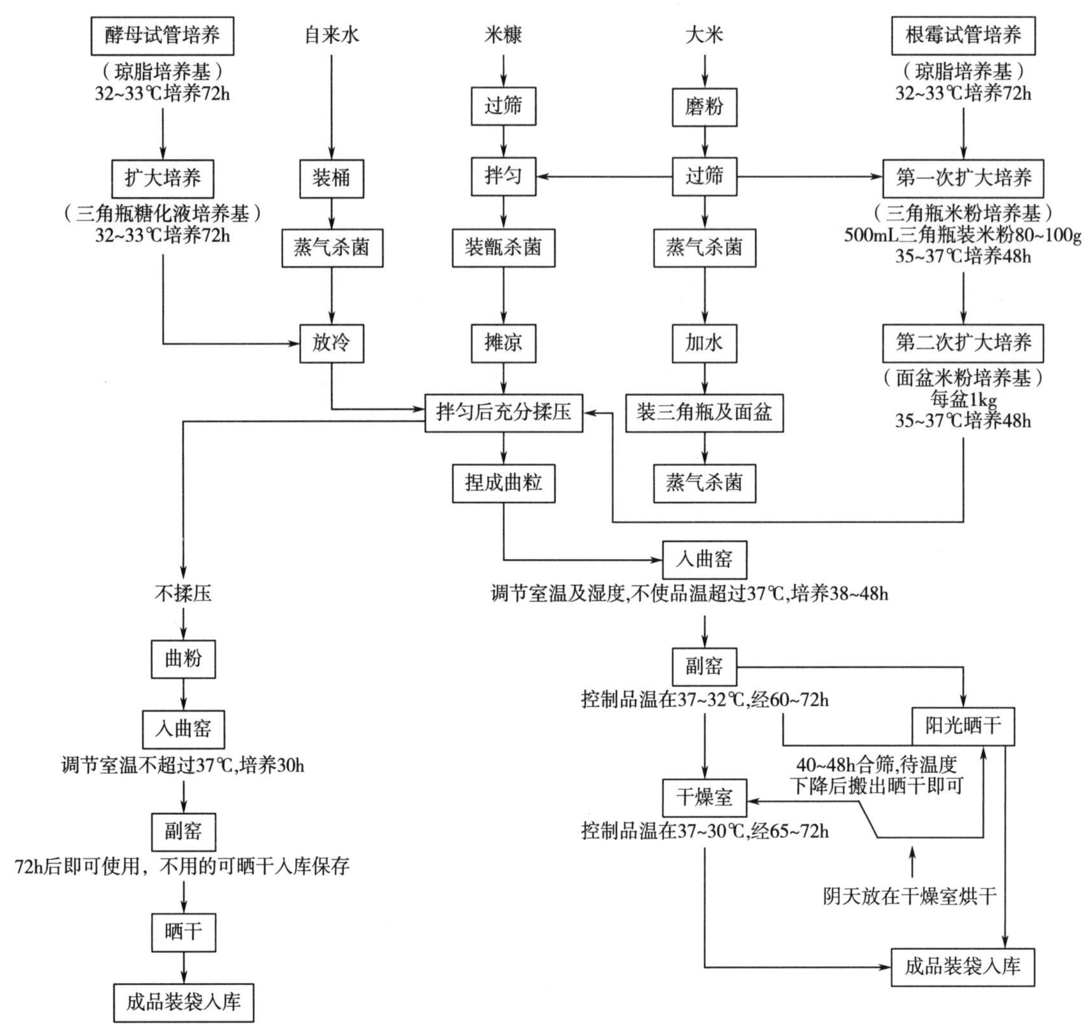

（2）原料配合

米糠：50kg

米粉：5~7.5kg（视糠的质量而定）

无菌水：34~35.5kg（视原料质量而定）

根霉：2~2.5kg（指培养基的重量）

酵母：220~240mL（指培养基的毫升数）

（3）准备工作

①洗正、副曲窑：在制曲前2d，将正曲窑洗净后，再用升汞水洗，然后用火炉将曲窑烤至半干时，熏硫黄杀菌（一面继续烤干），方法是将硫黄放入铁盘内，把铁盘放在火炉上，硫燃烧时与空气中的氧产生二氧化硫，即可将曲室中的细菌杀灭，或用喷雾器喷以3%~5%甲醛亦可，在制曲粒的次日，再将副窑洗净，照上法灭菌。

②工具及围巾等物杀菌：将洗净的筛、锌盘、木盘，以及围巾、帽、垫糠的布等等放入甑内蒸约40min（干的筛蒸20min即可，总之以达到杀菌为目的），取出分别放入已杀菌的曲窑及工场中。不能

加热杀菌的工具，就用升汞水杀菌后备用。

③无菌水：系将自来水或井水装入有盖的锌桶中，每桶约装25kg左右，装毕随即即加盖，放入瓶内加热杀菌，使桶内的水沸腾为止（需1~1.5h），取出冷至28~30℃备用。

④蒸糠：将米糠先拌入适量的米粉（视糠的质量而定，加米粉10%~15%）用20目/寸^{2}的筛筛后，待锅内的水沸腾后，把糠轻松地撒于甑内，要见气才撒，防止压气，撒毕待圆气后，加盖蒸约1h，用杀过菌的铁铲盛于杀菌过的竹篓内，搬至操作场，倒在杀过菌的凉糠盘上（盘上先铺上杀过菌的布）挑挑凉，同时把团块打散，过筛，待冷到30~32℃以下备用。

⑤在操作前，必须把手及手臂用肥皂洗净后，再用0.1%升汞水杀菌，用杀过菌毛巾擦干后，穿上工作服。

（4）操作方法　将米糠冷至30~32℃时，即分装锌盘内，每盘20~25kg，同时将面盆培养好的根霉种曲，按米糠的重量加入4%~5%，但必须先倒入筛上，混合一部分米糠揉散过筛后，拌入米糠中，再加68%~75%的无菌水（须冷至28~30℃）。无菌水中事先要按每50kg米粉和米糠的混合重量，加入220~240mL酵母泥（酵母泥系指培养而沉淀的酵母，将上层液体倒掉即是。其目的是当有杂菌侵入时，即利用杂菌孢子较易浮于液体上面的道理），再用手充分拌匀后，用力揉压至发生相当的黏性时，即使用左右手分别同时捏成直径3.5cm的曲粒，放于曲盘中（曲粒表面越光滑越好），送入正窑中，整齐排列于竹筛内（按三角形排列），再将竹筛放在木架上，曲粒入窑完毕随即关闭门窗，并生火炉，炉上置水盆以调节窑内温、湿度，为菌种繁殖创造良好的条件。经4~5h，窑内温度即升至32~33℃，品温达到33~34℃，品温与室温相差0.5~1℃。经4~5h，粒表面可见到菌丝，酵母也在繁殖，品温逐渐上升，空气中湿度也逐渐增大，这时就可逐渐减少火炉及水盆数量，并将气窗打开4~8h，使过多的水分和CO_2散出。自此以后，必须严加注意菌种的繁殖情况，适当控制品温、室温及湿度，切勿使品温超过37℃，应保持在35~30℃，品温与室温应相差1~1.5℃。注意检查上下竹筛内的曲粒的品温是否一致。经40h即可搬至副室，使白曲继续繁殖与干燥，品温仍需保持在35~36℃。经64~68h菌丝萎缩，品温下降，此时可将两筛的曲粒，并合成一筛，以保持品温。如在夏季，气候炎热，品温温度较高，那就不必合筛，只要翻动曲粒就行了。如品温能保持就不用火炉。约经80h，品温回降至32~30℃，曲粒内部菌丝也繁殖好，即可搬出放在日光下晒干。晒曲时务必注意不能在强烈日光下曝晒，同时也不能晒的时间太长，否则会影响发酵。如遇雨天，则在室内用火炉烘干，烘时温度不能超过37℃，烘至菌粒含水量在11%~12%以下即成成品。烘或晒2~3d。

2. 制曲粉

曲粉又称散曲，所用菌种、原料及成品用途均与曲粒相同，所不同的是操作简单，花费的劳动力较制曲粒少（因减去捏曲粒操作），且生产周期很短，两天即可成曲，但其缺点是因成品松散，不便保藏和远途运输，且成曲后超过7d尚未使用的，则糖化力逐渐减弱，所以一般工厂自用的大都是曲粉，对外销售的才作曲粒。

（1）原料配合

米糠：50kg

米粉：2.5~5kg

根霉（种曲）：4~5kg（指培养基的质量）

酵母：1000~1200（指培养基的毫升数）

无菌水：23%~25%

（2）操作方法　将经过杀菌的米粉和米糠凉至32~30℃时，分装于锌盘内，每盘约装25kg，拌入面盆培养48h的根霉种曲2~2.5kg，但先应将种曲倒入筛中，并将锌盘内的原料取出少许拌于其中，以便将种曲揉散，过筛后加入23%~25%的无菌水，但事先应在无菌水中，按米粉和米糠的混合重量加入1000~1200mL的酵母泥，充分拌匀。过筛筛后，分装于竹筛中，每筛装2~2.25kg（竹筛上先要铺好杀过菌的白布盖上一空竹筛，夏天可以不），随即送入曲室中保温，品温保持在35~36℃，室温保持在34℃，品温与室温相差0.5~1℃，要经常检查，使上下层品温一致，大约经过10h（从进窑算起）米结块，即可翻筛（是将米翻到另一竹筛内，使曲表面与下层的菌丝繁殖均匀）。经过50~54h左右即可出窑。

（四）成品

1. 成品率

（1）曲粒的成品率占原料（米粉和米糠）重约75%~78%。

（2）曲粉的成品率，据笔者在漳州酒厂测定两天后出窑的曲粉，约占原料的102%。

2. 曲粒成品质量的化验

曲粒成品质量的化验结果如表3-53所示。

表3-53　厦门白曲分析结果

化验单位	淀粉/%	水分/%	酸度	糖化力
厦门酒厂	27.02	11.5~12.5	0.9	23.35

3. 成品的鉴定

好的白曲无杂菌，曲粒内部无生心或发黑现象，没有不良气味，以手压之似有弹性，酸度小，糖化及发酵力高。

没有化验室的酒厂，欲检查糖化力可采用简易的方法，将曲粒磨成曲粉，将曲粉与米饭均匀拌和，放入杀过菌的三角瓶内，保温33℃，经过24h后，观察糖化情况，再过16~18h，测定糖化液，浓度高、味甜香即是好曲。

4. 成品的贮藏方法

白曲必须注意贮藏，因曲粒容易受潮，雨季节更要加强防潮工作，否则白曲吸潮后杂菌容易侵入繁殖，影响质量，甚至变质不能使用。如即刻使用或马上出售的，可用麻袋包装；如贮藏时间较长，最好放在缸内密封保存，但贮藏时间过长，就会影响糖化和发酵力，这一点尚待以后试验研究。

［《发酵》1959（1）］

四、纯根霉酵母混合制曲法

1. 原料的选择

制小曲的原料大多是米糠，此外还有少量的麸皮。厦门酒厂用米糠制造小曲，经过多年生产实践证明，是适合根霉及酵母生长的，是制造小曲的良好原料。其中以白米的米糠最好。我们比较了十三批米糠的制曲结果后，发现陈旧及变质的米糠中，部分杂菌孢子在常压经过1.5h蒸时不易杀死。制曲中根霉的繁殖也慢，结块比好糠慢4~8h，成曲结块也差。所以，选择质地优良的新鲜米糠，是做好曲的重要环节。

大米粉也是根霉的良好培养基，因此根霉种的扩大培养都用米粉。通过米粉培养基驯养以后，可以使它适应于大米原料的环境，有利于白酒生产前期的培菌工作。这里应注意不能用糯米粉来培养，以免因米粉加水杀菌后严重结团而无法接种。

2. 曲的形状

传统的小曲做法，是做成粒状，在米糠中掺入部分米粉。干料经蒸料摊凉后，接入经纯种扩大培养的根霉及酵母，再加无菌水（冷开水）适量。拌和揉压至发生相当的黏性时，再做直径约3.5cm的

曲粒，称作粒曲，这种做法由于质量次、耗工大等缺点，现已不再沿用，已被探索出的新工艺方法所代替，其做法与黑曲霉曲相似，是制成饼状，称之散曲。现将散曲与粒曲的质量及经济效果进行比较（表 3-54）。

表 3-54　散曲与粒曲质量与经济指标对比

曲名	制曲周期/d	以投料计的工人实物劳动生产率/kg	曲室及曲筛周转期/d	成曲率/%	成品曲酸度	化验室65%vol 原料出酒率/%	生产 65%vol 原料出酒率/%	生产淀粉利用率/%	吨成本/元
散曲	1	70~80	1	90~94	0.82~2	60.69	60.70	86	13.10
粒曲	7	15~18	7	75~78	3~6	58.01	58.11	83.7	23.76

由表 3-54 可看出，散曲不仅在质量上优于粒曲，而且劳动生产率提高了 4.4~4.6 倍，成本只及粒曲的一半。

3. 散曲生产工艺流程

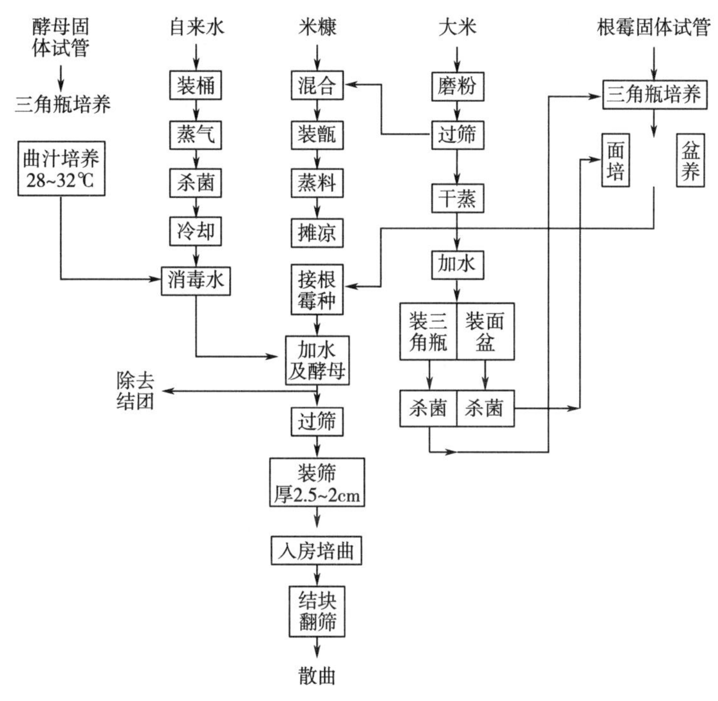

4. 根霉种扩大培养的关键事项

要使根霉能在米粉培养基上生长旺盛，做到根霉种的纯粹，从实际生产的经验来判断，要求如下：

（1）米粉要细些，以适当增加培养基的表面积。故用于生产的米粉都应通过 60 目/寸^2 的筛子，加以过筛。

（2）培养基要松，不能用糯米，而要用粳米，用时应将米粉先经过 1.5h 的干蒸（即不加水蒸料），使米中的蛋白质等达到变性凝固。这样加水后再蒸，就不会结团了。

（3）培养基的水分不能过多，杀菌要彻底。通过干蒸后的米粉，加水量控制在粉重的 22%~25%（用冷开水）最理想。加水拌匀再过筛一遍（目的是消灭团块，使吸水更匀），然后分别装在试管、三角瓶及脸盆（脸盆应加铁盖或铝盖）内，用时应在盖内套一层消毒布，再经常压间歇杀菌两次（每次 1~1.5h）后，放冷至品温不高于 36℃后，即可接种。加水量的掌握十分重要，若水分过大，在后期糖化及酒化酶分泌时，会使培养基中积聚过多酒精，而影响菌种繁殖。

（4）扩大培养时，由固体米曲汁、洋菜试管培养至米粉的三角瓶、面盆中，其条件可见表 3-55。

表 3-55　　散曲扩大培养的条件

条件	固体试管	三角瓶	面盆
培养基量	10mL	80~100g	1kg
接种量	1 针	每支试管菌接 3~4 瓶	每支三角瓶接 2 盆
培养温度/℃	32~33	32~33	32~33
培养时间/h	72	48	48

注：最高品温不超 37℃。

5. 制曲过程中根霉种及酵母的加量问题

根据各厂经验不同，加根霉种及酵母的量，少者 5%，多者达 17.6%（以投料计算），为了证实根霉种加量对成曲质量的影响，我们作了如下试验。

（1）配料　米糠 90%，米粉 10%。

（2）料处理及接种　先把米糠和米粉拌和，采用见气撒料的办法，入甑内，待圆气后，加盖干蒸 1.5h，出甑倒入经 0.1%升汞水擦过的木盘内，随即用 8mm×8mm 的竹筛过筛，除去大结团，摊凉至 32℃，分别接入经米粉扩大培养的根霉种 4%、6%、8%、12%。加入原料重 25%的冷开水及三角瓶酵母液（每 100kg 原料加 3000mL）拌匀。再经孔 3mm×3mm 的竹筛，筛去粗粒后，装在竹筛内，层厚 2.5cm。送入同一曲室内，在相同的条件下行出。以上制曲用的工具均经严格消毒，曲室用硫黄蒸杀菌。

（3）制曲过程记录　见表 3-56、图 3-7~图 3-9。

表 3-56　　制曲过程中记录表

项目		入窖	1h	2h	3h	4h	5h	6h	7h	8h	9h	10.5h	11h	12h	出窖检查
干球室温/%		31	32	33	33.5	34	34.5	36	36.5	36.5	36	观察结块情况	36	35	
湿球室温/%		27	28	28.5	29	29	29.5	30	31	32.5	32		32	32	
不同加重量的品温上升情况	4%	24	27	29	29.5	30	30.5	31	33	34.5	36	稍差略有干皮	39.5	39	结块良好，但有干皮
	6%	24	27	29.5	30	30	30.7	32	34.5	36.5	37.2	中等	39.5	38	结块良好
	8%	24	27	29.5	30	30	31	32	36.5	36.5	38	良好	39.5	38	结块良好
	12%	24	27	29.5	30	30	31	33	37.5	37.5	38.8	良好	39.5	38	结块良好

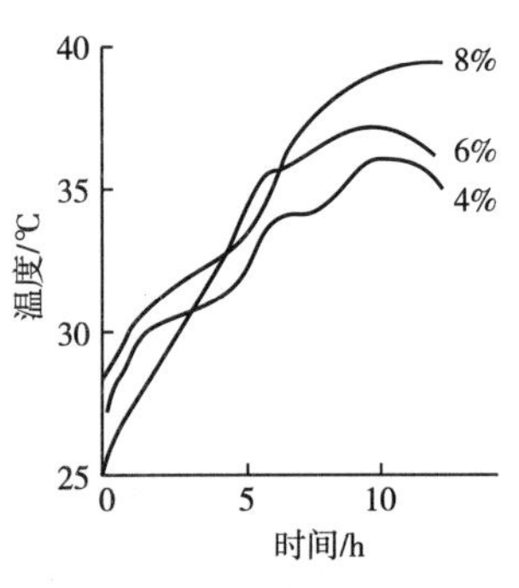

图 3-7　冬季作温线

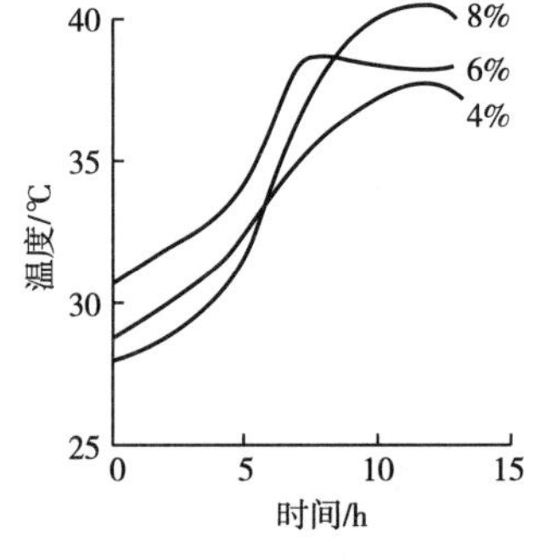

图 3-8　春季作温线

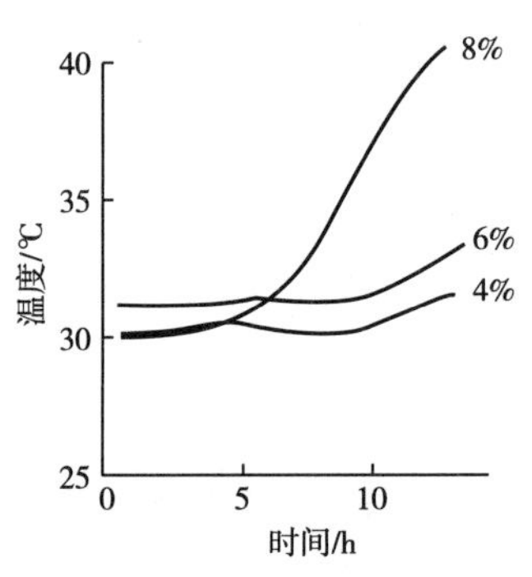

图 3-9　夏季作温线

（4）成曲质量　见表3-57。

表3-57　根霉接种量与原料出酒率的关系

接种量/%	水分/%	酸度	原料出酒率（65%vol）/%
4	21.5	0.8	58.28
5	21.0	0.8	58.16
8	22.0	0.8	28.16
12	19.5	0.8	58.28

（5）小结　由表3-56、表3-57的结果可以看出：

①根霉种的用量由4%~12%，对成品质量均无显著影响。

②根霉种加量少，在培曲过程中的曲块繁殖及品温上升较慢，应控制前期的温度，以免造成干皮。

③湿度控制较差的酒厂，在不影响因品温上升过猛，而使后期达到难以控制的前提下，可以用适当增加接种量的办法，来加速曲块繁殖，减少干皮的缺陷。

④酵母的加量，一般宜多加些，每100kg曲料中加入2400~3000mL的酵母，就已经足够了。

6. 关于曲料的加水量问题

曲料的加水量，是制曲的重要因素，水分过低，影响根霉和酵母的繁殖，过多容易受杂菌的感染。加水量应按照室内湿度情况、米糠的粗细而定，粗者宜稍多加些，反之则少些。一般在25%~28%，已被培曲后质量所证实是较好的范围。经入窖测定水分含量为31%~36%。

7. 制曲温度的控制

为了使根霉和酵母的繁殖达到兼顾的目的，入窖品温以25~30℃比较适宜。制曲品温的上升，应前慢后紧，特别是入窖前期温度，要注意管理。干湿球温度差不要超过2℃，以防干皮。在根霉已开始大量繁殖以后，也就是说，冬天品温上升接近于室温，或夏天品温已略高于室温达到35~36℃时，就可以排掉部分潮气。培曲时间11~12h。到时即可全部打开通风窗，并进行翻筛一次。

制曲后期的品温应该达到多少最好呢？我们把制曲后期品温分别升到38℃和40℃，制出的曲在相同的条件下，做了米饭培菌阶段比较（表3-58）。

表3-58　制曲最高温度试验的比较

制曲最高温度/℃	培菌温度/℃	培菌开始		培菌完毕		培菌所需总时间/h
		时间	品温/℃	时间	品温/℃	
40	27~30	16：00	26.5	12：30	35	20.5
38	27~30	16：00	26.0	15：30	37	23.5

由表3-58可以看出，制曲后期品温在40℃比38℃好，前者用于米酒生产时，在米饭培菌阶段，酶的分泌较早，较强，培菌只需20.5h，而后者延长了3h。

从灌水以后，糖化发酵过程的检查，也没有发现前者的酵母细胞数比后者少，糖化发酵反而更快。这种加快原因，除了因为前者米饭营养物质溶出较快，加速了酵母的繁殖速度以外，更主要的是提高了根霉本身发酵力。

以下是在不同季节里，比较了成曲质量以后，选出的三个优曲的制曲温度控制曲线，经试验大米原料出酒率都在59.6%~60.69%，淀粉出酒率为85%~86%。

为了进一步证实上述原料及制曲工艺条件是否同样适合其他根霉菌种的生产，我们曾选择本厂的两种根霉和中国科学院3851根霉菌作了同样制曲试验，效果十分满意。尤其是3851根霉，在制曲的过程中具有糖化力、液化力强，米饭在培菌糖化过程中生酸力强，出酒率稳定，成品酒总酸含量高等特点，目前已被我厂用于米酒生产。

8. 成曲质量要求

目前，我厂用于米酒生产的散曲，都要符合下列要求（表 3-59）。

表 3-59　散曲的质量规格

外观	口尝	酸度（N·mL/10g 曲）	淀粉出酒率/%
菌丝多，结块良好 不干皮，香气正常 无异臭	苦涩 不酸 不甜	2 以下	82 以上

9. 散曲的贮藏问题

自从福建龙海酒厂的存曲经验推广后，使这个关键的难题得到了解决。该厂散曲是在副窖中保存，其设施和制曲的正窖一样，窖顶有通风窗，窖内排有放曲架子，但应保持干燥。成曲连筛一起搬到副窖，放在架子上（不能堆迭），正常每隔 4~5d 在窖内生火炉进行烘窖一次，把窖内温度逐步升到 37~38℃，保温 20~30min 后，打开通风窗，让窖内的湿气散发，随即移去火炉，关闭门窗，以保持曲及曲室干燥。如遇雨天，每 2~8d 即烘窖一次。这种办法可保藏 20~30d 使用，对质量无影响。

［《中国食品工业》，1966（1）］

五、麸皮生料制作根霉曲的研究

麸皮是制根霉曲价廉物美的好原料，它有质地疏松、体轻、表面积大的优点。它在化学成分上有合适的碳水化合物、纤维素、蛋白质以及钙、铁等无机盐和多种维生素，最适宜曲霉的生长繁殖。

据研究结果表明，麸皮本身含有丰富的酶系，现将麸皮原料与大麦芽含淀粉酶含量做一比较，结果见表 3-60。

表 3-60　麸皮与大麦芽中含淀粉酶含量比较　单位：U/g

物名	α-淀粉酶活力	β-淀粉酶活力
大麦芽	400~500	2300~2943
麸皮	10~20	2400~2970

麸皮与大麦芽对淀粉糖化结果比较见表 3-61。

表 3-61　麸皮与大麦芽对淀粉糖化结果比较　单位:%

糖成分	大麦芽	麸皮
葡萄糖	5. 37	3. 48
麦芽糖	12. 8	13. 9

有研究结果表明，麸皮中的 β-淀粉酶在 20~55℃都有良好的酶活力，如达 60℃时，酶活力就较 55℃下降 78%，而在 20℃下酶活力达到较高的状态。

生料麸皮制根霉曲，就是利用麸皮中的酶活，加入一定量的抑菌剂（主要是阻止细菌的繁殖），

接入1%左右的纯种根霉曲种，加水拌和均匀，经30℃的堆积后，品温上升到35℃左右，再上帘培养，品温一般控制在30~35℃，最高不超过40℃，结饼后（以不碎为准），用竹片翻曲一次，翻曲升温较快，最高不超过40℃，但也不能低于35℃，否则水分挥不出，曲中残留水分多，也影响质量。经48h左右成曲。生料和熟料的麸皮根霉曲试酿结果对比见表3-62。

表3-62　生料和熟料的麸皮根霉曲试酿结果对比

根霉曲名	30h 酒母		72h 酒母	
	糖度/°Bx	酸度/%	酒精度/%vol	酸度/%
熟料曲	35.9	0.48	11.0	0.33
新鲜麸皮生料曲	35.1	0.48	10.1	0.33
陈麸皮生料曲	34.0	0.48	9.2	0.61

从试酿结果表明生料制根霉曲工艺基本是成功的，但需采用新鲜麸皮制曲。另外生料曲的甜酒母口味方面不如熟料曲酒母清爽，这与生料中的酶系产生的麦芽糖有关，还有待进一步研究提高。

［傅金泉编著《黄酒生产技术》，化学工业出版社，2005］

六、圆盘制曲机在根霉曲生产上的应用研究

劲牌有限公司的王喆、贺友安、汪陈平等采用圆盘制曲机进行根霉曲生产，使根霉曲生产实现了机械化、智能化，生产过程控制实现了自动控温、控湿，保证了产品品质的稳定性，使劳动强度大大降低，从根本上解决了培养过程中染杂菌以及受人为经验影响产品品质的问题。现介绍如下。

（一）材料与方法

1. 菌种

米根霉，劲牌有限公司技术中心微生物实验室保存。

2. 物料与设备

大米粉、麸皮由公司大米原料供应商提供；PDA培养基（实验室自制）；培养箱，上海博迅实业有限公司；圆盘制曲机、种曲机，烟台良荣机械精业有限公司；果汁机，市售美的牌；无菌水制备，自来水加热至沸腾15min后自然冷却。

3. 实验方法

（1）一级种曲制作　在无菌条件下，从试管菌种中挑取1环菌种接种至茄子瓶PDA培养基中，在30℃条件下培养48h，待长满菌丝后，在无菌操作台上接种于无菌水中，使用灭菌好的果汁机打碎，制成菌悬液，投入下一级种曲生产。

（2）二级种曲制作　称取50kg麸皮加水30kg，拌匀，装入种曲机中的浅盘，开蒸汽加热至121℃，保持20min，排掉蒸汽，冷却至30℃左右，接种制备好菌悬液，维持种曲机内室温28~30℃，相对湿度70%~90%，培养36h，待麸皮上长满菌丝，有浓郁根霉香味，即可作为圆盘制曲机中三级种曲使用。

（3）根霉曲生产　称取5000kg大米粉，500kg麸皮通过绞龙均匀混合，分别装入旋转蒸锅内，通入蒸汽加热至121℃，保持1h，排掉蒸汽，出蒸锅，通过绞龙按物料质量体积比（大米粉+麸皮）：无菌水：种曲为10：3：0.2，把大米粉、麸皮、水、种曲搅拌均匀，入圆盘制曲机培养。

（二）结果与分析

1. 圆盘制曲机工作原理

该圆盘制曲机主要由外驱动的旋转筛盘、翻曲装置、进出料绞龙、筛盘驱动装置、通风系统、喷雾系统等部件组成。机器直径12m，有效面积约113m^2。培养室内部与物料接触部位均采用316L不锈钢，受杂菌感染少，清洗、消毒方便，使用寿命长。翻曲装置采用特殊结构的搅拌叶片，翻曲均匀、彻底。

2. 圆盘制曲机运行参数

静止期：入料结束后即进入静止期，此时关闭风门和风机，维持品温28~31℃。

升温期：培养5~8h后，当物料品温升至31℃，开启风机，用风温调节物料温度。前期用内循环小风量，风速350r/min，风温28℃，当品温降至30℃时停止通风。品温每上升1℃，则增加风速100r/min。

生长旺盛期：培养10~13h后，物料开始结块，通风阻力增加，且品温上升至34℃，设置风门40°角，风温27℃，增大风速600~800r/min，严格控制品温不超过34℃。

稳定期：培养14~18h后，品温开始下降，逐步降低风速至400~600r/min，维持品温32~34℃，培养24~26h后，当物料结块紧密，曲表菌丝着生粉色孢子时，开始翻曲。

排潮期：培养30~32h后，开启风门45°角，风速为400r/min，使品温逐步下降至30℃左右时结束培养。

（三）讨论

使用圆盘制曲机生产根霉曲，不能单纯使用米粉或者麸皮，单纯使用米粉在营养方面比较好，但是米粉粒度细，在培养过程中菌丝产生的水分、CO_2、热量不易排出，需要添加麸皮进行疏松，单独使用麸皮制曲，营养较为单一，制根霉曲糖化力较低，使用圆盘制根霉曲最佳物料为米粉和麸皮混合培养基。在升温培养期圆盘制曲机使用内循环风，保持物料品温在28℃左右。生长旺盛期风速有所增加，使用外循环风，整个过程维持物料品温在32~34℃之间，风速不能过大，以防止将物料层吹破。进入稳定期后，要加大排潮力度，防止湿度过高，后期根霉二次生长，造成根霉曲糖化力下降。

使用圆盘制曲机生产根霉曲，相比较传统的浅盘制曲而言，圆盘制曲生产的根霉曲在杂菌污染方面可控性好，每批生产完后，即可清洗、消毒，劳动强度低。传统的浅盘生产，在根霉曲进入生长旺盛期后，需要人工进行翻曲降温，需要几名工人同时进行翻曲，根霉曲升温快，未及时进行翻曲易造成“烧曲”，而且工人频繁进出增加了染菌的概率。使用圆盘制曲机后，可以远程操作，在中控室进行控温、翻曲，降低了人为染菌的概率。

[《酿酒科技》2016（2）：77-79]

七、固-液-固根霉曲培养新工艺

天津轻工业学院研究出固液-固根霉曲新工艺，在我国小曲生产史上是项创新，其中的液体种子培养工序值得推广与应用。

（一）固态种子培养（二级种）

固体二级种采用500mL三角瓶培养，成熟后为液态扩大培养的种子。三角瓶培养，取麸皮加水

80%，拌匀装瓶，每瓶含麸皮 20g，塞好棉塞，包扎牛皮纸，在 0.1MPa 蒸汽下灭菌 40min。接种量为 0.25%（即每瓶 50mg），接种摇匀，置于 30℃培养箱培养，待菌丝布满于培养基、麸皮曲料结饼时，可扣瓶，总共培养时间为 32~48h。将培养物移入纸袋中，于 40~45℃干燥至曲料发脆、水分为 8%~10%后，碾碎，取样试酿。其质量见表 3-63。

表 3-63　根霉固体二级种子试酿结果

接种量/%	扣瓶时间/h	培养时间/h	试饭糖分/(g/100mL)	试饭酸度/%
0.25	—	32	32.28	0.26
0.25	28	36	32.53	0.25
0.25	28	40	31.26	0.30
0.25	36	48	39.56	0.31

（二）液体种子培养

配料：8%玉米粉、20%豆饼水解液（以豆饼干重计）、0.1%磷酸氢二钾、0.4%硝酸钠、0.3%硫酸铵，分别溶解后加入，pH 5.5~6.0，混合均匀后，灭菌冷却，接入根霉二级种 0.4%（按干原料计），拌匀，品温 30℃静置培养 4h 后，摇瓶培养至 20h 结束，即得液体种子（三级种）。经检验合格后，将液体种子用于四级固体曲种培养，接种量为 1.6%（按原料干重计），培养时间为 36h，即得固体四级种，经 40~45℃烘干、碾碎、试饭。

（三）浅盘培养

配料：麸皮 90%、玉米粉 10%混合均匀后，加水 80%（水中加按曲料计算的 1%硫酸铵）拌匀后，蒸料 1h，冷却后接种 1.6%（液体种子为固体培养基的 10%），装盘厚度为 2.5cm 左右，在 28~34℃下培养至 18h。待菌丝布满结饼即可扣盘，继续培养共 32h 成曲，在 40~45℃条件下干燥。不同根霉曲样品的比较，结果见表 3-64。

表 3-64　不同根霉曲样品质比较

培养工艺	样品级数	培养时间/h	水分/%	糖化力/(U/100g)	试饭糖分/%	试饭酸度/%
固-液-固	四级种	28	7.5	5845	25.56	0.22
				6037	24.98	0.21
				5546	25.30	0.19
固态法	三级种	36	7.4	5646	25.14	0.21
				5928	25.80	0.21
				5785	24.37	0.20
	四级种	36	7.6	4836	22.10	0.28
				4975	22.85	0.27
				5016	21.46	0.25

编者按：用斜面菌种扩大制液体根霉种子直接用于制曲，可减去三角瓶三级和四级种子工序。

［傅金泉编著《黄酒生产技术》，化学工业出版社，2005］

八、半液体培养法制作根霉小曲

半液体培养法是小曲的生产方法之一。上海藕粉食品厂即用此法生产纯根霉曲。半液体培养法的特点是：经培养罐培养后，用筛子除去醪液，收集浓缩菌体，再与米粉混合后烘干。故又称为浓缩甜酒药。其生产方法如下：

1. 工艺流程

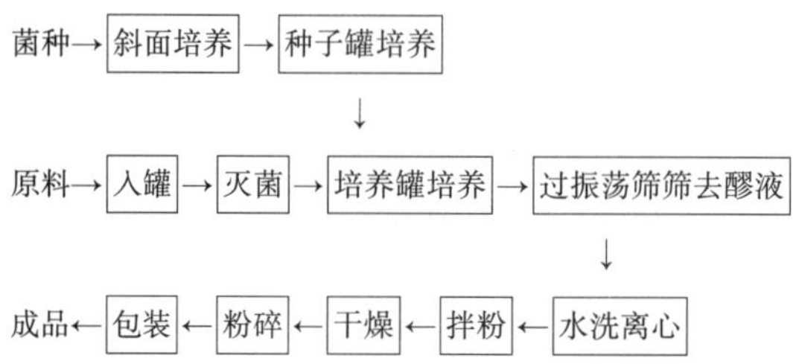

2. 操作方法

半液体培养生产纯根霉曲分为两个阶段。第一阶段为液体培养阶段，第二阶段为固体干燥阶段。

（1）液体培养阶段　液体培养小曲流程：

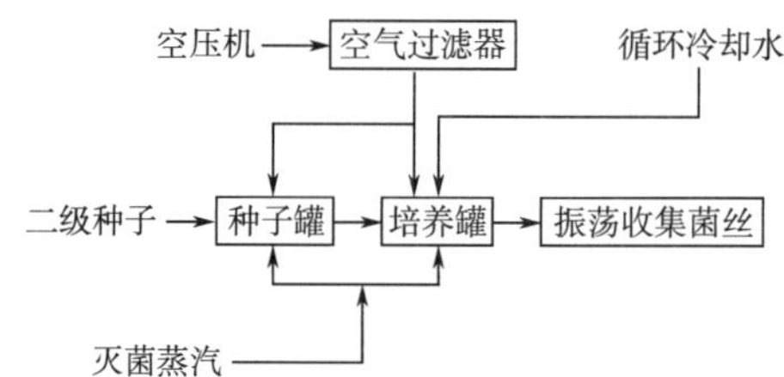

根霉茄子瓶菌种培养好后接入种子罐培养，培养成熟后又接入培养罐，培养成熟后放罐收集菌丝体。

①斜面菌种：斜面试管与茄子瓶培养均采用麦芽汁琼脂培养基。

②种子罐培养

a. 培养基配比：玉米粉 7%，豆饼粉水解物 8%（以豆饼粉的重量计）。

b. 水解条件：在豆饼粉中加入 30%左右的水，再加入盐酸调节至 pH=3，再通入气在 90~100℃水解 1h，水解后不中和。

c. 种子罐培养：种子罐装料量为罐容积的 60%。培养基的浓度为 10%，装料完毕后加入 200mL 生油做消泡剂，然后通入蒸汽，排除冷空气后使罐中蒸汽压上升到 1.3kg/cm^2，保压灭菌 35~40min，冷却到（33±1）℃时接种，每罐接种 6~8 瓶培养好的茄子瓶根霉菌种。接种方法是：在无菌条件下，将无菌水倒入茄子瓶中制造孢子悬浮液，再在种子罐接种口接入种子罐中。接种前接种口要用 75%的酒精消毒或用火焰灼烧灭菌。接种后开动搅拌机和通入无菌空气，进行通风培养，通风量为（1∶0.35）~（1∶0.4），搅拌速度为 210r/min，培养约 24h，pH 降到 3.8 便可移种到培养罐。

③培养罐培养：培养基与种子罐相同。培养罐装料容量为 70%，加入生油 800mL 消泡，配好料，于 1~1.3kg/cm^2，灭菌 35~40min，然后在冷却排管中通入冷却水，使培养基冷却到（33±1）℃时接种。接种量为培养料的 10%~16%。接种方法是将种子罐培养好的种子，通过灭过菌的料管压入培养罐中，进行通风培养。培养罐通风量为（1∶0.35）~（1∶1.04），搅拌速度为 210r/min，在（33±1）℃的温度下

培养20h左右，pH稳定在3.1~3.2时，即可放罐收集菌丝。

④离心：培养成熟后，将培养醪通过70目振动筛，弃去滤液收集菌体。然后将收集到的菌体和部分培养基放于离心机中以1000r/min的速度离心，甩干，使固形物含水量为50%左右，并且在离心时用清水冲洗几次。即得浓缩根霉菌体。

（2）固体干燥阶段

①拌粉：将收集到的根霉菌体，按其重量的1∶2加入米粉作填充剂，搅拌均后，散放在垫有一层消毒布的筛子上送入干燥室干燥。

②干燥：酒曲送入干燥室后，即可加热干燥。干燥分为前阶段和后阶段。前阶段干燥室温度控制在35~37℃，有利于米粉中的根霉生长，品温达40℃时，将曲料翻动几次，适当提高烘干温度，继续干燥到含水量为11%~12%为止。干燥温度最高不超过45℃。

③粉碎与包装：干燥后的酒曲用石磨粉碎，使细度达到50~70目。用聚乙烯袋封装。如用于酿制小曲酒和黄酒时，可拌入一定比例的固体酵母。

3. 纯种小曲的质量标准

（1）块曲（粒曲）

①形状：为块状或不规则的圆形。

②气味：具有小曲的清香味，无异味

③尝之：鲜甜可口，无酸味，辛辣。

④糖化率：130~250活力单位（碘量法）。

⑤镜检：无杂菌。

（2）散曲（包括液体浓缩曲）

①形状：粉状或不规则的饼状。

②气味：香气正常，无异臭。

③口尝：苦涩、不酸、不甜。

④镜检：无杂菌。

⑤糖化率：100~200（碘量法）。

⑥小曲酒出酒率：56%vol，60%以上。

（3）麸皮小曲

①形状：细颗粒状或粉状。

②气味：曲香味好，无酸味和异臭味。

③口尝：苦涩，略带鲜甜味

④糖化率：200~300（碘量法）。

⑤镜检：无木霉和细菌感染。

⑥酿酒试验：做成的酒酿醇甜可口。

［陈卫平等编著《制曲工艺》，江西科学技术出版社，1993］

九、浓缩甜酒药制作方法

上海藕粉食品厂生产浓缩甜酒药，其设备有种子罐和发酵罐各一只。大型生产工艺如下。

1. 工艺流程

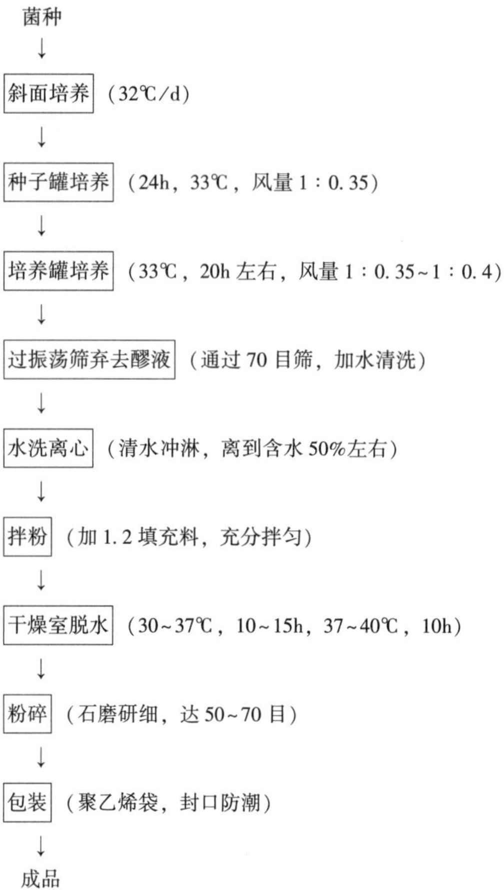

2. 操作方法

（1）斜面菌种

①斜面培养基：纯大麦汁13°Bé，加琼脂2.5%，于1kg/cm^{2}灭菌0.5h，制成试管斜面及茄子斜面培养基。

②斜面菌种培养：在无菌操作条件下，接少许根霉于斜面上，在（32±1）℃培养24h左右，取出放入0~3℃冰箱中，保存备用。

（2）种子罐培养

①培养基：粗玉米粉7%，黄豆饼粉水解物8%（按黄豆饼粉重量计算）。

水解条件：黄豆饼加水浓度为30%，加盐酸（最好食用盐酸），调节pH=3，通入蒸汽温度在90~100℃，水解1h，水解后不中和。

②种子罐：培养基浓度为10%，罐内容量为60%，加入生油200mL消除泡沫。于1~1.3kg/cm^2，灭菌35~40min，冷却到（33±1）℃，接茄子瓶菌体6~8瓶，培养24h，pH降到3.8，便可移种，风量为1：0.35，罐内搅拌速度为210r/min。

（3）培养罐培养　培养基浓度为10%，罐容量为70%，加生油800mL消泡，于1~1.3kg/cm^{2}灭菌35~40min，冷却到（33±1）℃接种，接种量为16%左右，于（33±1）℃培养20h左右，pH稳定至3.1~3.2，通风量为1：0.35~1：0.4，罐内搅拌速度为210r/min。

（4）离心拌粉　培养成熟后，通过70目振动筛弃去滤液，收集菌体再放入离心机（1000r/min）沥干，在离心时需加清水冲洗几次，然后按放罐时测菌体得率，计算出全罐菌体重量，加入1：2米粉作填充料，并充分搅拌均匀，散放在筛子上（有一层纱布）送入干燥室。

（5）干燥脱水　干燥室温度为35~37℃（不超过40℃），10~15h后，待菌体已在米粉上生长，品温达40℃，翻动几次，使其停止生长，并继续干燥，直到含水率达到11%~12%为止。

（6）粉碎包装　半成品经过石磨粉碎，使细度达到50~70目，用聚乙烯袋封装。

（7）质量对比

表3-65　　产品质量对比

产品	加酒药的量/%	酒酿成熟时间/h	成熟酒酿质量对别				
			pH	色体	含糖量/%	品味	成熟酒酿存放时间/d
新产品	0.03	30	3.8~40	洁白	35~36	甜味重	2~3
老产品	1	24	4.0~4.2	一般	30~32	酒味重	1~2

［《上海工业微生物所、上海藕粉食品厂技术总结》］

十、苏州甜酒曲制作方法

我国江南一带的民间风俗，每年一到立夏节气，人们都要吃些甜酒酿。甜酒酿就是用糯米经过淘洗、蒸熟、淋水后，在40℃以内，拌入研细的甜酒药粉末，装入容器内搭窝，保温30~32℃，经24h，待有酒酿出现，即成鲜甜、可口、营养的甜食品了。

酒药（小曲）的种类很多，如酿制烧酒的就叫烧酒药，用以制黄酒的称作黄酒药，用以专门酿制酸甜酒酿的，叫甜酒药。甜酒药产地很多，江苏的常州、无锡，浙江的余姚，安徽的屯溪、歙县，以及湖南、四川等都有生产。其中以安徽产的最为出名。但不管任何地方所生产的甜酒药方法都沿用旧法，因此品质很难控制。

笔者于1950年，开始搜集100多种酒药、酒曲（大曲、麦曲），做了较有系统的研究，其中好多样品都是国内知名的。当时发现大曲、麦曲糖化力都极差，而存在菌种都以毛霉、犁头霉为主。在酒药中，特别是甜酒药，糖化力一般都较强，而存在的菌种以根霉为主。因此联想到早期研究者以毛霉为主要糖化菌怕有问题，实践证明在100余种酒药、酒曲分离过程中，突出的优良根霉仅得2株，强的毛霉尚未发现，仅有曲霉数株，在比较中仍属较差，奇怪的是这2株优异根霉却出自同一个地区——安徽歙县。

为了打破制造甜酒曲一定配合“药拌草药”以及“定时定节”等祖传秘方，1951年利用以上二株菌株，在不受季节条件限制下，运用新的操作方法制成了纯种甜酒药。《微生物》1960年1卷三期中发表乐华爱同志由北京稻香村所买小曲，分得根霉3.851，以及方心芳先生在上海南京路江西路口所买的小曲，分得根霉3.856的成果，即系以上二菌株的制品，通过华爱、方心芳二位的鉴定和试验，证明是非常优异的。

1. 操作方法

（1）培养基的制备　根据多年来在生产上实际应用经验，发现用高浓度大麦汁斜面上所培养出来的根霉，在下一代培养在米粉上，其繁殖力和糖化力都保持特强。因此，培养基就采用大麦汁。制麦芽方法是：取大麦淘洗，盛入竹箩中挖大孔，每天早晚浇水各一次，保温20℃左右，经2~3d以后，麦端即露出白蕾，其后即逐生长幼芽，直至幼芽与大麦长相等时，即用清水淘洗数遍，以石磨加水研细，加水量和大麦重量相等，然后置于锅内，用文火加热，保温55~60℃约2h，其间不时以碘液试验，以遇碘不生蓝色或红色为度，然后压榨过滤，加热煮沸，并蒸发浓缩至14~16°Bé，量取1000mL，调节pH=4.5左右，加入琼脂24~28g，加热溶解，盛入试管，塞上棉栓，7~10压力灭菌0.5h，制成斜面培养基备用。

（2）根霉培养　取3.851或3.866根霉，接种在上述麦芽汁斜面培养基内，保温32~37℃达60h，如果毫无黑色芽孢囊，并且气生菌生长不多，即可备用。

（3）刮菌、研菌、稀释　选取生长良好的菌种试管 90 支（20mm×180mm），用消过毒的薄竹片，细心刮下菌膜放在研钵中研细，越细越好，使孢子充分扩散（研时可加蒸馏水少许，以利研细），并加冷开水 30~36kg，再加入 20 万 U 青霉素一瓶，即成根霉稀释液。

（4）米糁磨碎、杀菌摊凉、拌和　将米糁（碎米）磨成细粉，加热至 110~120℃，进行杀菌，加热方法可在铁锅内烘炒，操作宜注意勤翻，以防炒焦，一旦达所需温度后，即取出置于干净消毒过的拌料台上推凉，然后按每 100kg 米粉，拌入稀释菌液 66~72kg（视气候潮湿、米粉含水分而定），以手捏和跌地即散为度。菌液拌入时常会产生升温，如果品温超过 45℃，即一面停加菌液，一面将米粉速翻，待米粉的品温降低后方可继续将菌液加入，否则影响菌种活力。

（5）制胚、保温、干燥　菌液和米粉充分拌和后，用方框压成模型，用刀切成方形，按块排列于竹匾中，块与块间距 1~2cm，然后送入保温室，保持温度 32~37℃，经过 24h，在制品表面即生白色，同时产生清香味，这说明发育正常，经过 60h 后二指紧压如有“弹力之感”，认为可用，在不过 50℃的温度加以干燥，即为成品。

（6）成品检查　成品检查方法两种：第一法：糖化力测定（还原糖定量）；第二法：实物鉴定（酒曲试酿）。第一法繁复并仅能测糖化力的强弱，而甜酒酿要求除了要甜以外，尚有色香味（无异味）等因素，因而不及第二法切合实用。现介绍第二法如下，以供参考：

①称取糯米 0.5kg，用水淘净，浸渍 8~16h（夏季 8h，春秋 12h，冬季 16h）浸渍期间换水两三次，浸后用蒸笼蒸熟，以饭透而不带生心为标准，然后用冷开水冲洗数遍，冲至饭冷即可，冲洗要快，冲后要沥干。

②取酒曲试样研成极细粉末（用曲量约 0.5%），将 0.5kg 糯米饭分做 4 个试样，将酒曲粉和饭充分拌和于碗内，稍加掀压，中挖空潭，面上加盖，保温 32~37℃经 24h 左右，酒酿满窝即可取样鉴定：

a. 饭面无黑色孢子，并无其他有色菌体；

b. 嗅之清香扑鼻，无异气味；

c. 尝之鲜甜可口，无酸味，苦味。如属上述情况即为上等品。

2. 结语

（1）旧式甜酒的制造，各地方法不一，但辅助原料则非野草即药料（中药），其野草中有名“曲花”（产安徽省）。经试验不但是优良的根霉培养基，而且具有抗菌作用。

（2）本法生产中加青霉素是控制质量关键所在。因米质中有很多的枯草杆菌，虽经加热杀菌，其孢子依然存活，影响根霉生长。每 100kg 原料，使用 40 万 U 青霉素已能抑制细菌生长。应用抗菌素于发酵工业，大有推广使用的价值。

（3）3.851 和 3.866 两株根霉菌种，经高浓度的麦芽汁斜面培养，根霉黑色的孢囊不易产生，对酿制甜酒酿有利。

［《微生物》1960，2（5）］

十一、纯种生料米粉甜酒曲制作方法

浙江衢州酒厂傅金泉于 20 世纪 80 年代起，实验成功纯种生料米粉甜酒制法并在 9~10 月间（室温在 25~30℃）生产。该法主要优点：①适合农村家庭作坊生产，采用一般民房间，不需保温设备；②生料中含有野生根霉、毛霉和酵母等酿酒微生物，以纯种根霉为主，混合发酵成曲，酿成的甜酒酿味浓厚而鲜味，比纯种曲酿得好；③生米粉制曲，减去块曲成型工序节约劳动力；生料米粉制曲，缩短生产时间；缩短晒曲时间；④生产时使用方便；⑤该甜酒曲可应用制甜型黄酒和米酒。

1. 工艺流程

试管麸皮菌种→500mL 三角瓶曲种→曲盒麸皮曲种→曲盒米粉曲

麸皮制的试管菌种、三角瓶曲种、曲盒曲种，一次制作，可供全年或第 2 年使用。

原料：籼米和麸皮要求新鲜，不得用霉变原料。

2. 操作方法

（1）试管菌种培养（菌种 3.866，中科院根霉）　称取麸皮 100g，加水 32%~33%，拌匀后，装入试管。其量占试管高度三分之一多一点，不到二分之一的量，塞好棉塞，按常法灭菌，接种，在 30℃条件，培养 3d 即成。试管麸皮菌种除用三角瓶接种外，其余的在 4℃左右冰箱贮存。

（2）三角瓶麸皮曲种培养　称取麸皮，加水 33%左右，拌匀，装入 500mL 三角瓶内，其料量高 5cm 左右，塞好棉塞，按常法灭菌，接种。每 1 株试管菌种可接 10 个三角瓶。在 60℃培养箱中，经 15h 左右，曲料略有结饼现象，即可摇瓶一次，使之均匀繁殖，共经 60h 左右，结饼即成曲。可用太阳晒干，如遇雨天或阴天，可在 40℃下烘干。再用塑料袋好备用。此曲再经试酿，证明质量佳，可用种曲培养。

（3）曲盒麸皮种曲培养　称取麸皮 10kg，加水 35%，拌匀，用竹筛筛过，用饭甑蒸料，待全部上气后再蒸 30min，取出倒在曲床内，打碎团块，趁热用竹筛过筛，翻拌后，待料温达到 35℃时，即可接种，三角瓶曲种量为 100~150g，翻拌均匀后，在曲床内堆秸，上复塑料薄膜，盖上麻袋保温。经 8~9h，有曲香即可装上曲盒，摊平，并用手轻轻压一下，后覆盖报纸，放到室温在 28℃的曲房内，保温培养，品温 30~35℃，繁殖最旺盛时最高品温不超过 38℃，经 60h 后曲料结饼后已成曲，即在太阳下晒干，用塑料薄膜包扎好备用。

做好的种曲，需试酿，用曲量 1%，甜酒母甜味浓厚鲜味，糖度 24~25°Bé。

（4）米粉甜酒制作　适宜条件在 9~10 月间，室温 26~30℃，称取米粉 12.25kg，倒入大塑料盆内，加种曲 1%左右，翻拌均匀后，加无菌水 33%左右（无菌水是指 100℃开水，冷却至室温后备用），翻拌均匀，再用竹筛过筛至粉状，装于曲盒内（每盒约 2.25kg 米粉）摊平，厚度约 4cm，要求厚薄一致，再用手轻轻压一下，后用报纸覆盖，放进曲房内。品温 26~28℃。生产时间，因考虑到晚上不起来管理品温，因此生产时间选择在下午 3：00 左右，米粉曲做好进房；到第 2 天 7：00（约 16h），品温升到 30℃左右，除去报纸，米粉产生曲香，开始结饼；曲品温 30~35℃，经 8~9h，曲粉已经结饼；品温升至 36~38℃，此时即可翻曲，用竹筷将曲翻身打碎成 10cm 左右的小块，翻曲后，繁殖甚快；曲品温可达 40℃，使之不超过 42~43℃，此时曲块水分大量挥发，曲块逐渐干燥，品温也慢慢逐渐下降，约 35℃，到第 2 天早上 8：00，共经 42h 左右成曲；此时，将曲块搓碎，再用竹筛过筛，成粉状，可以晒曲。成品用内有塑料薄膜的编织袋包装，每袋 25kg 米粉曲。成品米粉曲采用做甜酒母的方法试酿，其酒母色呈玉白色，有酒母香气，味浓厚鲜甜，不酸，糖度 25°Bé。

［傅金泉编著《黄酒生产技术》，化学工业出版社，2005］

十二、薯渣制作甜酒曲的研究

1. 试管斜面菌种培养

取 9~10°Bé 的麦芽汁或米曲汁，加琼脂 2.5%，按常法制成斜面培养基。经无菌试验后，在无菌条件下，即接入根霉菌，置于 28~30℃培养箱里培养 72h 即成。

2. 三角瓶扩大培养

取麸皮加水 60%左右，拌匀后，装入 500mL 三角瓶内，每瓶装料 20g（以干物计）左右，经 0.1MPa 压力灭菌 40min，冷却后在无菌箱内进行接种，置于 28~30℃培养箱里，经 72h 培养即成。

3. 甜酒曲制作

选用干燥、无霉变的白色薯渣粉碎，然后将薯渣粉置铁锅内干炒（文火，不能大火），炒至粉呈淡黄色（切勿炒焦），摊冷，可接种，10kg 渣粉接 2~3 只三角瓶种子，拌匀后，加冷开水（内放 0.05%的硫酸）翻拌匀后，在曲室 28~30℃里，堆积 7~8h，当品温上升到 35~36℃时即可装盒，每盒厚度在 2cm 左右，12h 已开始生长菌丝体，24~30h 后粉料已全部结饼，手捏有弹性，以扣盒后不散为准，即行扣盒。或用竹片将曲一小块一小块地翻面，每小块大小约 7cm×9cm，仍继续培养，整个培养过程品温 30~35℃，翻曲升温较快，水分挥发较多，最高品温不超过 40℃；经 20~24h 后曲已干燥、不会再升温即可出曲室；捣碎晒干或烘干，然后用塑料袋密封包装，贮干燥室内贮藏。

成品曲制后，每批都要进行试酿，其方法可按酿制糯米甜酒母的方法进行，酒母含糖量在 30%以上，酒液清，味甜不酸，固有酒酿香气。

［傅金泉编著《黄酒生产技术》，化学工业出版社，2005］

十三、根霉的研究——酿酒用根霉的研究

（一）研究内容

笔者自 1956 年开始研究根霉，主要向全国各地搜集大曲和小曲样 137 个，经分离测定结果见表 3-66，从中挑出 5 株根霉见表 3-67。

表 3-66　各地酒曲样品中根霉糖化力的比较

编号	来源	原名称	类别	收到日期	分出根霉糖化力强弱	其他毛霉科菌的糖化力情况
1	湖南省酿酒总厂郴县分厂	混合药曲料	草药	1955. 12. 21	无根霉	劣
2	湖南省酿酒总厂郴县分厂	大曲酿酒	小曲	1955. 12. 21	较强	
3	湖南省酿酒总厂郴县分厂	小曲酿酒	小曲	1955. 12. 21	较强	
4	河南省信阳酒厂	小米曲	小曲	1955. 12. 21	无根霉	劣
5	河南省信阳酒厂	糠曲	小曲	1955. 12. 21	较强	
6	河南省信阳酒厂	糠药曲	小曲	1955. 12. 21	中等	
7	福建省工业厅化验室	厦门白曲	小曲	1955. 12. 21	中等	
8	福建省工业厅化验室	福州白曲	小曲	1955. 12. 21	劣	
9	江苏省海门县颐生酒厂		小曲	1955. 12. 21	较强	
10	江苏镇江酒厂（无锡永昌兴酒药坊出品）		小曲	1955. 12. 30	较强	
11	江苏镇江酒厂（海安曲塘周正兴酒坊）		小曲	1955. 12. 30	较强（内中劣型较多）	
12	江苏盐城酒厂（江都县丁沟华隆酒药坊）		小曲	1955. 12. 30	无根霉	劣

续表

编号	来源	原名称	类别	收到日期	分出根霉糖化力强弱	其他毛霉科菌的糖化力情况
13	江苏苏州酒厂（江都县丁沟华隆酒药坊）		小曲	1955. 12. 30	较强	劣
14	四川省泸州专卖分公司（福集镇产）	无药糠曲	小曲	1956. 1. 11	较强	
15	四川省邛崃县私营加工第一生产组	加药米曲	小曲	1956. 2. 23	较强	
16	北京东单菜市购来（湖南种）		小曲	1956. 5. 31	无根霉	劣
17	广西公私合营全县酒厂	糠酒药	小曲	1956. 5. 31	较强	
18	苏州酒厂（江都酒药厂出品）		小曲	1956. 5. 31	较强近中	
19	广西省全县酒厂	米糠酒药	小曲	1956. 5. 31	中近较强	
20	江苏盐城酒厂（江都酒药厂出品）		小曲	1956. 5. 31	较强	
21	北京购来（湖南种）		小曲	1956. 5. 31	无根霉	劣
22	江苏省宿迁酒厂	大麦曲	大曲	1956. 5. 31	中等	
23	江苏省洋河酒厂	大麦曲	大曲	1956. 5. 31	中等	
24	江苏省双沟酒厂	大麦曲	大曲	1956. 5. 31	无根霉	劣
25	河北省衡水酒厂	大曲	大曲	1956. 5. 31	无根霉	劣
26	山西太原杏花村酒厂太原加工组	大曲	大曲	1956. 6. 4	无根霉	劣
27	江苏镇江酒厂（苏北海安周正兴酒药坊）		小曲	1956. 6. 4	较强	
28	江苏镇江酒厂（苏北海安周正兴酒药坊）		小曲	1956. 6. 4	劣	
29	广西省桂林市酿酒厂		小曲	1956. 6. 4	较强	
30	贵州修文县合营城关酒厂	酒曲	小曲	1956. 6. 13	中等	
31	贵州省黔西县西酒厂	糠曲	小曲	1956. 6. 13	较强	
32	浙江建德源信酒厂		小曲	1956. 6. 13	中等	
33	浙江建德酒厂		小曲	1956. 6. 13	较强	
34	浙江建德益民酒厂		小曲	1956. 6. 13	较强	
35	浙江建德联星酒厂		小曲	1956. 6. 13	较强	
36	浙江建德公益联合酒厂	小曲	小曲	1956. 6. 13	较强	
37	贵州省安顺酒厂	自制蒸酒曲	大曲	1956. 6. 16	无根霉	劣
38	贵州省安顺酒厂	自制糠曲	小曲	1956. 6. 16	较强	劣
39	贵州省安顺酒厂	四川大邑县米曲	小曲	1956. 6. 16		
40	贵州省安顺酒厂	四川江津糠曲	小曲	1956. 6. 16	最强	
41	浙江绍兴阮社东江云集酒厂		小曲	1956. 6. 16	中等	
42	贵州都匀酒厂		小曲	1956. 6. 16	较强	
43	福建省工业厅	长乐白曲	小曲	1956. 6. 16	无根霉	劣
44	福建省工业厅	建阳白曲	小曲	1956. 6. 16	劣	劣
45	福建省工业厅	厦门白曲	小曲	1956. 6. 16	中等	

续表

编号	来源	原名称	类别	收到日期	分出根霉糖化力强弱	其他毛霉科菌的糖化力情况
46	福建省工业厅	崇安白曲	小曲	1956.6.16	较强	
47	贵州省修文县工商科	小箐白曲	小曲	1956.6.16	劣	
48	甘肃省天水酒厂	大曲	大曲	1956.6.16	劣	
49	广西省公私合营人民酿酒厂		小曲	1956.6.16	较强	
50	浙江宁波地方国营宁波酒厂	宁波白药	小曲	1956.6.18	中等	
51	江苏省苏州酿酒厂		小曲	1956.6.18	较强	
52	山西省工业厅		大曲	1956.6.18	无根霉	劣
53	凤翔县公私合营酒厂		大曲	1956.6.18		
54	安徽濉溪酒厂		大曲	1956.6.18	无根霉	劣
55	山西省汾阳杏花村汾酒厂		大曲	1956.6.18	较强	
56	新疆维吾尔自治区工业厅		大曲	1956.6.18	无根霉	劣
57	陕西省宝鸡县虢镇酒厂		大曲	1956.6.18	无根霉	劣
58	河北唐山专署地方工业局		大曲	1956.6.18	无根霉	劣
59	河北唐山专署地方工业局		大曲	1956.6.18	较强	
60	安徽省徽县侯家坝酒厂		大曲	1956.6.18	劣	
61	浙江舟山专署工业科		大曲	1956.6.18	劣	
62	浙江鄞县连生酒厂		小曲	1956.7.5	较强	
63	贵州省工业厅		小曲	1956.7.5	较强	
64	河南省潢川酒厂	曲母原种	小曲	1956.7.5	较强	
65	河南省潢川酒厂		小曲	1956.7.5	中等	劣
66	河南省潢川酒厂	土曲	小曲	1956.7.5	较强	
67	河南省潢川酒厂	甜酒曲	小曲	1956.7.5	劣	劣
68	广西省南宁市人民酒厂		小曲	1956.7.5	劣（也有较强型）	
69	江苏省海门县颐生酒厂		小曲	1956.7.5	较强（也有劣型）	
70	云南省昭通专区镇雄企业公司		小曲	1956.7.5	较强	劣（少）
71	云南省塔峰专卖公司		小曲	1956.7.5	劣	
72	湖北省工业厅加兴酒厂		小曲	1956.7.5	劣	
73	湖北省工业厅沙干酒厂		小曲	1956.7.5	较强	
74	湖北省工业厅红星酒厂		小曲	1956.7.5	最强	
75	湖北省工业厅松滋酒厂		小曲	1956.7.5	中等（近较强）	
76	湖北省工业厅应山县益民酒厂		小曲	1956.7.5	中等（近较强）	
77	湖北省工业厅通城酒厂		小曲	1956.7.5	较强	
78	湖北省工业厅藕池酒厂		小曲	1956.7.5	较强	
79	贵州省茅台酒厂		大曲	1956.7.5	劣	
80	中国专卖公司云南川江公司		小曲	1956.7.5	中等	
81	屯溪		小曲	1956.7.5	中等	劣（少）
82	青海省工业厅		大曲	1956.7.5	劣	劣
83	云南省威信五星札西酒厂		小曲	1956.7.10	最强	

续表

编号	来源	原名称	类别	收到日期	分出根霉糖化力强弱	其他毛霉科菌的糖化力情况
84	安徽合肥酒厂	王勇德老酒曲	小曲	1956.7.10	最强	
85	安徽合肥酒厂	王勇德新酒曲	小曲	1956.7.10	较强	
86	云南公私合营昭通实业公司		小曲	1956.7.27	较强	
87	广东省工业厅		小曲		无根霉 劣（也有较强型）	劣
88	广东省工业厅	大麦曲	小曲		劣	
89	山西汾阳杏花村汾酒厂		大曲		无根霉	劣
90	广东工业厅清远酒厂	细饼	小曲	1956.8.2	较强	
91	广东工业厅陆丰县	细饼	小曲	1956.8.2	—	
92	广东工业厅连县酒厂	细饼	小曲	1956.8.2	中等	
93	广东工业厅乐昌酒厂		小曲	1956.8.2	较强	
94	广东工业厅佛岗酒厂	细饼	小曲	1956.8.2	较强（也有劣型）	
95	广东工业厅善宁酒厂	细酒饼	小曲	1956.8.2	中等	
96	广东工业厅清远酒厂	大饼	小曲	1956.8.2	较强	
97	广东工业厅清远酒厂	大饼	小曲	1956.8.2	中等	
98	广东工业厅佛岗酒厂	大饼	小曲	1956.8.2	较强	
99	广东工业厅三埠酒厂		小曲	1956.8.2	较强	
100	广东工业厅海丰酒厂	药曲	小曲	1956.8.2	劣	
101	广东工业厅海丰酒厂	白曲	小曲	1956.8.2	较强	
102	广东工业厅茂名酒厂		小曲	1956.8.2	较强（也有劣型）	
103	广东工业厅番禺大德厂	小酒曲	小曲	1956.8.2	较强	
104	广东工业厅番禺大德厂	大酒曲	小曲	1956.8.2	劣（有一株较强）	
105	广东省工业厅佛山专署三水酒厂	大酒曲	小曲	1956.8.2	较强	
106	广东省开平工业科三埠酒厂		小曲	1956.8.2	较强	
107	河北保定专区涿县制酒厂	小麦曲	大曲	1956.8.2	较强	
108	四川省内江棉木镇冉启才小组	糠曲	小曲	1956.8.2	最强	
109	四川省邛崃酒曲联合生产组第二组		小曲	1956.8.2	最强	
110	江西省工业厅	泥曲	小曲	1956.10.28	中等	
111	江西省工业厅	八都曲	小曲	1956.10.28	中等	劣
112	江西省工业厅	本城曲	小曲	1956.10.28	无根霉	劣
113	蔡金科由汉口买来		小曲	1956.10.15	较强	
114	方心芳由上海南京路江西路口买		小曲		最强	
115	乐爱华由北京稻香村买（公私合营协和微生物化工社出品）		小曲		最强	
116	湖北省沙市酒厂		小曲	1956.10.18	较强	
117	湖北省沙市酒厂		小曲		较强	
118	湖北省沙市酒厂		小曲		较强（也有劣型）	
119	广东工业厅台山酒厂	大饼	小曲		劣	

续表

编号	来源	原名称	类别	收到日期	分出根霉糖化力强弱	其他毛霉科菌的糖化力情况
120	广东工业厅台山酒厂	细饼	小曲		劣	
121	广东工业厅占关酒厂	酒药	小曲		较强	
122	广东工业厅阳江酒厂	大饼	小曲		中等	
123	浙江绍兴县云集酒厂	酒曲	散曲	1956. 12. 1	较强	
124	陈东莱由上海湖北路言茂源酒店买（上海制酒药）		小曲	1957. 3. 15	劣	
125	陈东莱由上海购		小曲	1957. 3. 15	最强	劣（少）
126	苏州产		散曲	1957. 3. 15	劣	
127	宁波产		小曲	1957. 3. 15	较强	
128	四川省银山镇四川糖酒研究室		小曲	1957. 3. 15	最强	
129	四川省泸州合营曲酒厂		大曲	1957. 3. 15		
130	湖南省郴县酿酒厂		小曲	1957. 3. 15	较强	
131	湖北省汉阳红星酒厂		小曲	1957. 3. 15	最强	
132	四川糖酒研究室		小曲	1957. 7. 2	最强	

表 3-67　五株根霉的重要形态（豆芽汁蔗糖琼脂，30℃，一星期）

菌号	假根	孢子囊柄	孢子囊	中轴	孢子	厚膜孢子
159. 4	发达，褐色，丛生，不分枝，长 93μm	丛生 1~2 条，褐色［93］770 ~ 1240［3100］μm	圆形［46］93 ~ 155［170］μm	大半圆形 59μm，圆形 55μm	不规则多角形长形 4. 5μm ×（6. 8 ~ 5. 6）μm × 7. 9μm 近圆形 5. 6 ~ 7. 9μm，沟纹明显	圆形 18 ~ 29μm
160. 1	发达，淡褐色，丛生，不分枝，长 155μm	丛生 1 ~ 2 条，褐色［248］620 ~ 1860［3100］μm	圆形［46］93 ~ 155［186］μm	大半圆形 55μm	沟纹明显，不规则多角形（4. 5× 6. 8）μm ~（5. 6× 7. 9）［6. 8 × 9. 1］μm	圆形 36μm，长圆 23 ~ 46μm，圆肚花瓶形 25 ~ 32μm
177. 3	同 159. 4	丛生 1 ~ 3 条，褐色［124］403 ~ 1240μm	圆形［46］93 ~ 124［139］μm	大半圆形 31μm，圆形 45μm	沟纹明显，不规则多角形（5. 6× 6. 8）μm ~（6. 8 ×9. 1）［6. 8 × 11. 4］μm，正多角形 5. 6 ~ 6. 8μm	圆形 18 ~ 43μm
182. 9	发达，褐色，分枝或不分枝，丛生 62 ~ 186μm	丛生 1 ~ 2 条，［217］434 ~ 496［1240］μm	圆形、半圆形［46］77 ~ 108［124］μm	大半圆形 50μm	沟纹明显，长圆，棱角不明，呈多边形（5. 6×6. 8）μm ~（6. 8×7. 9）［6. 8×9. 1］μm，近圆形 4. 5 ~ 6. 8μm	特别多，多圆形 18 ~ 34μm，少长圆形（27 × 41）μm ~（18 × 25）μm

续表

菌号	假根	孢子囊柄	孢子囊	中轴	孢子	厚膜孢子
187.7	同上	从生1~5条，褐色（217）465~682（775）μm	多圆形、少半圆形的（31）77~139（186）μm，半圆形（62×93）μm~（108×155）μm	球形77μm	沟纹明显，长圆，棱角不明，呈多边形（4.5×6.8）μm~（5.6×7.9）或（6.8×9.1）μm，近圆形5.6~7.9μm	特别多，多圆形（15）22~32（50）μm，少长圆形27μm×38μm

注：方括号中的数据为最大或最小值。

（二）讨论及结束语

（1）收集到的137个酒曲，绝大部分是小曲，从中分离828株毛霉科的霉菌，其中根霉有643株，其余为毛霉、犁头霉等，以糖化力论后两者是劣等菌，所以根霉是小曲的主要糖化菌。早期的研究者认为是毛霉是错误的。

（2）虽然在五谷、土壤中能分出根霉，但不少小曲制造时使用的种曲，是从优良小曲中挑选出来的。小曲中根霉是800年来的培养良种，可分四川型与上海型，糖化力都很强。

（3）小曲普遍产于大米地区，其中有的小曲品质很差，亟待改进。笔者选出了几株优良菌株送往各地试用，出酒率因之提高。它们的编号见表3-68。

表3-68　五株根霉的菌名及编号

我所编号	分离号	菌名	来源
3.851	160.1	河内根霉（*Rhizopus tonkinensis*）	乐华爱由北京稻香村买小曲中分离出
3.866	159.4	同上	方心芳由上海南京路江西路口买小曲中分离出
3.867	177.3	同上	陈东莱由上海购买小曲中分离
3.852	182.9	日本根霉（*Rhizopus japonicus*）	四川银山镇四川糖酒研究室小曲中分离
3.868	187.7	同上	四川糖酒研究室小曲中分离出

（4）大曲的制造不用种曲，所以大曲内的微生物都是野生型，并且大曲的糖化菌不是以根霉为主，从表3-69可说明。

表3-69　大曲与小曲中曲霉的比较

样品种类	曲的数量/个	分出根霉株数/株	其他毛霉科菌/株	总菌数/株	菌的糖化力			
					最强	较强	中等	劣和无
大曲	22	39	66	105	0	5	4	96
小曲	115	637	50	723	30	241	205	247

（5）总之，我国小曲内根霉是数百年培育出来的菌种，是酿酒优良品种，野生的根霉不能与它相比。但不少地方的小曲品质不好，亟待改进。若全国都用优良根霉，每年增产节约的数目是十分可观的。浙江的小曲尚好，但改用笔者选出来的菌种做试酿，出酒率可提高10%。

［《微生物通讯》1959，1（2-3）］

十四、根霉菌的选育研究与应用

（1）1977年，贵州省轻工研究所从四川、贵州、广西、湖南等省采集小曲样9只，分离出Q303号优良根霉菌，具有糖化力强、产酸少、生长繁殖快等优点。可应用于小曲白酒、甜酒母、黄酒生产。根霉Q303分离及推广应用项目荣获贵州省科技进步一等奖，1989年获国家科技进步三等奖。

（2）泸州市酿酒科学研究所唐玉明等对根霉菌的选育和利用进行了研究，采用紫外线诱变育种法，优选出C-24和LZ-24两株根霉菌，具有糖化力强、生酸少、生长快等优点。两株根霉菌形态生理特征见表3-70。试饭糖分测定对比结果见表3-71。

表3-70　两株根霉菌形态生理特征

项目	菌株	
	C-24	LZ-24
假根	发达，淡褐色，分支丛生，长79~128μm	发达，淡褐色，分枝或不分枝，丛生，长80~121μm
孢子囊梗	丛生1~3条，褐色，长401~1389μm	丛生1~3条，褐色，长528~1451μm
孢子囊	圆形，直径70~135μm	半圆形，直径89~131μm
中轴孢子	球形，直径5μm，沟纹明显，圆形，直径5.6~8.1μm	大半圆形，直径58μm，沟纹明显，近圆形，直径5~6.5μm
厚垣孢子	圆形，直径18~36μm	长圆形，直径26~41μm（长轴）

表3-71　试饭糖分测定对比结果　单位：g/100mL

项目	菌株					
	C-24	LZ-24	YG5-5	3.866	Q303	702
大米	32.19	31.25	27.65	25.66	28.21	27.81
玉米	12.34	12.25	11.50	10.25	11.25	11.30
黏高粱	27.81	26.60	25.18	25.00	25.73	24.98
粳高粱	20.63	20.75	19.13	18.38	18.94	18.00
平均值	23.24	22.71	20.87	19.82	21.03	20.52
比YG5-5增加率/%	11.36	8.82				
比3.866增加率/%	17.20	14.52				
比Q303增加率/%	10.51	7.99				
比702增加率/%	13.48	10.89				

［傅金泉编著《黄酒生产技术》，化学工业出版社，2005］

第四章

麦曲制作技艺及研究

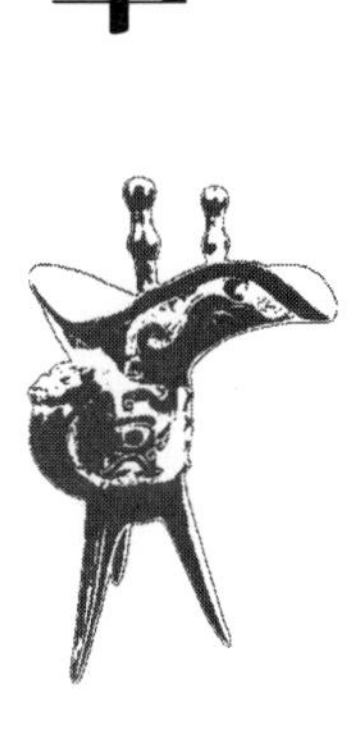

麦曲是我国最古老的曲种之一，它是以小麦（或大麦）为主要原料，经轧碎加水制成曲块，控制一定的温度和温度，经自然繁殖而成。主要含有曲霉、根霉、酵母等多种微生物混合体，是黄酒酿造的糖化发酵剂，它对酒香、酒味有独特的作用，浙江绍兴酒就是用麦曲生产的。用麦曲酿造的黄酒都称麦曲酒，麦曲酒在黄酒总产量中比重最大，其酒有独特的曲香。

建国以后，麦曲生产也有所改进，如生麦曲改进为熟麦曲，而且选用纯种配养，从而提高了麦曲的糖化力和淀粉的利用率，减少了用曲量。在操作上从块曲发展到地面散曲和厚层通风制曲，实现了纯种化和机械化。但是熟麦曲酿酒，其酒香味不如传统生麦曲好。目前绍兴酒仍用传统法生产麦曲，原因是菌种单一，今后应筛选多种微生物进行培养，这是麦曲研究工作中的重要课题。

自古以来，选用麦类制曲，这是我们祖先在实践中遗留下一项宝贵经验。据现代科学研究，麦类原料不但为微生物培养创造了良好的繁殖环境和丰富的营养成分，而且为酒的发酵产生香味物质提供了主要原料，所以在改革麦曲生产中，不能只重视提高糖化力，降低用曲量，而应保持一定数量曲的比例，否则将影响黄酒固有的风味。

第一节　麦曲制作技艺及研究

绍兴酒生产用麦曲，是用小麦为原料的麦曲，在自然条件下控制好温度、湿度以及疏松程度等培养条件繁殖而成。据研究，麦曲中微生物菌群相当多，主要的有曲霉和酵母菌等。麦曲不但有糖化发酵作用，而且对黄酒的香气形成具有重要意义。绍兴麦曲生产都采用草包曲，1973 年以来采用“闹箱曲”。这种改革主要是因稻草太短，不能包装而改良的。实际生产应用中，“闹箱曲”比“草包曲”糖化发酵力强。

一、绍兴麦曲（草包曲）制作方法

1. 工艺流程

小麦→过筛→轧碎→拌曲→包曲（←清水）→保温培养（←稻草）→拆曲→干燥 —10~15d→ 成品

2. 操作方法

（1）过筛　将小麦通过 1cm 二眼筛，以除去泥块和石子杂质，并使麦粒大小均匀。

（2）轧碎　经筛过的小麦，通过轧碎机轧成三至四碎粒，使其表皮破裂，有利菌类繁殖。麦如果破碎程度过细，那么在制曲拌水不易拌匀，细粉又易枯结成团，对糖化菌繁殖不利。

（3）拌曲　将轧碎的麦粒盛于曲桶中，加入约占小麦质量 20% 的清水，然后迅速用手翻拌，来回三次，俗称“三拌三抄”，这样使麦粒吸水均匀，不致产生白心或水块的现象。放水量不是一成不变的，它主要决定于制时温度、原料含水量及包曲的干燥程度等。例如室温较高时，一般在 20~25℃，拌曲的放水量也可增至 21%。

（4）包曲　将拌水的麦粒装入无底的盒内，其下平铺干燥和洁净的稻草，然后将装入的麦粒轻轻压平，抽出曲盒，并用稻草包扎好。这种曲包呈圆柱形，长度为 90~100cm，圆周长为 53~60cm，每包重以干燥麦曲计算，在 9~9. 5kg 之间。包曲时，力求麦粒疏松，以利于糖化菌的繁殖，每包均以六把稻包扎。一般底部三把稻草扎得较紧，顶部三把草扎得较松，这就是工人所谓“上三缚松，下三缚紧”。整个包以疏松及不致漏掉为度。顶部更要扎得松，使包最上端稻草能向四周分开，便于散发水分及流通空气。

（5）保温培养　将曲包放进曲室前，须先用石灰粉刷墙壁，杀灭害菌，制曲室地面铺上竹簟及少量稻草，然后将曲包垂直堆放入室，而曲包必须堆放整齐。曲室一般可用毛竹分割成垅，曲室中间留出一宽为 1.3m 的走道，每隔 4m 再空以宽为 0.65m 的小走道，便于流通空气。在曲包放入曲室后，再关门关窗户，加强保温，利用麦粒中的菌类进行自繁殖。一般室温在 20℃左右时，麦曲约经 24h，品温上升到 26℃左右，以后品温逐步升高，品温上升以不超过 38℃为好，最高也不要超过 40℃，否则易生白心。但遇到室温高于 25℃时，麦粒品温就是短期略高于 40℃，也无大碍，切忌在升温阶段骤然降低温度，这样会使菌类繁殖受到损害。约经 7d，品温不再上升时，菌类繁殖已基本上完成，这时麦粒上已有绿色菌体，须打开门窗，加强通风，使曲粒中水分逐渐蒸发掉，又经 3d，麦粒品温就和室温差不多了。

如果经 48h，麦粒品温没有上升，那就需要加盖稻草保温，若温度上升过高，则要采取逐步降温的办法，去掉保温稻草，以适当流通空气，调节曲室温度，控制合适的繁殖品温。

（6）拆曲及曲干燥　曲包在制曲室保温培养，前后共历时约 30d，麦曲已坚韧成块。这时可进行拆曲工作，即将麦曲四周的稻草拆去。拆曲后，可将麦曲分成二至三块，按井字形堆叠起来，放入干燥的仓库中，使其四面通风，散发剩余的少量水分及麦曲气味，一般需经 15d 才可取用。

好麦曲的一般标准是：曲块坚韧而疏松，有黄绿色菌体，在手中用力一捏就分散成粒并飞出大量孢子，在口中咀嚼起来呈辣味。糖化力（比色法）在 50 以上。

［浙江省轻工业厅编《绍兴酒酿造》，轻工业出版社，1958］

二、绍兴麦曲（闹箱曲）制作方法

1. 工艺流程

小麦→过筛→轧碎→加水拌匀→踏曲→切开→叠曲→保温繁殖→拆曲→干燥→成品

2. 操作方法

（1）过筛和轧碎

①通过 1cm 两眼筛去杂质，使麦粒滑洁均匀。

②通过轧麦机轧成三至四粒，细粉越少越好。

（2）拌曲　将麦装入拌曲桶内，加水量为 20%，进行迅速翻拌，使之吸水均匀，不致产生白心和团块。

（3）踏曲和切曲　拌后倒入箱内摊平，踏后以不散为度，以利繁殖。取掉箱壳，用刀纵横切成方块。

（4）叠曲　要轻拿轻放，不使破碎，整齐地叠成丁字形，不使倒掉，以利通风，使菌类繁殖。

（5）保温繁殖

①制曲前由房必须经石灰水粉刷杀菌。地面铺上谷皮及竹帘。

②曲入室后，关门窗，加强保温工作，一股麦约经 24h 后品温上升 50~55℃，继续保温至第 3 天，去掉保温用物，让其继续自然繁殖。

（6）拆曲及干燥　拆曲的目的主要是除去残余水分及生麦气，经前后 20d 时间繁殖的麦曲，已坚韧成块，将其按井字形叠起，进行通风干燥，堆叠 30d 左右即可使用。

［衢州酒厂、金华地区酿酒科技情报小组编《酿酒曲药》，1978］

三、现代块曲制作方法

绍兴草包曲从20世纪70年代开始逐渐被块曲替代。20世纪90年代初，借鉴白酒行业大曲制作的经验，部分黄酒厂经过试验、探索，开始使用块曲成型机来生产麦曲。

1. 工艺流程

水↓（加于拌曲）

小麦→过筛→轧碎→拌曲→成型→堆曲→保温培养→通风干燥→成品

2. 操作方法

（1）过筛　过筛的目的是除去小麦中的泥、石块、秕粒和尘土等杂质，使麦粒整洁均匀。

（2）轧碎　清理后的小麦通过轧麦机，将麦粒轧成3~4片，细粉越少越好，这样可使小麦的麦皮组织破裂，麦粒中的淀粉外露，易于吸收水分，而且空隙较大，有利于糖化菌的繁殖生长。如果麦粒轧得过粗，甚至遗留许多未经破碎的麦粒，则失去轧碎的意义；相反，麦粒轧得过细，制曲时拌水不易均匀，细粉又易黏成团块，不利于糖化菌的繁殖。为了达到适当的轧碎程度，必须掌握以下两点：一是麦粒干燥，含水量不超过13%；二是麦粒过筛，力求在上轧麦机时保持颗粒大小均匀一致。同时，在轧碎过程中要经常检查轧碎程度，随时加以调整。

（3）加水拌曲　将经称量的已轧碎的小麦装入拌曲机内，加入20%~22%的清水，迅速搅拌均匀，务必使吸水均匀，不要产生白心和水块。加水量也不是一成不变的，应该结合原料的含水量、气温和曲房保温条件酌情增减。若加水少了，不能满足糖化菌生长的需要，菌类繁殖不旺盛，出现白心，造成麦曲的质量差；但加水太多，升温过猛，反而使麦料水分蒸发过快，影响菌丝生长造成干皮，若水分不能及时蒸发，往往还会产生烂曲。所以，拌曲加水量要根据实际情况严格控制。同时，曲料加水后的翻拌必须快速而均匀，这是制好麦曲的关键之一。如果麦料吸水不均匀，水多处将造成结块，易成烂曲，水少处菌丝又会生长不良。此外，拌曲时间过长会使麦料吸水膨胀，成型时松散不实，难以成块。

（4）成型　成型又称踏曲（压曲），其目的是将曲料压制成砖形的曲块，便于搬运、堆叠、培菌和贮藏。踏曲时，先将一只长106cm、宽74cm、高25cm左右的木框（可用木榨用的榨箱）平放在比木框稍大的平板上，先在框内撒上少量麦屑，以防黏结，然后将拌好的曲料倒入框内摊平，上面盖上草席，用脚踏实成块后去掉木框，用刀切成12个方块，每一曲块的长、宽、高大致为25cm、25cm、5cm。有的踏上两层后再切块，可提高效率。切成的曲块不能马上堆曲，因为这时曲料尚未完全吸水膨胀，曲块不够结实，堆起来容易松垮倒塌，必须静置0.5h左右，再依次搬动堆曲。

大约在20世纪90年代，一些大型黄酒厂由于用曲量较大，开始借鉴白酒行业使用块曲压块机成型来制作块曲（见图4-1）。在机器的入口处，调节好麦料和水的进口速度，经过搅拌，使曲料和水混合均匀，并使含水量达到要求的数值。拌好水的曲料盛在机器中输送带上的一只只曲盒中，在输送带的转动过程中，通过数次挤压（不同的设备其次数也不同，但主要根据曲块的成型情况来决定），在出口送出来的就是成型的曲块。然后送入曲房进行堆曲培养。与人工踏曲相比，使用块曲成型机的优点：降低劳动强度、提高劳动效率、减轻制曲时工作环境的污染、曲块的大小一致等。

图4-1　麦曲压块机制块曲

（5）堆曲　堆曲前，曲室应先打扫干净，墙壁四周用石灰乳粉刷，在地面上铺上谷壳及竹簟，以利保温。堆曲时要轻拿轻放，先将已结实的曲块整齐地摆成丁字形（见图 4-2），叠成 2~4 层，使它不易倒塌，再在上面散铺稻草垫或草包保温，以适应糖化菌的生长繁殖。

（6）保温培养　保温工作要根据具体情况灵活掌握。堆曲完毕，关闭门窗，如果曲室保温条件较差，可在稻草上面加盖竹簟，加强保温。一般品温在 20h 以后开始上升，经过 50~60h，最高温度可达 50~55℃。随着曲堆温度升高，水分蒸发，竹簟显得十分潮湿，并能见到竹簟朝下的一面悬有水珠，这时便要及时揭去保温覆盖物，否则，冷凝水滴入曲料，将会造成烂曲。曲堆品温升至高峰后，要注意做好降温工作，根据情况裁减保温物，适当开窗通风等。此后，品温迅速下降，一般入房后约经一周，品温可回降到室温。自进房后，约经 20d，麦曲已坚韧成块，按井字形推叠起来，让其降低残余水分和挥发杂味。机制块曲培养过程中温度和水分的变化曲线如图 4-3 所示。

图 4-2　堆曲

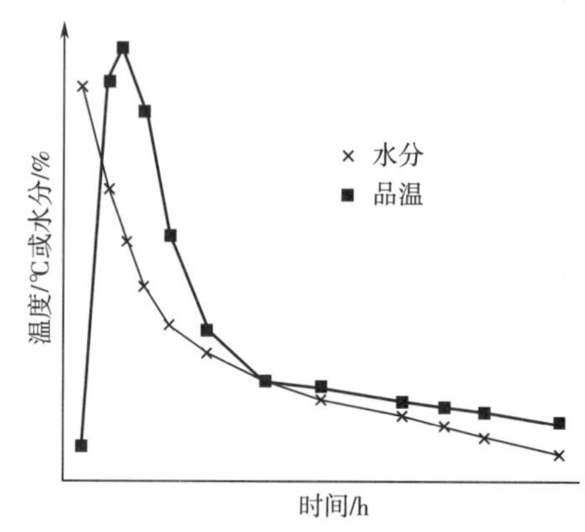

图 4-3　机制块曲培养过程中水分及温度的变化趋势

对于培养过程中温度的控制，以前草包曲强调不能高于 40℃，要求制成麦曲"黄绿花"越多越好，也即米曲霉分生孢子越多越好。但是多年来的实践证明，温度控制低些的"黄绿花"多的麦曲，还不如温度适当高些（50~55℃）的白色菌丝多的麦曲。后者不但糖化力相对高些，曲香也好，而且不容易产生黑曲和烂曲。这是因为培养温度偏高可阻止霉菌菌丝进一步生成孢子，有利于淀粉酶的积累，同时对青霉之类有害微生物也有一定的抑制作用。另外，由于温度较高，小麦的蛋白质易受酶的作用，易转化为构成曲特殊曲香的氨基糖等物质，有利于黄酒的风味。上述所指的品温是指温度计插入曲块中的显示温度。为保证温度显示的可靠性，在制曲过程中应多选几个测温位置，确保麦曲质量的一致性。

3. 块曲培养过程中微生物的变化

浙江古越龙山绍兴酒股份有限公司与江南大学生物工程学院采用传统分离培养法和免培养法研究了机制块曲培养过程中真菌的变化。培养采用稀释分离法，用察氏培养基分离块曲中的真菌，然后将得到的纯种真菌进行分子鉴定。研究结果表明：在机制块曲培养过程中，存在的主要真菌有犁头霉属、曲霉属和根毛霉属。随着培养过程的进行，麦曲的真菌群落结构发生了变化。其中，犁头霉属、曲霉属和根毛霉属在整个培养过程中一直存在，犁头霉属和曲霉属在中后期数量多于前期，而根毛霉属在前期和中期数量多于后期。裸孢壳属在中后期出现，并且数量较多。锁掷孢酵母属在前期和后期出现，但是在中期并没有分离到。共头霉属和青霉属出现，但是随着培养时间的延长，麦曲中很少能分离得到此类真菌。散囊菌属在麦曲成型堆放的中期出现，但数量不多。

免培养法是通过分析样品中 DNA 分子的种类和数量来反映微生物区系组成和群落结构，在揭示特定生态系统中微生物多样性的真实水平及构成方面具有极大的优势，但该方法不能区分样品中微生物的存活状态。运用基于聚合酶链式反应（PCR）增和核糖体基因间隔序列图谱分析（RISA）技术的免培养法研究机制块曲培养过程中真菌的变化，培养过程中块曲的 RISA 图谱如图 4-4 所示，研究结果

与培养法基本一致：在机制曲块培养过程中的主要真菌为曲霉属、根毛霉属、犁头莓属及酵母。前期出现的真菌为曲霉属、犁头霉属、根毛霉属、毕赤酵母属、伊萨酵母属、念珠菌属；中期为曲霉属、犁头霉属、根毛霉属、念珠菌属；后期的真菌又演变成曲霉属、犁头霉属、根毛霉属、毕赤酵母属。曲霉属、根毛霉属和犁头霉属真菌在整个麦曲培养过程中一直存在。

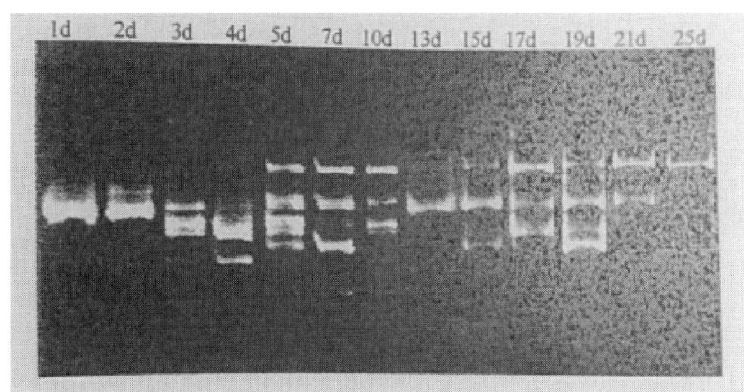

图 4-4　块曲培养过程中的 RISA 图谱

4. 块曲的质量鉴别

由于块曲是采用自然培菌的方法，而且在黄酒生产以前早已制好，所以要制得好的麦曲，只有在制曲时加强管理，精细操作，否则制成的麦曲质量差，将影响到整个黄酒生产。麦曲的质量好坏主要是通过感官鉴别，并结合化验分析来确定。

质量好的麦曲要有正常的曲香，白色菌丝茂密且均匀，无霉烂夹心，无霉味或生腥味，曲屑坚韧触手，曲块坚韧而疏松，水分低（14%以下），糖化力高［800mg 葡萄糖/(g·h) 以上］。糖化力是指 1g 绝干麦曲在 30℃下糖化 1h 所产生的葡萄糖的质量（mg）。

5. 成品块曲中的真菌组成

采用 3 种培养基对感官质量较好的块曲中的真菌进行分离培养和分子鉴定，并结合上述免培养法进行研究，确定脚踏成型块曲中的优势真菌为伞枝犁头霉、米曲霉、烟曲霉、黑曲霉、小孢根霉、微小根毛霉、季氏毕赤酵母、异常毕赤酵母，机制块曲中的优势真菌为伞枝犁头霉、米根霉、微小根毛霉、米曲霉、烟曲霉，详细结果如表 4-1 所示（除表中特别注明外，序列比对相似度均为 99%以上）。同时，研究结果表明，脚踏成型的块曲真菌种类比机械成型的块曲丰富。其原因可能是由于前者为柔性成型，曲坯较疏松，内部含氧量相对较高，更适合一些真菌的生长繁殖。

表 4-1　　成品块曲中的真菌组成

真菌种类	脚踏块曲			机制块曲		
	培养法	免培法	优势菌	培养法	免培法	优势菌
伞枝犁头霉（*Absidia corymbifera*）	+	+		+	+	+
伞枝犁头霉（*Absidia corymbifera* 97%）	+		+			
米曲霉（*Aspergillus oryzae*）	+	+	+	+	+	+
赛氏曲霉（*Aspergillus sydowii*）	+					
焦曲霉（*Aspergillus ustus*）	+			+		
土曲霉（*Aspergillus terreus* 97%）	+					
烟曲霉（*Aspergillus fumigatus*）	+		+	+		+
黑曲霉（*Aspergillus niger*）	+		+	+		

续表

真菌种类	脚踏块曲			机制块曲		
	培养法	免培法	优势菌	培养法	免培法	优势菌
泡盛曲霉（*Aspergillus awamori*）	+					
芽枝状枝孢（*Cladosporium cladosporioides*）				+		
枝孢霉属（*Cladosporium oxysporum*）	+			+		
球毛壳霉（*Chaetomium globosum*）	+	+				
葡萄牙念珠菌［*Candida*（*Clavispora*）*Lusitaniae*］	+	+		+		
构巢裸孢壳（*Emericella nidulans*）	+	+		+	+	
热带假丝酵母（*Candida tropicalis* 98%）		+				
阿姆斯特丹散囊菌（*Eurotium amstelodami*）	+					
东方伊萨酵母（*Issatchenkia orientalis*）	+			+		
草酸青霉（*Penicillium oxalicum*）	+			+		
橘青霉（*Penicillium citrinum*）	+					
青霉属（*Penicillium thiers*）				+		
季氏毕赤酵母（*Pichia guilliermondii*）	+		+			
异常毕赤酵母（*Pichia anomala*）	+		+			
小孢根霉（*Rhizopus microsporus*）	+		+			
米根霉（*Rhizopus oryzae*）		+		+		+
微小根毛霉（*Rhizomucor pusillus*）	+	+	+	+	+	+
多变根毛霉（*Rhizomucor variabilis*）	+					
酿酒酵母（*Saccharomyces cerevisiae*）		+			+	

注：+表示采用该方法检出或该菌为优势菌。

6. 块曲中真菌的产酶情况

选取从块曲中分离出的 7 株真菌 *Aspergillus oryzae* AO-01 、*Absidia corymbifera* AC-14、*Rhizopus oryzae* RO-02、*Aspergillus fumigatus* AF-02 、*Rhizomucor pusillus* RP -09 、*Emericella nidulans* EN-05、*Aspergillus niger* AN-13 进行纯种培养了解其产酶情况。7 株真菌中，仅 *Aspergillus oryzae* AO-01、*Aspergillus fumigatus* AF-02、*Aspergillus niger* AN-13 能产降解糯米和小麦原料的酶，其中 *Aspergillus oryzae* AO-01 产 α-淀粉酶、糖化酶和蛋白酶；*Aspergillus fumigatus* AF-02 产糖化酶和蛋白酶；*Aspergillus niger* AN-13 产蛋白酶、纤维素酶和木聚糖酶（降解半纤维素）。从纯种培养的角度看，只有 *Aspergillus oryzae* AO-01 的 α-淀粉酶和糖化酶活力较高，可作为纯种麦曲制造的糖化菌。笔者也曾从脚踏成型块曲中分离出几十株根霉和米曲霉，发现块曲中的根霉产 α-淀粉酶和糖化酶能力普遍不强，而从米曲霉菌株中筛选出多株可用于纯种麦曲制造的优良糖化菌。

将纯种培养时产酶的 *Aspergillus oryzae* AO-01、*Aspergillus fumigatus* AF-02、*Aspergillus niger* AN-13 分别与其他真菌两两混合培养，发现真菌混合培养时的产酶情况并非单个真菌产酶的简单相加，产酶的种类或数量都发生了明显的变化。这说明块曲作为一个微生物的混合培养体系，所含有的不同微生物之间存在着一定的相互作用。

7. 块曲中的挥发性香气化合物

块曲中含有大量的风味物质，江南大学采用顶空固相微萃取与气质联用法分析出上海黄酒块曲中的挥发性香气化合物近60种。从培养前后挥发性香气化合物的分析结果看，通过培养，块曲中挥发性香气化合物的种类和含量均增加。块曲中的挥发性香气化合物的含量见表4-2。

表4-2　块曲中的挥发性香气化合物　单位：μg/kg 干曲

化合物	含量	化合物	含量
醇类化合物		酯类化合物	
2-甲基丙醇	0.51	乙酸乙酯	4.66
1-戊烯-3-醇	0.97	己酸乙酯	2.06
3-甲酸丁醇	8.37	辛酸乙酯	0.61
戊醇	11.92	酸类化合物	
2-庚醇	3.92	乙酸	88.69
己醇	56.83	3-甲基丁酸	44.77
1-辛烯-3-醇	24.18	己酸	92.78
庚醇	3.13	庚酸	1.08
2-乙基已醇	2.09	辛酸	4.62
辛醇	291.45	壬酸	0.64
壬醇	25.58	芳香族化合物	
酮类化合物		苯甲醛	7.32
2,3-丁二酮	0.69	苯乙醛	2.58
1-戊烯-3-酮	1.19	苯乙酮	2.14
3-辛酮	0.61	苯甲醇	0.27
2-辛酮	7.04	苯乙醇	264.84
2-壬酮	1.39	苯甲酸乙酯	1.36
甲基庚烯酮	1.46	1,2-二甲氧基苯	43.44
醛类化合物		1,2,3 -三甲氧基苯	326.04
己醛	2.26	4乙烯基1,2-二甲氧基苯	59.35
(*E*) -2-庚烯醛	0.45	呋喃类化合物	
壬醛	0.61	2-戊基呋喃	0.75
癸醛	0.47	糠醛	0.11
(*E*, *E*) -2,4-癸二烯醛	0.24	含氮化合物	
酚类化合物		2,3,5,6-四甲基吡嗪	0.26
苯酚	36.23	2,5-二甲基吡嗪	0.91
愈创木酚	28.23	2,6-二甲基吡嗪	1.18
4-乙烯基愈创木酚	41.01	2,3,5-三甲基吡嗪	0.44
含硫化合物		萜类化合物	
3-甲硫基丙醛	0.22	薄荷醇	1.35
苯并噻唑	0.14	二甲萘烷醇	16.67
内酯化合物		香叶基丙酮	1.41
γ-壬内酯	65.95		

［谢广发编著《黄酒酿造技术》，中国轻工业出版社，2010］

四、绍兴草包麦曲制作方法

麦曲在酿造绍兴酒中占着极重要的地位，用量达原料糯米的六分之一。它主要的功用是作为糖化剂，与绍兴酒特有的风味也有着密切的关系。目前草包麦曲的制法仍保持着原有的生产方法，不过已在着手研究改进。

（一）原料小麦

现在生产上都用生小麦为原料，但是以往时有混合少量大麦制曲的厂坊（小麦九份，混合大麦一份）。绍兴各酒厂都是采用本地出产的小麦为主，生产上极重小麦品质的优劣，一般要求的标准如下：

（1）麦粒完整，无虫蛀。

（2）干燥适宜，外皮薄，呈淡红色，两端不带褐色的小麦为好。胚乳要坚硬，青色的和还未成熟的都不适用。

（3）小麦以当年所产的为佳，不可带有特殊气味。

（4）麦粒的大小及品种要一致。

（5）须不含秕粒、尘土及其他夹杂物。

将绍兴酒曲用小麦的化学成分列表如4-3所示。

表4-3　绍兴酒曲用小麦的化学成分　单位:%

项目	含量
水分	12.80
灰分	1.93
淀粉	57.07
糖分	1.63
蛋白质	12.45
脂肪	1.80
粗纤维	2.36

（二）制作方法

制作麦曲的时期，一般是在农历的八月至九月间，此时正当桂花满枝的季节，所以制成的曲俗称“桂花曲”。曲室是普通的平房，有的是泥地，有的是石板地。室内两壁常设有木板窗，借其调节温度用，但对房屋的布置要求并不严格。现将制曲的过程分述如下。

1. 工艺流程

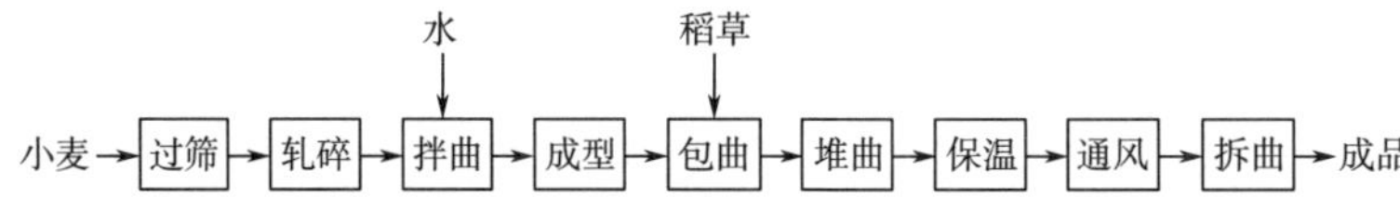

2. 操作方法

（1）过筛及轧碎　先将小麦通过风扇除去秕粒、尘土，再通过0.25cm^2筛孔筛去泥块、石子，不淘洗，即将除去杂质的小麦通过轧碎机（或石磨），每粒小麦轧成3~5片。这样可使小麦的表皮组织破裂，麦粒中的淀粉外露，易于吸收水分，又增加了糖化菌的繁殖面积。麦粒破碎不可过粗或过细，否则均会影响麦的质量。

（2）拌曲 麦粒轧碎后，盛于直径 103cm、高 34cm 的拌曲盆中（图 4-5）。每批原料小麦 35kg，加入清水 6~7kg，手握蚌壳，将其迅速翻拌，务必吸水均匀，以不致产生白心及水块为宜。这时室温在 17~23°C，水温 21~23C。拌后含水分 21%~24%。

（3）成型 将拌水后的麦片用畚箕搬入长约 100cm、宽 21cm、高 14cm 的无底曲盒中（图 4-6）。在曲盒的下面平铺干燥洁净的稻草上（最好是一年陈的）。将麦片倒入曲盒后，轻轻地用手压平，防止中间突起、两端小，从而影响曲包的均一。

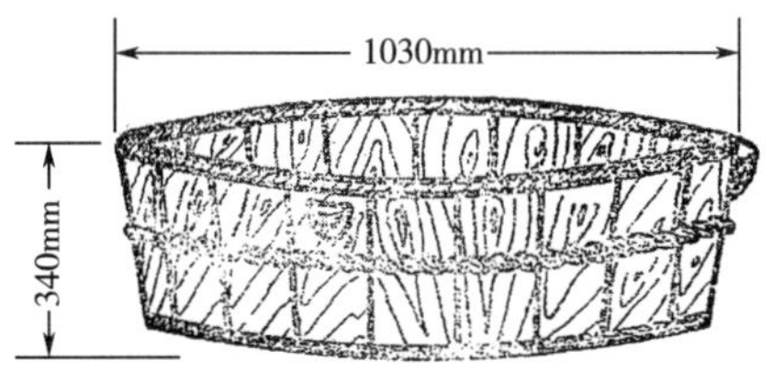

图 4-5 拌曲盆

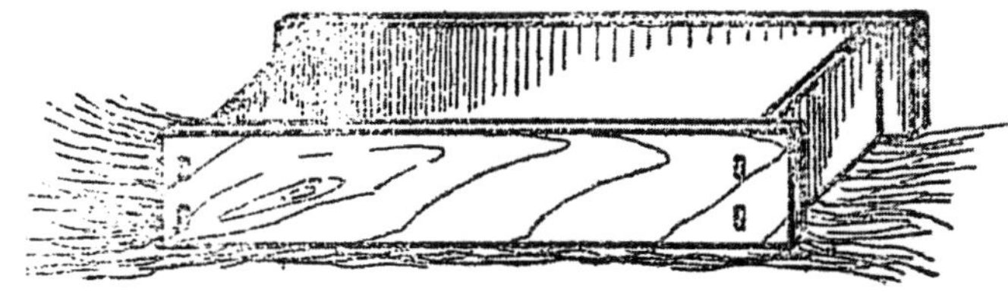

图 4-6 曲盒

（4）包曲 拌水麦片成型后，抽起曲盒，即用预先横放在一层稻草下面的六小股稻草捆扎。由于这一操作，所以又有"草包曲"的名称。（图 4-7）。包好后的曲包略呈圆柱形，长 90~100cm，圆周长为 53~60cm，每包如以干燥麦粒计，约重 9~10kg。包曲时，一般力求曲麦疏松，以利糖化菌的繁殖。每包曲的六小股稻草，上三股缚得松，下三股缚得紧，俗称"三捆六缚"。上部能让其通气，同时下部稻草的末端在堆时需加以弯曲，以免麦粒散失。

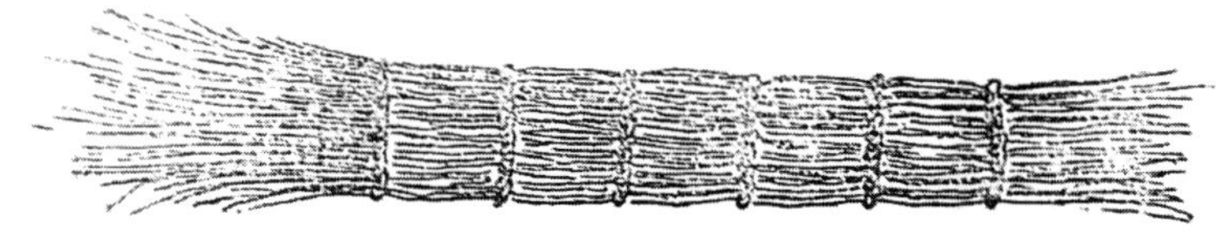

图 4-7 草包曲

（5）堆曲 包曲完毕后，将曲包轻轻地抱入曲室，垂直放置，各个相靠，排成曲堆。曲堆的大小，一般长 6m，宽 2m；堆与堆之间距离为 0.5m，但需要注意"堆松、堆齐、堆直"，以增加空隙，有利于发散热量及糖化菌的均匀生长与繁殖。

（6）保温 在堆曲前，曲室应先打扫干净，墙壁四周用石灰乳先粉刷一次，然后围以稻草，地上也平铺一层稻草。如是泥地，稻草要铺得厚些（约 10~12cm），再堆上竹簟，用于保温。曲室的保温工作主要根据气温室温的情况，适当地关闭门窗来调节。在曲堆上面和四周，用稻草（或草壳）和竹簟等调节。过程中应及时检查并测定品温，加以调节控制，不使曲包温过高或升温太慢。在一般情况下，可按表 4-4 来控制。

表 4-4 草包麦曲制作过程中品温控制要求 单位：℃

时间	品温	室温
第 1 天	24~26	23~30
第 2 天	26~28	30~32
第 3 天	32~36	35~38
第 4 天	38~42	40~44
第 5 天	40~43	44~45
第 6 天	38~42	43~44
第 7 天	32~36	38~40

注：以曲包中心温度为准。

除控制品温外，并做好通气接湿工作。如室温在20℃左右，升温到38℃时，可将上面竹簟揭去；升温到45°C，除去上面覆盖的部分稻草，适当地打开门窗，降低发酵温度，以免产生烂曲或黑心曲等现象。至第7天以后，品温与室温相近，麦曲中水分已大部分蒸发，就要将全部门窗打开。经过25~30d，麦曲已结成硬块，但用手一捏碎，亦应拣出。如地方不急用，亦可将其堆放原来的曲室中，待用时再行拆包。兹将麦曲制造过程中实地测定的室温、品温变化情况绘成图4-8。

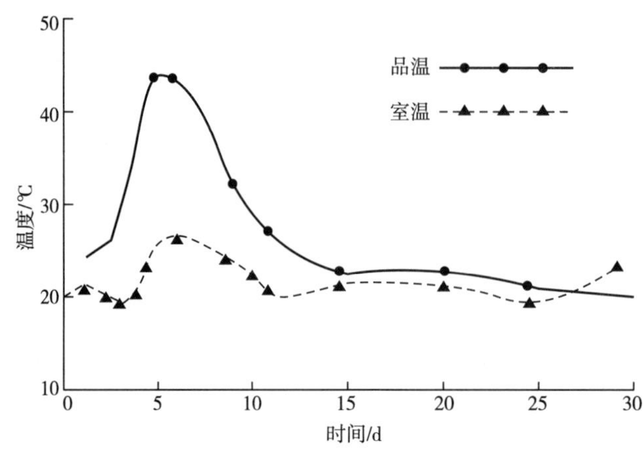

图4-8 麦曲制造过程中温度变化情况

（三）麦曲的化学成分

兹将1957年冬酿期间绍兴酒厂、云集酒厂、沈永和酒厂、谦豫萃酒厂等生产上用的麦曲样品的化学成分分析结果列表，如表4-5所示。

表4-5　麦曲样品化学成分分析结果　单位：%

项目	绍兴酒厂	云集酒厂	沈永和酒厂	谦豫萃酒厂
水分	16.9	15.9	15.3	15.7
可溶性无氮物	58.61	59.40	59.40	58.50
蛋白质	9.25	12.13	11.50	12.25
脂肪	1.81	1.39	1.62	1.49
粗纤维	2.41	2.06	—	2.17
灰分	1.89	1.79	1.98	1.79

（四）麦曲中的微生物

麦曲中的微生物生长最多的是米曲霉、根霉及毛霉；此外尚有数量不多的黑曲霉及青霉等。这些种类的霉菌，其繁殖情况各批均有差异。一般情况下，主要是米曲霉，但有时也会是根霉、毛霉占优势。据工人反映："麦曲黄绿色花（米曲霉的分生子）越多，则曲的质量越优良，酿酒升温快，发酵猛烈，在严寒季节酿酒反而容易管理"。但是从麦曲本身及分离出的数十株米曲霉，测定其液化力、糖化力的结果观察，均很差，所以绍兴酒麦曲用量达原料糯米的六分之一是有其道理的。根据在生产上试验的结果：用纯粹培养米曲霉制麦曲时，生长太老，酒味太苦；但若生长太嫩，又嫌苦味不足。所以麦曲的改良是有可能的，不过对绍兴酒固有的风味仍需用生小麦为原料纯粹培养，拌曲用水以30%~35%为宜，借此调节曲霉的生长适度。用蒸熟的麦片纯粹培养制曲，会使酒质产生一股特殊口味，而影响酒的品质。

［轻工业部科学研究设计院、北京轻工业学院编著《黄酒酿造》，轻工业出版社，1960］

五、绍兴酒曲制作方法

（一）种类

绍兴酒用的酒曲，就形状方面说，有两种：一为圆形，厚约0.4~0.5尺①，直径约1~1.6尺；二为长方形，厚约5寸，长约2尺，宽约1~1.4尺。制造方法，二者相同。

（二）原料

绍兴酒曲，概用小麦为原料，少数酒家制曲时有和入大麦少量的，其配合的分量，小麦八分，大麦二分。小麦为制曲的主要原料，曲的优劣与酒的品质有关系。故曲的选择，酒家甚为重视。优良之小麦的标准如下列：

（1）麦粒完全而无缺痕，有缺痕的不良。

（2）干燥适宜，硬软适中，而呈淡黄色的为良；白色的内部甚坚；青色的还未成熟，皆不适用。

（3）麦以当年产新鲜的为佳，不可带有特别臭气。

（4）麦粒的大小及种类需同一的。

（5）大麦胚乳的状态，通常有两种，一为粉状的，含淀粉量较多；一为玻璃状的，含蛋白质量较多。

（6）须无秕粒尘芥及其他混合物。

（三）制曲

制曲工作之地，曰曲场，易干燥清洁，空气流通。发曲之室，曰曲室，为长方形，高七尺至九尺，长度依制曲的多寡而不同。曲室的四壁围着稻草，壁上有窗，可以随意开放。室的中央铺稻草厚约一尺，上覆竹簟，名曰曲床。

制曲的时期，多在霜降前后。制曲的方法，先将麦晒干，用筛或风箱除去夹杂物。然后配合原料磨成粉末。粉碎的程度，每粒麦破裂约十颗为良。过细则制曲时水分蒸散迟缓，易为害菌侵殖，过粗则黏度小，不易黏结，容易发生裂缝。原料经粉碎后，即取麦粉二桶，约四十斤加清水十余斤，搅拌使匀，名为拌曲。曲拌匀后，置于木框中，框底有板，框的上面覆盖蒲席，用足在席上踏紧，使黏结成块。踏毕，即启框去席，以曲刀切成四条，每条又横切之，长计二尺，厚约五寸②，宽约一尺至一尺四寸，名曰曲块。曲块搬入曲床，以稻草包成曲包，每包二曲块。曲包侧排于曲床上，上面用竹席披盖。于是密闭曲室门户，使温度上升，曲菌繁殖。若室内温度过高，可稍开门窗，以调节之，使室内温度在25℃附近。三星期后，酒曲成熟，剥去稻草，放置于空气流通、干燥适宜的地方，充分干燥。制曲时酒曲中的微生物，大多数由大麦与小麦、麦皮附着的微生物分子发育而来，曲室空气中的微生物亦有落入。所以，其中有用的微生物、无用的微生物及甚至有害的微生物，均有存在。制曲时调节温度、湿度及空气的流通等，可以使有用的微生物旺盛繁殖，以抑制其他无用的或有害的微生物的繁殖。所以旧法制曲工作，须有相当的熟练，方可制成优良的酒曲。曲之优劣的鉴定方法：自外观方面说，以乳白色而发清香的为佳，黄色、绿色、黑色的则不可用。有恶臭、酸味或黏性的，亦为劣曲。

---

① 1尺=33.33cm。

② 1寸=3.33cm。

（四）酒曲中的主要微生物

酒曲中的微生物以 *Rhizopus* - *Sp* 与 Yeasts 为主要。如 *Rhizopus japonicus*、*Rhizopus hangchow* 及 *Rhizopus chinansta* 等，皆已有人分离出。*Abaidia*、*Mucor*、*Monilia* 及 *Aapergillus* 等为次多。Bacteria 数目与种类均甚多存在，但非其中的主要菌。

［金培松编著《酿造工业》，正中书局印行，1936 年 12 月初版，1944 年 5 月六版，正中纸本］

六、绍兴麦曲制作方法

制曲之麦，大小麦均可用，然用小麦者居多，亦有大小麦混合而用麦。其比例为大麦 2 小麦 8，每于处暑节前后，将麦晒干，以筛或用风箱去其夹杂物，秋分前后，每人每日磨麦二石许，磨碎后，麦之容积一石又三四斗可以加，秋分至霜降前后，可制曲。制曲法如下：制曲必建制曲房及置曲室，室为长方形，高八尺至十尺，宽则依曲量而不同。室壁围以藁簟，壁之上下方，均有窗棂，更加板户，以便随时开闭，室之中央，铺稻藁一尺厚，以竹簟复之。名为床地，为堆积曲包之处也。

制曲时，以麦粉两桶。约四五十斤，加清水拾余斤搅拌之，使水与麦粉分配均匀，名为拌曲。所拌之曲，即置木框内，框底有板台，框面复蒲席，席上以两足踏之，使水与麦粉黏合成块，即启框去席，以曲刀剖为四条，每条又横断之，长计二尺，厚约五寸，名曰曲块，用小棏载至曲床，床上稻秆先行铺妥，以捆缚曲块，成为曲包。每曲包中有曲块三，置诸床地，以俟曲菌繁殖，斯时密闭曲室，使其温度上升，如气温过高，不妨稍开窗穴。矣三四星期后，曲菌发育已将成熟。曲中带有香味，甘味，菌丝呈黄白色，即剥其稻藁，置诸空气流动干燥，适宜之他室中，为制酒时之基础。

曲中常含他种微生物类，此等微生物之由来，有由于曲麦所接触之稻藁，器具及工人手上所附着者，有由于空气尘芥上所传入者。

曲之鉴定法：一、优良之酒曲，其菌丝发育整齐，每含黄色，或黄绿色、黑色者不宜用；二、优良之曲，有一种香气，带恶臭者不宜用；三、优良之曲，有甘味，带酸味者不宜用；四、优良之曲，曲粒坚致而干燥。带黏气者不宜用。

［周清著《绍兴酒酿造之研究》，新学会社出版，中华民国十七年八月发行］

七、挂曲的操作方法

挂曲是黄酒生产用麦曲的一种糖化发酵剂，是麦曲的另一种制作方法，在江苏苏州、无锡等黄酒厂都采用这种传统法生产麦曲，现搜集整理如下。

（1）轧麦　采用黄皮干燥的小麦为原料，先经过滚筒轧成麦片，经搅拌后即成碎屑，但须防止粉质过多，以免踏曲时黏成硬块。

（2）拌水　取一大竹匾，每匾约盛麦片 22.5kg，加水 8～8.5kg，翻拌均匀，使其拌后用手捏紧成团，放开即散，匾内无湿块为宜。

（3）踏曲　麦片经加水调制后，即倾入一只大方形木箱中，用脚踏实，箱角和中心踏平，厚度约 3cm 左右。每一木箱可盛 20 匾，踏成 20 层，每层踏实后，撒上稻柴灰一层隔离，然后用曲刀切成块。

（4）挂曲　曲室为普通瓦房，室内用木架分成上下两层，两端用木梁横架于木架上，将切成的曲块，用稻草芯结扎，悬挂在木梁上，每根木梁约挂 50 块左右，上下之间必须留足距离，每块曲之间约

3cm。制曲时间一般选择天气干燥，室温为30℃左右。

（5）管理 当块曲入房48~72h后，品温已高达42~44℃时，即将窗户全部开启，以后品温便逐步回降，让其悬挂曲室中，两个月后才能使用。通常每百千克小麦产块曲84kg。要求曲块中心呈绿色或白色，干燥结实而无黑心、烂心，并具有麦曲的特有曲香为佳。

［傅金泉主编《中国酒曲集锦》，中国轻工协会发酵学会等，1985年内刊］

八、纯种培养生麦曲

江苏苏州东吴酒厂在1957年秋，用纯粹培养菌种试制生麦曲代替草包曲。特别是在秋酿生产中，解决了粳米酿制过程中的困难，这个经验在1958年已经全面推广，并已投入摊饭酒生产，发酵效果很好，容易掌握，用曲数量从原来100kg原料米用曲15kg减少到10kg，发酵周期缩短了15d，粳米酿曲的酒精由原来15°以下，已提高到15.5°，且每百千克原料米还多出酒15kg。

1. 菌种

从制造淋饭酒的搭窝期分离出的黄曲霉，经纯粹培养后，作为制作麦曲的纯菌种。

2. 工艺流程

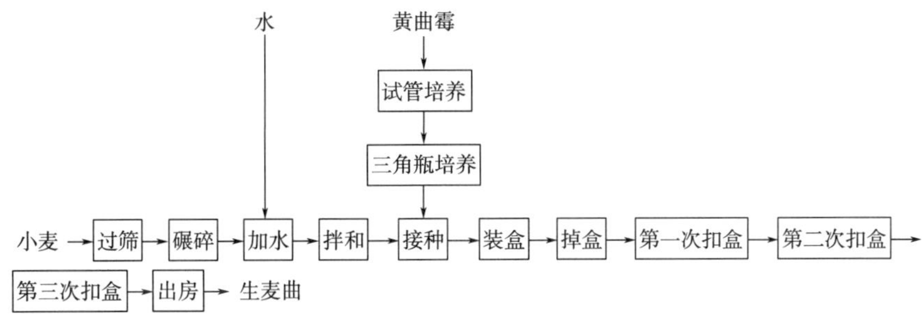

3. 操作方法

（1）过筛及碾碎 先将小麦通过风扇除去秕粒、尘土，再通过0.25cm^{2}筛孔筛去泥块、石子，不经淘洗，即可将除净杂质的小麦通过轧碎机（或石磨）轧碎。每粒小麦要轧成3~5片。这样可使小麦的表皮组织破裂，露出麦粒中的淀粉，使它易吸收水分，增加糖化菌接触面积。小麦碾碎后需将麦粉筛出，以避免损失。

（2）加水 每百千克原料，春秋季用水35~88kg，冬季30~32kg。如气温在10℃以下，用30℃温水。

（3）拌和 备木桶三只，每只能容麦片50kg。麦片加水后，连续翻拌三次，让它在木桶中堆积10min，待水分吸入麦粒内，再进行翻拌一次。

（4）接种 纯粹菌种的试管培养及扩大培养，可参考其他酒精工艺学及白酒酿造等书籍。接种量要根据季节，每百千克原料使用种曲量，冬季为0.3~0.35kg，春秋0.2~0.25kg，接种后将原料充分翻拌一次。

（5）装盒 每盒容量2.5~2.75kg，盒面摊平。装盒后，立即送入曲房堆成品字形，每堆12~13盒。冬季用火炉保温，使室温维持在25~28℃，春秋季根据气温进行调节，以便造成曲霉繁殖的适宜环境。

（6）调盒 入房20~24h后，曲霉已开始繁殖，堆中心的曲盒品温逐渐上升至30~32℃，上下两端的曲盒品温25~27℃，此时将上下曲盒调换到中间曲盒的位置，借此调节品温，以求曲霉生长一致。

（7）扣盒 调盒后5~6h，品温在30~32℃，室温28~30℃，进行一次扣盒。扣盒是将正在繁殖的麦曲，整块翻到一只空盒中。又经8~12h，品温达38~40℃，室温34~39℃，水分逐渐向上蒸发，进行第二次扣盒，并上下调盒。再经 10～12h，品温、室温均在 34～36℃，水汽蒸发旺盛，再进行第三次扣盒。此时开窗通风，如果品温下降较快，应及时关闭窗户。扣盒时动作要快，同时开启窗户，使新鲜空气进入，扣盒后立即关闭窗户。

（8）出房　经过 85～90h，将曲盒内成品倒出，堆积厚度不要超过 20cm，摊放备用。

4. 质量检查

（1）好曲的质量，从外观检查为黄绿色，分生孢子丰满，菌丛稠密；无黑色或长毛霉等杂菌生长。

（2）具有麦曲特有的香味，无酸味及其他异味。

（3）糖化力（比色法）90～95（草包曲仅 30 左右）。出房时水分含量在 25%以下。酸度 0.12～0.18（以琥珀酸计）。

5. 注意事项

（1）曲房要注意清洁工作，操作工序完毕后要进行清扫，每月用 3%～5%的甲醛或用硫黄熏蒸灭菌一次。

（2）曲盒经每次使用后，用沸水清洗，以保持清洁。

［徐洪顺编著《黄酒生产技术革新》，轻工业出版社，1961］

九、嘉兴熟麦曲（地面曲）制作方法

1. 工艺流程

小麦→轧碎→加水→蒸煮→散冷→接种→堆积→摊平→第一次翻曲→第二次翻曲→出房→成曲

2. 操作方法

（1）小麦质量要求颗拉均匀，无杂质，不能霉变。

（2）轧碎　用滚筒机将原料轧碎，要轧扁成 3～5 瓣，无粉末。

（3）吃水　每百千克麦片加水 53～54kg，翻拌均匀后堆积 3～4h，用扬渣机打一遍，要求消灭团块，上甑蒸煮。

（4）蒸煮、装甑时曲料要撒得轻而且均匀，待全面透气后再盖上草包（铁铲、扫帚等工具放在曲料面上一起杀菌），蒸 40min 后出甑。

（5）散冷接种　种曲用 3800 号黄曲霉，按《烟台酸制白酒操作法》扩大培养而成。每百千克原料用种曲 200g。方法是先将一部分原料与种曲拌匀搓碎，再撒在全部原料上面，用铁铲翻拌二次，使之均匀后，再进入曲房堆积培养。

（6）堆积　开始堆积品温在 33～34℃，经 8h 左右，一般升温 4～5℃，再经 1h 左右开始升温，即可摊开在地面上。

（7）摊平　地面摊开的厚度在 20cm 左右，摊开时温度一般在 27～28℃，室温保持在 26～27℃。

（8）第一次翻曲　从进房保温算起，经 25～26h 左右，用铁铲进行翻曲，翻曲时间要看曲的结饼表现情况而灵活掌握，一般第一次翻曲的品温为 36～37℃，室温在 26～27℃。

（9）第二次翻曲　经 31～32h 进行第二次翻曲，此时菌丝已生长旺盛，曲料颜色呈白黄色，品温在 40℃左右，室温仍保持在 26～27℃。第二次翻曲的目的，因地面水分大，如不翻曲，容易出现烂曲现象。

（10）出房　经 40～41h 出房，曲块呈淡黄色。根据黄酒生产要求，曲要做得嫩一些（即孢子少），糖化力一般在 90～100（比色法）。

［金华地区酿酒科技情报小组等编《酿酒曲药》，1978］

十、无锡老廒黄酒麦曲制作方法

（1）轧麦　麦曲系采用黄皮干燥的小麦为原料，先经过滚筒轧成麦片，使其一经搅拌后，立即成为碎屑，但须防止粉质过多，以免踏曲时黏结成硬块。

（2）拌水　取一大竹匾，每匾约盛麦片22.5kg，加水8~8.5kg，拌匀。使其拌至用手捏紧成团，放开即散，匾内无湿块为宜。

（3）踏曲　麦片经加水调制后，即倾入一只大方形木箱中，用脚踏实。箱角和中心踏平，厚度约3cm。每一木箱可盛20匾，踏成20层，每层踏实后，撒上稻柴灰一层隔离，然后用曲刀切成块。

（4）挂曲　曲室为普通瓦房，室内用木架分成上下两层，两端用木梁横架于木架上。将切成的曲块用稻草芯结扎，悬挂在木梁上，每根木梁挂50块左右，上下之间必须留足距离，每块曲之间约3cm。制曲时期，一般选择天气干燥、室温为30℃左右。当曲块入房48~72h后，品温已高达42~44℃时，即将窗户全部开启，以后品温便逐步回降。让其悬挂曲室中，两个月后才能使用。

通常每百千克小麦产块曲84kg左右。要求曲块中心黄绿色或白色，干燥结实，而无黑心、烂心，并具有麦曲特有的香气为佳。

［轻工业部科学研究设计院、北京轻工业学院编著《黄酒酿造》，轻工业出版社，1960］

十一、笸曲制作方法

此法生产适合于小酒厂或家庭制曲。

1. 操作方法

（1）轧碎　小麦轧碎与块曲相同。

（2）拌水　小麦麦片加水量为16%~17%。春、冬季可用25~26℃热水拌料。

（3）装笸①　拌匀后，装笸时中心先塞进一束捆好的稻草，以利透气和散发水分。

（4）堆积　装笸后进行堆积，夏、秋季叠成品字形，冬、春季可密叠，均为三个高（以曲块为准）。

（5）保温培养　夏、秋季只要在曲笸最上面盖篾簟就可以。在冬、春季要先盖上一层或两层麻袋，再盖篾簟，接地面处和四周再用麻袋塞实保温。

（6）翻堆　夏、秋季经48~50h，中心品温达50~60℃时，可进行翻堆，即调换上、下、内、外曲笸位置，并根据气温调整保温物。冬、春季需堆积3~4d，温度升温后也要翻堆，但翻后仍需将曲笸叠实，继续做好保温工作。再经3d后堆成品字形，适当保温，以后品温逐步下降，经20d便可拆笸使用。

2. 质量

麦片结成块状，呈乳白色或草绿色，无其他杂色，有曲香。

［傅金泉编著《黄酒生产技术》，化学工业出版社，2005］

---

① 笸（pǒ）：用柳条或篾条等编成的筐子。

十二、金华酒麦曲制作方法

将辣蓼草加入等重的清水在缸中浸泡30~40d后除去渣，每20kg的辣蓼草浸液混合50kg粗麦粒（85%的小麦、15%的大麦混合后磨成的粗粒），充分拌匀，放入一只无底木框中，用脚踏实，再用刀切成厚2cm、长10cm、宽8cm的小块（每一木框可切56小块）。每块曲料用两张粗稻草纸包紧，一块块紧靠竖立在一起，平放在已铺就粗稻草纸的楼板上，上面再覆盖一层，关紧门窗，经30h便发热了，将其翻动叉开。又经10h，品温上升至40℃再动一次堆成井字状，上面覆盖的稻草纸很湿，5d后品温已降近室温，曲块表面现黄绿色，让其静放约20d再将包扎草纸剥离，在阳光中暴晒4d后便可使用了。

［轻工业部科学研究设计院、北京轻工业学院编著《黄酒酿造》，轻工业出版社，1960］

十三、温州仿绍黄酒麦曲制作方法

以小麦为原料，经过碾碎，混合少量辣蓼汁，令微生物自然繁殖而成的长方形块状物，或称“砖曲”。小麦的成分见表4-6。

表4-6 小麦的化学成分 单位:%

项目	含量
水分	10.16
淀粉	63.15
蛋白质	11.73
脂肪	2.36
灰分	1.79

1. 配料

小麦25kg（每粒粉碎成3~5片，夹有少量细粉）。

辣蓼0.165kg（晾干的青辣蓼）。

水4.5kg（供煮沸辣蓼用）。

2. 工艺流程

工艺流程详见下页。

3. 操作方法

（1）轧碎　将精选后的小麦用石磨轧碎，使每粒小麦约分成3~5片，拌夹有少量细粉为度。

（2）煮汁　将辣蓼切碎放入约9~10倍水中，煮沸历1h之久。然后过滤，取其汁入缸备用，此时过滤后温度30~40℃。

（3）混合踏曲　取小麦粉25kg，倒在木盆中，加入辣蓼汁4.5kg，搅拌3~5min，和匀后，即铺至竹簟上，分次将其倒进曲框内（曲框呈长方形，上下无板隔住，长约23cm、宽约13cm、高约9cm）。板框内满盛麦粉后，上覆木板，即用脚轻轻踏实，便成块形。不能太疏松，以防不好包扎；但也不能太紧，使曲块坚硬不易粉碎；以踏至能包扎不散为度。

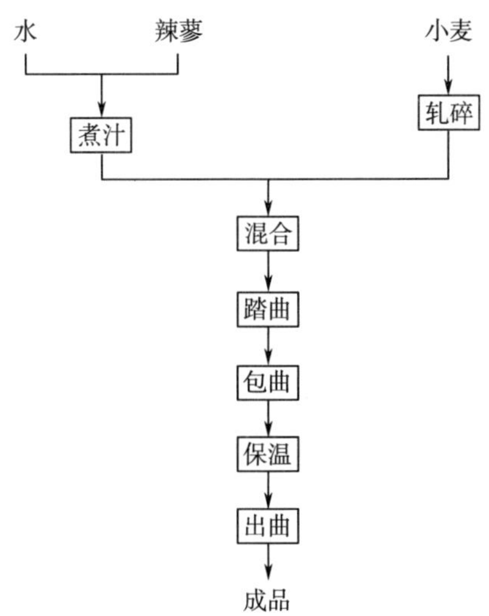

（4）包曲　将框在纸蓬上倒放，轻轻一捺，则曲块竖立在纸蓬上，迅速包扎好，倒放堆量。踏好的曲块，水分含量为 27.12%左右。

（5）制曲　将包好的曲块入室，每 9 个排成一列，重叠成品字形，此时品温 26℃。经 36h，品温开始上升，至 60h 达最高温度（40℃），此时白色菌丝繁殖旺盛；须适当调节室温，并将堆积位置稍微间隔距离远些，以防品温骤然上升过高。在距离最高品温 32h 后，品温便接近室温，麦曲内部菌丛已由淡黄色转变成黄绿色，制曲即已完成。全部制曲时间历经 92h，出曲后让其气干或晒干备用。其制曲过程中温度变化情况见表 4-7。

表 4-7　　麦曲制造过程温度变化情况　　单位：℃

日期	气候	时间	摘要	气温	室温	品温
10 月 14 日	晴	11：00	叠成品字形	23	24	26
		16：00		24	25	25
		20：00		24	25	25
		24：00		24	25	25
10 月 15 日	晴	4：00	白色菌丝出现	24	25	25
		8：00		24	25	25
		12：00		28	25	25
		16：00		28	28	31
		20：00		26	27	29
		24：00		27	28	30
10 月 16 日	雨	4：00	上下翻曲	27	28	31
		8：00		26	27	39
		12：00		26	27	40
		16：00		23	23	38
		20：00		20	20	
		24：00		20	20	36

续表

日期	气候	时间	摘要	气温	室温	品温
10月17日	雨	4：00		17	21	35
		8：00		19	17	34
		12：00		21	19	30
		16：00		19	21	28
		20：00		21	19	21
		24：00		19	20	22
10月18日		4：00		16	16	21
		8：00		18	18	20

4. 物理性状

（1）色泽　优良的麦曲，外部呈白色，内部呈黄绿色。如发现中心有黑色或其他红色、蓝色、青色等杂色者为品质不良。

（2）香味　有特殊的曲香，特别在中心部分。

（3）形状　曲呈方块砖形，长 23cm，阔 13cm，厚 9cm。

（4）质量　每块平均重 1.406kg。

5. 化学成分及生物检查

如表 4-8 所示。

表 4-8　　麦曲的化学成分　　单位：%

项目	含量
水分	15.96
淀粉	60.00
蛋白质	12.85
脂肪	0.48
粗纤维	2.09
灰分	1.89

［轻工业部科学研究设计院，北京轻工业学院编著《黄酒酿造》，轻工业出版社，1960］

十四、宁波黄酒麦曲制作方法

1. 工艺流程

小麦→粉碎→拌曲→踏块→包曲→保温→出房→烘曲→成品

2. 操作方法

（1）粉碎　系委托碾米厂加工粉碎，破碎程度大者如黍米，细者似粉。

（2）拌曲　将每批 27kg 麦粉放入一只大竹匾中，加入清水 0.5kg，不断加以搅拌至水分全被麦粉

吸收为止。

（3）踏块 将充分拌匀水分后的麦粉倒入一只无底的曲箱内，曲箱长100cm，宽50cm，高10cm，用手将湿粉摊平，盖上蒲席，用脚踏实，然后用刀切成16小块。

（4）包曲 切成的块状物用稻草包扎，每包四块，每箱共可包四包，即可送入制曲室保温。

（5）保温 曲室为普通瓦房，地面先铺上一层6~9cm厚的壳糠，上面再铺一层乱稻草，四壁也堆竖稻草一层，将稻草包扎的曲包竖直堆放，面上再盖乱稻草一层，然后将门窗全部关闭。经3~4d要将曲包调头一次。

（6）出房烘曲 在曲房经一个月后，水分已经蒸发，曲块很结实，再将其装入一只直立的曲橱中，底层用盆盛入柴片及壳糠加热，火力不宜过大，一般经5~6d已熏成焦黄色，烘过后的曲块再经敲碎便可使用了。

［轻工业部科学研究设计院、北京轻工业学院编著《黄酒酿造》，轻工业出版社，1960］

十五、江苏丹阳黄酒麦曲制作方法

麦曲在每年夏季大暑时制造。将小麦粉70%、大麦粉30%加水35%，用手快速拌匀，放入无底曲盒中，用脚踏实。然后移入平铺一层稻草的曲室中，曲块表面再覆盖稻草一层，约20d麦曲便制成。要求越陈越好，曲块表面无黑色杂菌滋长。

［轻工业部科学研究设计院、北京轻工业学院编著《黄酒酿造》，轻工业出版社，1960］

十六、厚层通风法制作麦曲

制作黄酒生产用麦曲，大都采用传统法自然繁殖而成。为了适应黄酒生产机械化，近几年研究和采用纯种和机械化制曲的方法，取得了一定的效果。现将厚层通风法制黄酒麦曲的操作方法介绍如下。

1. 原料质量标准

（1）颗粒饱满，无杂质，无虫蛀霉变。如有条件，可选用当年新小麦。

（2）含淀粉在55%以上，水分在16%以下。

2. 轧麦

（1）使用前对轧麦机、电动机检查一次，符合技术操作要求后，方可使用。

（2）进料要均匀，每颗麦子轧成3~5瓣，整颗麦粒数不超过2%，细粉越少越好。如轧扁不符合要求，应随时调节辊筒距离，直到符合规定标准为止。

（3）轧麦程度要求越扁越好，必须破口见粉，并筛出细粉。

3. 润料与接种

（1）麦子100kg，加水27%~28%，黄曲种0.3%~0.4%。

（2）将轧扁小麦堆成长丘形，按上述规定比例加水，并翻拌均匀。如气温在20℃以下，浇30℃的温水，然后进行接种。接种方法是把曲种与少量小麦混合拌匀后，再撒到大堆上，用铁锹翻拌两次，再用扬渣机拌匀，堆积3~4h。

（3）拌料场地的四周和顶棚应经常保持清洁，地面使用前必须用清水洗刷干净，必要时用0.5%漂白粉或石灰水进行消毒。

4. 装箱

(1) 打堆后即进行进箱，装箱时要分层轻轻撒上，切忌大量倒入箱中，以免压实不利于通风。

(2) 曲层在出风口处应薄，以后渐厚，两端料层厚薄相差不超过2cm，总厚度不超过30cm。

(3) 曲料装好后，曲料表层应用木板刮平，按前、中、后和上、中、下插好温度计，以便测定各部位品温，正确地控制繁殖温度。装箱后品温在20℃以上。室温在25℃以下时，应开蒸汽进行保温，但室温不超过30℃。

(4) 曲箱应保持清洁　每星期应对曲箱四周和曲房场地等进行洗刷。箱内应用石灰水或0.5%漂白粉液洗刷，室内每月硫黄或甲醛液熏蒸消毒，每季墙壁和棚顶用石灰粉刷一次。

5. 培养阶段

(1) 静止培养　装箱后10h左右，这是孢子发芽阶段，品温缓慢上升，一般不进行通风，而是静止培养。

(2) 通风培养　孢子发芽后，菌丝逐渐繁殖，品温也随之上升，当最高品温上升到37~38℃时，必须进行通风降温。待品温降到31~32℃时，停止通风，继续进行静止培养。

(3) 采取循环风和新鲜风（视品温上升情况而定），严格控制繁殖品温，要求最高不超过40℃，最低不低于28℃。

6. 出曲

(1) 在一般情况下，培养35~40h，即可出箱。

(2) 将曲搬到摊曲场地，并打成小块后薄薄摊于地面，检查其品温，以防升温变质。

(3) 成品曲质量

①有曲香，无其他异常气味。

②曲的外观呈白色菌丝，略带微黄，无黑色及其他杂色。

③糖化力在50以上（比色法），水分不超过25%，酸度0.5以下。

7. 黄曲种培养法

参照《烟台酿制白酒操作法》进行。

[金华地区酿酒科技情报小组等编《酿酒曲药》，1978]

十七、机械通风制作麦曲

1. 工艺流程

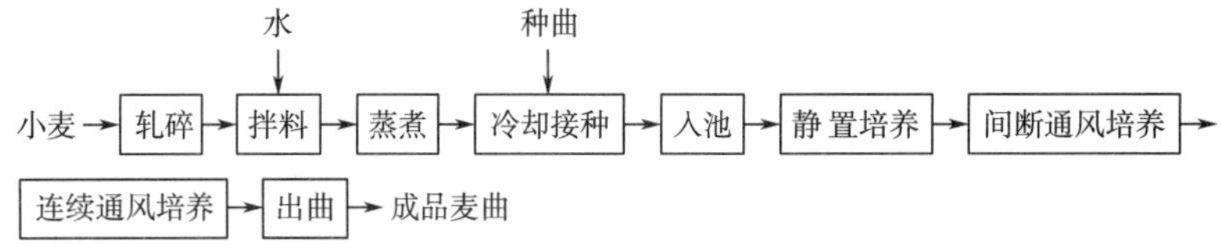

2. 操作方法

(1) 轧碎　操作与要求同踏曲生产。

(2) 拌料　将轧好的小麦加入30%~35%的水（在实际生产中，要根据小麦的含水量及气候适当调整），迅速翻拌，并堆积润料1h，使小麦均匀、充分吸水。如用蒸球蒸煮，则不需润料。

(3) 蒸煮、接种　常用的方法有两种。一种是使用木甑常压蒸煮，用铁锹将原料锹入甑内，注意要使原料比较疏松地盛在甑内，增加透气性。通入蒸汽，待麦层比较均匀地冒出蒸汽后，加盖再蒸45min；另一种是使用蒸球进行密封、转动蒸煮，因为是高压蒸煮，从而缩短蒸煮时间。蒸熟的原料用

扬渣机打碎，在这一过程中可以使用鼓风机将原料快速降温。在品温 37℃左右时，接入种曲，接种量为 0.3%~0.5%。接种时，为防止孢子飞扬和使接种均匀，可以先将种曲与部分原料混合，并搓碎拌匀，撒在摊开的原料上，再将原料收集在一起，用扬渣机将原料再撒一次，从而保证种曲与原料混合均匀。接种后原料品温为 33~35℃。

（4）入池 通风曲池（图 4-9）的结构与原理同箱式通风制曲设备。曲房在使用之前，一般采用硫熏法或甲醛法来彻底杀菌。然后将接种好的原料用车拉至曲池边，锹入曲池（注意：将原料锹入曲池时，要快而有力地挥动铁锹，使原料撒在曲池中能比较疏松地堆积，最后将原料表面轻轻扫平。切忌把整车原料直接倒入池内，这样会使曲层松紧不一致或曲层厚度不一致，将会引起曲层在培养时的中后期品温差异较大，还会引起曲层开裂而影响通风，从而影响曲的质量）。料层厚度一般为 25~30cm，视气候而定。料层太厚，上下温差大，通风不良，会影响霉菌的均匀繁殖；但太薄则通风过畅，不利保温保湿，对霉菌生长不利，同时也会降低设备的利用率。曲料入池后品温一般在 30~32℃。

图 4-9 厚层通风制曲曲池

（5）静置培养 这是孢子的萌芽阶段，一般需要 6~8h。在这一阶段，需要为孢子的萌芽提供适宜的环境，主要是控制室温在 30~31℃，相对湿度为 90%~95%。在这一阶段，原料中的空气能够满足菌体的生长繁殖需要，并且菌体的生长不是十分的旺盛，产生的热量及 CO_2不是很多，不需要对曲层进行通风降温和排出 CO_2，所以称为静置培养。

（6）通风培养 这一过程分间断通风培养和连续通风培养两个阶段。随着静置培养的进行，品温逐渐开始上升。当品温升至 33~34℃时，需要通风来降低品温，并利用空气带走曲层中的 CO_2，当品温降低至 30℃时停止通风。在这一阶段，由于菌丝还比较嫩弱，要注意控制风量，大的风量会引起曲层振动而导致原料之间的空隙减少，从而影响菌体的生长繁殖。同时要控制通风前后的温差，因为大的温差会使菌丝难以适应，并且较低的温度导致品温难以迅速升起来，从而拉长培养时间。此阶段通风为室内循环风，温度最好保持在 30~34℃，而且品温逐渐往上提，此阶段要兼顾降温与保湿。间接通风 3~4 次后，菌体的生长繁殖开始进入旺盛时期，菌丝大量生长，产生大量的热量，品温上升很快。由于菌丝大量形成，曲料结块，影响通风效果，降温不再明显，此时应开始连续通风。如果池中曲料收缩开裂、脱壁，应及时将裂缝压灭，避免通风短路。要获得淀粉酶活力高的麦曲，品温应保持在 38~40℃，高于 40℃，对米曲霉的生长和产酶也不利。为使品温不超过 40℃，在通入室内循环风时根据品温情况，在循环风中适当引入一些室外的新鲜风。到后期，曲霉菌的生命活动过程逐步停滞，开始生成分生孢子柄及分生孢子，此时曲中积累了最多的酶，如继续延长培养时间，会生成孢子，反而会降低酶活力，而且孢子会给酒带来苦味。为阻止孢子的形成和使成品曲便于贮藏，在出曲前几小时应提高室温，通入室外风排潮。

（7）出曲　关闭暖气片停止供热，随着室外冷风的通入，品温和湿度逐渐降低，及时出曲，从曲料入池到出曲约需 36h。

3. 纯种曲的质量要求

要求菌丝粗壮稠密，不能有明显的黄绿色，应有曲香，不得有酸味或其他霉臭味，糖化力要求在 900mg 葡萄糖/（g·h）以上，水分含量在 25%以下。

制成的麦曲应及时使用，避免存放时间过长，这是因为在贮藏过程中曲易升温，生成大量孢子，造成酶活力下降，而且容易感染杂菌。在短时间存放时，应摊开在通风阴凉处，并经常翻动，以利麦曲的散热和水分蒸发。

爆麦曲是将小麦烘炒碾扁而成为熟麦片，因为小麦烘炒时失去大部分水分，所以拌料时要增加水的比例。其他培养过程和操作方法基本与熟麦曲相同。

［谢广发编著《黄酒酿造技术》，中国轻工业出版社，2010］

十八、黄酒机械制曲的应用研究

苏州市新同里红酒业有限公司的汪建国、贡培忠、甘莆兵在 2012 年 9 月初开始使用块曲成型机来生产块麦曲，经过试验、摸索、完善、总结，目前已达到预期效果。现将黄酒机械制曲成型块麦曲的应用介绍如下。

1. 生产设备

TCQYS 双筒圆筒初清筛、Q＝5t/h 小麦斗式提升机、Q＝5t/h 麦片斗式提升机：吴江粮食机械有限公司；Q＝5t/hkJ-1 棍筒轧麦机：绍兴永基设备有限公司；曲块成型设备（搅拌机，压曲机，输送台）：河南商丘市精益机械厂。

2. 工艺流程

小麦→拆包→倒麦→圆筒筛初清→斗式提升输麦→轴辊机轧麦→斗式提升麦片→入高位箱→

下麦片加水→机器搅拌→引曲种→入模框压块→曲坯脱模→曲坯成型→移块收汗→

拆曲摆曲→草帘盖面→保温培养→移草盖→开窗降曲温→翻曲→通风干燥→成曲

3. 操作方法

（1）拆包清筛　将小麦拆包，进入双圆筒初清筛，通过筛筒的连续旋转，将小麦中的泥、石块、秕粒和尘土等杂质进行清理，使麦粒整洁均匀，颗粒饱满，无夹杂物。

（2）轧碎、拌料　初清后的小麦通过斗式提升机输入到轴辊式圆桶轧麦机，将麦粒轧扁成 3～4 片，呈梅花状，这样可使小麦的麦皮组织破裂，麦粒中的淀粉外露，易于吸收水分，而且空隙较大，有利于糖化菌的繁殖生长。然后麦片入斗式提升机输入到定容箱中转入到搅拌机，并在机器入口处调节好麦料和水的进口速度，经过搅拌，使曲料和水混合均匀，同时，在落料的出口处随时检查曲料的干湿程度，要求拌和后的曲料用手捏紧成团，放开即散，并随时加以调整，使含水量达到规定要求的数值，一般料水比例控制在 18%～20%。

（3）曲料成块　混匀后的曲料输送到压块机中输送带上的一只只曲盒中，在输送带的转动过程中，通过数次的挤压成块，在出口送出来的就是成型的曲块。每一曲坯的长、宽、高大致为 25、16.5、8.0cm。曲坯平均质量为 2.50kg。生产能力 1200 块/h，然后摆放在平板车上送入曲房进行堆曲培养。

(4) 堆曲　堆曲前，曲房事先打扫干净，墙壁四周用白石灰浆粉刷，地面上铺上谷壳及竹席，以利保温。堆曲时要轻拿轻放，先将已成型的曲块整齐地摆放成工字形，叠成2层，使曲块不易倒塌，再在上面铺上稻草垫保温，以适应糖化菌的生长繁殖。

(5) 保温培养管理　制曲培菌是麦曲质量的关键环节，有什么样的曲就有什么样的产品质量。不管哪种制曲培养方式，均把这个阶段放在首位，麦曲的制作技术和块曲成型质量也在于此。麦曲的培养管理就是给不同微生物提供不同的环境，从而达到各种代谢物质贮备于麦曲之中的目的。所以说在制曲培养管理中可以人为地进行操作控制，在培养期间要适时地调节曲室温度和湿度，定时保温、保湿、降温、排潮和更换曲房空气，控制曲坯发酵，从而给曲坯微生物营造良好的生产环境。曲坯培养发酵期可分3个阶段。

①低温培菌期（前缓）：让霉菌、酵母菌等大量繁殖，时间1～2d，品温30～40℃，相对湿度>80%。

②中高温转化期（中挺）：让已大量生成的有益菌生长繁殖、产酶，时间2～3d，品温45～55℃，相对湿度>90%。

③排潮生香剂（后缓）：促进曲心多余水分挥发和香味物质的呈现，品温随时间增加而逐渐降低，相对湿度<80%，时间8～12d。

机制块曲培养过程中温度的变化情况见表4-9。

表4-9　　机制块麦曲入房品温上升的变化

日期	室温/℃	曲温/℃	时间/h	备注
9月6日	30	30	0	盖草帘保温
9月7日	31	35	12	
	33	46	24	去草帘排湿散温
9月8日	33	52	36	
	33	48	48	保温排潮
9月9日	33.5	46	60	
	33.5	45	72	
9月10日	33.5	43	84	翻曲排潮散温
	33	40	96	
9月11日	33	39	108	
	33	37	120	
	33	37	132	
9/12日	33	35	144	
	32	33	156	
9月13日	32	32	168	

对于机制曲块培养过程中的温度控制，本公司在以前传统踏曲工艺中强调不能高于42℃，要求制成麦曲“黄绿色”越多越好，也即米曲霉分生孢子越多越好。但根据《黄酒工艺学》介绍，温度控制低些的“黄绿花”多的麦曲，还不如温度适当高些（50～55℃）、白色菌丝多的麦曲。后者不但糖化力相对高些，曲香也好，而且不容易产生黑曲和烂曲。这是因为培养温度偏高可阻止霉菌菌丝进一步生成孢子，有利于淀粉酶的积累，同时对青霉之类有害微生物也有一定的抑制作用。另外，由于温度较高，小麦的蛋白质易受酶的作用，易转化为构成麦曲特殊曲香的氨基糖等物质，有利于黄酒的风味，所以我公司将机曲培养顶点温度控制在52℃左右。

（6）拆曲及干燥　拆曲的目的主要是除去曲块中残余的水分，经 15d 以后培养的机制麦曲，已逐渐变成干燥的曲块，经称重块曲质量由刚进房的 2.50kg 下降至 2.24kg，平均每块麦曲挥发水分 0.26kg。此时，可进行拆曲打垅，一般再经一星期后，曲即可入库储藏。

（7）机制麦曲与传统麦曲的质量比较，如表 4-10 所示。

表 4-10　机制麦曲与传统麦曲的质量比较

品种/指标	水分/%	糖化力 /[mg 葡萄糖/(g·h)]	感观
传统麦曲	14~16	850~1100	曲块坚韧而疏松，横断面有稠密的菌丝体，略灰白带黄绿色的孢子，味辛涩
机制麦曲	14~16	1000~1200	曲块坚韧而疏松，横断面有稠密的菌丝体，略灰白带菌丝点的孢子体，味辛涩

注：糖化力是指 1g 绝干麦曲在 30℃下，糖化 1h 所产生的葡萄糖的质量（mg）。

4. 机制麦曲的优势分析

机械制曲克服了人工制曲的许多缺陷，与之相比生产效率高。一台制曲机每天工作 5~6h，即可压制小麦片 15t，而且采用机械流水化作业制机曲，减少了传统的拌曲、抬曲、踏曲、裁曲四道工序，取代了以往传统制曲几十个工人轮番上阵的工作模式，提高了劳动生产率，降低了工人劳动强度，更能适应工业化黄酒新工艺大生产需要。另外，降低了制曲生产成本，传统人工踏曲生产，需要 12 名工人，每天能完成人工制曲 7.5t；而采用机械制曲每天安排 10 名工人，每班可压制小麦片制成麦曲 15t 以上，以上仅工资开支即是一笔不小的开支，还不包括制服、福利、医疗等其他开支。如果按增加 12 名以上工人计算，一季的制曲生产工资开支至少需要 9 万多元，甚至 10 几万元，而此设备整机是 14 万元，1.5 年即可收回投资。更主要的是提高劳动生产率和工效 50%以上，经济效率明显。

提高生麦曲产品质量。人工制曲质量起伏较大，这批与那批、班组与班组之间存在质量差异，不同制曲工人有劳动态度、情绪、体力等方面的素质差异，所以导致不同工人、不同班组之间的质量波动，这是体力劳动很难避免的。而机械制曲在曲块松紧度、光滑度、水分、外观、糖化力上要优于人工制曲，并采取在拌曲的同时接入传统优质陈曲，强化了曲麦中的优质菌群，保证了制曲质量。而且在总体质量上要优于人工制曲，并且由于制曲机效率高，曲块进入曲房间隔时间短，有利于同批麦曲的统一培养发酵。

在现场管理上，人工制曲因为人员众多，制曲设备简易，所以存在着生产现场脏、乱、差的现象，对于制曲卫生环境也有很大影响。并且由于工人多素质参差不齐，人员管理难度大，不利于提高企业的整体管理水平。而采用机械流程化的设计装置制曲，制曲工艺流程布局合理，机械自动化程度高，既可节约场地，提高制曲作业规范化，又可提高劳动生产率，改善制曲生产环境，提升企业整体管理水平。

[《中国酿造》2013，32（6）：125-126]

十九、利用啤酒糟与小麦混合制麦曲的研究

利用啤酒糟代替部分小麦制麦曲，主要是利用酒糟节约小麦并提高麦曲质量。

1. 配方

小麦片 40%，新鲜啤酒糟 60%。

2. 操作要点

将小麦片与鲜啤酒糟混合拌匀，堆积 0.5h，使吸水均匀，经常法的蒸料、摊凉、接种、培养方

法。打堆品温30℃，经8~10h升温到38℃，即上竹帘培养。品温一般在30~36℃，最高不超过42~43℃，40~45h成曲。

3. 质量鉴定

①外观：曲块菌丝密布，曲块疏松，内长有少量黄色孢子，有曲香。

②理化指标测定：理化指标如表4-11所示。

表4-11 不同加啤酒糟量制曲比较

编号	加啤酒糟含量/%	糖化力/[mg葡萄糖（g·h）]	液化力/[g淀粉/(g·h)]	酸度/%
1	0	803.2	11.58	0.199
2	40	826.9	11.61	0.244
3	60	969.1	13.92	0.192
4	80	858.7	11.39	0.243

4. 注意事项

要取新鲜啤酒糟，如水分过多要压榨除去，控制好曲料的水分。

［傅金泉编著《黄酒生产技术》，化学工业出版社，2005］

二十、黄酒糟代替部分小麦制曲试验研究

汪建国采用黄酒糟代替部分小麦制曲获得成功，该项目具有一定的实用价值和经济效益。

1. 工艺流程

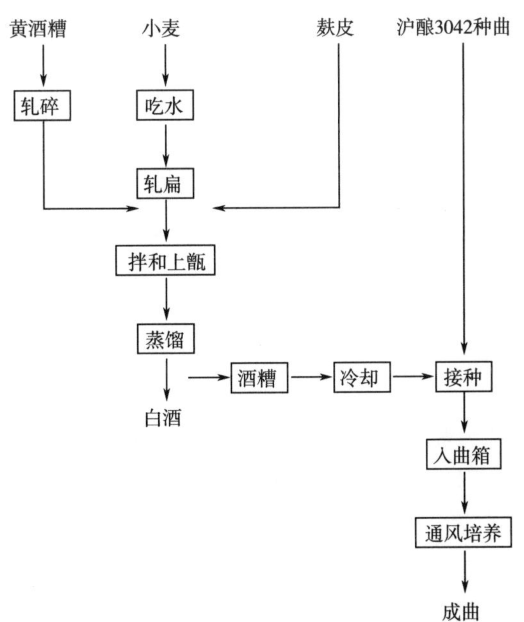

2. 麦糟曲与熟麦曲理化指标对比

理化指标如表 4-12 所示。

表 4-12　**麦糟曲与熟麦曲理化指标对比**

日期	分析项目	麦糟曲	熟麦曲
9 月 6 日	糖化力/[mg 葡萄糖/(g·h)]	129.16	120.00
	酸度/(mL 碱液/g 曲)	0.096	0.061
	水分/%	24.0	24.5
9 月 15 日	糖化力/[mg 葡萄糖/(g·h)]	158.00	115.00
	酸度/(mL 碱液/g 曲)	0.123	0.082
	水分/%	25.0	24.0

[傅金泉编著《黄酒生产技术》，化学工业出版社，2005]

二十一、淋饭法酒母培养法

淋饭酒母又称“酒娘”，是将蒸熟的米饭采用冷水淋冷的操作而得名。淋饭酒母的生产，一般在摊饭酒生产以前的 20~30d 便开始。传统上安排在立冬（公历 11 月 7 日）以后开始生产，现在生产时间有所提前。酿成的淋饭酒母，经过挑选，质量优良的作为摊饭酒酒母，多余的作为摊饭酒前发酵结束时的掺醅，以增强后发酵的发酵力。

1. 工艺流程

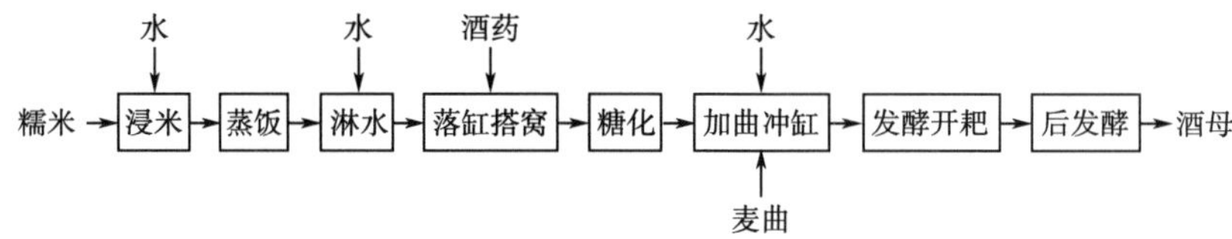

2. 配料

淋饭酒母的配料用量如表 4-13 所示。

表 4-13　**淋饭酒母的配料**　单位：kg

名称	用量	名称	用量
糯米	125	酒药	0.187~0.25
麦曲（块曲）	19.5	饭水总质量	375

3. 操作方法

（1）浸米　浸米的目的是使米粒充分吸水膨胀，便于蒸煮糊化。浸米前，先在浸米缸（罐）内放好水，然后倒入（流入）大米，以水面超过米面 6~10cm 为宜。浸米的时间根据米质、温度而定，一般控制在 42~48h。浸米的程度以米粒完整而用手指掐米粒成粉状、无粒心为好。浸渍后的米要用清水冲净浆水、沥干。

（2）蒸饭　蒸饭是为使米粒淀粉糊化，即破坏生淀粉的结晶构造，以利于淀粉分子与淀粉酶的接触而水解。对蒸饭的要求是熟而不糊、饭粒松软、内无白心。

（3）淋水　淋水的目的，一是使饭温迅速降低，适应落缸的要求；二是增加米饭的含水量，同时

使饭粒软化，分离松散，有利于糖化菌繁殖生长，使糖化发酵正常进行。

操作时先将蒸好的饭连甑抬到淋水处，淋入规定量的冷水，使其在甑内均匀下流。弃去开始淋出的热水，再接取50℃以下的淋饭水进行回淋，使甑内饭温均匀。淋水量和回水的温度要根据气候和水温的高低来掌握，以适应落缸温度的要求。但是回水量不能太少，否则会造成甑内上下温差大，淋好的饭软硬不一。此外，天冷时可采用多回温水的做法。每甑饭淋水125~150kg，回水40~60kg。可以用回水冷热来调节品温，淋水后品温在31℃左右。

（4）落缸和搭窝　落缸搭窝是使米饭和酒药充分拌匀搭成倒置的喇叭状凹圆窝，以增加米饭和空气的接触面积，有利于酒药中好气性糖化菌的生长繁殖，同时也便于检查缸内发酵情况。落缸以前，先将发酵缸洗刷干净，并用石灰水浇洒和沸水泡洗杀菌，临用前再用沸水泡缸一次。

米饭分成3甑入缸中，每次分别拌入酒药粉。然后将饭搭成凹窝，再在上面均匀地撒上一些酒药粉，然后加盖保温。搭窝时要掌握饭料疏松程度，要求搭得松而不散。落缸温度要根据气候情况灵活掌握，一般窝搭好后品温为27~30℃，天气寒冷时可以高至32℃。

（5）糖化及加曲冲缸　落缸搭窝后，根据气候和室温冷热的情况，及时做好保温工作。由于缸内适宜的温、湿度和有经糊化的淀粉作养料，根霉等糖化菌在米饭上很快生长繁殖，短时间内饭面就有糖化菌白色菌丝出现。淀粉在糖化菌分泌的淀粉糖化酶作用下，分解为葡萄糖，逐渐积聚甜液。一般在落缸后经过36~48h，窝内出现甜液。有了糖分，同时糖化菌生成有机酸，合理调节了糖液的pH，抑制了杂菌生长，使酒药中的酵母开始繁殖和酒精发酵。待甜酒液充满饭窝的4/5时，加入麦曲和水（俗称冲缸），并充分搅拌均匀。冲缸后品温的下降随着气温、水温的不同而有很大的差别，一般冲缸后品温可下降10℃以上。因此，应该根据气温和品温及车间的冷热情况，及时做好适当的保温工作，使发酵正常进行。

（6）开耙发酵　冲缸后，由于酵母的大量繁殖，开始酒精发酵，使醪的温度迅速上升，当达到一定温度时，用木耙进行搅拌，俗称开耙。开耙的目的，一方面是为了降低品温，使缸中品温上下一致；另一方面是排出发酵醪中积聚的大量CO_2，同时供给新鲜空气，以促进酵母繁殖。开耙是传统黄酒酿造的技术关键，开耙温度和时间由有经验的技工灵活掌握。酒母开耙温度和时间可参考表4-14。二耙后一般经2~4h灌坛，先准备好洗刷干净的酒坛，然后将缸中的酒醪搅拌均匀，灌入坛内，装至八成满，上部留一定空间，以防继续发酵溢出。灌坛后每天早晚各开耙一次，3d后每3~4坛堆一列，置于阴凉处养醅。

表4-14　　酒母开耙温度和时间

耙次	室温/℃	时间/h	耙前缸中心温度/℃	备注
头耙	5~10	12~14	28~30	继续保温，适当裁减保温物
	11~15	8~10	27~29	
	16~20	8~10	27~29	
二耙	5~10	6~8	30~32	耙后3~4h灌坛
	11~15	4~6	30~32	耙后2~3h灌坛
	16~20	4~6	30~32	耙后1~2h灌坛

（7）后发酵　酒醪在较低温度下，继续进行缓慢的发酵作用，生成更多的酒精，这就是后发酵或称养醅。从落缸起，经过20~30d的发酵期，便可作酒母使用。现在由于摊饭酒投料提前，一般经过14~15d，醪中酒精含量达到15%以上，便开始作酒母用了。淋饭酒母还可直接酿成淋饭酒，俗称“快酒”或“新酒”。

4. 淋饭酒母的挑选

成品酒母要经过挑选才能使用，以保证大生产的顺利进行。酒母的挑选采用化学分析和感官鉴定的方法，优良淋饭酒母应具备下列条件。

（1）发酵正常。

（2）养期成熟后，酒精含量在15%以上。总酸在6.1g/L以下。

（3）品味老嫩适中，爽口无异杂气味。

品尝酒酿的标准，目前主要依靠酿酒技工的经验来掌握。具体做法是根据理化指标初步确定淋饭酒母候选的批次和缸别，然后取上清液，分别装入玻璃瓶中，放到电炉上加热，至刚沸腾并有大气泡时，移去热源，稍冷后倒入一组酒杯中，让品评酒人员比较清澈度和品尝酒味。通过煮沸，酒液中的CO_2逸出，酒精也挥发一部分，同时酒中的糊精和其他胶体物质会凝聚下来或发生浑浊。煮过的酒冷却后，品味更为准确，质量差的淋饭酒母，其缺陷更容易暴露出来。品味要求以暴辣、爽口、无异味为佳。酒的色泽也可鉴别发酵的成熟程度，浑浊的或产生沉淀的则是发酵尚不成熟，即称“嫩”，作酒母则发酵力不足。拣酒酿的时候，要注意先用的酒母需拣发酵较完全的淋饭酒醅；后用的酒母则以嫩些为合适，以防酒母太老，影响发酵力。表4-15列出了几例比较好的淋饭酒母的理化分析和镜检结果，供参考。

表4-15　淋饭酒母理化分析和镜检结果

项目	例1	例2	例3	例4
酒精含量（体积分数）/%	15.8	16.7	15.6	16.1
总酸/(g/L)	5.2	6.0	4.7	5.9
pH	3.95	3.93	4.16	4.0
酵母总数/(亿/mL)	9.70	9.30	9.15	5.65
出芽率/%	3.68	4.30	6.01	4.41
死亡率/%	1.44	1.71	1.84	—

5. 淋饭酒母的优缺点

（1）优点

①酒药和空气中虽含有复杂的微生物，但最初由于乳酸等有机酸的生成调节了醪液的pH，抑制了杂菌的生长，使酵母能很好地繁殖和发酵。酒精浓度逐渐增加，最后达到了15%以上，这样就起了驯育酵母及筛选和淘改微生物的功用，达到了纯粹培养酒母的作用。

②能集中在黄酒酿造前一段时期中生产酒母，而供给整个冬酿时期酿造黄酒的需要。

③酒母可以挑选使用，品质差的作掺醅用，因此能保证酒母优良的性能。

（2）缺点

①制造酒母的时间长。

②操作复杂，劳动强度大，不易实现机械化操作。

③由于酒母在酿季开始集中制成，供给整个冬酿时期生产需要，这样在酿酒前后期使用的酒母质量不一样，前期较嫩，而后期较老。

［谢广发编著《黄酒酿造技术》，中国轻工业出版社，2010］

二十二、速酿酒母和高温糖化酒母培养法

速酿酒母和高温糖化酒母都属于纯种培养酒母。纯种培养酒母是选择优良的黄酒酵母，从试管菌种出发，经过逐级扩大培养，增殖到大量的酵母。其扩大培养过程：

原菌→斜面试管培养→液体试管培养→三角瓶培养→酒母

（一）速酿酒母

速酿酒母又称速酿双边发酵酒母，是将米饭、麦曲、酵母培养液同时投入酒母罐，以双边发酵方式来制造酒母，又因制造时间短，故称为速酿双边发酵酒母。

1. 工艺流程

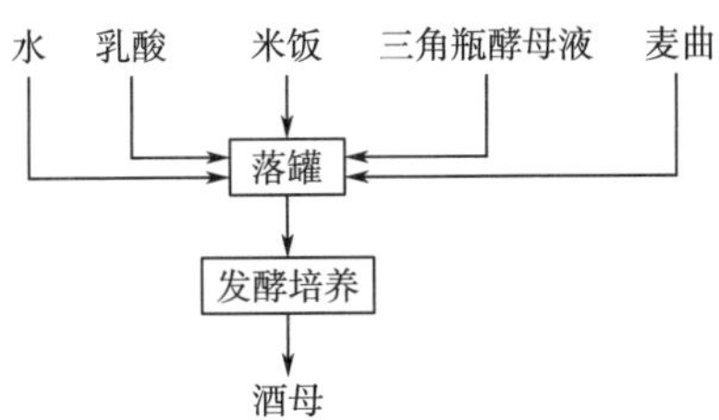

2. 操作方法

（1）三角瓶酵母液的制备　取蒸饭机米饭，投入糖化锅，加水继续煮成糊状后，冷却至58~60℃，加入糖化酶，搅拌均匀，保温糖化4~6h。经过滤后，将糖液稀释至13°Bx左右，用乳酸调节pH 3.8~4.1，分装入3000mL大三角瓶，每瓶装2000mL，灭菌冷却后，接入大试管培养的液体种子25mL，在28~30℃的培养室中培养24h备用。

（2）酒母罐清洗及杀菌　酒母罐应先用清水洗净，然后用沸水洗净罐壁四周。有夹套装置的酒母罐可在夹套中通入蒸汽进行灭菌。如果前一次出现变质或酸败酒母，则该罐应重点灭菌，可先用漂白粉水冲洗罐壁，过几小时再冲洗漂白粉，然后再进行沸水或蒸汽灭菌。

（3）投料配比　由于速酿酒母培养时间短，并且为了操作方便，加水量可适当增加，所以又称为稀醪酒母。各厂有自己的配方（表4-16），一般米和水的比例在1∶2以上，麦曲用量为原料大米的12%~14%，用乳酸调pH 4左右，接种量不到总投料量的1%。

表4-16　速酿酒母配方

米	占大米用量/%				
	水	曲		三角瓶酵母	乳酸
		块曲	纯种曲		
100kg	200~230	10~14	1~3	1.5~4	0.1~0.4

也有加水比小的，有的厂米和水的比例在1∶1.4左右，加上浸米和蒸饭带入的水，实际比例在1∶1.8左右，用曲量约为原料大米的16%左右。为提高糖化液化能力，加入少量的纯种曲，接种量为总投料量的1.2%~1.5%。

（4）落罐操作　先在罐内放入清水、2/3的酵母液，根据操作经验加入适量乳酸或不加，充分搅拌。此时水温以15℃左右为好。然后投入米饭及麦曲，饭温一般需控制在35℃以下。物料落罐后要充分搅拌，使酵母液、麦曲与米饭混合均匀。落罐后品温控制在24~28℃，具体视气温高低而定。天气冷时要做好保温工作。

（5）品温和开耙管理　落罐后经8~12h，品温达到28~31℃，这时需要开头耙。以后根据发酵情况，3~5h开耙一次。一般在第4耙后，向酒母罐的夹套中通入自来水或冷冻水来降低品温，并每隔4h开冷耙一次，使醪液降温均匀。从落罐开始，培养48h，品温降到25℃左右时即可作为酒母使用。

3. 成熟速酿酒母质量要求

（1）感官要求　有正常的酒香、酯香；醪液稀薄而不黏手，用手抓一把醪液能让糟液明显分开；无明显杂味，无过生的涩味和甜味。

（2）理化指标要求　总酸 4.6g/L 以下（以乳酸计）；杂菌平均每一视野不超过 1 个；细胞数 2 亿/mL 以上；出芽率 15%以上；酒精含量一般在 9%以上。

（二）高温糖化酵母

所谓高温糖化就是在较高温度即淀粉酶最适作用温度下进行糖化。将醪液糊化后，冷却至 60℃加曲加酶糖化，再经升温灭菌后降温，调节 pH 接种培养。由于采用稀醪，对酵母细胞膜的渗透压低，有利于酵母在短期内迅速繁殖生长。这种酒母杂菌少，酵母细胞健壮，死亡率低，发酵旺盛，产酒快。

1. 工艺流程

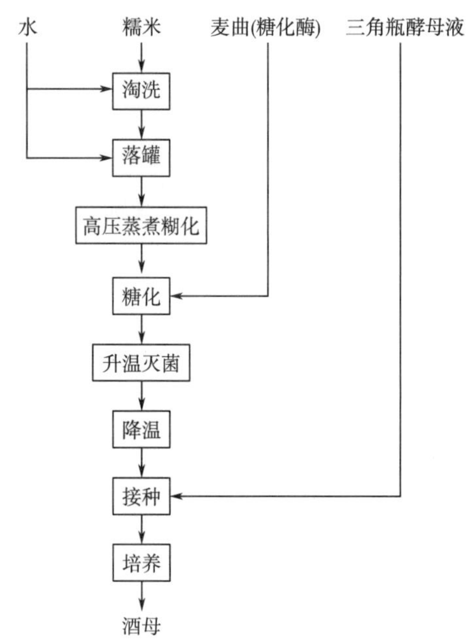

2. 操作方法

（1）洗米、糊化　原料大米淘洗沥干后，入锥形蒸煮锅进行高压蒸煮锅糊化，米水比为 1∶3，高压蒸煮锅中通入蒸汽，以 0.3~0.4MPa 压力保持 30min，进行糊化。

（2）糖化　将糊化醪压入酒母罐中，打开酒母罐夹套的冷却水，开动搅拌器，同时冲入自来水，使糊化醪成为米水比为 1∶7 的稀醪，待品温降至 60℃时，加入米量 15%的纯麦曲，也可以加入一定量的糖化酶代替部分麦曲，搅拌均匀，在 55~60℃下糖化 3~4h。也可直接从蒸饭机取摊饭酒用米饭加水糖化，制糖化醪。

（3）灭菌　为保证醪液的纯净，糖化结束后需要灭菌，方法是用蒸汽将醪液加热至 85℃，保持 20min。

（4）冷却、接种培养　灭菌的糖化醪冷却至 60℃，加入乳酸调 pH 至 4 左右，继续冷却至 28~30℃，接入三角瓶培养的液体酵母（有的酒厂采用活性干酵母接种），28~30℃培养 14~16h 即可使用。

3. 成品酒母质量要求

（1）酵母数　2 亿/mL 以上。

（2）出芽率　15%~30%，出芽率高，说明酵母处于旺盛的生长期；反之，则说明酵母衰老。

（3）耗糖率　50%左右，耗糖率也可作为酒母成熟的指标，耗糖率太高，说明酵母培养已经过老；反之，则嫩。

（4）总酸　3g/L 以下，如果酸度增高太多，镜检时又发现有很多杆状细菌，则酒母不能使用。

与自然培养酒母相比，速酿酒母和高温糖化酒母具有以下优点：

（1）菌种性能优良，黄酒发酵安全可靠。采用从淋饭酒母和黄酒发酵醪中筛选出的性能优良的酵母作生产菌种，一般具有香味好、繁殖快、发酵力强、产酸少、耐高酒精度、泡沫少和对杂菌的抵抗力强等性能。

（2）生产周期短，不受季节限制，可常年生产，适宜于机械化生产。

（3）占用容器和场地少，劳动生产率高，劳动强度低。

但是，因其是纯种酵母的单一作用，与淋饭酒母多菌种发酵酿成的酒在风味上有一定的差别。如采用混合酵母菌培养酒母，不但能改善黄酒风味，还能弥补单一菌种发酵性能的不足。

（三）活性干酵母

黄酒活性干酵母是采用现代生物技术制成的具有活性的黄酒酵母菌制成品。由于活性干酵母具有使用方便、用量少、发酵力强、成本低等优点，已在一些黄酒企业中得到应用。

黄酒活性干酵母的使用方法：称取原料量 0.1%的活性干酵母，倒入 10 倍的 30~35℃温水中，搅拌均匀，静置活化 20min 即可。

［谢广发编著《黄酒酿造技术》，中国轻工业出版社，2010］

第二节　麦曲微生物和香气成分研究

一、应用赤霉酸提高麦曲质量

（一）不同加赤霉酸的量对质量的影响

应用不同赤霉酸的量对质量的影响如表 4-17 所示。

表 4-17　应用不同赤霉酸的量对质量的影响

项目	1号	2号	3号	4号
赤霉酸添加量/$\times10^{-6}$	0	50	75	100
水分/%	15.2	15.2	16.1	15.9
原始酸度/%	0.60	0.39	0.40	0.45
糖化力/[mg 葡萄糖/(g·h)]	767	1050	1114	1062
液化力/[g 淀粉/(g·h)]	5.7	10.0	9.7	8.1

注：赤霉酸先溶解，在麦曲料加水时随之加入。

（二）发酵结果

黄酒发酵工艺，按绍兴酒加饭酒操作法，每缸配方：糯米 144kg、淋饭酒母 10kg、麦曲 22.5kg、水 125kg。加赤霉酸 50X10-6 的麦曲为 2 号、3 号，1 号为对照（表 4-18）。

表 4-18　发酵对比试验

项目		1 号对照曲	2 号加 50×10^{-6}	3 号加 50×10^{-6}
麦曲糖化力/[mg 葡萄糖/(g·h)]		802	1172	1172
加麦曲量/kg		22.5	22.5	15.5
2d	酸度/%	0.448	0.319	0.413
	糖分/%	5.10	3.10	0.41
10d	酸度/%	0.437	0.330	0.354
	糖分/%	3.10	2.65	2.50
	酒精度/%vol	12.0	12.8	11.9
20d	酸度/%	0.425	0.354	0.366
	糖分/%	3.46	2.60	3.95
	酒精度/%vol	14.6	15.7	14.4
30d	酸度/%	0.437	0.389	0.413
	糖分/%	2.58	2.58	2.83
	酒精度/%vol	16.3	17.2	16.2
60d	酸度/%	0.437	0.401	0.425
	糖分/%	2.42	2.37	2.50
	酒精度/%vol	19.6	20.3	19.5
	固形物/%	6.32	6.72	6.38
	氨基态氮/%	0.086	0.091	0.084

[傅金泉编著《黄酒生产技术》，化学工业出版社，2005]

二、黄酒生产糖化菌的筛选

浙江古越龙山绍兴酒股份有限公司胡志明等以自然培养生麦曲中进行筛选，得到糖化菌 SJM-1、SJM-2、SJM-3 三株糖化菌。

经生产制曲与酿酒试验，以 SJM-1、SJM-2 与苏-16 混合菌种制曲与苏-16 单一菌制的麦曲相比，不但糖化力和液化力提高，酿酒性能更加优良。

以后又分别以 SJM-1、SJM-2、苏-16 和 SJM-1、SJM-2、SJM-3 混合菌种的多批生产试验，制成的曲与本公司原生麦曲和熟麦曲（苏-16）相比，糖化力和液化力明显提高，糖化力最高达 1262.7g 葡萄糖/(g·h)。取代原生熟麦曲酿制大罐发酵黄酒，其质量符合标准，经多位国家评委品尝认为，黄酒质量得到明显提高。

上海应用技术学院食品系冯立才等以苏-16 米曲霉为出发菌株，筛选出曲霉高产菌株，该菌株淀粉液化酶活力比原菌株提高 85.2%，糖化酶活力提高 24.4%。

筛选培养基配比为：可溶性淀粉 1.3%，$(NH_4)_2SO_4$ 0.3%，KH_2PO_4 0.1%，$MgSO_4\cdot7H_2O$ 0.05%，$FeSO_4$ 0.001%，琼脂粉 1.8%，以下层加有白地霉的双层培养基作分离时，曲霉单菌落糖化酶活力的周围白地霉生长圈直径较大，以作初筛参考，可以有效地减少盲目性，提高成功率。

[傅金泉编著《黄酒生产技术》，化学工业出版社，2005]

三、中国酒曲米曲霉与日本清酒米曲霉特性的研究

无锡轻工大学生物工程学院徐岩、徐文琦、顾国贤、赵光鳌，嘉善酒厂蒋泳清对中国酒曲米曲霉与日本清酒米曲霉特性进行了研究，结果表明：两株不同来源的米曲霉在形态和产三种酶及曲酸特性上的差异不明显，酿造出酒的风味、风格也相似。这说明中国黄酒与日本清酒的差异主要是由酿造方式所决定的，从酿造微生物角度提出中国黄酒和日本清酒酿造史的相互联系。

（一）米曲霉形态的比较

中国酒药中经过分离和纯化的米曲霉（编号 *Aspergillus* WQ-Qul）与清酒米曲霉（大阪 IFO 的30113）就米曲霉形态进行比较后发现：两株米曲霉在察氏平板上菌落颜色的变化速度和颜色略有区别，菌落质地的松紧程度略有不同，其他无明显差异，从扫描电子显微镜的照片来看两株米曲霉在分生孢子的大小和数目上略有不同，其他方面也无大的不同。

米曲霉形态的比较见表 4-19。

表 4-19 米曲霉形态的比较

项　目	*Aspergillus oryzae* WQ-Qul	*Aspergillus oryzae*IFO30113
米曲霉的来源	中国酒曲中分离纯化，简称 R	日本大阪 IFO 提供，简称 S
察氏平板菌落颜色	菌落初为白色，老熟后变为黄绿色、深绿色。2d 后即变绿。平板反面无色	菌落初为白色，老熟后变成黄褐色。4d 开始变黄褐色。平板反面无色
察氏平板菌落形态	菌落呈放射状，菌落较松散	菌落呈放射状，菌落较紧密
产孢子状况	产分子孢子较少	产分生孢子较多
孢子形态及排列	分生孢子较大，分生孢子表面有刺状突起物。分生孢子的排列成线状［图 4-10（1）、图 4-10（2）］	分生孢子较小。分生孢子表面有刺状凸起物。分生孢子的排列成线状［图 4-10（3）、图 4-10（4）］

（二）米曲霉生理、生化特性比较

对米曲霉主要生理、生化指标——糖化型淀粉酶、液化型淀粉酶、蛋白酶和曲酸的变化过程进行了跟踪比较，结果如图 4-11～图 4-14 所示。

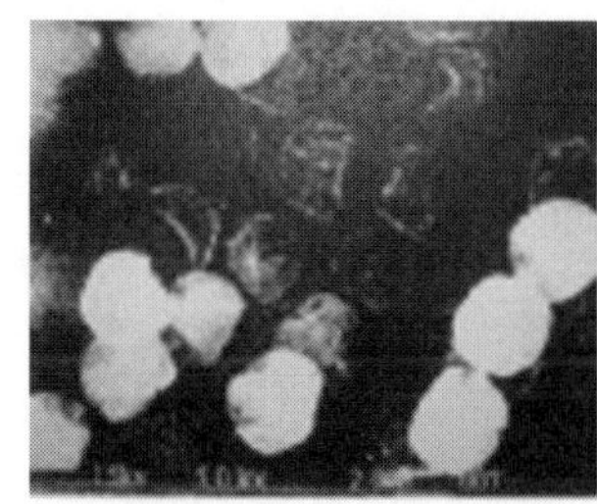

（1）*Aspergillus oryzae* WQ-Qul 分生孢子

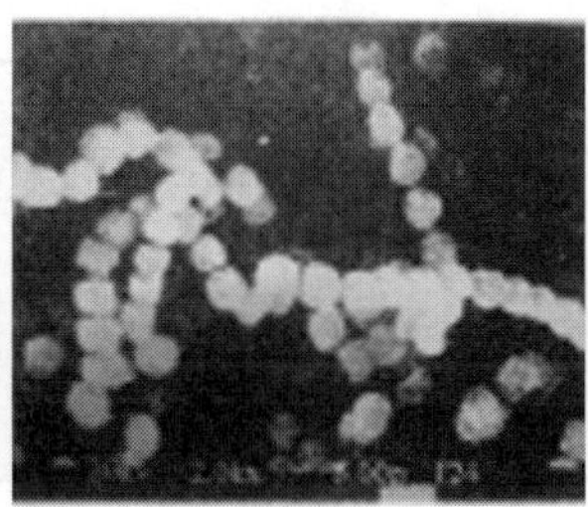

（2）*Aspergillus oryzae* WQ-Qul 分生孢子的排列

（3）*Aspergillus oryzae* IFO30113 的分生孢子

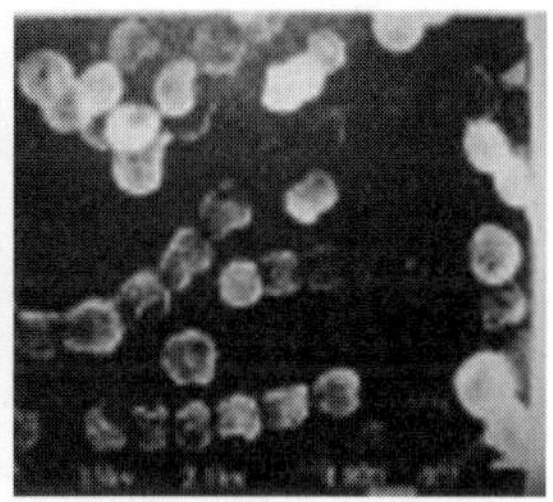

（4）*Aspergillus oryzae* IFO30113 分生孢子的排列

图 4-10 *Aspergillus oryzae* WQ-Qul 和 *Aspergillus oryzae* IFO30113 分生孢子的扫描电子显微镜照片

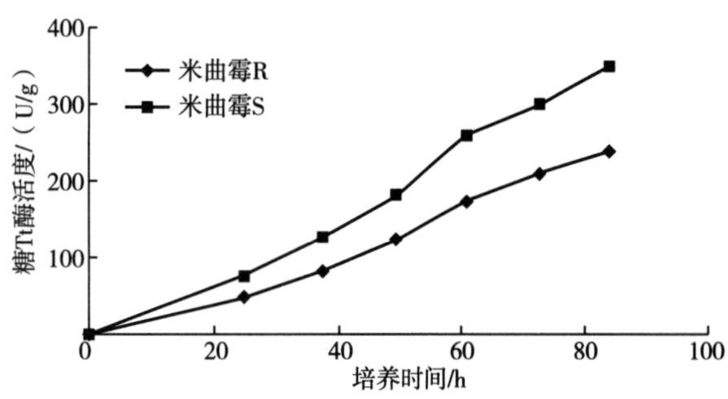

图 4-11　两株米曲霉在制米曲过程中糖化型淀粉酶产生情况

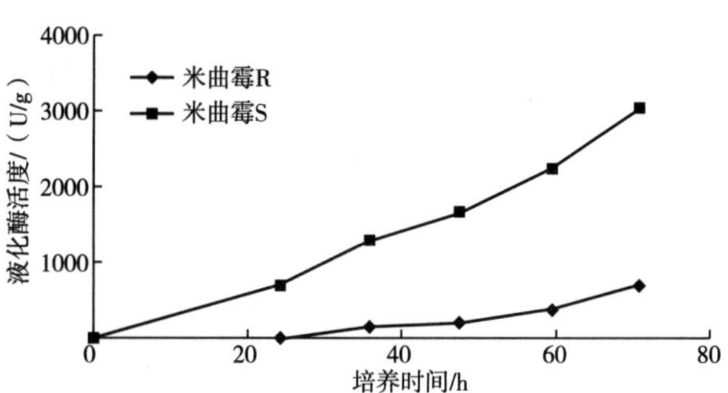

图 4-12　两株米曲霉在制米曲过程中液化型淀粉酶产生情况

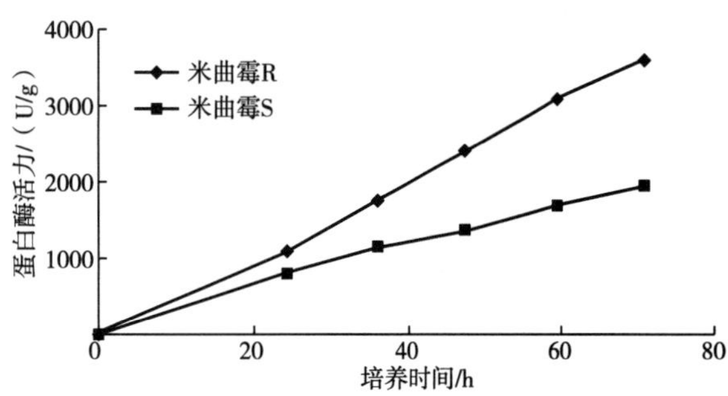

图 4-13　两株米曲霉在制米曲过程中蛋白酶生产情况

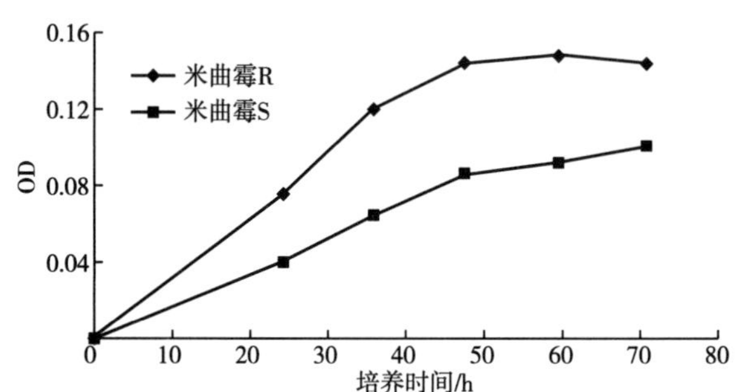

图 4-14　两株米曲霉在制米曲过程中曲酸产生情况

在米曲培养过程中，中国酒曲米曲霉糖化酶、液化酶的活力比日本清酒米曲霉要低，液化酶要低2倍左右。但是清酒米曲霉的蛋白酶却要比酒曲米曲霉低1倍。在曲酸代谢量上，清酒米曲霉的产生量也比中国酒曲米曲霉高一些。因此，从生理、生化的几个指标上看，两株米曲霉具有相同之处，所不同的只是在量上有区别。

（三）用不同米曲霉酿造出的清酒比较

使用协会七号清酒酵母，按照日本吟酿酒的制作方法酿造的清酒，主要成分见表4-20。

表 4-20　不同米曲霉酿造酒中的主要成分

成分	*Aspergillus oryzae* WQ-Qul	*Aspergillus oryzae* IFO30113	成分	*Aspergillus oryzae* WQ-Qul	*Aspergillus oryzae* IFO30113
酒精度（20℃）/%vol	15.0	16.1	总酸/%	0.19	0.01
总糖/%	2.9	4.0	甲醛氮/%	0.042	0.025
还原糖/%	2.5	3.7			

不同米曲霉酿造的酒中氨基酸组分含量，结果见表4-21。

表 4-21　　不同米曲霉酿造的酒中氨基酸组分含量　　单位：$\times10^{-6}$

氨基酸	*Aspergillus oryzae* WQ-Qul	*Aspergillus oryzae* IFO30113	氨基酸	*Aspergillus oryzae* WQ-Qul	*Aspergillus oryzae* IFO30113
Asp	50. 8	58. 3	Ileu	67. 1	69. 9
Thr	162. 2	124. 8	Leu	142. 4	140. 1
Ser	64. 5	46. 0	Tyr	162. 7	123. 0
Glu	227. 0	209. 8	Phe	82. 6	99. 9
Gly	112. 8	120. 7	Lys	73. 5	85. 2
Ala	205. 2	209. 0	His	25. 8	28. 2
Cys	61. 9	54. 0	Arg	313. 1	289. 2
Val	138. 7	116. 2			
Met	8. 6	2. 2	合计	1898. 9	1776. 5

不同米曲霉酿造的清酒中醇、酯类芳香物质的比例，结果见表 4-22。

表 4-22　　不同米曲霉酿造的清酒中醇、酯类芳香物质的比例　　单位:%

醇类	*Aspergillus oryzae* WQ-Qul	*Aspergillus oryzae* IFO30113	芳香酯	*Aspergillus oryzae* WQ-Qul	*Aspergillus oryzae* IFO30113
正丙醇	7. 3	7. 0	乙酸乙酯	8. 61	17. 56
正丁醇	0. 7	1. 0	丁酸乙酯	2. 8	2. 65
异丁醇	8. 8	25. 5	乙酸异戊酯	0. 28	0. 75
异戊醇	42. 8	44. 3	异戊酸乙酯	0. 28	0. 10
β-苯乙醇	40. 4	22. 2	己酸乙酯	0. 21	0. 25
			辛酸乙酯	0. 12	0. 18
			癸酸乙酯	0. 85	0. 04
			乳酸乙酯	79. 4	76. 52
			乙酸苯乙酯	0. 71	0. 44
			丁二酸二乙酯	0. 10	0. 26
			月桂酸乙酯	1. 27	0. 32
			肉豆蔻酸乙酯	5. 37	1. 02
合计	100	100	合计	100	100

不同米曲霉酿造的清酒感官品评结果见表 4-23。

表 4-23　　不同米曲霉酿造的清酒感官品评结果

项　目	*Aspergillus oryzae* WQ-Qul	*Aspergillus oryzae* IFO30113
色泽	浅黄	浅黄
香气	具有吟酿香，略有醇香	优雅的吟酿香
口味	酸味略重	苦味略重

［傅金泉编著《黄酒生产技术》，化学工业出版社，2005］

四、气相色谱—嗅闻—质谱联用仪（GC-O-MS）对黄酒麦曲中挥发性微量成分的研究

上海金枫酒业股份有限公司、上海石库门酿酒有限公司、中国食品发酵工业研究院酿酒工程技术研究发展部、中德发酵酒品质与安全国际联合研究中心、广西大学生命科学与技术学院俞剑燊、江伟、吴幼茹、胡健、王德良、向寅卓采用气相色谱-嗅闻-质谱联用仪（GC-O-MS）对黄酒麦曲中挥发性微量成分进行检测，结果如表 4-24 所示。

表 4-24　　11 种黄酒麦曲的理化检测结果

序号	曲编号	菌种类别	水分/(g/100g)	糖化力/U	液化力/(U/g)
1	块曲 1	自然接种	11. 19	738	963. 84
2	块曲 2	自然接种	11. 16	756	972. 48
3	块曲 3	自然接种	10. 83	822	981. 36
4	块曲 4	自然接种	10. 43	732	988. 80
5	块曲 5	自然接种	13. 63	936	1007. 28
6	块曲 6	自然接种	13. 39	753	982. 32
7	踏曲	自然接种	12. 63	804	976. 80
8	块曲 7	自然接种	12. 71	702	990. 72
9	块曲 8	自然接种	12. 66	792	1010. 41
10	散生麦曲	纯种	18. 71	906	1098. 96
11	爆麦曲	纯种	14. 23	822	1102. 56

采用 SPME 结合 GC-O-MS 定性分析三种麦曲的风味化合物，如表 4-25 所示。

表 4-25　　采用 SPME 结合 GC-O-MS 定性分析 3 种麦曲的风味化合物

编号	化合物	LRI	嗅闻到的气味①	定性方法②	相对峰面积比例/%		
					块曲 5	散生麦曲	爆麦曲
1	丙酮	819	—	MS LRI	1. 22	0. 81	0. 02
2	反-3-辛烯	872	—	MS LRI	0. 81	0. 76	0. 02
3	乙酸乙酯	906	溶剂味	MS LRI O	1. 29	0. 60	1. 20
4	异戊醛	921	—	MS LRI	0. 88	0. 97	1. 12
5	丁醚	962	—	MS LRI	0. 67	0. 39	1. 93
6	癸烷	1000	—	MS LRI	0. 71	0. 54	5. 38
7	氯仿	1018	—	MS LRI	1. 55	0. 46	0. 01
8	甲苯	1035	—	MS LRI	2. 23	1. 20	2. 7
9	顺-3-壬烯-2-醇	1050	—	MS LRI	0. 67	0. 63	0. 02
10	异戊酸乙酯	1064	甜香、水果香	MS LRI O	0. 02	0. 02	0. 32
11	1,1-二乙氧基-3-甲基丁烷	1073	—	MS LRI	0. 01	0. 01	0. 20
12	正己醛	1078	青草、苹果香	MS LRI O	1. 32	6. 15	4. 66

续表

编号	化合物	LRI	嗅闻到的气味①	定性方法②	相对峰面积比例/%		
					块曲 5	散生麦曲	爆麦曲
13	十一烷	1100	—	MS LRI Std	0.70	1.78	0.02
14	异丁醇	1106	指甲油	MS LRI 0	1.45	1.01	1.41
15	2-正丁基呋喃	1122	—	MS LRI	0.91	0.43	7.12
16	对二甲苯	1134	—	MS LRI	1.27	1.13	16.54
17	2-十六烷醇	1158	—	MS LRI	0.42	0.44	0.90
18	2-庚酮	1180	—	MS LRI	1.39	0.01	0.01
19	十二烷	1200	—	MS LRI 0 Std	7.66	7.19	0.01
20	异戊醇	1214	杂醇油、指甲油	MS LRI 0	4.32	8.91	8.62
21	间乙基甲苯	1216	—	MS LRI	0.55	0.13	1.13
22	2-戊基呋喃	1219	谷香、果（青）香	MS LRI 0	9.73	1.84	2.01
23	己酸乙酯	1225	果香	MS LRI 0	0.64	0.09	0.30
24	异戊基丙酮	1234	—	MS LRI	1.26	0.60	0.02
25	2-甲基十二烷	1244	—	MS LRI	1.54	4.10	0.01
26	正戊醇	1247	—	MS LRI	3.60	0.93	1.74
27	2-甲基吡嗪	1263	—	MS LRI	2.84	0.90	2.49
28	1,2,3-三甲苯	1275	—	MS LRI	0.80	0.90	0.55
29	2-庚醇	1273	—	—	0.01	0.01	0.29
30	1-辛烯-3-酮	1285	蘑菇、菌腥味	MS LRI 0	0.62	2.91	0.30
31	庚酸乙酯	1315	—	—	0.02	0.02	0.35
32	乙基吡嗪	1323	谷香、焦香	MS LRI 0	1.93	10.69	1.67
33	2,6-二甲基吡嗪	1328	—	—	0.01	0.01	1.43
34	正己醇	1377	青草香、植物香	MS LRI 0	4.64	0.41	0.36
35	乳酸乙酯	1352	果香	MS LRI 0	1.25	0.02	0.01
36	壬醛	1413	花香、青草香	MS LRI 0	1.84	3.53	2.37
37	十四烷	1396	—	MS LRI	11.60	16.59	0.02
38	己基癸醇	1399	—	MS LRI	3.98	4.78	0.02
39	植物醇	1425	—	MS LRI	2.45	1.63	0.58
40	3-辛醇	1429	蘑菇味	MS LRI 0	0.93	2.94	1.83
41	糠醛	1465	糖果、焦糖香	MS LRI 0	5.42	3.95	7.11
42	醋酸	1468	刺激性酸	MS LRI 0	4.65	2.67	0.01
43	辛烯-3-醇	1457	蘑菇腥	MS LRI 0	1.86	1.56	20.59
44	辛醇	1557	水果香	MS LRI 0	5.10	2.57	1.94
45	苯乙醛	1638	—	MS LRI	0.01	0.01	0.27
46	萘	1740	油腻、樟脑	MS LRI 0	1.34	1.34	0.03
47	未知	1802	焦香、土腥	MS LRI 0	0.04	0.12	0.01
48	1-亚乙基-1H-茚	1840	—	MS LRI	0.70	0.83	0.01
49	苯乙醇	1903	花香、玫瑰香	MS LRI 0	0.10	0.46	0.37
50	γ-壬内酯	2042	腻酯香、花香	MS LRI 0	0.05	0.04	0.02

注：①通过嗅闻仪闻到的气味；

②由 MS、LRI、0 和 Std 分别表示质谱检索、线性保留指数、气味特征判定和标准化合物验证。

麦曲的风味化合物定量方法评价结果如表4-26所示。

表4-26　麦曲的风味化合物定量方法评价结果

编号	化合物	线性相关系数	线性范围/(μg/kg)	相对标准偏差/%，(n=5)	块曲/(μg/kg)	散生麦曲/(μg/kg)	爆麦曲/(μg/kg)
1	乙酸乙酯	0.9995	0~200	8.90	158.23	47.48	74.98
2	异戊醛	0.9990	0~6000	11.40	3418.88	4706.89	5418.69
3	正己醛	0.9925	0~4000	12.38	3663.146	2815.76	2159.47
4	异丁醇	0.9983	0~2000	9.05	404.26	1193.24	1729.01
5	2-庚酮	0.9901	0~300	13.29	271.42	16.65	6.31
6	异戊醇	0.9969	0~6000	7.95	1564.75	5820.30	5533.90
7	间乙基甲苯	0.9923	0~500	10.93	465.21	99.19	81.64
8	2-戊基呋喃	0.9962	0~2000	9.03	1563.02	180.80	182.24
9	己酸乙酯	0.9991	0~800	7.04	562.51	77.65	247.64
10	正戊醇	0.9992	0~800	8.46	676.30	97.71	309.10
11	2-甲基吡嗪	0.9932	0~500	7.94	430.74	126.48	460.83
12	正己醇	0.9976	0~1200	5.83	1163.29	118.70	103.45
13	壬醛	0.9927	0~300	8.23	1391.38	2218.19	1855.41
14	3-辛醇	0.9935	0~300	6.34	743.78	2722.96	1634.02
15	糠醛	0.9958	0~1200	15.94	812.23	667.22	1124.43
16	1-辛烯-3-醇	0.9995	0~70000	8.54	4793.48	4419.98	69458.38
17	辛醇	0.9986	0~1000	7.65	913.10	484.94	429.27
18	β-苯乙醇	0.9935	0~15000	5.76	10425.70	5401.98	4394.15
19	γ-壬内酯	0.9994	0~4000	7.34	3949.233	3511.42	1934.18

［《酿酒科技》，2016（2）：32-35］

五、黄酒麦曲香气特征研究

酿造微生物与应用酶学实验室、江南大学酿酒科学与酶技术中心、食品科学与技术国家重点实验室、徐岩、陈双、王栋、赵光鳌发表了《中国黄酒技术研究新进展》一文，现摘录关于“黄酒老曲香气特征研究”内容如下。

麦曲是中国黄酒独特酿造原料，具有“糖化、发酵、生香”的功能，对黄酒酿造起着举足轻重的作用。但是受到研究理念和技术的限制，目前对于非常重要的麦曲“生香功能”的研究极少，基本上只停留在推测和分析上。对此，本研究室首先展开了对黄酒麦曲香气特征及其对黄酒香气影响的系统研究（表4-27）。研究室通过采用气相色谱-嗅觉法（GC-O）技术、气相色谱-质谱联用（GC-MS）技术从代表性黄酒麦曲中鉴定出香气物质43种，确定了1-辛烯-3-酮、1-辛烯-3-醇、4-乙烯基愈创木酚、苯乙醛、已醛、已酸乙酯、辛酸乙酯、愈创木酚、香兰素及反-1,10-二甲基-反-9-癸醇对麦曲香气的重要贡献作用。同时通过麦曲香气重构和缺失试验验证了这些香气化合物在麦曲呈香特征中的重要作用。在分析麦曲香气特征的同时，研究者还监控分析了麦曲制曲过程中各种香气物质的变化规

律，得出麦曲中重要香气物质的生成特点。从香气的角度提出了评价麦曲质量及成熟情况的新思想，相关研究已率先在国际上发表。

表 4-27　　黄酒麦曲中挥发性香气化合物香气强度、含量及香气活力值（OAV）

香气化合物	化合物香气描述	香气强度	含量/(μg/kg)	OAV
醛类化合物				
己醛	青草香，苹果香	S	545.91	109.8
壬醛	花香，清香，柑橘香	VW	Tr	—
酮类化合物				
2-庚酮	水果香，甜香	M	373.92	2.6
2-辛酮	清香	M	194.83	3.89
1-辛烯-3-酮	蘑菇香	VS	618.11	618.11
醇类化合物				
丙醇	水果香，醇香	VW	1811.17	0.2
异丁醇	溶剂香，葡萄酒香	VW	Tr	—
丁醇			Tr	—
异戊醇	水果香，指甲油香	M	3158.62	9.84
戊醇	水果香，香脂	M	839.89	0.38
己醇	花香，青香	VM	728.33	0.29
3-辛醇	蘑菇香	M	46.59	2.59
1-辛烯-3-醇	蘑菇香	VS	291.45	291.45
庚醇	醇香，水果香	M	32.9	0.01
辛醇	水果香	VW	41.73	0.38
酯类化合物				
乙酸乙酯	菠萝香	M	11831.39	2.37
辛酸	汗气味，干酪气味	VM	111.97	0.04
壬酸	油脂气味	VM	68.83	0.02
芳香族化合物				
苯甲醛	水果香，浆果香	M	61.04	0.17
苯乙醛	玫瑰花香	S	84.19	13.36
苯甲醇	花香，甜香	W	387.09	0.04
β-苯乙醇	玫瑰花香，蜂蜜香	M	2410.32	2.41
苯甲酸乙酯	水果香	VW	29.76	0.49
呋喃类化合物				
糠醛	杏仁，甜香	VW	Tr	—
酚类化合物				
愈创木酚	辛辣气味，烟熏气味	M	53.24	21.29
4-乙基愈创木酚	丁香，药香	VW	Tr	
4-甲基苯酚	药香，酚气味，烟熏	M	73.14	1.08
4-乙烯基愈创木酚	辛辣味，药香，丁香	VS	1158.02	386.01

续表

香气化合物	化合物香气描述	香气强度	含量/(μg/kg)	OAV
香兰素	香草香	S	Tr	—
含硫化合物				
苯并噻唑	橡胶气味	M	419.61	5.25
内酯类化合物				
γ-壬内酯	椰子香，桃香	M	285.29	9.51
含氮化合物				
2,6-二甲基吡嗪	坚果香，烤面包香	VW	Tr	—
2,3-二甲基吡嗪	坚果香，烤面包香	VW	Tr	—
2,3,5-三甲基吡嗪	坚果香，焙烤香	VW	Tr	—
2,3,5,6-四甲基吡嗪	焙烤香	VW	98.92	0.1
2-乙酰基吡咯	草药香，药香	VW	Tr	—

注：Tr 表示化合物浓度很低标准曲线下限；
VW 表示香气强度很弱；
W 表示香气强度弱；
M 表示香气强度中等；
S 表示香气强度强；
VS 表示香气强度很强。

不同地区黄酒香气物质的含量见表 4-28。

表 4-28　不同地区黄酒香气物质的含量及香气活力值　单位：μg/L

物质名称	香气描述	阈值/(μg/L)	浙江黄酒		上海黄酒		江苏黄酒		北方黄酒	
			浓度	OAV	浓度	OAV	浓度	OAV	浓度	OAV
醇类										
丙醇	水果香	306000	45555.82	0.15	22249.79	0.07	18356.52	0.06	18912.67	0.06
2-甲基丙醇	酒香，溶剂香	40000	41323.45	1.03	74120.27	1.85	15787.4	0.39	17494.98	0.44
丁醇	醇香	150000	2260.68	0.02	ND		923.43	0.01	1656.02	0.01
2-甲基丁醇	醇香		26224.6		16397.47		16348.04		7928.03	
异戊醇	水果香	3 0000	135213.99	4.51	140616.86	4.69	97483.45	3.25	87068.36	2.90
戊醇	水果香	4000	ND		95.19		Tr		ND	
己醇	花香	8000	517.46	0.06	199.05	0.02	171.31	0.02	172.46	0.02
1-辛烯-3-醇	蘑菇香	40	22.11	0.55	20.29	0.51	18.08	0.45	18.83	0.47
庚醇	水果香	3000	44.8	0.01	26.61	0.01	ND		26.86	0.01
酯类										
乙酸乙酯	菠萝香	7500	121625.39	16.22	66115.63	8.82	29444.67	3.93	41042.26	5.47
丙酉炙乙酯	水果香	1840	678.95	0.37	725.95	0.39	147.68	0.08	883.69	0.48
异丁酸乙酯	水果香	15	301.2	20.08	425.68	28.38	149	9.93	156.6	10.44
丁酸乙酯	菠萝香	20	911.25	45.56	1766.51	88.33	368.5	18.43	438.36	21.92
乙酸异戊酯	香蕉香	30	149.14	4.97	172.04	5.73	23.98	0.80	38.82	1.29
戊酸乙酯	水果香	10	ND		284.51		ND		2.03	

续表

物质名称	香气描述	阈值/(μg/L)	浙江黄酒		上海黄酒		江苏黄酒		北方黄酒	
			浓度	OAV	浓度	OAV	浓度	OAV	浓度	OAV
己酸乙酯	水果香	5	99.4	19.88	177.3	35.46	48.66	9.73	61.22	12.24
辛酸乙酯	水果香	2	105.15	52.58	95.29	47.65	89.26	44.63	91.53	45.77
丁二酸二乙酯	水果香	200000	28292.23	0.14	9192.58	0.05	4737.66	0.02	1505.96	0.01
酸类										
乙酸	酸臭	200000	307755.77	1.54	142428.99	0.71	97827.73	0.49	150366.21	0.75
异丁酸	腐臭，酸臭	200000	1648.84	0.01	954.51	0.00	681.15	0.00	534.28	0.00
丁酸	腐臭	10000	1310.34	0.13	1526.18	0.15	Tr		334.28	0.03
异戊酸	酸臭，腐臭	3000	4224.83	1.41	2797.03	0.93	2614.91	0.87	2787.2	0.93
戊酸	汗臭	3000	ND.	0.48	1451.29		ND		436.25	0.15
己酸	汗臭	3000	1760.97	0.59	4156.58	1.39	1017.36	0.34	1275.96	0.43
庚酸	腐臭，不愉悦气味	3000	74.54	0.02	ND		ND		ND	
辛酸	汗臭	500	145.31	0.29	204.69	0.41	171.92	0.34	140.09	0.28
芳香族化合物										
苯甲醛	浆果香，水果香	990	965.22	0.97	652.96	0.66	445.28	0.45	395.29	0.40
苯乙醛	玫瑰花香	1	95.2	95.20	57.25	57.25	41.78	41.78	64.42	64.42
乙酰基苯	苦杏仁气味	65	211.06	3.25	48.58	0.75	Tr		ND	
苯甲酸乙酯	花香	575	74.79	0.13	26.48	0.05	16.09	0.03	12.78	0.02
苯乙酸乙酯	甜香，水果香	100	181.78	1.82	62.73	0.63	28.36	0.28	40.17	0.40
乙酸苯乙酯	玫瑰花香	250	92.23	0.37	50.53	0.20	27.15	0.11	22.36	0.09
苯甲醇	甜香，花香	200000	1034.78	0.01	6708.38	0.03	488.75	0.00	427.54	0.00
苯丙酸乙酯	花香		51.4		8.12	6.14	Tr		14.18	
B-苯乙醇	玫瑰花香，甜香	10000	111080.98	11.11	61371.81		61494.05	6.15	48622.88	4.86
(2Z)-2-苯基-2-丁烯醛	青香，花香		2837.58		576.87		197.88		ND	
酚及其衍生物										
愈创木酚	烟气味，药材气味	10	84.99	8.50	ND		ND		37.96	3.80
4-甲基愈创木酚	烟气味	65	ND		ND		Tr		ND	
苯酚	酚气味	30	49.65	1.66	ND		ND		674.26	22.48
4-甲基苯酚	药材气味，酚气味	68	ND		ND		ND		715.45	
4-乙基苯酚	药材气味	440	41.86	0.10	110.88	0.25	17.7	0.04	71.33	0.16
4-乙烯基愈创木酚	胡椒气味	40	1252.32	31.31	892.19	2230	935.26	23.38	1167.81	29.20
呋喃类化合物										
糠醛	苦杏仁气味	14100	20885.68	1.48	10367.91	0.74	5274.84	0.37	10895.97	0.77
乙酰基呋喃	焦糖香，甜香	10000	ND		ND		ND		1845.9	
甲基糠醛	青香，焙烤香	10000	99.18	0.01	68.47	0.01	64.27	0.01	152.64	0.02
糠酸乙酯	香酯气味	20000	12.7	0.00	11.59	0.00	3.52	0.00	58.96	0.00
2-乙酰基-5-甲基呋喃	焦糖香，甜香	16000	138.38	0.01	37.65	0.00	26.65	0.00	175.72	0.01

续表

物质名称	香气描述	阈值/(μg/L)	浙江黄酒		上海黄酒		江苏黄酒		北方黄酒	
			浓度	OAV	浓度	OAV	浓度	OAV	浓度	OAV
糠醇	似烧过的糖气味	2000	ND		ND		ND		6869.91	3.43
内酯化合物										
γ-壬内酯	椰子香	30	250.16	8.34	57.36	1.91	Tr		52.59	1.75
醛类										
己醛	青草香	5	21.38	4.28	31.08	6.22	11.49	2.30	ND	—
含氮化合物										
2,5-二甲基吡嗪	坚果香	80	ND		ND		ND		26.57	0.33
2,6-二甲基吡嗪	坚果香	400	ND		ND		ND		22.45	0.06
2-乙酰基吡咯	面包香，胡桃香	170000	65.08	0.00	ND		ND		1039.08	0.01

注：OAV=香气化合物的浓度/香气化合物的阈值；
ND为未检测到该物质；
Tr为该化合物浓度低于标准曲线下限。

[《酿酒科技》2013（12）：1-8]

第五章

红曲制作技艺及研究

红曲是我国独特的黄酒发酵剂之一，是祖国宝贵的科学遗产。红曲是用大米为原料，经过浸米和蒸料，使达到半生半熟的饭，而后接入红曲的曲种，在一定的温度、湿度条件下繁殖而成紫红色的米曲。它主要含有红曲霉和酵母菌以及少量的黑曲霉等有益微生物。红曲经过几百年的曲种代代相传，由于人工的选择作用，使红曲达到现在这样的实用程度，这是我国古代育种技术的成就，是值得探讨的。

用红曲酿造黄酒，具有色泽鲜红、酒味醇厚等特点，深为广大人民所喜爱。红曲主要产于我国福建、浙江、台湾等省，以福建古田红曲为最著名。红曲不但用于酿酒，也广泛应用于食品着色、腐乳着色和中药等方面。目前有很多单位采用了纯种固体培养方法生产红曲，取得成功，并应用于生产腐乳、色素等。这对酿酒的红曲改革也是一个很好的启发。中华人民共和国成立后，中国科学院微生物研究所对红曲进行了分离研究，筛选出 11 株红曲霉优良菌种，这对全国红曲改革提供了菌种，促使红曲向纯种化方向发展，也取得一定的成绩。但目前红曲生产方法大都处于传统制曲法，这种方法制曲操作烦琐，质量不稳定，占地面积大，制曲酿酒耗粮多等，有待深入研究改革，能向机械化发展。

乌衣红曲据研究它可能是红曲的祖宗。它主要含有红曲霉和酵母菌以及黑曲霉，共生在大米饭粒中，由于黑曲霉的原因，所以它的糖化能力和发酵能力都比红曲强，而适用于籼米黄酒生产和粮食白酒生产，并且出酒率较红曲高，但酒的苦涩味较重，有待进一步研究提高。另外，乌衣红曲中，由于黑曲霉黑色孢子飞扬而污染了空气，影响工人健康和环境卫生。乌衣红曲酒主要分布于福建建瓯一带，以及浙江的温州和金华地区。

第一节　红曲制作技艺

一、古代红曲制作技艺

（一）元佚名氏《居家必用事类全集》中的造红曲法

凡造红曲，皆先造曲母。

造曲母：白粳米一斗，用上等好红曲二斤。先将秫米淘净，蒸熟做饭，用水和合，如造酒法。搜和匀下瓮，冬七日，夏三日；春秋五日，不过，以酒熟为度。入盆中擂为稠糊相似，每粳米一斗只用此母二升。此一斗母，可造上等红曲一石五斗。

造红曲：白粳米一石五斗，水淘洗，浸一宿。次日蒸作八分饭熟，分作十五处。每一处入上项曲二斤，用手如法搓操，要十分匀，停了，共并作一堆。冬天以布 物盖之，上用厚荐压定，下用草铺作底，全在此时看冷热。如热，则烧坏了，若觉大热，便取去覆盖之物，摊开。堆面微觉温，便当急堆起，依原样覆盖。如温热得中，勿动。此一夜不可睡，常令照顾。次日日中时，分作三堆，过一时分作五堆，又过一两时辰，却作一堆，又过一两时，分作十五堆。既分之后，稍觉不热，又并作一堆。侯一两时辰，觉热又分开。如此数次。第三日用大桶盛新汲井水，以竹箩盛曲，分作五六份，浑蘸湿便提起。蘸尽，又总作一堆。稍热，依前散开，作十数处摊开。侯三两时，又并作一堆，一两时又散开。第四日，将曲分作五七处，装入萝，依上用井花水中蘸，其曲自浮不沉。如半沉半浮，再依前法堆起，摊开一日，次日再入新汲水内蘸，自然尽浮。日中晒干，造酒用。

（二）明代宋应星撰《天工开物》中的记载

“狱讼日繁，酒流生祸，其源则何辜！祀天追远，沉吟《商颂》《周雅》之间，若作酒醴之资曲蘖也，殆圣作而明述矣。惟是五谷菁华变幻，得水而凝，感风而化，供用岐黄者神其名，而坚固食羞者丹其色。君臣自古配合日新，眉寿介而宿痼怯，其功不可殚述。自非炎黄作祖，末流聪明，乌能竟其术哉。”《天工开物》中还有丹曲的详细制法，见图5-1。

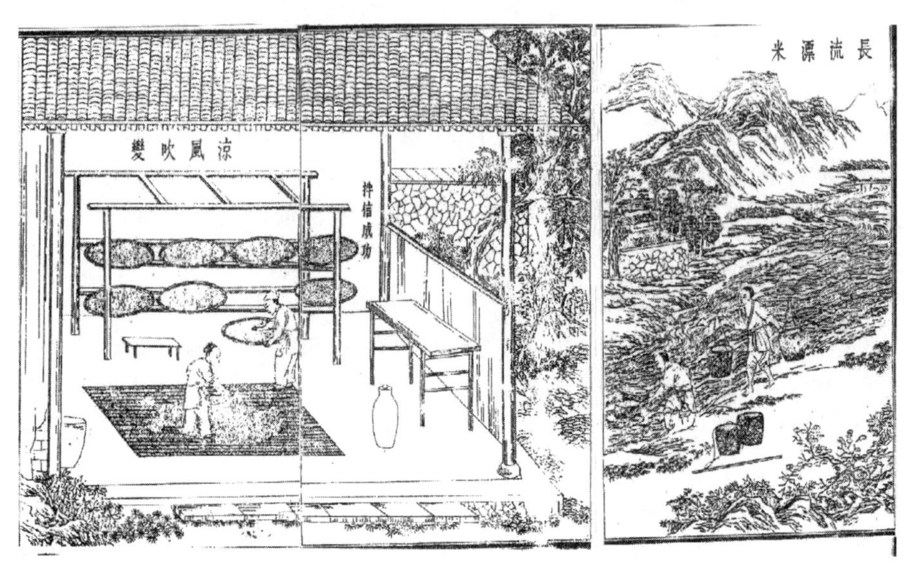

图5-1 《天工开物》红曲制曲

“凡丹曲一种，法出近代。其义臭腐神奇，其法气精变化。世间鱼肉最朽腐物，而此物薄施涂抹，能固其质于炎暑之中，经历旬月蛆蝇不敢近，色味不离初，盖奇药也。”

“凡造法用籼稻米，不拘早晚。舂杵极其精细，水浸七日，其气臭恶不可闻，则取入长流河水漂净(必用山河流水，大江者不可用)。漂后恶臭犹不可解，入甑蒸饭则转成香气，其香芬甚。凡蒸此米成饭，初一蒸半生即止，不及其熟。出离釜中。以冷水一沃，气冷再蒸，则会极熟矣。熟后，数石共积一堆拌信。”

“凡曲信必用绝佳红酒糟为料，每糟一斗人马蓼自然汁三升，明矾水和化。每曲饭一石人信二斤，乘饭熟时，数人捷手拌匀，初热拌至冷。候视曲信入饭，久复微温，则信至矣。凡饭拌信后，倾入箩内，过矾水一次，然后分散入蔑盘，登架乘风。后此风力为政，水火无功。”

“凡曲饭入盘，每盘约载五升，其屋室宜高大，防瓦上暑气侵迫。室面宜向南，防西晒。一个时中翻拌约三次。候视者七日之中，即坐卧盘架之下，眠不敢安，中宵数次。其初时雪白色，经一二日成至黑色，黑转褐，褐转代赭，赭转红，红极复转微黄。目击风中变幻，名曰生黄曲。则其价与人物之力皆倍于凡曲也。凡黑色转褐，褐转红，皆过水一度。红则不复入水。凡此造物，曲工盥手与洗净盘簟，皆令极洁，一毫滓秽，则败乃事也。”

（三）李时珍著《本草纲目》中的记载

“红曲本草不载，法出近世，亦奇术也。其法：白粳米一石五斗，水淘浸一宿，作饭。分作十五处，入曲母三斤，搓揉令匀，并作一处，以帛密覆。热即去帛摊开，觉温急堆起，又密覆。次日日中又作三堆，过一时分作五堆，再一时合作一堆，又过一时分作十堆，稍温又作一堆，如此数次。第三日，用大桶盛新汲水，以竹箩盛曲，作五六分，蘸湿完又作一堆，如前法作一次。第四日，如前又蘸，若曲半沉半浮，再依前法作一欢，又蘸。若尽浮则成矣，取出日干收之。其米过心者谓之生黄，入酒

及酢醢中，鲜红可爱。未过心者不甚佳。入药以陈久者良”。

（四）《墨娥小录》中的记载

“造红曲方：无糠粞春白粳，水淘净浸过宿，翌日炊饭。用后项药乘热打拌，上坞或一周时或二周时，以热为度，测其热之得中则准自身肌肉，开坞摊冷，……薄摊三、四次，若贪睡失误以至发热，则坏矣”。

（五）古代制曲的宝贵经验

1. 颗粒原料与酸米制曲

《天工开物》中写道：“凡造法用籼稻米不拘早晚，舂杵极其精细，水浸七日”。生产实践证明，红曲霉喜欢在大米原料上生长，原因之一是大米的淀粉含量在70%以上，可充足供应红曲霉生长繁殖过程中需要的碳源以及其他营养成分；原因之二是大米的颗粒可吸收和贮藏合适的水分，可供应红曲霉在繁殖过程中所需要的大量水分；原因之三是大米在较长时间浸渍下易产生乳酸等酸类物质，变成酸大米，这种酸大米有利于红曲霉和酵母菌的共同繁殖与生长，并能起到抑制细菌等杂菌繁殖的作用，从而保证了在自然条件下红曲霉的良好生长；原因之四是红曲霉和酵母菌共生在大米上制成的红曲，既有糖化能力又有酒化能力，使用方便；原因之五是用红曲米保藏红曲霉和酵母菌是好办法，同时红曲米便于贮藏，这种固体曲保藏法，在微生物的保存方面也是一项伟大创造，至今仍用此法和原理保藏曲霉等菌。

2. 独特的选种接种技术和防止杂菌的措施

《天工开物》中指出：“凡曲信必用绝佳红酒糟为料”，和“曲工盥手写洗净盘簟，皆令极洁，一毫滓秽，则败乃事也”。这种红糟就是红曲经发酵而制成的酒醪，内含有红越霉和酵母菌，它主要起扩大培养菌类和纯化菌类的作用和达到接种量少的目的，用于接种。古人提出要用极佳红糟，这说明古人对良种是非常重视的，知道只有用极佳的红糟才能保证红曲质量。

在红曲生产的前期，红曲霉的繁殖速度是非常缓慢的，所以它特别容易被杂菌污染，因此，特别提出了“皆令极洁，一毫滓秽，则败乃事也”的严格卫生要求。当时古人还不知道微生物是什么，杂菌是什么，但是他们在实践中已知道如何培养红曲霉及如何防止杂菌污染的办法，这是非常可贵的。

3. 分段吃水法

《天工开物》里记载：“凡黑色转褐，褐转红，皆过水一度，红则不复入水”。而李时珍《本草纲目》中更是详细记载了吃水法：“第三日用大桶盛新汲水，以竹箩盛曲，作五六分，蘸湿完又作一堆，如前法作一次。第四日，如前又蘸，若曲半沉半浮，再依前法作一次，又蘸。若尽浮则成矣”。古人详细提出了红曲的吃水时间、操作方法等，创造了用分段吃水法制红曲的独有工艺，从而保证了红曲的产品质量。

因为红曲霉在繁殖过程中需要一定的水分补充，特别是红曲霉的繁殖旺盛期开始以后，需要及时补充水分，以保证红曲霉的不断生长。吃水的控制要由有经验的技工掌握，其中包括吃水时间、曲的外观表现和不同的吃水量等。吃水标准掌握得如何，直接影响到红曲生产的成败。这种中间吃水法在国内外制曲工艺中是独一无二的，它充分体现了我国古代劳动人民的聪明才智。

4. 巧妙的控温方法和精心管理的经验

《天工开物》里写道：“一个时中翻拌约三次，候视者七日之中，即坐卧盘架之下，眼不敢安，中宵数次”。在《本草纲目》里更有详细记录“并作一处，以帛密覆。热即去帛摊开，觉温急堆起，又密覆。次日日中，又作三堆，过一时分作五堆，再一时合作一堆，又过一时分作十堆，稍温又作一堆，如此数次”。

红曲霉适宜在较高的温度（一般在30~40℃范围内）条件下繁殖生长。为了在自然气温下控制红曲霉的繁殖品温，古人创造了打堆和分堆的办法，还做到了“眼不敢安，中宵数次”的精心管理，达到了红曲霉的适宜品温，保证了红曲的质量。用打堆和分堆的办法生产红曲不需要特殊的房间，只需用普通民房，利用曲在繁殖生长期间产生的热量达到培养的目的，这样既可节约能源又可降低成本。

5. 固体曲保藏法

固体曲保藏和代代相传是一种简易有效的保藏法和母种传代法。现在的红曲达到如此的纯度和优质，和我们祖先发明的曲保藏方法和人工选种方法密切相关。这种方法给我们留下了许多优良曲种，已为我们所应用，同时也是我们分离红曲霉的重要材料。现在传统制红曲工艺仍沿用这种保藏法和传种法。在纯种保藏方面也有采用固体曲保藏这种简易而有效的方法的。

[傅金泉、张华山、姚继承编著《中国红曲及其实用技术》，武汉理工大学出版社，2017]

二、福建红曲制作方法

红曲是福建省著名特产，长期畅销国内外市场。它的主要产区是古田县的平湖、罗华，屏南县的长桥、路下，最近惠安、三明等县酒厂也产红曲。红曲因原料配比和管理方法的不同可分库曲、轻曲(市曲)、色曲三类品种。屏南县着重制造色曲，古田县着重制造库曲、轻曲。它们的特点是：库曲的单位体积质量较重，多供酒厂酿酒；轻曲体轻，一般用于酿酒或染色；色曲最轻，色艳红，多应用于食品染色。红曲主要是制酱、豆腐乳、酿酒和食品着色，同时，由于它还有舒血调气功能，所以也作中药用。

1. 工艺流程

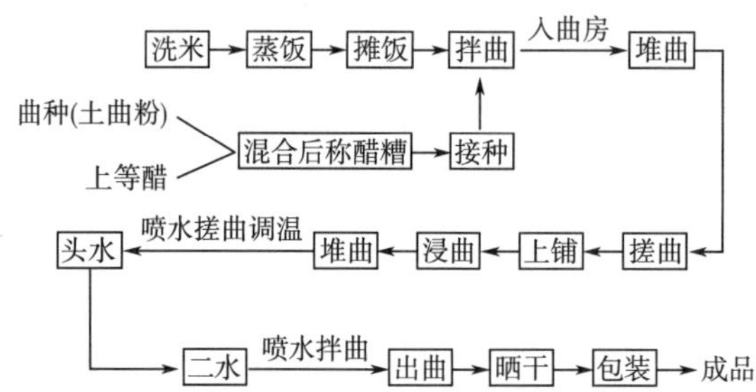

2. 原料选择

制造红曲的原料主要有曲种、上等醋和米类。

(1) 曲种　红曲菌的主要来源，过去多采用建瓯、政和、松溪等县酒厂的“糯米土曲糟”（因建瓯一带系用“土曲”，俗称“窑曲”，亦名“乌衣红曲”来酿酒，其榨得的糟，就称“糯米土曲糟”，又称“建糟”）。而制土糟的菌源又来自“曲公”、“曲母”，因“曲公”“曲母”是红曲的原始曲种，它们多由建瓯的玉山、西乡顶等乡农民世代传制。目前为了便利生产，古田红曲厂已附设土曲厂制造土曲，以直接生产红曲所需的菌种。

(2) 上等醋　制造库曲、轻曲采用贮藏半年或一年的优良新醋即可。而制造色曲，由于生产期较长，故对醋的选择更严，要求采用贮藏三年的陈酿老醋，取其酸味带甜，性缓而经久的特性。

(3) 米类　根据制曲品种的不同进行选择。色曲：用上等粳米或籼稻米。

库曲、轻曲：最好使用高山红土田生产的早米（籼米），因早米制成的曲色红且颗粒整全；屏南县东丰、上楼的白早米也很好，其横断面稍呈蓝色，所以又称“蓝骨米”，制成红曲品质也较优良。一般要求使用精白的上等大米。

3. 操作方法

（1）浸米　将选用的上等白米装入米篮内，放在水中淘去糠秕。再水浸 1～1.5h（以用手指一搓就碎为度），捞起，淋干（含水 22%～24%）。

（2）蒸饭　木甑在沸水大釜上加热后，将淋干的米倒进甑内，用猛火蒸 40～60min，使大米熟的程度达到用湿手摸饭不粘手，而饭又软透。蒸毕，将饭摊散在竹箩上，使其冷却至 40℃左右（不烫手），即可配料。

（3）原料配比（表 5-1）

表 5-1　　原料配比　　单位：kg

曲类	配料			成品重量
	米	土曲糟	醋	
库曲	200	5	7.5	100
轻曲	300	7.5	10.75	100
色曲	400	10	15	100

根据以上原料配比，将各种物品调拌均匀，使饭粒全部染色且呈微红色时，即可入曲房。

近来罗华红曲厂还创造了一种醋糟混合物，每 100kg 大曲仅需使用 6.25kg，并且在拌曲时，操作不仅简便，成本也较低。其配制方法是：取糯米 50kg，浸渍蒸熟，淋水，摊饭至 40℃时，拌入土曲粉 20～24kg，然后装入坛内，经 12d 的糖化后，再掺入醋 30～50kg，贮藏两三个月后即可使用。

（4）入曲房　曲房俗称曲埕，系土木结构，埕底要用无沙且松的红土筑得很坚实，两边墙上开窗，以调节温度，遇天冷可用木炭升温。曲房应经常打扫，入曲前必须进行消毒。

将拌曲种的饭挑到埕中堆放，盖以干净麻袋，保温 24h，曲菌渐渐发热（菌丝繁殖）。待品温升至 35～40℃时，进行翻曲，把曲块搓散摊平，厚约寸许，每隔 4～6h 搓曲一次，并调节室温（放热）。翻曲换气对曲菌的生长繁殖甚为重要。

入曲房 3～4d，菌丝逐渐透入饭粒中心部分（呈红色斑点），这阶段的半成品称为“上铺”。这时把它装入麻袋，在水中漂洗约 10min，使曲粒吸收水分，让菌丝与饭粒接触均匀，并清除杂菌和抑制杂菌发育。淋干后，再推放半天（升温发热），然后轻轻摊散；此后每隔 6h 翻拌一次，这时菌丝发育旺盛，并分泌红色素。当曲中水分散发至出现干燥现象时（用手触动曲面有响声），可适当喷清洁水，调节温度，使保持在 25～30℃。这阶段又称“头水”，历时 4～8d，这时曲面全呈绯红色。

此后，主要操作在维持湿度，适时适量地喷水，喷水如过潮，发热必高，易使曲腐烂生杂菌；过干，曲菌又不能繁殖，故必须严加掌握。并且每隔 6～8h 要翻曲一次，同时注意调节温度。这阶段又需经 3～8d，俗称“二水”，这时菌丝已内外繁殖旺盛，曲粒里外透红，并有特殊的红曲香味。

（5）出曲　当曲里外透红时，就可将曲移至室外空埕，利用太阳直接晒干后，即为红曲成品，可按类分级包装。

4. 生产操作上的几点说明

（1）库曲、轻曲、色曲的差别，除配料不同外，主要在于入曲房后的后期管理。轻曲、色曲须进行更多次少量水的喷浇，以使菌丝的繁殖期能延续较久，多耗曲粒中的物质，这样红曲色素生成更多，颜色才能艳红。制曲时间，一般情况下，库曲 8～10d，轻曲 10～13d，色曲 13～16d。如气候炎热，生产期应酌情缩短，天冷又需延长。

（2）红曲繁殖是要在一定的温度、湿度和酸度的条件下进行。室温过高或翻曲不及时，会使品温升高，而将菌烧死；室温过低，对曲不加保温，又会使菌丝繁殖不足，致酶活性不强。这两种情况都将影响曲的质量。此外，制曲时还要掌握一定的酸度（pH 4.4～5.3），一般用醋调节酸度，因醋比无机酸（如硫酸）更有利于色素的生成。因此，在制曲后期，特别是制色曲时（因生产期长）如发现酸度不够，应立即喷入稀醋酸液，搅拌均匀，以利曲菌的发育，并能控制杂菌的污染。

5. 红曲的特性

红曲的优点主要是糖化力强，发酵力低（有少量自然繁殖的酵母，故若酿酒用应另添加酵母）。由于红曲能产生红色，并具有独特的醇厚香味，因此所酿制的酒色泽鲜艳、美观、芳香、味美。

不同批次生产的红曲，它的酶活力等有差异，其范围如表 5-2 所示。

表 5-2　　不同批次红曲的酶活力差异

曲类	糖化力/[g 葡萄糖/(g·h)]，60℃	液化力/[g 淀粉/(g·h)]，37℃	水分/%	色度（艳：水=1：500 科伟光电比色计 520 波长片光密度）
库曲	0.35~0.76	17.1~31.6	8.6~6.7	0.120~0.145
轻曲	0.66~1.82	70.5~150.0	10.2~11.8	0.150~0.170
色曲	2.10~2.73	155.0~184.6	10.5~11.2	0.200~0.230

[《食品工业》1958（12）]

三、福建古田红曲制作方法

1. 用途

库曲适用于酿造黄酒、果酒、药酒以及为食品染色、腌制鱼类等，具有散发独特芳香、防腐等特点，多用于制饮料酒。

轻曲主要用于制造腐乳、酿制药酒及食品染色和防腐。

色曲质轻，色泽红艳，主要用于出口，供食品染色和投红等。

红曲还可以作中药，《本草纲目》上就记载有："主治消食活血，健脾燥胃，治赤白痢，下水谷，酿酒破血行药势，杀山岚瘴气，打朴伤损，治女人血气痛后恶露不净、淤带腹痛，擂酒饮之良"等，是人民群众特别是产妇的食品。

2. 生产工艺

（1）配料

雪白大米加水浸泡 16~24h → 流水淘洗净 → 蒸煮 → 打散 → 降温到 45℃ →

接菌（每 50kg 米配混合糟 1.75kg、曲醋 0.5kg）→ 拌匀

（2）第一期繁殖阶段

将接菌后的曲饭送曲房推成塔形 → 保温 → 曲温达 40~45℃ → 搅拌 → 摊宽 →

保温 25~30℃（保持 3~4d）→ 每天翻曲 3 次 → 装袋 → 漂洗即浸曲 5~10min → 捞起

（3）第二期繁殖阶段

漂洗后运进曲房 → 推成长方形 → 保温 → 摊宽 → 翻曲（每 8h 一次）看品温、湿度适量浇水（品温 20~25℃）→

到饭面排红（第二期繁殖 3~4d）

（4）第三期繁殖阶段

适量浇水 → 翻拌（品温 20~25℃）→ 每天翻拌数次直到透红 → 运出曲房晒干 → 检验（第三期繁殖 8d）

3. 质量要求

表 5-3　　福建古田红曲感官指标

曲类	感官指标						
	外表	内色	香度	粒度	白心	重量 10kg 米	断口
库曲	青紫色	紫红色	特有曲香	不规则颗粒状	半透心，断口饱满	4.5~5kg	半粉红色，心略带白色
轻曲	青紫色	紫红色	特有曲香	同上	有微核	3.5~3.8kg	粉红色，心微带白色
色曲	青紫色	紫红色	特有曲香	颗粒较完整	透红略有微核	2.8~3kg	红色，饱满

感官指标：

①砷/%≤0.0001。

②六六六（mg/kg）≤0.5。

③黄曲霉毒素 B_1（μg/kg）≤5。

4. 技术说明

（1）配料时糟、醋、土曲配成的混合糟与大米饭必须搅拌均匀，至全部染上红色后才能进入第一期繁殖阶段。

（2）进入第一期繁殖时，堆成塔形后，要使品温均匀，温度高时应摊宽一点，温度低时不能摊太大，直到每粒饭都生上红色斑点后，才能进行装袋漂洗。

（3）红曲进行第二、三期繁殖时，注意掌握温度、湿度以及不同品种的繁殖程度，温度太高时要开窗降温，湿度不够时应适量浇水，使繁殖均匀。

（4）整个繁殖过程还要根据气候、季节的变化来控制温度和湿度。

（5）加工色曲和轻曲的繁殖期要适当延长，库曲 9d，轻曲 11d，色曲 14d。

（6）我厂制红曲仍用传统的工艺生产，现正在摸索研究，努力采用科学方法管理红曲生产，提高红曲生产技术水平。

［1981 年“全国酒曲微生物学术讨论会”资料］

四、乌衣红曲及黄衣红曲制作方法

（一）乌衣红曲

1. 工艺流程

工艺流程详见下页。

2. 操作方法

（1）浸渍　取籼米放入瓦缸中，一般在 15℃以下浸渍 2.5h；15~20℃浸渍 2h；气温在 20℃以上浸渍 1~1.5h。

（2）蒸煮　米经浸渍后将其捞放在竹箩内，用清水漂除杂，待清水滴净后装入甑内，蒸煮至蒸汽全面透气时，再覆盖 5min 即可取下，要求既不能有白心，又没有开裂等现象。

（3）摊饭　当米蒸成饭后，即取出摊在竹簟上置于通风处，将饭团用耙耙松使其散凉并尽量缩短摊凉时间，一般摊凉至 34~36℃即可。

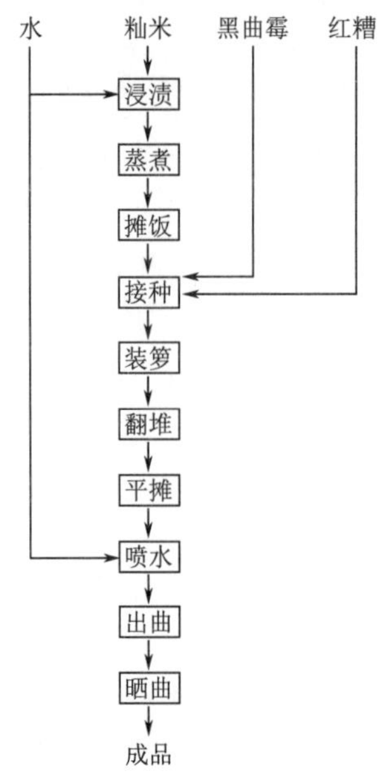

（4）接种　待饭摊凉至所需温度后，每 50kg 米接入黑曲霉 3.75g（这是一般情况，主要视其品质而定），用手略加拌匀，随后再加红糟 0.625kg，予以充分拌匀。这时品温约下降 2℃，天热约下降 1℃，便可装箩。

（5）装箩　原料米饭自接种后，即盛入竹箩内，用手轻轻摊平，上覆洁净的麻袋，送入曲房内保温。如室温在 22℃以上，经 24h 左右品温便上升至 43℃（以箩中心温度为准）；如遇天冷，气温在 10℃以下，因曲房保温条件差，则保温时间便得以延长。当品温到达 43℃，此时米粒已有 1/3 呈现白色菌丝（如黑曲霉产生黄色色素的，米粒呈黄色）和少量红色斑点，其他尚为原来饭粒。这是由于微生物间各自繁殖所需的温度要求不同所致，箩心温度高，适于红曲霉繁殖；箩心外缘温度在 40℃以下，黑曲霉繁殖旺盛；但接近箩边温度低，所以仍为饭的原色。

（6）翻堆　待箩中品温上升至 40℃以上后，即可倒在曲房的砖地或水泥地上，加以翻拌重新堆积，品温便迅速下降。以后在第一次上升至 38℃时予以翻拌堆积一次，第二次上升至 36℃再翻拌堆积一次，第三次上升至 34℃左右又翻拌堆积一次，第四次上升至 34℃再翻拌堆积一次。每一次翻拌堆积之间的时间，气温在 22℃以上需 1.5h 左右；气温在 10℃左右时需延长至 5~7h 才翻拌堆积。

（7）平摊　待饭粒有 1/10~8/10 已现白色菌丝，乃以蒸饭、装箩、保温先后为次序，每堆翻拌平摊。平摊的工具为一木制有齿的耙，耙齿经过的地方，凹处约 3.5cm，凸处约 15cm，成波浪状。

（8）喷水　当平摊后至品温上升到一定程度，便可以喷水了。但天热与天冷时操作略有不同，兹分述如下。

①热天（气温在 22℃以上）：将曲料耙开平摊后（一般均掌握在下午五时翻堆，主要是为了晚上不喷水，便于白天喷水时间的掌握），至翌日早晨品温上升至 32℃（约经 15h），每 50kg 米的饭喷水 4.5kg，经 2h 将其翻耙一次，再 2h 品温复又上升至 32℃，再喷水 7kg，至当日晚上止，中间再翻拌两次，每次隔 8h 左右。晚上让其不动，至第四天（喷水的第 2 天）早晨 8 时许又喷水 5kg，经 8h 后（中间翻耙一次）品温上升至 34℃，再予喷水 6.25kg，这次用水必须按饭粒上霉菌繁殖来决定。如用水过多，容易腐烂而使杂菌滋生；用水过少，又易产生硬粒影响质量，并需随米性刚柔决定用水量。总之每 50kg 米用水量在 23kg 左右，而最后一次喷水后至当日晚间要翻耙两次，每次隔 3~4h，晚上仍不动。第 5 天（喷水的第 3 天）也不动，品温高达 35~36℃，此时为霉菌繁殖最旺盛时期，至当日下午五时后，品温才开始下降。

在天热时，整个制曲过程要将天窗全部打开，一般控制室温在28℃左右。

②冷天（气温在10℃左右）：因为曲房简陋，气温低，室温只能保持在23℃左右，所以曲料自耙开平摊后，经11h左右品温才逐渐上升至28℃左右，此时对每50kg米的饭予以翻拌喷水3.5kg。经5h，品温又上升至28℃左右，又予翻拌喷水一次，用水4.25kg。再经4h，品温又上升至28℃，再翻拌喷水5kg。再经3h又翻拌一次。因第三次喷水一般已在下午5时许，而一夜时间较长，会使上下发酵程度不一。第2天（指喷水的第2天，即蒸饭起算的第四天）同样喷水三次，时间基本上与前一天相同。总之以品温上升至28~30℃才进行喷水和翻拌操作，唯前两次喷水翻拌每50kg米的饭每次45kg，第三次也以饭粒霉菌繁殖程度而定，用水量与天热时掌握的大致相同，其用水量以50kg米计在26.5kg左右。而最后一次喷水翻拌后3h，要检验一次，以没有硬粒为度，如尚有硬粒，翌日早晨需再适量翻拌一次。在天冷时用水次数多，量也多，主要因为气温低，温度上升慢，如果次数少，用水多，饭粒本身容纳不了水分，就会使曲变质，全部被杂菌污染。第5天（从蒸煮起算）同样也不翻动。

（9）出曲　一般情况下至第6~7天品温已无变化，此时即可出曲。目前制曲过程大半尚凭自然气温决定，因此出曲时间亦因气温有所出入，上面所述仅为生产上的一般操作情况提供参考。

（10）晒曲　曲出房后，将其摊在竹簟上，经阳光晒干，否则储藏期间容易产生高温，易被杂菌滋长而使曲变质。

3. 测定结果

兹将四川省糖酒工业科学研究所测定乌衣红曲的结果列于表5-4、表5-5和表5-6。

表5-4　乌衣红曲直接测定结果

项目	测定结果
水分/%	14.38
酸度	1.4413
pH	5.9
液化率	531.6
糖化率	383.0
发酵率	6.36
酵母数（百万）	18.56

表5-5　乌衣红曲间接测定结果

项目	测定结果
酸度	0.0959
淀粉糊精酶	133.3
淀粉糖化酶	57.00
麦芽糖酶	7.75
最终糊精酶	10.5
淀粉利用率	29.26

表5-6　乌衣红曲的感官鉴定

项目	鉴定结果
外观形态	米粒状，表面呈黑红色，中心白色，并夹杂红色斑点
皮张	有菌丝

续表

项目	鉴定结果
颜色	黑红色
泡度	有泡度
中心菌丝	无菌丝
闻味	有酸味

（二）黄衣红曲

整个操作过程中仅喷水比乌衣红曲少，用黄曲霉代替黑曲霉，其他操作与乌衣红曲完全相同。

（三）红曲的选种与制备

要制好乌衣红曲，这与红曲质量的优劣有着密切的关系，通常均购自福建省古田县，但生产上也有自己制备的。一般是取上年大小暑制红曲时选择的优良品种贮藏一年作种子，其选择的标准是以米粒硬、剖面有红心并带有一点微黑者最佳，俗称“铁心”，红透心而粒软者次之。该地红曲的制备方法基本上与乌衣红曲相同，其不同处如下。

1. 种曲量

以每 50kg 米计接种量如表 5-7 所示。

表 5-7　　种曲量

曲类	黑曲霉/g	红糟/kg
乌衣红曲	3.75	0.625
红曲	2.50	0.925

2. 温度

自接种后装箩保温时间约较乌衣红曲长 2h，品温也需高 4℃，使饭粒有 2/3 呈现白色菌丝时才摊入曲房场地上，其摊堆操作与乌衣红曲相同。

3. 用水

制红曲时一般当饭粒呈现 8/10 有菌丝滋长时，用簸箕依次搬取饭粒放在水内浸渍 1min 左右，待水分沥干。天冷时将其在曲房内堆积起来，经 1h 再摊平；天热时待水分略沥干，不再在曲房内堆积即行摊平。每天浸渍一次，翻拌三次，继续三天，第 4 天让其不动，第 5 天便可出曲了。首尾从蒸煮起算到出曲为止，共计七天。其中应注意的是，在原料浸水后的堆积操作中，品温很易上升，应及时加以翻拌摊平，如不加注意，会影响质量及出曲率。

（四）红糟

红糟又名“糟娘”，实际上可以说是制备乌衣红曲的红曲霉和酵母的扩大培养。其操作为：

先用清水 22.5kg 在铁锅内烧沸，然后取粳米 7.5kg 淘洗后投入锅中，继续煮沸，除去水面白沫，至米身已裂开即停煮，但不能煮成稀饭状。然后取出移入木桶中散冷至 32℃，添加红曲 3.5kg 拌匀，灌入洗净并经蒸汽杀菌的大口酒坛中。灌坛后的前十天不加盖，每日早晨及下午用竹棒搅拌一次。气温在 25℃以上，15d 左右便可使用。气温在 10℃左右，约 50d 才能使用。一般要求用时红糟中酒精度掌握在 14%左右，如取用过早，红曲霉繁殖太盛，制成曲后全部呈红色。检验标准为发酵至口尝有刺口并带辣味，如仍有甜味，则取用尚嫌过早。

（五）黑曲霉

制造季节亦在每年的大小暑之间，其制法与乌衣红曲相同，唯接种量有出入，如以 50kg 原料计为：

上年黑曲霉　　7.5g

红糟　　160g

此外喷水只需一次，翻拌相同，五天便可出曲了。目前部分酒厂已改用米饭纯粹培养的黑曲霉代替，效果完全一样。方法和酒厂用培养皿种曲制法相同。

［轻工业部科学研究设计院、北京轻工业学院编著《黄酒酿造》，轻工业出版社，1960］

五、佳成发酵红曲制作方法

1. 原料要求

发酵红曲生产使用原料为大米。

采购要求：非转基因大米，无农药、重金属残留，黄曲霉毒素<10^{-8}；通过评估供应商资质、第三方检验报告来进行管控，如不符合要求则不予采购。

经每批抽检，符合“原料验收标准”的大米方可用于生产。

原料贮藏期应防虫害、霉变及交叉污染，并做好标识。

2. 领料

领料人和仓库管理员严格按照《原料出库单》上的品种、批号、数量执行物料接收、发放。

3. 浸米

将袋装原料转运输送至泡米池内，加水浸泡。

泡米时间：每年 5 月—9 月泡米 8~10h，10 月—次年 4 月泡米 10~12h。

加水量要求水面没过物料 5~10cm。

大米中的原料编织袋或泡米袋的线头、绳头、棉线绳及袋内合格证等异物必须去除干净。

4. 洗米、沥干

用自来水淋洗大米至流出的水基本澄清为止，以冲掉附着在大米表面的糠壳等异物。

将清洗干净的大米静置一段时间，沥去游离水分，若沥米时间超过 2h，进入下一工序前 30min 需用水管将淋好的米重新冲淋一遍。

5. 蒸米

将淋好的米倒入蒸饭机，投料量 300kg/锅，要求投入蒸饭机的米量不超过蒸饭机外沿。开蒸汽，待物料上气后开始计时，保持上气时间 15min。

蒸后的熟米质量要求：熟透无白心，松软不烂不结团，水分含量 32%~35%。

6. 晾米

根据环境温度灵活掌握物料的温度，环境温度低于 20℃时，接种前物料温度可控制在 38~40℃；环境温度高于 20℃时，接种前物料温度可控制在 35~38℃。

7. 生产用种子扩培

发酵红曲生产菌种为 5-2#（菌种编号：M.114）和 A1（菌种编号：M-216）。

经试管斜面菌种（采用改良察氏培养基，(32±2)℃培养 6~8d）→三角摇瓶种子［采用葡萄糖二培养基，(32±2)℃培养 48~72h］→种子罐种子（采用米粉培养基，32~40℃，通气量 7~14m^3/h，培养 24~48h）的逐级扩大培养获得生产用二级菌种，在培养过程中需无菌取样以监测菌种生长状况，确定菌种成熟时间。液体种子培养成熟后，在进入下一工序前需无菌取样，评估种子液质量情况。

生产用二级菌种质量要求：种子液呈现粉红色到紫红色，较黏稠，菌丝球较多，甚至呈纸浆状，无异味；镜检菌丝体粗壮、均匀、横隔清晰，孢子（梨形或球形）较多，无杂菌；pH 低于 7，一般在 6.0~6.5。经划线培养，除目标菌的典型菌落外，无其他杂菌长出以验证生产用菌种的纯度。

经检验合格的菌种，方可投入生产使用。

8. 拌种

将种子液导入接种机备用。开启接种机，调节种子液流量，保证接种量 10%~16%（投粮量干重），其中：5-2#接种量为 10%~15%，A1 接种量为 1%~5%；还需确保接种后物料的均匀性，接种物料品温控制在 32~35℃。

接种后物料转运至曲池（室温高于 20℃）或高温房（室温低于 20℃）。

9. 打堆

将接种后物料及时码放在曲池或高温房内，每池投料量 750~800kg，扒成方堆，堆厚 40~50cm，随时观察并记录堆料温度变化情况。当打堆物料品温达到 45~48℃时，可进入下一道工序。

正常情况下，堆料温度在 15~24h 升至要求品温（45~48℃）。

10. 摊堆养花

当曲池物料中心部位品温升至 48℃时，将全池物料彻底翻拌一遍，再次打堆，堆厚 30~40cm；当物料的中心部位品温再次升至 45℃时，将全池物料彻底翻拌一遍，摊薄，堆厚保持 20~30cm，保持品温 38~42℃约 3~5h，期间尽量少用鼓风机鼓风，尽量采用翻曲来保证物料温度。当大部分物料上已有红曲霉菌斑时，可将品温控制在 35~38℃，直至进入下一工序。养花期间至少要保证每间隔 3~4h 彻底翻料一次。

11. 发酵培养与过程管理

（1）加一水

①加水时间：一般在摊堆后 24h 左右，养花整齐。感官要求：90%米粒表面已均匀渗入白色菌丝，且部分米粒变红。此时红曲霉高速生长，发热量较大，需要少量多次加一水，且加水量较大。

②加水方法：边加水，边翻料，视曲料松散、干湿情况，重复上述步骤，直至加水后物料含水均匀。

③控制要求：

a. 加水 1h 后物料湿润、曲池纱网上及物料表面无游离水。水分在 40%~48%（4 月—10 月水分可保持在 43%~48%，11 月—次年 3 月水分可保持在 40%~45%）。

b. 加一水后：80%以上的物料品温保持在 33~35℃。

（2）加二水

①加水时间：视物料的生长情况确定加二水的时间。一般 4—10 月份加一水后约 10h 需加二水，而 11 月—次年 3 月则要根据物料的升温情况确定加二水的时间，物料吸水快、升温快，则在加一水后约 10h 加二水，反之则可在加一水后 24h 加二水。

②加水方法：边加水，边翻料，视曲料松散、干湿情况，重复上述步骤，直至加水后物料含水均匀。

③控制要求：水分控制在 43%~50%，品温控制在 33℃左右，并注意此阶段低温不得低于 30℃，高温不得超过 34℃。

（3）中、后期培养过程中加水　方法及要求同二水。培养 5~10d。

（4）出池前一天加水　出池前一天是否加水要根据当天水分检测结果，若水分在 43%以上，则不用加水，否则应适当补水，补水后水分要求不超过 48%，品温控制在 33℃左右，并且低温不得低于 30℃，高温不得超过 34℃。

12. 出池烘干

根据出池烘干前一天物料效价抽样检测结果，将效价相近的物料混合收料，可放入一个烘干池内混合烘干。同一批入池的物料，如曲池间质量差异较大，则须单独烘干并存放。

将物料导入烘干池。均匀摊平烘干池内物料，尽量保持烘干池内物料厚薄一致。打开直排阀，排尽散热片和管道内冷凝水后，关紧直排阀。调节蒸汽阀的大小，控制烘干过程中物料的干燥温度40~60℃。

在烘干过程中，烘干操作人员要加强巡视，根据物料干湿情况，将物料翻动一次，以保证其干燥效率。翻料过程中要注意池中物料厚薄的均匀性，并根据物料的干湿情况及时调节物料的堆积厚度。另外，需及时清除墙壁及门窗上的冷凝水，从而尽量减小干燥间相对湿度，保证物料尽快干燥。

13. 收料

烘干操作负责人在确认物料烘干后，吹冷装袋前通知品控部取样检测。

烘干后半成品质量要求：

（1）外观性状　红色，质地脆，无霉变，无明显肉眼可见的杂质，呈不规则颗粒状，具有红曲固有的曲香。

（2）水分　6%~12%。

［武汉佳成生物制品有限公司《生产手册》，2014］

六、佳成功能性红曲制作方法

1. 菌种的制备

功能性红曲生产用菌种为JCT-4（菌种编号：JC-GM-4）。经试管斜面菌种［采用改良察氏培养基，(32±2)℃培养6~10d］→三角摇瓶种子［采用葡萄糖二培养基，(32±2)℃培养48~72h］→扩大培养获得生产用菌种。生产用菌种的质量要求：菌丝细腻黏稠、液面透亮，无异味，用于当日生产。

2. 培养基及营养液的制备

按工艺要求的投料配方计算所需配制培养基的总量。确保各成分计算、称量准确，且复核无误。分装摇瓶（装瓶量300mL/500mL摇瓶），塞棉塞，并以牛皮纸包裹，120~125℃高压灭菌30min。营养液先搅拌均匀，调好pH，再充分与物料混合均匀。

3. 泡米

操作人员严格按照“原料出库单”上的品种、批号、数量领取次日所需物料，并按25kg/袋分装，废弃包装袋及绳头放入指定位置，分装好的物料整齐放入泡米池，加水浸泡至全部淹没大米10~15cm，连续浸泡10h。

4. 洗米

泡米结束后，用自来水冲洗大米至流出的水基本澄清、没有米浆流出为止。

5. 沥干

洗净的大米需静置30min，沥去游离水分。

6. 蒸米

将沥干的大米倒入蒸饭锅，先排尽蒸汽管道中的冷凝水至有蒸汽冒出，接上蒸汽管道，缓慢打开蒸汽阀门，上气后开始计时，15min左右即可。蒸米质量要求：熟透、无白心，松软不烂、不结团。

7. 装瓶、灭菌、打散晾瓶

搅拌均匀的物料要松散、无结团结块，冷却至40℃开始装瓶，每瓶装料380~420g（或者装至1L三角瓶的600~700mL）。扎紧瓶口准备灭菌。

按灭菌要求正确操作，120~125℃灭菌50min。

灭菌后的物料要迅速打散，打散时手握瓶身，掌握力度，防止三角瓶破裂，不得倒置三角瓶晃动。打散的物料以松散、无结块为标准。

8. 接种

接种前1h做好准备工作，包括把接种时要用到的工具放入接种间，在操作台上接种室内喷洒消毒液并开紫外灯 1h，按规定穿戴进入接种室。接种温度不得超过 40℃，接种量为 1 瓶液体三角瓶种子接 8 瓶物料。接种后扎紧瓶口，将物料和种子充分摇匀，并置于高温房。接种后进行彻底清理、消毒。

9. 高温培养

每批物料进入高温房时做好记录，控制温度在 35~45℃，湿度为 40%~80%，第四天充分打散转入低温房。打散时要注意物料与纱布不要接触，以防染菌。

10. 低温培养

控制温度为 19~26℃，湿度为 40%~60%。转入低温房的前 7~10d，每天必须充分打散一次，以后可根据物料的生长情况每天或间隔一天打散一次直至出料。有发酵异常的物料，及时按“生产部废弃品处理流程”执行。每天打散完毕后必须对环境进行消毒、灭菌。

11. 收料

用转运车将发酵好的物料转入收料间收料。收料的房间需彻底清扫、消毒。

12. 预烘干

将收好的物料平铺于预烘干池内进行预烘干，烘干温度不超过 60℃，间隔 1~2h 翻动一次。烘至用手摸物料湿润，用手紧抓物料不结团、捻时不结块即可准备进行热灭菌。通过取样检测，当水分含量降至 15%~25%时，进入下一道工序。

13. 灭菌

将预烘干后物料转运至灭菌房。将预烘干的物料通过物流通道运至微波灭菌机的投料口，开启微波灭菌机，通过布料机调整物料进料厚度为 2cm，设备功率为 15~30 支管，运行时间为 3~5min，进行灭菌，灭菌后直接进入下一道工序。

14. 摊凉

半成品灭菌后直接进入摊凉工段，经摊凉至 40~50℃即可进行预包装。

15. 预包装

将灭菌好的物料用双层编织袋包装。

[武汉佳成生物制品有限公司《生产手册》，2014]

七、佳成酯化红曲制作方法

1. 原料要求

酯化红曲生产使用原料为麸皮、玉米、谷壳，质量配比为麸皮：玉米粉：谷壳（60~70）：(30~40)：(5~15)。采购要求：无农药、重金属残留，黄曲霉毒素$<10^{-8}$；通过评估供应商资质、第三方检验报告来进行管控，如不符合要求则不予采购。

经每批抽检，符合“原料验收标准”的原料方可用于生产。

原料贮藏期应防虫害、霉变及交叉污染，并做好标识。

2. 粉碎

在原料仓库使用粉碎机对玉米进行粉碎处理。将粉碎后的玉米粉按 30kg/袋分装，用棉线扎紧袋口，置指定的位置码放整齐，并做好标识。

操作人员需及时将混入原料中的原料编织袋的线头、绳头、棉线绳及袋内合格证等异物挑拣干净。

3. 领料

领料人和仓库管理员严格按照原料出库单上品种、批号、数量执行物料接收、发放。领料人将袋装原料转运至 5t 蒸料釜的投料口。

4. 蒸煮

（1）原料投料　投料时注意按原料的配比混合投料，投料量 1t/蒸料釜。

该工序操作过程应随时防止任何非原料类杂质进入下一工序，需及时将原料编织袋的线头、绳头、棉线绳及袋内合格证等异物去除干净。

（2）蒸煮、灭菌　原料通过原料提升机提升至润水绞笼润水，润水量为原料量的10%～20%，注意润水量及润水均匀性的控制。

原料全部投入蒸料釜后，盖蒸料釜，通蒸汽，同时开排气阀门，彻底排出蒸料釜中残余空气后关闭排气阀。待蒸料釜内温度上升至125℃时开始计时，使灭菌温度121～125℃保持30min，逐步打开排气阀门排气降温。待无蒸汽排出后，可打开蒸料釜放料。

蒸煮灭菌后原料质量要求：物料熟透，湿润，松散，不结团。蒸煮后、接种前物料的水分含量为30%～35%。经无菌取样微生物检测，无任何微生物生长。

5. 冷却

将蒸煮好的物料放至风冷机摊凉。

根据环境温度灵活掌握物料的温度，环境温度低于20℃时，接种前物料温度可控制在38～40℃；环境温度高于20℃时，接种前物料温度可控制在35～38℃。

6. 生产用种子扩培

酯化红曲生产菌种为10#（菌种编号：JC-HQ-10#）。

经试管斜面菌种［采用改良察氏培养基，(32±2)℃培养6～8d］→三角摇瓶种子［采用葡萄糖二培养基，(32±2)℃培养48～72h］→种子罐种子［采用米粉培养基，(34±4)℃，通气量7～10m^3/h，培养24～48h］的逐级扩大培养获得生产用二级菌种，在培养过程中需无菌取样以监测菌种生长状况，确定菌种成熟时间。液体种子培养成熟后，在进入下一工序前需无菌取样，评估种子液质量情况。

生产用二级菌种质量要求：种子液呈现粉红色到紫红色，较黏稠，菌丝球较多，甚至呈纸浆状，无异味；镜检菌丝体粗壮、均匀、横隔清晰，孢子（梨形或球形）较多，无杂菌；pH低于7，一般在6.0～6.5。经划线培养，除目标菌的典型菌落外，无其他杂菌长出以验证生产用菌种的纯度。

经检验合格的菌种，方可投入生产使用。

7. 拌种

接种管道经清洗、蒸汽消毒后备用，开启接种机，调节种子液流量，保证接种量10%～20%（原料总量干重）和接种后物料的均匀性，接种物料品温控制在32～35℃。接种后物料水分要求控制在40%～45%。

将接种后物料用洗净晾干的布料车转到发酵曲池打堆。转运过程中注意防异物、杂菌污染。

8. 打堆

将接种后物料布料入发酵曲池内，每池投料量750～800kg，扒成方堆，厚35～40cm，随时观察并记录堆料温度变化情况。当打堆物料品温达到45～48℃时，可进入下一道工序。

正常情况下，堆料温度在15～24h升至要求品温（45～48℃）。

9. 摊堆养花

当曲池物料中心部位品温升至48℃时，将全池物料彻底翻拌一遍，再次打堆，堆厚20～30cm；当物料的中心部位品温再次升至45℃时，将全池物料彻底翻拌一遍，摊满全池，保持品温35～38℃直至进入下一工序。期间尽量少用鼓风机鼓风，尽量采用翻曲来保证物料温度。养花期间至少要保证每间隔3～4h彻底翻料一次。

10. 发酵培养与过程管理

（1）加一水

①加水时间：一般在摊堆后24h左右，养花整齐。感官要求：物料表面已均匀渗入白色菌丝，且部分变红。此时红曲霉高速生长，发热量较大，物料水分低于35%，需要少量多次加一水，且加水量较大。

②加水方法：边加水，边翻料，视曲料松散、干湿情况，重复上述步骤，直至加水后物料含水均匀。

③控制要求：加水 1h 后物料湿润、曲池纱网上及物料表面无游离水。水分在 40%~48%（4—10 月水分可保持在 43%~48%，11 月至次年 3 月水分可保持在 40%~45%）。

80%以上的物料品温保持在 32~34℃。

（2）加二水

①加水时间：视物料的生长情况确定加二水的时间，物料水分低于 40%后加二水。一般 4—10 月加一水后约 10h 需加二水，而 11 月份—次年 3 月则要根据物料的升温情况，确定加二水的时间。物料吸水快、升温快，则在加一水后约 10h 加二水，反之则可在加一水后 24h 加二水。

②加水方法：边加水，边翻料，视曲料松散、干湿情况，重复上述步骤，直至加水后物料含水均匀。

③控制要求：水分控制在 40%~45%；品温控制在 32℃左右，并注意此阶段低温不得低于 30℃，高温不得超过 34℃。

（3）中、后期培养过程中加水方法及要求同二水。培养 4~8d。

（4）出池烘干前一天加水　出池前一天是否加水要根据当天水分检测结果，若水分在 40%以上，则不用加水，否则应适当补水，补水后水分要求不超过 45%；品温控制在 33℃左右，并且低温不得低于 30℃，高温不得超过 34℃。

11. 出池烘干

根据出池烘干前一天物料效价抽样检测结果，将效价相近的物料混合收料，可放入一个烘干池内混合烘干。同一批入池的物料，如曲池间质量差异较大须单独烘干并存放。

将发酵池物料转送至烘干池，均匀摊平，尽量保持烘干池内物料厚薄一致。控制烘干过程中物料的干燥温度≤60℃。在烘干过程中，烘干操作人员要加强巡视，根据物料干湿情况，每小时将物料翻动一次，以保证其干燥效率。翻料过程中要注意池中物料厚薄的均匀性，并根据物料的干湿情况及时调节物料的堆积厚度。另外，需及时清除墙壁及门窗上的冷凝水，从而尽量减小干燥间相对湿度，保证物料尽快干燥。

12. 收料

烘干操作负责人在确认物料烘干后，吹凉，装袋前通知品控部取样检测。

烘干后半成品质量要求：

（1）外观性状　浅红色，无霉变，无明显肉眼可见的杂质，呈不规则颗粒状，具有酯化红曲固有的曲香。

（2）水分　8%~10%。

［武汉佳成生物制品有限公司《生产手册》，2014］

八、药用红曲制作方法

（一）固态法生产莫纳可林 K

固态法培养生产莫纳可林 K 需较长的时间，大多用锥形瓶，现将培养过程介绍如下：产莫纳可林 K 的菌株斜面种用 15°Bx 麦芽汁琼脂，于 28℃培养 7d。将 8mL 无菌水注入一试管种内，将菌种制成悬浮液，取此液 2mL 接种于 250mL 锥形瓶中。每瓶装 50g 粳米，洗净后浸 2h，将水倒出并沥净多余的水，0.08MPa 下灭菌 20min，冷却后用无菌竹筷将米团轻轻打散、接斜面种，于 28℃培养，待米粒开始发红后，每天将瓶萌发后摇动瓶，将瓶壁上的水珠滚到米上，如此培养 10d。上述培养的种子，用无菌的粉碎器或研钵捣碎，加 3%醋酸液配制成种子液，备大量作接种用。

大量培养：用500mL锥形瓶，每瓶装100g粳米，洗净后浸2h，将水倒出并沥净多余的水，0.08MPa下灭菌20min，冷却后每瓶接种种子液10mL，将米团用无菌竹筷捣碎，于26℃培养18d，期间切勿摇动。

（二）燕麦片培养法生产莫纳可林K

1. 摇床种子液的制备

培养基组成：葡萄糖80g，玉米浆10g，磷酸二氢钾10g，磷酸氢二钾1g，硫酸镁1g，氯化钙0.05g，加水至1000mL，调pH至5.1~5.5。培养基配好后分装入500mL锥形瓶中，每瓶100mL，用四层纱布做的小垫作瓶塞，塞瓶口后于0.1MPa下灭菌20min。将菌种用无菌水制成悬浮液接种，每瓶接4mL，然后将纱布垫展开罩在瓶口上，用橡皮筋扎紧，置转速为200r/min的摇床上，于26℃室温下培养7d。然后用无菌纱布过滤，将菌丝团粉碎并用无菌0.1%醋酸水溶液制成悬浮液即种子液，以备接种燕麦用。整个过程应保持无菌操作。

2. 燕麦片培养

取燕麦片60g装入500mL锥形瓶中，加20mL水，用竹筷拌匀，塞上棉塞后于0.1MPa下灭菌20min。每瓶接种种子液8mL，置25℃室温培养10~12d，期间切勿摇动锥形瓶。经检查没有污染杂菌后再于40℃风干，定量取样品溶于乙醇中，经高效液相色谱仪（HPLC）测其含量，备用。

3. 制备莫纳可林K结晶

将培养制备好的麦曲加入酒精［曲：酒精（质量/体积）=1：1］，抽提莫纳可林K。浸泡1h，过滤，液体于真空下浓缩回收酒精且得浓渣，浓渣溶于1000mL苯，不溶物经过滤除去，滤液用1000mL 5%Na_2CO_3溶液洗两次，然后与1000mL 0.2mol/L NaOH溶液混合，于室温下摇动2次，合并溶质层，将其蒸馏干，得到油状物，溶于少量苯，由此得到莫纳可林K的结晶。

4. 胶囊的制备

如欲制成商品，可将风干的燕麦曲磨碎成粉后灌注成胶囊，经^{60}Co照射灭菌，包装得成品。

［傅金泉、张华山、姚继承编著《中国红曲及其实用技术》，武汉理工大学出版社，2017］

九、纯种培养红曲

1. 工艺流程

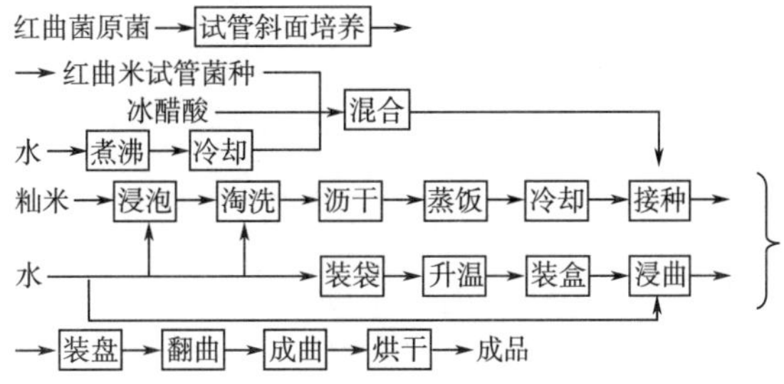

2. 操作方法

（1）菌种培养

①斜面培养基：6~8°Bé饴糖液100mL，可溶性淀粉5%，蛋白胨3%，琼脂3%，加热调和溶解后，加入冰醋酸0.2%。分装入试管内，每支（大号）约装10mL。高压灭菌（1kg/cm^{2}蒸汽压力30min）。取出斜放，冷却，制成斜面培养基。

②培养：在无菌操作条件下，接入红曲霉试管原种，置于恒温箱内，28~30℃培养14~20d备用。

③米试管培养：取生产上经蒸熟的籼米，装入试管，约占试管容积的1/4，塞好棉塞。同时用一只三角瓶，内盛0.2冰醋酸液少许，也塞棉塞，均在1kg/cm^{2}的蒸汽压力下灭菌30min，冷却后接种。

接种方法是用经灭菌处理的直形吸管（灭菌时管口塞有脱脂棉花，外面包纸），吸取0.2%稀醋酸溶液5~10mL，注入斜面红曲种子试管中，用玻璃棒或接种针在火焰上封口的情况下搅匀，再用经灭菌的粗口吸管取0.5mL左右的红曲种子，接入大米试管中摇匀，放置于30~34℃恒温箱中。期间应经常摇动使米饭分散，不使产生结团及生长不匀现象，培养10~14d备用。

（2）用料配比　每100kg籼米加冷水7kg、冰醋酸120~150g，红曲米试管菌种3支。使用前将红曲米试管菌种研细，并与冷开水及冰醋酸混合均匀。

（3）浸泡、蒸饭、接种　采用上等籼米放置于大缸中，加水浸泡40min后，捞起放入竹箩内淘洗，把米泔水洗去，沥干，然后倒入蒸桶内蒸饭。边开气边上蒸，等到桶内周围全部冒气后，加盖再蒸3min。蒸好的米饭移入木盘内，搓散结块，并散热冷却到42~44℃（不得超过46℃），接入已混合冰醋酸液的研细红曲种子，充分拌和后装入麻袋，把口扎好，放入曲室中培养。

（4）培养　进入曲室时，品温开始由原来36℃下降到34℃，而后慢慢上升，从34℃上升至39℃，需17~19h。以后每小时能升温1℃，到最后0.5h升温1℃。待升温至50~51℃时立即拆开饭包，移至备有长形固定木盘的曲室中。整个过程所需时间为24h，此时曲室温度均自始至终保持在25~30℃。当米饭拆包摊至木盘时已有白色菌丝着生，渐渐散冷却到36~38℃时，再把米饭堆集起来（上面盖有麻袋以利保温），使温度上升至45℃，一般从51℃经冷却后上升到48℃约需5~6h。堆集达到48℃时，再把米饭散开来，翻拌冷到36~38℃，再次把米饭堆积起来，使温度上升到46℃，约需2h左右。料温达到46℃时，第二次把米饭摊开，翻拌仍冷却至36~38℃后，第三次把米饭堆积起来（不用盖袋），再使温度上升到44℃时，最后把它散开来用板刮平，这时米饭表面已染成淡红色，使品温正常保持在35~42℃，不得超过42℃，一直保持到浅红色为止。

（5）浸曲　培养35h左右，当米饭大部分已呈淡红色，米饭也十分干燥时需要进行浸曲。以后每隔6h浸曲吃水一次，即把木盘内的曲装入淘米箩内，放进小缸浸曲约1min后取出淋干，再倒入木盘内刮平。浸曲水温度要求在25℃左右。如此进行浸曲吃水七次，浸曲前4h要翻拌一次，浸曲后也要翻拌一次。从米饭培养至出曲共计4d。湿成品外观全部呈紫红色。

为了降低劳动强度，可以用不进行浸曲而直接加水的办法，每100kg米每次吃水在7~12kg。

（6）烘干　将湿料摊入盛器内，厚度约1cm以下，进入烘房进行干燥。干燥温度45℃左右，时间12~14h。每100kg种米得红曲成品38kg左右。

［上海市酿造科学研究所编《发酵调味品生产技术》（中册），轻工业出版社，1979］

附：红曲制造法——用深层培养液为种子，面包粉为原料固体制曲法。

制曲的工艺流程如下：

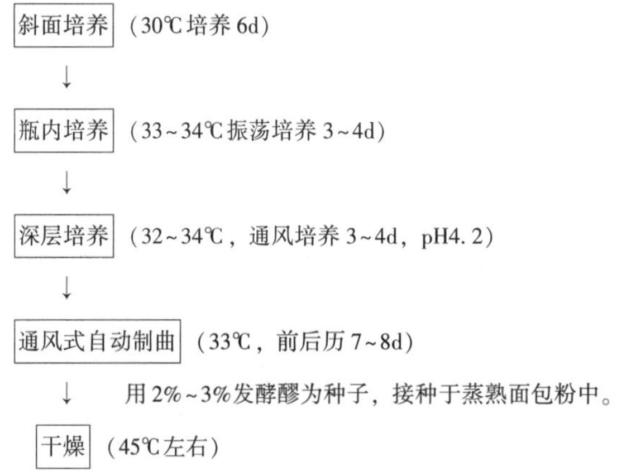

斜面培养基组成：蔗糖10g，蛋白胨1g，$KH_2FO_4$0.1g，$MgSO_4$0.05g，酒石酸0.1g，L-天门冬酰胺0.3g，琼脂2g，水100mL。

瓶培养基：同上，但不加琼脂。

深层培养基：同瓶培养基。

［《工业微生物》1977（1）］

十、低温制作大米红曲

1. 制曲母醪

以100kg准备制曲的大米计算，用0.6kg碎米煮饭，用福建曲娘0.25kg、土红曲0.25kg、陈酒0.6kg、55%vol白酒0.75kg。具体操作：将每斤大米煮成饭2kg，摊凉至40℃，将福建曲、土红曲、陈酒一起拌入，捻散饭块装入小缸内，上面散以小量曲娘，外面围以缸衣，上面加盖，待温度回升到36℃时打耙一次，过25~30d后用石磨磨成糊状准备使用，临用时拌入55%vol白酒0.75kg。大体操作与夏季相同，唯用土曲和曲娘稍多于夏季，特殊的是加入55%vol白酒0.75kg，效果显著，经分析酒精变醋增加酸度刺激曲菌的迅速繁殖所致。

2. 原料处理

大米以硬性九二米为好，要匀净，将碎米全部筛去用作煮曲醪用，以免在冲洗过程中将碎米冲失造成浪费。

3. 原料浸渍

缸内先放清水，再将大米倒入，应漫过大米5市寸①，在自然气温2~3℃时，浸渍12~16h（具体时间根据大米的精白程度灵活掌握），淋清沥干准备蒸煮。

4. 蒸饭

先将锅内水烧开，把已沥干的米分次逐层轻轻加上，料上足、气上齐之后，再焖5min，标准是将饭折断、内无白心即可出甑。这里要注意蒸煮时锅水不宜满，以防跳汤而使部分饭粒发糊结块，如万一遇到这种情况，应将发糊的饭粒除去，不然影响曲菌繁殖。

5. 拌曲醪

饭蒸好后倒入地垫内焖紧，不使温度降得过快，上面盖以麻袋，温度65~70℃时用25kg大米饭一次倒入筐内，加入0.75kg准备好的曲醪，二人对站用双手搅拌，以三拌三炒的方法，来回六次，动作要十分迅速。拌好时品温为48~50℃，并达到每粒饭的表面均染有红色，拌好后即散热打堆。

6. 打堆保温育芽

将拌好的饭散温到36~37℃，倒入下面垫砻糠的地垫内打堆保温，堆形为长方梯形，上面盖以麻袋。待温度回升到39~40℃时开第一次耙，打耙完毕，恢复原形，再回升到39~40℃开第二次耙，依次反复三次，第四耙在41~43℃，然后微微摊开养花。这里必须使温度保持在36℃左右。要使米粒全部发糙，外表全部白花。

7. 洗清水

在温度下降米粒变硬的时候，把曲装入淋米箩内，用温清水（25~26℃）淋洗，水放缸内，把米箩浸入，一手搅拌均后，迅速向下一沉，洗曲时间约0.5min。应达到既吸水均匀和洗干净，又要时间迅速，不然曲洗掉就难以升温，工人称“洗死了”。洗好后沥干，一堆一堆倒起来，使其来温，但要注意不要来温就马上扒开。不宜扒得太薄，以保温度。第一次用清水洗后约过48h已老硬，再洗第二

---

① 1市寸=3.33cm。

次，清洗方法同前。过 48h 可以洗石灰水。

8. 洗石灰水

以原料计算，每 50kg 大米用青块石灰 12.5g，浸入温清水（25~26℃）内，使其澄清后再使用。洗曲方法与洗清水相同，但要注意冬季曲含酸量低，所以灰要用少，洗水要快。不使吃水过多，以防发黏结块。掌握温度亦与洗清水相同，地面温度始终掌握在 30℃为适宜。

9. 晒干成曲

铺放在竹匾上，于阳光下晒干，即得成曲。

10. 注意事项

（1）必须选择保温、干燥条件较好的房子进行生产。

（2）转地要勤，一天要转两次，不使品温与地温相差太大。

（3）养花期养花是关键。夏天花期不齐可以带花，冬天带不起来，所以必须在养花期齐全，不然硬粒就多，影响质量。

（4）洗水时一定要快。温度降得过低，菌体不易繁殖。

11. 存在问题

（1）成曲时间慢，每批曲要 10d 时间，即养花 4d，两天洗一次清水，两次洗清水就得 4d，洗石灰水后又要 2d。

（2）曲本身酸低吃灰力少，表面呈粉红色不变紫。如在有条件地区，可采用蒸汽或木炭保温。

［《食品工业》1959（23）］

十一、玉米红曲制作方法

1. 原料与浸泡

选取 2~3 瓣的玉米楂，用孔径为 3.3mm 的筛子筛选，要求大小均匀。将洗净玉米楂倒入缸内，加沸水浸泡，翻拌后使沸水浸没楂面 20~30cm，浸泡 6~8h 后，即可蒸米。

2. 蒸米与接种

用蒸锅蒸米，待全部上气计时，蒸 1~1.5h，玉米楂质量要求无硬心，不黏不硬。在曲糟内摊凉，当温度降到 45~50℃开始接种。红曲种接种量约 1%，即 1kg 红曲种加 2~2.5kg 无菌水。提前 12~24h 将红曲种浸泡，用时将曲搓碎，并按原料 0.2%的冰醋酸混合均匀。制成红曲液后立即接种，充分翻拌均匀。待玉米楂品温降到 38~40℃，进行堆积，上面用已灭菌的湿布覆盖，再盖上棉被。室温应控制在 35~38℃。

3. 堆积繁殖

堆积后品温逐渐下降到室温，经 30h 左右品温升到 40℃时可翻拌一次。继续培养，这样经 2~3 次翻拌，品温居高不下时，即可装屉，厚度约 2cm，室温仍在 30~35℃，品温不超过 40℃，一般 35~38℃，用翻拌或调换屉的位置等办法来控温。再经 8h 左右，米粒表面已有大小不同的霉点，并呈红色。曲粒干燥时，可往其中加些水，翻拌均匀，使品温回升。再过 8h 左右，红点增大，曲料又干燥，可进行一次洗米，使米充分吸收水分。其方法是将曲料倒入缸内，加 30℃的温水浸泡 5~10min，捞出沥干余水，堆积在槽内使品温较快地回升。当品温达 40℃时，再装屉，厚度约 2cm。由于曲料含水量高，曲生长旺盛，因此要勤检查，并及时颠屉散热，每 1~1.5h 一次。第一次洗米后，相隔 10~12h 再进行第二次洗米，以后每隔 10~12h 洗米一次。第四次洗米可视料的红透程度，适当缩短浸泡时间。第四次洗米后，因曲料中的淀粉大部分已被红曲霉繁殖所消耗，故发热量减少。曲室温度可提高至 35℃，颠屉时间可以延长一些，若有空心，可用喷壶洒水，边洒边翻，然后堆积，待吸水后装屉。后

期曲室温度要保持在38℃，加水次数视红曲红透程度而定，而吸水量一次比一次逐步减少，经7~9d可达红透。每1~1.25kg玉米楂可出红曲0.5kg。

[傅全泉编著《黄酒生产技术》，化学工业出版，2005]

十二、厚层通风法制作红曲新工艺

1. 工艺流程

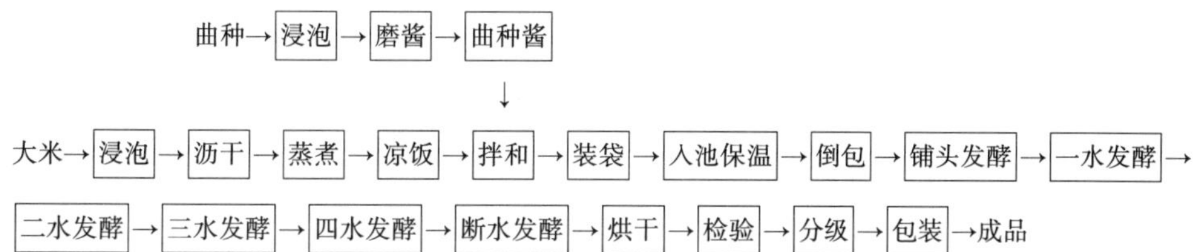

2. 操作方法

（1）浸泡　浸米时间应根据季节与米质而定。一般冬春季浸4~5h，夏秋季浸2~3h，吸水量一般在28%。

（2）沥干　浸米时间到达后，即放掉米泔水，并用清水冲洗至清水流出为止，然后沥干至无滴水。

（3）蒸煮　目前蒸饭设备有蒸饭机和饭甑两种。一般采用饭甑，每甑蒸米50kg。使用蒸汽，待全部圆气后，再蒸8~10min即可。饭质量要求外硬内软、无白心、疏松不糊、透而不烂、均匀一致。用蒸饭机蒸饭压力要在0.6MPa以上。

（4）凉饭　将饭倒入摊场，捣散后再用风机冷却，待饭温降至36~38℃时，可拌料接种。

接种时，无论是机械蒸饭还是饭甑蒸饭都是采用螺旋输送机拌和输送，将配好的曲种酱装在拌和机上方容器内，其容器和拌和机都用不锈钢制成。然后打开曲饭下料口阀门，再打开曲种酱开关，控制好曲种酱的流量，以曲料拌和均匀、手捏不结团为准。

（5）装袋　拌好的曲料送入盆内，然后装袋，一般每袋装55kg大米的曲饭量，袋口用麻绳扎紧。

（6）入池保温　在投料前一天，用水将通风池四周及竹匾清洗干净。在竹匾上先披上干净麻袋，每个通风池投料330kg大米的米饭，装4袋为准。堆放时应横放，下3袋、上3袋，放置要紧凑，四周及上面要用干净麻袋遮盖保温。然后关好门窗，室温应在28~30℃，进行繁殖。曲池构造示意图如图5-2所示。

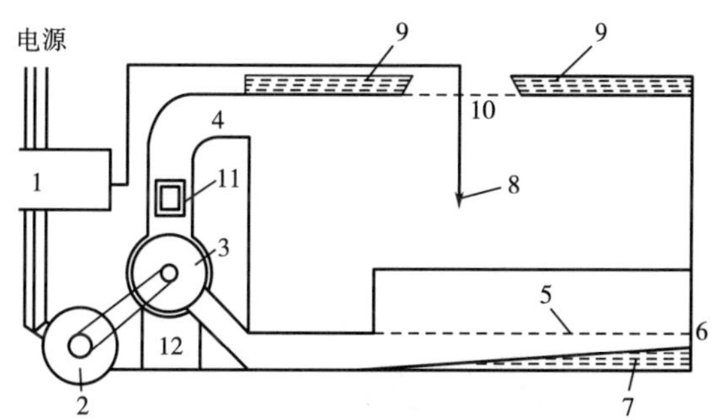

图5-2　曲池构造示意图

1—控制装置　2—电机　3—风机　4—风管　5—曲池　6—假底　7—池底
8—温度计　9—隔热层　10—天窗　11—冷风口　12—机座

（7）倒包　经 22~24h，曲料上升到 46~50℃时，就可将曲料倒入池内堆积，约在池的 1/3 处培养，让其自然升温。

（8）铺头发酵　从倒包后到一水调湿前，这阶段的曲料称铺。当铺头品温达到 45℃时，进行一次翻拌，并将铺头摊至满池，用木板刮平，插入电接点温度计，控制品温在 45℃，同时插入微机感温棒。感温棒垂直插入，电接点温度计应斜插成与曲料成 15°角，两种仪器均应插入曲料 1/3 深处（因为通风池的曲料温度底层低，上层高，因此感温部分不能插入太浅，深了也容易烧曲，浅了温度达不到，不利繁殖）。铺头开始控温后过 35h，进行一次翻拌，再过 10h 又进行一次翻拌，控温在 43℃。

（9）水调湿发酵　一般倒包后 24h，当曲料上铺时，应进行第一次喷水调湿。喷水时，每个池应有两人操作，一人拿橡皮管喷水，一人用木耙将喷洒后的曲料，耙向池的两边，再进行喷水，然后将池两边的曲料堆积在中间，不均匀处再补洒些水，总加水量占曲料的 30%左右。因为大部分水都是从池底流走，喷水完毕，将曲料搅均匀后，把曲料堆积在中间，50~60min 品温上升到 37℃时，再将曲料散开摊平，通常称“开水堆”，但进口一端与另一端要有一定斜度，进风口一端应薄些，另一端厚些（因进风口一端风力小，另一端大）。一水完毕后，控温 37℃，湿度保持 80%，室温 20~23℃，插上电接点温度计与感温棒。开完水堆后 4h 内，曲料升温快，除在控制室屏幕上观察各池品温情况，还要经常巡护管理，将手伸入池中的不同位置检查品温是否均匀，并采取办法解决出现的问题。一水调湿后 7~8h 搅曲一次。

（10）二水调湿发酵　经 10h 左右，当曲料呈桃红色、菌落均匀而干燥时，就可进行二水调湿。二水调湿的喷水量约占曲料的 40%，操作与一水调湿相同。开水堆后控温 36℃、湿度保持 90%、室温保持在 28~30℃。二水后 6h 搅曲一次。二水至三水之间是红曲繁殖最旺盛的时期，品温升得很快，一般每隔 1~2min 就鼓风一次，来控制合适的品温。或开门窗一半降低室温，在一般情况下应关闭门窗，以达到保湿、保温的目的。

（11）三水调湿发酵　经 8~10h，视发酵情况，可进行三水调湿。三水调湿的加水量为 35%左右，品温控制在 36℃，湿度保持 85%，室温 25~28℃。三水后 7h 搅曲一次。

（12）四水调湿发酵　三水调湿经 12h 后，红曲繁殖基本成熟，因此吸水量减少，故加水量控制在 25%以下。如吸水量过多，会造成红曲吐水现象，通风不良，使曲红变紫黑，色价提高而糖化力下降，酸度增高，烘干后结团块。四水调湿后，控温 36℃，湿度保持 80%，室温 25~28℃。四水调湿过后搅曲一次，控温 35℃，再过 8h 又搅曲一次。

（13）断水发酵　四水调湿完过 12h 后的曲称断水曲。一般断水曲控温 34℃，湿度保持 80%，室温 25℃左右，这时将通风池室的门窗打开。断水发酵 24h 即可烘干。

（14）烘干　一般每个池烘 1000kg 大米量的红曲，厚度在 30cm。打开风机与蒸汽开关进行烘曲，每隔 2h 翻堆一次，保持上下均匀，当水分达 12%以下即为成品曲，可包装。

［傅金泉编著《黄酒生产技术》，化学工业出版社，2005］

十三、建瓯土曲制作方法

土曲也称作窑曲、坪曲（指夏天在室内或广场制的曲）、乌衣红曲。福建的著名产区是建瓯县玉山乡及阳坪乡，政和、松溪、南平、惠安等县也有生产。近来已流传至江浙、广东等地。土曲的优点是糖化及液化力都强，发酵力也较强。将土曲进行菌种分离培养，发现有红曲菌、黑曲霉菌和酵母菌，因此它的横断面是红色而外表却呈褐黑色。土曲用于酿酒（适用于糯米、大米、红薯），其酒糟可制红曲的种源（俗称土曲糟或建糟），也可以把土曲磨成粉末，直接作红曲菌种。关于土菌制造及其性能，列述如下。

1. 工艺流程

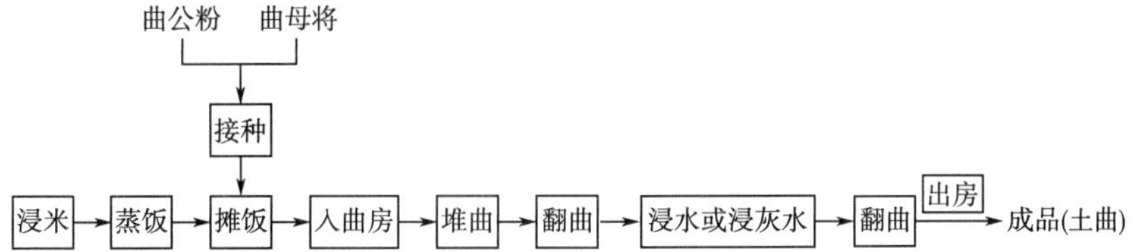

2. 生产原料

（1）菌种　曲公、曲母多在炎热的夏天制成，储存备用。

①曲公：每百斤大米淘浸蒸熟，摊冷至40℃左右，拌入曲公粉约8钱①，曲母浆5~8两②，在篓（一种底方口圆，下小上大的竹箩筐）中保温至43℃，才翻入曲房，品温维持38~40℃，喷水只需一次，经4~5d出曲，晒干。其品质以硬粒而纯青红色者为佳。

②曲母：每百斤③大米淘浸蒸透，以曲公粉1~2钱，曲母浆1斤10两拌和，篓中保温后，然后入曲房，品温维持38~40℃，每天水浸一次，计3d，第5天出曲，曲粒硬，色微红。

③曲母浆：大米2~3斤加水15斤，煮成稀粥状，冷凉至约32℃，拌入曲母2斤，待发酵经7d左右，有酒气带辣味时，就可使用。

（2）中等大米　精白带糠秕杂质的中等大米，均可适用于土曲生产，100斤土曲要用大米200斤，曲公粉8钱，曲母浆1斤8两。

3. 操作方法

（1）浸米　大米淘洗干净，用水浸渍，水温20~30℃约经1h，15~20℃ 2~2.5h，浸渍标准一般以手取米于两指间搓之能散为度。

（2）蒸饭　把淘浸的大米捞起沥干，倾入蒸笼，大火蒸至全面蒸汽上升后再加盖，经约10min，以饭已熟透而不黏烂为宜。

（3）摊饭与拌种　将蒸熟的饭取出在晾饭盘上用木铲扬冷搓散，待冷却至约32℃，按定量拌入曲公粉及曲母浆，拌匀，使饭粒都染上微红色，再集中于竹箩篓里，用已消毒干净的麻袋盖住，放在曲房中保温（曲房系土木建筑，要求便于调节温度）。

（4）曲间管理　大致早晨蒸饭拌种，中午盛篓入曲房保温过一夜，品温约40℃，于第2天一早把曲饭倒在房上成堆，至当日中午翻动散温，并使菌丝散布均匀。到午后2~3点把曲饭散开约1/3dm厚时，菌丝已开始繁殖较旺。到第3天，上、下午各翻曲一次，此时，曲粒呈现白中带红，红曲菌繁殖良好，这种现象俗称“蛋花”。过第4天，到第5天上午约8时，将曲取出装于篓浸洗，以冷水淋干后，复入曲房保温，当天下午又翻曲一次。到第6天早上把曲取出，浸入稀薄的石灰水中，淋干入曲房，全部过程调节品温在32~37℃。第7天上、下午各翻匀一次，这时曲粒中心红而带暗，外观已呈青黑色，黑曲霉菌已在外面繁殖，黑孢子很多。第8天可以出曲房，置阳光下晒干，即可将成品收贮包装。在制曲菌丝繁殖过程中，曲粒的酸碱值（pH）由6.3~6.5渐低至4.7~4.8，因此土曲生产过程是生酸变化的。

［《食品工业》1959（16）］

① 1钱=5g；
② 1两=50g；
③ 1斤=500g。

第二节　红曲特性及微生物的研究

一、乌衣红曲的特点及其改革途径的研究

乌衣红曲是我国独特的酿造黄酒的糖化发酵剂之一。据我国著名微生物学家方心芳教授说，“乌衣红曲很可能是红曲的祖宗”。宋代《天工开物》中说：“凡曲信必用绝佳红酒糟为料”。现在福建古田的母种就是采用建瓯土曲（乌衣红曲）的酒糟（也称建糟）培养而成的。据说20世纪50年代时一位苏联微生物学专家来浙江考察时，她对乌衣红曲的特性和作用感到十分惊奇！乌衣红曲酒主要产地是浙江的温州、金华、丽水三个地区以及福建建瓯一带（他们称土曲、窑曲或坪曲等）。红曲采用籼米为原料，酿造黄酒产量在10万t左右，用它酿造的黄酒具有一定的地方特色，是我国黄酒品种之一。

乌衣红曲是祖国的宝贵遗产，它对籼米原料酿造黄酒具有独特的发酵作用。但曲中大量的黑曲霉孢子易污染环境，对人的健康和酒的质地也有一定的影响。为继承和发扬乌衣红曲及其酿酒的传统技术，不断提高乌衣红曲酒的质量，本文就乌衣红曲生产的特点及其发展方向提出不同的设想，望能在防止黑曲霉孢子污染和提高乌衣红曲酒质量上，达到抛砖引玉的目的。

（一）乌衣红曲是以黑曲霉和红曲霉的颜色为特征的一种特殊米曲

作者于1964年对乌衣红曲进行分离研究，结果表明：在乌衣红曲中主要有黑曲霉、红曲霉和酵母菌以及少量的青霉、黄曲霉等。其中红曲霉和酵母菌来自于红曲。黑曲霉已从乌衣红曲中分离出来并进行纯种培养。

为了了解乌衣红曲中的黑曲霉的糖化力及产酸等性能，我们搜集了中国科学院微生物所和上海市工业微生物研究所等单位的黑曲霉进行对比，结果如表5-8所示。

表5-8　几种曲霉的质量对比

项目	黑曲霉						
	轻研2号黑曲霉	烟台16黑曲霉	3324黑曲霉	3758黑曲霉	3800黑曲霉	3384黑曲霉	乌衣红曲中黑曲霉
糖化力	1200	1152	1136	1000	928	942	768
液化力	++	++	++	++	++++	++++	+++
酸度	9.31	8.93	7.53	7.72	1.6	1.2	3.36

注：参照全国黄酒生产统一化验方法；+表示液化力，以+者多为强。

表5-8的情况表明：乌衣红曲中黑曲霉的糖化力比同类黑曲霉略低，但具有产酸较低的特性。另外我们又把这几种黑曲霉做了生长速度的对比，结果是乌衣红曲中的黑曲霉生长速度最快和孢子老熟最早，3758次之，而轻研二号最慢。生产实践也证明乌衣红曲中的黑曲霉和红曲霉的生长是相配合的，即先红后黑，到达又红又黑的标准。1979年，我们曾用中国科学院UV-11糖化新菌种代替原来的黑曲霉进行乌衣红曲的培养，试验结果UV-11糖化菌不生长，全是红曲霉生成红曲（即曲红不黑）。主要原因是该菌生长缓慢，二是UV-11糖化菌不如原黑曲霉粗放，而乌衣红曲中黑曲霉具有生长速度快、粗放等特性而有利乌衣红曲的生产。

为了保藏这株乌衣红曲的黑曲霉，以供生产和科研的需要，1983 年，我们将分离的黑曲霉寄送中国科学院微生物所，鉴定结果为：外观颜色为黑褐色，培养初期背面无色，有折皱，老后背面浅褐色，孢囊梗较短，一般不超过 2mm，小梗双层；梗基多为（8~12）μm×（2~4）μm，范围为（8~18）μm×（2~4）μm，小梗（7~10）μm×（2~3）μm，分生孢子球形，具细刺 3.5~4μm，个别可达 5μm。根据上述观察，此菌应定名为 *Aspergillus awamori Nakazawa*，此菌编号为 AS. 3. 4319，现已存中国菌种保藏委员会。

为了解乌衣红曲的红曲霉的性状，我们采用红曲种或红曲醪为分离材料，按作者在 1978 年第一期《微生物学通报》报道的《从红曲中分离红曲霉的简易方法》，分离到红曲霉和酵母菌株，并作了对比试验，其结果见表 5-9、表 5-10。

表 5-9　　几种红曲霉糖化力比较

项目		菌号						
		3982	3073	3914	3986	3987	乌衣红曲中红曲霉 1 号	乌衣红曲中红曲霉 2 号
直接测定	糖化力	892.5	597	864.4	916	1038	934	1026
	酸度	0.79	0.9	0.89	0.79	1.38	1.18	0.79
间接测定	CO_2失重/g	14.5	13.25	13.75	13.5	15.75	14.5	16.5
	酒精/%vol	9.2	8.1	8.9	8.7	9.5	9.3	10.1
	酸度/%vol	0.31	0.38	0.39	1.53	0.24	0.33	0.24

注：(1) 试验方法见表 5-12，结果取三次平均值。
(2) 红曲霉菌种来自中国科学院微生物所。

表 5-10　　几种酵母菌发酵力比较

项目	菌号						
	2241	2109	2541	12	102	红曲种酵母菌 1 号	红曲种酵母菌 2 号
CO_2失重/g	7.75	8.25	8.5	8.5	9.25	6.6	6.25
酒精 CC	5.0	5.3	5.6	5.1	5.6	4.4	3.9
酸度%	0.22	0.25	0.45	0.26	0.26	0.29	0.28

注：(1) 菌种来自中国科学院微生物所。
(2) 试验方法：蔗糖米曲汁发酵液参照《轻工业科技通讯》1969 年 9 月《中药对酒精酵母影响试验》。

从表 5-9、表 5-10 实验结果表明，乌衣红曲中的红曲霉糖化力是较强的，而且产酸力比较低。酵母菌的发酵力产酒精度较低而且发酵缓慢，但实际酿酒结果表明：乌衣红曲的酒精发酵，发酵醪中酒精含量也可高达 18%~19%，生酸量也低。所以，这种酵母菌具有适合黄酒生产发酵规律的特点（表 5-11）。

表 5-11　　红曲加不同黑曲用量的发酵对比试验

项目	编号							
	1	2	3	4	5	6	7	8
红曲/g	5.0	4.75	4.5	4.0	3.5	3.0	3.0	乌衣红曲 5g
黑曲霉/g	—	0.25	0.5	1.0	1.5	2.0	3.0	乌衣红曲 5g

续表

项目		编号							
		1	2	3	4	5	6	7	8
发酵结果	CO_2失重/g	17.0	19.0	18.5	19.0	18.5	18.5	18.0	19.0
	酒精度/%vol	20.1	22.6	22.0	22.0	21.3	21.4	21.3	22.2
	酸度/%	0.40	0.47	0.48	0.56	0.55	0.57	0.65	0.45
香味		正常	正常	正常	略酸	略酸	略酸	略酸	正常

注：试验方法见表5-12。

实验结果表明：用乌衣红曲发酵生成的酒精比红曲发酵提高10.4%以上。另外，红曲加黑曲霉5%~10%进行酿酒发酵，酒精生成量也比红曲发酵提高10.2%以上。这两例都说明，乌衣红曲发酵率的提高主要是靠黑曲霉增强糖化力。据测定，乌衣红曲中黑曲霉占3%左右。因此乌衣红曲不但适合籼米黄酒生产，而且还可以适应薯类原料白酒生产，这是单用红曲发酵所不及的。表5-11还可以说明，黑曲霉的数量超过一定量时，酒精生成虽比红曲高但容易酸败，从生产实践也证明偏黑的曲易酸败，主要原因是偏黑的曲酵母菌数量较少，导致发酵力减弱，使糖化和发酵作用不协调。而偏红的曲，酵母菌数量虽多，但糖化力不足，造成出酒率低、出糟率高的结果。在实际生产上要求乌衣红曲中黑曲和红曲有合适的比例，乌衣红曲和红曲发酵结果，前者总酸在0.3%~0.45%，而红曲一般在0.55%~0.6%，酸度增高33%~40%，乌衣红曲比红曲生酸量低。

（二）曲红衣黑是乌衣红曲从颜色上判断质量的一个重要感官特征

顾名思义，乌衣红曲即曲粒表层呈紫红色（这是红曲霉生长的标志），而表面是黑曲霉的孢子，米曲粒断面从紫红色到粉红色直至粉白色（这种粉白色证明菌丝已生长到曲粒中心），所以概括起来说“曲红，衣黑，心白”是乌衣红曲的重要感官指标之一。

为了证实这个标准的科学性和正确性，我们有意识地选定不同感官特征的曲进行发酵对比试验，结果见表5-12。

表5-12　不同外观的乌衣红曲质量对比试验

项目		编号						实验方法
		1	2	3	4	5	6	
曲粒外观特征		曲红衣黑心白为优良曲	曲红衣黑心白为优良曲	曲红衣黑心白为优良曲	曲粒粉红，个别曲粒淡黄色，10%~20%灰白色，没有黑衣生长是劣曲	曲粒微红色有黄衣生长，极少黑孢子，曲结块，认为是劣曲	曲粒紫红，四至百分之五饭粒有黑色孢子，认为可以酿酒	取大米50g，置于500mL发酵瓶中，加水70mL，塞棉塞后用油纸包，整料，冷却到36℃再加水100mL，加曲，装好发酵栓后，在28~30℃保温发酵4~5d进行测定
糖化力		864	776	864	872	424	992	
发酵测定	CO_2失重/g	17.75	21.0	18.0	14.0	15.5	16.5	
	酸度/%	0.27	0.42	0.33	0.86	0.98	0.25	
香味		正常	正常	正常	酸味	酸味	正常	

表5-12实验结果证明，“曲红、衣黑、心白”这个感官特征是有一定科学依据的，而在实际生产中，人们早已应用这个标准去指导生产了。

由于乌衣红曲操作比较复杂，如果没有丰富的实践经验，要生产标准曲难度是较大的，在目前的条件下，一般会出现下列几种曲病，见表5-13。

乌衣红曲出房后应注意保存，如曲的厚度太厚，未及时风干，而导致曲粒结饼，容易污染青霉菌，影响曲的质量，也会引起酒的酸败。下列实验可资证明，结果见表5-14。从表5-14说明，随着青霉菌数量的增多，发酵过程中酸度会明显增加，这会导致黄酒酸败，因此，曲要保存好，防止青霉菌的污染。

表5-13　几种曲病的发生原因及防止办法

编号	曲病症状	发生原因	防止办法
1	曲粒偏红，有少量黑曲霉菌丝和黑孢子生长，曲粒疏松	（1）红曲醪时间短，红曲霉繁殖力强 （2）养花品温较高 （3）黑曲霉菌种时间长，孢子发芽力下降 （4）红曲醪接种量多	（1）适当减少红曲醪的接种量 （2）在原来基础上，适当降低繁殖品温 （3）增加黑曲霉接种量
2	大量曲粒偏黑，表层有少量红曲霉生长，呈紫红黑色孢子，在米粒表面似绒毛状	（1）红曲醪时间长，红曲霉繁殖力弱 （2）黑曲霉菌种，繁殖力强 （3）养花品温较低	（1）减少黑曲霉菌种用量 （2）增加红曲醪用量 （3）提高养花品温
3	曲粒粉红，不黑	（1）红曲醪有杂菌污染 （2）培养品温控制不当 （3）黑曲霉接种少	调换优良的红曲醪，提高红曲醪的质量
4	曲粒花斑，不红不黑，结饼有严重霉变化	（1）红曲醪和黑曲霉菌种质量不佳 （2）曲房环境地面杂菌污染	（1）更换红曲醪和黑曲霉菌种 （2）搞好地面和工具等消毒灭菌
5	不同污染程度有青霉污染	（1）红曲种、黑曲霉两种有青霉污染 （2）场地、工具、空气有青霉污染 （3）摊曲地面潮湿 （4）曲有回温现象	（1）搞好环境、工具等消毒灭菌 （2）检查红曲种和黑曲霉种质量 （3）黑曲地面要清洁、干燥、通风 （4）降低摊面厚度，防止温度回升

表5-14　青霉菌污染对发酵的影响试验

项目		试验1	试验2	试验3	试验4	试验5
标准的乌衣红曲/g		5	4.5	4.0	3.0	2.5
麸皮青霉曲/g		—	0.5	1.0	2.0	2.5
间接测定	酒精度/%vol	10.1	10.85	10.6	9.5	8.7
	酸度/%	0.50	0.50	0.54	0.89	0.89

注：试验方法见表5-12。

（三）乌衣红曲生产具有一个独特的制作工艺

1. 工艺流程

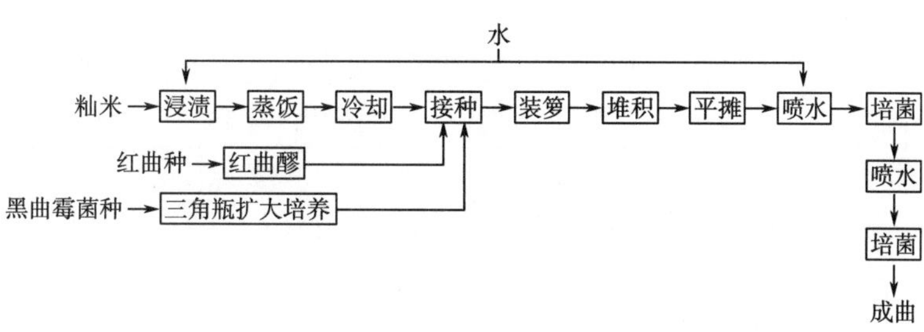

2. 乌衣红曲生产过程的一般情况

乌衣红曲生产过程的一般情况如表5-15所示。

表5-15　乌衣红曲生产过程的一般情况

项目	装箩—倒箩	堆积—平摊	摊平	摊平	出房
培养品温/℃	30~32→43~45	1~3耙43→38，耙后28~30	34~35	32~33	30~31
培养时间/h	20~22	22~24	5~6	20	20
喷水量/%	—	4~6	8~9	—	—
曲粒繁殖过程的变化	装箩时有米饭呈淡红色，倒箩时有曲香，少量饭粒有白色斑点	饭表面有70%~80%的饭粒呈红色，20%~30%饭粒呈金黄色，此时可喷第一次水，色泽红色加深	85%左右的饭粒呈紫红色，10%左右有黑曲霉菌丝生长，加第二次水时菌丝大量繁殖，开始有结饼现象	米粒全部已呈紫红色，黑曲霉菌丝上孢子已开始转黑	曲粒呈紫红色，表层已呈黑褐色
注意事项	冬天应保持室温在25℃左右，倒箩品温冬天可略高	三耙后，堆成长条形，一般10~20cm控制品温不超过36℃，平摊后，每隔1~2h耙翻一次	夏天可以加喷水量，但第二次喷水不超过20%~22%，偏黑应少喷水，喷水次数和数量视曲粒吸水能力而定	室温不能太高，并要有一定的湿度。有必要再耙一次，以防曲粒严重结块，达到曲粒疏松	应立即出房摊凉，防止品温回升和防止青霉菌生长

3. 独特工艺

（1）用极少的接种量达到大量繁殖的目的。如黑曲霉的接种量为0.002%~0.003%，红曲种接种量为0.2%左右。

（2）采用半生半熟的米饭和中间多次吃水的办法，有利于乌衣红曲的繁殖。

（3）根据不同曲种质量调整红黑曲种的接种比例。

（4）根据米粒颜色红黑的变化，随时采取相应的措施和不同的繁殖品温。

（5）培养过程中采取打堆、摊平、开耙等形式调节品温。

（四）乌衣红曲生产存在的问题及其改革的途径

1. 乌衣红曲生产存在的问题

（1）用曲量大，制曲周期长，占用曲房多。据统计一般用量在8%~10%，每生产一批曲约5~6d。每平方米面积只能生产10斤左右的米。

（2）操作繁琐，设备简陋，成品质量不稳定。据有关酒厂反映，每年都有10%~15%的曲达不到标准。

（3）严重污染工厂环境卫生，损害职工健康。

（4）乌衣红曲酒酒味淡薄，略有苦味。

2. 乌衣红曲生产改革的主要途径

近几年上述问题引起了各地酒厂的重视，工人对改革乌衣红曲有强烈的愿望，但是至今未得到解决，因此如何改进提高乌衣红曲的生产技术和方法是一个值得重视和关心的事。我们认为，乌衣红曲改革的主攻方向首先是要解决黑色孢子的污染，同时简化操作，稳定质量，在红曲的基础上不断探索，保持我国传统的乌衣红曲酒的特色并加以发展，主要从下列几方面去研究。

（1）试制嫩曲，缩短周期，使黑曲霉在使用时只有菌丝，不长黑色孢子。

（2）红曲霉和黑曲霉分开培养而后混合使用。方法是红曲用米饭培养，黑曲霉用麦麸培养，这样操作简便，便于掌握，又节约粮食和节约用曲量。

（3）采用 UV-11 糖化菌制成麸曲、添加 0.5%～1%的量代替乌衣红曲中的黑曲霉和红曲进行发酵。

（4）研究用根霉制成麸曲代替乌衣红曲中的黑曲霉，和红曲混合用于黄酒酿造。

（5）乌衣红曲生产纯种化，红曲和黑曲霉都采用纯种法生产。

[《全国黄酒生产工艺学术讨论会论文集》，1983]

二、烟色红曲霉耐热解脂酶的形成及特性研究

烟色红曲霉（*Monacus fulginosus*）M-101 菌株经麦麸固态培养生成耐热脂肪酶和酯酶。产酶的适宜条件为：培养温度 30℃。初始 pH3.0～3.5，麸曲初始含水量 75%。培养 4～5d 后脂肪酶活力可达 207U/g，酯酶活力达 146U/g。粗酶试验表明。脂肪酶和酯酶的最适反应温度为 50℃。脂肪酶最适反应 pH 为 6.0，酯酶最适反应 pH 为 6.8，酯酶耐热性略高于脂肪酶。在 55℃处理 1h 和 45℃处理 24h，两种酶活力基本不变。

[《微生物学报》1995，35（2）：109-111]

三、红曲霉胞外酯酶催化己酸乙酯合成研究

己酸乙酯是浓香型曲酒的主体香味成分，也是曲酒优质品率低的主要限制因素。20 世纪 60 年代，Iwai 发现在适当条件下脂酶可直接催化酸和醇合成酯。Langrand 比较了各种脂酶合成短碳链羧酸酯的能力。我们在对酒窖生香微生物的研究中发现红曲霉、根霉具有较强的己酸乙酯合成能力，属首次报道。本文主要报道利用红曲霉的脂酶合成己酸乙酯条件试验的结果。

有机相中的酯合成反应易受溶剂种类的影响，原因是在不同溶剂中，酶的底物专一性发生了变化。本项实验经比较选择环己烷为反应介质，其优点为己酸乙酯转化率高，对脂酶无毒害作用，溶剂本身价格较低，反应规模易于扩大。但己酸乙酯的转化速率还需进一步加快，提高酶制剂比活可能有利于反应快速进行。应用己酸乙酯的酶促合成方法，有希望解决全液法浓香型曲酒生产工艺中的生香难题。相关研究正在进行之中。

[《生物工程学报》1995，11（3）：388-290]

四、酯化红曲（酶）的酯化特性研究

酯化酶是脂肪酶和酯酶的统称，也称解脂酶，是分解催化脂肪中酯键的酶类，具有水解或合成的能力，酯酶在白酒生产中的应用主要是合成各种酯类。部分白酒企业也分离具有较高酯化力的酯化菌，应用于本厂的生产中。徐前景、陈茂彬等从高温大曲中通过分离筛选得到一株具有较高酯化力的烟灰色红曲霉 JC-306，由武汉佳成生物制品有限公司制成酯化红曲粗酶制剂，对其酯化特性进行了初步的研究，发现其具有很好的实际应用推广价值。

（一）材料与方法

1. 试剂与样品

烟灰色红曲霉菌种 JC-306：本实验室筛选分离筛选所得。

酯化红曲粗酶制剂：武汉佳成生物制品有限公司提供。

化学试剂：己酸、乙酸、丁酸、乳酸、乙醇等分析纯试剂购于国药集团化学试剂有限公司。

2. 方法

酯化力的测定：采用酯含量测定法。

酯含量测定方法：皂化法、气相色谱法。

（二）结果与分析

1. 酯化红曲酯化力验证

准确吸取 1mL 己酸于 100mL 容量瓶中，用 20%乙醇溶液稀释至刻度。取 100mL 1%己酸乙醇溶液于 250mL 三角瓶中，加入相当于 5g 干曲的曲量，曲量 = 5×1/（1-水分%） g，在 35℃保温酯化 100h，然后加水 50mL，加热蒸馏，接取馏出液 100mL，测定馏出液中己酸乙酯含量。三个平行样结果见表 5-16。从表 5-16 可以看出，该酯化红曲粗酶制剂的酯化力为 65mg/（g · 100h）。

表 5-16　　酯化红曲酯化力　　单位：mg/g

项目	1	2	3	平均
酯化力	62. 4	68. 5	65. 8	65. 6

2. 酯化红曲的催化专一性

（1）酯化红曲对单酸的专一性　取 4 个分别含 1%己酸、1%乙酸、1%丁酸、1%乳酸的 100mL 含 20%（*V/V*）乙醇溶液的试样，各加入 2g 酯化红曲，在 35℃条件下保温酯化 100h，分别测定试样中己酸乙酯、乙酸乙酯、丁酸乙酯、乳酸乙酯的含量。其结果见表 5-17。

表 5-17　　酯化红曲对单酸的催化专一性　　单位：mg/100mL

项目	己酸乙酯	乙酸乙酯	丁酸乙酯	乳酸乙酯
含量	128. 4	25. 56	35. 78	32. 38

根据表 5-17 可以看出，该酯化红曲单一催化合成己酸乙酯能力最强，合成乙酸乙酯、丁酸乙酯和乳酸乙酯能力较弱，这说明该酯化红曲是一类专一性很高的酶。因此，该酯化红曲在浓香型大曲酒生产中应用时，能同时提高曲酒中四大酯尤其是己酸乙酯的含量。

（2）酯化红曲在混酸中的选择性　酯化红曲可加快酸和醇的酯化速度，缩短白酒发酵周期，增加白酒中己酸乙酯、乙酸乙酯等呈香酯类的合成能力，可应用于制作强化大曲、粮醅发酵、压窖转排、高酯酒和黄水酯化液的制作等方面。在粮醅发酵和酯化液的发酵底物中，都有大量含不同比例的混酸，因此在实验设计中根据实际情况，设计几种含不同比例的混酸。首先设计 1 号等量混酸试样，各酸体积比为己酸：乳酸：丁酸：乙酸 = 0. 25mL：0. 25mL：0. 25mL：0. 25mL；在白酒的发酵和黄水酯化过程中乳酸的含量较高，因此设计 2 号乳酸量偏高混酸试样，各酸体积比为己酸：乳酸：丁酸：乙酸 = 0. 25mL：0. 4mL：0. 25mL：0. 25mL；在酯化液实际生产应用中可通过添加少量己酸提高己酸乙酯的生物合成量，因此我们设计 3 号乳酸和己酸量偏高混酸试样，各酸体积比为己酸：乳酸：丁酸：乙酸 = 0. 4mL：0. 4mL：0. 25mL：0. 25mL。将各试样用 20%（*V/V*）乙醇溶液定容至 100mL，各加入 2g 酯化红曲，在 35℃条件下酯化 100h，用气相色谱测定其中各种酯的含量，结果见表 5-18。

表 5-18　　酯化红曲在混酸中的选择性　　单位：mg/100mL

编号	己酸乙酯	乙酸乙酯	丁酸乙酯	乳酸乙酯
1	45.9	6.0	13.9	16.0
2	42.0	5.5	10.8	16.2
3	74.2	4.8	10.7	16.8

从表 5-18 中可以看出，在混酸中，该酯化红曲对己酸的催化选择性是最好的。从 1 号样数据可以看出，在等量混酸中，己酸乙酯的生成量最高，其他三种酯都比较少；从 2 号样数据可以看出，当提高混酸中的乳酸含量时，乳酸乙酯生成量并没有增加，也没有影响己酸乙酯含量的变化；从 3 号样数据可以看出，当在混酸中提高乳酸和己酸的含量时，乳酸乙酯的生成量也没有增加，而相应的己酸乙酯成比例地增加。这说明该酯化红曲应用于浓香型大曲酒和黄水酯化液的生产中时，在各种混酸底物中，对己酸的选择性相当好，能大量提高代表浓香型白酒主要香味成分的己酸乙酯的含量，有相当大的利用价值。

3. 酯化红曲的最佳酯化条件

（1）酯化红曲酯化能力与温度的关系　取 6 个 100mL 含 2g 酯化红曲、1% 己酸、20%（V/V）乙醇溶液的试样，分别在 25℃、30℃、35℃、40℃、45℃、50℃条件下酯化 120h，然后测定试样中己酸乙酯的含量，结果如图 5-3 所示。

从图 5-3 中可以看出，该酯化红曲的最适催化温度为 35℃，在 25~35℃范围内，酯化红曲的酯化能力随温度的升高而增强；而在 35℃以上时，酯化红曲的酯化能力随温度的升高而减弱。

（2）酯化红曲酯化能力与酒精度的关系　分别取 8 个 100mL 含 2g 酯化红曲、1%己酸，酒精度为 4%、8%、12%、16%、20%、24%、28%、32%（V/V）的试样，在 35℃条件下酯化 120h，然后测定试样中的己酸乙酯含量，结果如图 5-4 所示。

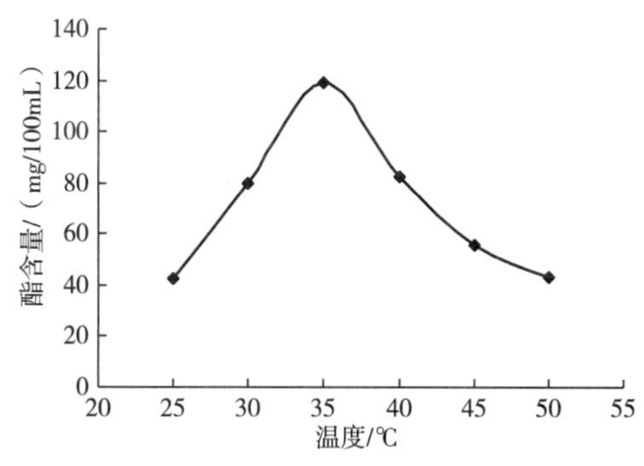

图 5-3　酯化红曲酯化能力与温度的关系

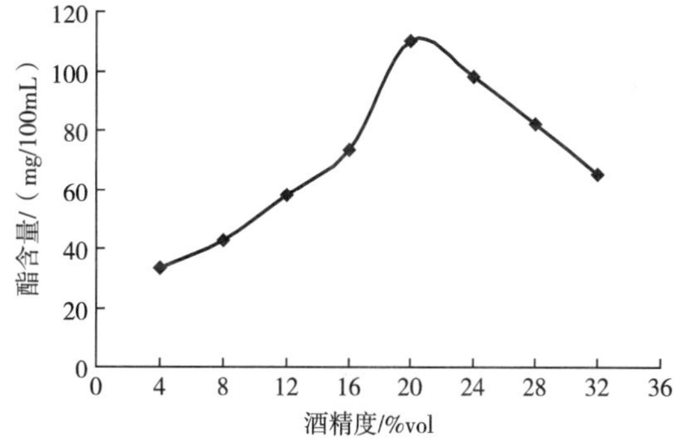

图 5-4　酯化红曲酯化能力与酒精度的关系

从图 5-4 中可以看出，该酯化红曲的最适催化酒精度为 20%（V/V），在酒精度 4%~20%（V/V）范围内，酯化红曲的酯化能力随酒精度的升高而增强；而酒精度在 20%（V/V）以上时，酯化红曲的酯化能力随酒精度的升高而减弱。

（3）酯化红曲酯化能力与 pH 的关系　取 7 个 100mL 含 1%己酸、20%（V/V）乙醇溶液的试样，分别调节 pH 为 2.0、2.5、3.0、3.5、4.0、4.5、5.0，各试样中加入 2g 酯化红曲，在 35℃条件下酯化 120h，然后测定试样中的己酸乙酯含量，结果见图 5-5。

从图 5-5 可以看出，该酯化红曲的最适催化 pH 为 3.5，pH 在 2.0~3.5 时酯化红曲的酯化能力随酒精度的升高而增强；而 pH 在 3.5 以上时，酯化红曲的酯化能力随 pH 的升高而减弱。

（4）酯化红曲酯化能力与底物浓度的关系　分别取 6 个 100mL 底物浓度为 0.5%、0.8%、1%、1.5%、2.0%、2.5%（*V/V*）的含 20%乙醇的试样，各试样中加入 2g 酯化红曲，在 35℃条件下酯化 120h，然后测定试样中的己酸乙酯含量，结果见图 5-6。

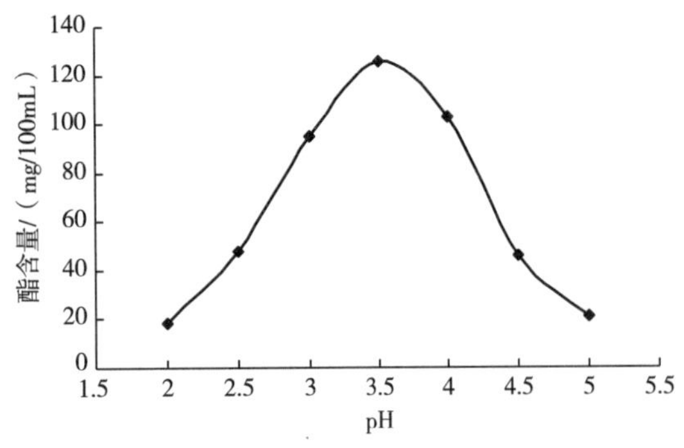

图 5-5　酯化红曲酯化能力与 pH 的关系

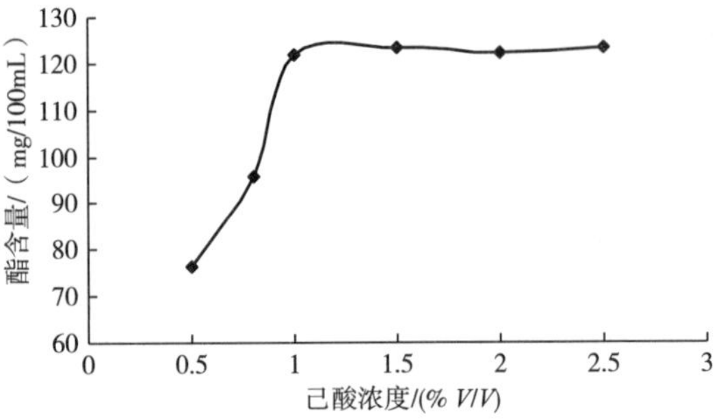

图 5-6　酯化红曲酯化能力与底物浓度的关系

从图 5-6 中可以看出，该酯化红曲的最佳底物浓度为 1%（*V/V*），当己酸浓度在 0.5%~1%时酯化红曲的酯化能力随己酸浓度的升高而增强；而己酸浓度在 1%以上时，酯化红曲的酯化能力随己酸浓度的升高并没有增强，这说明当底物到达一定的浓度时，酯化红曲的酯化能力将不再增强，而处于一个平稳的阶段。

（三）结论

以烟灰色红曲霉菌种 Q-306 为出发菌株，生产得到酯化红曲粗酶制剂的酯化力可达 65mg/(g · 100h)，并且对催化己酸合成己酸乙酯具有很强的专一性和选择性，其最佳催化温度为 35℃，最适催化酒精度为 20%vol，最适催化 pH 为 3.5，最佳底物浓度为 1%，适合应用于浓香型白酒和黄水酯化液的生产中。

［《酿酒》2009，36（1）：52-54］

五、红曲霉 116 优良菌株及纯种制曲研究

（一）红曲霉 116 优良菌株

红曲霉 116 菌株是从含红曲霉菌样品（土曲、综合醋、红曲、曲埕土）中分离筛选出来的。把上述样品逐一用无菌水稀释 1000~1500 倍，在接种箱中用无菌操作的方法，逐一涂抹在装有米曲汁琼脂培养基的培养皿中，在 32~34℃的恒温箱中培养 30h 后，长出了各种杂菌和红曲霉菌落共 450 多个。挑选外观上繁殖快、菌落大、颜色鲜红、分泌色素好，在显微镜下观察产子囊孢子数量多的红曲霉菌落，进行分离、提纯、培养，分离得紫红曲霉、红曲霉和一个很特别的红曲霉菌种。该菌菌丝为白色，菌丝体经镜检观察，直径 3~8μm，它的分生孢子和子囊孢子形态跟紫红曲霉基本相同。不同之处是它的分子孢子数量多，梨形，近球形，大小为（5~12.5）μm×（7.5~15）μm；子囊壳的数量也多，比紫红曲露的体积稍大，直径 37~63μm，散出的子囊孢子数量极多，形态椭圆形，较一致，比紫红曲霉的子囊孢子略小些，大小为（3.5~5）μm×（5~7.5）μm。从颜色来看，紫红曲霉、红曲霉菌落的气生菌丝都会逐步变成红色，而该菌落气生菌丝一直不变色，仍为白色，绒状，但培养到米饭中所分泌的鲜红的色素比其他常用红曲霉菌种鲜艳得多。我们经过多次提纯，现已得到纯白色绒状红曲霉菌种，

初步定名为“红曲霉 116”。

红曲霉、紫红曲霉在传统老法生产的红曲中普遍存在，从一般红曲、古田红曲都很容易分离得到，是我省常用的红曲霉菌种。但是红曲霉 116 菌种的特征，本省过去从未见过。为了验证红曲霉 116 菌种在生产红曲、酿酒分泌色素等方面的应用效果是否比过去常用红曲霉菌种好，以确定它是否为优良菌种，我们多次作了如下的对照试验。

（1）菌丝在米曲汁斜面培养基上生长情况对照表，如表 5-19 所示。

表 5-19　　菌丝在米曲汁斜面培养基上生长情况对照表

菌种名称	菌丝开始生长/h	菌丝长满斜面/d
常用红曲露，紫红曲霉	44	8
红曲霉 116	24	5

由此可见，红曲霉 116（以下简称红 116）的生长速度快，生命力较强。

（2）红 116 与常用红曲霉菌种在南平市大坝红曲厂进行对照培养生产红曲，其产品质量见表 5-20、表 5-21。

表 5-20　　不同菌种新法生产红曲的质量对照表

菌种名称	感官鉴定	产品合格率/%
常用红曲霉，紫红曲霉	颜色浅红，暗红，曲粒内心色度差	80
红 116	颜色鲜红，曲粒内心色度好	90

表 5-21　　红曲理化检验情况表

红曲品种＼检验项目	水分/%	淀粉/%	总酸/%	糖化力/%	备注
新法红 116 菌种红曲	14	50	1.7	13.5	糖化力单位指 100g 曲在 55℃ 1h 内分解淀粉产生葡萄糖克数
新法一般菌种红曲	14	54	1.55	12	
老法古田菌种红曲	12	58	1.2	9	

由于红 116 菌种的红曲感观好，产品合格率和糖化力高，深受海外侨胞欢迎，目前已大量出口。

（3）红 116 菌种的糖化发酵力如何？酿出酒的质量如何？

为此我们又在南平市酒厂进行了酿酒试验作对照。试验在同样的条件下，用红 116 和常用红曲霉进行酿酒质量的对照试验，结果见表 5-22。

表 5-22　　糖化发酵力对比

红曲品种	成品酒			出酒率/%
	酒精度/%vol	酸度/%	糖度/%	
红 116 红曲	19.8	0.49	0.36	250~263
常用菌种红曲	18.7	0.38	0.26	230~245

从上述对照试验可以看出：红 116 是一个优良的红曲霉菌株，这与它的子囊孢子和分生孢子比其他红曲霉菌种都多，生长快，酶活高等是有内在联系的。

（二）纯种制曲新工艺

红曲的生产，自古以来都是采用传统老法生产。明代李时珍的《本草纲目》谷部第 25 卷中，就红曲的制法作了如下的记述：“白粳米一石五斗，水淘洗浸宿，作饭，分作十五处，入曲母三斤，搓揉令均，并作一处，以帛密覆，次日日中，又作三堆，过一时，分作五堆，再一时合作一堆，又过一时，分作十五堆。稍温，又作一堆，如此数次，第三日用大桶盛新汲水，以竹箩盛作五六分，蘸湿完，又作一堆，如前法作一次。第四日如前，又蘸，若曲半沉浮，再依前法作一次。又蘸，若尽浮，则成矣。取出，日干收之，其米过心者濁之生黄，入酒及鲜醢中，鲜红可爱。未过心者，不甚佳，入药以陈久者良”。这些传统老法沿用至今，它们的主要特点有三点：一是用土曲作曲种，而土种是用红籽曲母（即红曲霉）和青籽曲公（即黑曲霉）按乌衣红曲制法制成的；二是土曲还要做成土曲霉；三是土曲糟扩大红曲时要加上陈年米醋。而纯种新法生产正是在这三点上进行了重大改革。一是不用土曲做曲种而用红曲霉试管纯种扩大的种曲做曲种；二是种曲不用做成糟，可以直接扩大制成红曲；三是不用陈年米醋而用廉价的工业醋酸；用量很少。由于这三大改革，使生产成本降低一半左右。利润增加了，产品质量也有了显著的提高。而且工艺比老法简便，生产周期短，使用方便，能够不断地通过人工选育红曲优良菌种来不断提高产品质量，降低成本和增加利润，改变了千百年来传统老法靠自然选种，天吃饭的落后状态。具体请看下列已推广纯种新法生产的两个生产单位的对照表（表 5-23、表 5-24）。

表 5-23 屏南县酒曲厂新、老法生产红曲对照表

对照项目	传统老法生产	纯种新法生产
产品质量合格率（平均）/%	65.48	88.33
辅助材料成本/(元/t)	72	34.80
生产 1t 红曲利润/元	85	122.20
生产周期/d	15	12
所用菌种	建瓯土曲	纯种培养

表 5-24 南平市大坝红曲厂新、老法生产红曲对照表

对照项目	传统老法生产	纯种新法生产
产品质量合格率（平均）/%	60	80
每吨红曲辅助材料成本/元	70	34
每吨红曲利润（平均）/元	50	86
所用菌种	土曲种	纯种培养
所用醋	陈年米醋	工业醋酸
所用糟	土曲糟	不用糟
生产周期/d	15	12

现将纯种新法生产的工艺流程和操作方法简述如下：

1. 工艺流程

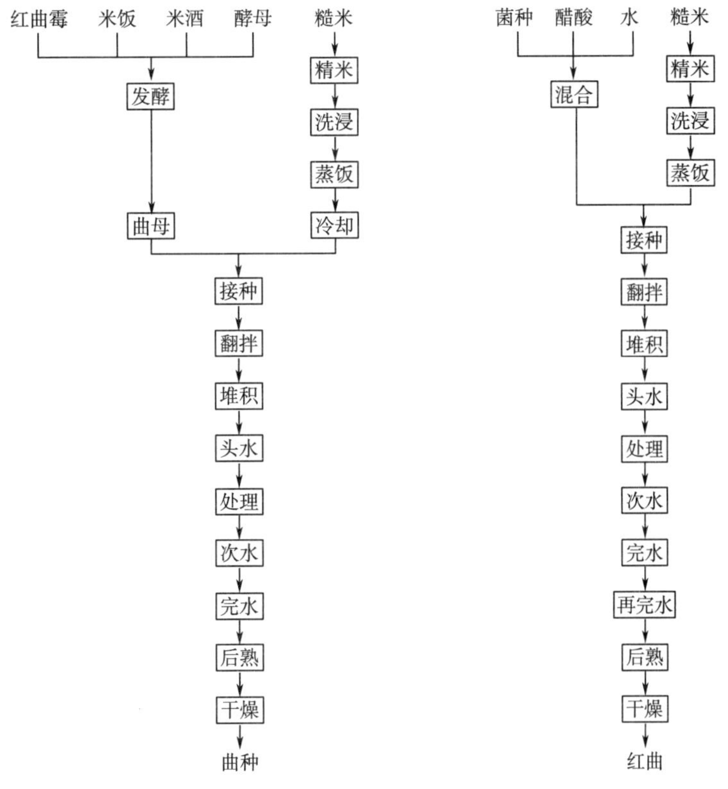

2. 操作方法

（1）曲母　三级培养

①一级试管斜面培养：培养基用8~10°Bé饴糖液或米曲汁100mL，加入可溶性淀粉5g，蛋白胨2~3g，琼脂3~4g，95°酒精5mL，工业醋酸0.5mL。加入酒精目的主要是对红曲霉进行耐乙醇驯化，加入醋酸目的主要是调整酸度。上述两种成分在培养基加热溶解后掺入。然后用1.2kg/cm^{2}高压灭菌20min或常压蒸汽灭菌二次，每次1h，取出斜放，冷却，制成试管斜面。在接种箱内接入红曲霉菌种，置于32~34℃恒温箱中培养9~13d，取样经显微镜鉴定子囊孢子成熟后，取出放入冰箱保存备用。

②二级三角瓶米饭培养：大米洗后浸1h，涝起沥干分装入500mL的三角瓶中，每瓶装量40g干品），塞上棉塞，放在蒸笼中蒸到上气，保持1h，冷却，等到瓶中冷凝水全部吸收后，在接种箱中接种。先把试管斜面菌种倒入20mL无菌水中，将斜面菌种搅碎拌匀，在无菌水中制成混合菌液，每三角瓶接入2mL混合菌液，一支试管斜面菌种可接10瓶500mL三角瓶。摇匀放在32~34℃恒温箱内培养，4d后取出在接种箱内用无菌操作喷上10%pH在3.5~4.5的无菌水，以补充三角瓶中的水分。这样，每天早、中、晚摇匀三次，培养9~10d成熟，取出，40℃以下烘干研粉备用。

③三级脸盆米饭的培养：将1kg大米用水浸泡1h，经淘洗干净后沥干、蒸熟，移入接种室内，倒入经消毒的脸盆里搓碎成饭团，降温到40~45℃，接种。接种时将20g三角瓶菌粉泡在30mL含3%醋酸和0.2%酒精酵母的无菌水内搅碎，倒入待接种的米饭中拌匀后，盖上经消毒的湿布，放在32~34℃的恒温箱内培养24h，待米饭粒上布满白色菌点时取出拌和一次，再经24h又取出拌和，并喷少许无菌水。以后每天取出拌和两次，并酌情喷水以保持湿度。等到8~9d后，取样凭显微镜观察鉴定子囊孢子成熟后，放在40℃恒温箱内烘干或在太阳光下晒干，再装入带塞的玻璃瓶中作为曲母保存备用。

（2）曲种　称100kg大米饭，用凉开水3～4kg、醋酸50～200mL、曲母250～400g，使用前先将曲母磨成细粉并与冷开水、醋酸混合均匀后备用。接种前，先将大米放在竹箩内，置于水池内淘洗浸泡1h，捞出沥干，倒入蒸桶内蒸熟。然后把蒸熟的米饭倒在大篓或木盆内，搓散结块，待散热冷却到40～45℃后，接入混合曲母液，充分拌匀后装袋移入曲埕保温培养。待品温升至45～48℃时（需16～18h，曲埕室温应保持25～30℃左右），再倒入埕内拌和一次，使温度降到34～36℃，再成堆待品温升至42℃时，前后需4～6h，这时又拌和一次，并扩大饭堆面积。此后每隔2～3h拌和一次。紧接着又逐步扩大饭堆面积，以降低品温，待36h后将堆面扩至曲埕面积的80%以上（留下曲埕四周小道），使品温保持在28～32℃。经44h即可转入吸水阶段。吸水时，将全部饭粒繁殖上红曲霉菌，并产生微红色素。将比较干燥的米饭装入竹篓放在水池内浸泡，经浸泡后竹篓立即提上来沥干，再运回倒在曲埕内堆成畦形，待饭粒表面稍干时，就摊开培养。此后隔天浸泡一次，一连浸泡三次。在这三天内，每次浸泡后10h可拌曲一次，称为头水、次水和完水。在次水和完水，即第二次和第三次吸水时，也可改用米酒（7%量）装入喷壶中喷洒，然后充分搅拌，使水分均匀，称为次酒和完酒，其目的是使米饭吸水并对米饭上的红曲霉菌在曲埕中进行耐乙醇驯化。米饭经过头水、次酒和完酒，颜色一次比一次转红，再经两天培养（这两天每天可拌曲1～2次），即后熟阶段，就可取样经显微镜观察鉴定子囊孢子成熟情况，待鉴定成熟后可出埕晒干（从投料到出曲需8～9d）。一般来说每百千克大米可制成干曲40～50kg。为了鉴定曲种的成品质量，取晒干曲种少许，按每10粒一组，可取3～4组，在各组的每粒上用镊子取微量制片，在显微镜下观察其子囊孢子成熟情况，计算曲种的成熟百分率。要求曲种的成熟率在85%以上。成熟率差和感染菌曲种不得用于生产红曲。

（3）红曲　用曲种生产红曲的用料和配方：每百千克大米，取净水2kg，曲醋2kg，曲种粉300～500g，或每百千克大米，取净水3～4kg，工业醋酸150～200mL、曲种粉300～500g（曲种粉夏天少用，冬天多用）。将三种用料混合均匀，浸泡24h后使用。按照这种配方和上述曲种的制法，同样经过堆积、头水、次水、完水及后熟诸操作，出曲房晒干或运到干燥室使之干燥，即是红曲。成品率约48%，需要时间约8d。在红曲制造期间色度变化如图5-7所示。

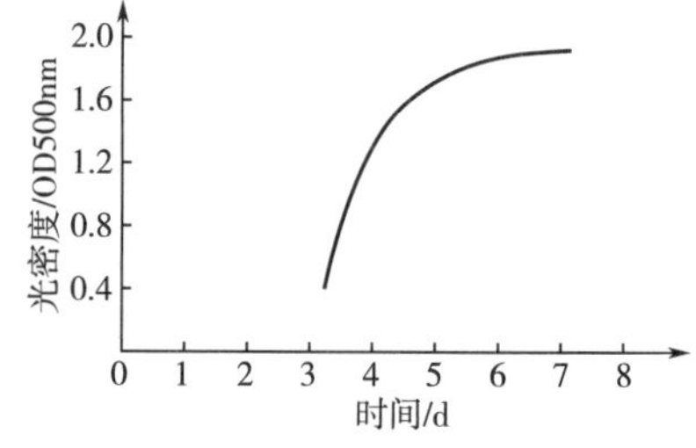

图5-7　红曲制造期间色度的变化

红曲用肉眼观察，在红色米粒表面有一层白粉状的东西，无异臭，有红曲特有的香味，用手摸感觉柔软，把米粒捏断，可以看到红曲霉的菌丝侵入米内，中心有一点白色部分，用手指搓揉时硬的部分也容易变成鲜红色的粉末。

红曲的化学成分如下，淀粉53%～60%，水分7%～10%，总氮2.4%～2.6%，粗蛋白质15%～16%，粗脂肪6%～7%，灰分0.9%～1.0%，色度（光密度OD500nm）1.6～2.0。

3. 红曲种类

红曲的种类主要有三种：

（1）轻曲　主要用途是酿造腐乳、酱菜着色、酿酒、果酒、药酒、食品染色及防腐作用。

（2）库曲　主要用于酿制黄酒、果酒、药酒、食品染色、鱼类罐头及防腐等。

（3）色曲　主要用途是生产腐乳、酱菜和一切食品染色、防腐等。色曲多出口南洋各地。

红曲必须储存在干燥地方，如遇春、夏季节、湿度上升，要经常检查，如发现湿度大应及时过晒，如能妥善保管，一般红曲储存期可达三年。

［陈易之等，《中国酿造》1982，1（6）］

六、11 株红曲霉推广菌株特性的介绍

（一）11 株红曲霉在生产上的应用

随着农业增产，人民生活不断提高，对食品需要的种类日益增多，因而近年来，很多酿造厂都增加了红曲的生产任务，既可满足全国人民的需要，也可增加出口，多换外汇，为社会主义建设积累财富。查红曲霉的主要用途，大概为是酿造酒类及培制红曲；红曲可用作食品着色料、调味料及中药。针对这些用途，我们从分离研究的 150 余株红曲霉中选出 11 株优良菌种，向全国推广。现将其有关生产特性加以介绍。

①A. S. 3. 913，A. S. 3. 914，A. S. 3. 973，A. S. 3. 983：这四株菌种产生红色素的能力强（表 5-25），可作为色曲的菌种。

表 5-25　　11 株红曲霉制曲后质量的鉴定

菌号	曲的外观色泽①	米粒断面	米粒	出曲量②/g	糖化力/(U/g)	糊精化力③	色度④
AS3. 555	谷鞘红至苋菜红色	苋菜红色	饱满	7. 8	1332	240	合格
AS3. 913	葡萄酱紫色	苋菜红至葡萄酱紫色	饱满	9. 4	1260	270	上等
AS3. 914	葡萄酱紫色	苋菜红至葡萄酱紫色	饱满	9. 1	1125	270 以上	上等
AS3. 920	苋菜红色	苋菜红色	饱满	7. 7	1404	210	较次
AS3. 972	酱紫色	酱紫色	饱满	9. 0	1368	240	上等
AS3. 973	酱紫色	酱紫色	饱满	8. 5	1008	270 以上	上等
AS3. 976	山茶红间有白色	粉白	饱满	7. 8	1440	270	不合格
AS3. 983	葡萄酱紫色	苋菜红色	饱满	10. 5	1260	240	合格
AS3. 986	葡萄酱紫色	酱紫色	饱满	8. 3	1332	210	上等
AS3. 987	葡萄酱紫色	酱紫色	饱满	8. 3	1368	210	上等
AS3. 2637	苋菜红色	苋菜红至葡萄酱紫色	饱满	9. 5	1332	210	合格

注：①颜色名称根据科学出版社 1959 年出版的《色谱》。

②原饭重量每份 30g（含水 36%），出曲后干重克数。

③糊精化力即时间 1min。

④色度是指干曲研成粉，用 50%乙醇浸成 1%的浓度，1h 后与金 G1%的水溶液对照。色泽正当者为合格，较浅者次之，粉红色者不合格，而稀释一倍后相当老为上等。

②A. S. 3. 555，A. S. 3. 920，A. S. 3. 972，A. S. 3. 976，A. S. 3. 986，A. S3. 987，A. S. 3. 2637：这 7 株菌糖化力强（表 5-25），可作酿酒用曲的菌种。

③A. S. 3. 972，A. S. 3. 986，A. S. 3. 987：这 3 株菌糖化力既强，生红色素亦深，作色曲或酿酒用曲菌种均可，或作乌衣红曲，或作黄衣红曲。

上述 11 株菌中 A. S. 3. 555 及 A. S. 3. 976 在分类上属变红红曲霉（*M. serorubescens*）群，其他各株均属安卡红曲霉（*M. anka*）。

（二）个体形态及生活史

红曲霉是子囊菌门（Ascomycota）真子囊菌纲（Euascomycetes）散子囊菌目（Eurotiales）红曲菌

科（Monascaceae）中的一个属，就它们在生物学中的地位来看，很容易知道它们的形态特征。这些红曲霉在人工培养基上（麦芽汁琼脂）通常以有性世代同时进行繁殖。它们的形态如下。

1. 菌落

红曲红曲霉的菌株，在麦芽汁琼脂上于35℃培养呈褶皱状辐射纹饰，由橘橙色逐渐变为葡萄酱紫色，不生气菌丝；在马铃薯琼脂上培养，菌落较小，中央常裂开，呈覆盆子红色。变红红曲霉菌株于麦芽汁琼脂上生长，呈浅鹿皮褐色或介壳淡粉红包；在马铃薯琼脂上才能形成色素，但色泽较前群（红曲霉菌群）差。

2. 个体形态

关于菌丝、分生孢子被子器、子囊孢子等结构，可参考图5-8。这11株菌形态特征于表5-26。

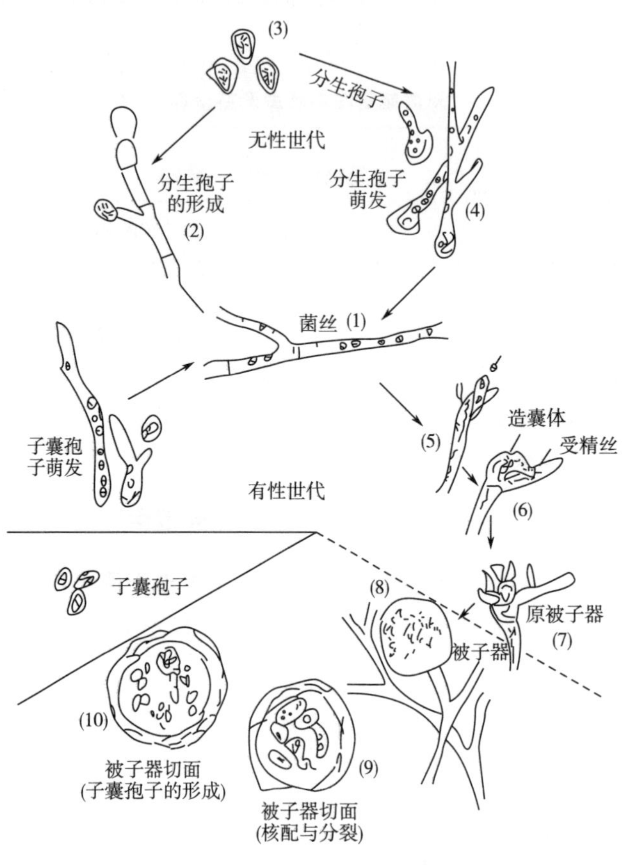

图5-8 红曲霉生活史图解

表5-26 11株优良红曲霉个体形态一览

菌号	菌丝	分生孢子	被子器	子囊孢子
AS3.555	具分隔，分枝，含脂肪粒宽1.7~5.3μm，无色或黄绿色	少见	圆球形，直径21.4~38μm，结实少	卵形4.7μm×6.8μm
AS3.913	分枝，分隔，含脂肪及红色颗粒或红色素，宽1.75~7μm	梨形（7~8.5）μm×（8.5×10）μm	圆球形，直径25~35μm，杏黄色或无色	卵形（4.2~5.2）μm×（6~7）μm，杏黄色或无色
AS3.914	分枝，分隔，顶端红色老细胞有红色颗粒，宽3.5~5.3μm	圆形直径5.2~7μm 梨形（5.2~7）μm×（7~8.5）μm	圆球形，直径26~44μm，无色或带红色	卵形5.2μm×7μm，无色或带红色

续表

菌号	菌丝	分生孢子	被子器	子囊孢子
AS3.920	分枝，分隔无色或黄绿色脂肪粒，宽 2.6~7μm	少见	圆球形，直径 30~52μm，黄褐色或红色	卵形（4.3~6）μm×（5.2~8.5）μm，黄绿色或淡红色
AS3.972	分枝，分隔，含脂肪粒，红色颗粒成红色素，宽 1.7~7μm	少见	圆球形 18~40μm，杏黄色或红色	卵形 4.3μm×6μm，黄绿色或杏黄色
AS3.973	分枝，分隔，含脂肪粒，红色颗粒成红色素，宽 1.7~7μm	梨形 7.8~9.4μm	圆球形 25~40μm，杏黄色或带红色素	卵形 5.2μm×7μm，黄绿色或杏黄色
AS3.976	分枝，分隔，含脂肪粒，多着杏黄色，宽 1.7~5.2μm	梨形（5.2~7）μm×8.5μm	圆球形，直径 30~60μm，浅黄色至杏黄色	卵形（4.2~5.2）μm×（6~7）μm，黄绿色
AS3.983	分枝，分隔，含脂肪粒，红色颗粒或红色素，宽 1.7~8.5μm	少见	圆球形，直径 23~35μm，杏黄色或带红色素	卵形（4.2~5.2）μm×（6~7）μm
AS3.986	分枝，分隔，含脂肪粒，红色颗粒或红色素，宽 1.7~8.5μm	梨形（7~8.5）μm×（8.5~10.5）μm	圆球形，直径 25~50μm，杏黄色或带红色素	卵形（4.2~5.2）μm×（6~7）μm
AS3.987	分枝，分隔，含脂肪粒，红色颗粒或红色素，宽 1.7~8.5μm	同上，但有红色颗粒或红色素	圆球形，直径 25~41μm，杏黄色或带红色素	卵形（3.5~5.2）μm×（5.2~7）μm
AS3.2637	分枝，分隔，含脂肪粒，淡红色颗粒，宽 1.7~8.5μm	少见	圆球形，直径 22~44μm，浅杏黄色或带红色素	卵形 5.2μm×7μm，黄绿色

3. 生活史

这些红曲霉的差异，表现在固体形态和同化糖生酸方面。它们的生活史是一致的，如图 5-8 所示。其无性繁殖是在菌丝顶端或分枝顶端形成分生孢子，见图 5-8（2）。分生孢子萌芽又形成菌丝，见图 5-8（4）。其有性世代是这样进行的：于菌丝分枝顶端首先长出两个平行的，或一上一下互相紧靠的细胞，接着一细胞将另一细胞压成弯曲，与原分枝构成 40°~120°角，上面的细胞为雌性，称造囊器，下面细胞为雄性，称藏精器。二者都是多核。继之，雌细胞分裂出受精丝，其顶端与雄细胞接触处的细胞壁相沟通，这样，形成质配，见图 5-8（5）和（6）。此后雌雄器官下面的细胞又生出多数菌丝，将两个器官包被起来，以发育成原被子器，见图 5-8（7）。质配后的雌器官生长出短小的菌丝，称造囊菌丝，子囊由造囊菌丝顶端第二或第三细胞形成，该细胞称子囊母细胞。核配与减数分裂在这个时期进行。每个子囊母细胞经 8 次核分裂，形成 8 个核，见图 5-8（10）。每核各发育成一个子囊孢子；子囊孢子萌发，又形成菌丝。以上述有性和无性繁殖的方式构成了它们的生活史。

（三）生理特性

1. 生长最适温度和 pH

以葡萄糖 5%、$NaNO_3$ 1%、KH_2PO_4 0.5%、$MgSO_4 \cdot 7H_2O$ 0.25%、$FeCl_3$ 微量作培养基进行培养，作生理的观察。以 AS.3.973 为例，其生长最适温度是 30~35℃，25℃以下、40℃以上则不适于生长。最适 pH 为 3~5。pH 3 以下生长缓慢，pH 5 以上则不适于产生色素。

2. 碳氮源和生长素

红曲霉能利用多种糖类生长，但是各株菌利用个别糖生酸与否有差别。此推广的 11 株菌都能利用淀粉、糊精、蜜二糖，纤维二糖、蕈糖、甘露醇与果糖、木糖、L-阿拉伯糖、葡萄糖等糖类生酸。而对棉籽糖、麦芽糖、蔗糖、半乳糖和山梨醇的利用则因株而异，见表 5-27。再者使红曲霉生长旺盛的碳源产生的色素不一定深，如 AS3. 973 于上述基础培养基内（50mL 三角瓶容 25mL 培养基），以麦芽糖为碳源，可得生物量 0. 1g（干重），其 1%色素的光密度为 0. 860，而以木糖代之，生物量仅达 0. 040g，但是光密度可至 1. 850，说明它们的生长与生色素没有平行关系。就氮源来说，红曲霉能利用 $NaNO_3$、NH_4NO_3、$(NH_4)_2SO_4$、蛋白胨等，然而生长与主色素和碳源有着同样的现象。此外，泛酸钙、对胺基苯甲酸、维生素 B_6、肌醇等有促进 AS3. 973 生长及产生色素的作用。

表 5-27　　11 株红曲霉利用 5 种糖生酸的差异

菌号	棉籽糖	麦芽糖	蔗糖	半乳糖	山梨糖
AS3. 555	-	-	-	-	+
AS3. 913	-	+	-	-	+
AS3. 914	-	+	-	+	+
AS3. 920	-	+	-	-	+
AS3. 972	-	+	-	+	+
AS3. 973	+	+	-	+	+
AS3. 976	-	-	-	+	+
AS3. 983	-	+	+	+	+
AS3. 986	+	+	-	-	-
AS3. 987	+	+	-	+	+
AS3. 2637	+	+	-	-	-

3. 无机盐类

高浓度的 $CoCl_2$（10^{-4}）、$CuCl_2$（10^{-6}）、$HgCl_2$（10^{-6}）、$ZnCl_2$（10^{-3}）有抑制 AS3. 973 生长的作用，低浓度时 $CoCl_2$（10^{-5}）、$CuCl_2$（10^{-7}）、$HgCl_2$（10^{-7}）、$ZnCl_2$（10^{-5}）有促进形成色素的作用。这几种盐类的不同浓度对其他菌株也有类似的作用。

4. 淀粉酶类

红曲在酿酒中的应用，其淀粉是主要成分，就北原觉雄等以及我们的观察，其淀粉酶中包括糊精化酶、糖化酶及麦芽糖酶。这三类酶各自的活性，不同种群的菌株强弱有差异。红曲霉群菌株糖化力较强。但是同一株菌，若用大米培养时，形成的色素深但不一定糖化力强。故制红曲时应根据应用目的来分特色曲和酿酒用曲比较妥当。关于我们推荐的几株红曲霉糖化力可见表 5-25。在这 11 株菌中 AS3. 555、AS3. 920、AS3. 976、AS3. 986、AS3. 987、AS3. 2637 等 7 株糖化力为 1300 以上，适于做酿酒用曲。

5. 有机酸的生成

住木谕介说红曲霉生成的有机酸为琥珀酸和少量的葡萄糖酸。1964 年我们就不同类型红曲霉代谢产物中有机酸进行纸上层折结果，要是琥珀酸和柠檬酸，其量都很小。今将这 11 株红曲霉生总酸的量以琥珀酸计列于表 5-28。

表 5-28　　11 株红曲霉生酸能力[1]

菌号	培养液空白测定[2]	样品滴定	消耗量 0.1mol/L NaOH[3]	总酸量（以琥珀酸汁）g/100mL
AS3.555	1.20	1.85	0.65	0.076
AS3.913	1.20	2.30	1.10	0.130
AS3.914	1.20	2.35	1.15	0.135
AS3.920	1.20	2.55	1.35	0.159
AS3.972	1.20	1.90	0.70	0.083
AS3.973	1.20	2.30	1.10	0.130
AS3.976	1.20	1.95	0.75	0.088
AS3.983	1.20	1.90	0.70	0.083
AS3.986	1.20	2.00	0.80	0.094
AS3.2637	1.20	1.95	0.75	0.088
AS3.987	1.20	1.80	0.60	0.070

注：①15°Bx 麦芽汁 30mL，入 100mL 三角瓶中，112℃灭菌接种后，35℃培养 7d。
②15°Bx 麦芽汁 5mL 用 0.1mol/L NaOH 滴定值（mL）。
③样品滴定数减去空白滴定数。

［中国科学院微生物所赠送，傅金泉珍藏］

（四）红色素的生成条件

Prinssen Geerlings 最早（1895 年）认为红曲霉的色素是蒽醌的诱导体，1932 年 Salvman 和 Karrev 分离出一株红曲霉产的红曲霉素（Monascin，$C_{24}H_{30}O_8$）为黄色结晶的色素。而同年西川英次郎得到两种结晶，即红曲霉红素（Mohascorubin，$C_{23}H_{26}O_5$）和红曲霉黄素（Monasscofleavin，$C_{17}H_{24}O_4$）。1959 年，Haws 等从红斑红曲菌（M. rubropuntatus）中分离出结构如下的红斑红曲霉素（Rubropumctatin），同年 Nakanishi 也确定了红曲霉红素的结构，由这两个结构式来看，红曲霉的色素是以氧萘酮（色酮 Chromone）为主体的化合物。

红曲霉红素不稳定，氧化则成为红曲霉黄素。所以，红曲霉在培养中或制备红曲时，其色泽常有不红现象发生。这与红素不稳定也有关系。就我们对红曲霉生色素的条件试验结果，我们认为产生红色素的关键在于 pH 和温度的控制，虽然某些无机盐和维生素有促进作用，然而金属盐并不参与其色素的构成，所以不是主要的条件。将基质的酸度调至 pH 2.5~5，保持温度在 30~35℃则是重要环节。例如，AS3.973 在培养时以 pH 4、温度 35℃时产生色素最多。

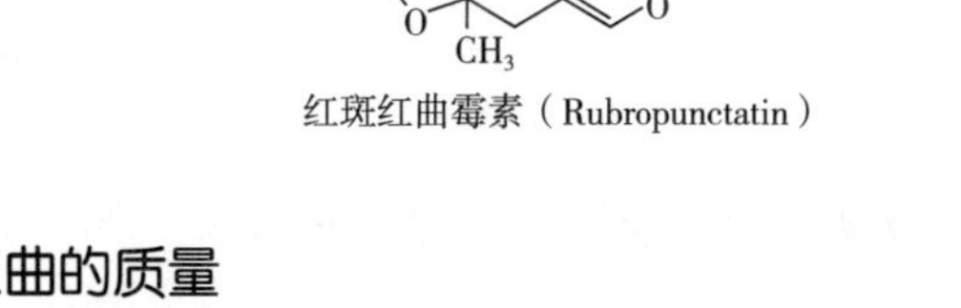

红斑红曲霉素（Rubropunctatin）

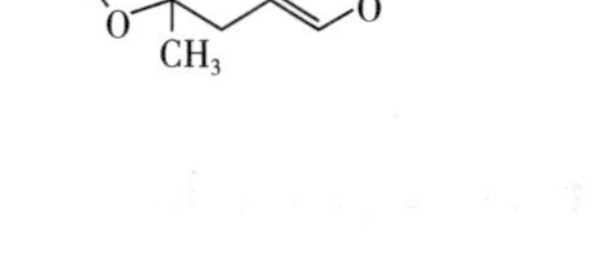

（五）红曲的质量

红曲质量没有统一鉴定标准，一般多凭感官辨别。如《本草纲目》记：“若典半沉半浮，再依前法作一次，又蘸，又尽浮，则成矣，取出日干收之，其采过心者为生黄，入酒及鲊中，鲜红可爱，未过心者不甚佳……”今福建古田鉴定法是，曲色紫红色纯度均匀一致，内心（断面）以手指捻碎后不见有白色粒状为标准，我们认为色曲与酿酒用曲应分别给以标准比较妥当。因而我们用以下方法鉴定。

1. 色曲

外观是葡萄酱紫色（科学出版社色谱）。断面色同外表。研成粉后取 0.5g，加 50%乙醇 50mL，浸 1h，再以 1%的金橙 G 水溶液作对照。色泽一致者为合格曲。所推荐的 11 株菌种制曲后的色泽等见表 5-25。

2. 酿酒用曲

制酒时主要是借曲中的糖化酶，然而测定糖化力所用酶液和淀粉的量、酶解时的温度，以及定糖的方法不一，故各厂所表示的糖化力不宜比较。又酿酒过程中温度皆低，所以我们认为酶解时用 30℃比较适宜。作用时时间 4h，并以次亚碘酸法定糖比较方便。酶液与淀粉液之比率和糖化力的计算法如下。

（1）酶液　取风干曲研碎至粉末状，称 2.5g 加预热温度 30℃的水 50mL，置 30℃温箱中浸 1h，中间摇动 2 次，1h 后用滤纸过滤，即得 5%的酶液。

（2）糖化　取 2%可溶性淀粉液 12.5mL 入 25mL 比色管中，加醋酸缓冲液（pH 4.5）2.5mL，酶液 2.5mL，于 30℃保温 4h 取出加 0.2mol/L NaOH 3mL 停止酶作用，加水至刻度，取糖化液 5mL 用次亚碘酸法定糖。

（3）糖化力的计算如式（5-1）所示。

$$糖化力=\frac{(b-a)\times N_{Na_2S_2O_3}\times 0.1\times\frac{25}{5}\times 9}{0.125} \tag{5-1}$$

式中：b——以水代替淀粉液不经作用取 5mL 定糖消耗 0.1mol/L $Na_2S_2O_3$的毫升数，即空白；

a——样品滴定数值；

$N_{Na_2S_2O_3}$——$Na_2S_2O_3$ 的相对分子质量；

25/5——总体积 25mL，取其 5mL 定糖；

9——0.1mol/L $Na_2S_2O_3$1mL 相当的葡萄毫克数；

0.125——曲量。

11 株红曲霉的糖化力见表 5-25。根据用这些菌株制成曲后的色泽、糖化力等，可以推荐 AS3.555，AS3.920，AS3.972，AS3.976，AS3.986，AS3.987，AS3.26377 七株菌作酒曲的菌种。AS3.913，AS3.914，AS3.973，AS3.983，可作色曲的菌种，而其中 AS3.972，AS3.986，AS3.987 三株用于酿曲和色曲皆可。

（六）保存方法

根据我们对红曲霉菌种保存数年的观察，用下列五种方法保藏比较方便。

（1）斜面室温保存　用麦芽汁琼脂斜面（或马铃薯琼脂斜面）接种后培养 10d（35℃），再置室温（冬夏自然温度中），两年都保持不死，但房间应保持干燥。

（2）矿油保藏　同上法培养后将矿油注入试管中，淹埋斜面，该法也有同样效果。

（3）曲粉保藏　曲粉保藏：称麸皮（或白薯粉）2g 入试管中加 1%乳酸液 3mL 拌均匀，121℃灭菌 30min，接种后 35℃培养 10d，将培养物用无菌纸匙装入灭菌之安瓿管中，其量达 1/2。再放干燥器中以 P_2O_5作干燥剂抽干，封口放室温中保存。

（4）沙管保藏法　取细沙（通过 80 目筛）用 10%HCl 处理，去其中有机质，水洗去酸，烘干，分装入安瓿管中，量达 1cm 高，将上述培养的菌株用无菌水制威孢子悬浮液。注入砂管中，每管 5 滴，于干燥器中同上法抽干封口保存（3）、（4）两种法较（1）、（2）法好，保存两年后培养时生长快。

（5）制曲保藏　将菌种用大米制成曲后放干燥处保存效果很好，我们分离陈放五年的曲样都保持着活力。

附：曲种制备法

红曲制造多变革，古代制曲法如《天工开物》记载：“秈稻舂杵极细，水浸七天，气臭恶不可闻，山河流水漂净，漂后恶臭犹不可解，蒸饭则成香气，其香芬甚。初一蒸半生即止，不极其熟，出釜，以冷水一沃，气冷再蒸，则令其熟，熟后数石积一堆，半信，凡信必用绝色佳红酒糟为料，每槽一斗

入马蓼自然汁三升，明矾水化合，每一斗入信二斤。”其重点在：①蒸饭前乳酸发酵使米变酸；②制种曲；③制混合糟；④制红曲。其前三步都属于种子的培制。由古至今来看曲种的制备相当烦杂，今介绍我们的制法如下所述。

（1）取米25g，用自来水洗净，淋去水，再以1%乳酸液浸泡8~14h淋去乳酸液，蒸煮30min，以米透心为度，饭含水量约40%，将米饭每20g装入50mL三角瓶内，塞以棉塞，不必灭菌。

（2）取麦芽汁琼脂斜面培养的纯种，每管加入1%乳酸液5mL，用接种针将培养物搅碎，使其中孢子悬浮。用此悬液每管可接上述米饭2瓶，然后置30~35℃温箱中培养。

（3）在培养过程中，每天摇动一次。7d后取出摊开，风干则得曲种。如表5-25~表5-28所示。

［傅金泉等编著《中国红曲及其实用技术》，武汉理工大学出版社，2017］

七、红曲霉属的特征及其重要的种

红曲霉属（*Monascus Tieghem*）在真菌界属于子囊菌门（Ascomycota）真子囊菌纲（Euascomycetes）散子囊菌目（Eurotiales）红曲菌科（Monascaceae）中的成员，于1884年Van Tieg-hem定的属，名谓*Monascus*。中文译名为单子囊菌（*Mono+ascus*），但是有误，因为在其发育过程中，被子器内不仅含一个子囊。中文名称“红曲霉属”比较可取，因为这类菌在我国最早用有培制红曲，且多呈红色，故译作红曲霉。严格讲也有些不妥，因为有些种并非红色，而呈烟灰色、褐色等。由于一直沿用这一名称，故无必要加以改正。

（一）红曲霉属的形态特征

1. 营养结构

菌丝具横隔，多核，分枝甚繁，且不规律。细胞幼时含有颗粒，老后含有空泡及油滴。在菌丝体中常出现联结现象（Anastomosis），即两条菌丝在一处时由一细胞生出突起，与另一细胞接触处其细胞壁消失，将二者互相沟通。

2. 无性繁殖

由菌丝生出分生孢子梗，在其顶部产生分生孢子，单生或以向基式生出2~6个成链。分生孢子大部为梨形，多核，萌发后又形成菌丝。

3. 有性繁殖

在菌丝顶端或侧枝顶端首先形成一个单细胞多核的雄器（Antherdium），随后在雄器下面的细胞以单轴方式又生出一个细胞，这个细胞就是原始的雌器，即产囊器（Ascogonium）的前身。由于雌性器官的生长和发育，将雄器向下推压使雄器与柄把呈一定的角度，这时堆性器官在顶部又发生一隔膜，分成两细胞，顶端的细胞为受精丝（Trichogyne），另一细胞即产囊器。当受精丝尖端与雄器接触后，按触点的细胞壁解体产生一孔。雄器内的核和细泡质经受精丝进入产囊器。此时只行质配，而细胞核成对排列，并不结合。与此同时，在两性器官下面器的细胞生出许多菌丝将其包围形成初期的被子器。被子器（Perithecium）内产囊器膨大，并长出许多产囊丝，每个方囊丝许多双核细胞，核配于此时发生，经过核配的细胞即子囊母细胞。每个子囊母细胞中的核经过三次分裂，形成8个核，每核发育成一个单核的子囊孢子，子囊母细胞即变成子囊。故每个子囊中都含有8个子囊孢子。这时被子器已发育成熟，其中子囊消解，子囊孢子成堆地留在被子器内，好似其中只有一个子囊。被子器外壳破后，散出子囊孢子，子囊孢子萌发后又形成多核菌丝。

4. 培养特征

培养红曲霉多采用麦芽汁琼脂。红曲霉在上述培养基上生长良好，菌落初为白色，老熟后变为淡红色、紫红色、赭红曲、橙红色、烟灰色等，因种而异。菌落的结构有呈绒毡状者（如 *M. rubem. fuliginosus*），有呈皮膜状者（如 *M. anka*），呈皮膜状的菌落少褶皱，或具辐射纹。红曲霉也可在 PDA 上生长，但呈现局限生长，而不像在麦芽汁琼脂上那样蔓延的幅度大。一些种在 PDA 上的菌落呈疮疤状。红曲霉都能形成红色色素，常分泌到培养基中，故使培养物的背面着色。

（二）红曲霉属中的重要种

发白红曲霉（*Monascus albidus Sato*）：在麦芽汁琼脂上有白色气菌丝，成熟后基内和培养基器表面的菌丝体为皮膜状，呈淡红褐色。分生孢子球形或梨形，直径 6~9μ，不着色。被子器球形，直径 25~30μm。子囊孢子椭圆形，直径 3μm×2.5μm，不着色。

巴子克红曲霉（*Monascus barkeri Dangeard*）：在麦芽汁琼脂上，菌落初为白色，后变为深褐色，绒毡状。分生孢子梨形，直径 7~11μm。被子器球形，直径 25~35μm，外壳褐色。子囊孢子椭圆形，直径2μm×3μm，淡褐色。

烟灰色红曲霉（*Monascusbuiiginosus* Sato）：在麦芽汁琼脂上，菌落初白色，渐变为灰黑色，毡状，背面红褐色。分生孢子单生或成链：梨形或球形，直径 4.5~11μm，或直径（7~12）μm×（6~9）μm；被子器褐色。球形，直径 30~50μm。子囊孢子卵形（4.5~6）μm×（35~5）μm，褐色。

毛霉状红曲霉（*Monascus mucoroide* Van Tieghem）：菌落在麦芽汁琼脂上生白色气菌丝，底部菌丝体淡红色，背白红色。分生孢子梨形或球形，直径 15~18μm，成链。被子器球形，直径 60~70μm，无色。子囊孢子长圆形，直径 5μm×8μm，无色。

紫色红曲霉（*Monascus purpureus* Weat）：菌落在麦芽汁琼脂上，初为粉色，后变为紫色有葡萄酱紫色，有皱纹及气菌丝，背面紫红色。分生孢子成链，呈球形或梨形，直径 6~9μm。被子器球形，直径 25~75μm，呈橙红色。子囊孢子卵形或椭圆形，直径（5~6.5）μm×（3.5~5）μm，淡红色。

红色红曲（*Monascus ruber* Van Tieghem）：菌落在麦芽汁琼脂上，初白色，后变为赭红色，呈毡状，气菌丝赭色，背向红色。分生孢子梨形成球形，直径 10~12μm，被子器球形，直径 40~54μm，呈红色。子囊孢子卵形，（7~8）μm×（4~5）μm，无色。

锈色红曲霉（*Mouascus ruliginosus* Sato）：菌落在麦芽汁琼脂上形成厚的皮膜，初白色，后变为鲑肉似的橙红色（Salman Orange），上覆盖短的白色气菌丝。分生孢子梨形或球形，直径 6~9μm，无色，被子器球形，25~35μm。子囊孢子椭圆形 3.5μm×2.5μm，不着色。

变红红曲霉（*Mouascus* Serorulescens Sato）：菌落在麦芽汁琼脂上，形成皮膜状，有皱褶，白色，色素产生非常缓慢，30d 后才变为粉红色或桃红色。气菌丝稀少。分生孢子球形成梨形，直径 6~12μm，无色。被子器球形，直径 30μm，（25μm 以下 36μm 以上极少）。子囊孢子椭圆形，直径（2~3）μm×（3×3.5）μm。

［李钟庆，《贵州酿酒》1981（2）］

八、红曲在酿酒行业中的应用进展

周容、王奕芳等阐述了红曲产生的功能性成分在国内外的研究进展，并提出红曲融合于酿酒行业中存在的问题及不足之处，并就问题和不足提出措施与展望，以期为进一步研究和开发红曲霉资源提供科学的依据和参考意义。

（一）红曲霉及红曲

1. 红曲霉（*Monascus*）

红曲霉在中国应用已有上千年的历史，作为中国传统食品的发酵用菌，是目前世界上唯一被批准

可用于生产可食用色素的重要微生物。红曲霉是自然界中普遍存在的一类丝状腐生真菌，国际上目前对其分类没有统一标准，主要依据其形态学、生理特征的差异、培养基形态、色素种类、发酵特性等进行归类。依据真菌学的分类方法，红曲霉属于子囊菌门（Ascomycota）、真子囊菌纲（Euascomycetes）、散子囊菌目（Eurotiales）、红曲菌科（Monascaceae）、红曲菌属（*Monascus*）。

红曲霉是腐生真菌，嗜醇喜酸，且好氧，尤为喜爱乙醇与乳酸，生长的最适条件为 pH 3.5~5，能耐 pH 3.5；生长温度为 26~42℃，最适温度为 32~35℃；能耐 10%乙醇。红曲霉菌大多数都能在有氧的条件下生长，适应范围大，且喜爱高渗透压。大曲、糟醅、酿酒醪液、制曲作坊等都是适于它们生长的场所。随着现代生物技术的进步，红曲霉生物特性的研究和应用范围越来越广泛，尤其是在酒行业、医药保健品方面日益引起人们的重视和研究兴趣。

2. 红曲

红曲是将红曲霉菌接种到蒸煮过的大米上通过发酵而得到的产品，是紫红色或棕红色米颗粒，根据我国历史上的记载，红曲被称作“红米”“丹曲”等。红曲米具备以下几个特点：碳源物质丰富；可储存红曲霉生长所需的水分；红曲霉和酵母菌共生，使用方便；大米发酵产生的酸性物质有益于红曲霉生长；通过红曲米保藏酵母菌和红曲霉的方式是一个好办法，至今依然用此原理和方法保藏曲霉等菌。

红曲既可以作为中药，又可以充当食品，是一种在亚洲国家常用的食品着色剂和膳食材料。红曲主要应用于酿酒行业、肉制品、食品、调味品、中药制品等多方面。近几年来，科学家们研究发现，红曲具有降血压、降胆固醇、降血糖、健脑、抗焦虑等功效，因此，红曲保健食品已成为国内外的研究热点和广泛关注点。

（二）红曲的生物活性产物及功能

红曲能产生多种有益的次级代谢产物，主要包含红曲色素、莫纳可林 K、γ-氨基丁酸、酯化酶和糖化酶、天然抗氧化剂黄酮酚、不饱和脂肪酸、麦角甾醇等多种功能性成分，具有降血脂、降血压、降血糖、抗疲劳、健脑、抗癫痫、抑菌、增强免疫力等疗效，因此，拥有众多次级代谢产物且其生物活性特殊的红曲霉日益成为研究热点。

1. 红曲色素

近年来，天然色素逐渐受到人们的高度重视，特别是拥有中国传统历史和特色的红曲色素。红曲色素是一类利用红曲霉在生长代谢过程中产生的优质天然的可食用色素，是一类具备生理活性功能的聚酮类色素，属于复合色素。

相比于其他天然色素，红曲色素对 pH 更稳定，色调随 pH 的改变而变化较小，在 pH 为 11.0 时它的乙醇溶液仍维持稳定的红色。红曲色素在热稳定性方面也表现突出，在 100℃加热 3h 与在 120℃加热 1.5h 可达到同样的保存率，在 84%以上。温度每降低 20℃，耐热时间可增加一倍。食品中常见的金属离子 Ca^{2+}、Mg^{2+}、Cu^{2+}几乎不影响红曲色素的含量，其色素的残存率均在 97%以上。氧化剂和还原剂几乎也不影响红曲色素的含量，如在 0.1%的过氧化氢、亚硫酸钠和抗坏血酸等物质存在的环境下，色素的残存含量率皆大于 95%。因此，红曲色素在理化性质方面的应用有：①具备良好的安全性以及耐化学性良好、耐热、耐光、天然、多功能、营养等优点，因而在国内外被广泛用于酿酒、制作红腐乳、制醋及卤肉、红肠、糕点、果酱、果汁饮料、糖果等食品的着色及色彩改善。它们能使食品从白色光中吸收一部分可见光，通过反射或透色而显现颜色，从而引起人们的食欲，提高食品的商用价值。②用红曲色素可以替换肉制品中的亚硝酸盐用于发色，呈色效果良好且稳定，用于抑制有害微生物的繁殖以延长食品保存期。

（1）红曲色素的种类　红曲色素主要分为红橙黄三大类，各大类又包括很多组分。根据目前的科研结果显示，红曲霉可产生的色素至少有 12 种，已确定了色素的结构式有 6 种，分别表现出 3 种各异的颜色，即红色色素［红斑玉红胺（Monascorubramine）和红斑红曲胺（Rubropunctamine）］、黄色色素［红曲素（Monascine）和红曲黄素或称安卡红曲黄素（Ankaflavine）］和橙色色素［红斑红曲素（Rubropunctatine）或称红曲玉红素（Monascorubrine）］。

（2）红曲色素功能性成分的应用　陈运中从实验中发现采用200mg/(kg·d）高剂量醇溶性红曲红色素饲养的小鼠抗疲劳功效最明显，因此红色素具备良好的抗疲劳功效和拥有脂质代谢调节的作用。近年来，连喜军等探索了红曲色素中的不同组分清除羟自由基的能力，结论显示红曲红色组分具备较强的羟自由基清除能力。

黄谚谚等观察到红曲黄色素能够致使人的A549和HepG2癌细胞凋亡。Akihisa T通过小鼠模型，研究得出黄色色素能降低患皮肤癌的可能性。Martinkova L实验探索发现红曲黄色素及其衍生物能够免疫抑制小鼠T细胞。

橙色素是红曲中一种最重要的抑菌物质，具有很好的抗菌功效。徐尔尼等证明红曲菌在繁殖代谢过程中可以生成具备杀菌、抑菌功效的活性成分，并通过研究表明其中一部分抗菌活性成分即为色素分子。宫慧梅等也研究发现橙色素的抑菌作用在红曲中效果最突出。王柏琴等的实验结论显示，以红曲色素充当着色剂制作的发酵香肠在4℃下保藏一个月内颜色保持不变。另外，由于橙色素具有活泼的羰基，能够与氨基起作用，以此治疗胺血症。Treiber L R等报道了橙色素还具备降血脂、降血糖、降血压、抗突变、防癌、抗疲劳、增强免疫力、抗肥胖、抗氧化等功效。

2. 莫纳可林K（Monacolin K）功能性成分的应用

Monacolin K也是红曲霉生成的次级代谢产物之一。早在1979年，日本学者Endo教授就已经从红曲霉发酵液中分离出代谢产物莫纳可林K，化学结构包含一种不饱和三环内酯化合物。随后，美国人Albers等从土曲霉的发酵产物中也提取出了与Monacolin K的化学结构相似的物质，而且具备同样的生物活性，将其命名为Mevionlin，即洛伐他汀（Lovastatin）。

在整个胆固醇合成过程中，HMG-CoA还原酶作为关键酶控制胆固醇的合成至关重要。Monacolin K与体内HMG-CoA的结构十分相似，因此在临床应用中，Monacolin K可成为HMG-CoA还原酶的竞争性抑制剂，有效降低甚至阻断人体中内源性胆固醇的合成。国内外研究结果显示Monacolin K有降血脂、降胆固醇等功效，因此可有效降低冠心病和心肌梗塞等发病率和死亡率。临床实验经验证明，其阻碍胆固醇合成浓度仅在0.001~0.005μg/mL即可，另外Lovastatin也能够促进胆固醇的分解；还有研究发现Lovastatin能够保持正常的肺血管紧张度、改变由低氧导致的肺血管收缩和血管重构。有大量研究表明，Lovastatin可以保护内皮细胞（FC）和肌细胞，有抗疲劳、治疗心绞痛和心肌梗死、预防中风和老年痴呆症、阻止乳腺癌细胞增殖、抗病毒、抗癌、抗炎症、减少骨质疏松以降低骨折概率、增强免疫调节、保护大鼠大脑神经、抗痴呆、防治肾移植排斥作用等功能疗效。

3. γ-氨基丁酸（GABA）

γ-氨基丁酸（GABA）又称为4-氨基丁酸，是一种天然存在的高生理活性氨基酸，也是红曲霉发酵过程中合成的一种重要的次级代谢产物，通过诱导可以筛选出高产CABA的优良菌种。GABA是一类重要的非蛋白质氨基酸，是哺乳动物中枢神经系统中重要的抑制性神经递质。

早有相关资料报道，GABA是通过调节中枢神经系统，作用于脊髓的运动中枢神经系统，达到扩张血管促进血压降低的目的。其原理是它能促进脑部的血液流畅，使氧的供给量更加充分，从而使得脑细胞功能亢进。GABA还是一类改善脑功能、健脑抗焦虑，旺盛脑部活动，治疗癫痫病的药物。根据最新的研究显示：GABA还可以改善肾机能和肝机能，治疗偏瘫、记忆障碍、儿童智力发育迟缓及精神幼稚症、增强记忆等多种功效。

4. 真菌毒素橘霉素

（1）橘霉素的危害　橘霉素（Citrinin）是由真菌产生的一种次级代谢产物，主要包括红曲霉、青霉以及部分曲霉产生。1995年，法国人Blanc用紫外、荧光分析、质谱以及核磁共振等方法确定了红曲霉发酵产物Monascidin A是一种真菌毒素橘霉素，会对肝和肾造成严重的中毒和引起致畸作用，因此世界各国对红曲安全性引起了高度重视。通过动物试验结果显示，与黄曲霉毒素B_1的毒性相当，其

LD_{50}值为 10~100μg/mL。其毒性具体主要表现为：肾毒性，主要作用于肾脏细胞线粒体部位，打破钙离子的平衡，电子传递系统被干扰，由此引起肾脏肿大、肾小管扩张、尿量增多和上皮细胞坏死等疾病。Wu 等发现，橘霉素能够引起小鼠卵母细胞成熟和早期胚胎发育能力的降低，推测是由于氧化应激诱导造成细胞凋亡的。橘霉素还会引起呕吐、腹泻、损害肝代谢、致畸和致癌等现象。

（2）降低橘霉素生产的初步研究　根据日本的报告结果显示，采用欧盟和日本等地区和国家规定的标准，在测定中国的 3 个红曲色素产品中橘霉素均出现了不同程度的超标，因此很多国家质疑中国的红曲及其相关产品的安全性，导致红曲产品在国内外销售中受到了一定限制。同时也为我国功能性红曲及红曲色素的广泛应用和出口敲响了警钟，筛选出低产甚至不产橘霉素的菌株成为近些年红曲研究的热点之一。

橘霉素与红曲色素的产生是相伴的，江南大学的赣教授等从研究结果中发现：在 40 种不同红曲培养液中均含有数量不等的橘霉素。因此，必须通过改变发酵环境和改造基因工程，或者在生产工艺上进行脱毒等方法，达到生产橘霉素含量符合标准甚至不含橘霉素的红曲及相关产品。

（三）红曲霉在酿酒行业中的应用

1. 红曲霉在白酒中的应用

中国白酒的酿造技术主要是以粮食作为原料通过酒曲进行发酵，在白酒发酵过程中酒曲提供主要的微生物，成为白酒发酵的动力。红曲霉在代谢过程中产生的糖化酶、酯化酶等酶活力对白酒酿造极为关键，而且红曲霉因具备耐酸、耐湿、耐高温和耐酒精等优势，成为了作为酒曲的热门话题。如将红曲霉应用于白酒酿造中，不仅能缩短发酵时间，还能促进发酵过程中所需酯类的合成，进而生产具有独特口感和香味的白酒。

糖化酶是一种具有外切酶活性的胞外酶，能将淀粉分解为葡萄糖，在白酒发酵过程中为微生物的生长繁殖及其代谢产物的产生提供物质来源。从 25 株红曲霉菌株筛选中，郑志勇等发现了一株具有高糖化力和高酯化力的菌株，其糖化酶活力在 700U/g 左右，促进了白酒产率的提升；魏明英等对红曲霉液态发酵培养基进行优化后，其糖化力达 139. 13U/g，是优化前的 2. 4 倍；孙继民等经过诱变筛选得到一株紫红曲菌，提高了 20. 8%的糖化酶活力，酶活力约为 35000U/g，促使粮醅发酵快速升温，发酵周期明显缩短，提高了白酒得率；据研究表明，在清香型麸曲白酒发酵过程中，添加了红曲霉制成的糖化发酵剂所得白酒具有更大的出酒量、香气更持久，且提高了酒中总酸和总酯的含量。

酯化酶是促进基酒中各种生香酯类物质生产的关键酶，生香酯类物质直接影响到酒的营养成分和风味口感。红曲霉菌酯化能力较强，可显著提升白酒品质。在传统白酒生产应用上，是继己酸菌后的又一重要菌种。红曲霉在白酒中应用较多，例如：在浓香型白酒发酵过程中加入红曲霉，其代谢产生的酯化酶能使酒中己酸乙酯含量明显提高，酒的香气风味和口感质量进而得到改善。王晓丹等将酯化酶粗酶制剂加入到浓香型大曲酒的发酵中，酒曲用量降低了 5%，出酒率及优品率皆提高 5%左右，己酸乙酯与乳酸乙酯的比例提高约 1%，平衡四大酯，使口感更协调。在清香型白酒发酵过程中加入红曲霉，可以显著提高乙酸乙酯、乳酸乙酯、醇类及乙缩醛含量，使酒体丰满、柔和、香气更持久、延长回味，提高出酒率，增香提质效果可嘉。红曲霉可以使特香型白酒中总酸成分提升 39. 4%、总酯成分增长 52. 81%，醇类物质也相应增加。虽然醛类含量显著下降，但特香型酒的风味口感不会受到影响，反而使酒体更丰满，香气更协调。

红曲霉一方面凭借丰富的糖化酶、脂化酶、淀粉酶和蛋白酶等酶类参与酿酒过程，在中国白酒的酿造中产生丰富的香味物质中发挥着不可缺少的作用，铸造着中国白酒的风味和口感。另一方面红曲霉具有生理活性的次级代谢产物使中国白酒拥有了丰富的功能性成分，为人们提高血液循环，减少胆固醇的合成，防治动脉硬化做出了贡献。

多数企业对红曲白酒的开发意识相对较弱，产品创新理念也欠缺。但红曲霉作为白酒领域产香产酯的超能菌，自然得到了各香型白酒公司的高度重视。目前大多都用红曲霉制成的粗酶制剂或强化大曲参与白酒酿造中来提高酯类的合成，但仍出现活性较低、不稳定、效果不佳等状况，因此可利用提纯工艺提取高稳定性的酯化酶；除此之外，透彻了解红曲霉的物质代谢、物质结构与功能，再进行基因敲除及定向改造，以培养出稳定高产的功能红曲菌株应用于白酒酿造。对红曲霉在白酒酿造中进行基因分子水平的定向改造，将传统酿造工艺完美结合于现代科技，为我国的白酒行业增添了新的生机。

2. 红曲霉在黄酒中的应用

黄酒起源于中国，为世界三大古酒之一，是以谷物为原料，添加酒曲后经发酵成的特色鲜明、风味独具一格的一类酒，它含有丰富的生理活性物质，如氨基酸、活性肽和蛋白质等。红曲黄酒是最具有特色的黄酒之一，典型代表有小米红曲黄酒、青红酒、沉缸酒、福建老酒及闽北红曲黄酒。其中，福建老酒是特色突出的一类红曲黄酒，通常以红曲加入大米中经糖化发酵酿制而成。酒液通常呈棕红色、酒味醇厚香浓，口感淡雅、爽口宜人、酒精度较低。当前，福建省的黄酒企业分布较多，它们以生产甜型、半甜型、干型和半干型的红曲黄酒为主，主要品牌有福建老酒、青红酒、沉缸酒和惠泽龙等。

作为红曲黄酒酿造中常用的功能活性酒曲，红曲霉在发酵过程中产生的γ-氨基丁酸（GABA）、莫纳可林 K（Monacolin K）以及红曲色素等多种功能性成分，赋予红曲黄酒独特的风味和药用保健价值。现有研究证明，这些物质具有降血脂和降血糖、健脑、抗肿瘤等功效，故被广泛用于黄酒生产中。

有研究表明，黄酒中含有的红曲色素，不仅赋予黄酒独特的色泽，还可延长酒的保质期。我国台湾红露酒、福建老红酒、金华寿生酒和义务丹溪红曲酒，均为红曲黄酒，其色泽鲜艳、香味醇厚、保健功能较强，且可以延长保质期；在酿造过程中采取红曲共酵的客家黄酒，不仅维持黄酒高营养和低酒精度的特点，还使其具有红曲发酵产物特有的天然色泽及保健功能。最新科研成果证实，多酚类物质作为客家黄酒中的一种生理活性物质，其具有预防心脏病、抗肿瘤、抗衰老、提高记忆力等功效。郑校先等的研究显示，红曲黄酒中含有的多酚类成分赋予了黄酒较强的清除超氧阴离子和 1,1-二苯基-2-三硝基肼（DPPH）自由基的能力等，因此对女性美容养颜、中老年人抗衰老能起到很好的效果。红曲黄酒中的阿魏酸能减少黑色素生成和皮肤色素沉积，能延缓皮肤衰老，同时还具有抗癌以及预防动脉硬化的功效。倪赞给小白鼠灌喂黄酒，发现小鼠记忆能力明显提高，这与 GABA 密切相关。另有报道，古越龙山绍兴黄酒中 GABA 含量高达 348mg/L 适当饮用能降低心肌梗死发病率；黄敏欣等检测发现经红曲发酵的黄酒其 GABA 含量高达 257.4mg/L，未添加红曲所酿黄酒的 2.16 倍，见红曲霉能够提高黄酒的营养价值。客家黄酒中的谷胱甘肽在发酵中由酵母分泌和自溶生成，由谷氨酸、甘氨酸以及半胱氨酸结合生成。以数个氨基酸结合而成的低肽比单一氨基酸吸收性能更强，且出现新的生理功效，比如降血压、镇静神经、抗氧化、清除自由基、降胆固醇等。Monacolin K 能竞争性抑制 HMG-CoA 还原酶活性，阻碍胆固醇合成，起到预防多种心脑血管疾病的功效，因而由红曲霉酿制的黄酒是降血脂的健康饮品，国内外目前在提高 Monacolin K 的产量方面取得了一些进展，但针对其在黄酒等酒类中的研究应用相对较少。在广东客家黄酒发酵过程中，客家黄酒的还原糖和氨基酸含量较高，还原糖和氨基酸在煎酒条件下和储藏过程中可产生类黑精。类黑精利用清除致突变自由基以及与致突变物相结合达到抗突变效果，具有行气活血、滋阴壮阳之功效，可预防高血压、冠心病以及血栓，在治疗失眠、心血管病等疾病有良好的效果。同时，类黑精具有抗菌、降血糖以及降抗氧化等功效，可有效防治早期Ⅱ型糖尿病。类黑精对慢性胃病的一个重要致病因子——幽门螺杆菌具有抑制作用，适量的饮用还助于增进食欲、促进消化。

在红曲黄酒酿造中添加凉性绿茶提取物，不仅可以降低红曲黄酒中红曲色素的降解速度，还改善了黄酒品质、降低了黄酒热度，这一研究可作为黄酒新产品开发的依据。红曲黄酒酿造中各方面都需要做更深入的研究，比如红曲黄酒发酵期间多种微生物共同发酵，这些微生物之间是否存在协同或拮抗作用；发酵过程中红曲霉代谢产生的功能成分与发酵环境的关系以及这些功能成分之间的关系和规律等，继而为提高黄酒的品质及扩大功能开发提供理论依据。

3. 红曲霉在米酒中的应用

米酒是我国早前一直延续至今的发酵食品，在民间尤为盛行。是以大米、糯米等谷物为原料，经蒸煮后利用酒曲将其中的淀粉分解为小分子的糖类，经酵母发酵而成的甜味米酒。营养丰富，色泽金黄，清凉透明，口感醇甜，糯米甜酒特有的香气，风味独特，老少皆宜。糯米所含淀粉都是支链淀粉，经微生物发酵后可直接被肠、胃消化吸收并为人体所利用。因此，小米的开发利用有着很大的经济价值，具有良好的发展前景。

在红曲甜米酒酿造中，将红曲霉作为糖化增香着色剂应用于甜米酒的生产。在发酵过程中，红曲霉的生理活性产物分泌到甜米酒中，不仅丰富了甜米酒的色、香、味，而且提高了甜米酒的营养价值和保健功效。长期适量食用，能活血通脉、防病驱寒、强身健体等保健功能，从而满足广大消费者对营养保健食品的需求。作为保健型的功能食品红曲甜米酒在生产中添加红曲发酵的目的，是利用红曲在酿造中产生的多种有益次生代谢产物，同时进入酒体，对米酒的外观、色泽以及营养保健价值都有所提升，从而改善米酒的口感、视觉感官等。红曲米酒发酵后除了含有酯类、蛋白质、有机酸还含有维生素，钙、磷、铁等元素，有些红曲甜米酒还含有硒、锰、铜、锌等微量元素，因此红曲米酒营养物质成分齐全、含量丰富，消化率高，是良好的营养源。红曲米酒还具有很高的食疗保健作用，可以健胃，改善睡眠，产妇食用后可促进乳汁分泌旺盛。其种类及含量居各类饮料酒之首。适量饮用红曲米酒，可提高免疫力，促进血液循环，同时提高人体对钙离子的吸收率，加快新陈代谢。红曲甜米酒结合了红曲霉与米酒的优点，不仅增强了甜米酒的风味、色泽，对降血脂、低血糖以及血压效果可嘉，提高了甜米酒的营养价值和保健功效。

红曲米酒的生产工艺简单，具有发酵周期短，技术简、单成本低、效率高、不受季节限制等优点，同时所得产品口感醇厚，营养充足，富含人体所需的多种营养元素。由于红曲的医食同源性，在米酒中加入红曲进行发酵，可使红曲代谢的多种生理活性物质分泌到米酒中，更增添了米酒的营养和保健功能。对中小食品加工企业来说，该项目的投资少，工艺简单，市场认知度高，因此，该产品具有一定的市场开发前景。

4. 红曲霉在保健酒中的开发应用

保健酒在酿制过程中添加了中药材或其他营养成分，它是药酒的分支，却不以治疗为目的，它含有的不同功效成分使其具有抗疲劳、抗衰老、健脾胃和提神醒脑等保健功能。根据资料记载，用红曲酿造或配制的保健酒和药酒有状元红、国公酒、杞蓉药酒、参蓉酒、鸿茅药酒和人参茯苓酒等 12 种，其中还有许多民间流传的红曲酒、妇科保健酒等不计其数，由此可见，功能性红曲酒的开发是十分具有前景的。

红曲霉因具有较强的糖化力和药食同源性，不仅为酒液增色增香，其代谢活性成分也有调节机能，滋补养生等功效，被广泛用于生产红曲保健酒。姜忠丽等则利用红曲霉发酵糙米酵素和大米，研制出的糙米酵素红曲酒具有抗疲劳效果，氧自由基清除率达 12. 69%。在发酵糙米芽中加入红曲生产的发酵产品富含 CABA、生育酚、三烯生育酚、膳食纤维、谷维醇等生理活性物质，具有健脑、防老化、降压、减肥、预防消化道癌症、抗脂质氧化、抗血管硬化等生理功效。另有研究者利用大米、地瓜为原料，研制出色泽橙红鲜亮，酒体香味突出，酸甜适口的红曲红薯保健酒，是一种色泽、风味及功能性、安全性俱佳的饮料酒，具有治脑、预防脑疾病等功效。以红曲、苦荞酿造的苦荞红曲酒含有丰富的黄酮类物质，且酒体均匀、香味醇厚、色泽独特，具有降血脂、较强的抗氧化性等保健功能。

从上述的应用研究中可知，几乎是从已知红曲霉的生理活性产物应用到保健酒中，忽略了未知功能物质的挖掘，若通过分离纯化技术获得纯菌的同时结合代谢组学以及蛋白组学等技术研究红曲霉的代谢特性，或许会发现红曲霉更多独特的生理活性成分；此外，保健酒的发酵条件和提取工艺也需要得到不断改善与提升，提高出酒率和生理活性物质含量，降低生产成本，以此深入推进我国保健酒产业优质高效发展。

（四）展望

红曲霉在酿酒行业中的研究方向在今后可重点集中在如下几点

（1）强化酒中生物活性物质，红曲霉可复合多菌种或多种食药同源的原料共同发酵，进一步研究发酵过程中每个阶段产生的生理活性物质以及它们的代谢途径及相互关系，以便更好地控制和利用它们。

（2）橘霉素是红曲霉代谢过程中产生的一种极具肾毒性的真菌毒素，在红曲等产品中大多都出现了橘霉素超标的情况，应加强此方面的研究与监测，通过同位素跟踪了解红曲霉代谢过程，结合基因工程等技术实现高产生理活性物质低产橘霉素甚至不产橘霉素。

综上所述，为红曲霉能更好地结合到酿酒等行业中提供参考价值，也对满足人们高需求、提高酒产品价值具有重要意义。

［《酿酒》2018，45（5）：23-28］

第六章

麸曲、酵母培养操作法及研究

中华人民共和国成立以来，我国推广以麸曲、酵母为糖化发酵剂，采用纯粹培养，应用于固态法和液态法生产白酒，取得了很大成绩，提高白酒出酒率10%以上，为国家节约大量粮食，为实现酿造白酒机械化创造了有利条件，改变了白酒工业落后面貌，这是白酒工业的一次技术革命。

随着科学技术的进步，麸曲、酵母生产技术和设备改革都有所提高。在推广优良菌种方面如20世纪50年代是应用黄曲霉，20世纪60年代推广黑曲霉（科院3758号，上海的轻工2号和东酒1号等），特别是1978年以后，在全国推广了中国科院微生物所诱变的AS3.4309UV-11糖化菌，其用曲量降到2%~3%，出酒率也有所提高，这是在菌种方面的重大突破所获得成果。在生产工艺方面，从简易的曲盒和地面制曲法发展到厚层通风制曲和液体曲生产，这些不同操作方法都反映了我国制曲技术发展的过程，也说明生产技术的进步，它在制曲改革中占有领先地位，对其他曲种改革也有很大的启发。

麸曲法白酒生产推广以来，对提高出酒率、有利于实现机械化、减轻劳动强度起了很大作用，但在白酒的香味方面尚待进一步改进。近几年来，已采用多种微生物发酵增加白酒香味成分，如添加生香酵母、己酸菌等都取得可喜成果。

第一节　麸曲、酵母的培养操作

一、烟台麸曲和酒母培养法

1955年，原地方工业部在总结烟台酿制白酒经验的基础上，对全国白酒生产的新技术进行了系统的整理，并编写了《烟台白酒酿制操作法》一书（轻工业出版社，1956年版）。此操作法经第一届全国酿酒工业会议推广后，在提高出酒率、节约粮食、开辟原料来源等方面都取得显著的成绩，这对提高我国白酒工业技术水平起了很大作用，是白酒工业生产上一项重大成就。

本操作法的要点为“麸曲、酒母，合理配料，低温入窖，定温蒸烧”。其中，麸曲和酒母是操作法的核心。

（一）生产用菌的特性

菌种培养是白酒生产的第一道工序。菌种的生理特学及培养得好坏，直接影响出酒率和酒的质量。因此必须认真做好培菌工作，严格履行操作手续，加强操作者责任心，确保菌种质量。

培菌的目的是供应制曲、制酒母所需的纯粹菌种，即繁殖能力强、酶活力强、适应性强的优良菌种。

1. 曲霉菌

（1）邬氏曲霉菌，由中国科学院微生物研究所培养，编号：3758。

（2）甘薯曲霉菌，由中国科学院微生物研究所培养，编号：3324。

（3）黄曲霉菌，由中国科院微生物研究所培养，编号：3800。

（4）米曲霉菌，由中国科学院微生物研究所培养，编号3384。

黑曲霉菌以糖化型淀粉酶为主，生成的是葡萄糖，能为酵母菌直接利用，而且糖化的持续性长，其淀粉酶及蛋白酶耐酸性也强，适于作为酒母及制酒的糖化剂。同时，黑曲霉菌中的单宁酶也多，对用于含有单宁的原料更为适宜。黑曲霉菌的生酸量大，对控制曲子杂菌有利，但培养黑曲霉，切忌淀粉质过多，以防生酸量过大而影响曲子的质量。

黄曲霉菌以液化型淀粉酶为主，它生成糊精、麦芽及葡萄糖。淀粉不耐酸，在发酵过程中容易受到抑制。

生产上应以黑、黄曲混合使用为好，并应以黑曲为主，其混合比例黑曲不得低于7%。如单独使用一种曲，则应使用黑曲。

2. 酵母菌

（1）德国12号酵母菌（Rasse Ⅻ）。

（2）南阳酵母菌（河南省南阳酒精厂分离培养的酵母菌）。

（3）阿城酵母菌（黑龙江省阿城糖厂生产甜菜糖蜜酒精所用的酵母菌）。

应采用单一酵母菌种，因其操作简便，易于管理，形态有变化，容易检查。一般可用发酵力强的12号酵母菌，或南阳酵母菌；南方炎热地区，则采用耐高温的酵母菌。使用不同原料酿酒时，最好采用适合代用原料特性的酵母菌，如甘蔗及其糖蜜原料可用396号酵母菌；甜菜及其糖蜜用阿城酵母菌等。

采用混合酵母菌可以取长补短，因为在白酒生产变化复杂的情况下，可能会出现某种酵母菌只有在某种条件下适应的现象。但如果采取混合培养的酵母菌，则要经过长期生产试验后方可采用。

现将南阳酵母菌、德国12号酵母菌和烟台5种混合酵母菌的小型发酵对比试验结果和橡子制酒的酵母选菌结果，分别列于表6-1~表6-3所示。

表6-1　酵母菌小型发酵对比试验结果

项目	原料发酵时间/h	好薯干			坏薯干		
		南阳酵母菌	德国12号酵母菌	烟台5种混合酵母菌	南阳酵母菌	德国12号酵母菌	烟台5种混合酵母菌
酒精度/%vol	24	6.64	6.54	5.80	4.70	4.70	4.70
	48	7.60	7.50	6.90	5.30	5.30	5.20
残糖/%	24	0.77	0.76	0.78	0.39	0.55	0.48
	48	0.47	0.48	0.52	0.57	0.57	0.49
酸度	24	1.04	1.04	1.01	0.97	0.94	0.97
	48	1.00	0.94	0.94	0.94	0.93	0.94
细胞数/(亿个/mL)	24	1.69	1.52	1.65	0.83	0.80	1.06
	48	1.33	1.33	1.60	1.07	0.77	1.22
芽生率/%	24	4.40	4.20	7.70	15.60	12.00	10.60
	48	9.60	4.80	3.00	9.00	16.70	6.60

表6-2　橡子制酒的酵母选菌结果

项目		脱单宁橡仁糖化液	脱单宁橡仁糖化液+橡子抽出单宁	脱单宁橡仁糖化液+化学纯单宁	橡仁糖化液
接种时单宁含量/%	1	—	0.596	0.299	0.708
	2	0.063	0.394	0.306	0.516
接种时还原糖含量/%	1	6.950	6.950	6.950	10.55
	2	8.220	8.220	8.220	11.73

续表

项目		脱单宁橡仁糖化液	脱单宁橡仁糖化液+橡子抽出单宁	脱单宁橡仁糖化液+化学纯单宁	橡仁糖化液
发酵结束后单宁含量/%	1	0.067	0.334	0.264	0.499
	2	—	—	—	—

注：1—第一次试验（发酵48h）；2—第二次试验（发酵72h）。

表6-3　各酵母菌的发酵结果

发酵结果		脱单宁橡仁糖化液		脱单宁橡仁糖化液+橡子抽出单宁		脱单宁橡仁糖化液+化学纯单宁		橡仁糖化液	
		还原糖/%	酒精度/%vol	还原糖/%	酒精度/%vol	还原糖/%	酒精度/%vol	还原糖/%	酒精度/%vol
1	2.019酵母菌	0.96	4.62	1.11	5.13	1.15	4.62	2.04	6.03
	山东酵母菌	0.76	5.13	1.03	5.00	0.95	5.00	2.03	—
	德国12号酵母菌	0.86	4.74	1.04	5.09	1.26	4.45	2.06	6.30
	南阳酵母菌	0.42	5.31	0.97	5.22	0.83	5.22	1.80	6.39
2	2.019酵母菌	0.96	4.74	0.85	4.83	0.76	4.53	2.00	6.39
	山东酵母菌	0.34	4.87	0.88	5.18	0.66	4.96	1.85	6.53
	德国12号酵母菌	0.48	5.09	0.83	5.22	0.69	5.50	1.97	6.25
	南阳酵母菌	0.34	5.26	0.82	5.22	0.62	5.05	2.01	6.63

（二）培养基制备及培菌操作法

培养基制备及培菌操作工艺流程如下：

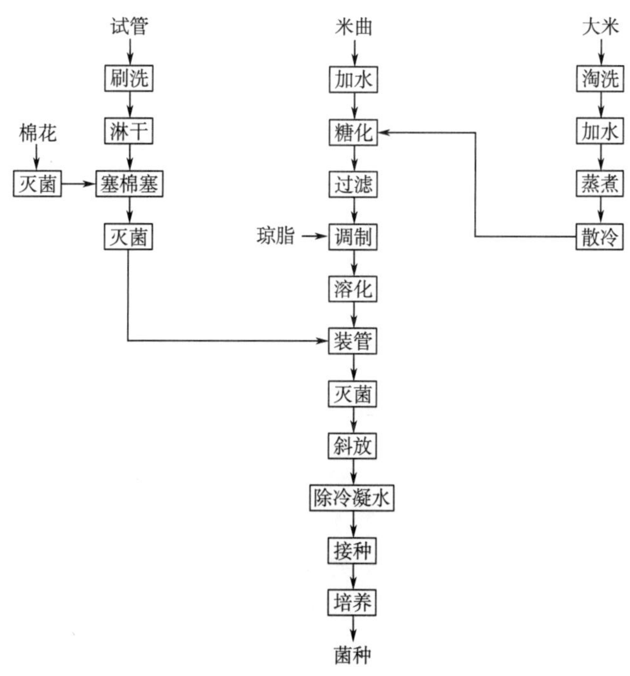

1. 卫生要求

培菌室最好能离曲房、甑房、酒母室以及其他妨碍卫生的处所稍远一些。周围环境必须保持清洁卫生，定期进行室内灭菌（一般应每周用紫外线灯或硫黄、甲醛灭菌一次）。培菌室内除了必要的设备和工具外，严禁堆放与培菌无关的杂物，更不允许在培菌室内住宿等。

接种操作必须在无菌室内的无菌箱中进行，平时应禁止无关的工作人员等随意出入，以免产品感染杂菌。

2. 固体斜面培养基的制备

（1）试管准备　取试管（培养曲霉菌用 180mm×18mm 试管，培养酵母菌 150mm×15mm 试管）置于温水中，用毛刷蘸肥皂或用洗涤剂和去污粉等充分洗涤，再用清水洗干净（新试管用 2%稀盐酸浸渍 0.5h，除去游离碱，并用清水冲洗干净），倒放于竹篓中淋干。然后用棉花制成长约 3.5cm 的棉塞，塞入管内 2cm 左右。棉塞必须松紧适宜，且两头要圆滑。禁止用脱脂棉或做过棉塞的棉花做试管棉塞，塞完棉塞的试管再经干热（140~150℃）灭菌 1h 后备用。

（2）制米曲汁　将大米用水淘洗干净后，置于铝锅或磁盆中。每 kg 大米加水 5kg 左右，放在蒸锅内蒸 1~2h，使米充分蒸烂成粥状，取出散冷至 60℃左右。然后在每 kg 大米中加米曲 0.5kg，每 kg 米曲再补加 55℃温水 4kg，搅拌均匀，在 50~55℃保温糖化 3~4h。然后，再加热到 90℃左右静置，使蛋白质凝固和沉淀，取其澄清液用白细布过滤。如初滤液混浊不清，再重新过滤，滤完取其澄清透明液备用。

米曲是将黄曲霉菌培养在大米上制成的。即将大米用水淘洗干净后浸渍 15h 左右，中间换水 2~3 次，淋去余水后，蒸煮 1h。其散冷接种培养操作和曲种相同。从接种起培养 24h 左右，在曲霉呈白色尚未变黄时取出干燥备用。如果没有米曲，可在已蒸烂的大米糊中，加入占大米量 15%的黄曲保温糖化。其操作手续同前。

（3）培养基的制备　要求米曲汁呈淡黄色而透明，其浓度为 6.5~7 波美度，酸度为 0.2 左右。如米曲汁浓度不够，应采取减少糖化用水的办法来提高浓度，而不宜加热浓缩，因为这样会产生焦糖，影响菌种繁殖。浓度超过要求时，可加水稀释，加水量可按下列经验公式（6-1）计算。

$$\text{应加水量}=\frac{\text{米曲汁数量}\times\text{浓度}}{\text{要求浓度}}-\text{米曲汁数量} \tag{6-1}$$

取已调好的米曲汁，每百毫升加琼脂 2~3g（冬季稍减，夏季略多些），放在水浴锅内加热溶化。如果琼脂不干净，可用清水洗几次，拧干并干燥后再用。培养基的酸度高，加热灭菌的时间长，温度高，则会影响琼脂的凝固性，必须加以注意。

待琼脂完全溶化后趁热装入已灭菌的试管中，装入量约为试管容积的 1/5 左右。装入量必须准确，并严格禁止培养基黏到试管内壁的上部，以免杂菌滋长。装完后塞上棉塞，再用纸把棉塞包上，立放在竹筐或铁丝篓内，加压（1kg/cm^2，118℃）灭菌 15~20min，或常压间歇灭菌三次（每隔 24h 一次），每次 30min，第一、二次灭菌后需放在温度为 28~30℃的地方保存。

灭菌完毕后，应趁热将试管斜放，斜面长度约为试管的 1/2。斜放时应严防培养基与棉塞接触。培养基凝固后，将试管平放在温度为 25~30℃的地方 6~7d，以便蒸发除去管壁上的水滴。经检查没有杂菌后，即可进行接种。如有杂菌应全部弃去不用。

3. 接种培养

（1）无菌箱灭菌　无菌箱应放在无菌室内，无菌室应尽量保持无菌状态，每周用紫外线灯或硫黄、甲醛灭菌 1~2 次。用紫外线灯时操作者应离开室内，避免灼伤；用硫黄、甲醛的灭菌方法和制曲的灭菌方法相同。

接种前先用脱脂棉或纱布浸 70%~75%酒精溶液充分擦净箱内各处，再用 0.1%升汞溶液（内加 2%~5%的食盐，以提高灭菌效果）或以 0.1%~0.2%的甲醛溶液进行喷雾，密闭箱门 30min 后备用。接菌后，无菌箱应用酒精擦净。如无甲醛和升汞溶液，也可用 70%的酒精喷雾灭菌，但必须注意防火。

（2）接种操作　接种前将手洗净，并用酒精擦洗灭菌，然后再将固体试管菌种、固体斜面培养基及其他用具用酒精仔细擦洗，并将试管的棉花头在酒精灯上轻烧后放进无菌箱内。点燃酒精灯，一手

拿菌种与培养基试管，一手拿接种针在酒精灯上灼烧并冷却后，拔去棉塞并迅速把管口移近酒精灯火焰。拔下的棉塞应用手指夹住。从进入无菌箱到移出无菌箱均不能使棉塞与箱底接触。然后把接种针伸进菌种的试管内，将针头插入培养基内冷却一下，挑取健壮菌种少许（接种量以少为好），离开火焰迅速伸入待接种的试管内。在离管底约0.5cm处，由下向上轻轻地进行划线接种，不可将培养基表面划破。接种完毕后，将塞入试管内部的棉塞头在火焰上轻烧后，塞入已接种的试管内。接种后必须将接种针灼烧灭菌后才能进行第二次接种。在接种过程中，拔去棉塞的试管口不能离开火焰。接种完毕熄灯，将试管取出分别贴好标签，注明菌名和接种日期，进行保温培养。接种后将已用过的试管菌种用水煮沸，及时洗净，不能留作下次再用。

（3）保温培养　将已接种的菌管斜放在30℃±1℃恒温箱中培养。每天检查1~2次，保温期间温度应均匀一致，切忌温度忽高忽低，曲霉菌经3~4d，酵母菌经2~3d已发育成熟，取出经检查后，用于扩大培养或在低温干燥处保管。

4. 菌种的检查和保管

（1）外观检查用肉眼或放大镜从管外观察各种菌均应具有本菌种固有的色泽，并均匀一致，没有异常颜色。酵母菌应呈乳白色，表面平滑有光泽，没有杂菌。曲霉菌的菌丝应整齐健壮，顶囊肥大，孢子丛生，不得有异状菌丝和杂菌。

（2）显微镜检查检查酵母菌时，于无菌箱中用无菌接种针挑取试管菌种中的酵母菌泥少许，用无菌水稀释后，取一点稀释液，放在载玻片上，并加上盖玻片，用600倍左右的显微镜检查酵母菌细胞健壮，形态正常，原形质分布均匀，没有杂菌。

检查曲霉菌时，也是在无菌箱中用无菌接种针挑取试管菌种孢子少许，用酒精稀释，取一滴孢子稀释液放在载玻片上，待酒精蒸发后为使孢子分布均匀，再加一滴混合液（水：甘油：酒精=3：2：1），盖上盖玻片。然后用显微镜检查，孢子形状应均匀一致，且没有杂菌。

（3）菌种保管　菌种培养成熟后，必须立即从保温箱内取出放在低温干燥的地方保存，并避免日光直射。如果保管温度高，菌体呼吸代谢旺盛，消耗营养多，容易衰老死亡和降低发芽率。

在一般情况下，菌种应每一个月左右（夏季适当缩短些）重新培养一次。如果发现菌种有异常形态或有杂菌时，有条件的可以进行分离培养。但分离后的菌种必须经过鉴定和小型试验，证明没有问题后，方能投入生产。没有条件的工厂可以向有关部门索取已培养好的菌种，不必进行分离培养。

在正常的情况下，如菌种未发现有异常现象和问题，可按时进行重新培养，不需要行进分离培养。

（三）制曲操作法

麸曲是纯种培养的曲霉菌，接种在以麸皮为主，并添加适量鲜酒糟和填充料等原料上培养制成的。制曲工艺分为试管固体斜面培养、扩大培养、曲种、麸曲四个过程。麸曲生产的主要方式，在国内各酒厂一般多采用曲盒，也有少数采用帘子的，只有极少数酒厂已采用通风制曲法。成品曲应具有活力强的淀粉酶，以供作糖化剂使用。

制曲的操作工艺流程如下详见下页。

1. 菌种扩大培养

（1）培养瓶（皿）的准备　取500~1000mL的三角瓶或12.5~15cm培养皿，用水洗刷干净（洗刷方法与培菌部分同），倒放淋干或烘干后，三角瓶塞上棉塞（棉花应经过干热灭菌），培养皿用纸包好，在140~150℃干热灭菌器内，灭菌1h后备用。

（2）原料处理　取麸皮（不能使用发霉麸皮，如用细麸皮应加5%谷糠），每千克原料加水0.8~1.0kg，混合拌匀，用粗布包好，放在蒸汽灭菌器中（篦子上垫一层干布），蒸煮30min，取出散冷，并充分搓碎疙瘩。如发现被水浸湿的原料，应除去不用。

（3）装瓶灭菌　将蒸好的麸皮原料，分装于已灭菌的三角瓶或培养皿中，装料厚度为0.25~0.30cm。装料时，应防止原料粘在瓶壁或皿盖上，装完三角瓶塞好棉塞，培养皿用纸包好，加压

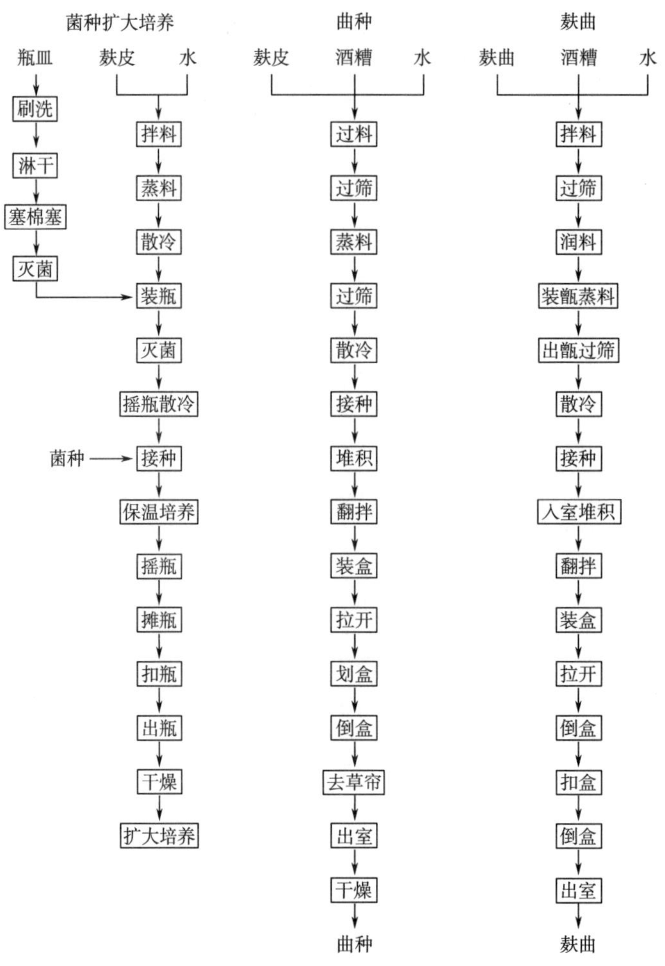

($1kg/cm^2$)灭菌15~20min或常压蒸汽灭菌三次，每次30min，取出降温到35℃以下。此时瓶壁或皿盖上附着有凝结水，须旋转摇动瓶皿，使凝结水被原料吸收。但注意防止原料黏在瓶壁或皿盖上，特别要严防原料与棉塞接触。

(4) 接种　无菌箱的灭菌操作与培菌部分同。按培菌的接种手续，将已灭菌完毕的瓶、皿和试管菌种等，经过酒精灭菌，放在无菌箱内进行接种。每一只瓶和皿接入2~3针孢子，接种完毕后，将塞进瓶口部分的棉塞头以酒精灯轻烧后塞好。然后移出无菌箱充分摇匀。已使用过的试管菌种，不能留作下次再用。

(5) 保温培养　将接种后的瓶、皿（三角瓶内的麸皮应堆积在瓶的一角使成三角形），放在31~32℃的保温箱或保温室中，进行培养。

用三角瓶培养时，经过10~12h摇瓶一次，使瓶壁附着的凝结水为麸皮吸收。摇瓶后，将麸皮摊平。再经4~8h菌丝蔓延生长，待麸皮刚刚连成饼时即可进行扣瓶。扣瓶时应将瓶轻轻震动倒放，使成饼的材料脱离瓶底悬起来，便于曲饼底部生长菌丝，并防止凝结水浸渍原料。扣瓶后应将瓶倒放，继续保温31~33℃。

用皿培养时，经过12~14h摇皿一次。待孢子全部生成后，应除去皿盖上的水滴，即将皿盖稍稍提起，略为倾斜，便水滴通过盖边流到外边来。

(6) 干燥保存　自接种开始经65~72h左右，曲菌已发育成熟。这时可由瓶、皿内取出曲饼（用三角瓶时应防止曲饼与瓶口的凝结水接触），放进已灭菌的纸袋内，在不超过40℃的温度条件下进行充分干燥，使水分降到10%以下。然后将纸袋密封到低温干燥的地方妥善保存。保存时，应严防吸潮，保存期最多不超过一个月。

(7) 成品质量的检查和要求　成品质量检查分为感官检查和显微镜检查两种方法。

①感官检查：即用肉眼或放大镜观察，曲菌的菌丝应整齐健壮，顶囊肥大，孢子丛生，且均匀一

致没有白心，具有本菌的固有色泽，不应有异常颜色和异状菌丝及杂菌。

②显微镜检查：其检查方法和要求与培菌部分相同。

2. 曲种

（1）准备工作

①曲盒、筛子、工具等，在每次使用前均需刷洗干净，晾干后备用。拢堆蒸料的草帘应放在清水中浸渍、冲洗，并进行蒸汽灭菌 1h 后备用（可在蒸料时放在甑上进行蒸汽灭菌）。

②保温室每次使用前均需进行清扫、刷洗和灭菌。灭菌前先将刷洗干净并晾干的曲盒及其他工具放进室内，密闭门窗，并用纸条封好缝隙，按保温室容积每立方米用硫黄 5g 和甲醛（30%~35%）5mL，点燃硫黄并加热使甲醛全部蒸发，密闭 12h，然后打开门窗换入新鲜空气。如无甲醛，可单用硫黄杀菌，每 m^3 用量为 10g 左右。灭菌时如果室内比较干燥，可在灭菌前喷雾，使室内保持一定湿度，以提高灭菌效果。在同一个曲种室内生产黑、黄两种曲种时，更需要进行严格彻底的灭菌，以防止相互感染。同时在灭菌时应注意防火。

（2）原料处理　麸皮 100kg，配酒糟 15kg 左右（酒糟必须用新鲜的，水分含量按 12%计算），如原料过细，可酌情加入谷糠 5%左右。每 100kg 原料加水 89~90kg（加水时应扣除酒糟含水量，加水量的计算法和使用酒糟的注意事项见制曲部分）。加水时最好用喷壶，边加边搅拌，拌匀后过筛一次（筛孔直径 3~4mm），堆积润料 1h。然后放置在小甑锅或蒸笼中蒸 50~60min，如果没有上述设备可将原料用粗布包起来，在麸曲蒸料时放在锅的中间进行蒸煮。

（3）散冷接种　操作前应先洗手并用酒精灭菌，然后将已蒸好的原料，放在保温室内已灭菌的木箱（槽）中，过筛一次，翻拌散冷到 38℃左右进行接种。接种量为每百千克原料加入扩大培养的原菌种 0.15~0.20kg。在接种时先用一小部分原料与扩大培养的原菌种混合搓散，使霉菌孢子散布均匀，然后洒在其余的原料上。再翻拌 2~3 次，充分混合均匀并降温到 30~32℃，用原来包原料的包布包起来，放在离地面 30cm 左右的木架上进行堆积保温。夏季也可以直接装盒，但直接装盒时应将原料堆在曲盒中而不摊平，原料的高度应略低于曲盒边的高度，以防将原料压紧。

（4）保温培养

①堆积装盒：自接种到开始装盒，是曲霉菌的发芽阶段，一般需经过 5~6h。堆积开始的品温应在 30~32℃，曲料水分含量为 50%~53%，酸度为 0.3~0.5。此时应控制室温在 29℃左右，干湿球温差 1~2℃。大约经过 3~4h，进行松包翻拌一次，翻后品温不得低于 30℃。再包好，并经 3~4h 即可进行装盒（曲料不经堆积直接装盒时，可将原料摊平）。装盒前将原料翻拌 1~2 次，装原料厚度为 0.5~0.8cm。装盒时轻松均匀，装完用手摊平，使盒的中心稍薄，四周略厚些。搬曲盒时，应轻拿轻放，避免震动，并将其放在木架上摆成柱形，每摞为 6~8 个曲盒，最上层的曲盒应盖上草帘或空曲盒，避免原料水分迅速挥发。冬季罗与罗之间应靠紧，夏季则可留 2~4cm 的空隙。

②装盒、拉盒：自装盒到拉盒（拉开）7h 左右是曲霉营养菌丝蔓延阶段，装盒后品温应控制在 30℃左右，室温仍控制在 28℃，干湿球温差 1~1.5℃。装盒后 4h 左右倒盒一次，柱形不变，只是上下调换曲盒位置，达到温度均一。再经 3h 左右，品温上升到 35℃左右时，进行拉盒。盒子都盖上已灭菌的湿草帘摆成品字形。草帘含水不宜过多，严禁有水点滴入原料内。此时应控制品温不超过 35℃。

③保潮阶段：拉盒后的 24h 以内是曲霉菌生长子实体和生成孢子时期，即进入保潮期阶段。此时曲霉菌繁殖迅速，呼吸旺盛，品温应掌握在 35~36℃之间，最高不得超过 37℃，室温控制在 24~25℃，干湿球温差 0.5℃。在保潮阶段应每隔 3~4h 倒盒一次，如果品温上升过猛，除适当降低室温外，还可将曲盒之间的空隙加大，减少曲罗的层数，或将草帘折在一起，以散发热量。如果湿度不够，可以用冷开水喷雾或向地面洒水。保潮期间应撤开草帘 1~2 次，以散发二氧化碳和热量。如发现草帘干燥，应用冷开水浸湿后再盖上。自装盒后约经 10~12h，曲料已连成饼状，可用灭菌的玻璃棒将曲料划成 2cm 左右的小块，但不要划得太细，以免菌丝断裂而影响发育和生长。

④排潮出室：拉盒 24h 以后则为孢子成熟期进入排潮阶段。此时可揭去草帘，品温有逐渐降低的

趋势，必须保持室温在29~31℃，干湿球温差1~2℃，品温在36℃左右，保持14~16h曲霉菌已发育成熟。在此期间为使品温一致，还应倒盒1~2次，自接种到58~60h即可出房进行干燥（没有干燥室的厂，可在曲种室内进行），干燥温度以不超过40℃为宜，干燥完毕后用原盒保管。

⑤成品质量的检查和要求：

a. 感官检查：即用肉眼或放大镜观察，菌丝应健壮整齐，顶囊肥大，孢子丛生，繁殖良好，内外均匀一致，具有本菌固有的色泽和曲种应有的香味，不得有异状菌丝、异色馊味及其他不良气味。

b. 显微镜检查：其检查方法和要求与培菌部分相同。两种曲种严格分开，放在干燥低湿处保存。其水分含量应在10%以下。保管期以不超过一个月为宜。保管期内要经常检查，严防吸水受潮和虫蛀，如发现有吸水受潮、虫蛀发热、有异味时，必须进行严格的分析鉴定或小型试验，证明没有问题时，方可用于生产。否则不能投入生产，以免影响曲子质量。

3. 麸曲

（1）卫生要求

①曲盒必须经常刷洗，并保持清洁，一般每使用10~15次应刷洗一次。在使用过程中，如发现曲盒不清洁应立即刷洗。木锨、簸箕等工具，每日用完后应刷洗干净，放在干燥处保存，以防杂菌滋长。曲室和曲盒以及所用工具每月要进行一次药物灭菌（灭菌方法和曲种保温室同）。

②曲室的四周墙壁，应当整齐平滑，以便于洗刷。天棚应为拱形，以防止凝结水滴入曲内。室的天棚和墙壁要定期用石灰水喷刷，以经常保持清洁。如发现有杂菌污染时，应随时用石灰乳涂刷。室内不得存有腐烂曲料及其他杂物，每次作业后都应随时打扫干净，并经常撒生石灰。有条件的（地板或水泥抹面）应每日擦洗一次以保持清洁。堆积曲料的地面，应略高些，避免不平整或有缝隙，以免存水和便于经常清扫和洗刷。每日用完后，应撒些石灰粉，并在次日堆料前扫去。堆料的地面严禁通行。

③蒸锅、拌料场地、四壁及顶棚应该定期打扫，不得存有积料和灰尘。每月应用石灰水喷刷一次，每天操作前后均应打扫干净，有条件的工厂可用水冲刷一次，或用0.1%漂干粉水灭菌。生料和熟料的场地最好分开，以免互相接触感染杂菌。操作场地最好离贮曲场稍远一点。

④生产黑、黄两种麸曲时，曲盒最好能分开使用，有条件的工厂应进行单房培养。

⑤曲室面积不宜过大，一般每一室在100m^{2}左右比较适合。每平方米面积的投料量约为6~8kg。

（2）配料比例　麸皮75%~85%，鲜酒糟15%~25%（风干量计算）。如果原料较细，可再加入5%~10%的谷糠，以调剂原料的疏松程度。做黑曲时切忌曲料含淀粉量过高。

制曲原料应有较严格的质量要求，麸皮必须是干燥不发霉的。酒糟应使用当日生产出的新鲜糟，并在蒸完酒出甑时趁热扬3~4次。垫窖糟，压窖糟，雨淋、腐烂的糟，酸度过高的糟，均不得用作制曲的原料。没有麸皮或麸皮不足，必须使用其他原料制曲时，除了必须保证曲料有足够的营养和适宜的疏散程度外，糖料以及含有单宁等阻碍曲霉繁殖的原料，如高粱糠和橡子粉等都不适宜作制曲的原料。但这些原料制酒后的酒糟可以制曲，其用量应略少些。

（3）润料

①加水：原料加水的基本要求是，保证曲料在堆积时含有适宜的水分，为此必须根据不同季节和气候，以及原料的吸水、排水性能等条件来灵活掌握加水量。一般的情况是，蒸后曲料的含水量要比蒸前增加1%~2%。

烟台酒厂在不同季节每百千克原料的加水量：

春夏秋季：80~95kg

冬　　季：70~85kg

遇有大风或干燥的天气应多加些水，阴雨潮湿天气，则应适当减水。原料在加水前应先化验酒糟的水分含量和酸度的高低，然后按下式计算实际加水量，如式（6-2）所示。

$$\text{应加水量(kg)}=\frac{\text{麸皮千克数}\times(\text{要求含水\%}-\text{麸皮水分})+\text{酒糟千克数}\times(\text{要求水分\%}-\text{酒糟水分\%})}{1-\text{要求水分/\%}} \tag{6-2}$$

②润料：先将拌料场打扫干净，然后将麸皮摊开，边加水边搅拌。加完水后，用锨翻拌一次，再加入酒糟，过筛一次（筛眼4~6mm），或用扬片机打一遍，消除疙瘩并堆成丘形。润料时间一般为1h，冬季则应当适当延长。

（4）蒸料　打开甑锅气门或加大火力，使锅水沸腾，然后铺好帘子将已润好的曲料用簸箕和木锨装甑。装甑操作必须轻松均匀并顶着气装，装完后盖上草袋或草帘，有些工具可以蒸煮40min。

（5）散冷接种　接种地面应保持清洁，切忌有生料。散冷接种操作必须迅速，以减少杂菌侵入的机会。蒸料完毕后，揭去锅上草袋，出甑过筛或用扬片机吹扬（扬麸场应事先打扫干净），充分打碎疙瘩，翻扬散冷到38~40℃，进行接种。接种数量按投入风干原料计算，每百千克料加曲种：

春夏秋季：0.2~0.35kg

冬　　季：0.3~0.40kg

接种时先将曲种加入两倍左右的熟曲料，充分搓散使孢子分布均匀，然后与大堆曲料混合翻拌1~2次，并降温到32~34℃即可入室堆积。

（6）堆积、装盒　堆积开始时，要求曲料的含水量，冬季应为48%~50%，春夏秋季为52%~54%，酸度为0.45~0.65，品温在31~32℃，室温在27~29℃，干湿球温差1~2℃，堆积时间（从接种开始计算）夏季4~7h，冬季6~8h（黄曲应比黑曲长1h左右）。曲料入室后，如发现品温不均匀，可再翻拌一次，堆成丘形，堆积高度不超过60cm。在堆的中心处，插入温度计，每小时检查一次，约经3~4h品温上升时翻拌一次，再经2~3h即可进行装盒。

装盒前，应将曲料翻拌均匀，分装于盒内摊平，要求装得轻松均匀，四周较厚，中心稍薄些。装盒时应轻拿轻放，以保持曲料疏松。曲盒应摆在木架上，每罗高度以不超过四个为宜。冬天罗与罗之间应靠紧，夏天可留2~3cm的空隙。靠门窗处应用草袋或席子挡上，以防冷风侵袭。

（7）装盒、拉盒　装盒后品温约在30~31℃，室温应保持在28~30℃，干湿球温差1℃。经3~4h后，品温上升到34~35℃，倒盒一次；再经3~4h，品温则上升到37℃左右，这时可把盒拉开，摆成“品”字形，并根据品温、室温情况来调节盒与盒之间的距离。此时应控制品温在36℃左右，室温在28℃左右，干湿球温差0.5~1.0℃。

（8）拉盒、扣盒　拉盒后曲霉菌的繁殖和呼吸逐渐旺盛起来，应加强降温保潮工作，这时要控制品温不超过39℃左右，室温下降到25~26℃，干湿球温差0.5℃。拉盒后再经3~4h应倒盒一次，以保持上下曲盒的温度均匀。倒盒后再经3~4h，肉眼可以看到菌丝蔓延生长，曲料连成饼状，试扣一盒不破不裂时，即可进行扣盒。扣盒方法一般是先把空盒扣在装料的曲盒上，轻轻翻过来，使顶面材料翻到下面来，吸收盒底水分，底部材料翻到上面来，散发热量和二氧化碳。

（9）扣盒、出室　扣盒后曲霉菌繁殖很旺盛，品温猛烈上升，此时应将品温严格控制在40℃左右，保持室温25~26℃，干湿球温差0.5℃，并且每隔3~4h倒盒一次。同时，要根据品温变化情况，改变摆盒形式，调节盒与盒的距离，以及开放天窗或进行喷雾。自扣盒后，保持品温39~40℃，室温为28℃左右，干湿球温差1~2℃。

自堆积开始经过28~34h的培养（夏天短，冬天长），曲子淀粉酶活力达到高峰时，即可出室。将曲盒搬到贮曲场，倒出曲料并将曲盒扫净。如果曲子出室时，曲霉已生成许多孢子，应测定制曲过程中（堆积24h后）糖化力的变化情况，并在糖化率最高时出室。出室后，曲子应及时使用，以防止曲子因出室后继续老熟，从而使糖化率降低。

（10）成品质量的检查和指标　曲子成品质量的检查，应以感官、化验和显微镜检查三种方法相结合，并且以化验检查为主。

①感官检查：用肉眼或30~50倍放大镜观察，曲料应成松软饼状，没有干皮和白心，菌丝多而内外一致，没有孢子或孢子极少，具有曲霉固有的曲香味，不得有酸臭味及其他霉味。

②检验指示：糖化力（O.C.）一律以含水20%计算，参考指标如表6-4中所列。

③显微镜检查：检查方法与培菌部分同。菌丝应健壮整齐，无异状菌丝，杂菌少。

表 6-4　糖化力指标

项目	黑曲			黄曲		
	一级品	二级品	三级品	一级品	二级品	三级品
糖化力（O. C.）	700 以上	501~700	400~500	2200	1800~2200	1700~1800

（11）成品的贮藏与保管　麸曲不适宜长期保管贮藏，最好在出室后立即使用，一般贮藏时间不超过 24h。如果必须延长贮藏时间，应将曲料平铺在干燥的地面上，或放在曲盒内保存，以防止曲子吸潮和发热。一般应每隔 5~6h 检查一次品温，如果发现品温上升，应立即摊薄和翻拌降温。

（四）酒母培养

将纯种酵母菌，经过累代扩大培养，最后供制酒用的醪液称作酒母。它在窖内专门进行发酵作用。制酒母分为液体试管，一二代烧瓶，卡氏罐及大缸培养五个工艺过程。

制酒母工艺的主要特点是，制酒母醪的原料，经润水后在固态下进行糊化。润水是加入为原料量的 0.6%~0.8%的硫酸（按 100%计），糊化后不制成糖化醪，而将料、曲、水直接混合成悬浮液，接入卡氏罐酵母种。在适于酵母菌生殖的温度下，糖化与酵母菌生殖同时进行，实践证明本工艺的设备简单，操作方便，酒母醪内所含的糖分和其他物质能满足酵母菌生长繁殖的需要，适用于生产白酒。同时由于醪液未经高温杀菌，酒母用曲中的酶到窖内后，其大部分仍可起作用。如果严格履行操作手续，成熟酒母醪杂菌并不多，而酵母菌的活力及细胞数等都适合白酒生产使用。另外，在配料中添加适量酒糟，可以调节醪的酸度和增加部分营养。同时还可采用黑曲做酒母醪的糖化剂。因为黑曲糖化液的外观糖度比黄曲低，但还原糖含量反比黄曲高，糖化液也比黄曲容易过滤，且酸度略高于黄曲，如小型试验黑曲的外观糖度为 8°Bé，还原糖含量为 7.87%，而黄曲外观糖度为 9.5°Bé，但还原糖含量仅为 6.78%。再加上黑曲的酸度高，曲中杂菌少，所以有利于酒母质量的提高。

制酒母的操作工艺流程如下：

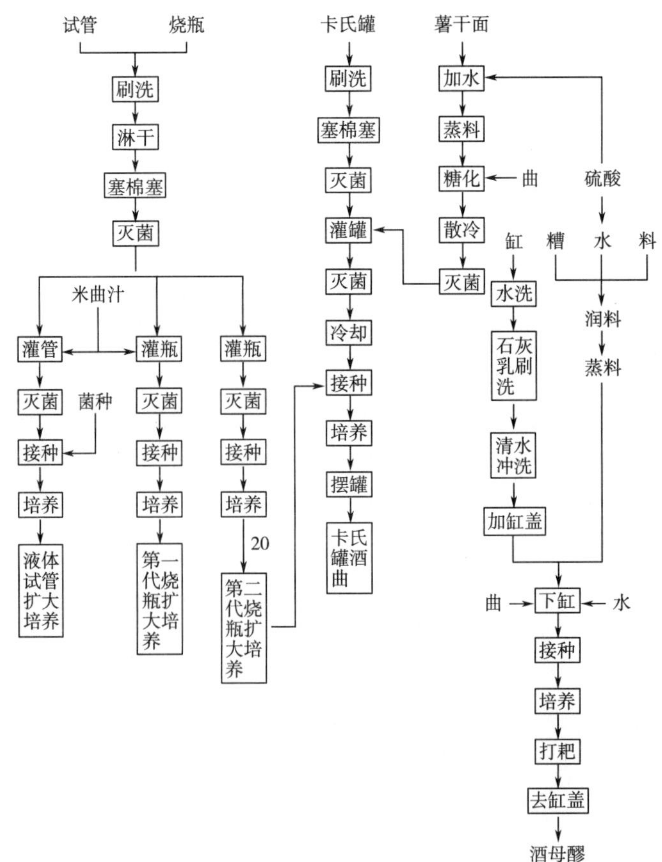

1. 液体扩大培养

①扩大培养的卫生要求参考培菌部分。

②扩大培养的接种时间，必须和制酒生产密切结合，按生产需要准时进行操作，以免影响酒母质量。

③试管、第一代烧瓶和第二代烧瓶扩大培养的要求，如表 6-5 中所列。

表 6-5　试管、第一代烧瓶和第二代烧瓶扩大培养要求

项目	液体试管	第一代烧瓶	第二代烧瓶
	试管	300mL 烧瓶	1000mL 烧瓶
培养液的种类	米曲汁	米曲汁	薯干（或玉米）糖化液
培养液的浓度（波美度）	8~9	8~9	7~8
培养液酸度	0.2~0.3	0.2~0.3	同卡氏罐
培养液的数量/mL	10	100	550（两个）
培养温度/℃	28~30	28~30	28~30
培养时间/h	24	12~15	12~15
扩大倍数		10 倍	10 倍

（1）培养液的制备

①试管烧瓶准备：试管刷洗、塞棉塞及灭菌手续与培菌、制曲部分相同。

②制培养基：米曲汁的制法及调剂与培菌部分相同。糖化液一般不必单独制取，可在卡氏罐用的糖化醪中，取出一部分静置沉淀，然后用双层纱布过滤，所得糖液经检查和调整糖度、酸度后，即可装瓶。

③装管（瓶）灭菌：取已灭菌的试管或烧瓶按要求装入糖液，装入量应准确并严格防止糖液粘到瓶管内壁的上部。装完后塞好棉塞，并将棉塞用纸包好，在一个大气压下，试管灭菌 15~20min，烧瓶灭菌 30min 或在常压下蒸汽间歇灭菌三次，灭菌方法及注意事项与培菌部分相同。灭菌完毕后取出，冷却至 30℃左右即可接种。

（2）接种培养

①无菌箱准备及接种手续与培菌部分相同。液体试管接种时，用接种针在固体斜面菌种试管内的中心部分，挑取健壮的酵母菌泥少许，迅速接入液体试管中，塞好棉塞，摇匀。第一二代烧瓶时，可将培养好的液体试管菌种摇匀，迅速倾入待接种的烧瓶内，塞上棉塞，摇匀。接种和摇动时，均切忌糖液粘到瓶、管内壁上部，特别是严禁与棉塞接触，以防止杂菌乘机滋长。固体试管菌种用过后，应用水煮沸，且不能再用。

②保温培养：将已接种完毕的烧瓶或试管，立放在 28~30℃的保温箱或温室中，按表 4 规定的时间进行保温培养。培养液有小气泡上升，表面有一层白沫，应摇瓶 1~2 次。其注意事项与菌种部分相同。扩大培养成熟后，应立即使用，不能贮存。

（3）成品质量的检查和要求

①外观检查：烧瓶和试管底部有较多的白色酵母菌泥沉淀，糖液混浊，有气泡上升。

②显微镜检查：细胞应健壮、肥大、整齐、形态正常，芽生率 25%以上，没有杂菌。

2. 卡氏罐培养

（1）卡氏罐准备　卡氏罐最好用锡制的，而尽量不用镀锌铁皮制的，以免因生锈和锌脱落影响酵母菌的繁殖。卡氏罐每次使用后，应立即用水冲洗干净，为防止罐内边之处刷不干净，可用砂子加水冲撞刷洗，然后用棉花塞上棉塞（或者用木塞塞住，在木塞中心打孔，插入一个向下弯的 S 型的锡管或铜管，管口塞上棉花），进行蒸汽灭菌 30min。如果灭菌确有困难时，卡氏罐必须充分刷洗冲净，再用沸水烫洗 1~2 次。夏季气温高，卡氏罐的灭菌尤为重要。

（2）制糖化醪　制糖化醪的原料质量要求与大缸酒母同。每 kg 原料加水 5.5kg 左右。先将用水量的三分之二放在锅加热到 50~60℃，然后加入用温水调好的薯干粉或玉米粉，搅拌均匀并消除疙瘩，加热到沸腾，保持沸腾状态糊化 40min。糊化时应不断搅拌以防止糊锅，糊化完了停火，加入其余的水，调温在 60℃左右，加入占原料 10%~15%左右的黑曲保温 55~58℃，糖化 3h，加入为原料量的 0.6%~0.8%的硫酸（按 100%计），不允许使用含亚硝酸基和砷过多的硫酸。然后加热到沸腾，撤火后在 85℃保持 25~30min。

（3）装罐灭菌　糖化醪的滤液，浓度应在 7~8 波美度，酸度在 0.45~0.55 之间，趁热用滤斗装入已灭菌的卡氏罐中（装入量不超过罐容积的三分之二）。装入时，应严防糖液涂到罐的口上。装完塞上棉塞，趁热用蒸汽灭菌 60min 后取出。冬季放在低温处散冷到 25℃左右备用，夏季气温较高，灭菌后的卡氏罐应用冷水浸渍，使其急速冷却，以免杂菌滋长。如确实没有条件灭菌时，必须严格履行操作手续，加强空罐处理与糖化醪的灭菌，以保证卡氏罐酵母液的质量。

装完糖化醪的卡氏罐，必须及时使用，不可久存。

（4）接种培养　卡氏罐的接种量为二十分之一。取已灭菌并冷却到 25℃左右的卡氏罐及培养成熟的第二代烧瓶中扩大培养液，放在清洁的操作室内，用酒精擦洗烧瓶口和罐口，把烧瓶中扩大培养的酵母菌液摇匀，然后拔去棉塞迅速倒入卡氏罐中，塞上棉塞摇匀。接种及摇罐时，严格防止糖液涂到罐口或溅到棉塞上去。

接完后放在 25~28℃的温室中，冬天培养 15~18h 左右，夏天培养 12~14h。经 6h 摇罐一次，摇罐时切忌糖液碰到棉塞上。

（5）成品质量要求

①糖液消耗不超过原糖度的 2/3。

②升酸幅度不超过原酸度的 0.1。

③气味正常，不得有酸味、馊味及其他异味。

④显微镜检查的质量指标是，细胞数；每毫升 0.8 亿~1.2 亿个；芽生率：25%以上；死亡率：不超过 2%；形状：健壮整齐均匀一致；杂菌：无。

3. 大缸酒母醪

（1）卫生要求

①酒母室和周围环境，应保持清洁卫生，室内不得有灰尘和苍蝇。每天应将酒母缸附近的墙壁和地面用水冲洗后，再用石灰乳刷一次。每月用石灰乳刷一次天棚四壁及地面，如果发现墙壁或地面被杂菌污染时，应随时用石灰乳刷洗。

②酒母缸及缸盖每次使用后，应先用水洗，再用石灰乳刷，最后再用清水洗干净，盖好盖子备用。

③木耙和水杓等工具，每次使用后均需用清水洗干净，并在每日蒸料时以蒸汽灭菌。木耙等小件工具，可放在石灰乳中保存，用前再用清水冲洗。

石灰乳的配制方法，即每千克生石灰加水 4kg，配成饱和石灰乳。应现用现配，并在当日用完，不宜贮藏过久。如无石灰，可采用 0.2%漂粉液。

（2）原料处理

①配料：配料比例：薯干粉（或玉米面、大麦粉、马铃薯粉等）85%~90%，鲜酒糟 10%~15%，用谷皮率（按总投料量计算）5%~10%，用曲率（按总投料量计算）10%~15%。

酒母醪用料，必须挑选不霉不烂的好料。粉碎程度应全部通过 20 孔筛。霉烂原料以及含单宁或生物碱较多的原料，如高粱糠、橡子粉、霉薯干等不得用作酒母料。对酒糟的要求与制曲部分同。如果没有酒糟时，应适当增加谷糠用量。糠糖料是制作酒母的好原料，但必须添硫酸铵等营养物质（硫酸铵加入量约为醪液的 0.1%左右）。

②润料：将原料混合均匀，每百千克原料加水 50～60kg，将硫酸 1.0%（硫酸缓慢加入润料水中，切勿向硫酸中加水）。加水量应减去酒糟的含水量，实际加水量的计算方法与制曲部分相同。加水时应边搅拌，以消除疙瘩。混合均匀后，堆积润料 1～2h。

③蒸料：蒸料操作与制曲部分相同，自圆气开始计算，蒸煮 45～50min，取出放在已洗净的大筐或木箱内，盖上已灭菌的草袋，抬到酒母室内备用。蒸完的料应立即使用不宜久存，如必须贮藏时，最长不得超过 12h（夏季不得超过 8h）。堆存期间严禁翻拌。

（3）下缸　接种大缸的接种量为 1/12～1/15，要求按制酒生产的需要每班分两批下缸，夏季应分甑下缸。

下缸时按蒸完的熟料计算，每千克料加水 3～4kg（折合干料），每斤料包括润料用水加水 4～5kg 左右。先加入 2/3 的水，再加入已搓碎的黑曲，然后将蒸好的料称重后加入缸中，打耙使之均匀并消除疙瘩，用其余的水调节品温（夏季 27～28℃左右，冬季 30℃左右）。将已培养成熟的卡氏罐酵母菌液摇匀，倒入缸中，接种完毕后，打耙一次，加盖保温培养。

（4）保温培养　保温开始时，品温夏天为 27～28℃，冬天为 30℃左右，经过 4h，缸内已形成顶盖，可打耙一次。再隔 8h 左右，醪液在缸内开始翻腾，二氧化碳气较多，可进行第二次打耙。培养期间品温不得高于 31℃和低于 26℃。自接种开始经过 7～10h 后，酒母已成熟，即可出缸使用。

（5）成品质量按规定的培养时间检查，应达到下列质量标准。

酸度：升酸幅度不超过 0.15。

细胞数：0.8 亿～1.2 亿个 mL。

芽生率：20%～30%。

死亡率：不超过 4%

杂菌：极少。

成熟的酒母应立即使用，不可久存。搬运酒母的工具应经常刷洗并保持清洁，以免带入杂菌。

［《烟台白酒酿制操作法》，轻工业出版社，1964］

二、细菌麸曲新工艺

20 世纪 80 年代初，贵州轻工业研究所等在麸曲酱香型研制生产中，首先应用细菌麸曲酿酒成功，在全国很多省推广，均收到了提高酒的质量和产量的良好效果。

一组 6 株细菌，是从茅台酒酿造工艺中分离筛选后得到的。这 6 株菌均属芽孢杆菌属，其中两株为球形，直径为 0.6～0.8μm，两株为长杆形，0.5～0.8μm×2～4μm；两株为短杆形，0.2～0.4μm×1.8～2μm。这组菌都具有嗜热性，55℃高温下，仍可生长。这组菌耐酸性差，在 pH 5.0 以下，大多数不生长。耐酒精能力却很强，在 10%酒精的环境中，仍能生长。将 6 株菌先单独培养后混合传代培养制成帘子曲，每 1g 该曲的细菌数可达 2 亿以上，具有蛋白酶、脂肪酶活力，具有一定糖化力、液化力和酒精发酵力。

操作要点如下所述。

（1）斜面试管培养采用肉汁蛋白胨琼脂培养基，牛肉膏 3g，蛋白胨 10g，氯化钠 5g，溶于 1000mL 自来水中，用 10%氢氧化钠溶液调 pH 7.0～7.4，加 2%脂，0.1MPa 高压灭菌 30min 后，放斜面，经培养检查无菌后，接种，37℃培养 3d。

（2）液体试管培养所用培养基与固体管相同，只是不加琼脂。每支试管装入培养基 5mL，0.1MPa 高压灭菌 30min 后，冷却后，每种一株固体种接 1 支液体试管中，37℃培养 24h。

（3）浅盘培养取麸皮 1.5kg，加水 900mL，水中先溶有氢氧化钠 9g，拌匀后装入 6 个搪瓷盘中，

0.1MPa 高压灭菌 40min，冷却后，每个盘接入 1 支液体管种子，置 37℃，培养 48h。

（4）曲盒种子培养取麸皮 15kg、加水 13.5kg，水中溶氢氧化钠 90g，高压灭菌，冷却后接种，接入 6 株混合后的曲盒种子 1.25kg，37℃培养 48h。

（5）帘子曲制作

①配料蒸料：取麸皮 25kg，加水 20kg，水中溶有氢氧化钠 150g，拌匀，常压蒸 1h。

②接种：将蒸好的原料冷却至 45℃左右，接入曲盒混合种子 1.25kg。

③培养：每帘装干料计 9kg，先在帘上堆积 4h，然后摊平，保持室温 34~37℃，控制品温不超过 55℃，培养 36h，即可出房使用。

④成品曲质量：具有鲜艳的微黄色，显微镜检查，菌体数量多，整齐，肥大，不含有其他杂菌；手感疏松柔软，有一定的酱香及焦煳香味，有时会有一定的氨味；糖化力 130mg 葡萄糖/(g·h) 水分小于 40%，酸度小于 0.6。

黑龙江在推广细菌麸曲的实践中，根据各厂实际产品水平，制订企业标准。现摘录感官要求和理化要求。

（1）感官要求

色泽：微黄或金黄，有光泽。

香气：有酱香或焦煳香，略有氨味。

形态：手感疏松，柔软。

（2）理化要求

水分：30%~40%。

总酸小于 0.6。

氨基氮：小于 0.15mg/100g 曲。

中性蛋白酶：150~250mg/100g 曲。

酸性蛋白酶：200~300mg/100g 曲。

脂肪酶：10~15U（40℃作用 15min 消耗 NaOH 1mg 的酶量为 100U）。

［沈怡方主编《白酒生产技术全书》，中国轻工业出版社，1998］

三、斜底箱型厚层机械通风制曲研究

（一）斜底箱型厚层机械通风制曲

1. 主体设备

在参阅国内外有关机械通风制曲的技术资料的同时，结合国内涿县酒厂现有的厚层通风制曲经验，最后确定以日本木村文三氏的制取设备型式为基础，进行设计，在实践过程中不断改进，定型为目前所使用的机械通风制曲设备。

（1）小型试验的通风制曲设备（图 6-1）

①主要设备

a. 曲箱：900mm×600mm×890mm（40~42kg/一次投料）。

b. 风机：型号：B48-2-4；风量：311~1538m^3/h；风压：40 毫米水柱①。

c. 电机：型号：A；功率：0.6W。

① 1 毫米水柱=9.8Pa。

②设备特点

a. 曲箱底为斜型的结构，由于保持一定的斜度，可使通入的风均匀分布。其倾斜坡度可在 14°~17°范围内做适当的调节。

b. 可以互换的进行双向（由下向上，或由上向下）通风，因而可使品湿上、中、下层保持均匀，基本上克服了单向通风时所发生的上下曲层较大的温度差。

c. 曲箱为开放式，装卸料方便，一般国外采用双向通风时，曲箱为密闭式，给装料卸料带来很大的麻烦，采用开放式，就可以随时用肉眼观察半成品、成品的生长优劣情况，以便及时控制有关最适宜的培养条件。

（2）中型试验的通风制曲设备（图 6-2）

①主要设备

a. 曲箱：1500mm×2000mm×500mm（250kg/一次投料）；箱底倾斜度：10°。

b. 风机：型号：B_3B_4#；风量：1420~6000m^3/h；风压：140 毫米水柱。

c. 电机：型号：JO51-2；功率：4. 5W。

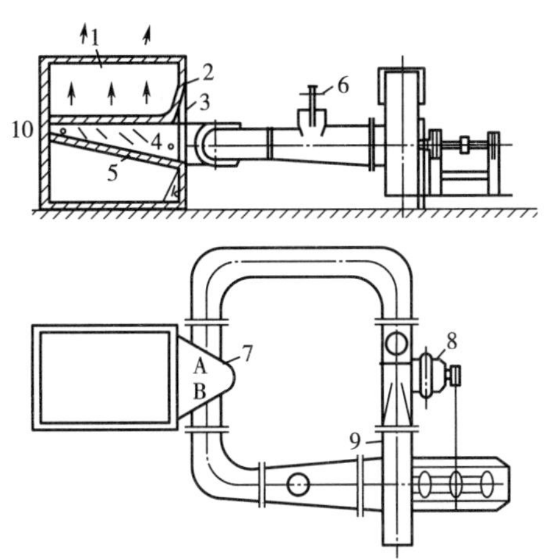

图 6-1　小型机械通风制曲设备

1—曲层　2—曲箱　3—帘子　4—测风压孔　5—导风板　6—进排气调节阀　7—变向阀门　8—电机　9—风机　10—塑料布

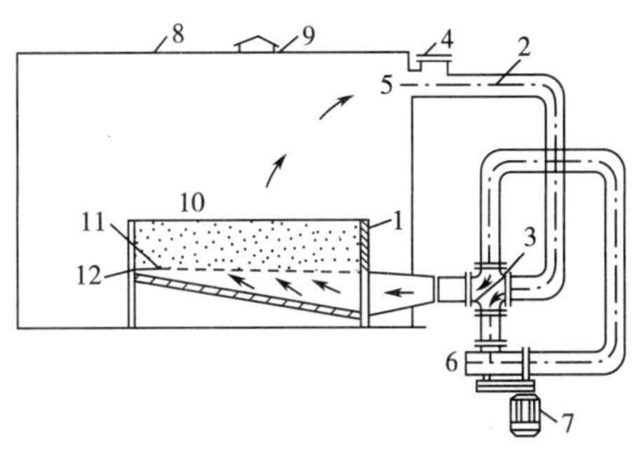

图 6-2　中型试验机械通风制曲设备

1—曲箱　2—管道　3—变向阀　4—新鲜空气进口闸门　5—循环空气进口　6—鼓风机　7—电动机　8—曲室　9—天窗　10—培养料　11—帘子　12—塑料布

②设备特点

由于培养槽和通风设备隔开，故中型实验设备除具有小型设备的特点之外，同时还有以下特点。

a. 采用了四通变向阀来调节风向，可以由下向上吹风，及由上向下吸风，既可减少料层上、中、下部分的温度差，同时还可以减少曲层内水分的蒸发。

b. 充分利用曲室内的循环空气，曲室内的空气含有曲菌，繁殖时会放出的大量热并因热蒸发出水分和二氧化碳，他们在外界温度低时可以被循环利用，同时由于曲层排出大量的蒸发水分，室内的湿度也增加了，一般可以维持在 $\psi=70\%\sim90\%$，这样可以节约和简化空气调温调湿设备。另外，循环空气中的二氧化碳，经调节可维持其一定的含量，制曲过程中的淀粉分解起半窒息的作用，因而可以提高制曲得率。

（3）大型生产试验的通风制曲设备（图 6-3）

①主要设备

a. 曲箱：规格：5000mm×2400mm×500mm（900~1100kg/一次投料）；箱底倾斜角度：8°；管道：流道截面，600mm×600mm。

b. 鼓风机：型号：4-62-14-34；风量：5950m^3/h；风压：122 毫米水柱。

c. 电动机：型号：JQ41-2；功率：5. 5W；转速：2840r/min。

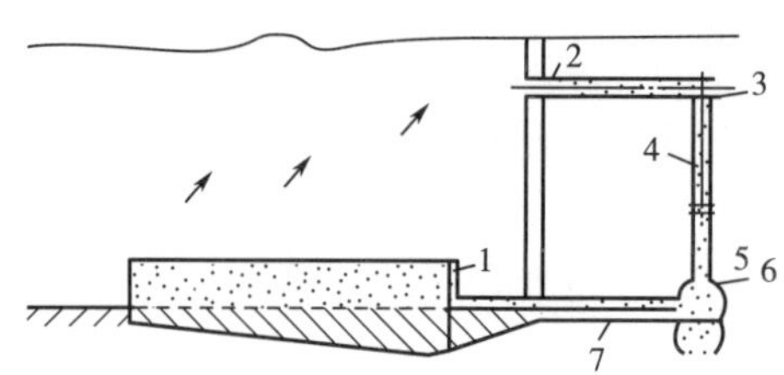

图 6-3　生产试验通风制曲设备

1—曲箱　2—回风管道　3—新鲜空气进口闸门

4—闸门　5—风机　6—电动机　7—吹风管道

②设备特点：大型试验的通风制曲设备，基本上是按照中型试验的设备基础上扩大的，曲箱的几何形状以及空气的流动状况几乎与中型试验完全相似，所不同的是减少了导风板的倾角，这是为了使曲箱的高度适当降低而改变了其倾角，另外是增加了新鲜空气的调节阀门，这样，根据大生产中工艺的需要，时而可用新鲜空气进行通风，时而可用循环空气进行通风，或者两者结合起来进行通风。

经过实践，在着手设计生产试验的设备时，考虑到操作的方便，以及通风管道综合布置的合理性，于是，将曲箱的进风室与曲箱进风口相联的部分风管全埋于地下，取消了双向通风的形式，保留了回风管（即利用循环风），这样，以最大限度的节约了制造风管的钢材和制造曲箱的木材，这种布置形式的通风制曲设备，已经在南北各地酒厂推广使用。

2. 空气调节与自动控制

为进一步提高曲子的质量和改善劳动条件，从 1964 年起，进行了容量 250kg 的中型设备的空气调节和自动控制的技术研究，空气调节的目的是使输入曲箱的空气状态（温度湿度）满足于曲霉生长过程中的要求，而不至于受季节气候变化的影响，自动控制主要是通过感热元件（水银触点温度计）、反应元件（电子继电器）和执行元件（磁力启动器）自动控制品温，它可以在预定温度（如 36℃）自动启动风机及水泵（或只启动风机），如品温降至预定温度（如 31℃），则可以自动停止。通过这一套自动控制装置，就可以使制曲工人脱离在高温潮湿的曲室中工作的境况，对改善劳动条件起到了重要的作用，如图 6-4 所示。

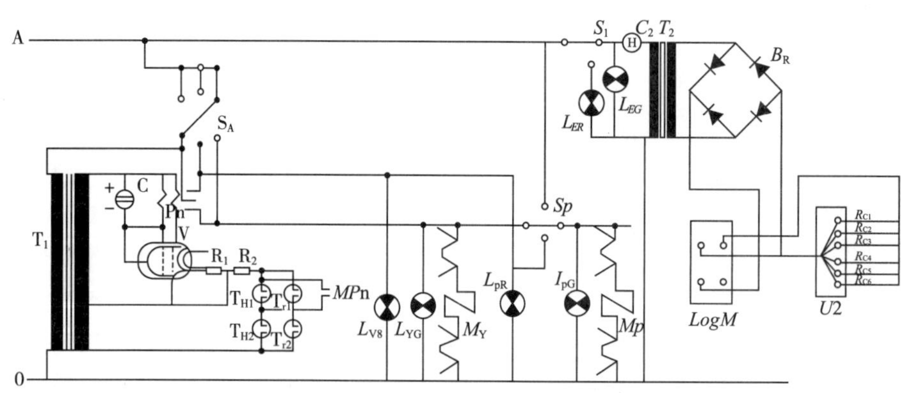

图 6-4　自动控制线路原理图

（1）设备技术特性

①曲箱容积：2000mm×1500mm×500mm。

②箱底倾斜度：10°。

③通风量：最大 3000m³/h。

④风压：最大 200 毫米水柱。

⑤控制适应范围：在北京地区的二级气象标准，可调整送风温度（30±1）℃，相对湿度 90%左右。

⑥喷淋量：最大 2500kg/h。

⑦喷淋水压：1~3.5kg/cm²。

（2）空气调节部分

①空气加热器：TOTM-505 型蒸汽加热器。

②喷淋室：500mm×500mm×1200mm，喷嘴 Y-1 型 5 个，采用二级喷淋。

③水泵：1DXW-0.9 旋涡泵，流量 2500L/h，水压 1~3.5kg/cm²。

（3）自动控制部分

①水银触点温度计。

②电子继电器。

③磁力起动器。

④铜电阻温度计。

⑤比率计。

3. 通风制曲设备设计问题

（1）通风量与风压　设计一通风制曲设备，必须要已知所需风机的风量和风压，选择适宜的风量和风压往往是关系到使用设备的经济性和合理性的问题。因而，在试验过程中，我们经常注意这两个数据的测定。根据测定的结果：风量 6000~8000m³/h，就可以满足容量为 1t 的通风制曲所需的通风量；风压仅与曲层的阻力有关，而与曲箱的容量大小无关，对粗料（麸皮：稻壳=60：40）45~50cm 的曲层，需 120~140 毫米水柱的风压，对细料（麸皮：稻壳=70：30）30~35cm 的曲层需 140~180 毫米水柱的风压。

（2）曲箱的型式　曲箱为长方形，长（L）：宽（B）≥2 为宜，而培养槽的深度通常为 50cm，箱底导风板的倾角 α 根据实验证明 8°~10°是适宜的。

（3）压边与防止周边跑风的问题　曲层结块时，四周向中心收缩而使曲层与箱壁形成一条间隙，这是造成跑风的原因，小型试验时，在放帘子的位置沿周边铺一张塑料布，很大程度上减少了跑风的现象（图 6-5）。

在中型试验时，由于曲箱的面积扩大，周边又长，曲层收缩产生的间隙也较大，上述的方法不能根本解决跑风问题。最初在曲箱四周用木板靠压杆压紧（图 6-7），这样可以防止曲层浮动和间隙进一步扩大。后来曲箱上多加了塑料布，跑风现象可基本上堵绝（图 6-6）。

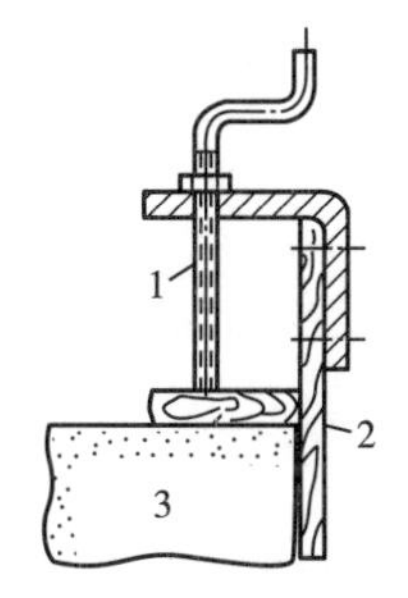

图 6-5　曲箱

1—压杆　2—曲箱　3—曲层

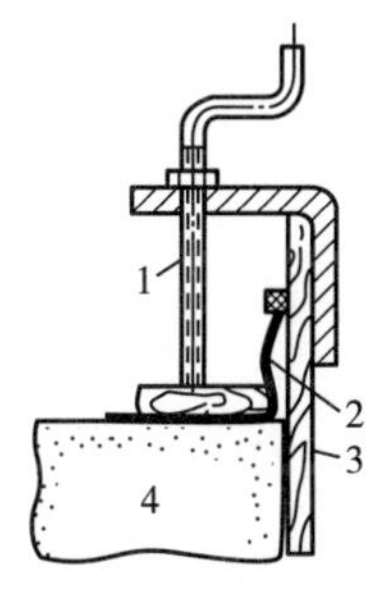

图 6-6　配备塑料布的曲箱

1—压杆　2—塑料布
3—曲层　4—曲箱

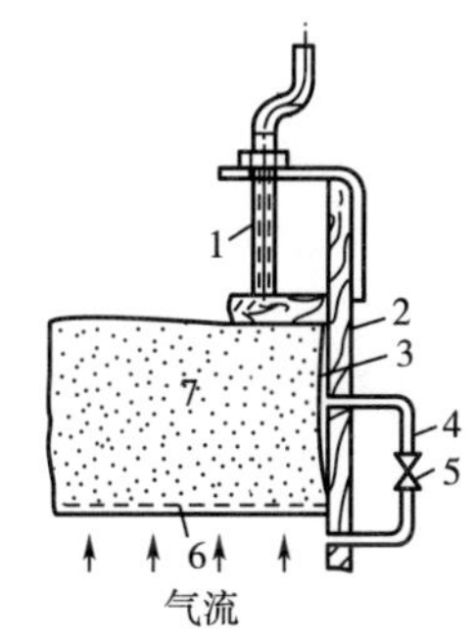

图 6-7　配制气囊的曲箱

1—压杆　2—曲箱　3—充气囊
4—充气管　5—阀门
6—帘子　7—曲层

上述两种压边型式的改进成为图 6-7 的压边型式，它的特点是靠曲箱边缘的气囊充气，阻止了气流从曲箱与曲层之间的间隙跑出，气囊的空气是靠充气管从空气室引来。压边的方法虽初步解决，但今后还需继续改进。

（二）试验研究的内容和结果

1. 主体部分的研究

（1）制曲工艺操作

①工艺流程

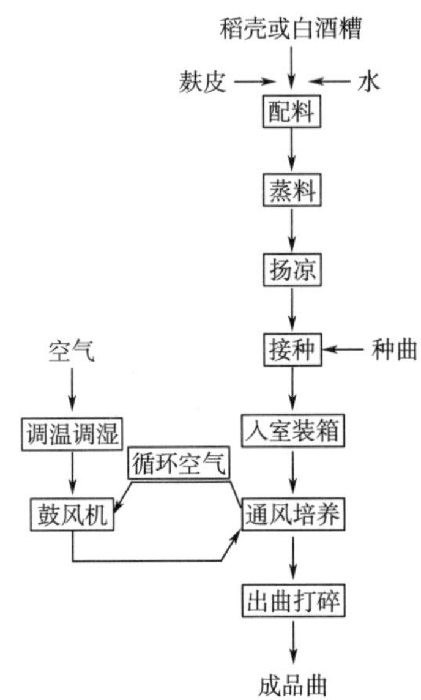

②原料配比：根据各地区原料来源的不同，原料配比种类很多，制曲原料应选择来源广、价格低、含碳氮物质丰富的农副业产品，一般麸皮、谷糠、稻壳、新鲜白酒糟等是很好的原料，这些原料最好是新鲜的、不霉变、不雨淋、不虫蚀等。现将我们试验常用的几种原料配比，列举如下：

麸皮：稻壳=60：40

麸皮：新鲜酒糟=50：50

麸皮：新鲜酒糟：稻壳=50：45：5

麸皮：风干酒糟：稻壳=70：15：15

麸皮：风干酒糟（或稻壳）=85：15

以上几种原料配比，生产实践证明，既能保证菌种生长所需的营养成分，又能保持料层的疏松程度，培养出的曲质量较好，从制曲的工艺要求、原料来源、取成本、对生产的影响等，我们认为以第四种配料方法为较好，但各地也可根据不同情况进行选择确定。

③原料处理

a. 配料：按选定的原料配比和投料量称取原料，加水后用扬麸机打散，混合均匀。

b. 蒸料：将上述混合料轻松均匀地装入蒸麸锅中，蒸汽灭菌 60min（圆汽后计），出锅，用扬麸机扬凉，使料温降至 45℃左右，准备接种。

c. 接种

菌种：培养黑曲时的曲种为轻研Ⅱ号黑曲 3758 号，培养黄曲时则用黄曲 3800 号或 384 号等菌种。

接种量：为培养料重量的 0.4%~0.5%。

接种操作：待培养料降至 38~45℃（是气候冷热而定）时，接入曲种，用扬麸机（或人工翻拌）混合均匀，此时料温在 32~33℃为宜，准备装箱（有的厂采用箱外堆积 5~6h）。

d. 装箱

装箱前的准备工作：除了定期（半个月左右）做好曲室、培养箱、工具等的消毒杀菌工作外，并做好每次装箱前的清洁卫生工作，将培养室内温度升高至28℃左右，并开动鼓风机，检查安全运转情况，同时将风道内的污物和水分吹除，并铺好帘子，然后将培养料轻轻和均匀地装入曲箱内，装完后品温在30~31℃。

装箱要点：快、匀、松，快就是速度要快，匀就是厚度要均匀松掉，松就是各部疏松程度一致，培养料层的厚度视原料的粗细来确定，粗料可控制在（麸皮：稻壳=60：40）50cm左右，细料（第二、三、四、五种原料配比）可在30cm左右，料层厚度除了与原料有关外，还与鼓风机风压有关，风压大些可以厚些，反之，应为薄些。

④通风培养：在制曲过程中，由于霉菌大量生长繁殖而放出大量的热和二氧化碳，但是热量和二氧化碳，聚集在培养基质中，使品温逐渐升高，如不及时排除，有害于霉菌繁殖，故在制曲过程中根据霉菌繁殖的程度，采用机械通风的方法，及时排出热量和二氧化碳，使其能正常良好的繁殖生长。这样，可以使制曲不受季节气候的影响，在较稳定的技术条件下，保证产品质量，能正常地进行生产。

根据通风制曲工艺特点和曲菌生长时品温变化规律，可划分为以下四个培养期。

a. 静止培养期（0~8h）：装箱后8h左右为保温培养，不通风，前4h左右，培养料品温变化极少，此时孢子吸收水分，开始发芽，后4h逐渐升温繁殖，约至第8h品温升至38℃，并从曲层内散发出曲香味，此期间要特别注意培养料的保温，如保温不良，下层品温很低，对孢子发芽不利，易引起醋酸菌和其他杂菌的生长繁殖，而使其酸败，这是比较关键的阶段，必须特别注意保温保湿，严格控制干球在29~31℃，湿球在25~28℃之间。

b. 前期（8~16h）：此为间歇通风培养期，曲霉代谢作用旺盛，品温上升较快，产生热量和二氧化碳较多，当曲层品温达到38℃时，向曲层内通风，待上层品温降至35℃时停风，以此反复间歇地进行，前几次通风全部用曲室内循环风，后几次可用少量的新鲜风，风压在20~90毫米水柱。约在第12h后，料层开始结块并收缩，边沿漏风，造成短路现象，影响通风效果，此时应将固定在曲箱四周的塑料布盖于曲层上部，然后用木板条压紧，因收缩而漏风的现象即可防止，也可用固定在曲箱四周的塑料袋，电鼓风本身的风压充气，使塑料袋涨起堵塞漏风现象，如图6-7所示。

c. 中期（16~24h）：此为连续通风培养期，由于菌丝大量生长繁殖发热量最大，结块逐渐坚实，通风阻力也增大，通风困难，因此品温上升又快又猛，此时应特别注意加强通风管理工作，随着曲层品温不断剧烈上升，由间歇通风逐渐转入连续通风，风压一般控制在150毫米水柱左右，风温应低于30℃，上层品温控制在35~38℃，不得超过40℃，此期通入的风为混合风或新鲜风。

d. 后期（24~30h）：此期仍为连续通风培养期。已生成大量菌丝体，并结成更为坚实的曲块，曲层内水分散发较多，因此品温变化较缓慢，此时应注意曲室内的保潮，平时多用湿度大的循环风，相对湿度维持在90%~95%，借以补充因水分散发而造成的湿度不足，减少水分的蒸发，是曲菌进一步生长达到完全成熟的程度。

总结试验以来的经验，操作要点是：前期提、中期压、后期保。正确掌握通风的方法，是通风制曲整个工作的关键，也就是说要严格控制通风时间、风压、风量、循环风和新鲜风的适当比例，以及通风温度等。

⑤出曲散凉：当培养达30h时提前30min，尽量用温度低的风将品温降低，以防在出曲时有“反火”现象，同时出箱后必须打散或打成小块，撒于地上冷凉，并不断检查温度变化情况，以免品温回升而影响质量。

（2）实验内容及结果

在小、中、大型通风制曲实验中，我们共对下列问题进行了研究：

①机械通风方法的研究：通风方法基本上可以分为三种类型：单向通风、全程双向交错通风和分段变向通风。

a. 单向通风：单向通风是在制曲过程中全部采用由下向上的通风，当品温上到38℃开始通风，待温降到35℃时停风，以此反复进行，直至出曲。在小型试验时，没有得到满意的试验结果，但是在大型试验时，由于不断改进及接受工人制曲丰富经验，采用单向通风方法做出了质量很好的成品曲，且单向通风方法操作简单、容易、生产较稳定、设备形式更简单，所以目前的生产中全部采用单向通风的方法，但其缺点是品温温差仍偏大。

b. 全程双向交错通风：全程双向通风就是当品温升到38℃时开始由下向上通风，待品温降至35℃时停风，等到品温又升到38℃时再由上向下吸风，直至品温降到35℃时停风，依次吹风和吸风反复交错进行，直到出曲为止。通过小型试验，制出的曲液化力、糖化力均较普通生产上用的曲质量指标低，分析其原因主要有以下几点：

第一，在前期开始通风时，因培养基质尚未结块，就采取上、下两个方向吹风和吸风，则在吸风时由于吸力很大，加上培养基自身的重量，使曲层压得很紧，致使在下一次通风时由于阻力大，曲层中的热量被排除得十分困难，造成品温升高达45℃以上，影响了曲的质量。

第二，在曲菌繁殖最旺盛期时采用双向交错通风，会因方向之变更，热量由一方传送到另一方，使品温激剧增加。例如，在曲繁殖最旺盛期，先由下向上吹风，待曲层上部品温达35℃时停风，当过一定时间后，上部品温又升到38℃，开始由上向下吸风，在吸风过程中，上部的热量逐步向下方移动，这样上部和中部热量移到曲层下部时，曲层下部的品温急剧直线上升，经常可达45~50℃之间，因而大大地影响了菌体的正常繁殖，酶活性显著降低。

c. 分段变向通风：分段变向通风是按曲菌繁殖的不同阶段决定通风的方向，装箱后约8h，品温升至38℃，即开始由下向上吹风，待上层品温降至35℃时停风。在8~12h期间，全部采用由下向上吹。在12~14h期间，接上一次吹风，在上层品温降至34~35℃时，立即调转方向，由上向下吹风，待下层品温降至35℃时停风，吸风时间不宜太长，总共在45min左右，如3~4次。吸风的目的主要是为了保存一定的水分和上下品温均匀，在此期间进行吸风，是因为培养料已经结块，吸风时所附加的压力不会使曲层压得太紧而妨碍以后的通风。在12h以前吸风是不适宜的，从14h以后，曲菌繁殖已转入旺盛期，品温上升很快，所以必须进行单向通风，直至出曲为止。

分段变向通风比全程双向通风所制得的曲质量要好些，也比较稳定，现将小型试验时的对比结果列入表6-6。

表6-6　分段变向通风与全程双向通风的对比

通风方法	菌种	原料配比	液化力	糖化力	备注
全程双向通风	*Asp. usamii*	麸皮：稻壳=60：40	2.52	840.79	5次平均
分段变向通风	*Asp. usamii*	麸皮：稻壳=60：40	3.93	1127.69	21次平均

在小型试验后期、中型试验阶段和大型试验前阶段都采用分段变向通风，操作比较稳定，生产出来的曲接近一般生产用曲的水平，但是这种通风方法的操作和设备仍感复杂，因此在大生产中通过长期试验和实践证明，单向通风只要严格掌握通风方法，操作是稳定的，而且设备简单，目前大生产中大部分采用单向通风的方法。

②曲层厚度的研究：曲层厚度的高低与培养料的粗细、鼓风机风压的大小有直接关系，提高曲层厚度，对于提高单位面积产量有重大作用，据有关文献的记载，最大厚度可达1.5m（酱油用曲），酿酒用曲的最适厚度为多少，我们也进行了试验。

按麸皮：稻壳=60：40的原料配比进行试验，在小型试验时，对30cm和40cm进行了试验，中型和大型又进行了50cm厚度的试验，制成的曲质量都达到较好的水平，试验期间最大厚度达55cm也可以进行正常操作。在进行细料（麸皮：鲜酒糟=50：50）试验时，由于疏松程度差，料层阻力大，排除热量困难，所以厚度要减薄些，料层厚度在25~30cm之间，如果风机压能达到200毫米水柱，料层

厚度也可增加到 30~35cm。

因此，应以不同原料的配比和风机压力的大小来确定料层的厚度，在不影响成品曲质量，能够正常操作的原则下，尽量加大曲层厚度，以达到提高单位面积产量和设备利用率。

③适宜制曲时间的研究：选择最适宜的制曲时间，对提高产酒量有直接的关系，确定制曲时间我们是以测定酶活性和进行酒精生成量的试验为依据。

a. 在小型试验时共对六批曲进行不同出曲时间的测定，从 24h 开始到 36h 止，在这一段时间内每隔 8h 测定水分、淀粉量、液化力、糖化力一次，其平均结果如表 6-7 所示。

从表 6-7 可以看出，液化力和糖化力都是在培养 39h 时为最高，由于人力限制，没有能力进行发酵试验，所以确定在 30h 出曲较好。

b. 中型试验时共对七批样品进行不同出曲时间酵素的测定和小型发酵试验，从 26h 开始至 36h 止，每隔 2h 测定一次，其平均结果如表 6-8 所示。

表 6-7　　小型试验每隔 8h 测定水分、淀粉量、液化力、糖化力的平均结果

培养时间/h	水分/%	消耗淀粉量/%	液化力	糖化力
24	43.4	8.96	3.31	758.95
27	41.2	9.99	3.97	930.13
30	36.5	11.76	4.54	1161.27
33	33.4	12.72	4.30	975.08
36	31.7	11.59	4.18	1000.6

表 6-8　　中型试验时对不同出曲时间酵素的测定平均结果

培养时间/h	液化力	糖化力	总糖利用率/%
26	0.95	718.32	89.47
28	0.99	711.32	89.49
30	0.99	740.95	89.66
32	1.0	725.42	89.74
34	1.0	767.26	90.11
36	1.04	669.70	90.04

从表 6-8 可以看出，酶活性和发酵率都是在 34h 为最高。

c. 在大型（1000kg）试验，因原料配方和操作条件都基本上和中型试验时相同，所以出曲时间仍为 34h，在投入大生产时，因为由粗料改为细料，操作方法由分段变向通风改为单向通风，所以出曲时间也有了变化。

在 6 月我们做了不同出曲时间酶的分析，结果如表 6-9。

表 6-9　　不同出曲时间酶的分析

培养时间/h	糖化力	糊精分解力
26	594.38	388.25
28	584.38	370.39
30	610.24	366.04
32	690.0	356.0

在7月我们又做了不同出曲时间的小型（三角瓶）发酵试验，共13次，其平均结果如表6-10。

表6-10　　不同出曲时间发酵试验平均结果

培养时间/h	原酸	残酸	挥发酸	酒精度	总糖利用率/%
24	2.4	3.3	0.212	8.26	91.80
26	2.44	3.3	0.225	8.29	91.74
28	2.42	3.42	0.257	8.11	91.15
30	3.32	3.3	0.247	8.07	90.81
32	2.33	3.33	0.244	8.04	90.35
34	2.49	3.44	0.25	8.02	89.99

通过测定酶活性和酒精生成量的试验来确定最适宜的制曲时间范围，从不同规模的试验中所取得的结果不完全一致，这主要是在试验中每批所使用的原料质量不完全一致，受到一些影响，但从综合指标分析和在大生产实践中证明，控制在28~32h为宜。

④成品曲质量检查

a. 成品曲外观检查：菌丝丛生，上中下层均匀，结块坚实而富有弹性，灰白色，曲香，无异味，表层不发黑，内无夹心。

b. 成品曲酶活性检查：成品曲共进行了四种酶的分析化验，即糖化酶、液化酶、麦芽糖分解酶和糊精分解酶，分析方法都是按照部规定的方法，具体分析方法见“白酒修改补充重点”和“白酒检验操作法”。分析结果见表6-7、表6-8、表6-9。

c. 发酵试验：中型发酵试验（发酵罐总容积6m^3）试验方法与主要条件：

以瓜干为原料，经粉碎后全部通过2.5mm筛孔，每锅投原料850kg，蒸煮时加水比1：3.2，预煮温度55℃，蒸煮压力3~3.5kg/cm^2，维持恒压时间40min，蒸煮终了将糊液吹入糖化锅中，调整加水比为1：(6~6.5)，冷却到60~62℃，按原料重量加入10%曲（以含水20%计），糖化30min，冷却，接入成熟酒母入发酵罐，使发酵温度不超过31.5℃，后发酵温度维持在26~28℃，发酵时间60~64h，共做了8次试验，并与帘子曲对比，其平均结果如表6-11。

表6-11　　厚层曲与帘子曲中型发酵试验的平均结果

类别	原酸	残酸	酒精度	残余总糖/%	残余还原糖/%	发酵率/%
厚层曲	0.252	0.272	7.30	1.71	0.799	92.97
帘子曲	0.249	0.268	7.20	1.57	0.871	92.02

大型酒精发酵试验（发酵罐60m^3）试验方法与主要条件：

以瓜干为原料，经粉碎，通过2.5mm筛孔，将上述粉碎料每蒸煮锅投料1015kg，加水比1：3.5，水温为40~50℃，装锅后在20~30min内升压至3kg/cm^2，蒸煮35min，放入糖化罐（每三锅放一罐），再调节至加水比为1：(5.5~5.7)，冷却至62℃之后，按原料重量加入9%曲（含水20%算），维持上述温度糖化30min，再冷却到27~28℃，接入事先培养成熟酒母入发酵罐中发酵，发酵罐容积为60m^3，密闭式，设有回收二氧化碳装置，每发酵罐装三锅糖化醪，维持温度不超过31.5℃，进行发酵，后发酵温度26~28℃，70h左右发酵终了，发酵结果如表6-12。

表 6-12　　大型酒精发酵试验平均结果

类别	原酸	发酵终了残酸	酒精度/%vol	残余还原糖/%	残余总糖/%	发酵率/%
厚层曲	0.27	0.37	7.80	0.16	0.92	95.34
帘子曲	0.28	0.40	7.75	0.17	0.77	95.43

从以上中、大型发酵试验可以看出，厚层曲酒精生成量与发酵率与大生产帘子曲基本相同，证明厚层曲的质量已经达到了大生产帘子曲的一般水平。

d. 腐败试验：取成品曲 10g，加 100mL 无菌蒸馏水，摇匀，在恒温箱中 30℃，维持 38~40h，取出镜检，测定酸度增加情况，结果如表 6-13。

表 6-13　　腐败试验结果

类别	原酸度	腐败酸度	镜检情况	增酸率/%	备注
厚层曲	4.23	5.61	杂菌少	31	稻壳：麸皮=40：60
帘子曲	5.20	8.26	杂菌多	58.2	酒精：麸皮=50：50

综合上述各项质量检查指标，厚层曲比原法帘子曲杂菌少、酸度低，曲丝生长均匀，产酒率达到了大生产的水平。

⑤小结

a. 采用斜底箱型厚层通风制曲的方法，通过小、中、大型试验在技术上是成功的。

b. 在试验中，对单向通风、全程双向交错通风和分段变向通风的三种方法的试验，发现各有优点和缺点，前者设备简单，但品温差大，后两者虽能较大程度地减少温差，但设备又较复杂。

c. 通风制曲时料层厚度依据培养料之粗、细而异，料粗可厚，料细可薄，粗料的厚度在试验时可达到 40~55cm，细料的厚度为 25~30cm。

制曲时间根据不同原料的质量和配比控制在 28~32h 之间为宜。

d. 机械通风制曲的方法，单位面积产量在中型试验中经初步测定较原来帘子法 12.5~14.0kg/m^2 提高到 39.2kg/m^2，劳动生产率由 148kg 提高到 414kg，生产 1t 曲所占有效面积由 7.15m^2 减少到 25~35m^2，同时成本也大大降低。

e. 成品曲曲块表面和底部仍有厚约 1cm 左右的“干皮”，以及品温温差在单向通风时仍很大，尚须增设调温湿设备，以研究改进上述缺陷。

如何防止因培养料的收缩而造成的短路现象，还须进一步研究新的有效方法。

2. 空气调节部分的研究

（1）研究的目的和要求　1964 年机械通风制曲方法在北京酿酒厂等单位应用于生产后，取得一定效果，但是由于采用强制送风的方式，箱壁四周和底部经常出现“干皮”和跑风现象，同时曲室中高温高湿的状态，对制曲操作的劳动条件仍未彻底改善。为了进一步提高曲子质量，消除“干皮”和漏风现象，并为改善劳动条件创造有利因素，从 1964 年开始利用我所 250kg 的中型设备与北京酸酒厂协作，进行了 24 次（批）空气调节和通风自动控制的研究。

（2）制曲工艺操作

①原料配比

麸皮：稻壳=60：40　加水量 65%~75%

麸皮：稻壳：白酒糟（约含水 60%）=50：5：45

加水量 30%~35%

②原料处理：原料加水拌匀，装锅，常压杀菌1h，冷却，接种（*ASP. usamii*），其接种量为培养料重量的0.5%，拌匀后，在30~33℃下堆积4h，然后装入曲箱。麸皮、稻壳原料的厚度为45cm，麸皮、白酒糟原料的厚度为25cm。

③培养方法：装箱后4~5h，品温升至35~36℃时，开始通风，控制品温在31~36℃，使曲霉正常繁殖，全部培养时间约27~30h。通风方法采用单向吹风的方法，其风压的控制大致如表6-14。

表6-14　风压的控制　单位：毫米水柱

项目	第一次	第二次	第三次	第四次	第五次	第六次以后
风压	10~15	15~20	20~30	30~40	40~50	从50逐渐升至200左右

从第一次吹风起至出曲前1~2h期间内，均通入调湿后的空气，其相对湿度保持90%以上。

进入曲箱的风温在培养前期（约培养16h以前）需调节至29~32℃，但在霉菌繁殖旺盛期应酌情降低风温，使控制品温最高不超过40℃。

在培养过程中，空气的温度是通过冷水或用蒸汽加温后的喷淋水；或者变更新空气的配比进行调整，风的大小可调节风门的大小来控制，如空气不需增湿时，空气加热系统也可进行升温控制。

（3）试验研究的结果

①麸曲质量方面：设备设置了控制温度的空气调节系统，能随温度的变化做有效控制，其适应范围按北京地区二级气象标准，可调整送风温度（30±1）℃，相对湿度90%左右，在试验中证明了调节系统，能进一步提高并稳定曲的质量，消除了“干皮”现象。成品曲经小型发酵实验，其结果如表6-15。

表6-15　成品曲径小型发酵实验结果

制曲设备情况	加曲量/%	发酵前		发酵后			总糖利用率/%	备注
		还原糖/%	总糖/%	酒精度/%vol	总糖/%	总糖/%		
使用空气	8	6.71	12.51	0.384	1.025	8.58	91.88	6次平均值
调节系统	5	5.86	12.42	0.369	1.054	8.52	91.52	6次平均值
未使用空气	8	6.08	11.59	0.386	1.075	8.00	90.72	4次平均值
调节系统	5	5.42	11.58	0.376	1.059	7.92	90.86	4次平均值

无空调系统，仅有一般强制送风的制曲箱，制曲时其四周和底部出现“干皮”，其活性经测定如表6-16。

表6-16　“干皮”活性测定结果

样品	水分/%	酸度	糖化力	糊精分解力	麦芽糖分解力	液化力
净干皮曲	9.2	1.57	398.24	222.91	68.72	0.85
有干皮风箱混合曲	36.4	3.67	994.97	444.03	119.50	2.22

②品温控制问题：通风制曲要求维持适宜的品温，由于曲层较厚，上、中、下层的品温难得一致，往往下层偏低，上层偏高，这影响各层质量不一，为了减少各层的温差，曾经试验了一些办法：如在增加风压情况下（如第10批以后，最后风压由160毫米水柱左右增至180~200毫米水柱），适当提高

风温；降低送风时的品温标准，提前做好降温准备，使能维持较低的品温（32~36℃），在最高品温控制上争取不超过40℃，试验证明，在一定程度上缩小了各层品温差，这对曲子质量的提高起了良好的作用。

③制曲的湿度控制：由于曲霉生长过程中的代谢作用产生大量的热，使其基质中水分大量蒸发；若水分含量下降至27%以下，曲霉生长便大受影响。为了克服上述缺陷，一方面在培养开始时向培养基质中添加适当的水量，同时，增设调湿设备增加空气的湿度，试验证明，接种后水分的逐步提高，曲子酶活性相应增加（表6-17）。对于淀粉酶而言，湿度偏高比较好，但当水分过高时，品温较难控制。

表6-17　制曲的湿度控制结果

试验批号	接种后水分/%	糖化力	糊精分解力	麦芽糖分解力	液化力
10、11、13平均	49~51	811.32	440.18	122.62	1.50
12、15、16、18平均	52~54	871.6	463.77	132.64	1.93
14、17、19平均	56~58	1052.36	477.43	105.64	2.40

注：第14批曲的麦芽糖分解力结果偏低甚多，可能是分析有误。

④劳动条件方面：本设备配合空调系统，装置了自动控制及遥测指示等仪表，试验中表明了自动控制（根据品温要求，鼓风机能自动开关）、遥测（各部分温度遥测）系统误差不大（±0.75℃），操作中能使工人和培养室隔离，避免了曲室中的高温高湿，使工人的劳动条件得到进一步改善。

⑤改善了跑风现象：过去培养中物料收缩而引起的箱壁跑风，这次研究了用塑料膜在箱壁制成气密室（图6-7），结构简单，不需添加其他设备，操作方便，防止了漏风，保持了箱底风压，使通风均匀良好。

⑥小结：在机械通风制曲过程中，向曲层通入的空气，事先过调湿（相对湿度制在90%左右），对于减少“干皮”程度、提高曲的质量起到了良好作用。在空调系统装置自动控制及遥测指示仪等基本上能够及时测得温度的变化（误差仅为±0.75℃）和及时通入空气，对于进一步改善劳动条件起到了作用。采用塑料膜充气密封，因培养基质收缩造成四周漏风的现象，得到了进一步的改进。

（三）主要结论

（1）通过小、中、大型试验，斜底箱型厚层通风制曲的方法在技术上是成功的，成曲质量达到了原来帘子曲的标准，用于生产后，出酒率也不低于原有生产水平。

（2）经初步测算曲房面积可节约50%以上，提高了劳动生产率，节约人力40%左右，成本降低25%以上。

（3）以麸皮、白酒酒糟和稻壳（或谷糠）作为基本培养原料，制曲最宜时间控制在28~32h为宜；曲层厚度如以麸皮：稻壳=60：40的配比，其曲层厚度可控制在40~55cm，如麸皮：风干酒糟：稻壳=70：15：15或麸皮：风干酒糟（或稻壳）=85：15，曲层的厚度为25~30cm为宜。

（4）单向通风设备投资少，操作简单。向曲层通入的空气经过调温调湿后，可使曲的质量进一步提高，同时基本上解决了制曲后期因湿度低而产生的“干皮”现象。曲箱四周固定一个由塑料膜制成的塑料袋，内部充气，可以基本上克服因培养基质收缩而造成的四周漏风的现象。

（5）空调系统，装置了调温（品温能维持在32~36℃）、调湿（相对湿度可控制在90%左右）、自动控制和遥测指示仪等，能够较准确和及时地控制温湿度以及自动通入空气，对于提高曲的质量，进一步改善劳动条件都起到了良好作用。

(四) 问题的讨论

(1) 通风方法问题，在试验中曾试验了单向、全程双向交错和分段变向的方法。单向通风设备简单，操作方便，但空气经调温调湿后，品温温差还很大，一般在5~6℃，最高可达10℃左右，尚须进一步研究改进。后两种方法虽设备费用较高，操作难度高，但品温温差小，一般为8~4℃，最高6~7℃。因此，如果制曲规模较少的工厂为了节省费用，合理的利用曲室循环空气采用单向通风是合适的。相反，大规模工厂，由于产量高，曲箱体积大，空调系统要求高，为了保证成品质量，选用后者的两种通风方法之一是比较合理的。

(2) 机械通风制曲的方法，虽比原帘子法节约劳动力40%左右，并且减轻了劳动强度，但装箱、出箱仍为手工操作，尚待研究机械的装箱出箱方法。

(3) 机械通风制成的曲，曲块极大，培养终了块内仍聚积大量热，需粉碎保存，如粉碎太细，在几小时内，由于曲霉仍在缓慢生长，温度会再度上升影响质量，最好的办法是不要粉碎得太细，应打碎成似苹果大小的块状，放于地上保存最宜。

[傅金泉主编《中国酒曲集锦》，中国轻工协会发酵学会等，1985]

四、黑曲霉UV-11固体制曲工艺规程

1. 工艺流程

试管菌种→三角瓶菌种→帘子曲种→通风制曲

2. 工艺操作规程

(1) 试管菌种

①流程

试管→刷洗→烘干→塞棉塞→灭菌→培养基制备→分装试管→加压灭菌→放置斜面→接种培养→试管菌种

②准备工作

a. 试管准备：洗涤干净，将水淋干，放入烘箱烘干，塞上棉塞，140℃干热灭菌120min。

b. 无菌室及无菌箱准备：操作前一天无菌室，以每立方米用30%~35%甲醛溶液3~5mL，加水15~25mL，熏蒸灭菌，接种前开紫外灯灭菌30min以上，无菌箱用5%石炭酸喷雾灭菌（有紫外线灯者照射1h）。

③操作规程

a. 查氏培养基的制备

蔗糖：2g　　硝酸钠：0.3g

氯化钾：0.05g　　磷酸氢二钾：0.1g

硫酸镁：0.05g　　硫酸亚铁：0.001g

琼脂：2g　　蒸馏水：100mL

取上述成分置于烧杯内，电炉加热溶解，稍冷，分装试管。加压1kg/cm^{2}灭菌30min，取出摆成斜面，之后置30℃恒温箱内培养3d。检验无凝结水无杂菌即可使用。

b. 接种：取无菌水试管1只（约5mL）。原菌试管1只，经检验合格的斜面试管数只。用70%酒精擦拭消毒。放入无菌箱内。在无菌条件下，移一接种耳孢子于无菌水内。制成孢子悬浮液。摇匀移一菌耳悬浮液划线试管斜面一支。

c. 保温培养：将接种的试管斜面置于恒温箱内，31℃培养7d，经检验达到质量要求后即可使用；或置冰箱内4℃保存备用（不超过1~2个月）。

④质量标准：菌落咖啡色，背面浅黄绿色，略有皱褶，孢子为褐色，无杂菌。

（2）三角瓶菌种

①流程

三角瓶（500mL）→刷洗→烘干→塞棉塞→灭菌→装料→加压灭菌→接种培养→三角瓶菌种

②操作规程

a. 配料装瓶：麸皮100g，加水110~120mL，拌匀润料30min，分装于三角瓶，每瓶湿料20g，塞好棉塞。

b. 蒸料灭菌：加压1kg/cm^2，灭菌1~1.5h，取出冷却至28~30℃。

c. 接种培养：于无菌箱内按无菌手续接种，取出摇匀堆积。于恒温箱内31℃培养24h左右，摇瓶摊匀，再经10h左右结成饼状后摇瓶一次，继续培养至4~5d成熟。

d. 存放：将培养好的三角瓶种子，置阴凉干燥处保存。有条件可放冰箱内保存，保存期不超过20d。

③质量标准：菌丝整齐健壮，孢子丰满稠密，内外一致，呈深咖啡色，无杂菌。

（3）帘子曲种

①流程

配料→蒸料→散冷→接种→堆积保温→装帘→培养→曲种

②操作规程

a. 配料：麸皮100%，加水90%~100%，堆积水分54%~56%，加硫酸调pH 4.5~5，堆积酸度0.4~0.6硫酸量0.2%~0.3%。

b. 蒸料：将料拌匀，过筛，润料30min，1kg/cm^{2}蒸料1.5h，常压2h。

c. 装帘：当品温复升至32~33℃，装帘摊平，装料厚度15cm^{2}左右。盖上塑料布。上帘后品温29~30℃，室温30~31℃。

d. 划帘：接种后20h左右品温升至33~34℃时，根据菌丝生长情况进行第一次划帘，再过6h左右进行二次划帘。

e. 保温培养：划帘后转入中、后期，要求品温保持均衡，一般33~35℃，不得超过35℃，约50h，孢子基本成熟，进行排潮。培养55~60h出房。

③卫生要求

a. 配料要选择优质无霉变的麸皮。

b. 曲种室用前以水冲洗干净，地面洒漂白粉液杀菌。所有工具均应加压灭菌（塑料布用漂白粉），置曲种室中用硫黄或甲醛熏蒸灭菌，注意塑料布要展开，门窗要封严。

c. 曲种室周围要干净，操作人员进入室内操作前穿无菌衣，带无菌帽，巾须用70%酒精消毒，鞋底要用漂白粉液消毒。

④质量标准：无杂菌感染，菌丝整齐健壮，孢子丰满稠密，质地疏松，内外一致，呈深褐色。

孢子计数：30亿/g以绝干计

糖化酶活力：8000U/g以上。

发芽率：60%~70%。

（4）通风制曲

①流程

配料→蒸料→出锅降温→接种入箱→间断通风→翻箱盖糠→连续通风→成曲出房

②操作规程

a. 配料（因地制宜选用一种）：麸皮 100%，加水 75%～80%，入房水分 50%～55%，加硫酸 0.3%，入房酸度 0.4～0.6。麸皮 90%，谷糠稻壳 10%，酒精鲜酒糟、水各加原料总重的 40%。麸皮 80%～85%，固体鲜酒糟 15%～20%（以折干计），加水 65%～70%。

b. 蒸料：将原料混合均匀，用打麸机打一遍，堆积润料 30min，然后均匀装入蒸麸锅内，同时开气，顶气装锅，装完圆气后计时，蒸料灭菌 2h。

c. 接种装箱：料蒸完后出锅扬麸降温。当料降温至 36～38℃时，接入事先搓碎的曲种，数量为 0.2%～0.4%，翻拌均匀，降温至 32～34℃，立即入房装箱。装箱要求疏松、均匀，装完后品温 28～30℃，室温 30℃左右。

d. 通风培养

前期：12h 前，品温控制在 28～32℃，当品温达到 32℃时进行间断通风。

中期：12～24h。控制品温 32～34℃，品温开到 33℃即通风，30℃以下时即停风，以温度升降情况间断通风次数。装箱后 16～20h，视结块情况进行翻箱，要求无疙瘩，并覆盖已灭菌的糠壳。以后通风品温不下降时即可连风控制品温 33～34℃。

后期：24h 至出房。控制品温 34～35℃，最高不超过 36℃。

整个培养过程中室温应根据品温来调节。培养时间：36～38h。

e. 出房存放：出房前通凉风降温，出房后打碎晾干存放。

③卫生要求

a. 生料、熟料要严格分开。

b. 制曲用设备、工具使用前用蒸汽灭菌，用完后要及时冲刷干净，用 5%漂白粉液灭菌，并保持清洁。

c. 操作场地用过后，要用 5%漂白粉液灭菌。

d. 成曲出房后，曲箱内、地面要彻底清刷，并用漂白粉杀菌。曲房内可定期用硫黄、甲醛熏蒸灭菌。

④质量标准：质地松软，呈淡黄色，断面有浅色孢子，有固有曲香味。糖化酶活力 4000U/g 以上。

3. 育芽法

（1）曲种育芽法

①工艺操作：称取量为做曲种所需三角瓶种子 15 倍的麸皮，加入 100%～110%的水，搅拌均匀，润料 30min，装入 2000mL 的三角瓶中，每瓶装麸皮 150g，按照常规处理之后，1.3～1.5kg 压力下糊化 120min，取出自然冷却至 31℃，接入三角瓶种子，于恒温箱内 31℃培养 24h，即成曲育芽种子。

②注意事项：瓶中物料疏松，棉塞松紧适度，应保证有足够的空气。采用育芽法时总培养时间不变。

③质量标准：无杂菌感染，比糊化后的原料颜色略深，镜检多数孢子发芽，并有菌丝伸延现象。

（2）通风曲育芽法

①工艺操作：取占原料 10%的麸皮，加水 80%～90%，50kg 麸皮加硫酸 300～400mL，拌匀，润料 30min，加压 1kg 蒸 1.5h（常压蒸 2h），取出散冷至 36～38℃，接入通风曲种量 0.04%的全部曲种，翻拌匀，化验水分 53%～55%，酸度 1.3～1.5，用帘子盛载时翻拌降温至 30～31℃，装帘厚 3～4cm，用池子盛载时降温至 28～30℃，育芽时间约 10～12h。中间品温升至 33～34℃，要进行倒帘或通风。

②质量标准：略有结块，一触即碎；镜检多数孢子采用萌芽法时总培养时间不变。

［《轻工业部 UV-11 新菌种培训班讲义》初稿］

五、"东酒1号"培菌制曲的操作方法

（一）菌种的分离和复壮

1. 操作步骤

保藏菌种→制备单孢子悬浮液→稀释计数→涂平板→移接斜面→保温培养→鉴定

2. 操作方法

取一支要分离的试管斜面菌种，在无菌操作下倾入10mL无菌生理盐水，用接种环将孢子轻轻刮下，不要刮下培养基，然后过滤于预先备有脱脂棉漏斗，装有玻璃珠的无菌三角瓶中，振摇20min左右以打散孢子，并须继续振摇直至成单孢子悬浮液。过滤于另一无菌三角瓶中，取1mL加入预先盛有9mL无菌生理盐水的试管中，充分摇匀，再从此试管内吸取1mL加入另一预先盛有9mL无菌食盐水试管中，依此类推。稀释至要求的倍数为止，吸取0.1mL于平板培养基上。用涂棒涂布均匀，置30℃恒温箱中保温培养，要求每个平板上不超过5个菌落。经2~3d培养后，挑选菌落，移植于试管斜面上，继续在30℃保温培养5d左右，选取外观形态和原菌种一致的斜面为生产使用。

如需进一步鉴定，则可将选定的斜面菌种，挑取3环接种于预先装有杀菌麸皮的三角瓶中，于30℃保温培养至孢子初露时，化验糖化力、液化力等数值，选取优良者备用。

如从砂土管菌种中分离，则挑1~2环砂土孢子于预先装有无菌生理盐水和玻璃珠的三角瓶中，振摇打散孢子，其余操作同上。

3. 培养基制备

（1）米曲汁　大米用水洗净，浸泡23~24h，中间换水2~3次，沥水蒸熟，冷却35℃左右，加3800黄曲种少许，拌匀，28~30℃保温培养约2d，米粒上长满白色菌丝并出现极少数孢子时，按1份米曲加水8份的比例加水，在58~60℃保温糖化6h，用滤布过滤数次，至滤液较清澈为止，糖度约15~16°Bx（波美度约9°Bé）即成米曲汁。

（2）麸皮汁　1份麸皮加水6份，煮沸30min，用纱布榨滤出麸皮汁。

（3）平板分离培养基　糖度6°Bx（波美度约3.5°Bé）添加3%~3.5%琼脂，以0.6kg/cm^{2}蒸汽杀菌30min，趁热倾入灭菌的培养二重皿中，每个装置约15mL，冷凝后备用。

（4）试管斜面培养基　将米曲汁加入麸皮汁，使糖度为13°Bx（波美度约7.5°Bé），加琼脂2.5%~3%，加热使琼脂溶化，趁热分装于杀菌的试管中，装量约为试管的五分之一，塞好棉塞，扎好油纸，0.6kg/cm^{2}蒸汽杀菌30min，或常压间歇杀菌三次，趁热摆成斜面，冷凝后置30℃恒温箱中5~6d，使冷凝水珠挥发并检查无菌后备用。

（5）三角瓶麸皮培养基　按麸皮：水=1：3的比例配料，拌匀，分装于500mL三角瓶中，每瓶装量约10g（干料计）。1kg/cm^{2}蒸汽杀菌60min，取出趁热摇散，勿结块。

4. 玻璃器具和无菌水的准备

（1）三角瓶　取已洗净烘干的250mL三角瓶2只，装入玻璃珠少许，瓶口塞少量脱脂棉。插入直径5cm漏斗一个，漏斗内放少许脱脂棉，用纸包好。另取干净的250mL三角瓶2个塞好棉塞，用纸包好。取已洗净烘干的直径9cm培养皿20个，五个一起分包好。

取已洗净烘干的18mm×180mm试管若干支，塞好棉塞，10支一起扎好。

取洗净烘干的1mL吸管20支，基端塞入少许脱脂棉，分别用纸包好，扎在一起。

取玻璃涂棒4~5支。分别用纸包好。

以上物品一起置160℃恒温干燥箱中干热杀菌3h，待温度下降至60℃以下才开箱取出备用。

（2）无菌水　0.85gNaCl（食盐）溶于100mL蒸馏水中，即成生理盐水，取7支杀菌的试管，每管加入生理盐水 9mL。并顺序编号，塞好棉塞，扎好油纸，$1kg/cm^2$ 蒸汽杀菌 60min，其余生理盐水 200mL 三角瓶装好，塞好棉塞，扎好油纸，一起杀菌备用。

5. 无菌室的杀菌

无菌室在使用前，用甲醛和硫黄熏蒸杀菌 12~24h（每立方米空间用甲醛 5mL，硫黄 5g，如单用一种，则需 10g 或 10mL），接种前 1h 开紫外灯杀菌 30~40min，然后进去操作，开紫外灯以前应将除菌种外的一切应用物品放进无菌室，操作人员应换衣、换鞋、换帽，并用 75%的酒精擦手消毒。

（二）试管斜面种子的培养

一般在菌种分离、复壮时，对于选定的菌落，多移接一些试管斜面以供生产使用。如平常还需移斜面，则按下述方法进行：

（1）如前述方法配制糖度 13°Bx（波美度约 7.5°Bé）的米曲麸皮汁培养基。

（2）在无菌室内，用灭菌之接种针，挑取原菌种孢子，接种于试管斜面培养基上，30℃保温培养 5d，检查合格后放入 5℃冰箱内保存备用。

（三）三角瓶种子培养

1. 操作步骤

选麸加水→装瓶蒸料→摇瓶降温→接种培养→晃瓶扣瓶→装袋干燥

2. 操作方法

（1）选麸加水　选取块片较大的粗麸皮，加水 130%左右（要求接种水分 62%左右，可根据原料和气候情况酌情增减），充分拌匀，拌散，不能有小疙瘩。

（2）装瓶蒸麸　将拌好的麸料分装于 500mL 三角瓶中，每瓶装量 10g（干料计），料层约 0.5cm，塞上棉塞，扎好油纸，$1kg/cm^2$ 蒸汽杀菌 60min，取出放进无菌室，趁热摇散，并将瓶壁冷凝水均匀摇于麸皮中。

（3）接种培养　待料温降至 32℃左右，去掉油纸，将瓶口在火焰上烧一烧，拔下棉塞，用灭菌过的接种环挑取试管斜面菌种孢子 2~3 环于三角瓶内，塞上棉塞，充分摇匀，摊平于瓶底，置 30℃恒箱中保温培养，箱内下层放一碗水，以利保湿。

（4）晃瓶与扣瓶　培养 17~18h 后，麸皮上出少量白色菌丝，快要结饼时，将瓶底轻轻晃一晃，使培养基松动透气，但不可将基晃碎，再过 6~7h，麸皮上长出较多菌丝，并稍有结块时，可进行第一次扣瓶，使结块麸皮翻身，将三角瓶平放于保温箱内，再经过 9~10h，长出大量菌丝，结块较牢时，进行第二次扣瓶。

（5）装袋干燥　第二次扣瓶 13~17h，长出大量孢子并略有转色时，可将箱内保潮水取出，继续培养 5d 左右，外观孢子头密布均匀，健壮，色泽正常，内无生心，镜检无杂菌时，将瓶倒置于箱内数小时，待瓶内积水被棉塞吸干后，取出倾入已灭菌的纸袋内，在 38~40℃下干燥，然后放于阴凉干燥处保存备用。

（四）种曲的培养

1. 操作步骤

配料→蒸料→出甑扬冷→装盒上架→保温培养→烘干出房

2. 操作方法

（1）配料、蒸料　选取质量好、块片大的麸皮 1 份，加水 1.1 份（要求接种水分 50%左右，可根据原料和气候情况酌情增减），充分拌匀，再用扬渣机打一次。上甑前将甑底铺层谷壳，并放出甑脚水，带汽上料，由圆汽起蒸 2~3h 出甑，要求料熟而不黏，发出麸香味。

（2）出甑扬冷　出甑后的料，乘热进房，过筛于铝盘或簸箕内，用掀板扬冷，打散疙瘩。

（3）接种堆积　当麸料冷至 37~38℃时，接三角瓶种子，接种量约 0.15%。三角瓶种子先倒在铁

瓢或木瓢内，加些熟料和匀，然后分次撒在麸料上，充分拌匀，堆积于铝盘或簸箕端，温度31~32℃，盖上蒸过的潮布，保持室温30~31℃。

翻堆：堆积过程中，品温升到33~34℃时，进行翻堆，降品温至30~31℃时，又堆积如原。以后品温又升到34~35℃时，可再次翻堆降温至31~32℃，堆积过程中应保持品温不超过35℃。

（4）装盒上架　经6h左右堆积后装盒，装盒之前散堆打翻降温至31~32℃，每盒装料量约半斤（控制料层厚度以1cm左右为度），摊平，上架码成柱状或十字形，每8~9盒，用湿麻袋或湿布围盖控制室温在30~31℃，湿度在90%以上（即干湿球温差在0.5~1℃），室内保持雾状，地面经常洒水（有条件的，房内最好安置蒸汽和冷水管）。

（5）保温培养　整个培养过程中，应注意保温保湿，夏天降温保潮适应"东酒一号"适温受潮的特性，但要求品温基本一致，并不超过38℃，可采取下述各种措施加以控制。

倒盒：种曲房内，由于冷热空气的升降，导致品温上下层相差2~3℃，为使品温基本一致，可将曲盒上调下，中调上，下调中，前调后，后调前，即进行倒合，在培养过程中，一般2h左右要倒盒一次。

翻盒与划盒：装盒后6~7h，长出白色菌丝，触之有弹性，即结饼时，须及时翻盒、划盒，用小铲将麸料打翻，再用杀过菌的筷子划碎，促进菌丝在麸料上生长均匀，动作要稳、轻、快。翻盒品温要求不超过34℃，翻后降低1~2℃，仍如前摆好，保温保潮，再过7~8h，菌丝布满麸料，触之有弹性，并已结饼时，可进行第二次翻盒划盒。方法同上，只划成小块，不宜过碎，以增加空隙，便于曲菌生长。品温要求不超过35℃；室温可控制在30~31℃，第二次翻盒后，菌丝已进入旺盛生长期，应揭去湿麻布或湿布，改盖草帘增加保潮，密切注意品温，不使升至38℃以上，地面可多洒水，降温保潮。

花盒与摊盒：第二次翻盒，划盒后6~7h，品温上开快而猛，可根据情况，采取花盒与摊盒的措施降温保潮。花盒是拉开盒与盒之间的距离，所采用品字，+字、×字形、砖墙等各种形式，以增加曲盒间的空隙，散发热量。如果还不能使品温降至38℃以下，可将地面铺上竹条，将曲盒摊于地面，将草帘取下浸泡冷水，拧干再挂上。当然最好是将种曲房安上冷却器，通冷水降低室温，调节品温。

（6）烘干出房　第二次翻盒划盒后29~30h，孢子全部变为淡褐色时，去掉一切保潮设施（如地面水，关掉蒸汽龙头，揭去草帘等），生火，提高室温38~40℃，将曲盒码成品字形进行逐步干燥，当种曲水分在20℃以下时，可出房储存备用。

3. 清洁卫生工作

（1）种曲室每次使用前都要用甲醛、硫黄熏蒸杀菌。

（2）空曲盒每次都须用漂白粉洗刷干净，晒干或烘干，并常压蒸汽杀菌2h，晒干或烘干，使用前再蒸一下，使其受潮，冷后备用。

（3）麻袋或布、草，每次都洗净晒干或烘干，并常压蒸汽杀菌2h，晒干或烘干，使用前再蒸一下，使其受潮，冷却备用。

（4）使用一切用具均须用75%酒精或蒸汽杀菌后才能使用。

（五）大房曲的生产

1. 操作步骤

配料→拌料→蒸料→扬冷→接种→装池→通风→培养→出池

2. 操作方法

（1）配料　按麸皮∶谷壳=10∶1的比例配料，如果细麸皮，可酌情多加一些谷壳，以利通风。有统糠时，最好能加7.5%~10%，以控制曲料含淀粉18%~20%。50kg麸皮加H_2SO_4 100mL，控制入池，酸度在0.5左右。

（2）拌料　加水前用掀板打1~2次，将料拌匀。然后按70%左右的比例加水，要求控制入池水分为52%左右（夏天），或50%左右（冬天）。加水时先把H_2SO_4溶于润料水中，均匀地洒入麸料中，加水后用耙头掀拌1~2次，用扬渣机打一次，充分搅拌均匀。

(3) 蒸料　将拌好的料带气上甑，从圆气时起蒸 40min。

(4) 扬冷　蒸好料后用鼓风扬渣机和掀板等将料扬冷。

(5) 接种　将曲料冷至 40℃时接种，接种量 0.5%左右，先以少量的熟料和好种曲，并用扬渣机打匀，然后均匀地撒入曲料中，用掀板打两次，将种拌匀，再用扬渣机打一次，消除疙瘩。

(6) 装池　曲料温度达到 32℃左右（夏天）或 34℃左右（冬天）时，即可装池，用簸箕将料又轻又匀地倾入池中，力求使曲层薄厚、松紧一致，前中后三段温度均匀，扫平，撒上一层薄谷壳（谷壳最好用蒸汽杀菌）压好竹条，上好压杠，插上温度计，温差在 0.5~1℃（用蒸汽调节）。

(7) 通风　约经 4~6h 后，这时应通一次循环风，不要冷风。时间约 5min。当品温上升到 36℃左右时，开始间歇通风，品温降到 32℃左右时，停风，间歇通风，当品温不再下降时，注意连续通风操作。

连续通风后，菌体生长逐渐进入旺盛期，应经常根据品温升降情况，及时采取措施保温保潮，前期以循环气为主，风门由小到大，切莫使冷风门开得太早，或把风门时开时关，使品温上下波动，但在夏天要早通混合风，增加新鲜空气，促进曲菌生长。控制前期品温不超过 38℃（入池起至 15h 左右，即晚班交班温度不超过 38℃），中期品温 40℃（即早班交班温度不超过 40℃），后期保持品温在 42℃，最高不超过 45℃。

(8) 培养　培养过程中要随时根据情况紧栓、防止漏风和曲料开裂。前、中期要切实保潮，后期要注意排潮，看季节和天气情况灵活掌握。夏天、秋天气候干燥时，可在风口用冷水喷雾，冬天气温低，前期可提高室温，以带品温，视具体情况灵活掌握。

(9) 出池　培养后期，品温下降，不再上升，即可打开门窗，排潮干燥，开冷风门通风。出池的麸曲用扬渣机打散，放在凉曲池内，间歇通风以防止曲子发烧。

3. 清洁卫生工作

(1) 一切工具用具每次使用后必须洗刷干净，摊场每天冲洗。

(2) 曲房、曲池过一定的时间后，彻底搞一次杀菌、清洁工作，用石灰水粉刷墙壁，用水洗刷曲池，然后用甲醛、硫黄熏蒸杀菌 12~24h。

(3) 平常由每天晚班当班人员用甲醛或硫黄熏蒸曲房。

(4) 曲房应禁止无关人员通行。

[《广东酿酒》1978 (1)]

六、六曲香酒的麸曲制作方法

(一) 菌种来源

六曲香酒酿造，共采用有 11 个菌种，除酒精酵母和黄曲霉来源于中国科学院微生物研究所外，其余为汾酒酿造中分离的优良菌种。

(二) 制曲工艺

1. 菌种

六曲香酒共用五个霉菌和一个酵母属拟内孢霉，制成麸曲形式。其中有：黄曲霉 384、根霉 1009、毛霉 10047、犁头霉 10075、红曲霉 1005、拟内孢霉 3060。

2. 曲霉的培养

曲霉制备分试管培养、三角瓶扩大培养和曲盆种子三个步骤。

(1) 试管培养　用米曲汁琼脂斜面培养基，红曲霉 28~30℃，培养 7~8d；其他菌种 28~30℃，培养 48~72h。

（2）三角瓶培养　红曲霉三角瓶培养用小米制作：称取小米饭 50g 灭菌，接入斜面菌种，两天后经常摇匀，约 5~6d，待米饭变红深红色即成。其他菌种的培养用麸皮制作：称取麸皮 50g 于 1000mL 三角瓶中，加等量水，常压灭菌三次，接入斜面菌种，30~32℃培养 3d。拟内孢霉制原菌时可加入 15%的玉米面效果更佳。

（3）曲霉种子扩大培养　红曲和拟内孢霉用曲量很小，一般不做曲霉种子培养，如一般麸曲曲种的培养操作。

3. 工艺流程

原料→加水拌和→蒸料→打碎→入房→摊凉→接种→堆积→装盒→拉盒→扣盒→出房

红曲的培养，以米粒大小的薯干渣为原料，加水 80%，食醋 2%，接种于三角瓶原菌，装盒后 24h 内保持品温不低于 30℃，48h 温度为 32~33℃，每隔 5h 倒盒继续培养 12~24h，提高品温至 36℃，曲心为紫红色，立即出房风干，减少污染。拟内孢霉曲子培养：原料为 80%麸皮，20%玉米面，加水 100%，按以上操作流程培养，品温一般保持 30~32℃即可。

其他四种麸曲的培养，同一般麸皮操作方法。为了简化目前根霉、毛霉、犁头霉做混合制曲，黄曲单独培养，以保证足够的糖化酶活力，供发酵使用。

4. 麸曲的质量指标

（1）感官鉴定　成曲感官要求菌丝多，结块好，疏松，有弹性，内外一致，气味正常，红曲要曲胚红透，颜色深红。

（2）理化指标　以上各种麸曲对六曲香的作用机制尚不明确，有待今后研究，目前只测定液化力、蛋白质分解力，如表 6-18 所示。

表 6-18　麸曲理化指标

曲别	糖化力	液化力	蛋白质分解力
黄曲	2000	5.2	5.7
毛、根、犁混合曲	626	微弱	2.2
红曲	411	微弱	—
拟内孢曲	699	—	—

（三）菌液的人工培养

六曲香酒酿造人工菌种培养，包括酒精酵母、汉逊酵母和白地霉，分别制成卡氏罐酒母或浅盘培养液。

1. 菌种

酒精酵母 Rasse 12；

汉逊酵母 汾Ⅱ3091、3077；

白地霉 3012。

2. 菌种的培养

固体试管用米曲汁琼脂斜面，液体试管用米曲汁，三角瓶、卡氏罐和浅盘培养用玉米糖化液，糖度约 7°Bé，汉逊酵母糖化液可加 1/3 的酒糟水，糟水比例为 1∶1，过滤后使用。

3. 人工菌液操作流程

（1）酒精酵母

固体试管 —25~26℃，24h→ 液体试管 —24~26℃，24h→ 三角瓶 —25~26℃，13h→ 卡氏罐

（2）汉逊酵母

固体试管 —28~30℃，24h→ 液体试管 —28~30℃，24h→ 小三角瓶 —28~30℃，36h→ 大三角瓶 —28~30℃，36h→ 浅盘

（3）白地霉

$$\text{固体试管}\xrightarrow[48h]{28\sim30℃}\text{液体试管}\xrightarrow[48h]{28\sim30℃}\text{三角瓶}\xrightarrow[48h]{28\sim30℃}\text{浅盘}$$

［傅金泉主编《中国酒曲集锦》，中国轻工协会发酵学会等，1985］

七、混合曲制作方法

原食品工业部在周口酒厂进行的橡子酿制白酒试点工作中，曾搜集了多种曲霉进行了试验，结果证明，酿制橡子白酒时，使用混合曲——黄曲和黑曲相混合的曲，要比单独使用曲霉效果好。

这是因为黄曲液化力和前糖化力强，黑曲液化力弱，而后期糖化力强，所以混合使用后，两种曲霉互相取长补短，从而使出酒率大为提高，如在周口酒厂的四次生产试验时出酒率即达 68.7%。现将制混合曲的过程介绍如下：

（一）菌种

黑曲是中国科学院 3758 号（*Asp. usamii*）。

黄曲是中国科学院 3800 号（*Asp. flavus*）。

（二）曲种操作

1. 黄曲

黄曲与原黄（俗称老黄曲）相同，不另介绍。

2. 黑曲

（1）准备工作　与一般曲种相同。

（2）原料配比　麸皮 45%，鲜酒糟 45%（60%左右），谷糠或稻皮 10%，调节水分至蒸煮后堆积为 58%左右，堆积酸度 0.5 左右。

（3）蒸煮时间　50~60min。

（4）接种与堆积　接种温度 38℃，接种量加扩大培养量为干原料的 0.2%。堆积温度 28~29℃，堆积时间 3h 左右（在木箱内）。

（5）装盒　堆积 3h 后，进行一次翻拌即装盒。曲料在盒内成山形，中间凹陷，过 8~10h 摊平，厚度为 0.6~0.8cm，再经 8h 左右盖上杀过菌的湿草帘。

（6）管理　前期品温维持 30~36℃，每隔 3~4h 倒盒一次，装盒后经 24~34h 划盒，划盒后保持 35~37℃，从接种后计算培养 48h，品温下降后，撤去草帘，提高室温放置干燥 5~6h 出房。

（7）室温与湿度　室温：堆积装盒时，室温 27~28℃；装盒摊开后至孢子大部分形成时，室温 25~27℃；后期室温 28~30℃。湿度：前、后期干湿球温差 3℃左右，中期干湿球温差 1~2℃。

3. 注意事项

（1）曲用淀粉质少一些，以防生酸过大、抑制孢子形成。

（2）黑曲和黄曲菌丝较长，曲料要松软一些，较老黑曲及老黄曲水分稍大，并要注意防止前期水分散发。

（三）制曲部分

1. 原料处理

配比：麸皮 50%，鲜酒糟（含水 62%~64%）50%。蒸煮时间 1h。接种温度 38℃，接种量以干料计黑曲 0.8%，黄曲 0.5%。堆积水分：黑曲 57%~59%，黄曲 52%~54%。堆积酸度 0.5~0.7，堆积温

度27~29℃。堆积时间：黑曲 3~4h，黄曲 7~8h。

2. 曲房管理

装盒后品温 24~26℃，每 2~3h 倒盒一次，至扣盒品温上升到 38℃左右，扣盒后为 38~40℃，扣盒后 4h，品温可达 40~42℃，46h 出房。室温 25~27℃，干湿球温差 0.5~1℃。

3. 成品质量

成品质量见表 6-19。

表 6-19　成品质量

曲名	水分/%	酸度	糖化力	液化力
黑曲	40	2.00	290	0.9
黄曲	31	0.90	1800	10.0

4. 注意事项

（1）二种黑曲和黄曲菌丝虽长，但制曲原料不要太疏松，不然在曲内部亦生孢子，不能整盘结成很紧的饼状，使糖化力降低。

（2）黑曲水分需大些，黄曲应较黑曲小 2%~5%，但较老黄曲水分要大。

（3）曲堆积时间要短，防止前期生酸量过大，有碍后期菌的成长

（4）黑曲前期温度应低些，以免过早挥发水分，中间时间不宜过长，后期必须高温，如扣盒后 4h 不能维持在 40℃以上，则孢子生长很快，至出房黑色孢子过多，糖化力反而下降。

（5）这种黄曲较老黄曲前期生长慢，所以前期在温度管理上最好偏低一些，曲盒应干燥清洁，否则扣盒或出曲会发生发黏现象。

[《食品工业》1958（7）]

八、地面制曲法

1. 工艺流程

原料→拌料→润料→蒸料→接种→堆积→入房地面培养→出房收贮成品

2. 操作方法

以投料 1000kg 为例。

（1）拌料和润料　取粗麸（机制面粉粗麸）500kg，摊于拌料场上，然后加水 500kg，用木锨粗拌一次，再用竹扫帚扫拌一次，彻底消灭块状物后，再加入细麦麸 500kg，（机制面粉细麸），再用木锨拌匀两次，堆积成垄，润料 1~2h。

（2）蒸料　原料润好后，用每孔 0.5cm^2 的铁丝筛子筛料一次，除去其中小块状物可以用木锨压碎加入原料中，在锅水沸腾后进行装甑，装甑前先在甑底散撒稻壳层，而后逐层装甑，不得压气。待圆气后，不盖甑盖蒸 40~60min。

（3）扬冷接种　麸料蒸好后，用木勺子或铁铲子挖出，并用每孔 0.5cm^2 铁筛子筛母料一次，然后扬冷接种，接种温度与接种量如下：

夏季：接种温度 32~35℃，接种数量 0.2%~0.25%；

冬季：接种温度 38~40℃，接种数量 0.25%~0.3%。

（4）堆积　接种后用木锨充分搅拌二次，即进行堆积。堆积品温开始，夏季为 30~32℃，冬季为 35~36℃，堆积时间：夏季 5~6h，冬季 7~8h。经堆积一定时间后，品温开始上升，夏季品温升至 35~36℃，冬季升至 38~40℃，即行降温入房。

（5）入房培养　曲房地面为水泥或砖铺成，入房前，应打扫干净。进房品温，夏季 32~33℃，冬季 37~38℃。麸料倒在地面上后，用木锨耙平，其厚度为 2~2.5cm，随即将门关闭，保温培养，室温经常保持在 25~26℃之间。曲房地下有火道保持地面温度，进房时地面温度在 0.5℃左右，以后随品温逐渐上升。在房内培菌全期，夏季为 36h，冬季为 46~48h，最高升温品温为 40℃。

（6）出房成曲　曲长好后，用木锨就地面铲起，装入竹箩内，送往储存室。

（7）成曲外观与质量标准

①菌丝密布，曲呈饼状，表面呈黄绿色，底部白色略带黄色。

②糖化力在 95%以上，酸度在 1°以下，水分为 36%~38%。

九、代用原料酿酒酒糟制曲法

利用代用原料酿酒是酿酒工业中节约粮食的一项重要措施，如何把代用原料酒糟利用起来，这对防止环境污染，降低生产成本，促进代用原料酿酒的发展，具有一定的意义。本文作者对金刚刺酒糟制曲进行了研究和利用。

（一）几个小型科学实验

方法：按一般制曲的方法，用金刚刺酒糟和麸皮为配料，制成含酒糟 10%、30%、50%、70%、90%、100%的，以及全部用麸皮和 70%麸皮与 30%粗糠混合，加合适的水量，拌匀装入 500mL 三角瓶中，经 1kg 压力消毒，冷却。在无菌箱中接入轻工二号黑曲霉菌种 2~3 环，置 30℃保温箱内，培养 44h，取出晒干成曲，备用。

1. 不同含糟量的培养基成分测定

结果见表 6-20。

表 6-20　不同含糟量的培养基成分测定

项目	含酒糟（湿）						麸皮	混合料	
配比/%	10	30	50	70	90	100	100	麸皮 70%	粗糠 30%
淀粉/%	27.73	25.86	21.63	17.85	14.51	9.57	29.60	23.93	
酸度	0.6	0.86	1.0	1.0	1.1	1.1	0.5	0.5	

注：（1）酸度以 10%的浸曲液 10mL 消耗 0.1mol/L NaOH 毫升数表示。

（2）淀粉以盐酸水解法测定。

2. 不同糟比的培养基繁殖情况和糖化力比较

结果见表 6-21。

表 6-21　不同糟比的培养基繁殖情况和糖化力比较

项目	含酒糟（湿）						麸皮	混合料	
配比/%	10	30	50	70	90	100	100	麸皮 70%	粗糠 30%
繁殖情况	++++	++++	+++	++	+	-	+++	+++	
糖化力	600	576	768	400	104	40	568	560	
酸度	4.0	3.25	3.40	2.3	0.8	0.6	4.15	3.2	

注：（1）酸度同表 6-20。

（2）繁殖情况用+表示，以+多者为好，-者为最差。

（3）糖化力按全国黄酒生产化验方法略有修改。

固态发酵方法：金刚刺蒸料：金刚刺酒糟=1：1，测定淀粉为14.8%~15%，称重200g于500mL三角瓶中，加棉塞，蒸料，冷却到35~40℃，加不同糟比制的曲4g（用曲量8%），加酒母10mL，拌匀压实，用塑料薄膜包扎，置30℃保温箱发酵5d，即行蒸馏。

液态发酵方法：取金刚刺粉50g（淀粉37.5%），加水200或250mL，加曲温度60℃，用曲6g（用曲量6%），加酒母量、温度、周期与固态法相同。如表6-22所示。

表6-22　固态发酵和液态发酵的对比

项目	含酒糟（湿）						麸皮	混合料	
配比/%	10	30	50	70	90	100	100	麸皮70%	粗糠30%
酒精CC									
固态发酵	8.35	8.55	8.33	8.4	7.6	4.2	8.3	8.3	
液态发酵	8.36	8.3	8.33	8.23	7.5	2.45	8.0	8.3	

（二）酒糟制曲操作简介

配料：用麸皮560kg和湿金刚刺酒糟650kg，操作是先将麸皮干蒸，待上汽后再蒸20~30min，出甑冷却45~50℃，再与刚刚出甑冷却的湿金刚刺酒糟混合均匀，冷却到40℃即可接0.4%的黑曲种，打堆时品温30~35℃，经5~6h，品温上升到36~37℃，略有曲香气即可在地面摊平，厚度为1.5寸①左右，经14~16h，品温上升到38℃左右，曲块结饼，即可翻曲。翻曲后，品温上升到38~43℃，繁殖旺盛，经17~19h后，品温下降，共经40~48h成曲。

（1）制曲温度变化曲线（图6-8）

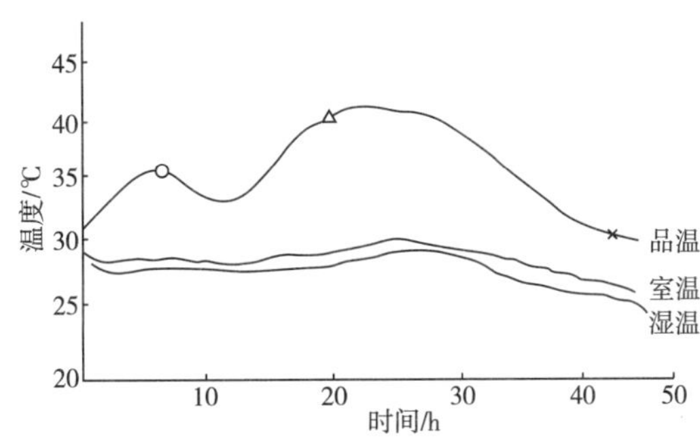

图6-8　曲料酸度

○—摊平　△—翻曲　×—出房

（2）制曲过程中的生化变化（表6-23）

表6-23　制曲过程中的生化变化

结果	打堆			打堆—摊平（5~6h）				摊平—翻曲（14h）			
	水分	淀粉	酸度	水分	淀粉	酸度	糖化力	水分	淀粉	酸度	糖化力
含水量%	51.24	20.08	0.63	51.0	19.91	0.69	40	49.13	19.07	1.11	248
无水%计		41.14	1.29		40.63	1.04	81.6		37.39	2.19	486

① 1寸=3.33cm。

续表

结果	翻曲后（16h）				翻曲后（18h）				出曲（24h）			
	水分	淀粉	酸度	糖化力	水分	淀粉	酸度	糖化力	水分	淀粉	酸度	糖化力
含水	40.8	18.14	1.36	312	38.2	17.04	1.79	456	24.5	21.42	2.11	520
无水		30.74	2.31	528.8		27.48	2.89	735		28.3	2.79	688.9

（三）问题的讨论

1. 金刚刺酒糟制曲的优点

（1）残淀粉的利用　在制曲过程中，曲霉对淀粉的要求一般在20%~25%时已生长良好，上述实验，和生产结果是一致的。淀粉含量高，升温猛，生酸量大，所以是一种浪费。金刚刺酒糟淀粉在8%~9%，可调节合适的淀粉，在高温季节有显著效果。

（2）调节曲料酸度，促进曲霉繁殖，防止杂菌污染　从实验和生产结果表明，不配糟的升酸幅度大，而适当配糟的，升酸幅度小；从繁殖情况看，其有繁殖快、菌丝多、结饼紧、曲香浓的现象。

（3）有良好的填充作用，可代粗糠，减少酒的糠气味。

（4）可利用酒糟中的氮、磷源及其他营养成分，促进曲霉繁殖。

2. 利用酒糟制曲应注意几点

（1）合理糟比的优选，一般以加30%~50%的湿糟为宜，应防止片面增长糟比，而导致糖化力下降。

（2）严格酒糟质量，采用优良酒糟，要用新鲜酒糟。

（3）根据气候条件及酒糟含水的变化，控制合适的曲料水分。

［《广西酿酒技协通讯》1975（1）］

十、液体曲制作方法

1. 工艺流程

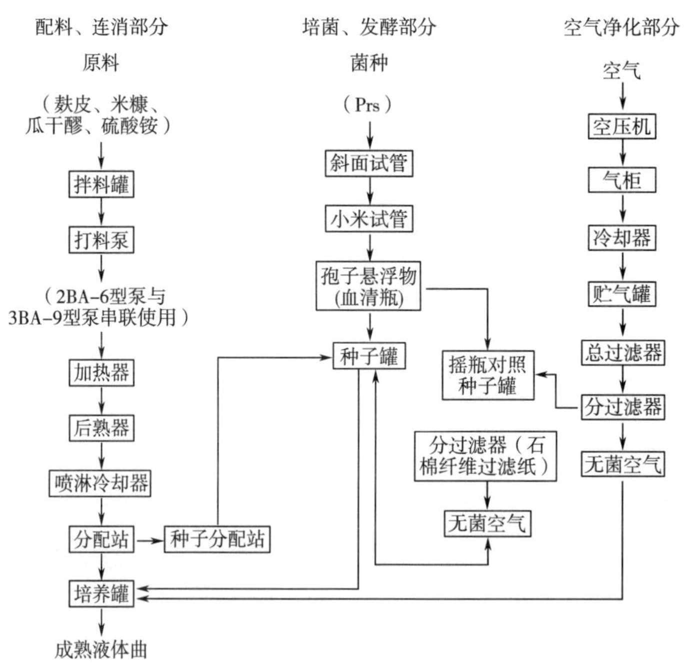

2. 主要设备和工艺操作条件

（1）主要设备一览表（表6-24）

表6-24　　主要设备一览表

序号	设备名称	数量	主要技术特征	所用电机KW数	备注
1	种子罐	4	Φ1150mm（内）×2400mm（圆柱高），总高300mm，外循环 循环管Φ125，罐底至循环管底部长度3500mm，喷嘴Φ6mm1个，总容量2.94m³，有效容量2.6m³		其中4号种子罐用原淀粉酶生产的发酵罐改装Φ1200mm×2300mm，总容量3.11m³，内循环，循环管直径Φ125mm
2	发酵罐	6	Φ2500mm（内）×6000mm（圆柱高），总高7000mm，外循环，循环管径Φ400mm，喷嘴Φ10~12mm 2个，总容量35.5m³，有效容量30m³		
3	空压机	5	风冷式4台，排气量9m³/min，轴功率≤76马力，额定压力7kg/cm²，转速1470r/min；水冷式1台，排气量21.5m³/min，轴功率118m³，额定压力8kg/cm²，转速400r/min	风冷式75； 水冷式132	
4	气柜	1	Φ1600mm×3000mm，总容量6m³		
5	空气冷却器	1	Φ500mm×1500mm列管式		
6	贮气罐	1	Φ1774mm×5232mm，总容量7m³		原蒸煮炉
7	总过滤器	2	Φ800mm×1800mm夹套		
8	二级过滤器	2	Φ600mm×1500mm夹套		
9	纸板过滤器	4	Φ400mm×430mm		4个种子罐使用
10	升料机	1	每次提料150kg	4.5	
11	拌料罐	3	Φ2150mm×1820mm 1台，总容量7.5m³，有效容量6.5m³ Φ2150mm×2300mm 2台，总容量8.8m³，有效容量7.5m³	2.8 4.5	
12	料泵	3	2BA-6 2台，流量20m³/h 3BA-9 1台，流量45m³/h	4.0 7.5	
13	加热器	1	Φ141mm×3000mm（主体长）		
14	后熟器	1	Φ1774mm×5232mm，总容量7.13m³，装载容量5.5m³		
15	喷淋冷却器	1	Φ76mm×4mm无缝钢管共15排，每排2根，每根12m共360m，冷却面积86m²		

（2）主要工艺控制条件

配料：瓜干2%，麸皮1.2%，米糠1.5%，硫酸铵0.18%，预热80℃开始打料。

加热器：温度不低于140℃。

后熟器压力：3.5~4.0kg/cm²。

喷淋冷却：32~38℃。

种子罐培养温度：32~36℃。

种子罐培养喷嘴压力：2.0~2.2kg/cm^2。

种子罐培养时间：48~60h。

大罐培养温度：36~38℃。

大罐培养喷嘴压力：3.0kg/cm^2。

大罐培养时间：40~45h。

3. 攻克染菌关的几点做法

(1) 消灭设备死角　设备安装时往往因考虑不周，在管路沟通上造成死角。有的死角杀菌时采取了措施可以弥补。但有的死角暂时没有被认识到，操作时被忽略了，会造成染菌。这种现象开始时是很严重的，但又不是罐罐染菌，所以往往使人弄不准死角在那里，有时解决了一些似是而非的现象，但染菌仍旧存在。为了解决设备死角，我们首先是认真注意观察，发现种子罐大多是在18h左右或接种前染菌，为了弄清原因，就一步一步地分段检查。我们的做法是，种子罐进满料立即取白料做镜检和平板划线，接种后用无菌三角瓶留样放在摇床上培养与种子罐培养做对照，培养过程中除按规定做中间检查外，在种子接入大罐前取样做无菌检查。通过这些检查结果对染菌罐进行分析，这样就缩小了范围。譬如有一次通过中间检查结果可以肯定大罐白料和种子都没有问题，显然染菌就是发生在接种时，最后找到种子罐进料接种两用管有很小一段管道是死角，喷淋冷却器上由于去掉排气口时没把管子头割掉也是一个死角，这些死角去掉后染菌大大减少。

(2) 认真检查阀门塑料垫　由于阀门塑料垫变形或破裂有沟糟，使阀门关不严容易引起染菌，操作人员必需严格检查，如有损坏及时更换修理。

(3) 增加种子罐不致因种子染菌影响生产　我们原有三个种子罐，以防止种子初期染菌不易检查，就采取延长种子培养时间，72h接种，这样可以增加中间检查的次数，确保种子无杂菌进入小罐。可是种子罐的周转期拖长了，有时种子染菌生产上断种，使生产很被动。我们利用原淀粉酶培养罐改装一个内循环的种子罐，群策群力，自己动手，仅用1月就安装好了。种子罐的增加，为把好种子关掌握了主动权。

(4) 种子罐安装分过滤器效果很好　为了杜绝杂菌的侵入，每只种子罐前安装了一个石棉过滤纸分离过滤器，染菌现象减少了。

(5) 加强中间检查对生产起到了指导作用　培菌人员要严格认真地配合操作人员，做好无菌检查。使杂菌消灭在初期，缩小影响面。开始由于操作不熟练，染菌现象经常发生，为了更好地使操作人员总结经验吸取教训，就要求培菌人员根据情况做些无菌检查，便于操作人员查找原因，我们的具体做法是：

①孢子悬浮液每瓶坚持做两个肉汤无菌检查；

②种子罐接种前做无菌检查；

③接种后用无菌三角瓶取样，在摇床上振荡培养，并做无菌检查；

④每天中间检查两次，接种前取样做无菌检查。

(6) 严格工艺操作，树立无思想　把好染菌关的关键在于严格要求液体曲投产前多次进行思想教育，加强责任心，认识到操作不严会给杂菌造成空隙。

4. 对如何提高酶活的探讨

影响酶活提高的因素很多，而且也很复杂。仅据我们一年生产实践中的几个问题进行讨论。

(1) 培养基成分对酶活的影响　培养基的成分对酶活的提高是一个重要因素。因为曲菌的生长和产酶主要靠培养基中氮源和碳源。碳氮比直接影响酶活的提高。我们曾对培养基成分的变化做过几个试验，其结果如表6-25所示。

表 6-25　　培养基成分对酶活的影响

编号	糊化醪/%	麸皮/%	米糠/%	硫铵/%	糖化力	pH	正常生产配比
1		1.5	3	0.18	162.2	4.1	瓜干 2%，麸皮 1.2%，米糠 1.5%，硫铵 0.18%
2	2.14	1.43	0.857	0.18	125.2	4.2	
3	2.14	1.43	0.857	0.18	134.1	3.7	

结果中的数据与当时生产前后的糖化力对比，减少米糠的糖化力约 20%～30%。pH 均偏高。说明培养基对酶活影响很大，因试验数据较少，有待今后在实践中进一步摸索。

（2）关于通风量的控制　对好气菌来说通风量对酶活的提高也是主要因素，但是由于菌种的不同，对通风量的要求是比较敏感的。开始我们曾分阶段通风，即 0～14h，14～24h，24～34h 三个阶段，结果酶活较低。后来，改为整个培养过程不分阶段全部都是大风量，酶活大幅度地提高了。我们的体会是：培养罐和种子罐不一样，因为培养罐不存在孢子萌芽和生长这个过程，培养罐全过程均让给以较大风量以促进酶的生成。自从 12 月底改为喷嘴全开不分段给风后，糖化力由 12 月份的平均 175.74 提高到 1 月份的平均 200.5，2 月份的平均 202.14，8 月份的平均 204.7，最高曾达到 250.1。

（3）液体曲培养时间对酶活的影响　原培养 34h 不是产酶最高峰，继续培养酶活增长很多，现将几罐酶活较高的培养曲线比较见图 6-9。

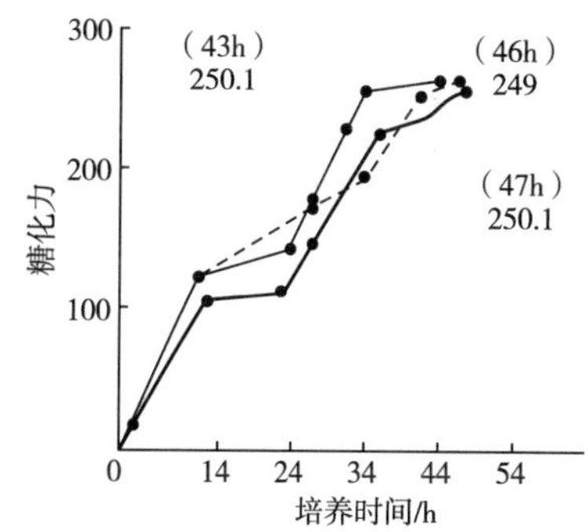

图 6-9　培养时间对酶活的影响

可以看出培养 34h 酶活尚未达到高峰。40～45h 酶活最高，不再继续培养酶活能否下降，还要在生产上再进一步探索。

（4）种子罐龄对酶活的影响　种子罐培养以 48～55h 为好。菌丝生长力强，如时间过长菌丝大都自溶，生长能力弱，但对酶活影响不是主要因素，如果其他因素均为最佳条件，则菌龄长对酶活影响不甚明显。

（5）菌种保藏　菌种是影响酶活最主要的因素。菌种保藏不当就会使菌种衰退失活，不利于生产。因此，保藏菌种要求尽量使菌种保持优良的生产性能。菌种定期分离，以原菌为出发菌株筛选，糖化力高的菌株可以保持原菌活力，防止退化，约半年到一年分离一次。

5. 生产实践的几点体会

（1）加曲量的问题　加曲量按醪液比如表。根据酶活加曲以多少为合适，在酒精生产中有时降低 2%也无明显影响，增加用曲也没有什么明显的好效果。我们曾做几个小试验（表 6-26），18%的加曲量明显不好，用曲似乎以 12%～16%好些。

表 6-26　　不同加曲量对比试验

加曲量/%	还原糖	总糖	酒分
6	0.31	1.49	9.23
8	0.30	1.42	9.30
10	0.29	1.26	9.54
12	0.35	1.16	9.26
14	0.31	0.89	9.63

续表

加曲量/%	还原糖	总糖	酒分
16	0.27	0.79	9.78
10	0.35	1.01	9.3
12	0.33	0.88	9.55
14	0.34	0.79	9.55
16	0.34	0.81	9.4
18	0.37	0.81	9.3

注：前6个样液体曲糖化力230.23，后5个样液钵曲糖化力210。

（2）种子染菌生产波动　这是我们体会最深的，攻克染菌关，种子是第一关。种子染菌造成断种不能投产。种子罐少周转不过来，我们增加了一个种子罐以后生产就有了些保证。种子可以经常保持有多余的备用。即使一个种子染菌也不致影响生产，如果不染菌种子培养时间过长可以做曲子用。对于种子罐的操作和管理，坚持对种子罐的中间检查制度，发现问题及时与操作人员联系。操作人员在进料时选条件好的料液进入种子，接种前先了解成熟种子的无菌检查情况，再决定使用与否。只有认真把好种子关才能保证液体曲的正常生产。

（3）对于染菌曲的处理　成熟种子轻微染菌压入大罐做曲子使用。大罐染菌如果不是产酸的短杆菌糖化力在100以上，pH 4.0左右，发现后应立即停止培养提前使用，加曲量可根据糖化力适当加大用量。根据我们在生产上使用的结果，对酒精发酵影响不大，如表6-27所示。

表6-27　加曲量表

糖化力	加曲量/%	糖化力	加曲量/%
230	8	220	10
210	11	200	12
190	13	180	14
170	15	160	16
150	18	140	20
130	22	120	24
110	30		

（4）使用液体曲对酒精生产的优越性　使用液体曲代替固体曲，是酒精生产工艺的一个重大改革，我厂使用液体曲后，和原固体曲比较：①制曲原料节约90%（过去固体曲每天用麸皮约9t，而液体曲每天用麸皮米糠只有1t）；②劳动力节约60%（过去固体曲约45人，而液体曲只有18人）；③节约厂房面积57%（过去固体曲占地面积为1710m^2，而液体曲只有740m^2）。更主要地是把工人从繁重的体力劳动中解放出来，生产实现了机械化、连续化，为酒精生产的改革和连续发酵开创了广阔的前途。一年来生产实践证明，液体曲用于酒精生产，发酵情况更好，发酵成熟醪残糖低，挥发酸低，生产稳定，完全扭转了过去用固体曲时成熟醪残糖和挥发酸忽高忽低的现象，保证了出酒率的提高。现将1973年8月用固体曲和液体曲时发酵成熟醪的分析结果比较如表6-28所示。

表 6-28　　发酵成熟醪的分析结果

曲名	酒精度/%vol	总糖/%	还原糖/%	总酸/(g/L)
液体曲（76 罐平均）	8.36	1.218	0.291	3.8
固体曲（131 罐平均）	8.27	1.32	0.292	3.8

曲名	挥发酸/(g/L)	45h 后外观糖	发酵时间/h
液体曲（76 罐平均）	0.089	0.26	56.4
固体曲（131 罐平均）	0.128	0.44	57.5

6. 存在问题及今后改进措施

（1）空气总管道太小（管外径只有 7.6mm），影响通风量。决定在大修期间更换总风量管，加大为 5″管。

（2）空气净化系统太简单，油水分离不好。准备加一个分油器和空气加热器，加大空气冷却器的冷却面积。

（3）关于糖化力的分析方法，现行分析方法存在如下问题。

①规定 1.6%可溶性淀粉溶液做反应底物，因底物浓度稀，分析糖化力高的液体曲准确性就差，我们曾做对比分析，把糖化力 230 的液体曲酶液稀释 5 倍，再化验糖化力就是 320。可见现行化验方法，在糖化力高时，化验就不准确了。

②糖化温度规定 40℃与生产上糖化温度 60℃左右和发酵温度 30℃左右结合不上。

（4）关于麸皮、米糠的淀粉价的分析方法，麸皮淀粉价规定是采用酶水解法，而米糠目前仍用酸水解法分析，两种原料，分析方法不一，我们曾用两种方法分析同一样品的米糠淀粉价，其结果如下：

酸水解法：37.47%

酶水解法：25.78%

由此可见，其结果悬殊。这样，在计算淀粉出酒率时就必然受到影响。

［《发酵科技》1974（3）］

十一、生香酵母的培养及应用

在白酒工业生产中，如何提高曲法白酒质量已成为一个重要的问题，经过几年的研究，摸索出利用生香酵母来提高酒的质量经验，取得一定的成绩。生香酵母主要用于提高酒的酯含量，以增加酒的风味。现将生香酵母培养方法和应用介绍如下：

（一）菌种

国内常用菌种有 2300，1312，1342，1343，1274，6502，6504 等。不同的菌种细胞形态有差别，具有腊肠形、球形、椭圆形、卵圆形、假丝状等。固体培养基上菌苔特征为白色，表面不光滑，有皱纹（也有光泽的），边缘呈不规则锯齿状。液体培养表面有白色菌膜（浮膜），并有少量酵母泥沉淀。在上述菌种中以 2300 和 1312 产酯力最高。据报道，培养基中加入 2%的酒精或 0.2%的醋酸，能大幅度提高酯的产量。因此，生产过程中配料时加入适量酒精，有助于生香酵母产酯。有人认为，2300 香味单调，几种生香酵母混合培养使用，能使香味协调、醇和。但在不同菌种的混合培养中，又以 2300 和 1312 所组成的混合产酯为最高。

（二）生香酵母的培养条件

1. 与普通酵母混合液培养

（1）培养流程

斜面试管→液体试管→液体三角瓶→卡氏罐→酒母缸

（2）培养条件

①固体斜面试管培养：培养基：糯米：干麦芽粉：水=1：1：5。冬天保温60℃，夏天56℃，保温糖化4h，过滤，糖度8°Bé，加琼脂2.5%，分装灭菌，斜面放干，接种，28~30℃培养96h。

②液体试管培养：培养基：薯干粉40%，碎米60%，加水量1：5，加黄曲20%，糖化温度55~60℃，经4h保温糖化，过滤，糖度8°Bé。每支试管中装糖液30mL，灭菌冷却，接种，28~30℃培养32~36h。酸度为0.4~0.5。

③三角瓶液体培养：培养基同液体试管。在500mL三角瓶中、装300mL 7~8°Bé的糖液，灭菌。将一支液体试管菌种接入一个三角瓶中，28~30℃培养，冬天22h，夏天18h，酸度0.4~0.5，细胞数1亿个/mL，含酯0.08%。

④卡氏罐培养：培养基同三角瓶不过滤，每个卡氏罐装7.5kg的7~8°Bé糖液，灭菌冷却接种。每一个卡氏罐接入已培养好的三角瓶液体生香酵母菌种150mL和酒精酵母450mL，28~30℃培养，冬天14h，夏天12h。酸度为0.4~0.5。在培养过程中经常摇动。

⑤酒母缸培养。培养基：每只酒母缸放12.5kg薯干粉，10%的麸皮（1.25kg），先蒸煮糊化60min，加水量1：5，加黄曲30%糖化，一只卡氏罐接一只酒母缸，28~30℃培养，冬天8h，夏天7h。出缸酸度0.6左右，细胞数1~1.2亿个/mL，培养过程中每4h搅拌一次。

2. 单一或几种生香酵母混合液体培养

五种生香酵母混合培养，用于大曲酒的培养流程及培养条件如下：

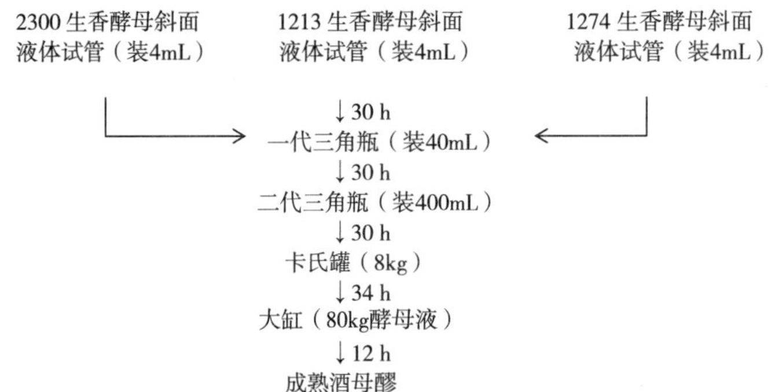

生香酵母在液体试管中分开培养，在第一代三角瓶中开始混合培养，在各级培养中每3~4h振荡一次，成熟醪要求有一定量的细胞数，使用时每1500kg醅子加80kg的生香酵母液。

3. 堆积培养生香酵母的方法

此种方法操作简单，节省人力物力，适合一般酒厂生产条件，易于推广。从试管到二代三角瓶的培养流程和条件基本同“2. 单一或几种生香酵母混合液体培养。”将蒸酒出甑渣活醅子100kg，散曲，加糖化曲2%，拌匀，冷却至27℃左右，将1200mL的第二代三角瓶生香酵母菌种接入其中，拌匀，现场堆成小丘，用麻袋盖之，培养到次日（22~24h）使用，其表现是有一定香味，表面有白霜状菌体。香醅加入量占醅子1.5%~2%。

（三）生香酵母的使用方法

在生产中、生香酵母的使用方法可归纳为入池发酵和泼香蒸馏两种。两种方法哪种效果为好，其说法不一，尚无定论。一般认为加入生香酵母对出酒率有影响。所谓入池发酵即是下曲后与酒母一起

施入醅子中，入池发酵后蒸馏。所谓泼香蒸馏即将培养成熟的生香酵母加入发酵出池的醅子中，或撒在蒸馏酒醅上层进行蒸馏。加入香醅的量要视香醅质量和成品酒的总酯含量而定。

附：几种生酵母菌种的性能

1. 菌种名称

菌号：2.300，编号单位：中国科学院微生物研究所。

菌号：1312，编号单位：轻工业部食品发酵研究所。

菌号：1342，编号单位：轻工业部食品发酵研究所。

菌号：1343 ，编号单位：轻工业部食品发酵研究所。

菌号：1274，编号单位：轻工业部食品发酵研究所。

2. 细胞形态

2.300 与 1312 有 15%~20%为腊肠形，但 2.300 小球形较多，其他为椭圆形和卵圆形，唯 1274 呈联结状的菌丝体较多。

3. 菌落形态（在 12°Bx 米曲汁固体斜面培养基上）

2.300 表面不光滑，皱纹较多，边缘呈不规则短齿状，白色。

1312 表面不光滑，皱纹较粗，边缘透明，白色。

1342 表面不光滑。

1343 表面不光滑。

1274 表面光滑，呈米红色。

4. 繁殖速度（在 13°Bx 米曲汁培养）

（1）2.300 与 1312 生长迅速，24h 表面有浮膜，48h 浮膜加厚，并有酒母泥沉淀。

（2）1274 培养 48h，生成较薄浮膜，培养时间长才有酵母泥沉淀。

（3）1342、1343 居于上述二者之间。

5. 直感香味

在 12°Bx 米曲汁培养 48~72h 后，嗅其气味：

2.300 有较浓的乙酸乙酯香气。

1312 醋酸乙酯香气稍次，但较协调。

1342 醋酸乙酯香气不及 1312。

1343 醋酸乙酯香气小。

1274 香气小，稍有梨香味。

6. 几点看法

（1）在发酵液中加五种生香酵母菌任何一种，酒中总酯含量比不加的均有提高。其中以 2.300 和 1312 为最高，其他都有一定的应用价值。

（2）五种生香酵母菌除 1274 外，在培养基中加入一定量的酒精，酯产量有显著提高，因此在白酒生产配料时，回添一定量的醅子和酒液，有助于产酯能力。

（3）各种酵母生长的快慢，因发酵速度而不同，故单独培养、混合使用为最好。

（4）五种酵母对酒的风味各有不同，各有所长，使用单一酵母酒味单调而不协调，不如多种混合酵母柔和。

（5）如使用单一酵母时以 1312 较好，酯的生成量较高，同时还有一定的酒精生成能力，产酒的风味较清香，味柔醇正，在大生产上繁殖较快，工艺上好培养。

（6）2.300 总酯和酒精生成较高，产品酒放香较大，但饮后较有刺人的艳香味，如果使用混合酵母，既能增加总酯量，又能改变香味的协调。

［《吉林白酒》1976（9）］

十二、小酒母循环培养法

1. 工艺流程

小酒母循环培养的原料、糊化与大酒母相同，使用大酒母同时配料同时糊化的原料，每 100kg 红薯丝配回渣 80~100kg，采用蒸料方法糊化，其操作流程如下：

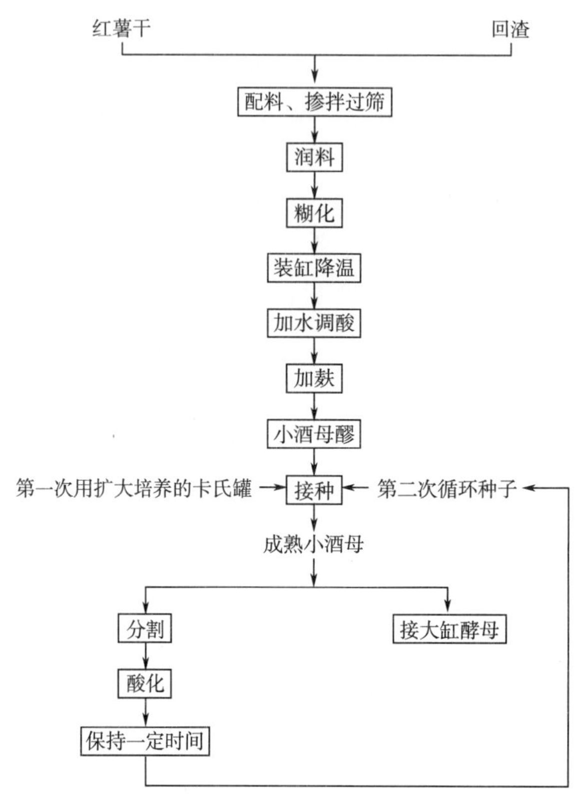

2. 操作方法

（1）培养基的调制　将蒸熟的大酒母原料取出一部分装在各批的小酒母备用缸中，再加入酸调节，加水量为蒸熟料的 2 倍，加水搅拌均匀后，调至酸度 0.4~0.45，加硫酸量如果要增加 0.1 的酸度，每百千克需加硫酸 27.2mL，例如基础酸是 0.2 要调到 0.4，每百千克加硫酸是 54.4mL，硫酸稀释 8~10 倍，徐徐加入，随加随搅拌使其均匀。

调酸后加曲，以防止先加曲后调酸，导致酶活降低；加曲量根据曲的质量高低而定，一般曲用量为蒸料的 7%~10%。

（2）接种培养发酵　小酒母循环培养的酒母种，除开始时由液体试管，经三角瓶、卡氏罐逐步接种扩大培养至小酒母外，以后是成熟的小酒母，经分割酸化，保持一定时间后，再接小酒母用，如此循环接种。

接种温度是 25~26℃，培养温度是 23~25℃，培养时间 10~12h，接种量扩大 5~7 倍。接种后隔 4h 打耙一次，此后每隔 2h 开耙一次。

（3）分割酸化　先将备用的锡容器，用清水洗净擦干，用酒精擦一遍或用福尔马林喷射杀菌，再将发酵成熟的小酒母称取需用量装入已经杀菌的小锡容器内，数量力求准确，接着测定小酒母缸酸度，根据小酒母基础酸调酸至 0.7~0.9，经酸化 1~2h，再接入下次培养用的糖化醪中，循环培养小酒母。

加硫酸数量、硫酸稀释倍数以及加入方法同培养基调制加酸。小酒母循环培养在生产不间断的情况下，拟永远地循环培养下去，若小酒母形态改变再重新扩大一次，然后再继续分割酸化循环培养。

（4）卫生条件

①使用的工具如小酒母、锡容器（分割酸化用）、白布盖、水瓢、耙子等，使用前后都用清水洗刷清洁，酒母缸和锡容器使用前0.5h用酒精擦洗或用福尔马林喷射杀菌。

②培养室经常保持清洁，保持无蝇和无尘，培养室内每隔2~3d用福尔马林蒸发杀菌一次。

③培养室为了保持清洁卫生，除操作人员外，闲人禁止进入。

3. 体会

（1）减少操作工序 原来我们是由固体斜面试管、三角瓶、卡氏罐逐步扩大到小酒母缸。现在实行了小酒母缸循环培养，卡氏罐以上的工序都减去了，人力也可以集中在小酒母和大酒母的操作上，有利于提高小酒母和大酒母质量。

（2）减少了设备 由于减少了卡氏罐、试管、三角瓶等，设备减少了75%以上。

（3）提高了酒母质量 自从小酒母循环培养投产后，酒母醪（大缸）质量有显著提高，酵母细胞形态肥大、健壮、整齐，杂菌很少，细胞数15000万/mL左右，芽孢率20%以上，酸度增加不超过0.1，使用时发酵旺盛。

（4）省人力 由于减少操作工序，也相应节省人力。

（5）提高出酒率，降低生产成本。

（6）有利于小型酒厂学习推广。

［《浙江工业简报》1959（4）］

十三、固体酵母培养法

固体酵母生产是我国20世纪50年代末创造出来的一种酵母培养方法，这种培养方法具有操作简便、工具简单等优点，适合于小型酒厂和社队酒厂生产。

1. 操作方法

（1）原菌固体培养基、液体试管与三角瓶的上三代培养和液体酒母相同 所用原料是大米或红薯干。原料经糊化后加曲糖化成糖化液，浓度为8~9°Bé，固体培养基的糖化液每100mL，加琼脂2.5~3g，溶化间歇灭菌三次后制成斜面培养基备用。液体试管和三角瓶的糖液，经三次间歇灭菌后备用。接种后培养时间：固体试管菌种3d，液体试管24h，三角瓶20~22h。接种应在无菌条件下进行，以保证无菌状态。

（2）配料 麸皮80%，细谷糠20%，加水60%，搅拌均匀后润料3~4h，搓碎疙瘩，装甑蒸料1h（圆气后计时），挖出散冷，过筛后接种。

（3）接种量和接种温度 接种量是按10~20倍扩大培养来掌握，根据投料量来计算，用三角瓶或卡氏罐作种均可。在接酵母种子的同时并加曲种0.4%，接种时必须翻拌均匀，接种温度35~36℃，装盒温度为30℃。

（4）温度管理 装盒后每隔4h倒盒一次，保持盒内品温上下一致，以利酵母繁殖生长。至三次倒盒时（装盒后12h），进行划盒一次，划盒时品温33℃左右，装盒后室内应放置火炉，以防品温下降，因为室温过低，水分挥发少，易发生长白毛现象。一般要求室内温度为29~30℃。

（5）酵母 在繁殖生长过程中一般情况如表6-29所示。

表 6-29 酵母的生长繁殖过程一般情况

时间	细胞数	酸度	水分/%
装盒时	1350 万	0. 15	46
10h	8 千万~9 千万	0. 16	
24h	1. 8 亿~2. 0 亿	0. 20	
30h	2. 8 亿~34 亿	0. 2~0. 3	33~35

（6）成熟时间及质量检查　成熟时间一般为 30h，经多次检查，其质量如下：

细胞数：2. 8 亿~3. 4 亿个　　芽生率：6%~11%

酸度：0. 2~0. 3　　水分：33%~35%

死亡率：无　　杂菌：很少

细胞形状：肥大健壮　　糖化力（无水）：50 以上

2. 使用方法

使用前，先将固体酵母放在缸内，再加入 24~25℃的温水（一般 1∶5），浸泡 1h，并搅碎拌匀，使用时，将酵母液泼在渣子上即可。应注意的是：①不要用凉水浸泡固体酵母；②用固体酵母的渣子，吸收水分大，每个大渣约多吸收新浆 50kg 左右。

3. 改进意见

（1）配料　如改用薯干面、麸皮和细糠各三分之一，以提高碳源、氮源营养，以进一步提高固体酵母曲质量。

（2）温度管理　将前期和中期的品温控制在 28~30℃较好。

（3）可进行地面制曲法生产固体酵母。

［傅金泉主编《中国酒曲集锦》，中国轻工协会发酵学会等，1985］

十四、固体酵母生产经验

所谓固体酵母就是通过使用固体原料，把酵母细胞数量逐步扩大繁殖的培养方法而得的酵母。这种方法解决了小酒厂培养酵母的困难。现将方法介绍如下。

1. 准备工作

（1）工具　曲盒子、木锹、踩板、成型模子、切刀、木方尺、小簸箕、木箱子等工具准备齐全。

（2）灭菌　生产前一天将酵母室和工具彻底洗刷，然后用福尔马林杀菌备用，如酵母室经常保持清洁，可 2~3d 洗刷一次，工具必须一次一刷，在使用前还要用酒精擦净。

2. 配料

酵母料一般情况下，以淀粉容易糊化的含糖量最高的为最好，因为固体培养水分少，对淀粉水解效力差而酵母菌繁殖快消耗糖量多。糖分不足对质量有一定影响，但也不必对原料有严格要求，应根据现有条件有啥用啥。原料质量次应在操作上加以掌握，也能保证酵母质量。我厂使用原料有：麸子、苞米面、苞米糠三种。配比：麸子 30%，苞米面或苞米糠 70%。使用糠原料注意松黏程度，松散材料踩成块后不严密，不易保持水分，所以应把大皮子筛除去再用。原料配好后加水 50%，润料 2~3h，接种时再加水 10%，总之要保持堆积水分在 60%左右，然后拌匀以一寸 16 眼筛子过筛，装甑蒸煮 60min，出锅后再过一次筛子，放到材料箱内减温。

3. 接种培养

（1）酵母料放入箱后减温，至34~35℃时加入扩大培养曲0.3%起糖化作用，供酵母繁殖过程中的所需营养。

我们曾作过一次不加曲的试验，结果品温上升特别缓慢，细胞减少到十分之一，成熟后色泽不白。接入扩大培养时，主要尽量防止杂菌过多侵入，待温降至32℃，加入酵母3%（100斤加液体酵母3斤）拌匀后，品温降至30℃开始压块，块的规格4cm立体，压的程度越紧越好，成型后装入曲盒内，每块中间的空隙为1.5~3.3cm，放成整齐行列，装满的曲盒摆在曲架上，码成品字形，盒的间隙根据室温情况酌情摆布。

（2）培养过程中温度管理是关键，在正常情况下，温度缓慢地逐步上升为最好。到接近成熟期要特别注意，温度稍高容易烧成一个1.5cm左右的黑心，有异臭味，温度稍低菌下生心繁殖不好。我们的温度管理装盒后温度21~22℃，到24h升至27~28℃，48h升至32~34℃，72h保持在27~30℃。由于对品温要求是缓慢地和逐步地上升，对控制室温也要有严格要求，就是以调节室温来控制品温。对潮度的要求24h前较为重要，因温度低繁殖慢，必须保持酵母块的外形水分。我们用白布水浸后，盖在盒子外面，这样既保持了温度，又平衡了湿度，室内潮度小容易保持环境卫生，到24h后盖布不再起作用即撤掉。固体酵母也要倒盒和翻盒，倒盒目的是为了调节温度，最好4h倒一次。翻盒目的，因酵母块装到盒，过些时间后上面干燥，下面潮湿，上下翻个身调节水分，每一发酵浆最好要翻4~5次。

2月16日检查情况：

①菌体：三角瓶检查

细胞数：11800万。

芽孢率：25%。

死亡率：1.6%。

酸度：0.26%。

残糖：0.75%。

②固体酵母检查

时间/h	细胞数	芽孢率/%	温度/℃	酸度/%	残糖/%
0	500万	21	21~22	0.51	0.51
24	5200万	53	27~28	0.62	0.83
48	136000万	21.2	32~34	1.09	1.28
72	138000万	11.8	32~34	11.7	2.2

③大缸检查

细胞数：9300万。

芽孢率：27%。

死亡率：无。

酸度：0.72%。

残糖：0.71%。

检查方法：三角瓶和大缸液体酵母同《烟台白酒酿制操作法》，固体酵母以1g试料加水10倍，过滤，取滤液1mL，加硫酸溶液9mL镜检之。

4. 下窖发酵

固体酵母下窖分为两种使用方法。

（1）固体酵母代替卡氏罐，下大缸后再下窖，做法是将固体酵母粉碎后，加三倍28℃浸泡24h后，接入缸中，用量按干料计算为4%~6%，即大缸干料50kg，加水3.5~4倍，接入固体酵母2~3kg，培养9~10h使用。

（2）固体酵母直接下窖时，将固体酵母粉碎后，加28~30℃的水3~4倍左右，浸泡4h。用量按制酒原料的1%~1.5%计算，该两种方法经过5个月的生产试验，出酒率基本相同，有时固体酵母直接下窖比液体还高一些，但不很突出。

5. 固体酵母的几个特点

（1）固体酵母可长期保管，又便于运输，因此对乡镇小酒厂制作酵母的技术困难完全可以解决，对今后乡镇开办酒厂有重大作用。

（2）固体酵母用量低，使用方便，在培养过程中，不受时间限制，操作容易掌握，可以节约劳力，平均一个人可日产固体酵母50kg，可供应10~20个小酒厂使用。

（3）固体酵母由于培养环境的改变比液体酵母较耐高温，抗酸性也较强。

6. 存在的问题

（1）我们培养的固体酵母在出酒率上不低于液体酵母，而在显微镜检查时，在细胞形态上有些较小和不够整齐，我们分析可能与水分小有关。但菌的本性不变，经过水浸和大缸培养时很快恢复原来形态。

（2）有时杂菌较多，主要原因是，第一，灭菌不彻底，特别是踩块要掌握环境卫生；第二，培养时间长，接触空气时间较多，特别是在使用0.3%曲子时，杂菌侵入机会多。

［《浙江工业简报》1959（4）］

第二节　酵母菌和糖化菌的选育与应用

一、机制黄酒生产用糖化菌和酵母菌选育与应用

20世纪60年代末，第一轻工业部发酵所、江苏化工设计研究所、东吴酒厂等进行了机制黄酒生产的曲酿改革研究，并用于生产仿绍酒，1968年应用大生产。

该试验收集糖化菌21株，经过初筛和酿酒，共选出6株菌种：2135、苏-16、苏-15、2134、3800和绍6。上述除苏-15，α-液化力较低外，其他5株曲霉的糖化酶和蛋白酶均相差不大，但从新酒品尝结果看，一致认为苏-16的口味最好。采用2株菌株酿酒对改善酒风味有益。

研究采用通风制曲法制麦曲，1箱装1000kg麦料，生麦曲加水35%~37%，拌料后水分为34%~34.5%；熟麦曲加水为40%，拌料后水分为38.5%。爆麦曲加水为50%~55%，拌水后水分为38%左右。麦粒粉碎度以研成4~5瓣为宜，曲厚度为25~30cm为好，接种量0.2%，制曲品温不超过45℃，培养全期为30~32h。

收集的酵母菌有24株，经反复筛选，得5株：1008（魏、金二氏研究）、1299（生香、绍兴醪分出A_{15}）、苏652（东吴酒厂分离）、B2001（无锡酒厂分离）、1032（金氏分离），经酿酒试验后，采用苏652和醇香酵母，分别培养，混合使用。认为采用2~3株菌种应用较好。

仿绍兴酒新老工艺技术效果对比见表6-30。

表 6-30　　仿绍兴酒生产新老工艺技术效果对比

项目	老工艺	新工艺	项目	老工艺	新工艺
浸米/d	13~15	2~3	发酵期/d	约 70	15~18
制酒母时间/d	淋饭酒母约需 25	纯种酒母 2	出糟率/%	31~32	23.25
制曲时间/d	草包曲周期需 30 以上	纯种麦曲 2	出酒率/%	232	245
用曲量/%	15	12	质量	酒精度 16%vol，总酸 0.45%以下	酒精度 16%vol，总酸 0.45%以下

中国绍兴黄酒集团公司谢广发对机械化黄酒生产用酒母和麦曲进行了研究，利用收集和从绍兴酒醪中筛选出的 85 #、S-2-01、S-2-02 3 株酵母菌进行酿酒试验，成品酒（新酒）编号后由五位评委（其中国家级黄酒评委四位）品评打分，结果见表 6-31。

表 6-31　　成品酒品评结果

成品酒编号	酒母	菌种	酒母用量/(kg/缸)	平均得分	名次
1	高温糖化酒母	85#、S-2-01	2.00~2.50	73.0	3
2	高温糖化酒母	85#、S-2-01	2.00~2.50	70.6	4
3	高温糖化酒母	S-2-01、S-2-02	2.25	80.4	1
4	淋饭酒母		8.00~10.00	79.6	2

表 6-31 说明，只要酵母性能优良，采用混合菌种得当，利用纯种培养的酒母酿成的酒完全可以与淋饭酒母酿成的酒相媲美。

[傅金泉编著《黄酒生产技术》，化学工业出版社，2005]

二、黄酒活性干酵母菌种的研究

浙江省衢州市酒厂傅金泉于 1990 年开始对黄酒活性干酵母菌种的试验进行了研究，从绍兴酒酒醅中分离出衢绍 1 号酵母菌，后与当前黄酒厂常用的酵母菌作了对比试验，确定为生产菌种，经中国科学院微生物研究所鉴定为酿酒酵母，编号 AS2.2173 酵母菌，于宜昌生物技术开发中心试制并生产了黄酒活性干酵母，1993 年荣获了中国轻工业科技进步三等奖。

衢绍 1 号酵母菌形态和生理、生化特征如下。

（1）形态特征　细胞圆形，少数椭圆形，大小均匀，长宽比小于 2，有 1~3 个圆形或椭圆形子囊孢子，不形成假菌丝。

（2）培养特征　麦芽汁培养 3d，培养液浑浊，表面无菌膜，无菌环。管底有致密的菌体沉淀，发酵力强。麦芽汁琼脂培养基培养 3d，菌落为圆形，中稍凸，淡乳白色，表面平滑，有光泽，边缘整齐。繁殖方式为多边繁殖。

（3）生理生化特征　发酵糖类为葡萄糖、半乳糖、蔗糖、麦芽糖、乳糖、棉籽糖、松三糖；同化碳源为同化葡萄糖、半乳糖、麦芽糖、蔗糖、蜜二糖、木糖；不同化纤维二糖、乙醇、可溶性淀粉；同化氮源为同化硫酸铵、不同化硝酸钾、盐酸二胺；不产生类淀粉化合物。

（4）在不同乙醇浓度下的耗糖率（表6-32）

表6-32　在不同乙醇浓度下的耗糖率

菌种	乙醇/%（V/V）							
	0	12	13	14	15	16	17	20
衢绍-1	35.80	35.80	35.80	35.80	35.80	16.71	16.71	2.48
22酵母	35.53	35.53	35.53	33.30	33.30	14.87	14.87	2.48

（5）安琪AADY系列菌株特性比较（表6-33）

表6-33　安琪AADY系列菌株特性比较

项目	常温AADY	耐高温AADY	黄酒AADY
适应温度/℃	20~30	20~42	20~40
适应pH	2.0~9.0	2.5~9.0	2.5~8.5
耐食盐含量/%	10	10	12
耐蔗糖含量/%	60	60	
耐乙醇含量/%	11	13	15
致死温度/（℃/10min）	60	70	75

（6）黄酒活性干酵母质量标准（表6-34）

表6-34　黄酒活性干酵母质量标准

项目	标准	实测结果	项目	标准	实测结果
水分/%	≤8	4	菌落总数/（$\times10^4$个/g）	$\geq1\times10^6$	1×10^5
细胞活率/%	≥80	83	铅含量/（mg/kg）	10	<1
淀粉出酒率/%	45.0	49.7			

［傅金泉编著《黄酒生产技术》，化学工业出版社，2005］

三、黄酒活性干酵母在酒曲生产上的应用

培养麸皮固体酵母采用斜面试管菌种经3~4代扩大培养后，然后将酵母泥接到麸皮上制成麸皮固体酵母。这种方法需要一套酵母培养设备以及一定熟练的人才，这就给小酒厂生产带来了困难。现研究采用黄酒活性干酵母经活化后，可直接接种到麸皮中培养而成麸皮固体酵母曲。它具有不需要酵母培养设备、操作简便、一看就会、成本低、质量优等优点。

1. 选料

根据生产需要，确定使用干酵母的品种如黄酒活性干酵母、耐高温活性干酵母和生香活性干酵母等。可单一用或两种混合用，或三种混合用。

2. 制作方法

按0.05%~0.1%的接种量（对麸皮计），首先将干酵母按1∶10（干酵母∶水）的比例，加35℃

温水搅拌成糊状，在室温 25~30℃条件下静置活化 20~30min，使干酵母吸水而恢复活力（不必用糖水）即可接种。方法是先将已活化的酵母泥加适量的冷开水拌匀后，再接到已冷却到 130℃的熟料上翻拌均匀，即可在 25~28℃的曲室内竹帘上培养。培养温度一般在 25~30℃，最高不超过 32℃，中间可翻拌 1 次，经 24h 左右，曲料上酵母繁殖有酵母气味，但不结饼，即可出曲晒干或烘干，装入塑料袋密封，放干燥处，以防变质。

3. 质量指标要求

（1）应有麸皮固体酵母的曲香，不得有酸气、霉变气等不正常异气。曲的色泽与麸皮相近，不得有黄色、黑色等杂菌生长孢子。

（2）水分在 10%以下，酵母数在 3 亿~5 亿个/g。

［傅金泉编著《黄酒生产技术》，化学工业出版社，2005］

四、多种酵母在黄酒生产中的应用研究

目前，大多数新工艺黄酒生产一般采用单一酵母菌发酵。为改善和提高酒的风味，福建浦霞县酒厂做了多种酵母黄酒发酵的试验研究，现将结果介绍如下。

（1）选用了 1308、R_{12}、K、2541、球拟酵母等，按 1∶1∶1∶0.5∶0.5 比例混合，在同样条件下制成 6 种散曲。

（2）按常规淋饭法酿制，每缸取籼米 15kg，经过浸米、淋米、蒸饭、淋饭，使品温达 30℃，各拌入 6 种曲 0.3kg，搭窝培菌糖化，经 24h 后，加水 17.5kg，加红曲 0.375kg，进行酒精发酵。不同酵母曲成品酒质量测定结果见表 6-35。

表 6-35　　不同酵母曲成品酒质量测定结果

项目	酵母菌菌株					
	1308	R_{12}	2541	K	球拟酵母	5 钟混合物
酒精（体积分数）/%	13.8	13.6	13.5	14.6	12.5	14.0
总酸/%	0.40	0.45	0.41	0.44	0.50	0.42
糖分/%	0.024	0.026	0.029	0.016	0.176	0.021
氨基酸态氮/%	0.037	0.040	0.041	0.043	0.057	0.041
总酯/%	0.066	0.072	0.069	0.063	0.135	0.096
感官评定	纯正，后味稍淡	味正，较醇和	味正，质地细腻	纯正，后味较苦	酸味重，但香气好	味正，醇和酒质香气好

以上表明，采用混合酵母发酵工艺，添加球拟酵母对酒产酯有重要作用。产酯酵母产酒能力差，所以要适量，否则会影响出酒率。

据资料介绍，绍兴酒醅中也有产酯酵母参与发酵，也分离出 A_3、B_1、B_5、B_6的产酯酵母菌株，所以在新工艺麦曲酒生产中添加适量产酯酵母菌，这对改善和提高酒质和风味是有好处的。

［傅金泉编著《黄酒生产技术》，化学工业出版社，2005］

五、Z-1392 黄酒酵母菌的特性及其应用

Z-1392 黄酒酵母菌是上海枫泾酒厂从老法黄酒后发酵醅中分离选育出来的一株菌种。它在黄酒生产新工艺中具有发酵力强、抗杂菌污染能力强、生产性能稳定等特点，经过十多年的生产实践考验，业已在苏、浙、沪等地推广应用，是优良菌种之一。

（一）Z-1392 黄酒酵母菌的特性

1. Z-1392 酵母在米曲洲中的发酵情况

在 500mL 三角瓶中盛米曲汁 200mL（糖度 11.5°Bx，酸度 0.136，pH 5.1），在 26℃培养 3d，结果见表 6-36。

表 6-36　　Z-1392 酵母在米曲洲中的发酵情况

菌种	酒精度/%vol	酸度	残余糖度/°Bx	pH	细胞数/(亿个/mL)	芽生率/%	失重/g	发酵度/%
2-1392	3.8	0.25	5.74	4.2	1.2	12	5.1	50

2. Z-1392 酵母菌经中科院微生物所鉴定

菌名为酿酒酵母（*Sacch aromyces cerevisiae*）。其特性：子囊孢于圆形光面，发酵力强，能发酵葡萄糖、半乳糖、蔗糖、麦芽糖及棉籽糖；需要多种维生素；无菌醭，有假菌丝等。结论：Z-1392 为酿酒酵母，是一株糯米黄酒酿造优良菌种。1973 年由微生物所菌种保藏组收集编号为 Z-1392。

（二）Z-1392 酵母菌在生产上应用效果

1. 将 Z-1392 酵母代替淋饭酒母用于老法黄酒生产中（缸发酵）

每缸投料 130kg，加水 195kg，用曲量 15%，酿造生产上海甲级黄酒——仿绍元红酒，其发酵过程和结果如表 6-37 所示。

表 6-37　　仿绍元红酒的发酵过程和结果

项目	头耙 17.5h	二耙 23h	三耙 27.5h	四耙 34h	2d	4d	13d	36d	成品 58d
温度/℃	33.5/25	32/27	32/28	32/29	21	9	1	2	—
酒精度/%vol	2.8	4.6	6.2	9	10.6	13.1	13.8	16.8	17.30
酸度	0.236	0.242	0.236	0.248	0.266	0.313	0.369	0.378	0.389
糖度/°Bx	21.68	19.3	16.4	14.7	12	9.7	6.4	4.62	3.15

注：33.5/25，33.5℃为耙前品温，25℃为耙后品温。

2. 使用圆筒形大罐酿造

每罐投料 2500kg，加水 3750kg，用曲量 12%，酒母 10%，生产上海特加饭酒。结果如表 6-38 所示。

表 6-38　　使用圆筒形大罐酿造上海特加饭酒的结果

项目	头耙 17h	二耙 24h	三耙 30h	四耙 36h	2d	4d	10d	28d	成品 35d
品温/℃	25/21	30.5/27.5	29.5/27.5	28/26.5	26	20	8	5	—
酒精度/%vol	2.2	6	8.8	9.2	11	14.2	16.3	17.7	18.3

续表

项目	头耙 17h	二耙 24h	三耙 30h	四耙 36h	2d	4d	10d	28d	成品 35d
酸度	0.132	0.168	0.192	0.192	0.228	0.240	0.369	0.378	0.389
糖度/°Bx	20.4	17.6	14.6	12.8	12.9	8.57	5.55	2.9	2.54
酵母数/(亿个/mL)	3.3	3.1	3.65	3.7	3.4	2.8	2.3	2.5	—
芽生率/%	18	11.5	10	6	7.3	7.1	5	6	—
死亡率/%	0	0	0	0	1	2	4	31	—

注：罐型尺寸：容积 8.5m^3，直径 Φ2.5m，筒高 1.6m，锥形底高 0.4m。

3. 用锥形立式罐酿造

每罐投料 10000kg，加水 15000kg，用曲量 10%～12%，用酒母 10%，生产上海特加饭结果见表 6-39。

表 6-39　　用锥形立式罐酿造上海特加饭的结果

项目		1d	2d	3d	10d	18d	25d	成品
第四批	酸度	0.236	0.254	0.307	0.342	0.384	0.384	0.378
	酒精度/%vol	10	13.2	13.6	17.4	18.4	18.5	18.1
	糖度/°Bx	19.8	13.06	11.44	8.72	6.56	4.96	4.81
第七批	酸度	0.236	0.307	0.348	0.354	0.401	0.401	0.384
	酒精度/%vol	7.4	12.4	13.4	16.4	18.4	19.5	19.4
	糖度/°Bx	22.54	16.68	14.28	11.26	8.40	6.53	4.65

注：罐型尺寸：容积 34m^3，直径 2.4m，高 7.2m，锥形底高 0.8m，夹套冷却。

（三）成品分析

使用 Z-1392 酵母菌酿造上海甲级黄酒（缸发酵），成品化学分析数据见表 6-40。

表 6-40　　使用 Z-1392 酵母菌酿造上海甲级黄酒的成品化学分析数据

总酸/(g/100mL)	挥发酸/(g/100mL)	酒精度/%vol	挥发酸/(g/100mL)	糖度/°Bx	糖分/(g/100mL)	总浸出物/(g/100mL)	无糖浸出物/(g/100mL)	氨基酸/(g/100mL)	不挥发酸/(g/100mL)
0.378	0.015	17.1	0.0264	3.46	1.8	2.45	0.658	0.0616	0.3624

（四）结论

Z-1392 酵母菌酿制的黄酒，口味与老法生产的黄酒相同，理化指标分析优于老工艺，该菌种生产的上海特加饭酒在 1974 年四省一市黄酒会议上被评为第二名。1982 年被评为上海市优质食品。1980 年 6 月，全国黄酒会议上“名优质量检查”评语是：色橙黄透明，有光泽，有黄酒应有香味。醇香较浓，味鲜美，爽口，柔和，微有苦涩，酒体组分较协调，具有半干黄酒的典型性。

[《工业微生物》，1983（2）]

六、生香酵母在白酒生产中的筛选和应用

（一）生香酵母的筛选

我们从生产和科研单位两次搜集的生香酵母共22株，大都是从我国大曲、小曲或发酵酒醅中分离出来的，其香味有共同的地方，也有不大一样的地方，各有所长。一般说来发酵液大多数产膜，具有香蕉、苹果等水果样香气，或具有其他香味。现将搜集生香酵母的来源和感官特性，列入表6-41。

表6-41　　生香酵母来源和感官特性

序号	菌种来源	菌种名称或编号	感官特性	备注
1	轻工业部食品发酵所1273	蟠桃香酵母	似酱香，有的带酵母泥味	—
2	轻工业部食品发酵所1274	香酵母	香淡。似熟枣，有的带酸味	—
3	轻工业部食品发酵所1276	有孢汉逊酵母	香浓，似香蕉	—
4	轻工业部食品发酵所1295	中科院微生物所2300	似香蕉，朝鼻	—
5	轻工业部食品发酵所1298	—	似老熟香蕉	—
6	轻工业部食品发酵所1299	香酵母A15	有焦臭味，不愉快感	—
7	轻工业部食品发酵所1312	香酵母	似浓香蕉	本所米糟中分离
8	轻工业部食品发酵所1341	—	似烂香蕉	洋河大曲中分离
9	轻工业部食品发酵所1342	—	似香蕉带甜，有时如苹果香	份酒大曲中分离
10	轻工业部食品发酵所1343	—	似香蕉，有时微带桃花香	泸州大曲中分离
11	轻工业部食品发酵所1423	—	香淡，似酒糟	由1203号（葡萄酒酵母）复壮
12	轻工业部食品发酵所1427	有孢汉逊酵母	似香蕉，不刺鼻	—
13	轻工业部食品发酵所1436	—	香浓，似酸菜	泸州大曲中分离
14	四川制糖发酵所2. 311	原上海食品所1274	香淡，似酒糟	—
15	中科院微生物所2. 296	异型汉逊酵母	似香蕉	—
16	中科院微生物所2. 297	—	水果香，似香蕉	—
17	中科院微生物所2. 300	—	似浓香蕉，稍带淘米水味	—
18	中科院微生物所2. 338	—	似香蕉，微带酵母泥味	—
19	中科院微生物所2. 470	—	似香蕉，有的带酸	—
20	中科院微生物所2. 1182	朗必克酒酵母	香浓，带酸的异味	贵州小曲中分离，耐高温
21	山西汾酒Ⅰ号	—	似浓香蕉，不刺鼻	汾酒大曲中分离
22	山西汾酒Ⅱ号	—	似香蕉	—

生香酵母经过多次发酵试验，反复感官检查，大都具有香蕉的香味，又有人认为类似苹果香味，还有个别生香酵母被认为有酱香或枣香者，甚至有的带其他气味。但每株生香酵母的香味不完全相同，以香气纯正、风味浓厚者，初步认为1295、1312、2. 300、2. 470和山西汾酒Ⅰ号等较优。

近年来为了提高液态发酵白酒的质量，又搜集了上述生香酵母 10 味，用薯干糖化液为原料，在相同条件下进行对比。发酵温度 29~31℃，发酵 5~6d，每天称重一次，并检查其发酵情况，发酵终了取发酵醪 200mL，蒸出 100mL，然后测定酒精度、总酸和总酯等成分，其结果列入表 6-42。

表 6-42　生香酵母的筛选试验

序号	菌号	CO_2 减轻量/g	最终发酵醪 pH	酒精度/%vol	总酸/(g/100mL)	总酯/(g/100mL)	备注
1	1295	13.6	3.8	5.0	0.1703	0.4702	1975 年 10 月进行
2	1312	13.7	3.9	5.5	0.0853	0.5475	
3	1423	14.2	4.4	7.6	0.0912	0.0352	
4	1437	12.6	4.0	4.9	0.0564	0.8049	
5	1274	8.9	4.2	4.5	0.0624	0.0052	
6	2.300	13.5	3.9	4.8	0.1668	0.5194	
7	2.296	13.0	3.8	7.1	0.1039	0.1042	
8	2.297	10.4	4.0	5.6	0.0324	0.2271	
9	2.470	13.2	3.9	6.3	0.0870	0.5035	
10	2.1182	12.7	4.2	6.4	0.0156	0.0423	

注：(1) 上列数据系两次试验的平均值；
(2) 分析法按《威士忌酒化学分析方法》(试用稿)。

从这次试验的结果看出，生香酵母发酵生成总酸、总酯含量高，而香味较好者有 1295、1312、2.300、2.470 和 7437 山西汾酒Ⅰ号等 5 株最好，与过去筛选的结果基本一致。

(二) 生香酵母的应用

我国酿造白酒，按传统老法所使用的糖化发酵剂，大多数是天然菌种，介于发酵的菌类复杂，酶系统较多，代谢产物亦多，构成白酒的风味，香浓郁，味柔和，有回甜感。现行新法采用培养纯菌种，制造麸曲或小由生产的白酒，恰与上述情况相反，一般缺酸少酯。因此，闻香不足，口味淡薄，不够协调，还带有异杂味。为了克服这些缺点，常添加生香酵母，使发酵过程中增加有机酸和总酯含量，可改进和提高白酒的香味。

现将我国优质酒，麸曲法、小曲法和波态法白酒等使用生香酵母的情况，提高了产品质量的事例，简要的介绍如下：

1. 全国优质酒使用生香酵母

全国优质酒中有凌川白酒，以高粱为原料，麸曲和酒母为糖化发酵剂，发酵期 14d，并使用 5 株生香酵母，其产品质量为麸曲法粮食白酒中较好的，在全国第二次评酒会议中被评为优质酒，获得银质奖章。这 5 株生香酵母试验证明，其风味都不一样，各有所长。从直感以 2.300 号闻香味大，1312 号进口香味大，酯香较浓；1342 和 1343 号次之，有酯香味；1347 号稍有梨香味，香淡醇和，生长速度最慢。如单用 2.300 与 1312 两株生香酵母，产酯高，味单纯，品尝不好，还是 5 株生香酵母混合使用较佳。

2. 麸曲法白酒使用生香酵母

我国麸曲法生产白酒，其产量在总产量中有一定的比例。麸曲法生产的薯干白酒，以酯含量低，香味淡薄，有异杂味，曾为酒厂产品质量存在的老问题。近十余年来，有的酒厂使用生香酵母来提高质量，以河南新乡酒厂为例，采用固体培养 1312、1342、1303 和 1247 号等 4 株生香酵母，使白酒总酯含量有显著的增加，提高了香味，而且对产量没有影响。

该厂培养生香酵母分固体和液体两种，加固体生香酵母的产品质量更为突出，经大生产对比试验，每班投料 1100kg，其产酒情况及分析结果如表 6-43 所示。

表 6-43　　薯干白酒添加生香酵母酿酒的对比试验

发酵池号	试验内容	产 65%vol 白酒/kg	总酸/(g/100mL)	总酯/(g/100mL)	备注
1	对照	592	0.0396	0.0246	
2	加固体生香酵母 5kg	629	0.0492	0.0722	
3	加固体生香酵母 10kg	615	0.0468	0.08 49	
4	加液体生香酵母 20kg	605	0.0516	0.0334	
5	加液体生香酵母 20kg	612	0.0480	0.0422	

据固体生香酵母在全厂推广 4 个月的效果，薯干白酒总酯含量平均为 0.0871g/100mL，整个新工艺白酒总酯含量平均 0.070g/ 100mL，基本扭转了薯干白酒总酯含量低，香味淡薄的局面，而且对薯干新工艺白酒质量逐步提高也起了显著作用。

3. 小曲法白酒使用生香酵母

我国南方属亚热带气候，适于小曲法白酒生产，全国产量以四川、贵州、广西和湖南等省区最普遍，小曲中主要微生物为根霉和毛霉、酵母，或有从自然选育过渡到纯种培养，兼具糖化及发酵的双重作用，且产品香气较小，口味平淡，还带有微苦。为了解决小曲酒的质量，可加入适量的产酯酵母和产酸菌，如乳酸菌等，对提高酒的风味确有改进。

4. 液态法白酒使用生香酵母

液态发酵是白酒工业的一项重大技术革新，为我国白酒工业发展的方向。考虑到我国大路货白酒①的原料，以薯干或其他代用原料为主，原料本身容易影响成品酒的风味。另外是发酵生成高级醇等成分多，缺酸少酯，香味不好。为了解决这个问题，可采用生香酵母等多菌种混合发酵，经试验证明有一定的效果，成品酒的总酸和总酯含量均较高，香味大有改进，但这种香味不够稳定和持久，有待进一步研究。

（三）小结

生香酵母又名酯酵母，大多为异型汉逊酵母，对于乙醇亲和力很强，以乙醇作碳源能发育得很好，而且又有较强的氧化特性。乙醇不仅促进酵母的呼吸作用，又能增进酵母的醋酸乙酯生成，而在酯生成时需要氧气这个问题，能够使我们推进酵母的呼吸作用与酯发酵之间存在特殊的关联，生成酯的酵母具有一定的酒精发酵力。酯的生成当然需要乙醇的存在，但酯发酵与酒精发酵两者似乎没有直接的关系。这些酵母又具备醋酸发酵的能力。

酯发酵在酯的组成中，其羰基必须来自乙醇的氧化生成物，就是说酯酵母必须具有氧化乙醇的能力才行。人们认为由微生物所生成的醋酸乙酯之类的酯，是单单由于酯酶的作用，由乙醇与醋酸合成的。

生香酵菌都各有其最适温度和 pH，现将推广中几株生香酵母的主要培养条件，经初步试验的结果如下表 6-44 所示。

---

① 大路货白酒：液态法白酒，原料经过液态发酵，又经过液态蒸馏而成，其产品为酒精，或是酒精再加工如串香、调配后成为普通白酒，俗称大路货白酒。

表 6-44 酵菌的最适温度和最适 pH

菌株号	最适温度/℃	最适 pH
1295	25~30	5.5
1312	25~30	3.5~5.5
2.300	25	3.5~5.5
1436	25~35	4.5~5.5
1437	30	4.5 左右
2.1132	35	2.5~5.5

从生产实践中，根据生香酵母的生理特征，培养生香酵母与培养一般酒精酵母相同，需要注意以下几个问题：

(1) 生香酵母需要一定量的空气，因此装入三角瓶及卡氏罐的培养液要比酒精酵母少一半。

(2) 生香酵母生产速度比酒精酵母慢，需要适当地延长培养时间，如与酒精酵母混合使用，可采用提前接种。

(3) 生香酵母大都有产膜性，培养过程中要常摇动。

(4) 生香酵母培养液中需要一定量的有机酸，以利于酵母的生长。

(5) 生香酵母使用单株或混株，迄今看法还不一致。每株生香酵母发酵产物多少有些不同。其香气口味也有差异。为了取长补短，使香味协调，采用 3~5 株生香酵母分别培养、混合发酵较优。

目前，在我国白酒生产中迫切需要解决的问题，是进一步提高各种酒的质量。生香酵母有较强的产醋酸及其乙酯的能力，在发酵中使用生香酵母可以提高白酒的有机酸和酯含量，增加酒的香味，是提高白酒质量行之有效的措施。生香酵母不但可应用麸曲和小曲固态法生产白酒，也可应用于液态法生产白酒，而且对利用野生植物原料生产白酒，亦能解决其质量问题，普遍提高大路货白酒的质量，满足人民生活日益增长的需要，为社会主义祖国建设积累资金。

[《安徽酿酒》1978 (3)]

七、机制黄酒纯种酒母培养方法

为了适应黄酒生产机械化的需要，近几年来许多酒厂对黄酒生产用的酒母工艺进行了改革，采用纯种酒母代替淋饭酒母，取得了较好的效果。现介绍如下：

(一) 纯种酒母的培养方法

有速酿酒母（采用黄酒生产工艺培养）和高温糖化酒母（酒精生产工艺培养）两种。

其扩大培养过程：

原菌→固体斜面试管→液体试管培养→大三角瓶培养→酒母罐（缸）培养

(二) 选择菌种要求

纯种培养酒母，选择优良黄酒酵母菌种十分重要，它直接影响到酒的质量和出酒率。优良黄酒酵母菌应具有：香味好，繁殖快，发酵力强，耐较高的酒精，生酸量少，产泡沫少，对杂菌的抵抗能力强等性能。近年来各地酒厂从淋饭酒母和发酵醪中分离出许多优良菌种，如用于生产的青浦 22 号、枫径 501、85 及苏州醇 2 号菌株。

（三）速酿酒母的制造方法

1. 配比

一般制造酒母用米量为发酵投料量的 5%左右，米和水的比例在 1∶3 以上，麦曲用量为原料大米的 12%~14%（纯种曲），如用自然培养麦曲（踏曲）要用 15%。投料方法：先将水放好，然后把米饭和麦曲倒入罐（缸）内，混合后加乳糖调节 pH 3.8~4.1，再接入三角瓶酒母，充分搅拌。接种量多少，各厂不一，目前各厂的接种量都不到 1%。

现将青浦酒厂酒母配料罐介绍如表 6-45 所示。

表 6-45　　酒母配料罐

用料	糯米	踏曲	水	乳酸	三角瓶酒母	总重量
每罐	300kg	45kg	855kg	500mL	16kg	1200kg

2. 温度管理

落罐品温视气温高低而定，一般掌握在 25~27℃，落罐后经 10~12h，品温升到 30℃，进行开耙搅拌，以后每隔 2~3h 进行搅拌，使品温在 28~30℃之间。品温过高须冷却降温，否则容易升酸，使酒母衰老。培养时间为 1~2d。

（四）高温糖化酒母制造

高温糖化酒母是酒精生产工艺培养酒母的方法。即先糖化后杀菌，冷却后再接酵母培养。

1. 主要设备

糖化锅一只，形状和结构同酒精厂相似。

酒母罐一只，敞口锥形圆筒，略瘦长，夹套冷却。

2. 糖化醪配比

为了保证适应性及风味，仍采用糯米或粳米作原料，用部分曲（踏曲）和酶制剂作糖化剂。如表 6-46 所示。

表 6-46　　糖化醪配比

用料	大米	曲	淀粉酶	糖化酶	水
每罐	600kg	10kg	0.5（3000U/g）	0.5（15000U/g）	2050kg

3. 操作方法

在糖化锅内加入一定比例的温水，然后将蒸熟的米饭倒入锅内，水饭混合后，调节品温在 60℃，加麦曲、淀粉酶和糖化酶，在 55~60℃温度下静止糖化 3~4h，糖度达 14~16°Bx，糖化结束后，加温至 90℃以上，杀菌 10min，迅速冷却至 30℃，放入酒母罐内，接入三角瓶酒母液 20kg，培养温度维持在 28~30℃，培养时间为 12~16h 即可使用。

4. 高温糖化酒母的优点

（1）高温糖化酒母，由于糖化后杀菌，因此纯度高，杂菌少，升酸幅度低，质量最稳定。

（2）培养时间短，操作简单，发酵管理方便，温度易于控制。

（3）由于采用淀粉酶和糖代替麦曲作糖化剂，可节约粮食，降低成本。

我厂实践证明，高温糖化酒母优于淋饭酒母及速酿酒母，质量稳定，酸度低，杂菌少，发酵安全可靠。它是黄酒生产工艺中酒母改革的一个创举，它摆脱了淋饭酒母工艺的繁重体力劳动，又克服了

黄酒酒母质量不稳定的问题。

（五）成熟酒母的质量指标

（1）酵母细胞数　1.2 亿/mL 以上。

（2）芽生率　15%～30%左右。

（3）酵母死亡率　正常酒母不应有死亡现象，如死亡率达 20%应及时查找原因。

（4）酸度和杂菌，酸度在 0.1 以下。杂菌每个视野不超过 2 个。

（5）酒精含量　一般为 3%～4%。

［《上海青浦酒厂机械化黄酒生产技术资料》，1980］

八、橡子酿制白酒的酵母选菌试验

1957 年 10 月原食品工业部在周口酒厂进行橡子酿制白酒试点工作。同时，这次试点还为工厂提供了许多实验方法。现将橡子酿酒酵母选菌试验方法介绍如下所述。

（一）小型试验

用橡子作为酿制白酒原料。在生产上酵母的质量是直接影响出酒率的关键之一，其中酵母耐单宁的性能也很重要。为此采用科学院及各白酒厂使用的酵母共八种作淘汰比较试验，希望找出一种或几种适合橡子发酵菌种，以使用于白酒生产。小型的选种试验分三个阶段进行。

1. 第一阶段

采用 8 种酵母菌种，其编号及来源如表 6-47 所示。

表 6-47　8 种酵母菌种的编号及来源

编号	名称	来源
2.14	*Bierhefe*（*Kopenhagen*）	中国科学院
2.109	*Saccharomyces* sp.	中国科学院
2.346		中国科学院
2.431		中国科学院
Otani	*Otani*	山东
Rasse Ⅻ	*Rasse* Ⅻ	南阳酒精厂
黄台	黄台	食品部上海研究所
南阳混合	由 *Rasse* Ⅻ、Kaoliang（高粱酵母）等混合	南阳酒精厂

将表 6-48 所列八种酵母分别培养在试管中（每支试管约盛 10mL 米曲糖化液，糖度 8～9°Bx），然后扩大到小三角瓶（每瓶约盛 100mL，试管和小三角瓶均在 30℃培养 24h）。

橡子抽出单宁法：

取橡子细粉，加入三倍 40%的酒精（温度为 50℃），在水浴上保温浸取 1h，过滤，将滤液收集起来。滤渣再添加酒精进行保温浸泡，反复 3～4 次后，将全部滤液蒸馏收回酒精，当酒精完全蒸出后，将蒸馏残液由蒸馏瓶中移入烧杯或蒸发皿中，在水浴锅上加热蒸发至黏稠浆状。此浆状物质分析结果，含单宁约20%，此外，还含有大量水分及其他浸出物，味涩而甜，棕黑色。此抽出单宁在使用前配成每100mL约含单宁7.5g的溶液时，常有部分胶状物及类似焦糖的不溶性沉淀物。

用以试验酵母发酵的基质为甘薯干米曲糖化液，其制法如下：取甘薯干粉加五倍水，常压糊化1h，冷却至60℃，加12%的米曲糖化3h，滤过，将滤出之糖液盛于事先已杀过菌容量为500mL的三角瓶中，每瓶装入250mL，常压蒸汽间歇杀菌三次，每次40min，然后把小三角瓶培养24h后的各酵母菌种分别接入甘薯糖液中，同时每瓶加橡子抽出单宁溶液10mL，然后置于30℃下保温发酵。第一次、第三次两次试验，发酵48h，第二次为72h。

（1）镜检情况　镜检结果如表6-48所示（0.05%美蓝染色）。表6-48所列发酵后的镜检，各种酵母除2.109有极少数的死细胞外，其他均无。8种酵母在含单宁的基质中均没有细胞及其他特殊的变化，几次镜检观察结果完全一致。

表6-48　镜检情况

编号	发酵前镜检（小三角瓶）
2.14	椭圆形，圆形，细胞大小整齐
2.109	椭圆形，圆形，细胞大小整齐
2.346	圆形，卵形，细胞大小整齐
2.431	卵形，腊肠形，少数为圆形或椭圆形
Otani	椭圆形，不整齐
Rasse Ⅻ	椭圆形，肥大，不整齐
黄台	椭圆形，细胞空胞大（较老）
南阳混合	圆形，椭圆形，腊肠形，细胞大小不整齐
编号	**发酵后镜检（小三角瓶）**
2.14	原来圆形的已不见，出现腊肠形的
2.109	出现腊肠形细胞，许多细胞与胶体混在一起
2.346	形态没有明显变化
2.431	腊肠形的很多
Otani	无形态变化
Rasse Ⅻ	细胞仍然肥大，出现有腊肠形细胞
黄台	肥大较整齐，细胞空胞大，且常偏于一边
南阳混合	形态不一，细胞大小相差悬殊

（2）化学分析结果　由表6-49可以看出三次试验结果基本上是一致的，含酒量与剩余还原糖量完全功合，其中以2.109及南阳混合为最好；其次是*Otami*及*Rasse* Ⅻ，再次是黄台、2.346、2.14、2.431。2.14与2.346这两种经过高温驯养的酵母发养缓慢，产酒少，剩余糖分很高，因该酵母正在成长期中途冷冻三日，带到周口酒厂后又因设备关系没有在40℃下保温与发酵，可能有影响。

表 6-49　　化学分析结果

	项目	第一次	第二次	第三次
接种时	还原糖/%	8.74	8.74	—
	酵度	9.20	0.20	—
	单宁/%	0.375	0.375	0.430

	酵母编号	第一次		第二次			第三次			三次平均	次第
		酸度	酒精度/%vol	酸度	酒精度/%vol	还原糖/%	酸度	酒精度/%vol	还原糖/%	酒精度/%vol	
发酵终了	2.14	0.30	5.48	0.30	5.53	2.03	0.17	5.62	1.93	5.54	6
	2.109	0.25	6.53	0.25	6.53	1.24	0.18	6.58	1.31	6.55	1
	2.346	0.3	5.53	0.30	5.62	2.22	0.18	5.35	1.98	5.50	7
	2.431	0.28	5.09	0.30	5.05	2.38	0.17	4.28	2.38	4.81	8
	Otani	0.22	6.39	0.20	6.44	1.16	0.12	6.30	1.17	6.37	3
	Rasse Ⅻ	0.25	6.30	0.25	6.21	1.20	0.17	6.53	1.24	6.35	4
	黄台	0.30	6.21	0.28	6.21	1.22	0.15	6.35	1.36	6.26	5
	南阳混合	0.30	6.53	0.25	6.58	10.3	0.15	6.53	1.19	6.55	2

注：(1) 酸度以每毫升样品消耗 0.1mol/L NaOHI 的毫升数表示；

(2) 酒精含量用密度法测定，然后换成%vol；

(3) 还原糖用费林溶液测定，结果以每 100mL 样品葡萄糖之克数表示。测糖时样品没有过滤，样品含有大量酵母细胞及其沉淀物，故结果实为还原物之总量；而与实际含糖量略有出入。

根据第一阶段试验结果决定选用 2.109、南阳混合、*Rasse* Ⅻ及 *Otani* 作为进一步试验的对象。

2. 第二阶段

进行不同发酵基质的制备。

(1) 脱单宁的橡仁糖化液的制备　取橡仁粉，每斤加 50℃的温水 2kg，保温浸泡，每隔 4h 换水一次，每隔一定时间拌一次，在换水前先将橡仁粉与水充分搅拌，然后使其自然澄清，将上层清液倾泻除去，再加 50℃的清水，如此反复抽提 4~6 次（剩余单宁一般在千分之几），最后用白布过滤，滤渣（橡仁粉）约加 4 倍水，在常压下糊化 1h，降至 62~65℃左右，加 10%黑曲保温化 30min，主要是分解尚未抽尽的单宁，然后再加 20%~25%的米曲（黄曲），保温在 55~58℃之间，继续糖化 2~3h，过滤（滤液为深褐色或黑褐色，其中含有许多微粒，过滤不易除去，滤液长期静置后，容器底部总有细小类似胶状沉淀粉），将滤液分别入 500mL 三角瓶中，每瓶 250mL，然后以常压蒸汽间歇杀菌三次，每次 40min。

(2) 橡仁糖化液的制备　取橡仁粉加入 5~6 倍水，常压糊化 90min，依上述方法糖化、杀菌。

依前述接种方法接入 4 种酵母于 4 种不同的发酵基质中，在 26~27℃下保温发酵，第一次试验发酵 48h，第二次为 72h，发酵分析结果见表 6-50（分析方法和表示单位同前）。

表 6-50　　脱单宁的橡仁糖化液的制备方法

项目	脱单宁橡仁糖化液	脱单宁橡仁糖化液+橡子抽出单宁	脱单宁橡仁糖化液+化学纯单宁	橡仁糖化液
接种时 (1)	—	0.596	0.299	0.708
单宁 (2)	0.063	0.394	0.306	0.516

续表

项目	脱单宁橡仁糖化液	脱单宁橡仁糖化液+橡子抽出单宁	脱单宁橡仁糖化液+化学纯单宁	橡仁糖化液
接种时（1）	6.950	6.950	6.950	10.55
还原糖（2）	8.220	8.220	8.220	11.73
发酵结束（1）	0.067	0.334	0.264	0.499
后的单宁（2）	—	—	—	—

酵母名称	第一次		第二次		第三次		第四次	
	还原糖/%	酒精度/%vol	还原糖/%	酒精度/%vol	还原糖/%	酒精度/%vol	还原糖/%	酒精度/%vol
（1）2.109	0.96	4.62	1.11	5.13	1.15	4.62	2.04	6.03
Otani	0.76	5.13	1.03	5.00	0.95	5.00	2.03	—
Rasse Ⅻ	0.86	4.74	1.04	5.09	1.26	4.45	2.06	6.30
南阳混合	0.42	5.31	0.97	5.22	0.83	5.22	1.80	6.39
（2）2.109	0.96	4.74	0.85	4.83	0.76	4.53	2.00	6.39
Otani	0.34	4.87	0.88	5.18	0.66	4.96	1.86	6.53
Rasse Ⅻ	0.48	5.09	0.83	5.22	0.69	5.50	1.97	6.25
南阳混合	0.34	5.26	0.82	5.22	0.62	5.05	2.01	6.63

注：左列（1）（2）表示第1次、第2次试验。

从表6-50中可以看出四种酵母中以南阳混合为最好，其次是 *Otani* 和 *Rasse* Ⅻ。而在第一阶段试验时居首位的2.109对橡子糖化液的发酵能力较弱，剩余糖分一般较多。此外，由镜检可知，2.109酵母细胞特别容易与发酵液中之胶体沉淀物结集成团，且有收缩现象，别的酵母则无此现象，这说明它耐单宁的能力较差。

根据以上这些情况，在进行大型生产试验时选用南阳混合、*Otani* 和 *Rasse* Ⅻ为鉴定对象。

3. 第三阶段

在一、二个阶段选种结束后就进行生产选种试验，与此同时为了探求选出的两种酵母——南阳混合及 *Rasse* Ⅻ对单宁的抵抗能力和发酵情况，于是又进行了一次不同单宁浓度的发酵试验。如表6-51和表6-52所示。

表6-51　　　　接种后分析结果

编号	还原糖/%	酸 度	由加入量计算之单宁含量/%	实际单宁含量/%
1	5.50	0.4	0.00 对照	0.042
2	5.50	0.4	0.354	0.288
3	5.50	0.4	0.531	0.343
4	5.50	0.4	0.708	0.454
5	5.50	0.4	0.885	0.565

表 6-52　　发酵 72h 后分析结果

编号	*Rasse* Ⅻ			南阳混合		
	还原糖/%	酒精度/%vol	单宁/%	还原糖/%	酒精度/%vol	单宁/%
1	0.28	4.08	—	0.28	3.83	—
2	0.80	3.71	0.247	0.66	3.83	0.193
3	0.84	3.67	—	0.78	3.59	0.222
4	2.40	2.29	0.381	1.21	3.55	0.454
5	4.52	0.88	0.583	1.45	3.47	0.696

先将南阳混合和 *Rasse* Ⅻ两种酵母分别在米曲汁中扩大培养至 250mL，取 25mL 接入 250mL 脱单宁的橡仁糖化液中，接种前每瓶发酵基质按每 100mL 含 0（对照）g、0.5g、0.75g、10g、1.25g 的量分别加入纯度为 70.78%的商品单宁，在 27~29℃保温下发酵 72h，镜检和化学分析见表 6-52（分析方法和表示单位同前）。

由这次试验结果可以看出，两种酵母耐单宁的能力相差很远。表 6-52 中数据表明，当单宁含量不高时，*Rasse* Ⅻ比南阳混合发酵好，产酒高；反之，当单宁含量高时，南阳混合的发酵力则比 *Rasse* Ⅻ强得多，不仅发酵速度快，而且变形没有 *Rasse* Ⅻ厉害。南阳混合酵母产酒量能随单宁含量的增加而保持在一个比较平坦的曲线上，*Rasse* Ⅻ则不是。一般加入单宁 75%以上，酵母繁殖速度急骤降低，形态也有显著的变化，尤其以 *Rasse* Ⅻ最为明显。

由以上结果可知，在含单宁较多的情况下发酵，应选用南阳混合酵母为好，但在单宁含量极低的情况下，则选用 *Rasse* Ⅻ有其优点。

（二）大型生产选种试验

通过酵母选种的小型试验，结果以南阳混合为最好，其次是 *Otani* 与 *Rasse* Ⅻ，但是小型试验条件与大型生产有所不同，因此便进行了大型生产试验。

本生产试验进行 8d，各种的平均出酒率为：

南阳混合（三次）　　54.00%

Rasse Ⅻ（三次）　　51.67%

Otani（二次）　　50.91%

由于影响生产条件的原因很多，几次试验很难得到规律性的可靠数据，结果不如小型试验显著，只能将出酒率数字提出来以供参考。

南阳混合酵母曾多次用于橡子酒精生产，后来又在周口用于橡子白酒生产，可说是经过长期生产考验的菌种，因此建议橡子白酒生产采用南阳混合酵母。

［全国橡子酿酒试点委员会周口办公室
《1957 年底在周口酒厂进行试点工作总结报告》（第三部分）］

九、酿酒酵母的筛选与应用

中华人民共和国成立后，我国发酵工业与其他工业一样，都在日新月异地发展，不断地改进酿造设备，改革生产工艺，提高产品质量，许多工厂达到优质、高产、低消耗和多品种的先进水平。近 30 年来，熊子书曾参加过酒精和酿酒方面的研究课题，现将筛选的经过和结果简述如下。

（一）筛选的经过与结果

1. 从小曲中分离酵母，提供酒精生产的菌种

我国小曲酒的生产，在南方亚热带最普遍，以四川等省产量较大。四川制造小曲，过去一般推重于邛崃，各地相袭制造，多以邛崃米曲为曲母。其配料处方，虽各有不同，实大同小异。中华人民共和国成立初期，一般酒厂多属手工作坊，连生产酒精也靠收白酒加工，原料出酒率相差很大。当时为了节省粮食，研究改进小曲质量，曾筹建一个淀粉质原料制造酒精工厂。因此，我于1950年搜集过四川云阳、江津等县的小曲，分离鉴定其糖化力和发酵力，然后与有关科研和生产单位搜集的酵母进行对比，其试验结果列入表6-53。

表6-53　酒精酵母的筛选

菌号或名称	CO_2失重（饴糖原料）/g	酒糟（高粱原料）/%（*V/V*）
黄海109	7.78	—
黄海110	9.48	5.89
黄海126	10.20	6.02
纳溪109	9.75	6.32
Rasse ⅡD	7.81	5.98
Y7	7.14	—
西农149	7.10	—
江津YZ	4.48	—

从小曲中分离的酵母，以发酵5~6d失重多的发酵力较强，然后再与搜集酵母菌种进行对比，主要测是CO_2失重和含酒量。从试验结果看出，小曲中分离的酵母，均不如推广的和生产上使用的菌种。以纳溪109号酵母最好，黄海126和*Rasse* ⅡD次之。

另外，高粱原料制造酒精，使用混株酵母也作过比较，分别在大生产进行试验，其结果列入表6-54。

表6-54　酒精酵母采用混株的发酵试验

酵母菌号	残糖/°Bx			酒精度/%vol		
	最低	最高	平均	最低	最高	平均
黄海110、西农149、纳溪109	2.00	3.28	2.64	6.7	7.2	6.95
黄海126、纳溪109	1.80	2.68	2.24	6.7	7.3	7.00

从上述试验结果看出，酒精酵母采用分别培养，混合使用，以两株酵母较三株发酵为优，使每桶50加仑①酒精耗粮量，从715kg降到587.5kg。

2. 机制废糖蜜生产酒精，解决蒸馏过醪问题

1953年，四川资中糖厂由土榨改为机制白糖，其废糖蜜含胶质和非糖分较多，影响酒精酵母发酵，并在蒸馏时泡沫特多，而有过醪现象。为了提高酒精产量，降低生产成本，除在生产工艺中使用土耳其红油外，曾搜集酒精酵母10余株，选择发酵力强和适宜机制废蜜发酵的菌种投入生产。

① 1加仑（美制）=3.79L。

将机制废糖蜜冲稀至20°Bx，装入500mL锥形瓶中，每瓶为300mL，加入硫酸铵0.5g，常压杀菌，分别接入供试菌种，在32～35℃发酵72h，测定结果列入表6-55。

表6-55　酒精酵母发酵力的测定

试号	菌名或编号	CO_2失重/g	外观发酵度/%	真正发酵度/%	酒精度/%vol
102	*Rasse* Ⅻ	14.90	68.50	51.00	9.22
103	*Rasse* Ⅻ D	13.77	—	—	8.52
105	345	14.10	66.75	50.75	8.92
106	F396	14.10	67.25	50.75	8.74
107	Y7	14.20	67.25	50.75	8.66
108	*Sacch. sake*	13.80	—	—	8.81
109	黄海109	14.85	69.00	50.75	9.24
110	*Sacch. anamensio*	13.65	—	—	8.47
115	科研115	13.50	66.50	49.50	8.71
116	科研116	14.20	67.75	47.75	8.85

从上述测定结果得知，酒精酵母的发酵力，以试号109号、102号和105号最优，其余次之。102号酵母在发酵时产杂醇油最少，105号号酵母嗜高温，伴生杂醇油较多。109号酵母在机制废糖蜜发酵中泡沫多，蒸馏时不好管理。故102号（*Rasse* Ⅻ）和345号两株为这次筛选推广菌种。

四川资中糖厂酒精车间原使用Y7，曾与选出的345号酵母进行对比，其生产试验结果列入表6-56。

表6-56　Y7与345号酵母的对比试验

菌名	机制糖蜜浓度/°Bx	发酵醪酸度/mL			残糖/%			酒精度/%vol		
		最低	最高	平均	最低	最高	平均	最低	最高	平均
Y7	18	8.00	12.5	10.32	0.32	0.44	0.39	6.35	7.57	6.99
345	20	5.73	12.1	8.87	0.29	0.59	0.50	7.25	9.14	8.31

上述两株酒精酵母在生产上各使用10d，以345号酵母较Y7发酵酸度低，残糖较高，但发酵醪含酒量平均提高1.32%。据车间反映，345号酵母较Y7发酵力强，发酵醪泡沫较少，在蒸馏时基本没有过醪现象。每罐40000L容积的发酵醪可增产酒精20～30加仑，每加仑酒精使用废糖蜜平均节省0.318kg。345号酵母嗜高温，因发酵力较强，伴生的杂醇油最多，在生产上达到0.4%。该酵母可能是*Rasse* Ⅻ的变种，为增产杂醇油的优良菌种。

四川芪市糖厂酒精车间仍使用Y7酵母，曾与选出的102号和105号两株酵母进行对比试验。取废糖蜜稀释至13～15°Bx，经杀菌处理后，接入供试酵母，保温在30℃左右发酵，其试验结果列入表6-57。

表6-57　几株酒精酵母的对比试验

项目		102			Y7			345		
		1次	2次	3次	1次	2次	3次	1次	2次	3次
开始	浓度/°Bx	13	13	15	13	13	15	13	13	15

续表

项目		102			Y7			345		
		1 次	2 次	3 次	1 次	2 次	3 次	1 次	2 次	3 次
	pH	6			6			6		
	全糖分	11.14		11.14	11.14	16.25	11.51	11.14		11.01
硫酸铵用量/g		0.6	0.6	12	0.6	0.6	12	0.6	0.6	12
总失重/g		15.7	17.1		12.35		4.67	13.8	16.9	
终止	浓度/°Bx		2.63	4.47	1.8	3.1		2.8	2.53	4.87
	pH	4			4			4		
酒精度/%vol		5.83	6.18	5.66	4.58	6.03	5.43	5.23	6.70	5.43
发酵率/%		81.41		77.9	63.96			73.04		77.5

从表 6-57 试验结果得知，发酵后的含酒量和发酵率，以 102 号酵母为最好，345 号次之，Y7 较差。

1953 年 4 月初该厂将 102 号酵母与原用 Y7 酵母同时生产上使用，其结果 Y7 发酵率为 74.85%，102 号酵母为 76.80%，使发酵率提高 1.95%。

总之，102 号酵母能耐酸，在淡糖液 pH 4~4.5 时，尚能发酵正常，产酒量亦较高。该酵母发酵力强，产杂醇油最少。但该母不适宜高温发酵，当发酵温度超过 38℃时发酵率降低。

3. 小麦酿制酒精，选用酵母的情况

小麦酿制酒精，这是援外项目。小麦原料中含蛋白质和多缩戊糖较多，不知使用哪种酵母适宜？曾将我所保藏的和生产厂使用的酒精酵母，初步进行一次发酵力的比较。

取 14.7°Bx 小麦原料糖化液，pH 5.6，每个三角瓶装糖化液 200mL，经 10 磅/cm^2 杀菌 30min，待冷却后，分别接入供试酵母，在 28~30℃培养箱中发酵 72h，其试验结果列入表 6-58。

表 6-58　　小麦酿制酒精所用酵母的筛选

酵母号	菌名或来源	CO_2失重/g	外观发酵度/%	发酵醪			
				浓度/°Bx	酸度	pH	酒精度/%vol
1001	*Rasse* Ⅱ	7.0	51.02	7.2	0.30	5.3	2.7
1270	*Rasse* Ⅻ	7.6	54.72	6.65	0.35	5.1	3.0
1286	济南酒精厂	6.9	49.66	7.4	0.23	5.2	2.65
1287	哈尔滨酒精厂	7.4	48.29	7.6	0.30	5.1	2.6
1288	*Rasse* Ⅱ	8.6	54.55	6.68	0.32	5.4	3.5
1300	南阳 5 号	7.7	59.18	6.0	0.31	5.2	3.6
1301	南阳 6 号	8.9	59.18	6.0	0.30	5.3	3.5
1307	*Otani*	9.0	58.16	6.15	0.34	5.4	3.4
1308	南阳混合	9.5	59.52	5.95	0.22	5.2	3.8
1309	G，S.	8.7	58.50	6.1	0.35	4.4	3.6
1406	北京 2.399	9.8	59.52	5.96	0.33	5.2	3.8

从表 6-58 试验的结果看出，小麦酿制酒精所用酵母以 1308 号和 1406 号较好，1300 号、1309 号和 1301 号等次之。

选出发酵力强的 5 株酵母，在相同条件下，糖化液浓度为 13.68°Bx，酸度 0.35，pH 4.8，发酵 48h 的结果列入表 6-59。

表 6-59　五株酒精酵母复选的比较

酵母号	试次	CO_2失重/g		外观发酵度/%	发酵醪			
		24h	48h		浓度/°Bx	酸度	pH	酒精度/%vol
1300	1	7.6	8.7	65.59	4.68	0.26	4.5	4.05
	2	8.1	9.2		4.75	0.29	4.5	4.45
	平均	7.85	8.95		4.71	0.28	4.5	4.25
1301	1	8.7	9.9	65.30	4.66	0.24	4.3	4.30
	2	8.0	8.9		4.85	0.30	4.4	4.20
	平均	8.35	9.49		4.76	0.27	4.35	4.25
1308	1	10.5	12.6	65.89	4.63	0.30	4.4	4.30
	2	8.7	9.3		4.71	0.30	4.3	4.30
	平均	9.6	10.95		4.67	0.30	4.35	4.30
1309	1	8.2	9.2	65.30	4.80	0.23	4.5	4.40
	2	7.9	8.8		4.70	0.30	4.4	4.50
	平均	8.05	6.0		4.75	0.27	4.45	4.45
1406	1	7.7	9.2	65.31	4.78	0.30	4.3	4.30
	2	7.2	8.5		4.70	0.30	4.4	4.50
	平均	7.45	9.0		4.74	0.30	4.35	4.40

酒精酵母的发酵力，根据 CO_2 失重量、外观发酵度和实测酒精多少来决定。从试验结果以 1308 和 1406 号两株酵母较优，1309 号和 1300 号两株酵母次之。

小麦酿制酒精，采用 2137 号黑曲霉制成糖化剂，用量为原料的 8%～10%，糖化液用 1308 号酵母扩大培养成酒母醪；在生产工艺上从小麦蒸煮方法进行选择，以淀粉出酒率高低而论，"常压蒸煮"的淀粉出酒率较好，即 48.27%，其次为"低压蒸煮"，淀粉出酒率为 47.57%，再次为"加压蒸煮"，淀粉出酒率为 47.36%～46.63%，可根据工厂具体条件和要求加以确定。酵母是酿制酒精的主要条件之一，说明 1308 号酵母菌株适宜小麦原料酿制酒精。

试制优质威士忌，选择产癸酸乙酯高的酵母，为了试制优质威士忌，其风味要求接近苏格兰威士忌类型。根据选择淡香型威士忌酵母的要求条件：

①酒精发酵率高；

②发酵温度低（25～30℃）；

③凝集性强；

④异戊醇与异丁醇比值低；

⑤要求制品风味良好。

我们从中国科学院微生物研究所和有关生产单位，曾搜集了 26 株保藏和使用菌株。从其发酵力、高级醇的种类与数量以及产酯能力等方面进行了小型及扩大试验，先后选出了 5 株较好的酿制优质威士忌的酵母菌，达到预期的效果，获得比较完美的菌株。现将筛选 5 株威士忌酵母的名称与细胞形态等列入表 6-60。

表 6-60 威士忌酵母名称及细胞形态

编号	酵母名称	细胞形态及大小	保藏或使用单位
1217	美国威士忌酵母	圆形，(3.4×3.4) μm~ (5.1×6.8) μm	轻工业食品发酵所保藏 青岛葡萄酒厂生产用
1263	威士忌酵母-630	圆形，6.8μm×6.8μm	轻工业食品发酵所保藏
2.460	啤酒酵母	圆形，6.8μm×6.8μm	科学院微生物所
—	传统啤酒酵母	椭圆形，(384×5.1) μm~ (3.4×3.4) μm	青岛酒厂生产用
7318	未定名	—	烟台葡萄酿酒公司分离

取大麦芽粉 7kg，加水 28L，在 45~65℃糖化 83h，过滤得糖化液为 24L 左右。每个 3000mL 三角瓶装糖化液 2000mL，分别接供试酵母，在 25~30℃发酵 3~4d，用铜质壶式蒸馏锅蒸馏粗馏液 1000mL，再蒸馏去酒头 30mL，取中馏液 200mL 为样品酒，其复选结果列入表 6-61。

从表 6-61 试验结果看出，发酵醪含酒量以 1263 号酵母较高，1217 号和 2.460 号次之。中馏酒中高级醇与质量的关系，1263 号和青啤酵母较好，1217 和 2.460 两号次之。

表 6-61 威士忌酵母的复选试验

酵母编号	发酵醪浓度 /%vol	中馏酒的成分					高级醇与质量问题				尝评结果(6 人评次)
		酒精度 /%vol	总酸 /(g/100mL)	总酯 /(g/100mL)	总醛 /(g/100mL)	高级醇 /(g/100mL)	高级醇总量	异戊醇 (A)	异戊醇 (B)	A/B 比值	
1217	5.88	46.1 0.3069	0.0253	—	0.0028	0.21	0.29	0.224	0.068	3.2	2
1263	5.92	45.7 0.3543	0.0233	—	0.0030	0.08	0.09	0.068	0.0025	2.7	1
2.460	5.85	46.0 0.3812	0.0334	—	0.0029	0.20	0.36	0.26	0.10	2.6	4
青啤	5.70	44.4 0.3105	0.0185	—	0.0033	0.10	0.06	0.057	0.003	2.1	8

据报道，苏格兰威士忌的香味成分达 200 余种，其中酯类占重要地位，又以癸酸乙酯和月桂酸乙酯为主体，这些酯类的形成与酵母菌种、发酵温度以及接种量等条件有关。

为了进一步研究威士忌酵母菌的特性，特别观察其产 C8~C12 脂肪酸乙酯的能力，采用相同的原料及选定的发酵条件（如酵母接种量，从原来的 1/10 减少至 1/30，接种温度从原来 27~28℃降到 25~26℃，发酵周期从原来 65h 延长至 72h 以上），对 5 种酵母进行了比较试验，用气相色谱法进行分析，其主要生成物列入表 6-62。

表 6-62 优选酵母的生成物

分析项目	1217	1263	2.460	青啤	7318	苏格兰威士忌（红方）
乙醛	—	1.9	2.0	1.8	1.8	3.2
甲醇	—	4.3	3.8	4.86	3.2	4.5
正丙醇	—	29.8	27.4	23.7	31.2	19.4
异丁醇	—	35.7	79.0	43.0	83.0	31.5

续表

分析项目	1217	1263	2.460	青啤	7318	苏格兰威士忌（红方）
异戊醇	—	142.0	165.0	132.0	154.0	28.4
醋酸乙酯	—	痕迹	—	痕迹	—	6.88
己酸乙酯	0.66	1.4	2.2	1.7	1.6	1.3
辛酸乙酯	2.4	5.5	3.7	4.2	5.7	4.7
癸酸乙酯	5.9	16.6	1.03	11.7	14.8	12.6
月桂酸乙酯	3.2	8.9	5.7	5.7	8.2	8.6
肉豆蔻酸乙酯	2.9	5.5	2.9	3.7	5.1	1.1
棕榈酸乙酯	25.5	29.0	13.8	21.0	20.5	3.4

从以上分析结果看出，在选定的工艺条件下，五种选优酵母产 C8～C12 脂肪酸乙酯能力，有 1263 号、7318 号两株酵母超过对照样；有 2.460 号、青啤酵母接近对照样，其中青啤酵母产高级醇量较少。因此，我们认为以上 4 株酵母都可以作为生产威士忌酒用的菌种。

1217 号酵母发酵力强，其癸酸乙酯等香味成分含量低，对产生苏格兰威士忌风味不够理想，建议今后不宜再用。

4. 液态法白酒中酿酒酵母的试验

液态发酵白酒的质量，除酿酒原料对香味成分有关系外，发酵使用的菌种亦有关系。据有关资料介绍，液态法发酵白酒中有机酸和酯类含量低，香味不足，高级醇特别高，例如薯干原料最高达 0.34g/100mL，玉米为 0.46g/100mL，高粱为 0.35g/100mL，不仅影响白酒质量和风味，更重要的是影响饮者的健康。

我们从科研和生产单位搜集酿酒酵母 12 株，在发酵力、高级醇产量等方面进行小型试验，然后选出较好的 4 株，对发酵后所生成的香味成分，采用 102G 型气相色谱法进行分析，达到了预期试验的效果。现将酿酒酵母的来源与名称列入表 6-63。

表 6-63　　液态法白酒中供试的酿酒酵母

试号	菌种编号	酵母名称或编号	保藏或使用单位
1	1308	南阳混合酵母	轻工业部食品发酵所保藏
2	1406	北京 2.399	轻工业部食品发酵所保藏
3	2.323	*Rasse* Ⅻ	四川制糖发酵所保藏
4	2.340	科 2.1190	四川制糖发酵所保藏
5	2.109	*Sacch. cerevisiae* Hansen（以淀粉糖化液为原料）	中国科学院微生物所保藏
6	2.399	*Sacch. cerevisiae* Hansen（以淀粉糖化液为原料）	中国科学院微生物所保藏
7	2.541	混合酵母（适于橡子原料）*Sacch. formosensie*	中国科学院微生物所保藏
8	2.610	由 2.119 定向培育而成的高温型（适于甘蔗糖蜜原料）	中国科学院微生物所保藏
9	—	济南酒精酵母	山东济南酒精厂生产用
10	1308	根据“南 5”“南 6”重新混合	河南南阳酒精厂生产用
11	1445	K 氏酵母	轻工业部食品发酵所保藏
12	1263	威士忌酵母—630	轻工业部食品发酵所保藏

取薯干粉 2.5kg，加水 1∶4，在 1kg/cm^2 压力下蒸煮 1h，中途放气 2～3 次，冷却至 60℃，加麸曲 12%，保持 55～60℃糖化 4h，过滤，每个三角瓶装 300mL 糖化液，分别接入 10%供试酵母培养液，在

29~31℃发酵5d，其测定结果列入表6-64。

表6-64　　酿酒酵母发酵力的对比试验

试号	菌号	糖化液				CO_2失重/g	外观发酵度/%	真正发酵度/%	蒸馏酒			
		糖度/°Bx		pH					酒精度/%vol	总酸/(g/100mL)	总酯/(g/100mL)	高级醇/(g/100mL)
		开始	终了	开始	终了							
1	1308	14.68	3.3	4.5	3.6	16.5	75.8	68.0	11.1	0.0296	0.0096	0.4925
2	1406		3.5		4.0	16.3	74.4	63.7	10.6	0.0144	0.0132	0.4810
3	2.323		4.6		3.9	14.7	65.4	61.2	9.6	0.0210	0.0123	0.4160
4	2.342		4.6		4.1	15.4	65.4	61.0	8.0	0.0325	0.0123	0.390
5	2.109		4.2		4.0	16.2	68.8	63.5	10.8	0.0221	0.0114	0.549
6	2.399		4.3		4.1	16.9	67.7	60.9	11.1	0.0150	0.0158	0.4685
7	2.541		3.3		4.1	17.0	75.6	64.9	11.1	0.0114	0.0118	0.466
8	2.610		4.4		3.9	16.6	67.7	56.2	9.5	0.0215	0.0101	0.315
9	济南酵母		3.5		4.0	17.9	73.5	65.9	11.3	0.0108	0.0123	0.4675
10	1308		3.1		4.0	19.1	76.3	67.7	11.3	0.0114	0.0123	0.4495

从表6-64试验结果看出，薯干原料制造酒精使用酒精酵母的发酵力，以1308号（试号1、10）和1406号（试号2、6）较好，济南酒精酵母、A. S 2.541和2.109号次之。

为了降低液态法白酒的高级醇，曾对选出的酒精酵母和威士忌酵母进行对比，其试验结果如下：

取薯干粉1400g，加水6500mL，其加水比为1∶5。拌匀后，在0.5kg/cm² 近似常压下糊化1h，中途搅拌2~8次，每隔20min搅拌一次。然后取出糊化醪，待冷至0℃左右时，先加少量麸曲，让糊化醪液化，再冷却至约35℃，加入原料重量10%的麸曲，共加曲为140~150g、发酵用3000mL大三角瓶，每个三角瓶装糖化醪1000~1200mL，接入供试酵母，在30~32℃培养箱中，采用边糖化、边发酵的方法，发酵期为5~6d。

供试酵母的制备，从固体试管到液体试管，再从液体试管到250mL三角瓶，最后接入大三角瓶，其接种量为10%。培养温度，一般在30℃左右，培养时间为14~18h。

成熟发酵醪经间歇蒸馏，粗馏液为200~250mL，再馏为100mL供分析样品。采用102G型气相色谱仪分析，其结果列入表6-65。

表6-65　　不同酵母酿制白酒的生成物

分析项目	1308	1263	1406	1445
甲醇	238.5	227.5	310.5	301.0
正丙醇	26.95	20.8	26.65	32.35
异丁醇	120.5	114.3	146.0	99.75
正丁醇	微	微	—	—
异戊醇	298.0	116.5	285.5	270.5
甲酸	微	微	微	微
醋酸	5.5	6.7	20.35	3.7
丁酸	—	—	微	微
醋酸乙酯	微	132.0	1.90	35.5

续表

分析项目	1308	1263	1406	1445
乙醛	50.15	17.1	10.5	66.25
乙缩醛	5.8	微	—	9.05
含酒量	6.35	6.35	—	—
成品酒度	64.85	63.6	66.9	64.9
高级醇总量	441.45	301.6	466.65	402.6
A/B 比值	2.47	1.02	1.95	2.71

从表6-66试验结果可以看出，甲醇含量以1263号和1308号两株酵母较少，1445号和1406号两株酵母较多。高级醇含量以1263号威士忌酵母最低，特别是异戊醇约少1/3，其余三株酒精酵母差不多，其中以1445号K氏酵母较少。威士忌酵母发酵较缓慢，在成品酒中醋酸及其乙酯较高，这对提高白酒质量有一定的好处。

从感官尝评认为威士忌酵母与酒精酵母试制的样品酒，闻香区别不大，口味有所不同，以威士忌酵母较酒精酵母的杂醇油气味轻，特别倒入杯中放置后更显著，苦涩味减少，尤其后苦味较轻。

用威士忌酵母试制薯干白酒，其发酵醪含酒量基本上与酒精酵母一致，但在发酵过程中高级醇生成少，特别是异戊醇，不需要在生产工艺上添加氮源或酒精降醇，同时有利于提高白酒风味。

这次筛选酿酒酵母是我国有关单位推广的菌种，也是我国酒精工业和白酒工业生产上的优良菌种，符合酒精生产的要求，淀粉出酒率高。例如，1308号酒精酵母在广西桂平糖厂酒精车间淀粉质原料连续发酵生产酒精，淀粉出酒率为56.3%，原料出酒率为40.87%，已赶上国际生产水平，另从提高白酒质量与风味来讲，还与酿制原料、生产工艺、发酵微生物和蒸馏方式等有密切的关系。

（二）讨论

（1）在酸酒酵母的筛选与应用工作中，从废糖蜜原料发酵菌种选用102号和345号菌株，其发酵力强，出酒率高，但102号酵母产杂醇油少，345号较多，可根据生产需要选用；从粮食原料发酵选出1308号和1406号菌株，各有所长，可任选一株，以1308号酵母使用较广。

（2）一个完美的酿酒酵母菌株，必须具有良好的遗传性质，而且繁殖旺盛，持续性强，这种性质有利于发酵，使酵母菌株始终生产一定质量的生成物。如以酿制白酒来讲，除必需的酒精主成分外，还要与其他各种香味成分的组成与量比协调一致，才能提高和增进产品的质量。

（3）有了优良的酵母种，必须掌握培养条件，首先保证糖化液的质量，酵母是直接利用还原糖的。一般酵母培养基的糖度，多用9°Bx在4℃左右冷冻保藏较好，接种时间为半年，生产用培养基精度为13~15°Bx，还要注意糖化液中有无氮源，如使用废糖蜜等为原料，可补加无机氮，如硫酸铵或尿素等，要及时杀菌，以防酸败，特别是在夏季。

（4）酵母繁殖的温度，在5~20℃生长较慢，25~28℃为生长最适温度，30℃以上生长受到限制，并迅速衰老，35℃发酵作用接近停止，38℃以上为死亡温度，但亦有例外的菌种。酵母培养中易污染的杂菌，如乳酸菌、芽孢杆菌等，则适应30℃以上的较高温度，为保持酵母的活性和控制杂菌，一定要低温接种，低温培养（最高温度不超过30℃），适当加大接种量。

（5）培养酵母的好坏，不仅要有足够的细胞数，主要的还要有旺盛的繁殖能力。使用幼年酵母，是因为这种酵母的细胞繁殖快，生命力强，抗杂菌能力也强，发酵力高，出酒率也就高。因此，一定要使用较年幼的健壮酵母。对成熟酵母的要求，以细胞数1亿/mL，发芽率25%以上为宜，可按不同季节灵活掌握。

（6）利用酵母为生产服务，必须知道酵母的性能与特征，不仅要经常用显微镜检查，重要的是与理化分析相结合，了解发酵的生产物。

（7）生产上用的优良酵母菌株，都是经过长期不间断地选育得来的，优异性能的稳定是相对的，而变异是绝对的。因此，在变的过程中有进化和退化的可能性，当培养条件不当时，则向退化方面变。所以，一定要研究菌株衰退的原因，找出复壮的办法。例如，稀释分离、生产选种、长期驯养或改良培养条件等，以达到复壮的目的。

（8）近年来为了进一步改进产品的质量，在微生物中采用定向育种，其途径很多，例如自然选择、诱变，转化和转导等，其中利用物理、化学等诱变因素来促进微生物变异，改变种的特性，使之符合于生产实践的需要，是一种常用的简便有效的方法。尤其是其诱变育种速度快，可以在短时间内使微生物某些特性得到改变，并可不断满足生产发展所提出的新要求，为我国实现四个现代化做出新贡献！

［《安徽酿酒》1981（4）］

十、绍兴酒酿造用酵母的分类鉴定

中国台湾台中酒厂的林庆造和张金泉为促使台湾产绍兴酒的品质均一优良化及酿造自动化，从绍兴产的酒药中分离出了优良糖化菌及酵母，并用这些糖化菌制造液体曲，初步完成了绍兴酒的自动化酿造法，将前五株酵母的分类学上的各种性质，经过了研究和鉴定，并报告了其结果。

（一）实验方法

菌株的分离：作者等用绍兴产酒药，分离培养基使用酵母肉汁及酵母琼脂，并分别添加丙酸钠0.25%及氯霉素0.05mg/mL。首先将酒药适量地加入酵母肉汁中，培养24h，振荡培养后，用经过杀菌的玻璃棉过滤，将其滤液在前述酵母琼脂培养基上用常法进行分离，钩取在肉眼或显微镜下认为是酵母的菌株，经过常法平板培养纯化后，进行发酵试验，得到适合工业操作的优良S-1、S-2、S-3、S-4及S-5等5株菌株。

（二）酵母鉴定

以Lodder及饭塚的方法为准据，观察了麦芽汁（15°Bx，pH 5.4）25℃培养3d的大型营养细胞的形状。伪菌丝形成采用Dalman平板计数法，用玉米粉琼脂培养基进行；孢子形成用改良Gordkowa琼脂培养基（蛋白胨1%、葡萄糖0.1%、氧化钠0.5%、琼脂2%）进行。发酵性试验用Durham发酵管法，在发酵基本介质中添加各种糖类后进行，酯化性试验用Wickerham的合成培养基中的碳源资化试验及硝酸盐酯化试验用的各组成，并在其中添加硝酸钾、乙胺化氢氯后，用液体培养法进行碳源及氮源的酯化试验。维生素要求性则用省略法，将Wickerham的合成培养基中缺少维生素的培养基作为基本培养基，试验了各种维生素的要求性。耐渗透压性，采用50%及60%（*w/w*）葡萄糖酵母抽出琼脂（1%酵母抽出液50及40mL中，分别添加葡萄糖50g，并加入3%琼脂）观察了其生育状态。

（三）实验结果

1. 营养细胞

形状、大小如表6-66所示，S-1、S-2、S-3、S-4、S-5及*S. cerevisiae* LFO_{0251}（来自CBS，下文用LFO_{0251}指代）菌株，相互间可以看出多少的差异，大体上6株都是球形、卵形、圆形，单独或两个互相连接。

表 6-66　分离酵母的形态学特征

酵母种类	营养细胞		伪菌丝
	形状	大小/μm	
S. cerevisiae LFO_{0251}	球形、卵形、椭圆形，单独或两个百相结合	(3.9~5.8)×(3.2~11.2)	多数密集的椭圆形细胞
S-1	卵形、近卵形、椭圆形，单独或两个百相结合	(3.9~4.7)×(7.4~11.8)	多数密集的椭圆形细胞
S-2	球形、短卵形、卵形，单独或两个互相结合	(5.0~8.3)×(5.9~8.9)	间有密集的卵形、长卵形细胞
S-3	球形、卵形、椭圆形，单独或两个互相结合	(5.83~8.9)×(5.9~13.3)	多数密集的椭圆形细胞
S-4	球形、卵形、长卵形，单独或两个互相结合	(4.1~5.9)×(5.9~7.7)	多数密集的椭圆形细胞
S-5	球形、卵形、近卵形，单独或两个互相结合	(3.9~5.9)×(5.9~10.1)	中等程度密集的卵形、长卵形细胞

2. 营养体生殖

5 株都用多极出芽方式。

3. 伪菌丝

5 株都形成。如表 6-66 所示，S-1、S-3、S-4、LFO_{0251}伪菌丝形成良好，呈伸长细胞的连锁，S-2 形成伪菌丝比较困难，镜检时很难发现伪菌丝，呈卵形及长卵形的细胞连锁；S-5 伪菌丝形成程度中等，呈卵形及长卵形的细胞连锁。

4. 孢子的形成

5 株都直接内生营养细胞，形成 1~4 个孢子。

5. 葡萄糖清酒琼脂培养基的色调

25℃培养 30d 后观察的结果，5 株都呈乳褐色；高桥侦造在报告中指出从绍兴酒药中分离的 *S.* Shaoshing，在葡萄糖清酒琼脂培养时呈带赤色。根据这一结果，S-1、S-2、S-3、S-4 及 S-5 等 5 株很明显与高桥的 *S.* Shaoshing 是不同的东西。

（四）生理学的性质

1. 糖类的发酵性

如表 6-67 所示，5 株都发酵葡萄糖、果糖、蔗糖、麦芽糖、棉籽糖（⅓），这一点在 LFO_{0251}也都是同样的。S-4 发酵麦芽糖时比较弱，此外，对 α-甲基-D-配糖物及菊糖的发酵也弱，对 α-甲基-D-和葡萄糖物，S-1、S-3、S-5 也都发酵。

表 6-67　各种碳源的发酵与同化

碳源	发酵						同化					
	IFO_{0251}	S-1	S-2	S-3	S-4	S-5	IFO_{0251}	S-1	S-2	S-3	S-4	S-5
葡萄糖	+	+	+	+	+	+	+	+	+	+	+	+
半乳糖	+	+	+	+	+	+	+	+	+	+	+	+
蔗糖	+	+	+	+	+	+	+	+	+	+	+	+
麦芽糖	+	+	+	+	+弱	+	+	+	+	+	+	+
纤维二糖	-	-	-	-	-	-	-	-	-	-	-	-
海藻糖	-（+）	-	-	-	-	-（+）	-	-	-	-	-	-
乳糖	-	-	-	-	-	-	-	-	-	-	-	-
蜜二糖	-	-	-	-	-	-	-	-	-	-	-	-
棉籽糖	-⅓	+⅓	+⅓	+⅓	+⅓	+	+	+	+	+	+	+

续表

碳源	发酵						同化					
	IFO_{0251}	S-1	S-2	S-3	S-4	S-5	IFO_{0251}	S-1	S-2	S-3	S-4	S-5
菊糖	-	-	-	-	+（弱）	-	+（-）	-	-	-	-	-
松三糖	-	-	-	-	-	-	+（-）	-	-	-	-	-
α-甲基-D-葡萄糖苷	+（-）	+	-	+	+弱	+	+（-）	+	+	+	+	+
L-山梨糖								-	-	-	-	-
可溶性淀粉								-	-	-	-	-
D-木糖								-	-	-	-	-
L-阿拉伯糖								-	+	+	+	-
D-阿拉伯糖								-	-	-	-	-
L-鼠李糖								-	+	+	+	-
乙醇								+（-）	-	-	-	+
丙三醇								+（-）	-	-	-	+
丁四醇								-	-	-	-	-
水杨苷								-	-	-	-	-
DL-乳酸								+（-）	-	-	-	-
丁二酸								-	-	-	-	-
柠檬酸								-	-	-	-	-
环己六醇								-	-	-	-	-
D-甘露醇糖								-	-	-	-	-

2. 碳源的酯化性

如表6-67所示，5株都对葡萄糖、果糖、麦芽糖、海藻糖、棉籽糖、松三糖、菊糖、α-甲基-D葡萄糖配糖物酯化。对L-山梨糖、纤维二糖、乳糖、蜜二糖、可溶性淀粉、D-木糖、赤丁四醇、水杨苷、DL乳酸、丁二酸、柠檬酸，环己六醇、D-甘露醇糖都不能酯化。这与LFO_{0251}是一致的。此外相互间也有不同处，例如S-5不能酯化L-阿拉伯糖与L-鼠李糖，而能酯化丙三醇与乙醇，而其他4株与此株相反。再者仅S-3能酯化D-阿拉伯糖。

3. 熊果苷的分解性

没有分解力。

4. 维生素要求性

9种维生素生物素、环己六醇、烟酸、Ca-泛酸、叶酸、硫胺素、叶黄素、*p*-氨基-苯甲基、吡哆醇之中，仅Ca-泛酸为S-4所要求，S-2对Ca-泛酸需求量较大，而其他3株没有要求。

5. 硝酸盐及乙氨化氢氯的酯化性

5株都对硝酸钾及乙氨氢氯没有酯化性。

6. 耐渗透压性

50%（*w/w*）葡萄糖酵母抽出液中，S-4不能生育，其他4株生育。

7. 在37℃时生育

5株都不能生育。

8. 对环已酰胺的抵抗力

浓度100μm/mL时，5株都不能生育。

花雕酒是绍兴酒的一种，5 株酿造用酵母在细菌学上性质都是相似的，细胞如球形、卵形、椭圆形。用多极式出芽增殖，形成伪菌丝及 1~4 个子囊孢子。具有糖类发酵性，具有 20%以上酒精生成能力，从不能酯化硝酸盐及乳糖来看，判定其属于 *Saccbaromyces* 属，从熊果苷分解及环己酰胺的抑制来看，决定了其种名。

9. 菌种鉴定结果

5 株间都有微小的差异，但同样能发酵葡萄糖、果糖、蔗糖、麦芽糖、棉籽糖（⅓），不能酯化 L-山梨糖纤维二糖、D-甘露糖醇、水杨苷丁二酸及乙胺氢氯，不能分解熊果苷，没有对环己酰胺的抵抗力，因此 S-1、S-2、S-3、S-4、S-5 这 5 株酵母全部鉴定为 *Saccharomyces cerevisiae* Hansen。

［译自日本《发酵工学杂志》，1974，52（3）］

十一、诱变株 As 3. 4309（UV-11）糖化菌的获得

本试验采用土壤中分离所得 *Asp. niger* 202 作为出发菌株，经钴 60（Co^{60}）、紫外线、亚硝基胍（MNNG）等物理、化学诱变因子交替处理，最后获得 AS 3. 4309 变异株，比原菌株 202 产糖化酶能力提高 8. 3 倍。诱变远育系谱可概括如下：

202	酶活力 222U/mL
↓	3 万 rad①，存活率 44. 92%
CO（202）	酶活力 620U/mL
↓	6 万 rad，存活率 2. 74%
CO（1）	酶活力 800U/mL
↓	UV 35min，存活率 0. 64%
UV12	酶活力 880U/mL
↓	MNNG 300mg，存活率 32. 4%
M_3	酶活力 1170U/mL
↓	8 万 rad，存活率 0. 51%
CO（8）	酶活力 1200U/mL
↓	MNNG 300mg/mL，存活率 34. 20%
M_5	酶活力 1550U/mL
↓	UV 35min，存活率 0. 52%
UV11	酶活力 1860U/mL
↓	MNNG 300mg/mL，存活率 34. 20%
AS 3. 4309	

该菌在查氏平板上，于 32℃培养 12d，菌落生长呈扩散形，直径可达 5. 5~6. 5cm，菌丝初为白色，有时出现黄色区域，绒状，有明显的辐射状皱纹，无渗出液，边缘生长较薄，有霉味，咖啡色，反面为浅黄色。

分生孢子头幼时呈球形，大部分直径为 140~168μm，老时裂开成 3~4 瓣，一般直径 250~280μm，褐色。分生孢子梗自基质长出，幼时长度 300~400μm，老时长度 280~400μm，直径 12~16μm，壁光滑，厚度 1μm 左右，稍带黄色。顶囊球形，一般直径 23~31μm，小梗双层，自顶囊全面着生，梗基一般（8. 3~10. 4）μm×（2. 5~3. 0）μm，小梗（6. 2~8. 4）μm×（2. 1~2. 5）μm。分生孢子球形或近于球形，直径 3. 5~4. 0μm，壁粗糙。

［中国科学微生物研究所编《黑曲霉变异株 AS 3. 4309 产糖化酶的研究》，1978］

① $1rad = 10^{-2}Gy = 10^{-2}J/kg$。

十二、黑曲霉 3.4309 糖化酶性质和糖化条件的研究

黑曲霉变异株 3.4309 产生的糖化酶，具有酶活高、耐酸性、含转移葡糖苷酶少等特点。本工作介绍 3.4309 菌糖化酶的性质和糖化条件。

该酶的最适 pH 较宽，以 pH 4.5 为最好。稳定 pH 范围为 2.5~5.5。最适作用温度为 60℃，但在 70℃仍表现出较高的酶活力。在 50℃以下是稳定的。酶液在 50℃保温 2h，酶活损失 3%，60℃保温 2h，剩余酶活力为 55%，70℃保温 2h，剩余酶活力为 13.4%。用等电点聚焦电泳测得该酶的等电点为 3.54。参照 Kuzawashi 等的方法测定了黑曲霉 3912-12、Pr-3、3.4309 的转移细菌糖苷酶的活力，分别为 16.06、16.22、10.49（mg 寡糖/mL 酶液），3.4309 菌比前二者约低 1/3。

在酶法制葡萄糖新工艺中，葡萄糖值（DE）的高低，直接影响到成品质量和收率。

（1）最适糖化 pH 为 4.2。一般范围以 pH 3.5~4.5。DE 大约在 98%~99%。DE 最高的范围也就是醇不溶物最少的范围。

（2）糖化时酶用量一般为 100U/g 干淀粉，DE 可达 99%左右。醇不溶物随着酶用量的增加而下降。

（3）糖化最适温度为 60℃，其次是 55℃，在此温度范围内，醇不溶物含量减少，DE 在 98.8%左右。

（4）糖化时间试验表明：24h DE 即可达 98%、但醇不溶物含量较高，如生产中用糖，则要求醇不溶物含量低，糖化时间可延至 48~72h，而糖化 DE 在 99%以上。

综上所述，最适糖化条件为 pH 4.2，60℃，加酶量为 100U/kg 干淀粉。

［《中国微生物学会 1979 年学术年会论文摘委汇编》］

十三、糖化菌种“东酒 1 号”的选育

（一）菌种

诱变出发菌株为“沪轻研Ⅱ号”。

斜面培养基：4~6 °Bx 米曲汁，添加 2%琼脂，1kg/cm² 灭菌 30min。

平板分离培养基：6 °Bx 米曲汁，添加 2%琼脂，1kg/cm²灭菌 30min。

筛选培养基：麸皮：水 = 1：3：5，拌匀后，用 500mL 三角瓶，每瓶内装 14g，1kg/cm² 灭菌 60min。

（二）诱变方法

1. 诱变选育程序

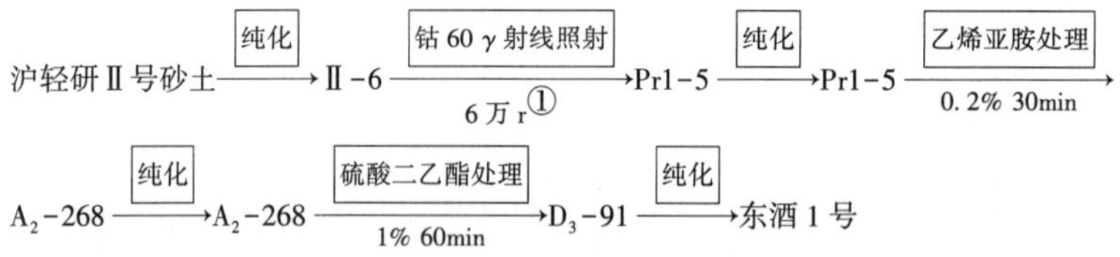

沪轻研Ⅱ号砂土 —[纯化]→ Ⅱ-6 —[钴 60 γ 射线照射 / 6 万 r①]→ Pr1-5 —[纯化]→ Pr1-5 —[乙烯亚胺处理 / 0.2% 30min]→

A_2-268 —[纯化]→ A_2-268 —[硫酸二乙酯处理 / 1% 60min]→ D_3-91 —[纯化]→ 东酒 1 号

① $1r = 2.58 \times 10^{-4}$ C/kg。

2. 出发菌种的分离纯化

取一白金耳“沪轻研Ⅱ号”砂土装入有无菌生理盐水 15mL（0.85%）的三角瓶内，充分摇匀，制成孢子悬浮液，按不同倍数进行稀释，分离，置 30℃培养 2d 左右，挑取菌落接至斜面，再在 30℃培养5~7d，接入装有麸皮的三角瓶内，30℃培养 40h，筛选测定得纯种Ⅱ-6。

3. 钴 60 γ 射线的照射

（1）出发菌种“Ⅱ-6”（沪轻研Ⅱ号）。

（2）照射剂量率及总剂量如表 6-68 所示。

表 6-68　　钴 60 γ 射线剂量率及总剂量

剂量率/(r/min)	5.9×10^3	6.31×10^3	5.8×10^3	6.46×10^3
总剂量/万 r	6	8	10	12

（3）实验步骤　将“Ⅱ-6”在 30℃培养 7d 的新鲜斜面，用 pH 6.8 的磷酸缓冲液洗下斜面上的孢子，倾入带玻璃珠的三角瓶中，摇振 5min，无菌脱脂棉过滤，制成单孢子悬浮液，用血球计数板计数，然后用缓冲液调节，大约 10^6个/mL 孢子悬浮液，分装于 15mm×150mm 的无菌平底试管，送上海理化所，按上述剂量率及总剂量照射后取回，用米曲汁琼脂分离测定。

（4）实验结果　如表 6-69 所示。

表 6-69　　钴 60 γ 射线照射后死亡率

总剂量/万 r	0	6	8	10	12
死亡率/%	0	99.46	99.57	99.78	99.89

Co^{60} γ 射线照射两次，照射液用稀释法分离得菌落 6400 多个（死亡率如表 6-70），经浓缩过滤后得菌落 1000 多个，用麸皮浅盘分离得菌落 100 个。菌落的形态有以下几种：孢子头大而松，颜色深黑，菌落大，菌丝长，底板灰白无皱皮，菌丝短，底板浅黑，有或无射状皱皮；孢子头小，颜色褐色，菌落小，菌丝短，底板灰白；孢子头不大，菌落大，浅褐色，底板浅黄，培养基有皱皮。后者为正常型，在挑取时，各类型都挑取，但认为正常型或微小变异的则多挑一些，共挑菌落 560 个左右，经麸皮三角瓶初筛，得 60 多个菌株复筛后获得 Pr1-5，糖化力比“沪轻研Ⅱ号”高 5%~10%。

4. 乙烯亚按的处理

（1）出发菌株 Pr1-5。

（2）处理剂量　将无色乙烯亚胺原液，用 pH 6.8 磷酸缓冲配成 1∶250、1∶500、1∶750 的稀释液供使用。

（3）实验步骤

①将 Pr1-5 的新鲜斜面、制成 2×10^6个/mL 左右的单孢子悬浮液。

②取甲、乙、丙三支试管分别装入上述三种浓度的乙烯亚胺稀液各 7.5mL，然后每管各加入孢子悬浮液 7.5mL，摇匀，立即计时并控制在 20℃左右，在 10min、30min、1h、2h、6h、24h、48h 时分别各取 0.5mL，稀释，分离，并测定。

（4）实验结果　如表 6-70 所示。

表 6-70　　乙烯亚胺处理后的死亡率　　单位：%

死亡	0min	10min	30min	1h	2h	6h	24h
浓度 1∶500	0	28.8	59.1	65.0	77.6	81.5	87.7

按上述浓度时间处理后，共挑取 400 多个菌落，1∶500 的浓度，30min 的时间，效果较好，就在

1∶500，30min 时做第二次处理，挑取菌落 960 多个，经多次初筛、复筛，得 A_2-21、A_2-268、A_2-292 三株较好，进一步做稳定性试验和小型发酵对比试验，结果 A_2-21、A_2-292 传代后糖化力不稳定，故保留 A_2-268，如表 6-71 所示。

表 6-71　　糖化力比较（麦芽糖 mg/mL 酶液）

菌名	Ⅳ代	Ⅴ代	Ⅵ代
沪轻研Ⅱ号	210	221	185
A_2-268	260	266	252

5. 硫酸二乙酯处理

（1）出发菌株　A_2-268

（2）处理步骤

①A_2-268 制成 2×10^6 个/mL 的单孢子悬浮液。

②处理液，用 pH 7.2 磷酸缓冲液将硫酸二乙酯的原液配成 2%的稀释液。

③解毒液，0.5% $Na_2S_2O_3$。

（3）诱变处理　将 2%硫酸二乙酯溶液和单孢子悬浮液等量混合均匀，立即计时 10、30、60、90、120、150、240min 取出 0.5mL，放入 4.5mL 解毒液中解毒，然后分离，筛选出结果，如表 6-72 所示。

表 6-72　　处理筛选结果

项目	0min	10min	30min	60min	120min	150min	240min
死亡率/%	0	72.5	71.2	70.0	84.0	96.2	99.9
pH	7.1	7.2	6.8	6.8	6.2	5.4	2

用米曲汁培养基平板分离，经过反复筛选得 D_3-91、D_3-153、D_3-8 三株较好，通过传代及试验对比，结果 D_3-91 为优良，即 A_2-268 经 1%的硫酸二乙酯处理 60min 所得，它的糖化力比 A_2-268 高 5%~10%，比“沪轻研Ⅱ号”高 20%。这是根据生产情况而得出的结论；“沪轻研Ⅱ号”的糖化力为 160~180，而“东酒 1 号”为 200~210，因此定名为“东酒 1 号”。

“东酒 1 号”的培养特征：除要求较高的湿度和较低温度外，总的看来其特征是，试管培养基颜色黄，并有皱起，菌丝短而密，孢子头较大，较松，颜色淡褐，一旦孢子颜色有变深变黑的现象，其生长速度减慢，特别是种曲不好掌握，一般来说，可能在退化。

（三）“东酒 1 号”的保藏与复壮

1. 固体斜面的保藏

接种斜面试管 30℃培养 5~7d，然后置 4℃冰箱中保存 1~2 个月可备用。时间过长则要重新移植，培养后可用。

2. 砂土保存

（1）“东酒 1 号”再次分离筛选得纯种。

（2）用 40%海沙和 60%田土混匀，分装于安瓿中，并塞以棉塞，反复杀菌，使用前应做无菌试验。

（3）培养 7d 的斜面试管，制成单孢子悬浮液，孢子密度 10^7 个/mL 左右，然后每安瓿滴入 0.1~0.2mL，上述单孢子悬浮液，室温真空干燥，用燕尾式喷灯封口，置冰箱保存。

（4）1969 年 8 月 1 日放入冰箱，到 1974 年 12 月取出，分离测定，所得结果和原种一致，无退化现象。

3. 菌种复壮

在传代过程中，一旦出现退化，可以用斜面分离一次，或用砂土管分离，能比较容易地得到复壮的菌株。

（四）小结

（1）“东酒1号”是经过多次单一诱变处理的，每次诱变的效果（$Co^{60}\gamma$射线、乙烯亚胺、硫酸二乙酯处理）逐步积累。

（2）“东酒1号”培养时不需添加什么特殊的营养成分。

（3）“东酒1号”糖化力及出酒率均比出发菌株有不同程度的提高，目前全国已有多数酒厂和酒精厂普遍采用。

（4）“东酒1号”在砂土管中保存还比较稳定，在固体斜面的传代中，一旦发现有退化现象，及时分离，还是容易解决的。

［《〈微生物育种学术讨论会文集〉研究工作报告》，1975］

十四、防止3.4309糖化菌污染杂菌

目前山西省已有95%以上的酒厂推广应用AS 3.4309糖化菌种，但有些厂因无法控制杂菌污染，或操作技术不过关，所以该菌种还未能在生产中应用。根据各厂的经验，防止杂菌污染是提高麸曲糖化力的主要技术措施，可以初步归纳为：菌种要纯优，灭菌要认真，育芽要坚持，配料要合理，温度要略低，卫生要严格。兹分述如下所述。

（一）菌种要纯优

保持菌种纯优是防止杂菌污染、提高麸曲糖化力的重要前提，因为原菌、曲种、麸曲的逐代扩大培养都是从菌种开始的。

（1）保存菌种一定要用察氏培养基。察氏培养基能基本满足曲霉的生长成分，有利于防止菌种衰退变异，有条件的酒厂可用砂土试管保存。

（2）生产用试管菌种可以选择其他适宜的培养基，但需经过糖化力性能测定，不致引起糖化力衰退，也不宜连续多次移植。

（3）试管传代菌种应定期更换新种，定期向中国科学院微生物研究所索取，或定期分离经糖化力测定衰退的菌标。整种移植最好用稀释法接种，即挑取少量孢子在无菌水中，用接种针打匀后，蘸取孢于悬浮液接入下一代试管中。试管传代一般不要超过五代。

（二）灭菌要认真

试管、原菌、曲种和麸曲用的培养基都要认真灭菌。

（1）培养试管、原菌所用的三角瓶在洗净、控干、塞好棉塞后，经160℃ 2h干热灭菌后，再分装培养基，灭菌箱（或无菌室）必须先搞好清洁卫生，用福尔马林蒸汽熏蒸或紫外线消毒，确保无菌后再进行接菌。

（2）各代培养基包括试管原菌、曲种和麸曲的培养基都必须认真灭菌，不能半点马虎，一般灭菌条件应该是：①试管培养基蒸汽灭菌1kg/cm^2，30min；②原菌培养基蒸汽灭菌1kg/cm^2，1h；③曲种培养基蒸汽灭菌1~1.5kg/cm^2 1h；④麸曲料一般常压蒸汽灭菌2h（圆汽后计）。严重污染时可采用常压间灭菌，即第一次常压灭菌1h，待12h以后，再常压灭菌1h以上。

（3）曲室工具（包括曲盒、竹帘）认真清洗后，再用0.1%的高锰酸钾溶液或5%的漂白粉液或0.1%的甲醛溶液浸洗，然后蒸汽灭菌2h，放入室中晾干使用。

（三）育芽要坚持

晋城酒厂和大同酒厂在制造曲种时分别采用固体育芽和液体（摇床）育芽的新技术，促进孢子的萌发，加速了菌体前期生长，有利于糖化菌抢占生长优势，使杂菌污染显著减少，这是防止杂菌污染的有力措施。

（四）配料要合理

质量次的麸皮是杂菌污染的主要来源、生虫麸皮、受潮发热霉变的麸皮本身就带有大量的杂菌，营养成分也遭到一定程度的破坏。所以，麸皮质量、营养成分和水分大小对原菌，曲种、麸曲质量有极大的关系。

（1）原料要挑选　应挑选色黄、片大、黏性小的麸皮。黏性大的麸皮加水后容易结团，造成杂菌酸败；出粉率高的麸皮片小皮多，通气性不好，不利于制曲操作；受潮霉变的麸皮一定不能用于生产。

（2）水分要适当　无论是原菌、曲种或麸曲，在加水量不妨碍操作的情况下，水分宜大不宜小。水分大有利于孢子萌发和菌体生长，曲种和麸曲在后期有充分的水分，有利于生长后期形成分生孢子和糖化力，同时水分稍大加速前期生长，也能减轻杂菌污染。

（3）适当补加营养盐　缺氮麸皮可加入0.3%~0.5%的硫酸铵、尿素等作补充氮源；其他可补充酌量的磷源，如过磷酸石灰0.2%等，以加速菌体的生长。

（4）调酸或加入化学抑制剂　每50kg麸皮在配料时加入比重1.8的工业硫酸300~350mL，对生酸细菌芽孢杆菌及其他污染菌有一定的抑制效果；按麸皮配料加入0.13%~0.15%的氟化钠或0.5%~0.7%的水杨酸（用少量酒精先溶解）或0.4%苯甲酸钠，效果也较好。

（五）温度要略低

曲种和麸曲都不是在无菌操作下进行的，通风曲的空气中带有大量杂菌，春、夏、秋季尤为严重。因此，在工艺上如何做到适宜曲菌繁殖和抑制杂菌繁殖是其重要的环节。根据低温培养有利于曲菌生长而不利于杂菌生长的原则，在制曲工艺上应采取低温、晚通风、延长曲料堆积时间的方法；通常麸曲培养前期堆积10~15h，堆积温度26~32℃，前期培养保持32℃，中期培养不超过34℃，后期培养32℃。

（六）卫生要严格

创造无菌环境，贯彻以防为主的方针，把杂菌污染减少到最低限度。3.4309糖化菌要求卫生工作最为严格，应注意以下两点：

（1）曲室、制曲机械设备（如扬渣机、手推车、通风池、曲帘等）必须保持清洁，每次使用后，曲室地面、墙壁四周和一切工具都必须用清水冲洗干净，以漂白粉液喷洒，定期用硫黄或甲醛熏蒸，减少闲杂人员随便进出。

（2）曲室周围要清洁，注意清理不卫生的死角，贮曲场和曲室要分开远离，特别是污染的曲种和麸曲要清理干净，不准在曲室周围堆放旧曲、污染曲，防止恶性污染循环。

[《黑龙江发酵》1980（3）]

附录一

中外酿酒科技交流史的一页

——方心芳留学时期的活动与学术

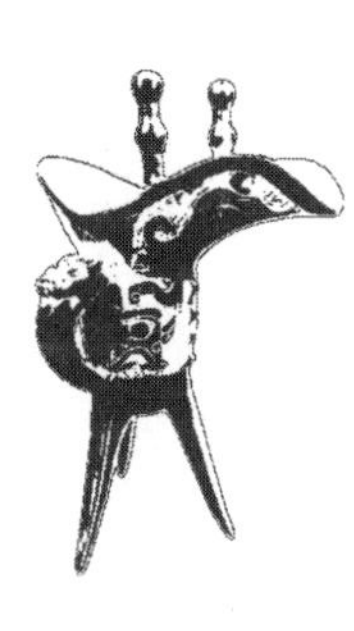

经过几辈专家学者的努力，中国当代酿酒科技取得了长足的发展。仅以江南大学酿酒科学与酶技术中心的白酒研究为例，就涌现出了一批中青年学者，其学术成果不但包括白酒酿造基础研究、白酒中生物活性物质脂肽类化合物的鉴定与功能等方面，还涵盖了诸如白酒功能因子与品质安全问题、白酒健康问题、白酒国际化问题等，并且登上国际学术舞台，发表具有重要学术意义的论著，不断将中国酿酒科技的最新研究成果展现在世人面前，推动了中外酿酒科技的学术交流。若是以今观古，或会认为近代酿酒科技的发展微不足道。然若将视角转移到当时特定的社会历史背景下，则可能会发现完全不一样的学术景观。本文的中心内容在于研究中国近代酿酒科技发展的早期阶段，以近代工业微生物学家、酿造研究专家方心芳在留学时期的学术活动与研究成果为例，探讨近代中外酿酒科技交流史中重要的一页，揭示近代科学家在中外酿酒科技交流上的筚路蓝缕之功。

（一）留学前方心芳的学术旨趣

方心芳（1907—1992 年），河南临颍人。早年在河南卫辉法文学校毕业，入上海中法工业专科学校附中班就读，1927 年考入上海国立劳动大学农学院农艺化学系。1931 年毕业后到黄海化学工业研究社发酵菌学研究室工作，1935 年获得中比庚款留学补助，到比利时鲁汶大学农学院酿酒专修科学习，其后在荷兰巴恩、巴黎、伦敦、丹麦等地从事考察和研究。1937 年回国，次年随黄海化学工业研究社迁往四川乐山五通桥镇。1950 年初到北京黄海社新址筹建发酵微生物研究室，1952 年科学院接管黄海社的发酵菌室后工作直到逝世。方心芳一生对中国传统发酵产业现代化、现代工业微生物研究、微生物菌种保藏事业及人才培养与学术交流做出了突出贡献，参与创办《黄海发酵与菌学特辑》及《微生物学报》，是我国应用微生物学理论和方法研究传统发酵产品的先驱者之一。被称为“我国工业微生物的开拓者”“我国工业微生物学界的‘巨星’”“中国的巴斯德”“酿酒微生物工作者的良师”“当代酿酒科技先行者”“改革白酒生产的第一人”等。但纵观方心芳早期的学术历程与成果，则主要体现在白酒酿造技术改良与相关微生物的研究上。

1931 年，在上海劳动大学毕业后，方心芳经其师魏岩寿教授推荐到黄海化学工业研究社工作。在魏岩寿指导下撰写的大学毕业论文《中国酱醪中之数种酵母菌》中，就揭示了酱油发酵中几种酵母菌的形态、功能与生理，揭开了传统发酵产品科学研究的序幕。但真正奠定方心芳日后研究基础与声誉的，则是其对汾酒和高粱酒改良的研究，这些研究主要是在黄海社社长孙学悟博士的指导下完成的。

汾酒酿造工艺的研究。1933 年，方心芳亲赴山西汾阳实地考察汾酒酿造情形，首次对汾酒酿造方法进行文字记录，就制曲、原料准备、酿造过程、蒸酒、二次发酵与蒸馏、用曲与出酒情况等加以记录和整理，在义泉涌经理杨子九的帮助下，总结出汾酒酿造人必得其精、水必得其甘、曲必得其时、高粱必得其实、器具必得其洁、缸必得其湿、火必得其缓的方法。在对汾酒酿造用水及发酵秕展开分析与研究后，认为汾酒发酵时间过长，副发酵作用旺盛，原料损失太多；干糟含淀粉至少 23%；汾酒酿造的优点在于产品的浓厚、馥郁，不在生产率的增高。

高粱酒工艺改良研究。经过实验及调查所得，高粱酒出酒率不及理论出酒率的 45%，原料淀粉损失超过 50%。其最主要的原因是淀粉多数残留在酒糟中，“工作之粗放与迟钝，蒸馏器之不完备，酒精因之蒸发而去者不少。醅子内之有害发酵（如酸发酵等）亦为原因之一”。另外，高粱酒曲的改良也刻不容缓。基于此，还对高粱酒改良进行了初步实验，检验了用曲量、发酵时间、高粱加工粉碎与高粱酒酿造之间的关系。

对传统酒花测量烧酒浓度的经验验证。有相当浓度的烧酒，用力摇动则生酒泡浮于液面，称为“酒花”。孙学悟与方心芳经过反复检验，推导出如下公式：烧酒浓度 = 190/水四容积加入烧酒之容积数+47.5。他们将实验数字列为表格，并一一检验，其误差极少有高于 1.5%的。

（二）方心芳留学欧洲的大致历程

1935 年，方心芳获得了中比庚款留学补助，前往比利时鲁汶大学留学，开启了其科研人生中新的

一页，也开启了中外酿酒科技交流的新篇章。根据1901年清政府与列强签订的和约，中国须向各国赔款本息合计9.8亿两白银。其中比利时获得赔款8484345两白银，合31816293.75比利时法郎，占庚子赔款总额的1.88541%。1908年，美国国会通过议案，决定退回其所得之庚子赔款，用于留学教育和兴办清华学堂。1924年，美国政府决定退回其余庚款。美国政府的这两次退赔产生了广泛的国际影响，其他国家也起而效尤。1927年，中国与比利时签订协议，规定比利时所得庚款退还及其应用。协议规定自1928年起至1940年，比利时退回其所得庚款。以75%用于铁路交通事业，退赔后由中国向比利时购买设备材料等；25%用于教育文化事业，约合美金125万元。其中60%用于中比教育事业（具体分配为中比学术交流5%、资助中国学生留学比利时20%、中比教育事业35%）、40%用于卫生慈善事业。规定在1929—1934年间分5批选派中国学生赴比留学，每年资助全金费者54人，每年资助金额1.5万法郎，选派留学生中16人入鲁汶大学，其余分赴莱顿大学等荷兰高校学习。方心芳就是获得比利时庚款资助留学入鲁汶大学学习的学生之一。在欧洲留学的两年时间内，方心芳寄回一批信件，详细报告其在各国的学习经历和观感见闻。其中部分信件刊登在范旭东创办的《海王》杂志上，虽然不是全文或全部发表，但仔细阅读这些信件，结合其公开发表的其他文章，还是能大致复原方心芳这两年内的主要活动和求学历程。

方心芳达到欧洲的具体时间，因资料缺乏，尚难定论。但从《海王》刊发的系列信件来看，当是在1935年9月中旬之前抵达比利时。9月17日，方心芳曾写信回国，但《海王》并未刊发，推测是报告抵达比利时及沿途见闻。10月19日，再次写信回国，报告入学情形及与鲁汶大学专家面谈情况。因为鲁汶大学酿造科科长在欧洲考察未归，而其入学因情况特殊又必须由酿造科长办理才行，所以直到是日方才办理妥当。实际上，根据方心芳后来的通信报告，其时比利时大学每年有3个假期，年假半月，春假20天（4月6日至4月26日），6月中旬放暑假，7月初年考，10月中旬开学。则其入学时期，并未推迟多少。而从其后在欧洲的游历情况来看，可知其在鲁汶大学的学习，只有一个完整的学年（即1935—1936学年度）。

在1936年11月10日的信件中，方心芳已经收到荷兰菌种保藏中心的回复，欢迎前往研究，预计在12月20日前后离比。但直到1937年元旦才离开比利时，于当日下午抵达荷兰巴恩。4日见到菌种保藏中心主事者，安排相关事宜。1月22日，方心芳回到比利时。本定2月中旬去法国巴黎，但季也蒙（Guilliermond）教授回信说最近二三星期内研究室内无空位置，让3月10日前后去，预计工作六七星期。在去法国之前，准备去英国观光访学三四星期，离开巴黎后去德国一月左右，然后到各国参观约两个星期，再去丹麦嘉士伯研究室，到7月12日在荷兰出席世界农村工业大会后回国。1937年4月14日至15日，方心芳短暂离法去布鲁塞尔宣读论文。5月28日，方心芳从法国回到比利时，将行李2件交法国邮船公司寄往天津，决计31日前往德国柏林，然后去丹麦。在丹麦月余后去荷兰参加会议，取道马赛乘7月23日法国邮船回国，预计8月22日到上海。方心芳1937年5月30日信件并言“船票已购妥，故决不致改期”。有文章说：“抗日战争爆发时，方心芳正在丹麦，当从报纸上得知这一消息后，他立即中断了在国外的访问研究，匆匆赶回祖国，参加伟大的全民抗日救亡斗争”。此说流传广布，在关于方心芳回国的描述中几乎都是类似的笔触。但实际上，早在1936年底，因想取道日本参观日本各大学的微生物学研究情形，必须赶在学校放假之前，方心芳就已经决定提早回国，预计在5月或6月离开欧洲。后因决定去荷兰参加世界农村工作会议，故回国船票购在7月23日，且早在5月30日之前便已购妥。故此说虽能显出方心芳的爱国之心，但却与实际相去甚远。

1937年6月6日晚，方心芳去丹麦首都哥本哈根，次日到后便去嘉士伯。可知其在德国的时间前后仅一个星期，且“多牺牲在普通性质的参观上去了，因为学术的参观，要经过官府的允许，没有时间等待他”。至于方心芳在丹麦停留的具体时间及在荷兰参加会议的情况，因公开资料未见，故难定论。但其在嘉士伯的时间也不会太长，判断最多也就一月左右。

由上可知，方心芳的具体留学日程及路线大致为：1935年夏秋间离国到达欧洲，10月19日办理入学，在比利时鲁汶大学酿造科学习一学年（1935—1936学年度）。其后便是联系各地参观考察及开

展实际研究工作。1937 年 1 月 1 日至 22 日间在荷兰巴恩菌种保藏中心。二三月间去英国参观访学，但具体情形不知。3 月中旬至 5 月底在法国季也蒙教授处做研究。6 月初在德国一周，随即赴丹麦嘉士伯研究访学。7 月 12 日出席荷兰世界农村工业大会，23 日取道法国马赛回国。严格意义上来说，用“游学”来描述方心芳的这段经历更为合适。

（三）留学时期方心芳的活动与学术

与胡适、梅贻琦等留学美国的“庚款生”相比，方心芳明显属于另外一种类型的留学生。他们并没有拿到国外大学的学历学位，但又是官方委派的性质。在国外所处的时间相对较短，所做的也多是应用性质的研究。在目前关于近代中国留学的研究中，多是关注胡适、梅贻琦一类，或者是长期游学而又没有获得国外学位学历的陈寅恪、傅斯年等人。但对包括方心芳在内的这一类学者的留学生涯，缺乏足够深入的研究。方心芳虽然在欧洲仅历时两年，却是带着问题出去的，是在自身研究有一定成绩的基础上前往留学的。在这短短的两年中，其学习经历和思考均是值得深入研究的，具有典型的个案意义。

1. 与国外同行交流高粱酒工艺的改良方法

刚到比利时，方心芳主要在发酵室帮助教授们作关于酵素（Enzymes）及生物化学方面的研究。他将高粱酒酿造的文章译成法文交给酿造学教授们，并与他们谈改良方法。教授们“都很谨慎，不见事不肯下断语”，但还是说出了改良的方向。虽然多是“老生常谈”，在国内时也想到过或曾尝试实践，说明了科学无国界的道理。鲁汶大学教授们对高粱酒改良的意见如下：

（1）酒的气味十分重要，应该研究，但万分复杂。凡原料种类、来源、蒸熟，曲子种类、来源、发酵温度之高低久暂、蒸馏方法、贮酒器具以及时间等都有关系，水也不例外。

（2）高粱酒酿造的缺点及其改良。高粱酒酿造法的缺点，在蒸馏时损失过大、发酵时生酸过多、糟中残留淀粉过多等，而以第一项最为关键。换言之，宜从器具改良下手。但想要改良蒸馏器，酒醅状态也需要注意。一位教授认为，汾酒酿造过程中加糠以增加疏松度便于蒸馏，且不影响酒味，则高粱酒酒醅也可借鉴。所以器具改良可造混合器，以混合酒醅与糠，不使酒气泄失；自动装甑机，以便分层装入；分段取酒，反复蒸馏。

（3）“加糟既可便利蒸馏，复可增加酒醅内的面积，冲淡酒醅之酒精浓度，或可使发酵增进，减少糟中淀粉。但醅必发虚，发酵温度增高，酸发酵增大，为其劣点。不过可设法减低发酵温度，如下池温度减低，或池之容积减小，或增加压力使空气减少，或甚之装冷却器，成改用金属发酵器等。”

（4）酒醅酸发酵过盛致产酸甚多，可降低发酵温度、应用纯粹发酵法、发酵醅中加有害细菌而无害酵母等。用纯粹发酵法最可靠，啤酒酿造广泛采用。但太科学化，一般烧锅难于实行。第三种方法在酿造酒精时常用，但成本太高，所以最好降低发酵温度。

（5）糟中残留淀粉，导致出酒率低下。但将酒糟用于牲畜饲料等，则可实现养分的充分利用。“用流体法酿酒，现在已有法（继续糖化法）使淀粉完全应用，高粱酒酿法虽有类似继续糖化法之处，但为‘固体’水分过少，不能使淀粉全应用，又观其醅之化学成分，似糖化发酵都有关系。醅中无残留多量之糖，足见糖化不盛，然其究竟百分率甚高，足证究竟有限止发酵进行的事，且酒精对于糖化亦能生影响，欲利用残留淀粉，必先研究此淀粉之不能糖化的原因，或为糖化酵素不足，或为酸类、酒精等所限，待找出其缘故，即可下手消除，此非空言所能济事。”

（6）“中国高粱酒之原料既无一定，处理方法又各不同，其酒味之不一致可想而知。然此不一致中，亦必有其共同之点，且必有其不一致的范围，此二点如能得到，则可谈高粱酒法之改造矣，否则不能下手，盖无标准可依。”

（7）酿造科学常告以改良工业应注意之点，亦很有意义。“凡工业都有其已得的经验以及其已处的环境，经验与环境为两个重要的事情”。各国有各国的环境，各时有各时的环境。凡从事工业者都应设法适合于当地当时的环境，人工便宜的地方千万设法使用人工，甲种原料贵时，须设法用乙种，原料之互换是可能的。譬如几十年前无一家啤酒厂用玉米，自从德国人在美国试用成功后，已广泛应用。一战时多用小米、高粱、大米、小麦等试酿啤酒，也多能成功。啤酒为最科学化、最精级的发酵产物，其他酿造产品亦可借鉴。经验方面，以英国威士忌酿造为最。虽然美国现代科学突飞猛进，但其威士忌的品质，仍难与英国相颉颃。

（8）有一位教授说："工业之失败成功，尤多决于原料之买进，此事在科学不发达的地方，尤应注意，因卖主无科学知识，以分类其物品"。因此，则买主可以科学方法得到便宜的东西。

2. 四处访学，增广学识

1935 年 10 月 19 日，方心芳刚办理好入学手续，便拜访鲁汶大学的两位教授，潜心交谈。其中 Biourge 教授已经 72 岁，不喜著述，但是业内专家都很敬重他。与黄海社有过交往的美国人 Thom 也刚好在鲁汶大学与 Biourge 教授研究盘尼西林两个星期，只是方心芳事前不知，未能拜见，引为憾事。Biourge 教授十分和气，方心芳与他谈中国酒曲事，他更为欢喜。在谈及高粱酒改良时，他答："高粱酒的酿法，我知道的还很少，现在不能决定怎样下手作改良的试验"。又说："你在中国既已研究过中国曲，可将你已分离出的菌拿来先作研究，以后再及酿造，亦还不迟，并且本处虽有菌（mold and yeast）数千种，但中国的还少，所以我也很喜欢您在此研究中国曲菌。"但因 Biourge 教授年纪较大，已经不过问一般事务，将方介绍与其学生 V. Estienue 先生，年约四十的 Estienue 对方心芳也表达了欢迎之意。

结束在比利时的研究后，方心芳于 1937 年初赴荷兰巴恩的菌种保藏中心。"该地菌学研究室，在世界上甚有名，许多学者所需要的菌多从该地弄到手，那里如果有趣，我想多住些时，或正月底回鲁汶，以后再去。我现在仍继续毛霉的研究，十数种的 *Rhiyopus* 已检察完毕，正在整理材料中，我想在离比前，将三十余种毛霉，弄个清楚，以后研究其他类的菌如青霉，曲菌，植物病菌等等都尝试一下，探得他研究的方法与其现况回国应用，因我近对菌学兴趣甚深，诚愿将来将我社的发酵部分弄成国内的权威者，欲达其目的，除人员外，似应有大批的菌类备自己的研究，与供给国内其他机关以试验材料，并与世界此道学者机关联络，俾得顾问与帮助，所以我将弄些 *Typical Strain* 寄回去"。但在此地的研究活动，却并不十分顺利。方心芳在信中说："于普遍菌学技术，稍有所得，见闻亦有增加，惟于专门的 *Rhizopus* 检定，除看到些从前未见到的文献外，别无所得。其中的原因有二：其一，上信报告他们有一专门研究毛霉的女士云云，实系该所长之骗人语，实际上他们只有一二人，专管分类，然他们所研究的多系别属的菌，对于毛霉的知识，不见得高明；第二，他们所有的菌是出卖的，不愿无代价的与人研究。口头上虽能答应给与比较研究，实际上却难办到，该所长每日上下午都去询问每人的工作情形，他总是告诉我可以去拿来比较，然他总不下令叫管菌者给与"。虽则最后还是以很低的价格购买了 20 种菌类，但对"最可宝贵的'研究精神''找题方法'及'解决手术'等，非短时间内可以看出，无可如何"。

在代尔夫特（Delft），方心芳拜访了"学问既渊博，态度尤可亲"的 Kluyver（克鲁维）教授。在了解到黄海发酵与菌学研究室只有几个研究人员后，克氏并未因此加以轻视，而是以其他地方新成立的研究机关所取得的成绩相鼓励。并愿意互相帮助，答应将所有的菌类寄赠。克氏研究工作主要集中在酵母菌和发酵两方面，为学界权威。据方心芳所见，其实验室杂志多、研究精神好、设备极佳，是其所见过的最大的研究室。在英国、法国，方心芳也处处留心，参观访学，吸取养分，收获颇丰。"'菌类'二字现在稍知内容，从前认识 *Aspergillus*、*Mucor* 等，即觉自己了不起者，现在知道那是初学 A. B. C. 之 A. B. C. 也，好不惭愧"。

3. 撰著不辍，促进交流

到比利时后，方心芳不但将其在国内关于高粱酒改良的论文译成法文，提交给教授们参考。在研究之余，方心芳还将研究成果用外文在国外发表。1937 年 4 月 15 日，方心芳在比利时科学会宣读其论文。因分离出了 2 株新的 *Rhizopus*，命名为 *Rh*. Biourgei 菌及 *Rh*. Septatus 菌，前者因其有横膜生于子囊柄上，后者为纪念 Biourge 教授。此文发表后，方心芳定了 100 本单行本，已大部分寄回黄海社，其余

的分发给当地学者，以广交流。此文后亦在国内发表。前者从太原小麦曲中分离出，孢子蓝黑色有皱纹，孢子囊为黄色，中轴为圆形，为根霉属菌的一种；后者由长沙酒药中分离出，其主要特征为子囊柄上生横膈膜、假根不规则、在很多培养基上不易培养。在巴黎的工作，则主要是在季也蒙教授指导下完成。方心芳也撰著有相关文章，“经季教授修改后，连同图像送给法国博物院下等植物部副主任Heim主编之菌学杂志社，即将在该志九月号内刊出”。

同时，方心芳也撰著文章在国内杂志发表。目前可见者有《酒精代汽油在法国的过去与现状》及《荷国中央菌类贮养所之过去及其现状》两文。《酒精代汽油在法国的过去与现状》对法国酒精代汽油的发展历程、相关争论、无水酒精混合燃料的主要种类、发展趋势等做了详细的介绍。这在20世纪30年代，具有重要的意义。特别是在1937年中日战争全面爆发后，国内石油来源几乎被切断，酒精代汽油成为当时国内机械动力燃料的不二选择。回国后，方心芳以科学家的前瞻眼光，对酒精代汽油问题撰述了多篇文章，可说与其在法国的见闻紧密相连。在《荷国中央菌类贮养所之过去及其现状》一文中，方心芳指出荷兰菌种保藏中心（荷国中央菌类贮养所）的目的是“收集且贮养纯种的菌类，并供给各地学者俾作研究”。并介绍了该所之渊源、发展状况、研究人员及其专长、出版物与资金来源、菌种分类与贮养方法、菌种交流等方面的具体情况。

4. 搜集菌种，互通有无

入鲁汶大学酿造科者本需要有化学工程师或农业化学工程师的资格，但方心芳在上海劳动大学农学院读的功课恰与此地农科课程相同，且有相当著作发表。故得以破格进入学习，方十分珍惜这样的机会。在办理入学手续之后，便写信回国，请黄海社将“所有的菌类（细菌除外）一齐寄来，俾在此作一大检阅的工作，检定他们的形态与生理。寄时应分装数盒或十数盒［最好去邮局问一下包裹由西伯利亚（Siberia）走的情形］。盒要坚固，菌要新培养者（一次如不能培养许多，可分次培养分批寄下）”。1936年2月4日，由国内寄往比利时的菌种收到，便开始相关研究。这不但是为研究的需要，更是与国外同行交流，展示自身研究成果的机会。

另一方面，方心芳也留意搜集国外相关机构所分离出的菌种，并分批寄回国内，供国内研究人员使用。由发回国内的信件可知，方心芳数次向国内寄回菌种。据1936年12月24日信件，方心芳言：“前用纸挟法寄回菌类三次，谅早到沽。兹再寄上八十来种，系连玻璃管装箱水运，到沽之日约在二月间也”。可知此次所寄，已经是第四次寄回，一次便寄回黑曲菌80来种，可谓不少。部分是由方心芳在国外分离认定，大部分是从各研究机构搜集得来。是当时所知的黑曲菌几乎全部齐备，得来不易，故要求社内注意培养。青霉菌方面，也与Biourge教授商量好，离开时请赠一“整份”。其他如曲菌和毛霉，也注意搜集整理。1937年2月13日，又寄回菌类百种，方心芳特意写信回国，开列已经命名者，并提请黄海社同事注意培养，并详列培养方法及注意事项。在巴黎时，方心芳寄回酵母菌40种。由上述可知，方心芳日后在菌种保藏方面的贡献，最初便发端于留学时期。

5. 关心社会，心系祖国

方心芳留学欧洲时期，正是我国抗日战争全面爆发的前夜。作为一个青年留学者，方心芳时时刻刻关心祖国，留意各国社会民情。方心芳并非醉心于书斋和实验室，而是利用一切机会，游历各处，观察社会。他对比利时的观察是，“比人清洁，交通便利，学者皆由埋首常干而成，态度之可爱，又表现其大的‘涵养’”。其农业“在器具方面，较中国进步不多，发动力仍为人兽，只将木器易为铁器耳。田地之整理与种子之选择，亦未臻完善，盖其种子仅为纯种，非人工育成之特种也。育种非易事，比人知之，故先以选种代之，已见大功。奈国内学者，不此之图，而购民种以为特育之种，转售于民，以窃名利；官民不察，反从而誉之，可胜浩叹！”荷兰是一个农村工业发达的国家，故方心芳也多加留意。且在离开欧洲前以个人名义参加在荷兰海牙召开的世界农村工业大会。他说，“国内对农村工业似由提倡而近于实行的时期了，然而想把农村工业改良到理想的地步，似颇不容易，故想收集一些关于外国农村工业改良的经过及其现状的材料，俾作我们的蓝本”。并希望在国内召开的南京手工业展览会上，也有黄海社的人前往参加，并着意收集酿造方面的材料。方心芳认为，德国的社会组织“真如钢骨石门丁一样，实在可以惊人，与自由的法国比，真有天壤之别。不过法国也是沙石混合而未加水的三合土，一旦有事，马上可变为铁一般的团体，只可惜我国的沙石相距太远了!”与那个时代所有有良知的知识人一样，方心芳考察欧洲各国社会的时候，都是以中国为参照的。在方心芳的心中，时刻怀惕祖国，都是以改良中国产品为己任的。

(四) 结语

在 1935 年出国留学之前，方心芳便在传统酿造产品研究上崭露头角，显示出了深厚的学养和敏锐的学术洞察力。1935 年，获得中比庚款补助的方心芳到比利时留学，开始了两年的留学生涯。根据现有资料，大致可以还原方心芳在留学时期的经历与活动。在国外的两年时间内，除了正常的学习生活外，方心芳与国外同行交流高粱酒改良方法；四处访学，增广学识；撰述不辍，促进交流；搜集菌种，互通有无。方心芳不单是一个只关心实验和学术的留学者，还关心社会，心系祖国，体现了一代知识人的高尚情操。两年的留学生活，在方心芳个人发展历程与学术旨趣培养方面，均留下了不可磨灭的印迹，是中外酿酒科技交流史上值得书写的一页。

[程光胜著《中外酿酒科技交流史的一页——方心芳留学时期的活动与学术》，《酿酒科技》，2015 年（11）：127-132]

附录二

写在秦含章老先生109岁华诞

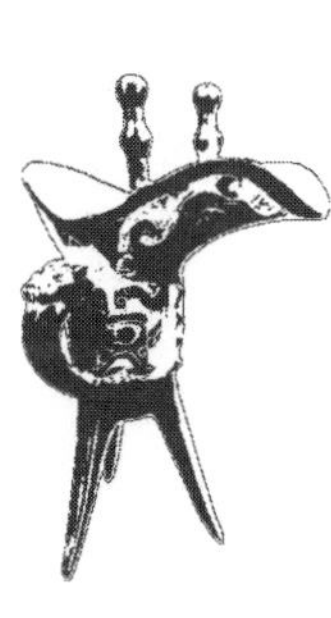

2017年，迎来秦含章老先生109岁华诞，全国酒界同仁无不为老先生的高寿而振臂。秦老致力于中国酒业科研与实践已八十余年，在科研、生产、行业发展各个方面做出的重大贡献，深刻影响着中国酒业几代人，秦老是中国酒界的杰出典范，对《酿酒科技》给予了极大的关怀和爱护，多次为《酿酒科技》题词和撰稿，激励我们不忘初心，勇敢前行。2000年，秦老在他90多岁的高龄仍辛勤笔耕，为《酿酒科技》撰稿5万多字，激励后辈严谨治学，为中国酿酒行业的发展做出应有贡献。

（一）博学多才，树立行业风范

在2007年中国酿酒工业协会为秦老100岁华诞祝寿的典礼上，中国酿酒工业协会理事长王延才指出："像秦含章先生至今思维敏捷、活跃在酒界的老专家太难得了。秦含章先生在酒界德高望重、为酒行业的发展做出了重大贡献。特别是在技术创新方面，我们不是简单的祝寿，是要给酒界一个标志，要让大家看到在创新中专家的作用。提倡行业尊重知识、尊重人才。"

秦老是我国著名的食品工业和发酵工业专家，也是中华人民共和国食品科学技术和工业发酵与酿造技术的拓荒者和学术带头人。秦老博学多才，为行业树立了良好的风范。秦老曾任中国食品科学技术学会副理事长、中国轻工协会发酵学会理事长、中国微生物学会常务理事兼工业微生物专业委员会主任委员、原轻工业部食品发酵工业科学研究所所长等职。秦老从1936年就献身于我国食品和发酵工业，在这个行业奋斗了八十多个春秋，为我国食品和发酵工业培养了大批人才。秦老在主持原轻工业部食品发酵工业科学研究所工作期间，提出"积资料，创条件，出成果，出人才"的方针，使许多重大科研成果转化为生产力，为促进我国食品和发酵工业的发展和科技进步做出了重要贡献。1962年，秦老组织工作组亲赴山西杏花村汾酒厂蹲点，研究解决了成品酒中发生黑白沉淀的难题，查明了清香型白酒的主体香成分为乙酸乙酯等关键性学术问题。该项目后来获全国科学大会奖。1984年，秦老退居二线后，仍关心着在向市场经济过渡中的食品工业和发酵工业的发展，对来访者依然是诲人不倦，无私奉献。几十年来，秦老先生撰写的科研报告、发表的论文、出版的论著40余部篇，近6000万字。

秦老是我国酿酒工业的科学家、技术家，又是艺术家和文学家。他以各种形式在各种场合，大力传播科技知识和酒文化知识，为我国酿酒工业的发展做出了卓越贡献，为酿酒行业的后生晚辈树立了光辉典范。

1981年6月5—8日，由中国轻工业学会和中国微生物学会联合举办的全国酒曲微生物学术讨论会在双沟酒厂召开，秦老参加会议并在大会上作了专题学术报告，给后生树立榜样。

1982年9月8—11日，秦老参加了由中国轻工学会和中国微生物学会联合组织的全国啤酒生产工艺学术交流会，并做了"考察、参观法国啤酒工业"的专题报告。这次会议是我国建国以来首次召开讨论啤酒生产工艺的学术会议。

1991年6月28—30日，全国麸曲浓香型白酒协作组成立大会在内蒙古八里罕酒厂召开，时任中国白酒协会名誉会长、著名酿酒专家的秦老出席会议并作了学术报告。

1994年，在巴拿马国际博览会上，大会执行主席念到中国代表团时，提到秦含章老人也到了会场时，全场爆发出热烈的掌声，大会主席专门步下台来请秦含章老人上台，以示尊敬。

1999年10月10—14日，由中国食品科学技术学会、国际食品科学技术联盟共同主办的"东方食品国际会议"在北京召开，来自14个国家和地区的数百名中外代表出席了此次规模宏大的盛会。对秦老等12位优秀科学家、企业家授予"中国传统食品工业化事业突出贡献奖"。

2000年10月10—12日，第四届国际酒文化学术研讨会在陕西咸阳召开，秦老出席会议（见图1）并作了精彩的讲演。会议期间，还举行了中日酒样品评，秦含章酒诗书法展及酒标展，备受与会者推崇。

2002年4月10—12日，2002年酿酒工业科技与发展战略研讨会在无锡市江南大学举行。本次研讨会由江南大学和中国酿酒工业协会联合举办，时年95岁高寿的秦老莅临会议并作了"入世后的中国酒业"的精彩讲演，为酿酒行业进行技术进步方面的交流作出表率。

图 1　秦老出席第四届国际酒文化学术研讨会

2004 年 9 月 7—11 日，第五届国际酒文化学术研讨会在日本东京和东广岛召开。秦老在茅台酒股份有限公司副总吕云怀的陪同下，亲临会议，并献诗、发表演说（见图 2、图 3）。为会议增辉，为晚辈后生树立不畏艰辛的良好风范。

图 2　秦老在第五届国际酒文化学术研讨会发表演讲

2005 年，秦老已 98 岁高寿，他仍应邀参加中国食文化研究会建会 10 周年表彰大会。在这次表彰大会上，秦老荣膺“中国食文化杰出贡献专家”称号。

2006 年 9 月 1 日，秦老在夫人索颖女士的陪同下，兴致勃勃地参观了由中国酿酒工业协会主办和承办的 2006 中国国际酒业博览会，还与西凤酒业、茅台集团习酒股份有限公司、山东即墨老酒等企业

图3 秦老出席第五届国际酒文化学术研讨会

的老总们亲切交谈，勉励企业发挥自己的优势，保持个性，创建品牌，提升企业形象，拓展市场，做大做强。在品尝了茅台集团习酒股份有限公司的产品后，举起拇指交口称赞，给企业以极大的鼓舞(见图4)。

图4 秦老在2006中国国际酒业博览会上品尝习酒产品

2006 年 9 月 1—3 日，秦老参加了 2006 年第六届国际酒文化学术研讨会并做会议交流发言。研讨会上，江南大学校长陈坚先生在致辞中特别表达了对秦含章、秋山裕一、王延才等酒届前辈的诚挚敬意。

（二）关心企业，足迹天下

秦老热爱酒厂、酒文化，经常下厂调查研究，帮助解决难题，受到企业的欢迎和尊敬。但凡名优酒厂都接受过秦老的指导，他的足迹遍及天下。他在《酒文化小品集》前言中写道："从事科技的工作人员，除关心各地酒厂生产外，也要关心酒厂产品质量和文化发展，其心态不亚于骚人墨客。人民群众是历史创造的主人，歌颂人民群众的一切成就，包括酿酒工业战线的一切成就，正是毛主席《在延安文艺座谈会上的讲话》精神宗旨之一。"秦老就是本着这种思想，不怕辛苦和年高，有求必应地为酒厂和酒人工作，或工作总结或做酒诗、酒词、酒歌、酒对和题词等。

1964 年春节后，秦老组织熊子书、万良才等 3 人赴汾酒厂考察，调查汾酒的制曲、酿酒等生产状况，展开了汾酒的科学试验。经一年多的努力，获得了 14992 个实验数据，汇编出一套技术资料。获得了丰硕成果：确定了汾酒香型的主要物质是乙酸乙酯；找到了汾酒特有的生香菌种汾酒一号和汾酒二号；总结出制曲、发酵、蒸馏、贮存、勾兑竹叶青配制酒的规律；总结了赵成礼的"准、匀、细、净"配料法，王巨成的"前缓、中挺、后缓落"的发酵管理法，刘瑞光的"五步装甑蒸馏法"等先进的工艺操作。

1983 年 10 月 23 日，秦老主持了在武汉召开的"全国兼香型白酒风格学术讨论会"，会议对兼香型作了明确的界定，认为兼香型白酒的风格必须有酱浓结合的香气，口感特征必须有特定的生产工艺保证。"白云边酒"和"西陵特曲酒"具备了典型兼香型白酒的风格特征：色清透明，芳香幽雅，浓酱谐和，细腻丰满，回甜爽净，余味悠长。

1988 年 12 月 20 日，秦老参观了四川省宜宾五粮液酒厂，并为该厂题词："蜀南好风光，金沙涌五粮；琼浆非世俗，美景绣龙章。"盛赞了五粮液出类拔萃的品质。

1992 年 11 月初，秦老又赴宜宾参加由宜宾五粮液酒厂组织的宜宾酒文化学术研讨会，并写下"饮中仙客喜颜开，天下文人踏踵来；昔爱五粮稀世宝，今贪美酒满杯怀"的诗篇。

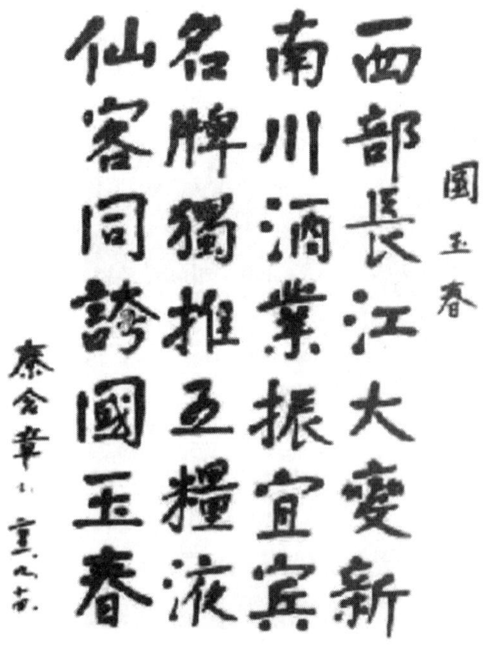

2000 年，92 岁高寿的秦老与全国著名白酒专家沈怡方、高景炎、陶家驰，著名营养学家索颖教授等应邀参加宁夏回族自治区香山酒业（集团）有限公司建厂 40 年暨改制 3 周年举行的盛大庆典，亲临企业考察、指导，并在"香山集团发展及酒文化研讨会"上为企业发展出谋划策。研讨会上，面对香山公司在宁夏大地上创造出的酒业新奇迹，秦老感慨万千，兴之所至，欣然赋诗一首："香山飘红叶，此物最相思；寄语众贵宾，莫忘欢乐时。"

2001 年，秦老又在品尝了五粮液集团新开发的国玉春酒时，赞叹不已，写下"名牌独推五粮液，仙客同夸国玉春"的诗句（见图 5）。

图 5　秦老为五粮液题词

2002 年，秦老到泸州老窖考察，在座谈时指出："泸州老窖是中国历史上最悠久的，有 400 多年，一直到现在，知名度很高。它的生产率，它做出来的酒，原料的出酒率，代表这个酒的生产率一直都是很高的。它做的酒，做了好多实验，科学研究很发达，发表文章也很多，积累的经验也很多。泸州老窖从历

史到现在，代表了我们中国酿酒工业的最高水平。”

秦老认为泸州老窖是浓香型的鼻祖，对泸州老窖给予高度评价：“在科学研究上，谁首先研究，谁首先推广，你就是发明，你就是老祖宗。研究泸州老窖，全面分析化验，以此作为依据来制定国家标准，人们才知道它是浓香型的鼻祖，所以它是浓香型的标准。方法的建立，标准的建立，首先是从泸州老窖出发，所以说它是鼻祖。”

2006 年 6 月 9 日，秦老以 99 岁高寿出席 CCTV-3“与您相约”“走进大三峡，相约稻花香”大型文艺演出和备受关注的湖北稻花香集团“151”工程竣工投产庆典，高度评价稻花香：我佩服稻花香酒和稻花香精神。稻花香酒绵甜爽口、清澈芳香、低而不淡、没有涩味，凝聚了大自然的灵气和稻花香人的人气，更重要的是稻花香集团的发展历程创造了中国酒业界的奇迹，充分体现了中国现代科技的发展，向世界展示了中国人民的聪明智慧和实力。

（三）学富五车，严谨治学

秦老热爱科学，热心指导研究生的论文写作和科学实验，1981 年后，轻工业部科学研究所在所内设立硕士研究生的培养点，他担任研究生的培养工作，一如既往地诲人不倦，现在他的学生已成为本学科、本行业的领导和技术骨干，他被誉为发酵界的“老太师”。

秦老发表学术论文、出版论著 40 余部篇，近 6000 万字。编著著作有《酒精工厂的生产技术》（上下册）、《现代酿酒工业概述》《葡萄酒酿造的科学技术》《葡萄酒分析化学》《新编酒经》《现代酿酒工业综述》《白酒酿造科学技术》《中国大酒典》《国产白酒的工艺技术和实验方法》等。1998 年他出版了《酒文化小品集》，收录了秦老所作的 400 余首酒诗。还参与编写了《英汉辞海》《英汉农业大词典》《拉汉细菌学名称》和《英汉农产品加工科技辞汇》等。他还编写了许多内部资料，先后在《酿酒科技》《食品与发酵工业》《食品与机械》《酿酒》《中国食品》《食品工业科技》和《中国酒》上发表对行业有指导性的论文多篇，对推动我国酿酒工业的发展起到了积极作用。

（四）关心媒体成长，促进行业发展

秦老一生以事业为重，自海外学成归来，一直致力于中华人民共和国的酿酒事业，时刻关注着酿酒行业的发展。他非常关心业内媒体的成长，促进行业技术传播，推动行业技术进步，时常为业内报刊题词和撰稿。《酿酒科技》《酿酒》《中国酒》《华夏酒报》《东方酒业》等，无不受惠于秦老。《酿酒科技》自 1980 年创刊以来，一直得到以秦老为代表的老一辈专家、学者的关爱和支持，秦老先后亲自为《酿酒科技》撰稿和多次题词鼓励，使《酿酒科技》得到快速成长。早在 1992 年，已 84 岁高龄的秦老为《酿酒科技》撰文《改革声中的酿酒工业》，对我国酿酒工业近半个世纪取得的成绩归纳为：“行业不断壮大，产量不断增加；装备不断完善，结构不断调整；品种不断增多，市场不断丰富；出口不断增长，质量不断提高；包装不断改进，事业不断发展。”同年，是《酿酒科技》创刊 50 期，秦老为《酿酒科技》题词“刊四海文章继承传统，酿九州美酒改革创新”（见图 6），鼓励我们办好刊物，为酿酒行业做贡献。

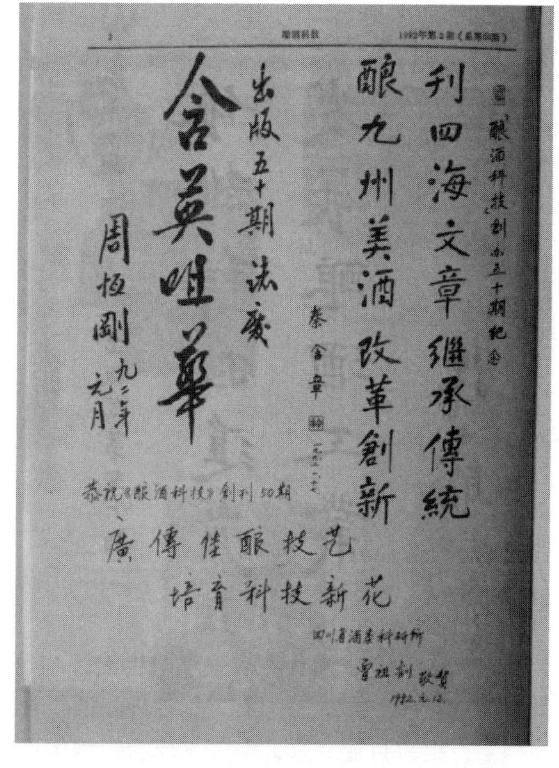

图 6　秦老为《酿酒科技》创刊五十期题词

1999 年，秦老立足于战略高度，提出了《21 世纪中国食品生产的发展战略》：“高新技术主导未来经济”。未来 15 年是我国经济继往开来的重要时期，衡量我国经济成就不在于“量”的增加，而在于质量和效益的增加和提高，以及科学技术对国家经济增长贡献率是否越来越大。国家从现在起应重视 5 个方面：①以高新技术作为中国经济新的增长点；②要加快高新技术成果向现实生产力转化；③要加快利用高新技术改造传统产业；④要注意吸收引进国外先进技术，不断进行创新；⑤以市场为导向发展高新技术产业。

秦老指出：“知识创新，迎接新的时代”，提出了“生物工程时代和 6F 主义”的食品发展战略，即大循环→大生命，大生命→大世界，大世界→大前途。

秦老提出的食品发展战略就是现在的“循环经济”概念，由此可以看出秦老的敏锐思维和创新观念。

2000 年，秦老已 93 岁高寿，时值《酿酒科技》创刊 20 周年暨出版发行 100 期之际，秦老又为《酿酒科技》题写了“贵州星辰贵州风，满堂杂志满堂红；文章专酿中国酒，科技广传震远东”的诗篇（图 7）。激励我们不断努力，“百尺竿头，更进一步”。同年，秦老为本刊撰写了长篇论文《白酒春秋——中国蒸馏酒的演变及发展趋向》，全文 5 万余字，本刊分 3 次刊完，分别刊发在《酿酒科技》2000 年第 5 期、2000 年第 6 期和 2001 年第 1 期上。文章对白酒的起源、演变兴衰和传承创新做了详尽的阐释，具有宝贵的史料价值和研究价值。从原稿的字号判断，秦老的视力已有所不济，每页仅几行数十字（图 8），可以想见他完成这篇力作的难度有多大！这正体现了他“孜孜不倦，耕耘不止”的大无畏精神。

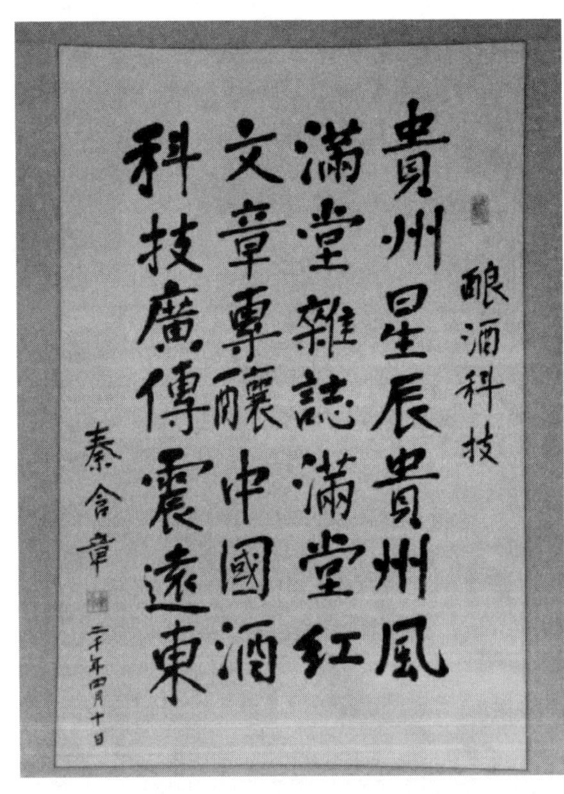

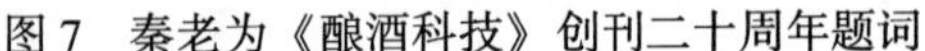
图 7　秦老为《酿酒科技》创刊二十周年题词

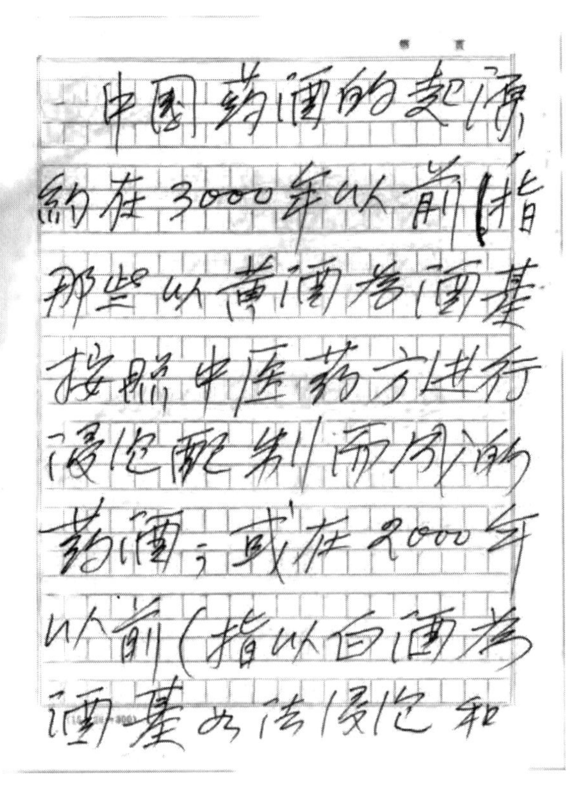
中国药酒的起源
约在3000年以前(指
那些以黄酒为酒基
按照中医药方进行
浸泡配制而成的
药酒);或在2000年
以前(指以白酒为
酒基如法浸泡和

图 8　秦老手稿

2001 年，秦老欣然为张吉焕和笔者编著的《凤型白酒生产技术》作序，其中写道：“多年来，《酿酒科技》杂志报道了大量的有关国内外酿酒行业的科学技术论文，成绩卓著，全国同赏。现在利用多年的积累，组织行业专家，编著《凤型白酒生产技术》一书，共 13 章。该书从原料到成品，从设备到工艺，从理论到实践，应有尽有，而且实用性强，真是一本好书。”这是秦老对酒界晚辈学子的鞭策和

厚爱，我们将永远铭刻在心。

2002 年，面对白酒市场的无序竞争和不当竞争，秦老、周恒刚、熊子书及数十位参加“中国白酒香型暨沱牌技术研讨高峰会”的白酒权威专家和数百位白酒权威人士联手发出倡议：“诚信经营，促进白酒产业健康发展。”“行业兴则企业兴，企业兴则从业者兴”。倡导“先做人、后做酒；堂堂正正做人、踏踏实实做酒”的行业新风，呼吁倡导“以诚为本、以和为贵、以信为先、主动自觉执行行业自律，为企业营造良好的发展环境，推动白酒企业、白酒行业健康发展”。

2005 年，秦老将他写的 91 首诗汇辑为《试咏食文化的科学发展观》诗集，并亲自送到中国食文化研究会办公室。秦老对我国食文化研究事业竭诚支持的精神令大家感佩不已。编者称，诵读秦老书写的诗章，老人热爱食文化事业、孜孜不倦进行研究思考的精神扑面而来。秦老的诗，不仅格律规整，书法秀劲，而且内容极为丰富。秦老是用简练的诗的语言阐述了自己对食文化与食品专业发展的论见，论点精辟，发人深思，足见秦老先生年高而思想常新，精神振奋，无时无刻不在为食文化事业作贡献。

2010 年，《酿酒科技》创刊 30 周年之际，秦老再次为本刊题写了“中华美酒素闻名，独特科文集大成；启后承前多发展，指引企业导航针”的诗篇，对本刊给予高度评价和鼓励（见图 9）。

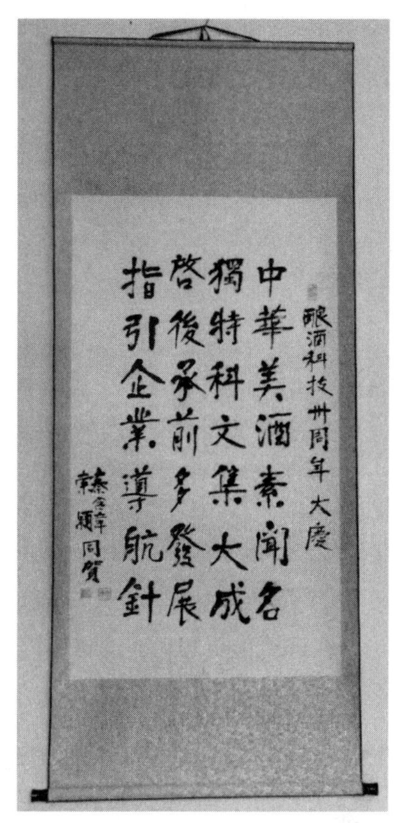

图 9　秦老为《酿酒科技》创刊三十周年题词

在秦老、已故的周恒刚先生、健在的沈怡方先生、高景炎先生、王秋芳先生等专家、学者的关心和支持下，自 2000 年以来，《酿酒科技》有了长足的发展，在 2000 年首届《CAJ-CD 规范》执行评优活动中荣获优秀奖，2001 年获国家新闻出版署“中国期刊方阵双效期刊”荣誉，2002 年获“中国科技核心期刊”称号，2004 年获“全国中文核心期刊”荣誉，2005 年荣获第三届“国家期刊奖百种重点期刊”荣誉，是酒类刊物中绝无仅有的。2007 年，《酿酒科技》获得“第一届贵州省优秀期刊”奖，2011 年再度获得“全国中文核心期刊”和“中国科技核心期刊”，2009 年至 2015 年连续 7 年获得“贵州省报刊出版质量综合评估一级报刊”荣誉，《酿酒科技》又上了一个新台阶。

《酿酒科技》的成长、发展，取得的每一项成绩，都与以秦老为代表的老一辈专家、学者的关心和支持分不开，我们由衷地向他们表示感谢！秦老是酒界精英的典范，是中国酒业科技人员的集中代表。谨此祝愿秦老健康长寿！祝愿所有老一辈专家、学者健康长寿！

［黄平著《写在秦含章老先生 109 岁华诞》，《酿酒科技》，2017（211）：17-22］

附录三

《中国酒曲集锦》代序

——中国（酒）曲的重要意义

中国（酒）曲的创造发明，历史久远，意义很大，它不但使中国酿造出各种名酒和发酵食品，也传播到亚洲各国，如尼泊尔、不丹、缅甸、泰国、老挝、柬埔寨、越南、马来西亚、新加坡、印度尼西亚、菲律宾等国，都有根霉小曲酿酒，日本用黄曲、黑曲酿酒，也有较长的历史，近来日本又有红曲酿酒的专利。

秦汉以前，用的是散曲，是培养的黄曲霉（米曲霹）曲。创造饼曲（块曲）以后，根霉在饼曲内大量繁殖。汉末曹操提到的九酝酒，说明创造了以根霉为糖化菌的新酿酒法。晋代南方用草药、米粉制小曲的发明，是根霉曲彻底独立的基础，成为中国（酒）曲的一个典型。这种根霉曲在我国南方及东南亚和南亚广为使用，经济价值很大。小曲中的根霉糖化力特强，是中国人民几百年来选育出来的优良生产菌种。

红曲霉和黑曲霉大概由乌衣曲培养分别优选而成。黑曲霉曲已传到日本琉球，而红曲霉曲则在我国福建、台湾、浙江、江西等省盛行，近代才传行国外，它们都在发酵工业中起着很大的作用。

去年日本发酵微生物学家坂口谨一郎教授送我一篇题为《发酵——东亚的智慧》的论文，是他于1981年在“食的文化座谈会”上发表的，文中谈了许多中国曲和发酵的事，他说酵母菌发酵酿酒，世界各民族都会，那是全人类的智慧；细菌发酵制乳制品、酸菜也为多数民族所知晓；唯独霉菌发酵酿造酒、醋、酱等是东亚的特征。20世纪40年代，日本用中国（酒）曲中的根霉进行淀粉发酵法生产酒精。美国著名微生物学专家富斯特见到这种通气培养霉菌发酵法，十分惊叹，认为这是既古老又现代化的好方法。坂口谨一郎教授认为霉菌应用的发明和中国医药学的创造，可与四大发明媲美。

我国在过去几十年中，虽然也做了不少发酵微生物学的工作，例如优质白酒的研究推广，成绩卓著，但是我国传统发酵之母的酒曲，还少系统的研究，实为憾事。现衢州酒厂傅金泉搜集有关文章整理汇编《中国酒曲集锦》问世，可为我国酒曲系统研究的宝贵资料。愿全国同行协作努力，调查研究中国酒曲在学理和应用上的重大意义，不但对我国酿造事业会有提高，对世界应用微生物学的发展也将有所贡献。我虽年老多病，也要紧跟大家前进！

中国科学院院士　方心芳

1982年4月于北京

附录四

《中国酒曲集锦》前言

中国酒曲是一种传统的粗酶制剂，主要用于酿酒工业。

利用酒曲所含有的酶类，例如液化酶、糖化酶和酒化酶等，可使淀粉液化、糖化而变为糖分，再使糖分经过发酵而变为酒精和其他副产物，最后酿成各种酒类。

生产酒曲，利用酒曲制作黄酒和白酒，在我国已有很久的历史，传播广泛，遍及全国，经验丰富，成绩卓著。这是微生物工程在酿酒工业中的应用，值得总结、研究、提高、推广，以便保存和发展我们先人留传下来的宝贵遗产。

浙江衢州酒厂傅金泉长期从事酿酒生产和科研工作，搜集了许多文献，积累了许多经验；为了从事相关生产、管理、教学、科研工作的同行作为参考，特选辑其中 35 年来有关酒曲方面的论文、报告，整理汇编成册，取名《中国酒曲集锦》。

编印这样的文集，系一个大胆尝试。原文中有些内容，由于受到当时当地历史条件的限制，其立论有局限性，或者现在看来已失时效，所以由审编小组略加删改；但删改后的文稿，均未征得原作者的同意，只好由总审编人负担其后果或责任了。

原文作者和出处，均在文中前后一一注明；随文寻源，可窥全貌；如有新作，自当补录。

秦含章

1985 年 2 月

本文集汇编过程中曾得到李崇光先生的热情帮助和支持，在此谨表感谢。

——编者

附录五

酒曲相关标准

一、酿酒大曲术语（QB/T 4258—2011）

1　范围

本标准规定了酿制白酒用大曲的术语和定义。

本标准适用于酿制白酒用大曲的生产、科研、检验和销售。

2　规范性引用文件

下列文件对于本文件的应用是必不可少的。凡是注日期的引用文件，仅注日期的版本适用于本文件。凡是不注日期的引用文件，其最新版本（包括所有的修改单）适用于本文件。

GBB/T 15109—2008　白酒工业术语

GB/T 22515—2008　粮油名词术语　粮食、油料及其加工产品

3　术语和定义

3.1　基本概念

3.1.1　大曲（daqu，daqu starter）

酿制白酒用的糖化发酵剂。以小麦（或大麦、豌豆、高粱等）为主要原料，经自然培菌、发酵、储存而成的，富含多菌群多酶系、具有产酒和生香功能的块状制品。

注1：改写 GB/T 15109—2008，定义 3.3.1.1。

3.2　原辅材料

3.2.1　小麦（wheat）

禾本科草本植物栽培小麦的果实。呈卵型或长椭圆形，腹面有深纵沟。按照小麦播种季节的不同分为春小麦和冬小麦；按小麦籽粒的粒质和皮色分为硬质白小麦、软质白小麦、硬质红小麦、软质红小麦。

[GB/T 22515—2008，定义 2.2.2]

3.2.2　高粱（sorghum，kaoliang，milo）

亦称红粮、小蜀黍（shǔshǔ）、红棒子。禾本科草本植物栽培高粱作物的果实。籽粒有红、黄、白等颜色，呈扁卵圆形。按其粒质分为糯性高粱和非糯性高粱。

[GB/T 22515—2008，定义 2.2.5.1]

3.2.3　大麦（barley）

禾本科草本植物栽培大麦的颖果。籽粒扁平中宽，两端较尖，腹部有纵沟，内外颖紧抱籽粒不易分离，籽粒种皮有黄色、白色、紫色、蓝灰色、紫红色、棕黄色等，按其颖壳形状有二棱、四棱、六棱之分。

[GB/T 22515—2008，定义 2.2.5.4]

3.2.4　豌豆（peas）

亦称麦豆、毕豆、小寒豆、淮豆。豆科草本植物栽培豌豆荚果的种子。球形，种皮呈黄、白、青、花等颜色，表面光滑，少数品种种皮呈皱缩状。

[GB/T 22515—2008，定义 2.2.5.14]

3.2.5　曲母（qumu，ripe starter for inoculation）

在制曲时，接种用的优质曲。又称母曲。

注2：改写 GB/T 15109—2008，定义 3.3.1.2。

3.3 生产设备与器具

3.3.1 拌料设备（whisk equipment）

用于将配比好的原辅料进行加水，并充分混均和物料吸水的设备。

3.3.2 曲模（brick shaped daqu model）

曲坯成型用的模具。

[GB/T 15109—2008，定义 3.2.1.1]

3.3.3 制曲机（daqu maker，raw starter maker）

将制曲原料压制成曲坯的机械设备。

[GB/T 15109—2008，定义 3.2.1.2]

3.3.4 曲房（fermentation room）

培养曲的房间。又称发酵室。

[GB/T 15109—2008，定义 3.2.1.3]

3.3.5 储曲房（store room）

曲库

储存大曲块的专用房间。

3.4 生产工艺

3.4.1 润料（soakage）

在原料上洒入适量的水，充分拌匀，使原料吸收一定水分的操作。

3.4.2 粉碎（grind）

使原料破碎而采取的操作。

3.4.3 配料（composition）

将不同原料按要求混合在一起的操作。

3.4.4 拌料（whisk）

配料后加水充分混匀的操作。

3.4.5 曲坯（qupi，raw starter brick shape billet）

制曲原料压（踩）制成型的块状物。

[GB/T 15109—2008，定义 3.3.1.5]

3.4.6 成型（mold）

将曲料装入曲模中，经人工踩制或者机械压制成为曲坯的过程。

3.4.6.1 踩曲（caiqu，mold by artificial trample）

将经拌料后的制曲原料，放入曲模中以人工踩压、脱模成型的操作。

3.4.6.2 压曲（yaqu，mold by machine）

将经拌料后的制曲原料，放入固定的模具中机械压制成型的操作。

3.4.7 提浆（tijiang）

踩曲中在曲坯表面形成浆状膜的操作。

3.4.8 晾曲坯（liangqupi）

收汗

挥干

刚出模的曲坯，晾一段时间后，其表面水分蒸发，呈半干状态的一种现象。

3.4.9 曲坯入室（qupi rank in room）

安曲

卧曲

将曲坯按照一定堆放方式安放至曲房的操作。

3.4.10　前缓（qianhuan）

曲坯入室后，曲坯温度缓慢上升的温度变化状态。

3.4.11　上霉（长霉）（grown mould）

穿衣

挂衣

制曲培养过程中，在曲坯的外表生长出有菌斑的现象。

注 3：改写 GB/T 15109—2008，定义 3.3.2。

3.4.12　晾霉（liangmei，ventilate and dry）

排潮通风

在制曲培养中，当菌丝体已长出，打开门窗，降低曲室和曲坯表面的温度和水分的操作。

注 4：改写 GB/T 15109—2008，定义 3.3.3。

3.4.13　翻曲（fanqu，rearrange raw starter in incubation period）

在制曲培养中，将曲坯调位，增加曲房的通风供氧，排除二氧化碳，调节温度和湿度，使曲坯得到均匀培养的操作。

[GB/T 15109—2008，定义 3.3.4]

3.4.14　中挺（zhongting）

曲坯培菌发酵过程中，当曲坯温度升到顶温后，曲坯温度基本保持稳定的状态。

3.4.15　后缓落（houhuanluo）

曲坯培菌发酵过程中，曲坯温度从顶温逐步缓慢降低的过程。

3.4.16　打拢（dalong）

收房

收堆

将曲块翻转，集中摆放并保持一定温度的操作过程。

3.4.1 7　出房曲（chufangqu）

曲坯发酵结束，准备放入储曲房的曲块。

3.5　成品

3.5.1　成品曲（finished product）

储存过一段时间后能满足白酒生产要求的大曲。

3.5.2　高温曲（high temperature daqu，high temperature daqu starter）

在制曲过程中，最高品温控制大于 60℃ 而制成的大曲。

[GB/T 15109—2008，定义 3.3.1.1.1]

3.5.3　中温曲（medial temperature daqu，medial temperature daqu starter）

在制曲过程中，最高品温控制在 50~60℃ 而制成的大曲。

[GB/T 15109—2008，定义 3.3.1.1.2]

3.5.4　低温曲（low temperature daqu，low temperature daqu starter）

在制曲过程中，最高品温控制在 40~50℃ 而制成的大曲。

注 5：改写 GB/T 15109—2008，定义 3.3.1.1.3。

3.5.5　强化曲（fortified daqu）

在制曲配料过程中，添加优质曲母或者某些微生物菌种，培菌发酵制作出来的某项性能较突出的大曲。

3.6 质量检验

3.6.1 不上霉（不生霉）（grown mould failed）

不穿衣

曲坯入曲房数天后，仍未见其表面生出白色菌斑的现象。

3.6.2 断面（section）

将曲块从中间部位断开，可观察菌丝、菌斑、泡气等状况的界面。

3.6.3 皮厚（pihou）

曲块断面出现的菌丝不密集的生淀粉部分的厚度。

3.6.4 菌斑（fungus spot）

大曲表面或断面由不同的微生物繁殖代谢而呈现的不同颜色的斑点。

3.6.5 受火（shouhuo）

成品曲块断面局部呈深褐色的现象。

3.6.6 生心（shengxin）

成品曲块断面曲心部位出现生淀粉的现象。

3.6.7 糟心（zaoxin）

糠心

成品曲块断面呈现黑色或深褐色、无菌丝或菌丝量很少，并伴有醋酸味的现象。

3.6.8 反火（fanhuo）

成品曲送入储曲房后，有时发生再次生热，使曲心逐渐呈现颜色加深的现象。

3.6.9 窝水（woshui）

成品曲块断面内心残留有尚未挥发掉水的现象。

3.6.10 泡气（paoqi）

成品曲块断面所呈现的一种多孔、绵软、疏松的状态。

3.6.11 死板（siban）

成品曲块断面表现出的一种结实、硬板、致密的现象。

3.6.12 整齐（order）

成品曲块断面所呈现出的菌丝生长的致密和均匀程度。

3.6.13 曲香（aroma）

成品曲块断面所散发出的香气。

3.6.14 曲虫（qu insect）

储曲过程中滋生的虫类（包括曲蚊和蠕虫），如咖啡豆象、药材甲、土耳其扁谷盗等。

3.6.15 液化力（liquefying power）

在规定条件下，大曲将淀粉转变成短链糊精的能力。

3.6.16 糖化力（saccharifying power）

在规定条件下，大曲将短链糊精转化为还原糖的能力。

3.6.17 酒化力（ethanol producing power）

在规定条件下，大曲将原料中熟淀粉发酵转化为乙醇的能力，即产酒力。

3.6.18 发酵力（fermenting power）

在规定条件下，大曲将淀粉发酵转化为水和二氧化碳的能力。

3.6.19 酯化力（esterifying power）

在规定条件下，大曲催化游离有机酸与乙醇合成总酯量的能力。

二、酿酒大曲通用分析方法（QB/T 4257—2011）

1 范围

本标准规定了大曲产品的通用分析方法。

本标准适用于大曲产品的检验。

2 规范性引用文件

下列文件对于本文件的应用是必不可少的。凡是注日期的引用文件，仅注日期的版本适用于本文件。

凡是不注日期的引用文件，其最新版本（包括所有的修改单）适用于本文件。

GB/T 601 化学试剂 标准滴定溶液的配备

GB/T 6682 分析实验室用水规格和试验方法（neq ISO 3696：1987）

GB/T 10345 白酒分析方法

OB/T 4258—2011 酿酒大曲术语

3 术语和定义

QB/T 4258—2011 确立的以及下列术语和定义适用于本文件。

3.1 液化力单位（liquerying power unit）

在 35℃，pH 4.6 条件下，1g 绝干曲 1h 能液化淀粉的克数为一个单位，符号为 U，以“克每克·时[g/(g·h)]”表示。

3.2 发酵力单位（fermenting power unit）

在 30℃，72h 内 0.5g 大曲利用可发酵糖类所产生的二氧化碳克数为一个单位，符号为 U，以“克每零点五克·七十二小时[g/(0.5g·72h)]”表示。

3.3 酯化力单位（esterifying power unit）

每 50g 大曲在 35℃，经过 7d 催化己酸和乙醇合成己酸乙酯的毫克数为一个单位，符号为 U，以“毫克每五十克·七天[mg/(50g·7d)]”表示。

3.4 糖化力单位（saccharifying power unit）

在 35℃、pH 4.6 条件下，1g 大曲 1h 转化可溶性淀粉生成葡萄糖的毫克数为一个单位，符号为 U，以“毫克每克·小时[mg/(g·h)]”表示。

3.5 容重（unit weight）

单位体积大曲的质量，单位为克每立方厘米（g/cm^3）。

4 感官检验

4.1 外观

在适宜光线（非直射阳光）下，从大曲六个面立体观察曲坯表面菌丝的颜色、穿衣、裂缝及光洁度等外表特征，并进行记录。

4.2 断面

将曲块断开，观察界面上菌丝形态、颜色、菌斑、泡气等情况，并进行特征记录。

4 3 曲皮厚

对曲块表层未发酵的生淀粉及菌丝不密集部分的厚度（并非水圈以外的部分）进行观测和记录。

4.4 曲香

嗅闻大曲断面散发出来的香气，分辨是否纯正、有无复合曲香，检查有无异杂味等，并进行记录。

5 理化分析

本分析方法中所用水，在未注明其他要求时，均指符合 GB/T 6682 中三级（或三级以上）要求的水；所用试剂在未注明特殊要求时，均指分析纯（AR）：所用溶液在未注明用何种溶剂配制时，均指水溶液。

本分析方法所用的大曲试样，在未注明特殊要求，均指粉碎机粉碎后的大曲试样，粉碎后的曲粉要求通过 20 目筛的不低于 90%。

5.1 水分

5.1.1 方法提要

将大曲试样置于 101~105℃下烘干，根据烘干前后质量之差，计算出所失去的质量分数，即为水分含量。

5.1.2 仪器

5.1.2.1 电热干燥箱：精度±2℃。

5.1.2.2 分析天平：感量为 0.0001g。

5.1.2.3 称量瓶：50mm×30mm。

5.1.2.4 干燥器：内盛有效干燥剂。

5.1.3 分析步骤

取洁净称量瓶置于 101~105℃电热干燥箱中，瓶盖斜支于瓶边，加热 1h，取出盖好，置干燥器内冷却 0.5h，称量，并重复干燥至前后两次质量差不超过 0.002g，即为恒重。

用烘干至恒重的称量瓶称取大曲试样 4g~5g，精确至 0.0001g，置于 101~105℃电热干燥箱中烘干 3h（烘干时打开瓶盖，侧立于该瓶边）。取出，迅速移入干燥器内（盖上瓶盖）冷却 0.5h，称量。再放入电热干燥箱内，继续烘干 1h，冷却称量，直至恒重。

5.1.4 结果计算

试样水分含量按公式（1）计算。

$$X_1=\frac{m_1-m_2}{m_1-m}\times 100 \tag{1}$$

式中：X_1——试样的水分含量，单位为克每百克（g/100g）：

m_1——烘干前，称量瓶加试样的质量，单位为克（g）；

m_2——烘干后，称量瓶加试样的质量，单位为克（g）：

m——恒重称量瓶的质量，单位为克（g）。

计算结果保留至小数点后一位。

5.1.5 精密度

在重复性条件下，获得两次独立测定结果的绝对差值不得超过算术平均值的 5%。

5.2 酸度

5.2.1 方法提要

采用酸碱中和，以 pH 指示终点的电位滴定法，测定大曲试样的酸度。

5.2.2 试剂和溶液

5.2.2.1 分析用水应符合 GB/T 6682 规定的二级水或蒸馏水，使用前应煮沸后并冷却至室温。

5.2.2.2　氢氧化钠标准溶液（0.1 mol/L）：按 GB/T 601 配制与标定。

5.2.3　仪器与材料

5.2.3.1　烧杯：500mL、100mL。

5.2.3.2　碱式滴定管：10mL。

5.2.3.3　酸度计或自动电位滴定仪：精度 0.02pH。

5.2.3.4　电磁搅拌器。

5.2.3.5　滤布。

5.2.4　分析步骤

5.2.4.1　样液的制备

称取大曲试样 10g，精确至 0.01g，放入 500mL 烧杯中，加无二氧化碳水 200mL，用玻璃棒搅拌 0.5min，浸泡 30min（每隔 5min 搅拌一次）后，用滤布过滤，收集滤液，备用。

5.2.4.2　电位滴定

按仪器说明书安装调试仪器，根据液温进行校正定位。

吸取样液 20.0mL（5.2.4.1）于 100mL 烧杯中，加无二氧化碳水 30mL，摇匀，插入电极，放 1 枚磁力转子，开启电磁搅拌器，用 0.1mol/L 氢氧化钠标准溶液（5.2.2.2）进行滴定，当接近滴定终点时，放慢滴定速度，每次加半滴氢氧化钠标准溶液，直至 pH＝8.2 为其终点，记录消耗氢氧化钠标准溶液的体积 V_1。

以水作空白，同样操作进行空白试验，记录消耗氢氧化钠标准溶液的体积 V_0。

5.2.5　结果计算

试样的酸度按公式（2）计算。

$$X_2=\frac{c\times(V_1-V_0)\times200}{20} \tag{2}$$

式中：X_2——试样的酸度，即 10g 试样消耗 0.1mol/L 氢氧化钠标准溶液的毫摩尔数，单位为毫摩尔每10 克（mmol/10g）；

c——氢氧化钠标准溶液的浓度，单位为摩尔每升（mol/L）；

V_1——滴定试样时，消耗氢氧化钠标准溶液的体积，单位为毫升（mL）；

V_0——空白试验时，消耗氢氧化钠标准溶液的体积，单位为毫升（mL）；

200——试样稀释体积，单位为毫升（mL）；

20——取样液进行滴定的体积，单位毫升（mL）。

试样酸度（以绝干计）按公式（3）计算。

$$X_3=\frac{X_2}{100-H}\times100 \tag{3}$$

式中：X_3——试样酸度（以绝干计），单位为毫摩尔每 10 克（mmol/10g）；

H——试样的水分含量，单位为克每百克（g/100g）。

计算结果保留至小数点后一位。

5.2.6　精密度

在重复性条件下，获得的两次独立测定结果的绝对差值不得超过算术平均值的 5%。

5.3　淀粉含量

5.3.1　方法提要

淀粉分子在盐酸作用下，被水解生成还原糖。利用费林溶液与还原糖共沸，生成氧化亚铜沉淀，用次甲基蓝作指示剂，以水解后的样液滴定费林溶液，达到终点时，稍微过量的还原糖将蓝色的次甲基蓝还原成无色，以示终点。根据生成的还原糖量折算出淀粉含量。

5.3.2　试剂和溶液

5.3.2.1　盐酸溶液（1+4）：量取 50mL 盐酸，与 200mL 水混合。

5 3.2.2　氢氧化钠溶液（200g/L）：称取 20.0g 氢氧化钠，加适量水溶解，待冷却后定容至 100mL。

5 3.2.3　次甲基蓝指示剂（10g/L）：称取 1.0g 次甲基蓝，加水溶解并定容至 100mL。

5 3.2.4　葡萄糖标准溶液（2.5g/L）：称取经 103～105℃烘干至恒重的无水葡萄糖 2.5g，精确至 0.0001g，用水溶解，并定容至 1000mL。此溶液需当天配制。

5.3.2.5　碘液：称取 11.0g 碘、22.0g 碘化钾，置于研钵中，加少量水研磨至碘完全溶解，用水稀释定容至 500mL，为原碘液，贮存于棕色瓶中。使用时，吸取 2.0mL，加 20.0g 碘化钾，用水溶解定容至 500mL，为稀碘液，贮存于棕色瓶中。

5.3.2.6　费林溶液

a. 配制

甲液：称取 69.28g 硫酸铜（$CuSO_4 \cdot 5H_2O$），用水溶解并稀释至 1000mL；

乙液：称取 346g 酒石酸钾钠，100g 氢氧化钠，用水溶解并稀释至 1000mL，摇匀，过滤备用。

b. 标定

预备试验：吸取费林甲、乙液各 5.0mL 于 150mL 锥形瓶中，加 10mL 水，摇匀，在电炉上加热至沸腾，在沸腾状态下用制备好的葡萄糖标准溶液（5.3.2.4）滴定，当溶液的蓝色将消失时，加两滴次甲基蓝指示剂，继续滴至蓝色刚好消失为终点，记录消耗葡萄糖标准溶液的体积。

正式试验：吸取费林甲、乙液各 5.0mL 于 150mL 锥形瓶中，加 10mL 水和比预备试验少 1mL 的葡萄糖标准溶液，摇匀，在电炉上加热至沸，并保持微沸 2min，加两滴次甲基蓝指示剂，在沸腾状态下于 1min 内用葡萄糖标准溶液滴定至终点，记录消耗葡萄糖标准溶液的总体积 V_1。

5.3.3　分析步骤

5.3.3.1　试样溶液的制备

曲粉原滤液：称取曲粉 1.5～2.0g，精确至 0.001g，放入 250mL 锥形瓶中，加 100mL 盐酸溶液（5.3.2.1），装上回流冷凝管，加热至沸后，记下煮沸时间，准确微沸回流 2h 后，取下立即冷却，用稀碘液检查水解是否完全，若未完全水解，则延长反应时间直至完全水解，完全水解后，用氢氧化钠溶液（5.3 2.2）中和至微酸性，将全部滤液和残渣转移至 500mL 容量瓶中，用水洗涤锥形瓶，洗液合并于容量瓶中，加水稀释至刻度，过滤弃去初滤液 20mL，滤液备用。

5.3.3.2　滴定

a. 预备试验：吸取费林甲、乙液各 5.0mL 于 150mL 锥形瓶中，摇匀，加 10mL 水，用滴定管加入样液 15.0mL，摇匀后，置于电炉上加热至沸腾，保持瓶内溶液微沸 2min，加入 2 滴次甲基蓝指示剂，继续用样液滴定，直至溶液的蓝色完全消失为终点，记录消耗试样溶液的体积。

b. 正式试验：吸取费林甲、乙液各 5.0mL 于 150mL 锥形瓶中，摇匀，加 10mL 水，再用滴定管加入比预备试验少 1mL 的样液，摇匀，在电炉上加热至沸，并保持瓶内溶液微沸 2min，加两滴次甲基蓝指示剂，在沸腾状态下于 1min 内继续用样液滴定，直至蓝色完全消失为终点，记录消耗样液的总体积 V_2。

5.3.4　结果计算

费林溶液相当于葡萄糖的质量按公式（4）计算。

$$F=\frac{m \times V_1}{1000} \tag{4}$$

式中：F——费林甲、乙液各 5.0mL 相当于葡萄糖的质量，单位为克（g）；

m——称取葡萄糖的质量，单位为克（g）；

V_1——正式滴定时，消耗葡萄糖溶液的体积，单位为毫升（mL）；

1000——葡萄糖溶液的体积，单位为毫升（mL）。

试样的淀粉含量按公式（5）计算。

$$X_4=\frac{F\times500\times0.9}{m\times V_2}\times100 \tag{5}$$

式中：X_4——试样的淀粉含量，单位为克每百克（g/100g）；

F——费林甲、乙液各 5.0mL 相当于葡萄糖的质量，单位为克（g）；

500——相当样液的总体积，单位为毫升（mL）；

0.9——葡萄糖换算为淀粉的系数；

V_2——正式滴定时，消耗样液的总体积，单位为毫升（mL）；

m——试样的质量，单位为克（g）。

计算结果保留至小数点后一位。

5.3.5　精密度

在重复性条件下，获得的两次独立测定结果的绝对差值不得超过算术平均值的 10%。

5.4　发酵力

5.4.1　方法提要

大曲中的微生物可将糖发酵生成酒精和二氧化碳，通过测定发酵过程中产生的二氧化碳气体质量，可以衡量大曲发酵力的强弱。

5.4.2　试剂

2.61mol/L 硫酸溶液：取浓硫酸（密度 1.84g/cm^3）139mL 稀释至 1000mL。

5.4.3　分析步骤

5.4.3.1　7°Bé 糖化液：取高粱粉一份，加自来水五份蒸煮 1~2h，按使用说明加入淀粉酶液化，液化后补加 60℃温水一份，加入原料量的 5%糖化酶（五万活力单位），搅拌均匀，在 60℃糖化 3~4h，用稀碘液试之不显蓝色，再加热至 90℃，用细白布过滤，测量溶液的糖度并调整为 7°Bé 后使用。

5.4.3.2　量取 50mL 的糖化液（5.4.3.1）于 100mL 锥形瓶中，塞上棉塞，外包油纸。另用油纸包好发酵栓，将两者同时置于蒸汽灭菌锅中，在 0.1MPa 压力下灭菌 20min，待冷却至 28℃左右时，在无菌条件下接入 0.5g 曲粉，同时做空白试验（不加入曲粉），装好发酵栓，并在发酵栓中注入约 5mL 硫酸（5.4.2），封口，瓶塞周围用石蜡密封，擦干瓶外壁，置感量为 0.0001g 的分析天平上称取，读数为 M_1（空白试验读数为 M_3）。置发酵栓于 30℃培养箱中，发酵 72h，取出发酵栓，轻轻摇动，使二氧化碳逸出，称量后记下读数为 M_2（空白试验读数为 M_4）。

5.4.4　计算结果

试样的发酵力按公式（6）计算。

$$X_5=(M_1-M_2)-(M_3-M_4) \tag{6}$$

式中：X_5——试样的发酵力，单位为 U；

M_1——发酵前发酵栓与内容物总质量，单位为克（g）；

M_2——发酵后发酵栓与内容物总质量，单位为克（g）；

M_3——空白试验发酵前发酵栓与内容物总质量，单位为克（g）；

M_4——空白试验发酵后发酵栓与内容物总质量，单位为克（g）。

计算结果保留至小数点后两位。

5.4.5　精密度

在重复性条件下，获得的两次独立测定结果的绝对差值不得超过算术平均值的 10%。

5.4.6　注意事项

a. 糖化液浓度要严格控制为 7°Bé；

b. 发酵温度、时间要准确。

5.5 液化力

5.5.1 方法提要

利用淀粉能与碘产生蓝色反应的特性，试样浸出液在35℃，pH 4.6溶液中酶解至试液对碘的蓝紫色特征反应消失。根据所需时间计算1g绝干曲在该条件下1h能液化淀粉的克数，表示液化力的大小。

5.5.2 试剂和溶液

5.5.2.1 乙酸-乙酸钠缓冲溶液（pH 4.6）：称取164g无水乙酸钠（CH_3COONa），溶解于水，加114mL冰乙酸，用水稀释至1000mL。缓冲溶液的pH应以酸度计校正。

5.5.2.2 碘液：同5.3.2.5。

5.5.2.3 可溶性淀粉溶液（20g/L）：称取100~105℃干燥2h的可溶性淀粉2g，精确至0.001g，用水调成糊状，不断搅拌注入70mL沸水，搅拌煮沸2min直至完全透明，冷却至室温，完全转移至100mL容量瓶中并定容。此溶液现配现用。

5.5.2.4 标准比色液：取41mL甲液和4.5mL乙液混匀。甲液：称取40.2349g氯化钴，0.4878g重铬酸钾，溶解后，蒸馏水定容至500mL。乙液：称取0.04g铬黑T，溶解后，蒸馏水定容至100mL。

5.5.3 分析步骤

5.5.3.1 5%酶液制备：根据测得的试样水分，称取相当于10g绝干试样量，精确至0.01g，于250mL烧杯中，根据试样水分计算加水量，加pH 4.6缓冲液（5.5.2.1）20mL后总体积为200mL，充分搅拌。将烧杯置于35℃恒温水浴锅中保温静置1h过滤备用。

5.5.3.2 测定：取20mL可溶性淀粉（5.5.2.3）于试管中，加5mL pH 4.6缓冲液摇匀，于35℃水浴中预热至试液为35℃时，加入10mL 5%酶液充分摇匀并立即计时，定时用吸管吸取0.5mL反应液注入预先装了5mL稀碘液的试管中起呈色反应，或将反应液放入盛有约1.5mL稀碘液的白瓷板中，直至碘液不显蓝色（或与标准比色液对比）为终点，记下反应时间t。

5.5.4 计算结果

试样的液化力按公式（7）计算。

$$X_6=\frac{20\times0.02\times60\times V}{10\times10\times t} \tag{7}$$

式中：X_6——试样的液化力，单位为U；

20——可溶性淀粉毫升数，单位为毫升（mL）；

0.02——可溶性淀粉浓度，单位为克每毫升（g/mL）；

V——酶液定容体积，单位为毫升（mL）；

60——1小时之分钟数；

t——反应完结耗用时间，单位为分钟（min）。

计算结果保留至小数点后两位。

5.5.5 精密度

在重复性条件下，获得的两次独立测定结果的绝对差值不得超过算术平均值的10%。

5.5.6 注意事项

a. 可溶性淀粉应当天配制；

b. 由于可溶性淀粉质量对结果影响大，建议每次测定均应采用酶制剂专用可溶性淀粉。

5.6 糖化力

5.6.1 方法提要

大曲中糖化型淀粉酶能将淀粉水解生成葡萄糖。试样在规定条件下从淀粉的非还原性末端开始依次水解α-1,4-葡萄糖苷键产生葡萄糖，用费林法测定所生成的葡萄糖量，以此来表示糖化力。

5.6.2 仪器

恒温水浴锅：精度±0.2℃。

5.6.3　试剂和溶液

5.6.3.1　费林溶液：费林溶液甲、乙液的配制和标定，同5.3.2.6。

5.6.3.2　乙酸-乙酸钠缓冲溶液（pH4.6）：同5.5.2.1。

5.6.3.3　可溶性淀粉溶液（20g/L）：同5.5.2.3。

5.6.3.4　葡萄糖标准溶液（2.5g/L）：同5.3.2.4。

5.6.3.5　氢氧化钠溶液（质量分数为20%）。

5.6.4　分析步骤

5.6.4.1　大曲样液的制备（50g/L）

a. 根据测得大曲试样的水分，称取相当于绝干试样量10g，精确至0.001g，放入250mL烧杯中，加20mL乙酸-乙酸钠缓冲溶液，再加水，用玻璃棒搅拌均匀，定容至200mL；

b. 将上述烧杯置于35℃恒温水浴中保温浸渍1h，过滤，收集滤液，备用。

5.6.4.2　测定

a. 于一试管内加入25.0mL可溶性淀粉溶液（5.6.3.3），再加5.0mL大曲样液（5.6.4.1 b），摇匀，加入20% NaOH溶液1mL后，吸取5.0mL作为空白溶液，用葡萄糖标准溶液滴定，记录其消耗体积 V_1，操作程序同测定淀粉含量步骤（5.3.3.2）；

b. 于另一试管内加入25.0mL可溶性淀粉溶液（5.6.3.3），再加5.0mL大曲样液，摇匀，置于35℃恒温水浴中，准确计时，糖化1h，加入20% NaOH溶液1mL后，吸取糖化液5.0mL于盛有费林溶液甲、乙液各5.0mL的锥形瓶中，加水10mL，用葡萄糖标准溶液滴定，记录其消耗体积 V_2，操作程序同测定淀粉含量步骤（5.3.3.2）。

5.6.5　结果计算

试样的糖化力按公式（8）计算。

$$X_7 = \frac{(V_1 - V_2) \times 2.5 \times 30}{0.25 \times 5} \tag{8}$$

式中：X_7——试样的糖化力，单位为U；

V_1——滴定空白时，消耗葡萄糖标准溶液的体积，单位为毫升（mL）；

V_2——滴定试样时，消耗葡萄糖标准溶液的体积，单位为毫升（mL）；

2.5——每毫升葡萄糖标准溶液中含有葡萄糖的质量，单位为毫克（mg）；

30——糖化混合液（可溶性淀粉溶液加大曲样液）的总体积，单位为毫升（mL）；

0.25——5mL大曲样液相当大曲的质量，单位为克（g）；

5——滴定时吸取的糖化液体积，单位为毫升（mL）。

计算结果保留至整数。

5.6.6　精密度

在重复性条件下，获得的两次独立测定结果的绝对差值不得超过算术平均值的10%。

5.7　酯化力

5.7.1　方法提要

在规定的试验条件下，大曲中酯化酶催化游离有机酸与乙醇合成酯，再用皂化法测定所生成的总酯（以己酸乙酯计），表示其酯化力。

5.7.2　仪器

5.7.2.1　恒温培养箱。

5.7.2.2　微量滴定管。

5.7.2.3　电炉（1kW）。

5.7.2.4　玻璃蒸馏器：500mL。

5.7.3　试剂和溶液

5.7.3.1　己酸（分析纯）。

5.7.3.2 无水乙醇。

5.7.3.3 乙醇溶液（体积分数为30%）：用量筒量取300mL无水乙醇于1000mL容量瓶中，用蒸馏水定容。

5.7.3.4 氢氧化钠标准溶液（0.1 mol/L）：按GB/T 601配制与标定。

5.7.3.5 硫酸标准滴定溶液$\left[c\left(\frac{1}{2}H_2SO_4\right)=0.1mol/L\right]$：按GB/T 601配制与标定。

5.7.4 分析步骤

5.7.4.1 酯化样品的制备

吸取1.5mL己酸于250mL锥形瓶中，加25.0mL无水乙醇，稍微振荡后，加入75mL蒸馏水，充分混匀。再称取相当于绝干试样量25g，精确至0.01g，加到锥形瓶中，摇匀后，用塞子塞上，置于35℃恒温箱内保温酯化7d，同时做空白试验。

5.7.4.2 蒸馏

将酯化7d后的试样溶液全部移入250mL蒸馏瓶中，量取50mL乙醇溶液（5.7.3.3）分数次充分洗涤锥形瓶，洗液也一并倒入蒸馏烧瓶中，用50mL容量瓶接受馏出液（外用冰水浴），缓缓加热蒸馏，当收集馏出液接近刻线时，取下容量瓶，调液温20℃，用水定容，混匀，备用。

5.7.4.3 皂化、滴定

将上述馏出液倒入250mL具塞锥形瓶中，加两滴酚酞，以氢氧化钠标准溶液（5.7.3.4）中和（切勿过量），记录消耗氢氧化钠标准溶液的体积。再准确加入25.0mL氢氧化钠标准溶液，摇匀，装上冷凝管，于沸水浴上回流0.5h，取下，冷却至室温。然后，用硫酸标准溶液（5.7.3.5）进行反滴定，使微红色刚好消失为其终点，记录消耗硫酸标准溶液的体积V_i。

5.7.5 结果计算

a. 试样的总酯含量（以己酸乙酯计）按公式（9）和公式（10）计算。

$$A_1=\frac{(c\times25.0-c_1\times V_i)\times0.142}{50.0}\times1000 \tag{9}$$

$$A=A_1-A_0 \tag{10}$$

式中：A_1——测定总酯含量（以己酸乙酯计），单位为克每升（g/L）

c——氢氧化钠标准溶液的浓度，单位为摩尔每升（mol/L）；

25.0——皂化时，加入0.1mol/L氢氧化钠标准溶液的体积，单位为毫升（mL）；

c_1——硫酸标准滴定溶液的浓度，单位为摩尔每升（mol/L）；

V_i——滴定时，消耗0.1mol/L硫酸标准溶液的体积，单位为毫升（mL）；

0.142——与1.00mL氢氧化钠标准溶液[c(NaOH)=1.000mol/L]相当的以克表示的己酸乙酯的质量；

50.0——样品体积，单位为毫升（mL）；

A——试样总酯含量（以己酸乙酯计），单位为克每升（g/L）；

A_1——未扣除空白试样所测总酯含量（以己酸乙酯计），单位为克每升（g/L）；

A_0——空白试验所测总酯含量（以己酸乙酯计），单位为克每升（g/L）。

b. 试样的酯化力按式（11）计算。

$$X_8=A\times50\times2 \tag{11}$$

式中：X_8——试样的酯化力（以己酸乙酯计），单位为U；

A——馏出液的总酯，单位为克每升（g/L）；

50——取样体积，单位为毫升（mL）；

2——大曲酶活单位折算系数。

计算结果保留至整数。

5.7.6 精密度

在重复性条件下，获得的两次独立测定结果的绝对差值不得超过算术平均值的10%。

5.7.7 注意事项

5.7.7.1 酯化温度与时间对结果影响较大，应严格控制。

5 7.7.2 酯化液倒入蒸馏瓶时，应避免抛洒，三角瓶应用30%乙醇充分洗涤。

6 其他分析项目

企业对大曲自控或有特殊要求，可参照附录A进行。

附录A
(资料性附录)
其他项目的参考分析方法

A.1 容重

A.1.1 方法提要

单位大曲体积的质量为容重。用台秤上称一块完整大曲的质量；再用传统排水法测其体积（因为大曲形状不规则，且块与块之间也不尽相同），计算出容重。

A.1.2 仪器和材料

A.1.2.1 量筒：1000mL。

A.1.2.2 保鲜膜。

A.1.2.3 透明胶。

A.1.2.4 台秤：感量0.01g。

A.1.3 分析步骤

A.1.3.1 曲块质量的测定

取一块完整的大曲，在台秤上称其质量，记录为 m。

A.1.3.2 曲块体积的测定

将该块大曲用保鲜膜严密的包裹一层，并用封口胶密封后，放入装满水的容器内进行排水试验，用量筒测定排出水的体积，记录为 V。

A.1.4 结果计算

曲块的容重按公式（A.1）计算。

$$X_{A1}=\frac{m\times(100-H)}{V\times(100-13.5)} \quad (A.1)$$

式中：X_{A1}——曲块的（标准）容重，单位为克每立方厘米（g/cm^3）；

m——整块曲的质量，单位为克（g）；

V——整块曲的体积，单位为立方厘米（cm^3）；

H——曲块实测水分含量，单位为克每百克（g/100g）；

13.5——按曲块进入贮存期以此水分作基准进行折算，单位为克每百克（g/100g）。

计算结果保留至小数点后两位。

注：将曲块进入贮存期水分13.5（g/100g）作为判定曲块容重的基准，此时的曲块容重可称为“标准容重”。

A.1.5 精密度

在重复性条件下，获得的两次独立测定结果的绝对差值不得超过算术平均值的5%。

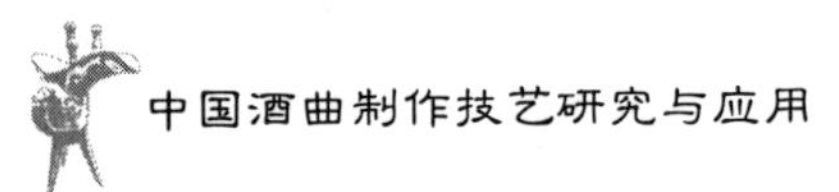

A.2 灰分

A.2.1 方法提要

将一定质量粉碎后的大曲，装入已知重量的坩埚中，经高温电炉灼烧（550±25）℃至恒重后，减去坩埚重，即为所测大曲试样的灰分含量。

A.2.2 仪器

A.2.2.1 马弗炉：精度±25℃。

A.2.2.2 分析天平：感量为0.1mg。

A.2.2.3 坩埚、称量皿。

A.2.2.4 干燥器：内盛有效干燥剂。

A.2 2.5 电热鼓风干燥箱。

A.2.3 试剂

盐酸溶液（1+5）：量取10mL盐酸，加入50mL水混合。

A.2.4 分析步骤

A.2.4.1 将坩埚浸没于盐酸溶液（A.2.3）中，视洁净程度，煮沸10～60min，清洗干净后在（550±25）℃高温电炉中灼烧4h，待炉温下降至200℃以下，取出放入干燥器中冷却至室温，直至恒重。

A.2.4.2 准确称量2～10g曲粉，精确至0.0001g，均匀置于恒重的坩埚中。

A.2.4.3 预灰化：将带试样的坩埚置于电炉上逐渐升温使试样炭化，当试样加热至无黑烟后，移入高温电炉中，（550±25）℃高温下灼烧4h，待炉温下降至200℃以下，取出放入干燥器中冷却至室温，在称量前如果灼烧残渣有炭粒，则向试样中滴入少许水湿润，使结块松散，蒸干水分再次灼烧至无炭粒方可称量。重复灼烧至前后两次称量相差不超过0.0005g为恒重。

A.2.5 结果计算

试样的灰分含量按公式（A.2）计算。

$$X_{A2}=\frac{m_3-m_1}{m_2-m_1}\times 100 \tag{A.2}$$

式中：X_{A2}——试样中灰分的百分含量，单位为克每百克（g/100g）；

m_1——空坩埚的质量，单位为克（g）；

m_2——试样加空坩埚的质量，单位为克（g）；

m_3——试样加空坩埚灼烧后的质量，单位为克（g）。

计算结果保留至小数点后两位。

A.2.6 精密度

在重复性条件下，获得的两次独立测定结果的绝对差值不得超过算术平均值的5%。

A.3 氨基酸态氮

A.3.1 方法提要

根据氨基酸的两性作用，加入甲醛后与分子中的氨基反应后失去碱性，使羧基呈酸性。用氢氧化钠标准溶液滴定羧基，以pH指示和控制滴定终点，通过消耗氢氧化钠标准溶液的量计算出氨基酸态氮的含量。

A.3.2 仪器

A.3.2.1 酸度计或自动电位滴定仪：精度0.02pH。

A.3.2.2 电磁搅拌器。

A.3.2.3 烧杯：150mL。

A.3.2.4 微量滴定管：10mL。

A.3.3　试剂和溶液

A.3.3.1　氢氧化钠标准溶液（0.05mol/L）：按 GB/T 601 配制与标定 0.1mol/L 氢氧化钠标准溶液。使用时，再准确稀释，配制成 0.05mol/L 氢氧化钠标准溶液。

A.3.3.2　甲醛溶液：36%～38%（无缩合沉淀）。

A.3.4　分析步骤

A.3.4.1　样液的制备

称取 20.0g 大曲粉，精确至 0.01g，于约 60mL 水中，准确浸泡 30min，然后完全移入 100mL 容量瓶中，加水定容，摇匀。用滤布过滤，收集滤液，备用。

A.3.4.2　测定

a. 按仪器说明书校正酸度计，并注意仪器的设定温度在校正与测定时应保持一致；

b. 中和酸度：吸取样液 20.0mL 于 150mL 烧杯中，加水 60mL，摇匀，将事先用标准缓冲溶液校准好的电极插入样液中，放入 1 枚磁力转子，开启电磁搅拌器（转速适当），用氢氧化钠标准溶液进行滴定，直至刚好 pH=8.2 为其终点（切勿过量）；

c. 滴定氨基酸：向上述滴定至 pH=8.2 的溶液 b 中，加入 10.0mL 甲醛溶液，再用氢氧化钠标准溶液继续滴定至 pH=9.2，为其终点，准确记录消耗氢氧化钠标准溶液体积 V_1；

d. 空白试验：取 80mL 水于 150mL 烧杯中，同上操作，先用氢氧化钠标准溶液滴定至 pH=8.2，然后加入 10.0mL 甲醛溶液，再用氢氧化钠标准溶液继续滴定至 pH=9.2，准确记录加入甲醛后消耗氢氧化钠标准溶液的体积 V_0。

A.3.5　结果计算

试样中氨基酸态氮的含量按公式（A.3）计算。

$$X_{A3}=\frac{(V_1-V_0)\times c\times 0.014}{20\times 20/100}\times 1000 \qquad (A.3)$$

式中：X_{A3}——试样中氨基酸态氮的含量，单位为克每千克（g/kg）；

V_1——加入甲醛后滴定至终点（pH=9.2）时，样液消耗氢氧化钠标准溶液的体积，单位为毫升；

V_0——加入甲醛后滴定至终点（pH=9.2）时，空白溶液消耗氢氧化钠标准溶液的体积，单位为毫升（mL）；

c——氢氧化钠标准溶液的浓度，单位为摩尔每升（mol/L）；

0.014——氮的毫摩尔质量，单位为克每毫摩尔（g/mmol）。

计算结果保留至小数点后两位。

A.3.6　精密度

在重复性条件下，获得的两次独立测定结果的绝对差值不得超过算术平均值的 5%。

A.4　酒化力

A.4.1　方法提要

大曲能将原料中的淀粉转化为乙醇，以试样在规定条件下将淀粉转化为乙醇的量表示酒化力的大小。

A.4.2　试剂和材料

A.4.2.1　消泡剂。

A.4.2.2　冰水。

A.4.3　仪器

A.4.3.1　玻璃蒸馏瓶：500mL。

A 4.3.2　高精度恒温水浴：精度±0.1℃。

A.4.3.3　容量瓶：100mL。

A. 4. 3. 4　附温度比重瓶：25mL。

A. 4. 3. 5　电炉（1kW）。

A. 4. 4　分析步骤

A. 4. 4. 1　糖化发酵

称取 100g 大米加 160mL 水于蒸饭器皿中，并将器皿放于常压蒸汽锅中蒸饭，蒸饭约 1h 后将饭取出，加 100mL 水进行摊晾，当摊晾温度达到 30℃左右时，加入 20g 大曲粉并拌匀，装入 250mL 三角瓶中（量以自然装满为宜）。或者，称取 100g 大米于 250mL 三角瓶中，加 160mL 水，放于灭菌锅中，于 121℃下灭菌 20min 后取出，冷却到 30℃左右，在无菌操作台加入 100mL 无菌水、20g 大曲粉，并拌匀，使其疏松适度。

A. 4. 4. 2　封口密闭后，置于（30±1）℃恒温箱内发酵 15d。

A. 4. 4. 3　蒸馏酒精

发酵 15d 后取出三角瓶，将发酵醪拌匀，用烧杯称取发酵醪 50g，精确至 0. 01g，然后移入 250mL 蒸馏瓶中，用 125mL 水将烧杯及瓶壁上所附着的发酵醪分数次洗入蒸馏瓶中，加几滴消泡剂，用 50mL 容量瓶接受馏出液（外用冰水冷却），缓缓加热蒸馏，当收集馏出液接近刻线时，取下容量瓶，调液温 20℃，用水恢复至原重，混匀，备用。

A. 4. 4. 4　用密度瓶法测酒精含量

a. 将密度瓶洗净，放入（103±2）℃的电热干燥箱中烘干 1h，取出，放入干燥器中冷却 30min，称量，反复操作直至恒重；

b. 将煮沸冷却至 15℃的蒸馏水注满密度瓶，插入带温度计的瓶塞（瓶中应无气泡），立即浸于（20±0. 1）℃高精度恒温水浴中，待内容物温度达 20℃，并保持不变后，取出，用滤纸吸去溢出支管的水，立即盖好小帽，擦干后，称量；

c. 将密度瓶中的水倒出，用馏出液反复冲洗比重瓶 3 次，然后，注满制备的馏出液（A. 4. 4. 3），按上述同样操作 b，准确称量。

A. 4. 5　结果计算

A. 4. 5. 1　馏出液（酒精水溶液）在 20℃的密度按公式（A. 4）计算。

$$D_{20}^{20}=\frac{m_2-m}{m_1-m} \tag{A.4}$$

式中：D_{20}^{20}——馏出液（酒精水溶液）的密度；

m_2——密度瓶加馏出液的质量，单位为克（g）；

m_1——密度瓶加水的质量，单位为克（g）；

m——密度瓶的质量，单位为克（g）。

计算结果保留至小数点后一位。

根据馏出液的密度和温度，参照 GB/T 10345—2007 附录 A 换算 20℃时酒精的百分含量。

A. 4. 6　精密度

在重复性条件下，获得的两次独立测定结果的绝对差值不得超过 0. 2%。

A. 4. 7　注意事项

A. 4. 7. 1　米饭装入三角瓶中时注意疏松适度，以自然装满为宜，否则影响发酵。

A. 4. 7. 2　用烧杯称取发酵醪时，动作要快，以免酒精挥发。

A. 4. 7. 3　用比重瓶称重时要注意温度的控制。

三、浓香大曲（QB/T 4259—2011）

1　范围

本标准规定了酿制浓香型白酒用大曲产品的术语、产品分类、要求、检验规则和标志、包装、运输、贮存。

本标准适用于浓香型白酒大曲产品的生产、检验和销售。

2　规范性引用文件

下列文件对于本文件的应用是必不可少的。凡是注日期的引用文件，仅注日期的版本适用于本文件。凡是不注日期的引用文件，其最新版本（包括所有的修改单）适用于本文件。

GB/T 191　包装储运图示标志（GB/T 191—2008，ISO 708：1997，MOD）

GB 2715　粮食卫生标准

GB 5749　生活饮用水卫生标准

QB/T 4257—2011　酿酒大曲通用分析方法

QB/T 4258—2011　酿酒大曲术语

3　术语和定义

QB/T 4258—2011 确立的和下列术语和定义适用于本文件。

3.1　浓香大曲（strong flavor Daqu）

酿制浓香型白酒专用的大曲。

4　产品分类

按曲块形态分为：

平板曲：将曲坯压制为长方体状，六个面均平整，类似砖块，发酵成熟的曲块。

包包曲：将曲坯压制为长方体状，有一个宽的表面略有凸起，其余五个面均平整，发酵成熟的曲块。

5　要求

5.1　原材料要求

5.1.1　主要粮谷类原料：应符合 GB 2715 的规定。

5.1.2　拌料用水：应符合 GB 5749 的规定。

5.2　感官要求

应符合表 1 的规定。

表 1　　感官要求

项目	指标描述
外观	灰白或棕色
断面	灰白或有红、黄菌丝，菌丝整齐，曲体泡气
曲皮厚/cm　≤	1.0
香气	应有浓香大曲特有的香气

5.3 理化要求

应符合表 2 的规定。

表 2　　理化要求

项目		指标
水分/(g/100g)	<	14.0
酸度/(mmol/10g)		0.3~1.5
淀粉/(g/100g)		50.0~65.0
发酵力/U	≥	0.20
液化力/U	≥	0.20
糖化力/U		100~1000
酯化力/U	≥	150
注：液化力、糖化力、发酵力、酯化力单位见 QB/T 4257—2011。		

5.4 分析方法

按 QB/T4257—2011 执行。

6 检验规则

6.1 组批

同一批原料，同一制曲时间（天），同一制曲工艺，同一储曲房间，经检验水分合格的成品曲块为一个批次。

6.2 抽样

6.2.1 按表 3 抽取样品。

表 3　　抽样表

批量范围/块	样本数/块
1200 以下	10
1201~35000	16
35000 以上	26

6.2.2 采样

6.2.2.1 样品应从成品大曲中抽取。

6.2.2.2 每个仓库（车间）成品大曲应采取随机抽样，从曲堆端面和顶面列、层分别抽样。

6.2.2.3 采样后应记录样品名称、品种/规格、数量、制造者名称、采样时间与地点、采样人。采样后及时送检。

6.3 检验分类

6.3.1 出厂检验

产品出厂前，由生产厂的质量检验部门，按本标准逐批检验，检验合格后签发质量合格证的产品，方可出厂。出厂检验项目包括：外观、断面、曲皮厚、香气、水分、酸度、淀粉、糖化力、液化力、发酵力、酯化力。

6.3.2 型式检验

检验项目同出厂检验。

产品在正常生产情况下，每年至少进行一次型式检验。遇有下列情况之一时，按本标准全部要求进行检验。

a. 原辅材料有较大变化时；

b. 更改关键工艺或设备；

c. 新试制的产品或正常生产的产品停产 3 个月以后，重新恢复生产时；

d. 出厂检验与上次型式检验结果有较大差异时；

e. 国家质量监督检验机构按有关规定需要抽检时。

6.4 判定规则

6.4.1 检验结果若水分不合格，应重新从同批产品中抽取两倍量样品复验。若复验结果仍不合格，则判整批产品不合格。

6.4.2 检验结果中（除水分外）有三项或三项以上不合格时，应重新从同批产品中抽取两倍量样品复验，以复验结果为准。若仍有三项或三项以上不合格项，则判整批产品不合格。

7 标志、包装、运输、贮存

7.1 标志

7.1.1 当大曲成品被运送到储存的库房（车间）或规定地点时，应标明：产品类型、生产厂名称、产地、主要原料、制曲时间、入库时间。

7.1.2 销售大曲应标明：生产厂家、厂址、产品名称、产品类型、商标、批号、净重、执行标准编号，并附有质量检验合格证。

7.1.3 储运图示标志应符合 GB/T 191 的有关规定。

7.2 包装、运输、贮存

7.2.1 大曲可以散装、堆垛储存，也可以用麻袋或编织袋包装。不同产品类型、不同产地的大曲，应分别入库存放，不宜混杂储存。

7.2.2 大曲运输时，车船或其他运输工具应保持清洁、干燥、无外来污染物，防止日晒、雨淋。

7.2.3 大曲不应与有毒、有害、有腐蚀性、有气味的物品混储混运。

7.2.4 仓库（车间）应保持清洁、干燥、通风，防潮、防霉变，发现问题应及时处理。

7.2.5 大曲在包装、运输和储存过程中可能发生曲虫等鼠虫害情况，应考虑采取相应的预防管理措施。

四、甜酒曲（QB/T 4577—2013）

1 范围

本标准规定了甜酒曲的术语和定义、分类、要求、试验方法、检验规则、标志、包装、运输、贮存。

本标准适用于以大米、麸皮或玉米、麸皮等原辅料，经接种根霉属、酿酒酵母等微生物，经过通风培养、干燥、包装等工艺制得的甜酒曲制品。

2 规范性引用文件

下列文件对于本文件的应用是必不可少的。凡是注日期的引用文件，仅注日期的版本适用于本文件。凡是不注日期的引用文件，其最新版本（包括所有的修改单）适用于本文件。

GB/T 191 包装储运图示标志

GB/T 601 化学试剂 标准滴定溶液的制备

GB/T 603 化学试剂 试验方法中所用制剂及制品的制备

GB 1353 玉米

GB 1354 大米

GB/T 4928—2008 啤酒分析方法

GB 5009.3 食品安全国家标准 食品中水分的测定

GB/T 5009.7—2008 食品中还原糖的测定

GB/T 5009.11 食品中总砷和无机砷的测定

GB 5009.12 食品安全国家标准 食品中铅的测定

GB/T 6682—2008 分析实验室用水规格和试验方法

GB 7718 食品安全国家标准 预包装食品标签通则

GB/T 20886—2007 食品加工用酵母

JJG 453 标准色板检定规程

3 术语和定义

下列术语和定义适用于本文件。

3.1 甜酒曲 [rice leaven (tian jiu qu)]

以大米、麸皮或玉米、麸皮等原辅料，经接种根霉属（*Rhizopus* sp.）、酿酒酵母（*Saccharomyces cerevisiae*）等微生物，经过通风培养、干燥、包装等工艺制得的发酵剂。可发酵制作酒酿、醪糟等传统发酵食品，属于传统食品配料。

4 分类

根据产品制作米酒的口味不同，可将甜酒曲分为甜味型和风味型。

5 要求

5.1 主要原辅料

5.1.1 大米

以大米为主要原料的产品应符合 GB 1354 中籼米的规定。

5.1.2 玉米

以玉米为原料的产品应符合 GB 1353 的规定。

5.1.3 生产用微生物菌种

符合相关规定。

5.2 感官

应符合表 1 的规定。

表 1　　感官要求

项目	要求
色泽	乳白色至浅黄色
气味	清香，具有产品特有的曲香
状态	粉末或颗粒
杂质	无正常视力可见外来杂质

5.3　理化

应符合表 2 的要求。

表 2　　理化要求

项目		指标	
		甜味型	风味型
水分/%	≤	9.0	10.0
糖度（以葡萄糖计）/%	≥	19.0	16.0
酸度（以乳酸计）/%	≤	0.6	0.85
酒精度/%	≥	—	2.0
注：如有特殊要求，按双方合同规定执行。			

5.4　污染物限量

应符合表 3 的规定。

表 3　　污染物限量

项目		指标
总砷（以 As 计）/(mg/kg)	≤	0.5
铅（Pb）/(mg/kg)	≤	0.5

5.5　微生物

按 GB/T 20886—2007 中 5.3 的微生物要求执行。

6　试验方法

本标准所用试剂和水，在没有注明其他要求时，均指分析纯试剂和符合 GB/T 6682—2008 中规定的三级水。试验中所用溶液在未注明用何种溶剂配制时，均指水溶液。

6.1　感官

取适量样品倒在标准白板上（白板应符合 JJG 453 的要求），在光线充足的条件下，观察色泽、外观、是否有杂质，并闻其气味。

6.2　水分

按 GB 5009.3 规定的方法测定。

6.3 糖度

6.3.1 原理

在甜酒曲中含有的微生物预期的代谢反应作用下，糯米中的淀粉转化为还原糖，将反应物均质并除去蛋白质后，以亚甲蓝作指示剂，在加热条件下滴定标定过的碱性酒石酸铜标准溶液（用还原糖标准溶液标定），根据样品液消耗体积计算还原糖含量。

6.3.2 材料和试剂

6.3.2.1 糯米：符合 GB 1354 的粳糯米或籼糯米“一级品”的要求。

6.3.2.2 同 GB/T 5009.7—2008 中第 3 章的规定。

6.3.3 糯米饭制备

6.3.3.1 浸泡

称取糯米 500.0g，自来水淘选 3 遍，浸泡 16h 左右，泡米时的环境温度应控制在 20℃以下。

6.3.3.2 蒸饭

在蒸锅里放入自来水，蒸格上垫一层纱布，加热至沸腾，将沥干至 1min 内无水滴出的糯米放在纱布上蒸熟，以饭粒熟而不烂为准，将蒸好的糯米饭端离蒸锅，转移至经灭菌处理的窗口摊开冷却（冷却时注意防止污染，可用经灭菌处理的纱布覆盖），冷却至 30~35℃（用温度计检测）。

6.3.3.3 接种培养

称取 2.00g 甜酒曲样品撒入糯米饭中，同时洒约 200mL 凉开水，控制糯米饭总质量为 950g 左右，拌匀，分装入 4 个无菌的容器中，压实，糯米饭中央扒窝，盖紧留通气孔。控制最终饭温为 28~32℃。放入温度为（31±1）℃的培养箱培养 46h 后，取出立即进行检测。

6.3.4 待测样品处理

待测样品按以下步骤处理：

a. 将发酵好的糯米饭（6.3.3.3）用均质器搅拌为均匀糊状，称取均匀糊状样品 10g（称准至 0.001g）至 250mL 三角瓶中，加入 200mL 水，然后将溶液小火煮沸，15min 后冷却至 45℃。在 45℃水浴中加热 1h，并时时振摇。取出冷却后定容至刻度，经混匀、静置、沉淀，用脱脂棉过滤后得到溶液 A；

b. 取 20mL 溶液 A 于 250mL 容量瓶中，慢慢加入 5mL 乙酸锌溶液及 5mL 亚铁氰化钾溶液，加水至刻度，混匀，静置 30min，用干燥滤纸过滤，弃去初滤液，取后续滤液备用。

6.3.5 测定及计算

6.3.5.1 测定

按 GB/T 5009.7—2008 中 5.2~5.4 进行测定。

6.3.5.2 计算

糖度按公式（1）计算：

$$X_1=\frac{m_1}{m_2\times(20/250)\times(V/250)\times1000}\times100\% \tag{1}$$

式中：X_1——糖度（还原糖，以葡萄糖计），%；

m_1——碱性酒石酸铜溶液相当于葡萄糖的质量，单位为毫克（mg）；

m_2——试样质量［6.3.4（a）］，单位为克（g）；

V——滴定时消耗试样溶液体积，单位为毫升（mL）。

计算结果保留 1 位小数。

6.3.5.3 精密度

试验结果以平行测定结果的算术平均值为准。在重复性条件下获得的两次独立测定结果的绝对差值不应超过算术平均值的 5%。

6.4 酸度

6.4.1 原理

根据酸碱中和的原理，用碱液滴定试液中的酸，以酚酞为指示剂确定指示终点，按碱液消耗的量计算样品中总酸含量。

6.4.2 仪器和设备

碱式滴定管：10mL。

6.4.3 试剂和溶液

6.4.3.1 1%酚酞指示剂：按 GB/T 603 配制。

6.4.3.2 NaOH 标准滴定溶液（0.01mol/L）：吸取 0.1mol/L 氢氧化钠溶液 10mL（按 GB/T 601 配制），稀释至 100mL，用时当天稀释。

6.4.4 测试步骤

用移液管吸取 6.3.4a 中 50mL 溶液 A 到 250mL 三角瓶中，加入 40~60mL 去二氧化碳的蒸馏水，加 1%酚酞指示剂 2 滴，用 0.01mol/L NaOH 标准滴定溶液滴定至微红色，保持 30s 不褪色为终点。同时用无二氧化碳的蒸馏水代替试样溶液进行操作。

6.4.5 计算

糯米饭酸度（以乳酸计），按公式（2）计算：

$$X_2=\frac{c\times(V_1-V_2)\times0.090\times(250/50)}{m}\times100\% \qquad (2)$$

式中：X_2——酸度，%；

c——NaOH 标准滴定溶液的摩尔浓度，单位为摩尔每升（mol/L）；

V_1——样品滴定时消耗 NaOH 标准滴定溶液的体积，单位为毫升（mL）；

V_2——空白滴定时消耗 NaOH 标准滴定溶液的体积，单位为毫升（mL）；

0.090——与 1.00mL 氢氧化钠标准滴定溶液[c(NaOH)=0.01mol/L]相当的乳酸的质量，单位为克（g）；

m——称取样品［6.3.4a］的质量，单位为克（g）。

结果保留两位小数。

6.4.6 精密度

试验结果以平行测定结果的算术平均值为准。在重复性条件下获得的两次独立测定结果的绝对差值不得超过算术平均值的 5%。

6.5 酒精度

取 6.3.3.3 中培养后的发酵醪清液，按 GB/T 4928—2008 中 8.2 规定的方法测定。

6.6 总砷

按 GB/T 5009.11 测定。

6.7 铅

按 GB 5009.12 测定。

6.8 微生物

按 GB/T 20886—2007 进行检验。

7 检验规则

7.1 组批

同一配方、同一批原料、同一工艺生产，同一规格的产品为一批。

7.2 抽样

产品按批抽样。批量少于600件时，从不少于3件包装中抽取样品；批量大于600件时，从不少于0.5%比例的包装中抽取样品。样本总量不应少于500g。

7.3 出厂检验

7.3.1 产品出厂前，应按本标准规定进行出厂检验。检验合格，签署质量检验合格报告单的产品方可出厂。

7.3.2 出厂检验项目：感官、水分、糖度、酸度及酒精度（风味型）。

7.4 型式检验

7.4.1 型式检验的项目：本标准中规定的全部要求。

7.4.2 一般情况下应每6个月进行1次型式检验，有下列情况之一时也应进行型式检验：

a. 更改主要原辅材料及配料时；

b. 更改关键工艺或设备时；

c. 新试制的产品或正常生产的产品停产3个月后，重新恢复生产时；

d. 出厂检验与上次型式检验结果有较大差异时；

e. 国家质量监督机构提出检验要求时。

7.5 判定规则

如有一项不合格时，应重新自同批产品中抽取两倍量的样品进行复验，以复验结果为准。若仍有一项指标不合格，则判整批产品不合格。

8 标志、包装、运输、贮存

8.1 标志及包装

8.1.1 外包装标志应符合GB/T 191的规定，标签应符合GB 7718规定。对有特殊要求的包装及标志，按需方要求进行包装及标志。产品上应标注使用方法和贮存条件。

8.1.2 包装材料应符合国家有关标准要求，经检验合格后方可使用。应严格密封，以防产品吸潮湿和漏出。

8.2 运输

运输应防止日晒、雨淋，严禁与不洁或有毒、有害物质物品混装。

8.3 贮存

8.3.1 成品应贮存在阴凉、干燥、通风的仓库内。

8.3.2 成品库应清洁干燥、通风，无异味，仓库温度不应超过35℃，应有防鼠、防蝇、防尘设施。产品在保存中不应与霉变、被污染的杂物混存。

五、酿造红曲（QB/T 5188—2017）

1 范围

本标准规定了酿造红曲的术语和定义、产品分类、要求、试验方法、检验规则及标志、包装、运输、贮存。

本标准适用于酿造红曲的生产、检验和销售。

2 规范性引用文件

下列文件对于本文件的应用是必不可少的。凡是注日期的引用文件，仅注日期的版本适用于本文件。凡是不注日期的引用文件，其最新版本（包括所有的修改单）适用于本文件。

GB/T 191 包装储运图示标志

GB/T 601 化学试剂 标准滴定溶液的制备

GB/T 1351 小麦

GB/T 1354 大米

GB 1886.19 食品安全国家标准 食品添加剂 红曲米

GB 2760 食品安全国家标准 食品添加剂使用标准

GB 2761 食品安全国家标准 食品中真菌毒素限量

GB 2762 食品安全国家标准 食品中污染物限量

GB 5009.3 食品安全国家标准 食品中水分的测定

GB 5749 生活饮用水卫生标准

GB/T 6682 分析实验室用水规格和试验方法

GB 7718 食品安全国家标准 预包装食品标签通则

NY/T 119 饲料用小麦麸

3 术语和定义

下列术语和定义适用于本文件。

3.1 酿造红曲（brewing red kojic rice）

以大米、小麦麸、小麦等粮谷为原料，接种红曲霉菌种发酵培养制得的，应用于黄酒、醋、白酒、葡萄酒、啤酒、酱油、腐乳等产品的发酵剂。

3.2 糖化力（saccharifying power）

在规定条件下，红曲将短链糊精转化为还原糖的能力。

3.3 酯化力（esterifying power）

在规定条件下，红曲催化游离有机酸与乙醇合成酯的能力。

3.4 发酵红曲（fermenting red kojic rice）

以大米为原料，接种高发酵力的红曲霉菌种，发酵培养制得的糖化发酵剂。

3.5 酯化红曲（esterifying red kojic rice）

以小麦麸、小麦等粮谷为原料，接种高酯化力的红曲霉素菌种，发酵培养制得的发酵剂。

4 产品分类

4.1 按用途分

分为发酵红曲和酯化红曲。

4.2 按形态分

分为颗粒状红曲和粉末状红曲。

5 要求

5.1 原辅料要求

应符合相应标准规定。

5.2 感官要求

应符合表1的规定。

表1　　　　感官要求

项目	要求		
	发酵红曲		酯化红曲
	颗粒状	粉末状	
色泽	淡红色至暗紫红色	粉红色至紫红色	灰黄色粉末、间有红色粉粒
组织形态	不规则米粒状	粉末状	粉末状
气味	具有红曲固有的曲香	具有红曲固有的曲香	有红曲固有的曲香，无异味
断面	粉红色或稍带白心	—	—
杂质	无正常视力可见外来杂质		

5.3 理化指标

应符合表2的规定。

表2　　　　理化指标

项目		指标		
		发酵红曲		酯化红曲
		颗粒状	粉末状	
水分/(%)	≤	12.0		
色价/(U/g)	≥	200		—
糖化力/(U/g)	≥	1000		—
酯化力/[mg/(g·100h)]	≥	—		30
粒度（40目筛通过率,%）	≥	—	80	

5.4 食品安全要求

应符合表3的规定。

表3　　　　食品安全要求

项目		指标
总砷（以As计）/(mg/kg)	≤	应符合GB 2762中谷物及其制品的规定
铅（以Pb计）/(mg/kg)	≤	
黄曲霉毒素B1/(μg/kg)	≤	应符合GB 2761中谷物及其制品的规定

6 试验方法

6.1 一般要求

本试验方法中，所用试剂除特殊注明外均为分析纯；用水应符合GB/T 6682中三级（含三级）以上的水规格。

6.2　感官要求

取 100g 样品于白瓷盘上，在自然光下观看其颜色形态并嗅其味；用小刀切开，观察其断面。

6.3　水分

按 GB 5009.3 中直接干燥法规定的方法测定，干燥温度为 105℃。

6.4　色价

按 GB 1886.19 规定的方法测定。

6.5　糖化力

按附录 A 规定的方法测定。

6.6　酯化力

按附录 B 规定的方法测定。

6.7　粒度

按附录 C 规定的方法测定。

6.8　总砷

按 GB 2762 规定的方法测定。

6.9　铅

按 GB 2762 规定的方法测定。

6.10　黄曲霉毒素 B1

按 GB 2761 规定的方法测定。

7　检验规则

7.1　组批

以同种原料、一次投料生产出的均质产品为一批次。

7.2　抽样

样品随机抽取于成品库，按产量每批抽取，所取样品总量不应少于 500g。

7.3　出厂检验

7.3.1　发酵红曲

出厂检验项目为感官要求、水分、色价、糖化力。

7.3.2　酯化红曲

出厂检验项目为感官要求、水分、酯化力和粒度。

7.4　型式检验

检验项目为本标准要求中规定的全部项目。一般情况下，型式检验半年进行 1 次。有下列情况之一时，亦应进行型式检验：

a. 原辅材料有较大变化时；

b. 更改关键工艺或设备时；

c. 新试制的产品或正常生产的产品停产 3 个月后，重新恢复生产时；

d. 出厂检验与上次型式检验结果有较大差异时；

e. 国家质量监督机构按有关规定需要抽检时。

7.5　判定规则

7.5.1　样品经检验，所有项目全部合格，则判该批产品为合格品。

7.5.2　感官要求、理化指标有1项不合格，重新在该批产品中加倍取样复检，以复检结果为准。

7.5.3　食品安全要求有1项不合格时，该批产品为不合格。

8　标志、包装、运输、贮存

8.1　标志

8.1.1　运输包装标志应符合 GB/T 191 的规定。

8.1.2　预包装产品标签应符合 GB 7718 的规定。

8.2　包装

包装容器和材料应符合相应的卫生标准和有关规定。

8.3　运输

产品运输应轻卸轻放，防止日晒、雨淋，并远离热源，不应与有害、有毒和易污染物品一起混运。

8.4　贮存

存放地点应保持清洁、避光、通风干燥，严防曝晒、雨淋，离墙离地，严禁火种。不应与有毒、有害、有腐蚀性和含有异味的物品堆放在一起。

附录A
（规范性附录）
糖化力的测定　碘量法

A.1　原理

糖化酶有催化淀粉水解的作用，分解 α-1，4 葡萄糖苷键生成葡萄糖，葡萄糖分子中的醛基被次碘酸钠氧化，过量的次碘酸钠酸化，析出的碘用标准硫代硫酸钠溶液滴定，计算出糖化力。

1个糖化力单位即为1.0g红曲于40℃，pH=4.6条件下，1h分解可溶性淀粉产生1mg葡萄糖，糖化力单位以 U/g 表示。

A.2　试剂和溶液

本试验方法中，所用试剂除特殊注明外均为分析纯；用水应符合 GB/T 6682 中三级（含三级）以上的水规格。

——乙酸；

——乙酸钠；

——硫代硫酸钠；

——碘；

——碘化钾；

——氢氧化钠；

——氢氧化钠饱和溶液；

——可溶性淀粉；

——浓硫酸；

——乙酸-乙酸钠缓冲液（pH=4.6）：量取冰乙酸 11.8mL，溶于 1000mL 水中；另称取乙酸钠 27.2g，溶于 1000mL 水中；以上二者等体积混合即可，缓冲溶液的 pH 应以酸度计矫正；

——硫代硫酸钠标准溶液[$c(Na_2S_2O_3)=0.1mol/L$]：按 GB/T 601 配制与标定；

——0.1 mol/L 碘溶液：称取13g碘及35g碘化钾，溶于100mL水中，稀释定容至1000mL，摇匀，保存于棕色试剂瓶中；

——0.1 mol/L 氢氧化钠溶液：量取 5.6 mL 氢氧化钠饱和溶液于 1000mL 水中，摇匀；

——20%氢氧化钠溶液：称取 20g 氢氧化钠于 80mL 水中，冷却后定容至 100 mL；

——2mol/L 硫酸溶液：量取 5.6mL 浓硫酸（相对密度 1.84）缓缓注入 80mL 水中，冷却后定容至 100mL；

——2%可溶性淀粉溶液：准确称取 2g 可溶性淀粉，加少量水调匀，倾入 80mL 沸水中，煮至透明，冷却后定容至 100mL，该试剂现用现配。

A.3　仪器和设备

实验室常规仪器、设备及下列各项：

——恒温水浴锅；

——分析天平：感量 0.1mg；

——粉碎机；

——60 目标准分析筛。

A.4　测定步骤

A.4.1　待测样液的制备

称取粉碎后过 60 目分样筛的样品 2~3g（精确至 0.0002g）于 25mL 容量瓶中，加约 20mL 的乙酸-乙酸钠缓冲液，在 35℃恒温水浴中保温静置 1h，每 20min 摇 1 次，用乙酸-乙酸钠缓冲液补充定容，再浸提 1h，每 20min 摇 1 次。将浸提液过滤后待检测。

A.4.2　测定

A.4.2.1　糖化：在甲、乙两个 50mL 容量瓶中各加 2%可溶性淀粉溶液 25.00mL 和乙酸-乙酸钠缓冲液 5.00mL 摇匀，在（40.0±0.2）℃恒温水浴中预热 10min，在甲瓶（试样瓶）中加入待测样液 2.00mL 摇匀，在此温度下准确反应 30min 后，立即各加 20%氢氧化钠溶液 0.2mL 摇匀，迅速冷却，并在乙瓶（空白样瓶）中补加待测样液 2.00mL。

A.4.2.2　碘量测糖：吸取甲、乙两瓶中反应液各 5.00mL 分别置于 250mL 碘量瓶中，加 0.1mol/L 碘溶液 10.00mL，再加 0.1mol/L 氢氧化钠 15.0mL，摇匀，加塞，置暗处反应 15min，取出，加 2mol/L 硫酸溶液 2.0mL 后，立即用硫代硫酸钠标准溶液滴定至蓝色刚好消失为终点。

A.5　结果表述

样品中糖化力按公式（A.1）计算：

$$X_1 = (V-V_1) \times c_1 \times 90.05 \times \frac{32.2}{5} \times \frac{1}{2} \times N \times 2 \qquad (A.1)$$

式中：X_1——样品糖化力，单位为（u/g）；

V——空白消耗硫代硫酸钠的体积，单位为毫升（mL）；

V_1——试样消耗硫代硫酸钠的体积，单位为毫升（mL）；

c_1——硫代硫酸钠标准溶液浓度，单位为摩尔每升（mol/L）；

90.05——与 1.00 mL 硫代硫酸钠相当的葡萄糖质量，单位为毫克（mg）；

32.2——反应液总体积，单位为毫升（mL）；

5——吸取反应液体积，单位为毫升（mL）；

1/2——吸取样液 2mL 换算为 1mL；

N——稀释倍数（25mL/称样量 g）；

2——反应 30min 换算为 1h 的系数。

计算结果保留至整数。

A.6　精密度

在重复性条件下，获得的两次独立测定结果的绝对差值不应超过算术平均值的 5%。

附录 B
（规范性附录）
酯化力的测定

B.1 原理

酯化酶是脂肪酶和酯酶的统称。该方法所检测的是酯化酶使一个酸元和一个醇元结合，脱水而生成酯，而后通过加入一定量过量的碱使所生成的酯皂化，用硫酸滴定剩余的碱而测得所生成的酯的含量，从而计算出样品的酯化力。

1 个酯化力单位即为 1g 红曲在 32℃条件下，经过 100h 催化己酸和乙醇反应生成 1mg 己酸乙酯，符号 u，以 mg/g · 100h 表示。

B.2 试剂和溶液

本试验方法中，所用试剂除特殊注明外均为分析纯；用水应符合 GB/T 6682 中三级（含三级）以上的水规格。

——己酸；

——无水乙醇；

——乙醇：体积分数 95%；

——氢氧化钠；

——酚酞；

——0. 1mol/L 氢氧化钠标准溶液：按 GB/T 601 配制与标定；

——硫酸标准溶液$\left[c\left(\frac{1}{2}H_2SO_4\right)=0.1mol/L\right]$：按 GB/T 601 配制与标定；

——1%己酸的 20%乙醇溶液：准确吸取 1mL 己酸于 100mL 容量瓶中，加 20mL 无水乙醇，充分摇匀使己酸完全溶解后，再用水定容至 100mL；

——1%酚酞指示剂：称取 1. 0g 酚酞，溶于 65mL 的乙醇中，用水稀释至 100mL；

——30%乙醇溶液：用量筒量取 300mL 无水乙醇于 1000mL 容量瓶中，用水定容至 1000mL。

B.3 测定

B.3.1 酯化液的制备

取 1%己酸的 20%乙醇溶液 100mL 于 250mL 锥形瓶中，称取相当于约 5g 绝干样品的样品量（m）（绝干样品量 m_1 = 称样量 $m\times\frac{100-水分}{100}$），转入锥形瓶中，摇匀后，用塞子塞上，在 32℃保温酯化 100h。

B.3.2 蒸馏

将酯化 100h 后的试样溶液全部移入 250mL 蒸馏瓶中，量取 30%乙醇溶液 50mL，分数次充分洗涤锥形瓶，洗液也一并倒入蒸馏烧瓶中，用 100mL 容量瓶接受馏出液（外用冰水浴），缓缓加热蒸馏，当收集馏出液接近刻度线时，取下容量瓶，用水定容，混匀，备用。

B.3.3 皂化、滴定

准确移取上述馏出液 50. 00mL 倒入 250mL 具塞锥形瓶中，加两滴酚酞指示剂，以 0. 1mol/L 氢氧化钠标准溶液中和到酚酞终点后（切勿过量），再准确加入 0. 1mol/L 氢氧化钠标准溶液 25. 00 mL，摇匀，装上冷凝管，于沸水浴中回流皂化 30min 或室温暗处放置 24h，取下，冷却至室温。用硫酸标准溶液$\left[c\left(\frac{1}{2}H_2SO_4\right)=0.1mol/L\right]$进行反滴定，使微红色刚好消失为终点，记录消耗硫酸标准溶液的体积。

B.4　结果表述

样品中酯化力按公式（B.1）计算：

$$X_2=\frac{c_2V_2-c_3V_3}{m_1\times\frac{50}{100}}\times144 \tag{B.1}$$

式中：X_2——样品酯化力，单位为毫克每克一百小时[mg/(g·100h)]；

c_2——氢氧化钠标准溶液的浓度，单位为摩尔每升（mol/L）；

c_3——硫酸标准溶液的浓度，单位为摩尔每升（mol/L）；

V_2——皂化时，加入氢氧化钠标准溶液的体积，单位为毫升（mL）；

V_3——滴定时，消耗硫酸标准溶液的体积，单位为毫升（mL）；

m_1——绝干样品的质量，单位为克（g）；

50/100——从馏出液 100mL 中取 50mL 进行测定；

144——己酸乙酯的换算系数。

计算结果保留至整数。

B.5　精密度

在重复性条件下，获得的两次独立测定结果的绝对差值不应超过算术平均值的 10%。

附录 C
（规范性附录）
粒度的测定

C.1　仪器和设备

实验室常规仪器、设备及下列各项：

——分析天平：感量 1mg；

——标准试验筛：40 目。

C.2　测定

称取粉状红曲 100g（精确至 0.001g）。将规定的标准试验筛装上筛盘底，然后将称好的试样全部转入 40 目的标准筛上，加盖，振荡筛分 5min（不时敲打筛梆），静置 2min，取下上盖，将筛上物全部转到已知质量的烧杯中，用分析天平称量质量，记录质量为 m_2，计算粒度。

C.3　结果表述

样品中粒度按公式（C.1）计算：

$$X_3=\frac{100-m_2}{100}\times100\% \tag{C.1}$$

式中：X_3——样品粒度的质量分数，%；

m_2——40 目标准分样筛筛上物的质量，单位为克（g）。

试验结果以平行测定结果的算术平均值为准（保留整数）。

C.4　精密度

在重复性条件下获得的两次独立测定结果的差值不超过 1%。

六、酱香型白酒酿酒用大曲（DB52/T 871—2014）

1 范围

本标准规定了生产酱香型白酒用大曲的术语和定义、技术要求、检验规则、标志、包装、运输和贮存。

本标准适用于酱香型白酒大曲产品的生产、检验与销售。

2 规范性引用文件

下列文件对于本文件的应用是必不可少的。凡是注日期的引用文件，仅所注日期的版本适用于本文件。凡是不注日期的引用文件，其最新版本（包括所有的修改单）适用于本文件。

GB/T 191 包装储运图示标志

GB 2761 食品安全国家标准 食品中真菌毒素限量

GB 2762 食品安全国家标准 食品中污染物限量

GB 2763 食品安全国家标准 食品中农药最大残留限量

QB/T 4257 酿酒大曲通用分析方法

QB/T 4258 酿酒大曲术语

DB52/T 868 酱香型白酒酿酒用小麦

DB52/T 870 酱香型白酒酿酒用水

3 术语和定义

QB/T 4258 界定的以及下列术语和定义适用于本文件。

酱香型白酒酿酒用大曲 Jiang-flavour Chinese Liquor Daqu

以小麦、水、母曲等为原料生产的专用于酱香型白酒酿造的糖化发酵剂。

4 技术要求

4.1 主要原料

4.1.1 小麦

应符合 DB52/T 868 的规定。

4.1.2 拌料用水

应符合 DB52/T 870 的规定。

4.1.3 母曲

经过储存 3~6 个月的优质曲药，用于接种。

4.2 感官要求

应符合表 1 的规定。

表 1　感官要求

项目	指标
外观	曲色为黄、黑、白三种。断面有乳白色菌丝
香气	曲香浓郁，应有酱香大曲特有的香气

4.3　理化要求

应符合表2的规定。

表2　理化要求

项目		指标
水分/(g/100g)	≤	13.0
酸度/(mmol/10g)		1.0~3.5
淀粉/(g/100g)		53.0~60.0
糖化力/U		100~300
注：糖化力单位见 QB/T 4257。		

4.4　卫生指标

应符合 GB 2761、GB 2762 和 GB 2763 的要求。

4.5　检验方法

按 QB/T 4257 执行。

5　检验规则

5.1　组批

同一个储曲仓的曲药，经检验水分合格的成品曲块为一个批次。

5.2　抽样

5.2.1　样品应从成品大曲中抽取。

5.2.2　每个仓库成品大曲应采取随机抽样，从曲堆端面和顶面列、层分别抽样。

5.2.3　采样后应记录样品名称、品种、规格、数量、制造者名称、采样时间与地点、采样人。采样后及时送检。

5.3　检验分类

5.3.1　出厂检验

产品出厂前，由生产企业的质量检验部门，按本标准逐批检验，检验合格后签发质量合格证的产品，方可出厂。出厂检验项目包括：外观、香气、水分、酸度、淀粉、糖化力。

5.3.2　型式检验

产品在正常生产情况下，每年至少进行一次型式检验。遇有下列情况之一时，按本标准全部要求进行检验。

a. 原辅材料有较大变化时；

b. 更改关键工艺或设备；

c. 新试制的产品或正常生产的产品停产3个月以后，重新恢复生产时；

d. 出厂检验与上次型式检验结果有较大差异时；

e. 国家质量监督检验机构按有关规定需要抽检时。

5.4　判定规则

5.4.1　检验结果若水分不合格，应重新从同批产品中抽取两倍量样品复验。若复验结果仍不合格，则判整批产品不合格。

5.4.2　检验结果中（除水分外）有三项或三项以上不合格时，应重新从同批产品中抽取两倍量样品复验，以复验结果为准。若仍有三项或三项以上不合格项，则判整批产品不合格。

6 标志、包装、运输和贮存

6.1 标志

6.1.1 当大曲成品被运送到储存的库房或规定地点时，应标明：产品类型、生产厂名称、产地、主要原料、制曲时间、入库时间。

6.1.2 销售大曲应标明：生产厂家、厂址、产品名称、产品类型、商标、批号、净重、执行标准编号，并附有质量检验合格证。

6.1.3 储运图示标志应符合 GB/T 191 的有关规定。

6.2 包装、运输和贮存

6.2.1 大曲可以散装、堆垛贮存，也可以用麻袋或编织袋包装。不同产品类型、不同产地的大曲，应分别入库存放，不宜混杂储存。

6.2.2 大曲运输时，车船或其他运输工具应保持清洁、干燥、无外来污染物，防止日晒、雨淋。

6.2.3 大曲不应与有毒、有害、有腐蚀性、有气味的物品混储混运。

6.2.4 仓库应保持清洁、干燥、通风，防潮、防霉变，发现问题应及时处理。

6.2.5 大曲在包装、运输和贮存过程中可能发生曲虫等鼠虫害情况，应考虑采取相应的预防管理措施。

七、酱香型白酒酿酒用麸曲（DB52/T 872—2014）

1 范围

本标准规定了酱香型白酒用麸曲的术语和定义、技术要求、检验规则、标志、包装、运输和贮存。

本标准适用于酱香型白酒生产用麸曲产品的生产、检验与销售。

2 规范性引用文件

下列文件对于本文件的应用是必不可少的。凡是注日期的引用文件，仅所注日期的版本适用于本文件。凡是不注日期的引用文件，其最新版本（包括所有的修改单）适用于本文件。

GB/T 191 包装储运图示标志

GB 2761 食品安全国家标准 食品中真菌毒素限量

GB 2762 食品安全国家标准 食品中污染物限量

GB 2763 食品安全国家标准 食品中农药最大残留限量

QB/T 4257 酿酒大曲通用分析方法

QB/T 4258 酿酒大曲术语

DB52/T 870 酱香型白酒酿酒用水

3 术语和定义

QB/T 4258 界定的以及下列术语和定义适用于本文件。

麸曲

以麸皮为原料，采用纯种白曲、酵母、细菌生产的专用于酱香型白酒酿造的糖化发酵剂。

4 技术要求

4.1 主要原料

4.1.1 麸皮

新鲜、干燥，无泥沙、霉变、虫蛀等，水分≤12%，淀粉≤15%。

4.1.2 拌料用水

应符合 DB52/T 870 的规定。

4.2 感官要求

应符合表 1 的规定指标要求。

表 1　感官要求

项目	指标
水分	≤10.0 %
外观	白曲白色菌丝茂盛，孢子较丰满；酵母曲、细菌曲颜色正常
香气	白曲、酵母具有正常的曲香；细菌呈酱香味，无杂味

4.3 理化指标

应符合表 2 规定指标要求。

表 2　理化指标要求

项目	指标
水分	≤10.0%
酸度/(mmol/10g)	1.0~2.5
淀粉含量	≤10.0%
糖化力	≥600mg 葡萄糖/(g · h)
液化力	≥2.0g 淀粉/(g · h)
发酵力	0.8g CO_2/(g · 48h)
蛋白酶分解力	≥50U
活菌数	≤10^7 个/g 曲
注：糖化力、发酵力单位见 QB/T 4257。	

4.4 卫生指标

应符合 GB 2761、GB 2762 和 GB 2763 的要求。

4.5 检验方法

按 QB/T 4257 执行。

5 检验规则

5.1 组批

同一个批次不同种类曲药，经检验水分合格的成品曲为一个批次。

5.2 抽样

5.2.1 样品应从成品曲中抽取。

5.2.2 每个批次成品曲应采取随机抽样，从曲池或曲堆代表层点面分别抽样。

5.2.3 采样后应记录样品名称、品种/规格、数量、生产者名称、生产时间、采样时间与地点、采样人。采样后及时送检。

5.3 检验

产品应用于生产或出厂前，由生产企业的质量检验部门，按本标准逐批检验，检验合格后签发质量合格证的产品，方可出厂。出厂检验指标符合表1、表2规定。

6 标志、包装、运输和贮存

6.1 标志

6.1.1 成品曲运送到曲库贮存或规定地点时，应标明：产品类型、生产日期等。

6.1.2 外售成品麸曲应标明：生产厂家、厂址、产品名称、产品类型、商标、批号、净重、执行标准编号，并附质量检验合格证。

6.1.3 储运图示标志应符合GB/T 191的有关规定。

6.2 包装、运输和贮存

6.2.1 成品曲用编织袋、塑料袋或自封袋包装。不同产品类型、不同生产期曲，应分别入库存放，不宜混杂储存。

6.2.2 成品曲运输时，车船或其他运输工具应保持清洁、干燥、无外来污染物，防止日晒、雨淋。

6.2.3 成品曲不应与有毒、有害、有腐蚀性、有气味的物品混储混运。

6.2.4 仓库应保持清洁、干燥、通风，防潮、防霉变，发现问题应及时处理。

6.2.5 成品曲在包装、运输和贮存过程中可能发生曲虫等鼠虫害情况，应考虑采取相应的预防管理措施。

八、浓香型大曲生产技术规程（DB34/T 2497—2015）

1 范围

本标准规定了浓香型大曲的术语和定义、生产技术和操作质量要求。

本标准适用于浓香型大曲制曲生产。

2 规范性引用文件

下列文件对于本文件的应用是必不可少的。凡是注日期的引用文件，仅所注日期的版本适用于本文件。凡是不注日期的引用文件，其最新版本（包括所有的修改单）适用于本文件。

GB 2715 粮食卫生标准

GB 5749 生活饮用水卫生标准

3 术语和定义

下列术语和定义适用于本文件。

3.1　踩曲（mold by artificial trample）

将经拌料后的制曲原料，放入曲模中踩压、脱模成型的操作。

3.2　挂衣（grown mould）

制曲培养过程中，在曲坯的外表生长出有菌斑的现象。

3.3　卧曲（qupi rank in room）

将曲坯按照一定堆放方式安放至曲房的操作。

3.4　排潮通风（ventilate and dry）

在制曲培养中，当菌丝体已长出，打开门窗，降低曲室和曲坯表面的温度和水分的操作。

3.5　收汗（shouhan）

刚出模的曲坯，晾一段时间后，其表面水分蒸发，呈半干状态的一种现象。

3.6　收堆（shoudui）

将曲块翻转，集中摆放并保持一定温度的操作过程。

4　原料要求

4.1　粮谷类原料

应符合 GB 2715 的规定。

4.2　生产用水

应符合 GB 5749 的规定。

5　生产工艺参数

5.1　润料时间

润料 2~8 小时。

5.2　润料用水量

2.0%~5.0%（g/100g）。

5.3　原料破碎度

30%~36%（用 40 目筛）。

5.4　曲坯水分

水分 36%~40%（g/100g）。

5.5　高温生香期温度

品温≥50℃，并保持 60h 以上。

6　制曲生产操作及质量要求

6.1　生产前准备工作

6.1.1　设备清理

清理拌料和制曲设备，减少机械设备污染。

6.1.2　卫生清理

提前清扫曲房，场地卫生保持清洁。

6.2　原料润料

记录加水数量和润料时间，数据真实，计量准确。

6.3 原料破碎

6.3.1 倒包

倒包时要把料倒净，保持下料均匀，运行过程中不空池，不堵塞、不噎机、杂物及时清理，麻袋随时叠放整齐，操作场地和机械设备始终保持干净整洁。

6.3.2 破碎要求

破碎好的曲面麸皮呈梅花瓣状，麸皮和细面分离，无粒状曲粮；手感松软，不扎手，筛网上留存的麸皮直径 ≥0.5 cm，麸皮整体含量 60%~70%。

6.4 踩曲、平模

6.4.1 曲坯厚度

曲坯厚度均匀一致，符合生产工艺参数。

6.4.2 下料

下料过程中，根据曲坯水分要求调节用水量。

6.4.3 平模

平模过程中，根据曲坯厚度要求，进行平模和刮模，曲坯厚薄均匀。

6.4.4 踩曲

曲坯表面光滑平整，无毛边，原料掺拌均匀无干面夹生现象。

6.5 曲坯接运及卧曲

6.5.1 曲坯接运

接曲时，曲坯无扭曲，无毛边，无马蹄现象。装卸时，轻搬轻放，禁止往地上或曲架上扔曲坯操作，避免曲坯变形或被曲架刮掉边角。

6.5.2 卧曲

卧曲之前在曲房内均匀地撒约 0.5kg/m^2 的水。

曲坯呈“品字型”或“直线形”，按序放置于地面或曲架上，间距符合生产工艺参数。禁止曲坯相互叠靠，卧曲过程中，保持曲坯的外形完整。

卧曲凉潮结束后关闭门窗，四周围上 2~3 层草栅，上部盖一层芦席。

6.6 看曲

此阶段是大曲培养成型的关键阶段，按时间顺序划分为六个阶段，强化看曲过程控制。

6.6.1 卧曲收汗期

在敞开门窗的情况下边卧曲边晾潮，曲卧完后晾潮时间的长短以曲块回浆收汗，曲坯表面不粘手，微显白色为准。

6.6.2 发酵期

6.6.2.1 发酵期的前 3 天温度稳步提升到第三天 30~38℃，必要时打开窗户，或揭开芦席，使温度缓慢上升，严防升温过猛或出现红皮现象。

6.6.2.2 当曲坯表面发黏，曲房内微有甜酸味时，进行适当地排潮，延长发酵时间，提高发酵力。

6.6.2.3 放风前，利用门窗严格控制品温，当上层品温达到 40~46℃左右，下面两层曲坯品温要求达到 35℃以上，并保持一定时间，曲坯表皮发软，手感有弹性，里面无生面味，无硬心，曲板饱满，表面有斑点衣、针尖衣或雪花衣，即可开始放风。

6.6.3 低温培菌期

放风晾潮后曲心温度要求降到 20~30℃或自然室温，放风后 4d 之内稳步提升到 30~40℃，每天温差不超过 3℃，5~7d 时，圈外厚度要求达到 1.0~1.5cm 开始第二次翻曲。

6.6.4 缓升期

进入缓升期后品温稳步上升，收堆前 1~2d 品温不能有大的升降，收堆前品温保持在 42℃以上，曲坯绝大部分水分已排出，当曲心约乒乓球大小时，缓升期结束。

6.6.5 高温增香期

曲坯成熟程度达到 80%~85%，曲心大部分水分已排出，手感松散；当曲心达到约乒乓球大小，品温达到 42℃以上时开始收堆，根据曲坯成熟程度决定摆成“井”形或“二五”形，或者二者的混合形，要求摆成上下 6 层高，收堆时要下紧上松，空隙呈倒塔形，以利于排潮，收堆后四周围三层草栅，上部盖一层，后续随着保温和升温的需要逐层加盖草栅，进入高温增香期，品温 ≥50℃，并保持 60 小时以上。

6.6.6 回火排潮期

高温生香期结束，可通过调节窗户来进行排潮，但不能形成前后窗空气对流，不可揭去曲垛上的草栅，确保曲垛缓慢降温至自然温度；曲垛温度降到 35℃左右时，关闭门窗保温至曲块出房，曲坯成熟程度达到 95%以上，出房水分小于或等于 15%。

6.6.7 出曲

回火排潮结束，达到培养周期进行出曲。打开门窗，揭去草栅，曲坯装车不超过五层高，在指定地点垛曲，垛高 16~22 层，垛与墙壁之间、垛与垛之间间隔 50~70cm 的距离。

九、食品安全地方标准酿造用红曲（DBS 35/002—2017）

1 范围

本标准规定了福建省内由红曲霉（*Monascus*）生产的酿造用红曲的术语和定义、要求、检验方法、检验规则、标志、包装、运输和贮存。

本标准适用于酿造用红曲的生产、检验和销售。

2 规范性引用文件

下列文件对于本文件的应用是必不可少的。凡是注日期的引用文件，仅注日期的版本适用于本文件。凡是不注日期的引用文件，其最新版本（包括所有的修改单）适用于本文件。

GB/T 191 包装储运图示标志

GB/T 1354 大米

GB 1886.19 食品安全国家标准 食品添加剂 红曲米

GB 4789.1 食品安全国家标准 食品微生物学检验 总则

GB 4789.3 食品安全国家标准 食品微生物学检验 大肠菌群计数

GB 5009.3 食品安全国家标准 食品中水分的测定

GB 5009.11 食品安全国家标准 食品中总砷及无机砷的测定

GB 5009.74 食品安全国家标准 食品添加剂中重金属限量试验

GB/T 5498 粮油检验 容重测定

GB 5749 生活饮用水卫生标准

GB 7718 食品安全国家标准 预包装食品标签通则

GB 5009.22 食品安全国家标准 食品中黄曲霉毒素 B 族和 G 族的测定

GB/T 30642 食品抽样检验通用导则

QB/T 4257 酿酒大曲通用分析方法

3 术语和定义

下列术语和定义适用于本文件。

3.1 酿造用红曲

以大米为原料，加入红曲霉（*Monascus*），经发酵而成的具有酶活力的用于酿造的曲。

4 技术要求

4.1 原料及要求

4.1.1 大米应符合 GB/T 1354 的规定。

4.1.2 制曲用水应符合 GB 5749 的规定。

4.1.3 红曲霉（*Monascus*）应符合卫生部关于印发《可用于食品的菌种名单》的通知（卫办监督发 2010 年第 65 号）的规定。

4.2 感官要求

感官要求表应符合表 1 的规定。

表 1 感官要求

项目	要求	检验方法
外观	棕红色至紫红色，质地脆，无霉变，无肉眼可见的杂质，呈不规则的颗粒状	取 100g 样品于白纸上，用肉眼观察其外表特征、颜色、质地、是否有霉变颗粒及杂质；用手掰开，观察其断面颜色；取 10g 左右样品置手中，用鼻子闻其气味
断面	粉红色至红色，略带白心	
气味	具有红曲特有的气味，无异味	

4.3 理化指标

理化指标应符合表 2 的规定。

表 2 理化指标

项目		指标		检验方法
		一级	二级	
水分，(g/100g)	≤	10.0		GB 5009.3
容重，(g/100mL)		32.0~52.0		GB/T 5498
色价，(μ/g)	≥	600	400	GB 1886.19 附录 A 中 A.2
糖化力，[mg/(g·h)]	≥	750	450	QB/T 4257
发酵力，[g/(0.5g·72h)]	≥	0.3	0.2	QB/T 4257

注 1：糖化力单位是指在 35℃、pH 4.6 条件下，1g 红曲 1h 转化可溶性淀粉生成葡萄糖的毫克数为一个单位，以“mg/g·h”表示。

注 2：发酵力单位是指在 30℃，72h 内 0.5g 红曲利用可发酵糖类所产生的二氧化碳克数为一个单位，以“g/0.5g·72h”表示。

4.4 安全性指标

安全性指标应符合表 3 的规定。

表 3　　安全性指标

项目		指标	检验方法
总砷（以 As 计)/(mg/kg)	≤	0.5	GB 5009.11
铅（Pb)/(mg/kg)	≤	0.5	GB 5009.12
黄曲霉毒素 B1/(μg/kg)	≤	5	GB 5009.22
大肠菌群/(MPN/g)	≤	30	GB 4789.3

5 检验规则

5.1 组批

规定同一批原料、相同生产工艺、同一生产日期，具有相同质量等级、规格和批号的产品为一批。

5.2 抽样

抽样方法按照 GB/T 30642 的规定执行。

5.3 检验分类

检验分为出厂检验和型式检验。

5.3.1 出厂检验

产品出厂前，应由生产企业的质量检验部门负责按本标准规定逐批进行检验。检验合格并签发质量合格证明的产品，方可出厂。

出厂检验项目：感官、水分、容重、色价、糖化力、发酵力。

5.3.2 型式检验

型式检验项目：本标准规定的感官、理化和安全指标的全部项目。

产品在正常生产情况下，型式检验每年一次，遇有下列情况之一时，亦须进行型式检验：

——如原料、配方或工艺有较大改动时；

——更改关键设备和工艺时；

——试制新产品或产品长期停产后恢复生产时；

——出厂检验结果与正常生产有较大差别时；

——食品安全监管部门提出要求时。

5.4 判定规则

微生物项目不合格则该批产品不合格，其余项目检验结果中如有一项指标不符合要求时，应重新自同批产品中抽取两倍量样品进行复检，以复检结果为准。

当供需双方对产品质量发生异议时，由双方协商选定仲裁单位，按本标准进行复检。

6 标志、包装、运输和贮存

6.1 标志

产品标签应符合 GB 7718 的规定，包装运输标志应符合 GB/T 191 的规定。

6.2 包装

产品的包装应采用符合相应的食品包装用卫生标准的材料，包装封口应严密、牢固、无破损。

6.3 运输

产品在运输过程中，严禁与有毒、有害、有腐蚀性及其他污染物混装、混运，避免雨淋日晒等。在运输过程中应防雨、防潮、防止日光暴晒。

6.4 贮存

产品应贮存在阴凉、通风、清洁、干燥的地方，不得与有毒、有害及有腐蚀性等物质混存。

产品自生产之日起，在符合上述储运条件、原包装完好的情况下，保质期应不少于 6 个月，企业可按上述要求具体标识。